Cahiers de Logique et d'Épistémologie

Volume 27

Circulation des mathématiques dans et par les journaux

Histoire, territoires, publics

Volume 22
Soyons Logiques / Let's be Logical
Amirouche Moktefi, Alessio Moretti et Fabien Schang, directeurs de publication.

Volume 23
Croyances et significations. Jeux de questions et de réponses avec hypothèses
Adjoua Bernadette Dango

Volume 24
Un modèle formel de la syllogistique d'Aristote. Kurt Ebbinghaus, traduit par Clément Lion

Volume 25
Modèles scientifiques et objets théoriques. Essai d'épistémologie modale
Matthieu Gallais

Volume 26
Logique temporelle et épistémologie de la presence dans la philosophie illuminative de Suhrawardī
Alioune Seck

Volume 27
Circulation des mathématiques dans et par les journaux – Histoire, territoires, publics
Philippe Nabonnand, Jeanne Peiffer, and Hélène Gispert, eds

Cahiers de Logique et d'Épistémologie Series Editors
Dov Gabbay   dov.gabbay@kcl.ac.uk
Shahid Rahman   shahid.rahman@univ-lille3.fr

Assistance Technique
Juan Redmond   juanredmond@yahoo.fr

Comité Scientifique: Daniel Andler (Paris – ENS); Diderik Baetens (Gent); Jean Paul van Bendegem (Vrije Universiteit Brussel); Johan van Benthem (Amsterdam/Stanford); Walter Carnielli (Campinas-Brésil); Pierre Cassou-Nogues (Lille 3 – UMR 8163-CNRS); Jacques Dubucs (Paris 1); Jean Gayon (Paris 1); François De Gandt (Lille 3 – UMR 8163-CNRS); Paul Gochet (Liège); Gerhard Heinzmann (Nancy 2); Andreas Herzig (Université de Toulouse – IRIT: UMR 5505-NRS); Bernard Joly (Lille 3 – UMR 8163-CNRS); Claudio Majolino (Lille 3 – UMR 8163-CNRS); David Makinson (London School of Economics); Tero Tulenheimo (Helsinki); Hassan Tahiri (Lille 3 – UMR 8163-CNRS).

Circulation des mathématiques dans et par les journaux

Histoire, territoires, publics

Éditeurs

Philippe Nabonnand
Jeanne Peiffer
Hélène Gispert

© Individual authors and College Publications 2025
All rights reserved.

ISBN 978-1-84890-494-1

College Publications
Scientific Director: Dov Gabbay
Managing Director: Jane Spurr

http://www.collegepublications.co.uk

All rights reserved. No part of this publication may be reproduced, stored in a retrieval system or transmitted in any form, or by any means, electronic, mechanical, photocopying, recording or otherwise without prior permission, in writing, from the publisher.

Table des matières

Introduction   1

Que disent les analyses quantitatives du corpus des « journaux mathématiques »
de la circulation mathématique ?   43

PARTIE I   CIRCULATIONS MATHÉMATIQUES À DIFFÉRENTES ÉCHELLES : CENTRES ET TERRITOIRES   77

Introduction – Partie 1   79

1 DOMINIQUE TOURNÈS
Circulation de la nomographie dans les journaux européens avant 1950 :
cas de l'Allemagne dans l'entre-deux-guerres   83

2 OLIVIER BRUNEAU
Le *Royal Military College*, un centre éditorial pour quelles mathématiques ?
Le *Mathematical Repository*   107

3 COLETTE LE LAY, GUY BOISTEL & MARTINA SCHIAVON
Trois journaux pour un même maître d'œuvre :
le Bureau des longitudes (1877-1932)   129

4 IOLANDA NAGLIATI
I giornali dell'Università di Pisa e della Toscana
dalla metà del XVIII secolo alla fine del XIX secolo   147

Encart 1 – Pise, centre éditorial   169

5 DEBORAH A. KENT
Publications' Places and People:
Mapping 19th Century Mathematical Journals in the United States   171

Encart 2 – An Open Question: American Almanacs and
Mathematical Publication?   189

6 JENNEKE KRÜGER
Circulation of Mathematics through Journals in the Netherlands: 1680-1910   193

7 CHRISTOPHER D. HOLLINGS
Language Use in Russian Mathematics Journals — 223

8 ROGERIO MONTEIRO
The Market in Periodicals for Engineers in the Late Brazilian Empire:
Do Economics Really Matter? — 245

PARTIE II   L'ESPACE DE CIRCULATIONS CONSTITUÉ PAR LES JOURNAUX ET LEURS INTERACTIONS — 259

Introduction – Partie 2 — 261

9 THOMAS PREVERAUD
Circulation des questions-réponses mathématiques dans les journaux
aux États-Unis — 265

10 PAULINE ROMERA-LEBRET
La problématique de la circulation dans les revues mathématiques
d'enseignement en Belgique au XIXe siècle (1825-1915) — 303

11 JULES-HENRI GREBER & NORBERT VERDIER
Les publications des sociétés savantes locales
comme vecteur de circulation mathématique dans la France du XIXe siècle — 329

12 JENNY BOUCARD
Habiter les marges mathématiques :
André Gérardin et *Sphinx-Œdipe* à Nancy (1906-1928) — 369

13 ERIKA LUCIANO
Giornali matematici, politica e propaganda:
il caso italiano fra le due guerre — 405

14 HARALD KÜMMERLE
Mathematics in Modern Japan as Observed through Journals:
Results and Prospects — 429

PARTIE III   QUELLES MATHÉMATIQUES POUR QUELS PUBLICS ? — 479

Introduction – Partie 3 — 481

15 MARIA ROSARIA ENEA
Sviluppo e diffusione delle matematiche nei periodici napoletani
tra fine Settecento e Ottocento — 487

16 THOMAS MOREL
Les publications périodiques comme miroir de l'évolution des
mathématiques en langue allemande (1780-1830) — 511

17 TOM ARCHIBALD
Journal Publication and Mathematical Publics in Germany, 1800-1825   537

18 RENAUD D'ENFERT
Mathématiques et « mathématiciens » dans les journaux d'instituteurs
français, des années 1830 aux années 1870   561

19 CAROLINE EHRHARDT & HÉLÈNE GISPERT
Des mathématiques de culture générale ?
Modalités et acteurs de la circulation mathématique
dans des revues généralistes de la Belle Époque   583

20 JULES-HENRI GREBER
Circulation des sciences mathématiques dans les périodiques
philosophiques à la Belle Époque   615

21 KAREN HUNGER PARSHALL
Journals in the Evolution of a National Research Community:
The Case of Mathematics in the United States (1776-1940)   647

PARTIE IV   TRACES DE CIRCULATIONS DANS LES JOURNAUX MATHÉMATIQUES   663

Introduction – Partie 4   665

22 CLARA SILVIA ROERO
The Long Term Florentine *Novelle letterarie* 1740-1792 and Lami's
Strategies to Promote Mathematics and Scientific Education in Italy   669

23 LIVIA GIACARDI & ROSSANA TAZZIOLI
Le *Bollettino della Unione Matematica Italiana* (BUMI)
et ses enjeux politiques et idéologiques (1922-1943)   711

24 FRANÇOISE WILLMANN
La *Vierteljahrsschrift für wissenschaftliche Philosophie* (1877-1916) :
de la circulation des mathématiques en milieu philosophique   751

25 FRÉDÉRIC BRECHENMACHER
Un journal de « rang élevé » : *Le Journal de mathématiques pures
et appliquées* sous la direction de Camille Jordan   779

26 JEAN DELCOURT
La *Revue de mathématiques spéciales* – une étude de cas   853

27 SLOAN EVANS DESPEAUX
Connected by Questions and Answers: The Milieu of
Mathematical Editors of English Commercial Journals, 1775-1854   873

28 JEANNE PEIFFER *ET AL.*
Recensions. Formes, fonctions et usages en mathématiques (XVIIIe–XIXe siècles)   903

Reinhard SIEGMUND-SCHULTZE
Encart 3 – The *Jahrbuch über die Fortschritte der Mathematik* (1869-1945)
and the Gradual Modernization of Mathematical Reviewing   937

Bibliographie   945

Index des personnes   1050

Index des institutions   1074

Index des revues   1085

Introduction

Les phénomènes de circulation sont inhérents à l'élaboration des savoirs. Ils contribuent d'une part à leur interprétation, leur discussion, leur appropriation et leur constitution, d'autre part à la formation de réseaux savants et l'organisation de communautés scientifiques. Concernant les mathématiques qui sont notre objet ici, il ne peut y avoir d'un côté les mathématiques développées en un lieu – le cabinet du géomètre, l'académie, le laboratoire, l'Europe – et, de l'autre, leur diffusion vers d'autres communautés scientifiques, vers l'école, l'atelier, ou d'autres régions du monde. Les formes d'interactions entre acteurs et les vecteurs de circulation à leur disposition sont multiples et complexes. Elles vont de l'échange oral à la publication d'un traité, en passant par les correspondances, l'enseignement, la communication de notes prises à la suite d'une lecture, d'un enseignement, d'un exposé ou d'un entretien. Nous nous intéressons ici à la circulation mathématique dans et par les journaux[1], en considérant les mathématiques comme une pratique sociale aux ancrages multiples et aux publics variés. Étudiés dans des aires géographiques larges, sans couvrir l'ensemble du globe, et une temporalité longue, de la fin du XVIIe au mitan du XXe siècle, les phénomènes de circulation mathématique sont entendus dans cet ouvrage comme « site de production scientifique[2] ». Nous appréhendons la circulation mathématique dans et par les journaux à une échelle globale à partir d'un corpus de journaux (dont nous rendons compte dans cette introduction) et, variant les focales et les échelles, par des études de cas présentées dans les différents chapitres[3].

En nous inscrivant dans cette perspective, nous comprenons la notion de journal mathématique dans un sens large comme un périodique publiant plus ou moins régulièrement une rubrique ou des contenus dédiés aux sciences

---

1. Nous utilisons ici de manière indistincte les termes de « journal », « revue », « périodique ». Pour un usage différencié de ces termes dans la littérature, on pourra consulter (Tesnière 2014), (Loué 2011) et (Charle 2004).

2. Nous reprenons ici une expression de Kapil Raj (2007, p. 21, note 42). Voir *infra*.

3. Une telle approche a été développée dans le cadre du projet CIRMATH (Circulations mathématiques dans et par les journaux – histoires, territoires et publics) soutenu par l'Agence nationale de la recherche et auquel ont participé la plupart des contributeurs à cet ouvrage.

mathématiques et destinés à des publics aussi divers que les producteurs de savoirs mathématiques, les enseignants et élèves, les utilisateurs de mathématiques comme les praticiens de disciplines plus ou moins mathématisées ou les ingénieurs, les amateurs férus d'informations mathématiques ou pratiquant la résolution d'énigmes ou de questions mathématiques... Certains chapitres de l'ouvrage sont consacrés à des journaux particuliers, d'autres à ceux produits dans des lieux géographiques spécifiques, ou encore à un type de journaux, tous s'attachent à la diversité des publics visés et à leurs pratiques mathématiques. Ils participent à une histoire renouvelée des mathématiques faisant apparaître une circulation dans et par une multitude de journaux divers et variés. De telles approches produisent un récit décalé par rapport à l'historiographie classique centrée essentiellement sur les journaux à destination de mathématiciens spécialistes et la circulation dans les milieux académiques de contenus prioritairement consacrés à des résultats mathématiques novateurs.

Construire un corpus de « journaux mathématiques[4] » rendant compte de la multiplicité des formes de circulation mathématique a donc commencé par un recensement privilégiant un cadre spatio-temporel le plus large possible. Dans un premier temps, ce corpus a été établi à partir des outils bibliographiques conçus par les mathématiciens professionnels des XIXe et XXe siècles, c'est-à-dire des répertoires ou des catalogues compilés par des mathématiciens à destination des mathématiciens, des répertoires de journaux pour le XVIIIe siècle (Kronick 1991), (Gascoigne 2010), des catalogues bibliographiques usuels du XIXe siècle et des bulletins bibliographiques que certaines revues proposent régulièrement. L'utilisation de tous ces outils bibliographiques nous a fourni une première version d'un corpus de référence qui intégrait des normes produites par et à travers ces outils (Greber & Nabonnand 2021). Des travaux sur ces répertoires[5] montrent en effet que ce premier corpus ainsi constitué a indéniablement une forme de légitimité d'un point de vue historique, puisqu'il réunit les périodiques auxquels les acteurs mathématiciens eux-mêmes se référaient. Pour autant, il ne peut être considéré comme complet du point de vue de notre perspective. Aussi, l'avons-nous complété en consultant les revues professionnelles d'ingénieurs et d'enseignants qui comportent souvent des rubriques bibliographiques, les outils de bibliographie de l'époque ainsi que ceux développés plus récemment, sans négliger les bibliographies actuellement constituées par les historiens des mathématiques et les historiens des sciences et des techniques.

Nous avons ensuite organisé ce corpus en associant pour chacun des journaux retenus, en sus des paramètres spatio-temporels usuels[6], une ca-

---

4. Nous avons choisi de mettre entre guillemets les termes dont nous usons au sens de notre projet CIRMATH, leur signification spécifique étant indiquée dans cette introduction à leur première occurrence.

5. Sur ces répertoires ou bulletins bibliographiques voir (Rollet & Nabonnand 2002, 2003), (Csiszar 2010), (Gispert 2018).

6. Nous entendons par là les lieux d'édition (ville, continent) et les dates de création et de disparition.

tégorisation en termes de types de journaux, de publics et d'adossements. Les « journaux mathématiques » ont été classés en trois catégories, les « généralistes » qui proposent des rubriques relevant de tous les types de savoirs, les « scientifiques et techniques » qui ne s'intéressent qu'à des domaines scientifiques et techniques, et les « spécialisés » qui offrent des contributions ne relevant que des sciences mathématiques. En restant conscients de l'historicité de celles-ci, nous avons distingué six catégories de publics que ces « journaux mathématiques » visent ou atteignent : les « spécialistes » qui sont les auteurs et les lecteurs des contenus mathématiques innovants, ceux que l'on pourrait qualifier au prix d'un anachronisme de chercheurs en mathématiques ; les « scientifiques » qui sont engagés dans une discipline autre que les sciences mathématiques, essentiellement les sciences physiques pour notre période ; les « ingénieurs », soit les ingénieurs et techniciens civils, militaires ou industriels, les architectes... ; le monde de l'enseignement, pour l'essentiel les « enseignants » et les « étudiants[7] » ; le « grand public » qui réunit les publics intéressés par les sciences, public lettré ou amateur qui souhaitent des contenus informatifs[8] et praticiens amateurs d'une science, dans notre cas, des mathématiques[9] ; les publics « autres », pour l'essentiel ceux qui développent un discours sur les mathématiques et qui ont besoin d'une acculturation mathématique, ainsi que des praticiens d'autres domaines peu ou prou mathématisés qui ont besoin de développements mathématiques comme les actuaires ou les praticiens des sciences humaines émergentes. Les principaux types d'adossement sont les académies, les maisons d'édition, les universités, les observatoires, les ministères.

Le corpus des « journaux mathématiques » ainsi repérés contient plus de 1850 journaux[10]. Un premier regard sur la part de chacune des catégories des « journaux mathématiques », telles que définies, indique les potentialités de la perspective retenue dans cet ouvrage pour étudier la circulation mathématique ; les journaux « spécialisés » – ceux consacrés entièrement aux mathématiques – ne représentent qu'un peu moins de 17 % du corpus, alors qu'un quart d'entre eux sont des journaux « généralistes » et près de 60 %, des journaux « scientifiques et techniques ». Il en est de même pour les différents publics visés par les journaux. Environ 29 % vise celui des « spécialistes », alors que près de 45 % des journaux ont pour cible les « scientifiques », plus de 23 % le « grand public », un peu moins de 19 %, les ingénieurs et légèrement plus de 16 %, le « monde de l'enseignement ». Notons que les journaux peuvent viser plusieurs

---

7. Sous la catégorie d'« étudiant » sont réunis les lycéens, les élèves des écoles et les étudiants des universités.

8. Sur le journalisme scientifique ou les publics de la vulgarisation des sciences, voir entre autres (Bensaude-Vincent & Rasmussen 1997), (Reynaud 2003), (Chappey 2004), (Peiffer & Vittu 2008), (Bensaude-Vincent 2010).

9. Sur les pratiques d'amateurs dans le champ mathématique, voir (Despeaux 2002b) et (Goldstein 2020).

10. Notre corpus de « journaux mathématiques » est organisé en une base CIRMATHDATA consultable sur le site du projet CIRMATH (https://cirmath.hypotheses.org/).

sortes de publics, ce qui fait que le total des pourcentages est supérieur à 100 %. Par exemple, les *Comptes rendus des séances hebdomadaires de l'Académie des sciences de Paris* visent dans notre nomenclature les « spécialistes », les « scientifiques » et par certains côtés, le « grand public[11] ». Enfin, pour ce qui est des aires géographiques, dont notre ouvrage rend compte, on peut déjà constater que le phénomène d'édition des « journaux mathématiques » est surtout occidental puisque plus de 88 % d'entre eux sont localisés en Europe (73,5 %) ou en Amérique du Nord (14,7 %), d'autres régions du monde apparaissant néanmoins de façon significative au cours du XXe siècle[12].

Même si, comme on va le voir, les approches statistiques du corpus des « journaux mathématiques » permettent de dégager des dynamiques et ont un rôle heuristique incontournable, elles n'en restent pas moins fragiles, ne serait-ce qu'en raison de l'inhomogénéité du corpus. La prise en compte, dans la circulation mathématique, de « journaux mathématiques » au-delà des journaux spécialisés implique de ne les considérer essentiellement que par rapport aux contenus relevant des sciences mathématiques qu'ils proposent. Or ceux-ci sont très divers selon l'ambition et les choix des éditeurs à la fois qualitativement et quantitativement ; la part des contributions concernées par des contenus mathématiques est très variable d'un journal à l'autre mais aussi dans le temps au sein d'un même journal. Nombre de revues encyclopédiques annoncent leur intention d'inclure les sciences mathématiques dans leurs domaines d'intérêt, publient quelques articles ou recensions les concernant et abandonnent rapidement, souvent en raison d'une distorsion entre un contenu mathématique exigeant quelques connaissances techniques et un certain manque d'appétences d'un lectorat souvent peu formé dans ces domaines[13]. Ainsi, le *Mercure suisse* analysé par Jeanne Peiffer (2016) qui publie à ses débuts des contributions ayant trait parfois à des mathématiques avancées, rendant compte de mémoires de Jean et Daniel Bernoulli, cesse assez rapidement de publier des mathématiques. *A contrario* – mais c'est une exception – le *Ladies' Diary*, conçu au départ en 1704 comme « an almanac containing articles of general interest to women as well as the usual calendar and astronomical observations » (Perl 1979, p. 37), devient très vite un journal « spécialisé » proposant énigmes et questions mathématiques

---

11. Ceci est une difficulté pour l'analyse des phénomènes de circulation des contenus mathématiques puisque parfois les notes de mathématiques sont clairement destinées aux seuls « spécialistes » alors que dans d'autres cas le contenu mathématique apparaît dans un contexte d'application et concerne une autre communauté que les mathématiciens.
Un peu plus de 60 % des « journaux mathématiques » recensés visent un seul public.
12. Signalons que notre repérage n'est pas aussi complet et fiable pour les journaux « généralistes », et dans une moindre mesure « scientifiques et techniques » que pour les journaux « spécialisés », en ce qui concerne certaines parties du monde.
13. Cette discrépance est, du moins en partie, à l'origine de l'idée de spécialisation disciplinaire qui participe à l'apparition de journaux consacrés à un domaine spécifique de savoir (Peiffer *et al.* 2020, p. 138), (Gispert *et al.* 2023, p. 506).

ainsi que les solutions envoyées par les lectrices et lecteurs[14]. De nombreux journaux d'académie de province ne publient que très peu de mathématiques malgré une intention encyclopédique incluant les sciences mathématiques alors que d'autres, souvent sous l'impulsion d'un rédacteur, deviennent des vecteurs importants[15]. On ne citera que la Société philomatique de Verdun, qui revendique avoir « pour but de ses travaux l'étude des Lettres, celle des Sciences naturelles, physiques et mathématiques, leur application aux Arts, la recherche, la description et la conservation des Antiquités, les progrès du Commerce, de l'Industrie, des Arts, de l'Agriculture; en général, tout ce qui peut offrir de l'intérêt et de l'utilité » et dont les *Mémoires* ne publient au cours du XIXe siècle qu'un mémoire de mathématiques. À l'inverse, en particulier sous l'impulsion de Jules Hoüel[16], les *Mémoires de la Société des sciences physiques et naturelles de Bordeaux* proposent très régulièrement des articles de mathématiques et fonctionnent pendant un moment à leur échelle comme un journal de référence.

Enfin, des journaux qui visent le même public peuvent faire circuler des contenus très différents. Le *Journal für die reine und angewandte Mathematik* et le *Jahrbuch über die Fortschritte der Mathematik* s'adressent à un même public de spécialistes impliqués dans des programmes de recherches, le premier éditant des articles de mathématiques[17] et le second se livrant à un minutieux travail de recension[18].

Dans la suite de cette introduction, nous revenons tout d'abord sur deux choix méthodologiques en lien avec des courants historiographiques qui nous ont inspirés : la longue durée et l'histoire globale. Nous envisageons l'histoire de la circulation mathématique dans et par les journaux dans une temporalité qui s'étend donc de la création des premiers « journaux mathématiques » à la fin du XVIIe siècle jusqu'à la veille de la Seconde Guerre mondiale et dans une spatialité la plus large possible (section 1).

Puis nous y décrirons, en nous appuyant sur les résultats que livre l'analyse quantitative de la base de données, les caractéristiques géographiques de la circulation mathématique ainsi que ses dynamiques temporelles et éditoriales à l'aide de ce que nous avons appelé l'espace de circulations mathématiques formé par les « journaux mathématiques[19] » (section 2). Cet espace sera abordé dans cet ouvrage à partir d'échelles et de focales variées. Nous soulignerons dans cette

---

14. Sur le *Ladies' Diary*, voir (Leybourn 1817), (Perl 1979), (Costa 2002), (Despeaux 2014, 2019), (Swetz 2018, 2021), ainsi que les contributions dans ce volume de Sloan Evans Despeaux (chap. 27) et Olivier Bruneau (chap. 2).
15. Voir la contribution de Jules-Henri Greber et Norbert Verdier dans ce volume (chap. 11).
16. Sur Jules Hoüel, voir (Plantade 2018) et (Henry & Nabonnand 2017).
17. Le Journal de Crelle ne publie que des articles à partir de 1856. Auparavant, on trouve des rubriques de questions-réponses et même quelques recensions d'ouvrages (Gispert et al. 2023, p. 521–523). Sur la spécificité du *Journal für die reine und angewandte Mathematik* dans l'offre éditoriale de « journaux mathématiques » en Allemagne au début du XIXe siècle, voir la contribution de Thomas Morel (chap. 16), dans ce volume.
18. Voir la contribution de Reinhard Siegmund-Schultze (Encart 3) dans ce volume.
19. Dans la suite, nous désignerons cet espace par « espace de circulations mathématiques ».

introduction le foisonnement d'approches et de problématiques mises en œuvre en en présentant quelques thèmes transversaux, dont notamment la présence de questions auxquelles les lecteurs sont appelés à répondre, qui constituent une pratique mathématique importante et une caractéristique forte de certains types de « journaux mathématiques » (section 3). En guise de conclusion nous rassemblerons les éléments innovants produits par notre recherche collective pour tenter d'élaborer du moins partiellement un récit nouveau concernant la circulation des mathématiques dans et par les journaux, tenant compte de la diversité des publics qu'elle compte atteindre.

1 Longue durée et espaces larges

1.1 La longue durée

Il y a plusieurs raisons pour aborder la question de la circulation des mathématiques à partir du vecteur constitué par les journaux dans ce qu'il est convenu d'appeler depuis Fernand Braudel, « la longue durée ».

La première est le bouleversement des modes de circulations de l'information scientifique que nous vivons avec les technologies numériques. Une des conséquences en est la restructuration du système de communication mathématique tel qu'il s'est développé au XIXe siècle à partir des journaux savants apparus, quant à eux, à la fin du XVIIe siècle et de journaux créés durant la première moitié du XVIIIe siècle et visant en priorité les publics lettrés encore assez restreints. Nous vivons ce que l'on pourrait qualifier de fin d'un cycle ou de changement de « régime de circulation » des connaissances et savoirs mathématiques[20]. L'inflation de titres au lendemain de la Seconde Guerre mondiale avait provoqué une première rupture, dont un des symptômes est l'apparition de méthodes automatiques dans le domaine de la bibliographie (Gardin 1960). La période située entre l'apparition des journaux savants à la fin du XVIIe siècle (Peiffer & Vittu 2008) et le début de la Seconde Guerre mondiale apparaît comme idoine pour rendre compte des spécificités d'un système fondé sur le vecteur de circulation constitué par les « journaux mathématiques ». La forme « journal savant » – comprenant des « articles », des recensions de livres, des nouvelles du monde érudit, des tables et des index, et paraissant à intervalle régulier – s'élabore pendant l'époque moderne. Il s'agit alors pour nous de comprendre comment les mathématiciens se l'approprient, la modifient et l'adaptent à leurs pratiques et usages.

---

20. (Lamy & Saint-Martin 2012). Dans cet article, J. Lamy et A. Saint-Martin s'intéressent à diverses conceptions de la notion de « régime » utilisées en histoire des sciences pour intégrer des considérations diachroniques dans des approches relevant des « *sciences studies* ». Du point de vue de la circulation des mathématiques, le système organisé autour des journaux qui apparaît à la fin du XVIIe siècle, se développe au XVIIIe siècle, s'institutionnalise aux XIXe siècle et perdure au moins jusqu'à la veille de la Seconde Guerre mondiale, présente une stabilité relative de formes, d'usages et de pratiques suffisante pour pouvoir parler de « régime de circulation ».

De nombreuses raisons plaident pour ne pas poser a priori une quelconque coupure historique entre les XVIIIe et XIXe siècles. Certes, le monde savant à l'époque moderne est souvent décrit comme une « République des Lettres » (Waquet 1989), (Passeron *et al.* 2008), (Lamy 2013), dont les correspondances scientifiques sont le vecteur principal de circulation (Peiffer 1998) ; la période 1830-1939 a pu, quant à elle, être qualifiée de « siècle de la presse » (Charle 2004). Du point de vue des échanges entre acteurs, la période entre la fin du XVIIIe siècle et le premier tiers du XIXe siècle peut apparaître comme une période de mutation durant laquelle les « journaux mathématiques » deviennent prépondérants dans le système de circulation. Pour autant, cette mutation est loin d'être radicale ; 13 % du corpus des « journaux mathématiques » a été créé avant 1800, les savants ne cessent pas de s'écrire aux XIXe et XXe siècles et la production de livres suit dans une même mesure l'inflation éditoriale des « journaux mathématiques » (Remmert & Schneider 2010), (Verdier 2015*b*). La complexité de l'articulation entre ces deux siècles en histoire des sciences mathématiques a été mise en évidence lors d'un projet s'appuyant sur la question de la recherche des « continuités et ruptures » (Gilain & Guilbaud 2015). En tout état de cause, la diversité des dynamiques à l'œuvre au sein du phénomène de constitution d'une offre journalistique mathématique plaide pour aborder son étude dans la longue durée.

De plus, s'intéresser aux phénomènes de circulation nécessite de tenir compte de dynamiques relevant de champs divers : outre évidemment les champs mathématique et éditorial, le champ scientifique dans son ensemble, le développement technique, l'alphabétisation et l'accroissement de l'instruction, les institutions de l'enseignement supérieur, les sociétés savantes et les académies, et plus largement le champ culturel. Quelles que soient les interactions et intersections entre ces champs, chacun a sa chronologie propre, ses inerties et ses avancées. Cette « discordance des temps[21] » plaide aussi fortement pour aborder les questions de circulations mathématiques sans s'imposer des limites temporelles en dehors de la période d'apparition des journaux et de la Seconde Guerre mondiale, qui inaugure une modification quantitative radicale du corpus des « journaux mathématiques ».

Enfin, la prise en compte du temps long permettra d'apprécier les dynamiques différentes dans différentes régions du monde. Ainsi, les « journaux mathématiques » se multiplient régulièrement en Europe au cours du XVIIIe siècle, alors qu'il faut attendre l'indépendance des États-Unis pour y voir apparaître quelques journaux savants ou des almanachs proposant des rubriques mathématiques[22]. Au long du XIXe siècle et de la première moitié du XXe siècle, malgré les échanges actifs entre les deux zones, les rythmes de progression de l'offre de « journaux mathématiques » dans les deux aires géographiques restent

---

21. Voir par exemple (Chesneaux 1976) ou (Charle 2011).
22. Voir le premier chapitre de (Parshall & Rowe 1994) et (Preveraud 2014).

différents[23]. L'exemple japonais[24] montre l'importance des contextes locaux, *a fortiori* lorsqu'on le compare au cas contemporain de la Chine[25]. Les premiers « journaux mathématiques » japonais et chinois paraissent à partir des années 1870 et l'offre éditoriale se diversifie assez rapidement, de manière plus nette au Japon ; ainsi, sur les 24 « journaux mathématiques » créés en Chine avant 1910, un seul survit à cette date alors que, sur les 36 journaux créés au Japon avant 1910, 12 continuent d'être édités. Bien que les deux pays aient été atteints par le phénomène de création de « journaux mathématiques » ensemble à la fin du XIXe siècle, les contextes sociaux, économiques et politiques très différents affectent fortement les formes de ce phénomène, ce qui se traduit par des profils éditoriaux radicalement opposés[26]. De telles différences ne se comprennent comme le montre H. Kümmerle dans le cas du Japon qu'en s'intéressant à l'histoire dans la longue durée des échanges internationaux et des circulations savantes liés à la population de journaux étudiée[27].

1.2 Des espaces larges – Le « tournant spatial »

Interroger l'histoire des mathématiques à partir de la notion de circulation s'inscrit dans une lignée de recherches que d'aucuns ont qualifiée de « tournant spatial » des sciences sociales[28] :

> De manière générale, le tournant spatial qui a touché toutes les sciences humaines et sociales il y a un demi-siècle maintenant, peut être défini comme un mouvement transdisciplinaire portant une attention plus grande à l'espace dans l'étude des phénomènes sociaux et humains. (Puget 2015)

Les réseaux d'acteurs, de lieux, de territoires, d'institutions... qui apparaissent à partir des questionnements s'inscrivant dans cette perspective, contribuent à construire des espaces complexes[29]. Le vocabulaire de la spatialité

---

23. En 1800, le nombre de « journaux mathématiques » européens est 30 fois supérieur à celui des États-Unis. En 1940, le rapport entre les deux offres n'est plus que de 4,1. Sur les dynamiques à l'œuvre autour des mathématiques aux États-Unis au cours des XIXe et XXe siècles, en sus de leur contribution à cet ouvrage, voir (Parshall & Rowe 1994), (Preveraud 2014, 2017, 2018), (Kent 2019, 2020).

24. Cet exemple est étudié par Harald Kümmerle dans sa contribution à cet ouvrage (chap. 14).

25. Nous remercions Ruiping Mu, Yiwen Chen, Jiaxuan Zhang, Yu Zhang de Northwest University de Xi'an d'avoir compilé des chiffres concernant l'Asie de l'Est à partir du *National Press Index* chinois. Shanghai y apparaît comme le premier et plus important centre éditorial entre 1872 et 1899.

26. Les « journaux mathématiques » créés en Chine entre 1871 et 1940 se répartissent en 32 « généralistes », 12 « scientifiques et techniques » et 3 « spécialisés » alors que sur les 68 journaux japonais apparus entre 1877 et 1940, 2 sont « généralistes », 18 « scientifiques et techniques » et 46 « spécialisés » (2 dont la vie est très courte n'ont pas été retrouvés).

27. Pour l'exemple de la Chine, voir (Chemla 1996).

28. Les références sont nombreuses. On peut citer par exemple (Livingstone 2003), (Finnegan 2007), (Torre 2008), (Besse 2010), (Romano 2015), (Besse *et al.* 2017), (Boucard & Tirard 2020).

29. « l'espace dans lequel on travaille en tant que producteur de connaissance est un espace qualifié, un espace orienté » (Besse *et al.* 2017).

et de nombreux concepts issus de la géographie sont de plus en plus utilisés pour étudier des contextes historiques[30]. Nombre de ces espaces évoluent dans le temps et ont leurs dynamiques propres. Le tournant spatial en sciences humaines et sociales se traduit entre autres par un intérêt nouveau ou renouvelé pour les questions de circulations et d'échanges de savoirs et d'informations (Withers 2009), (Charle 2010), (Jacob 2014). En attestent les nombreux ouvrages ou articles portant sur la circulation des savoirs dans une zone géographique plus ou moins large pendant une période plus ou moins longue, ce qui se traduit par des interactions fortes avec d'autres courants historiographiques, comme l'histoire globale (Wenzlhuemer 2010), (Delacroix 2019) et la micro-histoire (Jacob 2014)[31]. Les savoirs franchissent des frontières disciplinaires ou géographiques (Hert & Paul-Cavallier 2007), les questionnements, les agents ou les temporalités s'inscrivent dans des régimes de spatialité (Aubin *et al.* 2015). Autant d'occasions pour faire apparaître des lieux encore inexplorés (d'Enfert 2015),(Morel 2015), (Bruneau & Rollet 2017) et de nouveaux acteurs, comme dans notre cas, les imprimeurs, les éditeurs, les rédacteurs, les dessinateurs, les graveurs, les traducteurs de mathématiques[32].

De ce point de vue, deux rencontres ont été décisives pour nous. D'abord, les recherches de Kapil Raj sur la circulation des savoirs dans l'Empire britannique nous ont convaincus, lors d'une rencontre mathématique au Centre international de rencontres mathématiques (Luminy), d'inverser la perspective du questionnement : plutôt que de considérer la presse mathématique comme un reflet de l'activité mathématique, il s'agissait de mettre en avant l'idée de circulation et d'appréhender les journaux comme acteurs du champ mathématique (Raj 2004) ; par ailleurs, l'une d'entre nous, Jeanne Peiffer, a participé au programme de recherche « Circulations, Territoires et Réseaux en Europe de l'âge classique aux Lumières » (Citere) coordonné par Pierre-Yves Beaurepaire[33], qui se proposait d'« étudier le processus de communication à l'œuvre en Europe aux XVIIe et XVIIIe siècles à partir de ses dynamiques spatiales et de la production des territoires qui en résulte » et en particulier de s'intéresser aux « formes de journaux savants et leurs circulations dans l'espace européen » (Beaurepaire 2013, 2014), notamment (Peiffer & Bret 2014)[34]. En structurant ses questionnements autour de la notion d'« espace de circulations » formé par les journaux mathématiques, CIRMATH s'est fortement inspiré des

---

30. « L'espace, le territoire, le lieu, la frontière, le centre, la périphérie, l'échelle, la carte, le réseau, le local et le global ont été utilisés comme des concepts opératoires, des métaphores heuristiques pour apporter un surplus d'intelligibilité à des phénomènes complexes et multidimensionnels » (Jacob 2014, p. 43), cité par (Calbérac & Ludot-Vlasak 2018, p. 7).
31. Pour une réflexion sur les questions d'échelles à l'aune des approches spatiales, voir (Romano 2015).
32. Voir (Verdier 2015*b*, 2017, 2023), (Jovanovic *et al.* 2018*a*) ainsi que la contribution de Deborah Kent à cet ouvrage (chap. 5).
33. https://citere.hypotheses.org/.
34. Voir aussi (Peiffer *et al.* 2013*a*).

travaux de ce programme de recherche, en adoptant une perspective temporelle plus longue et un domaine de savoir plus restreint.

2 Approcher globalement l'espace de circulations des « journaux mathématiques »

La plupart des études de cas menées pour rendre compte de phénomènes de circulations mathématiques en se focalisant sur un vecteur spécifique[35], à savoir le « journal mathématique », interrogent et analysent des circulations et des interactions locales, régionales, nationales et transnationales, mais aussi spécifiques ; nous introduisons la notion d'espace de circulations formé par les « journaux mathématiques » – en bref espace de circulations mathématiques – pour inscrire et penser globalement les divers questionnements qui les subsument[36]. Dans cet espace de circulations, non seulement, des contenus mathématiques circulent par l'intermédiaire d'un ou de plusieurs journaux[37], mais aussi des formes éditoriales comme les rubriques questions-réponses[38], les bibliographies, des modes de références[39], des modèles éditoriaux[40] qui sont autant d'entrées pour étudier cet espace. Ce dernier possède ainsi sa propre topologie que nous pouvons décrire non seulement en termes d'insertion territoriale mais aussi de voisinage ou de proximité entre journaux regroupés en régions (alors qu'ils sont géographiquement dispersés), d'intersections, connections, polarisations, concurrences, rivalités, centralités ou marginalités. Les journaux intermédiaires constituent un bel exemple de région de l'espace de circulations mathématiques, puisqu'ils suivent un même modèle éditorial et ciblent un même public tout en étant dispersés dans certaines parties du monde (que d'aucuns qualifient en termes de métropoles et de leurs périphéries). Cette région recouvre du moins partiellement une autre, celle des journaux comportant une rubrique de questions mathématiques avec leurs solutions transmises par leurs lecteurs[41]. Les journaux spécialisés s'adressant aux spécialistes, apparus dans l'Europe du XIXe siècle puis conquérant un monde globalisé, en forment encore une autre région, celle que l'historiographie traditionnelle a le plus étudiée, à l'exclusion souvent des autres. La notion

---

35. Pour une tentative de classification des échanges savants, voir (Nabonnand *et al.* 2015).

36. Sur l'espace de circulations constitué par les « journaux mathématiques », voir (Peiffer *et al.* 2018).

37. Peiffer & Vittu (2008) montrent que le calcul différentiel leibnizien s'élabore en grande partie dans les *Acta eruditorum*. Dans sa contribution à ce volume (chap. 1), Dominique Tournès s'attache à suivre de manière fine les circulations de la nomographie dans les journaux d'Europe centrale.

38. Comme exemples d'étude de circulation de questions-réponses, outre (Despeaux 2014), voir dans ce volume les chapitres de S. Despeaux (chap. 27) et de Thomas Preveraud, (chap. 9).

39. Voir le chapitre de Jeanne Peiffer *et al.* dans cet ouvrage (chap. 28).

40. Voir (Enea 2018) pour l'exemple de la circulation du modèle éditorial des journaux intermédiaires et (Ehrhardt 2018) pour celui des journaux d'enseignants et étudiants.

41. Voir (Ortiz 1996), (Enea 2018), (Ehrhardt 2018) et la contribution de T. Preveraud (chap. 9) dans ce volume.

d'espace de circulations mathématiques nous permet ainsi de faire éclater les représentations du monde mathématique en termes de centre et de périphérie que pourrait suggérer l'espace géographique si l'on ne tenait pas compte des aspects plus structurels, cognitifs ou épistémiques.

2.1 Une étude géographique

Une première approche a donc été de recenser et d'organiser le corpus des « journaux mathématiques » créés entre le dernier tiers du XVIIe siècle et le début de la Seconde Guerre mondiale.

L'analyse quantitative des données obtenues à partir de ce corpus se prête mal à l'étude des effets de circulation des contenus mathématiques. Elle est en revanche tout à fait pertinente pour appréhender les phénomènes de création et d'édition des « journaux mathématiques ». Deux sortes de statistiques ont été mises en œuvre. Les premières sont relatives aux créations de journaux sur une période et illustrent les dynamiques de publication de « journaux mathématiques » ; les secondes concernent l'offre à un moment donné et font apparaître des effets de sédimentation (a fortiori lorsqu'on restreint l'étude aux journaux ayant une durée de vie supérieure à 10 ans[42]).

La lecture des tableaux 1 et 2 (p. 14) indique que, jusqu'à la fin du XVIIIe siècle, la création et la sédimentation de journaux « généralistes » dominent avec une montée en puissance de l'apparition de journaux « scientifiques et techniques », les journaux « spécialisés » restant marginaux. À partir du XIXe siècle, en lien avec les révolutions industrielles et les créations des universités, les journaux « scientifiques et techniques » explosent et s'installent dans l'offre éditoriale de plus en plus majoritairement. Malgré une augmentation significative du nombre de créations de journaux « spécialisés », les journaux « scientifiques et techniques » conservent au XXe siècle, jusqu'à la fin de la période, une place quantitativement prédominante.

Les tableaux des effectifs généraux des créations et des offres journalistiques qui suivent montrent l'ampleur quantitative de l'explosion éditoriale en termes de « journaux mathématiques ». Le phénomène de création de journaux diffusant peu ou prou de contenus mathématiques est foisonnant ; une bonne part de ces journaux trouvent leur public, même si la comparaison des tableaux 1 et 2 (p. 14) révèle aussi que nombre des « journaux » créés disparaissent plus ou moins vite. Ainsi, un peu moins de 17 % des journaux « spécialisés », environ 57 % des journaux « scientifiques et techniques » et près de 43 % des journaux « généralistes » créés avant 1850 perdurent à cette date.

Apparaissent et disparaissent aussi des zones géographiques centrales et périphériques, des phénomènes de dispersion et concentration, autour des « bibliopoles » en particulier se font jour. On désigne par « bibliopoles » les villes dans lesquelles au moins une cinquantaine de « journaux mathématiques »

---

42. La durée d'installation dans l'offre journalistique mathématique est un paramètre important pour l'étude des phénomènes de circulation. Nous y reviendrons.

ont été créés sur toute la période d'étude (1665-1940), à savoir Paris, Londres, Leipzig, Berlin, New York et Tokyo. Plus de 29,5 % des « journaux mathématiques » recensés dans le corpus des « journaux mathématiques » sont localisés à leur création dans ces 6 villes.

La dispersion des lieux de création et d'installation d'une offre éditoriale de « journaux mathématiques » s'effectue à plusieurs échelles ; internationale, elle affecte, comme les tableaux 3 et 4 (p. 14–15) le montrent, d'abord l'Europe tout au long du XVIIIe siècle jusqu'au début du XXe siècle, puis les États-Unis au cours du XIXe siècle, et enfin l'Extrême-Orient ainsi que dans une moindre mesure, l'Amérique du Sud et l'Océanie surtout à partir du XXe siècle.

Un « noyau fondateur », constitué de l'Allemagne, la France, la Grande-Bretagne, l'Italie et les Pays-Bas, dans lesquels est apparue la dynamique de publication de « journaux mathématiques », reste tout au long de la période d'étude une zone d'activité essentielle de l'espace de circulations des « journaux mathématiques »[43]. Plus précisément, près de 55 % de l'ensemble des « journaux mathématiques » sont créés dans cette zone originelle. Leur part décroît de 100 % en 1700 à 60 % en 1900. Presque la moitié des journaux proposés en 1940 sont encore localisés dans les cinq pays constituant le « noyau fondateur ».

À l'intérieur de cette zone, les équilibres sont mouvants. Plus localement, si le phénomène de création apparaît la plupart du temps, d'abord concentré dans des capitales économiques, politiques et culturelles, il tend à se disperser et à atteindre très vite des villes plus petites. Pour prendre l'exemple français[44], près des 2/3 des créations de « journaux mathématiques » sur toute la période sont localisées à Paris ; pour autant, 42 villes de province, les capitales régionales bien entendu, mais aussi moult petites villes, sont néanmoins atteintes par la dynamique d'édition d'un journal proposant régulièrement des contenus ou de l'information mathématiques. Le phénomène de mitage du territoire français est particulièrement patent entre 1751 et 1850. Pendant cette période, il se crée plus de « journaux mathématiques » en province qu'à Paris, des journaux majoritairement « généralistes » en province, alors que les journaux parisiens participent de la dynamique de création des journaux « scientifiques et techniques » pendant cette période. Le phénomène atteint 27 villes (hors Paris). Plus de 80 % de ces journaux sont adossés à des académies ou des sociétés savantes[45]. En comparaison, les formes d'adossement sont plus diverses pour les journaux parisiens (plus d'un tiers de journaux créés à la suite d'une initiative privée, souvent commerciale, un peu moins d'un quart, adossés à des académies ou sociétés savantes, le reste étant adossé à des établissements d'enseignement ou des ministères).

---

43. Voir le chapitre suivant pour des tableaux et des données statistiques plus précises.
44. 13,7 % des créations de « journaux mathématiques » recensés dans la base CirmathData sont localisés en France.
45. Voir à cet égard la contribution de J.-H. Greber et N. Verdier dans cet ouvrage (chap. 11).

Les phénomènes de centralisation et dispersion varient en fonction de la structure économique et politique des pays. Par exemple, la géographie des lieux d'édition de « journaux mathématiques » de la France et de la Grande-Bretagne apparaît comme centralisée dans des capitales (un peu plus des deux tiers des journaux « mathématiques » publiés dans le Royaume-Uni sont localisés à Londres, un pourcentage analogue à celui de Paris pour la France). Pour autant, la dispersion des villes britanniques atteintes par le phénomène de publication des « journaux mathématiques » est très différente des villes françaises. Seulement 18 villes (en dehors de Londres) du Royaume-Uni sont le lieu d'édition d'un « journal mathématique »; les capitales universitaires anglaises (Cambridge et Oxford), les capitales économiques anglaises (Manchester et Liverpool) et les capitales économiques, politiques et culturelles des « nations constitutives » (Dublin, Edinburgh et Glasgow) concentrent l'essentiel des créations de « journaux mathématiques » en dehors de Londres[46]. En comparaison, le phénomène éditorial de création de « journaux mathématiques » est plus dispersé en France, il atteint 43 villes et un quart des « journaux mathématiques » édités en France l'est en dehors de Paris et de 6 métropoles régionales (Besançon, Bordeaux, Lyon, Marseille, Montpellier et Toulouse) dans lesquelles il est édité plus de 5 « journaux mathématiques ».

L'histoire politique de l'Allemagne[47] et de l'Italie conduit au milieu du XIXe siècle à des processus d'unification et à une décentralisation politique, économique et culturelle. Dans ces deux pays, aucune ville ne domine, comme en France ou au Royaume-Uni, le monde de l'édition apparaît assez dispersé dans ces deux zones. Pour autant la structuration des lieux d'édition de « journaux mathématiques » est sensiblement différente. De nombreuses villes sont le lieu de création de « journaux mathématiques » (51 villes en Allemagne, 37 en Italie), la plupart étant d'anciennes capitales d'entités politiques; en Italie, aucune ville ne semble fonctionner comme bibliopole alors que Berlin et Leipzig se distinguent dans l'aire allemande[48].

---

46. 23,4 % de l'édition britannique.

47. Au cours du temps, la zone décrite sous le terme « Allemagne » est, de par la multiplicité des états, assez floue. On prend grosso modo la zone de l'état allemand actuel en étant conscients de la mobilité des frontières. C'est une des raisons pour lesquelles nous privilégions l'approche statistique par villes et continents.

48. Quatre-vingt-six « journaux mathématiques » sont publiés à Berlin et 52 à Leipzig. La ville allemande qui publie le plus de « journaux mathématiques » en dehors des deux bibliopoles est Munich avec 19 journaux (dont aucun « spécialisé »).

TABLEAU 1 : Effectifs des créations de « journaux mathématiques » par période de 50 ans (corpus total)

	≤ 1700	1701-50	1751-00	1801-50	1851-00	1900-40	Total
« spécialisés »	0	7	20	39	110	135	311
« scientifiques et techniques »	6	9	66	194	453	339	1067
« généralistes »	13	47	71	110	127	91	459
Total	19	63	157	343	690	565	1837

TABLEAU 2 : Effectifs des offres journalistiques (corpus total)[43]

	1700-05	1750-55	1800-05	1850-55	1900-05	1940
« spécialisés »	1	6	10	12	84	142
« scientifiques et techniques »	5	16	53	199	523	564
« généralistes »	13	48	44	102	181	155
Total	13	70	107	323	788	861

TABLEAU 3 : Création de « journaux mathématiques » par périodes de 50 ans et régions du Monde (corpus total)

	Noyau Fondateur	Europe	Am. N.	Océanie	Am. S.	Ext.-Orient	Afrique	Moy.-Orient	Effectifs
≤ 1700	100 %	100 %							19
1701-50	79,4 %	100 %							63
1751-00	82,3 %	96,8 %	2,5 %	0,6 %					157
1801-50	68,8 %	85,1 %	14 %	0,3 %	0,3 %	0,3 %			343
1851-00	52,3 %	69,1 %	20,4 %	1,3 %	3,5 %	5,1 %	0,7 %		690
1901-40	37,5 %	62,2 %	13,8 %	0,9 %	3,9 %	17,3 %	1,2 %	0,7 %	565
Effectifs	1007	1355	271	16	46	134	11	4	1837

	Noyau Fondateur	Europe	Am. N.	Océanie	Am. S.	Ext.-Orient	Afrique	Moy.-Orient	Effectifs
1700-05	94,7 %	100 %							19
1750-55	74,3 %	100 %							70
1800-05	77,6 %	95,3 %	3,7 %	0,9 %					107
1850-55	67,8 %	85,4 %	12,4 %	1,2 %	0,3 %				323
1900-05	58,4 %	77,3 %	16,4 %	1 %	1,9 %	2,8 %	0,6 %		788
1940	49,1 %	71,1 %	17,1 %	1,4 %	2,9 %	6,4 %	0,8 %	0,3 %	861

TABLEAU 4 : Offre éditoriale des « journaux mathématiques » par dates et régions du Monde (corpus total)

	1700-05	1750-55	1800-05	1850-55	1900-05	1940
Grand public	15	52	50	88	153	116
Scientifiques	6	19	53	168	386	449
Ingénieurs	2	3	15	68	184	170
Monde de l'enseignement	1	4	11	22	86	74
Spécialistes	5	13	33	100	239	313
Autres	1	6	16	67	141	147
Total journaux	19	62	96	304	757	844

TABLEAU 5 : Offre éditoriale de « journaux mathématiques » ayant une durée de vie $\geq$ 10 ans par catégorie de publics[44]

	Noyau fondateur	Europe	Amérique N.	Amérique S.	Extrême-Orient	Total monde
1700-05	100 %	100 %				19
1750-55	80 %	100 %				62
1800-05	80 %	96 %	1 %			96
1850-55	68 %	87 %	11 %			304
1900-05	59 %	78 %	17 %	2 %	2 %	757
1940-	49 %	75 %	22 %	3 %	6 %	844

TABLEAU 6 : Offre éditoriale de « journaux mathématiques » ayant une durée de vie $\geq$ 10 ans par régions du monde

Un réseau de 8 villes italiennes, toutes capitales politiques, économiques et culturelles, dans lesquelles il s'est créé entre 11 et 35 « journaux mathématiques », sont le lieu de création d'un peu plus des deux tiers des « journaux mathématiques » italiens[45]. Pour autant, comme Rossana Tazzioli (2018) le montre, l'activité académique et éditoriale d'une zone comme la Sicile, qui est un peu à l'écart de ce réseau est fondamentale à la fois nationalement et internationalement. Pour l'Allemagne, un peu moins de la moitié des « journaux mathématiques » sont localisés dans une des bibliopoles allemandes. En y ajoutant les trois villes dans lesquelles sont publiés plus de 10 « journaux mathématiques », Goettingue, Hambourg et Munich, on obtient un ensemble de cinq villes dans lesquelles un peu moins des deux tiers des créations allemandes en termes de « journaux mathématiques » sont localisées. Goettingue est la seule de ces villes qui ne soit pas une capitale économique et politique mais le lieu d'une activité scientifique, académique et universitaire intense depuis la moitié du XVIIIe siècle.

Le rôle de l'histoire politique nationale est également présent dans la contribution à cet ouvrage de Deborah Kent, qui fait apparaître comment le phénomène de création de « journaux mathématiques » est affecté et participe au XIXe siècle aux changements politiques, à l'expansion géographique et économique des États-Unis (chap. 5) ; de même, H. Kümmerle (chap. 14) montre comment les créations de « journaux mathématiques » japonais à la fin du XIXe siècle et au début du XXe siècle sont un élément de la politique de modernisation du Japon à l'ère Meiji ; quant à Rogerio Monteiro (chap. 8), il présente comment la formation des ingénieurs brésiliens suscite une circulation de « journaux mathématiques », pour l'essentiel européens, à la fin du XIXe siècle.

L'expansion du phénomène de création de « journaux mathématiques » et l'internationalisation de leur circulation, qui sont ainsi dépendantes des conditions économiques et politiques locales, se limitent pour l'essentiel avant 1800 à l'Europe. Le frémissement international vers les colonies britanniques ou hollandaises de ce phénomène à la fin du XVIIIe siècle et au début du XIXe siècle s'inscrit dans un cadre colonial. La forme reprise est de manière assumée celle des journaux de la métropole, le public visé est celui des seuls colons que ce

---

43. Pour rendre compte des évolutions de l'offre journalistique, dans le souci de « lisser » les données de l'offre journalistique, nous avons fait le choix de travailler avec des périodes de cinq ans, suffisamment courtes pour donner une idée de l'offre à un « moment donné », suffisamment longues pour assurer une certaine stabilité.

44. Le nombre des « journaux mathématiques » qui ciblent le « grand public » passe ainsi de 15 dans la séquence 1700-05 (qui inclut les savants), puis, tous les demi-siècles, à 52, 50, 88, 153, puis 116. Un journal pouvant être destiné à plusieurs publics, on notera que, dans une période, le nombre total des journaux (derrière ligne du tableau) n'est pas égal à la somme des nombres de journaux pour chacun des publics.

45. Il y a de nombreux travaux sur les journaux publiés à Bologne, Florence, Milan, Naples, Pise, Rome, Turin et Venise. Voir dans cet ouvrage, les chapitres de Iolanda Nagliati (chap. 4), de Maria Rosaria Enea (chap. 15) et de Clara Silvia Roero (chap. 22).

soit du point de vue des auteurs que des lecteurs. Un intérêt fort est porté sur l'observation et le recueil de données locales. En revendiquant de s'inscrire dans les dynamiques globales des savoirs et des sciences à partir d'intérêts géographiquement centrés autour de leur lieu d'édition, les publications des colonies sont en un certain sens, analogues aux journaux provinciaux des métropoles. Ainsi, dans l'avertissement du premier numéro, la rédaction des *Transactions of the American Philosophical Society*[46], créé à Philadelphie en 1769, exprime le souhait que les contenus du nouveau journal soient « immediately serviceable to the British colonies » et se réfère à la Société royale de Londres. Le journal adopte et conserve tout au long du XIXe siècle les apparences et le format d'un journal « généraliste » d'une société de province dont les intérêts sont locaux ; il propose nombre de communications s'appuyant sur des observations d'astronomie ou de sciences naturelles. Ce journal publie épisodiquement des contenus mathématiques. De même, les *Verhandelingen van het Bataviaasch Genootschap van Kunsten en Wetenschappen*, édités à Jakarta sur le format d'un journal « généraliste » d'académie locale entre 1779 et 1949, année de l'indépendance de l'Indonésie, proposent surtout des études d'observation relative à l'Indonésie et peu de contenus mathématiques. Apparu un peu plus tardivement au début du XIXe siècle, *Gleanings in Science*, imprimé à partir de 1829 par la maison d'édition de la mission baptiste de Calcutta, revendique dès sa parution un lectorat non négligeable et un soutien largement analogue à celui de la métropole :

> Comparing our encouragements with that given in England to similar labours, we have no reason to complain ; nor does India suffer in the comparison. The modern Babylon, with her countless multitudes, cannot support two monthly, and one Quaterly Journal on general science ; while India, or rather Bengal, with a reading people of little more than 2000, has one. (*Gleanings in Science*, 1 (1829), « Preface », p. v–vi)

L'auteur de la préface parle du soutien porté à la revue par le public et ne cherche pas à rivaliser avec les journaux de la Grande-Bretagne ; il affirme son intention de mobiliser au sein du colonat, une communauté scientifique en Inde « aussi petite soit-elle » en publiant les communications originales de physiciens ou naturalistes vivant en Inde mais aussi en réimprimant des travaux déjà parus dans des revues anglaises. *Gleanings in Science* publie essentiellement des contributions à propos de l'Inde. Les seuls travaux relevant des sciences mathématiques concernent des observations ou des informations astronomiques. Le peu de contributions mathématiques dans ces journaux ou même l'absence de journaux scientifiques locaux ne signifie pas, comme dans toute périphérie qu'il n'y a aucune activité mathématique et par là de circulation de mathématiques, en particulier par des « journaux mathématiques » venant de la métropole[47].

---

46. Sur les *Transactions of the American Philosophical Society*, voir la contribution de Karen H. Parshall dans ce volume (chap. 21).

47. L'Algérie au cours de la seconde moitié du XIXe siècle est un exemple d'une telle situation ; voir (Romera-Lebret & Verdier 2016).

2.2 Périodiser les dynamiques de création et de circulation de journaux

La comparaison des dynamiques éditoriales des différents types de journaux ainsi que celle de leurs publics intéressés par les contenus relatifs aux sciences mathématiques permettent d'inscrire plus précisément les initiatives des promoteurs de « journaux mathématiques » dans divers champs et contextes plus ou moins spécifiques. L'approche, à différentes échelles, de l'espace de circulations mathématiques donne aussi des éléments de chronologie du phénomène international constitué par l'édition de « journaux mathématiques » ; une telle approche permet en particulier de comparer l'importance relative des types de journaux selon les époques et les zones géographiques, d'interroger la diversité des publics des « journaux mathématiques », bref d'objectiver – avec toutes les limites que cet exercice peut avoir – les différentes voies de circulation des mathématiques.

Par exemple, les indicateurs statistiques classiques[48] indiquent que les journaux « généralistes » sont nettement apparus avant ceux des autres catégories[49]. Les tableaux 1 et 2 (p. 14) montrent que, jusqu'en 1850, les effectifs des journaux « spécialisés » restent quantitativement faibles par rapport à ceux des autres catégories et semblent avoir été créés un quart de siècle après les journaux « scientifiques et techniques ». De fait, la catégorie de journaux « spécialisés » n'apparaît de manière viable qu'au cours de la seconde moitié du XIXe siècle ; avant 1850, moins d'un tiers des journaux « spécialisés » ont une durée de vie supérieure ou égale à 10 ans[50]. Lorsque l'on restreint le corpus aux journaux qui ont une durée de vie supérieure ou égale à 10 ans, les paramètres statistiques ne sont pas modifiés pour les journaux « généralistes » et « scientifiques et techniques ». Par contre, la moyenne et la médiane des dates de créations de journaux « spécialisés » sont translatées de plus d'une dizaine d'années, montrant que les entreprises de journaux « spécialisés » sont beaucoup plus fragiles que leurs homologues « généralistes » et « scientifiques et techniques » au XVIIIe et au début du XIXe siècle.

Au XXe siècle, il se crée plus de 30 % des « journaux mathématiques », un peu plus si on considère seulement les journaux ayant une durée de vie supérieure

---

48. Moyenne, écart-type et médiane.

49. Plus de 60 % du corpus des journaux « généralistes est créé entre 1760 et 1902 (intervalle correspondant à la moyenne des dates de création des journaux ± leur écart-type), la moitié de ces journaux l'étant avant 1847, la médiane des dates de création des journaux « généralistes ». De même, près de 70 % des journaux « scientifiques et techniques » sont créés entre 1827 et 1919 (intervalle correspondant à la moyenne des dates de création des journaux ± leur écart-type), la moitié des journaux de cette catégorie étant créés avant 1878. La médiane des dates de création des journaux « scientifiques et techniques » est 1881. Quant aux journaux « spécialisés », près de 70 % d'entre eux sont créés entre 1839 et 1931, l'intervalle type pour cette catégorie. La médiane des dates de création des journaux « spécialisés » est 1893.

50. Par comparaison, près des trois quarts des journaux « généralistes » et plus des deux tiers des journaux « scientifiques et techniques » créés avant 1850 ont une durée de vie supérieure à 10 ans.

ou égale à 10 ans. Parmi ceux-ci, les journaux « scientifiques et techniques » prédominent (60 % des créations de « journaux mathématiques » entre 1901 et 1940), plus de 84 % d'entre eux ont une longévité supérieure ou égale à 10 ans et plus des trois quarts sont en direction des scientifiques, signe entre autres d'une mathématisation des sciences physiques[51]. Les journaux « spécialisés » se multiplient (près de 24 % des créations de « journaux mathématiques » entre 1901 et 1940), plus des trois-quarts d'entre eux trouvent leur place en ayant une durée de vie supérieure ou égale à 10 ans. Plus de 60 % d'entre eux sont en direction des seuls spécialistes, corrélativement à l'augmentation des besoins de diffusion et d'information des communautés mathématiques de recherche. La part des entreprises de journaux « généralistes » décline relativement aux deux autres catégories. Elles ne représentent qu'un peu plus de 16 % des créations de « journaux mathématiques » et un peu plus de 60 % d'entre elles ont une durée de vie supérieure ou égale à 10 ans. Le modèle de la revue universaliste proposant des rubriques concernant toutes les facettes du savoir régresse (sans pour autant disparaître) en même temps que la diffusion vers le grand public des informations scientifiques et, *a fortiori* mathématiques s'effectue de plus en plus au travers des journaux « scientifiques et techniques ».

Sur les quelque 650 journaux « scientifiques et techniques » créés au XIXe siècle, près de 60 % sont destinés entre autres au public des « scientifiques » et plus d'un tiers à celui des « ingénieurs » ; ces deux catégories de publics augmentent de manière significative avec l'essor industriel et universitaire, en particulier en Europe et aux États-Unis, appelant la création de journaux qui leur soient destinés. La plupart de ces journaux véhiculent des contenus mathématiques, d'abord pour les besoins des populations d'ingénieurs et de praticiens des sciences physiques mais offrent aussi, souvent, une place aux « spécialistes » des mathématiques (près de 150 de ces journaux visent aussi les « spécialistes »). Les publications liées à une académie à but scientifique, comme les *Comptes rendus des séances hebdomadaires de l'Académie des sciences*, sont bien entendu dans ce cas mais aussi des initiatives, comme le *Zeitschrift für Physik und Mathematik* créé en 1826 par Andreas Baumgartner et Andreas von Ettingshausen, tous deux professeurs à l'université de Vienne (le premier de physique et le second de mathématiques) et édité pendant une quinzaine d'années à Vienne[52]. Dans la préface du premier volume, les deux éditeurs soulignent les besoins pour les scientifiques autrichiens d'un journal pour leur permettre de publier leurs travaux mais aussi avoir des informations sur ce qu'il se fait à l'étranger. Le peu de lecteurs en Autriche de textes mathématiques est souligné, expliquant en même temps la difficulté d'envisager une publication uniquement dévolue aux mathématiques :

---

51. Comme on le verra plus loin, un gros tiers des journaux « scientifiques et techniques » créés au XXe siècle dont le public comporte les « scientifiques » vise aussi les « spécialistes » ; on peut penser que les contenus mathématiques de la majorité de ces journaux étaient surtout à destination des « spécialistes ».
52. Pour plus de précisions sur ce journal, voir (Verdier 2009*b*).

> La diffusion des travaux mathématiques est encore moins assurée, probablement parce que l'on craint le manque de lecteurs, vu le petit nombre d'amis de cette science ; mais le nombre limité de lecteurs de mathématiques est certainement dû en partie au manque de moyens de diffusion de ces connaissances[53]. (Baumgartner & Ettinghausen 1826, p. 2)

Parmi les journaux « scientifiques et techniques » créés au XIXe siècle, 146 visent ou atteignent (entre autres) à la fois les « scientifiques » et les « spécialistes[54] », alors que 81 journaux « spécialisés » visant entre autres le public des « spécialistes » apparaissent dans le même temps.

La première moitié du XIXe siècle est souvent présentée comme une période de (re)structuration des disciplines scientifiques (Stichweh 1994), (Gingras 1996), (Boutier et al. 2006). Pour autant, les tentatives de doter les mathématiques d'organes spécifiques restent rares, indiquant que celles-ci ont un certain mal avant 1850 à apparaître dans les milieux éditoriaux comme un objet éditorial rentable dans un contexte d'expansion de l'enseignement supérieur et d'une professionnalisation au sein des universités pour la plupart des mathématiciens[55]. Cette dernière notion mérite discussion et, en ce qui concerne la recherche, n'est vraiment pertinente qu'à partir du dernier tiers du XIXe siècle[56]. La population des acteurs qui s'inscrivent dans le champ mathématique de par une activité de recherche et que nous désignons comme « spécialistes » croît régulièrement à partir du XIXe siècle. Il faudra cependant attendre le dernier tiers du XIXe et le XXe siècle pour qu'elle constitue une masse critique suffisante pour rendre crédibles ou viables les projets de journaux « spécialisés[57] ». Durant la première moitié du XIXe siècle, les mathématiques circuleront en grande partie dans des journaux « scientifiques et techniques », soit dans le but d'atteindre un public de praticiens des sciences physiques et d'ingénieurs (qui à cette époque peuvent être aussi mathématiciens), soit dans

---

53. « Für die Verbreitung mathematischer Arbeiten ist noch weniger gesorgt, wahrscheinlich, weil man bei der geringen Zahl der Freunde dieser Wissenschaft Mangel an Lesern fürchtet ; allein die beschränkte Zahl mathematischer Leser ist gewiss zum Theile durch den Mangel an Verbreitungsmitteln solcher Kenntnisse bedingt. »

54. Par comparaison, seulement 14 de ces journaux visent les « spécialistes » et les « ingénieurs », 2 d'entre eux ne visant pas les « scientifiques ».

55. Sur l'histoire de la constitution des disciplines savantes au cours du XIXe siècle, voir (Blanckaert 2006).

56. T. Morel (chap. 16) montre dans sa contribution que des communautés de mathématiciens professionnels de l'époque moderne, impliqués dans des contextes techniques ou industriels, créaient des journaux viables alors que les mathématiciens universitaires n'y arrivaient pas. Sur la question des mathématiques professionnelles, voir (Morel & Preveraud 2022).

Pour une discussion et un regard critique sur la question de la professionnalisation des mathématiciens, voir (Belhoste 1998) et (Goldstein 2020).

57. Plus de 80 % des journaux « spécialisés » à destination des « spécialistes » créés au XIXe siècle apparaissent après 1850. Plus de 60 % des journaux « spécialisés » créés durant la seconde moitié du siècle ont une durée de vie supérieure ou égale à 10 ans, le même pourcentage passant à près de 78 % au XXe siècle. Les journaux « spécialisés » visant ou atteignant entre autres les « spécialistes » semblent plus facilement trouver leur public, puisque 80 % d'entre eux ont une durée de vie supérieure ou égale à 10 ans.

l'intention d'une circulation interne à des communautés de « spécialistes[58] ». Éditer un journal « spécialisé » semble apparaître comme une entreprise envisageable et plus facile à partir de la seconde moitié du siècle. En 1900, les journaux « spécialisés » sont bien installés dans l'offre journalistique mathématique internationale ; leur public est bien entendu d'abord celui des « spécialistes » qui, comme on vient de le voir, s'est considérablement accru du fait de la professionnalisation de la discipline, mais aussi, dans une moindre mesure, les « enseignants » et les « étudiants ».

2.3 Chronologies, diachronies et synchronies de l'offre éditoriale de « journaux mathématiques »

Intéressons-nous à présent aux dynamiques de l'offre éditoriale de « journaux mathématiques » sur notre période en nous attachant plus particulièrement ici à une approche générale par les publics. De quelle offre peut disposer par exemple un « spécialiste[59] » pour se tenir au courant et publier des mathématiques, un enseignant pour publier des mathématiques ou pour faire son cours, une personne du « grand public » pour se cultiver en mathématiques ? Les éléments de réponse dépendent bien évidemment des variables spatio-temporelles de l'espace de circulations que forment ces journaux.

Le tableau 5 (p. 15) fait apparaître une croissance de l'offre éditoriale tout au long de la période. Après un premier élan au cours de la première moitié du XVIIIe siècle et un tassement de la progression durant la seconde moitié[60], le XIXe siècle apparaît comme un temps d'explosion éditoriale. Le volume de l'offre est en effet multiplié par trois entre le début et la moitié du siècle. Il faut noter que, malgré les effectifs déjà très élevés, la croissance continue au cours de la seconde moitié du siècle, le nombre de journaux faisant plus que doubler, puis ralentit fortement au XXe siècle.

Évolution de l'offre par public

L'étude de la structuration de cette offre par catégorie de publics met en évidence des inégalités entre ceux-ci, tant dans l'évolution de la part de chacun dans l'offre globale aux différentes séquences, que dans la croissance de l'offre qui leur est destinée tout au long de la période. Si l'on regarde les trois offres qui ont connu des dynamiques dominantes à un moment de la période, le « grand public », tout d'abord, est ciblé de façon dominante au XVIIIe siècle[61], où les

---

58. Il n'apparaît que 10 journaux « spécialisés » en direction des spécialistes qui ont une longévité supérieure ou égale à 10 ans durant la première moitié du XIXe siècle. Il se crée quatre fois plus de journaux « scientifiques et techniques » visant les « spécialistes » comme une composante de leur public.
59. Voir *supra* pour les définitions des différents publics.
60. Nous n'avons pas suffisamment examiné les très nombreux journaux savants de cette période sur leur contenu mathématique et avons suivi (Gascoigne 2010) et (Kronick 1991). On peut, concernant ce tassement, s'interroger sur un éventuel biais de notre repérage du corpus des « journaux mathématiques ».
61. Il importe d'historiciser la notion de « grand public » qui ne recouvre pas les mêmes réalités au XVIIIe siècle qu'au XXe. En effet, le public lettré est relativement faible en nombre à

effectifs de journaux restent faibles, mais perd rapidement sa place primordiale ; plus encore, le nombre de journaux destinés au « grand public » est même en forte baisse au cours de la première moitié du XXe siècle[62]. La part de l'offre visant les « scientifiques », comme celle en direction des « spécialistes », augmente à chaque séquence, et les effectifs des journaux qui leur sont destinés croissent tout au long de la période, XXe siècle compris.

L'étude de la composition des différentes offres éditoriales en fonction des catégories de « journaux mathématiques » – « généralistes », « scientifiques et techniques », « spécialisés » – va nous permettre d'éclairer en partie ces premiers éléments de dynamique sur le temps long.

L'offre destinée au « grand public » curieux de mathématiques, parmi lequel on distingue les amateurs et le public visé par la popularisation, mais à l'époque moderne, souvent aussi les savants, a une dynamique particulière sur le temps long. Seule à stagner au cours de la deuxième moitié du XVIIIe siècle, son offre triple au cours du XIXe siècle, la croissance étant sensiblement la même dans les deux moitiés du siècle. La première moitié du XXe siècle est en revanche un temps où le « grand public » voit diminuer l'offre mathématique qui lui est destinée. Deux catégories de « journaux mathématiques » ciblent le « grand public » : des « journaux généralistes » et des « journaux scientifiques et techniques ». Tout du long du XVIIIe siècle, la part des premiers y est très fortement majoritaire. Par contre, ce n'est qu'avec la croissance forte de la part des seconds au cours de première moitié du XIXe siècle que l'offre éditoriale pour le grand public repart et continue de se développer jusqu'au début du XXe siècle. Les journaux scientifiques et techniques deviennent alors majoritaires. Le déclin de l'offre en direction du « grand public » au cours de la première moitié du XXe siècle est provoqué par la diminution du nombre de journaux qui s'adressent à ce public dans les deux catégories. Outre les conséquences du contexte de crise lié à la Première Guerre mondiale[63], on peut y voir le signe d'un changement d'intérêt du « grand public » et de la séparation au cours du XIXe siècle des deux sphères de savoirs, humanités d'une part, sciences et techniques d'autre part, nous y reviendrons[64]. Si les mathématiques ont toujours été difficiles à vulgariser, il semble que le public de praticiens amateurs s'amenuise, ce dont témoigne le peu de revues comportant des rubriques de questions-réponses

---

l'époque moderne et les journaux savants couvrant un domaine très large de champs du savoir s'adressent à ce public lettré qui comprend les savants et les curieux. Ils sont lus et utilisés tant par les spécialistes du domaine mathématique que par les curieux désireux de simplement s'informer. La catégorie du « grand public » comporte donc aussi des « spécialistes ».

62. Il nous faut rappeler que notre repérage n'est pas aussi complet et fiable pour les journaux destinés au « grand public » que pour ceux destinés aux « spécialistes ».

63. Sur les pratiques mathématiques dans le contexte de la Première Guerre mondiale, voir (Aubin & Goldstein 2014) et (Aubin 2024).

64. Voir *infra*, paragraphe 3.2.

en dehors de celles en direction du monde de l'enseignement, à partir du XIXe siècle[65].

Dans la séquence 1800-1805, le public des « scientifiques » devient le premier visé par les « journaux mathématiques » : jusqu'à la fin de la période, un peu plus de la moitié d'entre eux les ciblent. L'offre à leur intention est composée de deux catégories de journaux, les « scientifiques et techniques » et les « généralistes ». Mais, à la différence de l'offre visant le « grand public », la composante « scientifique et technique » devient majoritaire dès la deuxième moitié du XVIIIe siècle, et cela jusqu'en 1940. L'explosion de cette offre pour « scientifiques » au cours de la première moitié du XIXe siècle est due à la croissance de la composante « scientifique et technique », qui devient écrasante à partir de la deuxième moitié du XIXe siècle (85 % de l'offre dans la séquence 1900-05, puis 90 % dans la suivante).

Rappelons que plus des trois quarts des journaux « scientifiques et techniques » ayant une longévité supérieure ou égale à 10 ans sont créés après 1850, contrairement aux « généralistes » ; plus de la moitié de ces derniers apparaissent avant 1850 et leur histoire s'inscrit sur toute la période d'étude choisie, même si, comme on vient de le voir, on repère peu de créations de tels journaux proposant des contenus mathématiques au XXe siècle. Notre analyse, surtout dans la perspective d'une approche de la circulation mathématique, ne peut ignorer les spécificités du monde moderne de la seconde révolution industrielle, dans lequel une majorité de ces journaux s'inscrivent, avec les besoins d'information et de formation, entre autres en mathématiques, compte tenu de la mathématisation des sciences physiques.

La dynamique de croissance du nombre de journaux « scientifiques et techniques » impacte tout particulièrement l'offre en direction du public des « ingénieurs » qui apparaît, toujours d'après les données de notre corpus, particulièrement homogène et composée essentiellement de journaux « scientifiques et techniques ». Elle se développe vraiment dans la première moitié du XIXe siècle et représente alors, jusqu'à la fin de notre période, entre un cinquième et un quart de l'offre éditoriale globale. À la différence de l'offre destinée aux « scientifiques », elle décroît au cours de la première moitié du XXe siècle. La pratique mathématique des ingénieurs a évolué, l'offre éditoriale qui leur est destinée échappe de plus en plus à la circulation mathématique. Le modèle de l'ingénieur-savant qui contribuait à des développements mathématiques, qu'il publiait et trouvait dans ses journaux, est dépassé[66] ; le public des

---

65. S. Despeaux et B. Stenhouse (2023) font état de plusieurs créations de journaux proposant une rubrique de « questions-réponses » au début du XIXe siècle en Angleterre, tout en constatant leur faible durée de vie, signe à la fois d'une persistance dans cette aire géographique de pratiques d'amateurs et de la difficulté pour réunir des communautés suffisantes pour assurer la survie de ces périodiques.

66. Voir à ce propos (Chatzis 2008), (Bret et al. 2008), (Grattan-Guinness 1993).

« ingénieurs », dont le rapport aux mathématiques est devenu d'abord utilitaire, n'est plus une cible pour les « journaux mathématiques[67] ».

L'offre éditoriale en direction du public des « spécialistes » croît tout au long de notre période et est celle qui connaît le plus fort taux de croissance dans les premières décennies du XXe siècle. Mais cette offre change de nature au cours du temps. Si les journaux « scientifiques et techniques » restent la composante principale du début du XVIIIe siècle jusqu'en 1940, la part des deux autres catégories de journaux, les « généralistes » et les « spécialisés » va s'inverser. Jusqu'au milieu du XIXe siècle, le public de « spécialistes » va disposer principalement, pour lire et publier des mathématiques dans le cadre de son activité de recherche dans le champ mathématique, de journaux « scientifiques et techniques » et « généralistes », les premiers étant deux fois plus nombreux que les seconds. Au cours de la seconde moitié du siècle, au moment où la professionnalisation de la discipline s'affirme considérablement (voir *supra*), la part des journaux « spécialisés » devient plus conséquente, elle rejoint puis dépasse largement celle de la composante généraliste. Rappelons que, pour ce qui est des créations, près de 90 % des journaux « spécialisés » apparaissent après 1850. Sur la séquence 1900-1905, les journaux « scientifiques et techniques » destinés à ce public des « spécialistes » sont 2,4 fois plus nombreux que les « spécialisés », ils ne le sont plus que 1,5 fois dans la séquence 1940-45.

Les « autres » publics, qui désignent, soit les spécialistes d'une discipline autre que les mathématiques, les sciences physiques ou les sciences de l'ingénieur, soit ceux qui s'intéressent de manière réflexive aux sciences mathématiques[68], deviennent véritablement une cible pour la presse mathématique dans la première moitié du XIXe siècle. La circulation mathématique en direction d'un tel public s'appuie en premier lieu, tout au long de la période, sur les journaux « généralistes », en second lieu sur les journaux « scientifiques et techniques » qui, au cours du XIXe siècle, intègrent et suscitent les développements d'études épistémologiques et les études réflexives sur les mathématiques dans des journaux qui proposent de l'épistémologie des sciences physiques et diverses.

Enfin, l'offre éditoriale en direction du « monde de l'enseignement », présente dès le XVIIIe siècle, est celle dont la part dans la circulation mathématique reste la plus faible sur toute la période. Le journal le *Mathematische Liefhebberye, met het Nieuws der Fransche en Duytsche Schoolen in Nederland* (le *Passe-temps mathématique*), lorsqu'il est créé aux Pays-Bas en 1754 en direction des écoles primaires[69], est alors un cas singulier. On n'atteint la

---

67. Nous n'avons pas retenu dans notre définition de « journal mathématique », les journaux qui se limitaient à de tels usages, principalement utilitaristes, des mathématiques.
68. L'offre éditoriale pour cet « autre » public motivé par la réflexion sur les sciences dans l'aire francophone est l'objet du chapitre de J.-H. Greber dans cet ouvrage (chap. 20)
69. Voir le chapitre de Jenneke Krüger dans cet ouvrage (chap. 6).

dizaine de journaux que dans la séquence 1800-1805[70] et c'est au cours du XIXe siècle que cette offre se renforce : multipliée par 4, elle atteint au début du XXe siècle 11 % de l'offre éditoriale globale. Cette croissance peut s'expliquer par le développement de l'enseignement mathématique, principalement au niveau secondaire, partout dans le monde au cours de ce siècle. Cette offre, à la différence des autres, concerne les trois catégories de journaux avec les journaux « spécialisés » comme composante principale tout au long de la période. Sa diminution au cours de la première moitié du XXe siècle peut s'expliquer par une saturation du marché et la disparition dans la zone du « noyau fondateur » de certains journaux dans les années 1920-1930, conséquence en partie de la Première Guerre mondiale.

Le renouvellement de l'offre

En 1940, 20 % de l'offre éditoriale tous publics confondus, soit 170 journaux, était déjà présents presque un siècle plus tôt, durant la séquence 1850-1855. Cette présence de journaux centenaires ou plus est marquante, mais rappelons qu'entre 1850 et 1940, presque un millier de journaux ayant une durée de vie supérieure ou égale à 10 ans ont été créés et que, dans le même temps, plus de la moitié de l'offre présente au milieu du XIXe siècle a disparu. Comment saisir ces phénomènes de sédimentation et d'évaporation dans l'offre éditoriale sur le temps long, que nous disent-ils de la circulation mathématique et des évolutions des publics ciblés ? On peut noter tout d'abord le rôle de l'adossement. Les journaux de société, d'académie, d'université, d'institution ont une vie généralement plus longue que les journaux créés à la suite d'une initiative privée ou commerciale, des cas comme le Journal de Crelle ou le Journal de Liouville, véritables monuments installés dans le temps long de l'histoire des mathématiques, restent plus rares.

En regardant l'offre éditoriale en 1940 en fonction des différents publics, la part des journaux existant déjà au milieu du XIXe siècle pour chacun fluctue en fonction des types de publics. Ainsi, elle est de 11 % pour le « monde de l'enseignement », dont l'offre qui le vise ne s'accroît significativement que dans la deuxième moitié du même siècle ; au contraire, elle s'élève à 48 % pour le « grand public », ce qui confirme l'ancienneté de cette cible éditoriale et rend plausible l'hypothèse de son possible épuisement à partir de la deuxième moitié du XIXe siècle. La part des journaux ciblant entre autres les « spécialistes » et les « scientifiques » est en gros égale à 20 %, elle est de 27 % pour les publics « autres ».

Les dynamiques de sédimentation et de renouvellement du paysage éditorial mathématique apparaissent ainsi spécifiques des différents publics-cibles. L'étude du renouvellement des offres éditoriales en direction des différents

---

70. Les journaux savants généralistes du XVIIIe siècle ciblent bien évidemment aussi les enseignants comme en attestent des exemples d'utilisation de ces journaux dans des cours à l'université. On ne s'intéresse avec cette statistique qu'aux journaux qui mettent particulièrement en avant les questions d'enseignement dans leurs intentions éditoriales.

publics à différentes séquences peut permettre de mieux appréhender ces distinctions. L'apparition de nouveaux journaux indique dans quelle mesure les besoins des différents publics, tels que les envisagent les éditeurs, peuvent avoir évolué, mais elle peut également être le signe de l'ouverture potentielle de nouveaux marchés. Dans le même temps, comme nous venons de le voir des journaux plus anciens se maintiennent, signe d'une certaine stabilité des attentes et des pratiques des lecteurs et auteurs. Pour estimer l'ampleur du renouvellement de l'offre éditoriale sur une période donnée, nous examinons le pourcentage de journaux (d'une durée de vie égale ou supérieure à dix ans) créés depuis le début de la période, dans l'offre proposée à la fin de la période ; nous appelons ce pourcentage le taux de renouvellement[71].

Concernant l'offre éditoriale au XIXe siècle en direction du « grand public », nous avons vu que le nombre des « journaux mathématiques » le visant triple, la croissance étant sensiblement la même sur les deux demi-siècles. Mais cette croissance, outre qu'elle concerne un espace géographique plus étendu comme on le verra plus bas dans la section 2.3.3, n'est pas de même nature dans ces deux temps. Pour la première moitié, le taux de renouvellement entre 1800-05 et 1850-55 atteint 70 % de l'offre ; il n'est plus que de 51 % entre 1850-55 et 1900-05. Il y a donc un changement dans la nature de l'offre destinée à ce public entre ces deux périodes, la croissance dans la seconde moitié relevant plus d'un processus de sédimentation de l'offre que de son renouvellement. En effet, deux phénomènes concomitants caractérisent l'évolution de l'offre visant le « grand public » dans la première moitié du siècle : la part des journaux récents (c'est-à-dire créés moins de quinze ans avant le début d'une séquence) approche du tiers de l'offre de 1850-55 ; en même temps, la moitié des journaux présents dans l'offre éditoriale du début du siècle sont encore là en 1850-1855. En ce qui concerne la deuxième moitié du siècle, la part des journaux récents en 1900-05 n'est plus que de 14 %, alors que 85 % des journaux présents cinquante plus tôt sont toujours en circulation.

L'ancienneté de ces journaux témoigne de la façon dont des entreprises éditoriales anciennes ont pu continuer à jouer leur rôle dans l'espace de circulations mathématiques auprès du « grand public ». On peut y voir l'existence de permanences dans les pratiques mathématiques de ce public cible qui trouve toujours son compte dans les mêmes formats ou les mêmes types de contenus. Il transparaît aussi un certain degré de saturation du segment du marché éditorial ciblant le « grand public » et qui n'évolue plus.

---

71. Le taux de renouvellement de l'offre sur les quatre premières décennies du XXe siècle est égal au pourcentage du nombre de journaux créés depuis 1905 et toujours présents en 1940 (341) par rapport au nombre total de journaux de l'offre de 1940 (844), soit 40 %. De la même manière, nous définissons le taux de sédimentation sur une période comme le pourcentage des journaux présents dans l'offre du début de la période toujours en circulation en fin de période. Par exemple, le taux de sédimentation de l'offre de journaux « généralistes » durant la première moitié du XIXe siècle est égal au rapport entre le nombre de journaux « généralistes » créés avant 1805 et toujours actifs après 1850 (26) et le nombre de journaux « généralistes » offerts sur la séquence 1800-05 (42), soit les deux tiers.

L'offre visant le public des « scientifiques », qui est devenue depuis le début du XIXe siècle, nous l'avons vu, l'offre éditoriale la plus importante, connaît une croissance spectaculaire au cours de la première moitié du XIXe siècle, jamais égalée par la suite. Cela est dû à un taux de renouvellement particulièrement élevé (77 %) accompagné d'un taux de sédimentation équivalent (74 %). Malgré un nombre de créations de journaux presque deux fois plus important dans la seconde moitié du siècle (242 nouveaux journaux entre 1855 et 1905, 129 entre 1805 et 1855), le taux de renouvellement dans la seconde moitié est inférieur de plus de dix points (63 %). Notons cependant que la part des journaux « récents » dans le renouvellement est moindre pour la séquence 1900-1905 que pour celle de 1850-55. Le rythme des créations semble s'affaiblir vers la fin du XIXe siècle. En revanche, au XX siècle, alors que la croissance des journaux visant les « scientifiques » se ralentit encore, que le taux de renouvellement en 1905 et 1940 n'est que de 39 %, les journaux « récents », dont le nombre n'a été aussi grand pour aucune des séquences précédentes, entrent pour presque la moitié dans le renouvellement en 1940. Si l'on regarde la part de chacune des composantes dans le renouvellement de l'offre pour le public des scientifiques, on constate l'effondrement de la part des journaux généralistes à partir de la moitié du XIXe siècle, le renouvellement étant alors assuré uniquement par les journaux scientifiques et techniques. Ce phénomène continue au XXe siècle, et reprend de la vigueur dans l'entre-deux-guerres comme en témoigne le nombre de journaux « récents » pour la dernière séquence. On constate ainsi que le public des scientifiques n'est en rien une cible pour l'ensemble des journaux spécialisés dont le nombre explose au XXe siècle.

L'offre en direction des « spécialistes » est multipliée par plus de 7 au cours du XIXe siècle. Les trois composantes de l'offre, dont le poids respectif a été donné plus haut, participent à cette croissance mais de façon diversifiée, comme le montre l'étude des processus de renouvellement et de sédimentation de chacune d'elles. Ainsi, dans la première moitié du siècle, le fort renouvellement de l'offre (près des trois-quarts) est assuré majoritairement (60 %) par des journaux « scientifiques et techniques » et d'une façon moindre (30 %) par les journaux « généralistes », ce qui correspond en gros à leur part respective dans l'offre éditoriale dans ce premier demi-siècle. Chacune des deux catégories « scientifiques et techniques » et « généralistes » a en effet un dynamisme équivalent et se renouvelle à environ 70 %. La part des journaux spécialisés dans le renouvellement global des journaux pour spécialistes reste certes faible quantitativement, mais il est important de noter que les 8 journaux spécialisés de la séquence 1850-55 sont tous nouveaux par rapport à la séquence précédente et que, parmi eux, on trouve les « journaux mathématiques » de référence (au moins jusqu'à la fin de notre période) pour les communautés de spécialistes, le *Journal für die reine und angewandte Mathematik*, *Journal de mathématiques pures et appliquées*, *Cambridge Mathematical Journal*, *Annali di Scienze matematiche e fisiche/Annali di matematica pura ed applicata*[72].

Dans la deuxième moitié du siècle, le renouvellement de l'offre en direction des spécialistes est moins important (63 %). Les deux composantes « scientifiques et techniques » et « généralistes » sont responsables de ce ralentissement mais tout particulièrement la composante « généraliste ». Dans cette composante, en effet, la part en 1900 des journaux anciens (présents dans la séquence précédente de 1850-1955) est majoritaire alors que la composante « scientifique et technique » demeure dans une dynamique de publications nouvelles. Mais le fait marquant de cette période est l'affirmation de la nouvelle composante « spécialisée » ; le tiers des 150 nouveaux journaux ciblant les spécialistes, qui apparaissent entre 1850-55 et 1900-05, sont des journaux spécialisés. Dans le même temps, le taux de sédimentation de l'offre est particulièrement élevé entre 1850-55 et 1900-1905, entre 80 % et 90 % pour les journaux « scientifiques et techniques » et « généralistes ». Qu'ils soient adossés majoritairement à des institutions (académies et sociétés), comme les « généralistes », et inscrits dans la dynamique de mathématisation de la science, comme les « scientifiques et techniques », ces journaux, qui offrent une place aux « spécialistes », sont des entreprises éditoriales solides qui durent sur le long terme. Entraînant un phénomène de saturation sur leur créneau éditorial, elles ne laissent pas d'opportunités à de nouveaux journaux « généralistes » ou « scientifiques et techniques » de proposer une offre aux « spécialistes ». Dans cette deuxième moitié du XIXe siècle, la nouvelle voie éditoriale en direction des « spécialistes » est celle des journaux « spécialisés », consacrés uniquement à des articles de mathématiques. Une nouvelle dynamique, portée par les « spécialistes » eux-mêmes ainsi que par leurs sociétés[73], est lancée ; elle va être une caractéristique essentielle de l'offre pour spécialistes au XXe siècle.

Les choses changent alors en effet radicalement. Entre le début du siècle et 1940, le taux de renouvellement tombe en dessous de 45 %. La composante « généraliste » est à bout de souffle, pas un seul nouveau journal visant entre autres les « spécialistes » n'a été créé sur la période[74] ; l'apport de la composante « scientifique et technique » au renouvellement est numériquement moindre que celui de la composante « spécialisée », dont le dynamisme assure la croissance de l'offre pour spécialistes. De plus, le taux de renouvellement des « scientifiques et techniques » est de 37 % alors que celui des « spécialistes » est de 65 %.

---

72. Sur ces journaux voir (Gispert *et al.* 2023)), ainsi que les contributions de Tom Archibald (chap. 17), Frédéric Brechenmacher (chap. 25), T. Morel (chap. 16) et I. Nagliati (chap. 4) dans cet ouvrage

73. Sur la soixantaine de journaux « spécialisés » en direction des « spécialistes » créés entre 1851 et 1900, une moitié l'est par des sociétés. Sur ces questions, voir les chapitres de K. Parshall (chap. 21), de D. Kent (chap. 5) et M. R. Enea (chap. 15), ainsi que (Gispert *et al.* 2023).

74. Comme nous allons le voir, les zones où le renouvellement est dynamique au XXe siècle sont des zones pour lesquelles il nous a été plus difficiles de repérer les journaux « généralistes ».

La circulation mathématique en direction du public de spécialistes au XXe siècle, dont a vu qu'il croît et s'organise fortement dans cette période, est de plus en plus structurée autour de journaux qui ne contiennent que des mathématiques.

L'extension géographique de l'offre éditoriale

L'explosion de l'offre éditoriale globale dans la première moitié du XIXe siècle s'effectue à partir du noyau fondateur que constituent l'Allemagne, la France, la Grande Bretagne, l'Italie et les Pays-Bas (voir tableau 6, chap. 5).

Cette extension géographique a ouvert de nouveaux débouchés, a touché de nouveaux lecteurs et de nouveaux auteurs, parmi toutes les catégories de publics, dans le reste de l'Europe tout d'abord, puis à l'échelle d'autres régions, voire continents. Les journaux mathématiques édités dans le noyau fondateur ont circulé au-delà de cette zone géographique d'origine et ont pu atteindre des publics d'autres régions du monde. Il est difficile, en l'absence de listes d'abonnés, de savoir où se trouvent les lecteurs effectifs de ces journaux, à l'exception occasionnellement de ceux qui y écrivent, dont le lieu d'origine peut être mentionné. Nous savons par exemple que le *Journal des savants* était présent dans les fonds de la Bibliothèque du Pé-t'ang, liée aux Jésuites, dans la ville de Pékin (Vittu 2002*a*, p. 203). R. Monteiro montre, dans cet ouvrage (chap. 8), grâce à des traces matérielles de circulation, la présence au Brésil de journaux européens en direction des ingénieurs dans le dernier tiers du XIXe siècle. Il reste que la naissance et le développement d'une offre mathématique « locale » ont élargi considérablement la circulation mathématique dans ces régions du monde.

Ainsi aux États-Unis, la circulation mathématique « locale », par et dans des journaux créés et édités dans ce pays[75], s'est développée dans la première moitié du XIXe siècle, où elle atteint une trentaine de journaux ; elle quadruple quasiment au cours de la seconde moitié du siècle, cet accroissement – unique dans notre période, y compris dans le noyau fondateur – se ralentissant au XXe siècle où la part des États-Unis dans l'offre éditoriale globale atteint plus de 20 %. À une échelle quantitativement plus modeste, une offre et donc une circulation mathématique « locale » se développent au cours de la première moitié du XXe siècle dans deux autres régions du monde, l'Extrême-Orient et l'Amérique du Sud. En Extrême-Orient une cinquantaine de journaux, édités au Japon principalement mais aussi en Chine, sont présents dans l'offre éditoriale en 1940, il y en avait une quinzaine au début du siècle.

Dans quelle mesure cette ouverture de nouveaux espaces a-t-elle participé à l'élargissement et au renouvellement de l'offre éditoriale en fonction des publics ? Dans le cas des spécialistes, au XVIIIe siècle, les 5 journaux qui leur sont destinés, présents dans l'offre des années 1700-05, sont édités dans le noyau fondateur ; pour la séquence suivante, 1750-1755, il en est de même pour 8 sur 13 des journaux présents dans l'offre éditoriale mais 5 sont publiés

---

75. Voir les contributions de D. Kent (chap. 5), K. Parshall (chap. 21) et T. Preveraud (chap. 9) dans cet ouvrage.

dans d'autres pays d'Europe. Depuis le début du XIXe siècle, la part des journaux pour spécialistes, hors noyau fondateur, croît régulièrement et, à partir de 1850, à un rythme plus soutenu que dans la zone du noyau fondateur. Entre 1900 et la fin de la période, la part de l'offre pour « spécialistes » localisée en dehors du noyau fondateur passe de 46 % à 60 %. Une dynamique d'extension géographique particulièrement patente en ce qui concerne l'offre en direction des « spécialistes », puisque globalement la part des journaux mathématiques publiés hors du noyau fondateur est de 50 % en 1940 ! La constitution de communautés professionnelles de mathématiciens partout dans le monde au cours de la première moitié du XXe siècle crée les conditions de circulations mathématiques « locales » dont les visées peuvent être dans le même temps internationales dans de nouveaux espaces géographiques. Cette dynamique ne se retrouve pas dans le cas des autres publics, en particulier pour le public généraliste.

Au cours du XIXe siècle, l'offre visant les « spécialistes » s'ouvre hors Europe dans une seule direction, l'espace états-unien dans lequel sont localisés à la fin du siècle plus de 10 % des « journaux mathématiques » les visant au niveau du monde et 22 % en dehors du noyau fondateur. L'offre pour « spécialistes » triple au cours du siècle, s'appuyant sur les premiers journaux[76] dans la première moitié du siècle, tous encore présents dans la fenêtre 1900-1905. Ce phénomène de sédimentation de l'offre états-unienne s'affirme au cours du XXe siècle, la quasi-totalité des journaux ciblant des spécialistes présents en 1900-1905 faisant toujours partie de l'offre éditoriale en 1940 ; par contre, la croissance se ralentit, cette offre n'ayant été multipliée que par 1,3 depuis le début du siècle. À cette date, les parts de l'offre états-unienne pour spécialistes dans l'offre mondiale et dans l'offre hors noyau fondateur sont restées en gros identiques à celles du début du XXe siècle. Mais une telle stabilité cache une nouvelle configuration de l'offre mondiale dans les premières décennies de ce siècle. Alors que le nombre de journaux ciblant les « spécialistes » baisse dans le noyau fondateur, les « spécialistes » des nouvelles régions du monde qui apparaissent dans l'espace de circulations mathématiques, l'Amérique du Sud et l'Extrême-Orient, vont pouvoir disposer d'une offre « locale » qui leur est en partie destinée : en 1940, le nombre de journaux visant les « spécialistes » publiés dans ces deux continents est égal au nombre de ceux qui paraissent aux États-Unis. Le renouvellement de l'offre pour « spécialistes » au niveau mondial est assuré pour une bonne part par ces nouveaux débouchés.

L'Europe reste néanmoins le continent dominant, même si le « noyau fondateur » perd en partie sa place prépondérante. La part de l'Europe hors des cinq pays du noyau – Allemagne, France, Grande Bretagne, Italie et Pays-Bas – dans l'offre mondiale pour spécialistes atteint 35 % en 1940. Depuis le

---

76. Rappelons qu'il s'agit de données concernant le corpus des journaux ayant une durée de vie supérieure ou égale à 10 ans. En effet, l'installation aux USA du phénomène d'édition de journaux mathématiques dans les premières décennies du XIXe siècle se traduit par la fragilité d'un certain nombre d'entreprises et leur disparition.

début du XIXᵉ, où elle était égale à un quart, cette part a crû régulièrement. Mais plus encore, son rôle dans la circulation mathématique en direction des « spécialistes », par et dans de nouveaux « journaux mathématiques » qui leur sont destinés, a grandi et est devenu déterminant dans la constitution de l'offre éditoriale. L'Europe hors du « noyau fondateur » a assuré plus de 41 % du renouvellement de l'offre mondiale pour spécialistes entre 1905 et 1940 ; ce pourcentage était de 22 % dans la première moitié du XIXᵉ siècle et de 34 % dans la seconde moitié. Le noyau fondateur ne participe plus, au XXᵉ siècle, que pour moins d'un quart du renouvellement de l'offre mondiale en direction des spécialistes. L'assise géographique des régions de l'espace de circulations mathématiques dans lesquelles sont localisés les journaux ciblant les « spécialistes » change radicalement en un siècle. L'Europe hors noyau fondateur participe fortement au renouvellement de l'offre dans un contexte où le rôle de l'Europe dans son ensemble reste dominant[77].

3 Aborder à partir d'échelles et de focales diverses l'espace de circulations des « journaux mathématiques »

Les hypothèses et résultats obtenus à partir d'une telle approche globale de l'espace de circulations mathématiques appellent à être interrogés par des études de cas. Inscrites dans ce cadre général, les études menées dans les chapitres qui suivent correspondent à des analyses de fragments de cet espace de circulations. Le fragment peut être plus ou moins étendu géographiquement et/ou temporellement ; concerner un public spécifique ou un type particulier de journaux, qui délimite alors une région dans l'espace de circulations considéré dans son aspect structurel ; porter sur une part plus ou moins large du corpus et surtout sur un journal en particulier, ce qui est le cas de beaucoup de contributions. L'important est de mettre en lumière des proximités ou des filiations entre les journaux, de faire apparaître des échanges et des interactions entre les acteurs et leurs journaux, mais surtout d'interroger leurs implications dans le champ mathématique.

3.1 Structure du volume

Les contributions à cet ouvrage collectif, issues des collaborations dans un ample réseau international, ont été réparties entre quatre parties, introduites chacune séparément :

La première est consacrée aux « Circulations mathématiques à différentes échelles : centres et territoires ». Les exemples qui y sont traités s'attachent surtout à l'aspect géographique de l'espace de circulations mathématiques en investiguant les « journaux mathématiques » publiés dans des territoires plus ou moins larges, d'urbain à national.

---

77. Pour d'autres approches quantitatives à partir du corpus des « journaux mathématiques » de l'espace de circulations mathématiques, voir le chapitre qui suit.

La deuxième partie est intitulée « L'espace de circulations constitué par les interactions entre journaux » et met davantage en lumière les aspects structurel et cognitif de cet espace. Les contributions se concentrent sur des journaux d'un même type et étudient les circulations entre eux de contenus mathématiques, de formes et de stratégies éditoriales.

La troisième partie apporte quelques réponses à la question « Quelles mathématiques pour quels publics ? » Les lectorats que ciblent les revues en constituent bien sûr un important horizon d'attente qui peut orienter et modifier les contenus transmis ainsi que les modèles éditoriaux.

Finalement dans une quatrième et dernière partie, seront plus particulièrement étudiées les « Traces de circulations dans les journaux mathématiques » résultant d'une lecture serrée de leurs contenus et d'une analyse de leurs rubriques et des formes éditoriales mises en œuvre.

3.2 Lectures transversales et pistes de recherche ouvertes

Dans la suite de cette introduction, nous évoquerons des thèmes transversaux communs à plusieurs contributions au volume, dont certains, comme la forme éditoriale des Questions/Réponses, méritent d'être mis en pleine lumière. D'autres affleurent dans certains chapitres sans faire l'objet d'un traitement individuel et ouvrent autant de pistes de recherche encore à explorer plus à fond.

Forme éditoriale des questions-réponses

Les Questions/Réponses présentes dès les tout premiers « journaux mathématiques spécialisés » (J. Krüger, S. Despeaux[78]) nous semblent caractéristiques des pratiques à la fois mathématiques et éditoriales : poser des problèmes, appeler à les résoudre, publier et parfois récompenser les meilleures solutions. Elles font souvent l'objet d'une rubrique distincte et nous faisons l'hypothèse que sa présence permet de délimiter un ensemble de journaux similaires dispersés géographiquement mais proches au niveau cognitif et particulièrement nombreux au XIXe siècle. Les périodiques qui accueillent alors ce type de rubrique sont à destination de publics d'amateurs, du monde de l'enseignement et des « spécialistes ». Ils sont qualifiés d'« intermédiaires » parce qu'ils véhiculent des mathématiques dites « intermédiaires », relativement peu valorisées académiquement[79]. Une exception qui s'avère en fait ne pas en être une, est le *Journal für die reine und angewandte Mathematik* de Crelle[80], qui devient très vite un journal de recherche de référence, mais a proposé à ses débuts une rubrique de Questions/Réponses. Celle-ci est certainement héritée

---

78. Les références aux études de cas qui suivent sont données dans cette partie par le nom des auteurs entre parenthèses.

79. Sur les journaux intermédiaires, voir (Ortiz 1996) et (Ehrhardt 2018).

En reprenant de manière libre une expression de Felix Klein, les mathématiques intermédiaires relèvent du domaine des mathématiques élémentaires vues d'un point de vue plus ou moins avancé.

80. Sur le Journal de Crelle, voir (Eccarius 1974, 1976). Dans ce volume, voir les contributions de T. Morel (chap. 16) et T. Archibald (chap. 17).

d'un de ses modèles, au moins d'un point de vue éditorial, les *Annales de mathématiques pures et appliquées* de Gergonne. Or, en même temps que cette rubrique disparaît, la part des auteurs non-« spécialistes » s'effondre pour se dissiper complètement.

Un important rôle de médiation incombe aux éditeurs de ces journaux intermédiaires qui ont en charge la rubrique de Questions/Réponses. Non seulement ils visent à capter les publics de poseurs de questions et de solveurs de problèmes, mais ils sélectionnent aussi les solutions à publier et, le cas échéant, à récompenser leurs auteurs. Cette pratique éditoriale crée ainsi une émulation, voire une compétition entre les lecteurs, et peut être à l'origine d'échanges dans une communauté de praticiens des mathématiques qui se constitue autour d'un périodique. Pour exemple, 55 % des 1860 auteurs des *Nouvelles annales de mathématiques*[81] participent à l'active rubrique des Questions/Réponses de ce journal, plus d'un tiers ne s'impliquent que dans celle-ci et plus d'un quart ne contribuent qu'à l'activité de résolution des questions. Si les poseurs de questions peuvent être des acteurs connus des sphères académiques ou intermédiaires, ceux qui y répondent sont pour l'essentiel, soit des élèves des classes préparatoires, des élèves des grandes écoles ou des étudiants, qui pour certains, continueront de contribuer aux Questions/Réponses des *Nouvelles annales* au-delà de leur temps de formation, soit des enseignants des lycées ou des amateurs que l'on peut retrouver dans les rubriques similaires d'autres journaux comme l'*Educational Times*[82]. Les questions peuvent relever de la simple énigme ou mobiliser des concepts de mathématiques avancées, comme dans le cas de *Sphynx-Œdipe* et créer des proximités entre diverses communautés de praticiens et des réseaux de journaux « spécialisés » ou non (Jenny Boucard).

Les questions peuvent aussi circuler d'un journal à un autre, les questions non résolues d'un journal voué à disparaître peuvent être léguées en héritage à un autre (S. Despeaux). La circulation des questions entre journaux et, dans une moindre mesure, des solutions est ainsi une dynamique importante de l'espace de circulations mathématiques dont les journaux qui y participent constituent une région. Se focaliser sur cette rubrique peut être une clé de compréhension de l'organisation de cet espace, comme on le voit dans le cas des « journaux spécialisés » états-uniens tout au long du XIXe siècle. Il y a conformité entre la géographie de l'espace de circulations et la géographie politique dictée par l'expansion des États-Unis vers l'Ouest (T. Preveraud, D. Kent). La pratique des Questions/Réponses a également pu jouer un rôle dans la formation des maîtres. Ainsi, deux journaux « généralistes » professionnels ciblant des enseignants du premier degré en France au XIXe siècle contiennent des séries

---

81. Sur les *Nouvelles annales de mathématiques*, voir (Rollet & Nabonnand 2012, 2013).
82. Sur l'*Educational Times*, voir (Grattan-Guinness 1993), (Delve 2003), (Despeaux 2017). On peut aussi consulter la base de données consacrée à ce journal par Roberto M. Manzo : (https://maa.org/book/export/html/2569842).

d'exercices proposées par la rédaction afin de stimuler le désir des instituteurs à résoudre des problèmes mathématiques (Renaud d'Enfert).

Les rubriques Questions/Réponses caractérisent notamment les « journaux mathématiques » destinés aux étudiants. Une grande partie des 77 « journaux mathématiques » qui visent/atteignent entre autres les « étudiants », dont les deux tiers sont « spécialisés », comportent, quand ils ne se structurent autour, une telle rubrique. On peut ainsi citer le *Giornale di Matematiche* édité à Naples (évoqué par M. R. Enea et E. Luciano) ; *The Mathematical Correspondent* (cité par K. Parshall, D. Kent et T. Preveraud) aux États-Unis ; les *Mathematicae Notae* créés en exil par Beppo Levi durant la Seconde Guerre mondiale (E. Luciano) ; la *Revue de mathématiques spéciales* ciblant les élèves préparant les concours d'entrée aux grandes écoles françaises (Jean Delcourt). En même temps que le système universitaire se développe et s'internationalise au XIXe siècle, les « étudiants » deviennent un public crédible et le genre des Questions/Réponses tend à s'éloigner de la tradition des énigmes dont il est issu.

Pistes de recherche à explorer

Les reprises entre journaux, que ce soit sous forme de simples copies intégrales ou par extraits, de traductions, de résumés ou de citations, constituent un thème présent dans de nombreuses contributions, car il s'agit là d'un outil méthodologique indispensable pour déceler les interactions entre revues et restituer les réseaux dans lesquels ils s'inscrivent (J. Boucard, T. Preveraud, P. Romera-Lebret, L. Giacardi & R. Tazzioli...). Comme on le voit notamment à travers les exemples du *Journal de mathématiques pures et appliquées* et des *Acta mathematica*, c'est aussi pour certains titres à certains moments un moyen de pallier un manque de travaux originaux pour régulièrement remplir les pages du journal (F. Brechenmacher). Notons une forme de reprise qui se développe dans les périodiques mathématiques du XIXe siècle, les notes de synthèse (survey) qui présentent l'état des lieux d'une discipline ou une discipline émergente en s'appuyant sur plusieurs articles parus dans divers journaux nationaux et étrangers dans différentes langues (P. Romera-Lebret, J. Peiffer *et al....*).

La problématique de la traduction affleure dans de nombreuses contributions et ouvre la piste d'une étude plus systématique. Avec le déclin du latin et la constitution des États-nations au XIXe siècle, un régime polyglotte s'installe dans le domaine des sciences incluant les mathématiques. À la charnière des XVIIIe et XIXe siècles, les périodiques mathématiques publient dans les langues nationales, avec le français et l'allemand dominants. Faire connaître les travaux menés à l'étranger exige alors qu'on recoure à la traduction et de nombreux exemples sont présentés dans ces pages (T. Archibald, F. Brechenmacher, R. M. Enea, J. Krüger, E. Luciano, T. Preveraud, C. S. Roero, P. Romera-Lebret). Ce régime polyglotte (Gordin 2015) a tendance à se fissurer après la Première Guerre mondiale et la mise au ban des scientifiques allemands. Selon Gordin, ce sont les Américains étrangers à cette culture polyglotte qui auraient progressivement imposé l'anglais comme langue hégémonique de communication scientifique. Et pourtant, le russe a réussi pendant la guerre froide à s'établir comme langue scientifique (25 % des publications contre 60 % pour l'anglais dans les années 1950-1960, selon Gordin), alors que les Soviétiques veillaient à ce que leurs résultats circulent également dans d'autres langues. Cette périodisation un peu schématique serait à affiner pour les mathématiques (voir déjà C. Hollings dans ce volume), où l'écriture formelle et le recours massif à des symboles peuvent rendre la compréhension plus immédiate pour les mathématiciens formés dans le même système d'écriture, ce qui n'est pas toujours le cas (comme l'indique l'exemple du Japon au début de l'ère Meiji étudié par H. Kümmerle).

Les langues et les politiques linguistiques sont liées à des territoires, mais sont parfois aussi la marque d'appartenance à une classe sociale ou, en ce qui nous concerne, à une communauté de mathématiciens plus orientée vers la recherche ou vers la pratique (J. Krüger, H. Kümmerle). De manière plus générale, le développement de la presse mathématique n'est pas indépendant du contexte politique dans lequel il s'inscrit. Les institutions de recherche et d'enseignement qui la soutiennent, l'aménagement des territoires et/ou le marché de la presse évoluent au gré des politiques locales, régionales ou nationales. La presse mathématique a aussi joué un rôle symbolique dans l'émulation, voire la compétition entre nations, comme l'indique l'exemple de la France et de l'Allemagne à la fin du xixe siècle, luttant chacune pour occuper la place dominante dans le domaine mathématique. On voit naître à cette même époque les premières sociétés nationales de mathématiques publiant des bulletins de liaison entre leurs membres, qui sont autant d'outils de représentation et de propagande par rapport à l'étranger. Plusieurs cas publiés dans les pages qui suivent évoquent les contextes politiques, en décrivent les implications sociales et intellectuelles sur les stratégies éditoriales de journaux et montrent comment ils reconfigurent l'espace de circulations mathématiques, notamment en période de crise. Ainsi, la mainmise du pouvoir fasciste sur l'Union mathématique italienne (UMI) a des conséquences non négligeables sur son bulletin qui doit s'accommoder, parfois de manière opportuniste, à la politique d'autarcie scientifique du régime (Giaccardi et Tazzioli). Le contexte politique italien a non seulement des répercussions sur les publications mathématiques locales, mais aussi sur les mathématiques en Argentine. En effet, les mathématiciens juifs Beppo Levi et Alessandro Terracini, exclus de l'université et des diverses instances des mathématiques italiennes, fondent, durant leur exil argentin, des « journaux mathématiques » qui ont eu une importance capitale dans la constitution de la communauté mathématique de ce pays et l'ont inscrit sur la carte de la presse mathématique (E. Luciano). Les pays accédant nouvellement à l'indépendance ont bien compris aussi la nécessité de disposer de leurs propres organes de publication, comme le montre dans cet ensemble d'études le cas du Brésil (R. Monteiro).

Si les aspects matériels de la circulation et la matérialité de l'objet journal ne sont pas complètement absents de ce volume (D. Kent, R. Monteiro), ils demanderaient peut-être à être davantage développés et problématisés, encore qu'il ne soit pas sûr que les circuits de distribution des journaux mathématiques diffèrent de ceux des périodiques en général. La question reste cependant posée comme aussi celle du marché des périodiques mathématiques. Lorsqu'ils sont adossés à des institutions – universités et académies – ils ne suivent pas forcément les lois du marché. Les journaux commerciaux peuvent être subventionnés par l'État sous des formes encore peu explorées. La question de la rentabilité des entreprises d'édition mathématique, très présente tout au long de ce volume sous la forme de lectorats susceptibles de faire vivre une telle entreprise, mériterait d'être étudiée davantage. Depuis quand et dans quelles circonstances économiques et politiques est-elle devenue primordiale pour la survie des journaux mathématiques ?

4 En guise de conclusion, bribes d'un nouveau récit

Pour conclure, rappelons ce que change notre approche des journaux mathématiques centrée sur la circulation et incluant, outre les mathématiciens professionnels divers segments de publics. Un premier constat résulte de l'analyse de la base de données : les spécialistes de mathématiques dans une large majorité ne publient pas seulement dans les journaux de recherche mathématique mais dans un éventail beaucoup plus large de journaux. Se restreindre aux journaux spécialisés pour spécialistes ne restitue qu'une histoire partielle qui se limite la plupart du temps aux pays grands producteurs de mathématiques et aux disciplines mathématiques les plus en vue. On peut citer l'exemple de la nomographie dont l'école germanique a passé sous les radars (D. Tournès) de l'historiographie. Un second constat s'appuyant sur des études menées entre autres par des auteurs de cet ouvrage (S. Despeaux, J. Krüger, T. Morel), concerne la « spécialisation » des journaux dont la voie a été ouverte dès le début du XVIIIe par les amateurs résolvant des problèmes pour leur plaisir ou par les praticiens recourant aux mathématiques dans leurs métiers ou professions respectifs, alors que, pour l'historiographie traditionnelle ce phénomène n'intervient qu'au début du XIXe siècle avec le développement des structures d'enseignement supérieur et la professionnalisation des mathématiques académiques. Selon le cadre national dans lequel l'histoire de la presse mathématique est contée, on considère le *Journal* de Crelle ou les *Annales* de Gergonne comme « premier journal mathématique spécialisé ». Elle y est ensuite présentée comme un récit de multiplication du nombre de journaux, d'expansion géographique et de spécialisation disciplinaire croissante en fonction d'une stratification de plus en plus marquée des publics. En mettant la circulation au centre de notre analyse, les limites nationales perdent de leur consistance – encore qu'il ne faille pas toujours négliger leurs effets – et en travaillant sur une plus longue durée, les phénomènes de spécialisation et de professionnalisation sont mis en perspective dans un nouveau récit émanant du travail collectif mené pendant ces dernières années par les auteurs de ce volume et le réseau plus large ayant participé à notre réflexion lors de séminaires et colloques.

Notre approche nous amène donc à substituer à un récit linéaire débutant à l'orée du XIXe siècle un récit de plus longue durée, plus complexe et foisonnant qui tient compte de différents types de journaux publiant des mathématiques et ciblant une variété de publics aux pratiques mathématiques diverses, parmi lesquels des mathématiciens innovants mais aussi les enseignants, leurs étudiants et élèves, les amateurs et les usagers des mathématiques, dont notamment les scientifiques de disciplines mathématisées et les ingénieurs. L'ambition de ce livre était de fournir des éléments de ce nouveau récit et, bien qu'elle ne soit que partiellement réalisée, on y trouvera des bribes en illustrant l'intérêt, sans qu'on soit déjà en mesure de le construire dans sa globalité.

D'abord, la circulation des mathématiques dans et par les journaux est bien un phénomène européen dominé par l'Allemagne, la France, la Grande-Bretagne, l'Italie et les Pays-Bas, qui en constituent le noyau fondateur (la moitié de tous les « journaux mathématiques » de la fin du XVIIe siècle à 1940 y ont été créés).

Comme les historiens du livre l'ont montré, la forme du journal savant est apparue dans le dernier tiers du XVIIe siècle en France et en Angleterre et s'est déployée tout au long du XVIIIe siècle en Europe. Des « articles » brefs se suivent sans ordre apparent, une rubrique de nouvelles du monde lettré est structurée selon leur provenance, et des index et tables (souvent annuelles) judicieusement construits donnent accès au contenu du périodique. Les articles sont la plupart du temps et majoritairement des recensions de livres relativement nouveaux, et concernent aussi le domaine des mathématiques. Ces journaux ciblent le public lettré, tant les savants que les curieux, et remplissent la double fonction de « veille bibliographique » pour les premiers qui sont renvoyés au livre même et d'information succincte à l'adresse des seconds. Très vite les savants, dont des mathématiciens, expriment leur frustration d'avoir à trouver des articles pertinents dans une multitude de sujets qui ne les intéressent pas. De premières tentatives de journaux spécialisés en mathématiques échouent ou ont des durées de vie extrêmement brèves. Elles sont cependant couronnées de succès dans quelques cas étudiés dans ce volume. En Angleterre, dès le début du XVIIIe siècle des journaux « spécialisés » apparaissent à l'adresse d'un public qui ne l'est pas, publiant des récréations ou des jeux mathématiques et proposant des questions à résoudre par leurs lecteurs. Un peu plus tard aux Pays-Bas, un journal spécialisé cible les enseignants et remporte un certain succès. Ces périodiques, comme on l'a vu, encouragent l'interactivité entre lecteurs par l'intermédiaire des journaux et sont à l'origine de communautés de résolveurs dans lesquels on puise les futurs enseignants de mathématiques quand les institutions d'enseignement secondaire, supérieur et militaire se développent.

En fournissant des ressources humaines, ces journaux « spécialisés » sont des acteurs non négligeables dans le processus de professionnalisation. En Allemagne, des journaux « spécialisés » satisfaisant des demandes émanant de milieux d'usagers des mathématiques, comme celui des mines, actuaires, gestionnaires des eaux, etc. réussissent alors que les milieux universitaires, moins dynamiques, échouent à faire vivre des périodiques dans la durée.

Au XIXe siècle l'offre éditoriale explose, due essentiellement au nombre fortement croissant de journaux scientifiques et techniques, qui à l'instar des mémoires académiques présents dès le XVIIIe siècle, fournissent aux mathématiciens un important vecteur de publication de leurs travaux. Les premiers journaux spécialisés pour spécialistes apparaissent au début du XIXe siècle, empruntant plutôt la forme des journaux savants, puis évoluent progressivement vers un modèle matriciel qui se stabilise à la fin du siècle. Ce modèle épouse la forme des mémoires académiques, c'est-à-dire la juxtaposition d'articles innovants à l'exclusion la plupart du temps de rubriques de recensions, bibliographiques et de nouvelles. Ces dernières continuent à remplir les pages d'autres types de journaux « spécialisés », comme les journaux intermédiaires, les bulletins de sociétés mathématiques... jusqu'aux répertoires bibliographiques. Les fonctions de production mathématique et de veille bibliographique se scindent.

Si au début de la période, les journaux non adossés à des institutions ont tendance à disparaître avec leur fondateur ou la demande qui en était à l'origine, les titres créés au XIXe siècle survivent à leur fondateur et se perpétuent. Ainsi, en 1940, un cinquième de l'offre éditoriale existait déjà un siècle plus tôt, témoignant d'une certaine permanence de ces titres. On pourra suivre au chapitre suivant une analyse quantitative de ces phénomènes de sédimentation et d'évaporation, de permanence et de dispersion.

La base de données nous a aussi permis d'enrichir nos connaissances sur le segment très particulier de la circulation mathématique ciblant les mathématiciens spécialistes. Ainsi, on peut se demander si un schéma de développement de ces journaux se dégage. On peut avancer prudemment que, dans le noyau fondateur, leur création est précédée par une période où la double fonction d'information et d'innovation n'est pas séparée, où les publics qu'ils ciblent ne sont pas distincts et où les contenus mathématiques concernent toutes les branches de ce savoir. Cela semble aussi être le cas aux États-Unis qui s'inscrivent sur la carte de la circulation mathématique dès le début du XIXe siècle. Lorsque les modèles éditoriaux des journaux encyclopédiques et des journaux intermédiaires régressent dans le noyau fondateur, ils restent très présents dans des zones plus périphériques géographiquement ou marginales pour la production mathématique innovante. Il n'est pas certain que le schéma que nous venons d'esquisser puisse s'appliquer pour la période suivant la stabilisation du modèle matriciel au début du XXe siècle. Ainsi, le Japon reprend directement ce modèle pour les trois premiers journaux mathématiques publiant en anglais à l'adresse d'une communauté mathématique globale, alors que les autres types de journaux utilisent le japonais. Il en va de même dans les colonies des pays du noyau fondateur, en Inde par exemple, où les journaux créés localement suivent le modèle de ceux du colonisateur.

La base de données nous livre la localisation géographique des centres de presse mathématique dans le monde. Dans notre analyse[83], nous avons privilégié les villes et les continents, mais au XIXe siècle l'échelle nationale est souvent déterminante. Ainsi, les sociétés mathématiques avec leurs bulletins ou des revues ciblant les spécialistes se constituent souvent dans un contexte politique de luttes pour l'indépendance ou de concurrence entre les nations.

En Europe, outre ce que nous avons appelé le noyau fondateur – l'Allemagne, la France, la Grande-Bretagne, l'Italie et les Pays-bas – toutes les régions sont concernées plus ou moins précocement par le phénomène de création de journaux spécialisés pour spécialistes, excepté peut-être la Suisse située au carrefour de plusieurs aires linguistiques. Notons que c'est principalement dans les capitales (politiques, économiques et/ou culturelles) et dans les villes universitaires que le phénomène s'implante. En Amérique du Nord, seuls les États-Unis s'inscrivent sur la carte des nations créatrices de ce type de journaux, alors que le Canada et le Mexique n'y apparaissent pas. L'Amérique du Sud n'est concernée que par l'Argentine ; le reste du continent est un désert alors que le Brésil et le Chili proposent des « journaux scientifiques et techniques ». En Extrême-Orient, la Chine, l'Inde et le Japon publient des journaux mathématiques spécialisés dès la fin du XIXe siècle et au seuil du XXe siècle. L'Afrique, le Moyen-Orient et l'Océanie sont des zones blanches.

L'analyse quantitative de la base a aussi montré que les journaux à l'adresse du monde de l'enseignement se développent à partir du milieu du XIXe siècle et constituent dès lors une part importante du marché des périodiques s'adressant aux divers échelons de l'instruction publique. Elle a aussi clairement indiqué que le modèle de journal encyclopédique très présent au début de la période étudiée régresse sans disparaître entièrement. En effet, il débouche à travers la création de journaux ciblant les philosophes et un public instruit au tournant des XIXe et XXe siècles, sur la naissance d'une nouvelle discipline, la philosophie des mathématiques. Ces journaux offrent aux mathématiciens une tribune pour les aspects plus réflexifs de leur travail et à ceux qui sont intéressés par une réflexion sur la discipline de plus en plus présente dans la vie de tous les jours, un outil d'information.

Les « journaux mathématiques », tout locaux qu'ils soient par le lieu d'édition qui leur fournit les infrastructures circulent bien sûr au-delà à un niveau régional, national et international[84]. Les politiques d'échanges mises en place par les sociétés mathématiques, les académies nationales ou les éditeurs

---

83. Voir aussi dans l'introduction, la section 2.3.3 et le chapitre suivant.
84. L'enquête sur ces circulations reste en grande partie à mener, même si on trouve dans ce volume des résultats partiels (F. Brechenmacher, C. S. Roero, R. Monteiro...).

de journaux en témoignent amplement, même s'il s'agit dans la plupart des cas de circulations transnationales englobant quelques pays avec lesquels les collaborations sont anciennes. Dès la fin du XIXe siècle, on voit apparaître des revues à vocation explicitement internationale et on constate que celles-ci sont issues de régions « périphériques » dont les besoins de se faire connaître et de prendre connaissance de ce qui se passe ailleurs sont vitaux. Citons comme exemples (outre le Japon déjà mentionné ci-dessus), *Acta mathematica*, revue fondée en 1882 à Stockholm par Gösta Mittag-Leffler, financée par les gouvernements suédois, norvégien, danois et finnois, et rédigée dans les principales langues européennes, et les *Rendiconti del Circolo matematico di Palermo*, fondés en 1887 par Giovanni Battista Guccia en réaction au localisme des publications académiques siciliennes[85]. Ces créations ont lieu dans un contexte d'internationalisation, avec la tenue au tournant du siècle des premiers congrès internationaux qui réunissent des mathématiciens de nombreux pays et donnent forme à la communauté mathématique en pleine expansion.

Au XXe siècle, les « journaux spécialisés » ciblant les spécialistes sont bien installés dans l'offre journalistique mathématique internationale. Éditer un tel journal semble être perçu comme une entreprise viable répondant à une demande croissante. Ainsi, près d'un quart du total de journaux créés au XXe siècle avant 1940, sont des journaux « spécialisés », dont plus de la moitié cible les seuls spécialistes actifs dans la recherche mathématique. La circulation mathématique en direction de ce public est désormais structurée par des journaux comprenant exclusivement des résultats mathématiques. Et cela constitue une rupture significative en ce que la création des journaux n'est plus dictée par des demandes locales ou nationales, mais répond à l'apparition de nouvelles disciplines mathématiques qui veulent chacune disposer d'un canal de publication périodique et rapide. Aujourd'hui, alors que nous terminons cet ouvrage, nous assistons à un moment charnière où la dimension géographique de l'espace de circulations mathématiques s'affaiblit, en faveur d'un espace global, bientôt virtuel, structuré par les disciplines et sous-disciplines mathématiques. L'histoire de cette transition structurelle reste à écrire.

Remerciements

Nous sommes reconnaissants à l'Agence française Nationale de la Recherche (ANR), qui a validé et financé les recherches dont ce volume est un des échos[86]. Notre reconnaissance va aussi aux laboratoires des porteuses et porteur de ce projet, les Archives Henri-Poincaré – Philosophie et Recherches sur les Sciences et les Technologies (AHP) (UMR 7117), le Groupe d'histoire et de diffusion des sciences (GHDSO), une équipe de l'unité de recherche Études sur les Sciences et les Techniques (UR 1610) et le Centre Alexandre-Koyré (CAK) (UMR 8560)

---

85. Voir l'introduction et les contributions de R. Tazzioli et R. Siegmund-Schultze dans le numéro spécial d'*Historia mathematica* (Peiffer *et al.* 2018).

86. Pour plus de précisions sur ses intentions et son fonctionnement, on peut consulter le site de ce projet (https://cirmath.hypotheses.org/).

qui ont favorisé ce projet de recherches en particulier lors de l'organisation des journées d'étude. À cet égard, nous remercions particulièrement Ramatoulaye Touré et Véronique Leday, respectivement secrétaires-gestionnaires des AHP et du GHDSO. Nous avons pu ainsi pendant quatre années travailler sur le thème de la circulation des mathématiques dans et par les journaux dans une sérénité et un confort qui devraient être la règle.

Nous sommes aussi particulièrement redevables à l'Institut Henri-Poincaré, qui a accepté de recevoir les séances du séminaire du projet. Nous remercions aussi le Centro internazionale per la ricerca matematica (Trento), le Centre international de rencontres mathématiques (Luminy) et l'Institut Mittag-Leffler et leurs équipes qui ont accueilli certaines des conférences de notre groupe de recherche.

Enfin, une reconnaissance éternelle à Sandrine Avril, ingénieure aux AHP, qui nous a opiniâtrement et efficacement accompagnés tout au long de la réalisation de ce volume. Sa rigueur et sa patience nous ont été d'une grande aide et le volume tel qu'il paraît enfin aujourd'hui lui doit énormément.

Nous remercions enfin Rossana Tazzioli et Sloan Despeaux pour leur relecture précise et efficace des textes rédigés en italien et en anglais.

Nous ne pouvons pas terminer cette introduction sans évoquer la mémoire de Jules-Henri Greber, auteur de deux chapitres de ce volume et la plupart des cartes figurant dans ce volume. Il a assuré les fonctions d'ingénieur de données du projet CIRMATH et été à ce titre la cheville œuvrière[87] de la base de données CIRMATHDATA. Nous nous souvenons avec émotion de son enthousiasme, de son obstination et de son implication dans la recherche. Ses compétences, sa disponibilité et son sourire nous ont beaucoup manqué dans la phase finale du projet. Ce volume lui est dédié.

---

87. Nous empruntons ce néologisme à Bernard Lubat.

Que disent les analyses quantitatives du corpus des « journaux mathématiques » de la circulation mathématique ?

Dans un article sur l'utilisation des méthodes bibliographiques en histoire des mathématiques qui a fait date, Jaroslav Folta et Luboš Nový (Folta & Luboš 1965) appelaient, tout en en soulignant la valeur heuristique, à une certaine prudence quant à l'utilisation des méthodes quantitatives, en raison en particulier de l'inhomogénéité fréquente des sources. Ils insistaient sur la nécessité « d'allier l'analyse quantitative à l'analyse qualitative ».

En même temps que les questionnements de l'histoire sociale, les méthodes quantitatives étaient utilisées de plus en plus fréquemment en histoire des sciences, provoquant des discussions quant aux risques de réification des données numériques, à la cohérence des classifications et à la nécessaire problématisation historique des catégories - ce que résumait Catherine Goldstein en rappelant qu'« il ne peut être question de dissocier la réflexion qualitative du décompte proprement dit ou de son traitement statistique éventuel » (Goldstein 1999, p. 211). L'approche quantitative du corpus des « journaux mathématiques » n'échappe pas à cette nécessaire prudence méthodologique, redoublée d'interrogations sur la pertinence et les limites d'une analyse des dynamiques de création et sédimentation de l'offre journalistique mathématique pour une étude de la circulation des mathématiques, en particulier de leurs contenus.

1 Une nécessaire prudence quant à l'analyse quantitative du corpus des « journaux mathématiques »

La circulation d'un savoir s'effectue essentiellement – au moins dans la période de cette étude – dans l'interaction entre auteurs et lecteurs d'un écrit imprimé, entre correspondants épistolaires, entre orateurs et auditeurs ou participants à une discussion (Nabonnand *et al.* 2015). Ces formes d'échange sont loin de s'exclure. Une partie d'une lettre peut donner lieu à une publication sous la forme d'une note ou d'un article dans un journal ou relater une rencontre entre divers acteurs. Une discussion peut se poursuivre par un échange de lettres et déboucher sur une publication.

Les traces laissées lors des interactions entre acteurs, souvent lacunaires ou ténues, parfois abondantes, permettent d'inscrire des pratiques d'utilisation (personnelle ou collective) des divers « vecteurs de circulation » dans des contextes sociaux, professionnels ou disciplinaires. En ce qui concerne les journaux, on peut avoir des sources sur les circonstances de la création d'un journal, sur son fonctionnement et les échanges entre rédacteurs, auteurs, imprimeurs et lecteurs. Pour autant, la question du lectorat effectif des journaux, cruciale pour l'étude du rôle des journaux dans la circulation des savoirs, reste souvent une énigme, que l'on peut lever en partie en faisant des inductions à partir du public des auteurs qui sont souvent des lecteurs zélés et attentifs.

Tout d'abord, les listes d'abonnés sont très rares ; on peut avoir une idée du public visé par les promoteurs d'un journal dans les textes annonçant les intentions du journal mais cela ne règle pas, loin de là, la question de son public effectif. Ainsi, en 1870, Gaston Darboux, dans l'« Avertissement » du *Bulletin des sciences mathématiques et astronomiques*, vise explicitement le « public mathématique » dont il précise qu'à ses yeux, il s'agit des « auteurs des Mémoires » et des « personnes qui désirent simplement se tenir au courant des progrès de la science[1] ». L'intention de « tenir [les] lecteurs au courant des progrès accomplis soit dans l'enseignement, soit dans la marche des sciences mathématiques » laisse supposer que le public plutôt préoccupé des questions de l'enseignement des mathématiques (au moins au niveau universitaire) est aussi visé. De la même manière, en 1836, en présentant son journal, Joseph Liouville annonce que le *Journal de mathématiques pures et appliquées* « traitera indifféremment et les questions les plus nouvelles soulevées par les géomètres, et les plus minutieux détails de l'enseignement mathématique des collèges » ; pour autant, la consultation des sommaires de ces deux journaux mène à des conclusions différentes. Si on peut penser raisonnablement que les lecteurs du Journal de Liouville essentiellement concernés par les questions d'enseignement sont très peu nombreux, le *Bulletin* fait quant à lui régulièrement état dans ses revues bibliographiques de traités d'enseignement de niveau supérieur et offre des présentations des cours proposés par divers établissements universitaires.

De plus, l'analyse du corpus des « journaux mathématiques » ne donne pas d'information concernant la part de mathématiques que ceux-ci proposent. Comme on l'a vu dans l'introduction, en dehors des journaux « spécialisés », la part des contributions offrant des contenus mathématiques est très variable d'un journal à l'autre, mais aussi dans le temps au sein d'un même journal. L'analyse

---

1. Dans les catégories du projet CIRMATH, cela correspond *grosso modo* à un public de « spécialistes » et à un segment du « grand public ». Il est fait aussi allusion à celui des « enseignants » des universités et grandes écoles.

globale du corpus des « journaux mathématiques » ne rend que très peu compte de la volatilité et de la variabilité des contenus à caractère mathématique véhiculés. Cette difficulté est redoublée par le fait que des informations ou des contenus mathématiques publiés par des revues qui n'offrent que peu de mathématiques peuvent néanmoins être lus ou pas par de nombreux lecteurs.

L'approche statistique du corpus ne peut que donner une idée des dynamiques d'édition de journaux et, par là, un premier aperçu de la circulation mathématique par ces journaux. Ainsi, les statistiques géographiques permettent de situer le phénomène dans l'espace en informant sur la présence de rédacteurs, d'imprimeurs, de milieux savants, d'institutions... susceptibles d'être à l'initiative de la création d'une revue. Pour autant, elles ne donnent pas vraiment de moyens pour déterminer le rôle d'un journal ou même d'un lieu géographique dans les phénomènes de circulation des mathématiques. Par exemple, le lieu d'édition, Stockholm, n'a pas le même le sens pour les deux journaux, *Acta mathematica*, créé en 1882 par Gösta Mittag-Leffler et *Arkiv för matematik, astronomi och fysika*, publié à partir de 1903 par l'Académie des sciences suédoises ; le premier acquiert rapidement une audience internationale, comme en atteste la place qu'il prend dans les correspondances de mathématiciens tout en assurant une bonne diffusion au sein des communautés mathématiques scandinaves[2] ; le second est l'organe d'une académie de la périphérie et à ce titre a une diffusion plus restreinte, locale[3]. La création et l'existence de ces journaux attestent des activités et des conditions éditoriales à Stockholm au tournant du XXe siècle ; les statistiques obtenues à partir de la base des « journaux mathématiques » différentient ces deux journaux, le premier étant « spécialisé », le second « scientifique et technique » mais ne les distinguent pas quant à leur lieu alors qu'ils ont des fonctions dans l'espace de circulation des « journaux mathématiques » très différentes.

De plus, la géographie de la circulation des journaux n'est pas réductible à celle de leurs lieux d'édition qui n'indiquent que l'origine d'un vecteur de circulation. La circulation matérielle des fascicules et des volumes est en particulier un point aveugle dans notre étude générale du corpus des « journaux mathématiques[4] ». En effet, s'il est important de noter que les places où se créent des journaux se multiplient tout au long de la période d'étude, l'absence de journal mathématique dans une zone géographique ne signifie pas pour autant que des mathématiques ne peuvent s'y faire et circuler ; les journaux paraissant dans d'autres régions peuvent parfaitement arriver dans ces zones qui n'apparaissent pas comme des lieux propices à l'édition d'une presse savante. L'exemple du Brésil au XIXe siècle, déjà évoqué dans

---

2. Sur la création des *Acta mathematica*, voir (Barrow-Green 2002) et (Turner 2011).

3. Sur la constellation des journaux mathématiques publiés aux XIXe et XXe siècles en Scandinavie, voir (Siegmund-Schultze 2018).

4. L'étude des bibliothèques et de leur catalogue semblent une piste féconde à cet égard. Voir par exemple, (Chatzis 2015) et (Luciano 2018*a*).

l'introduction[5], est emblématique du cas d'une région où peu de journaux sont localement édités et qui est en même temps le lieu d'une importante circulation de journaux européens. Tout au plus, l'absence ou le faible nombre de journaux donnent des indications sur le poids ou la place des communautés concernées et impliquées dans des zones savantes. Inversement, la localisation d'un journal n'indique pas nécessairement une circulation mathématique intense. Elle est juste le signe de la présence de ressources suffisantes pour susciter une circulation mathématique. L'analyse de l'intégration d'un journal dans des réseaux d'échanges mathématiques ne peut être que le fait d'une étude particulière de celui-ci et de ses acteurs. Ainsi, les *Annales de mathématiques pures et appliquées* publiées à Nîmes entre 1812 et 1830 par Joseph Diez Gergonne[6] révèlent d'abord l'existence d'un lieu, le lycée de Nîmes, ainsi que la présence en ce lieu de Gergonne, de son éphémère associé, J. E. Thomas de Lavernède et autour de Nîmes, d'un cercle local de quelques auteurs, surtout actif au début de la revue[7] et de l'imprimerie nîmoise Durand-Belle. Le réseau des contributeurs est dispersé dans toute l'aire francophone, quelques auteurs sont allemands du fait de certaines traductions d'articles du Journal de Crelle. Le Journal de Gergonne devient très rapidement un outil privilégié d'échange d'une communauté pratiquant les mathématiques en dehors du centre parisien, objectivant éditorialement l'existence d'une activité et d'une circulation mathématiques diffuses s'exerçant en dehors pour l'essentiel des cercles académiques dominants. D'autre part, les *Annales* sont loin d'être exclusivement provinciales ; une autre actrice est parisienne, « la dame Veuve Courcier, Imprimeur-Libraire pour les Mathématiques[8] », qui assure une présence parisienne aux *Annales* ainsi que leur diffusion dans les canaux centralisés de l'édition.

On peut poursuivre cette réflexion à partir du cas du Journal de Gergonne qui, en tant que journal « spécialisé » rédigé dans une périphérie, à savoir une ville de province française éloignée de Paris, est déjà un peu particulier ; il l'est d'autant plus que ce journal est une initiative « privée[9] », à savoir, qu'il repose sur l'investissement d'un rédacteur ou, dans les meilleurs des cas d'un collectif de rédacteurs. Sur les 71 « journaux mathématiques » publiés en France hors de Paris et ayant une durée de vie supérieure ou égale à

---

5. Voir la contribution de Rogero Monteiro dans ce volume (chap. 8).
6. Sur le Journal de Gergonne, voir (Gérini 2003).
7. Certains auteurs importants des *Annales de mathématiques pures et appliquées* comme Pierre Frédéric Sarrus, Pierre Thédenat ou Vecten résident au moment de la création du journal à Nîmes ou dans les environs. Les *Annales* signalent aussi les contributions de quelques élèves de Vecten au lycée de Nîmes.
8. La maison Courcier devient Bachelier au début des années 1820. Sur la maison d'édition des mathématiques Courcier-Bachelier-Mallet-Gauthier-Villars, voir (Verdier 2011, 2013).
9. Lorsque c'était possible, nous avons indiqué dans la description du corpus l'« adossement » du journal, à savoir la forme de soutien économique et administratif. Un adossement « privé » signifie essentiellement que le journal est soit une initiative personnelle financée par un ou un groupe de rédacteurs, soit une entreprise commerciale portée par une maison d'édition.

10 ans, seuls 7 d'entre eux sont des initiatives privées (commerciales ou non) et, parmi ces derniers, 2 sont des journaux « spécialisés », les *Annales de mathématiques pures et appliquées* et *Sphinx-Œdipe*[10]. Ces deux journaux perdurent grâce à l'activité et l'investissement de leurs promoteurs. Si d'un point de vue statistique, ils apparaissent, le premier, comme un journal nîmois, et le second, comme un journal barisien[11], cette localisation signifie seulement du point de vue de la circulation mathématique que, dans ces deux villes, des contenus mathématiques sont arrivés, ont été édités et ont été diffusés à partir de celles-ci. De ce fait, elles sont à un certain moment, une étape d'un processus de circulation mathématique en tant qu'origine intellectuelle et souvent matérielle[12] d'une entreprise éditoriale mathématique. Quant aux 62 « journaux mathématiques » français publiés hors de Paris qui ne relèvent pas d'une initiative privée, ils sont adossés soit à des académies (19), soit à des observatoires (6), soit à des établissements d'enseignement (pour la plupart, des universités provinciales) (7), soit des sociétés professionnelles ou savantes (30). Dans ce dernier cas, malgré des intentions affichées d'un intérêt pour les sciences mathématiques, les contributions consacrées à l'information mathématique restent la plupart du temps rares et correspondent souvent à des activités et des intérêts mathématiques locaux[13].

Plus généralement, en dehors des capitales culturelles, politiques et industrielles, les zones qui recèlent des ressources matérielles et savantes nécessaires à la création d'un journal dans lequel circulent des mathématiques ne sont pas, et souvent loin de là, des lieux importants d'activité mathématique ; pour autant, on peut noter qu'un certain nombre de journaux (souvent liés à des observatoires, à des universités et des établissements de formation excentrés ou encore à des académies) peuvent accueillir des travaux d'acteurs locaux[14].

Ces éléments critiques qui sont pour l'essentiel liés à une discrépance entre l'objectif de rendre compte du phénomène de circulation mathématique dans et par les journaux et les contraintes quant à la structuration du corpus des

---

10. Sur le journal *Sphinx-Œdipe* publié par André Gérardin, à Bar-le-Duc, voir la contribution de Jenny Boucard dans ce volume (chap. 12).

11. En fait, si *Sphinx-Œdipe* est créé à Bar-le-Duc, il est très vite édité à Nancy, lieu de résidence de son rédacteur, André Gérardin.

12. La localisation d'un journal peut être différente de son lieu d'impression.

13. Pour un exemple lié à un journal d'académie, voir l'ouvrage consacré aux activités liées aux mathématiques dans la ville de Metz, (Bruneau & Rollet 2017). Sur les mathématiques dans les publications des académies de province, voir la contribution de Jules-Henri Greber et Norbert Verdier dans ce volume (chap. 11).

14. Voir à ce sujet les contributions dans ce volume, de D. Kent (chap. 5) pour les *colleges*, universités et observatoires états-uniens, de J.-H. Greber et N. Verdier pour l'Observatoire de Bordeaux (chap. 11), de T. Archibald (chap. 17) pour l'Observatoire de Gotha, de J. Krüger (chap. 6) pour l'Université de Leyde, d'Olivier Bruneau (chap. 2) pour le Royal Military College, d'E. Luciano (chap. 13 pour les universités du Tucumán et du Litoral, de Thomas Morel (chap. 16) pour l'Académie des mines de Freiberg, de K. Parshall (chap. 21) pour l'intrication de la dynamique de création des universités états-uniennes et de celle des premiers « journaux mathématiques » aux États-Unis en direction des « spécialistes ».

« journaux mathématiques » incitent à une certaine prudence méthodologique. Pour autant, les données statistiques géographiques concernant la publication de « journaux mathématiques » en dehors des bibliopoles permettent par exemple d'objectiver le phénomène général de dispersion des lieux d'éditions des centres vers les périphéries et de faire apparaître des circulations décentralisées ainsi que des acteurs individuels et collectifs opérant dans ces périphéries.

En première approche, les études du phénomène de la circulation des mathématiques à partir des « journaux mathématiques » peuvent soit s'appuyer sur des contenus qui circulent, soit se focaliser sur diverses pratiques (en lien avec les mathématiques) qu'ont les acteurs de ces journaux. La granularité de la description de notre corpus des « journaux mathématiques » ne nous a pas permis d'aborder la circulation à partir des contenus. Nous avons par contre essayé de faire apparaître certaines corrélations (souvent mouvantes dans le temps et l'espace) entre les catégories de journaux, leurs rubriques proposant des contenus mathématiques et les publics, bien que ne distinguant pas en général le lectorat des auteurs, ni le public visé du public atteint.

L'approche par les publics, visés ou effectifs, des journaux permet en partie de rendre compte de la tension évoquée plus haut entre l'analyse des phénomènes de création de journaux et l'objet de notre étude, à savoir l'étude de la circulation mathématique. Faire apparaître quantitativement le retard éditorial de l'apparition des journaux « spécialisés » dans la plupart des régions du Monde et que la création de ces journaux s'effectue tout au long de la période autour du segment des « spécialistes » et du monde enseignant objective les difficultés de constituer un marché pour ce type de journaux. Ces difficultés sont liées aux évolutions du statut disciplinaire et scientifique des mathématiques, de la position académique des praticiens des mathématiques et de leurs communautés et plus généralement de l'autonomie relative des dynamiques qui traversent l'espace de circulations mathématiques.

Ce dernier est envisagé dans une perspective de temps long. Nous ne reviendrons pas sur les raisons justifiant ce choix et qui ont été exposées dans l'introduction, mais une conséquence en est le caractère historiquement mouvant de nos catégories. Par exemple, il serait certainement plus correct de dénommer le « grand public » au XVIIIe siècle par « public lettré », un public nettement plus restreint que celui de la vulgarisation scientifique qui, si elle naît au XVIIIe siècle, prend un essor certain au XIXe siècle. De même, les catégories de « spécialistes » et de « scientifiques » traversées par les phénomènes d'institutionnalisation, de professionnalisation et de développement des lieux d'enseignement tout au long de notre période d'étude sont historiquement mouvantes. L'interprétation des données quantitatives nécessite donc d'historiciser en permanence ces catégories. De plus il est certain que la constitution du corpus est sujette à nombre de biais dus autant à la difficulté très variable géographiquement d'accéder aux journaux qu'à la part très variable des contenus mathématiques dans les sommaires des journaux repérés.

Néanmoins, nous sommes arrivés à poser quelques hypothèses sur les modes de relations qu'entretiennent les acteurs avec leurs « journaux mathématiques », hypothèses, qui, suivant les conseils de J. Folta et L. Nový, devront nécessairement être travaillées à l'aune des études qualitatives qui suivent.

2 Durée de vie des journaux

Les fascicules d'un périodique s'accumulent sur les rayonnages des bibliothèques et sont souvent reliés annuellement pour former des volumes que l'on consulte occasionnellement. Cependant, l'effectivité de la relation qu'un journal entretient avec son public de lecteurs et a fortiori d'auteurs est fortement tributaire de sa périodicité. Qu'une revue ambitionne de rendre compte des activités d'une société ou d'une académie, qu'elle se positionne sur le « front de la recherche », qu'elle aspire à participer à la formation des élèves, qu'elle s'adresse à des amateurs de problèmes ou d'informations scientifiques, son lectorat et ses auteurs ont une sorte de rendez-vous avec les livraisons plus ou moins régulières de celle-ci. Encore faut-il qu'ils soient suffisamment nombreux pour assurer la pérennité éditoriale et économique du périodique et que ce rendez-vous devienne une habitude. Le mathématicien Gösta Mittag-Leffler exprime bien l'idée que la longévité d'un journal est une donnée essentielle pour mesurer l'importance de celui-ci dans le champ mathématique ; dans une lettre adressée à Charles Hermite le 20 avril 1895 à un moment où l'existence des *Acta mathematica*, le journal qu'il avait fondé quelques années auparavant, était menacée, il :

> trouve que c'est bien dommage si le journal sera interrompu avec le 20ème tome. Il embrassera une époque de 14 ans. Je sais que ces 14 ans ont été des plus remarquables dans l'histoire des mathématiques mais 14 ans c'est trop peu tout de même. Il faut qu'un tel recueil existe au moins une trentaine d'années et forme une collection de 50 volumes au moins pour avoir rempli son but. [Archives de l'Académie des sciences de Paris]

Les exigences de Mittag-Leffler sont certainement trop sévères[15] mais il n'en reste pas moins que la durée de vie est un paramètre important pour apprécier l'inscription d'un périodique dans les dynamiques de l'espace de circulation formé par les « journaux mathématiques ».

En s'intéressant ici à la question de la circulation des mathématiques par le biais des « journaux mathématiques », il semble donc pertinent de privilégier les entreprises qui ont eu le temps suffisant pour réunir autour d'elles des communautés de lecteurs et d'auteurs. Un autre argument plus prosaïque est que beaucoup de journaux qui ont eu une durée de vie courte n'ont laissé que peu de traces et que les données relatives à ce sous-corpus sont moins fiables. Considérer prioritairement le corpus des « journaux mathématiques » qui ont réussi à s'installer dans l'offre journalistique mathématique pendant au moins

---

15. Les *Acta mathematica* publient en général deux volumes par an ; un peu plus de 60 % des périodiques retenus dans le corpus des « journaux mathématiques » ont une durée de vie supérieure ou égale à 25 ans.

10 ans apparaît comme un compromis raisonnable entre l'exigence de tenir compte à la fois d'une certaine exhaustivité quant aux initiatives de création de journaux et de la durée d'installation dans un contexte de circulation d'informations ou de contenus mathématiques. Sans négliger l'importance des revues qui ont une durée de vie courte[16], l'essentiel des études quantitatives de ce chapitre concernera donc le sous-corpus des « journaux mathématiques » dont la durée de vie est supérieure ou égale à 10 ans. Trois quarts des références du corpus des « journaux mathématiques » correspondent à de tels journaux[17].

La part des créations de journaux « spécialisés » qui ont une longévité supérieure ou égale à 10 ans croît tout au long de la période. Si seuls *The Ladies'Diary* et *The Gentleman's Diary* parmi les 7 tentatives, toutes britanniques durant la première moitié du XIXe siècle, réussissent à trouver leur place, c'est près de 80 % des 135 journaux « spécialisés » créés pour la période 1901-1940 qui trouvent un public suffisant pour s'installer durablement dans l'offre journalistique mathématique ; signe des difficultés rencontrées avant 1900 par ce type de journaux pour se stabiliser, ce n'est qu'au XXe siècle que le pourcentage de créations de journaux « spécialisés » qui ont une durée de vie supérieure à 10 ans est analogue à celui des créations de journaux « scientifiques et techniques » ou « généralistes ». Le pourcentage de journaux « généralistes » qui ont une durée de vie supérieure à 10 ans est fluctuant sur la période avec une tendance à la baisse (plus de 80 % au début de la période à environ 60 % au XXe siècle), celui des journaux « scientifiques et techniques » croît de près de 64 % au début du XVIIIe siècle à 84 % à partir de la seconde moitié du XIXe siècle.

En ce qui concerne les journaux « spécialisés », en prenant des périodes de 25 ans, la part de ces journaux « spécialisés » augmente significativement à partir de 1850[18]. Elle atteint plus des deux tiers pour ceux créés entre 1851 et 1875 pour régresser à 60 % entre 1876 et 1900. Cette baisse après 1876 est pour une grande part due à une population de journaux « spécialisés » japonais en direction du monde enseignant et du grand public dont la durée de vie n'excède pas 8 ans[19]. Deux tendances se contrecarrent alors durant cette période (sur des effectifs statistiques qui restent faibles), d'une part le mouvement général

---

16. Une des intentions de la constitution du corpus des « journaux mathématiques » est de recenser les initiatives de création d'une revue susceptible de véhiculer des savoirs ou des informations mathématiques et les entreprises ayant eu une durée de vie éphémère y ont toute leur place.

17. Le pourcentage des journaux ayant une longévité supérieure ou égale à 10 ans n'est pas le même selon les catégories de journaux, un peu plus de 71 % pour les journaux « généralistes », près de 80 % pour les journaux « scientifiques et techniques » et environ 62 % pour les journaux « spécialisés ».

18. Le pourcentage de journaux « spécialisés » créés entre 1826 et 1850 qui ont une longévité supérieure ou égale à 10 ans est de 35,8 %.

19. Sur les 31 journaux « spécialisés » créés entre 1876 et 1900 qui ont durée de vie inférieure à 10 ans, 19 sont localisés au Japon et 21 visent le monde enseignant comme public. Sur la catégorie des journaux « spécialisés » créés au Japon à partir de l'ère Meiji qui visent le monde enseignant, voir le chapitre d'Harald Kümmerle dans cet ouvrage (chap. 14).

d'accroissement du pourcentage des journaux « spécialisés » ayant une longévité supérieure ou égale à 10 ans et d'autre part la constatation (déjà signalée dans l'introduction) des difficultés accrues pour ce type de journaux au moment de leur apparition dans une zone géographique.

On notera aussi que les dynamiques d'installation des journaux « spécialisés » sont différentes selon leurs ambitions éditoriales. Les journaux « spécialisés » qui ambitionnent d'agir dans le champ de la recherche trouvent plus facilement tout au long de la période un public susceptible d'assurer leur installation dans l'offre éditoriale des « journaux mathématiques » que ceux qui s'appuient sur les publics « enseignants » ou « étudiants[20] ».

Les journaux « scientifiques et techniques » et « généralistes » ont plus facilement trouvé leur public, puisque la part de ceux-ci qui ont une durée de vie supérieure ou égale à 10 ans varie entre 60 % et 80 %. On peut noter que la part des journaux « scientifiques et techniques » ayant une durée de vie supérieure ou égale à 10 ans a tendance à croître sur la période (passant d'un peu plus de 60 % à près de 85 %) alors que les journaux « généralistes » connaissent une dynamique inverse (la part des journaux « généralistes » ayant une durée de vie supérieure ou égale à 10 ans baissant régulièrement de plus de 80 % à un peu plus de 60 %). Dans la mesure où nous ne repérons que les journaux proposant plus ou moins régulièrement des contenus mathématiques, ces deux tendances sont à considérer en regard du phénomène de séparation de la sphère des humanités et des sciences sociales vis-à-vis de celle de la culture des sciences et des techniques.

Les entreprises de journaux « généralistes » offrant des contenus mathématiques se font plus rares et ont aussi plus de mal à trouver un public qu'au XVIIIe siècle, les publics intéressés par les humanités préférant se diriger vers des revues plus spécialisées et les publics concernés par la vulgarisation scientifique s'adressant à des revues spécifiques. Bien entendu, il s'agit là de tendances et les exceptions sont courantes, comme les journaux de philosophie, qui s'intéressent à la philosophie des sciences et des mathématiques et qui jouent un rôle d'initiateur aux questions scientifiques auprès des publics intéressés par les questions de philosophie (chap. 20). La *Revue du mois*[21] ou la *Revue des idées* analysées par Caroline Ehrhardt et Hélène Gispert (chap. 19) comme des « revues générales de haute culture » sont aussi deux exemples de journaux créés au début du XXe siècle, accordant une place notable aux « deux cultures » (Snow 2001) et s'installant dans la vie intellectuelle française.

L'examen de la dispersion des créations de « journaux mathématiques » à partir du corpus total et du corpus des journaux ayant une longévité supérieure

---

20. Le pourcentage des journaux « spécialisés » à destination (entre autres) des « spécialistes » créés entre 1826 et 1850 est déjà de près de 60 % alors qu'il n'est que d'un peu plus de 20 % pour ceux qui visent le monde enseignant. Pour la période 1851-1876, les mêmes pourcentages sont de plus de 8 % et 55 % et pour la période 1876-1900 de plus de 75 % et 50 %.

21. Sur la *Revue du mois*, voir aussi (Ehrhardt & Gispert 2018).

ou égale à 10 ans (voir le tableau 1 ci-dessous) ne fait pas apparaître de différence notable mis à part deux moments, la période des premiers « journaux mathématiques » localisés aux États-Unis au cours de la première moitié du XIXe siècle et surtout celle de l'émergence de l'Extrême-Orient à la fin du XIXe siècle et de son installation dans la géographie de l'édition mathématique au cours de la première moitié du XXe siècle.

Comme en Europe au cours du XVIIIe siècle, que ce soit aux États-Unis, en Chine ou au Japon, la période d'apparition du phénomène de création de « journaux mathématiques » s'accompagne de difficultés d'installation de ceux-ci. Ainsi, aux États-Unis, environ la moitié des « journaux mathématiques » créés entre 1801 et 1850 ont une longévité inférieure à 10 ans[22]. Dès la période 1851-1875, la proportion des « journaux mathématiques » qui ont une durée de vie supérieure ou égale à 10 ans y est de plus 60 %. Toujours dans la même aire géographique, l'ensemble des 9 journaux « spécialisés » créés sur la période 1801-1850 disparaissent du paysage éditorial avant 10 ans ; il faut attendre le début de la seconde moitié du XIXe siècle pour voir des journaux « spécialisés » réussir à se stabiliser[23]. Les journaux « scientifiques et techniques » ont aussi des difficultés à trouver leur public au début du XIXe siècle ; plus de la moitié (10 sur 18) des créations de tels journaux entre 1826 et 1850 perdure au-delà de 10 ans et plus des deux tiers (25 sur 36) des journaux « scientifiques et techniques » créés au début de la seconde moitié du XIXe siècle s'installent souvent de manière pérenne. Les journaux « généralistes » créés entre 1801 et 1850 aux États-Unis sont la catégorie qui réussit à s'implanter le plus facilement ; 80 % d'entre eux ont une durée de vie supérieure ou égale à 10 ans. La tendance commence à s'inverser à partir de la seconde moitié du XIXe siècle, puisque seulement un peu plus d'une moitié des journaux « généralistes » créés aux États-Unis entre 1851 et 1875 a une durée de vie supérieure ou égale à 10 ans. La dynamique de création des « journaux mathématiques » au XIXe siècle aux États-Unis est analogue à celle de l'Europe aux XVIIe et XVIIIe siècles ; au début, des journaux « généralistes » et quelques journaux « scientifiques et techniques » apparaissent, puis, à la faveur de l'apparition de communautés scientifiquement formées, les journaux « scientifiques et techniques » deviennent prépondérants. Les journaux « spécialisés » mettent plus de temps à trouver leur place dans l'offre éditoriale mathématique.

La prise en compte des journaux ayant une durée de vie courte dans des analyses quantitatives peut induire des effets significatifs. Par exemple, si on

---

22. Cette tendance est uniforme sur la période. Ainsi, 8 des 16 « journaux mathématiques » créés entre 1801 et 1825 aux États-Unis et 15 des 31 créés entre 1826 et 1850 disparaissent avant 10 ans.

23. Deux des 4 journaux « spécialisés » créés aux États-Unis entre 1851 et 1875 ont une durée de vie supérieure ou égale à 10 ans, *The California Teacher* à destination des enseignants existe pendant 13 ans et *The Analyst*, créé en 1874 deviendra quelques années plus tard *Annals of mathematics* qui est actuellement un des principaux journaux de référence en recherche mathématique. À l'origine, *The Analyst* s'adressait à la fois aux « spécialistes » et au monde enseignant. Sur l'histoire de ce journal, voir les chapitres 21 et 5.

s'intéresse à la géographie de l'espace de circulation de l'Extrême-Orient à la fin du XIXe siècle et au cours du XXe siècle, les 134 journaux qui se créent dans cette zone à partir de 1875 représentent près de 13 % de l'effectif global des créations de « journaux mathématiques » dans le monde durant la période 1875-1940. Le même pourcentage calculé en se restreignant au sous-corpus des journaux ayant une durée de vie supérieure ou égale à 10 ans est d'environ 8 % (voir le tableau 1 ci-dessus). Les journaux créés en Extrême-Orient apparaissent avoir plus de mal à se stabiliser que ceux créés en Europe à cette époque. Le phénomène est surtout patent au début de la période ; un peu moins d'un tiers des journaux créés en Extrême-Orient entre 1875 et 1913 ont une durée d'existence supérieure ou égale à 10 ans, alors que plus de 60 % de ceux créés après 1914 s'installeront durablement avec une longévité supérieure ou égale à 10 ans. De plus, en considérant le corpus général, la Chine et le Japon se distinguent avec respectivement 47 et 67 créations entre le dernier quart du XIXe et 1940. La fragilité des entreprises éditoriales de « journaux mathématiques » semble concerner beaucoup plus la Chine que le Japon.

En effet, entre 1875 et 1940, il se crée une fois et demie plus de « journaux mathématiques » au Japon qu'en Chine. Si on restreint le corpus aux « journaux mathématiques » ayant une longévité supérieure ou égale à 10 ans, ce rapport est égal à trois. Les statistiques obtenues à partir du corpus général rendent compte de phénomènes liés à l'émergence de contextes intellectuels et techniques qui rendent possible un désir d'échanges scientifiques et savants. Manifestement, l'idée de créer des journaux autour des savoirs, des sciences ou des mathématiques atteint la Chine et le Japon en même temps dans les années 1870-1875. Si les conditions matérielles et intellectuelles permettent de créer un nombre non négligeable de « journaux mathématiques » dans ces deux pays, il semble que les conditions économiques, politiques et intellectuelles entre 1870 et 1940, radicalement différentes ne serait-ce que du point de vue de la stabilité politique, aient plus fragilisé les entreprises chinoises que les japonaises. Seulement 10 des 46 « journaux mathématiques » créés en Chine[24] pendant cette période perdurent au-delà de 10 ans[25]. Au Japon, la moitié des 67 « journaux mathématiques » ont une durée de vie supérieure ou égale à 10 ans (chap. 14).

---

24. On peut rappeler qu'il s'agit des créations de journaux qui sont recensés dans la base CIRMATH.
25. Deux tiers des 51 journaux créés en Chine sont « généralistes ». Seuls 4 d'entre eux auront une durée de vie supérieure ou égale à 10 ans. Les journaux « généralistes » moins impliqués dans les dynamiques économiques ou techniques ou dans les contextes de développement de l'enseignement sont plus fragiles et sensibles aux troubles politiques (Sur l'histoire politique de la Chine au début du XXe siècle, voir (Roux 2003).

	≤ 1700		1701-50		1751-00		1801-50		1851-00		1901-40	
Total	19		63		157		343		690		565	
Total ≥ 10 ans	15		45		98		230		540		445	
« Noyau fondateur »	100 %	100 %	79,7 %	76,1 %	82,3 %	82,8 %	68,8 %	69,1 %	52,6 %	56 %	37,7 %	37,5 %
« Europe sans Noyau fondateur »			20,3 %	23,9 %	14,6 %	13,1 %	16,3 %	18,7 %	16,7 %	18,5 %	24,1 %	23,8 %
« Amérique du Nord »					2,5 %	3 %	14 %	10,9 %	20,4 %	19,6 %	14,6 %	16,7 %
Océanie					0,6 %	1 %	0,3 %	0,4 %	1,3 %	1,3 %	0,9 %	0,8 %
Extrême-Orient							0,3 %	0,4 %	5 %	1,3 %	17 %	11,5 %
Amérique du Sud							0,3 %	0,4 %	3,4 %	2,6 %	3,8 %	3,5 %
Afrique									0,6 %	0,7 %	1,2 %	1,5 %
Moyen-Orient											0,7 %	0,6 %

TABLEAU 1 : Les créations de « journaux mathématiques » par période et zone géographique[24]

3 La structure des publics des « journaux mathématiques »[25]

L'approche quantitative du corpus des « journaux mathématiques » nécessite donc une circonspection qui relève à la fois des précautions d'usage lors de la mise en œuvre d'une analyse statistique et de l'inhomogénéité, liée entre autres à l'étendue temporelle et spatiale de notre projet, des paramètres décrivant le corpus des « journaux mathématiques ». Pour autant, comme on vient de le voir avec les quelques exemples évoqués précédemment, des analyses quantitatives croisées des données de notre corpus font apparaître, au moins de manière heuristique, des dynamiques structurelles de l'espace de circulation mathématique qui restent nécessairement à approfondir par des études locales.

Dans la suite, nous allons chercher à déterminer quelques caractéristiques générales des liens entretenus par chaque catégorie de journaux (« généralistes », « scientifiques et techniques », « spécialisés ») avec les différents types de publics (les « spécialistes », les « scientifiques », les « ingénieurs », le monde l'enseignement, les « amateurs » et enfin les publics « autres[26] »), en mettant en évidence, pour chacune des catégories, des combinaisons particulières de publics. Cela nous permettra de caractériser et de spécifier globalement en première approche, en termes de publics, les visées et les usages des différentes catégories de journaux. Mais l'affinement de la catégorisation des « journaux mathématiques » qui en ressort a un coût, notre analyse s'appuyant sur des exploitations quantitatives croisées multiples dont il nous faut rendre compte. Précisons deux choix méthodologiques. Premièrement, toutes les données numériques de cette section sont relatives à des créations de journaux et, comme nous l'avons expliqué plus haut, concernent sauf mention contraire le corpus des « journaux mathématiques » dont la durée de vie est supérieure ou égale à 10 ans. Deuxièmement, nous avons choisi de structurer cette étude croisée des journaux et des publics à partir des catégories de journaux. En effet, il est possible d'avoir une idée du contenu global d'un journal (et ainsi de la catégorie à laquelle il appartient) et donc de faire des hypothèses sur ses usages, alors qu'il est plus risqué de s'aventurer sur des hypothèses concernant les pratiques d'un lectorat dont on ne sait le plus souvent pas grand-chose d'avéré et dont la catégorisation est historiquement très mouvante.

---

24. Pour chaque période, le premier pourcentage du tableau indique la part des « journaux mathématiques » créés dans la zone concernée, le second indique la part de ceux ayant une durée de vie supérieure ou égale à 10 ans. Par exemple, entre 1701 et 1750, il se crée 79,7 % des journaux et 76,1 % des journaux ayant une longévité supérieure ou égale à 10 ans dans la zone du noyau fondateur

25. Toutes les données numériques de cette section sont relatives à des créations de journaux et concernent sauf mention contraire le corpus des « journaux mathématiques » dont la durée de vie est supérieure ou égale à 10 ans.

26. Voir l'Introduction pour leur définition.

3.1 Publics homogènes et publics composites

Plus de 64 % des « journaux mathématiques » considérés ici ont/visent un public homogène ; on pourrait s'attendre à moins dans la mesure où l'on peut penser que viser un public le plus large possible est un facteur de stabilisation d'une entreprise éditoriale[27]. Dans un premier temps, nous allons nous intéresser aux journaux ayant un public composite, c'est-à-dire constitué de plusieurs sortes de publics. Une première constatation est la nette différence, selon les catégories de périodiques, de la part de ce type de journaux, puisque c'est le cas de 43 % des journaux « scientifiques et techniques », de plus de 27 % des journaux « généralistes » et de seulement 17 % des journaux « spécialisés[28] » ; pour ces derniers, le statut disciplinaire des mathématiques amène manifestement les projets de journaux « spécialisés » à se tourner vers la recherche d'un public homogène. Ajoutons que la part des journaux « spécialisés » ayant/visant un public composite décroît plus que significativement avec leur durée de vie : plus d'un tiers pour les journaux en ayant une inférieure à 5 ans, 20 % environ pour ceux ayant un temps d'existence supérieur ou égal à 5 ans et un peu plus de 17 % pour ceux ayant une longévité supérieure ou égale à 10 ans. L'échec éditorial des journaux « spécialisés » en direction d'un public composite amène les promoteurs des journaux à d'abord publier peu de journaux « spécialisés » avant 1850 et ensuite à cibler un public homogène.

On ne retrouve pas ce dernier phénomène avec les deux autres catégories de journaux. Le pourcentage des journaux « généralistes » visant/ayant un public composite varie entre 20 % et 29 % selon leur durée de vie. Le pourcentage des journaux « scientifiques et techniques » visant/ayant un public composite est encore plus stable se stabilisant autour de 43-44 % quelle que soit leur durée de vie. Les journaux « scientifiques et techniques » sont ceux dont le modèle éditorial envisage le plus souvent un public composite, ce qui peut se comprendre dans la mesure où les sciences et les techniques de plus en plus présentes dans la vie sociale et économique sur notre période attirent de plus en plus de larges et parfois nouveaux publics ; le *Journal für die Baukunst* évoqué dans ce volume par T. Morel (chap. 16) ou les *Comptes rendus de l'association française pour l'avancement des sciences*, (chap. 10, 12) sont des exemples de cette tendance. Au contraire, le modèle des journaux « généralistes » est fréquemment dépendant d'une vision universaliste des savoirs héritée des XVIIe et XVIIIe siècles ; selon les entreprises et les époques, elle peut favoriser un lien exclusif avec le public lettré pour un certain modèle de journal savant, comme les *Novelle Letterarie* étudié par Silvia Roero (chap. 22) – ou alors avec les publics « autres » pour les journaux proposant un programme de réflexion

---

27. Si on calcule le même pourcentage avec la population totale des « journaux mathématiques », on obtient un pourcentage très analogue.

28. Rappelons que l'on ne considère que les journaux « scientifiques et techniques » et « généralistes » qui offrent ou ont exprimé l'intention d'offrir des contenus mathématiques.

sur les sciences, comme la *Revue de métaphysique et de morale* (chap. 20). Au XIXe siècle, des journaux « généralistes » visant le monde enseignant du primaire ont une visée professionnelle en assurant une fonction d'information et de formation des communautés enseignantes, comme le *Journal des instituteurs* (chap. 18) ou *The Illinois Teacher* (chap. 9).

Selon le tableau 2 suivant, globalement sur l'ensemble de la période, la structure des publics potentiels des trois-quarts des journaux « généralistes » et « spécialisés » est homogène, alors que celle des journaux « scientifiques et techniques » est plus volontiers composite. Par ailleurs, quelle que soit la catégorie de journaux, moins de 15 % des « journaux mathématiques » visent/atteignent 3 types de publics ou plus. Globalement, près de 90 % des « journaux mathématiques » ont une cible étroitement définie autour d'un ou deux types de publics.

	1 public visé	2 publics visés	3 et plus publics visés
« généralistes »	74,8 %	10,8 %	14,4 %
« scientifiques et techniques »	56,7 %	32,9 %	10,3 %
« spécialisés »	75,6 %	21,2 %	3,2 %

TABLEAU 2 : Les compositions de publics par catégorie de journaux[32]

3.2 Public des journaux « scientifiques et techniques »

Dans cette partie, nous étudions la structure des publics visés par les périodiques « scientifiques et techniques ». Cette catégorie de journaux, la plus nombreuse quantitativement, est aussi la plus ouverte à la composition des publics – et donc la plus complexe de ce point de vue. Elle est aussi particulièrement affectée par l'intérêt croissant de la part de segments divers de publics pour les sciences et les techniques, par le phénomène de mathématisation des sciences physiques et les besoins d'information et de formation, entre autres en mathématiques, liés aux révolutions industrielles.

Diachroniquement, en examinant le corpus des journaux ayant une durée de vie supérieure ou égale à 10 ans[33], la part des créations de journaux « scientifiques et techniques » visant/ayant un public composite décroît ; la totalité des 5 journaux « scientifiques et techniques » créés au XVIIe siècle a un public composite ; 31 des 52 créés au XVIIIe siècle ont un tel public ; la part des journaux « scientifiques et techniques » ayant un public composite se stabilise à 40 % aux XIXe et XXe siècles.

---

32. Par exemple, 32,9 % des journaux « scientifiques et techniques » visent/ont une cible composée de deux publics.
Les mêmes pourcentages calculés à partir de la population totale des journaux sont semblables.
33. On obtient des tendances analogues légèrement perturbées par les effets différenciés selon les catégories des durées de vie des journaux en partant du corpus général.

Les « scientifiques » entrent dans la composition du public des cinq journaux « scientifiques et techniques » créés au cours du XVIIe siècle, les « spécialistes » dans celle de quatre et le « grand public » dans celle de trois. La quasi-totalité des 31 journaux « scientifiques et techniques » créés durant le XVIIIe siècle ayant/ciblant un public composite, visent entre autres les « scientifiques », plus de la moitié de ces derniers comportent entre autres les « spécialistes » et les « scientifiques » dans la composition de leur public. La plupart ont un adossement ; des académies comme les *Commentarii Academiae Scientiarum Imperialis Petropolitanae* (chap. 7) ; des sociétés savantes comme les *Memorie di Matematica e Fisica della Società Italiana* créé en 1782 à Modène ; des établissements d'enseignement comme le *Journal de l'École polytechnique*, qui adjoint aussi à son public les enseignants et les élèves de l'école ainsi que les ingénieurs ; ou encore des institutions liées aux sciences astronomiques, comme The *Nautical Almanac and Astronomical Ephemeris* (chap. 27), l'*Annuaire du Bureau des Longitudes*, (chap. 3) ou le *Astronomisches Jahrbuch* de Bode, (chap. 17). Un tiers des journaux « scientifiques et techniques » créés au XVIIIe siècle visent les ingénieurs. Parmi ceux-ci, on peut citer les *Verhandelingen uitgegeven door de Hollandsche Maatschappij der Wetenschappen*, (chap. 6) ou le *Magazin für die Bergbaukunde* (chap. 16). Aucun journal ne vise les seuls « ingénieurs » avant le *Magazin für Ingenieur und Artilleristen* publié à Giessen entre 1777 et 1795[34]. Seulement deux autres « journaux mathématiques » dédiés exclusivement à un public d'ingénieurs, le *Journal des Mines* (1794)[35] et le *Freyberger gemeinnutzige Nachrichten* (1800), paraîtront à la toute fin du XVIIIe siècle. *A contrario*, 16 journaux « scientifiques et techniques » créés durant la seconde moitié du siècle visent exclusivement les « scientifiques », des journaux d'observatoire en direction des astronomes mais aussi des journaux ciblant le monde des sciences physiques qui ne contiennent que fort peu de mathématiques[36]. Il n'y a quasiment aucune création au XVIIIe siècle de journaux « scientifiques et techniques » qui n'aient pas dans sa cible les « scientifiques » ou les « ingénieurs ».

Au XIXe siècle, les tendances esquissées ci-dessus s'accentuent. Un peu moins de la moitié des journaux « scientifiques et techniques » créés durant la première moitié visent/ont un public composite et au cours de la seconde moitié de ce siècle, ce pourcentage atteint l'étiage de 40 %. La quasi-totalité de ces journaux créés au cours de la première moitié de ce siècle continue à cibler/atteindre les « scientifiques », les deux tiers d'entre eux étant aussi

---

34. Le *Magazin für Ingenieure und Artilleristen* est évoqué dans le chap. 16 consacré aux périodiques en langue allemande au XVIIIe siècle.

35. Le *Journal des Mines* devient les *Annales des Mines* en 1816. Voir (Masson 2014).

36. Ce résultat un peu surprenant laisse penser qu'au XVIIIe siècle, viser les ingénieurs oblige aussi à viser les scientifiques et que le public de cette catégorie de journaux est constitué de milieux scientifico-techniques qui peuvent aller des artisans à des académiciens (voir à cet égard (Beeley & Hollings 2023)). De plus, il est raisonnable de penser que le filtre de ne s'intéresser qu'aux journaux qui publient (peu ou prou) de mathématiques accentue cette tendance.

en direction des spécialistes. Parmi ces derniers, on trouve de nombreux journaux d'académies scientifiques, comme les *Comptes rendus hebdomadaires des séances de l'Académie des sciences* ou les *Acta Societatis Scientiarum Fennicae* mais aussi des journaux de sociétés savantes, comme les *Proceedings of the Cambridge Philosophical Society* et quelques initiatives privées, comme le *Zeitschrift für Physik und Mathematik* ou *The Astronomical Journal*. Ces journaux[37] publient beaucoup de contenus mathématiques, la plupart du temps en direction des « spécialistes ». On peut penser que beaucoup de ceux-ci fonctionnent la plupart du temps comme des journaux « spécialisés », les contenus mathématiques visant les « spécialistes ». Un peu plus d'un quart des journaux « scientifiques et techniques » créés entre 1801 et 1850 en direction d'un public composite ciblent les « ingénieurs » en même temps pour la plupart d'entre eux que les « scientifiques ». Ces journaux proposent en général peu de contenus mathématiques, la livraison du second semestre 1844 de la *Revue scientifique et industrielle*, qui offre une longue analyse de la théorie mathématique de la lumière de Cauchy restant une exception. Une quinzaine de journaux intègrent dans leur panel de publics, le « grand public » ; ces journaux qui sont souvent adossés à des sociétés ou des académies scientifiques provinciales, comme le *Bulletin de la Société industrielle de Mulhouse*, ne contiennent qu'épisodiquement des mathématiques malgré les annonces. Une petite dizaine des créations de journaux « scientifiques et techniques » envisagent comme cible un public composite comportant les publics « autres » et quasiment aucun, le monde de l'enseignement. Enfin, pour cette catégorie de « journaux mathématiques », la tendance à la spécialisation des publics autour des « scientifiques » et des « ingénieurs » s'accélère ; les journaux en direction exclusive de ces deux publics s'imposent comme un modèle viable[38]. Quelques créations de journaux ne visent que le « grand public », comme le *Scientific American* créé en 1845 à New York et qui propose dans ses premiers numéros une série de notes introductives aux concepts de la mécanique théorique. De même, on constate très peu de créations de journaux « scientifiques et techniques » en direction des publics « autres ». On peut citer le *Rural New Yorker*, fondé en 1850 à New York, qui propose une petite rubrique de questions et énigmes mathématiques. Le monde de l'enseignement est quasiment absent.

---

37. On trouve 167 journaux « scientifiques et techniques » en direction des seuls « scientifiques » et « spécialistes », 228 visant/atteignant entre autres ces deux publics. À titre de comparaison, 117 journaux « spécialisés » ciblant les seuls « spécialistes » ont été repérés et 140 comportant les « spécialistes » dans leur public.

38. Il y a encore moitié moins de créations de journaux « scientifiques et techniques » créés durant la première moitié du XIXe siècle en direction des seuls « scientifiques » (32) que de telles créations visant un public composite comportant les « scientifiques » (60). Par contre, l'irruption du public technique à cette époque se traduit tout de suite par une prééminence des créations de journaux « scientifiques et techniques » en direction des seuls « ingénieurs » par rapport à celles de journaux ciblant un public composite comportant les « ingénieurs ».

Durant la seconde moitié du XIXe siècle, qui voit une explosion des créations de « journaux mathématiques », en particulier des journaux « scientifiques et techniques », dont le nombre triple quasiment pour atteindre plus de 380 créations, le pourcentage de ces journaux ayant/ciblant un public composite reste fixe aux alentours de 40 %. Les trois quarts ciblent les « scientifiques » et la moitié les « ingénieurs ». Sur les 115 journaux « scientifiques et techniques » créés durant la seconde moitié du XIXe qui ont/visent un public composite comportant les « scientifiques », les trois quarts ciblent aussi les « spécialistes », la moitié les seuls « scientifiques » et « spécialistes ». Parmi ceux-ci, on trouve des journaux aussi divers dans leurs contenus ou leur adossement que les *Annales de la Société scientifique de Bruxelles* (chap. 10), les *Annali della Scuola Normale Superiore di Pisa*, créées en 1871, dans l'intention de publier les meilleures thèses des étudiants de l'école (chap. 4), ou les *Annales de l'Observatoire impérial de Paris*. Entre 1851 et 1900, plus d'un tiers des journaux « scientifiques et techniques » visant/atteignant un public composite intègrent les « ingénieurs » dans celui-ci ; ils les associent pour l'essentiel aux « scientifiques » ou au « grand public » et, dans une moindre mesure aux publics « autres » et, dans peu de cas, au monde de l'enseignement. Ces journaux sont très divers et, en général ne proposent que peu de mathématiques. Une bonne part d'entre eux, comme *La Lumière électrique*[39], créée à Paris en 1879, le *Journal of Telegraphy* créé en 1867 à New York ou le *Zeitschrift für Instrumentenkunde* qui paraît en 1881 à Brunswick s'intéressent aux nouvelles technologies mises en œuvre dans la société et l'industrie. Plusieurs de ces journaux en direction des « ingénieurs », qui proposent plus souvent des contenus mathématiques, sont liés aux questions techniques militaires, comme le *Armee-Verordnungs-Blatt* publié à Berlin à partir de 1867, les *Proceedings of the Royal Artillery Institution* créés en 1858 à Woolwich, le *Giornale di artiglieria* qui paraît à Rome en 1862 ou la *Revue d'artillerie* éditée à partir de 1872 à Nancy.

Dans cette deuxième moitié du XIXe siècle, les journaux « scientifiques et techniques » visent/ont de plus en plus des publics homogènes. Il y en a presque autant qui ciblent les seuls « scientifiques » et dont le public composite comporte les « scientifiques », au contraire de ceux qui visent les seuls « ingénieurs » qui sont nettement plus nombreux que ceux incluant ces derniers dans un public composite. Parmi ceux qui ne ciblent que les scientifiques, de nombreuses publications liées à des observatoires et surtout consacrées à l'astronomie d'observation ou à l'astrophysique naissante consacrent moins de place à la mécanique céleste. On trouve également des journaux consacrés à la physique expérimentale qui contiennent plus que des informations concernant des cours ou des ouvrages de mathématiques, de même que quelques journaux qui s'intéressent à la météorologie. Le constat est identique pour les journaux destinés aux seuls « ingénieurs », peu voire

---

39. Sur la *Lumière électrique*, voir (Nio 2023).

très peu de contenus mathématiques, même si certains auteurs de journaux, comme les *Annales du Conservatoire des arts et métiers* expriment le souci de situer leur argumentation technique ou expérimentale par rapport à la théorie, souvent conçue comme mathématique.

Un gros quart des journaux « scientifiques et techniques » créés pendant la seconde moitié du XIXe siècle ont un public composite qui associe le « grand public » aux « ingénieurs » ou aux « scientifiques ». On trouve des revues de popularisation scientifique comme *Cosmos* créé à Paris en 1852, *Nature* créé à Londres en 1870 ou la *Revue des questions scientifiques* éditée à Leuwen en 1877. Dans la même veine de journaux, la *Revue des sociétés savantes*, qui joue un rôle fédérateur des sociétés et académies locales en France (chap. 20), ou la *Revue des cours scientifiques de la France et de l'étranger* s'adressent en même temps aux « scientifiques », aux « spécialistes » et au « grand public ». Les informations concernant les mathématiques sont loin d'être écartées de ce genre de périodiques. Enfin, on ne trouve qu'une petite vingtaine de journaux « scientifiques et techniques » visant le monde de l'enseignement créés durant cette période, et parmi ceux-ci, une moitié a un public composite associant cette cible aux « scientifiques » ou aux « ingénieurs » ; certains, comme le *Zeitschrift für den physikalischen und chemischen Unterricht* ne contiennent que des mathématiques (qui peuvent être d'un bon niveau) utilisées dans le cadre d'un raisonnement physique, d'autres, comme le *Bulletin des sciences mathématiques et physiques élémentaires*, proposent des mathématiques surtout destinées à la formation des élèves de lycée.

Il se crée 285 journaux « scientifiques et techniques » entre 1901 et 1940 et parmi les 120 dont le public est composite, la quasi-totalité s'adresse entre autres aux « scientifiques ». Plus des deux tiers de ceux-ci visent aussi les « spécialistes[40] », un peu plus de 30 % les « ingénieurs », plus de 14 % les publics « autres ». Très peu de ces journaux s'adressent au « grand public » et encore moins au monde de l'éducation. Au XXe siècle, le pourcentage de journaux « scientifiques et techniques » qui ont un public composite se stabilise à un peu plus de 40 % ; le public des « scientifiques » est présent dans presque toutes les compositions de publics et on retrouve une forte présence des journaux « scientifiques et techniques » qui s'adressent à la fois aux « scientifiques » et « spécialistes ». Le corpus des journaux « scientifiques et techniques » s'adressant à la fois aux « scientifiques » et aux « spécialistes » est numériquement aussi important que celui des « spécialisés » en direction des « spécialistes ». La circulation par les journaux des résultats et des informations mathématiques au sein des communautés de « spécialistes »

---

40. Sur les 120 journaux « scientifiques et techniques » créés entre 1901 et 1940 dont le public est composite, 82 s'adressent à la fois aux « scientifiques » et aux « spécialistes », dont 65 à ces seuls publics.

s'effectue à travers ces deux corpus qui représentent près de 96 % des 168 « journaux mathématiques » recensés en direction des « spécialistes ».

3.3 Publics des journaux spécialisés

Notons tout d'abord que les 161 journaux « spécialisés » ayant un public homogène[41] se partagent exclusivement entre, pour plus de 70 % d'entre eux, ceux en direction des « spécialistes et ceux visant le monde de l'enseignement[42]. Nous y reviendrons dans le paragraphe suivant. La décroissance de la part des journaux « spécialisés » ayant un public composite est plus nette que celle des deux autres catégories ; les deux seuls journaux « spécialisés » créés durant la première moitié du XVIIIe siècle visent/atteignent un public composite alors qu'un peu moins de 10 % des 105 journaux « spécialisés » entre 1901-1940 sont dans ce cas. La décroissance est surtout significative au XIXe siècle, le pourcentage des créations de journaux « spécialisés » ayant/visant un public composite passant de plus de 83 % durant la seconde moitié du XVIIIe siècle, à un peu plus de 41 % pour la première moitié du XIXe siècle et chutant à 17 % pendant la deuxième moitié. Les deux journaux « spécialisés » ayant un public composite créés durant la première moitié du XVIIIe siècle sont *The Ladies' Diary* et *The Gentleman's Diary* (chap. 27). Ils sont tous deux en direction du « grand public » et du monde de l'enseignement. Les 88 journaux « spécialisés » créés durant la seconde moitié du XVIIIe siècle et au cours du XIXe siècle visent tous les « spécialistes » et/ou le monde enseignant. Un quart d'entre eux vise un public composite. La totalité de ces derniers vise le monde de l'enseignement et, pour 13 d'entre eux, tous créés après 1835, les « spécialistes ». Parmi ceux-ci, on trouve des journaux comme le *Mathematical Repository* (chap. 2), les *Nouvelles annales de mathématiques*, qui est cité de nombreuses fois dans les chapitres qui suivent, *The Analyst-A Monthly Journal of Pure and Applied Mathematics* (chap. 5 et 21) ou la *Revue de mathématiques spéciales* (chap. 26). Quant à ceux qui ne visent pas les « spécialistes », ils associent au monde de l'enseignement le « grand public », comme le *Mathematische liefhebberye* à Amsterdam, (chap. 6)[43] ou le *Lady's and Gentleman's Diary* (chap. 27).

Les 9 journaux « spécialisés » sur les 105 créés entre 1901 et 1940 qui ont un public composite visent tous les « spécialistes » en association pour 6 d'entre eux avec le monde de l'enseignement. Deux d'entre eux visent un public composite de par le positionnement disciplinaire de leur spécialité ; les logiciens auxquels s'adresse le *Journal of Symbolic Logic* (évoqué dans le chapitre 21) intègrent selon les pays des communautés mathématiques ou philosophiques. De même, le *Bulletin géodésique*, organe de l'Union internationale de géodésie, vise disciplinairement des mathématiciens, des géophysiciens et des géodésiens. Enfin, le *Bollettino dell'Unione Matematica Italiana* (chap. 23), cherche à atteindre en premier lieu les mathématiciens italiens, est ouvert aux enseignants

---

41. Soit près de 83 % du corpus des journaux « spécialisés ».
42. Sur les publics des journaux « spécialisés », voir (Gispert et al. 2023).
43. Sur le *Mathematische liefhebberye*, voir aussi (Krüger 2018)).

du secondaire et propose aussi, en phase avec les objectifs de l'Union mathématique italienne, des contributions de mathématiques appliquées susceptibles d'intéresser des physiciens, des ingénieurs, des économistes et des biologistes.

3.4 Public des journaux « généralistes »

Les journaux « généralistes » créés au XVIIe siècle et au début du XVIIIe siècle s'adressent au « grand public », soit à l'époque moderne, le public lettré, un public dont on rappelle qu'il est resserré compte tenu du taux d'alphabétisation à cette époque. Par ailleurs, ce public est loin d'être homogène, puisqu'il inclut à l'époque aussi bien les savants, les amateurs d'informations scientifiques et l'élite de certaines corporations[44].

La part des journaux « généralistes » ayant/ciblant un public composite croît régulièrement jusqu'à la première moitié du XIXe siècle, atteignant plus de 43 % des 86 journaux « généralistes » créés pendant cette période et décline à partir de la seconde moitié du siècle.

Les 82 journaux « généralistes » créés au XVIIIe siècle représentent un peu plus de 57 % des créations de « journaux mathématiques » entre 1701 et 1800. Près de 90 % d'entre eux ont dans leur cible le « grand public ». Plus des trois quarts des journaux « généralistes » créés pendant cette période visent le seul « grand public ». On trouve parmi ceux-ci, des journaux comme les *Mémoires de Trévoux* créé en 1701[45], ou le *Algemeene Oeffenschole van konsten en Weetenschappen*, qui est édité entre 1757 et 1782 à Amsterdam par Peter Meijer et, qui fait partie du corpus des « journaux mathématiques » néerlandais analysés dans ce volume par (chap. 6). Quant aux journaux visant un public composite, 80 % d'entre eux s'adressent aux « scientifiques » souvent en association avec le « grand public » et les « spécialistes », comme les *Commentationes Societatis Regiae Scientiarum Göttingensis recentiores*, créés en 1752 à Göttingen, dans lesquels Friedrich Gauss publiera plusieurs mémoires ou le *Giornale dei letterati* publié à Pise entre 1771 et 1796, (chap. 4).

Entre 1801 et 1850, il se crée 85 journaux « généralistes » qui ont une durée de vie supérieure à 10 ans. Parmi ceux-ci, 48 sont à destination d'un public homogène, qui est, pour les trois quarts d'entre eux, le « grand public ». Sept journaux professionnels d'enseignants visent un public homogène ; on peut citer le *The R. I. Schoolmaster* et le *The Common School Journal* (chap. 9) ainsi que le *Manuel général de l'instruction primaire* (chap. 18). Durant cette même période, parmi les 37 journaux « généralistes » créés qui visent/atteignent un public composite, la cible de 31 d'entre eux est composée de « scientifiques », « spécialistes » ou publics « autres », souvent des trois. Pendant la seconde moitié du XIXe siècle, il se crée 91 journaux « généralistes », dont 25 ont un public composite. Parmi ces derniers, 18 ont un public composé des « scientifiques », des « spécialistes » et des publics « autres », comme le

---

44. Sur les journaux savants au XVIIe et XVIIIe siècles, voir (Peiffer & Vittu 2008).

45. Sur les sciences en général, et les mathématiques en particulier, dans les *Mémoires de Trévoux*, voir (Froeschlé-Chopard & Froeschlé 2001).

Vierteljahrsschrift für wissenschaftliche Philosophie (chap. 24). Les 66 journaux « généralistes » créés qui ont un public homogène se répartissent de manière presque égale entre ceux qui visent le « grand public », qui sont principalement des journaux d'académies ou de sociétés savantes périphériques, ceux qui visent les publics « autres » et ceux en direction du monde de l'enseignement. Les périodiques qui ciblent les publics « autres » sont pour l'essentiel des revues philosophiques comme la *Revue philosophique de la France et de l'étranger*, qui est un des journaux phares en philosophie des sciences et en particulier des mathématiques, (chap. 20) ; quant à ceux en direction du monde de l'enseignement, ce sont des périodiques comme le *Journal des instituteurs* (chap. 18) ou l'*American Board Journal*, créé en 1891 à Alexandria en Virginie.

Au xxe siècle, les effectifs des créations de journaux « généralistes » s'effondrent avec seulement l'apparition de 56 journaux « généralistes ». De plus, avec seulement 7 journaux ayant un public composite, la part relative de ces journaux baisse fortement. Sur les 49 journaux « généralistes » créés entre 1901 et 1940 qui visent un public homogène, 26 ont pour cible les publics « autres » ; ils sont les lieux d'échanges et de débats des programmes épistémologiques dans le champ philosophique, particulièrement actifs durant cette période[46]. Un tiers de ces journaux sont en direction du monde enseignant. La quasi-totalité des sept journaux « généralistes » créés entre 1901 et 1940 ayant/visant un public composite s'adresse à la fois aux « scientifiques », aux « spécialistes » et aux « autres ». Parmi ceux-ci, la *Revue du mois* (chap. 19), s'inscrit dans une perspective universaliste de la culture moderne et donc contribue régulièrement à de la popularisation mathématique et à des débats relatifs aux sciences mathématiques, les six autres, revues « généralistes » d'institution universitaire ou de société savante, publiant peu de mathématiques.

4 Public nodal

Lorsqu'on dresse le tableau 3 des publics par catégories de journaux, il apparaît que chacune d'entre elles a tendance à s'organiser autour de publics privilégiés, à savoir le « grand public » et les publics « autres » pour les journaux « généralistes », les « spécialistes » et le monde de l'enseignement pour les journaux « spécialisés » et pour les journaux « scientifiques et techniques », les « scientifiques », les « ingénieurs » et les « spécialistes ». Comme on va le voir, ces publics sont particulièrement visés/atteints par ces catégories de journaux, ce qui se traduit par une forte corrélation au niveau statistique.

En restreignant le corpus à celui des « journaux mathématiques » ayant un public homogène, la tendance à s'organiser autour de publics privilégiés s'accentue, en particulier pour les journaux « spécialisés » qui sont essentiel-

---

46. Sur ce contexte éditorial, voir le chapitre 20, ainsi que (Greber 2014).
47. Ce tableau se lit par ligne. Le pourcentage est celui de la part des créations des journaux d'une catégorie visant/ayant un public spécifique entre autres. Par exemple, 27 % des 854 journaux « scientifiques et techniques » visent/ont entre autres comme public les « spécialistes ». La somme des pourcentages peut donc être supérieure à 100 %.

	Ens.	Spéc.	GP	Autres	Scient.	Ingé.	Total
« Généralistes »	16,2 %	19,9 %	48,6 %	38,8 %	23,5 %	0,9 %	327
« Scientifiques et techniques »	4,3 %	27 %	12,1 %	10,3 %	68,5 %	33,3 %	854
« Spécialisés »	37,6 %	72,2 %	7,2	0,5 %	2,1 %	1 %	194
Total	163	436	276	216	666	289	

TABLEAU 3 : Les publics par catégorie de journaux[47].
Ens. = monde de l'enseignement ; Spéc. = spécialistes ; GP = grand public ;
Scient. = scientifiques ; Ingé. = ingénieurs

lement organisés autour des « spécialistes » et du monde de l'enseignement, ce qui est à mettre en regard de l'hypothèse selon laquelle très rapidement, dans les journaux « spécialisés », les mathématiques ne sont appréhendées qu'en rapport à la recherche ou à l'enseignement, les autres dimensions de leur inscription sociale (applications à d'autres disciplines, diverses formes de popularisation, pratiques d'amateurs...) étant réservées aux autres catégories de journaux. Les dimensions d'application aux sciences et techniques ou de diffusion dans le grand public disparaissent presque totalement.

	Ens.	Spéc.	GP	Autres	Scient.	Ingé.	Total/publics
« Généralistes »	18,4 %	0 %	57,3 %	23 %	0,8 %	0,4 %	239
« Scientifiques et techniques »	3,7 %	0 %	4,5 %	4,7 %	53,7 %	33,4 %	485
« Spécialisés »	27,3 %	72,7 %	0 %	0 %	0 %	0 %	161
Total/catégories	106	117	159	78	262	163	885

TABLEAU 4 : Les publics par catégorie de journaux (corpus des « journaux mathématiques ayant une longévité supérieure ou égale à 10 ans et ayant un public homogène)[48].
Ens. = monde de l'enseignement ; Spéc. = spécialistes ; GP = grand public ;
Scient. = scientifiques ; Ingé. = ingénieur

En examinant de plus près les compositions des publics des journaux à partir de ces cibles spécifiques, on peut faire apparaître pour chaque type de journaux des liens avec des publics particuliers, ce qui permet d'avancer quelques hypothèses sur les usages mathématiques de leurs publics supposés.

Plus de 84 % des journaux « généralistes » visent/atteignent entre autres le « grand public » ou les publics « autres » et la totalité des journaux « spécialisés » ont pour public entre autres les « spécialistes » ou le monde

---

48. Le pourcentage est celui de la part des créations des journaux d'une catégorie visant/ayant exclusivement un public homogène. Par exemple, 53,7 % des 239 journaux « généralistes » ayant un public homogène visent/atteignent exclusivement le « grand public ».

de l'enseignement[49]. Dans les deux cas, peu de ces journaux ciblent les deux publics en même temps. La population de journaux « généralistes » visant le « grand public » et celle visant les publics « autres » sont quasiment disjointes ; de même, la population des journaux « spécialisés » visant les « spécialistes » et celle visant le monde de l'enseignement ont une intersection très restreinte[50]. Nous faisons pour ces deux catégories de journaux apparaître une notion de public, que nous qualifierons de « nodal », c'est-à-dire un public composite qui agrège autour de lui au moins 80 % de la catégorie et dont les composantes ont deux à deux une intersection réduite. Ainsi, les catégories de « journaux mathématiques » s'organisent sur le temps long autour des composantes de leur public « nodal » de manière différenciée, ce qui autorise une catégorisation plus fine du corpus des « journaux mathématiques » et par là de caractériser et de spécifier globalement en première approche en termes de publics les visées et les usages de ces deux catégories de journaux.

La situation peut sembler un peu plus compliquée dans le cas des journaux « scientifiques et techniques », puisque le tableau ci-dessus fait apparaître trois publics privilégiés. En fait, on obtient aussi dans ce cas un « public nodal », composé des « scientifiques » et des « ingénieurs ». En effet, plus de 90 % des journaux « scientifiques et techniques » ont entre autres les « scientifiques » ou les « ingénieurs » comme public et seulement un peu plus de 10 % de ces deux publics à la fois. Par contre, la quasi-totalité des journaux « scientifiques et techniques » qui visent les « spécialistes » a aussi pour cible les « scientifiques[51] ». Cette corrélation est la raison pour laquelle la concaténation des publics « spécialistes » et « scientifiques » n'apparaît pas comme « nodale », car moins de 70 % seulement des journaux « scientifiques et techniques » visent/atteignent entre autres comme public les « scientifiques » ou les « spécialistes » et de plus leur intersection est loin d'être insignifiante.

Cette population particulière des journaux à destination des « scientifiques » et des « spécialistes » est importante pour les questions de circulation mathématique. Il s'agit souvent de journaux liés à des institutions ou de sociétés scientifiques dans l'intention de couvrir l'ensemble ou une partie des sciences, comme les *Archives néerlandaises des sciences exactes et naturelles* créées en 1866 à Haarlem par la Société hollandaise des sciences à Haarlem qui annoncent « embrasser [...] l'ensemble des sciences mathématiques, physiques et naturelles » et sont publiées en français dans l'intention d'« assurer une

---

49. On ne trouve dans le corpus général que deux journaux « spécialisés » qui visent les « scientifiques » sans les « spécialistes » dont *Le Géomètre* (1842-1843) publié à Péronne et dont on apprend qu'il est le « journal des connaissances géométriques les plus usitées sur le terrain » (Source : BnF).

50. Les créations de journaux « spécialisés » qui visent à la fois le monde de l'enseignement et les « spécialistes » représentent moins de 10 % des effectifs de cette catégorie. Quant aux journaux « généralistes », il n'y en a qu'un peu plus de 3 % qui ont pour cible à la fois le « grand public » et les publics « autres ».

51. Parmi ces 228 journaux, 167 sont à la destination exclusive d'un public composé de « scientifiques » et de « spécialistes ».

publicité plus large aux recherches des savants Néerlandais ». Parfois une telle configuration de publics est plus contrainte disciplinairement. Il en est ainsi pour la plupart des journaux d'observatoire qui souvent publient des contributions de mécanique céleste plutôt en direction des spécialistes mais aussi d'astronomie d'observation ou même à partir de la fin du XIXe siècle d'astronomie physique plutôt en direction de « scientifiques ». De la même manière, on trouve quelques journaux d'université à caractère scientifique, comme les *Annales scientifiques de l'université de Jassy* qui publient 130 contributions mathématiques sur le millier parues entre 1900 et 1948 ou les *Annales de la Faculté des sciences de Toulouse pour les sciences mathématiques et les sciences physiques* (chap. 25).

4.1 Public nodal des journaux « généralistes »

Les deux parts du public nodal des journaux « généralistes » correspondent à deux moments. Aux XVIIe et XVIIIe siècles, la quasi-totalité (plus de 90 %) des journaux « généralistes » s'adressent au public lettré, c'est-à-dire au « grand public » dans nos catégories. La tendance s'inverse au début du XIXe siècle. Durant la première moitié de ce siècle, il y a à peu près autant de créations de journaux « généralistes » en direction du « grand public » que des publics « autres » ; après 1850, dans un contexte de baisse des créations de journaux « généralistes », ceux qui visent les publics « autres » deviennent largement majoritaires grâce en particulier à la multiplication des journaux de réflexion sur les sciences et les techniques[52]. L'apparition dans le champ éditorial mathématique des publics « autres » est, en particulier le fait d'une spécialisation d'un certain nombre d'acteurs épistémologues et en même temps, d'un glissement des aspirations du « grand public ». Au XVIIIe siècle et au début du XIXe siècle, le « grand public » a deux composantes, un public lettré dont on a rappelé plus haut l'inhomogénéité, allant des savants[53] aux diverses couches de la société intéressées par toutes les formes de savoirs, qui fréquentait naturellement les journaux « généralistes » et les amateurs acteurs des rubriques de questions-réponses des journaux « spécialisés ». À partir du XIXe siècle, l'idéal universaliste s'étiole et le « grand public » intéressé par les sciences s'oriente plus vers des publications de vulgarisation des sciences et des techniques qui sont pour l'essentiel des journaux « scientifiques et techniques », comme la *Revue générale des sciences pures et appliquées*[54] ou encore *Cosmos, Revue encyclopédique des progrès des sciences*, créée en 1852 par Benito R. de Montfort et rédigée par l'abbé Moigno, qui ambitionne de « signaler tous les progrès des sciences pures et appliquées [...] en les

---

52. Pour une étude de ces journaux dans l'aire francophone, voir (Greber 2014, Braverman & Greber 2023) et le chapitre 20 dans ce volume. Voir aussi l'analyse de la *Vierteljahrsschrift für wissenschaftliche Philosophie* donnée dans ce volume par F. Willmann (chap. 24).

53. Les « savants » au sens du XVIIIe siècle sont une composante du public lettré, donc « généraliste » dans nos catégories.

54. Cette publication est un des exemples de revue de haute culture étudiés dans ce volume par C. Ehrhardt et H. Gispert.

appréciant, en les discutant, en les jugeant, en rappelant le passé, en devançant et provoquant des progrès nouveaux[55] ».

> Nous ne serons donc pas des échos froids et glacés ; nous critiquerons, car nous sommes profondément convaincus de la nécessité, de la légitimité, de l'opportunité de la critique scientifique. (B. R. de Montfort, « Préface », *Cosmos*, 1 (1852), p. i)

François Moigno affirme que son travail de rédacteur visera d'être « absolument lu intégralement de chacun [des] abonnés » de *Cosmos*. Une ambition généraliste par rapport aux sciences et aux techniques que ne reprendront pas des journaux qui, comme l'*Electric Telegraph Review* créé en 1870 à Londres, se focalisent sur un domaine technique émergent.

En même temps apparaissent des publics « autres » composés en particulier de spécialistes des nouvelles disciplines sociales et humaines qui émergent à partir de la deuxième moitié du XIXe siècle et qui, pour certains, prennent les sciences et les techniques comme objet d'étude.

Le « grand public », tout en étant la composante majoritaire du public « nodal » des journaux « généralistes » n'est pas un public autour duquel s'agrègent fortement d'autres catégories de publics[56]. Lorsque c'est le cas, on trouve une petite dizaine de journaux « généralistes » qui visent, outre le « grand public », le monde de l'enseignement, comme *Schola et Vita*, comme exemple de revue qui résiste au conditionnement fasciste en cours à l'époque en Italie (chap. 13). Une dizaine de journaux « généralistes » visent, outre le « grand public », un public composé de « scientifiques », « spécialistes » et publics « autres ». Ce sont pour l'essentiel des journaux d'académies allemandes créés surtout au XVIIIe siècle, comme les *Miscellanea Berolinensia ad incrementum scientiarum* édités à partir de 1710 à Berlin.

Au contraire, les publics « autres » apparaissent comme une catégorie plus favorable aux agrégats de publics. Les « scientifiques » font partie de la plupart de ces compositions de publics et, dans presque quatre cas sur cinq, il en est de même des « spécialistes[57] ». Il s'agit la plupart du temps de « scientifiques » ou « spécialistes » soucieux de vulgarisation et d'acculturation et désireux d'intervenir dans les débats sociétaux ou philosophiques concernant les sciences[58]. On trouve ainsi nombre de journaux d'académie ou de sociétés de « sciences, arts et lettres », souvent de province ou de zones périphériques,

---

55. Par exemple, la revue *Cosmos* ((3) 7 (1869), p. 684–685) intervient de manière cinglante au sujet d'une discussion concernant la réception à l'Académie des sciences d'une preuve de l'axiome des parallèles en géométrie euclidienne.

56. Plus de 82 % des journaux « généralistes » qui atteignent le « grand public » ont un public homogène.

57. Un peu moins de 17 % des créations de journaux « généralistes » ne visent que les publics « autres ».

58. Comme le montre Laurent Rollet (1999), les contributions de vulgarisation et les interventions en épistémologie ne sont pas strictement différenciées au XIXe siècle et au début du XXe siècle. Les activités des vulgarisateurs et des « passeurs » de savoirs dans les journaux de l'aire francophone durant la seconde moitié du XIXe siècle et au début du XXe siècle sont étudiées dans (Greber 2014).

créés à la fin du XVIIIe siècle et au XIXe siècle dans une visée de culture humaniste et qui, pour certains d'entre eux, contiennent assez peu de mathématiques malgré des intentions souvent affichées. Plus tard, on voit apparaître quelques journaux de réflexion sur les sciences que l'on a déjà évoqués comme le *Vierteljahrsschrift für wissenschaftliche Philosophie* (chap. 24) ou *Erkenntnis* créé par les philosophes Hans Reichenbach et Rudolf Carnap en 1930 avec l'intention de « mener une recherche philosophique qui tienne compte des méthodes et des résultats des différentes disciplines scientifiques » (Hempel 1975, p. 1)[59].

4.2 Public nodal des journaux « scientifiques et techniques »

On a vu que plus de 90 % des journaux « scientifiques et techniques » visent/atteignent le public « nodal » de cette catégorie, à savoir les « scientifiques » ou les « ingénieurs », un peu moins de 10 % visant ces deux catégories de publics à la fois. En dehors du XVIIe siècle durant lequel les 5 journaux « scientifiques et techniques » créés visent/atteignent le public « nodal », le pourcentage des journaux de cette catégorie qui atteignent entre autres les « scientifiques » ou les « ingénieurs » oscillent autour de 90 % pendant toute la période. La part des journaux « scientifiques et techniques » visant/atteignant les « scientifiques » décroît de la totalité, au XVIIe siècle, à un peu moins de 60 % à la fin du XIXe siècle ; elle rebondit à presque 80 % au XXe siècle. La baisse relative de ce corpus de journaux est due à l'émergence de journaux « scientifiques et techniques » visant l'autre composante du public nodal de cette catégorie de journaux, à savoir les ingénieurs dans un contexte d'industrialisation. Entre 1901 et 1940, l'effectif des créations de journaux « scientifiques et techniques » en direction des « scientifiques » se maintient dans un contexte de baisse des créations des « journaux mathématiques » : il en est créé 223 sur un total de 287 de cette catégorie. Parmi ceux-ci, une petite moitié est en direction des seuls « scientifiques » et un peu moins de 30 % sont destinés aux « scientifiques » et aux « spécialistes »[60]. La multiplication de par le monde des journaux d'observatoire et une dynamique de création dans les zones périphériques semblent être les deux facteurs principaux qui favorisent la création de ces journaux. Ainsi, plus de 30 % de ces créations ont lieu dans les pays européens autres que ceux du « noyau fondateur » et près de 18 % en dehors de l'Europe et des États-Unis[61].

Pour ceux qui ont les « ingénieurs » dans leur public, leur pourcentage croît de la seconde moitié du XVIIIe siècle à la fin du XIXe siècle, de près

---

59. « to carry on philosophical inquiry in close consideration of the procedures and results of the various scientific disciplines ».

60. Entre 1851 et 1900, il se crée 383 journaux « scientifiques et techniques » dont 227 visant/atteignant les « scientifiques », 108 les seuls « scientifiques » et 63 les « scientifiques » et les « spécialistes ».

61. Entre 1851 et 1900, les mêmes pourcentages étaient de 22,5 % et 7 %.

de 30 % à près de 40 %[62] et s'effondre à un peu plus de 20 % au XXe siècle. Comme nous l'avons déjà évoqué, jusqu'à la fin du XIXe siècle, on peut lier les augmentations des effectifs et les variations des pourcentages des journaux en direction des « ingénieurs » aux dynamiques d'industrialisation, synonymes de besoins de formation d'ingénieurs et de recherche scientifique associées à une curiosité croissante pour les sciences et les techniques. En revanche, il est plus difficile de comprendre les évolutions qui se produisent au XXe siècle. On peut évoquer l'épuisement d'une figure de l'ingénieur savant inaugurée au début de XIXe siècle[63] au profit de celle de l'ingénieur industriel[64] qui se traduit dans les projets éditoriaux par une moindre appétence pour des contributions mathématiques innovantes au profit de contenus plus pratiques publiés dans des journaux que nous n'avons pas retenus. Par exemple, le chapitre de Dominique Tournès de ce volume, consacré à la diffusion de la nomographie en Europe (chap. 1), un domaine emblématique des mathématiques appliquées entre autres aux sciences de l'ingénieur, fait essentiellement apparaître des journaux « scientifiques et techniques » publiés par des académies et des universités ainsi que quelques journaux « spécialisés ». À partir du XXe siècle, très peu d'entre eux visent les « ingénieurs ».

Dans ce qui suit, nous allons nous intéresser à la manière dont les publics composites des journaux « scientifiques et techniques » se construisent autour des deux composantes du public « nodal ». Environ 56 % de ceux qui ont les « scientifiques » dans leur public ont un public composite. Comme on l'a déjà noté plusieurs fois, les « scientifiques » sont souvent associés aux « spécialistes » pour former le public de journaux « scientifiques et techniques ». Plus de la moitié d'entre eux ont leur public uniquement composé des « scientifiques » et des « spécialistes ». Le deuxième public avec lequel les « scientifiques » ont le plus d'accointances est l'autre composante du public « nodal » de cette catégorie, les « ingénieurs ». Les publics « autres » apparaissent dans un peu plus de 9 % des cas pour participer avec les « scientifiques » à la constitution du public de ces journaux ; parmi ceux-ci, nous trouvons surtout des périodiques, comme le *Journal de la Société de Statistique de Paris*, la revue de philosophie des sciences, *Scientia* (chap. 20 et 13) ou *The Assurance Magazine*, un journal d'actuariat créé en 1851 à Londres ; le « grand public » est impliqué dans 8 % des cas ; parmi ces derniers, la *Revue scientifique* (chap. 19),

---

62. Deux journaux « scientifiques et techniques » sur les 5 créés à la fin du XVIIe siècle s'adressent entre autres aux ingénieurs ; le rôle central au sein du réseau des journaux savants au XVIIe et au XVIIIe siècles des *Philosophical Transactions of the Royal Society of London* (chap. 6, 2, 15, 22) ; La *Connaissance des temps* est un des journaux du Bureau des longitudes (chap. 3, 28). Il n'a été identifié aucune création de journal « scientifique et technique » en direction des ingénieurs pendant la première moitié du XIXe siècle.

63. Nous reprenons l'expression d'« ingénieur savant » au sens introduit par Ivor Grattan-Guinness (1993).

64. Outre (Grattan-Guinness 1993), voir sur l'histoire du métier d'ingénieur et ses relations aux mathématiques au XIXe siècle, (Belhoste 2003), (Chatzis 2008), (Grelon 1988) et plus généralement (Bret *et al.* 2008).

l'*Annuaire du Bureau des Longitudes* (chap. 3) et des journaux d'académies plus ou moins importantes. Il n'y a quasiment pas de journaux « scientifiques et techniques » qui associent les « scientifiques » et le monde de l'enseignement dans la configuration de leur public.

Seulement 43 % des journaux « scientifiques et techniques » ayant/visant les « ingénieurs » ont un public composite. Près de 70 % d'entre eux contiennent aussi les « scientifiques » dans la composition du public composite. Parmi ceux-ci, beaucoup de revues de sciences appliquées, comme le *Bulletin chronométrique*, publié à partir de 1889 par l'Observatoire astronomique, chronométrique et météorologique de Besançon ou *Die Wasserwirtschaft*, créée en 1906 à Berlin. Les « spécialistes » apparaissent plus rarement dans la composition du public des journaux « scientifiques et techniques » en direction des « ingénieurs » ; à trois exceptions près, ils apparaissent dans des combinaisons multiples visant aussi les « scientifiques ». Parmi ces journaux, on peut citer le *Journal de l'École polytechnique*[65], créé en 1794 au moment de la fondation de l'École polytechnique, qui, surtout au début de son existence, adjoint le monde de l'enseignement aux « ingénieurs », « scientifiques » et spécialistes » à sa cible ou le *Repertorium fuer Experimental-Physik, fuer physikalische Technik, fuer mathematische und astronomische Instrumentenkunde*, créé en 1866 à Leipzig, qui s'intéresse entre autres aux aspects théoriques des pratiques expérimentales et instrumentales en physique et astronomie. Nous pouvons citer aussi parmi les exceptions, le *Zeitschrift für angewandte Mathematik und Mechanik-Journal of Applied Mathematics and Mechanics*, créé à Berlin en 1921 par Richard von Mises, qui est explicitement en direction des seuls « spécialistes » et des « ingénieurs ».

4.3 Public nodal des journaux « spécialisés »

Comme cela a été signalé plus haut, la totalité des 195 journaux « spécialisés » recensés dans le corpus des « journaux mathématiques » ayant une longévité supérieure ou égale à 10 ans visent/atteignent leur public « nodal », à savoir les « spécialistes » et le monde de l'enseignement. Un peu moins de 10 % d'entre eux sont en direction de ces deux publics à la fois. Le corpus des journaux « spécialisés », catégorie la moins nombreuse, est très resserré autour des deux publics qui constituent son public « nodal ».

Sept des 8 journaux « spécialisés » créés au XVIIIe siècle visent le « grand public » et le monde de l'enseignement. À l'exception du *Mathematische liefhebberye* créé à Purmerend aux Pays-Bas (chap. 6), ils sont tous localisés à Londres. Parmi ceux-ci, on trouve quatre journaux issus de la tradition des almanachs, organisés autour d'énigmes et d'une rubrique de questions-réponses autant en direction des étudiants et enseignants que des amateurs et des philomates, *The Ladies' Diary*, *The Gentleman's Diary*, *The Supplement to The*

---

65. Ce journal apparaît dans le chapitre de F. Brechenmacher comme un des éléments importants du contexte éditorial mathématique français du Journal de Jordan et comme une des sources pour des traductions dans le *Mathematical Repository* (chap. 2).

Ladies' Diary et *The Gentleman's Mathematical Companion*[66]. *The Scientific Receptacle*[67] et le *Mathematische liefhebberye* visent aussi ce même segment de public. Les *Scriptores Logarithmici* dont le sous-titre est *A Collection of Several Curious Tracts on the Nature and Construction of Logarithms* auront 6 livraisons entre 1791 et 1807 et réunissent des contributions anciennes et plus contemporaines sur des questions ayant trait aux logarithmes. Cette collection de volumes s'adresse surtout aux « spécialistes[68] ». S'adressant au monde l'enseignement et aux « spécialistes », le *Mathematical Repository* (chap. 2) implique la communauté enseignante du Royal Military College et propose entre autres des articles, souvent des reprises et des traductions, ainsi qu'une rubrique active de questions-réponses. Dans une nécrologie publiée en 1841 de Thomas Leybourn, son créateur et principal animateur, le *Mathematical Repository* est présenté sur un mode mi-figue mi-raisin comme une « publication which made its appearance at irregular intervals, and of which the object was to afford a channel for giving publicity to lucubrations of greater length, and to the solutions of problems of a higher order of difficulty, than could be admitted into the Diaries[69] ».

Pour mémoire, on peut citer comme tentative de création au XVIIIe siècle de journaux « spécialisés » en direction des « spécialistes », le *Leipziger Magazin für reine und angewandte Mathematik* édité à partir de 1786 par Carl Friedrich Hindenburg et Johann Bernoulli et l'*Archiv der reinen und angewandten Mathematik* édité à partir de 1794 par Hindenburg, tous deux en direction des seuls « spécialistes » mais dont la durée de vie n'atteint pas 10 ans.

Pour résumer, au XVIIIe siècle, les journaux « spécialisés » sont très peu nombreux et s'adressent surtout au monde de l'enseignement. Les rares créations de journaux « spécialisés » ayant les « spécialistes » dans leur cible sont tardives dans le siècle ; ces journaux soit disparaissent rapidement, soit quand ils arrivent à s'installer semblent avoir du mal à assurer des livraisons régulières.

À partir du XIXe siècle, les effectifs des créations de journaux « spécialisés » augmentent significativement, passant de 12 entre 1801 et 1850 à 105 entre 1901 et 1940. Dès la première moitié du siècle, les créations de journaux « spécialisés » visant/atteignant les « spécialistes » deviennent majoritaires. La part des journaux « spécialisés » visant les « spécialistes » varie entre environ 80 % pour la première moitié du siècle, deux tiers durant la seconde moitié du siècle et trois quarts pour la période 1901-1940. Plus de 80 % de ces

---

66. Sur ces journaux, voir (Albree & Brown 2009) et (Wardhaugh 2023), ainsi que les chapitres 27 et 9.
67. Sur ce journal, voir (Dawson et al. 2020, p. 38).
68. Ce type de collections est à la limite du corpus des « journaux mathématiques » au moins dans ce cas par sa périodicité et son fonctionnement. Nous avons intégré au corpus des « journaux mathématiques » celles qui ont été considérées comme des journaux dans les bibliographies que nous avons utilisées.
69. *Monthly Notices of the Royal Astronomical Society*, 5 (1841), p. 82-83

journaux sont créés après 1875. Cette expansion correspond pour l'essentiel à la multiplication des universités de par le monde et à la professionnalisation des mathématiciens, surtout sensibles à partir de la fin du XIXe siècle. La part des créations de journaux « spécialisés » dirigés vers le monde de l'enseignement passe, quant à elle, d'un tiers durant la première moitié du XIXe siècle, à plus de 45 % durant la seconde moitié et retombe à 30 % entre 1901 et 1940. La hausse relative de ces créations lors de la seconde moitié du siècle est en partie due à la multiplication de journaux attachés à une forme de formation continue des maîtres, comme le *Giornale di Matematiche* de Giuseppe Battaglini (chap. 15) ou *Mathesis* de Paul Mansion et Joseph Neuberg (chap. 10) ou encore, à des journaux dévolus à la préparation des élèves à des concours, comme le *Journal de mathématiques spéciales*.

Seulement 23 des 140 journaux « spécialisés » créés en direction des « spécialistes » ont un public composite. Parmi ceux-ci, 19 s'adressent au monde de l'enseignement avec des journaux reprenant le modèle des *Nouvelles annales de mathématiques*, qui, tout en visant le monde de l'enseignement avec une rubrique questions-réponses, des analyses ou des approfondissements de parties de programme pointent en même temps un segment de « spécialistes » en acceptant des contributions mathématiques[70]. Parmi ces journaux, *The American Mathematical Monthly* (chap. 21) devient l'organe de l'association des enseignants de mathématiques états-uniennes, *Mathematical Association of America*. D'autres bulletins d'associations d'enseignants de mathématiques ou de mathématiciens apparaissent dans ce corpus, comme le *Bollettino della Mathesis* ou le *Bollettino dell'Unione Matematica Italiana* (chap. 23). *L'Enseignement mathématique*, créé la dernière année du XIXe siècle, a pour objet de sa réflexion, jusqu'à l'entre-deux-guerres, l'enseignement mathématique tout en accueillant des contributions de type « survey » et une rubrique bibliographique[71]. Il y a très peu de journaux « spécialisés » ayant/atteignant les « spécialistes » qui visent aussi les « scientifiques », encore moins les publics « autres »[72]. Un seul journal « spécialisé » vise à la fois les « spécialistes » et le « grand public », *Sphinx-Œdipe*, dont on a déjà souligné plus haut l'originalité (chap. 12).

Une petite moitié des 74 journaux « spécialisés » en direction du monde de l'enseignement ont un public composite. Une vingtaine de ceux-ci ciblent aussi les « spécialistes » et viennent d'être abordés dans le paragraphe précédent. Un autre sous-corpus, quasiment disjoint du précédent, est constitué d'une quinzaine de journaux qui visent à la fois le monde de l'enseignement et le « grand public ». Jusqu'en 1850, à l'exception du néerlandais *Mathematische*

---

70. Les *Nouvelles annales* ont inspiré maints autres journaux. Sur ce journal, voir (Nabonnand & Rollet 2012, Rollet & Nabonnand 2013) les chapitres 10, 26, 25, 28.
71. Sur l'*Enseignement mathématique*, voir (Coray et al. 2003) et (Gispert 2018).
72. Seul, le *Journal of Symbolic Logic* (créé en 1936) entre dans cette catégorie en visant les spécialistes de logique mathématique et les philosophes analytiques. Voir le chapitre 21 dans ce volume qui évoque le statut disciplinaire hybride de la logique symbolique.

Liefhebberye (chap. 6) que nous avons déjà rencontré plusieurs fois, tous sont britanniques et s'inscrivent dans la tradition du *Ladies' Diary* (chap. 27).

Le corpus des « journaux mathématiques » entendus dans un sens large en termes de géographie, de temporalité et de publics apparaît à partir de ces quelques statistiques comme un outil nouveau et fécond pour approcher quantitativement la circulation journalistique des mathématiques.

Comme rappelé au début de ce chapitre, il ne s'agit pas de céder à une quelconque illusion quantitative. Dans le cas du corpus qui nous intéresse ici, envisager les processus de circulation mathématique dans la longue durée, entre la fin du XVIIe siècle et la première moitié du XXe siècle, et dans un cadre géographique large, oblige à une certaine prudence. Nous avons évoqué à plusieurs reprises nos interrogations quant à la fiabilité des recensements concernant des régions ou des communautés qui ne nous sont pas familières[73]. Les catégories à partir desquelles nous avons organisé le corpus apparaissent plus adaptées aux pratiques éditoriales et à la constitution des divers publics des XIXe et XXe siècles qu'à celles de l'époque moderne. Il semble par exemple plus difficile de distinguer les catégories d'« hommes de sciences » et de « lettrés » utilisées par les historiens de l'époque moderne[74] que celles de « scientifiques », « spécialistes » ou « grand public » aux XIXe et XXe siècles, une époque où, en particulier les ancrages professionnels apparaissent mieux cernés. Enfin, la granularité de la description de notre corpus des « journaux mathématiques » ne permet pas d'aborder quantitativement les phénomènes de circulation mathématiques à partir des contenus. L'ambition de construire un corpus de « journaux mathématiques » tenant compte de la variété des ancrages sociaux des mathématiques et donc des différents rapports que les lecteurs et auteurs peuvent entretenir avec une entreprise journalistique nécessite de mobiliser une grande diversité de périodiques. De plus envisager une amplitude temporelle large, tout en essayant de rendre compte de la dispersion du phénomène journalistique a pour corollaire une prudence pointilleuse quant à la stabilité des catégories utilisées pour structurer, même grossièrement, ce corpus. Ce constat implique d'interroger en permanence méthodologiquement, en particulier à l'aide d'études de cas, les approches quantitatives qui traversent les époques et les territoires.

Pour autant, malgré ces difficultés inhérentes au projet, le corpus des « journaux mathématiques » offre à la discussion un certain nombre de résultats, ne serait-ce qu'une cartographie des lieux de production des « journaux mathématiques » et son évolution dans le temps. On obtient ainsi une mise en espace robuste et nouvelle, même si elle n'indique que les origines des

---

73. On peut considérer ces interrogations comme autant de résultats concernant l'historiographie de la publication de mathématiques dans des journaux ou revues. Nous nous sommes servis pour l'essentiel de notre recensement des outils construits (pour la plupart au XIXe et XXe siècles) par diverses communautés, autant d'outils biaisés par des implicites datés et occidentaux.

74. Voir à cet égard (Vittu 2005, p. 527).

circulations journalistiques sans forcément nous informer sur les circulations mathématiques en elles-mêmes.

Nous avons restreint ici nos analyses statistiques au sous-corpus des journaux ayant une durée de vie supérieure ou égale à 10 ans dans l'intention de nous focaliser sur des journaux qui ont eu le temps de s'installer dans l'espace des circulations mathématiques et d'interagir sur une certaine durée avec leurs publics. Nous arrivons ainsi à décrire de manière informative et fiable les dynamiques générales de création de journaux et donc, celles à l'œuvre dans l'espace des circulations mathématiques, notamment dans son aspect géographique. *A priori*, les grandes tendances de concentration et de dispersion qui se dégagent des statistiques géographiques obtenues à partir du corpus complet et du sous-corpus des journaux ayant une durée de vie supérieure ou égale à 10 ans restent pour l'essentiel les mêmes : une dispersion à partir du « noyau fondateur » qui atteint d'abord le reste de l'Europe, puis au tournant du XIXe siècle les États-Unis, l'Extrême-Orient et l'Amérique du Sud dans une moindre mesure à la fin de ce siècle, le reste du Monde n'étant atteint qu'à travers le filtre du colonialisme. Ce phénomène de dispersion au niveau global est doublé d'effets de concentration autour de bibliopoles et d'un effet de mitage des périphéries. Les phénomènes de dispersion sont la plupart du temps légèrement retardés pour les statistiques calculées à partir du sous-corpus, ce qui traduit une plus grande fragilité des premières entreprises participant à une dynamique nouvelle et ayant des difficultés.

En nous focalisant sur les corrélations entre les catégories de journaux et leurs publics, nous obtenons une compréhension plus fine du corpus des « journaux mathématiques » grâce à une segmentation de ces publics et l'introduction d'une composante qui peut elle-même être composite et que nous avons désignée comme leur public « nodal ». Nous entendons par là les publics visés principalement par les différents types de journaux et qui en constituent en quelque sorte leur horizon d'attente, sans pour autant exclure d'autres publics. Ce sont les publics cibles en fonction desquels ces journaux se structurent et s'organisent. Parmi les différentes catégories de journaux considérées, ce sont les journaux « spécialisés » qui sont les plus exclusifs et cherchent à atteindre les « spécialistes » ou le monde de l'éducation. De plus, ils font apparaître les collectifs de « spécialistes » et le monde enseignant plus refermés sur eux-mêmes que les autres catégories de publics s'adonnant aux mathématiques et que ciblent les journaux « scientifiques et techniques » ou « généralistes ».

PARTIE I

CIRCULATIONS MATHÉMATIQUES À DIFFÉRENTES ÉCHELLES : CENTRES ET TERRITOIRES

Introduction – Partie 1

Un des premiers objectifs de cet ouvrage a été de donner une représentation spatio-temporelle de la production de journaux mathématiques dans le monde, prise dans ses dimensions synchroniques et diachroniques. Ainsi, nous nous sommes demandé quels ont été les principaux centres disposant de ressources matérielles, intellectuelles et humaines suffisantes pour éditer un ou des journaux mathématiques. Quelles dynamiques voit-on à l'œuvre dans ces lieux ? Comment évolue la répartition géographique des centres éditoriaux dans le temps ? Cette première partie consacrée à la dimension géographique de ce que nous avons appelé dans l'introduction générale, l'espace des circulations offre huit études de cas donnant chair aux résultats globaux obtenus par l'étude quantitative dans le chapitre précédent.

Ces études concernent des centres éditoriaux situés dans deux continents, l'Europe et l'Amérique, leur arc temporel comprend toute la période du XVIIIe siècle à 1950, et se déclinent à diverses échelles, allant d'une institution comme lieu d'édition (Bruneau, LeLay-Boistel-Schiavon) à la presse mathématique dans des territoires nationaux (Hollings, Kent, Krüger, Monteiro) en passant par un pôle urbain (Nagliati). Certaines mettent en œuvre des approches quantitatives (Bruneau, Hollings, Tournès), d'autres non.

L'étude de Dominique Tournès qui ouvre cette partie prend comme point de départ une discipline, la nomographie (ou méthode graphique de résolution de certains problèmes) et reconstruit la manière dont ses savoirs ont circulé dans le temps et l'espace. Grâce à une étude quantitative d'un vaste corpus constitué de 780 articles de journaux publiés à partir de 1843 et jusqu'en 1950 et de tirés à part collectés par d'Ocagne, le fondateur français de la discipline, il identifie trois périodes dont chacune est caractérisée par la langue utilisée, les lieux d'édition, les acteurs et les méthodes mathématiques. Si deux de ces périodes – française et soviétique – étaient traitées dans l'historiographie, la méthode mise en œuvre a permis de faire apparaître une période intermédiaire, dans l'entre-deux-guerres, pendant laquelle des écrits en allemand, édités notamment à Berlin, Leipzig, Prague et Vienne, prônent une science moins abstraite plus orientée vers la pratique. Sans liens ou presque avec la discipline telle qu'elle s'est constituée en France, ce segment de l'espace de circulation a vu se développer une approche autonome et en constitue en quelque sorte un isolat pour la discipline considérée.

La plupart des études présentes dans cette partie s'attachent à analyser avec des méthodes diverses les ressources humaines et savantes disponibles dans des lieux d'édition, que ce soit au niveau d'une institution, d'une ville ou d'un territoire. Ainsi, Olivier Bruneau ancre sa contribution dans l'étude d'un seul journal britannique de la première moitié du XIXe siècle, le *Mathematical Repository*, édité par Thomas Leybourn, professeur de mathématiques au Royal Military College de Sandhurst. Proposant une approche prosopographique des acteurs du journal – auteurs d'articles, de questions et de réponses à celles-ci – jointe à une étude qualitative et quantitative des 2800 entrées, il réussit à montrer que ce journal est produit principalement par dix acteurs, tous maîtres de mathématique du Collège. Il inscrit ainsi Sandhurst sur la carte des centres éditoriaux et pose plus généralement la question du rôle des écoles militaires dans la création de journaux mathématiques dits intermédiaires adressés aux philomaths et enseignants britanniques, ou d'ailleurs.

Colette LeLay, Guy Boistel et Martina Schiavon s'intéressent, eux, à une institution française, le Bureau des longitudes, créé en 1795, et son dispositif éditorial constitué de trois publications périodiques : la *Connaissance des temps*, recueil annuel d'éphémérides créé en 1679 et destiné aux astronomes et marins ; l'*Annuaire* (1795) qui est un journal de popularisation pour le grand public et distribué aux administrations nationales et locales ; et les *Annales* (1877) au statut plus hybride. Leur étude s'appuie sur les riches procès-verbaux de l'institution et se focalise sur la période, 1877-1932, où les trois publications coexistent, gérées par une commission pluridisciplinaire et éditées par Gauthier-Villars. Si l'on ajoute la porosité des contenus, le partage d'une même petite communauté d'auteurs et d'une même tutelle, on peut considérer ce dispositif comme un micro-espace de circulation. Mais celle-ci ne s'y limite pas, les échanges nationaux avec les almanachs et autres périodiques, internationaux avec les éphémérides parfois concurrentes, et des mobilités fortes des acteurs mettent ce micro-espace du Bureau des longitudes en lien avec des institutions similaires, créant ainsi d'amples réseaux de circulations.

D'autres études ouvrent la focale pour englober tout un territoire, que ce soit à l'échelle d'une région ou d'un pays. C'est le cas de la contribution que nous livre Iolanda Nagliati concernant les journaux publiés en territoire toscan. Elle y suit l'offre éditoriale changeante dont disposaient les mathématiciens du milieu du XVIIIe à la fin du XIXe siècle, offre souvent liée aux changements politiques et économiques qui transforment le Grand-Duché de Toscane. Pise, qui a la particularité de posséder une université ancienne et reconnue, est présentée comme un centre éditorial qui voit paraître toute une succession de journaux savants sur le modèle du *Journal des savants* ou des *Acta eruditorum*, tous fortement liés au corps professoral dont les travaux y sont mis en valeur. Même si ce lien a connu des discontinuités, il ne s'est jamais rompu. Après la période française qui a vu une importante restructuration de l'Université, celle-ci s'est modernisée dans la seconde moitié du XIXe siècle comme aussi la forme des journaux. L'arrivée à Pise de Mossoti, Betti et Dini est à l'origine de l'importante école mathématique pisane dont les travaux ont nourri les revues locales jusqu'à fonder en 1871 les prestigieux *Annali* de l'École normale de Pise créée par Napoléon et dont Betti était le directeur.

Deborah Kent choisit d'étudier la timide production de « journaux mathématiques » dans le territoire des États-Unis d'Amérique[1] en construction au XIXe siècle. L'accent y est mis sur le développement des infrastructures d'éducation et scientifiques, mais aussi de communication et de transport dans un territoire très vaste s'étendant progressivement de la côte Est vers la côte pacifique de l'Amérique du Nord. Les premiers journaux scientifiques apparus entre 1800 et 1820 ont parmi leurs fonctions celle de dispenser une instruction mathématique à un public faible et dispersé. Leur durée de vie dépasse rarement quelques années, faute de pouvoir faire face aux problèmes financiers, économiques ou logistiques. La circulation de personnes de Grande-Bretagne vers leur ancienne colonie ou à l'intérieur des États-Unis a pu constituer un facteur facilitateur pour la fondation de journaux comme le semblent montrer plusieurs cas relatés par Kent. Citons celui d'une expédition à Des Moines (Iowa) pour l'observation d'une éclipse, où ces savants échangent avec Joel Hendricks qui a fait fortune dans les chemins de fer. Peu de temps après, en 1874, ce dernier fonde le mensuel *The Analyst*, qui en dépit de l'éloignement des institutions scientifiques, du manque de bibliothèques ou d'imprimerie, et du faible lectorat local, fut un succès. La volonté d'un acteur qui a su se donner les moyens de réaliser son vœu est parfois aussi déterminante que des infrastructures préexistantes. *Annals of Mathematics* fondé dix ans après le périodique de Hendricks et considéré son successeur fut récupéré rapidement par des universités de prestige (Virginia puis Harvard).

Dans sa contribution à l'échelle d'un pays, les Pays-bas, Jenneke Krüger est attentive à la double compréhension des mathématiques comme science d'une part et comme art utile aux praticiens – arpenteurs, navigateurs, marchands, comptables, constructeurs de digues et d'écluses pour la gestion de l'eau, etc. de l'autre. Les « journaux de Hollande » publiés de la fin du XVIIe au milieu du XVIIIe siècle, souvent à l'initiative de Huguenots immigrés, visent le public lettré, présentent les mathématiques comme une science et sont rédigés en français. En revanche, les journaux savants en néerlandais répondant aux attentes de leurs lecteurs, mettent le poids sur l'utilité pratique des mathématiques. C'est le groupe de praticiens et enseignants que visent les premiers journaux mathématiques spécialisés parus en Hollande. Ainsi *Mathematische Liefhebberye* (1754), dédié exclusivement aux mathématiques, joue un rôle non négligeable dans les premières étapes de la professionnalisation

---

1. Sur les « journaux mathématiques » aux États-Unis d'Amérique, voir aussi les contributions de Karen Parshall (chap. 21) et de Thomas Preveraud (chap. 9) à ce volume.

des enseignants dans ce pays. La riche variété de journaux publiant des mathématiques tout au long de la période notamment à Amsterdam (voir figures 3–5) traduit le fait que ces dernières sont considérées comme importantes dans la société néerlandaise.

L'aspect linguistique présent dans le chapitre de Krüger et de Tournès est central dans la démarche déployée par Christopher Hollings dans son étude des journaux russes. La langue de publication ne détermine pas seulement le lectorat ciblé et donc la circulation dans une aire linguistique ou géographique mais aussi, comme nous venons de le voir, le type de mathématiques mis en circulation. Elle peut aussi devenir un outil politique au service du patriotisme, ici soviétique, comme le montre l'étude de Hollings des langues utilisées entre 1922 et 1947 dans le *Matematicheskii sbornik*, premier journal « spécialisé » fondé à Moscou en 1866 comme un journal local en russe. Dès 1931, les mathématiciens soviétiques sont appelés à soutenir leur revue et à ne plus publier leurs meilleurs travaux dans des journaux occidentaux. L'accent est alors mis sur la publication de résumés en langues étrangères (notamment français, allemand et anglais) afin de rendre les résultats visibles au-delà de l'URSS, une pratique éditoriale qui s'est maintenue même après 1947 lorsque la revue était entièrement en russe. Notons avec Hollings que, dès 1967, une traduction anglaise du journal fut publiée sous le titre *Mathematics of the USSR : Sbornik* offrant aux résultats obtenus dans les républiques soviétiques une circulation globalisée.

Finalement, la dernière contribution de cette première partie aborde la circulation entre deux territoires, le Brésil et l'Europe, en insistant sur la dimension matérielle – pas entièrement absente des autres chapitres. Rogerio Monteiro met le marché des périodiques pour ingénieurs dans les dernières décennies de l'empire du Brésil, 1870-1889, au centre de ses recherches. Il s'appuie pour cela sur des catalogues de vente de bibliothèques d'ingénieur et des listes d'achat de bibliothèques privées et publiques. Il analyse le flux de périodiques de la France vers le Brésil, qui est facilité par des connections régulières et rapides entre les deux pays. Par exemple, la liste d'achat de la bibliothèque nationale brésilienne pour 1874 indique que 65 % des périodiques de provenance étrangère sont achetés en Europe, soit directement par le directeur, soit par un intermédiaire parisien travaillant avec le Portugal, qui opère des envois mensuels au départ de Bordeaux. Ici encore la mobilité des acteurs singuliers – les libraires se déplaçant dans les colonies – semble un facteur incontournable de la mise en circulation de revues mathématiques (ou non). La transition vers la République, en 1889, constitue une rupture. Dans le cadre de la modernisation des institutions républicaines, la professionnalisation et une spécialisation accrue renforcent la demande de littérature périodique et amènent à la création de revues brésiliennes.

Chapitre 1

Circulation de la nomographie dans les journaux européens avant 1950 : cas de l'Allemagne dans l'entre-deux-guerres

Dominique Tournès

La nomographie (science des tables graphiques) est une discipline mathématique à part entière qui a été créée par les ingénieurs français du dix-neuvième siècle pour résoudre un problème pratique de génie civil, à savoir le calcul des volumes de déblais et remblais, puis qui a donné lieu à des recherches mathématiques de haut niveau tout en se diffusant rapidement, dans la première moitié du vingtième siècle, vers la plupart des sciences de l'ingénieur et divers domaines périphériques comme la statistique, la chimie, la physiologie et la médecine. À partir de 1950, la nomographie entre dans un rapide déclin en raison de la concurrence des calculateurs électroniques, bien qu'elle reste relativement présente jusqu'à nos jours dans certains secteurs particuliers.

La plus grande partie de l'histoire de la nomographie est donc incluse dans la période couverte par Cirmath (1700-1950), ce qui permet de suivre de manière significative et quasi complète l'évolution de la place occupée dans les journaux par un champ bien délimité de savoirs. Par ailleurs, la nomographie se situe au carrefour des mathématiques et des sciences de l'ingénieur. Elle fait intervenir plusieurs milieux professionnels en interaction, pour lesquels les mathématiques remplissent des fonctions différentes. On y retrouve ainsi les divers aspects de l'activité mathématique, au sens large du terme, que Cirmath ambitionne d'appréhender.

Les travaux historiques récents sur la nomographie sont peu nombreux. Ainsley Evesham (1982, 1986, 1994) et Thomas Hankins (1999) ont bien analysé les premiers pas de la science des abaques tout au long du dix-neuvième siècle jusqu'à sa constitution en discipline reconnue autour du personnage de Maurice d'Ocagne, ingénieur français des ponts et chaussées élu à l'Académie des sciences en 1922. Evesham montre également comment les publications de d'Ocagne, à travers leurs traductions et adaptations, ont été la source de la diffusion ultérieure de la nomographie vers les autres pays européens et les États-Unis dans les premières décennies du vingtième siècle. Dans ce processus, il accorde toutefois une place très réduite à l'Allemagne, ce qui peut surprendre au vu de la puissance politique, économique et scientifique de ce pays à l'époque considérée. Dans mes travaux précédents (2000, 2011, 2014, 2022) et (Brezinski & Tournès 2014), j'ai commencé à interroger la place de d'Ocagne par rapport à d'autres « pères fondateurs » de la nomographie et j'ai fourni des indicateurs d'une activité nomographique importante dans le monde germanique dont les contours attendent toutefois d'être précisés.

CIRMATH m'a offert l'opportunité de progresser sur ces questions grâce à l'entrée par les journaux, ainsi qu'aux méthodes quantitatives et cartographiques développées en parallèle[1]. Sans prétention à l'exhaustivité, ce chapitre se propose donc de valoriser quelques résultats originaux directement issus de cette approche. Le premier résultat est la mise en évidence, de manière objective et quantitative, de trois périodes clairement identifiées dans l'histoire de la nomographie : une période française avant et pendant la Première Guerre mondiale, une période germanique entre les deux guerres, organisée autour de l'axe Berlin-Leipzig-Prague-Vienne, et une période soviétique qui commence juste avant la Seconde Guerre mondiale. Un autre résultat est issu du croisement de l'étude quantitative des journaux publiant des articles de nomographie avec le contenu du fonds d'archives de d'Ocagne conservé à l'École des Ponts ParisTech[2]. Cette mise en regard des données disponibles a permis d'étayer l'hypothèse que, dans l'entre-deux-guerres, la nomographie a connu un développement autonome en Allemagne et en Autriche en s'affranchissant largement de l'influence de d'Ocagne.

---

1. Je remercie Jules-Henri Greber, qui m'a été d'un précieux secours pour exploiter la base de données des journaux mathématiques de CIRMATH et le logiciel de cartographie Palladio. Je suis également reconnaissant à Nathalie Daval pour avoir numérisé les archives de Maurice d'Ocagne conservées à l'École des Ponts ParisTech, ce qui a grandement facilité leur exploitation quantitative. Merci enfin à Jan Kotůlek pour ses précieuses informations sur les journaux tchèques et à Harald Kümmerle en ce qui concerne le Japon.

2. Ce fonds a été constitué par Maurice d'Ocagne lui-même à partir des documents en rapport avec la nomographie (lettres, livres, articles, abaques, etc.) qu'il avait soigneusement conservés durant toute sa carrière. Longtemps resté dans des cartons, malmené au fil des déménagements et pratiquement tombé dans l'oubli, il a été retrouvé en 2013 par Kostantinos Chatzis et moi-même avec la collaboration de Guillaume Saquet, archiviste à l'École des Ponts ParisTech. Après que je me suis chargé du reclassement des documents, ce fonds très précieux pour l'histoire de la nomographie a été enfin catalogué.

1 Qu'est-ce que la nomographie ?

Telle que définie par d'Ocagne en 1891, la nomographie, du grec *nomos* [loi] et *graphia* [écriture] est la science des tables graphiques, c'est-à-dire des représentations graphiques des relations entre un nombre quelconque de variables. Le scientifique ou l'ingénieur formule des lois qui s'expriment usuellement par des relations algébriques. La nomographie met à leur disposition des techniques pour représenter les relations fonctionnelles entre trois ou davantage de variables dans un plan, évitant ainsi les espaces de plus grandes dimensions dans lesquels il n'est pas facile de visualiser des données de manière simple et intuitive.

Auparavant, les tables graphiques avaient été appelées « abaques » par l'ingénieur français des ponts et chaussées Léon-Louis Lalanne en 1843. En 1902, en cohérence avec le terme de « nomographie », d'Ocagne propose de remplacer « abaque » par « nomogramme ». Un nomogramme n'est pas seulement la représentation géométrique d'une relation fonctionnelle, c'est aussi un instrument de calcul : quand on connaît les valeurs numériques de toutes les variables qui interviennent dans une relation sauf une, on peut obtenir la valeur de la variable manquante cherchée par simple lecture sur le nomogramme. À ce propos, au début du vingtième siècle, l'ingénieur Robert d'Adhémar (1900, 213) emploie la jolie expression de « calcul par les yeux » pour qualifier la nomographie. En définitive, le but de cette dernière est d'éviter l'usage pénible du calcul traditionnel à la main, avec des tables de logarithmes et autres tables numériques, du moins dans les situations où une grande précision n'est pas nécessaire.

Pour l'historien, l'un des intérêts de la nomographie est d'offrir un exemple paradigmatique d'un corpus d'outils mathématiques originaux, constitué en discipline autonome[3], qui a été créé par les ingénieurs eux-mêmes pour répondre à leurs besoins spécifiques (Tournès 2011, 429–436). De fait, les fondations de cette discipline sont presque entièrement dues à des ingénieurs français sortant de l'École polytechnique et travaillant dans le génie civil (Lalanne, Charles Lallemand, d'Ocagne, Rodolphe Soreau) auxquels il faut adjoindre l'ingénieur belge Junius Massau. Pendant les années 1830-1860, le secteur des travaux publics connaît une expansion fulgurante en France et, plus généralement, en Europe. Les territoires des différents pays se couvrent rapidement d'un vaste réseau de routes, de canaux navigables et, à partir de 1842, de voies de chemin

---

3. Les principaux auteurs parlent tout d'abord de « corps de doctrine » (d'Ocagne 1891, 5), (Soreau 1901, 2e éd., 192), puis de « discipline spéciale » (d'Ocagne 1921, v) ou de « science des abaques » (Soreau 1921, vol. 1, 11), en mettant la nomographie sur le même plan que la géométrie descriptive, la statique graphique et l'intégration graphique. Dès les premières décennies du vingtième siècle, la nomographie possède un nom, un objet d'étude, une terminologie propre, une théorie formalisée, des champs d'application, des traités spécialisés, des enseignements spécifiques dans la plupart des écoles d'ingénieurs, voire certaines universités. Elle présente effectivement les caractéristiques d'une discipline ou d'une science, au sens de corps de doctrine autonome ou de champ de savoirs bien délimité.

de fer. Ces réalisations nécessitent des calculs fastidieux et répétitifs de volumes de déblais et de remblais, qui se ramènent au calcul des aires de nombreuses sections transversales. Afin de minimiser la quantité de labeur et le coût de construction, il faut faire en sorte que le volume des déblais corresponde à peu près au volume des remblais.

Tous les grands types d'abaques, même s'ils ont été réinvestis par la suite dans des contextes variés, ont été conçus au départ pour fournir une solution pratique à ce problème des déblais et remblais (Tournès 2014, 27–30), (Chatzis 2015, 47–48). Les deux types fondamentaux à retenir sont les abaques à droites concourantes, étudiés systématiquement pour la première fois par Massau, et les nomogrammes à points alignés, créés par d'Ocagne. Tous deux permettent de représenter graphiquement une relation à trois variables $F(a, b, c) = 0$. Plus précisément, un abaque à droites concourantes est constitué de trois faisceaux de droites, l'un coté par a, l'autre par b et le dernier par c, et la relation $F(a, b, c) = 0$ correspond au concours de trois droites, l'une de chaque faisceau. Connaissant, par exemple, les valeurs d'a et de b, il suffit de repérer sur l'abaque le point d'intersection des courbes des deux premiers faisceaux cotées par a et b, puis de lire la cote de la droite du troisième faisceau sur laquelle se trouve ce point d'intersection, ce qui fournit la valeur de c. De son côté, un nomogramme d'alignement est constitué de trois courbes dont les points sont cotés respectivement par a, b et c. Cette fois, connaissant a et b, il suffit de joindre, à l'aide d'une règle ou d'un fil tendu, les points des deux premières courbes ayant pour cotes a et b, et de lire la cote du point d'intersection de cette droite avec la troisième courbe pour obtenir c.

Ces deux types de représentation d'une relation à trois variables sont équivalents et duaux l'un de l'autre au sens de la géométrie projective. Ils se formalisent par une équation de la forme :

$$\begin{vmatrix} f_1(a) & g_1(a) & h_1(a) \\ f_2(b) & g_2(b) & h_2(b) \\ f_3(c) & g_3(c) & h_3(c) \end{vmatrix} = 0$$

où apparaît un déterminant mis en évidence par Massau et appelé depuis « déterminant de Massau ». En effet, la nullité de ce déterminant traduit, d'une part, le concours de trois droites cotées par a, b, et c, d'équations respectives :

$$f_1(a)x + g_1(a)y + h_1(a) = 0, \; f_2(b)x + g_2(b)y + h_2(b) = 0, \text{ et}$$
$$f_3(c)x + g_3(c)y + h_3(c) = 0.$$

Elle exprime aussi, d'autre part, l'alignement des points de paramètres a, b et c appartenant respectivement aux courbes paramétrées :

$$\begin{cases} x = \frac{f_1(a)}{h_1(a)} \\ y = \frac{g_1(a)}{h_1(a)} \end{cases}, \quad \begin{cases} x = \frac{f_2(b)}{h_2(b)} \\ y = \frac{g_2(b)}{h_2(b)} \end{cases} \quad \text{et} \quad \begin{cases} x = \frac{f_3(c)}{h_3(c)} \\ y = \frac{g_3(c)}{h_3(c)} \end{cases}$$

La nomographie a été source de problèmes mathématiques difficiles dans lesquels de nombreux mathématiciens et ingénieurs se sont investis jusque dans les années 1950. Évoquons les trois problèmes majeurs de cette discipline. Il s'agit en premier lieu de caractériser les relations $F(a, b, c) = 0$ à trois variables qui sont susceptibles d'une représentation nomographique, c'est-à-dire dont le premier membre peut être mis sous la forme d'un déterminant de Massau. Vient ensuite le problème de la classification, à homographie près, des déterminants de Massau et de la détermination de leurs formes réduites. Enfin, dans le but de concevoir des tables graphiques pour des relations à un nombre quelconque de variables en combinant des abaques à trois variables, il importe de caractériser les relations à n variables qui peuvent se décomposer en une suite finie de relations à trois variables, deux relations successives ayant une variable en commun. Cette dernière question est à l'origine du treizième des vingt-trois problèmes présentés par Hilbert au Congrès international des mathématiciens qui s'est tenu à Paris en 1900 (Hilbert 1902).

2 Constitution de la nomographie en tant que discipline

En 1891, d'Ocagne a rassemblé toutes les techniques antérieures concernant les tables graphiques et, en y joignant ses propres résultats, les a publiées dans un petit traité d'une centaine de pages intitulé *Nomographie. Les calculs usuels effectués au moyen des abaques* (1891). C'est le premier texte sur la nomographie portant ce nom. La publication de ce livre de d'Ocagne peut être vue comme un point de cristallisation à partir duquel la science des tables graphiques cesse d'être une collection de techniques isolées pour commencer à devenir une véritable discipline mathématique. En 1893, au Congrès international des mathématiciens de Chicago, d'Ocagne présente une communication sur la nomographie (1896), ce qui la fait connaître de la communauté mathématique. Le second livre de d'Ocagne est son *Traité de nomographie*, publié en 1899 (1899). Dans cette somme imposante de 480 pages, d'Ocagne approfondit considérablement la théorie et les applications de la nouvelle discipline. Les deux ouvrages précités, prenant très vite le statut de « classiques », contribuent à une diffusion internationale rapide de la nomographie. Dans la première décennie du vingtième siècle, ils circulent sous différentes formes et à des vitesses variables en Europe, aux États-Unis et au-delà. D'Ocagne lui-même mentionne que son *Traité* de 1899 a été traduit ou adapté 59 fois en 14 langues différentes (1955, 386–387).

Dès 1900, Friedrich Schilling rédige une courte adaptation du *Traité* de d'Ocagne en allemand sous le titre *Über die Nomographie von M. d'Ocagne. Eine Einführung in dieses Gebiet* (1900). En 1902, dans l'*Encyklopädie der mathematischen Wissenschaften*, Rudolf Mehmke insère un développement substantiel sur la nomographie dans le chapitre « Numerisches Rechnen » (1902), ce qui revient à reconnaître que la nomographie est devenue officiellement une partie du calcul numérique. Dans les années qui suivent, des cours spécialisés sont créés dans les écoles techniques ou les universités. Mentionnons simplement le cours sur les méthodes graphiques donné par Carl Runge à la New York Columbia University en 1909-1910, et le livre *Graphical Methods* publié peu après (Runge 1912). Après la communication de d'Ocagne au Congrès de Chicago en 1893, le livre de Runge a joué un grand rôle dans la diffusion de la nomographie aux États-Unis. En parallèle de la diffusion géographique de la nomographie, on assiste à une extension importante de son domaine d'application. Comme nous l'avons vu plus haut, la nomographie s'est développée à l'origine et avant tout en réponse à des besoins spécifiques du génie civil. Elle était également utilisée plus ponctuellement dans l'artillerie et d'autres secteurs d'intervention traditionnels des ingénieurs, mais c'est surtout au début du vingtième siècle qu'elle diffuse rapidement vers de nouveaux domaines parfois inattendus, comme l'aviation, la construction navale ou l'actuariat. En 1921, d'Ocagne publie une nouvelle édition de son grand traité, remanié et enrichi de façon importante, sous le titre *Traité de nomographie. Étude générale de la représentation graphique cotée des équations à un nombre quelconque de variables. Applications pratiques* (1921). La nomographie est alors devenue une science « normale », reconnue, enseignée et pratiquée partout dans le monde.

Pour comprendre ce qui va suivre, il est important de savoir que d'Ocagne avait un rival, Rodolphe Soreau, largement négligé par l'historiographie. Soreau, un autre ingénieur français sorti de l'École polytechnique, avait à peu près le même âge et le même profil que d'Ocagne. Lui aussi a publié un grand traité de synthèse en 1921, de près de 800 pages en deux volumes, sous le titre *Nomographie ou Théorie des abaques* (1921), ce qui a été le point de départ d'une querelle de priorité entre les deux hommes (Tournès 2011, 432–434). Les conceptions de la nomographie véhiculées par ces deux grands traités concurrents de 1921 sont différentes. En 1884, d'Ocagne avait inventé les coordonnées parallèles, un système particulier de coordonnées tangentielles qu'il a utilisées pour définir et construire ses nomogrammes. Tout au long de sa vie, il est resté fidèle à ces coordonnées, bien qu'elles soient restées peu connues et difficiles à manipuler par les ingénieurs de terrain :

> Il est bien clair qu'une fois acquise la notion des nomogrammes à points alignés, on peut en poursuivre l'étude à l'aide des coordonnées cartésiennes [...]. Il nous a paru néanmoins préférable, tant pour les besoins de notre enseignement que dans nos diverses publications, de nous en tenir à l'emploi des coordonnées parallèles [...]. (d'Ocagne 1921, xii)

Soreau, de son côté, a immédiatement adopté les coordonnées cartésiennes, mieux connues des ingénieurs, ainsi que l'usage méthodique des déterminants, ce qui permet une meilleure compréhension de la structure des différents types de nomogrammes. En introduisant la notion d'ordre nomographique, à savoir le nombre de fonctions linéairement indépendantes dans le déterminant de Massau, il a élaboré une classification fondée sur les propriétés mathématiques sous-jacentes des nomogrammes, contrairement à d'Ocagne, qui se centrait plutôt sur leur aspect graphique superficiel :

> Une bonne classification n'est jamais sans utilité : celle que nous proposons met en lumière l'esprit des méthodes, et groupe les diverses sortes d'abaques qui ne sont que des traductions différentes d'une même conception analytique [...]. D'autre part, nous avons jugé avantageux de faire un emploi systématique des déterminants, et de recourir exclusivement aux coordonnées cartésiennes. [...] Enfin, les coordonnées cartésiennes, dont l'emploi est familier à tous les ingénieurs, résolvent les problèmes tout aussi simplement que les coordonnées parallèles utilisées par M. d'Ocagne [...].
> (Soreau 1901, 2ᵉ éd., 195–196)

3 Un corpus de journaux ayant publié des articles de nomographie

Jusque vers la fin du dix-neuvième siècle, les publications (livres et articles de journaux) en rapport avec les abaques, relativement peu nombreuses, ont été bien identifiées et analysées par les historiens. Par contre, dans la première moitié du vingtième siècle, à partir du moment où la nomographie, grâce notamment aux efforts de d'Ocagne, se répand un peu partout dans le monde, s'enseigne dans les écoles techniques et les universités, et entre dans la pratique courante d'un nombre croissant de professionnels en tous genres, son évolution devient plus difficile à cerner. En effet, à grande échelle, la dynamique des savoirs s'avère complexe à appréhender : comment percevoir correctement les milieux professionnels, les groupes sociaux, les réseaux scientifiques et économiques, les centres géographiques, les cultures nationales, les institutions publiques et privées dans lesquels la nomographie a pu jouer un rôle ? Comment les savoirs nomographiques ont-ils circulé dans le temps et dans l'espace ? Quelle a été l'influence réelle de d'Ocagne dans cette circulation ? L'entrée par les journaux, l'approche quantitative et les techniques cartographiques développées au sein du projet CIRMATH m'ont permis d'avancer sur ces problématiques par rapport à mes recherches précédentes. Dans cette période 1900-1950, mon but n'est plus de repérer quelques mathématiciens ou ingénieurs importants ayant réalisé des percées dans la théorie et la conception des abaques, mais d'apprécier du mieux possible la pratique effective de la nomographie dans les écoles techniques, les universités, les laboratoires et l'industrie. Les journaux de tous types ayant publié des articles en rapport avec la nomographie peuvent constituer une bonne source de documentation pour amorcer une telle investigation.

Dans le cadre de CIRMATH, j'ai rassemblé un corpus de 264 journaux et de 780 articles publiés avant 1950. Pour constituer cet ensemble, j'ai exploité tout d'abord le RBSM (Répertoire bibliographique des sciences mathématiques) qui couvre la période 1894-1912, la base de données zbMATH (1755-1950) et la base de données MathSciNet (1810-1950). Ces trois bases ont été élaborées par la « communauté mathématique » : tous les journaux qu'elles contiennent ont été considérés, du moins à leur époque, comme des journaux mathématiques.

En second lieu, j'ai disposé de 450 articles présents sous forme de tirés à part dans le fonds d'archives nomographiques de d'Ocagne conservé à l'École des Ponts ParisTech. Ce fonds m'a permis d'identifier des journaux d'ingénieurs absents des bases de données mathématiques. Enfin, j'ai pu introduire dans ma base quelques titres complémentaires en bénéficiant d'interactions avec d'autres chercheurs appartenant ou non à CIRMATH.

Une des difficultés rencontrées avec la nomographie, c'est qu'il s'agit d'un sujet au carrefour des mathématiques et des sciences de l'ingénieur, et que ce sujet a été développé, à l'une extrémité, de manière purement abstraite par des mathématiciens ou des ingénieurs-savants, et, à l'autre extrémité, de manière très pragmatique par des ingénieurs de terrain ou des techniciens. Comme on l'a déjà évoqué, les bases de données RBSM, zbMATH et MathSciNet donnent une bonne image des représentations que pouvait avoir la communauté mathématique et de ce qui était considéré comme un article de mathématiques aux périodes successives antérieures à 1950. Pour cette raison, mon corpus est certainement représentatif du côté des mathématiques, en un sens large étendu à tout ce qui pouvait être alors considéré comme mathématiques « mixtes » ou « appliquées ». Par contre, il est probablement moins complet en ce qui concerne les journaux spécialisés de sciences de l'ingénieur, même si la collection de tirés à part de d'Ocagne a permis de combler des manques.

Par ailleurs, sur les 264 journaux recensés, 215 sont européens, les plus gros contingents provenant de la France (49), l'Allemagne (47), l'Italie (24), la Russie et les pays de l'ex-URSS (15), la Belgique (13), le Royaume-Uni (11), les Pays-Bas (9), la Tchéquie (7), la Suisse (7) et l'Espagne (7). Pour le reste du monde, le corpus comprend 27 journaux en Amérique du Nord (États-Unis : 25, Canada : 2), 4 journaux en Amérique du Sud (Brésil : 3, Chili : 1), 5 journaux en Afrique et au Moyen-Orient (Égypte : 2, Turquie : 1, Algérie : 1, Afrique du Sud : 1) et 13 journaux en Extrême-Orient et Océanie (Japon : 7, Chine : 5, Australie : 1). Une faiblesse relative de ce corpus est la sous-représentation probable des journaux extérieurs à l'Europe de l'Ouest et aux États-Unis : il y a vraisemblablement des manques importants en ce qui concerne la Russie, l'Europe de l'Est, l'Asie, l'Amérique du Sud et le monde arabe, les publications de ces pays étant mal indexées, non seulement pour la nomographie mais pour l'ensemble des mathématiques, dans les bases de données que j'ai utilisées.

Dans la suite, je me cantonnerai à une étude portant sur l'Europe, pour laquelle je pense que mon corpus est suffisamment complet et significatif. En outre, mes statistiques porteront non pas sur les journaux, mais sur les articles. En effet, on ne peut pas accorder le même poids à un journal qui a publié un seul article de nomographie dans la période de référence à un journal qui en a publié régulièrement. À l'opposé de nombreux journaux associés à un article unique, on peut citer par exemple les *Comptes rendus hebdomadaires de l'Académie des sciences*, qui en contiennent 77 entre 1843 et 1949, ou le *Zeitschrift für*

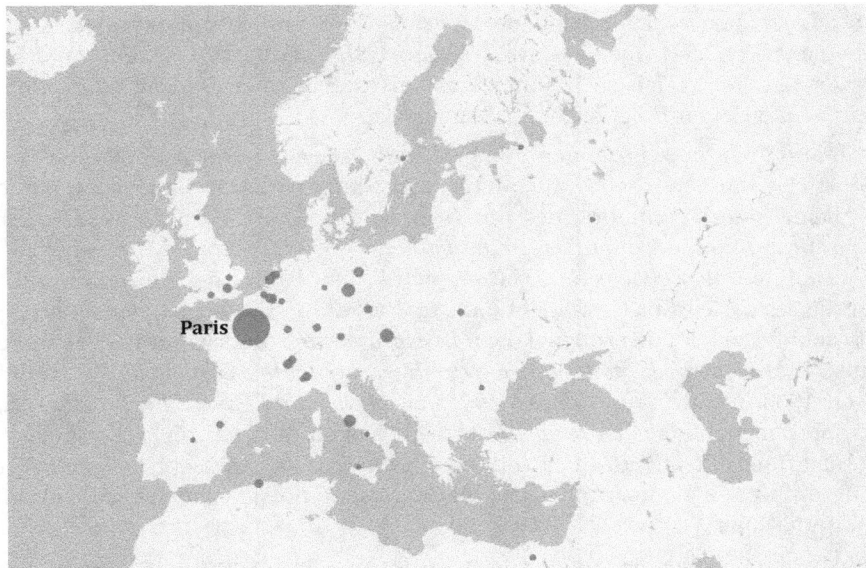

Figure 1 : Lieux de publications des articles de nomographie entre 1843 et 1918

angewandte Mathematik und Mechanik, qui en contient 46 entre sa création en 1921 et 1949.

4 Trois périodes dans l'histoire européenne de la nomographie

L'analyse quantitative de mon corpus de 780 articles a révélé trois périodes fortement discriminées dans l'histoire de la nomographie. La méthodologie développée par Cirmath autour du logiciel Palladio[4] m'a permis de faire apparaître ces trois périodes avec, pour chacune d'elles, les lieux et langues de publication, les auteurs et les journaux prépondérants.

La première période est française, avant et pendant la Première Guerre mondiale (voir figure 1). Sur les 347 articles publiés dans cette période, 218 sont en français, dont 175 publiés à Paris. Les journaux contenant le plus d'articles sont tous édités à Paris : *Comptes rendus de l'Académie des sciences de Paris* (52), *Annales des ponts et chaussées* (14), *Bulletin de la Société mathématique de France* (13), *Nouvelles annales de mathématiques*

---

4. Palladio, application développée à l'université de Stanford, permet une analyse spatiale et temporelle des données. À l'aide d'une frise chronologique et d'une carte géographique dynamiques, j'ai pu visualiser l'évolution de mon corpus d'articles en fonction d'une période glissante de durée fixée (par exemple cinq ans ou dix ans) et détecter ainsi, pour chaque période, les centres éditoriaux dominants.

(10). L'extrême centralisation de la France fait qu'il n'y a presque rien en province, si ce n'est quelques articles dans la *Revue d'artillerie* dont l'éditeur, Berger-Levrault, est basé à Nancy. Les autres articles en français sont publiés pour l'essentiel en Belgique et en Suisse.

L'auteur le plus prolifique de la période est sans surprise d'Ocagne, avec 75 articles dans 22 revues différentes, tant de sciences de l'ingénieur que de mathématiques, y compris des revues prestigieuses à l'étranger où il publie en français, comme dans les *Acta mathematica* édités par Mittag-Leffler à Stockholm et le *Zeitschrift für Mathematik und Physik* à Leipzig. En outre, l'un de ses articles paru en 1899 dans le *Bulletin des sciences mathématiques* est republié en 1901 en espagnol dans *La Naturaleza* à Madrid, en 1902 en italien dans le *Periodico di matematica per l'insegnamento secondario* à Livourne et en 1903 en allemand dans *Archiv der Mathematik und Physik* à Leipzig. Manifestement, il y a là, de la part de d'Ocagne, une stratégie d'occupation systématique du terrain, à la fois pour renforcer sa notoriété personnelle et pour diffuser la nomographie le plus largement possible au niveau national et international.

Après d'Ocagne, les auteurs français les plus productifs sont Soreau, avec 15 articles, et Lalanne, avec 14 articles. Cette première période s'explique aisément par le fait que la nomographie est une création française (ou franco-belge si l'on prend en compte l'apport important de Massau) due aux ingénieurs des ponts et chaussées, dont les fondements ont été établis entre 1843 (premiers travaux de Lalanne) et 1901 (premiers travaux de synthèse de d'Ocagne et de Soreau). Avant la Première Guerre mondiale, les autres nations ont à peine commencé à s'approprier et à traduire les travaux français, et ne sont pas encore en mesure d'engendrer des publications originales en grand nombre.

Le corpus fait ensuite apparaître l'entre-deux-guerres comme une période allemande organisée autour de l'axe Berlin-Leipzig-Prague-Vienne (voir figure 2). Au-delà des frontières fluctuantes du vingtième siècle, nous considérons ici une zone de langue et de culture allemandes au sens large, comprenant l'Allemagne dans ses frontières d'avant la Première Guerre mondiale, l'Autriche et les anciens territoires de l'empire austro-hongrois dans lesquels vivaient de fortes minorités allemandes, notamment la Tchécoslovaquie où existaient une université allemande à Prague et trois écoles polytechniques allemandes, deux à Prague et une à Brno. À l'opposé de la centralisation française, cette zone de culture germanique a toujours possédé de nombreux centres éditoriaux, d'où une grande dispersion des lieux de publication des journaux de notre corpus. Néanmoins, il se dégage quatre grandes villes, Berlin, Leipzig, Prague et Vienne, qui rassemblent, à elles quatre, la majorité de la production. En effet, sur les 315 articles recensés entre les deux guerres, 141 sont en langue allemande, dont 116 publiés dans les quatre villes précitées. Dans le même temps, il n'y a plus que 68 articles publiés à Paris, ce qui met en évidence un déclin certain de la vitalité nomographique française. Le reliquat de la production

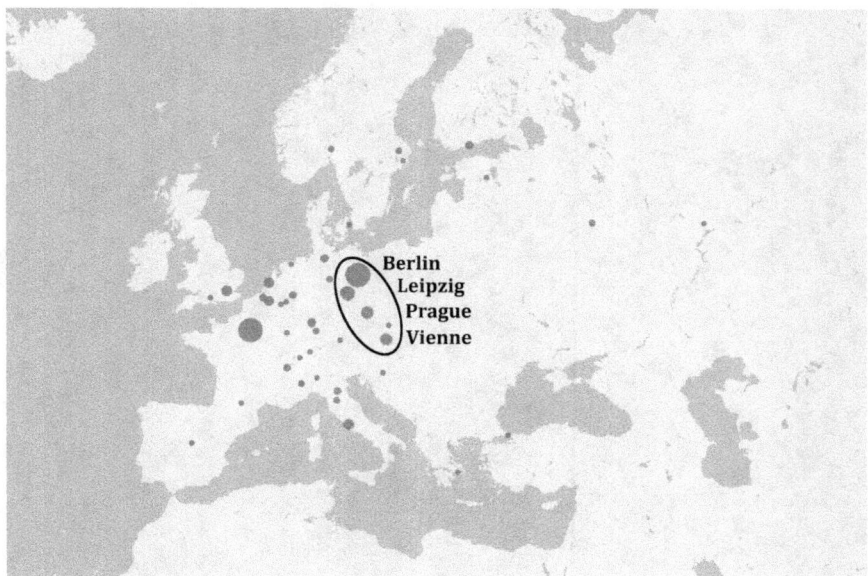

FIGURE 2 : Lieux de publications des articles de nomographie entre 1918 et 1939

est assez dispersé dans le reste de l'Europe, sans qu'émergent d'autres centres éditoriaux importants.

Les principaux journaux de la période sont le *Zeitschrift für angewandte Mathematik und Mechanik* (28 articles), fondé en 1921 par la Verein deutscher Ingenieure et édité à Berlin par Richard von Mises, le *Zeitschrift für mathematischen und naturwissenschaftlichen Unterricht aller Schulgattungen* (13 articles), édité à Leipzig depuis 1870, et *Časopis pro pěstování mathematiky a fysiky* (12 articles), édité à Prague depuis 1872. Les publications à Vienne, quant à elles, sont également nombreuses, mais dispersées dans plusieurs journaux. Notons au passage que la coexistence de deux langues n'empêche pas Prague de faire pleinement partie du groupe : la plupart des auteurs tchèques publient au moins une partie de leurs articles en allemand dans diverses villes allemandes ; dans l'autre sens, la revue *Časopis* publie des articles en allemand et fournit souvent des résumés en allemand pour les articles écrits en tchèque.

Parmi les auteurs les plus féconds de l'entre-deux-guerres, on peut mentionner Alexander Fischer[5], qui publie 26 articles, en particulier 14 à Berlin, 2 à Vienne et 3 à Prague dont un en tchèque. Un autre cas intéressant est

---

5. Sur Alexander Fischer, je ne dispose d'aucune information biographique, si ce n'est qu'il signe ses premiers articles de Hodonín (Göding en allemand), une ville de Moravie, puis ses derniers articles de Prague.

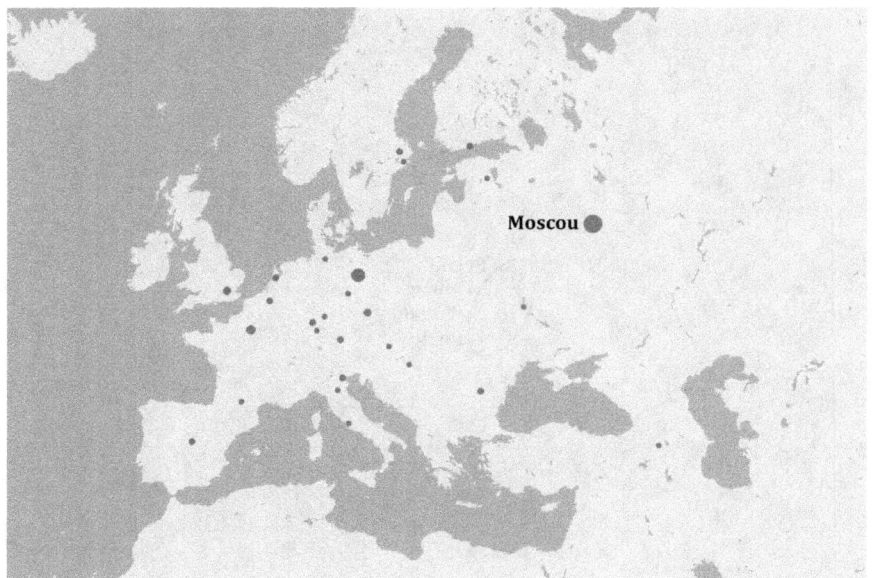

FIGURE 3 : Lieux de publications des articles de nomographie entre 1939 et 1950

celui de Václav Láska, professeur à l'Univerzita Karlova de Prague, auteur de 9 articles : 4 à Prague en tchèque, un à Leipzig en français et les autres en allemand dont un à Vienne. Ces exemples montrent que les quatre grands centres sont étroitement liés et fonctionnent en réseau, réseau étendu en fait à des centres éditoriaux allemands moins importants, comme on le voit à travers l'exemple d'un autre auteur productif de l'époque, Paul Luckey, qui publie 18 articles dans 8 revues différentes à Berlin, Leipzig, Stuttgart et Altona.

Le fait que l'allemand devienne la langue dominante de la nomographie dans l'entre-deux-guerres accompagne vraisemblablement la montée en puissance de la science, de l'industrie et de l'économie allemandes à cette époque. Nous reviendrons plus loin sur cette hypothèse.

La troisième période, qui commence juste avant la Seconde Guerre mondiale, est une période soviétique. La nomographie trouve un nouveau centre majeur à Moscou, tandis que les articles publiés en dehors de l'URSS se raréfient. Sur les 119 articles de la période, 36 sont publiés à Moscou et 31 sont en russe. Il n'y a plus que 17 articles publiés à Berlin, pour la plupart pendant la guerre, le reste étant dispersé dans toute l'Europe. Les principaux journaux sont maintenant *Uchenye zapiski Moskovskogo gosudarstvennogo universiteta*, avec 15 articles, et *Doklady Akademii nauk SSSR*, avec 13 articles. L'origine de cette expansion est la création, dans les années 1930, d'un cabinet nomographique à la Moskovskij gosudarstvennyj universitet avec la volonté de s'emparer de la nomographie pour en faire un outil efficace au service du développement technologique et industriel de l'URSS. Si l'on continuait au-delà de 1950, on verrait cette expansion se poursuivre considérablement (Tournès 2011, 438–439). On peut penser que, alors que les pays de l'Ouest s'équipent après la guerre de calculateurs électroniques rendant désuètes les méthodes graphiques anciennes, l'URSS et les pays de l'Est se mettent à utiliser massivement la nomographie en tant qu'outil de calcul bon marché permettant de compenser en partie leur retard technologique (Evesham 1986, 332).

5 Une école allemande de nomographie dans l'entre-deux-guerres

L'étude quantitative précédente a mis en évidence que pendant l'entre-deux-guerres, la majorité des articles de nomographie ont été publiés en Allemagne et en Autriche. Ce résultat ne manque pas de surprendre, compte tenu de la faible place que ces pays occupent dans l'historiographie récente du domaine. Si l'on consulte la thèse d'Evesham, *The History and Development of Nomography* (1982), qui constitue encore à ce jour la seule étude d'ensemble sur l'histoire de la nomographie et qui a servi de point de départ aux travaux ultérieurs, elle ne contient, dans sa bibliographie de 105 références, que 6 livres ou articles en langue allemande. Tandis que l'émergence de l'école soviétique a été bien perçue dans la dernière partie de l'ouvrage, la thèse ne consacre que quelques pages à ce qu'il s'est passé dans l'aire culturelle germanique et ne cite quasiment aucun résultat dû à un mathématicien ou ingénieur allemand. En adoptant momentanément un point de vue internaliste, c'est-à-dire en recensant les personnages identifiés par l'historiographie comme ayant fait progresser de façon significative les mathématiques de la nomographie, on rencontre dans la littérature les noms suivants : Pouchet, Lalanne, Cauchy, Saint-Robert, Massau, Lallemand, d'Ocagne, Lecornu, Duporcq, Hilbert, Soreau, Fonténé, Clark, Gronwall, Kellogg, Margoulis, Warmus, Bitner, Smirnov, Dzhems-Levi. En mettant à part le cas de Hilbert, qui s'est inspiré d'une question nomographique pour en faire un problème mathématique abstrait menant par la suite sa vie propre, on ne trouve dans cette liste aucun mathématicien ou ingénieur allemand. Il semble y avoir là une contradiction avec l'activité nomographique quantitativement importante que notre étude des journaux a révélée dans les pays de langue allemande entre les deux guerres. Tout cela nous amène à nous poser les questions suivantes : pourquoi l'Allemagne et l'Autriche occupent-elles si peu de place dans les travaux récents sur l'histoire de la nomographie ? Quelle sorte de nomographie était pratiquée dans ces pays ? Par qui et pour quoi faire ? Comment la nomographie s'est-elle implantée en Allemagne et en Autriche au début du vingtième siècle et pourquoi y est-elle devenue si importante à l'approche de la Seconde Guerre mondiale ? Quelle a été l'influence réelle de d'Ocagne dans sa promotion et sa diffusion ?

FIGURE 4 : Articles de nomographie antérieurs à 1938 et absents du fonds d'Ocagne

Pour commencer par cette dernière question, faisons appel au fonds d'archives nomographiques de l'École des Ponts ParisTech. Toute sa vie, jusqu'à sa mort en 1938, d'Ocagne a collectionné les articles publiés dans les journaux du monde entier et traitant de nomographie (tirés à part qu'il recevait, articles découpés dans les revues auxquelles il était abonné) et les a soigneusement rangés dans des boîtes par thèmes, périodes ou formats, et par ordre alphabétique d'auteurs. Cette collection très complète d'environ 450 articles fournit une bonne image de la littérature dont d'Ocagne avait connaissance et des auteurs avec lesquels il pouvait être en interaction. Superposée à ma propre base de données d'articles de journaux sur la nomographie, la collection personnelle de d'Ocagne permet de révéler en creux ce qu'au contraire il ne connaissait pas. J'ai ainsi identifié 163 articles publiés hors de France entre 1843 et 1938, et qui ne sont pas dans le fonds d'Ocagne. La répartition géographique de leurs lieux de publication est illustrée par la figure 4. De manière frappante, il surgit à nouveau l'axe Berlin-Leipzig-Prague-Vienne, ce qui conduit à penser que l'influence de d'Ocagne n'a peut-être pas été aussi importante en Allemagne et en Autriche que dans les autres pays, et qu'une culture nomographique autochtone a pu s'y développer. Nous allons tenter d'étayer cette hypothèse.

Le fonds d'Ocagne contient également près de 600 lettres en rapport avec la nomographie. Dans cet ensemble, on trouve 49 lettres reçues d'Allemagne ou d'Autriche, dont les dates d'envoi s'échelonnent entre 1891 et 1925. Un premier groupe de 40 lettres va de 1891 à 1910, puis il y a une longue interruption due vraisemblablement à la guerre et à la difficile reprise des relations franco-allemandes après la guerre, et ensuite vient un second groupe de 9 lettres de 1922 à 1925. Dans la première période, la correspondance provient de nombreuses villes d'Allemagne et d'Autriche : Berlin, Göttingen, Hanovre, Aix-la-Chapelle, Darmstadt, Strasbourg, Stuttgart, Gersfeld, Kiel, Munich, Vienne, Brno et Lviv. Les correspondants de d'Ocagne sont des ingénieurs civils ou militaires, des professeurs dans des écoles polytechniques, quelques mathématiciens spécialisés en mathématiques appliquées et en calcul numérique comme Schilling et Runge, et, cas un peu à part, Hilbert, auteur d'une unique lettre en rapport avec son treizième problème. Une grande partie de la correspondance porte sur des questions éditoriales en rapport avec les publications de d'Ocagne, notamment les trois livres *Nomographie*, *Traité de nomographie* et *Calcul graphique et nomographie* (1891, 1899, 1908). D'Ocagne a envoyé ses publications et demandé des recensions dans des journaux allemands comme le *Zeitschrift für Mathematik und Physik* ou le *Zeitschrift des Architekten- und Ingenieur-Vereins zu Hannover*. En retour, ses correspondants lui envoient des errata, demandent l'autorisation de reproduire des nomogrammes, étudient les possibilités de faire traduire et publier en Allemagne ou en Autriche tel ou tel de ses livres ou de ses articles, l'informent sur ce qui a été publié en rapport avec la nomographie dans les journaux allemands. La plupart du temps, les échanges se limitent à une ou deux lettres. Ils sont un peu plus approfondis dans trois cas. Quatre lettres viennent de Schilling, qui a été chargé par Felix Klein de présenter le *Traité de nomographie* devant la Mathematische Gesellschaft Göttingen, qui va en écrire des recensions et qui va l'adapter pour une publication en allemand (1900). Huit lettres de Mehmke sont liées à la collaboration entre les deux hommes pour la préparation du chapitre sur le calcul numérique des versions allemande et française de l'*Encyklopädie der mathematischen Wissenschaften* (Mehmke 1902), (Mehmke & d'Ocagne 1909). Enfin, huit lettres de Julius Mandl, un officier d'artillerie autrichien, ont en partie pour cadre une querelle de priorité : Mandl ayant publié des méthodes de résolution nomographique des équations du troisième et du quatrième degrés dans les journaux *Mitteilungen über Gegenstände des Artillerie- und Geniewesens* et *Zeitschrift des Österreichischen Ingenieur- und Architekten-Vereins*, d'Ocagne lui indique assez sèchement que ces résultats, quoique différents dans leur présentation, sont en substance équivalents à ceux qu'il a déjà publiés de son côté, et lui demande de faire insérer une note dans les deux journaux considérés pour reconnaître sa priorité, ce que Mandl accepte finalement. Le second groupe de lettres, entre 1922 et 1925, est beaucoup plus réduit : seulement neuf lettres, dont cinq de Paul Luckey, d'Elberfeld. Elles font état d'envois de publications, de l'échec à faire traduire en allemand la seconde édition de 1921 du *Traité de Nomographie* de d'Ocagne, et contiennent essentiellement des informations sur les dernières parutions et quelques discussions sur l'histoire de la nomographie.

En définitive, la correspondance échangée par d'Ocagne avec les Allemands et les Autrichiens est assez restreinte : que ce soit entre 1891 et 1910 ou entre 1922 et 1925, la moyenne est de l'ordre de deux lettres reçues par an. De plus, les échanges sont uniquement bilatéraux, presque toujours à l'initiative de d'Ocagne, et, à quelques exceptions près, se terminent au bout d'une ou deux lettres seulement. Il n'apparaît pas de fonctionnement en réseau, dans la mesure où les différents correspondants de d'Ocagne ne se citent presque jamais entre eux. En outre, on note très peu de débats d'ordre scientifique, le seul vraiment significatif, quoique très court, étant celui avec Hilbert sur son treizième problème. Presque toute la correspondance est d'ordre promotionnel et éditorial : d'Ocagne s'efforce principalement de faire connaître, recenser, traduire, éditer ses travaux en Allemagne et en Autriche, et cherche à s'informer sur tout ce qui paraît en allemand afin de revendiquer si nécessaire sa priorité. Les résultats de ces efforts restent relatifs puisqu'ils se limitent à la publication d'un article en français en 1898, à l'invitation de Mehmke, dans le *Zeitschrift für Mathematik und Physik* (d'Ocagne 1898*b*), au livre de Schilling de 1900, *Über die Nomographie von M. d'Ocagne* (Schilling 1900), qui est une adaptation en format très réduit du *Traité de nomographie* de 1899, et à la traduction d'un article du *Bulletin des sciences mathématiques* qui paraît en 1903, grâce à Eugen Jahnke, dans *Archiv der Mathematik und Physik* (d'Ocagne 1903). Faute de trouver des traducteurs et des éditeurs, aucun des livres de d'Ocagne n'a finalement été publié en allemand. Par exemple, Mandl écrit[6] le 10 janvier 1893 à propos de la *Nomographie* de 1891 :

> Je n'ai malheureusement pas réussi à trouver une maison disposée à se charger d'une édition allemande, bien que je me sois mis en rapport avec 16 éditeurs allemands ou autrichiens.

Dans la même veine, une lettre de Knoll du 27 décembre 1922, concernant probablement le *Calcul graphique et nomographie* paru chez Doin, contient ceci :

> Ayant reçu votre carte et la lettre de M. Doin, j'ai écrit à des éditeurs différents à cause de la traduction de votre livre et j'en ai parlé avec quelques-uns. Les pourparlers n'ont pas obtenu des résultats satisfaisants [...].

Certes, on peut penser qu'une grande partie des scientifiques et ingénieurs allemands de l'époque étaient capables de lire le français et donc ne ressentaient pas le besoin de disposer de traductions allemandes, mais cette réception mitigée des publications de d'Ocagne, associée à sa correspondance avec les mathématiciens allemands et autrichiens, restreinte jusqu'en 1925, inexistante entre 1925 et sa mort en 1938 (alors qu'il reçoit encore, dans cette dernière période, des lettres d'Angleterre, des États-Unis, d'Italie, d'URSS, des Pays-Bas, du Japon, etc.), nous interroge sur l'influence réelle qu'il a pu avoir sur le

---

6. Les lettres de Mandl sont en allemand. D'Ocagne les a fait traduire. Ce sont ces traductions contenues dans les archives que nous utilisons ici et plus loin.

développement de la nomographie allemande entre le début du vingtième siècle et la Seconde Guerre mondiale.

Une analyse plus approfondie de la correspondance et des articles permet de dégager plusieurs éléments significatifs à ce sujet. Revenons tout d'abord sur la querelle de priorité entre d'Ocagne et Mandl évoquée plus haut. Dans sa lettre du 10 janvier 1893, Mandl écrit :

> Mon mémoire conserve néanmoins sa raison d'exister, car rien que l'indication contenue dans votre préface ne sert pas l'ingénieur, qui a besoin d'une méthode développée lorsqu'il se trouve dans le cas d'avoir à construire un tableau graphique en vue d'un but déterminé.

Et il ajoute, dans sa lettre du 1er mai suivant, que « [s]a représentation présente une autre forme, ayant des avantages dans son application ». En fait, Mandl a retrouvé par ses propres moyens, en utilisant les coordonnées cartésiennes, des nomogrammes d'alignement que d'Ocagne avait déjà construits en utilisant ses coordonnées parallèles. Il y a déjà là la même critique que celle que faisait Soreau à peu près à la même époque : les coordonnées de d'Ocagne demandent des connaissances mathématiques élaborées que ne possèdent pas les ingénieurs de terrain, et ses traités ne se prêtent pas bien à une transposition dans la pratique. Retournons ensuite vers deux auteurs que notre étude quantitative a fait émerger comme ayant été particulièrement productifs, Láska et Fischer, et dont on peut considérer, au vu de la diversité de leurs lieux et journaux de publication, qu'ils ont eu une certaine audience. En 1907, Láska et Franciszek Ulkowski, qui étaient alors respectivement professeur et assistant à la Nationale Polytechnische Universität Lwiw (Lemberg en allemand), publient un article en français intitulé « Sur la nomographie » dans le *Zeitschrift für Mathematik und Physik*. Ils annoncent en début d'article que « La théorie générale des méthodes nomographiques ne laisse guère à désirer [...]. Cependant l'application pratique de ses principes généraux présente des difficultés [...] » (Láska & Ulkowski 1907, 364). Après avoir développé une nouvelle méthode personnelle à partir de coordonnées spéciales appelées « quadrilinéaires », dans le but de faciliter les applications et de simplifier les calculs et les écritures, ils concluent en ces termes :

> Bien que notre méthode puisse se rattacher aux beaux travaux de M^r d'Ocagne et de Mr Soreau, cependant nous supposons qu'elle présente des avantages, parmi lesquels il faut citer, que dans le cas d'échelles rectilignes, c'est-à-dire dans les cas les plus fréquents en pratique, elle fournit de suite une construction aisée : des supports, de la graduation des échelles dont on connaît les modules, et puis, que les transformations des nomogrammes et des formules sont faciles et ressortent pour ainsi dire de ces dernières. (Láska & Ulkowski 1907, 381)

Ainsi, dans ce travail original, à la fois d'Ocagne et Soreau sont considérés comme trop théoriques et mal adaptés à la pratique. Si l'on regarde maintenant un article de Fischer paru en 1927 dans le *Zeitschrift für angewandte Mathematik und Mechanik*, on constate que, parmi ses références, le *Traité de nomographie* de Soreau de 1921 est cité en première position, tandis que celui de d'Ocagne de la même année ne vient qu'ensuite. Les commentaires ne laissent pas de doute sur le point de vue adopté par Fischer :

> Z. B. führt R. Soreau in seinem großen Werke, Parameterdarstellungen in Punktkoordinaten ein. Und ähnlich bemühen sich auch andere Bearbeiter des Gegenstandes, den Gebrauch der Parallelkoordinaten soviel wie möglich einzuschränken. (Fischer 1927, 211)

Les trois exemples précédents montrent que les coordonnées parallèles de d'Ocagne sont largement rejetées par les ingénieurs autrichiens et tchèques. On observe une préférence marquée pour Soreau et ses coordonnées cartésiennes, voire, comme dans le cas de Láska et Ulkowski, un éloignement à la fois de d'Ocagne et de Soreau pour créer une nomographie différente. Dans tous les cas, l'objectif affiché est de mettre au point des théories simples et pratiques.

Continuons nos investigations en examinant les livres de nomographie publiés en allemand entre 1900 et 1945. J'en ai identifié 53, en comptant les différentes éditions d'un même ouvrage comme autant d'ouvrages différents, dont 40 après la Première Guerre mondiale, ce qui est un nouvel élément pour confirmer la richesse de l'activité nomographique dans les pays de langue allemande entre les deux guerres[7]. À titre de comparaison, pour la même période 1919-1945, j'ai compté seulement 24 ouvrages en français (publiés en France ou en Belgique), 18 en anglais (en Grande-Bretagne ou aux États-Unis) et 9 en italien. La plus grande partie de la production allemande se situe entre 1919 et 1929 (26 livres sur 53), moment où, semble-t-il, la nomographie s'installe de manière importante dans les pratiques des ingénieurs. Prenons un échantillon de trois livres du début des années 1920, écrits par Fritz Krauss (1922), Paul Werkmeister (1923) et Otto Lacmann (1923). Quoique publiant tous trois à Berlin, Krauss est ingénieur à Vienne, Werkmeister, professeur à la Technische Hochschule Stuttgart et Lacmann, docteur-ingénieur à Kristiania (aujourd'hui Oslo). Les introductions de ces ouvrages sont très révélatrices de la façon dont les ingénieurs allemands ont découvert la nomographie et se la sont appropriée. Tout d'abord, Krauss écrit :

> Der Name Nomographie rührt von dem Pariser Professor d'Ocagne her, der eine systematische Theorie des Verfahrens aufgestellt und ein ausführliches Werk darüber im Jahre 1899 veröffentlicht hat. Ein weiterer Ausbau des nomographischen Gebäudes ist von Rodolphe Soreau besorgt worden. Bei der Abfassung der vorliegenden Schrift war dem Verfasser nur die Arbeit Soreaus bekannt, die den Gegenstand ungemein kompliziert und schwierig erscheinen läßt; vom Standpunkte der reinen Mathematik betrachtet, mag sie alle Vorzüge der Präzision und Eleganz zeigen, dem praktischen Techniker aber, für den sich die Methoden der Nomographie am allerbesten eignen, kommt solche Darstellung einer verhältnismäßig einfachen Disziplin wenig entgegen. Von deutschen Arbeiten über Nomographie hat der Verfasser, außer den in einigen Zeitschriften zerstreuten Andeutungen, erst nach Vollendung der vorliegenden Schrift

---

7. Certains ouvrages allemands sont de véritables best-sellers qui connaissent plusieurs éditions : *Über die Nomographie von M. d'Ocagne* de Schilling (1900), *Graphische Darstellung in Wissenschaft und Technik* de Marcello Pirani (1914), *Graphische Methoden* de Runge (1915), *Einführung in die Nomographie* de Luckey (1918), *Nomographie* de Luckey (1927).

Kenntnis erhalten. [...] In der Hauptsache war der Verfasser bestrebt, zu zeigen, wie einfach die Grundlagen des Verfahrens sind und welch geringer mathematischer Apparat zum Gebrauch erforderlich ist. (Krauss 1922, iii–v)

Il est pour le moins surprenant de constater qu'en 1922, un ingénieur viennois, auteur d'un traité publié chez Springer à Berlin, peut connaître les travaux de Soreau tout en ignorant ceux de d'Ocagne. Cela révèle la difficulté de percevoir correctement les canaux de circulation des savoirs dans le domaine qui nous intéresse. Par ailleurs, les caractéristiques retenues par Krauss de l'œuvre de Soreau sont, d'une part, une grande élégance mathématique, mais, d'autre part, une présentation de la théorie inadaptée à la pratique courante des ingénieurs de terrain. Une fois de plus, un ingénieur de langue allemande, après avoir assimilé les travaux de l'école française, entreprend de reconstruire la nomographie d'une manière personnelle afin de la rendre accessible aux praticiens. Pour avoir un second point de vue, lisons ce qu'écrit Werkmeister en 1923 :

Die vorliegende Arbeit verfolgt zunächst praktische Gesichtspunkte und möchte insbesondere dazu beitragen, daß die graphische Tafel immer noch mehr Verwendung im praktischen Rechnen findet; es wurde deshalb auf eine weitere Behandlung der vielfach auftretenden theoretischen Probleme absichtlich verzichtet.

Die Sätze und Verfahren der analytischen Geometrie werden als bekannt vorausgesetzt; doch wurden dem angegebenen Zweck entsprechend die Entwicklungen insofern elementar gehalten, als nur von Cartesischen Koordinaten Gebrauch gemacht wird. An einigen Stellen wurden Determinanten verwendet.

[...] M. d'Ocagne [...] verwendet außer Cartesischen Koordinaten auch Linienkoordinaten; ebenfalls nur Cartesische Koordinaten benutzt I. Mandl [...]. (Werkmeister 1923, iii)

Comme beaucoup d'autres ingénieurs allemands, Werkmeister souhaite écrire un traité pratique, sans développements mathématiques de niveau élevé. Il adopte tout naturellement le point de vue de Soreau (cité dans sa bibliographie) en s'en tenant aux coordonnées cartésiennes et fait une référence intéressante à l'officier d'artillerie autrichien Mandl, rencontré plus haut, qui s'était querellé avec d'Ocagne à ce sujet en 1893. Pour terminer cette section, lisons un troisième avant-propos, celui de Lacmann, toujours en 1923 :

Das vorliegende Lehrbuch der Nomographie wurde in der Absicht verfaßt, die Aufmerksamkeit weiterer Kreise, vornehmlich deutscher Ingenieure, Physiker und Mathematiker, auf die große Bedeutung der gezeichneten Rechentafeln hinzulenken und ihnen Gelegenheit zu geben, sich auf dem Gebiete der Nomographie zu unterrichten, ohne ihre Zuflucht zu fremdsprachlichen Werken nehmen zu müssen. Inzwischen haben auch in Deutschland die nomographischen Methoden stärkere Wurzeln gefaßt, es entstand die "Stugra" – ein Privatunternehmen zur Herstellung von gezeichneten Rechentafeln – und es wurde beim "Reichskuratorium für Wirtschaftlichkeit in Industrie und Handwerk" ein Arbeitsausschuß für graphische Rechenverfahren gegründet, dessen Mitgliedern ich auch an dieser Stelle für mancherlei Anregungen danken möchte. Es erschienen inzwischen auch in deutscher Sprache kleinere Schriften und Aufsätze, welch letztere sich indessen meist mit der Verwendung gezeichneter Rechentafeln in Sonderfällen befassen. Nach wie vor, ja heute vielleicht mehr noch als früher, macht sich jedoch der Mangel eines systematischen Lehrbuches der Nomographie bemerkbar. (Lacmann 1923, iii)

Ce texte nous informe sur un autre plan que les précédents. Il nous révèle que, malgré tout ce qui a circulé auparavant en français et en allemand depuis le début du vingtième siècle, ce n'est véritablement que dans les années 1920 que la nomographie se répand en Allemagne, et que les scientifiques et ingénieurs allemands se convainquent de son importance au point de créer des structures de recherche et de production pour développer cette discipline. Un grand besoin de manuels en langue allemande et adaptés à la pratique se manifeste, d'où la multiplication des parutions que l'on observe dans ces années, du même type que les trois que nous venons de parcourir.

En complément des avant-propos, les bibliographies de ces traités nous apportent également des informations utiles sur les ressources connues et mobilisées par ces ingénieurs. Chacun des trois cite un nombre assez restreint de livres, à l'exclusion de tout article de journal. Krauss fait référence à d'Ocagne, Soreau, Schilling, Pirani et Luckey ; Werkmeister y ajoute Mehmke, Runge, Schreiber, Vogler et Krauss ; Lacmann, dont la liste de références est la plus riche, complète avec Grosse, Mandl, Vogler et Seco de la Garza. Pour l'essentiel, on retrouve d'Ocagne et Soreau, puis les auteurs allemands d'avant la Première Guerre mondiale par lesquels la nomographie est arrivée en Allemagne et en Autriche.

Après la parution de nombreux traités allemands de nomographie dans les années 1920, on observe un fort ralentissement dû vraisemblablement à la crise économique de 1929. La production reprend néanmoins progressivement jusqu'à la fin de la Seconde Guerre mondiale. Pour voir si la nature des ouvrages a changé depuis le début des années 1920, examinons le traité de Hans Schwerdt, *Die Anwendung der Nomographie in der Mathematik. Für Mathematiker und Ingenieure dargestellt*, paru à Berlin en 1931 (1931). Sa bibliographie apparaît comme fort différente de celles des trois ouvrages de 1922-1923 évoqués précédemment. Elle est composée de 28 références, dont 18 livres et 10 articles de journaux. Il y a un seul titre en français, un article de d'Ocagne provenant de *L'Enseignement mathématique* et portant sur l'application de la nomographie à la résolution des triangles sphériques (1917). En dehors de cet article tout à fait anecdotique, il n'y a donc plus aucune référence aux grands auteurs français d'origine. La nomographie allemande semble s'être naturalisée et compte désormais sur ses propres ressources. La présence de titres pour beaucoup très récents et le recours à des articles de revues donnent par ailleurs l'image d'un traité plus ambitieux, en phase avec la recherche. Notons au passage la présence dans cette bibliographie d'un article de Fischer, ce qui confirme le rôle important de ce personnage peu connu qui avait émergé de notre étude quantitative des journaux. En outre, Schwerdt se montre soucieux de redonner davantage de place aux mathématiques, en justifiant rigoureusement la construction et l'utilisation de chacun des 104 abaques fournis en annexe.

Dans l'entre-deux-guerres, comme nous l'avons vu plus haut, les articles de journaux et les livres publiés en allemand sur la nomographie sont nombreux.

Les traités généralistes ne suffisant plus, des collections de nomogrammes spécialisés sont publiées à part pour répondre aux besoins de diverses branches de l'industrie comme, par exemple, la radiotechnique (Ludwig Bergmann, *Nomographische Tafeln für den Gebrauch in der Radiotechnik* (1926)) ou la chimie (Otto Liesche, *Chemische Nomogramme* (1929)). La place croissante de la nomographie dans l'industrie allemande de cette époque a été bien décrite et analysée par Renate Tobies (2012) dans son livre sur l'ingénieure Iris Runge. On y trouve de nombreux exemples de nomogrammes conçus et utilisés par Iris Runge et d'autres chercheurs dans les entreprises Osram et Telefunken. Nous sommes au début de l'application de méthodes statistiques à des problèmes d'ingénierie. La nécessité d'estimer les erreurs probables de résultats déterminés expérimentalement commence à être acceptée par les ingénieurs. Un industriel a intérêt à fournir un produit dont la qualité a été contrôlée, le contrôle reposant sur le fait que la fréquence des déviations par rapport à la qualité souhaitée peut être estimée par la théorie des probabilités. Dans ce contexte, on observe un usage croissant de nomogrammes pour l'échantillonnage et le contrôle de qualité (Tobies 2012, 205–211).

Si l'on récapitule les données réunies ci-dessus pour l'Allemagne et l'Autriche dans l'entre-deux-guerres, nous avons montré tout d'abord que le nombre de livres et d'articles de journaux traitant de nomographie était très important, dénotant une activité de recherche et d'enseignement soutenue dans ce domaine. En outre, de nombreux auteurs allemands et autrichiens ont remis en question la présentation française de la nomographie : ils se sont d'abord éloignés de d'Ocagne en raison de son emploi des coordonnées parallèles pour préférer les coordonnées cartésiennes à la façon de Soreau, mais, dans un second temps, ils ont également pris leurs distances avec Soreau, dont la présentation de la nomographie était jugée trop mathématique et trop abstraite. Sans chercher prioritairement à obtenir de nouveaux résultats théoriques – d'où leur absence des histoires internalistes de la nomographie – les auteurs allemands et autrichiens se sont donc centrés sur l'élaboration d'une nomographie autochtone, pragmatique et directement adaptée aux besoins réels des ingénieurs des diverses branches. Cette nomographie a prouvé son efficacité en étant adoptée massivement par l'industrie. C'est en ce sens que je me risque à parler d'une véritable « école allemande de nomographie dans l'entre-deux-guerres ».

6 Une politique volontariste en faveur des mathématiques appliquées

Il nous reste à cerner le contexte scientifique et socioéconomique qui a pu favoriser l'émergence et le succès de cette école allemande de nomographie. Pour cela, il importe d'élargir le cadre en considérant plus généralement les mathématiques appliquées et les techniques de calcul (incluant les méthodes numériques, graphiques et instrumentales). Le rôle de Klein est à cet égard essentiel (Tobies 2019a). Klein s'est attaché à développer de manière égale tous les aspects des mathématiques, qu'il s'agisse de mathématiques pures, de mathématiques appliquées ou d'enseignement des mathématiques. En 1895, il a rejoint la Verein deutscher Ingenieure en tant que mathématicien. Il a pu ainsi collaborer régulièrement avec des ingénieurs, des industriels et des hommes d'affaires afin de trouver des financements pour la recherche par l'intermédiaire de la Göttinger Vereinigung zur Förderung der angewandten Physik und Mathematik. Dans le domaine éducatif, il a pris des initiatives pour faire introduire des mathématiques appliquées dans les curricula, les examens et la formation des enseignants. À l'Universität Göttingen, il a créé des séminaires de recherche interdisciplinaires sur les mathématiques appliquées, comprenant l'étude et l'expérimentation d'instruments. C'est dans ce cadre que Klein a invité Schilling à étudier le *Traité de nomographie* de d'Ocagne de 1899 et à en faire une présentation le 13 novembre 1899. Schilling a publié ensuite, à partir de sa conférence, une adaptation personnelle en 50 pages de l'ouvrage de d'Ocagne qui en faisait 500 : c'est le fameux *Über die Nomographie von M. d'Ocagne* dont nous avons déjà parlé et par lequel la nomographie est arrivée en Allemagne.

À l'université de Göttingen, une chaire de mathématiques appliquées a été créée en 1904, avec Carl Runge comme premier titulaire. Il s'agissait de la première chaire dans ce domaine dans une université allemande. Cette impulsion initiale a permis ensuite la création d'autres chaires de mécanique appliquée, d'électricité pratique, de chimie physique et de géophysique (Tobies 2012, 56–59). Selon la vision de Klein, les sciences physiques et les sciences de l'ingénieur devaient rester en contact permanent avec les mathématiques, avec l'objectif de dépasser la distinction entre science pure et science appliquée. En 1907, dans une conférence intitulée « Über angewandte Mathematik », Runge précise ce que sont pour lui les mathématiques appliquées, domaine encore mal défini à l'époque :

> Die Probleme in den Erfahrungswissenschaften, die mit mathematischen Methoden arbeiten, verlangen eine Durchführung bis zu quantitativen Resultaten. Der Physiker oder der Techniker kann sich nicht mit einer formalen Lösung begnügen, sondern er muß im speziellen Falle die Werte der gesuchten Größen numerisch anzugeben imstande sein. Dazu sind Methoden notwendig, die, sei es graphisch, sei es numerisch, die gesuchten Resultate liefern. Solche Methoden auszudenken und auszubilden, darin sehe ich den eigentlichen Inhalt der angewandten Mathematik. Sie ist der reinen Mathematik nicht nebengeordnet, sondern sie ist ein Teil der reinen Mathematik. (Runge 1907, 497)

Runge a ainsi consacré son enseignement et ses publications à développer et promouvoir des méthodes de calcul numérique et graphique, y incluant notamment la nomographie. Dans le même esprit, l'*Encyklopädie der mathematischen Wissenschaften mit Einschluss ihrer Anwendungen*, publiée à partir de 1898, fait la part belle aux méthodes numériques, graphiques et instrumentales, en particulier dans le chapitre « Numerisches Rechnen » de Mehmke (1902) (qui contient notamment une section de 29 pages intitulée « Graphische Tafeln (Nomographie) »), le chapitre « Separation und Approximation der

Wurzeln » de Runge (1899), le chapitre « Differential- und Integralrechnung » de Voss (1899) (qui contient des sections sur les méthodes numériques et graphiques de quadrature, ainsi que sur les planimètres et intégraphes) et dans le chapitre « Numerische und graphische Quadratur gewöhnlicher und partieller Differentialgleichungen » de Runge & Willers (1915).

Les journaux ont également joué un rôle essentiel dans le développement et la diffusion des mathématiques appliquées en Allemagne. En 1901, le *Zeitschrift für Mathematik und Physik* est transformé en un journal exclusivement dévolu aux mathématiques appliquées. Runge et Mehmke, qui en deviennent les éditeurs, annoncent qu'ils souhaitent cultiver l'analyse numérique, la théorie de l'approximation, la théorie des formules empiriques, la géométrie descriptive et l'analyse graphique. De plus, ils comptent prêter une attention particulière aux instruments matériels, comprenant les tables numériques et graphiques, les calculatrices mécaniques et les appareils graphomécaniques (Tobies 2012, 62). Plus tard, en 1921, un autre journal, le *Zeitschrift für angewandte Mathematik und Mechanik*, fondé par la Verein Deutscher Ingenieure et édité par Mises, est lui aussi dévolu aux mathématiques appliquées. Dans son article programmatique « Über die Aufgaben und Ziele der angewandten Mathematik » (1921) publié dans le premier numéro de la revue, Mises lance en particulier un appel au développement ordonné des principes et des outils du calcul graphique. Il demande notamment que soient lancées des recherches sur les questions fondamentales de la nomographie en vue de l'extension de ses domaines d'application. Ces appels ont été entendus puisque notre corpus contient 10 articles de nomographie issus du *Zeitschrift für Mathematik und Physik* et 46 du *Zeitschrift für angewandte Mathematik und Mechanik*.

C'est sans nul doute cette politique proactive impliquant des milieux académiques et industriels, des structures publiques et privées (séminaires, cours, journaux, éditeurs, associations, administrations, etc.) qui a permis le développement efficace des mathématiques appliquées en Allemagne à partir du début du vingtième siècle pour le plus grand bénéfice de l'économie et de l'industrie. Et, en particulier, c'est dans ce contexte social et scientifique favorable que la nomographie a pu prospérer, atteignant son apogée entre les deux guerres.

7 Conclusion

L'entrée par les journaux, caractéristique du projet CIRMATH, m'a conduit à orienter mes recherches vers l'Allemagne de l'entre-deux-guerres, à laquelle l'historiographie de la nomographie avait jusque-là prêté peu d'attention. Contrairement à ce que l'on pouvait penser, la période allemande de la nomographie n'est pas une simple continuation de la période française qui serait seulement marquée par une application massive à l'industrie de procédés bien établis et reconduits à l'identique. Au contraire, l'influence de d'Ocagne, de Soreau et des pères fondateurs français de la discipline semble avoir été relativement limitée en Allemagne et en Autriche. Les ingénieurs et mathématiciens appliqués allemands se sont assez généralement éloignés des présentations françaises du sujet, jugeant qu'elles étaient peu pratiques et qu'elles faisaient inutilement appel à des mathématiques de niveau élevé. À la place, ils ont élaboré une nomographie indigène, pragmatique et adaptée aux besoins des utilisateurs, dont les détails du contenu mériteraient de faire l'objet d'une étude complémentaire. Ce développement, organisé en réseau autour de quatre grands centres éditoriaux à Berlin, Leipzig, Prague et Vienne, s'est inscrit dans un contexte socioéconomique favorable au développement des mathématiques appliquées. En fin de compte, la nomographie a probablement contribué pour une part, naturellement difficile à quantifier, à l'expansion et à l'efficacité de l'industrie allemande avant la Seconde Guerre mondiale.

Il serait intéressant d'entreprendre des recherches analogues sur les modalités d'implantation de la nomographie dans d'autres pays. Les travaux d'Alan Gluchoff (2005, 2012), joints à l'inventaire réalisé par Douglas Adams (1950) des nomogrammes publiés dans les journaux états-uniens entre 1920 et 1950, donnent déjà une bonne image de ce qu'il s'est passé aux États-Unis. On ne dispose malheureusement pas d'informations très détaillées concernant les autres pays, au premier rang desquels la Grande-Bretagne, l'Italie et l'URSS. Il semble probable que l'évolution de la nomographie en URSS après la Seconde Guerre mondiale ressemble beaucoup, moyennant un décalage dans le temps, à celle de l'Allemagne de l'entre-deux-guerres, avec une mobilisation massive de l'appareil scientifique, politique et industriel d'État pour faire de la nomographie un outil de calcul naturalisé et efficace au service du développement du pays. Un inventaire et un dépouillement des journaux soviétiques jusque dans les années 1970 seraient extrêmement utiles à cet égard.

Chapitre 2

Le *Royal Military College*, un centre éditorial pour quelles mathématiques ? Le *Mathematical Repository*

Olivier Bruneau

1 Introduction

Dans la première moitié du XIXe siècle, quelques périodiques traitant de mathématiques[1] existent en Grande-Bretagne. Sloan E. Despeaux (2014), dans son article consacré aux questions-réponses dans les journaux britanniques donne une liste de ces périodiques qui complète celle qu'elle a utilisée dans sa thèse (Despeaux 2002*b*).

Dans le premier volume du *Northumbrian Mirror*, son éditeur, William Telfer, commence par faire un constat sur les publications mathématiques en Grande-Bretagne en 1837 :

> Les revues n'ont jamais été aussi nombreuses qu'à l'heure actuelle ; mais beaucoup d'entre elles sont plus pour divertir et amuser que pour améliorer l'esprit. Le caractère scientifique des périodiques de la Grande-Bretagne, est loin de correspondre à celui des revues sur le Continent ; et en particulier des revues françaises. Les « Annales de Mathématiques pures et appliquées » sont publiés chaque mois ; et le succès de cette publication, c'est-à-dire les Annales des Mathématiques pures et appliquées, prouve

---

1. Morgan Brierley (1879) donne une liste de périodiques dans lesquels les mathématiciens du Lancashire sont impliqués, elle a été complétée par Raymond Archibald (1929). Ces deux travaux se sont appuyés sur ceux d'un enseignant du Lancashire, Thomas T. Wilkinson qui donne un compte rendu des journaux liés aux mathématiques dans une longue suite de courts articles dans le *Mechanics Magazine* entre 1848 et 1853. Il en indique le contenu et certains renseignements.

que les Français ne sont pas maintenant dans cet état, lorsque Duclos les appelait « les enfants de l'Europe » ou lorsque Raynal les a comparés à « une nation de femmes[2] ».

Son avis sur les journaux mathématiques britanniques n'est pas enthousiaste et il regrette la faiblesse du niveau des mathématiques présentes dans ceux-ci. Néanmoins, certaines revues, en particulier celles associées à des sociétés savantes, proposent des articles de recherche. Par exemple, les *Memoirs of the Analytical Society* de Cambridge dont le premier volume sort en 1813, sont publiés pour mettre en avant le calcul différentiel et intégral continental.

En réalité, Telfer pose son regard sur un autre type de journaux : les périodiques qui peuvent publier des articles de mathématiques mais qui font leur renommée en proposant des questions/réponses mathématiques. L'exemple prototypique de ce type de périodique est le *Ladies' Diary*, entreprise éditoriale commencée en 1704 et qui existe encore en 1837[3].

Parmi ces journaux intermédiaires, le *Mathematical Repository* édité par Thomas Leybourn a obtenu une reconnaissance. Il s'adresse aux enseignants de mathématiques et plus largement aux « philomaths[4] » britanniques. Ce périodique paraît entre 1795 et 1835. L'historiographie s'est déjà intéressée à cette publication. En effet, une partie de la production de Wilkinson est consacrée au *Mathematical Repository* (Wilkinson 1851, 1852*b,a*). S. Despeaux (2014) ou encore Niccolò Guicciardini (1989, 114–117) l'ont étudié mais de façon partielle. Ce dernier indique l'importance de cette revue en affirmant que :

> cette publication, plus particulièrement les trois premiers volumes de la nouvelle série (1806, 1809, 1814), est l'un des plus importants travaux dans la réforme du calcul différentiel britannique[5].

Pour étudier les journaux mathématiques britanniques et évaluer leurs importances dans la circulation des savoirs, il est nécessaire d'effectuer une

---

2. « Periodical journals were never more numerous than at the present time; but many of them are more calculated to entertain and amuse, than to improve the mind. The scientific character of the periodical literature of Great Britain, falls far short of the scientific character of the periodical literature on the Continent; and particularly of the French journals. "Annales de Mathematiques pures et appliquees" is published monthly; and the success that has attended this publication, i.e., the Annals of Mathematics pure and Applied, proves, that the French are not now in that state, when Duclos called them "the children of Europe" or when Raynal compared them to "a nation of women" (Telfer 1837, 13–14). »

3. Ce n'est qu'à partir des années 1830 que cet almanach propose de courts articles de mathématiques. Ce journal fusionnera en 1841 avec le *Gentleman's Diary* pour devenir le *Lady's and Gentleman's Diary*. Pour une histoire du *Ladies' Diary*, voir (Albree & Brown 2009, Costa 2000, 2002, Perl 1979), (Swetz 2021).

4. Le terme de *philomath* apparaît à la fin du XVIIe siècle en Grande-Bretagne et désigne un amateur de sciences et plus particulièrement de mathématiques qui ne travaille pas forcément dans ce domaine et qui n'a pas nécessairement reçu une éducation scientifique. Voir entre autres (Pedersen 1963, Taylor 1966, Wallis 1973, Wallis & Wallis 1980).

5. « this publication, especially the first three volumes of the new series (1806, 1809, 1814), is one of the most important works in the reform of the British calculus » (Guicciardini 1989, 116).

recherche sur leurs lieux de production[6]. Dans l'historiographie, plusieurs foyers du nord de l'Angleterre sont mis en avant, en particulier le Lancashire (Wilkinson 1854b, Brierley 1879) ou le Yorkshire (Despeaux 2014). Le rôle des écoles militaires britanniques est aussi signalé dans la diffusion des mathématiques, surtout à travers l'attitude de plusieurs professeurs de mathématiques impliqués dans l'édition de revues scientifiques tel que Charles Hutton alors enseignant à la *Royal Military Academy* qui est considéré comme une figure de proue de la diffusion des mathématiques[7].

En se concentrant sur une seule collection[8] (le *Mathematical Repository*[9]), nous nous proposons de ré-interroger cette population de rédacteurs et d'acteurs de ces périodiques et des lieux où ils vivent. Les études globales qui prennent en compte un nombre important de publications sont nécessairement synthétiques et dressent à grands traits des conclusions. Au contraire, s'intéresser à un seul journal permet d'éviter ce lissage et de faire ressortir ce qui fait les particularités du *MR*. Parmi celles-ci, l'insertion locale très forte au sein du *Royal Military College* (*RMC*) et l'implication essentielle d'une petite population qui fait vivre ce journal seront mises en avant dans ce chapitre. Nous étudierons alors son contenu afin d'évaluer comment il participe à la circulation et à la diffusion des mathématiques en Grande-Bretagne à partir du *Royal Military College* et nous essaierons de reconstituer la population des acteurs qui gravitent autour de ce journal en nous appuyant sur une démarche prosopographique et en essayant d'intégrer les carrières des acteurs principaux.

2 Le *Mathematical Repository* de Thomas Leybourn, professeur au *Royal Military College*

On ne connaît presque rien de Thomas Leybourn[10], l'éditeur de ce journal avant la publication du premier volume du *Mathematical Repository*, si ce n'est qu'il est né vers 1769 et qu'il a vécu à North Shields (à côté de Newcastle-upon-Tyne) au début des années 1790[11]. On ignore sa formation et son activité[12] avant qu'il soit recruté maître de mathématiques au *Royal Military College*[13]

---

6. Une partie de ce chapitre est consacrée au cas du *Mathematical Repository*.

7. Sur les écoles militaires en tant que lieux de diffusion du savoir mathématique, voir (Guicciardini 1989, 108–123), sur le statut des mathématiques au sein de la *Royal Military Academy*, voir (Bruneau 2020).

8. Nous avons fait le choix de considérer ce titre comme un périodique car même si sa publication est irrégulière, elle répond aux critères d'une volonté de périodicité, de multiplicité des auteurs et des sujets de mathématiques.

9. Dorénavant, le titre de ce journal sera indiqué par *MR*.

10. Il existe une notice biographique dans l'*Oxford Dictionary of National Biography* (Guicciardini 2004).

11. Durant les années 1790-192, Leybourn a répondu à trois questions (900, 908 et le prix de 1792) du *Ladies' Diary* et North Shields est l'indication géographique qu'il donne.

12. D'après Thomas S. Davies, Leybourn a été apprenti à North Shields (Davies 1851, 445).

13. Hutton est un de ses protecteurs et c'est grâce à lui qu'il obtient un poste d'enseignant dans cette école. Cette institution militaire est la deuxième créée en Grande-Bretagne après la *Royal Military Academy* et elle est destinée à former essentiellement les officiers de cavalerie

à sa création en 1802. Il y restera enseignant jusqu'à sa mort en 1840. En 1802, il publie un manuel de trigonométrie et en 1817 il compile les questions et les réponses du *Ladies' Diary* des origines jusqu'en 1816 (Leybourn 1817). C'est avec ce dernier ouvrage et surtout avec le *MR* qu'il accède à une certaine réputation[14] : « Même si M. Leybourn a perdu de l'argent, il a, en même temps, acquis une grande réputation en éditant son *Mathematical Repository*[15]. » Il est même élu fellow de la Royal Society de Londres[16] le 2 avril 1835.

Initialement, le *MR* sort sous forme de cahiers, idéalement tous les 6 mois. Puis lorsque le nombre de pages est assez conséquent, ces cahiers sont regroupés (avec une nouvelle pagination) sous forme de volume. Le premier volume sort en 1795 avec comme titre *The Mathematical and Philosophical Repository*[17]. Les deux premiers cahiers qui constituaient le premier volume connaissent une seconde édition[18] avec l'ajout de plusieurs autres cahiers (ceux numérotés de 3 à 5) en 1799[19]. Contrairement aux cahiers qui incluent dans le titre *philosophical*, les volumes se contentent du titre *MR*. Tout au long de ce projet éditorial, le retard de livraison est commun. Par exemple, l'éditeur s'excuse du délai important lors de la parution du cahier numéro 8[20] : « The Editor is sorry to be again under the necessity of apologising for the late appearance of his Publication » (Anonyme 1799, 1). En 1806, avec la parution du quatrième volume, ce journal prend le nom de *New Series of the Mathematical Repository*. Si le mode de publication se fait sous forme de cahiers, le *MR* est pensé pour être relié sous forme de volume. La raison principale est que la structure de chaque numéro change avec cette nouvelle série dans laquelle, contrairement aux premiers volumes qui suivaient l'ordre des cahiers, la présentation est réorganisée. Il y a trois parties distinctes (avec chacune une nouvelle pagination). La première est consacrée aux réponses aux questions posées dans les numéros précédents, la deuxième rassemble des articles originaux et la troisième comporte des reprises d'articles parus dans

---

et d'infanterie contrairement à son aînée qui, elle, éduquait les officiers artilleurs et ingénieurs militaires. Initialement installée à Marlow, elle déménage à Sandhurst dans le Berkshire en 1813. Ces deux écoles militaires ont joué un rôle important dans le développement et la circulation des mathématiques en Angleterre entre 1750 et le milieu du XIXe siècle.

14. John Henry Swale lui dédicace même le premier numéro d'un éphémère journal, *The Liverpool Apollonius* : « À Monsieur Thomas Leybourn, professeur de mathématiques au collège, Sandhurst ; promoteur ardent, persévérant et capable des sciences mathématiques, en témoignage de sa reconnaissance pour les trente années d'échanges épistolaire » (« To Thomas Leybourn, Esq., Professor of Mathematics, in the College, Sandhurst ; the ardent, persevering, and able promoter of Mathematical Science, as a token of grateful recollection of thirty years' correspondence » (cité par Wilkinson 1853, 306)).

15. « If, however Mr. Leybourn lost money, he at the same time gained a high reputation from editing his Mathematical Repository » (Davies 1851, 446).

16. Parmi ses promoteurs, se trouvent des acteurs du *MR* : Peter Barlow, Davies, Samuel Hunter Christie et Thomas Galloway.

17. Par *philosophical*, il faut comprendre la physique et la philosophie naturelle.

18. Par la suite, nous nous référerons à cette édition.

19. En effet, dans le cahier 5 se trouve une lettre de John Lowry datée de 1798.

20. Les premiers cahiers au moins sont vendus au prix de deux shillings et six pence.

d'autres périodiques[21]. Par ailleurs, dans la nouvelle série, l'éditeur donne les sujets (et les rédacteurs) des *Tripos*[22] sans les réponses. On les trouve placées avec les questions dans la première partie, puis à partir du volume 3, à la fin du volume avec une pagination propre. Dans la partie consacrée aux réponses, à l'endroit correspondant à la fin de chaque cahier, des actualités sont présentes : ce sont des nécrologies de savants, des annonces d'ouvrages de mathématiques publiés récemment ou des articles dans des périodiques anglais ou français.

L'éditeur de toute la collection est William Glendinning de Londres. Les premiers volumes sont disponibles chez l'éditeur, chez Olinthus Gregory alors libraire à Cambridge et chez Thomas Bulmer, professeur de mathématiques à Sunderland. Cette indication disparaît assez vite. Gregory et Thomas Bulmer sont aussi des contributeurs du *MR*. Les deux premiers volumes (1795 et 1801) comportent des dédicaces. Le premier est dédié à Charles Hutton alors professeur de mathématiques à la *Royal Military Academy* de Woolwich. Ce dernier est, à cette époque, une personne clé dans la diffusion des mathématiques britanniques[23]. Le deuxième volume est dédié à Nevil Maskelyne qui occupe le poste d'astronome royal et est donc à la tête du *Nautical Almanach*. Dédier le *MR* à ces deux grands savants britanniques est peut-être un moyen pour Leybourn de trouver un poste stable voire prestigieux. Quoiqu'il en soit, c'est après la parution de ces deux premiers tomes que celui-ci est recruté au *Royal Military College* et les dédicaces disparaissent dans les volumes suivants.

L'état d'esprit affiché dès le premier volume est « un ardent désir de promouvoir l'étude des mathématiques[24] ». D'après Benjamin Wardhaugh (2019, 239), il semble qu'un objectif plus caché tout du moins au début est de concurrencer les *Philosophical Transactions of the Royal Society of London* pour la partie mathématique. En effet, le conflit qui existe entre Hutton et Joseph Banks dans les années 1780 au sein de la *Royal Society* a laissé des traces dans le choix des articles paraissant dans les *Philosophical Transactions*. Banks tente d'évincer les mathématiques de cette revue. Il n'y arrive que partiellement mais, par exemple, tous les articles de Gregory, John Bonnycastle, Charles Wildbore, Samuel Vince, William Mudge et Francis Baily sont refusés (Wardhaugh 2019, 217–218). Tous sauf Wildbore[25] et Baily ont contribué au *MR*.

En 1799, Hutton promeut un journal *A Collection of Mathematical and Philosophical Tracts and Selections* dont les objectifs sont similaires au *MR*.

---

21. Lorsque ces articles sont en langue étrangère, ils sont alors traduits. Il arrive aussi que ce soit des copies partielles d'articles originaux.
22. Les Mathematical Tripos sont un ensemble d'examens que les étudiants de deuxième année de l'Université de Cambridge passaient donnant lieu à un classement. La presse nationale se fait l'écho des résultats.
23. Sur Hutton voir (Wardhaugh 2017*c*, 2019), sur son influence sur les mathématiques britanniques voir (Johnson 1989*a*, Wardhaugh 2017*a,b*).
24. « an ardent Desire of promoting the Study of the Mathematics » (Leybourn 1799*b*, iii).
25. Un de ses articles a néanmoins été repris dans le *MR*.

1ʳᵉ série		Nouvelle série	
volume	année	volume	année
1	1795 (1799)	1	1806
2	1801	2	1809
3	1804	3	1814
		4	1819
		5	1830
		6	1835

TABLEAU 1 : Années de parution des volumes

Hutton entend présenter des articles de mathématiques au plus grand nombre pour un coût peu élevé, il compte proposer des traductions en langue anglaise de textes étrangers. Les personnes impliquées dans cette entreprise sont Glendinning le même éditeur que le *Repository*, Bulmer, Richard Kay (Aberford, York), William Wallace (Perth Academy), Swale (Chester), Lowry (Birmingham) et Newton Bosworth (Peterborough). Tous contribuent ou contribueront au *MR*. A priori, d'après une note rédigée par un auteur anonyme 1799, le premier volume est sous presse[26], mais il semble que ce journal n'a pas reçu un accueil favorable ou n'a pas su trouver un public suffisamment important pour le rendre viable. C'est le *MR* qui reprend les objectifs avec la nouvelle série.

En tout, 9 volumes ont vu le jour. Le rythme de publication est au départ stable avec entre deux et trois ans entre chaque volume. Mais à partir du 3ᵉ numéro de la nouvelle série, les délais grandissent. Ceux-ci s'expliquent en partie par la difficulté à trouver des fonds pour éditer cette revue, Leybourn étant le principal financeur de celle-ci. Elle s'arrête brutalement en 1835 avec 40 questions en suspens.

Les 9 numéros qui paraissent sur plus de quarante ans comportent plus de 2 800 entrées. Ce sont les articles, les actualités, les problèmes de Cambridge, les questions et les réponses. Lorsque plusieurs réponses existent pour une question, chacune compte pour un item. Par ailleurs, les solutionneurs dont une réponse est seulement signalée par l'éditeur sans être publiée ne sont pas comptabilisés ici[27]. Si les réponses à une même question sont regroupées, alors le compte tombe à 2 137 entrées.

Plus de 950 questions entraînent près de 1 700 réponses publiées soit près de 91 % de l'ensemble de la production de ce journal. Les articles ne représentent que 6 % du volume total. En revanche, si on prend en compte le nombre de

---

26. Mais nous n'avons pas réussi à trouver un exemplaire.
27. Ces indications sont nombreuses, 1 713 ont été recensées.

Catégorie	Nombre	Pourcentage
Articles	185	6 %
Questions	951	33 %
Réponses	1659	58 %
Actualités	56	2 %
Cambridge Problems	24	1 %

Tableau 2 : Répartition par catégories des items

pages dédiées à chaque catégorie, les réponses ne présentent que 50 % de la totalité des pages tandis que les articles occupent 36 % des pages[28].

3 Un contenu mathématique diversifié

3.1 Des articles de mathématiques

Dès le début de ce journal, l'éditeur a l'ambition de proposer à son lectorat des articles de mathématiques pour la plupart originaux. Nous avons recensé sur les deux séries 185 articles. Publier sous forme de cahiers nécessite de couper les articles les plus longs. Ils sont pour la plupart assez courts (moins de 10 pages) ; néanmoins certains sont plus longs et dépassent les 30 pages. En moyenne un article fait un peu plus de 8 pages mais on remarque une grande dispersion. Les traductions[29] et les reprises d'articles sont celles qui contiennent le plus de pages. Par exemple, la traduction anglaise du mémoire de Legendre (1793) sur les transcendantes elliptiques s'étend sur deux numéros et sur 79 pages.

Les 185 articles ont été rédigés par 70 rédacteurs[30]. Parmi ceux-ci, peu écrivent avec un pseudonyme[31] et les papiers anonymes ont été considérés écrits par l'éditeur (Leybourn ou un de ses proches). Cela constitue une population relativement restreinte. Seulement 13 ont écrits plus de 4 articles[32]. Parmi ceux-ci, il y a en 4 qui sont les plus productifs. Il s'agit de James Cunliffe, Davies, Thomas Knight et William George Horner. Contrairement à Cunliffe qui n'écrit des articles que pour le MR, les trois autres ont une production dans d'autres périodiques dont les *Philosophical Transactions of the Royal Society*.

Un peu moins de la moitié des rédacteurs d'articles s'investissent à des degrés divers dans la rubrique des questions et réponses. En effet, 39 n'ont

---

28. Les questions, les actualités et les *Cambridge problems* sont respectivement sur 5 %, 2 % et 8 % des pages.
29. Elles sont réalisées par W. Wallace et J. Ivory (Craik 2016, 234).
30. Près de 360 personnes (sous leur vrai nom ou via un pseudonyme) ont publié dans le MR.
31. Nous en avons comptabilisé 6 écrivant de façon cachée dont A. B. qui est l'auteur de 6 articles.
32. 43 ont écrit un seul article, 11, deux articles et 3, 3 articles.

Nom	Prénom	Ville	Articles	% art.
Cunliffe	James	Bolton/RMC	21	11 %
Davies	Thomas Stephens	Bath	12	6 %
Knight	Thomas	Papcastle	11	6 %
Horner	William George	Bath	10	5 %
Editeur		RMC	9	5 %
Lowry	John	Birmingham	8	4 %
Ivory	James	RMC	8	4 %
Barlow	Peter	RMA	7	4 %
A. B.			6	3 %
Bronwin	Brice	Denby	5	3 %
Gompertz	Benjamin	Londres	4	2 %
White	Thomas	Dumfries	4	2 %
Frend	William	Londres	4	2 %

TABLEAU 3 : Les plus grands rédacteurs d'articles

envoyé qu'un ou plusieurs articles mais ni questions ni réponses. C'est le cas par exemple de Knight, Horner et William Frend.

Les articles sont très divers et abordent les différentes parties des mathématiques. Le thème principal reste la géométrie et correspond à ce que les mathématiciens britanniques de cette époque produisent. Le MR est même un journal important pour la diffusion en géométrie[33]. La publication d'articles de géométrie est constante sur toute la durée de la revue. À titre d'exemples, en 1819, Peter Nicholson publie un court mémoire (Nicholson 1819) expliquant un système de projection[34] utilisant certains principes de la géométrie descriptive ; Davies présente un ensemble de mémoires sur la géométrie à trois dimensions et sphériques (Davies $1830a,b$, $1835b,a$)[35].

L'algèbre est aussi bien représentée. Certains articles sont d'un niveau élémentaire comme celui de Mark Noble, « Solution to the Problem of making a Magic Square of nine cells » (Noble 1814). Mais d'autres pourtant courts sont d'un intérêt certain. Par exemple, James Ivory donne une démonstration

---

33. Bruneau (2015) indique que ce journal est le principal promoteur de la géométrie en Grande-Bretagne pour la période étudiée.
34. Snezana Lawrence appelle ce système le « British System of Projection » (Lawrence 2003, 1274).
35. Davies ($1835b$) fait écho à un article sur le même thème qui paraît au même moment dans les *Transactions of the Royal Society of Edinburgh* qui développe l'usage des coordonnées sphériques (Davies 1834).

Thème	Nombre	Pourcentage
Géométrie	67	36%
Algèbre	33	18%
Physique	33	18%
Analyse	17	9%
Astronomie	17	9%
Arithmétique	10	5%
Divers	7	4%

TABLEAU 4 : Thème des articles

simplifiée par rapport à celle d'Euler du petit théorème de Fermat[36] (Ivory 1806).

L'approximation de racines de polynôme est un thème récurrent qui est l'affaire de deux auteurs. Barlow annonce une méthode d'approximation (Barlow 1814). Horner en profite pour publier en 1819 un article (Horner 1819b) sur sa méthode qui paraît la même année dans les *Philosophical Transactions of the Royal Society* (Horner 1819a). Accusé de plagiat par Nicholson et Theophilus Holdred, Horner envoie à Leybourn un ensemble de courts mémoires pour se défendre entre juin 1820 et décembre 1821 (Horner 1835). Malheureusement pour lui, ils ne paraîtront que dans le volume suivant en 1830 et un dernier en 1835 (Horner 1830)[37].

Les articles d'analyse sont essentiellement consacrés aux développements en séries. Ils sont pour la plupart relativement élémentaires. Néanmoins, on peut citer celui de Barlow (1819) ou encore ceux de Knight (1814, 1819)[38] dont un concerne le développement de $\Phi(a+b\cos x)^m$ appliqué à un problème d'astronomie.

Mais ce qui fait « l'originalité » de ce périodique est la reprise, copie ou résumés d'articles qui sont parus ailleurs. Lorsque ceux-ci sont écrits dans une autre langue que l'anglais, ils ont droit à une traduction anglaise. Pendant quelques numéros, ils sont classés dans une rubrique propre « Mathematical Memoirs extracted from Works of Eminence[39] ». Sur les 11 reprises, 4 viennent

---

36. Si p est un nombre premier et si p et n sont premiers entre eux, alors p divise $n^{p-1}-1$.
37. Pour une étude récente autour de la méthode de Horner et la polémique avec Nicholson et Holdred voir (Fuller 1999).
38. Pour une étude des travaux de Knight voir (Craik & Edwards 2004, Craik 2013).
39. Dans les volumes 1, 2, 3, 5 et 6 des *New Series*, la troisième partie est dédiée à ces reprises.

de Grande-Bretagne[40], 2 de la sphère germanique[41] et 4 de France[42]. Ces reprises montrent l'intérêt certain de Leybourn et ses collègues à introduire des mathématiques continentales (voir *infra*).

3.2 Des actualités

Dans l'annonce de la publication du cahier n° 8 (vol. 2, 1801) en novembre 1799, l'éditeur demande qu'en plus des articles, des questions et des réponses soit inséré un ensemble de très courts articles ayant deux fonctions, la première est de proposer une bibliographie et la seconde de regrouper les nécrologies. Ceux-ci n'apparaîtront que dans la nouvelle série en 1806 et seront présents dans tous les volumes de cette série. Ils ne sont pas indiqués dans les tables des matières et trouvent leurs places dans la rubrique questions/réponses.

Il y a 16 notices nécrologiques portant uniquement sur des savants, mathématiciens, physiciens ou astronomes. Ceux-ci sont essentiellement britanniques[43] (au nombre de 11), les cinq autres sont tous français[44]. Signalons que des Français ont droit à une nécrologie dans ce périodique.

La partie consacrée aux annonces bibliographiques est un bon indicateur de la circulation des mathématiques en Grande-Bretagne[45]. En effet, à partir de la nouvelle série, Leybourn et ses collègues ont l'ambition de proposer aux lecteurs un panorama relativement complet de la production mathématique britannique :

> Il est prévu, dans chaque numéro suivant, d'insérer des comptes rendus de nouvelles publications mathématiques et philosophiques, ainsi que de courtes notices biographiques d'éminents mathématiciens et philosophes, récemment décédés[46].

Ainsi sur la période 1806-1835, 169 ouvrages publiés récemment sont référencés. Parmi ceux-ci il est fait mention de 106 ouvrages édités en Grande-Bretagne

---

40. Les articles de Dawson (1806) et Wildbore (1835) sont tirés des *Manchester Memoirs*, celui d'Ivory (1835) des *Philosophical Transactions of the Royal Society of London* et celui de Matthew Stewart (1835) des *Essays and Observations Physical and literary* d'Édimbourg.

41. Il s'agit d'un texte de Carl-Friedrich Gauss sur l'attraction publié à Göttingen en 1818 (Gauss 1818, 1830) et un autre de Charles Frédéric André Jacobi (1835) publié en 1825 (Jacobi 1825).

42. Les deux premiers sont de Joseph-Louis Lagrange (1806a, 1806b) tirés du *Journal de l'École polytechnique* (Lagrange 1797, 1798), un autre de Ludolph Lehmus (1830) copié et traduit des *Annales de mathématiques* (Lehmus 1820) – son nom est mal orthographié et il apparaît sous le nom de Lechmütz –, et un d'Adrien-Marie Legendre lu à l'Académie des sciences de Paris en 1792 (Legendre 1793) et qui s'étend sur deux numéros (Legendre 1809, 1814).

43. Il s'agit de John Robison, Samuel Horsley, George Atwood, Robert Small, Henry Cavendish, William Spence, James Glenie, John Playfair, Hutton, Isaac Dalby et John Leslie.

44. Ce sont Pierre Mechain, Lagrange, Joseph Lalande, Gaspard Monge et Pierre-Simon Laplace.

45. Il existe des recensions bibliographiques en Grande-Bretagne tels que le *London Review* ou le *Edinburgh Review* traitant entre autres des ouvrages de mathématiques mais ils n'indiquent pas les publications étrangères.

46. « It is intented, in each succeeding Number, to insert accounts of new Mathematical and Philosophical Publications, and short biographical Notices of eminent Mathematicians and Philosophers, recently deceased » (Anonyme 1799, 2).

dont 5 sont traduits du français, un de l'italien et un de l'espagnol. De façon systématique, il est indiqué 60 titres de livres français importés en Angleterre[47]. Seulement 3 titres d'ouvrages allemands sont donnés (tous en 1819). En indiquant systématiquement dans chaque cahier les ouvrages étrangers disponibles sur le sol anglais l'éditeur incite les lecteurs du *MR* à se les procurer et participe à l'introduction des mathématiques continentales (et surtout françaises) en Grande-Bretagne.

Par ailleurs, le contenu mathématique de plusieurs périodiques est l'objet de notices. Ces journaux sont liés à différentes institutions savantes britanniques tels que les *Philosophical Transactions of the Royal Society of London*, les *Transactions of the Royal Edinburgh Society, of the Royal Irish Academy, of the Cambridge Philosophical Society*. Les articles mathématiques dans des périodiques étrangers sont aussi indiqués et ils sont français : le *Journal de l'École polytechnique*[48] et les *Mémoires de l'Institut de France*[49]. Il est manifeste que les rédacteurs du *MR* font la promotion des mathématiques à la fois françaises et britanniques.

3.3 Des questions/réponses

La rubrique questions/réponses est celle qui occupe le plus de place dans le journal. 951 questions[50] sont posées, on trouve 35 qui donnent droit à un prix. Pour les 20 premières *Prize Questions*, un de ceux qui a répondu reçoit une médaille en argent[51]. Parmi ceux qui reçoivent cette médaille, plusieurs sont très proches du journal. Lowry la reçoit 3 fois, Ivory et Wallace 2 fois. Pour d'autres, c'est une forme de reconnaissance. Par exemple, Mary Somerville a été extrêmement touchée de la recevoir[52].

La grande majorité sont des questions originales ou qui ne font pas référence à une autre déjà parue dans une autre revue. Il est demandé au moins à partir du deuxième volume que celui qui propose une question fournisse aussi une réponse (ou plusieurs) et que ces questions portent sur toutes les parties des mathématiques avec un souci d'utilité :

---

47. N'ayant pas de point de comparaison, il est difficile de savoir si cette liste de livres importés est exhaustive.
48. Les 19 premiers cahiers sont décrits.
49. Les titres des articles de mathématiques sont donnés jusqu'au volume 14.
50. Dans la première série, 330 questions ont été numérotées tandis que dans la nouvelle série, 610 auxquelles il faut ajouter d'autres questions non numérotées et qui proviennent de Stewart et Lawson.
51. Pour la *Prize Question* 109 posée par Samuel Thonorby (pseudonyme de T. Leybourn), le vainqueur de la médaille est l'auteur de la question qui n'est d'autre que l'éditeur du journal !
52. Mary Somerville déclare : « J'ai enfin réussi à résoudre un problème donnant droit à un prix ! C'était un problème de Diophante, et j'ai reçu une médaille d'argent coulée exprès avec mon nom, ce qui m'a fait très plaisir » (At last I succeeded in solving a prize problem ! It was a diophantine problem, and I was awarded a silver medal cast on purpose with my name, which pleased me exceedingly) (Somerville 1873, 79).

> L'éditeur sera très reconnaissant à ceux de ses correspondants qui lui adresseront de nouvelles questions, qu'ils s'efforceront autant que possible de composer de manière à ce qu'elles soient d'une réelle utilité dans les différentes branches et qu'elles admettront généralement des réponses soignées, précises et satisfaisantes ; il est également demandé à ceux qui lui enverront des solutions de prendre la peine de les détailler, et de lui donner le résultat ainsi que la méthode de la solution[53].

Il existe néanmoins quelques reprises ou des traductions de questions parues dans d'autres revues. Par exemple, 10 sont tirées des *Annales de mathématiques pures et appliquées* et se trouvent toutes dans un seul volume (Nouvelle série, vol. 5)[54]. Elles proviennent de plusieurs numéros. Cela montre qu'au moins quelques volumes de ce périodique se trouvent aussi en Grande-Bretagne. D'autres questions sont issues d'ouvrages tels que la *Geometria Organica* de Colin Maclaurin (1720), d'une des éditions du *Course of Mathematics* de Hutton (1798) ou de quelques livres français tel que le *Traité de calcul différentiel et intégral* de Sylvestre-François Lacroix (1798).

D'après Albree & Brown (2009, 23), les questions du *MR* sont pour la plupart d'un niveau supérieur à celles que l'on peut trouver dans le *Ladies' Diary*[55] ou le *Gentleman's Diary*. Près des deux-tiers des questions porte sur la géométrie (classique, pratique,...)[56], la mécanique est le sujet de 13 % des questions soit autant que pour l'algèbre et l'arithmétique réunies. Seulement, 3 % des questions portent sur le calcul différentiel et intégral.

En plus des questions « classiques », il y a aussi à partir de 1806, des examens du tripos de Cambridge : les *Senate House problems* « given to the candidates for honours during the Examination for the Degree of B. A. » qui sont intégrés au départ aux autres questions mais qui, à partir du troisième volume de la nouvelle série, trouvent leur place en fin de volume. Ces sujets ne reçoivent pas de réponses[57].

Un peu plus de 230 personnes ont proposé des questions. Parmi celles-ci, il y a peut-être des doublons en raison de l'usage de pseudonymes. La table 5 donne les plus grands rédacteurs de questions. On se rend compte que, parmi ceux-ci, plusieurs sont employés par le *Royal Military College* en tant que professeurs ou maîtres de mathématiques. Étonnament, l'éditeur, T. Leybourn ne propose que très peu de questions mais ce sont ses collègues, Wallace, Lowry et Cunliffe qui en posent le plus. Ces deux derniers apparaissent deux fois dans la table 5 car

---

53. « The Editor will be much obliged to those Gentlemen who favour him with new questions, as much as possible to compose such as will be of real utlity in the various branches, and will generally admit of neat, accurate, and satisfactory answers ; he has also request that such of his correspondents has send him solutions, will be at the trouble to work them throughout, and give the result as well as the method of the solution » (Anonyme 1799, 2).

54. Il s'agit des questions 412 à 417 et 430, 440 et 477. Il n'est fait mention de leur provenance que dans les réponses.

55. De plus, Albree & Brown (2009, 29) indique que le *Ladies' Diary* cite 11 fois les articles ou les questions du *MR*.

56. Il n'y a pas de catégorisation dans ce journal, par conséquent le choix des catégories est arbitraire et pour certaines questions, il est difficile de les placer dans une seule.

57. L'éditeur considère qu'il est possible de trouver facilement des annales de ceux-ci.

Nom	Prénom	Ville	Nbre Q
Wallace	William	Royal Military College	61
Lowry	John	Royal Military College	51
Cunliffe	James	Royal Military College	46
Lowry	John	Birmingham	37
Davies	Thomas Stephens	Bath	35
Cambrige problems			24
Gregory	Olinthus	Cambridge	19
Ivory	James	Royal Military College	19
Stewart+Lawson (extraits)			19
Baker	Paul Lawrence		17
Cunliffe	James	Bolton	14
Peacock	William	Birmingham	14
Johnson	John	Birmingham	13
Bazley	Thomas	Bolton	13
Swale	John Henry	Leeds	10
Leybourn	Thomas	Royal Military College	10
Hypatia			10
Mechanicus			10

TABLEAU 5 : Les plus grands rédacteurs de questions

lors de leur activité au sein du *MR* ils changent de position institutionnelle en étant recrutés au *RMC*. Près de 25 % des questions sont posées par des membres de cette institution. Les autres régions les plus pourvoyeuses de questions sont le Lancashire (9 %), les Midlands[58] (8 %), la région de Londres (6 %) et le Yorkshire (6 %). C'est donc un petit groupe de rédacteurs qui se trouve concentré dans l'école militaire de Sandhurst[59].

Toutes ces questions reçoivent une ou plusieurs réponses qui sont publiées dans un cahier qui paraît plus tard. Très régulièrement plusieurs réponses à une seule question sont éditées. Le fait que le rédacteur d'une question doit fournir une réponse empêche d'éditer des questions sans réponse. Mais certaines questions ont un tel succès – ou sont trop faciles – qu'elles reçoivent beaucoup

---

58. Pour cette région, plus de la moitié est due à Lowry.
59. Le *RMC* est pris isolément et n'est pas inclus dans le Berkshire. En effet, 11 questions et 19 réponses proviennent de cette région en dehors du *RMC*. Dans les autres régions comme le Yorkshire ou le Lancashire, il n'y a pas de grandes institutions éducatives ou d'universités qui concentrent un nombre significatif d'acteurs.

de réponses. Par exemple, 4 réponses publiées et 13 autres signalées ont été données pour la question 132 (de la première série[60]).

Près de 250 personnes proposent au moins une réponse. On retrouve parmi les plus actives les mêmes personnes que pour les questions. Cela est en partie dû au fait que les rédacteurs de questions doivent fournir une réponse mais même ceux-ci répondent à des questions qui ne sont pas les leurs. Ainsi Lowry, Cunliffe et Wallace apparaissent aux premières lignes du tableau 6, mais d'autres assez actifs pour les questions n'ont que peu d'intérêt pour trouver des solutions, c'est le cas de Paul Lawrence Baker qui ne répond à aucune autre question. Il y a toute une population qui a fourni une réponse juste mais qui ne la voit pas publiée mais simplement indiquée. C'est le cas par exemple de William Marrat qui a 20 réponses éditées pour simplement 49 signalées.

Nom	Prénom	Ville	Nbre R
Lowry	John	Royal Military College	141
Lowry	John	Birmingham	114
Cunliffe	James	Royal Military College	94
Wallace	William	Royal Military College	67
Cunliffe	James	Bolton	59
Davies	T. S.	Bath	52
Bazley	Thomas	Bolton	42
Swale	John Henry	Chester	37
Johnson	John	Birmingham	34
Mason	Peter	Scoulton near Watson	32
Ivory	James	Royal Military College	28
Gregory	Olinthus	Cambridge	25
Merones Minor			25

TABLEAU 6 : Les plus grands rédacteurs de réponses

Une lettre de Leybourn adressée à Babbage[61] donne des indications sur la façon dont fonctionne l'édition des réponses. En effet, Leybourn demande à

---

60. « QUESTION 132, by Mr. J. Collins, School-master, Kensington : Given the diameter of a semi-circle = 24, 'tis required to inscribe therein a parallelogram whose longest side shall be parallel to the diameter, so that the area of the same may be equal to the area of the greatest circle that can be inscribed in the remaining segment. Quere the dimensions of each ? » Les réponses données sont de J. Hartley, John Blackwell, William Francis et Merones Minor.

61. Lettre du 7 janvier 1821, Babbage Correspondence, vol. 1, Add MS 37182, British Library, ff. 310–314. Grâce à cette lettre, il a été possible de savoir que Babbage se cachait derrière le pseudonyme Herathostene.

Babbage, le rédacteur des questions 448 et 449 de vérifier les réponses qui ont été proposées au journal pour ces deux questions. Il est difficile à partir de cette seule lettre de savoir si cette pratique était usuelle chez Leybourn. Mais, Mary Somerville échange avec Wallace qu'elle considère comme l'éditeur du *MR* les solutions qu'elle propose pour ce journal :

> J'ai fait la connaissance de M. Wallace, qui était, si je ne me trompe pas, professeur de mathématiques au Collège militaire de Marlow, et éditeur d'une revue mathématique qui y était publiée, j'avais résolu certains des problèmes qu'elle contenait et je les lui ai envoyés, ce qui a donné lieu à une correspondance, car M. Wallace m'a envoyé ses propres solutions en retour[62].

4 Quels acteurs ? Le rôle des institutions militaires

En prenant toutes les catégories d'entrées, 360 acteurs[63] ont contribué à cette entreprise éditoriale. Dans cette population, il y en a 136 qui n'ont proposé qu'un seul item (soit un article, une question ou une réponse), et 295 sont le rédacteur de moins de 9 productions. Ce qui indique que près de 90 % de cette ensemble n'intervient qu'à la marge[64]. Cela signifie que les 65 autres participants publient 70 % de la totalité. Par ailleurs, seulement 12 personnes écrivent 50 % de l'ensemble. On peut remarquer que les 5 premiers proposent 37 % des entrées. Il s'agit de Lowry, Cunliffe, Wallace, Davies et l'éditeur (à la fois Leybourn et ses proches). C'est donc une toute petite population qui fait vivre toutes les rubriques de ce journal. Il est à noter que ces 5 rédacteurs seront à un moment ou à un autre employés par une des deux institutions militaires anglaises[65]. Tous ces acteurs ne se cantonnent pas au *MR* et ils ont tous une activité mathématique dans d'autres journaux soit en tant que rédacteur d'articles[66], soit en participant à la rédaction de questions ou de réponses dans d'autres journaux comme le *Ladies' Diary*[67] ou encore en tant qu'éditeur[68].

Il est difficile de donner des statistiques fiables sur l'activité principale des acteurs du *MR*, en raison du peu de renseignements que l'on a sur l'ensemble de cette population[69]. Néanmoins, quelques grands corps de métier

---

62. « I became acquainted with Mr. Wallace, who was, if I am not mistaken, mathematical teacher of the Military College at Marlow, and editor of a mathematical journal published there, I had solved some of the problems contained in it and sent them to him, which led to a correspondence, as Mr. Wallace sent me his own solutions in return » (Somerville 1873, 78–79).

63. Parmi ceux-ci, les pseudonymes ont été pris en compte. Il y a donc sûrement des doublons qu'il est difficile d'enlever.

64. Cela représente quand même 734 items soit 30 % de la production totale.

65. Lowry, Cunliffe, Wallace et Leybourn occuperont une place de maître de mathématiques à la *RMC*. Quant à Davies, il est recruté en 1834 à la *Royal Military Academy* de Woolwich mais il était encore à Bath lorsqu'il a écrit tous ses articles du *MR*.

66. Wallace et Ivory en sont des exemples.

67. Lowry ou Cunliffe en proposent beaucoup.

68. Swale est l'éditeur du *Liverpool Apollonius* qui n'aura que deux numéros.

69. Quelques auteurs renseignent leurs métiers mais il n'y a rien de systématique. C'est pourquoi il n'est pas possible de faire un recensement exhaustif.

Nom	Prénom	A	Q	R	Total	% T
Lowry	John	8	88	255	351	12 %
Cunliffe	James	21	60	153	234	8 %
Wallace	William	1	61	67	129	5 %
Davies	Thomas Stephens	12	35	52	99	3 %
Editeur		64	24	3	91	3 %
Bazley	Thomas	1	13	42	56	2 %
Ivory	James	8	19	28	55	2 %
Johnson	John		13	34	47	2 %
Gregory	Olinthus		19	25	44	2 %
Swale	John Henry		6	37	43	2 %
Baines	John		6	35	41	1%
Mason	Peter	1	1	32	34	1 %

TABLEAU 7 : Les 12 principaux rédacteurs

se dégagent. Sans surprise, ce sont pour la plupart des personnes qui sont en lien de près ou de loin avec les mathématiques : des enseignants de mathématiques des écoles militaires, quelques professeurs d'université (mais pas celles d'Oxford ou de Cambridge), des praticiens mathématiques (arpenteurs, officier de l'*Exchequer*...) et des maîtres d'écoles. On trouve aussi quelques élèves d'académie ou de collèges oxbridgiens, quelques pasteurs mais peu de militaires (moins de 5). À la marge, on trouve des médecins, un architecte. À part les professeurs de mathématiques, ce sont surtout des amateurs de mathématiques désignés par le terme « *philomaths* ».

En étudiant sur le temps long ce périodique, il est possible de repérer l'évolution des carrières des acteurs. Ceci permet d'évaluer une partie de la circulation de ces rédacteurs. Ainsi, Lowry commence en tant qu'officier de l'échiquier (à Birmingham) puis est recruté maître de mathématiques au *RMC*, Cunliffe est professeur de mathématiques à Bolton dans le Lancashire puis au *RMC* pour finir à Londres au moment de sa retraite ou encore Wallace, au départ enseignant de mathématiques à l'Académie de Perth en Écosse, devient maître de mathématiques au *RMC* puis part pour Édimbourg pour être professeur de mathématiques à l'université.

Les études sur les périodiques de mathématiques en Grande-Bretagne au XIXe siècle font ressortir des grands foyers d'auteurs au nord de l'Angleterre, essentiellement le Lancashire et le Yorkshire dans lesquels se trouve un ensemble d'enseignants ou de praticiens mathématiques qui ne sont pas rattachés à de grandes institutions éducatives (Despeaux 2002*b*, 2014, Brierley 1879). Parmi

Région	Art.	Q.	R.	Total	% Total
RMC	95	222	351	668	29 %
Lancashire	15	85	290	390	17 %
Midlands de l'ouest	9	75	200	284	12 %
Yorkshire	7	54	150	211	9 %
Londonshire	14	50	93	157	7 %
Bath	22	35	52	109	5 %
Cambridge	8	35	42	85	4 %
Durham	1	23	40	64	3 %
Norfolk	1	2	33	36	2 %
RMA	7	9	19	35	2 %

TABLEAU 8 : Les grandes régions les plus productives

les lieux d'enseignement, les écoles militaires sont aussi citées mais dans une moindre mesure. En se concentrant sur un seul périodique, est-ce que ces deux régions sont aussi présentes ?

La table 8 présente les régions[70] les plus productives[71]. Parmi celles-ci, les 6 premières produisent 80 % de l'ensemble du *MR*. Le Lancashire et le Yorkshire sont bien présents avec une population de 48 acteurs[72] mais ce ne sont pas les plus importantes. Les Midlands de l'Ouest (avec 11 acteurs[73]) et surtout le *RMC* (avec 10 auteurs) le sont davantage. Ainsi, l'implication est donc beaucoup plus forte au sein d'une institution, le *RMC*, que dans les différentes régions. Par ailleurs, dans la région du Lancashire, Cunliffe fait partie des auteurs les plus productifs. Et son activité reste toujours aussi forte après son recrutement à l'école militaire. Celle de Lowry est toujours aussi intense entre son emploi dans les Midlands de l'Ouest et celui dans l'académie militaire.

L'activité éditoriale de ce journal se concentre donc autour d'une petite population de 10 acteurs, les maîtres de mathématiques du *RMC* (voir table 9) dans laquelle Leybourn prend une part somme toute modeste. Il est avant tout l'animateur de ce journal mais n'est pas celui qui écrit le plus d'articles. Son activité se concentre surtout sur la rédaction des actualités et les relations

---

70. Afin de faciliter la comparaison, nous avons intégré dans le tableau de répartition par régions (table 8) le *RMC* même si c'est une institution.
71. On peut aussi ajouter l'Écosse ou le Pays de Galles tous deux avec 32 items.
72. Majoritairement, ce sont des maîtres d'écoles, des enseignants de mathématiques et pour certains des arpenteurs.
73. Parmi les 11, Lowry occupe plus de la moitié de l'activité de cette région.

avec les auteurs[74]. L'investissement dans ce périodique n'est pas une obligation pour les enseignants du *RMC*. Certains membres de cette école ne participent qu'à la marge ou pendant une durée très courte. Galloway et Noble qui sont tous les deux enseignants de mathématiques du *RMC* ont une activité faible dans le *MR*. Ivory[75], bien installé institutionnellement s'est consacré à ce périodique essentiellement pendant deux numéros, en particulier le volume 1 de la nouvelle série (en 1806) dans lequel il produit la moitié des articles (six sur douze) et le volume suivant en proposant une dizaine de questions[76]. Pour le premier volume de la nouvelle série, les trois-quarts des articles sont de la main des professeurs du *RMC*, Ivory (6 articles), Cunliffe (2), Noble (1), et Wallace (1). Par conséquent, sans cette production, ce numéro n'aurait pas pu être édité. Associés à Leybourn, ce sont trois enseignants du *RMC*, Lowry, Cunliffe et Wallace qui sont les véritables acteurs de ce périodique. Les trois ont la particularité d'être investis dans ce journal avant leur recrutement dans l'école militaire et gardent une activité en son sein même après leur départ de cette institution.

On peut considérer que le *RMC* est véritablement un centre éditorial. Le *MR* a commencé avant la création de cette institution et était géré par quelques personnes, Leybourn, Lowry et Cunliffe[77]. Lorsque celles-ci sont recrutées par le *RMC*, c'est bien de ce lieu que les différents numéros de ce périodique ont été élaborés. L'importance de la production de questions, de réponses et d'articles par des auteurs ayant une activité au sein du *RMC* est un argument supplémentaire. En réalité, il n'y a que l'impression qui se fait à Londres.

Le fait que cette revue soit étroitement associée au *RMC* et en particulier à ses enseignants de mathématiques n'a pas eu de répercussions dans la façon d'enseigner les mathématiques au sein des deux principales écoles militaires britanniques. En effet, nous n'avons pas repéré d'influence du *MR* dans l'enseignement des mathématiques que ce soit lors des changements des *curricula* ou dans l'utilisation du *MR* pendant les cours.

5 La participation du *Mathematical Repository* à la circulation des mathématiques

Le *Mathematical Repository* participe à la réforme de l'analyse en Grande-Bretagne avec l'introduction du calcul différentiel et intégral du Continent par l'intermédiaire des auteurs français[78]. Les acteurs britanniques de cette réforme sont essentiellement des professeurs des écoles militaires, en particulier Wallace et Ivory. L'appropriation de cette version de l'analyse se voit dans

---

74. La correspondance de Leybourn avec Babbage et les mémoires de Somerville nous renseignent sur ce point.
75. Sur Ivory, voir (Craik 2000).
76. Il participe néanmoins avant son arrivée au *RMC*.
77. D'autres acteurs sont aussi présents tels que Marrat ou Thomas Bazley.
78. Sur les contributions étrangères dans les journaux mathématiques britanniques au XIXe, voir (Despeaux 2002a).

Nom	Prénom	Nbre A	Nbre Q	Nbre R	Total
Clarke	Henry		7	5	12
Cunliffe	James	17	46	94	157
Editeur		64	24	3	91
Galloway	Thomas	2	2	1	5
Ivory	James	8	19	28	55
Leybourn	Thomas		10	8	18
Lowry	John		51	141	192
Noble	Mark	3	1	2	6
Ticken	William		1		1
Wallace	William	1	61	66	128
Wallace	John			3	3

TABLEAU 9 : La production des membres du *RMC*

le *MR*. Par exemple, les articles de Knight s'appuient sur le *Calcul des dérivations* d'Arbogast ou encore le fait de proposer la traduction du mémoire de Legendre sur les transcendantes elliptiques (Legendre 1809, 1814) participe à cette introduction.

Dans le volume 2 de la nouvelle série publié en 1809, apparaît de façon claire l'usage des différentielles par Ivory. Dans la question 238 dont la réponse est attendue pour mai 1808, celui-ci demande de trouver la valeur de $\int \frac{dx}{\sqrt{1-x^2}} \times \int \frac{dx}{\sqrt{1-x^2}} \times \int \frac{x^{2n+1}dx}{\sqrt{1-x^2}}$. Ou encore, dans sa réponse à sa propre question (188), il utilise les dérivées partielles[79] $\frac{df(x,y)}{dx}$. Mais il faut attendre les derniers volumes pour avoir un usage exclusif des différentielles et qu'il n'y ait plus de références aux fluxions.

Un autre exemple de circulation de savoir mathématique du Continent vers la Grande-Bretagne concerne la géométrie descriptive[80]. Les premières références à ce type de géométrie se trouvent dans les dictionnaires de mathématiques de Barlow et de Hutton ainsi que dans l'article GEOMETRY du *Pantologia* par Gregory, tous trois auteurs du *MR*. La première traduction en Grande-Bretagne du cours de Monge n'apparaît qu'en 1841 par Thomas G. Hall à destination des étudiants du King's College de Londres. Néanmoins, les articles de géométrie de Davies dans le *MR* (Davies 1830*a*, 1835*b*) s'appuient entre autres sur la géométrie descriptive de Monge et ses successeurs.

---

79. Il les nomme « partial fluxions » et ces dérivées partielles sont à nouveau utilisées pour la réponse à la question 208.
80. Voir (Bruneau 2015, 410–411).

La reprise de questions d'autres périodiques telles que celles provenant des *Annales de mathématiques pures et appliquées*, d'articles britanniques ou les traductions de mémoires étrangers participe aussi à la circulation mathématique car cette reprise permet à un lectorat plus large qui n'a pas forcément accès à l'ensemble de la littérature mathématique de l'époque de se confronter à des problématiques nouvellement soulevées et encore peu présentes en Grande-Bretagne. En outre, les actualités bibliographiques sont des vecteurs de diffusion du savoir mathématique avec d'une part la mise en avant des articles de mathématiques dans les journaux britanniques liés à des institutions comme la société royale de Londres ou d'Édimbourg, et la société philosophique de Cambridge, de périodiques français tels que le *Journal de l'École polytechnique*[81] et d'autre part la liste des ouvrages parus en Grande-Bretagne ou importés de France. Cela n'entraîne pas forcément l'achat de ceux-ci par les lecteurs du *MR* qui, par ce moyen, sont au courant de ce qui se passe dans le monde savant mathématique.

6 Une tentative de conclusion

Quel bilan peut-on faire de ce journal? Pendant plus de 40 ans, avec plus de 2 800 entrées écrites par 360 auteurs, ce périodique est un acteur majeur de la diffusion des mathématiques en Grande-Bretagne dans le premier tiers du XIXe siècle. Même s'il ne contient pas forcément d'articles de premier plan, il participe à l'introduction du calcul différentiel et intégral du Continent et, plus largement, il fait la promotion des mathématiques continentales. En dépit du nombre important de rédacteurs, le *MR* ne vit que par une petite population d'une douzaine de personnes qui écrivent 50 % des 2 800 items. Parmi ceux-ci, Lowry, Cunliffe et Wallace sont réellement investis. Leybourn, quant à lui, ne l'est pas en tant qu'auteur mais plutôt par son activité éditoriale et la rédaction des notices biographiques et bibliographiques.

En réalité, le *Royal Military College* et ses professeurs de mathématiques sont véritablement au centre de ce projet. Ce n'est donc pas le *Mathematical Repository* de Leybourn, mais celui de Lowry, Cunliffe et Wallace ou plus largement du *Royal Military College*.

À la suite de l'arrêt du *Mathematical Repository*, Davies alors maître de mathématiques à la *Royal Military Academy*, et deux de ses collègues, William Rutherford et Stephen Fenwick, ont l'ambition de reprendre le flambeau avec *The Mathematician* :

---

81. L'article, *A brief account of the memoirs and other articles relating to Mathematics contained in the Journal de l'Ecole Polytechnique, published by the Council of Instruction of that Establishment* (Anonyme 1814), expose relativement dans le détail les mathématiques présentes dans cette publication.

Le *Repository* de Leybourn était la seule publication périodique consacrée exclusivement aux mathématiques ; et en effet, si cette revue était encore publiée, la présente publication n'aurait pas été nécessaire[82].

Même si seulement 3 volumes ont été publiés, cette entreprise peut être considérée, dans une moindre mesure, comme un autre exemple de journal dont le centre éditorial est une école militaire[83].

---

82. « Leybourn's Repository was the only periodical publication devoted exclusively to mathematics ; and indeed, had that work been continued, the necessity for the present one would not have existed » (Davies *et al.* 1843, 1).

83. Pour une étude de ce périodique, voir (Despeaux 2014, 29–32).

Chapitre 3

Trois journaux pour un même maître d'œuvre : le Bureau des longitudes (1877-1932)

Colette Le Lay, Guy Boistel & Martina Schiavon

L'objet de ce chapitre est l'étude de trois journaux qui présentent la singularité d'être portés par une seule institution, le Bureau des longitudes. Même si chacune des publications poursuit un but particulier et connaît un destin différent des deux autres, toutes trois constituent un dispositif éditorial dont nous décrirons les rouages.

Les personnes qui ne connaissent pas le Bureau des longitudes et qui s'en tiennent à son nom (simple traduction de celui du concurrent *Board of Longitude* anglais[1]) imaginent une structure dévolue à la navigation. Pourtant, le Bureau, créé par la Convention en 1795 pendant la Révolution française et qui existe encore aujourd'hui[2], tient bien plus d'une « petite académie » pluridisciplinaire dont le caractère astronomique et nautique des débuts laisse bientôt place à une palette étendue de champs d'expertise allant de la météorologie à la physique du globe, en passant par la métrologie et le magnétisme (Schiavon & Rollet 2017).

De sa création à 1854, son destin est lié à celui de l'Observatoire de Paris sur lequel il exerce sa tutelle et qui abrite ses réunions. Un changement de statut orchestré par Urbain Le Verrier (1811-1877) le coupe de ce lien privilégié, met

---

1. Pour une comparaison entre les deux institutions, voir (Schiavon 2016). Voir également le focus rédigé par Martina Schiavon pour le site des procès-verbaux du Bureau des longitudes : http://bdl.ahp-numerique.fr/focus-comparaisons-ms-imitation-bol.

2. Les textes de référence concernant l'histoire du Bureau sont disponibles sur son site, à l'onglet « histoire » : https://www.bureau-des-longitudes.fr/histoire.htm.

Ph. Nabonnand, J. Peiffer, H. Gispert (eds.), *Circulation des mathématiques dans et par les journaux : histoire, territoires, publics*, 129–146.
© 2025, the authors.

en cause son existence et le contraint pendant deux décennies à une errance préjudiciable à la continuité de ses travaux. Nous avons choisi 1877, année de la mort de Le Verrier pour débuter notre histoire pour trois raisons au moins : le Bureau des longitudes a survécu en dépit des manœuvres de Le Verrier pour le faire disparaître, il a pris possession de locaux dédiés à l'Institut de France où il est encore abrité aujourd'hui, et il vient d'ouvrir un observatoire au parc Montsouris[3].

Jusqu'à une date récente, les archives du Bureau étaient très difficilement consultables. Les procès-verbaux numérisés sont désormais accessibles sur la plateforme ouverte à l'initiative du Bureau, de la Bibliothèque de l'Observatoire de Paris, des Archives Henri-Poincaré et de la Maison des Sciences de l'Homme Lorraine[4].

De par leur circulation nationale et internationale, la *Connaissance des temps ou des Mouvements célestes à l'usage des astronomes et des navigateurs*, l'*Annuaire pour l'an [...] publié par le Bureau des longitudes*, et les *Annales du Bureau des longitudes*[5] méritent une étude dans le présent ouvrage à plus d'un titre. D'un point de vue institutionnel, l'astronomie est l'une des « sciences mathématiques » de la première section de l'Académie des sciences. Au tournant des XIXe et XXe siècles, les astronomes professionnels sont issus de l'École polytechnique ou de l'École normale supérieure. Des membres éminents de la communauté mathématique française siègent au Bureau des longitudes et participent de près ou de loin à ses publications : pour la période qui nous occupe, Joseph Liouville (entré en 1840), Joseph-Alfred Serret (1873), Ossian Bonnet (1883), Henri Poincaré (1893), Gaston Darboux (1902), Émile Picard (1912), Paul Appell (1917). Parmi ceux-ci, deux ont fondé un journal mathématique : Joseph Liouville pour le *Journal de mathématiques pures et appliquées* et Gaston Darboux pour le *Bulletin des sciences mathématiques*. La France demeure la nation reine de la mécanique céleste hautement mathématisée. Au reste, les contemporains ne s'y trompent pas qui rangent systématiquement les journaux du Bureau des longitudes sous

---

3. Voir (Boistel 2010). Disponible en téléchargement gratuit : https://www.imcce.fr/content/medias/publications/ouvrages-pour-tous/Boistel_Ebook.pdf.

4. http://bdl.ahp-numerique.fr/. Le projet ANR intitulé « Le Bureau des Longitudes (1795-1932) – De la Révolution française à la Troisième République », piloté par Nicole Capitaine, Laurent Rollet et Martina Schiavon (coordinatrice du projet), en propose l'étude. Enfin les trois publications du Bureau dont il va être question ici sont numérisées sur Gallica.

5. Au fil du temps, les trois publications voient leurs titres évoluer. Le titre complet de la première est *Connaissance des temps ou des mouvements célestes à l'usage des astronomes et des navigateurs*. Entre 1893 et 1915 s'y adjoint la mention « Pour le méridien de Paris ». La deuxième s'intitule tout d'abord *Annuaire de la République française présenté au corps législatif*, puis *Annuaire présenté au gouvernement* (à compter de 1805), puis *Annuaire présenté à S.M. l'Empereur et Roi* (à partir de 1810), puis *Annuaire présenté au Roi* (à partir de 1815), avant de devenir *Annuaire* à partir de 1848. Enfin, la troisième s'appelle *Annales du Bureau des longitudes et de l'observatoire astronomique de Montsouris* pour son premier numéro, la mention de Montsouris figurant ensuite en sous-titre dans les quatre numéros suivants, avant de disparaître.

la rubrique « sciences mathématiques » lorsqu'ils en font la recension, comme nous le montrerons dans la dernière partie.

Dans notre contribution, nous retracerons tout d'abord l'histoire singulière de chacune des trois publications, puis nous étudierons le micro-espace de circulation que constitue le Bureau avant de terminer par la circulation nationale et internationale du triptyque.

1 Trois publications à l'histoire radicalement différente

Lorsque la Convention fonde le Bureau des longitudes en 1795, elle l'inscrit dans une forme de continuité par rapport aux institutions astronomiques d'Ancien Régime tout en formulant des exigences nouvelles (Débarbat 2017, 23–40). Ainsi, le recueil annuel d'éphémérides *Connaissance des temps*[6], créé en 1679 puis pris en charge par l'Académie royale des sciences, tombe dans l'escarcelle de la nouvelle institution[7]. Parallèlement, le Bureau doit composer un *Annuaire* « propre à régler ceux de toute la République[8] ». Enfin, l'observatoire de Montsouris créé en 1875, dans lequel le Bureau forme à l'astronomie marins et explorateurs coloniaux, produit des observations qu'il convient de publier. Un nouveau périodique voit le jour en 1877, intitulé *Annales du Bureau des longitudes*[9].

Ainsi que le montre cette rapide présentation, les trois histoires sont radicalement différentes. Dans le premier cas, la publication existe depuis plus d'un siècle lorsque le Bureau en hérite. De plus, l'un de ses rédacteurs phares sous l'Ancien Régime, Jérôme Lalande (1732-1807), fait partie des membres fondateurs du Bureau (Feurtet 2010, 51–65). Dès le début du XIXe siècle, la mécanique céleste lagrangienne et laplacienne imprime sa marque sur les tables astronomiques et fait l'objet de mémoires théoriques publiés sous le nom d'*Additions* à la *Connaissance des temps* qui occupent une part de plus en plus importante de chaque volume. L'astronomie française tenant à valoriser la mécanique céleste, ces mémoires continuent à fleurir pendant la période qui nous occupe. Deux thématiques récurrentes sont traitées dans ces *Additions* à la *Connaissance des temps* : d'une part, les perturbations des orbites planétaires

---

6. Voir (Boistel 2014, 449–466). Voir également le site consacré à la *Connaissance des temps* par l'IMCCE : http://cdt.imcce.fr.

7. Voir (Boistel 2022) pour un vaste panorama de l'histoire de la fabrication intellectuelle et matérielle de ce périodique, entre 1679 et 1920.

8. Sans doute doit-on y voir une volonté de reprise en main des almanachs en tout genre fleurissant sous l'Ancien Régime. Voir (Le Lay 2014, 21–31).

9. Le premier volume (1877) porte le titre *Annales du Bureau des longitudes et de l'observatoire astronomique de Montsouris*. Ceux des années 1882, 1883, 1890, 1897 et 1903 s'intitulent *Annales du Bureau des longitudes/ travaux faits à l'observatoire astronomique de Montsouris (Section navale) et mémoires divers*. Le titre se réduit à *Annales du Bureau des longitudes* en 1911, 1912, 1913, 1933 et 1938. Enfin le volume de 1949 précise « Publié avec le concours du Centre National de la Recherche Scientifique ». Voir la communication de Martina Schiavon au colloque CIRMATH de l'Institut Mittag-Leffler, juin 2016. https://f-origin.hypotheses.org/wp-content/blogs.dir/2187/files/2015/09/Colloque-Cirmath-IML-Martina-Schiavon-1.pdf.

(dont Félix Tisserand[10] (1845-1896) dresse l'histoire dans une « Notice sur les perturbations » dans l'*Annuaire* pour 1885), d'autre part, la théorie de la Lune dont Charles Eugène Delaunay[11] (1816-1872) propose, en 1858, une nouvelle version devant servir de base aux tables de la *Connaissance des temps* (Le Lay 2016). Les deux problèmes à résoudre engendrent l'utilisation d'un calcul différentiel de haut niveau, bénéficient des progrès dudit calcul différentiel et produisent de nouveaux résultats. Le nombre de pages de la *Connaissance des temps* subit une inflation tout au long de la période due, pour partie, au double public de destination : astronomes et marins. Le recours à un nombre grandissant de calculateurs s'impose, notamment pour l'établissement des tables de la Lune issues de la théorie de Delaunay. Après la période de flottement 1854-1877 au cours de laquelle les calculateurs trouvent refuge au domicile privé de membres du Bureau, leur situation se stabilise et la *Connaissance des temps* atteint son rythme de croisière. Le 29 mars 1882, Maurice Lœwy[12] (1833-1907) peut préciser à ses collègues que « la *Connaissance des temps* est demandée beaucoup plus aujourd'hui qu'autrefois[13] ». En filigrane apparaît ici la rude concurrence à laquelle la *Connaissance des temps* est confrontée. Deux *Nautical Almanac* (le britannique créé en 1766 et l'américain qui paraît depuis 1852) attirent le public des marins, sans compter les contrefaçons (Boistel 2018, 81–98) qui privent la publication officielle d'une partie du lectorat escompté. Il faut attendre 1911 pour qu'une première conférence internationale des éphémérides transforme la concurrence en coopération. Nous y reviendrons dans la dernière partie.

L'*Annuaire* est créé en même temps que le Bureau en 1795 et la composition du premier numéro prend ce dernier au dépourvu si l'on en croit les procès-verbaux. À leur lecture naît le sentiment que le Bureau improvise pour satisfaire des desiderata qui n'émanent pas de lui. La promotion du nouveau calendrier

---

10. Après ses études à l'École normale supérieure, Félix Tisserand devient astronome à l'Observatoire de Paris. En 1873, il est nommé directeur de l'observatoire de Toulouse. Il entre au Bureau en 1875, à titre de correspondant, puis en 1878 à titre de membre. Il mène une brillante carrière d'enseignant avant de prendre la succession d'Ernest Mouchez à la tête de l'Observatoire de Paris. Les sources des quelques lignes biographiques sur les personnages qui apparaissent dans notre histoire sont essentiellement l'index des membres du Bureau proposé par le site http://bdl.ahp-numerique.fr/ et d'autre part l'*Index biographique de l'Académie des sciences 1666-1978*, Paris, Gauthier-Villars, 1979.

11. À Polytechnique où il entre en 1834, Charles Eugène Delaunay rencontre Joseph Liouville qui le prend sous son aile. Les premiers travaux de Delaunay sur les perturbations d'Uranus (1842) engendrent une violente controverse avec Le Verrier. Il décide alors de se consacrer à la théorie de la Lune. Lorsque Le Verrier est révoqué en 1870, c'est Delaunay qui devient directeur de l'Observatoire de Paris. Mais il meurt accidentellement en 1872. Il est entré au Bureau en 1862.

12. Né à Vienne en Autriche, Maurice Lœwy est engagé dans le corps des astronomes de l'Observatoire de Paris en 1860. Il siège au Bureau des longitudes à partir de 1872 et devient directeur de l'Observatoire de Paris en 1896.

13. « Bureau des Longitudes – Séance du 29 mars 1882 », 1882-03-29, *Les Procès-verbaux du Bureau des longitudes*, consulté le 15 novembre 2018, http://purl.oclc.org/net/bdl/items/show/3901.

républicain et la diffusion du système métrique sont des tâches imposées au Bureau par le Comité d'instruction publique de la Convention et affirmées sous le Directoire et le Conseil des Cinq-Cents. Pour le reste, quelques tables de levers et couchers du Soleil et de la Lune empruntées à la *Connaissance des temps* compléteront, aux yeux des membres du Bureau, cet *Annuaire*. Très vite, deux ajouts substantiels modifient le visage de l'*Annuaire* et accroissent significativement son impact et son lectorat. Des tables statistiques de populations font leur entrée, bientôt complétées par des études d'éminents mathématiciens comme Siméon-Denis Poisson (1781-1840). Le grand public s'habitue ainsi à des données numériques de grande ampleur qui, jusque-là, ne concernaient que les spécialistes de la gestion de l'État. D'autre part, à compter de 1811, François Arago (1786-1853) initie une tradition de notices scientifiques sur des sujets variés qui confèrent à l'*Annuaire* un statut de revue de vulgarisation avant l'âge d'or de la deuxième moitié du XIXe siècle. Destinées à un vaste public, non limité aux astronomes et marins, les notices de l'*Annuaire* sont rarement mathématiques. Un seul contre-exemple mérite d'être signalé sur la période. Il s'agit de la notice de l'astronome Philippe-Eugène Hatt[14] (1840-1915) intitulée « Notions sur la méthode des moindres carrés » parue dans l'*Annuaire* pour 1912. Dans un long développement, l'auteur part d'exemples quotidiens puis complexifie le propos en détaillant les méthodes de Legendre et Gauss et leur application à la triangulation. Comme pour la *Connaissance des temps*, le nombre de pages subit une dérive inflationniste qui engendre de permanents débats au sein du Bureau. L'une des solutions proposées pour réduire le volume consiste à instaurer un roulement dans certaines tables fixes qui ne sont publiées qu'une fois tous les cinq ans.

L'histoire des *Annales* est, d'une certaine manière, parallèle à celle de l'observatoire astronomique du Bureau des longitudes. Destiné à la formation astronomique des marins et explorateurs, cet observatoire installé en 1875 dans le Parc Montsouris accumule les données géodésiques et géographiques collectées sur tous les points du globe. Elles sont publiées dans un irrégulomadaire intitulé *Annales du Bureau des longitudes et de l'observatoire astronomique de Montsouris* dont 13 volumes paraîtront entre 1877 et 1949.

La circulation entre Bureau et colonies s'opère dans les deux sens. Les *Annales* publient les observations collectées par les officiers lors de leurs voyages ultramarins, dans le cadre des grandes opérations scientifiques sollicitées et encouragées par le Bureau ou l'Association géodésique internationale. La *Connaissance des temps* et l'*Annuaire* ajoutent à leurs tables les données géographiques concernant les nouvelles possessions. Mais le Bureau s'assure aussi de la présence de ses trois journaux dans les dépôts de la marine du Tonkin (8 juin 1887) ou d'ailleurs, afin que les marins en escale puissent

---

14. Ingénieur hydrographe, issu de l'École polytechnique, Hatt s'illustre notamment lors des passages de Vénus de 1874 et 1881. Il est élu membre correspondant du Bureau en 1899 puis membre en 1912.

les trouver. Comme Hervé Faye (1814-1902) le souligne lorsqu'il présente la nouvelle publication en 1878 à l'Académie des sciences :

> L'Académie accueillera ce premier volume [des *Annales*] comme un frappant témoignage de l'intérêt que nos officiers portent à la Science et des services qu'ils peuvent lui rendre, tout en se familiarisant avec les applications utiles à leur noble carrière[15].

Ainsi, jusqu'en 1914, le Bureau parvient à trouver, avec l'appui du ministère de la Marine, le budget pour faire paraître deux voire trois numéros des *Annales* par décennie. Vingt ans s'écoulent ensuite avant le numéro de 1933. La publication s'arrête définitivement en 1949 pour de multiples raisons dont l'analyse sort du cadre de notre étude. Signalons toutefois que la plupart des mentions de Montsouris ou des *Annales* dans les procès-verbaux, après 1918, concernent des recherches de subsides pour restaurer l'observatoire qui menace ruine ou publier ses observations. De la création des *Annales* jusqu'à leur extinction, les mémoires théoriques qu'il devient impossible de publier dans la *Connaissance des temps* et l'*Annuaire*, faute de place, y sont insérés[16]. La coexistence dans les *Annales* des trois types d'apports – observations de Montsouris, rapports d'expéditions scientifiques et contributions théoriques – leur confère un statut hybride qui peut expliquer leur difficulté à fédérer un public. Quelques mémoires de mécanique céleste indiquent dès leur titre l'usage de mathématiques non élémentaires : « Nouvelle forme des équations différentielles de mouvement des planètes et des comètes » d'Antoine Yvon Villarceau[17] (1882), « Note sur le mouvement elliptique et sur le mouvement troublé d'une planète autour du soleil » d'Ossian Bonnet (1890) ou « Recherches sur la détermination des coefficients des termes d'ordre élevé de la fonction perturbatrice. Sur le calcul approché des intégrales renfermant des facteurs élevés à une haute puissance » de Maurice Hamy[18] (1933), par exemple.

2 Un micro-espace de circulation : le Bureau des longitudes

La période 1877-1932 sur laquelle nous centrons notre étude correspond à la coexistence des trois publications sous l'égide d'un même maître d'œuvre institutionnel. En 1877, le Bureau des longitudes compte quatorze membres titulaires. La responsabilité des trois publications échoit donc aux mêmes

---

15. *Comptes rendus de l'Académie des sciences*, tome 86, p. 19.
16. Hervé Faye détaille ce double objectif dans la présentation à l'Académie citée à la note précédente.
17. Astronome à l'Observatoire de Paris, Antoine Yvon-Villarceau est nommé membre-adjoint du Bureau en 1855 puis membre en 1862. Pendant de nombreuses années, il a la charge de la rédaction des comptes rendus dans lesquels il accorde une large place à ses propres travaux.
18. Après des études de mathématiques et de physique à la Sorbonne, Maurice Hamy entre à l'Observatoire de Paris où il effectue toute sa carrière. Il devient membre du Bureau en 1916.

acteurs. En particulier, Maurice Lœwy puis Henri Andoyer[19] (1862-1929), qui se succèdent à la tête du service des calculs légalement réglementé à compter de 1881, occupent naturellement une position officieuse de « rédacteur en chef » des publications.

Au travers des procès-verbaux, nous pouvons étudier les caractéristiques du « micro-espace de circulation » que constituent les trois publications du Bureau des longitudes tant dans l'organisation (commissions *ad hoc*, contrats avec l'imprimeur-libraire) que dans la porosité des contenus (transfert de tables ou d'*Additions* d'une des publications à l'autre). C'est le 11 mars 1863 que le Bureau décide de créer deux commissions de trois ou quatre membres élus annuellement, chacune étant chargée d'examiner toutes les questions et courriers ayant rapport à la *Connaissance des temps* et à l'*Annuaire*. À partir de cette date, il devient fréquent de lire dans les procès-verbaux « renvoyé à l'examen de la commission de la *Connaissance des temps* [ou de l'*Annuaire*] », procédé utilisé pour trancher des aspects techniques, accéder ou non aux fréquentes demandes d'exemplaires ou répondre à des questions tantôt pertinentes tantôt saugrenues. Toutefois, on déplore souvent en séance l'absence de réunions desdites commissions, les membres faisant valoir la lourdeur de leur tâche. Pour alléger celle-ci, il est proposé de remplacer les deux entités par une seule. Ainsi, les deux commissions fusionnent le 8 mai 1867, retrouvent leur identité propre le 28 décembre 1870 puis fusionnent à nouveau le 23 janvier 1878 avant de devenir « commission des publications » avec adjonction des *Annales* le 4 mai 1881, puis de se séparer à nouveau. Nombreux sont donc les membres qui se sont occupés de près ou de loin de l'une et/ou l'autre des publications, ne serait-ce qu'en fournissant un mémoire ou une notice, tantôt dans un but d'auto-promotion comme c'est souvent le cas avec l'omniprésent Antoine Yvon Villarceau (1813-1883), tantôt pour mettre en valeur les travaux collectifs du Bureau. Un débat symptomatique se déroule le 3 décembre 1890 autour d'une préface à l'*Annuaire* qui aurait été signée par Jules Janssen[20] (1824-1907) trois ans auparavant. L'unanimité se fait autour du rejet de la signature individuelle, certains émettant l'idée d'un paraphe des membres de la commission de l'*Annuaire*. L'amiral Mouchez[21] (1821-1892) met un terme à la discussion en rappelant la tradition d'absence de signature et en soulignant le caractère collégial de l'entreprise de publication. Seule la mention « Bureau

---

19. Henri Andoyer fait ses études à l'École normale supérieure où il obtient l'agrégation de mathématiques. Il débute sa carrière à Toulouse (observatoire et faculté des sciences). Il entre au Bureau à titre de correspondant en 1908 et devient membre deux années plus tard. Il est chargé de la rédaction de la *Connaissance des temps* en 1911.

20. Entré au Bureau des longitudes en 1873, Jules Janssen milite pour la création d'un observatoire dédié à l'astronomie physique. À la création de l'observatoire de Meudon en 1876, il en prend naturellement la direction.

21. Au Bureau des longitudes, Ernest Mouchez est nommé en 1873 par le ministère de la Marine. Il s'illustre lors du passage de Vénus de 1874 à l'île Saint-Paul. À la mort de Le Verrier en 1877, sa personnalité consensuelle lui permet de prendre la direction de l'Observatoire de Paris où il impulse une réelle dynamique.

des longitudes » figure sur la page de titre de chacune des publications, aucun nom de membre, fût-il président, n'étant ajouté. L'existence des commissions n'empêche pas les discussions en séances sur les orientations générales. À titre d'exemple, le procès-verbal du 15 février 1882 rend compte d'un débat autour des positions géographiques que quelques membres voudraient voir éditées dans un volume à part tandis que les officiers de marine défendent le maintien dans la *Connaissance des temps*. Le recueil de données magnétiques s'accroissant, notamment lors des voyages, l'endroit où elles doivent être publiées pose également question. Ainsi, les observations rapportées d'Amérique du Sud, à la suite du passage de Vénus[22] de 1882, par l'officier de marine Octave de Bernardières (1845-1900) sont scindées en trois : le rapport est publié dans les *Annales*, les mesures de longitudes trouvent leur place dans la *Connaissance des temps*, tandis que les déterminations magnétiques figurent dans l'*Annuaire*.

Ces quelques exemples soulignent les tensions entre les intérêts propres, parfois divergents, de chacune des catégories représentées au sein du Bureau, les besoins des marins ne coïncidant pas toujours avec ceux des astronomes ou des géodésiens. Cette composition que nous qualifierions aujourd'hui de pluridisciplinaire est une spécificité du Bureau dans une période de spécialisation des sociétés savantes et institutions académiques. Elle est fixée par le décret du 15 mars 1874 : 3 membres de l'Académie des sciences, 5 astronomes, 3 membres du département de la Marine (nombre réduit à 2 en 1888), 1 membre du département de la Guerre (qui disparaît en 1888), 1 géographe et 1 artiste (fabricant d'instruments). Du point de vue de la circulation, le « polymorphisme » du Bureau est une richesse car les publications touchent ainsi des univers aujourd'hui cloisonnés : armes savantes, Société de géographie, fabricants d'instruments, entre autres.

Aux membres du Bureau, il convient d'ajouter un personnage au rôle pivot dans la circulation : celui de l'éditeur[23]. Depuis 1865, l'éditeur de la *Connaissance des temps* et de l'*Annuaire* est Gauthier-Villars qui se prévaut du titre d'« Imprimeur-libraire du Bureau des longitudes, de l'École polytechnique » comme Mallet-Bachelier dont il a pris la succession en 1864. Il se charge également de la composition des *Annales* à leur création en 1877. Les procès-verbaux font état de problèmes réguliers sur le coût, le nombre d'exemplaires, la gestion des stocks, et de débats sur le remplacement éventuel de Gauthier-Villars par l'Imprimerie nationale ou un autre prestataire. L'alternative d'une édition par l'Imprimerie nationale est évoquée à partir

---

22. Rappelons que les passages de Vénus devant le Soleil surviennent au maximum deux fois par siècle, à huit ans d'intervalle. L'enjeu majeur étant de déterminer la distance Terre-Soleil dont toutes les distances dans le système solaire se déduisent, les passages de Vénus (qui ne sont visibles que d'une partie limitée du globe) engendrent de nombreuses expéditions nationales et internationales. Ceux du XIXe siècle se déroulent en 1874 et 1882. Voir (Aubin 2006).

23. Pour une étude approfondie de la place de l'éditeur, et singulièrement de Gauthier-Villars, dans la circulation des mathématiques au XIXe siècle, voir les travaux de Norbert Verdier, notamment : (Verdier 2011) et (Verdier 2017, 95–116).

de 1876 et des devis sont demandés. Mais si des économies substantielles pourraient être réalisées sur l'impression, le Bureau serait confronté au souci de la diffusion non prise en charge par l'Imprimerie nationale. En 1889, le Bureau rencontre un nouvel obstacle : les ministères sont invités à traiter exclusivement avec l'Imprimerie nationale. Gauthier-Villars fait alors valoir qu'il édite l'*Annuaire* à bas prix[24], la plupart des coûts étant engendrés par la *Connaissance des temps*, et qu'il a dû s'équiper d'un « outillage spécial[25] » pour lequel il demandera une indemnité si le traité qui le lie au Bureau est dénoncé. Finalement, à la satisfaction du Bureau, le ministre accepte une dérogation et un nouveau traité d'une durée de dix ans, signé le 3 février 1892, encadre les relations avec Gauthier-Villars. Travailler avec un seul éditeur pour les trois journaux facilite considérablement le micro-espace de circulation. De plus, le transfert d'une table d'une publication à l'autre est simplifié lorsqu'il est proposé par le « rédacteur en chef » informel Maurice Lœwy comme c'est le cas le 22 novembre 1893 pour la liste des astéroïdes passant de la *Connaissance des temps* à l'*Annuaire*. Et puis, le micro-espace de circulation est aussi une petite communauté de savants qui, pour la plupart, publient leurs travaux personnels chez Gauthier-Villars, éditeur des *Comptes rendus de l'Académie des sciences* et de nombreuses autres revues scientifiques dont bon nombre de journaux mathématiques (*Journal de mathématiques pures et appliquées*, *Bulletin des sciences mathématiques*, *Nouvelles annales de mathématiques*, etc.). Les membres du Bureau ne se privent pas de décrire leurs contributions aux autres périodiques scientifiques lors des séances comme en attestent les procès-verbaux.

Enfin, l'étude du micro-espace ne serait pas complète si nous n'évoquions pas la tutelle, le ministre de l'Instruction publique mais aussi ceux de la Marine et de la Guerre, qui fournissent les subsides, dictent parfois les règles, et auquel le Bureau rend des comptes par le biais de ses trois journaux[26]. Ce que nous disons ici s'appuie sur la partie émergée de l'iceberg (contenu des journaux et procès-verbaux), la partie immergée étant constituée par l'énorme correspondance entre le Bureau et les ministères retrouvée dans une cave de l'Institut à l'été 2017 et dont nous débutons à peine le dépouillement (Le Lay 2018b, 74–78), (Schiavon 2018, 16–19). La *Connaissance des temps* étant allégée

---

24. En réalité, seules quelques pages sont gratuites, les pages supplémentaires étant lourdement facturées. Ainsi, à titre d'exemple, le 6 mars 1878, le Bureau accepte de verser 700 francs à Gauthier-Villars pour toute feuille supplémentaire : « Bureau des Longitudes – Séance du mercredi 6 mars 1878 », 1878-03-06, *Les Procès-verbaux du Bureau des longitudes*, consulté le 19 juin 2019, http://purl.oclc.org/net/bdl/items/show/3366.
25. « Bureau des Longitudes – Séance du 18 sept. 1889 », *Les Procès-verbaux du Bureau des longitudes*, consulté le 17 janvier 2019, http://purl.oclc.org/net/bdl/files/show/9042.
26. Un vote du Parlement du 31 mars 1888 prive le Bureau du membre appartenant au département de la Guerre, ainsi que de la subvention associée. Très préjudiciable à l'essor de la géodésie, cette mesure est contestée par le Bureau. Mais ses protestations restent lettre morte jusqu'en 1890, date à laquelle trois « membres en service extraordinaire » sont rattachés au Bureau, représentant le Service hydrographique de la Marine, le Service géographique de l'Armée et le Service du Nivellement du ministère des Travaux publics.

de ses *Additions* par le transfert d'une partie vers les *Annales*, c'est dans l'*Annuaire* et dans les *Annales* que nous voyons fleurir les rapports destinés à prouver au gouvernement et à ses administrés le bienfondé de la mission du Bureau si contesté pendant les décennies Le Verrier[27]. Les rapports s'organisent autour de deux directions principales : d'une part les expéditions scientifiques, d'autre part les conférences internationales. La *Notice* de Jules Janssen pour l'*Annuaire* de 1884 intitulée « Mission en Océanie pour l'observation de l'éclipse totale du Soleil du 6 mai 1883, avec les rapports de MM. Tacchini, Palisa et Trouvelot » ou le « Rapport sur ses opérations à Chorrillos (Pérou) et à Panama pour servir à la détermination des longitudes Valparaiso-Chorrillos et Valparaiso-Panama » du lieutenant de vaisseau Léon Barnaud (1845-1909) dans les *Annales* de 1883 sont à ranger dans la première catégorie tandis que la « Notice sur le Congrès astronomique international réuni à l'Observatoire de Paris, en avril 1887, pour l'exécution de la Carte photographique du Ciel » que signe Ernest Mouchez dans l'*Annuaire* pour 1888, la « Notice sur le Congrès géodésique de Fribourg » signé par Tisserand en 1891 ou le « Projet d'organisation d'un service international de l'heure » de Charles Lallemand[28] (1857-1938) dans les *Annales* de 1913 relèvent de la seconde.

3 Une circulation nationale et internationale

Comme pour tous les journaux du XIXe siècle, l'accès au nombre d'exemplaires vendus est difficile, d'autant qu'il fluctue au cours de la période. Le traité de 1892 entre Gauthier-Villars et le Bureau mentionne uniquement les exemplaires servis au Bureau à titre gratuit et ne précise pas le nombre de ceux qui sont mis en vente. Le procès-verbal du 4 octobre 1916 fait état du tirage de 3 500 exemplaires de la *Connaissance des temps* (sans commune mesure avec les 20 000 exemplaires du *Nautical Almanac*) et de 6 000 exemplaires de l'*Annuaire*. Le premier volume des *Annales* (1877) est tiré à 300 exemplaires, nombre porté à 400 pour le second volume de 1882. La détermination du nombre d'exemplaires imprimés dépend plus de la somme allouée à l'imprimeur Gauthier-Villars que des nécessités des usagers puisque le procès-verbal du 29 mars 1882 évoque une rupture de stock de la *Connaissance des temps*, les marins en étant réduits à acheter le concurrent *Nautical Almanac*.

La question du public de destination est constamment débattue dans les procès-verbaux, notamment pour la *Connaissance des temps* tiraillée entre les services dus aux marins et aux astronomes. Dans les années 1880, la *Connaissance des temps* compte près de mille pages dont bon nombre ne présentent pas d'intérêt pour les navigateurs (liste des petites planètes, compte

---

27. L'une des attaques les plus retentissantes est la question « À quoi sert le Bureau des longitudes ? » posée par la *Revue scientifique de la France et de l'étranger*, le 23 novembre 1872. À ce sujet, voir (Boistel 2010, 55–57).

28. Ingénieur des mines en charge du Nivellement général de la France, Charles Lallemand est nommé membre en service extraordinaire du Bureau en 1894 avant de devenir membre géographe en 1917.

rendu de congrès de géodésie, etc.). Avec l'arrivée de l'amiral Mouchez à la tête de l'Observatoire de Paris en juin 1878 et l'ouverture de l'observatoire de Montsouris (dont la dénomination complète devient « observatoire de la marine et du Bureau des longitudes »), la voix des marins devient plus audible. Après des années de combat, ils obtiennent en 1887 la création d'un « Extrait de la *Connaissance des temps* », d'une centaine de pages, qui prendra par la suite (en 1918) le titre d'*Éphémérides nautiques*. L'article V du traité de 1892 avec Gauthier-Villars stipule que celui-ci imprime l'*Extrait* gratuitement. Dès parution, l'*Extrait* bénéficie d'une publicité inattendue : une entreprise concurrente publiée à Saint-Brieuc se révèle fautive sur plusieurs tables (confusion entre soleil vrai et soleil moyen) (Boistel 2018, 81–98). Le Bureau des longitudes peut faire circuler dans les ports la mise en garde contre les erreurs de l'édition pirate et le caractère rigoureux de sa propre éphéméride nautique.

À l'origine, l'*Annuaire* est destiné à toutes les administrations nationales et locales. En y adjoignant ses célèbres Notices dont il a déjà été question, François Arago en élargit considérablement le lectorat aux amateurs de sciences. Pendant la période qui nous occupe, ceux-ci bénéficient d'une abondante littérature de vulgarisation au profit de laquelle ils délaissent sans doute l'*Annuaire*, mais « plus de 2 000 amateurs d'astronomie » lui demeurent fidèles (si l'on en croit Lœwy dans le procès-verbal du 11 décembre 1895[29]). Et l'*Annuaire* subsiste aussi dans des « niches » inattendues. Ainsi le 23 avril 1879, Hervé Faye informe ses collègues « que pendant ses inspections universitaires, il a souvent rencontré l'*Annuaire* dans les laboratoires, entre les mains des expérimentateurs[30] ». Il est vrai qu'on peut y trouver de plus en plus de constantes physiques.

Les contributions théoriques – *Additions* de la *Connaissance des temps*, notices de l'*Annuaire*, Mémoires des *Annales* – circulent souvent sous des versions différentes dans plusieurs autres publications savantes (*Comptes rendus de l'Académie des sciences* ou *Journal* de Liouville[31], par exemple), d'autant plus facilement qu'elles partagent souvent le même éditeur Gauthier-Villars. Ainsi, Victor Puiseux[32] (1820-1883) fait une communication à l'Académie le 7 mars 1881 « Sur les observations de contact faites pendant le passage de Vénus du 8 décembre 1874 » publiée dans le tome 92 des *Comptes rendus de l'Académie des sciences* (1881, p. 481–488). Il ne manque pas d'y faire référence à son

---

29. Ministère de l'Instruction publique et des Beaux-arts – Service de l'Instruction publique – « Bureau des Longitudes – Séance du 11 décembre 1895 », 1895-12-11, *Les Procès-verbaux du Bureau des longitudes*, consulté le 15 novembre 2018, http://purl.oclc.org/net/bdl/items/show/4756.

30. « Séance du 23 avril 1879 », 1879-04-23, *Les Procès-verbaux du Bureau des longitudes*, consulté le 15 novembre 2018, http://purl.oclc.org/net/bdl/items/show/3429.

31. Colette Le Lay a donné plusieurs exemples dans (Le Lay 2018a, 37–59) : http://www.cfv.univ-nantes.fr/cahiers-francois-viete-serie-iii-n-4-2198660.kjsp?RH=1429711167616.

32. Élève de l'École normale supérieure, Victor Puiseux consacre l'essentiel de sa carrière à l'enseignement, après un rapide passage à l'Observatoire de Paris. Il entre au Bureau en 1868.

Addition à la *Connaissance des temps* pour 1878 intitulée « Recueil de nombres pouvant servir à la discussion du passage de Vénus en 1874 », de nombreuses données numériques circulant de l'une des publications à l'autre. Tandis qu'il livre à Gauthier-Villars son monumental *Traité de mécanique céleste* (quatre volumes parus entre 1889 et 1896), Félix Tisserand publie dans l'*Annuaire* des *Notices* synthétiques destinées à un public moins averti : « Sur la mesure des masses en astronomie » (1889, p. 671–723) ou « Sur la Lune et son accélération séculaire » (1892, p. B1–B32). Pour prendre enfin un exemple tiré des *Annales*, Antoine Yvon-Villarceau développe dans le volume de 1882 les méthodes de mécanique céleste du mathématicien d'origine polonaise Joseph Hoëné-Wroński (1776-1853) qui ont déjà fait l'objet d'une Note dans le volume XCII des *Comptes rendus de l'Académie des sciences*[33].

Les procès-verbaux conservent la trace d'une sorte de « courrier des lecteurs », ceux-ci n'hésitant pas à s'adresser au Bureau pour proposer des corrections, de nouvelles données – souvent des coordonnées géographiques –, informer de nouvelles observations, ou poser des questions plus ou moins pertinentes. Les lecteurs qui écrivent au Bureau se recrutent dans tous les milieux, du « ministre du Brésil » intervenant pour la rectification du tableau des monnaies de son pays (procès-verbal du 11 avril 1877) au maire de Briançon s'émouvant d'une erreur sur la longitude de sa ville (procès-verbal du 29 avril 1891) en passant par le président de l'Institut des actuaires français qui envoie des tables destinées à remplacer les tables de mortalité de l'*Annuaire* (procès-verbal du 25 novembre 1891). Quelques figures connues émergent dans cette galerie d'anonymes. Ainsi, dans le procès-verbal du 28 décembre 1892, nous voyons surgir celle du mathématicien Camille Jordan (1838-1922) qui s'est ému, auprès de son collègue académicien Félix Tisserand, de la disparition de l'*Annuaire* de certaines données géographiques et statistiques. Pendant l'ère Arago, les lecteurs de l'*Annuaire* étaient conviés à suggérer des thématiques pour les *Notices*, à la condition de les soumettre « trois ou quatre mois, au moins, avant la fin de l'année » (*Annuaire* pour 1834, p. 171). Si cette opportunité ne leur est plus offerte, leurs préconisations en matière de contenu des tables sont étudiées et parfois retenues. Dans le cas de « l'inspecteur d'académie en retraite » Haillecourt qui a soumis au Bureau de multiples données pour l'*Annuaire*, Hippolyte Fizeau (1819-1896) suggère même une indemnisation (19 juillet 1893).

L'un des canaux nationaux pour mettre en avant les publications du Bureau est l'Exposition universelle. Trois éditions se déroulent pendant notre période. Celles de 1878 et 1900 ne suscitent pas l'intérêt des membres du Bureau si ce n'est à titre de visiteurs ou d'experts. En revanche, lors de celle de 1889, les

---

33. « Note sur les méthodes de Wronski », *Annales du Bureau des longitudes*, Paris, Gauthier-Villars, p. B.1–B.8. « Note sur les méthodes de Wronski », *Comptes rendus de l'Académie des sciences*, XCII, 1881, 815–820.

publications et instruments du Bureau sont dévoilés aux millions de visiteurs, sur le stand du ministère de l'Instruction publique[34].

Dans le dernier quart du XIXᵉ siècle, une liste des institutions et observatoires internationaux destinataires des journaux du Bureau est enfin dressée. Elle encadre une tradition d'échanges internationaux d'éphémérides et de recueils d'observations initiée dès 1795. Une conséquence surprenante de cette circulation se manifeste dans le procès-verbal du 26 janvier 1887 : c'est Le Caire (Égypte) qui permet au Bureau de reconstituer une collection complète de la *Connaissance des temps* en lui fournissant les années manquant du fait des tribulations de l'histoire (disparition de l'Académie en 1793, séparation du Bureau et de l'Observatoire en 1854, entre autres). Au fil des années, la liste des publications reçues en échange, qui figure en début de procès-verbal, devient si longue que le Bureau décide en 1892 de la faire figurer dans un registre spécial. C'est le Service des échanges internationaux du ministère de l'Instruction publique qui prend en charge les envois et les réceptions. D'où un abondant courrier entre le Service et le Bureau, conservé dans les archives que nous avons inventoriées. Posséder les archives de l'éditeur scientifique de trois journaux est une richesse singulière dont il convient de poursuivre l'exploitation. Nous avons également trouvé des étiquettes d'expédition[35].

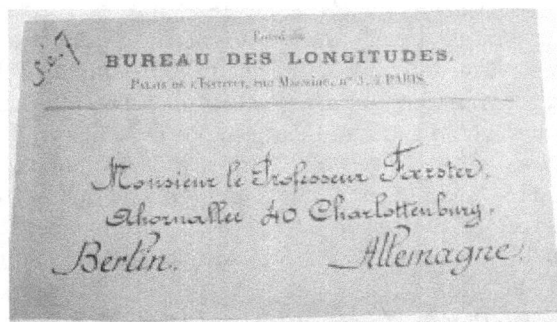

Naturellement, certains des échanges nationaux et internationaux sont purement formels et ne garantissent pas que les journaux du Bureau soient lus. Toutefois, de nombreux correspondants étrangers les réclament lorsqu'ils n'en bénéficient pas ou formulent des regrets quand ils les reçoivent avec retard. Ces traces que nous trouvons fréquemment dans les procès-verbaux laissent à penser que la circulation est réelle, avec une quadruple conséquence : reconnaissance

---

34. Ce n'est sans doute pas un hasard car, la même année, a lieu à Paris la conférence générale de l'Association géodésique internationale (*Annuaire* de 1890, *Conférence générale de l'Association géodésique tenue à Paris en octobre* 1889, p. 698–721).

35. Le destinataire indiqué sur celle-ci est Wilhelm Foerster [ou Förster] (1832-1921), directeur de l'observatoire de Berlin.

dans des communautés variées par le biais de recensions élogieuses[36], emprunts, imitation ou concurrence.

Côté reconnaissance, mentionnons la chronique annuelle d'Edward W. Brown rendant compte de l'*Annuaire* qui vient de paraître dans le *Bulletin of the American Mathematical Society*[37]. Lorsque débute cette série de recensions, en 1897, le président de l'American Mathematical Society est Simon Newcomb (1835-1909), très lié avec le Bureau des longitudes depuis son premier voyage à l'Observatoire de Paris en 1871. Il est membre correspondant du Bureau depuis 1889. La presse française n'est pas en reste, la revue d'Émile Littré *La Philosophie positive* louant dans sa livraison de 1870-71 les efforts des membres du Bureau pour mettre leur science à la portée du grand public dans les *Notices* de l'*Annuaire*[38]. Dès sa création en 1890, la *Revue générale des sciences pures et appliquées* (qui contrairement à nombre de ses homologues n'est pas éditée par Gauthier-Villars) publie une recension de l'*Extrait de la Connaissance des temps* qui vient de voir le jour.

Lorsqu'Adolphe Quetelet[39] (1796-1874) crée l'*Annuaire de l'Observatoire de Bruxelles* en 1834, il précise dans l'avertissement : « Dans la rédaction de cet *Annuaire*, on a pris pour modèle l'*Annuaire du bureau des longitudes de France* ; on n'a point eu la prétention de chercher à modifier un plan dont l'expérience a démontré tous les avantages ». Cet astronome qui a fait ses classes à l'Observatoire de Paris en 1823 auprès d'Arago, Laplace et Poisson, a été impressionné par l'importance accordée aux statistiques. Il leur attribue la même place de choix dans son propre *Annuaire*. Il nous semble que l'influence de l'*Annuaire* du Bureau sur l'intérêt ultérieur de Quetelet pour les statistiques a été insuffisamment étudiée par l'historiographie. Devenu *Annuaire de l'Observatoire royal de Belgique*, le périodique créé par Quetelet existe encore mais se réduit désormais à une éphéméride astronomique. Sur le même modèle est aussi créé le *Jahrbuch der Königlichen Sternwarte bei München* [Annuaire de l'observatoire de Munich] par Johann von Lamont (1805-1879) en 1838.

Les exemples prestigieux d'Adolphe Quetelet et Simon Newcomb prouvent que la tradition française d'accueil des astronomes étrangers, dans un but de formation initiale ou continue, contribue à la circulation et à la valorisation des publications du Bureau. Les périodes dramatiques de l'histoire conduisent des exilés à demander la naturalisation. Tel est le cas de Maurice Lœwy dont nous avons déjà souligné le caractère central pour nos journaux. Né dans

---

36. Merci à Deborah Kent de nous avoir transmis une lettre de Thomas Jefferson (1743-1826), datée du 15 novembre 1811, dans laquelle il cite la *Connaissance des temps* en exemple à son correspondant qui se propose de publier une éphéméride : https://founders.archives.gov/documents/Jefferson/03-04-02-0219.

37. Merci à Samson Duran qui nous a communiqué ces recensions pour les années 1897 à 1923.

38. Merci à Jules-Henri Greber qui nous a procuré le numéro correspondant.

39. Sur Quetelet, voir (Aubin 2014, 204–223).

l'empire austro-hongrois, il fuit les persécutions antisémites, trouve refuge à l'Observatoire de Paris et obtient la nationalité française en 1863. Tel est aussi le destin du calculateur principal Léopold Schulhof (1847-1921), né en Hongrie, protégé de Lœwy, qui devient français en 1884. Ce « réseau » austro-hongrois explique la contribution dans les *Annales* de 1877 de Theodor Ritter von Oppolzer (1841-1886), qui possède un observatoire à Vienne où il a rencontré Lœwy et Schulhof. Antoine d'Abbadie[40] (1810-1897) revient en France vers 1859 avec l'astronome allemand Rodolphe Radau (1835-1911) qui officiait à l'observatoire de Königsberg. Celui-ci se fait rapidement une place dans le monde de la diffusion scientifique, collaborant aux *Mondes* de l'abbé Moigno puis entrant dans la rédaction du *Bulletin des sciences mathématiques* et de la *Revue des deux mondes* où il rend compte des travaux de ses collègues du Bureau (dont il devient membre en 1899). La direction des calculs des tables de la Lune de Delaunay lui échoit, tâche titanesque dont il s'acquitte jusqu'à sa mort. Des signatures d'astronomes ou d'officiers de marine étrangers, rencontrés lors de campagnes internationales d'observations ou venus se former à Montsouris, parsèment les exemplaires des *Annales*. Une annexe au procès-verbal du 17 avril 1889 fait état de la proportion d'un cinquième de nationalités étrangères parmi les 130 officiers et voyageurs ayant été accueillis à Montsouris[41].

Parmi les multiples almanachs qui paraissent à la fin de chaque année[42], nous nous arrêterons sur les deux les plus emblématiques, le célèbre *Almanach Vermot* et l'*Almanach Hachette* édité à compter de 1894, parce que les procès-verbaux y font référence. L'*Almanach Vermot* a été créé en 1886. Le 10 janvier 1894, le Bureau reçoit « une lettre de M. Vermot éditeur, qui désire connaître les heures des levers et des couchers du Soleil et de la Lune à Cuba et à Porto Rico pendant l'année 1895. On décide qu'il y a lieu de satisfaire à sa demande à la condition qu'il supporte les frais de copie et qu'il mentionne dans l'*Almanach* qu'il publiera la provenance de ses renseignements[43] ». Le 15 novembre 1893, Hervé Faye « dit que la maison Hachette publie au prix de 1^f,50, un *Annuaire* de 1894 dans lequel il doit y avoir quantité de résultats intéressant le public ; le Bureau pourra peut-être voir s'il n'y aurait rien [pas quelques indications] à prendre pour notre *Annuaire*[44] ». Le titre exact en est

---

40. Grand voyageur, d'Abbadie se fait bâtir à Hendaye un château néo-gothique par Viollet-Le-Duc. Il y établit un observatoire décimal. Il entre au Bureau en 1878 à titre de géographe.
41. Sur l'accueil des étrangers à Montsouris, (Boistel 2010, 112 *sq.*).
42. La plupart sont très modestes comme celui du « Syndicat agricole de Seine-et-Marne » qui sollicite l'usage du calendrier de l'*Annuaire* le 18 septembre 1889. D'autres viennent de contrées lointaines comme l'almanach en langue mahratte (province d'Inde) envoyé par le Sidar Shastree en septembre 1879.
43. « Bureau des Longitudes – Séance du 10 janvier 1894 », *Les Procès-verbaux du Bureau des longitudes*, consulté le 20 janvier 2019, http://purl.oclc.org/net/bdl/files/show/10082. Une facture de 40 francs sera établie deux semaines plus tard.
44. « Bureau des Longitudes – Séance du 15 novembre 1893 », *Les Procès-verbaux du Bureau des longitudes*, consulté le 20 janvier 2019, http://purl.oclc.org/net/bdl/files/show/10050.

Almanach Hachette/ Petite encyclopédie populaire de la vie pratique. Le 13 juin 1894 il est fait droit à la demande de « Mlle Klumpke » qui souhaite obtenir pour l'*Almanach Hachette* les tables des levers et couchers des planètes. À cette époque, la Nord-Américaine Dorothea Klumpke (1861-1942), première femme docteur ès sciences mathématiques en France, dirige le bureau de la Carte du Ciel à l'Observatoire de Paris et y côtoie plusieurs membres du Bureau des longitudes. Le 24 décembre 1895, Jules Janssen s'émeut de la baisse des ventes de l'*Annuaire* concurrencé par les almanachs qui empruntent une partie de leur information à la *Connaissance des temps*. Le nœud du problème est la date de parution : l'*Annuaire* peine à paraître en décembre tandis que les almanachs envahissent le marché à compter d'octobre. Le vocable français « almanach » recouvre une réalité très différente de l'anglo-saxon « almanac ». Tandis que le premier s'applique à une publication annuelle populaire, le second peut recouvrir un contenu très savant, tel celui du *Nautical Almanac*, fondé par l'astronome royal Nevil Maskelyne au milieu du XVIIIe siècle. Le *Nautical Almanac* a naturellement pris pour modèle son illustre devancier la *Connaissance des temps*[45]. Toutefois, le premier, exclusivement réservé aux marins, n'a pas la double destination de la seconde qui s'adresse aussi aux astronomes. Et, pourvu d'un nombre de calculateurs bien plus important, le *Nautical Almanac* parvient très vite à paraître avec 3 ans d'avance, avantage considérable pour les voyages au long cours. Une course contre la montre s'engage à Paris et le Bureau des longitudes peut se targuer en 1890 de paraître enfin deux ans à l'avance en moyenne. À l'imitation des débuts se substitue rapidement une concurrence chacune des nations critiquant sa propre éphéméride jugée moins parfaite que l'autre. En France, c'est Urbain Le Verrier qui porte les attaques les plus vives contre la *Connaissance des temps*, œuvre du Bureau des longitudes honni contre lequel il mène une campagne permanente. Aussi, est-ce avec une grande fierté que, dans le procès-verbal du 30 juin 1880, Antoine d'Abbadie informe ses collègues qu'à Munich on a renoncé au *Nautical Almanac* pour adopter la *Connaissance des temps*. En 1890, c'est le prestigieux observatoire de Greenwich qui fait de même : la double destination astronomes/marins de la *Connaissance des temps* se révèle ici un atout, les astronomes anglais ne trouvant pas les tables qui leur sont nécessaires dans le *Nautical Almanac*. Un terme est mis à cette concurrence en deux temps. Le premier est la « Conférence des étoiles fondamentales » organisée par le Bureau en 1896 à la demande de Simon Newcomb[46]. Cette conférence marque le début d'une coopération internationale entre les quatre principales éphémérides. Celle-ci est renforcée par le « Congrès international des éphémérides astronomiques » de Paris, en 1911, à l'initiative de Sir David Gill (directeur de l'observatoire du Cap), pris en charge par le Bureau des

---

45. Sur l'influence des travaux de l'abbé Nicolas-Louis de Lacaille sur ceux de Maskelyne, voir (Boistel 2016, 47–64).

46. *Annales du Bureau des longitudes*, T. V, 1897, Paris, Gauthier-Villars, D.1–D.55.

longitudes[47]. Débute ainsi une première répartition des tâches de calcul entre les éphémérides de six nations (Allemagne, Espagne, États-Unis, France, Grande-Bretagne et Italie).

En conclusion, voilà un exemple rare de trois « journaux non spécialisés » portés par une même institution, offrant un modèle de circulation interne et externe des mathématiques, tant nationale qu'internationale. Critiqués, menacés de disparition, soumis à une rude concurrence, mais aussi admirés, imités, ils parviennent à s'inscrire dans la durée, contre vents et marées. Chacune des publications a bénéficié d'une étude spécifique (voir références *infra*). Le projet CIRMATH nous a permis d'une part de les considérer conjointement dans l'agenda du Bureau des longitudes, d'autre part d'éclairer certains aspects de leur circulation nationale et internationale par le biais de recensions de journaux de la base CIRMATH. Le chantier ne s'achève pas avec le présent chapitre. Comme nous l'avons indiqué, nous disposons de mètres linéaires d'archives non dépouillées et en particulier de correspondances dont l'analyse ne manquera pas d'enrichir le présent propos.

---

47. *Annales du Bureau des longitudes*, T. IX, 1913, Paris, Gauthier-Villars, A.1–A.51.

Annexe

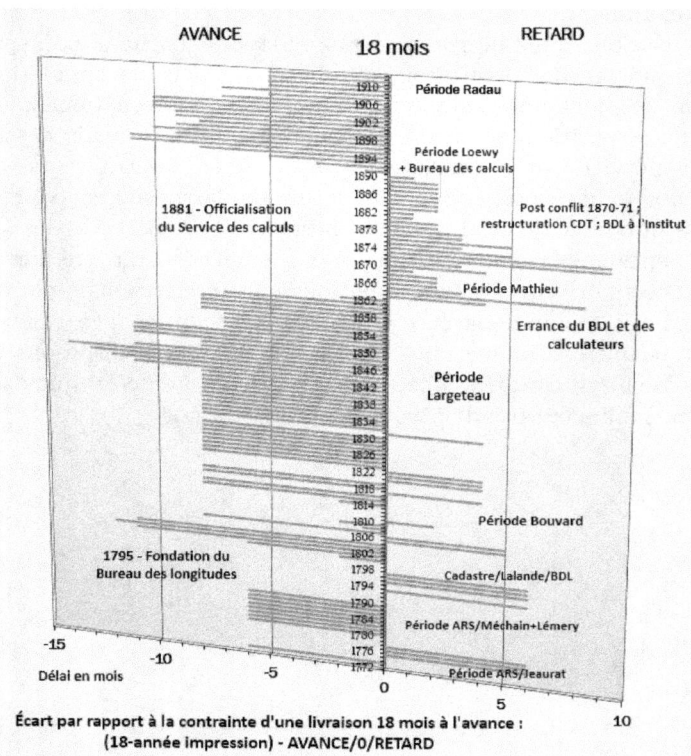

FIGURE 1 : Delais de livraison de la *Connaissance des temps* par rapport à la contrainte d'un délai de 18 mois à l'avance implicitement adoptée depuis la première direction de Jérôme Lalande (entre 1759 et 1772). Une périodisation de l'histoire de ce périodique se dessine assez nettement de ce graphique.
© Guy Boistel, 2020

Chapitre 4

I giornali dell'Università di Pisa e della Toscana dalla metà del XVIII secolo alla fine del XIX secolo

IOLANDA NAGLIATI

Nel panorama delle numerose iniziative editoriali che in molti stati italiani coinvolgono la diffusione della matematica dal XVIII secolo, le esperienze legate a Pisa costituiscono un caso di particolare interesse per l'originalità di alcune caratteristiche.[1]

Pisa è sede di una antica e famosa Università[2] in cui nella seconda metà dell'Ottocento si sviluppò una tra le più importanti scuole matematiche europee e numerosi suoi docenti ebbero rilievo internazionale in vari campi. Dopo la sua fondazione nel 1343 rimase a lungo l'unico Studio Generale del Granducato di Toscana e ne fu quindi uno dei principali centri culturali.

Una delle più importanti iniziative intraprese fu la pubblicazione di vari periodici,[3] prevalentemente intitolati *Giornale dei letterati*, che si susseguirono

---

1. Ricerca supportata da CIRMATH e GNSAGA-INdAM.

2. Sull'Università di Pisa si veda (Commissione rettorale per la storia dell'Università di Pisa 1993-2001) per il periodo 1737-1860 (con un repertorio di notizie biografiche dei docenti universitari, molti dei quali verranno citati in seguito) e (Bottazzini 2010) per gli anni 1860-1960. La scelta di Pisa come sede principale degli studi, lontana dalla capitale per opportunità politica, si può accostare ad esempio alle vicende di Padova e Pavia. Sulla storia della Toscana nel periodo considerato si possono consultare (Coppini 1993), (Greco 2020).

3. Lo schema cronologico dei periodici qui esaminati è nella tavola annessa, a cui ci si riferisce nel seguito. Il *Giornale* pubblicato a Pisa, studiato in (Casini 2002), (Capecchi 2008), (Pozzebon 2016) non è stato oggetto di studi particolari per quanto riguarda la matematica e più in generale le scienze, come è avvenuto per altri periodici simili con sede a Venezia (Roero 2012), Modena (Cattelani & Perrini 1989-1990), Torino (Delpiano 1998). Un quadro generale si ha in (Capra *et al.* 1986).

Ph. Nabonnand, J. Peiffer, H. Gispert (eds.), *Circulation des mathématiques dans et par les journaux: histoire, territoires, publics*, 147–167.
© 2025, the author.

dalla metà del XVIII secolo, in parte di diretta emanazione del corpo docente, e che accompagnarono come vedremo la progressiva trasformazione dell'ateneo dall'organizzazione medievale alle forme moderne.

Specie nel primo periodo si trattò di uno dei giornali più letti e influenti in Italia; nei decenni successivi ebbe ramificazioni (talvolta di breve durata) che coinvolsero a tratti l'intera Toscana.

Si cercherà di analizzare come all'interno di questi periodici si sviluppi un processo di circolazione matematica (problemi, metodi, risultati) che partecipa allo sviluppo delle scienze matematiche (Nabonnand *et al.* 2015).

Lo stretto legame tra Università e la stampa di periodici locali costituisce un caso sostanzialmente unico in Italia, malgrado la presenza di altri atenei di pari o più antica tradizione, e si differenzia dai numerosi periodici scientifici nati in varie sedi a partire dal XVII secolo che erano in genere legati ad imprese editoriali private o ad accademie, talvolta con l'intento di creare una "Repubblica dei letterati" (Roero 2012) anche in ambito matematico. L'impiego prevalente della lingua italiana rispetto al latino, che era la lingua dell'istruzione superiore, oltre a favorire la lettura e la diffusione di queste riviste in Italia, testimonia la scelta di contribuire sin dall'inizio ad affiancare il processo di formazione dell'unità italiana.

Questa stretta relazione con l'Università ebbe varie conseguenze. Consentì senz'altro di limitare il controllo ecclesiastico anche per quanto riguardava la censura,[4] che nel Settecento aveva ancora un ruolo molto rilevante sulle produzioni a stampa anche al di fuori dello Stato della Chiesa attraverso i tribunali locali dell'Inquisizione.[5] Al mondo ecclesiastico appartiene comunque una quota preponderante del corpo docente nel XVIII secolo, mentre matematici professionisti "laici", non appartenenti ad ordini religiosi entrano gradualmente nei ruoli a partire dalla fine del secolo.

Inoltre tale relazione ebbe non solo l'effetto di rendere questi periodici attenti alle più recenti scoperte scientifiche, ottenute nei principali centri di ricerca europei, ma anche di rendere discontinuo il livello scientifico dei contenuti originali dei giornali, che dipendeva da chi insegnava in quel momento: coesistono spesso nello stesso volume del giornale, e non sottoposte ad alcun filtro, lunghe ed entusiastiche recensioni di opere dei docenti dell'Università, prive di effettiva originalità o importanza, o di autori locali sostanzialmente sconosciuti ma legati ai docenti pisani, e resoconti di risultati fondamentali nei campi di ricerca più innovativi. Non ne viene comunque compromessa l'importanza fondamentale nell'aggiornamento dei docenti e nella divulgazione scientifica nell'ambiente culturale pisano e più in generale toscano ed italiano.

---

4. L'Università aveva un proprio tribunale accademico, con giurisdizione sugli studenti e sul personale. Le autorità politiche e religiose avevano quindi forti limitazioni nella propria possibilità di intervento e di conseguenza anche sulla censura preventiva delle opere a stampa. Nel marzo 1743 la legge sulla stampa promulgata nel Granducato aveva stabilito in generale la prevalenza della censura laica rispetto a quella ecclesiastica.

5. I tribunali locali dell'Inquisizione vennero aboliti nel Granducato di Toscana nel 1782.

La periodizzazione scelta per l'analisi, secondo le forme assunte successivamente da queste pubblicazioni, segue in modo naturale lo sviluppo delle vicende politiche del Granducato, e i riflessi di queste sulla struttura dell'Università di Pisa e più in generale delle istituzioni scientifiche toscane.

1 La nascita del *Giornale de' letterati* (1771-1796) e l'organizzazione degli studi superiori nel Settecento

Per tutto il XVIII secolo l'articolazione degli studi universitari a Pisa prevedeva tre Collegi secondo il modello medievale, rimasto sostanzialmente immutato nell'assetto degli Statuti medicei del 1544: *Teologia, Giurisprudenza, Arti e medicina*. All'interno di quest'ultimo erano impartiti gli insegnamenti scientifici, che all'inizio del secolo avevano visto la fortunata presenza di Guido Grandi (1671-1742), prima matematico di corte del Granduca poi professore nell'unico insegnamento di matematica e che fu tra i primi a introdurre il calcolo differenziale in Italia.

Nel secondo Settecento la matematica era insegnata in due corsi: *Aritmetica ed algebra* (includendo anche l'ottica), tenuto per qualche anno da Paolo Frisi (1728-1784), poi da Jacopo Andrea Tommasini (1711-1790) e Pietro Paoli (1759-1839); *Geometria e meccanica*, con Ottaviano Cametti (1711-1789). I contenuti proposti riguardavano principalmente l'algebra, la trigonometria e il calcolo differenziale e integrale. Vi erano poi corsi di *Astronomia*, affidato fino al 1780 a Tommaso Perelli (1704-1783), di cui fu aiuto Giuseppe Antonio Slop (1740-1808), *Fisica teorica*, il cui docente era Bartolomeo Bianucci (1718-1791), tra i primi ad esporre le teorie newtoniane, e infine *Fisica sperimentale*, tenuto da Carlo Alfonso Guadagni (1722-1801). Un insegnamento pubblico di matematica era previsto anche a Firenze presso l'Istituto de' Nobili, tenuto da Pietro Ferroni (1745-1825) che aveva la qualifica di professore dell'ateneo pisano; a Firenze avevano luogo anche alcuni cicli di lezioni e conferenze a carattere più divulgativo.

Con il susseguirsi di vari tentativi di riforma dell'università, paralleli alle riforme sociali e politiche dell'epoca leopoldina, aumentò gradualmente anche il numero degli insegnamenti di matematica.[6]

La pubblicazione delle ricerche originali avveniva in questo periodo principalmente attraverso monografie stampate localmente e interventi nelle sessioni delle Accademie,[7] ma l'esigenza di nuove forme di comunicazione era molto sentita, allo scopo di far conoscere queste produzioni su più vasta scala.

Nel 1770 Perelli formulò la proposta di pubblicare un nuovo periodico che contenesse le ricerche dei professori, sul modello degli *Acta eruditorum*

---

6. L'idraulica, questione di grande rilevanza in Toscana per i problemi causati dalle esondazioni dei fiumi e dalla gestione delle zone paludose, compare inizialmente solo in modo trasversale o non ufficiale nei vari insegnamenti, come ad esempio nella *Meccanica* di Cametti; un corso dedicato arriverà solo con le riforme ottocentesche.

7. Numerose le Accademie presenti in Toscana: il Cimento, la Colombaria e i Georgofili a Firenze, i Fisiocritici a Siena le principali.

o dei rendiconti delle Accademie delle Scienze delle principali città europee. Il nuovo Provveditore dell'Università, Monsignor Angelo Fabroni (1732-1803), ritenne invece che pochi professori sarebbero stati all'altezza di pubblicare le proprie ricerche e quei pochi avrebbero preferito continuare a valorizzarle in una monografia piuttosto che in una rivista; nacque quindi nel 1771 il *Giornale de' letterati*[8] (B) come "organo del collegio dei professori di Pisa" con periodicità trimestrale sotto la direzione dello stesso Fabroni,[9] forma meno impegnativa in quanto aperta anche all'esposizione di notizie, teorie e risultati di diversa provenienza.

Il titolo scelto è analogo a quello di molte altre pubblicazioni dell'epoca,[10] ispirato dal *Journal des sçavans*, il primo periodico scientifico pubblicato in Europa dal 1665, e ambisce a collocarsi nel solco dello *Spectator*, quotidiano inglese pubblicato dal marzo 1711 al dicembre 1712. Il destinatario di questo genere di pubblicazione è indicato chiaramente dal titolo ed è il letterato, erudito in senso generico, sul modello del primo Settecento e manifesta quindi un certo ritardo rispetto al contemporaneo affermarsi dei giornali d'opinione. Tuttavia, durante la lunga vita della rivista l'erudito del primo Settecento sarà sostituito da un lettore con una competenza più settoriale. Secondo il modello scelto, dopo gli articoli e le recensioni è prevista una sezione di brevi "novelle letterarie", ossia notizie di carattere culturale e annunci bibliografici, ordinati per luoghi di edizione dall'Italia e dall'estero (circa una decina in ogni numero della rivista). Gli articoli sono spesso nella forma dell'estratto, assai comune all'epoca, formato da lunghe citazioni dal libro considerato e osservazioni talvolta polemiche o più neutre, che miravano a mettere il lettore in condizione di valutare un'opera e acquisire cognizioni in modo rapido e piacevole.

Gli ambiti prevalenti erano quelli che non coinvolgono direttamente la religione, come il diritto, la scienza, l'economia seguendo la "ragione illuminata". Molto raramente invece il *Giornale* esamina opere di poesia o di narrativa, prive del requisito della *doctrina* o della *scientia*.

Lo stesso Fabroni fu autore di molti articoli e di intere sezioni (tra le quali quelle di arti figurative, archeologia e antiquaria), gli altri erano generalmente opera di docenti dell'Università di Pisa, ma talvolta anche di collaboratori esterni. Seguendo poi uno degli interessi principali di Fabroni[11] sono frequenti

---

8. La pubblicazione di un *Giornale* a Firenze (A), iniziata nel 1742 poi dal 1757 stampato a Pisa può essere considerata una prima fase di questa serie in cui si riconoscono vari elementi di continuità, tra cui la figura di Bianucci, collaboratore di entrambe le serie. Su questo si vedano (Barsanti 1974) e (Nicoletti 1985).

9. Il Granduca aveva concesso a Fabroni il privilegio di stampare privatamente, presso la propria casa dal 1779, e questo garantì tempi rapidi alla pubblicazione e distribuzione della rivista.

10. Come osserva l'*Avviso al Lettore* del tomo 1 "Non si può negare che questo non sia il secolo dei giornali, delle novelle letterarie, de' dizionari e di simili opere, che lusingano di condurre alla cognizione di molte cose con poca fatica".

11. Fabroni fu autore delle *Vitae Italorum doctrina excellentium qui saeculis XVII et XVIII floruerunt*, in 20 volumi (18 apparsi a Pisa tra 1778 e 1799, gli ultimi due postumi a Lucca

gli elogi di studiosi defunti, genere molto comune nella cultura del tempo in quanto adatto anche ad esporre teorie e programmi; infine sono consuete anche le lettere su temi scientifici o letterari. Elogi e lettere sono da considerarsi come articoli originali.

Accanto alla dimensione della ricerca originale, il *Giornale* propone anche aspetti ricreativi, più accessibili al grande pubblico.[12]

Fin dal primo numero la presenza della matematica è legata al suo insegnamento universitario, con ampie recensioni (Tomo I, p. 21–29) degli *Elemens du calcul integral* di Thomas Le Seur (1703-1770) e François Jacquier (1711-1788), opera stampata a Parma nel 1768 e che illustra i progressi del calcolo "dopo le tracce lasciate dal Galilei", e della raccolta delle osservazioni astronomiche condotte nella Specola pisana (l'osservatorio astronomico dell'Università) dal 1765 al 1769.[13]

Alle recensioni delle opere dei docenti pisani si affiancano puntuali illustrazioni dell'attività di ricerca svolta in ambito matematico da molti studiosi italiani e stranieri. Lo spazio fornito alle loro monografie e ai periodici, in particolare ai resoconti delle *Mémoires de l'Académie des Sciences* di Parigi presenti dal terzo tomo della rivista, testimonia la prima delle due caratteristiche del *Giornale* che vanno sottolineate: l'attenzione alle produzioni straniere e il ruolo nella riscoperta di Galileo.

Per quanto riguarda la prima e in particolare il legame costante con la Francia, anche per le vicende geopolitiche della regione, è esplicitamente teorizzato fin dall'inizio, come scelta opposta a quella di altre riviste analoghe.

Questo legame si sviluppa anche attraverso una significativa presenza a Parigi di studenti e ricercatori di matematica toscani, che inizia con gli ultimi decenni del XVIII secolo e si protrae lungamente, e che consente costantemente una circolazione rapida in Toscana delle ricerche svolte in Francia, e una conoscenza negli ambienti francesi delle produzioni toscane.[14]

Uno snodo fondamentale in questa attenzione verso le ricerche svolte all'estero è il lungo viaggio in Europa di Fabroni nel 1773 che aveva come obiettivo primario i rapporti con la Royal Society di Londra e l'Académie

---

nel 1804-1805) e fu anche il primo storico dello studio pisano con la sua *Historia academiae pisanae* pubblicata tra il 1791 e il 1795. Si veda (Marchat 1980).

12. Nella recensione (Tomo 3 p. 276–281) alle *Nouvelles Récréations physiques et mathématiques*, Parigi, Cuffier, 1769, dell'eclettico studioso Edmé-Gilles Guyot (1706-1786) si propongono ad esempio giochi numerici con il calcolo combinatorio, astuzie per gli scacchi, tecnica di cifratura relativamente alla matematica.

13. *Ibid.*, p. 204–214. Vi si trova una breve storia della Specola e la descrizione degli strumenti posseduti, completata alla fine del volume da una tavola in rame del più importante, un telescopio gregoriano unito a una macchina parallattica.

14. Per esempio, Pietro Ferroni e il chimico Giovanni Fabbroni (1752-1822) furono componenti della Commissione per i pesi e le misure negli ultimi anni del Settecento; nei primi anni del secolo successivo il futuro ingegnere Alessandro Manetti (1787-1865) e l'esperto di bonifiche Gaetano Giorgini (1795-1874) studiarono all'École polytechnique; Vittorio Fossombroni fu Senatore dell'Impero, il noto matematico e bibliofilo Guglielmo Libri (1803-1869) trascorse in Francia molti anni anche come docente in prestigiose istituzioni.

des sciences[15] di Parigi e nel corso del quale conobbe i principali studiosi e politici dell'epoca;[16] con alcuni di questi mantenne in seguito un'interessante corrispondenza.

Il *Giornale*, pur essendo fortemente interessato alla dimensione locale, della sua prestigiosa università e della città, ottenne diffusione ampia tramite gli abbonamenti di privati (chiamati "associati"), biblioteche pubbliche e istituzioni scientifiche negli stati italiani e all'estero.[17] Un interessante esempio emerge dalla corrispondenza[18] con Johann III Bernoulli (1744-1807) che scrive a Fabroni il 10 agosto 1779 da Berlino, dove era direttore della sezione di matematica dell'Accademia delle Scienze, per chiedere di stabilire attraverso un annuncio sul *Giornale* una rete di librai in Toscana per la diffusione di libri e documenti, e conferma la regolare ricezione del periodico, e di altri scritti pisani.

Il secondo aspetto vede il *Giornale* assumere un ruolo di primo piano nel dibattito in corso nel secondo Settecento con la riscoperta della figura e dell'opera di Galileo dopo un lungo oblio: accanto alle contese erudite sulla priorità delle invenzioni, la questione aveva uno stretto legame con l'identità stessa dell'ateneo pisano ed è alla base della tradizione scientifica toscana, in rapporto con la tradizione newtoniana e la nuova scienza europea. A sostegno della rivendicazione dei meriti dello scienziato toscano intervengono direttamente i docenti pisani, come nella *Prefazione* (Tomo 2, p. 234–238) in cui Perelli dimostra che Galileo fu "il primo ad applicare il pendolo all'orologio" (cioè l'uso di un pendolo come oscillatore per realizzare un orologio meccanico), a suo parere fatto non sufficientemente riconosciuto all'estero.

Un altro momento significativo accolto dal *Giornale* è parte dell'accesa polemica tra Frisi e il padovano Giuseppe Toaldo (1719-1797) sulle influenze meteorologiche della Luna,[19] nella quale intervenne anche Fabroni.[20]

Il legame con la tradizione galileiana rafforzò le relazioni tra il gruppo di redattori del *Giornale* e varie accademie italiane che a quella tradizione si

---

15. Le produzioni francesi sono lette nell'ambiente toscano a brevissima distanza dalla pubblicazione, ne è esempio significativo la ricerca di Pietro Paoli che segue tempestivamente gli articoli di Gaspard Monge (1746-1818) sulle soluzioni caratteristiche delle equazioni differenziali del 1784.

16. Tra questi Benjamin Franklin (1706-1790), che gli propose di seguirlo nel suo ritorno in America.

17. Dagli elenchi delle librerie associate e dalle corrispondenze si hanno riferimenti a Firenze, Roma, Siena, Bari, Bologna, Genova, Modena, Napoli, Ferrara, Milano, Verona (lo studioso veronese Antonio Maria Lorgna (1735-1796) ne possiede una raccolta quasi completa) e all'estero a Parigi, Londra, Gottinga e Berlino.

18. Conservata alla Biblioteca Universitaria di Pisa.

19. Galileo aveva spiegato il fenomeno delle maree non tramite l'influenza gravitazionale della Luna, teoria esposta successivamente, bensì nell'ambito della teoria copernicana del moto degli astri.

20. Frisi, autore di studi su Galileo di grande importanza, ne aveva scritto in forma anonima nel 1764 sulla rivista milanese *Il Caffè* e vi tornò in risposta ad alcuni scritti di Toaldo nel 1780, con un articolo sul Giornale poi ristampato separatamente in cui ribadiva la propria posizione meccanicistica e con vari commenti ad interventi successivi.

richiamavano, in particolare a Bologna, e in misura minore a Modena, Parma, Padova, Napoli, Milano e Siena, e sarà una delle costanti nel susseguirsi dei periodici qui considerati.

La maggior parte dei contributi era anonima, e questo consentiva anche la pratica frequente delle autorecensioni; tuttavia, alcune indicazioni sull'identità degli autori si possono ricostruire da varie fonti. Un'opportunità al riguardo è fornita dalla corrispondenza scientifica di Vittorio Fossombroni[21] (1754-1844), che come studente tra il 1773 e il 1778 e aspirante a un incarico di insegnamento universitario, ebbe un ruolo di collaboratore in varie forme, sempre anonimo, su commissione di Fabroni. Fu incaricato di formalizzare l'adesione degli abbonati al *Giornale*, fu redattore di articoli, tra i quali ad esempio l'estratto delle opere pubblicate postume dell'astronomo tedesco Tobias Mayer[22] e fu recensore degli articoli apparsi sulle *Mémoires de l'Académie des sciences* di Parigi e dell'importante lavoro,[23] che nel 1777 espose i risultati degli esperimenti di misura delle velocità delle acque correnti eseguiti a Parigi, le cui conseguenze sulla gestione delle acque in Toscana saranno sempre presenti nella sua opera.[24]

Fossombroni fu anche coinvolto, ancora giovane studente, in uno dei principali dibattiti a tema matematico tra importanti studiosi dell'epoca e che in parte si svolge nelle pagine del *Giornale*, sul cosiddetto "caso irriducibile" nella risoluzione delle equazioni di terzo grado; gli viene infatti usualmente attribuito uno scritto anonimo apparso sul *Giornale* nel 1778 contenente una recensione sfavorevole di un articolo di Antonio Maria Lorgna.[25]

L'interesse, di probabile influsso illuministico del *Giornale* per le applicazioni della matematica anche in campi all'epoca pionieristici legati alle scienze

---

21. Fossombroni, dopo la laurea a Pisa, fu autore di alcuni studi principalmente di matematica applicata all'idraulica ed ebbe poi una lunghissima carriera politica con importanti ruoli nell'amministrazione del Granducato (Nagliati 2009).

22. Ne scrive al padre, attraverso il quale recapita ad Arezzo tomi del *Giornale* (Nagliati 2009).

23. D'Alembert, Jean le Rond dit, Condorcet, Nicolas de, Bossut, Charles, *Nouvelles expériences sur la résistance des fluides*. Parigi, Jombert, 1777.

24. L'idraulica, che come si è detto non era oggetto di specifici insegnamenti, è invece una presenza costante nel *Giornale* con numerose recensioni di opere di recente pubblicazione dei più importanti studiosi tra cui, oltre ai francesi, si possono citare Gregorio Fontana (1735-1803) da Pavia, Simone Stratico (1733-1824) da Padova, Leonardo Ximenes (1716-1786) da Firenze.

25. Lo scritto di Lorgna, *De casu irreductibili tertii gradus et seriebus infinitae*, Verona, Moroni, 1776 si inserisce in una serie di contributi sulla forma di Tartaglia-Cardano della soluzione di un'equazione cubica. Questa attribuzione è assente nelle note autobiografiche nell'Archivio di Stato di Arezzo e appare in forte contrasto sia con il contenuto e i toni del carteggio tra Fossombroni e lo stesso Lorgna, il quale gli chiede collaborazione per cercare di individuare l'anonimo autore, sia con il contenuto di un testo inviato in forma di lettera a Tommasini dell'ottobre 1777, che Fossombroni intende far pubblicare sul *Giornale*, ma che dichiara di ritirare poiché difforme dall'opinione dello stesso Lorgna. Su Lorgna si veda (Penso 1978).

sociali, è testimoniato ad esempio dalla discussione[26] sull'ipotesi formulata da uno studioso fiorentino, esaminando i registri battesimali, che il numero dei nati sia sufficiente per stabilizzare la popolazione attuale seguendo la proporzione di quattro a dieci tra i nati e la popolazione totale, proporzione che secondo il recensore è stata riscontrata in diversi anni per pura casualità.

Nell'ultimo quarto del secolo mancano ancora in Italia riviste che si occupino specificatamente di matematica. Questa lacuna viene in parte colmata dalle *Memorie di Matematica e Fisica*,[27] atti accademici pubblicati a cadenza biennale della *Società Italiana* (detta dei XL per il numero iniziale dei suoi membri), fondata a Verona da Lorgna nel 1782 e prefigurante già dal nome una comunità scientifica nazionale.[28] Le vicende delle due riviste si intrecciano strettamente negli anni seguenti: Fabroni fu nominato socio onorario con l'incarico di scrivere gli elogi dei soci defunti, mentre rendiconti della *Società* compaiono regolarmente sul *Giornale* insieme agli annunci dei premi, e alcuni articoli sono pubblicate su entrambe.

Le pubblicazioni del *Giornale* si interrompono nel 1796 con un nuovo *Avviso al lettore* nel tomo 102, che ne annuncia la cessazione dopo la lunga attività e l'intenzione di pubblicare due ulteriori volumi di indici, non apparsi. Viene però ipotizzata la possibilità che l'esperienza possa essere riproposta "da altri più illustri collaboratori" già dall'anno seguente, per "un'opera in questo genere più completa, [...] contenti di aver vinto difficoltà appena credibili per condurre la nostra fino al presente volume".[29] L'auspicio non sarà però concretizzato in tempi brevi.

2 La rinascita del *Giornale* negli *anni francesi* del primo Ottocento

Dopo l'arrivo delle truppe francesi in Toscana nel 1796, la loro progressiva espansione nel territorio portò alla fuga del Granduca da Firenze nel 1799; si succedettero tre governi provvisori che chiamarono all'insegnamento numerosi docenti, tra cui il pavese Vincenzo Brunacci (1768-1818). L'arrivo dei Borboni, governanti del nuovo Regno d'Etruria, riportò la situazione

---

26. Tomo 19, 1775, recensione del volume *Ricerche sull'antica e moderna Popolazione della Città di Firenze per mezzo dei Registri del Battesimo di S. Giovanni dal 1451. al 1774.* Vol. I. In 4. dedicato A S. A. R. il Granduca di Toscana, Firenze, 1775 di Marco Lastri proposto del Battistero di S. Giovanni, p. 2015–228, con 2 tavole f.t. contenenti le tabelle dei dati esaminati.

27. Sulle *Memorie* si veda (Grattan-Guinness 1986).

28. La Società non ha una sede fissa, che risulta inizialmente a casa dello stesso Lorgna, e si propone di "associare le cognizioni e l'opera di tanti illustri Italiani separati" con le sue pubblicazioni di opere di ricerca originali; manca quindi ad esempio l'interesse a far conoscere opere straniere pur prevedendo una sezione di soci stranieri; molti sono i toscani membri della Società, tra questi Fossombroni, Paoli, il *matematico regio* Ferroni e Giuliano Frullani (1795-1834).

29. Le difficoltà citate sono presumibilmente legate alle vicende politiche e belliche del periodo, e alla cessione della tipografia da parte di Fabroni anche per ragioni di salute.

all'assetto settecentesco per qualche anno, ma il passaggio all'amministrazione francese nel 1808 segnò l'inizio di un deciso rinnovamento; in una prima fase, proseguita fino al 1810, rimasero le strutture precedenti ma furono assunti vari importanti provvedimenti, tra cui la riforma del sistema di finanziamento dell'Università, legato alle rendite dei beni religiosi confiscati e l'abolizione del *foro privilegiato*.[30] A partire dal 1810 si ebbero invece le variazioni più significative: in Toscana, parte dell'Impero francese, fu istituita l'Accademia come sezione dell'Università Imperiale voluta da Napoleone, con la sostituzione dei tre Collegi con le cinque facoltà di teologia, giurisprudenza, medicina, scienze (con gli insegnamenti di fisica e matematica) e lettere, l'articolazione dei tre titoli conferiti (baccellierato, licenza e dottorato) e la precisa definizione di piani di studio ed esami di profitto. All'Accademia si affiancò nel 1813 l'unica Scuola Normale creata in Italia, finalizzata alla preparazione specifica dei docenti e dei funzionari dell'Impero.

Malgrado l'auspicio con cui si era chiuso il *Giornale* settecentesco, solo nel 1802 si arrivò alla ripresa delle pubblicazioni di un *Nuovo Giornale dei letterati* (C) sotto la direzione del professore e editore Giovanni Rosini[31] (1776-1855), a cui Fabroni aveva ceduto i propri materiali nella Stamperia del Giornale.

La rivista ebbe una vita piuttosto complicata a causa delle vicende belliche, delle difficoltà economiche, e della situazione professionale dei redattori, con cambi di nome, direzione, formato, periodicità e sede della redazione: nel 1804 la direzione passò a Giuseppe Gatteschi (av. 1770?-d.1841?), professore di fisica, conservando quindi il legame con l'Università, ma con un maggiore collegamento alla capitale Firenze; dall'elenco dei redattori scomparve il nome di Fossombroni,[32] già impegnato in ambito politico pur continuando i propri studi.

Nel 1806 il titolo venne modificato in *Giornale pisano di Letteratura, Scienza ed Arti* (D), per tornare al nome precedente nel 1808 con la direzione

---

30. Il tribunale dello Studio (cf. nota 4) che aveva giurisdizione su studenti e docenti.
31. Rosini creò varie società tipografiche, fra le quali la "Società letteraria" editrice dei periodici universitari; in società con i librai fiorentini Molini e Landi dal 1804 al 1818 entrò in contatto con tutta Europa ed è considerato uno degli iniziatori dell'editoria italiana, rappresentando nei primi decenni dell'Ottocento il centro della vita culturale della città con una variegata serie di iniziative. Si veda (Pertici 1985).
32. A testimonianza della confusa situazione della rivista nel periodo, Paoli scriveva a Fossombroni nel settembre 1804 "Ho saputo che lo avevano posto tra i Redattori del Giornale, ed ho riguardato ciò come una solenne impertinenza. L'ammiro, perché vedo che Ella prende la cosa in pace. Da quando in qua i Consiglieri di Stato si mettono nella lista dei compilatori di un Giornale? Questo è un effetto dell'ignoranza e dell'eccessivo orgoglio del Rosini, ed un avanzo delle opinioni passate. Quando Ella abbia lasciato sperare che avrebbe onorato il *Giornale* con qualche sua produzione, ciò non vuol dire che sia un redattore del *Giornale*. Ma non sono stato punto cercato, o per disistima, o perché hanno creduto che la mia risposta sarebbe stata negativa. Non sarebbe male, se Ella facesse togliere il suo nome dalla lista quando si ripubblicherà. Quello che vi è di buono, si è che ciascuno mette il suo nome sotto le cose proprie, ed il nome di Lei non lo troveranno" (Nagliati 2009).

di Francesco Pacchiani (1771-1835), anch'egli docente di fisica; dal 1807 la direzione aveva sede a Firenze. Nel 1809 si concluse infine anche questa serie.

Per economizzare la stampa e la distribuzione erano previsti inizialmente sei tomi all'anno. I nomi degli autori degli articoli compaiono ora esplicitamente, accanto all'elenco dei redattori e consulenti (tra cui Ferroni per la matematica dal 1806, a causa della dichiarata mancanza di un redattore esperto in campo matematico) e dei collaboratori che, oltre ai docenti pisani, coprono un'ampia area geografica e un vasto spettro di campi della cultura, delle scienze e della religione. La rivista si orienta decisamente verso la divulgazione,[33] mostrando interesse all'approfondimento tecnico, alla creazione di un linguaggio specifico e alle nuove conquiste in tutti gli ambiti della conoscenza. Gli articoli riguardano la letteratura in prosa e in poesia e le scoperte scientifiche, mediche e geografiche per un pubblico interessato alle novità e curioso non solo delle applicazioni pratiche di quanto scoperto, ma anche di aspetti più bizzarri.

Nell'introduzione (nella quale si riprende una dissertazione di Fabroni preparata per una seduta dell'Accademia fiorentina che però non fu mai tenuta) compare l'usuale rivendicazione del primato nella scienza, nell'arte e nella letteratura della Toscana in Italia, e di questa sulle altre nazioni, con la ribadita centralità della figura di Galileo, ritenuto precursore della meccanica newtoniana e del calcolo differenziale.[34] Le *Novelle letterarie* costituiscono qui una sezione più breve rispetto alla prima serie, ma col proposito che "tutti in somma i rami dell'umano sapere, faranno del nostro Giornale una universal Biblioteca di quanto si produce di bello e d'utile in Europa", iniziando nel primo tomo con notizie eterogenee su ricerche astronomiche in Germania, problemi di fisica proposti dalla Società reale di scienze di Copenhagen, la traduzione degli scritti di logica del filosofo francese Étienne Bonnot de Condillac (1714-1780) "purgata a tutti gli errori e controsensi" per uso nell'università; questo interesse per le produzioni non italiane fu tuttavia oggetto di critiche da parte di alcuni lettori dopo pochi numeri, e la redazione rispose aumentando il numero dei redattori invitati da altri stati italiani.

---

33. L'intento è manifestato nell'editoriale del primo numero: "(...) il nostro principale oggetto nella compilazione di quest'opera non è che la propagazione dei lumi. (...) a misura che l'orizzonte politico prende un aspetto più tranquillo, gli spiriti già esaltati dalle circostanze ritornano a coltivare pacificamente la letteratura, le scienze e l'arti, (...) a cercare aumento alle proprie cognizioni".

34. Si legge infatti nella Introduzione al Tomo 1 "chi per esempio avrebbe immaginato che un sol pensiero del nostro Filosofo sulle velocità virtuali servisse di stabile fondamento alla maggior opera meccanica, che siasi pubblicata fino ai giorni nostri?" (il riferimento è presumibilmente alla meccanica analitica di Joseph Louis Lagrange (1736-1813), ma numerosi sono gli studi dell'epoca sul principio delle velocità virtuali), mentre "il calcolo degl'infiniti, per tacer di altre minori scoperte, del quale tanto si gloria il secolo nostro, e dal quale tanti vantaggi traggono le scienze naturali, può dirsi che ha tra i suoi fondamenti ed i suoi principi nel metodo degl'indivisibili, di cui è riconosciuto inventore il Cavalieri, un de' favoriti discepoli del Galilei medesimo, che per ciò fu chiamato dal Fontanelle (*sic*) il Precursore del calcolo integrale e differenziale".

Si ritrovano i resoconti delle principali accademie scientifiche, i necrologi di scienziati, gli annunci di opere italiane e straniere tra le quali sono naturalmente molto frequenti i testi pubblicati dalla casa editrice legata al periodico. Questa casa editrice era molto attiva in ambito matematico anche perché in grado di fornire edizioni di eccellente qualità con opere originali (la seconda edizione degli *Elementi di algebra* di Paoli nel 1803) e traduzioni, tra le quali sono di particolare importanza anche per l'uso didattico la prima edizione in italiano degli *Elementi di geometria* di Adrien-Marie Legendre (1752-1833) nel 1802 e il *Trattato di aritmetica* di Jean-Baptiste Biot (1774-1862) nel 1813. Inoltre in questo periodico si trovano spesso estratti di articoli delle *Memorie* della Società Italiana, su cui pubblicavano i maggiori matematici italiani dell'epoca.

A causa anche della collocazione professionale dei direttori, la fisica ebbe ampio spazio nel periodico, insieme alla costante presenza dei temi meteorologici e astronomici, legata al ruolo di Slop.

La rivista risente però di un certo calo di interesse, probabilmente a causa della difficoltà del pubblico non specializzato di seguirne i contenuti. Pur proseguendo nell'intento di far conoscere gli sviluppi e i successi della scienza toscana e italiana in generale, la complessità tecnica dei testi e il livello di approfondimento causano una diminuzione degli abbonati. Si verificano anche ritardi nelle spedizioni. La sua influenza risulta quindi ridotta rispetto al periodo precedente.

In questo periodo di rapidi cambiamenti politici si colloca anche la breve esperienza editoriale dell'*Accademia Italiana di Scienze, Lettere e Arti*,[35] con sede a Livorno, e ben inquadrata nel sistema di istruzione napoleonico, di cui erano Membri ordinari o Soci tutti i maggiori studiosi dell'epoca del paese compresi quindi i docenti pisani.

Nel 1810 viene pubblicato accanto agli *Atti accademici* un volume in due tomi,[36] il *Giornale scientifico e Letterario dell'Accademia Italiana di Scienze lettere ed arti* (E), che si propone come continuazione immediata del *Giornale pisano* con cui condivide la stamperia pisana. L'attenzione è però solo per "gli Estratti ragionati delle Opere più interessanti, e dei lavori scientifici delle altre Accademie d'Italia; gli Annunzi letterari, le scoperte e di progressi delle Scienze e delle Arti, le Necrologie degl'Italiani illustri, e [...] originali Produzioni". I contributi di matematica riflettono l'eterogeneità già citata e

---

35. L'Accademia, nata nel 1798 con riconoscimento dalla principessa (poi regina d'Etruria) Elisa Bonaparte Baciocchi (1777-1820), era presieduta dal 1808 da Pietro Moscati (1739-1824), direttore generale della pubblica istruzione del Regno d'Italia, e vi appartenevano i maggiori intellettuali del regno; la Seconda Classe di Scienze esatte e naturali, divisa nelle due Sezioni, la prima di Matematiche Pure e Miste e la seconda di Fisica, Chimica, Storia naturale, Agricoltura ha come segretario Ferroni, Matematico Imperiale (Pepe 2005); per non confondere l'*Accademia* italiana con l'omonima istituzione universitaria venne in seguito rinominata *Società Italiana di Scienze, lettere e arti*.

36. Viene espresso il proposito (non realizzato) di proseguire poi in forma diversa col nome di *Giornale scientifico e letterario della Società italiana* [E].

affiancano recensioni di studi originali a lettere sui giochi possibili con il calcolo combinatorio o sulla regola algebrica dei segni.

La circolazione di questi volumi era assicurata all'interno del Regno d'Italia, quindi piuttosto rapida e su ampia scala potendo raggiungere gli ambienti accademici e un pubblico numeroso in una vasta area, ma limitata nel tempo dalle vicende politiche.

3 La ripresa delle pubblicazioni dopo la Restaurazione e il ritorno del Granducato

L'attività editoriale legata all'università subì una prolungata interruzione dal 1815, con la fine dell'esperienza napoleonica e la Restaurazione, che portò al ritorno dei Lorena al governo della Toscana; per l'università questo segnò il ritorno dei tre Collegi, ma conservò comunque alcune delle innovazioni strutturali introdotte, e soprattutto non creò discontinuità nel corpo docente in cui quasi tutti proseguirono nei loro incarichi senza le dure repressioni avvenute in altre regioni.[37]

Dopo un'assenza di pubblicazioni periodiche nella regione di oltre un decennio, iniziarono le pubblicazioni dell'*Antologia* (F) a Firenze e di una nuova serie del *Giornale* a Pisa.

Il 10 settembre 1820 lo scrittore e editore di origine svizzera Giovanni Pietro Vieusseux (1779-1873), che da pochi mesi aveva avviato le attività di un Gabinetto scientifico letterario a Firenze, con una biblioteca di libri, carte geografiche e periodici italiani e stranieri e sale per la conversazione, presentò l'*Avviso* della pubblicazione di un nuovo periodico che proponesse, senza alcuna mediazione preventiva, gli scritti più interessanti pubblicati al di fuori dell'Italia, in traduzione.

L'*Antologia*, la cui tiratura oscillava tra le seicento e le mille copie, ebbe periodicità trimestrale a partire dal gennaio 1821; secondo il progetto iniziale nella rivista inizialmente prevalevano le traduzioni, ma gradualmente aumentarono le produzioni originali.

Accanto a Vieusseux le figure principali legate all'*Antologia* sono quelle del letterato e politico Gino Capponi (1792-1876) e dello scienziato Gaetano Cioni (1760-1851), professore di fisica a Pisa nel periodo napoleonico durante la breve esperienza dell'Accademia Imperiale. Altri docenti dell'ateneo pisano vennero proposti come consulenti: il professore di fisica Ranieri Gerbi (1763-1839), l'allievo e primo "ripetitore" della Scuola Normale napoleonica Tito Gonnella (1794-1867), Ferroni, formalmente professore a Pisa, e Frullani

---

37. Grazie al particolare statuto della regione, tra i docenti e i protagonisti delle riforme ottocentesche vi erano figure con una conoscenza diretta del modello francese nelle istituzioni e nella didattica, impegnati nelle numerose commissioni d'acque sui problemi di assetto di varie aree toscane, nello studio della cartografia del territorio (con le implicazioni giuridiche ed economiche della redazione di un nuovo Catasto, che dopo un tentativo nel periodo napoleonico fu portato a termine negli anni Trenta), nell'amministrazione dell'istruzione e dell'università.

per la matematica; quest'ultimo, stabilitosi a Firenze dopo aver lasciato l'insegnamento, fu anche segretario, poi presidente, della "Società toscana di geografia, statistica e storia naturale patria"; la statistica, disciplina che usa la matematica applicata prediletta da Frullani, acquisì un ruolo di grande rilevanza nel panorama civile e scientifico e anche all'interno del periodico, in cui vengono pubblicate regolarmente raccolte di dati, ad esempio relativi ad una provincia o regione. Sull'*Antologia* vengono pubblicati senza selezione articoli e resoconti di varie attività scientifiche svolte in Italia e all'estero, tra le quali compare anche la matematica, pur se in misura minore rispetto alla fisica, alla meteorologia o all'astronomia.

Tra i contributi di carattere matematico vi sono alcuni interventi di Guglielmo Libri, professore onorario a Pisa, ma residente in Francia, il quale coglie spesso l'occasione di inserire riflessioni epistemologiche, e rivendicazioni dei meriti scientifici italiani, oltre ai propri. Ad esempio nella nota *Radici primitive de' numeri primi* del 1829 riprende l'annuncio dato da Augustin-Louis Cauchy (1789-1857) all'Accademia delle Scienze di aver trovato il metodo per determinare le radici primitive dei numeri primi preannunciando la pubblicazione della dimostrazione; Libri sostiene di aver risolto il medesimo problema da alcuni mesi, con due soluzioni molto diverse tra loro e di avere l'intenzione di pubblicarle nel secondo volume delle sue *Mémoires de mathématique et de physique*, ma di essere costretto ora a darne un cenno per non essere preceduto da "quel sommo geometra", limitandosi a mostrarne un caso speciale per la natura della rivista e rinviando la dimostrazione completa.

Nel novembre dello stesso anno 1820 in cui nasceva il progetto dell'*Antologia*, la Segreteria di Stato toscana autorizzò la pubblicazione di un periodico di "scienze, lettere ed arti" gestito dai docenti universitari a condizione che si chiamasse *Giornale di Pisa* e non *Giornale toscano*, per sostenere il primato di Pisa nella cultura toscana contro Firenze, a testimonianza dell'ambivalenza dei rapporti fra le due città.

Il nuovo periodico iniziò effettivamente la pubblicazione con il nome di *Nuovo giornale dei letterati* (G) nel 1822 sotto la direzione dei professori Gaetano Savi (1769-1844) per la parte scientifica (comprendente le scienze mediche, naturali, esatte e morali), e di Rosini per quella letteraria e filosofica.[38]

Nella lunga introduzione che apre il primo numero, dopo la ricostruzione degli eventi accaduti dal 1799, si ricorda l'interruzione del giornale pisano, che "aveva in special modo contribuito ad additare il posto distinto posseduto già dalla Toscana Musa in Italia, come dalla Università di Pisa in Toscana". Anche in questa sede prosegue quindi una aggiornata rivendicazione dei meriti scientifici degli studiosi toscani, tra cui sono di particolare rilievo le applicazioni delle ricerche geologiche esposte da Fossombroni nelle *Memorie idrauliche sulla*

---

38. Dal 1825 iniziò la separazione fisica dei volumi tra le due sezioni; in entrambi rimasero gli Estratti (contenenti sia memorie originali sia estratti veri e propri) e le Notizie scientifiche con regolari bollettini bibliografici.

Val di Chiana pubblicate nel 1789 a Firenze fatte in America dal naturalista e botanico berlinese Alexander von Humboldt (1769-1859).

La cessazione del precedente Giornale è imputata alla "mancanza di ardor necessario ne' cooperatori, [e alle] tumultuose vicende de' tempi", è opportuno riprendere ora le pubblicazioni poiché "Un giornale, raccogliendo le voci scientifiche, e letterarie di una nazione, diviene per così dire uno specchio, in cui tanto ella, quanto le altre nazioni che in lui fissano lo sguardo, possono scorgere la loro scientifica e letteraria fisionomia, onde saremmo tentati a dire che una nazione senza Giornale non ha metodi artificiali per render sé e gli altri consapevoli della sua vera fisionomia", sottolineando quindi la funzione del giornale nella formazione della coscienza nazionale anche attraverso la comunicazione scientifica.

La finalità era però diversa dalle serie precedenti, in quanto si abbandonano gli intenti pedagogici verso la società affiancando una tendenza politica conservatrice ad una crescente specializzazione scientifica. Vengono pubblicate prevalentemente le ricerche dei docenti, e gli argomenti delle lezioni, ma trovano spazio anche giovani emergenti e il periodico diventa piuttosto specialistico, destinato quindi ad un pubblico ristretto, prevalentemente di accademici.

I docenti di matematica presenti a Pisa sulle cattedre mutuate dall'esperienza francese tenevano i tre corsi di *Algebra, Astronomia, Geometria*,[39] trattando i temi usuali della geometria analitica, le sezioni coniche, l'"algebra dei finiti" e il calcolo differenziale e integrale con la novità del graduale abbandono del latino come lingua di insegnamento. La principale innovazione venne apportata da Giovanni Pieraccioli (1782-1843), vicedirettore della prima Scuola Normale e in seguito professore di *Geometria* che introdusse nell'insegnamento i metodi analitici di Cauchy. Nessuno dei docenti era un ricercatore originale e la presenza della matematica nel periodico è di conseguenza piuttosto ridotta, limitandosi sostanzialmente alle sezioni degli annunci bibliografici. Nella distinzione tra produzioni scientifiche e letterarie si sottolinea come per le seconde sia più difficile un giudizio di merito.

Si osserva una costante attenzione agli studi di idraulica, sia teorica che pratica, per l'interesse al riguardo della società toscana, e sono sempre presenti le osservazioni meteorologiche, così come le notizie della "Società Italiana" grazie ai docenti Soci.

Un contributo importante apparso sulla rivista è dato dalla lunga recensione del saggio *Riflessioni critiche sopra il saggio filosofico intorno alla probabilità del sig. C. Laplace*, del matematico modenese Paolo Ruffini (1765-1822), pubblicato a Modena nel 1821. In questo lavoro Ruffini espresse per primo profonde critiche (pienamente condivise dall'anonimo recensore) ai presunti errori contenuti nella *Théorie analytique des probabilités* pubblicata a Parigi nel 1812 da Pierre Simon de Laplace (1749-1827).[40]

---

39. Il Collegio medico-fisico si completa con due corsi di fisica teorica, uno di fisica sperimentale con annesso il Gabinetto fisico e due corsi di scienze naturali.

40. Tomo 2, p. 201-212. La critica di Ruffini è rivolta alla concezione deterministica dei

Le vicende dell'*Antologia* e del *Nuovo giornale* si intrecciarono strettamente tra Firenze e Pisa, al punto che Vieusseux invitò i suoi autori a mandare al *Nuovo giornale* gli articoli troppo tecnici o specialistici, e nel 1828 chiese al comune editore Nistri di fondere le due riviste per utilizzare le competenze dei professori pisani al fine di permettere una diffusione del sapere scientifico, che a suo avviso interessava le nuove professioni.

Questo proposito non si realizzò, ma a testimonianza della crescente importanza dei contributi di carattere scientifico, nel giugno 1828 venne pubblicato sull'*Antologia* il manifesto degli *Annali italiani delle scienze matematiche fisiche e naturali*, firmato dallo stesso Vieusseux che proponeva una raccolta periodica trimestrale "consacrata esclusivamente alle scienze esatte e naturali", di cui "l'Italia non può più fare a meno", dopo l'annuncio, l'anno precedente, della cessazione delle pubblicazioni del *Giornale di chimica, fisica e storia naturale*[41] di Pavia, unico giornale insieme alla *Corrispondenza* del Barone Franz Xaver von Zach (1754-1832)[42] a dedicarsi esclusivamente alla matematica e alla fisica.[43] Nelle intenzioni di Vieusseux la nuova rivista avrebbe dovuto essere strettamente coordinata con l'*Antologia*, che avrebbe potuto riacquistare così carattere prevalentemente letterario; il progetto, più volte ripreso negli anni seguenti (tra l'altro con un secondo manifesto nel 1832), non arrivò a concretizzarsi.

Nel 1833 con decreto granducale l'*Antologia* venne soppressa, in seguito a pressioni austriache in un periodo di forti contrasti politici, e Vieusseux interruppe ogni programma editoriale.

Il *Nuovo giornale* si concluse invece con uno dei momenti più importanti della storia scientifica dell'Italia: nel 1839 si tenne a Pisa la *Prima Riunione degli scienziati italiani*,[44] in cui la componente universitaria fu predominante. Il ciclo di questi primi nove congressi si concluse a Venezia nel 1847 per l'ostilità delle autorità che vedevano un pericolo nella creazione di una comunità scientifica "italiana" e unitaria.[45]

---

fenomeni naturali, rifiutando l'applicazione del calcolo delle probabilità alle questioni morali e della legge dei grandi numeri nello studio dei fenomeni naturali, poiché questo negherebbe la funzione della Provvidenza.

41. Il *Giornale* citato, che aveva avuto inizio nel 1797, è una delle numerose e importanti imprese editoriali di Luigi Valentino Brugnatelli (1761-1818), professore di chimica e noto divulgatore.

42. Il Barone di Zach, astronomo reale di Sassonia a Gotha e direttore dell'Osservatorio di Capodimonte, era noto per la sua attività di divulgatore delle novità astronomiche e scientifiche svolta anche attraverso l'edizione della *Corrispondenza* stampata a Genova in francese e italiano in 16 volumi dal 1818 al 1826.

43. Nella prima metà dell'Ottocento si assiste fuori dall'Italia alla nascita dei primi giornali dedicati unicamente alla matematica, in Francia gli *Annales de mathématiques pures et appliquées*, pubblicati dal 1810 a Nîmes da Joseph Gergonne (1771-1859) e il *Journal für die reine und angewandte Mathematik*, fondato a Berlino nel 1826 dal matematico e ingegnere tedesco August Leopold Crelle (1780-1855). Si vedano (Verdier 2009b) e (Peiffer et al. 2013b).

44. Sulla presenza della matematica nei congressi si veda (Bottazzini 1983).

45. Questa aspirazione, evidente fin dal nome scelto e prevalente fra i partecipanti, si scontrò con gli eventi che portarono i vari stati italiani a posizioni diverse nelle guerre di

Già dall'anno precedente la rivista aveva presentato notizie e resoconti delle riunioni o congressi delle diverse società scientifiche nazionali, a partire dal primo esempio in Svizzera nel 1818, e dei successivi in Germania, Inghilterra e Francia.

L'ultimo numero contiene l'elenco dei componenti della *Riunione degli scienziati italiani* a firma del segretario, il matematico Filippo Corridi (1806-1877), e il resoconto dei lavori soprattutto per le sezioni di chimica e scienze naturali.

4 Le nuove forme dei periodici toscani verso la metà del XIX secolo

Dopo la sospensione delle pubblicazioni del *Nuovo giornale*, il panorama delle pubblicazioni legate all'Università subì una rapida trasformazione. Per quanto riguarda l'area scientifica[46] venne pubblicato a Pisa dal 1840 al 1843 il *Giornale toscano di scienze mediche, fisiche e naturali* (H), sempre a cura di un gruppo di docenti pisani, tra i quali Giorgini, Soprintendente agli Studi del Granducato ma in precedenza autore di studi di matematica applicata, e l'astronomo Giovan Battista Amici (1786-1863) come direttori della sezione delle scienze fisiche e matematiche. L'opera prevedeva una periodicità bimestrale, con memorie originali di autori italiani ed esteri ed estratti di opere italiane e straniere, oltre che i resoconti della Società medico-fisica di Firenze. Nella capitale del Granducato era anche fissato il deposito della rivista, e una sede per gli abbonamenti insieme alle principali città italiane.

L'Università di Pisa affrontò nel 1840 una radicale riforma che le diede carattere moderno, ad opera principalmente di Giorgini. Le Scienze matematiche divennero una delle sei facoltà previste, con il conseguente aumento degli insegnamenti (otto corsi in cinque anni), l'attenzione alle discipline più recenti, la netta separazione degli insegnamenti pratici che porteranno in breve tempo alla creazione di corsi di laurea autonomi per gli ingegneri. Il consistente aumento del numero delle cattedre rese necessario l'arrivo di un gruppo di nuovi docenti; vennero chiamati studiosi noti a livello europeo che contribuirono a riportare l'ateneo pisano ad un elevato livello scientifico. Come parte di questa complessa riforma, nel 1846 venne riaperta la Scuola Normale, ancora finalizzata alla preparazione di maestri e professori.

Il *Giornale toscano* ebbe un ruolo anche nella chiamata di uno tra i più importanti di questi nuovi docenti, il fisico-matematico Ottaviano Fabrizio Mossotti (1791-1863), allievo di Brunacci a Pavia ed esule a Corfù in quel periodo. Nel 1840 Giorgini lo invitò (Nagliati 2012c) ad inviare al *Giornale* i risultati delle proprie ricerche per farsi conoscere dall'ambiente universitario

---

indipendenza (Bartoccini & Verdini 1952).

46. Accanto a questo furono pubblicati il *Giornale di scienze morali, sociali, storiche e filologiche* nel 1841 e le *Miscellanee medico -chirurgiche farmaceutiche* nel 1843 in 2 tomi.

pisano, e Mossotti vi pubblicò[47] due memorie di ottica, tema del corso tenuto nel suo ultimo anno di insegnamento a Corfù. Non ci furono altri contribuiti significativi in ambito matematico.

Nel 1844, a seguito di una risoluzione del Granduca del novembre 1842, venne presentato dal professore di Storia naturale Paolo Savi[48] (1798-1871) un progetto per una nuova rivista (Nagliati 2012a) intitolata *Annali delle Università toscane* (I). Il primo numero di questi *Annali*, apparso nel 1846 di nuovo presso l'editore Nistri, si apriva con l'elenco congiunto dei docenti delle Università di Pisa e di Siena, le uniche nel territorio toscano e che quindi giustificano l'uso del plurale nel titolo, mentre a Firenze si impartivano ancora numerosi corsi ma non era stato attivato un percorso universitario completo. Il titolo evidenzia la periodicità prevista per l'opera, che in grande formato doveva contenere "principalmente di Memorie originali, senza escludere i lavori critici intorno ad Opere recenti, purché essi abbiano per iscopo o di rettificare errori, o di aggiungere qualche cosa d'importante all'avanzamento della Scienza".

Direttori erano il bibliotecario dell'Università Francesco Bonaini (1806-1884) per le scienze noologiche (scienze morali o relative alla vita spirituale) e lo stesso Savi per le scienze cosmologiche (che si occupano della natura); questa seconda sezione comprende inizialmente sei o sette articoli in ogni numero, che si ridurranno in seguito a tre o quattro.

Nella lunga Prefazione è contenuta un'ampia descrizione della complessa organizzazione degli studi universitari nel Granducato dopo le riforme, e anche la serie dei più illustri docenti che insegnarono le varie discipline presso l'ateneo.

Si confrontano anche le posizioni nel dibattito in corso tra i sostenitori di una istruzione anche superiore pubblica e coloro che "hanno per fermo doversi lasciare al libero volere de' cittadini lo scegliersi a un tempo insegnatori e dottrine". L'autore predilige il sistema "che adesso dicono misto, perché quivi l'azione di chi governa può riuscir salutevole, quando per essa si corregga l'insegnamento privato, ov'esso sia meno adatto, si supplisca ove per taluno si accenni alla sua insufficienza".

Secondo l'autore della prefazione la matematica (così come le scienze naturali), può avere collocazione in entrambe le sezioni della rivista, "secondochè si rimangano o a mera speculazione della mente, ovvero intendano ad applicare questa speculazione istessa al profitto degli uomini".

La rivista viene pubblicata inizialmente dal 1846 al 1925 in 48 volumi, 34 della prima serie e 14 della seconda, con periodicità assai irregolare: tra un volume e l'altro passano inizialmente alcuni anni malgrado il proposito di

---

47. Si tratta di *Sul principio che la riflessione e rifrazione su di una superficie unirifrangente polarizzano, nelle due porzioni in cui viene diviso il raggio incidente, due quantità di luce eguali, rispettivamente in due piani ortogonali tra loro*, t. I, 1840, p. 330–337 e *Sulla causa della dispersione della luce nel sistema delle ondulazioni. Estratto letto nella seduta del 22 settembre 1841 del congresso di Firenze*, t. I, 1840, p. 337–341.

48. Savi aveva avuto un ruolo di rilievo nella preparazione della Prima Riunione e divenne poi Senatore del regno dopo l'Unità d'Italia.

cadenza annuale. Non vi sono più le sezioni di "novelle letterarie" e gli estratti, né una sezione bibliografica. Si trovano invece alcuni necrologi di docenti, e nel tomo 16 del 1879 contiene la *Storia dell'Università di Pisa dal MDCCXXXVII al MDCCCLIX per servire da continuazione all'altra di mons. Fabroni*, che Everardo Micheli (1824-1881)[49] preparò utilizzando i materiali lasciati inediti da Fabroni.

Anche gli *Annali* si caratterizzano inizialmente per la pubblicazione principalmente delle ricerche dei docenti dell'ateneo, e degli argomenti delle lezioni; saltuariamente trovano spazio i contributi di giovani studiosi. Grazie a questa impostazione le memorie hanno spesso notevole estensione e si trovano monografie, testi di corsi,[50] appendici con edizione di documenti, consentendo uno spazio di espressione del tutto originale.

I professori, anche emeriti, hanno priorità nell'inserire i loro lavori, e vengono interpellati prima di ogni uscita. Manca l'indicazione esplicita dei redattori, e la gestione appare sostanzialmente prerogativa di Savi, come si può leggere in un passaggio di una lettera di Mossotti al suo allievo Enrico Betti (1823-1892) del 20 agosto 1850; la vicenda richiama quanto accaduto prima dell'arrivo di Mossotti a Pisa quando i suoi primi lavori a stampa furono pubblicati nella rivista dell'Università per favorirne l'inizio dell'attività di docente.[51] L'arrivo a Pisa di Mossotti e la formazione del suo allievo Betti sono considerati lo snodo cruciale per la nascita della scuola matematica pisana e questo episodio illustra una delle prime difficoltà di quest'ultimo per ottenere una adeguata collocazione accademica, che otterrà solo nel 1857. Negli anni precedenti, impegnato come professore al liceo di Pistoia sua città natale, per poter proseguire le proprie ricerche pur lontano dalla sede dell'Università, Betti si era abbonato personalmente alle principali riviste europee[52] oltre ad aver iniziato corrispondenze scientifiche con molti studiosi, che gli consentiranno addirittura di comunicare nuovi risultati ai docenti in attività a Pisa.

---

49. Micheli, professore di algebra e geometria nei collegi degli scolopi, divenne dal 1866 docente di antropologia e pedagogia a Pisa.

50. Tra questi la *Monografia sulle sezioni coniche* di Pietro Obici (1805-1849) nel tomo 1, la *Memoria sopra una nuova operazione aritmetica, chiamata estrazione dei fattori e sovra il calcolo dei fattoriali* di Luigi Pacinotti nel tomo 2.

51. Mossotti scrive "Il mio progetto d'inserire negli Annali universitari il vostro lavoro sull'efflusso dei liquidi è andato a vuoto. [...] Avendo udito ultimamente che era rimasto un taglio e mezzo ancora libero scrissi al prof. Savi per mettere il vostro breve lavoro che vi avrebbe giusto capito: ma ricevo questo mattino risposta che questo vacuo è destinato ad una piccola Memoria del prof. Matteucci [Carlo Matteucci (1811-1868)]. Se credete manderò il vostro scritto a Roma per essere posto nelle *Annali di Matematiche*; tra qualche mezzo avrà pubblicità, e non mancherà d'esser estesamente conosciuto." L'articolo citato di Betti è: *Sopra la determinazione analitica dell'efflusso dei liquidi per una piccolissima apertura*, pubblicato lo stesso anno nel primo numero degli *Annali di scienze matematiche e fisiche*, (Nagliati 2012b, pp. 425–443).

52. Nel carteggio con Mossotti, Betti cita numerosi giornali, tra i quali quelli diretti da Liouville e Crelle, e i *Nouvelles annales de mathématiques* pubblicati dal 1842 da Olry Terquem (1782-1862) e Camille-Christophe Gerono (1799-1891) (Nagliati 2000).

Per quanto riguarda la matematica, dopo il decennio delle riforme il livello dei docenti in servizio presso l'università aveva avuto un sensibile miglioramento e si trovano quindi numerosi contributi interessanti, generalmente nella sezione di scienze cosmologiche. Tra queste alcune memorie di Mossotti e Betti e importanti lavori del suo allievo Ulisse Dini (1845-1918), dopo il suo arrivo a Pisa come professore nel 1866.[53]

Si tratta quindi di una presenza estremamente significativa della disciplina, caratterizzata in particolare dalla citata possibilità di pubblicare testi di notevole lunghezza che in altre riviste non avrebbero trovato spazio.[54]

Gli stessi docenti pisani trovarono però in questo periodo un canale importante in cui pubblicare le proprie ricerche: la necessità di riviste dedicate unicamente alla matematica si faceva sempre più sentita dalla comunità degli studiosi nella prima metà del secolo XIX, anche osservando le analoghe esperienze che all'estero si stanno realizzando negli stessi decenni, e si arrivò nel 1850 alla pubblicazione a Roma degli *Annali delle scienze matematiche e fisiche*, curati da Barnaba Tortolini (1808-1874).

Dopo un acceso dibattito sulla linea editoriale più opportuna per migliorare la diffusione anche all'estero degli studi compiuti dai matematici italiani, questo giornale si trasformò infine nel 1858 negli *Annali di matematica pura ed applicata*,[55] la prima rivista italiana dedicata solo alla matematica e tuttora in corso di pubblicazione, sotto la direzione di Betti insieme a Francesco Brioschi (1824-1897), Angelo Genocchi (1817-1889) e lo stesso Tortolini. Nello stesso anno Betti, Brioschi e Felice Casorati (1835-1890) compirono un lungo viaggio[56] nelle principali sedi europee di studi matematici, venendo a contatto con i protagonisti della disciplina e i più moderni temi di studio, rendendo così il 1858 un anno centrale nella storia della matematica italiana. Questi eventi

---

53. Per Mossotti si può citare la *Nuova teoria degli Stromenti ottici*, pubblicata in quattro parti tra il 1857 e il 1861, per Betti *Sopra le funzioni algebriche di una variabile complessa* nel tomo 7 del 1862 e *Sopra la teoria della capillarità* nel tomo 9 del 1867, e infine nello stesso volume la memoria di Dini *Sulle serie a termini positivi*. Alcune sue ampie memorie vennero estese per diventare manuali.

54. Ad esempio, l'intero volume 6 del 1863 è occupato dalle *Tavole dei logaritmi delle funzioni circolari ed iperboliche precedute da una sua descrizione intorno la loro costruzione e il loro uso, non che dalla storia e teoria delle funzioni stesse* di Angelo Forti (1818-1900), le prime del genere e che ebbero vasta fama e diffusione.

55. Nell'*Avviso* dei compilatori comparso nel primo numero del primo volume è manifestato il proposito di diffondere "con prestezza e regolarità i nuovi trovati dei [...] dotti" di tutte le nazioni che vogliono cooperare al progresso delle scienze matematiche e agevolare "il modo di seguire il generale avanzamento della Scienza". Il giornale era diviso in due parti, una dedicata alla pubblicazione di scritti originali con nuove acquisizioni scientifiche o nuove dimostrazioni di "verità conosciute", l'altra contenente estratti di memorie pubblicate in riviste straniere e in atti di Accademie scientifiche, e notizie bibliografiche. La rivista ebbe presto notorietà internazionale. Sugli *Annali* e in particolare Brioschi si veda (Bottazzini 1998).

56. A seguito di questo viaggio si stabilì uno stretto legame tra Betti e Bernhard Riemann (1826-1866), che negli ultimi anni di vita trascorse a Pisa lunghi periodi per cercare di curare la tubercolosi di cui soffriva.

si inseriscono nel processo di formazione dell'unità italiana come processo di formazione culturale e scientifica anche in ambito matematico.[57]

La comparsa della prima rivista dedicata esclusivamente alla matematica non interrompe la pubblicazione degli *Annali delle università toscane*, dove anche i matematici pisani continuano come si è visto a pubblicare articoli di ricerca.

Enrico Betti era anche Direttore della Scuola Normale dal 1865, riaperta come si è detto nel 1846 per la formazione di maestri e professori secondo il modello napoleonico (che però non veniva esplicitamente ricordato). Questi fu artefice della nascita di una nuova rivista con cui desiderava offrire agli allievi (e non ai professori) un canale immediato per pubblicare le loro tesi di laurea e perfezionamento. Nel 1871 diede quindi avvio alla pubblicazione degli *Annali della Regia Scuola Normale Superiore di Pisa* (J) [58], che nel 1873 vennero poi divisi per la Classe di Scienze e la Classe di Lettere e che, perso in seguito l'attributo di *Regia*, sono tuttora una rivista internazionale di riconosciuto prestigio.[59]

Il lungo percorso di queste riviste, dall'intento pedagogico iniziale di far conoscere ad un vasto pubblico colto e curioso le novità culturali di una ampia gamma di discipline, completa così la sua traiettoria con l'approdo alla specializzazione disciplinare.

Per quanto riguarda la matematica, come si è visto, il legame tra l'università e i redattori dei giornali riflette i livelli delle attività di ricerca e di insegnamento della disciplina nell'università, con andamenti discontinui che però non subiscono mai brusche interruzioni.

La presenza dei periodici e l'impegno richiesto di conseguenza nella redazione possono essere riconosciuti come alcuni dei fattori che contribuirono a rendere l'Università di Pisa sede nell'Italia unita della più importante scuola matematica del nuovo Stato, fenomeno unico nella nazione in un ateneo che per quanto riguarda la matematica era rimasto invece fino all'inizio del XIX secolo in una situazione complessivamente inferiore a quella di altre sedi di uguale o più antica tradizione, quali Bologna, Padova o Pavia.

I giornali forniscono testimonianza significativa dell'evoluzione dell'organizzazione degli studi e della ricerca, rendendo possibile la conoscenza

---

57. I matematici di molti stati italiani avevano avuto un ruolo significativo in questo processo e durante il Risorgimento si impegnano in prima persona anche sul piano militare (ad esempio Mossotti e Betti partecipano al battaglione universitario toscano) e nell'organizzazione dell'istruzione pre-universitaria ed universitaria (Pepe 2012).

58. Si vedano (Pepe 2011) e (Tomassini 2011). La selezione era molto severa, infatti su 328 allievi della Scuola tra il 1867 e il 1927 solo 65 vi pubblicarono.

59. Poco dopo la fondazione del periodico, con la svolta impressa da Betti alla Scuola che abbandonò l'intento di formazione dei docenti e divenne gradualmente centro di eccellenza della ricerca scientifica, vennero accolti anche articoli di ricerca di ex allievi, presentati da un docente. Dopo il 1925 gli *Annali delle università toscane* si divisero nelle due sezioni di *Scienze giuridiche, morali, storiche e filologiche*, e *Scienze mediche, fisiche, matematiche e naturali* e vennero assorbiti nel 1931 dagli *Annali della Scuola Normale*.

dell'ambiente scientifico pisano e toscano, e delle modalità del processo di circolazione della matematica sia all'interno della comunità scientifica toscana sia verso l'esterno a livello nazionale e internazionale, discutendo di problemi legati all'attualità scientifica e comunicando metodi e risultati.

Oltre al ruolo nello sviluppo della disciplina, queste riviste possono essere riconosciute come parte significativa del contributo della scienza alla formazione della coscienza di una nazione attraverso la costruzione di un edificio sistematico ed unitario del sapere.

I giornali toscani

A Giornale dei letterati 1757 – 1762 (48 tomi); Firenze

B Giornale de' letterati 1771 – 1796 (102 tomi); Pisa

C Nuovo giornale dei letterati 1802 – 1806 (4 tomi); Pisa

D Giornale pisano de' letterati 1806 – 1809 (6 tomi); Firenze

E Giornale scientifico e letterario dell'Accademia italiana di scienze, lettere e arti 1810 (2 tomi); Livorno

F Antologia 1821 – 1832 (48 tomi); Firenze

G Nuovo giornale de' letterati 1822 – 1839 (39 tomi); Pisa

H Giornale Toscano di scienze mediche, fisiche e naturali 1840 – 1843 (6 tomi); Pisa

I Annali delle Università Toscane 1846 – 1925 (43 tomi); Pisa

J Annali della Scuola Normale 1871 – ; Pisa

Encart 1 – Pise, centre éditorial
Iolanda Nagliati

Au XVIIIe siècle la ville de Pise a la seule université du grand-duché de Toscane. Le marché de l'édition est alors florissant grâce à l'université, aux publications commandées par l'archevêché et à celles liées au « Gioco del Ponte », événement évocateur bien-aimé par les citoyens.

Entre 1771 et 1779 l'établissement Pizzorno est l'imprimeur principal, surtout en ce qui concerne les productions scientifiques ; mais en 1779, monseigneur Angelo Fabroni (1732-1803), fondateur du *Giornale de' Letterati* (Pise, 1771) reçoit du grand-duc le « privilège » d'imprimer dans sa maison où il put obtenir de meilleurs résultats grâce aux matériaux et aux caractères d'impression fournis par le célèbre créateur de caractères, Giambattista Bodoni (1740-1813), dont il était un grand admirateur. Fabroni a imprimé une bonne partie de ses propres écrits (parmi lesquelles son *Historia Academiae Pisanae*), mais on ignore si les œuvres d'autres personnes ont pu y être imprimées fréquemment, car la maison d'édition n'avait pas un nom spécifique et les volumes imprimés n'indiquaient pas le nom de Fabroni, mais celui des différents imprimeurs auxquels il a fait appel.

En 1796, Fabroni a vendu ce matériel d'impression à Giovanni Rosini (1776-1855), éditeur et professeur qui fonda plusieurs entreprises avec différents partenaires, la Nuova tipografia pendant la période de la municipalité française à Pise (1798-1800), puis la Società letteraria en employant le matériel de Fabroni, et finalement de 1804 à 1818, une compagnie avec les libraires florentins Giuseppe Molini et Giuseppe Landi. Le partage des activités entre des libraires de deux villes est à souligner, car il constitue une exception dans ce milieu, et permet de mettre celui-ci en relations avec toute l'Europe.

Giovanni Rosini représentera au cours des premières décennies du XIXe siècle le centre de la vie culturelle de Pise. Comme professeur, il jouait un rôle important dans l'institution napoléonienne, comme éditeur, il imprima en 1810 une remarquable édition du Code napoléonien. Il fut l'un des initiateurs d'une édition italienne industrielle, typique de la culture du XIXe siècle, privilégiant la publication de collections de lettres inédites d'écrivains et d'hommes illustres.

La Società Letteraria publie des éditions mathématiques d'œuvres originales – citons la troisième édition des *Eléments d'algèbre* de Pietro Paoli –, ainsi que de nombreuses traductions comme par exemple de Legendre et de Biot.

À côté de Rosini, on peut citer Sebastiano Nistri, propriétaire d'un cabinet littéraire, libraire et éditeur dès 1773. La fortune de sa maison repose principalement sur l'édition au service de l'Université de Pise. On y trouve notamment des œuvres de professeurs, des manuels de médecine et de sciences naturelles, et ses périodiques : *Nuovo giornale de' letterati* (1822-1839), *Annali delle università toscane* dès 1846 et passé en suite à l'imprimeur Vannucchi, *Annali della Scuola Normale* pour ne nommer que quelques-uns sur un total de trente, de durée variable. Au début du XXe siècle, la maison d'édition a été reprise par Vincenzo Lischi et continue sous le nom de Nistri-Lischi.

Chapitre 5

Publications' Places and People: Mapping 19th Century Mathematical Journals in the United States

DEBORAH A. KENT

1 Introduction

Existing studies of periodical mathematical publications in the United States tend to focus either on a specific journal or editor.[1] A few provide an overview of publication and American mathematical practitioners[2] and there have also been efforts to identify and quantify populations of readers and contributors.[3] Most existing work utilises a recurring list of nineteenth-century mathematical journals.[4] Studies focused on mathematical periodicals in the U.S. commonly begin in 1804 with George Baron's *Mathematical Correspondent* and terminate with 1878 foundation of the *American Journal of Mathematics (AJM)*, the first American journal exclusively focused on research-level mathematics, primarily designed for individuals employed as mathematicians, and fully financed by an educational institution. There have been some studies of mathematics in specific American journals after 1878, such as *The Monist* (Lorenat 2022). Recent work invites a broader picture of periodical mathematical publication in the United States that includes a range of mathematical content appearing in

---

1. Examples include (Allaire & Cupillari 2000), (Bruce 2015), (Coolidge 1926), (Dutka 1990), (Finkel 1894), (Hogan 1976, 1977, 1985), (Kent 2008), (McClintock 1913a,b, 1914), (Rickey 2002), (Waff 1985).
2. (Hart 1875), (Karpinski 1940), (Parshall & Rowe 1994), (Scudder 1879), (Smith 1933).
3. (Timmons 2004), (Zitarelli 2005).
4. (Cajori 1890, 94–97; 277–286), Smith and Ginsburg in (Parshall & Rowe 1994, 51).

Ph. Nabonnand, J. Peiffer, H. Gispert (eds.), *Circulation des mathématiques dans et par les journaux: histoire, territoires, publics*, 171–188.
© 2025, the author.

educational journals, general science journals, women's magazines, newspapers, trade journals, and almanacs.[5]

The nineteenth century was a period of tremendous political, geographical, and institutional change in the United States. The context of national growth, upheaval, and transition undoubtedly colour nineteenth-century American efforts at sustaining periodical mathematical publications. Along with technologies of communication and transportation, additional market factors such as paper production and postal service influenced the logistics of circulation for mathematical periodicals in the United States. Some more culturally-embedded and geographically-rooted approaches to the history of English-language scientific periodicals and to nineteenth-century American science do exist[6], but studies of nineteenth-century periodical publication of mathematics generally have not involved these themes. Works in printing history and the history of the book are likewise relevant to the circulation of mathematics in nineteenth-century American periodicals.[7] While a complete treatment of these topics in relation to American mathematical journals dramatically exceeds the scope of this chapter (and available sources), an initial attempt will be made where possible to connect a narrative of the circulation of mathematics in the nineteenth-century U.S. to the development of the country as a whole.

2 Context for mathematical periodicals in the early United States

The earliest outlets for sporadic scientific publication in the United States were general science journals published under auspices of societies in the original 13 colonies, such as *The Transactions of the American Philosophical Society* (1771) or *The Memoirs of the American Academy of Arts and Sciences* (1785). The first mathematics in American periodicals appeared sparsely in such general science journals. Between 1771 and 1834, for example, eighty-four American authors published mathematics in *The Transactions of the American Philosophical Society*, *The Memoirs of the American Academy of Arts and Sciences*, or *The American Journal of Science and the Arts*. In the *Transactions*, mathematical content was largely surveying or astronomy, while applications of mathematics to geography and navigation appeared in the *Memoirs*. Between forty and fifty percent of these authors are estimated to have been college graduates, while the rest would have had at most a high school education. Of these eighty-four authors, thirty-three served at some time as professors at American colleges (Timmons 2004, 435).

There were just nine colleges in colonial America, all located in east coast population centres stretching from the Puritan Dartmouth College in Hanover New Hampshire, south to the Episcopalian College of William

---

5. Cf. chaps. 21, 9, 5 in current volume.
6. (Secord 2014), (Topham 2016), (Vetter 2008, 2011, 2012, 2016).
7. (Apple *et al.* 2012), (Bidwell 2019), (Horrocks 2008).

and Mary, in Williamsburg, Virginia. The developing American postal system connected towns and provided business for stagecoach companies and subsidised newspaper delivery to the entire population (Gallagher 2016). As postmaster general, Benjamin Franklin reduced return service from Boston to Philadelphia from six weeks to three, and one-way delivery from Philadelphia to New York to 33 hours (Gallagher 2016, 9). By 1800, there were over 34,000 km of postal routes connecting Americans. While newspaper delivery was subsidised, the expense of first-class postage meant only the well-off could afford the luxury of personal correspondence.

The earliest formal technical education in the United States was available at the Military Academy at West Point, founded in 1802, and located north of Washington, D.C. and up the Hudson River from New York City. The West Point mathematics curriculum was initially based on Charles Hutton's *Course in Mathematics* and included arithmetic, algebra, geometry, and logarithms—the most advanced technical education available in the United States at the time.[8] College students meanwhile had inconsistent and often rudimentary secondary school mathematics education. The standard college mathematics curriculum consisted mostly of Euclid's *Elements* and some Newtonian mechanics (Cajori 1890). Only ten early contributors of mathematics to general science journals are listed exclusively as professors of mathematics, and six of those worked at the military academy at West Point. Beyond these contributors, other authors of mathematical papers included a civil engineer, an astronomer, an actuary, several secondary school teachers, clergymen, and merchants (Timmons 2004, 435). Mathematical practitioners at the time were generally characterised as so-called men of science.

The infrastructure of what modern eyes recognise as features of professional mathematics—including dedicated publications and specialised higher education—emerged in the United States over the course of the 19th century. A standard periodisation of the history of American mathematics in fact locates mathematical practitioners during the first three quarters of the nineteenth century within the context of general scientific structure building (Parshall & Rowe 1994). Nineteenth-century American mathematical practitioners indeed collaborated with geologists, physicists, chemists, and botanists to organise scientific societies, and develop employment and educational opportunities for scientists generally.

In the early 1800s, as the U.S. took control of newly-amassed territories, scientists were sent on exploratory expeditions to observe latitudes and longitudes and to collect specimens. This expanding "new world," with its promise of freedom and fortune for some appealed to young radicals in Great Britain, where the government had clamped down, struggling to cope with impacts of the industrial revolution and fearing social and political upheaval in the wake of instability and ongoing wars following the French Revolution.

---

8. For more on Hutton, see chaps. 2 and 27 in the current volume.

One example is Pishey Thompson, a nonconformist publisher from Boston, Lincolnshire, who dreamed of moving to Washington, D.C., as early as 1804 although he would not achieve this for another 15 years. He lacked funds for passage to America, so took a job at a bank that dissolved in financial chaos following the Battle of Waterloo in 1815 (Bailey 1991, 37).

When Thompson finally arrived in Washington, D.C. in 1819, the capital was small and struggling to recover from what is known in North America as the War of 1812. The conflict between the United States and the United Kingdom developed because American sailors were impressed by the British navy to support their side in the Napoleonic wars. The U.S. declared war against the U.K. in 1812. In 1814, British North American forces invaded and destroyed much of the U.S. capital.

By 1819, roads were muddy, houses were few, and inhabitants were opportunistic when the American economy experienced its first great financial disaster. The financial crisis known as the Panic of 1819 permeated every corner of American society, including the production and circulation of specialised periodicals (Bidwell 2019, 287–307). A British bookseller described the alarming situation "almost every branch of the trade who have had dealings across the Atlantic have been great sufferers by the connection, and others have huge sums pending."[9] Undaunted by this, or the vehement warnings of "Do not come," from relatives in Washington, D.C., Thompson set sail in September of 1819 (Bailey 1991, 40). Five weeks later, he arrived in New York with some books and made his way south to D.C., despite reports of rampant yellow fever there.

Thompson set up a book and stationary shop on Pennsylvania Avenue, just down the street from the newly reconstructed White House. He printed *The American Review* and circulated local books, newspapers, and pamphlets, as well as materials from Britain and Europe—like periodicals *The Emigrant*, *The Unitarian Miscellany*, and the *Edinburgh Review*—in what became a very profitable business (Bailey 1991, 64). He also ran a large wholesale paper and printing supplies warehouse and, for a while, had a near monopoly on the paper business in Washington, D.C. Beyond mathematical journals and other reading material, Thompson also sold a wide range of stationary, such as drawing equipment and mathematical instruments, as well as fancy goods like perfume, ornaments, and portraits of Lafayette (Bailey 1991, 92). His correspondence between 1819-1836 reveals frustration among American clientele who struggled to obtain texts and journals with mathematical content.

Between 1800 and 1820, at least three different specialised mathematical journals started in the United States. These efforts sprang from editors invested in the idea of sustaining a U.S. publication aimed at mathematical practitioners throughout the country. Short-lived periodicals such as *The Mathematical Correspondent* (1804-1806), *The Analyst or Mathematical Museum* (1808),

---

9. Nobel in (Bailey 1991, 60).

and *The Monthly Scientific Journal* (1818) announced their emphasis on mathematics and also contained a mix of content ranging from philosophy to chemistry. With a small and wide-spread potential audience, these mathematical publications faced common challenges of finances, readership, and editorial overwork (Kent 2019). Mathematical content also appeared sporadically in other outlets such as *The Maine Farmer's Almanac, Hutchins' Improved Family Almanac, The Monthly Scientific Journal* and *The American Journal of Science and the Arts* in addition to a variety of other publications.[10]

Formal mathematical training in the United States at the time was limited. The military academy at West Point, not far from New York City, had the most rigorous curriculum, which had been influenced by instruction at the École polytechnique and based on French textbooks. By 1818, West Point cadets spent six hours per day, six days per week, studying mathematics; arithmetic, algebra, surveying, trigonometry, analytical and descriptive geometry, as well as some Calculus (Rickey & Shell-Gellasch 2010). Since mathematical instruction was far more limited at other institutions, both instructors and students looked to periodical publications to assist with mathematical education. Consequently, the circulation of mathematical journals was particularly valuable for practitioners located some distance from population centres and libraries. The geographic dispersion of a small number of mathematical practitioners (Zitarelli 2005, 5) increased as the U.S. Coast Survey moved west to map and measure new territories and states—including Indiana, Mississippi, Illinois, and Alabama between 1816 and 1819. As mathematical practitioners likewise spread out across the land, some of them hoped that periodical publications could provide mathematical stimulation and ongoing instruction.

2.1 An illustrative case study: *The Monthly Scientific Journal*

The first issue of *The Monthly Scientific Journal* was published in New York City in February of 1818. The editor was William Marrat, who had moved from England to the United States in 1817, hoping for entrepreneurial opportunities.[11] Marrat had developed a reputation through his contributions to British mathematical periodicals. While still in England, he and bookseller Pishey Thompson had co-edited a quarterly journal titled *The Enquirer, or, Literary, Mathematical, and Philosophical Repository*. On arriving in New York, Marrat took a job teaching mathematics and nautical astronomy. He soon thereafter started The *Monthly Scientific Journal* as a periodical designed to assist teachers in mathematical and scientific instruction.

Marrat targeted content specifically for classroom use. He wanted the journal's mathematical essays and posed problems to appeal to teachers and facilitate the development of student skills.[12] Each issue of the *Monthly Scientific Journal* included both philosophical and mathematical questions to

---

10. See chap. 9, current volume.
11. Marrat is thoroughly studied in chap. 27, current volume.
12. Marrat, ii. MSJ, Vol. 1, n° 1, pp. 3–5.

be solved in subsequent numbers. The first issue included 5 mathematical questions to be solved in each of volumes 2–4. The second issue included 9 new mathematical questions to be answered in issue 5, while issues 3 and 4 each had four new questions for issues 6 and 7, respectively. Some questions posed algebraic problems to be solved, such as given $x^2 + y^2 =$ and $xy = b$, find x and y. Others sought determination of differentials, such as for $\sin x$, or, for example, a proof that $a^0 = 1$. One problem submitted by a reader requested the volume of a triangular pyramid given three angles at the vertex and three sides of the base, and other asked solvers to find solar parallax given the radius of the earth and the distance between the earth and the sun. The prize question, best solution to which would earn a free year of the journal, read: "Let the weight of a Fly wheel $= 40$, the distance of the center of gyration from the axis of motion $= 10$, and the weight to move it equal to 10; required the distance from the axis at which the weight must act, so as to produce the greatest number of revolutions in a given time."

The journal also contained a range of other content, including properties of logarithms, techniques to prevent rust, cures for gangrene, physiology of an egg, agrarian measures of Egyptians, and descriptions of the new American salamander. The philosophical questions posed requested a simple method to detect the substitution of cotton yarn in silk items, a question about why wax differs from iron as an electric conductor, and a challenge to find a cheap method to clarify fish oil. By the sixth issue, the editor explained that questions requiring diagrams would be delayed due to expense, a situation that would hopefully be remedied by an increase in subscribers.

This eclectic combination generated responses from ten to fifteen individuals monthly from February through September of 1818. Possibly there were other subscribers either who did not contribute or whose contributions were not published. Named contributors were connected to locations in Brooklyn, New Haven, New York, Albany, Baltimore, Burlington, Philadelphia, and Princeton, all places with institutions of post-secondary education. Some contributors used pseudonyms and one name, Miss M. Groves, suggests that not all readers were male.

After September 1818, the next issue of *The Monthly Scientific Journal* did not appear until July 1819. The delay was possibly due to lack of content or to other demands on Marrat's time, or some combination of factors. In April of 1819, Marrat sent a desperate plea to Thompson to send books, which were "not to be had here, of the kind I want." He specifically requested calculus texts, including William Emerson's *Fluxions* and Colin Maclaurin's *Fluxions*, as well as Robert Woodhouse's *Astronomy*. Marrat also asked for *The Gentleman's mathematical companion* and a huge run of "the Gents Diaries for the last 20 or 30 years," along with "any mathematics you can muster." Marrat claimed there was scarcely a book that might not be useful for him, "half crazed" as he was for books to study.[13]

---

13. Marrat to Thompson, 8 April 1819. Pishey Thompson Papers.

The paucity of mathematical material available to Marrat, centrally located in New York City, suggests that teachers and students in more remote places probably had even less access. Thus there may have been broad interest in a regular mathematical periodical, had there been sufficient logistical and financial support to produce and distribute one.

In the spring of 1819, Marrat was fully occupied with weekly teaching and hoped soon to have a college position that would provide him £350 per year and a house.[14] These obligations, the lack of financial return from *The Monthly Scientific Journal* and complications from the economic crash in 1819 all contributed to the end of the publication. After one final issue appeared in October 1819, financial concerns brought the end of *The Monthly Scientific Journal* and Marrat's return to England.[15]

A similar undercurrent of financial anxiety runs through American correspondence related to periodical mathematical publication across the nineteenth century (Kent 2019, 8–16). Early in the century, this appears in letters of Robert Adrain, dedicated mathematical journal participant and editor of *The Mathematical Correspondent* and *The Analyst or Mathematical Museum*. Adrain also edited four volumes of *The Mathematical Diary* in 1825, before starting a position at Rutger's College in 1826, located in New Jersey. Due to Adrain's distance from New York City and the increase in teaching responsibilities, James Ryan, the publisher of *The Mathematical Diary*, then took over editing the journal. Unfortunately, this coincided with the financial crisis known as The Panic of 1826, attributed to unregulated corporations. Related financial woes impacted every part of the book trade at the time. Paper production dropped 17% in a single year and prices soared (Bidwell 2019, 288). Publishing consequently became even more expensive. Financial losses from publishing combined with controversy surrounding Ryan's editorship meant there were only three more issues of *The Mathematical Diary*, one appearing each year until it ended in 1829 (Kent 2019, 13).

Charles Gill, editor of *The Mathematical Miscellany*—a publication that struggled shortly after its launch in 1836 until its termination in 1839—similarly discussed monetary concerns with fellow editors Benjamin Peirce and Joseph Lovering, who oversaw *The Cambridge Mathematical Miscellany* for its four issues in 1842.[16] Some practitioners such as Rutgers College's mathematics professor Theodore Strong, and principal of Syracuse Academy Orren Root were likewise attuned to the challenges of editing, circulating, and financing a mathematical journal, stressors that occurred in context of larger national economic realities and a developing monetary system. While some of these editors may have been considered scientific or social elites, none of these men

---

14. Marrat to Thompson, 8 April 1819. Pishey Thompson Papers.
15. (Smith 1933, 281), MSJ, 62, 77.
16. (Kent 2008), (Kent 2019, 14–17).

had either enough dedicated time or sufficient personal fortune to sustain a specialised mathematical periodical in the nineteenth century United States.

3 A nation in transition

Throughout the first half of the nineteenth century, the United States not only experienced significant financial fluctuations but also major geopolitical and social changes that shaped the formation of the nation and also impacted the fates of mathematical periodicals in America. With the 1830s came growing inflation and the forcible deportation of indigenous populations along the so-called Trail of Tears. A third financial crisis in 1837 generated decades of devastating recession (Roberts 2012). Between the years 1820–1850, nine more states joined the Union to bring the total to 31. The treaty line of 1842 established the nation's northern boundary, from Maine west to the Great Lakes. Annexations in 1845 set the southern boundary from Florida to the western edge of Texas. This expansion involved a settler population spreading westward and, with that, the infrastructure of railroads, stage lines, telegraph wires, and educational institutions.

The nineteenth century brought a boom in educational institutions at all levels. In 1823, the first public normal school opened in a small town of Concord, Vermont, 80 m south of the northern border. Massachusetts started the first government-supported normal school in 1839, in the small town of Lexington, 30 km outside of Boston. By 1876, another 25 normal schools had opened across the country, mostly to provide high-school-level education to teachers preparing to teach elementary grades in public schools. A second engineering school joined West Point in 1824, when Rensselear Polytechnic Institute was established in Troy, New York, 260 km up the Hudson River from New York City. There, technical instruction was designed "for the application of science and technology to the common purposes of life." Instead of listening to lectures or performing recitations, as cadets did at West Point, Rensselear students spent six hours per day giving their own lectures, explaining their methods, and performing experiments (Ricketts 1934, 34). The institute drew students from as far away as Pennsylvania and Ohio.

Editors of specialised mathematical periodicals saw their potential audience spreading from eastern population centres, to western Pennsylvania, central Ohio, to Michigan, and across the Mississippi River as far west as Iowa. The distances separating hopeful mathematicians were vast, so delivery of the journals themselves as well as news of the journals' fates and futures depended on communications networks. In 1831, Alexis de Tocqueville famously travelled the United States on postal routes and remarked on the extraordinary system, reaching far and wide in the expanding nation. By 1828, in fact, "the American postal system had almost twice as many offices as the postal system in Great

Britain and over five times as many offices as the postal system in France."[17] In the 1830s and 1840s, the system accounted for more than three-quarters of all U.S. federal employees (John 1998). Still, there were great distances separating sparse populations.

Since special postal rates made mailing newspapers cheap, the economic depression of 1837 popularised cheaply printed weeklies (Bidwell 2019, 287). This perhaps affected the longevity of Charles Gill's *Mathematical Miscellany*, which faltered from start to finish in the 1830s (Kent 2019). In the 1840s, the post office then faced a crisis of competition from private delivery services and reduced their expensive letter rates. What had been a costly personal luxury, became "a cheap daily staple" (Gallagher 2016, 2). This development made it much more possible for mathematical practitioners to write to editors of mathematical periodicals with questions or submissions.

Also in the 1840s, new institutions emerged with a focus on specialised scientific education. Associated with Yale College, the Sheffield Scientific School in 1843 was among the first to require students enrol in courses of both science and liberal arts. Students there took calculus, physics, chemistry, and civil engineering in addition to rhetoric, languages, literature, and art. Even the building supported this vision. It was designed to include chemistry and physics laboratories in addition to more conventional classrooms. Then, in 1846, Abbot Lawrence donated $50,000 to Harvard for a graduate school of science to train those who intended "to enter upon an active life as engineers or chemists, or, in general, as men of science, applying their attainments to practical purposes" (University Harvard, President's Office 1843, 26). This gift was the largest individual gift to an American institution of learning up to that time.[18]

The Lawrence Scientific School offered mathematical instruction from Benjamin Peirce, who, along with his physicist colleague Joseph Lovering had big plans for developing American science. They especially promoted scientific professionalisation with a patriotic argument in the *Cambridge Miscellany* in 1842. They not only published more challenging problems, but also included translations of articles from the *Journal de mathématiques pures et appliquées* and the *Journal für die reine und angewandte Mathematik*. In the *Cambridge Miscellany*, Peirce and Lovering had clearly articulated their vision for American science to establish itself internationally through astronomical work. This ambitious journal stopped in less than a year, after only four issues (Kent 2008). A few years later, in 1846, the discovery of Neptune and related controversy played into Peirce and Lovering's ambitions for mathematical astronomers in America (Kent 2011).

---

17. (John 1998, 5). The US census gives the 1820 population as 9,638,453. French data for 1821 gives a population of 30,462,000. The area of land in the United States in 1820 was approximately six times the area of France.

18. This donation has $472,000,000 equivalent 2017 economy cost. www.measuringworth.com.

Mathematical work for surveying and astronomy increased to meet the needs of an expanding nation. An influx of residents spurred by the 1849 gold rush grew the population of California to nearly 92,000 when it became a state in 1850. With this came a new national impetus to extend communication and transportation networks to the west coast. Although U.S. railroad, stagecoach, and telegraph lines had been spreading steadily westward, it was still quite a distance—over 2500 km—from the westernmost states of Iowa, Missouri, and Arkansas across unorganised territories and the Utah and New Mexico territories to the new state of California. For example, it took 45 days to send a message by ship from St. Joseph, MO, to San Francisco, CA, and 20 days by overland stagecoach. While this did provide some connectivity, the time scales were not such that would facilitate timely participation in a monthly publication.

With expanding geographic scope came a mounting interest in American scientific autonomy. In the mid-1840s, Matthew Fontaine Maury undertook a hydrographic project to generate wind and current charts containing nautical information on which commerce depended. The U.S. until then had relied on English and French admiralities both for charts of the open oceans and also of American coastal waters (Dick 1999, 95–97). Observations for determining the longitude of the Naval Observatory—necessary to set clocks and rate chronometers—had been delayed by lack of staff. In late November of 1848, though, the Americans had a breakthrough. At the Coast Survey station in Washington, D.C, they developed a new method of determining longitude by electric telegraph. This electro-chronograph method revolutionised astronomical observation around the world and, importantly, streamlined American efforts. Astronomers could now determine longitude in one night more accurately than could previously have been done with years of observations (Dick 1999, 87–92).

In the United States, scientific practitioners were keen also to generate their own ephemerides and almanac data for official purposes, rather than using British sources as they had done through the first half of the nineteenth century. A Naval Appropriations Act in 1849 first authorised an official American almanac so scientists and navigators would not need to depend on foreign astronomical data. When Naval Lieutenant Charles Davis established the Nautical Almanac Office to house the computation and publication of that data, he located it in Cambridge, MA, significantly north of the more obvious choice of the Naval Observatory in Washington, D.C. Putting the office in Cambridge meant it was near the Lawrence Scientific School with access to the expertise of Benjamin Peirce, the highest paid member of the almanac staff. The Lawrence Scientific School only had a few graduates each year, but students who wanted to work with Peirce also worked for the Nautical Almanac Office and vice versa. The foundation of the Nautical Almanac Office thus coordinated the production of the periodical *The American Ephemeris and Nautical Almanac*, first published in 1852 and continuing until 1980.

Notably, the Nautical Almanac Office centralised skilled mathematical practitioners in a location with access to graduate-level training, a community of like-minded colleagues, and steady government employment as computers. A number of these computers would contribute substantially to specialised mathematical periodical publication in the U.S. John D. Runkle—later mathematics professor and then president of Massachusetts Institute of Technology, founded in 1861 and opened for classes in 1865 in Cambridge, Massachusetts—started in 1849 as a computer for the Nautical Almanac. This first volume appeared in 1852 and, for some, symbolised emerging scientific expertise in America. Runkle remained connected to the Nautical Almanac for over thirty years. He also went on to edit *The Mathematical Monthly* from 1861-1868 (Kent 2019, 18–20). Likewise, Simon Newcomb—later Professor of Mathematics and Astronomy at Johns Hopkins University, founded in 1876 in Baltimore, Maryland—worked as a computer for the Nautical Almanac Office starting in 1857. He studied mathematics with Peirce at the Lawrence Scientific School, from which he graduated in 1858. Newcomb continued Almanac Office work through 1861, when he became Professor of Mathematics at the U.S. Naval Observatory and then, in 1877, director of the Nautical Almanac Office. Simon Newcomb served as one of the editors who launched *The American Journal of Mathematics* in 1878. Another computer, George William Hill, beginning in 1861, shortly after his graduation from Rutgers in New Jersey would remain deeply involved with the *Nautical Almanac* throughout his life and also advised editor Joel Hendricks on the journal he founded in 1873, *The Analyst: A Monthly Journal of Pure and Applied Mathematics*.

Although the nature of mathematical activity connected with the Lawrence Scientific School and Nautical Almanac Office was unusual in the U.S. at the time, there were 241 colleges in the United States by 1860.[19] Most of these institutions were small, with an average student body of 25–80, and located in poorer, further inland, less well-developed areas of the country where the need was greatest. In many cases, denominations provided support to make student tuition more affordable (Burke 1982). Collegiate mathematical instruction varied dramatically, depending largely on the ability and interest of instructors. Many mathematical practitioners who subscribed to periodicals were in fact affiliated with high schools or these fledgling rural colleges and most had been trained in law or theology. The population has been estimated to be about 360 individuals (Zitarelli 2005, 5). The eagerness with which American subscribers received specialised journals nonetheless reveals a real desire to elevate mathematical talent across the nation.

The middle years of the nineteenth century saw religious fervor and social reform sweep the country. With this came the rise of abolitionists and agitating prohibitionists as transcendentalists like Ralph Waldo Emerson and Henry

---

19. (Thelin 2004). In 2020, there are approximately 4,000 colleges and universities in the United States.

David Thoreau articulated an American version of European romanticism, while conflicts with indigenous groups continued. The outcome of the Mexican-American War accelerated efforts to connect the California Territory to the United States.

By 1860 the population of California had swelled to nearly 380,000 and the U.S. government offered incentives to construct a transcontinental telegraph for speedier communication. Meanwhile, The Pony Express served as a stopgap measure. Using 186 stations separated by 16 km each, 400 horses, and more than 120 riders, the Pony Express cut delivery time to 10 days. This was a dramatic improvement over stagecoach and ship, however it was still too expensive and too slow for timely periodical-related correspondence. On 24 October 1861, the transcontinental telegraph sent its first message, a note of support to President Abraham Lincoln in the turmoil of the Civil War. The Pony Express stopped service two days later, and a mathematical periodical cannot be delivered by telegraph.

By 1860, the cost to attend college was a skilled worker's entire annual income (Burke 1982). The number of institutions increased in 1862, due to the Morrill Act, which created land-grant colleges to provide education in agriculture and engineering. As institutions of higher learning spread west, this extended the potential audience for mathematical periodicals.

Four years of Civil War devastated the nation with unprecedented casualties[20] and wrecked havoc on infrastructure, especially in the former Confederate states. Reconstruction efforts began in 1865. In 1866, the Nautical Almanac Office moved 700 km from Cambridge, MA to Washington, D.C., thus forging stronger institutional and personal connections between Almanac staff and personnel at the U.S. Naval Observatory, the U.S. Coast Survey, and elsewhere in the capital, especially the recently formed U.S. Naval Corps of Professors of Mathematics, including Simon Newcomb and his fellow professors of mathematics from the Naval Observatory, William Harkness, Mordecai Yarnall, Asaph Hall and J.R. Eastman (Anonymous 1872).

The transfer of Alaska in 1867 further expanded U.S. holdings and Coast Survey Superintendent Benjamin Peirce was keen to survey and map the region in anticipation of a total eclipse in 1869. Also that year, the completion of the transcontinental railroad facilitated both the circulation of mathematical periodicals and the transportation of observing equipment and personnel to the path of totality across the central United States. Part of the eclipse expedition included Simon Newcomb, William Harkness, and J.R. Eastman going to the center of the continent to observe in Des Moines, Iowa, where they met Joel Hendricks, local surveyor and future editor of a mathematical periodical.

---

20. Civil War deaths nearly equal the total death count of all U.S. foreign conflicts.

3.1 An illustrative case study: *The Analyst*

Joel E. Hendricks was a self-educated medical practitioner and sometimes school examiner with an interest in education, who later became involved in local politics in Ohio. In 1861, at the age of 43, Hendricks went further west to join a government survey in Colorado. From there, he moved northeast to Des Moines, Iowa—still in the middle of the continent—to do railroad surveying, through which he "accumulated a comfortable fortune." Hendricks' place in the local elite meant he mixed and mingled with the many journal participants in the eclipse delegations. He likely discussed mathematical publication with them at a party hosted by the Mayor in honour of their visit in 1869. Shortly thereafter, a new mathematical periodical arose from this surprising source.

In November 1873, Hendricks solicited advice regarding a proposed mathematical periodical. G.W. Hill warned Hendricks "that Des Moines is just not the place for it. It is too far west, on the very borders of civilization."[21] Hill doubted Hendricks editorial ability and expected the local printing skill and equipment inadequate for the challenge inherent to the "printing of complex mathematical formulae." Hill declared questions and answers of no interest to sophisticated mathematical readers. He also presumed Iowa had none of the "extensive mathematical libraries... very necessary for the able conduct of a periodical." Hendricks acknowledged that his midwestern location—with its distance from any prominent educational institution—increased the challenge of sustaining a mathematical periodical (Hendricks 1874a). The first volume of *The Analyst: A Monthly Journal of Pure and Applied Mathematics* nonetheless appeared in 1874.

To overcome the obstacle of geography, Hendricks involved correspondents with access to libraries. Christine Ladd, a recent Vassar graduate who later qualified for a Ph.D. at Johns Hopkins, surveyed Crelle's *Journal*, providing a list of all the articles with very brief commentary on each. For example, in Volume 2 of the *Analyst*, she wrote:

> Sturm contributes a paper of forty pages on Cubic Curves in Space. Six points in space determine such a curve. Through five fixed points, quadratic curves can be passed, through four points, biquadratic curves. The author proposes to determine how many curves of each of these two classes will cut a given line, how many will pass through a given point, how many be tangent to the line, how many cut a plane, how many osculate the plane, and how many will satisfy at once all possible combinations of these conditions.

Each article in Crelle's *Journal* received similar treatment.[22] Concluding her summary of that volume, she noted it as a discredit to mathematicians that

---

21. All quotes in this paragraph are from G.W. Hill to J.E. Hendricks, 10 November 1873, Iowa State Historical Society.

22. The articles Ladd mentioned from Crelle's *Journal* were "Zur Theorie der Eulerschen Zahlen" (M. Stern, pp. 67–98), "Erzeugnisse, Elementarsysteme und Charakteristiken von cubischen Raumcurven" (Rudolf Sturm, pp. 99–139), "Ueber eine reciproke Verwandtschaft

the publication "lies on the shelves of the Boston Public Library with uncut leaves" (Ladd 1875, 52). Ladd also wrote articles for publication, including one on quaternions, one on the expansion of the n-the power of m quantities and one on a nine-line conic.

G.W. Hill himself contributed short abstracts of recent mathematical publications from Gauthier-Villars, such as new issues of *Annales de l'Observatoire de Paris* and *Journal de l'École polytechnique* as well as the publication of *Aperçu historique sur l'origine et le développement des méthodes en géométrie, particulièrement de celles qui se rapportent à la géométrie moderne* by Chasles and Argand's *Essai sur une manière de représenter les quantités imaginaires dans les constructions géométriques*.

Hendricks' international correspondents included Carl Pelz, J.W.L. Glaisher, Giovanni Schiaparelli, and Camille Flammarion. Hendricks worked around the local shortage of skilled typesetters by enlisting his daughter to set the type at home and engrave plates for mathematical diagrams. Together, they developed creative approaches to logistical challenges, such as a shortage of exclamation marks to typeset an article about the binomial theorem. Hendricks received support, too, from his local network. The Secretary of State, a personal friend, included extra paper for Hendricks in the governmental paper orders.

Hendricks aimed his publication at everyone from high school and college students to professors. He envisioned a journal that included school mathematics, as well as "new and interesting discoveries in theoretical and practical astronomy, mechanical philosophy and engineering" (Hendricks 1874a, 1). Against Hill's wishes, *The Analyst* posed problems and printed solutions. A total of 444 problems were posed in *The Analyst*, with nearly 40% of these geometric in nature. Just under 20% of the problems have been classified as Analysis. Other topics included applied mathematics, Algebra, Probability, and Number Theory. Hendricks sought both advanced and aspiring participants.[23] The *Analyst* also included mathematical exposition on topics ranging from trigonometric series and solving first degree differential equations to the force of gravity and a translation of the solution of the general equation of the fifth degree. The named contributors numbered approximately 150.

In November 1878, Hendricks declared the publication a success. He recalled starting the publication "contrary to the advice of friends... nearly unanimous in cautioning us" (Hendricks 1878, 192). He was pleased by the unforeseen reality that "neither the locality of its publication nor the obscurity of its

---

des zweiten Grades" (A. Milinowski, pp. 140–158), "Ueber algebraische Flächen, die zu einander apolar sind" (Th. Reye, pp. 159–175), "New Demonstration of the Reduction of Hyperelliptic Integrals to the Normal Form" (John C. Malet, pp. 176–181), "Ueber die Multiplicationsregel für zwei unendlichen Reihen" (F. Mertens, pp. 182–184), *Journal für die reine und angewandte Mathematik*, vol. 79, n° 2, 1875.

23. James Tattersall, unpublished work.

editor has prevented the *Analyst* from receiving [such] patronage and support" (Hendricks 1878, 192).

In September of 1883, Hendricks announced that the sixth and final issue of the tenth volume would be the last of *The Analyst* under his editorship (Hendricks 1883*a*). He assured readers, and perhaps potential future editors, that subscriber support and contributor interest remained strong. Hendricks resigned as editor entirely due to his own declining health. He'd hoped to announce in the November issue a replacement publication, but arrangements for continuing the publication had not been finalised when the last issue of *The Analyst* went to press. Hendricks nonetheless remained confident "that the work will not be abandoned, but will be placed on a permanent basis, under a management that will insure its usefulness and success" (Hendricks 1883*b*).

In 1884, 1600 km southeast of Des Moines at the University of Virginia, William Thornton, professor of engineering, and Ormond Stone, director of the Leander McCormick Observatory there, jointly began editing a journal considered as a continuation of Joel Hendrick's publication *The Analyst* (Anonymous 1884, iv). Stone initially agreed to support the new *Annals of Mathematics* "from his private income" for ten years [Volume Information 1884, iv]. Six issues of the *Annals* appeared bimonthly from March of 1884 until January 1885. The next issue appeared in September of 1885, followed by one issue approximately every two months, interspersed with periods of irregular publication, perhaps explained by financial inconstancy. Stone and Thornton included a variety of articles—for example, describing conics, discussing the construction of flexible cables, and exhibiting solutions for quartic equations—as well as the familiar pairing of exercises and solutions of exercises, as had appeared in *The Analyst*. In 1895, the University of Virginia assumed expenses for the publication and its character changed. Virginia mathematics professor William Echols joined Stone and Thornton on the editorial board. The tenth volume—the first to appear after Echols joined the editorial staff—contained the final set of solutions to exercises to appear in the journal.

In 1899, the *Annals* moved northeast to Harvard University. It moved again in 1911, south to Princeton University. Starting in January of 1933, Princeton ran the *Annals* as a joint venture with the recently founded Institute for Advanced Study, where editors would shape *The Annals* into an even more elite mathematical research journal, which continues today.

4 Conclusion

The nineteenth century brought sporadic attempts to found and sustain specialised periodical publications dedicated to mathematics in the United States.[24] In many ways, these efforts mirrored the ups and downs and, especially, the westward movement of national growth and transition. Early mathematical periodicals exhibited a shared sense of hopeful experimentation,

---

24. (Kent 2008, 2019, 2020), chap. 9 in the current volume.

much like the country that was challenging its identity and growing its borders. Still, correspondence between journal editors provides a specific picture of the difficulty of the venture of publishing a specialised periodical in the US in the early part of the nineteenth century. Geographical expansion occurred for the United States through ongoing border disputes and annexation of territories. By 1876, there were a total of 38 United States of America. Throughout the century, the nation transitioned from a primarily agrarian economy with vast lands that supported indigenous cultures into an industrial power with defined geo-political jurisdictions.

Thousands of kilometres of telegraph cables and new railroad tracks catalysed westward growth as industrialisation decimated indigenous populations while generating unprecedented wealth for some in the United States. Brewing tensions over sectionalism and slavery led to Civil War, which resulted in staggering casualties and calamitous destruction. Post-war Reconstruction eventually revived national trends of exploration and economic development (for some) amid social changes and a surge in religious fervor. Political terrain shifted as people grappled with expressions of democracy and expanding enfranchisement. At the same time, matters of tariffs and banking systems additionally tested the boundaries of states rights and the scope of federal governmental authority. The growth, changing roles, and interrelationships of governmental agencies and the roles and responsibilities of mathematical practitioners within them become more complex. All of these factors influenced the publication and circulation of specialised mathematical periodicals in the United States.

As hopeful editors attempted to sustain a mathematical publication, they struggled to connect practitioners from institutions in the east with those moving westward, often as surveyors and educators, in a context where books were scarce. The economic vagaries of the nation, the financial realities of each individual editor, and the precarious business of periodical publication all contributed to the short lives of many of the early journals. Although the expanding landscape of American education moderately increased the numbers of potential subscribers, journals necessarily relied on still-developing infrastructure for communication and transportation for a small population of interested mathematical practitioners spread across a large area. The move of the Nautical Almanac Office to Washington, D.C. centralised military mathematical activity there. The popularity of American almanacs declined sharply after the Civil War, tied to the ubiquity of the telegraph to communicate time and weather information, as well as a rise of newspapers.[25]

When it first appeared in 1878, the *American Journal of Mathematics* included in its first number a list of the first 100 subscribers "[t]o give an idea of the class of persons whom it is expected the *Journal* will reach" (Story 1878, v). The *American Journal of Mathematics* was headquartered

---

25. See chap. 5 on Almanacs in the current volume.

at the Johns Hopkins University, located in Baltimore, Maryland on the mid-Atlantic seaboard.[26] That initial list included subscribers stretched across the midwest to Utah Territory and all the way to the Pacific coast in the state of California. This list included major U.S. institutions, such as the Coast Survey and the Smithsonian Institution, both located in Washington, D.C., as well as university libraries abroad—at the École polytechnique and Cambridge University, England. Colleges and Universities in the U.S. with subscriptions included institutions that had been colonial colleges in the northeast: Yale, in Connecticut; Princeton in New Jersey; and Harvard in Massachusetts; as well as Washington & Lee, well south of the US capital in Lexington, VA; Colby College, in Waterville, Maine; Albion College, in south-central Michigan; and all the way across the country from Johns Hopkins to the University of California.

Like the country as a whole, the situation for the production and circulation of specialised mathematical periodical publication was very different in the last quarter of the 19th century than it had been at the start. When it started in 1878, the *American Journal of Mathematics* had a clear vision of the "class of persons" it aimed to reach: those who identified themselves in some way as professional mathematicians. For this audience, the editors planned to publish original mathematical work at the highest possible level. The editors of the *American Journal* had not only a more clearly-defined audience, but also more well-developed infrastructure that existed to send the journal to all corners of the country (and also to subscribers in Japan, France, England, Canada, and Germany).

---

26. See chap. 21 in the current volume for all about the *American Journal of Mathematics*.

Encart 2 – An Open Question: American Almanacs and Mathematical Publication?
DEBORAH A. KENT

1 Introduction

Twentieth-century work on specialized mathematics journals in the U.S. centers on an often-referenced list of nineteenth-century journals self-declared as mathematical publications.[1] More recent publications explore in greater detail persistent and conscientious efforts of sometimes little-known nineteenth-century actors to pursue the periodical publication of mathematics in the United States and additionally invite a more comprehensive view of these efforts.[2] A broadly inclusive approach to mathematical publication nonetheless presents a significant challenge to define what constitutes a mathematical publication. Even with the existence of increasingly specialized mathematical journals, scientific periodicals not specifically aimed at a mathematical audience continued to participate in the circulation of mathematical ideas. At the same time, some so-called mathematical journals printed a variety of non-mathematical material. Mathematical content of various types additionally appeared in educational journals, in newspapers, in trade journals, and in women's magazines.[3] Commercial and government almanacs comprise a particularly problematic category in the consideration of nineteenth-century American mathematical publication.

Almanacs in America

Among the earliest printed items in colonial America, almanacs were ubiquitous publications of status eclipsed only by that of the Bible. The earliest extant U.S. almanac, now housed in the Huntington Library, dates to 1646. Each town with a printer had a local almanac, which was usually the first book

---

1. (Cajori 1890, 94–97, 277–286), (Smith & Ginsburg 1934) in (Parshall & Rowe 1994, 51).
2. (Kent 2008, 2019, 2020), chap. 9 in the current volume.
3. See chap. 9 in the current volume.

printed in each town and state. These New World Almanacs merged existing traditions: the ecclesiastical tabulation of time, Saints Days, and festivals; astronomical computation of the passage of time, phases of the moon, planetary positions, weather predictions, eclipses; and fantasy, superstition, and politics. Throughout the eighteenth century, almanacs developed beyond ephemerides to include poetry, stories, aphorisms, and lists of roads. The number of titles ballooned in the nineteenth century to include a wide range of religious, medical, political, and comic almanacs. The production and sale of an annual almanac was profitable enough to keep a printer in business for an entire year. Milton Drake's massive bibliographic census from 1962, *Almanacs of the United States*, communicates the scope of the genre. Drake's study tallies titles in states east of the Mississippi and Missouri, Arkansas, Louisiana, and Texas during the years 1639-1850. For the rest of the states, he considers years 1639-1875 and includes a special list of almanacs from the Confederate States of America. Drake estimates the 14,300 distinct entries—culled from 75,000 individual almanacs housed in 558 collections—to be approximately 85% of titles produced in the U.S. and Canada during the period. Most almanacs were printed in English, but many exist in a wide range of European and indigenous languages.

Almanacs as mathematical publications?

Several features of almanacs could contribute to the study of the periodical publication of mathematics in nineteenth-century American. All of these almanacs involve ephemerides calculations, adjusted for various locations. Most of the earliest astronomical data are taken from British sources, but American almanacs gradually feature locally computed data. Some printers entered into contractual agreements with calculators, and some printers plagiarized. Some mid-nineteenth-century almanacs name the computer on the frontispiece. *Bristol's Free Almanac for 1845* for example attributes computation to George Perkins, mathematics professor at New York State Normal School. In 1863, *The American Tract Society's Almanac* credits Asaph Hall, assistant at Cambridge Observatory, with its astronomical calculations. The production of almanac data provided income and specialized work for mathematical practitioners throughout the nineteenth century. Samuel Hart Wright reportedly sold his first set of almanac calculations while a third year student in 1848 and he continued the practice throughout his life.

In 1849, the United States Navy established the Nautical Almanac Office to house the computation and publication of astronomical data for scientists and navigators. The Nautical Almanac Office was put it in Cambridge, MA (rather than at the Naval Observatory in Washington, D.C.) for proximity to the Lawrence Scientific School and access to the expertise of Harvard mathematician Benjamin Peirce. The foundation of the Nautical Almanac Office thus coordinated the production of *The American Nautical Almanac* and, notably, centralized some skilled mathematical practitioners in a location with access to graduate-level training, a community of like-minded colleagues, and steady government employment. Individuals with strong ties to the Nautical Almanac Office contributed significantly to mathematics in American periodicals, including editing *The Mathematical Monthly*, *The Analyst: A Monthly Journal of Pure and Applied Mathematics*, and *The American Journal of Mathematics*.

Some almanacs also provided opportunities for readers to engage with mathematics through question and answer sections of the type seen in more self-consciously mathematical publications. Starting in 1818, for example, David Young edited question and answer sections for *The Maine Farmer's Almanac* and *Hutchins' Improved Family Almanac*. Samuel Hart Wright likewise edited similar material for *The Farmer's Almanac* and *The Knickerbocker Almanac*.

(In)conclusion

American almanacs surely must figure somewhere in the study of periodical publications circulating mathematics in the nineteenth century. The existence of question and answer sections, the calculation of ephemerides, and institutional and editorial connections give rise to compelling research questions about the role of almanacs in the circulation of mathematics. Still, it is a challenge to define a corpus due to the vast number of nineteenth-century American almanacs, their ephemeral nature, and rarity of related correspondence archives. Current investigations have indeed generated more questions than answers regarding the relationship between almanac publication and mathematical circulation in the United States.

Archival material

Almanac Collection, Anderson Library (Archives and Special Collections), University of Minnesota Libraries.

Chapitre 6

Circulation of Mathematics through Journals in the Netherlands: 1680-1910

JENNEKE KRÜGER

1 Introduction[1]

For a very long time paper has been the most important medium for the circulation of mathematics, through manuscripts, letters and printed books. From the 17th century paper journals became indispensable for circulation of mathematics, within a relatively short time, among many different types of readers and over large distances. At present the relevance of paper journals is diminishing rapidly through the development of digital technologies. In July 2019 the catalogue of the University Library of Utrecht provided access to more than 62000 e-journals, in fact these may already be considered a rather conservative form of digital circulation. Peiffer *et al.* rightly point out that there is a fast restructuring taking place of a communication system that was based on geographically linked networks of publishers, editors, printers, booksellers, libraries and readers and which originated in the 17th century (Peiffer *et al.* 2018).

In the Netherlands, too, among the many journals published from the 17th century on, a considerable number had a role in the circulation of mathematics: learned journals in the 17th and 18th century, journals for users of mathematics, teachers, engineers, mathematicians, students and for the general public from the 18th century until the present. The CIRMATH database distinguishes three types of journals, based on content: specialised journals

---

[1]. Acknowledgements: My warm thanks go to Jules-Henry Greber, who provided the figures 1–5.

Ph. Nabonnand, J. Peiffer, H. Gispert (eds.), *Circulation des mathématiques dans et par les journaux: histoire, territoires, publics*, 193–221.
© 2025, the author.

(publishing on mathematics), scientific-technological journals (publishing on sciences and mathematics) and general journals (with a more encyclopaedic character, on a wide range of topics). Intended readership, too, is a determinant for the character, the format and level of information of a journal. CIRMATH distinguishes seven groups of intended readers: mathematics researchers, science researchers, engineers, teachers, students, general public, others. In the Netherlands another important group of readers was formed by the mathematical practitioners of the 17th and 18th century, such as the surveyors, navigators, bookkeepers and builders of mills and locks. Many of these practitioners taught mathematics, usually to private students, but sometimes also in institutions and at schools.

During the 16th to the 18th century the Netherlands were certainly not the only region where mathematical practitioners were active; other examples are the underground explorers for mining purposes in Central Europe (Morel 2015), the many mathematical practitioners in England (Cormack et al. 2017), (Johnston 1994) and the practitioners in the Southern Netherlands (Bennett 1995), (Meskens & Tytgat 2013).

A relevant factor in the attraction exerted by the Dutch Republic on publishers, authors and journalists was the lack of a central government and the resulting relatively low level of censorship. The first attempts to establish a central government with national laws took place during 1798-1806, the period of the Bataafse Republiek. From the start of the 19th century there appear journals issued by or facilitated by the government, to influence developments in society.

What can we learn about the role of journals in the circulation of mathematics in the Netherlands, about the actors involved: the publishers, editors and readers?

To find answers to these questions, some knowledge of the Dutch society from the 17th until the late 19th century is necessary, its history, and the perceived relevance of mathematics, the educational system and some aspects of the culture. These matters will be discussed in section 2. In section 3 journals published in the Netherlands between 1684 and 1920 are divided into five groups, of which three are considered scientific-technological, one group consists of general journals and one group consists of specialised journals, according to the categorization used in CIRMATH. Within the group of specialised journals those journals aimed at teachers (18th and 19th century) are discussed a bit more elaborately, as they were an important, but little-known factor in the early stages of professionalization of teachers. In section 4 some attention is given to the geographical distribution of the publishers of these journals. Section 5 offers concluding remarks.

2 Dutch Society and the roles of mathematics

2.1 History

Until the early 19th century, the Netherlands, or the Low Countries, consisted of a northern part and a southern part, situated in the delta of three large rivers, Rhine, Meuse, Schelde. That meant on the one hand a very dynamic landscape, with as a consequence a continuous strive by its inhabitants to prevent the land from overflowing by sea and rivers and to expand the dry, inhabitable areas; these aims necessitated cooperation between neighbours and between regions and thus encouraged a certain level of tolerance to different opinions. On the other hand the geography offered rich opportunities for trade, legally and illegally, both over sea and over rivers. From the Middle Ages the towns were relatively wealthy and inclined to act rather independently of central government. The Netherlands were governed by the Dukes of Burgundy until 1477, when they fell to the Habsburgs through the marriage of Maria of Burgundy with Maximilian I. In 1568, during the reign of the Habsburg Philip II of Spain, an independence war started, resulting in the recognition of an independent Dutch Republic, the former northern Netherlands, and the Spanish Netherlands, previously the southern Netherlands. One of the early effects of this long war was migration of often wealthy, highly educated and enterprising migrants to the Dutch Republic, thus stimulating the economy and cultural life in the new independent country.

During the 16th century Calvinism took hold in the Netherlands, as it did in other North-European countries; a large part of the population in the northern part converted to Protestantism in its many different varieties. Delpiano (2013) draws attention to an interesting difference between Protestant and Roman Catholic regions in Europe in the 18th century. Protestantism encouraged the learning of reading and writing, as each person ought to be able to read the Bible in his or her own home. Thus in Protestant regions in general a larger part of the population could read and write than in Catholic areas; with regards to the Netherlands she underlines the active attitude of the 18th century community of readers.

Politically the Dutch Republic was a confederation of provinces, with the States General as the assembly of the representatives of the provincial States.[2] Most government functions remained with the provincial States and the local authorities; the States General represented the Republic in foreign affairs. Instead of one strong central power, a balance of power developed, between the wealthy influential regents, mainly merchants, some nobility, the towns with fairly independent local authority and the stadtholder. Perhaps as a result there were many individual initiatives, but no national directives. This situation changed at the end of the 18th century; the revolutionary movements of the 1790s resulted in a more centralised government, a first constitution and

---

2. The States General originated from 1464, when Philip the Good for the first time called together representatives of the states of the Burgundy Netherlands.

the recognition of a role for the national government in promoting the quality of primary education (1798). In 1806 the Dutch government adopted the first national law of primary education, which was soon after upheld by the king Louis Napoléon (the Emperor Napoleon's brother), followed by king Willem I, of the House of Orange. Willem I saw it as his major task to improve the Dutch economy through the promotion of trade and of industry. This necessitated improvement of the educational level of the population, also in mathematics.

2.2 Relevance of mathematical knowledge

Long before the start of their independence war the Dutch recognised the value of cooperation in at least one area: water management. All needed protection against flooding by sea and by the rivers, so together they constructed dykes, and created more land, polders, by surrounding lakes by dykes and draining the polder. Technology was important for all this; examples are the design and improvement of sluices and in the early 15th century the invention of scoop wheels driven by windmills, so much more water could be drained. Gradually technology became based on mathematical sciences, promoted by well-known and respected, even famous, practitioners, such as the surveyor and military engineer Adriaan Antoniszoon (1541-1620) and Simon Stevin (1546-1620), mathematician, author, inventor, (military) engineer, friend, tutor and assistant of prince Maurits van Nassau (captain-general and stadtholder of Holland and Zeeland). Stevin's influence increased greatly through his writings. Surveyors were in great demand: for the allocation of parts of the new land to investors, the expansion and the fortification of towns, and so on. The independence war was a major factor in the development of technology and the drive to use mathematics. The war was fought mainly around the numerous fortified towns. By the end of the 16th century the Dutch methods of fortification, a variant on earlier Italian methods, leaned heavily on mathematical designs.

In 1600 the governors of the Universiteit Leiden [Leiden University] agreed with the commander of the Dutch army, Maurits van Nassau, to establish an engineering school on the premises and under supervision of the university. The teaching language was Dutch, which meant that students among the large number of craftsmen could be attracted; the curriculum was written by Simon Stevin, prescribing arithmetic, geometry, surveying and fortification (Krüger 2010). The *Duytsche Mathematique*, as it was commonly named, became rather well known, both in the Netherlands and abroad. Though it was closed down in 1679, it definitely gave a boost to the realisation in the Netherlands that mathematical knowledge was relevant for practical purposes in many domains. During the 17th and 18th century many small mathematics schools were established, lasting from a few years to decades. The Fundatie van Renswoude [Foundation of Renswoude],[3] financed through the legacy of one of

---

3. Fundatie van Vrijvrouwe van Renswoude, 1756-present. The "Vrijvrouwe", was the title of Maria Duyst van Voorhout.

the wealthiest women in the Dutch Republic, Maria Duyst van Voorhout (1662-1754), provided an excellent education for technical professions to orphaned boys, with mathematical sciences at its core (Krüger 2013). From the 17th to the early 19th century a sizable group of mathematical practitioners existed in the Netherlands, mostly individually acquiring mathematical knowledge and skills, as there were hardly training institutes. They were men, such as geometers, mapmakers, civilian and military architects and builders, but also bookkeepers and merchants, who used mathematics in their work. This was in some ways comparable with the situation in the United Kingdom and some German countries. It should also be noted that there was a considerable overlap between teachers and mathematical practitioners.

The view of mathematics as useful for practices, a skill or an art, was widespread, but there was also the concept of mathematics as one of the sciences, valuable to study the works of the Supreme Being (paragraph 2.4). The view of mathematics as a suitable pastime, for example by setting each other mathematical problems to solve, maybe in the form of riddles, owed something to both views.

At most universities it was possible to follow lectures in mathematical sciences, mathematicians at the universities were mainly engaged in teaching, until well into the 19th century. Mathematical research production (as understood today) at Dutch universities started after the mid-19th century.

With the advance of technology, the introduction of courses, the creation of educational institutions, and the reform of the universities in the 19th century, the requirement to be skilled at some level in mathematics became relevant for many more people than was the case before 1800.

2.3 Mathematics in the educational system

During the 17th century all towns and nearly all villages acquired a primary school, under supervision of the local government and often the (Protestant) church; schools with one teacher, where the children were taught hymns, the basics of reading and writing and maybe, depending on the skills of the teacher, also arithmetic. These schools were so-called "Dutch" schools. Sending children to school was voluntary and the parents paid the teacher per subject taught. Gradually more and more private schools appeared; so-called "French" schools offered French language and other subjects, such as bookkeeping, geometry, algebra or geography, at a higher fee to the children of the well-to-do parents. Latin (grammar) schools prepared boys for university; as a rule these schools did not offer mathematics, unless the rector liked the subject. So if one wished to learn mathematics, the possibilities were: some French schools, private mathematics schools, private instructors and self-instruction.

By the 18th century mathematical knowledge was considered of such relevance by local authorities, that the comparative examinations for teaching posts at the Dutch (primary) schools in many towns included questions on mathematics, mainly arithmetic, but also geometry and other topics.

Ambitious individuals would learn and practice mathematics and apply for these teaching posts.

The situation changed through the introduction of the law on primary education of 1806. Teaching arithmetic became obligatory in all schools for primary and advanced primary education, as well as teaching reading, writing and Dutch language. Exams to obtain a teaching certificate were obligatory for all new teachers. After the basic certificate one could work as an assistant teacher, and take more exams, for higher level certificates. All certificates required knowledge of mathematics, at increasingly higher levels. The two highest levels offered opportunity to teach at the highest ranking and best paid schools. The highest level certificate was required to teach at Latin schools and specialized institutes. One thing did not change: institutes for teacher education were very rare. The government strove to reform primary education from the inside, through influencing teachers and encouraging them to use modern teaching methods.

From about 1820 a network of regional school inspectors, chosen for their preference for modernization of education, visited all schools regularly and stimulated the formation of Teacher Societies. These were regional societies, within easy travelling distance in summer, in which the members, experienced as well as inexperienced teachers and student-teachers, studied content for teaching, discussed pedagogy, teaching methods, etc. These societies were meant as learning communities; they also assembled libraries and took subscriptions on journals.

In the course of the 19th century mathematics teaching became obligatory in Latin schools and in the propaedeutic years of the universities. Mathematics became an important part of the curriculum in the military schools (from 1789), the Koninklijke Militaire Academie [Royal Military Academy] (KMA, 1828), the Koninklijke Academie voor ingenieurs [Royal Academy for Engineers] (1842) and from 1864 in all types of secondary schools.

2.4 Culture

From the 17th century there existed many local clubs and societies where the curious and interested gathered to discuss all kinds of topics, also scientific and mathematical. The work of Descartes was among the subjects discussed, as were the new infinitesimal calculus of Newton and Leibniz and the writings of other authors. Some clubs engaged in solving mathematical problems.

Vermij (2003) found traces of many such social scientific, usually local networks of interested amateurs in Amsterdam in the 17th century. He describes a scientific network in the 1680s in which the German scientist Ehrenfried Walther von Tschirnhaus, the Dutch mathematician and author Abraham de Graaff, professor Bernardus de Volder from Universiteit Leiden and Joannes Makreel, a broker from Amsterdam, participated. Some years later Makreel was also a member of a group of intellectuals gathered around the merchant Adriaan Verwer and Bernard Nieuwentijt, a physician and regent from Purmerend, a town north of Amsterdam, who published a work on infinitesimal calculus. The group knew about Newton and discussed his work. Nieuwentijt was a representative of physico-theology, the Dutch Enlightenment variant of natural theology that considered the study of nature and of mathematics as a way to improve the understanding of the works of the Supreme Being. This point of view enabled the study of sciences and mathematical sciences, while remaining faithful to the Church and without being suspected of Spinozism.

From the mid-18th century learned scientific Societies were established by small groups of learned and/or interested citizens, with membership formally open to interested persons in the Netherlands and abroad. These learned Societies had a national character, meetings were less frequent compared to the networks mentioned earlier, on the other hand Proceedings and other publications were published more or less regularly, available for members and also to be sold through bookshops.

The Dutch were fond of all information; the first Dutch periodical publishing general and political news appeared in Amsterdam in 1618, at a time when there were strong political tensions. Caspar van Hilte published in that year a weekly news sheet, the *Courante uyt Italien, Duytslands, &c.*, inspired by German examples. The French version appeared in 1620, the first of many such periodicals in French or Dutch language which would appear during the 17th century in the Netherlands (Bots 2018, 165–169). The abundance of political and general periodicals is thought to have had to do with relatively minimal censorship, thanks to the lack of central government, the independent towns and the relatively tolerant attitude of the Dutch towards people with different opinions. Other factors were the number of people who could read and the many relatively well-to-do citizens who took an interest in news. Thus the publishers of these periodicals could expect a large readership.

3 Journals

The first journals offering also information on mathematics were learned journals initiated by Huguenot immigrants from France or Switzerland, with articles in French issued by publishers in the Netherlands. They are collectively known as "journaux de Hollande".

Concerning the language of journals published in the Netherlands, in 1700 about 42% of all journals were in French. The absolute number of French language journals did not diminish that much, however by 1830 they formed at most 3% of the total amount of journals published, the others were in Dutch (Johannes 1995). The growth of the number of Dutch language periodicals may be seen as an indication of the expansion of the population of readers. This expansion also meant diversification, as shown through the publication of Proceedings of scientifically oriented learned Societies, the growth of general journals including sciences and mathematics as a pastime for their readers (him and her) and the appearance of specialised journals for professionals.

All journals discussed below are included in the database of CIRMATH. The journals discussed in this section are divided into five groups, corresponding to the types of journal used by CIRMATH, combined with the intended readership.

The five groups of journals published in the Netherlands during the 18th and 19th century are the following.

- Learned journals, informing the readers about sciences, including mathematics. The "journaux de Hollande" as well as Dutch learned journals belong to this group. Sciences must be taken in the 17th and early 18th century sense of the word, encompassing very many different subjects. These journals were published from the end of the 17th until about the mid-18th century and were aimed at an intellectual readership. They are considered "scientific-technological journals" in CIRMATH; they aimed at informing a learned public about developments in sciences including mathematics.

- More general journals, with sometimes encyclopaedic information and less articles about developments in sciences. They started to appear from the mid-18th century and aimed to inform and entertain a more general, less learned, Dutch reading public. They belong in the CIRMATH category "general journals".

- The periodicals of learned societies, proceedings and other periodicals, and of the Koninklijk Instituut van Wetenschappen, Letterkunde en Schoone Kunsten [Royal Institute of Science, Letters and Fine Arts], from 1851 the Koninklijke Akademie van Kunsten en Wetenschappen [Royal Academy of Arts and Sciences].[4] For publications of the Wiskundig Genootschap [Mathematical Society], see 3.5. Most of those periodicals contained articles, letters and topics for competitions on scientific-technological subjects, also involving mathematics. They appeared from the mid-18th century and were primarily meant for the members of each Society, and for researchers. They are in the CIRMATH category "scientific-technological journals".

- Journals for professional users of mathematics, aimed at practitioners and professionals, for example merchants, industrialists, military and engineers. Most of them were published for the first time in the 19th century. As they contained information on mathematics and other topics, relevant for the profession, these are categorized as "scientific-technological journals".

---

4. Presently KNAW.

– Journals on mathematics only, for teachers of mathematics, mathematical practitioners, the members of the Wiskundig Genootschap, primary school teachers and so on. These journals, dedicated to mathematics, appeared from the mid-18th century. These are "specialised journals" in CIRMATH categories.

In the paragraphs 3.1–3.5 these five types of journals will be discussed further.

Figure 1 is the graph of the number of journals (in the CIRMATH database) which were published in the Netherlands for the first time in any given year between 1680 and 1920.

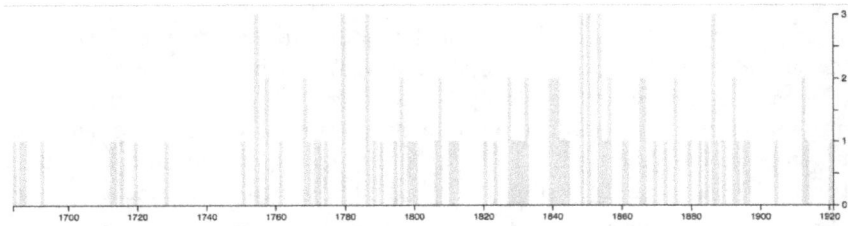

Figure 1: Number of journals, publishing on mathematics, appearing for the first time in any given year

For example, before 1700 four learned journals were introduced, lastly *Boekzaal van Europe* in 1692. In 1754 three periodicals appeared: a learned journal, the proceedings of a learned scientific society and a journal specializing in mathematics. Noticeable are an increase in the number of periodicals from about mid-18th century, due to the appearance of general journals and publications of learned societies, and a second increase in numbers from 1820-1860.

Figure 2 is a graph of the subset of those journals specializing in mathematics, including those aimed at teachers. A large part of the increase after 1820 is due to this type of journal (paragraph 3.5).

3.1 Scientific-technological journals: the "learned" journals of the 17th and 18th century

Learned journals, dispersing book reviews and news about the sciences to the "curious and learned" readers, were detrimental in circulating scientific knowledge of the time (Peiffer *et al.* 2013a). This new type of journal differed from the many other periodicals through their focus on sciences and their internal structure. The composition of all learned journals was more or less similar: "articles" (mainly lengthy or more concise excerpts and reviews, also some memoirs) separated from news from towns, academic centres and institutions, bibliographies and tables of content were included (Vittu 2002a,b).

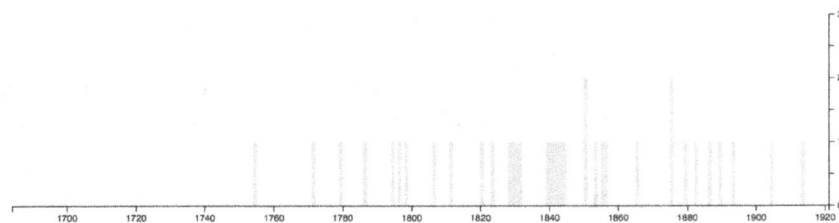

Figure 2: Number of specialized journals, publishing only on mathematics, appearing for the first time in any given year

Bots & de Vet (2002) state that 38 of the "journaux de Hollande" were issued between 1684 and 1764; on first sight about 25% of these also published about mathematical sciences. Often the professed aim of the editors/journalists was to present as much as possible a complete picture of the developments in all sciences, such as philosophy, religion, history, antiquity, grammar, philology, natural sciences, geography, literature and the mathematical sciences.

Even with a network of correspondents all over Europe it became quickly nearly impossible to represent all sciences, as many publishers and editors pointed out in the Preface. The continuing growth of science led inevitably to fragmentation of knowledge. The intended French reading intellectual readership could but try to keep pace with the growing scientific information. In 1684 Henry Desbordes, publisher and bookseller in Amsterdam, published *Nouvelles de la république des lettres*, the first of these "journaux de hollande", with the French Huguenot Pierre Bayle as its editor. Bayle modelled the *Nouvelles de la république des lettres* after the *Journal des sçavans*, issued in France from 1665. The *Nouvelles de la république des lettres* would in its turn be a model for many publishers in the Netherlands.

The first of the learned journals in Dutch language, in which mathematics was included, *Boekzaal van Europe* [Bookroom of Europe], appeared in 1692 and was published until 1864 as *Boekzaal der geleerde wereld* [Bookroom of the learned world] and similar titles, its character changing considerably after 1702. Table 1 gives an overview of the better known learned journals, containing at least some information on mathematics, published in the Netherlands until the mid-eighteenth century and aimed at well-educated readers with sufficient leisure time. Many of the publishers were of French or English origin.

During their lifetime journals might vary in the choice of topics. For instance, the *Bibliothèque universelle et historique* published less on modern sciences after the departure of De la Crose (Sgard 1991). Even more significant were changes in *Boekzaal van Europe*: from a learned journal until about 1702, it developed first into a more general journal and finally into a journal for ministers of the church (Bots 2018, 191).

Table 1: "Learned" journals, with at least some news on mathematics, published in the Netherlands until the mid-eighteenth century, French or Dutch language[5]

Title	Start	End	Town of publisher	Name publisher	Editor
Nouvelles de la république des lettres	1684 1699 1716	1689 1710 1718	Amsterdam	Henri Desbordes	Pierre Bayle,..., Jean Barrin Jacques Bernard
Bibliothèque universelle et historique	1686	1693	Amsterdam	Wolfgang, Waesberge, Boom & van Someren	Jean Le Clerc, Jean Cornand de la Crose, Charles le Cène, Jacques Bernard
Histoire des ouvrages des sçavans	1687	1709	Rotterdam	Reinier Leers	Henri Basnage de Beauval
Boekzaal van Europe	1692	1702	Rotterdam	Pieter van der Slaart	Pieter Rabus
Bibliothèque Choisie	1703	1713	Amsterdam	Henri Schelte	Jean le Clerc
Histoire critique de la République des lettres	1712	1718	Utrecht/ Amsterdam	Guillaume à Poolsum / Henri Desbordes	Samuel Masson
Journal litéraire	1713	1734	The Hague	Thomas Johnson	A team of editors
Nouvelles littéraires	1715	1720	The Hague	Henri du Sauzet	Henri du Sauzet
Kabinet der natuurlijke historiën, natuurwetenschappen, konsten en handwerken	1719	1723	Amsterdam	Hendrik Strik	Willem van Ranouw
Bibliothèque raisonnée des ouvrages des savans de l'Europe	1728	1753	Amsterdam	J. Wetstein & G. Smith	A collective anonymous
Bibliothèque impartiale	1750	1758	Leiden	Jean Luzac	Jean H. S. Formey
Bibliothèque des sciences et des beaux-arts	1754	1778	The Hague	Pierre Gosse	Charles Chais
Uitgezogte Verhandelingen uit de Nieuwste Werken van de Sociëteiten der wetenschappen in Europa en van andere geleerde mannen	1757	1764	Amsterdam	Frans Houttuyn	Maarten Houttuyn

Some examples of the occurrence of mathematical sciences in this group of journals follow below.

In the *Nouvelles de la république des lettres* of 1704, the second semester, when Jacques Bernard was editor, we find an advertisement for a book on fortification, in July a book review of *La logique courte & facile* by Mr du Bois-Verd, in August news on new publications about mathematics, in September a review of a publication by A. de Moivre, in November a review of *Élemens de Mathématiques* by Pierre Polynier and in December information about *Philosophical Transactions*, the journal of the Royal Society in London. Bernard used a network of correspondents in different countries, which sent him articles, news and letters. From 1699-1710 the contributions on science and mathematics were most numerous (Bots 2006, 19–41).

The *Bibliothèque universelle et historique*, published initially with Jean Le Clerc and Jean Cornand de la Crose as editors, published more on history and theology than on sciences and mathematics, possibly because of the areas of interest of Le Clerc. However, in 1688 an anonymous review of Newton's *Principia* was published in the journal.

The *Histoire critique de la république des lettres* published mainly about religious and historical topics; nevertheless there was the occasional reference to mathematics and the mentioning of new mathematical publications.

The *Journal litéraire* was issued in 1713 in The Hague by Thomas Johnson, a Scot who was close to an ardent disciple of Newton, John Keill. Moreover, one member of the team of French and Dutch editors was Willem 's Gravesande, at that time a lawyer in The Hague, who was very interested in physics and mathematics. In 1717 he would be appointed professor of mathematics, astronomy and philosophy at Universiteit Leiden and would play an important role in propagating Newton's ideas in continental Europe. The *Journal litéraire* thus published rather frequently about physics and mathematics, and more specifically about Newton; already in the first year extensive reports appeared about the dispute between Leibniz and Newton, taking sides with Newton. Other mathematical issues during the first year were an announcement of the first volume of *Elementa matheseos universae* by Christian Wolff, the announcement of a future publication by the mathematician Jakob Hermann, professor in Frankfurt, promising to be an improvement on Newton's *Principia* and letters of Pierre de Joncourt on gambling. It is assumed that this attention to physics and mathematics was due to the influence of 's Gravesande (Jorink & Zuidervaart 2012, 28–29), however, Thomas Johnson must have had a role in the composition of the team of editors and by consequence in the content of the journal as well.

The publishers of the Dutch language journals aimed at intellectuals who preferred to read Dutch. The *Boekzaal van Europe* was issued in Rotterdam by Pieter van der Slaart, with Pieter Rabus, notary and teacher, as editor. The periodical was inspired by the journal of Pierre Bayle, of whom Rabus was an admirer. *Boekzaal* contained mainly reviews of recently published books and overviews of recent publications. Compared with the "journaux de Hollande", *Boekzaal* contained less news from scientific centres, and there were fewer letters of correspondents abroad. Rabus referred occasionally to sciences or to mathematical subjects. Two examples are an article on the work of mathematicians in China (1698) and a treatment of Chronology (1700).

The *Kabinet der Natuurlijke Historiën, Wetenschappen, Konsten en Handwerken* [Cabinet of Natural History, Sciences, Arts and Crafts], published by Hendrik Strik, with Willem van Ranouw, a medical doctor, as its main author, aimed at connecting scientists and craftsmen. Ranouw treated a broad variety of subjects, often from medicine or physical sciences; he wrote excerpts of publications from antiquity and reviews or excerpts of new publications, both Dutch and from neighbouring countries, he published letters and wrote essays. Van Ranouw mentioned mathematics, pointed out its importance in several areas and occasionally applied some mathematics. The author/editor passed away in 1723; his journal was reprinted several times. It could in some way be considered as a mixture of a learned and an encyclopaedic journal.

Uitgezogte Verhandelingen uit de Nieuwste Werken van de Sociëteiten der wetenschappen in Europa [Selected Treatises from the Latest Publications of the scientific Societies in Europe] was initiated by two cousins. Maarten Houttuyn was a medical doctor, with a large interest in natural history. His cousin Frans Houttuyn was publisher in Amsterdam. They both wished to inform the curious but less educated part of the population about the developments in modern sciences, similar to Rabus and van Ranouw before them. In the Preface of the first volume Maarten wrote about the merits of "the great Newton, specifically in geometry". This journal contained reviews, letters, articles, news from academies and societies, etc., with some emphasis on medical topics and natural history. Regarding mathematical topics in 1757, there are texts about measuring velocity of a ship at sea, improvement of dykes, calculations on centripetal forces, Leibniz and Newton, etc. After the surmise of the publisher, Maarten Houttuyn ceased publishing the journal.

For publishers it was attractive to reach a wider audience, literate, but not necessarily very learned. As a consequence there was a tendency towards less learned, more general cultural journals, resulting in the general journals with an encyclopaedic and recreational character, in the second half of the 18th century (paragraph 3.2).

One way or another, the days of the poly-scientific learned journals were past. Five years before Maarten and Frans Houttuyn published the first volume of *Uitgezogte Verhandelingen*, the first Dutch learned Society with national ambitions was established, in Haarlem, near Amsterdam. This Hollandsche Maatschappij der Wetenschappen [Dutch Society of Sciences] started to publish Proceedings in 1754 (see paragraph 3.3).

3.2 General journals

These journals with information on many different subjects are assumed by some researchers to be less "learned" than the journals in paragraph 3.1, due to their more encyclopaedic content and far less information about scientific developments in other countries (Johannes 1995, 119–120). They started to appear after the middle of the eighteenth century. A few of those periodicals paid attention to science and to mathematics; though they contained less actual news on sciences, they nevertheless intended to inform, and possibly instruct, the less educated reader. Three journals that existed for more than fifteen years and occasionally published on mathematics are mentioned here.

Algemeene Oeffenschole van Konsten en Weetenschappen [General School of Arts and Sciences], was published by Pieter Meijer in Amsterdam, from 1757-1782. The main editor was Johannes Lublink, composer, poet, author, and interested in sciences and mathematics. The journal started as a translation and adaptation of the British *The General Magazine of Arts and Sciences, Philosophical, Philological, Mathematical and Mechanical*, published in London by Benjamin Martin from 1755-1765. The content was encyclopaedic, with a more or less elaborate treatment of many topics from natural sciences, theology, philology, mathematics, etc., illustrated with nice engravings. The Dutch journal continued after its English original ceased to exist, with a number of authors, usually only indicated by initials. The subjects were arranged into five main themes, the fourth being dedicated to mathematical sciences (applications of mathematics). In 1762 the first volume in this theme contained a treatment of elementary mathematics; consecutively Principles of arithmetic, Principles of algebra, Principles of practical geometry (surveying) and a subject named "naderkunst" (art of approaching), a Dutch expression for Newtonian differentiation. In 1782 the readers were offered a thorough mathematical treatment of clocks, in 245 pages, followed by chronology, with applications to calculations concerning the Old Testament (116 pages). The last subject was on cryptography in letters. The intended readers were "young gentlemen and young ladies", so it could also be labelled an educational journal.

Vaderlandsche Letteroefeningen was published, under slightly varying names, from 1761-1876. It was initiated by Cornelis Loosjes, a minister in Haarlem and first published by Albert van der Kroe in Amsterdam. The publisher and editors meant to offer book reviews, articles and opinions (of readers) on science and literature to people who lacked higher education. These readers were also regularly informed about mathematical publications, the relevance of mathematics, for example for life insurances, and other topics regarding mathematics.

In 1837 a similar journal was issued, *De Gids* [The Guide]. This journal aimed at slightly better educated readers, it also published occasionally about mathematical topics, for example on projective geometry. *De Gids* still exists, at present it publishes about political, historical and cultural subjects, as well as prose and poetry.

An analysis of the articles on mathematical and science subjects throughout the life of these periodicals would be a worthwhile research as these general journals were relatively successful and reached a large group of readers, both men and women.

3.3 Scientific-technological journals: the learned societies and academies

As already mentioned in paragraph 2.4, more or less regular gatherings of select groups with the aim to do research in a specialized field, such as sciences, mathematics, literature, bible studies, etc, were fairly common in the Dutch urban environment, even before the 17th century (Mijnhardt 1994), (Vermij 1993, 2003). Mostly these networks had a local character, though there might be an exchange of letters with correspondents abroad. Learned societies, established from the mid-18th century, also through private initiative but with a national and sometimes international membership published periodically. An inventory by Buursma (Buursma 1978) lists 40 learned societies, established in the Netherlands during the 18th century; about a quarter of them published on mathematical subjects or topics for which knowledge of mathematics was necessary. The Proceedings of these Dutch scientific societies can be seen as partly filling the space left open by the gradual disappearance of the "journaux de Hollande" (see paragraph 3.1). That is, they informed their readers, i.e., the members of the Society and others, about (some of) the developments in sciences and technology. However the emphasis was much more on technological aspects than it was the case with the learned journals. Not all scientific societies published about mathematics; if they did, it usually was about applications, such as geography, hydrology, astronomy, etc.

The Hollandse Maatschappij der Wetenschappen, established in Haarlem in 1752, is generally considered to be the oldest of these learned societies in the Netherlands. The *Verhandelingen uitgegeven door de Hollandsche Maatschappij der Wetenschappen* [Proceedings published by the Dutch Society of Sciences] were published by J. Bosch in Haarlem, from 1754. Most of the contributions were on scientific-technological subjects and medicine; usually there were also some articles on a mathematical topic in each volume. Moreover, in order to read some of the other articles knowledge of mathematics was necessary. In 1768 the list of members had 94 names, mostly from the Netherlands, but also from Berlin, Petersburg, Butzow, Vienna. Among those members were professors, medical doctors, government officials, nobility, mathematicians, surveyors, school directors, teachers, military, merchants, etc.

Several more scientific societies were created in the years that followed. For example the Zeeuws Genootschap [Society of Zeeland] started in 1765 in Vlissingen, with the Proceedings published by Pieter Gillisen in Middelburg. The Bataafs Genootschap der Proefondervindelijke Wijsbegeerte [Batavian

Society of Empirical Philosophy of Rotterdam] began in 1769 in Rotterdam. Its first Proceedings were published in 1774 by Reinier Aremberg in Rotterdam. The Bataviaasch Genootschap der Kunsten en Wetenschappen [Society of Batavia of Arts and Sciences] was established in 1778 by Jacobus Radermacher, an employee of the Vereenigde Oostindische Compagnie (VOC) in Batavia (at present Jakarta). Its Proceedings started to appear in 1779, published by Egbert Heemen, Batavia. Proceedings circulated among the societies' members and beyond. They might be sold by librarians, if there were excess copies printed and non-members could send texts to be published, on condition of acceptance by the editors. The Wiskundig Genootschap, established in 1778, will be discussed in 3.5.

These societies were established by groups of educated citizens, with the aim to circulate and improve knowledge about science, technology and/or mathematics. In the last quarter of the 18th century societies with educational objectives came into being. For example in Leiden in 1785 Mathesis Scientiarum Genitrix was established, a society which organised lectures for its members and instruction in arithmetic, mathematics, architecture, mechanics and drawing, for the sons of their members and also for nine orphans, selected from a local orphanage. It was a local society, however it published occasionally and irregularly a journal, on mathematical and science topics.

The Koninklijk Instituut van Wetenschappen, Letterkunde en Schoone Kunsten was established in 1808, on initiative of king Louis Napoléon. *The Proceedings* from the Science and Mathematics division of the Institute were published from 1812 onwards. In 1851 the Institute was replaced by the Koninklijke Akademie van Kunsten en Wetenschappen.

3.4 Scientific-technological journals: professional users of mathematics

During the 17th and 18th century it was not uncommon for mathematical practitioners to work sometimes as a surveyor and also as a teacher, or a mapmaker or a constructor of mills, or similar technical jobs, depending on the demand.

During the 19th century higher professional requirements and specific training through educational institutions resulted in more specialization. The first three Militaire Scholen voor Artillerie [Military Schools for Artillery], in The Hague, Breda and Zutphen, with the same curriculum for each school, were established in 1789; the Koninklijke Militaire Academie in Breda dates from 1828; the Koninklijke Academie voor burgerlijke ingenieurs en Oostindissche ambtenaren [Royal Academy for civilian engineers and civil servants for the East Indies] was located in Delft from 1842-1864; it was then replaced by the Polytechnische School [Polytechnic School], which in the 20th century became the Technische Universiteit Delft [Delft University of Technology].

During the 18th and early 19th century journals were published which aimed at both teachers and practitioners. In the course of the 19th century more and more scientific-technological journals for specific groups appeared, aimed at professional users of mathematics: merchants, military, engineers, naval officers or mathematicians in life insurance companies. A very early example of such a journal dates from 1768; *De Koopman* [The Merchant], a journal indeed for merchants only, published until 1776 by Gerrit Bom in Amsterdam. Its subtitle was *Weekelijksche bydragen ten opbouw van Neêderlands koophandel en zeevaard* [Weekly contributions to improvement of Dutch commerce and shipping]. Even though the publisher did not pretend the journal to be scientific, it had a role in the circulation of specialised mathematical knowledge for a community of practice. *De Koopman* contained economic-political articles and practical information, such as tables of currency and tables of weights. With regard to mathematics the topics were mainly within arithmetic: calculations with weights, measurements, currency, the relevance and art of bookkeeping, etc. It had some of the characteristics of the general journals of the 18th century and of professional journals of the 19th century.

The aim of the *Tijdschrift ter bevordering van nijverheid* [Journal for promotion of industry] was disseminating knowledge to promote agriculture, industry, crafts and commerce. The journal was published from 1832 to 1859 and was subsidized by the government in order to improve knowledge of technology and mathematics in industry and commerce. Among the editors was a mathematician, Gideon Verdam, who taught courses in technology and a few years later would become professor at the Universiteit Leiden [Leiden University]. The journal had a section with articles, a list of newly published books in Dutch, German, French and English and a list of new and withdrawn patents. Mathematics was inherent in articles on mechanical engineering, instruments, steam engines and other technological subjects. This was not the first journal promoted by the government; between 1801 and 1873 a journal for primary schools was subsidized by the government (see section 3.5).

Some journals for and by professionals are mentioned below.

The *Militaire Spectator* [Military Spectator] started life in 1832, four years after the establishment of the Koninklijke Militaire Academie. In 1848 the Koninklijk Instituut voor Ingenieurs [Royal Institute for Engineers] started publishing two periodicals; in 1869 these were combined into the *Tijdschrift van het Koninklijk Instituut van Ingenieurs* [Journal of the Royal Institute of Engineers]. In 1886 another periodical for engineers was published, *De Ingenieur* [The Engineer], a weekly with news, notices, articles, etc. The Polytechnische School in Delft published *Annales de l'école polytechnique de Delft*, from 1884-1897, with articles in French. The insurance mathematicians published *Archief voor de Verzekerings-wetenschap en aanverwante vakken* [Archive for the Science of Insurances and Related Subjects] from 1895-1919.

3.5 Specialised journals: teachers, practitioners, the Wiskundig Genootschap, student-teachers

The specialised periodicals may be divided into two groups. One group consists of publications of the Wiskundig Genootschap. The specialised journals appearing between 1779 and 1820 (figure 2) were mostly published by this Mathematical Society. The other group consists of journals aimed at teachers, initially including also practitioners.

The Wiskundig Genootschap was established in 1778 in Amsterdam by Arnold Strabbe, a mathematics teacher ("rekenmeester") and translator of mathematical textbooks, together with another mathematics teacher, a primary school teacher and a surveyor. All four initiators were members of the Mathematische Gesellschaft in Hamburg [Mathematical Society in Hamburg]. The Wiskundig Genootschap started as a Society of mathematical practitioners and teachers. From 1779, it published journals in Amsterdam, rather irregularly and under different titles, such as *Kunst-oeffeningen over verscheide nuttige onderwerpen der wiskunde* [Exercises on Several Useful Topics in Mathematics]. Engineers, military engineers and future university professors became active in the Wiskundig Genootschap during the first quarter of the 19th century, setting into motion the gradual development into a society for professional mathematicians, while attempting to preserve the connection with teachers. This development was noticeable in their journals as well; until 1875 they primarily addressed the members of the society, with an important place for problems and their solutions. From 1875 the *Nieuw Archief voor wiskunde* [New Archive for Mathematics] was published, a journal for all Dutch mathematicians, irrespective whether they belonged to the Wiskundig Genootschap, with David Bierens de Haan, professor in mathematics at Universiteit Leiden, as its editor-in-chief. Bierens de Haan recalled in the first preface famous Dutch mathematicians from the 17th century: Willebrord Snellius, who was professor at Universiteit Leiden from 1610-1626 and Christiaan Huygens. He thus emphasized that this was to be a journal for professional mathematicians, with articles on pure and applied mathematics, reviews and a bibliography. For the mathematical practitioners and similar members the Society published a separate journal with problems and solutions. From 1893-1934 the Society published *Revue semestrielle des publications mathématiques*, a French language journal for professional mathematicians, with a team of five editors, professors in mathematics at Dutch universities (Alberts & Beckers 2010). According to Alberts *et al.* this journal, together with the Higher Burgher School (HBS),[6] the new type of secondary school which from 1864 prepared for the Polytechnische School and for administration, facilitated the growth of a mathematical research community in the Netherlands (Alberts *et al.* 1999, 388). By the end of the 19th century the link with secondary education had become weak; the gap between mathematics teachers

---

6. Hogere Burger School.

in higher secondary education and professional mathematicians had widened and teachers were less inclined to join the Wiskundig Genootschap or read the *Nieuw Archief voor Wiskunde*. They started their own journal in 1904 (see below). Engineers had from the mid-19th century their own associations and journals (paragraph 3.4).

The first Dutch specialised journal, *Mathematische Liefhebberye* [Mathematical Pastimes], appeared in 1754, published by Pieter Jordaan in Purmerend; it was meant for teachers and amateurs (Krüger 2018). It was probably the first Dutch mathematics journal for teachers and also the first such journal in Europe (Gispert 2018). In the preface the publisher wrote:

> To all schoolmasters and lovers of ARITHMETIC in the Netherlands.
>
> I have added this Sheet, on MATHEMATICAL PASTIMES, to the monthly NEWS OF FRENCH AND DUTCH SCHOOLS, at the request of several Lovers [...] That is why some of them considered [...] that it would be appropriate to add something concerning, the ARITHMETIC and ALGEBRA, as these subjects are important, to the Persons, about whom will be reported in the French and Dutch News of Schools.[7]
> (Preface of *Mathematische Liefhebberye*, April 1754, translation by author)

Thus the intended readers were teachers at primary and advanced primary schools (see paragraph 2.3); as teachers of mathematics could well be mathematical practitioners and vice versa, practitioners were readers as well. Jordaan was aware that there was a great demand for mathematics among teachers, so he published *Mathematische Liefhebberye* together with the *Nieuws der Fransche en Duytsche Schoolen in Nederland* [News of the Dutch and French schools in the Netherlands], to improve the sale of his *News*. The inclusion of "lovers of mathematics" reminds us that in the 18th century most mathematical practitioners and teachers were autodidacts, which implied that you had in some way to like mathematics to make the effort to become skilled in mathematics. The journal attracted an active readership and published on a variety of mathematical topics, on different levels (Krüger 2019a). Its content was mainly in the form of problems and solutions, though occasionally some longer texts were published as well. An important feature was the section with questions and solutions of the comparative examinations for teaching posts in various towns. *Mathematische Liefhebberye* was published until 1769; the four initiators of the Wiskundig Genootschap belonged to the more active readers.

From 1801 the government subsidized a journal for primary education, *Bijdragen tot bevordering van het onderwijs en de opvoeding* [Contributions to the promotion of teaching and education], usually named *"Bijdragen"* (Beckers 2003). In this journal topics relevant for modern primary education

---

[7]. Aan alle schoolmeesters en beminnaaren der *REEKENKOMST* in Neederland. [...] Dat ik dit Blaadje, over de MATHEMATISCHE LIEFHEBBERY, bij het maandelijks NIEUWS DER FRANSCHE EN DUYTSCHE SCHOLEN gevoegt heb, is op verzoek van verscheiden Liefhebbers.[...] Daarom waaren eenige van Oordeel [...] dat zeer gepast iets raakende, de REKENKONST en ALGEBRA daar by moeste gevoegt worden, dewyl deze stoffe veel betrekking heeft, op de Perzoonen, waar van in't *Frans en Duyts Nieuws der Schoolen* [sic]gesproken word.

were discussed, for instance suitable textbooks, also for arithmetic. From the first quarter of the 19th century, specialized mathematics journals had a role in the professionalisation of teachers in primary and advanced primary education. Gispert (2018) points out the relevance of journals for primary school teachers as a rich source for research on the history of mathematical education, illustrating this through two Italian journals, founded at the start of the 20th century by the mathematician Alberto Conti and meant for teacher training institutes students and primary school teachers.

In the Netherlands the publication of journals for primary school educators started earlier and the initiators were not university professors, but teachers of mathematics, at educational institutions, schools or at the military academy. The demand for these journals was stimulated by several factors. The structuring of national primary education, the requirement to obtain certificates for teaching, which meant passing exams in mathematics, the strong pressure on teachers to join the regional teacher societies, the encouragement to use modern teaching methods and content, the absence of teacher training institutes, all this contributed to the relative popularity of these journals (Krüger 2019b). Probably the first one was *Tijdschrift ter Bevordering der Mathematische Wetenschappen* (TBMW) [Journal to Promote the Mathematical Sciences], published from 1823 to 1828 (Table 2, column 3 and 4). Remarkably, like its 18th century predecessor, it was published in Purmerend, by Jan Pietersz Bronstring. The editor, Jan van Cleeff, was a teacher of mathematics and navigation at the Akademie van Teken-, Bouw en Zeevaartkunde [Academy of Drawing, Architecture and Navigation] at Groningen, since 1822. See Table 2 for examples of more journals for primary educators and the abbreviations used here. These divide into three categories: general mathematics, arithmetic only, arithmetic and algebra and geometry together.

The journals for teachers often have lists of subscribers in the volume of the first year (column five and six in table 2). Many subscriptions were for booksellers, who passed the journal on to their customers (**bs**, the fifth column). The remaining subscriptions were for named persons, often with a profession attached to the name (**np**, the sixth column). The last two columns give respectively the percentage of subscriptions by persons in education (teachers, assistant teachers, teacher societies, inspectors) and the percentage of people with other professions mentioned, the percentages are taken from **np** (the subscriptions by name, excluding booksellers). The remainder (not given here) consists of people who did not give their profession.

Problems and their solutions, preferably sent by readers, still were the preferred format in nearly all these journals; it was a method to engage and hold on to readers. However, on closer inspection, there were interesting differences between the various journals for primary education.

TBMW and its successor *Bijdragen tot de beoefening der zuivere wiskunde* (BBZW) [Contributions to the Practice of Pure Mathematics] (1829-1833),

Table 2: Subscriptions to mathematics journals for teachers;
bs=booksellers, np=named persons. Percentages relative to np.

Table Mathematics content	Journal Abbrev.	Year Start	Year End	Subscribers bs	Subscribers np	Occupation Educators	Occupation Others
General	$TBMW^1$	1823	1828	62	205	71%	7%
	$BBZW^2$	1829	1833	223	193	51%	16%
Arithmetic	MR^3	1828	1835	509	791	61%	7%
Arithmetic, algebra, geometry	$TRSM^4$	1839	1842 (1847)	264	292	74%	6%
Applied arithmetic	TTR^3	1850	1852	158	134	43%	8%

[1] *Tijdschrift ter Bevordering der Mathematische Wetenschappen*
[2] *Bijdragen tot de beoefening der zuivere wiskunde*
[3] *Magazijn voor de rekenkunst*
[4] *Tijdschrift voor reken-, stel- en meetkunst*
[5] *Tijdschrift der toegepaste rekenkunst voor onderwijzers en gevorderde leerlingen*

could both be called a general mathematics journal, that is to say they contained many different mathematical topics, though fewer than had been the case in *Mathematische Liefhebberye*. There were many problems on algebra, arithmetic, logarithms, geometry and also problems on (spherical) trigonometry and some differentiation, using Leibniz' notation. In *BBZW* similar topics were found, but the content was structured into three sections: problems and solutions, lists of new publications (books and journals) and Miscellaneous. This last section contained instructive texts on mathematics, for example on descriptive geometry, formulas, proofs, articles from foreign journals and biographies of mathematicians. The editor was a former subscriber to *TBMW*, Hendrik Strootman, since 1828 professor of mathematics at the Koninklijke Militaire Academie in Breda.

At least 71% of the named subscriptions for *TBMW* were by people in education, including 17 teacher societies, which obviously would count for a multiple of 17 persons. 7% of subscribers mentioned other professions. For *BBZW* the total number of subscriptions increased compared to *TBMW*, the percentage of educators decreased and the percentage of other professions increased.

Magazijn voor de rekenkunst (MR) [Magazine for Arithmetic] attracted in the first year 1300 subscribers, much more than any of the other journals on arithmetic. It was a journal for beginning (assistant) teachers and advanced pupils in primary education. As assistant teachers were often recruited from the brighter pupils, they may be considered to belong to the same group as advanced pupils. The aim of the editor was to provide more practical exercises, to remedy the lack of competence of pupils to solve problems from daily life. This perceived lack of competence was caused, in the opinion of the editor, by the emphasis on theory at the cost of practice in the present arithmetic instruction. There were three sections, all with problems and solutions: problems sent by the readers, problems from a modern arithmetic method, explained by an expert (during the first year H. Strootman) and problems in the form of riddles, about the theory. It was a clever mix of engaging the subscribers and dispersing modern teaching content. *MR* and *BBZW* coexisted for some years. A first comparison of the list of subscribers to *BBZW* with the list of *MR* shows little overlap. About 4% of the subscribers to *BBZW* are also in the list of subscribers to the first issue of *MR*, mainly teachers in primary and private schools. It seems likely that the group of subscribers to *MR* differed with regards to teaching level or occupation from the subscribers to *BBZW*. Further analysis of the lists of subscribers and authors of both journals would be necessary for verification of this assumption. Note that at least during the first year of *MR* the future editor of *BBZW* was a co-operator of *MR*.

Tijdschrift voor reken-, stel- en meetkunst (TRSM), a journal which offered problems in arithmetic, algebra and geometry, was meant for new and for more experienced teachers. These were topics for primary and advanced primary education. The format consisted of problems and solutions, as well as instructive articles, e.g., on spherical trigonometry, probability, surveyors' instruments and biographies of famous engineers. At least 74% of the named subscribers worked in education. In 1843 the publisher continued with the journal as *Nieuw Tijdschrift voor reken-, stel- en meetkunst* [New Magazine for Arithmetic, Algebra and Geometry], probably with a new editor, but continuing the format.

One of the later journals was *Tijdschrift der toegepaste rekenkunst voor onderwijzers en gevorderde leerlingen (TTR)* [Journal of Applied Arithmetic for Teachers and Advanced Pupils]. The title page stated that this was a journal for "teachers, advanced pupils, farmers, builders, stonemasons, carpenters, painters, shipbuilders, etc., and furthermore for all lovers of useful arithmetic". Evidently this journal was intended for those who used practical mathematics in their work, and teachers who prepared their students for those crafts, mainly teachers in advanced primary and French schools. The editor, who remained anonymous, opposed the high level of accuracy and the rigour of calculations in schools, which contrasted with the situation in real life. In work situations one had to be able to give a quick approximation, to work fast and produce useful answers in calculations, as opposed to exact answers. Three teacher societies subscribed, bringing the percentage of subscriptions from educators to at least 43%.

The variety in journals, of which we have seen a few examples, reflected the heterogeneous population of teachers and the diversity in primary schools, caused partly by the lack of a structure for secondary education. Virtually all these journals from the first half of the 19th century were not only subscribed to by teachers and teacher societies (the intended readers), but also by users of mathematics in other occupations: military, farmers, skippers, water management, notaries, tax officers, lawyers, etc. Not because many teachers were also attempting to work as mathematical practitioners, as had been the case in the 18th century; apparently there was a widespread need amongst people in different situations to become more skilled in arithmetic and elementary mathematics. The journals for professionals (paragraph 3.4) which started to appear in the 1830s, presupposed a higher level of mathematical skills than the journals for primary schools.

After the middle of the nineteenth century the number of mathematics journals for primary school teachers decreased, possibly because knowledge about mathematical teaching content and teaching methods had spread through the profession. There may be other reasons as well, but no research results on this issue are known. By the end of the century journals for secondary school teachers started to appear, following the success of secondary schools with a prescribed curriculum, after 1864. It is interesting to observe that the course of events with regard to journals for educators in the Netherlands differed so much from France, a country which was sometimes seen as exemplary for education. In France a first mathematical journal for education appeared in 1842, *Nouvelles annales de mathématiques*, intended for teachers and students preparing for the entrance exams of the Écoles Polytechnique and Normale (Rollet & Nabonnand 2013, 15–18). In the Netherlands the first mathematical journals for educators in the 19th century were meant for primary education and appeared earlier.

Though in the Netherlands an exam like the mathematical *tripos* at Cambridge University was unknown, there was during the 19th century a large increase in the number of examinations required, due to the growth of educational institutes: secondary schools, training for professions, the military Academy and other military schools, the Polytechnische School. So a journal specifically for those who studied for mathematics examinations appeared in 1886. Its title was *De vriend der Wiskunde* [The Friend of Mathematics]; the main focus was on students for a mathematics degree for lower secondary education. The editor was A.J. van Breen; it was published by Blom & Olivierse in Culemborg (figure 5). This journal published questions of several written examinations, amongst others of the HBS, gymnasiums (grammar schools), and entrance exams to the Koninklijke Militaire Academie, the military school at Willemsoord, the School voor Diergeneeskunde [Veterinary School], the mathematical propaedeutic university exam and the exams for the mathematics teacher degree for lower secondary education. There were also articles on topics from school mathematics and on history of mathematics, and there was a limited bibliography of Dutch publications.

The *Wiskundig Tijdschrift* [Mathematical Journal], published from 1904-1921, was the first journal for mathematics teachers in higher secondary education, with three teachers from the HBS as initiators and editors, F. J. Vaes, C. Krediet and N. Quint. The publisher was also & Olivierse. The purpose of the editors was to encourage cohesion between the mathematics teachers and to let inexperienced colleagues benefit from the knowledge of experienced teachers, which was also a goal of *Mathematische Liefhebberye* in the 18th century. The content consisted of articles, from Dutch authors and authors abroad, about mathematics, history of mathematics and pedagogy, problems and solutions, questions from exams of various institutes, questions from readers and book reviews (Krüger 2017). The Wiskundig Genootschap gave some financial support for the journal (Alberts & Beckers 2010).

4 Publishers: the dynamics of their geographical distribution

Authors and editors, publishers, printers and booksellers interacted with each other and with the readers in the production and distribution of journals. Sometimes the roles of publisher, bookseller and printer were combined in one person, more and more often specialisation took over in this area as well. Publishers were willing to take a financial risk, hoping to make some profit. The dynamics of the publishers' geographical distribution, the regions where they moved to, may represent additional information about the processes behind the circulation of mathematics through journals.

The location of publishers in the Netherlands for journals in the CIRMATH database (first year of publication)[8] during 1680-1820 and 1820-1920 is represented in the figures 3–5 below.

During the whole period Amsterdam was a strong magnet for publishers, but it was by far not the only town where publishers settled. During the 17th and the 18th century (figure 3) other major towns near the west coast counted many publishers as well. The "journaux de Hollande" and other learned journals were all published in the larger towns in the west of the country, where the well-educated immigrants from France and England tended to gather: Amsterdam, The Hague, Leiden and Rotterdam. Later in the 18th century, the learned societies which were sufficiently large, with the means to publish proceedings, were mainly found in the same towns and also in Middelburg in the south-west. Curiously, a smaller town, Purmerend, was also a place for some publishing activities concerning mathematics. It was a town where well-known mathematical practitioners and authors, and an informal science group were situated. That might explain why *Mathematische Liejhebberye* was published in Purmerend, there was an active group of mathematical practitioners and teachers in the area.

---

8. Some journals went during their lifetime to a publisher in a different town, for a variety of reasons.

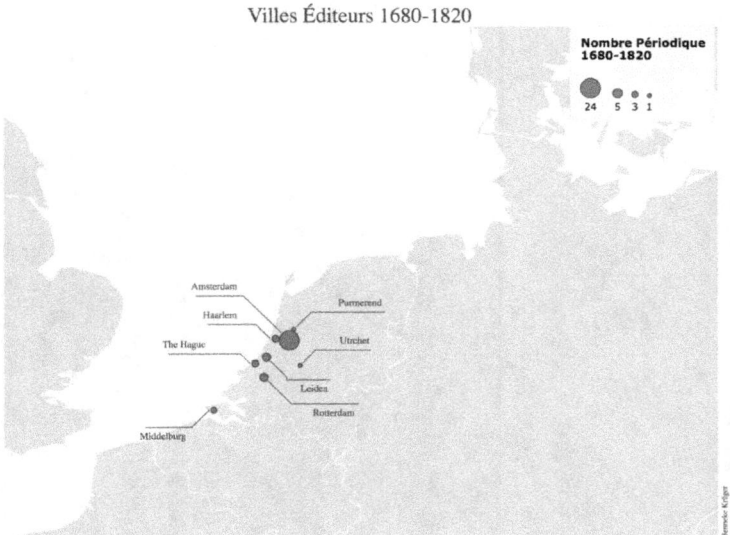

Figure 3: Towns with publishers of journals circulating mathematics before 1820, diameter of circle indicates numbers

basemap from GISCO – Eurostat (European Commission) Jenneke Krüger (made with Khartis)

After 1820 the publishing landscape expanded, perhaps reflecting the expanding industrialisation, commerce and economy (figure 4). Publishers of journals, also journals with information on mathematics, were more often found in many smaller towns more to the east, the south and the north of the country.

However, many of those journals were of the specialized type, publishing on mathematical topics only and of those many of them were aimed at teachers (figure 5). Thus this expansion of publishing locations may in part also reflect the changes in the educational landscape. In the 18th century, and before schools were under local supervision, the quality of teachers and teaching was extremely varying, combined with low pay and often a very low social status of primary school teachers. From the early 19th century there were strong efforts to establish a robust national curriculum for primary schools. This was combined with a balanced geographical distribution of the schools, professional requirements for all primary school teachers, with regards to mathematics, and a strive to modernize teaching through regional teaching societies (paragraph 3.5).

5 Concluding remarks

Looking back at the Dutch Republic of the 17th century, the conditions for publishing journals on mathematics seemed favourable. There were many

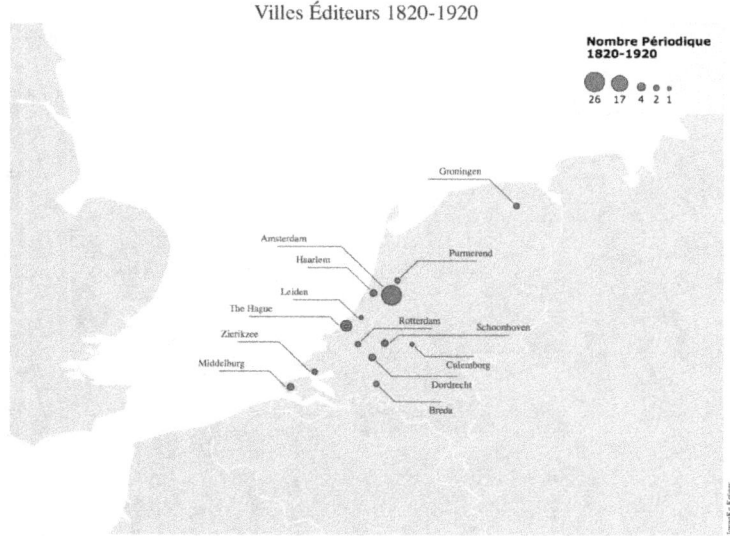

Figure 4: Towns with publishers of journals circulating mathematics after 1820, diameter of circle indicates numbers

basemap from GISCO – Eurostat (European Commission) Jenneke Krüger (made with Khartis)

publishers; Bierens de Haan (1883) lists numerous publishers who were in business in the 16th and 17th century, in Amsterdam, Leiden and many other towns. A relatively large part of the population was literate. People could and did read; not only the Bible but many other books and also news sheets. Mathematics was considered a valuable skill for many practices; in that respect it was more an art than a science. However, under influence of authors such as Nieuwentijt the idea that mathematics could be seen as a science as well, gained influence, also through the informal networks where these and other topics were discussed. The appearance of journals, publishing on sciences, including mathematics, was one of the results of these societal developments. Other countries had set an example. However, the question remains which role these journals had in the Netherlands with regards to the circulation of mathematics. How much information is to be found about this?

The answer to the question in the Introduction *(What can we learn about the role these journals and the actors involved, had in the circulation of mathematics in the Netherlands?)* must necessarily be: *Very little.* Nevertheless, some aspects have become clearer.

In the Republic the first journals to publish on mathematics were the learned journals and within that group the "journaux de Hollande". They presented mathematics as a science, not as an art for practical work; after all the French and English editors and publishers intended to inform about and

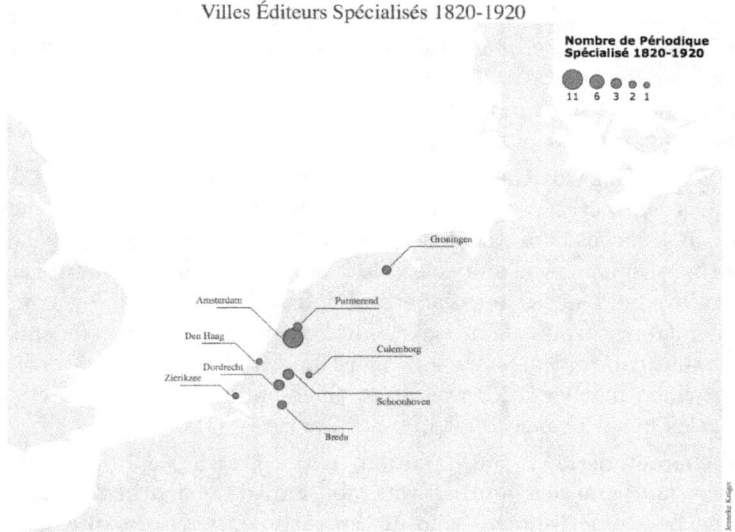

Figure 5: Towns with publishers of specialized journals on mathematics after 1820, diameter of circle indicates numbers

basemap from GISCO – Eurostat (European Commission) Jenneke Krüger (made with Khartis)

discuss developments in all sciences, not primarily about practical matters. One could say that the many immigrants, which had been attracted to the Dutch Republic from its beginnings, spread the knowledge and the use of technology and mathematics in the 16th and early 17th century; during the 17th and early 18th century, they facilitated the dissemination of scientific knowledge. Thus they took part in stimulating the economy as well as the intellectual life. Perhaps not very surprisingly the Dutch language learned journals analysed for this chapter wrote more about mathematics in practices, in this respect they differed somewhat from the French language journals we analysed here, which published more on developments in mathematics (3.1). The Dutch language journals remained close to the sphere of interest of their prospective readers. These were more or less regularly reminded of the relevance of mathematics for many practices and also for science.

It is worth reminding that at least some Dutch people read periodicals from abroad. Scientists had access to scientific journals such as *Acta eruditorum* and *Philosophical Transactions*. Teacher-practitioners had access to British, German and French publications, judged by the references in the *Mathematische Liefhebberye*. For example periodicals such as *Ladies' Diary* and the publications of the Mathematical Society in Hamburg were mentioned by readers of *Mathematische Liefhebberye*.

The general journals (3.2), aiming at a wider audience, may have presented mathematics as a form of recreation or have informed their readers about some mathematical topics. An inventory of some of these journals is necessary to become better informed about the view on and the perceived role of mathematics expressed in them.

The Proceedings of the learned societies in a sense replaced the learned journals, as they strove to inform their educated readers about new developments in sciences and technology (3.3). However, they published more on scientific-technological subjects and they had a different editorial format: mainly essays and notes by readers and treatises inspired by competitions about medical or technical subjects. The societies regularly published articles on mathematical topics, such as logarithms and on scientific-technological topics in which mathematics was used, thus emphasizing the practical use of mathematics in science, technology and practices.

It is characteristic of the situation in the Dutch Republic that the first specialised mathematics journal was not aimed at mathematical scientists but at teachers-practitioners, who in the 18th century formed a much larger, rather enterprising and ambitious group than the mathematical scientists at universities and other institutes for higher education. It is interesting to mention that the present Koninklijk Wiskundig Genootschap had its origin within this group of teachers-practitioners.

The dynamics of the educational landscape in the first half of the 19th century induced the publication of many mathematics journals. Many of those journals disseminated the governmental view on what mathematics should be taught and the goals of primary mathematics education, confronting the readers with a more modern style of mathematics, modern authors and "new" developments in mathematics. One also finds journals in which different opinions on goals and content of mathematics education were expressed. These journals are at the beginning of a new type of mathematics: school mathematics, they played a role in the instruction of new teachers, the modernization of mathematics education and, during the first half of the century, they were perceived by citizens as a means to improve their skills in elementary mathematics.

It is worthwhile to contemplate differences with other countries and look for causes. The Dutch constitution, from around 1800, adopted the French structure of primary, secondary and higher education. In contrast to the French situation, regulation of primary education was seen as a priority; consequently a great many teachers were needed and had to be trained in the desired modern methods and teaching content. Journals could be a relatively cheap and quick way to reach many teachers, in combination with other methods. Here again unlike in France, secondary education was only regulated after 1860; until 1864 there were no national requirement for teachers of mathematics in secondary education. Entrance and final examinations became gradually more common during the 19th century. That may explain why it took so long before mathematics journals for those preparing for exams and for teachers in secondary schools appeared. In France the appearance of *Nouvelles annales de mathématiques* in 1842 was the start of mathematics journals intended for those preparing for examinations and thus teachers and students in secondary education. It is very likely that in the French system these examinations were seen as far more important than in the Netherlands. It would be interesting to look further into these differences between countries with comparable educational structures.

The first journal for mathematics teachers in (higher) secondary education appeared in 1904, exactly 40 years after the law on secondary education introduced the HBS, the main new type of secondary school. These mathematics teachers had a university or polytechnic background or the equivalent. In this journal the emphasis was on teaching content, mathematical subjects suitable for secondary schools.

From about 1830, a variety of mathematics journals for professional users of mathematics were published: for industrialists, for engineers, for military, astronomers, the marine, etc. The periodicals of the learned societies and of the Koninklijke Akademie van Kunsten en Wetenschappen continued as well. This variety also reflects the gradual division of professionals into recognizable groups, with specialized mathematics circulating mainly within their own group.

The rich variety of journals publishing on or even dedicated to mathematics from the late 17th to the early 20th century are an indicator for the fact that mathematics in Dutch society was viewed as somehow relevant. At one time or another, mathematics was viewed as a practical tool, as a way to gain insight in the Creation, as a method to improve the mind's working, as a cultural endeavour one could discuss. From the early 19th century, skills in elementary mathematics became necessary for all citizens, marking the start of the development of school mathematics. Also in the 19th century the distinction between mathematics as a science, studied and further developed by mathematicians at universities, and mathematics used by engineers and in various other professions became more pronounced. Each of these aspects is represented in one or more journals, mirroring developments in Dutch society.

Chapitre 7

Language Use in Russian Mathematics Journals

CHRISTOPHER D. HOLLINGS

1 Introduction

The language in which (mathematical) journals are published is of course intimately linked to their circulation, and can give us an impression of how their editors see the journals as fitting into the wider literature and whom they want to address. Simply put, journals that appear in widely known languages will tend to reach a broader readership (all other things being equal) than those published in languages whose geographical range is more limited. Russian mathematical journals appear as an interesting case, for while the Russian language can hardly be said to be limited in geographical scope, its use has largely been confined to the former Russian Empire, and to the USSR, particularly as an academic language. Thus, although Russian certainly served, for instance, as a *lingua franca* within the Soviet bloc during much of the twentieth century, its accessibility in, say, Western Europe and North America was rather more restricted.[1]

From the early decades of the eighteenth century, when a Russian academia first started to form, it was recognised that if such a community were to interact effectively with universities and academies elsewhere in Europe, then it ought to adopt a widely known academic language, hence we find that the early journals of the Russian Academy of Sciences appeared in Latin. At the beginning of the

---

1. Knowledge of Russian in China, on the other hand, seems to have been a little better during the second half of the twentieth century, almost certainly for political reasons. However, we do not attempt to go into this here, as we have no evidence that any Chinese language has ever been employed in a Russian scientific journal.

Ph. Nabonnand, J. Peiffer, H. Gispert (eds.), *Circulation des mathématiques dans et par les journaux: histoire, territoires, publics*, 223–244.
© 2025, the author.

nineteenth century, this gave way to French, and by 1900 German and English were also in use in Russia as languages for the communication of mathematics; Russian too had also established itself as an academic language by this point.[2]

With the start of the Soviet era, the range of languages available to Russian mathematicians became particularly relevant, given the prominent position in which the Bolsheviks placed science, coupled with their desire to show off Soviet scientific achievements on the international stage. It was important that mathematicians outside the USSR should be able to read the work of their Soviet counterparts. Indeed, this had already been the case for some time, thanks to the widespread habit of Russian mathematicians of not only publishing their work in Western European languages, but of publishing it outside Russia. In the 1920s, however, a concerted effort was made to establish Soviet journals of international standing—the use of Western European languages was the natural way in which to secure the engagement of foreign mathematicians in these journals, either simply as readers, or else as contributors. However, as we shall see, political forces had put an end to this practice by the end of the 1940s.

In this chapter, we will look briefly at the use of different languages in Russian mathematical publications of the eighteenth and nineteenth centuries (Section 2), before considering the changing policies of the twentieth century. As an example of Soviet language policy in mathematical publishing, we will focus much of our attention on the journal *Matematicheskii sbornik* (Математический сборник = *Mathematical Collection*), whose history we sketch out in Section 3. In Section 4, we will consider the distribution of different languages used in *Matematicheskii sbornik* between 1922 and 1947, not only for the articles, but also for the foreign-languages abstracts that were a core feature of the journal during these years. We will also comment briefly on the affiliations of the authors contributing to *Matematicheskii sbornik*, noting those who came from outside the USSR. We will round off our rough analysis of languages in Soviet mathematical journals in Section 5 by briefly considering three further journals that serve to bring out key features of the study. In Section 6, we offer some broad conclusions, and pose further questions.

This chapter is not intended as a comprehensive survey of Russian mathematical journals, on which subject much work remains to be done. Likewise, in the treatment of *Matematicheskii sbornik* and of the language policies of the twentieth century, we make no pretensions to completeness. Instead, we present the beginnings of a quantitative approach to this topic, and flag up what we believe to be interesting questions that might yet be asked within a more contextualised setting.[3] In particular, we highlight the

---

2. On the languages of mathematics more generally at this time, see (Gray 2002). On science and language more broadly, see (Chartier & Corsi 1996) and (MacLeod et al. 2016).

3. Indeed, the spirit of this chapter is to carry out the same kind of analysis of a Russian journal as (Kümmerle 2018c) has provided for the Japanese *Tôhoku Mathematical Journal*. Most of the articles in the latter appeared in languages other than Japanese, with a large

limitations of the numerical approach for drawing firm general conclusions, but emphasise its value for suggesting further lines of enquiry.

2 The first Russian academic journals

The beginning of journal publication in Russia came shortly after the foundation of the Academy of Sciences in St Petersburg in 1724.[4] Peter the Great's goal in founding the Academy had been to create a body that mirrored those already existing in Western Europe. Since the publication of academic journals had become the established practice of such bodies, with, for example, the *Mémoires de l'Académie royale des sciences de Paris* or the British Royal Society's *Philosophical Transactions*, it was natural for the new St Petersburg Academy to create a journal of its own: the *Commentarii Academiae Scientiarum Imperialis Petropolitanae*, the first academic journal in Russia, was therefore launched in 1726. Like its counterparts in other countries, this was a general "scientific" journal that published articles on "science" in its broadest possible sense; the first volume is divided into three "classes": mathematical, physical, and historical. Thus, although the journal carried many mathematical articles during its period of publication, it was not an exclusively mathematical journal—the first such journal in Russia was in fact the one that we will discuss in detail in Section 3: *Matematicheskii sbornik*. We note that all of the papers published in the *Commentarii* during its early years were by foreign scholars (Vucinich 1984, 11)—a point that we might contrast with the findings later in this chapter.

Commentarii Academiae Scientiarum Imperialis Petropolitanae	1726–1746
Novi Commentarii Academiae Scientiarum Imperialis Petropolitanae	1750–1776
Acta Academiae Scientiarum Imperialis Petropolitanae	1777–1782
Nova Acta Academiae Scientiarum Imperialis Petropolitanae	1783–1802
Mémoires de l'Académie Impériale des Sciences de St. Pétersbourg, avec l'Histoire de l'Académie	1803–1916?

Table 1: The first journals of the Russian Academy of Sciences; information from the Euler Archive http://eulerarchive.maa.org/ (last accessed 19th July 2019).

---

proportion by foreign authors. Kümmerle also considered the career stages of the authors in the *Tôhoku Mathematical Journal*, but we do not currently have the necessary information to be able to do this in the Russian case.

4. On the foundation of the Academy, see (Vucinich 1984, Chapter I); on mathematics in Russia during this period, see (Gouzévitch & Gouzévitch 2009).

After 14 volumes spread over 20 years, the *Commentarii* came to an end and was replaced by the *Novi Commentarii* as part of an effort to deal with the disorganisation that had accompanied the publication of the *Commentarii*. These were the first two journals in a succession of publications that the Academy of Sciences would go on to issue: the titles of the relevant journals are given in Table 1. We note that the languages of the titles of the journals in Table 1 are representative of the languages of their contents. In deference to the widest-used academic language of the early eighteenth century, Latin had been chosen as the language of the *Commentarii*; Russian was not deemed to be a literary or academic language at this stage,[5] and so the Russian Academy did not elect to mirror the Royal Society or the French Academy of Sciences in publishing in the vernacular. Indeed, to have done so would have undermined the goal of making connections with academies outside Russia. The use of Latin continued through the *Commentarii*'s three successor journals, but with the major restructuring of the Academy that took place in 1803, the new reality of French as the dominant scientific language in Europe was acknowledged by the switch to that language in the newly established *Mémoires*.

As in other aspects of life in Russia in the nineteenth century, French became a widely used scientific language, and often the language of choice when publishing academic works. Looking beyond the Academy of Sciences, we note that the Society of Naturalists, established in 1805 and now one of Russia's oldest extant learned societies, published its *Bulletin* in French. Later in the century, when the Academy of Sciences founded a new journal, *Izvestiya Imperatorskoi Akademii nauk*,[6] this too was frequently referred to by the French title *Bulletin de l'Académie Impériale des Sciences*, although its content was largely in Russian, with some French, German, and English. We will comment further on *Izvestiya* in Section 5.1. The use of French also extended to other forms of publishing: when the first volume of the collected works of P. L. Chebyshev (1821–1894) was published in 1899, for example, it appeared in French.[7]

By the start of the twentieth century, a range of Western European languages were appearing in Russian scientific journals: alongside the occasional residual paper in Latin in certain disciplines (see Section 5.1), French, German and English were in regular use, as was Russian, which had by this stage established itself as an academic language: certainly a language in which mathematics was being communicated (see Section 3). A full analysis of the

---

5. The Academy did, however, publish some short scientific newspaper articles in Russian, aimed at a general readership (Vucinich 1984, 11–12).

6. Извѣстія Императорской Академіи Наукъ = *Proceedings of the Imperial Academy of Sciences*. The journal later became the *Proceedings of the Academy of Sciences of the USSR*, and is now the *Proceedings of the Russian Academy of Sciences*. A specifically mathematical series of the journal has been published since 1937.

7. This was largely because most of the papers in the collection had in fact originally been published in French, in journals outside Russia, such as Liouville's journal.

range of languages employed in Russian, and later Soviet, (mathematical) journals would require a broader dataset than we have available. Indeed, the variety of mathematical journals that appeared and disappeared in the Soviet Union during the twentieth century at the USSR's numerous universities, institutes, and academies, can seem somewhat bewildering.[8] In the absence of a full list, we instead confine our attention to a small selection, with a particular focus on the first Russian journal devoted exclusively to mathematics: *Matematicheskii sbornik*.

3 *Matematicheskii sbornik*

There are two principal reasons to take the journal *Matematicheskii sbornik* as our main example for the use of foreign languages in Russian journals. The first is that it displays a varied range of language policies over a well-defined, but quite short, period. The second is more practical: *Matematicheskii sbornik* is an easy journal to study, since its full historical archive is freely available online,[9] which makes the necessary data-gathering particularly convenient.

Fuller histories of *Matematicheskii sbornik* are available elsewhere,[10] so we refer the reader to these, and confine ourselves here to a few very brief remarks. The year 1864 saw the foundation of the Moscow Mathematical Society (Demidov *et al.* 2016), and it was under the auspices of this new association that the first volume of *Matematicheskii sbornik* was published in 1866. That *Matematicheskii sbornik* was intended, at least initially, as a purely *local* concern may be seen in the fact that of the 13 authors of papers in the journal's first volume, all but one lived in Moscow.[11] Another point that we may observe from the contents of volume 1, but which we will not explore any further in the present chapter, is that a great range of mathematical topics was represented: *Matematicheskii sbornik* was not to be a journal that focused on any one area of research.

During the first decades following its foundation, the pages of *Matematicheskii sbornik* consisted largely of mathematical communications, but also carried a range of other materials, including biographical articles, the statutes of the Moscow Mathematical Society, records of society activities, and very occasional historical notes, book reviews, and problems. During this time, the geographical spread of authors also expanded: although authors from Moscow still dominated, other cities within the Russian sphere of influence

---

8. A long list of current journals, some with historical digitised archives, may be found at http://www.mathnet.ru/ (last accessed 9th July 2019). A useful list of Soviet mathematical journals of the 1920s can be found at the end of volume II, fascicle I (1928) of *Zhurnal Leningradskogo fiziko-matematicheskogo obshchestva*. A list of journals (not just mathematical ones) published by the Academy of Sciences as of 1953 can be found in (Vucinich 1956, Appendix III). See also (Steeves 1962) for further lists of Soviet mathematical journals of the 1950s.
9. At http://www.mathnet.ru/msb (last accessed 8th July 2019).
10. See (Lyusternik 1946), (Demidov 1996) and, more recently, (Demidov *et al.* 2018).
11. The exception was P. L. Chebyshev, who lived in St Petersburg.

were increasingly represented: volume 21 of 1900, for example, contained papers from authors in St Petersburg, Kiev, and Warsaw.[12] One thing that did not change, however, was the language of publication: with only one or two exceptions, this remained Russian throughout. It has been suggested that the nationalistic outlook of some of its editors—N. V. Bugaev (1837–1903), in particular—may have played a role in the journal's language policy (Svetlikova 2013, 24). It seems that during the later years of the nineteenth century, opinion was divided as to what direction *Matematicheskii sbornik* should take in its language policies, with Bugaev arguing strongly for the continued use of Russian:

> he who does not respect his native language, does not respect himself and does not deserve the respect of others. When serious works are published in Russian, then foreigners themselves will start to engage with our language: if they do not, then they will lose, since we will know more of them.[13]

In any event, Russian appears to have been a perfectly natural choice for a journal that had by 1900 become a national mathematics journal for the Russian Empire; as (Demidov *et al.* 2018, 1093) note:

> *Matematicheskii Sbornik* was mainly intended to promote the development of mathematical research and mathematical culture in Russia.

From the end of the nineteenth century, *Matematicheskii sbornik* was visible on the international mathematical stage to at least a small degree. For instance, it was regularly exchanged with other mathematical periodicals, such as *Mathematische Annalen* and *Acta mathematica*, and from 1894 each volume carried a French translation of its contents page (Demidov *et al.* 2018, 1094). Nevertheless, active foreign involvement in the journal was rare, and was usually confined to the printing of letters. The situation changed at the beginning of the 1920s, however, under the editorship of D. F. Egorov (1869–1931). In fact, Egorov had been editor since 1906, but it was only in the changed climate following the First World War, the October Revolution, and the Russian Civil War that a new approach to the journal was called for: Egorov sought to place *Matematicheskii sbornik* at the heart of the Soviet mathematical community, and its reconnection with international mathematics. The key to transforming the journal into a forum via which Soviet mathematicians could be

---

12. It was only in 1923 that the journal began explicitly to record the addresses and/or affiliations of its authors. An analysis of the geographical spread of authors prior to this date would therefore require a detailed study of the individual authors in order to fill in the missing information.

13. "кто не уважает своего родного языка, тот самого себя не уважает и не заслуживает уважения других. Когда на русском языке станут печататься серьёзные работы, то иностранцы сами начнут заниматься нашим языком, если же они этого не сделают, то в потере будут они, так как мы будем знать больше их" (quoted in Gnedenko 1946, 156). Several decades later, we find similar remarks from Western authors, raising the concern that whilst Soviet authors could easily read Western scientific literature, much of the Soviet literature was inaccessible to Western readers (see, for example, Hollings 2016, 63).

kept abreast of developments outside the USSR, and could in turn communicate their own results more widely, was of course the opening up of the journal to languages other than Russian. Volume 31, covering 1922–1924, carried a total of 50 articles, of which twelve were in French and one in English; all the foreign-language papers featured a Russian summary, and most of the papers in Russian had an abstract in French, German or English also. This use of Western European languages in *Matematicheskii sbornik* was to continue until the second half of the 1940s.

Against the backdrop of the reorganisation of the Moscow Mathematical Society (and the removal of Egorov) at the beginning of the 1930s (Demidov et al. 2018, 1097 ff.), the securing of the position of *Matematicheskii sbornik* as both a national and international mathematical journal was taken forward with renewed vigour. It was proposed to rename the journal *Sovietskii matematicheskii sbornik*, although this change was never made. Nevertheless, a strident editorial of 1931, headed "Soviet mathematicians, support your journal!" ("Советские математики, поддерживайте свой журнал!": Anon 1931b), struck a suitably nationalistic tone. It criticised the common practice of Soviet mathematicians publishing work—their "best work",[14] it claimed—in foreign journals. Moreover, it challenged the view that such a practice was necessary for the international visibility of Soviet mathematics. On the contrary, the editors asserted that

> scattered throughout journals in Germany, France, Italy, America, Poland, and other bourgeois countries, Soviet mathematics does not appear as such, unable to show its own face.[15]

Soviet mathematicians were thus called upon to support *Matematicheskii sbornik* and its editorial ambitions by making it their first choice of publication venue: "Soviet mathematics can and should have a journal of international significance".[16] Nevertheless, a practical reality was acknowledged:

> we will continue to provide papers in Russian with summaries in foreign languages and to publish papers written in foreign languages.[17]

Indeed, the value of foreign abstracts was emphasised: "Experience has shown that even mathematical articles written in Russian reach the foreign reader."[18] Moreover, the participation of the foreign *writer* had been solicited in another editorial, earlier the same year: "The editors invite the cooperation in the

---

14. "свои лучшие работы" (Anon 1931b).
15. "рассыпанная по журналам Германии, Франции, Италии, Америки, Польши и других буржуазных стран советская математика не выступает как таковая, не может показать собственного лица" (Anon 1931b).
16. "Советская математика может и должна иметь журнал международного значения" (Anon 1931b).
17. "мы продолжаем обычай снабжать иностранными резюме статьи, написанные на русском языке, и печатаем статьи на иностранных языках" (Anon 1931b).
18. "Опыт показал, что и математические статьи, написанные на русском языке, доходили до иностранного читателя" (Anon 1931b).

journal of foreign scholars sympathetic to the Soviet Union."[19] At the same time, the journal began the move towards being purely research-oriented; the book reviews, society news and biographical articles that had hitherto appeared in *Matematicheskii sbornik* were eventually moved across to the new *Uspekhi matematicheskikh nauk*, founded for this purpose in 1936 (on the latter journal, see Section 5.3).

The pressure on Soviet authors to restrict themselves to domestic journals increased in the aftermath of the "Luzin affair" of 1936: an ideological campaign against the Moscow function theorist N. N. Luzin.[20] New Soviet mathematical journals were established to enable them to do just that, such as the mathematical series of *Izvestiya Akademii nauk SSSR*.[21] Moreover, the stature of *Matematicheskii sbornik* was reasserted in 1936 with the transfer of its ownership from the Moscow Mathematical Society to the Mathematical Division of the Academy of Sciences. The use of foreign languages and the low-level participation of foreign authors that we will see in Section 4 continued uninterrupted through this transition, only to begin to fall away during the Second World War. It is entirely possible that the earlier levels of foreign-language use might have been recovered after the war, were it not for a firm policy decision, made within the postwar climate of "purging" of foreign influences. On 14th July 1947, the Communist Party of the Soviet Union issued the following protocol:

> The Central Committee considers that the publication of Soviet scientific journals in foreign languages injures the interests of the Soviet state, [and] provides foreign intelligence services with the results of Soviet scientific achievements. The Academy of Sciences' publication of scientific journals in foreign languages, while no other country publishes a journal in Russian, injures the Soviet Union's self-respect and does not correspond to the task of scientists' reeducation in the spirit of Soviet patriotism.[22]

Alongside purely nationalistic considerations, it was perhaps felt that the Soviet scientific community had come sufficiently of age, and was well enough respected around the world, that it could now make others read its language (cf. the earlier comments of Bugaev). Within a year of this protocol, all foreign languages, both for articles and for abstracts, had disappeared from

---

19. "Редакция приглашает сотрудничать в журнале иностранных ученых, сочувствующих Советскому союзу" (Anon 1931*a*).

20. It would lead us too far away from our main theme to attempt to give a fuller description of the "Luzin affair" here; for a comprehensive account, the reader is directed to (Demidov & Lëvshin 2016). We note that *Matematicheskii sbornik* was mentioned explicitly during the attack on Luzin: a paper that he had published in the journal in 1930 was criticised as being too elementary (Demidov & Lëvshin 2016, 113).

21. See footnote 6 above.

22. Quoted in English translation by (Krementsov 1997, 142). Note the implicit assertion here that Westerners could not read Russian; in fact, although Russian-language ability amongst Western scientists was low on the whole, it was not nonexistent; see (Hollings 2016, §4.4).

Soviet journals. *Matematicheskii sbornik* has appeared entirely in Russian ever since.[23]

The move to the exclusive use of Russian by Soviet scientists had a well-documented and deleterious effect on the ability of Westerners to engage with Soviet scholarship, which we do not have the space to go into here (see instead Hollings 2016, and the references therein). We mention it solely to point out that, as the decades of the Cold War passed, what emerged as the most effective mechanism for Western scientists (mathematicians in particular) to access Soviet work was the cover-to-cover translation of Soviet journals. In the case of *Matematicheskii sbornik*, an English translation entitled *Mathematics of the USSR: Sbornik* was launched in 1967. Now called simply *Sbornik: Mathematics*, it has become the main means by which non-Russian readers have been able to access the content of an entirely Russian-language journal.[24]

4 Analysis

Having provided an outline of the history of the journal *Matematicheskii sbornik*, we now turn to a numerical analysis of its contents during certain years of the twentieth century, with a view to gaining an impression of the use of foreign languages in the journal, and of the degree of foreign engagement more generally. We hope that the quantitative information given here will provide the basis for a more fully contextualised discussion of *Matematicheskii sbornik*, and of Russian mathematical journals more generally, sometime in the future.

In Figure 1, we give an indication of the proportion of foreign languages appearing in *Matematicheskii sbornik*, counting by paper, between volume 30 (1916–1918) and volume 64 (1948).[25] We note that if the chart in Figure 1 were to be extended either to the left or to the right, the papers represented would be entirely in Russian. Thus, the period 1922–1947 appears as a well-defined timespan during which the use of foreign languages was permitted in

---

23. We remark that the removal of foreign languages from *Matematicheskii sbornik* coincided with the first appearance of full bibliographies, which often cited foreign sources; sparse references had previously appeared only in footnotes. At present, however, we do not know whether this change in bibliographical style had any connection to the journal's language policies, or indeed whether this observation has any significance whatsoever.

24. Similarly, *Uspekhi matematicheskikh nauk* has been translated into English as *Russian Mathematical Surveys* since 1960, whilst the mathematical series of *Izvestiya Akademii nauk SSSR*, as well as its post-Soviet successor, first appeared in English in 1967 as *Mathematics of the USSR: Izvestiya*; the latter is now called *Izvestiya: Mathematics*. In 2022, however, the publication of these English translations, together with *Sbornik: Mathematics*, by Western organisations was suspended in response to the Russian invasion of Ukraine; ownership of the English versions of these journals was transferred to the Steklov Mathematical Institute of the Russian Academy of Sciences.

25. For simplicity, the volume numbering that we use in Figure 1 and elsewhere is that of the original series of *Matematicheskii sbornik*. A new series began in 1936, whereafter the journal carried two volume numbers: that of the original series, alongside that of the new series; thus, for example, the volume for 1936 was labelled "1(43)". The last volume to feature this dual numbering was volume 137(179) of 1988. From 1989 onwards, the volume numbering reverted simply to that of the original series.

Matematicheskii sbornik.²⁶ For much of the rest of this chapter, we will make further comments on this period, based largely upon the numerical evidence of the journal itself, in part as an invitation for the reader to take up the more contextualised approach that was called for above.

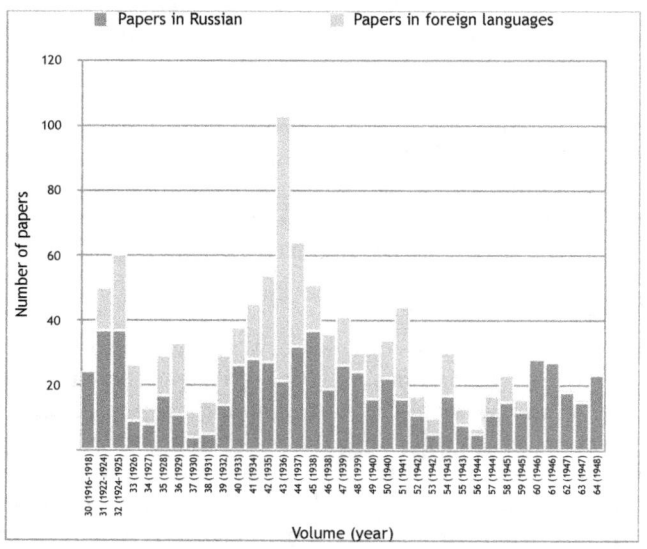

Figure 1: Russian and foreign languages in *Matematicheskii sbornik*, 1916–1948.

The first and perhaps simplest observation that we might make about the information found in Figure 1 is that the use of foreign languages in *Matematicheskii sbornik* remained reasonably consistent throughout the 1920s and 1930s, often at quite a low level, but occasionally accounting for the majority of the papers published in particular volumes: 33, 36–38, and 43. Indeed, the spike at volume 43 requires a note of explanation: in 1935, an International Topological Congress was hosted in Moscow, and the papers from this were published in *Matematicheskii sbornik* the following year, alongside ordinary contributions to the journal.²⁷ There was a significant international involvement in the congress, and so authors of papers in volume 43 of *Matematicheskii sbornik* hailed from Czechoslovakia, Denmark, France, Germany, the Netherlands, Norway, Poland, Switzerland, and the USA, as well

---

26. Although we have elected not to include the corresponding chart here, we note that if we were to plot the relevant figures for the use of foreign-language abstracts in *Matematicheskii sbornik*, we would arrive at a picture very much like that in Figure 1: foreign-language abstracting went entirely hand-in-hand with the use of foreign languages for whole papers.

27. On the congress, which was described by one participant as "the first truly international conference in a specialized part of mathematics" (Whitney 1989, 97), see (Aleksandrov 1936), (Tucker 1935), and (Apushkinskaya et al. 2019).

as from the USSR, with the consequent use of languages other than Russian. We must therefore take care not to let this congress skew our analysis, both here and below when we consider foreign participation in the journal.[28]

The use of foreign languages remained quite strong throughout the 1930s in spite of the atmosphere created by the "Luzin affair" and other such events, and even seems to have experienced a minor boost around 1941, possibly because of a spirit of wartime cooperation, with the USSR's entry into the Second World War: foreign languages were once again in the majority in volume 51. During the war years, the numbers of foreign-language papers were low, partly because the overall number of papers was severely diminished. Nevertheless, over the course of the 1940s, we see the journal turning back towards a clear preference for Russian. The effects of the 1947 protocol mentioned in Section 3 are particularly apparent: after a final paper in French in volume 63, foreign languages disappeared from the journal for good.

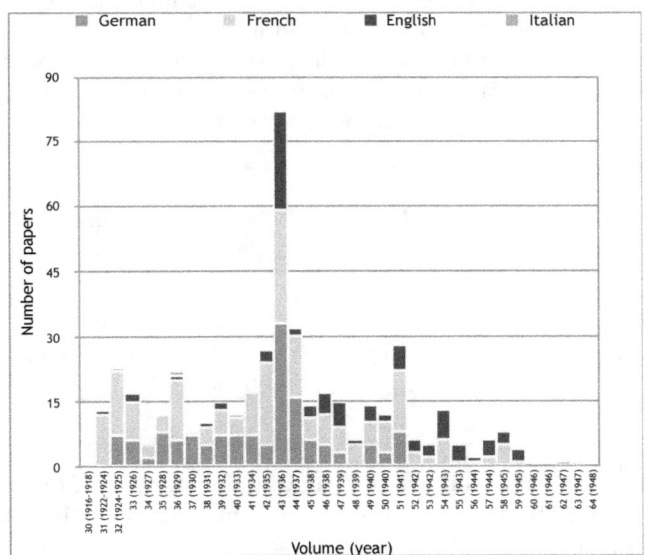

Figure 2: Breakdown of foreign-language use in *Matematicheskii sbornik*, 1916–1948.

Having established a certain level of foreign-language use in *Matematicheskii sbornik* during the 1920s–1940s, it is natural to ask precisely which languages were used. Figure 2 provides a breakdown by year of the foreign-language papers appearing in the journal in the same timespan as that used in Figure 1. The foreign languages represented are the ones that we may perhaps have

---

28. A version of Figure 1 from which the data for the congress have been omitted may be found as Figure 4.1 in (Hollings 2016).

expected to see, namely the four most dominant academic languages in Western Europe at the start of the twentieth century: French, German, English, and Italian. The latter, however, is represented only by a single paper in volume 36.[29] If we examine Figure 2, we see that French was represented throughout the period of foreign-language use in *Matematicheskii sbornik*, and indeed was the dominant foreign language at the start. The fact that no German appeared in volume 31 is a feature that we probably shouldn't read too much into (in the post-First World War climate), given its use in subsequent volumes. Its disappearance in 1941 should come as no surprise to us, and may have opened the way for more English to be used: the use of the latter language was already increasing in the late 1930s, and may have gained ground over French in the 1940s (although the numbers are perhaps too small for us to make that judgement).[30]

Once again, we have a spike at volume 43, thanks to the papers of the topological congress. However, if we take these papers out of consideration, we still find a considerable proportion of foreign languages in *Matematicheskii sbornik* that year (see Table 2). To what extent the choices of language here were influenced by the fact that an international congress had taken place in Moscow the year before remains to be investigated.

	French	German	English	Total
Congress papers	9 (22.5%)	16 (40%)	13 (32.5%)	40
Other papers	17 (27%)	17 (27%)	10 (15.9%)	63
Volume overall	26 (25.2%)	33 (32%)	23 (22%)	103

Table 2: Breakdown of foreign languages in volume 43 of *Matematicheskii sbornik*, according to whether papers were connected with the International Topological Congress of 1935; percentages relate to the total numbers of papers in each category.

It may yet be possible to draw further conclusions from these figures concerning the use of foreign languages, but it is arguably a much more interesting question to ask *who* was using them. In fact, the main users of foreign languages in *Matematicheskii sbornik* seem to have been Soviet authors. To remain with volume 43 for a moment, we note that foreign authors

---

29. A paper entitled "Sopra una classe di coppie di congruenze rettilinee stratificabili" by S. D. Rossinski of Moscow.

30. To pick up on the remarks in footnote 26 above, we note that the breakdown of languages used in abstracts during the relevant timespan again looks very much like Figure 2.

contributed 35 of the volume's 103 papers, all of them in languages other than Russian. Of the remaining 68 papers by Soviet authors, only 21 were in Russian, with 15 in French, 22 in German, and 10 in English. It stands to reason, of course, that Soviet authors connected with the topological congress would have deliberately chosen to write in Western European languages, for the sake of communicating their results to the widest possible readership. However, even if we consider only the non-congress papers in volume 43, we still find that of the 57 by Soviet authors, 13 were in French, 16 in German, and 9 in English. Calculating the relevant percentages for each set of figures, we see a remarkable similarity in the proportions of the various languages.[31]

Returning to the wider setting of *Matematicheskii sbornik* between 1916 and 1948, we might look more generally, in connection with more representative volumes of the journal, at the proportion of those papers by Soviet authors that appeared in foreign languages. The relevant numbers are illustrated in Figure 3. Indeed, we now see clearly that those instances noted earlier in which foreign languages were in the majority were driven by the choices of Soviet authors, rather than by contributions from outside the USSR. Moreover, if we were to plot a version of Figure 3 that gave a breakdown by specific language, we would see a chart very much like Figure 2.

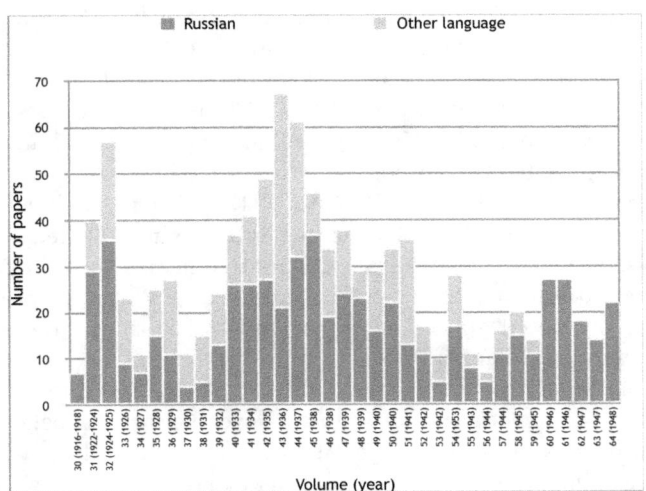

Figure 3: Papers in Russian and foreign languages by Soviet authors in *Matematicheskii sbornik*, 1916–1948.

As the reader will perhaps have noted by comparing the vertical scales in Figures 1 and 3, the number of foreign authors contributing papers to

---

31. For all papers by Soviet authors in volume 43, the percentages are: 22.1% French, 32.4% German, 14.7% English. For non-congress papers only, the figures are 22.8%, 28.1%, and 15.8%, respectively.

Matematicheskii sbornik was quite low in general, and so the desire by the editors to fashion the journal into one of international standing, if it was fulfilled at all at this stage, would have been achieved by making *Matematicheskii sbornik* more visible to international readers via the use of Western European languages, rather than through the receipt of papers from foreign contributors. Nevertheless, the question of the distribution of foreign authors remains. A chart in the style of Figures 1–3 would not necessarily be very instructive here, except perhaps to emphasise the low numbers involved.[32] Most volumes with foreign contributors have only one or two, and all except the heavily skewed volume 43 have only single figures, the highest being volume 42, with six foreign contributors.[33]

A detailed analysis of the distribution of countries from which foreign authors in *Matematicheskii sbornik* hailed would be too involved to embark upon here, owing not least to the difficulties introduced by the changing map of Europe during the years in question. Moreover, the numbers involved are probably too small to be meaningful anyway. Nevertheless, we can at least look at the list of countries, and the raw numbers of contributions therefrom, both with and without the figures for the topological congress (Table 3). In perusing the numbers, we see strong contributions from certain countries, even without the impetus of an international congress in the USSR. However, a detailed analysis of these contributions would also have to take into account the years in which they were made: contributions from France, for example, appeared quite regularly between 1922 and 1936, but then stopped, apart from a further isolated paper in 1945. The Italian contributions similarly stopped after 1936. Papers by US authors, on the other hand, appear regularly, if only at a very low level, from 1924 to 1947, with a small peak of three papers in 1938 (the topological congress once again excluded). We might try to analyse the contributions from different countries according to whether they appeared before, during, or after the Second World War, but we run into the problem noted above that the numbers are simply too small for us to provide any meaningful interpretation. We thus hit a clear limitation of our attempted numerical analysis of foreign-language use and foreign-author engagement in *Matematicheskii sbornik*. Nevertheless, we believe that this kind of approach still has a value, if not for reaching broad conclusions, then for identifying interesting individual cases and "outliers"—we will expand upon this point in Section 6.

---

32. Excluding the figures for volume 43, we note that the set of numbers of foreign contributors to *Matematicheskii sbornik* per volume between 1916 and 1948 is bimodal with modes 0 and 1, whilst the median is 1 and the mean is 1.7.

33. Four of these papers are by the same author: R. Calapso of Messina in Sicily. In fact, these may perhaps have been linked to a congress on vector and tensor analysis that had taken place in Moscow in 1934, though on a much smaller scale than the topological congress of the following year; see (Hollings 2016, 20). The presence also in volume 42 of a paper by Élie Cartan entitled "Le calcul tensoriel projectif" suggests that some papers from the

Country	A	B
Bulgaria	2	2
Czechoslovakia	3	0
Denmark	1	0
France	10	8
Georgia	1	1
Germany	8	7
Hungary	1	1
Italy	6	6
Lithuania	1	1
Netherlands	4	1
Norway	1	0
Poland	19	12
Switzerland	4	2
Turkey	1	1
UK	2	2
USA	23	13
Yugoslavia	1	1

Table 3: Numbers of contributions to *Matematicheskii sbornik* from foreign authors, 1916–1948, based upon stated affiliations; column A gives the overall figures, whilst column B excludes the topological congress; for simplicity and continuity, cities that changed hands during the period in question are counted throughout according to their location at the beginning of the timespan.

5 Other journals

In Section 2, we indicated that the use of foreign languages in Russian, later Soviet, journals was particularly widespread. We have provided the beginnings of a detailed analysis in the case of *Matematicheskii sbornik*. In this section, we give a few, much briefer, remarks on a selection of other journals.

---

tensor analysis congress may have found their way into *Matematicheskii sbornik*, although the journal contains no explicit indication of this.

5.1 *Izvestiya Akademii nauk SSSR*

In the discussion of the journals of the Russian Academy of Sciences in Section 2, we noted the existence of the *Izvestiya* (a.k.a. *Bulletin*) at the end of the nineteenth century. We remarked also upon its use of foreign languages, though only on a small scale at this stage. A detailed breakdown of the languages used in the journal, in the same style as that applied to *Matematicheskii sbornik* in Section 3, remains to be carried out.[34] Indeed, since the *Izvestiya* began as a general scientific journal before splitting into discipline-specific series, such an analysis would require a decision as to whether to include other disciplines or to take the labour-intensive step of filtering out only the mathematical papers. In the absence of such an analysis, we simply present here a small selection of data drawn from the online archive for *Izvestiya*.[35] In Table 4, we see a spread of languages that is perhaps a little different from what we saw for *Matematicheskii sbornik*, based upon the very limited data in front of us. Overall contributions in foreign languages are fewer, and the absence of German in 1920 may be more suggestive in this case than it was in Section 4 since it did not reappear in *Izvestiya* until 1924, after having disappeared in 1914. We seem to see here a reflection of the language policies of a journal that already admitted foreign languages prior to the 1920s, in contrast to those of one, such as *Matematicheskii sbornik*, for which the use of foreign languages was an innovation. Moreover, the "1" that appears under English for 1920 in Table 4 is not representative of the surrounding volumes, which contain considerably more English, though rarely for mathematical papers:[36] the series of four papers in English that appeared in the volume for 1921, for example, are on an ornithological theme. This raises questions about biases towards certain languages in particular fields of study: English was still not a major language of mathematics in 1920, at least compared with French and German, but it appears to have been a more prominent language in other disciplines. The fact that a particular language might be deemed more appropriate than another for the communication of certain ideas can be seen from the appearance of Latin in Table 4 as the language of a small number of botanical papers in *Izvestiya*; by 1920, Latin would certainly not have been an appropriate language for the communication of mathematics. We will revisit these comments in Section 6.

---

34. The corresponding analysis of the distribution of authors would necessarily be rather more difficult, since the journal did not routinely record the addresses or affiliations of its authors.

35. Found at http://www.mathnet.ru/izv (last accessed 8th July 2019). It is only after 1930 that the version of the journal that has been digitised and archived online becomes specifically mathematical.

36. The small number of English papers for 1920 is almost certainly linked to the small number of papers overall, published under what would still have been rather difficult circumstances.

	German	French	English	Latin	Total
1900	6	2	0	0	20
1910	26	8	1	1	157
1920	0	3	1	1	23
1930	4	7	5	0	59
1940	0	0	0	0	33

Table 4: Foreign-language breakdown of *Izvestiya Imperatorskoi Akademii nauk/Izvestiya Rossiiskoi Akademii nauk/Izvestiya Akademii nauk SSSR* for a selection of years in the first half of the twentieth century.

5.2 *Soobshcheniya Kharkovskogo matematicheskogo obshchestva*

The focus in the present chapter has been on *Russian* journals, but we take this opportunity to comment briefly on language use in other journals elsewhere in the USSR. We take the example of a Ukrainian journal; the picture of language use in mathematical journals in Soviet republics where the language is less closely related to Russian is almost certainly quite different, and requires further study.

Our example is not unlike *Matematicheskii sbornik* in that it is the journal of a mathematical society, namely the Kharkov Mathematical Society.[37] The journal *Soobshcheniya Kharkovskogo matematicheskogo obshchestva*[38] was at times also associated with Kharkov State University and the Ukrainian Scientific Research Institute of Mathematics and Mechanics, which was based in Kharkov. The result of these various and changing affiliations was that the four series of the journal enjoyed rather long, complicated and impermanent names. For simplicity, we will refer to it simply as the *Soobshcheniya*.[39] We note that the journal is usually cited under a Russian name, or occasionally a French translation, but rarely by a Ukrainian version of its name, although this was printed the largest, alongside the Russian and French titles, on the front cover of at least some volumes.[40]

---

37. On which society, see (Marchevskii 1956). Note also that we employ the Russian name "Kharkov" here, as was common during the period under discussion, rather than the Ukrainian "Kharkiv".

38. Сообщения Харьковского математического общества = *Communications of Kharkov Mathematical Society*, a.k.a. *Communications de la Société mathématique de Kharkoff*. The Ukrainian form of the journal's name was Записки Карківського математичного товариства.

39. For an outline of the journal's tortuous name changes, see (Hollings 2014, 340).

40. For example, volume 12 of the fourth series.

Like *Matematicheskii sbornik*, the *Soobshcheniya* carried articles in foreign languages during the 1920s and 1930s. An extra dimension to consider here, however, is the use also of Ukrainian, which was permitted during this period, but which disappeared in favour of Russian in the late 1940s, around the same time as the centrally decreed ban on Western European languages. I have not yet been able to gain access to a complete run of this journal, and so any attempt at analysis in the style of that of Section 4 will necessarily be patchy: I am able to comment only on the second series (consisting of 16 volumes between 1889 and 1918) and part of the fourth series (specifically, volumes 6–15, covering 1933–1938). To deal first with the second series, we note that of the 209 papers contained therein, only 25 appeared in languages other than Russian. French was the dominant foreign language, accounting for 21 of these papers (of the remainder, one was in English, and three in German); Ukrainian was not used at all. A cursory examination of the affiliations of the authors indicates that the journal was receiving papers from a range of locations in Russian-controlled territory: for example, Perm, St Petersburg, and Kiev. There appears to have been only one contribution from a foreign author: in 1902 from the mathematician Adolf Kneser (1862–1930) of Berlin.

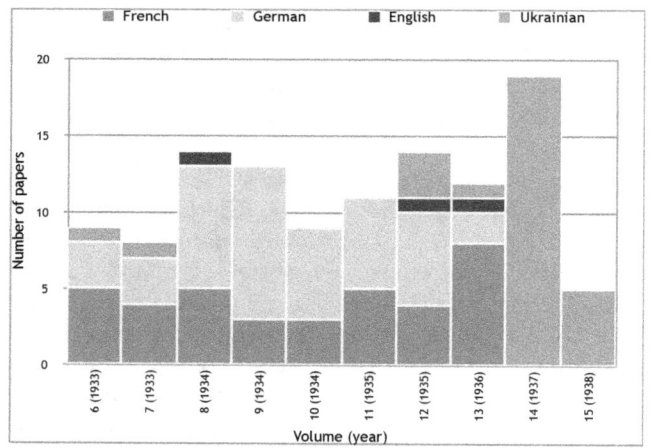

Figure 4: Papers in languages other than Russian in *Soobshcheniya Kharkovskogo matematicheskogo obshchestva*, 1933–1938.

To turn to the partial information available to us for the fourth series of the journal, we note that the language picture is here much more diverse: see Figure 4. Throughout most of the timespan under consideration, French and German hold the prominent positions that we would perhaps expect of them; English, on the other hand, is barely to be seen. Ukrainian is present on a very small scale at the beginning of the period, and then becomes much more prominent by the end. It is important to remark here that Figure 4 differs from the corresponding chart for *Matematicheskii sbornik* (Figure 2) in that each bar except the final one represents the *total* number of papers in each volume: we have omitted just five papers in Russian from the final bar. Thus, volumes 8–11 of the *Soobshcheniya* appeared entirely in Western European languages, something that *Matematicheskii sbornik* certainly did not achieve, although in the latter case we are of course dealing with much larger numbers of papers.

A point of similarity between the *Soobshcheniya* and *Matematicheskii sbornik*, at least during the 1930s, was the inclusion of abstracts in different languages from those of the papers. Papers in Russian typically carried an abstract in a Western European language, those in French, German or English had an abstract in Russian, and those in Ukrainian often had two abstracts: one in Russian, and one in French, German or English, thus facilitating access to the journal not only for readers of Western European languages, but also for Russian readers elsewhere in the USSR.

As we have already noted, the use of Ukrainian in mathematical journals went into decline in the 1940s, to be replaced by the Soviet *lingua franca* of Russian. However, its disappearance was not as complete as that of Western European languages: a decade later, the *Dopovidi* (*Reports*)[41] of the Ukrainian Academy of Sciences was still being published in Ukrainian. The interaction between Russian and other languages within the Soviet sphere of influence for the communication of mathematics warrants further investigation.

5.3 *Uspekhi matematicheskikh nauk*

Our third and final example of a Soviet journal, *Uspekhi matematicheskikh nauk*,[42] is perhaps an odd one to choose here, since it is a journal that has appeared exclusively in Russian since its foundation in 1936.

As noted briefly in Section 3, *Uspekhi matematicheskikh nauk* was founded as a journal for the communication of mathematical news within the USSR, and therefore carries survey articles, conference reports, book reviews, biographies, etc., rather than new mathematical research.[43] Indeed, the desire to provide a reflection of mathematical life had a broader scope than merely the countries of the USSR, as we see from the following sentiments expressed in its opening editorial, which mirror some of those that we saw for *Matematicheskii sbornik* in Section 3:

> We have received a number of kind agreements of foreign mathematicians to give information on the mathematical work of some foreign mathematical centres: in this

---

41. In full: *Dopovidi Akademiï nauk Ukraïnskoï RSR* (Доповіді Академії наук Української РСР = *Reports of the Academy of Sciences of the Ukrainian SSR*, a.k.a. Доклады Академии наук Украинской ССР).
42. Успехи математических наук = *Progress of the Mathematical Sciences*.
43. On the history of this journal, see (Demidov 2006).

issue, for example, are printed informative articles by S. Lefschetz (USA) and A. Weil (France).[44]

In this and a subsequent issue of the journal, Lefschetz provided two articles on mathematical life at Princeton (Lefschetz 1936, 1938), whilst Weil wrote about two of the countries in which he had lived and worked, namely France and India (Weil 1936b,a). These articles by Lefschetz and Weil all appeared in Russian, but it is not clear whether they were written in that language originally, or whether they were translated specially. Lefschetz probably knew Russian, having been born to Russian parents; there are hints in the biographical literature that Weil knew at least a little Russian (Weil 1992, 109), but whether it was enough to be able to write a whole article in that language is unclear. Nevertheless, even if they didn't write the articles in Russian themselves, Lefschetz and Weil are still rare exceptions: the vast majority of contributions in Soviet journals from authors outside the USSR appeared in Western European languages. These contributions were therefore confined to the years when the journals permitted the use of such languages. We will return to the question of the use of Russian by Western authors in Section 6.

6 Concluding remarks and questions to be addressed

Lacking a wider context, the quantitative approach that we have applied to the topic of the present chapter can never provide us with a comprehensive set of explanations for the trends that we have identified. Nevertheless, it might serve simply as the factual basis and starting point for a broader and more nuanced analysis. Arguably, the numerical approach has not told us anything that we could not simply have gleaned in a more impressionistic manner by browsing the contents pages of the journals that we have studied, although the partial analysis presented here may serve to verify any such impressions. However, this quantitative approach has emerged as being applicable in a different way: the methods employed here may not provide a means of arriving at conclusions, except perhaps some very broad ones, but appears to be a useful way of suggesting questions, and of directing research towards interesting individual cases: the "outliers" mentioned at the end of Section 4. For instance, we noted (Figure 2) the presence of a single paper in Italian in *Matematicheskii sbornik* in 1929. We might therefore reasonably ask *why* Italian was chosen as the language for this paper. Upon examining the relevant volume, we find that the paper in question is by a Russian author, S. D. Rossinski of Moscow, but that the topic of the paper suggests a reason for Italian as the choice of language (Rossinski contributed papers to other volumes in French): it is a paper in

---

44. "Нами получено любезное согласие ряда иностранных математиков давать информацию о математической работе некоторых иностранных математических центров: в настоящем выпуске, например, печатаются информационные статьи С. Лефшеца (США) и А. Вейля (Франция)" (Anon 1936, 4).

algebraic geometry,[45] and so we may speculate that Rossinski was seeking to make his work visible to the major school of algebraic geometry that then existed in Italy; the very few biographical details that I have been able to find on Rossinski[46] give no indication of any other Italian connection.

This brief discussion of Rossinski's Italian paper leads us naturally to a very broad question that might yet be addressed in this context: what governed the choice of language of those authors who contributed to *Matematicheskii sbornik* in foreign languages? A desire to connect with people working on similar topics elsewhere seems likely to be one reason. The ability to write in a particular language would of course be the dominant factor here. Another might be a preference born of education, in the cases of those people who were educated outside Russia. In all likelihood, a range of reasons will be in play for any given individual, particularly those, such as A. N. Kolmogorov, P. S. Aleksandrov, and A. Ya. Khinchin, amongst others, who contributed papers in more than one language (here, French and German), with no immediately discernible pattern. Of course, we are assuming in all this that the authors whose papers appeared in foreign languages were written by the authors themselves in those languages, rather than having been translated by someone else. This seems like a reasonable supposition, but is one that ought perhaps to be checked. At any rate, it seems unlikely that language was an editorial choice, given the lack of uniformity.

Alongside the question of language choice, there is also the issue, in the case of foreign authors, of why they published in a Russian journal in the first place. The reason for the submission of papers to *Matematicheskii sbornik* from the 1935 topological congress is clear, but in other instances, one wonders why foreign authors sent papers to a journal that would not, generally speaking, have been very visible to their compatriots. The desire to connect with people working in a similar field is probably a strong factor here again, as perhaps was a desire to publish in a journal that was clearly going from strength to strength during the 1930s. Family connections in the USSR, and perhaps also political stripe, may have had a role to play, particularly for those very few foreign authors who sent papers to *Matematicheskii sbornik* during its Russian-only years.[47] Individual motivations should be the focus of study here. Indeed, investigation of some of the smaller numbers in the third column of Table 3 may yield interesting results. We might reasonably expect to come to different conclusions when looking at Eastern-bloc countries, rather than those

---

45. See footnote 29 above.

46. At http://letopis.msu.ru/peoples/2478 (accessed 9th July 2019) and in the "anniversary volumes" discussed in (Hollings 2015).

47. In the modern *Matematicheskii sbornik*, submissions are received (or invited, for special issues) in foreign languages, typically English. If the paper is accepted for publication, then it is translated into Russian. In contrast, at least some earlier Russian contributions by non-Soviet authors, such as those by the British mathematician F. V. Atkinson, see (Mingarelli 2005), do appear to have been submitted in Russian.

elsewhere in the world. The motivation and tactics behind the apparently immediate submission of papers to *Matematicheskii sbornik* from authors in territories newly occupied by the USSR during the early 1940s may prove to be particularly interesting.

Any of the above might be expanded either in space or in time, by looking at journals published in other parts of the USSR, or by looking at different decades: the situation in the final years of the Soviet Union was in many respects quite different. In the case of *Matematicheskii sbornik*, a study of the distribution of Soviet authors would enable us to assess the success of the editors' ambitions to turn it into a national journal, alongside our wider consideration of its status as an international journal.

A final point concerning language that might be integrated into the further study of language use in Russian/Soviet mathematical journals concerns the growth of Russian as a scientific language.[48] As we have seen, it did not have this status in the early years of the nineteenth century, but it was growing into the role by 1900. Indeed, by 1950, it was firmly enough established that Soviet authors could force even foreign readers to engage with written Russian (see Section 3), and that Western politicians could worry about their countries' lack of Russian ability; see (Hollings 2016, §4.1). In parallel with this, we might also consider the status of Russian as a *working* language of mathematics versus a language of *communication* of mathematics, a distinction that appears to be quite relevant for the further study of languages in Russian mathematical journals.

7 Acknowledgments

I am very grateful to the participants in the CIRMATH Seminar for their constructive comments following my presentation on this topic at the Institut Henri Poincaré in May 2019; similarly to the audience of the mini-symposium on the history of mathematics that took place at the joint British Mathematical Colloquium/British Applied Mathematics Colloquium in Cambridge in March 2015.

---

48. On which topic, see (Aronova 2017) and (Gordin 2015).

Chapitre 8

The Market in Periodicals for Engineers in the Late Brazilian Empire: Do Economics Really Matter?

ROGERIO MONTEIRO

Mathematical theories used to be thought of as disembodied objects that could navigate between countries and continents without any material constraints. Nothing could be further from the truth[1]. The circulation of a theory encompasses not only the possession and control of its definitions, theorems and techniques, but also the access to instruments, periodicals, books and other printed matter which support it. Sometimes, ideas are amalgamated with their supporting material in such a way that adaptations in prefaces, original colors, engravings, changes to the text in translation or even the choice of a new publisher can introduce new interpretations of the text (Bourdieu 2002), (Chartier 1990), (Genette 2009). Sometimes the absence of a transportation route, the language or expensive prices are encumbrances to the circulation of printed matter (Darnton 2009), (Mollier 2010). Thus, the ubiquitous presence of a periodical in many countries would require a complex network of booksellers, libraries and other agents to initiate and maintain.

Science studies have emphasized that the presence of a theory in multiple regions around the world demands further exploration (Latour 2000), (Raj 2013), (Secord 2004). Although materiality is the twin sister of the local aspect of knowledge, few studies regard economic restrictions as central variables in this situation. What were the material conditions surrounding the circulation of such theories and what constraints did they impose?

---

1. The author thanks FAPESP for the financial support (Processo FAPESP: 2019/02073-1), and Erik Soderberg for the English revision.

Ph. Nabonnand, J. Peiffer, H. Gispert (eds.), *Circulation des mathématiques dans et par les journaux: histoire, territoires, publics*, 245–258.
© 2025, the author.

In last decades of the nineteenth century, debates about the split between practical and theoretical mathematics, and the rise of so-called modern mathematics, sprang up in many places around the world. The development of non-Euclidean geometry (Gray 2008) and the axiomatization of algebra (Corry 2004) are well-known examples of this phenomenon. Another feature of the forthcoming modernization of mathematics was a certain anxiety with abstraction (Gray 2004).

These innovations were also vexing engineers in Brazil. In 1885, two Brazilian military engineers, the Moraes Rego brothers, published a treatise on algebra in which a vigorous crusade against extensive and abstract algebraic calculations was developed. They exhorted readers to, "examine the periodicals from the Polytechnic School of France. How much waste of mental effort, how much unfortunate digression you will see there" (Moraes Rego & Moraes Rego 1885, 35). The Brazilian engineers' incisive rejection alludes to a well-known antipathy Brazilian positivists felt towards the calculations of symbolic algebra.[2] Considering the mathematics periodicals in circulation at the time, the first and perhaps quite surprising impression one gets is that Brazilian engineers used to read the journals of the French École polytechnique and some rejected the way of doing mathematics they found in them.

There is a temptation to describe this period and these positivists as setbacks to the advance of Brazilian mathematics and emblematic of an insular scientific community (D'Ambrosio 2008, 50), (Silva 2004). However, should such a refusal be interpreted as delay, critical assessment or negotiation?

One way to reassess this issue is to return to the material aspects of the circulation of periodicals and other printed matter. In fact, the engineers' reading depended on the availability of the resources in personal and public libraries, and in booksellers' catalogues. In some sense, the idea here is to go beyond the contents of texts and describe the "communications system that runs from the author to the publisher (if the bookseller does not assume that role), the printer, the shipper, the bookseller, and the reader" (Darnton 1982, 67), using as sources the auction catalogues for engineers' libraries, purchase lists of public libraries, Brazilian periodicals edited by professors and students of engineering schools, and advertisements in newspapers. Therefore, the general question I address here is what were the material conditions surrounding the circulation of mathematics and engineering periodicals in the last decades of the Brazilian Empire 1870 to 1889?

---

2. For them, this mathematical practice refers to the typical separation in a metaphysical state where, according to Auguste Comte, "the mind supposes, instead of supernatural beings, abstract forces capable of producing all phenomena [...] the explanation of phenomena is, in this stage, a mere reference of each to its proper entity" (Comte 1896, 2). Comte's assertion reproduced as a book's epigraph confirms the positivist engineers' point of view. "The isolated culture of algebra elicits, between the method and the doctrine, a separation so vicious as much as that established by the metaphysical method" (Comte 1856, 174), (Moraes Rego & Moraes Rego 1885, 5).

By immersing myself in this jungle of papers, I hope to describe in broad strokes the scientific periodicals market for engineers and the place for mathematics in this context: a fast and continuous flow of scientific journals between France and Brazil, and a persistent co-presence of novels, as well as engineering and scientific vulgarization.

1 Which periodicals did an engineer of the Empire read? Public auctions of private libraries

Let us take as a starting point some auctions of engineers' libraries in the last decades of the 19th century in Rio de Janeiro. In one of them, three days before it started, the auctioneer announced in the most important newspaper of the capital that, "a very rich and rare [library], as very few libraries are, with all books perfectly bound and without any defect", would be sold. The, "impressive collection of very rare books", says the announcement, was composed of volumes of "mathematics, astronomy, physics and chemistry, legal sciences, social, medical and military sciences, very rare novels of famous authors, and the great and monumental encyclopedia of Diderot and D'Alembert".[3] Captain and Doctor in Engineering Roberto Trompowsky Leitão de Almeida (1853-1926) was leaving Rio de Janeiro to work in another city for the Empire of Brazil, and his library could not keep up with him.

Advertisements for the auction of personal libraries were not uncommon in the newspapers of the Empire's capital in the last decades of the nineteenth century (Bessone 2014). A long voyage or the death of the owner of a library were the main reasons for dismantling a collection. Besides the bookstores and book importers, auctions were good places for collectors to find rare books with beautiful color engravings, periodical collections and other rare printed matter at affordable prices. For historians, they offer rare occasions to find out which book or periodical was being bought, and thus constitute a useful tool for understanding the circulation of printed matter.

Auction announcements generally followed a similar format, and Trompowsky's was no exception in that the main subjects of his library were identified in the header. It was possible to locate five more auctions at the end of the 1880s with long lists of books and periodicals mentioning mathematics,[4] and three of these included engineers' libraries. The owners of these libraries and the dates of auction were: customs agent José Baptista de

---

3. *Jornal do Commercio*, 06th December 1886, p. 4. "Leilão de uma riquíssima e rara, como há muito poucas livrarias, todos os livros perfeitamente encadernados e sem defeito algum, lindas estantes de ferro, etc Esta esplêndida coleção de raríssimos livros é composta de matemáticas, astronomia, física e química, ciências jurídicas, sociais, médicas e militares, raríssimos romances de celebres autores, e a grande e monumental enciclopédia de Diderot e D'Alembert, linguística, etc."

4. I used the search engine of the "Hemeroteca da Biblioteca Nacional" (http://bndigital.bn.gov.br/hemeroteca-digital/), choosing simultaneously the keywords "Leilão" (auction), "catalogo" (catalogue) and "mathematica" (mathematics) in the 1880s. The results were always in the *Jornal do Commercio*.

Castro e Silva, June 1st, 1888; military engineer José Antonio da Fonseca Lessa, May 14th, 1888; marine engineer Manoel Maria de Carvalho, February 18th, 1889; engineer Francisco Carlos da Luz, February 20th, 1889; and landowner Antonio de Serpa Pinto, August 7th, 1884. Among these, the professor at the Escola Militar do Rio de Janeiro and author of books on geometry and calculus, Roberto Trompowsky, was the most renowned.

The structure of Trompowsky's collection, as formulated by its auctioneer, is representative of the organization of these collections. It was separated into 626 lots unequal in size and subject, and occupied almost an entire page of the newspaper (Figure 1). At first view, the list seems divided into a first part composed of 57 lots dedicated to novels and filled with Alexandre Dumas' books,[5] and a second part composed of scientific works alone. This apparent organization collapses, however, when the reader observes novels appearing throughout the list. Lot 430 to 435, for example, included volumes of mathematics (430 and 431), botany, history and literature (432 and 435), construction (433), and philosophy (434).

> 430. 4 vols. Montferrier, *Encyclopédie mathématique*
> 431. 3 vols. *Jornal das sciencias mathematicas*
> 432. 6 vols. Fabre, *Botanique*; Le Bas, *Histoire moderne*; Camões, Os Luzíadas; Freire de Carvalho, *Eloquencia poética*.
> 433. 4 vols. Sganzin, *Cours de construction* (rare).
> 434. 3 vols. Garnier, *Économie politique* ; Taine, *Le Positivisme anglais* ; Fontenelle, *Œuvres*.
> 435. 3 vols. V. Hugo, *Quatre-vingt-treize*.

Even the internal organization of a single lot, proposed by the auctioneer, does not always imply that the volumes had clear thematic connections. The connections between Fabre's Botanique and the poetry of Camões in the lot 432 demand further research on its uses in the period. However, the library as a whole provides insights into the owner's reading practices. Engineering, natural history, literature and mathematics were definitely among the personal interests of Trompowsky. The overwhelming presence of French volumes is certainly another obvious characteristic, not only in Trompowsky' library, but in all the collections studied here.

The descriptions found in these lists are sometimes imprecise and do not allow to identify the items. For example, in lot 431 of Trompowsky's library, it is impossible to say if the *"jornal de sciencias mathematicas"* is the *"Jornal de sciencias mathematicas [physicas e naturaes]"* of the Academia Real de Ciências de Lisboa, or the *"Jornal de Sciencias Mathematicas [e Astronomicas]"* edited by the Portuguese mathematician Francisco Gomes Teixeira. Both started with the same name and were printed in the same period.

Auctioneers sometimes included their own remarks on the lot. Sganzin's *Cours de construction* in lot 433 of Trompowsky's list, for example, was

---

5. On the circulation of Alexandre Dumas' books in Brazil, see (Mendes 2016).

described as "rare". Short descriptions for the potential buyer are found throughout the catalogues: rare, very rare, full of very fine engravings, magnificent engravings, very interesting, illustrated and perfectly printed. Regarding the 29 volumes of *L'Année scientifique* by Figuier, the auctioneer observed: "This precious collection is complete." This was certainly a common commercial strategy, and it makes sense here considering that Figuier and his works had been well known to readers of the Brazilian daily press since the 1870s (Kodama 2018). In fact, seeking out rare copies and completing collections by notable scientists was the Holy Grail of collecting and a cultured pastime only within reach of businessmen, high government officials and important members of the imperial court such as Trompowsky and the other bibliophiles.

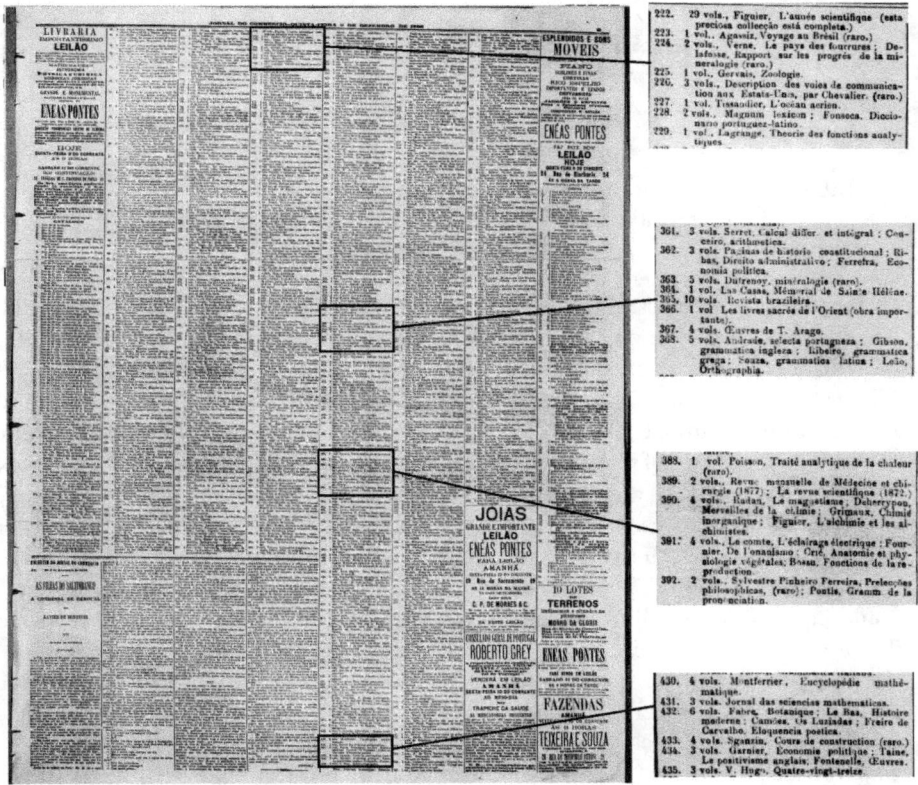

Figure 1: The library of the military engineer Roberto Trompowsky published in the *Jornal do Commercio*, in December 6th 1886.

	L'Année scientifique	Revista Brazileira	Revue scientifique	Instituto Histórico	Annuaire scientifique	Deux mondes	Maths, Eng, and Army	# Periodicals in the collection
Trompowsky	x	x	x				1	4
Serpa		x					0	1
F. C. Luz	x			x	x		3	6
Ma. Carvalho	x						1	3
Lessa	x			x		x	5	16
Castro e Silva	x	x	x		x	x	4	25

Table 1: Distribution of periodicals in the six libraries with volumes on mathematics sold at public auction in Rio de Janeiro in the 1880s.

Last but not least, in four out of five libraries studied here (Table 1), Figuier's *L'Année scientifique* appears alongside periodicals of science vulgarization (*Revue scientifique* and *Annuaire scientifique*), Arts and Sciences (*Revista Brazileira*)[6], Arts and Generalities (*Revue des deux mondes*), and History and Natural History (*Revista Trimestral do Instituto Histórico*). The thematic amplitude of these periodicals reflects, to some degree, the variety of books on the list. The distribution of periodicals in the auctions is not arbitrary and it may well represent the reading practices of the Empire's elite and their encyclopedism, together with the professional tastes of the group.

Periodicals related to engineering, mathematics, astronomy or military arts could be seen in these libraries beside more general works: the engineer Roberto Trompowsky had among his volumes the *Jornal das sciencias mathematicas*; the engineer Francisco C. da Luz had seven volumes of the *Revista do Instituto Polytechnico* and several volumes of the *Annuario do Imperial Observatório do Rio de Janeiro*, including its French version, the *Annales de l'Observatoire imperial de Rio de Janeiro*; the engineer Maria de Carvalho had three volumes of the *Revista do Club de Engenharia*; and several volumes of the *Nouvelles annales de la construction*, the *Revue d'artillerie*, the *Annuaire militaire* and *Le Technologiste* are mentioned in the library of José Antonio Fonseca Lessa.

---

6. On the scientific vulgarization in *Revista Brazileira*, see (Vergara 2004).

The *Nouvelles annales de mathématiques* are mentioned in the library of a customs agent, probably a lawyer, named José Baptista de Castro e Silva. The owner of twenty-five titles and 244 volumes, all periodicals, this great collector had another lost pearl among his 197 lots: the four volumes of the *Histoire des mathématiques* de Jean Étienne-Montucla. Augmented and edited by Jérôme de La Lande in 1802, the four in quarto volumes of the Montucla's history would have been worth a great deal of money.

Thus, the economic dimension of the circulation of printed matter also included the bibliophile habit of seeking out beautifully bound books and colorful engravings, and collecting periodicals, especially in complete sets. In doing so, aside from cultural dispositions, economic restrictions were, in fact, a crucial element in the circulation of mathematics and engineering periodicals. In the next section, accounting aspects of the imperial libraries' reports add new insight into how the dynamics of economics can throw the international circulation of periodicals into disarray.

2 Purchasing policies for periodicals in public libraries

In a comprehensive report of 1874, the director of the Brazilian Biblioteca Nacional, Benjamin Franklin Ramiz Galvão, highlighted that out of 3 705 volumes bought in the previous year, 2 424 (65%) were purchased in Europe, mainly from two sources: 1 952 volumes bought by himself from European booksellers ; the rest sent from Europe by the librarian Charles Porquet (Galvão 1875). Concerning the first source, he wrote:

> I did all the book's acquisitions with huge advantages for the Biblioteca Nacional; I received discounts of 15%, 20% and even 25% on the catalogue prices. Altogether, these expenses represent less than half of the amount asked for here in court.[7] (Galvão 1875, 3)

The reports of the National Library's director uncover a complex network of libraries, booksellers and auctions connecting both sides of the Atlantic and working as *passeurs culturels* (Cooper-Richet 2005, 13) by promoting cross-cultural exchanges between two different worlds while, however, also imposing restrictions on the circulation of printed matter.

It was probably difficult to refuse the services of a strong network of local booksellers. In fact, in the report of 1876, Ramiz Galvão mentioned the acquisition of 522 volumes, likely books from the booksellers Garnier, Laemmert and Cruz Coutinho, and 144 more from the house of Viúva Bertrand. "Local" may not be the proper word to use here when speaking of these networks. Escaping Napoleon's invasion of the Iberian Peninsula in 1808, the Portuguese royal family arrived in Rio de Janeiro at the same time as

---

7. "Fiz toda esta aquisição de livros com imensa vantagem para a Biblioteca Nacional, visto que de quase todos os livreiros obtive 15, 20 e até 25% de abatimento sobre os preços dos respectivos catálogos – o que representa no seu todo menos de metade do preço porque aqui na corte os havíamos de comprar".

a group of French booksellers. Thanks to their work, a profitable trade in books, newspapers and periodicals started between Brazil and Europe. Active in Portugal since the previous century, these booksellers controlled the market in printed matter between that country and France (Monteiro 2018a), (Neves 2002), (Neves & Bessone da C. Ferreira 2018). Several of them continued to work in Brazil throughout the nineteenth century, as we see in the case of the library Viúva Bertrand.

Regarding scientific periodicals, Ramiz Galvão observed that the deliveries from the Maison Garnier were, "not only very expensive but also late". In an attempt to get around this problem, Ramiz traveled to Paris to deal directly with the local booksellers and avoid established Brazilian traders who, he wrote, offered expensive services of low quality. This was the reason why, once in Paris, the director hired Charles Porquet to make several National Library purchases. According to Ramiz, this resulted in significant gains for the library.

> Nowadays, the library receives every month with great punctuality a larger number of foreign periodicals for 1,033 Francs annually, corresponding to 371$880 Brazilian Réis – slightly more than half of the previous expenses.[8] (Galvão 1875, 4)

One year later, the director observed in his report that Charles Porquet was sending foreign periodicals, "every month by a steamship of the Bordeaux line" (Galvão 1876, 5). The money thus saved allowed for the purchase of more titles. The report of 1876 records 45 foreign periodicals.

Why Bordeaux? In 1871, four steamship companies used to connect Brazil, and South America, with Europe. Their final destinations were Southampton, England (stopping in Bahia and Pernambuco in Brazil, Cape Verde and Lisbon), Bordeaux, France (stopping in Bahia, Pernambuco, Dakar, and Lisbon), Genoa, Italy (stopping in São Vicente in Cape Verde, Gibraltar, and Marseille), Liverpool, England (stopping in Bahia and Antwerp), Hamburg and Naples (stopping in Genoa). Steaming from Rio de Janeiro, some of these ships used to stop at these South American ports: Rio de la Plata and Buenos Aires in Argentina, Montevideo in Uruguay, Lima in Peru, Valparaiso in Chile and others. Travels between Brazil and France used to take from nine to twelve days in the 1870s.[9]

In the first decades of the nineteenth century, foreign booksellers offered a wide array of services related to printed matter and the court's almanac of 1875 mentions seven agencies specializing in "periodicals and works published abroad". It noted German, British, Belgian and French journals. Another section noted foreign language periodicals published in Brazil, or published

---

8. "Hoje recebe a Biblioteca todos os meses e com grande pontualidade maior número de revistas estrangeiras do que até aqui assinava, e tudo pela quantia de 1.033 fr. anuais, que representam em moeda nossa 371$880, isto é, pouco mais de metade dos 693$500 que d'antes se pagavam."

9. *Annuario industrial contendo algumas regras praticas, instruções e tabelas para uso das pessoas que se dedicam ao comercio, agricultura e trabalhos de engenharia*. 1° ano. Rio de Janeiro: Tipographia Perseverança, 1870, p. 178.

Figure 2: First page of the Gundlach Library's catalog for foreign periodicals, published in 1886.

in Portuguese but edited in New York, as was the case of the journal *O Novo Mundo*. A decade later, even in the far south of Brazil, the Livraria Universal de Gundlach & Cia (Figure 2), in association with booksellers in Paris, London, Leipzig and Lisbon, offered foreign periodicals, "at low prices and with all speed", to every region of the province. As determined by the steamships' timetable, orders would arrive every 15 days at court and in several provincial capitals. Among the titles offered by the Gundlach library were the *Annales des ponts et chaussées*, the *Revue des deux mondes* and the *Revue scientifique*.

Reports similar to that of the National Library were presented to the Emperor's Minister of Public Institutions by the Escola Politécnica do Rio de Janeiro and by the Escola de Minas de Ouro Preto, and some contained exhaustive lists of their purchases. In these reports, we found, for example, that the Brazilian Empire paid for 73 foreign periodical subscriptions in the 1870s, though the total number is much larger since we have not analyzed all imperial educational institutions; 59 came from France, 7 from England,

4 from Germany and 3 from Italy. The only Brazilian journal on lists of these engineering schools was the *Revista de Engenharia*. The buyers' policies regarding scientific periodicals seemed to emphasize foreign periodicals.

3   The 1880s, a turning point: Engineering periodicals as representatives of a national professional category

The Brazilian Empire was in crisis. Dissatisfaction with Emperor Dom Pedro II among the religious orders, the military and farmers culminated in Brazil being proclaimed a republic in 1889 (Costa 2010). Students at the Escola Militar do Rio de Janeiro and their mathematics professor, Benjamin Constant, were mostly positivists and readers of Auguste Comte, and they played a decisive role in the transition from Empire to Republic (Carvalho 2009). They demonstrated an unshakable commitment to solving their country's crisis, and soon consolidated their aims in the national motto "Order and Progress" which was placed at the center of the republican flag. Like the Moraes Rego brothers mentioned before, they were concerned with the rise of a highly specialized intellectual elite which they thought of as a pedantocracy. In this context, extremely abstract mathematical studies were distractions to be resisted.

Whereas at the beginning of the nineteenth century, engineers had devoted themselves to mathematics, poetry, translations, cartography and journalism (Monteiro 2018a) the increasing specialization which the engineering field will be undergoing at the 1890's will reorganize the engineering practices in such a way that engineering periodicals such as the *Revista Politécnica. Ciências, Letras e Artes* (1876) or the *Revista da Família Acadêmica* (1886-1889), where literature and mathematics could be read side by side, will going into decline despite the generalist ambitions of the positivists (Monteiro 2017).

Although, up to that time, the market had followed the demand of non-specialized materials, engineering would quietly gain autonomy with the rise of several periodicals entirely dedicated to the subject, including the *Revista do Instituto Politécnico Brasileiro* (1867-1906), the *Revista de Engenharia* (1879-1891), the *Anais da Escola de Minas de Ouro Preto* (1881-1961), the *Revista dos Construtores* (1886-1889) and the *Revista do Clube de Engenharia* (1887-). It is not a coincidence that two of them were edited by the most important engineering associations in the period: the *Instituto Politécnico Brasileiro* (Brazilian Polytechnical Institute) and the *Clube de Engenharia* (Engineering Club). A long, slow process of professionalization was underway. Mathematics hereafter would be a distinguishing element for engineers, as apart from law and medicine (Monteiro 2018b).

The purchasing policies described thus far were not insulated from institutional changes. An important inflexion point came in 1874 when the system for teaching engineering was split between the military and the civilian spheres, creating independent institutions for each discipline in the capital city of Rio de Janeiro, a military school and a polytechnic school (Barata 1973), (Mormêllo

& Monteiro 2011). The explosive growth of the engineering community in the last decades of the nineteenth century (Coelho 1999, 84–86) and the rise of new schools (Escola de Minas de Ouro Preto in 1876, Escola Politécnica de São Paulo in 1893, Escola de Engenharia de Porto Alegre in 1896, and Mackenzie College in 1896) increased the local demand for periodicals wholly dedicated to engineers.

Improved visibility and reputation were further reasons for the efforts behind these new publications, as the student editors of the *Revista Politécnica* at the Escola Politécnica do Rio de Janeiro observed.

> In our century, there is no country, people, religion, sect or corporation which is not represented in the press. In Brazil, the political parties, religions, scientific corporations, etc., follow this trend; the Polytechnic School, whose scientific domain is an endless field and where truth is considered under so many and such distinct points of view, is not represented there.[10]

As it is clear from this quote, the *Revista Politécnica*'s mission was to mediate between the engineering students and the public sphere, following the example of popular science journals common to libraries of the day. In the words of Figuier, inscribed on the periodical's masthead, this was science "to excite, to enlighten". The summary of the publication covers a wide range of subjects, a common editorial format among the periodicals of the Brazilian Second Empire (1840-1889): a scientific section with papers on architectural styles, philosophy, convergence of numerical series, and wood types, and a second section with a couple of poems.

In contrast, the *Revista de Engenharia* was intended for a small and specific audience. According to editor Francisco Picanço, its purpose was to, "create a network between the railways, hydraulic commissions, machine offices, telegraphic stations and other Brazilian engineering institutions". Its duty was, "to defend the rights of Brazilian engineers and to study the administration of the profession".[11]

This policy is reflected in the purchasing lists detailed so far, and especially those of engineering schools (Table 2). In reports by the Escola de Minas de Ouro Preto in 1876, the year it was founded by the French engineer Claude Henri Gorceix (Carvalho 2002), six French periodicals strictly concerned with geology were cited. Beyond the geological titles, in 1884 the school's librarian could buy periodicals covering a wide range of subjects such as the *Comptes rendus de l'Académie des sciences*, or popular journals such as the *Revue*

---

10. "No século atual não há país, povo, religião, seita ou corporação que não se faça representar na imprensa: no Brasil, os partidos políticos, religiões, corporações científicas, etc, seguem esta lei; a Escola Politécnica, cujo campo científico se estende a perder de vista, e onde se considera a verdade debaixo de tantos e tão variados pontos de vista, não se acha atualmente nela representada". *Revista Polytechnica. Sciencias, Letras e Artes*, 1876, p. 1.

11. "Procura criar uma correspondência com todas as estradas de ferro, comissões hidráulicas, oficinas de máquinas, telégrafos, e mais dependências da engenharia brasileira. Destina-se a defender os direitos dos engenheiros brasileiros e a estudar a administração da classe". *Revista de Engenharia*, 1876, v. 1, p. 1.

Periodicals purchased by the Escola de Minas de Ouro Preto's Library in 1877 and 1884
Annales des mines de France, Annales scientifiques de l'École normale supérieure, Bulletin de la Société géographique, Bulletin de la Société géologique de France, Bulletin de la société minéralogique de France, Bulletin de l'industrie minérale de Saint-Étienne de France, Comptes rendus de l'Académie des sciences, La Nature, Quarterly Journal of Geological Society, Revista de Engenharia, Revue universelle des mines et de métallurgie, Revue politique et littéraire, Revue scientifique, The Mining Journal.
Periodicals purchased by the Escola de Engenharia do Rio de Janeiro in 1881
Annales de physique et chimie, Annales des mathématiques, Annales des ponts et chaussées, Annales scientifiques de l'École normale supérieure, Bibliographie française, Bulletin de la Société d'encouragement, Comptes rendus de l'Académie des sciences, Correspondance mathématique, Journal d'agriculture pratique, Journal de la Société statistique, Journal des actuaires français, Journal des économistes, Kosmos, La Nature, L'Économiste, Moniteur scientifique, Nouvelles annales de la construction, Portefeuille des machines, Revue britannique, Revue des deux mondes, Revue des questions scientifiques, Revue politique et littéraire, Revue scientifique, The Economist, The Engineer.

Table 2: Library purchasing list for periodicals from the Escola de Minas de Ouro Preto and the Polytechnic School of Rio de Janeiro.

scientifique, *La Nature* and the *Revue politique et littéraire*. These more general titles are akin to those on the list of the Escola de Engenharia do Rio de Janeiro and even to those cited by the Biblioteca Nacional and the Livraria Universal de Gundlach & Cia in Southern Brazil (Figure 2).

When compared with the purchase list of the Escola Politécnica do Rio de Janeiro, it becomes evident that periodicals dedicated to geology are dominant in the Escola de Minas. The only journal purchased by both libraries is *Annales scientifiques de l'École normale supérieure*, which published papers on mathematics and also astronomy, geology, chemistry and geodesy throughout the 1870s, although these last subjects appeared less often. Besides being common to both libraries, the *Annales* more properly represent the subjects studied at the Escola Politécnica do Rio de Janeiro which aimed at training civil engineers in mathematics, actuarial calculation, political economy, geodesy, astronomy, construction, mathematical physics and machinery.[12]

---

12. Diário Oficial da União (DOU). Decreto N. 5.600, Rio de Janeiro, 25 de abr. 1874.

Leafing through the pages of Brazilian engineering periodicals published in the last two decades of the Brazilian Empire, mathematics can be found there, sometimes for entertainment purposes, such as the seven distinct proofs of Pythagoras' theorem by André Rebouças in 1867,[13] sometimes as techniques for professionals, such as in the description of the method of least squares for determining the speed of a river by Antonio de Paula Freitas in 1877.[14] Both of these papers were in the *Revista do Instituto Politécnico Brasileiro*. There was also a sequence of papers on elimination theory written as reference material for the students of the Escola Militar and published by Cândido Rondon in the *Revista da Família Acadêmica* in 1887 and 1888.[15] Regarding the theoretical aspects of planimetry and its possible applications to earthmoving, an article was published by Antonio de Paula Freitas in 1879 in the *Revista de Engenharia*.[16]

In these wide-ranging examples of Brazilian articles written by well-known engineers who were all readers, authors and practitioners of mathematics during the transition from empire to republic (Carvalho 1998), (Rohter 2019), multiple ways of doing mathematics can be observed, but all were clearly attentive to foreign periodicals, and especially those from France. Paris, in fact, played a legitimizing role as some of them sought to study there (Figueirôa 2016). Therefore, delayed, or, isolated are not proper terms to describe the mathematical practices among Brazilian engineers. The duet center-periphery could not be totally helpful here, as has been pointed out by Kapil Raj for postcolonial countries (Raj 2013). In so doing, Brazilian engineers were answering for and creating local demands, mediated by the production of books and periodicals mostly published in or exported by France.

4 Do economics really matter?

In this paper, combining the study of auction lists of private libraries, the purchase lists of public libraries and the catalogues of booksellers, it was possible to identify a vigorous trade in scientific periodicals between Europe and Brazil in the final decades of the nineteenth century. In addition, the concurrent rise of local publications entirely dedicated to engineering was coupled with the explosive growth in the engineering field that the country was experiencing. This complex network of readers, booksellers, auctioneers and librarians is rooted in an international trade of printed matter and other

---

13. Rebouças, André. Sete demonstrações do teorema do quadrado da hipotenusa. *Revista do Instituto Politécnico Brasileiro*. Tomo 1, N.2. p. 15–17, 1867.

14. Paula Freitas, Antonio. Determinação dos coeficientes numéricos das fórmulas matemáticas. *Revista do Instituto Politécnico Brasileiro*. Tomo 8. p. 260–274, 1877.

15. Silva, Cândido Mariano da Silva. Theoria da eliminação. *Revista Família Acadêmica*, v. 1, p. 5–10, 1887. *Revista Família Acadêmica*, v. 2, p. 35–43, 1887. *Revista Família Acadêmica*, v. 3, p. 68–71, 1888. *Revista Família Acadêmica*, v. 4, p. 97–100, 1888. *Revista Família Acadêmica*, v. 5, p. 130–134, 1888.

16. Paula Freitas, Antonio. Planímetro. *Revista de Engenharia*. Ano 1, n. 3, p. 2–4, 1879.

goods that utilized steamships and their shipping lines to connect European cities with all of Latin America.

Travels between Bordeaux and Rio de Janeiro took no more than two weeks in the 1880s, thus making global distances and travel time minor impediments to the cross-cultural exchanges. The market seemed to offer an enormous variety of products suited to local preferences. However, as far as books or periodicals are concerned, these publications were sometimes expensive and arrived late so that librarians had to travel abroad in order to find cheaper and more up-to-date copies to enhance their collections. Between market needs and readers' agency, some room for negotiation existed.

The central role, or lack thereof, that French scientific periodicals played in the development of science and technology in Brazil and Latin America demand further investigations since research on this subject has been mainly concerned with people and institutions (Petitjean 1996). Few studies deal with scientific printed matter and its economic aspects. In the case of literature and novels, or periodicals in general, studies on the position of the French market in the international panorama have so far been more extensive (Abreu 2016), (Guimarães 2018a,b).

In any case, these structural conditions still play an important role in the circulation of theories some decades later. The development in Brazil of typical subjects of modern mathematics in Brazil, usually ascribed to German mathematics, was mediated by the French production (Monteiro 2020). The economic logic shuffles the cultural dynamics. From this perspective, the economic control of this market by the French librarians, which functioned as distribution poles for the world production, must be taken into account in historical narratives of modern mathematics.

Circulation, mediation, economic exchanges and cultural negotiations are therefore better terms when it comes to describing the scientific practices of Brazilian engineers at the period, than insulation. The historiographic challenge in introducing the new sources studied in this paper is to describe two worlds strongly connected by commercial networks, each with its proper agendas.

PARTIE II

L'ESPACE DE CIRCULATIONS CONSTITUÉ PAR LES JOURNAUX ET LEURS INTERACTIONS

Introduction – Partie 2

Dans cette partie est réunie une série de six articles consacrés à l'étude d'interactions entre journaux mathématiques situés dans des territoires (géographiques, sociaux et épistémiques) spécifiques de l'espace de circulations qu'ils constituent. L'accent y est fortement mis sur les investissements d'acteurs individuels (lecteurs, auteurs, rédacteurs, libraires, éditeurs, imprimeurs...) ou collectifs (maisons d'édition, sociétés savantes et professionnelles, académies, écoles, universités...). Toujours ancrées dans des lieux géographiquement situés, leurs actions impliquent des contenus mathématiques, des formes et lignes éditoriales, des stratégies de diffusion... qui peuvent dépasser les contextes locaux et dessinent des proximités, des chevauchements, des connexions, des oppositions entre journaux, des lignes de partage, des polarisations, et des marges dans l'espace de circulations mathématiques. Bref, ces aspects plus structurels définissent une topologie intellectuelle ou épistémique sur cet espace et sont au cœur des contributions de cette partie.

Toutes les études ici réunies s'appuient sur des corpus soigneusement délimités, dont la plupart ont été peu exploités par la recherche. Les périodiques considérés sont en majeure partie spécialisés – c'est-à-dire dans la terminologie CIRMATH exclusivement consacrés aux mathématiques quels que soient leurs publics cibles – et occupent un arc temporel allant du début du XIXe siècle à la Seconde Guerre mondiale. L'espace géographique concerné inclut l'Europe (Belgique, France et Italie), l'Asie (Japon) et les Amériques (Etats-Unis et Argentine). Y sont présentées des revues peu connues jusqu'ici, mais y sont surtout mis en évidence divers types de circulations synchroniques et diachroniques, locales, nationales et transnationales, d'une aire géographique et/ou linguistique vers d'autres, d'un type de journaux vers d'autres... L'importance des pratiques des acteurs et des infrastructures de circulation est soulignée par tous les auteurs et autrices qui introduisent ainsi dans leurs réflexions les dimensions sociales et politiques de l'espace de circulations.

Chaque contribution se saisit d'un segment de cet espace analysé sur une période définie, à savoir les journaux mathématiques non académiques belges (Romera-Lebret), les bulletins des sociétés savantes de province en France (Greber & Verdier) et les journaux américains comportant une rubrique de questions et de réponses (Preveraud) au XIXe siècle, un journal nancéien situé dans les marges de l'espace (Boucard) et les journaux mathématiques publiés dans un Japon très polarisé autour de trois universités (Kümmerle) pour le tournant du siècle et finalement les journaux italiens à l'époque du fascisme (Luciano).

Pour mettre au jour les circulations entre différents territoires, un outil s'impose : l'étude des reprises par un journal d'articles parus dans un autre, sous forme de mentions, annonces bibliographiques, résumés, citations, reproductions partielles ou complètes, reformulations, traductions partielles ou complètes. Ces reprises constituent des témoins matériels de circulations géographiques, linguistiques et épistémiques. Ainsi Pauline Romera-Lebret analyse sur des exemples précis les pratiques et formes de reprises et décrit des circulations synchroniques et diachroniques entre revues belges et journaux intermédiaires français, des relations entre les acteurs des deux pays, les rédacteurs bien sûr mais aussi des maisons d'édition.

Thomas Preveraud se penche sur les reprises des questions de mathématiques (Q & A pour *Questions & Answers*, un genre très présent dans les journaux de mathématiques) effectuées par les journaux américains spécialisés et généralistes, puis à partir de 1848 par les journaux d'éducation. Les publics cibles de ces journaux ont varié tout au long du siècle, très hétérogènes dans la première moitié et plus segmentés dans la seconde. Les reprises de Q & A sont très nombreuses avant 1850, dans un contexte de précarité de la discipline, alors qu'après les publics visés se diversifient et créent des espaces intellectuels relativement autonomes, avec cependant une certaine porosité entre eux (comme dans Boucard). Deux résultats sont à mettre en avant. D'abord une utilisation judicieuse de la cartographie permet de donner à voir une progression dès 1855 du front mathématique spécialisé de la côte Est vers l'Ouest, alors que l'historiographie traditionnelle la situe vingt ans plus tard. Puis l'activité mathématique récréationnelle suscitée par les Q & A des journaux d'éducation a contribué à la naissance d'une communauté mathématique capable de faire vivre des journaux spécialisés.

Jules-Henri Greber et Norbert Verdier s'attachent plutôt à l'étude d'un vecteur particulier de circulation, les bulletins des sociétés savantes de provinces françaises. Ils insistent sur l'importance des ressources matérielles et intellectuelles disponibles – facultés des sciences, lycées, bibliothèques, imprimeries – pour la création de périodiques incluant des mathématiques. Ceux-ci circulent localement, mais aussi de province à province grâce à l'échange de bulletins, certains parviennent à Paris et peuvent alors être mis en circulation au niveau national et même international. La diffusion des – et les échanges entre – Mémoires académiques de province bénéficie de l'intervention de l'État français.

On peut aussi choisir de se focaliser sur un journal, son rédacteur et ses pratiques, afin d'appréhender comment se constituent des territoires spécifiques. Pour sa contribution, Jenny Boucard a choisi un journal singulier,

Sphinx-Œdipe, spécialisé en théorie des nombres élémentaires, périphérique géographiquement et situé aux marges de l'espace de circulations. Elle reconstruit de façon minutieuse les réseaux du fondateur, André Gérardin, ainsi que ses stratégies d'échanges et de collaborations. Appuyée sur les contenus mathématiques qui varient au cours de la période, de questions récréationnelles à la décomposition des nombres et les équations indéterminées cubiques, l'étude montre que les interactions avec d'autres journaux changent avec les contenus publiés, créant ainsi chacun un territoire distinct dans l'espace de circulations.

Pour les auteurs et autrices de ces chapitres, les reprises ne sont pas que des témoins de circulations ayant eu lieu, mais elles participent aussi au processus de création mathématique en produisant des résultats inédits et en participant à la veille bibliographique dans des domaines très spécialisés (Greber & Verdier, Preveraud, Romera-Lebret). Ces effets permettent aussi de mettre en évidence des circulations. Ainsi Pauline Romera-Lebret décrit l'élaboration d'un article paru dans la *Nouvelle Correspondance mathématique* en détaillant les circulations dont il est issu (passant par la Belgique, la France, la Grande-Bretagne, la Russie et l'Algérie). De même elle décrit comment la circulation est constitutive de la nouvelle géométrie du triangle. Dans un tout autre registre, Erika Luciano montre qu'un des effets de l'émigration de mathématiciens juifs de l'Italie fasciste vers l'Argentine est, par le biais de la fondation de journaux mathématiques par les exilés, à l'origine de la création d'une tradition de recherche spécialisée intégrant des aspects de la vieille Europe, mais aussi autochtones.

Les dimensions politiques de la circulation des mathématiques dans et par les journaux sont très présentes dans les approches mises en œuvre par Erika Luciano et Harald Kümmerle. La contribution de Luciano peut être lue comme une réponse à la question : comment le champ politique tord-il l'espace de circulations ? Ou encore, comment l'irruption de l'idéologie fasciste dans le fonctionnement des journaux mathématiques, notamment ceux ciblant les enseignants, non seulement modifie les comités de rédaction, les buts, les rubriques et la rhétorique, mais oriente aussi les circulations vers d'autres journaux porteurs de contenus et de discours fascistes et vers des pays alliés, au détriment des interactions établies auparavant. Les dynamiques à l'œuvre dans l'espace des circulations mathématiques s'en trouvent détournées, réorientées, souvent rompues.

Harald Kümmerle, quant à lui, met en avant les infrastructures nécessaires pour qu'il y ait circulation mathématique dans le Japon au début de la période de modernisation du pays (période Meiji). Il présente un espace de circulations mathématiques très polarisé avec trois centres d'édition, les universités de Tokyo, Kyoto et Sendai. Il distingue du point de vue des institutions scientifiques mises en place par l'État, deux « économies de circulation », l'une orientée vers la recherche, publiant des journaux dans les langues de l'Occident et visant un double but – mettre le Japon sur la scène mathématique internationale et transplanter la science occidentale au Japon –, l'autre vers les enseignants s'appuyant davantage sur les traditions anciennes et publiant plutôt en japonais. Mobilisant des acteurs très différents, les journaux circulant dans les deux économies n'ont pratiquement pas de connexions entre eux, bien que le *Tohoku mathematical journal*, issu d'une initiative privée mais vite récupérée par l'université (de Sendai) témoigne d'une volonté de les rapprocher. Enchâssés dans des contextes très locaux et ayant comme horizon la communication internationale, une circulation nationale ne se met que très progressivement en place (après 1910).

Les sources sur lesquelles s'appuient les auteurs et autrices de cette partie sont les journaux mathématiques eux-mêmes dont ils/elles ont analysé les contenus, les formes éditoriales, les lectorats cibles, les auteurs. Ils en ont déduit les interactions avec d'autres journaux et donc les circulations géographiques, sociales et épistémiques. Un aspect, qui surgit occasionnellement dans ces chapitres, concerne le rôle des maisons d'édition dans ces circulations. Il aurait certainement mérité une attention plus explicite eu égard aux intérêts en jeu pour les éditeurs dans l'expansion de leurs marchés. Se serait alors posée la question de savoir lesquels des journaux mathématiques (au sens CIRMATH) échappent le cas échéant à l'économie de marché et dans quelle mesure ? La nature des sources mobilisées dans cet ouvrage ne permet pas d'apporter des réponses.

Chapitre 9

Circulation des questions-réponses mathématiques dans les journaux aux États-Unis (1804-1883). Étude préliminaire et perspectives

THOMAS PREVERAUD

> La tentative de création d'un journal mathématique est une étape trop importante pour être franchie sans délibération, – sans considérer soigneusement l'objectif à atteindre, et les moyens à employer pour l'obtenir[1]. (Runkle, John D. 1859, i)

1 Introduction

En 1859, plus de 80 ans après les débuts[2] de la circulation des mathématiques dans et par les journaux aux États-Unis, John D. Runkle (1822-1902), le

---

[1]. « The attempt to establish a Mathematical Journal is a step of too great importance to be taken without due deliberation, – without carefully considering the end to be attained, and the means to be employed in securing it. » – NB : Sauf mention contraire les traductions sont de l'auteur du chapitre.

[2]. Dès la fin du XVIIIe siècle, la promotion et la diffusion de mathématiques essentiellement pratiques (astronomie, navigation) s'organisent institutionnellement en dehors des universités, par l'entremise des sociétés savantes auxquelles s'adossent les premières publications scientifiques américaines, comme *The Transactions of the American Philosophical Society* ou encore *The Memoirs of the American Academy of Arts and Sciences*. Voir (Timmons 2004).

rédacteur en chef du journal spécialisé *The Mathematical Monthly* (1859-1861), adresse aux lecteurs de sa note d'intention une interrogation qui traverse l'histoire de la presse mathématique américaine au XIXe siècle. Du point de vue des directeurs de publication, financement, adossement institutionnel, fréquence de publication, rôle du rédacteur en chef, spécialisation et niveau des contenus, publics cibles, enrôlement des lecteurs, etc., composent un entrelacs de curseurs à articuler adroitement pour permettre la viabilité économique du journal et la promotion d'une discipline dont la professionnalisation et l'institutionnalisation ne seront assurées qu'après 1880. Parmi les variables d'ajustement, le format – c'est-à-dire le mode de communication des contenus mathématiques délivrés aux lecteurs – requiert la plus grande attention.

Si les comptes rendus des sociétés savantes qui paraissent dès la fin du XVIIIe siècle aux États-Unis proposent essentiellement des contenus sous forme de mémoires ou de critiques d'ouvrages, les revues généralistes des années 1770-1800, dont *The Royal American Magazine* (Boston, 1774) ou *The New York Magazine; or, Literary Repository* (New York, entre 1790 et 1797), ne tardent pas à publier des questions mathématiques récréatives. Ce format spécifique, qui donne l'opportunité au lecteur de répondre aux problèmes posés et de voir leurs solutions publiées dans le numéro suivant, emprunte directement à une célèbre publication anglaise, *The Ladies' Diary* (1704-1840). Celle-ci ne traite pas spécifiquement de mathématiques, mais combine un almanach, un livre de recettes, une source d'énigmes et autres jeux de l'esprit, avant d'intégrer, dès 1708, des problèmes mathématiques (Albree & Brown 2009, 11) résolus *a posteriori* par les lecteurs eux-mêmes. De même que ce genre de communication mathématique colonise les pages des périodiques mathématiques en Angleterre et en Irlande tout au long du XIXe siècle (Despeaux 2014), les « questions and answers » (Q & A) constituent un format éditorial commun, récurrent et fécond en matière de pratique mathématique dans la presse américaine. Entre les articles, les notes de cours, les illustrations, les recensions, les publicités (manuels, ouvrages, matériel pédagogique, écoles, etc.), les Q & A constituent, au XIXe siècle, rien de moins que le seul lieu éditorial commun à la pratique des mathématiques dans des publications aux audiences pourtant très diverses.

Le présent chapitre débute en 1804, avec la parution du premier journal américain spécialisé[3] en mathématiques, *The Mathematical Correspondent*, et se clôt en 1883, cinq années après le lancement de *The American Journal of Mathematics* (1878), tout premier périodique exclusivement dédié à la recherche mathématique aux États-Unis et adressé aux professionnels mathématiciens. Il s'agit de rendre compte, au prisme des tentatives éditoriales qui jalonnent ce siècle mathématique, des changements qui s'imposent à la discipline, dont la

---

3. Dans ce chapitre, l'expression « journaux spécialisés » est celle adoptée au sens du projet CIRMATH : les journaux dit spécialisés ne contiennent que des mathématiques, indépendamment du public visé.

pratique, essentiellement récréative dans les journaux de 1800, s'institutionnalise vers 1880 autour de structures promouvant la recherche en mathématiques (Parshall & Rowe 1994). L'approche diachronique offre également la possibilité de resserrer au besoin la focale d'observation et d'examiner plusieurs échelles temporelles où les dynamiques de circulation opèreraient de façon différente.

L'étude propose une analyse du corpus des quelque 3000 problèmes identifiés dans les colonnes de 26 journaux volontairement appréhendés sur le temps long du XIXe siècle. Parce que leur forme est relativement stable, leur présence continue et leurs publics cibles très divers sur l'ensemble de la période d'étude, les Q & A permettent de ne rien négliger ni de la diversité ni de l'articulation des prismes par lesquelles aborder la question de la circulation mathématique. Dans le contexte d'une historiographie récente (Kent 2008), (Preveraud 2015, 2018), (Kent 2019) centrée sur des fenêtres temporelles plus restreintes et mobilisant d'autres matériaux archivistiques associés aux périodiques spécialisés (articles, recensions, notes et correspondances des rédacteurs en chef), nous interrogeons ici les circuits qu'empruntent les contenus mathématiques lorsqu'ils ont pour support les Q & A et les frontières géographiques, éditoriales, sociales, pédagogiques et intellectuelles qu'ils tracent, effacent ou déplacent. Pour éviter les effets de clique (Mercklé 2004, 47) auxquels une étude conduite sur les seuls journaux spécialisés aurait pu mener – une information qui ne circule qu'au sein d'un groupe d'acteurs identifiés qui domine l'historiographie et dont le rapport aux mathématiques semble exclusif et étroit[4] –, nous avons choisi d'étendre le corpus des périodiques sources à des journaux dont les occupations prioritaires des publics ne sont pas les mathématiques mais qui sont susceptibles d'y recourir à des fins récréatives, utilitaires ou par appétence intellectuelle : gens de lettres, savants, agriculteurs, maîtres d'écoles, etc. Ayant en tête « la force des liens faibles » (Granovetter 1973), le chapitre cherche à exhiber et réévaluer des circuits invisibilisés par les sources traditionnellement utilisées (les journaux spécialisés) mais par lesquels se jouent de nouvelles socialisations et transitent des savoirs et des acteurs entre, vers et depuis de vastes lieux *a priori* peu connectés au monde académique. Tirant parti d'un examen de ce jeu d'interactions complexes entre journaux, le chapitre analyse comment se structurent respectivement et conjointement les espaces de circulation des Q & A mathématiques, sur le temps long du XIXe siècle, aux États-Unis : l'espace géographique (lieux et territoires), l'espace social (les contributeurs auteurs de Q & A) et l'espace savant (les contenus mathématiques). Il revêt une dimension heuristique – comment sélectionner les sources, les mettre en dialogue et avec quel(s) outil(s) – mais aussi prospective puisqu'il adresse plusieurs résultats partiels qu'il conviendra de compléter dans des études postérieures.

---

4. Nous courrions le risque d'une telle image de la circulation mathématique surtout dans la seconde moitié du XIXe siècle, à mesure que les journaux spécialisés se professionnalisent.

2 « Compter pour mieux chercher[5] » : sur l'établissement du corpus des questions-réponses dans les périodiques américains et d'une périodisation pour le XIXe siècle

L'étude débute par l'établissement du corpus des Q & A. Il requiert de compter les questions qui paraissent sur la période considérée dans un ensemble de publications à circonscrire et à échantillonner (Lemercier & Zalc 2008, 20–21). Aussi, la constitution du groupe de journaux sources a visé la collation d'un maximum de représentants de genres (au sens du public visé) différents (Goldstein 1999, 200). Au nombre de 26, les périodiques constituant le corpus se segmentent de la sorte : treize journaux spécialisés en mathématiques, dont le public cible évolue au cours de la période mais concerne toujours les « gens de mathématiques » (professionnels ou amateurs de mathématiques) ; trois revues généralistes à public lettré dans lesquelles les contenus littéraires dominent ; quatre journaux techniques qui atteignent une ou plusieurs corporation(s) professionnelle(s) non mathématicienne(s) (et non enseignante(s)) ; six journaux d'éducation à destination des enseignants des écoles primaires et secondaires. Les informations éditoriales relatives aux éléments du corpus sont présentées *infra* [Tableau 1].

Les 26 périodiques sélectionnés[6] offrent une couverture quasi-continue de la période 1804-1883 [Figure 2]. Le groupe numériquement important des journaux spécialisés pourra fournir des données de cadrage car il couvre en extension presque l'intégralité de la période. Pour éviter la surinterprétation des données relatives aux journaux des autres genres – leur plus petit nombre doit inviter à la prudence –, une attention particulière est accordée, dans ce travail, aux contextes professionnels et sociaux dans lesquels ils paraissent. Au reste, l'étude est en cours, notamment pour y inclure davantage de périodiques techniques (ingénieurs, militaires, carrossiers) et rendre compte du foisonnement de la presse d'éducation dans la seconde moitié du XIXe siècle[7]. Comme genre éditorial très spécifique et florissant, les almanachs – tables calendaires et éphémérides –, qui contiennent pour certains des Q & A, n'intègrent pas l'étude[8], tout comme les titres de la presse semi-quotidienne

---

5. Tiré de (Lemercier & Zalc 2008, 17).

6. Bien que ne contribuant pas à la publication de Q & A, *The Common School Journal* et *The American Journal of Mathematics* sont cependant intégrés à l'étude comme périodiques de référence dans leur genre respectif.

7. Sans viser l'exhaustivité, on ajoutera à la liste des 6 premières publications déjà dépouillées : *The Wisconsin Journal of Education, The Connecticut School Journal, The Ohio Educational Monthly, The Pennsylvania School Journal, The National Teacher, The Normal Teacher, The Schoolday Teacher*. Un projet d'étude des circulations mathématiques par la presse d'éducation, dont l'essor se fait vraiment dans la seconde moitié du XIXe siècle, est en préparation.

8. Voir à ce sujet l'encart rédigé par Deborah Kent dans cet ouvrage.

et autres hebdomadaires, dont *The Saturday Evening Post* ou *The Yates County Chronicle*[9].

Le corpus de journaux constitué, il s'agit ensuite d'y repérer et d'en extraire les données relatives à l'étude – les questions-réponses mathématiques –, ce qui nécessite une appréhension différenciée des sources. Dans les journaux spécialisés, l'identification des Q & A est rendue possible par l'existence d'une section qui leur est dédiée, aisément repérable par des balises typographiques [Figure 1, gauche] à l'instar des pratiques éditoriales du *Mathematical Diary*. À l'inverse, dans les journaux généralistes ou les journaux techniques, il n'existe pas de repères éditoriaux marqués. Souvent, les questions sont ajoutées en bas de page pour remplir les blancs; c'est le cas des situations rencontrées à la lecture du *Rural New Yorker* [Figure 1, centre]. De façon analogue, à dépouiller les premières années de publication des journaux d'éducation, les Q & A ne bénéficient d'aucune « mise en rubrique ». Au milieu des années 1850, les problèmes, auparavant isolés et rencontrés çà et là au hasard de la lecture, sont progressivement rassemblés au sein d'une rubrique mensuelle qui n'excède généralement pas huit items, rubrique qui intègre ensuite une section mathématique récurrente et structurée qui comprend, outre des Q & A, des prescriptions officielles ou des leçons, comme dans *The Illinois Teacher* [Figure 1, droite].

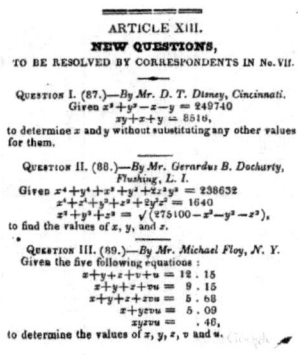

FIGURE 1 : Identification des Q & A dans The Mathematical Diary (à gauche) (Adrain 1825, 181), The Rural New Yorker (au centre) (Moore 1859, 228), et The Illinois Teacher (à droite) (Gow 1862, 167)

---

9. Un rapide examen de ces deux titres indique une publication massive de questions-réponses. Sur la période étudiée, quelque mille Q & A paraissent par exemple dans l'hebdomadaire *The Yates County Chronicle* entre 1856 et 1885.

TABLEAU 1 : Liste de 26 publications contenant des Q&A aux États-Unis entre 1804 et 1883

Nom de la publication	Lieu d'édition	Rédacteur(s) en chef	Dates de publication	Période dépouillée dans le cadre de l'étude	Genre	Fréquence de publication
The Mathematical Correspondent	New York	George Baron ; Robert Adrain	1804 ; 1807	1804 ; 1807	Spécialisé	Irrégulière (11 numéros)
The Analyst, or Mathematical Museum	Philadelphie	Robert Adrain	1808	1808	Spécialisé	Trimestrielle
The Analyst	New York	Robert Adrain	1814	1814	Spécialisé	Un numéro
The Portico	Baltimore	Stephen Simpson & Tobias Watkins	1816-1819	1816-1819	Généraliste	Mensuel ou bimestriel
The American Monthly Magazine and Critical Review	New York	Horatio Bigelow	1817-1819	1817-1819	Généraliste	Mensuel
The Monthly Scientific Journal	New York	William Marrat	1818-1819	1818-1819	Spécialisé	Mensuel
The Ladies' and Gentlemen's Diary	New York	Melatiah Nash	1820-1822	1820-1822	Spécialisé	Annuel
The New York Mirror, and Ladies'Literary Gazette	New York	Samuel Woodworth & George Morris	1823-1842	1823-1830	Généraliste	Hebdomadaire
The Mathematical Diary	New York	Robert Adrain ; James Ryan ; Samuel Ward	1825-1832	1825-1832	Spécialisé	Irrégulière (13 numéros en 8 ans)
The Mathematical Companion	New York	John D. Williams	1828	1828	Spécialisé	Un numéro
The New York Commercial Advertiser	New York		1831-1889	1831-1832	Technique (commerce)	Quotidien (sauf Dimanche)
The Mathematical Miscellany	Flushing	Charles Gill	1836-1839	1836-1839	Spécialisé	Irrégulière (à peu près deux par an)

Journal	Ville	Éditeur	Dates	Dates	Type	Fréquence
The Common School Journal	Boston	Horace Mann	1839-1851	1839-1849	Éducation	Quinzomadaire
The Cambridge Miscellany of Mathematics, Physics, and Astronomy	Cambridge	Benjamin Peirce & Joseph Lovering	1842-1843	1842-1843	Spécialisé	Irrégulière (4 numéros en 2 ans)
Scientific American	New York	Rufus Forter, etc.	1845-aujourd'hui	1845-1856	Technique	Hebdomadaire
The Farmer and Mechanic	New York	W.H. Starr	1846-1851	1846-1851	Technique (fermiers)	Hebdomadaire
The Massachusetts Teacher	Boston	Multiple	1848-	1848-1866	Éducation	Mensuel (quinzomadaire en 1848)
Rural New Yorker	New York	D.D.T Moore, etc.	1850-1964	1858-1859	Technique (fermiers)	Hebdomadaire
The Michigan Journal of Education and Teacher's Magazine	Detroit	Michigan State Teacher's association	1854-1856	1854-1856	Éducation	Mensuel
The R.I. Schoolmaster	Providence	William A. Mowry & Henry Clark, etc.	1855-1859	1855-1859	Éducation	Mensuel
The Illinois Teacher	Peoria	W.M. Baker & Samuel H. White	1855-1872	1855-1869	Éducation	Mensuel
The Indiana School Journal	Indianapolis	Indiana School Teacher's Association	1856-1900	1856-1865	Éducation	Mensuel
The Mathematical Monthly	Cambridge	John D. Runkle	1859-1861	1859-1861	Spécialisé	Mensuel
The Analyst	Des Moines	Joel E. Hendricks	1874-1883	1874-1883	Spécialisé	Bimestriel
The Mathematical Visitor	Erie	Artemas Martin	1877-1896	1877-1883	Spécialisé	Annuel
The American Journal of Mathematics	Baltimore	James J. Sylvester & William E. Story, etc.	1878-aujourd'hui	1878-1883	Spécialisé	Trimestriel

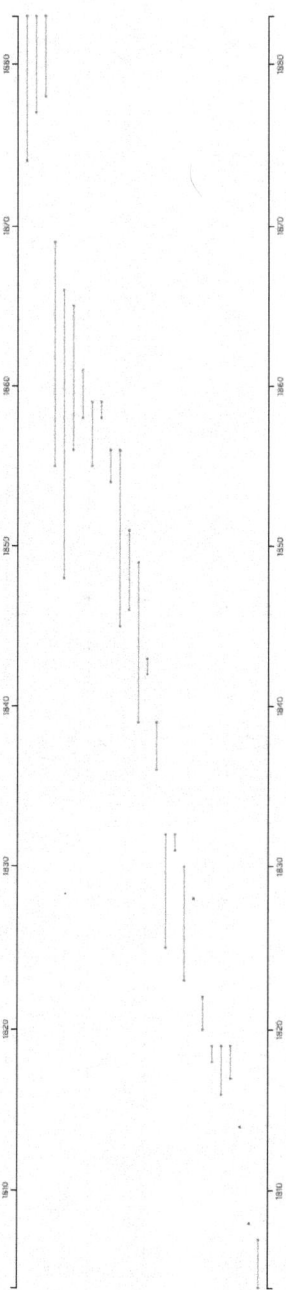

FIGURE 2 : Chronologie et périodes de publication (dépouillées) des 26 périodiques du corpus américain.

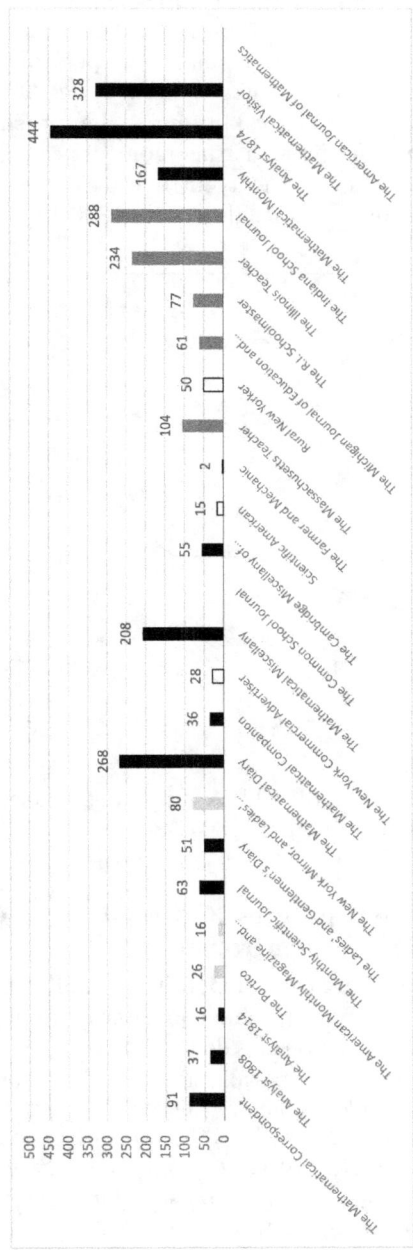

FIGURE 3 : Nombre de questions publiées dans les 26 publications du corpus américain.

Dans les 26 publications du corpus tous genres confondus, 2745 questions sont débusquées et se répartissent comme suit : près de 1800 sont publiées dans les titres spécialisés, environ 750 dans les journaux d'éducation, une centaine dans les journaux généralistes et autant dans les périodiques techniques [Figure 3]. À représenter les effectifs cumulés croissants des Q & A en fonction de leur année de parution entre 1804 et 1883 [Figure 4], l'approche longitudinale met à jour une périodisation structurée en trois moments : une publication de Q & A progressant à peu près linéairement entre 1804 et 1848, suivie d'une double accélération des livraisons dans les décennies 1856-1867 et 1874-1883.

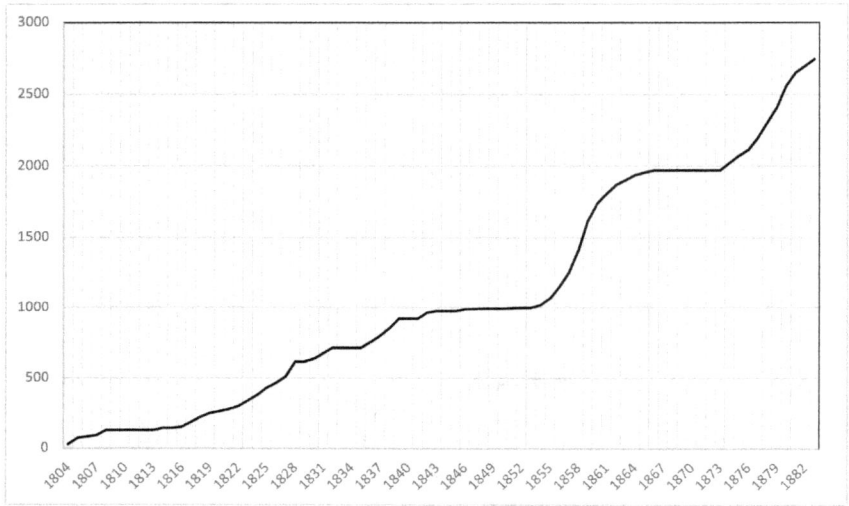

FIGURE 4 : Effectifs cumulés des 2745 Q & A du corpus américain selon leur date de parution (1804-1883)

2.1   1804-1848 : déploiement progressif et régulier de Q & A dans les journaux spécialisés et généralistes

Dans la première moitié du XIXe siècle, il paraît un millier de Q & A, dont environ 80 % sont livrées dans les neufs premiers journaux américains spécialisés en mathématiques. Très différents en termes de formats et d'ambitions proposés aux lecteurs, ils offrent tous un nombre parfois significatif de Q & A : 91 dans les onze numéros du *Mathematical Correspondent* (1804 ; 1807), 63 sur l'ensemble de la période d'existence du *Monthly Scientific Journal* (1818-1819), 51 dans les trois livraisons du *Ladies' and Gentlemen's Diary* (1820-1822), 268 réparties dans les treize numéros du *Mathematical Diary* (1825-1832) ou encore 208 dans les pages du *Mathematical Miscellany* (1836-1839). Entre 1804 et 1848, la publication de Q & A s'effectue à rythme régulier sur l'ensemble de la période, mais aussi sur des focales de temps plus resserrées, notamment à l'échelle des journaux considérés individuellement : ainsi, les 268 problèmes sortis dans le *Mathematical Diary* sont équirépartis sur les sept années de parution du journal.

Jusqu'en 1836, et même si la plupart de leurs rédacteurs en chef essaient d'insérer des articles de recherche (Swetz 2008, 336), (Dutka 1990), (Finkel 1940), le modèle éditorial sur lequel repose la rédaction et le formatage des journaux spécialisés américains emprunte pour beaucoup à leur homologue anglais *The Ladies' Diary* et à ses successeurs : les Q & A, majoritaires, alternent avec tables d'éphémérides, rebus ou notes. Ces formats récréatifs visent la socialisation et la constitution d'une communauté de lecteurs, par ailleurs contributeurs et financeurs desdits journaux (Preveraud 2018), à une époque où les entreprises éditoriales doivent surmonter un nombre important de difficultés ne serait-ce que pour survivre au-delà de la première année[10]. Dès lors, les publics visés se caractérisent par leur diversité : professionnels mathématiciens, enseignants, étudiants mais surtout amateurs dont la pratique des mathématiques n'est pas l'activité principale. Après 1836, *The Mathematical Miscellany* (1836-1839) et *The Cambridge Miscellany of Mathematics, Physics and Astronomy* (1842-1843) continuent à publier des Q & A mais pas exclusivement : à mi-siècle, ils confrontent ainsi leur(s) public(s) à des contenus mathématiques d'un niveau supérieur à leurs prédécesseurs au moyen de formats jusque-là peu répandus aux États-Unis (Kent 2008, 102) – articles de recherche (dont beaucoup proviennent d'Europe), comptes rendus d'ouvrages scientifiques ou notes de cours.

Concomitamment, l'offre en matière de Q & A mathématiques s'affiche dans plusieurs titres de la presse généraliste, à l'instar de *The Portico* (1816-1819) ou de *The New York Mirror, and Ladies' Literary Gazette* (1823-1842). Ce genre débutant à la fin du XVIIIe siècle aux États-Unis[11] mêle littérature, rapports de voyages et nouvelles du monde, extraits de romans, notes historiques et critiques d'ouvrages. Diffusé auprès d'un public lettré, il constitue un support mathématique qu'il ne faudrait pas négliger car y sont publiés, non seulement 15 % des Q & A du corpus, mais aussi des comptes rendus d'ouvrages mathématiques et des notes critiques relatant les débats sur l'enseignement mathématique[12].

Sur la période 1804-1848, l'examen de la répartition géographique[13] des auteurs de Q & A présente quelques points saillants. Ainsi, près de trois-

---

10. Les raisons sont multiples et corrélées, qu'elles soient financières, professionnelles ou personnelles. Voir (Kent 2008, 104), (Finkel 1940), (Zitarelli 2005, 3), ou (Preveraud 2018, 123).

11. Dont *The Royal American Magazine* (Boston, 1774), *The New York Magazine; or, Literary Repository* (New York, 1790) ou *The North American Review* (Boston, 1815).

12. Dans *The North American Review* par exemple, on lira des articles critiques à propos des traductions de manuels français rédigées entre 1818 et 1824 par le professeur de mathématiques d'Harvard John Farrar.

13. Afin de rendre lisibles les cartes, et parce que les circulations internationales par Q & A pourraient faire l'objet de développements conséquents, les contributeurs anglais et irlandais

quarts des rédacteurs de questions sont domiciliés dans les États de New York (344 pour New York City, 16 à Flushing, 10 à West Point), du Maryland (20 Q & A rédigées depuis Baltimore), de Pennsylvanie (40 questions en provenance de Philadelphie, 33 de York de 29 d'Harrisburg) ou de la Nouvelle-Angleterre (Cambridge : 32, New Haven : 9, Boston : 8). Les lieux d'édition de tous les journaux de cette période y sont installés ; on y trouve les grandes villes culturelles, politiques et universitaires des États-Unis, ayant en tête qu'une grande partie des territoires du centre, du Sud et de l'Ouest, restent moins peuplés ou ne sont pas encore entrés dans l'Union. Cette domination de la face Nord-Atlantique, outrageuse avant 1822 (et la parution du *Mathematical Diary*) [Figure 5], ne doit pas masquer le rôle d'espaces géographiques plus périphériques – dont l'Ohio, les Carolines, le Kentucky, la Géorgie. En dépit de leur isolement à la fois géographique et intellectuel[14], ces régions sont rapidement (bien que modestement) en capacité de contribuer aux journaux spécialisés au cours des années 1820-1850 [Figures 6 et 7], notamment du fait de pratiques éditoriales enrôlantes des rédacteurs en chef (Preveraud 2018, 132–135).

2.2 1856-1867 : irruption des journaux d'éducation

Après la période de croissance linéaire observée dans la première moitié du XIXe siècle, la production cumulée de questions double en une décennie (1856-1867), essentiellement du fait du journal spécialisé *The Mathematical Monthly* (167 Q & A), de quelques journaux techniques (près de 70 Q & A) mais surtout de journaux d'éducation (750 livraisons). Il est remarquable que se constitue, en seulement 10 ans, un ensemble homogène (au sens du public visé) de Q & A par agrégation de corpus plus modestes mais tous relatifs à la presse d'éducation 1) quantitativement comparable à ce qu'a produit la presse spécialisée lors des quarante années précédentes, 2) dominant très largement (en nombre) les livraisons du journal spécialisé *The Mathematical Monthly*.

Les années 1850 concluent en fait une période charnière dans l'histoire de l'enseignement aux États-Unis qui accouche progressivement d'un double système d'instruction public et laïque (Montagutelli 2000, 55–75). Apparu quelque vingt ans auparavant, le mouvement des *common schools*, structures d'initiatives publiques, portées par les législatures des États de la Fédération, se voit chargé d'apporter réponses aux problèmes sociaux par la scolarisation des enfants des familles les plus pauvres (Kaestle 1983, 31–50), tandis qu'une offre davantage dédiée aux familles aisées et tournée vers les *colleges* est proposée dans les *high schools* (Montagutelli 2000, 113–137). La question d'une

---

ne sont pas intégrés à l'analyse. Ils sont une trentaine à écrire de Londres, Dublin et surtout Liverpool, essentiellement avant 1840.

14. Les régions du Sud et du centre connaissent un développement scientifique retardé, en dépit de l'activité de quelques centres tels Charleston, Caroline du Sud ou Lexington, Kentucky. Voir (Greene 1984, 107–127).

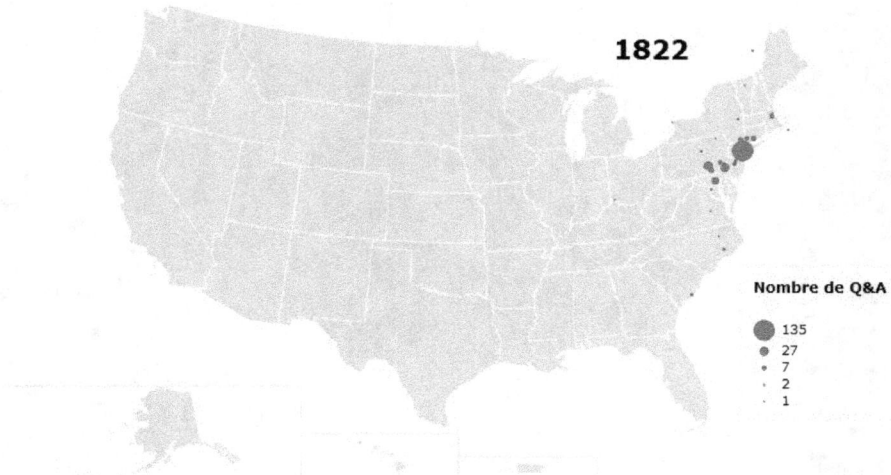

FIGURE 5 : Domiciliation des 380 auteurs de Q & A (dont 68 inconnues) cumulées du corpus en 1822

basemap from US Census Bureau (made with Khartis)

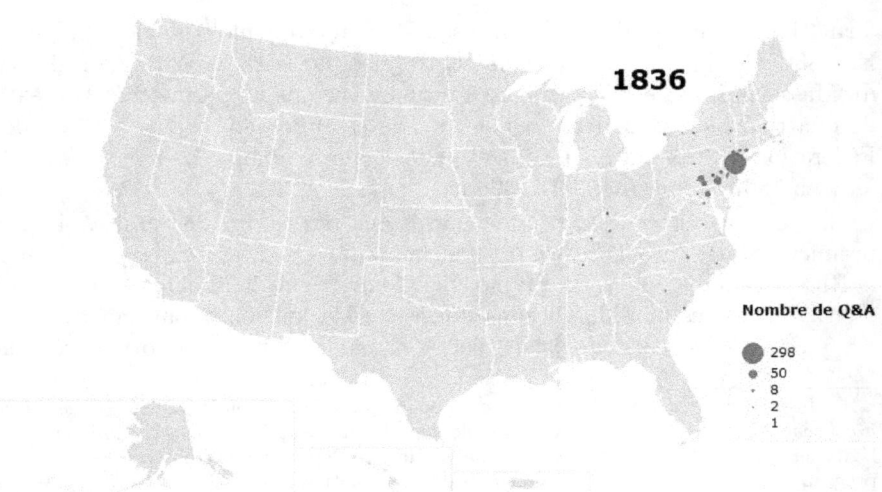

FIGURE 6 : Domiciliation des 712 auteurs de Q & A (dont 106 inconnues) cumulées du corpus en 1836

basemap from US Census Bureau (made with Khartis)

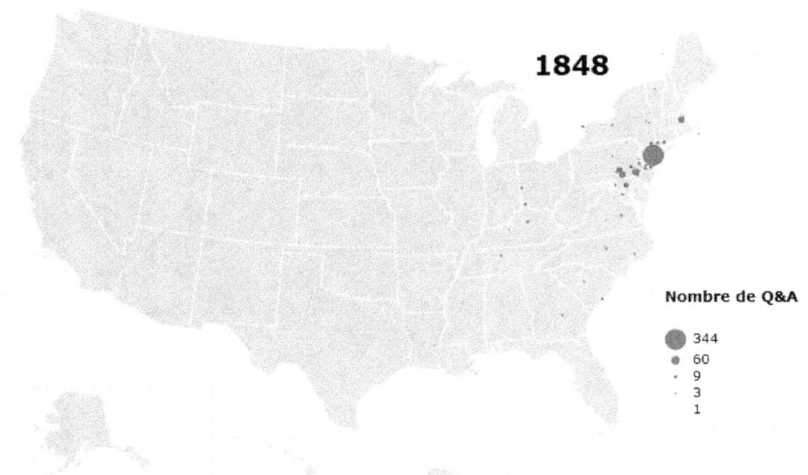

FIGURE 7 : Domiciliation des 992 auteurs de Q & A (dont 231 inconnues) cumulées du corpus en 1836

basemap from US Census Bureau (made with Khartis)

formation spécialisée des maîtres, jusque-là peu répandue[15], devient prégnante. En 1838, répondant à la campagne entreprise par le Parti Whig, la législature du Massachussetts est la première à promulguer une loi permettant la création de quatre écoles normales, dont le modèle essaime dans d'autres États de la Fédération (Fraser 2007, 51–55, 57) pour porter le nombre de *normal schools*[16] à 37 en 1867 (Kilpatrick 2014, 326).

C'est dans ce contexte[17] que paraissent dès la fin des années 1840 les premiers *State School Teachers' Journals*, dans le Massachusetts, l'Indiana, le Rhode Island, New York, l'Illinois, le Connecticut, le Michigan, etc. Si, à les ouvrir, on ne les qualifierait sans doute pas de journaux mathématiques, les *State School Teachers' Journals* n'en sont pas moins un support de référence

---

15. Jusqu'à mi-siècle, la plupart des enseignants américains sont issus des *colleges* et des *high schools*, établissements dont la seule formation disciplinaire et académique suffit à légitimer l'entrée dans le professorat. Dans les années 1830, certaines universités ouvrent des programmes partiels et non diplomants visant la formation des enseignants (Ogren 2005, 17) en concurrence de quelques écoles normales privées calquées sur le modèle français (Kilpatrick 2014, 326).

16. Le niveau et les contenus des enseignements mathématiques y est comparable à celui rencontré dans les dernières classes des *high schools* : arithmétique, algèbre, géométrie plane. Voir (Kilpatrick 2014, 327).

17. Contexte qu'il faut enrichir de l'établissement d'autres structures que les *State Normal Schools*, et prenant aussi en charge la formation des enseignants, à l'instar des *Teachers' Institutes* ou des *City Normal Schools*. Voir (Fraser 2007, 61–94).

pour la pratique des mathématiques de leurs usagers (enseignants en *common* et *high schools*, apprentis enseignants). S'y trouvent des listes de manuels suggérés par les autorités de l'État qui y diffusent l'information sur les politiques locales, mais aussi les pratiques pédagogiques en vogue, des annonces publicitaires de manuels, des leçons mathématiques essentiellement en arithmétique et en géométrie, et près de 750 questions-réponses dans les six périodiques dépouillés dans le cadre de la présente étude. De fait, d'un strict point de vue quantitatif, les villes dans lesquelles sont publiés ces périodiques – Detroit, Indianapolis, Peoria, etc. – deviennent des pôles éditoriaux conséquents en termes de parution de questions-réponses, provoquant dès 1855 une extension vers l'Ouest de la frontière mathématique [Figure 8] généralement située par l'historiographie quelque vingt ans plus tard avec la parution des journaux spécialisés des années 1870 (Kent 2019).

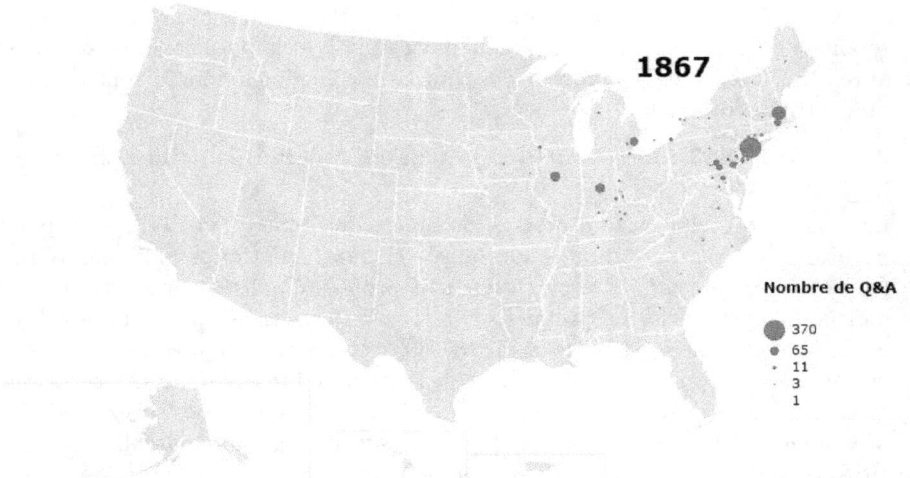

FIGURE 8 : Domiciliation des 1972 auteurs de Q & A (dont 621 inconnues) cumulées du corpus en 1867

basemap from US Census Bureau (made with Khartis)

Dans les journaux d'éducation, la « poussée éditoriale[18] » de Q & A est concentrée sur la décennie 1856-1867, c'est-à-dire dans les dix premières années de parution de différents journaux, alors que se déroule concomitamment la Guerre de Sécession. Dès les premiers numéros, les rédacteurs des *State School Teachers' Journals* désirent atteindre les maîtres d'écoles, et dans certains cas aussi « les professeurs de mathématiques » exerçant en *high schools* et les

---

18. Expression empruntée à (Verdier 2009*a*) pour décrire le lancement quasi-simultané de journaux spécialisés en mathématiques dans l'Europe des années 1820.

« invitent à [les] assister » (*The Indiana School Journal*, 1856, n° 1, p. 312), dans la conduite de la section mathématique. De nombreux problèmes sont alors proposés (parfois plus d'une dizaine par mois) mais la demande est certainement un peu extravagante pour bon nombre de lecteurs de ces publications non spécialisées. Dès le douzième numéro (premier volume), le rédacteur en chef du *Rhode Island Schoolmaster* se plaint que certaines questions délicates ne soient pas résolues par les enseignants : « Chers collègues, ne nous aideriez-vous pas dans cette section [mathématique][19] ? » (Commisionner of Rhode Island Public Schools 1855, 187) une interpellation qui indique aussi, peut-être, que très peu d'enseignants sont alors en capacité de résoudre lesdits problèmes. Le niveau de difficulté de certains d'entre eux est perçu comme un frein à la pérennité de la section mathématique. Aussi, les problèmes élémentaires commencent à manquer : « du fait de l'absence de contribution scolaire à cette section, nous craignons que notre objectif ne soit pas approuvé, ou alors qu'il soit mal compris[20] » se plaignent par exemple les rédacteurs en chef du *Massachusetts Teacher* (*The Massachusetts Teacher*, 1859, n° 12, p. 271). Mois après mois, les réponses ne parviennent plus qu'en nombre réduit, et la parution de Q & A cesse après 1870, alors que la plupart des journaux considérés poursuivent pourtant une activité éditoriale.

2.3 1874-1883 : le retour des journaux spécialisés et la rupture de 1878

La période qui clôt cette étude est dominée, du point de vue éditorial, par la parution de trois périodiques spécialisés en mathématiques, dont les publics cibles se sont précisés et progressivement professionnalisés depuis la première moitié du XIXe siècle. Le premier, *The Analyst* est lancé à Des Moines, Iowa, en 1874 par Joel E. Hendricks (1818-1893) et repose sur un modèle mixte : des questions-réponses alternent avec des articles en mathématiques théoriques et appliquées aux sciences (Hendricks 1874c, 1). Les colonnes du second, *The Mathematical Visitor*, publié à Erie, Pennsylvanie, par Artemas Martin (1835-1918) à partir d'octobre 1877, ne contiennent, elles, que des Q & A adressées explicitement « aux professeurs, enseignants et étudiants » (Martin 1877, 1). Enfin, et bien que ne publiant aucune Q & A, nous avons inclus dans le corpus *The American Journal of Mathematics*, journal exclusivement dédié à la recherche en mathématiques qui paraît à Baltimore, Maryland, en 1878, sous la direction de James J. Sylvester (1814-1897) et William E. Story (1850-1930).

À cartographier la domiciliation des auteurs des quelques 900 questions publiées entre 1874 et 1883, la dispersion géographique à l'œuvre vingt ans plus tôt se trouve amplifiée par l'extension du territoire américain vers l'Ouest et l'entrée dans l'Union de nouveaux États – Texas (1845), Iowa (1846), Wisconsin (1848), Californie (1850), Kansas (1861), Nevada (1864), Colorado

---

19. « Fellow teachers, would you not help us in this [mathematical] department ? »
20. « From the lack of contributions of class-work to this department, we fear our plan is not approved, or else is misunderstood. »

(1876) –, un déplacement vers l'Ouest de la frontière mathématique déjà entamé dans les années 1850. Sitôt installées, les populations qui migrent vers ces nouvelles régions se dotent d'écoles primaires et secondaires, de *colleges*; des professeurs de mathématiques écrivent de Salt Lake City, de Des Moines, de San Francisco, du Nevada ou de Milwaukee. Mais cette décennie d'intense publication profite surtout et massivement aux régions du Midwest – l'Indiana, l'Ohio, le Michigan, l'Illinois, l'Iowa, la partie occidentale de la Pennsylvanie –, espaces géographiques dans lesquels paradoxalement aucun établissement d'enseignement universitaire d'envergure n'est installé, mais où a jadis prospéré la diffusion des Q & A par les journaux d'éducation dans les années 1855-1865 [Figures 8 et 9].

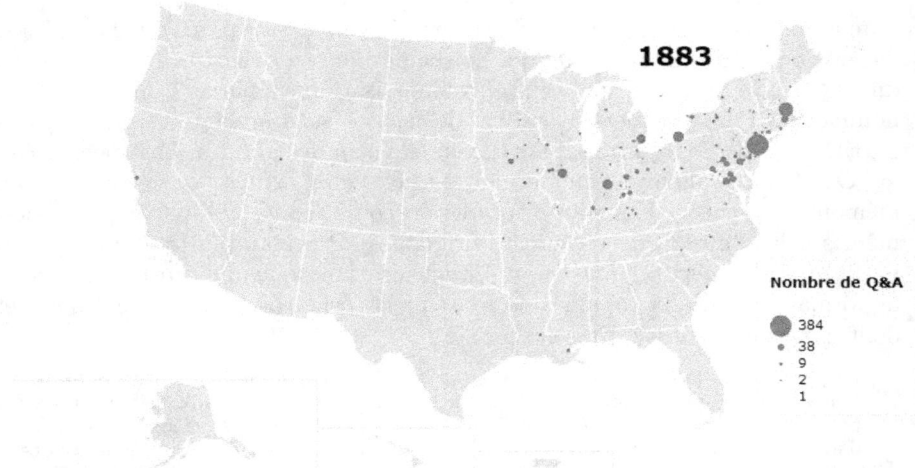

FIGURE 9 : Domiciliation des 2745 auteurs de Q & A (dont 642 inconnues) cumulées du corpus en 1883

basemap from US Census Bureau (made with Khartis)

Est-ce à dire que les activités éditoriales des périodiques d'éducation en faveur des mathématiques ont construit les bases d'une communauté mathématique capable à présent de contribuer aux journaux spécialisés ? Nous le pensons et étaierons *infra* cette hypothèse. De fait, la période 1874-1883 échappe paradoxalement aux grands centres urbains de la côte Est et ses sites universitaires où enseignent et travaillent pourtant les plus grands mathématiciens du pays : alors qu'on aurait pu attendre qu'y soit rédigé un nombre important de contributions, neuf questions seulement sont écrites de Cambridge – la plupart par le déjà très âgé Benjamin Peirce (1809-1880), le directeur du département de mathématiques d'Harvard –, 19 le sont depuis New York, trois de New Haven où l'Université Yale est installée, et huit en provenance de Baltimore. Baltimore justement où s'ouvre en 1875 la Johns Hopkins University (Parshall & Rowe 1994, 53–58) et d'où Sylvester et Story lancent[21] *The American Journal of Mathematics*. Cette publication d'envergure et dédiée exclusivement à la recherche en mathématiques ne contribue aucunement à la diffusion de la discipline par questions-réponses. Les rédacteurs en chef expliquent ainsi dans leur note d'intention :

> Il est entendu qu'il n'y aura pas de section problèmes dans le Journal, mais des remarques importantes, aussi brèves soient-elles, peuvent être insérées sous forme de notes. Il est recommandé aux personnes désireuses de proposer au public des problèmes mathématiques à résoudre de les envoyer à « The Analyst », édité et publié par J. E. HENDRICKS, Des Moines, Iowa ; ou à « The Mathematical Visitor », édité et publié par ARTEMAS MARTIN, Erie, Pa[22]. (Sylvester & Story 1878, iv)

Notons que si l'absence de Q & A dans un journal de recherche relève quasi d'un allant-de-soi pour Story et Sylvester, c'est peut-être parce que la question de leur présence dans un périodique mathématique est débattue depuis le milieu du XIXe siècle à mesure que la professionnalisation s'amorce[23]. Mais les deux hommes sont les premiers à établir, de fait, et sans ambiguïté possible, une partition du paysage éditorial américain. Au sein des publications spécialisées, les Q & A ont cohabité pendant 80 ans avec des articles de recherche, des mémoires ou encore des transcriptions de cours, les Q & A participant elles-mêmes à la diffusion de recherches originales (Preveraud 2015, 299–300). La parution de l'*American Journal of Mathematics* marque une rupture en termes de formats éditoriaux capables de soutenir la recherche en mathématiques, et dont Sylvester et Story dressent la liste :

> La publication de recherches originales est l'objet principal du Journal. En outre, de temps à autre, des résumés concis seront insérés sur des sujets auxquels un intérêt particulier peut être attaché, ou qui ont été développés dans des mémoires difficiles d'accès pour les étudiants américains. Des notices critiques et bibliographiques et des recensions des publications mathématiques récentes les plus importantes, américaines et étrangères, feront également partie du journal[24]. (Sylvester & Story 1878, iii)

Leur publication spécialisée n'est pas – n'est plus ? – le lieu éditorial pour la publication de Q & A. Du côté des journaux spécialisés, outre *The Mathematical*

---

21. À propos de la création de l'*American Journal of Mathematics* et de son adossement à la Johns Hopkins University, on lira (Parshall & Rowe 1994, 88–95).

22. « It is to be understood that there will be no problem department in the Journal, but important remarks, however brief, may be inserted as notes. Persons desirous of offering to the Public mathematical problems for solution, are recommended to send them to "The Analyst", edited and published by J. E. HENDRICKS, *Des Moines, Iowa*; or to "The Mathematical Visitor", edited and published by ARTEMAS MARTIN, Erie, Pa. »

23. Voir les exemples de *The Cambridge Miscellany of Mathematics* ou de *The Analyst* (Kent 2019).

24. « The publication of original investigations is the primary object of the Journal. In addition to this, from time to time concise abstracts will be inserted of subjects to which special interest may attach, or which have been developed in memoirs difficult of access to American students. Critical and bibliographical notices and reviews of the most important recent mathematical publications, American and foreign, will also form part of the plan. »

Visitor, celle-ci échoit, après l'arrêt de *The Analyst* en 1883, aux *Annals of Mathematics* (1884-aujourd'hui) montées comme une prolongation du périodique d'Hendricks (Kent 2019)[25].

2.4 De la périodisation à la modélisation de l'espace social de circulation mathématique par les Q & A

Au vu de la périodisation mise au jour *supra*, deux premiers résultats semblent pouvoir être énoncés en matière d'organisation des espaces de circulation mathématique par les Q & A.

Le premier, relatif à la construction de l'espace géographique, est globalement conforme à l'organisation du territoire des États-Unis au cours du XIXe siècle – schématiquement une domination de la côte Nord-Est suivie d'une extension vers l'Ouest, tant du point de vue des pôles éditoriaux (lieu des rédactions en chef) que des villes d'origine des contributeurs – même si les régions du Midwest dominent en proportion après 1874.

Le second résultat concerne la structuration de l'espace social (du point de vue des affiliations par genre des différents journaux) au moyen d'une autonomisation et d'une spécialisation progressive des lectorats visés. Dans la première moitié du XIXe siècle, les publications spécialisées (*The Ladies' and Gentlemen's Diary*, *The Mathematical Diary*) et les revues généralistes (*The Portico*) ciblent des contributeurs d'origine diverse et mixte (étudiants, professeurs, amateurs non professionnels) même si des tentatives de professionnalisation émergent dans les années 1840 avec notamment la publication de *The Cambridge Miscellany of Mathematics* (Kent 2008). Après 1850, on assiste à une segmentation des publics visés. Des périodiques sont à présent adressés aux maîtres d'écoles *(The Illinois Teacher, The Rhode Island Schoolmaster)* et à de nouveaux publics professionnels *(The Rural New Yorker)*, quand les professeurs d'universités et leurs étudiants sont ceux que les rédacteurs en chef souhaitent capter dans *The Mathematical Monthly* et *The Analyst*. L'année 1878 consacre la partition en germe entre d'une part les professionnels mathématiciens dont les lieux mathématiques ne peuvent (ne doivent ?) plus contenir de Q & A *(The American Journal of Mathematics)*, et d'autre part les amateurs ou usagers des mathématiques friands de Q & A désormais prises en charge par la presse intermédiaire *(The Mathematical Visitor)*.

Une telle modélisation de la structuration des circulations mathématiques, par quantification périodisée des Q & A en fonction des territoires et des genres, soulève un certain nombre de vérifications et de questions[26] qu'il

---

25. Quitte à dépasser la borne supérieure de notre étude, la publication de Q & A dans la presse américaine se poursuit notamment via un nouveau périodique d'éducation, *The School Messenger* (1884-1894), et plus tard dans *The American Mathematical Monthly* (1894-aujourd'hui). L'étude à plus longue échéance (1878-1900) concernant les conséquences du lancement de l'*American Journal of Mathematics* en 1878 sur les lieux et modalités de diffusion des Q & A reste à faire.

26. Pour mener à bien cet examen, « compter » les Q & A n'est donc plus suffisant : des données relatives à leur publication ont été compilées (journal, auteur, origine géographique,

convient, sinon de résoudre dans l'économie de ce chapitre, du moins de faire émerger. Aussi, nous mobilisons dans les parties 3–4 de ce chapitre une série d'indicateurs – l'examen des contenus mathématiques des Q & A, le rôle des questions dans la formation des élèves et des étudiants, la prosopographie des contributeurs-auteurs (c'est-à-dire le public touché), les interactions entre journaux – pour tester l'hypothèse de l'autonomisation des genres et de la segmentation progressive des publics.

3 Des contenus conformes à la segmentation progressive des publics cibles ?

Un premier axe d'analyse du corpus des Q & A concerne la nature des contenus mathématiques qui y sont transmis. À mesure que leur public se professionnalise, les questions proposées dans les journaux spécialisés se complexifient-elles ? Les avatars du genre spécialisé qui paraissent à la fin du siècle sont-ils ceux où l'on rencontre des mathématiques plus complexes (analyse, géométrie descriptive et projective, théorie des nombres, etc.) offertes à l'ingéniosité des lecteurs ? Les problèmes d'arithmétique, d'algèbre et de géométrie élémentaires sont-ils majoritaires dans les publications à destination des maîtres d'écoles et conformes, notamment, aux *curricula* de la plupart des écoles normales de l'époque (Ogren 2005, 47) ? Les questions d'arpentage et de géométrie pratique le sont-elles dans les revues pour fermiers ?

3.1 Autour de la synchronisation des registres (thèmes, niveau de difficulté) des Q & A avec les segments de public

C'est donc bien une demande de classification des questions qui nous est adressée, demande d'autant plus délicate si elle est appréhendée par registres thématiques. En effet, les rédacteurs en chef ne proposent pas de catégorisation, et lorsque c'est le cas, elles doivent inspirer une certaine méfiance (Goldstein 1999, 198–199). Le point de vue des acteurs ne dépend-il pas du genre de la publication et du moment de sa parution ? Par exemple, une question de calcul de volume dans *The Illinois Teacher*, un problème de construction d'un polygone régulier dans *The Mathematical Diary*, un travail sur les projections dans *The Mathematical Monthly*, des questions qui diffèrent donc en termes de contextes et d'objets convoqués, peuvent pourtant être renseignés sous la même étiquette « géométrie » par les rédacteurs en chef. Une parade éventuelle consiste à créer plusieurs sous-modalités caractérisées par une série de critères explicites (Goldstein 1999, 194–198). Selon les différents outils mobilisés, les différents contextes dans lesquels ces problèmes se posent, on déclinera, par exemple, le champ « géométrie » en géométrie pratique, géométrie algébrique, géométrie analytique, géométrie euclidienne, géométrie projective, etc. La

---

présence et nombre de solutions, auteur(s) de la ou des solution(s), contenus, présence de citations et références, labélisation, reprise éventuelle d'une autre question).

classification suivante[27] [Tableau 2], qui ne vise pas la discussion dans le présent chapitre, constitue une possible prise en charge des remarques précédentes et donne un aperçu au lecteur des contenus présents dans les Q & A.

TABLEAU 2 : Proposition de classification des Q & A dans le corpus américain (1804-1883)

Arithmétique	Nombres entiers, fractionnaires.	**Algèbre**	Résolution d'équations.
	Quatre opérations.		Radicaux, logarithmes.
	Partages, proportions, progressions		Application de l'algèbre à la géométrie.
Géométrie	Géométrie euclidienne.	**Analyse**	Intégration et dérivation.
	Géométrie descriptive.		Équations différentielles.
	Géométrie projective.		Suites, séries
	Géométrie analytique	**Mécanique**	Mécanique statique.
	Calculs de longueurs, de surfaces et de volumes d'objets.		Mécanique céleste. Mécanique analytique.
	Trigonométrie.		Hydraulique.
	Arpentage.	**Probabilités**	
	Géodésie. Astronomie et navigation.	**Théorie des nombres**	

Toutefois, y compris lorsque les cadres de la classification ont été définis, dépliés et dûment justifiés, la coloration thématique d'une question ne relève pas systématiquement d'un allant-de-soi, notamment en cas de chevauchement. Labélisera-t-on « arithmétique » (progressions) ou « algèbre » (résolution d'équations) cette question tirée du *Mathematical Diary* ?

> Il y a trois nombres en progression géométrique, mais si le troisième est diminué du premier, les résultats seront en progression arithmétique, et si le premier et le troisième sont augmentés du second, et le second de 2, la progression sera harmonique ; on demande les nombres[28]. (Adrain 1825, 135)

Considérant un problème de repérage en mer à l'aide des étoiles, quelle focale adopter entre coloration thématique de l'énoncé (navigation) et outils mathématiques mobilisés (trigonométrie sphérique) ?

Ces précautions prises, il n'est toutefois pas question ici de produire une analyse exhaustive des données résultant de la classification des contenus ; quelques points remarquables méritent cependant d'être soulignés.

---

27. Classification élaborée par croisement de plusieurs indicateurs : analyse des énoncés, des solutions et des outils mathématiques mobilisés, mention de titres (« arpentage », « astronomie ») donnés à certaines Q & A par leurs auteurs ou les rédacteurs en chef. Une classification davantage ramifiée des Q & A du *Mathematical Visitor* est donnée dans (Rabinowitz 1996).

28. « There are three numbers in geometrical progression, but if the third be diminished by the first, the results will be an arithmetical progression, and if the first and third be increased by the second, and the second by 2, the progression will be harmonical ; required the numbers. »

Dans les journaux spécialisés, l'étude des contenus doit être confrontée au contexte de professionnalisation très progressive de leur(s) public(s) au cours du siècle. Entre 1800 et 1850, notamment en raison de la très grande hétérogénéité du lectorat, le spectre mathématique de Q & A publiées est largement occupé par l'arithmétique et l'algèbre élémentaires (sujets majoritaires dans *The Mathematical Correspondent* et très présents par exemple dans *The Mathematical Diary* ou *The Mathematical Miscellany*), ainsi que la géométrie euclidienne (entre un dixième et le tiers des contributions selon les périodiques). Ainsi, les problèmes de partage, de progression, les calculs sur les puissances et les radicaux, le calcul littéral, les résolutions d'équations du second degré, les systèmes d'équations, ou encore les démonstrations des propositions des premiers livres des *Éléments* d'Euclide sont fréquents dans les premiers avatars du genre (1804-1832) (Preveraud 2011, 75–82), (Parshall & Rowe 1994, 43). Mais des sujets qui nécessitent un degré supérieur de connaissance et de maîtrise mathématiques ne sont pas écartés. Ainsi, la part de la géométrie analytique, limitée avant 1825, culmine dans *The Mathematical Diary* à près de 30 % des questions posées. L'analyse pure (différenciation et intégration, séries, etc.) reste un thème mineur mais bien présent (entre 2 % et 13 % selon les journaux, 13 % dans le journal de Peirce et Lovering), preuve de l'habilité mathématique de certains des lecteurs. Ajoutons que les journaux généralistes des années 1820, *a priori* destinés à un public lettré mais qui croise bien souvent celui des journaux spécialisés, consacrent eux aussi le tiers de leurs Q & A à des problèmes élaborés de géométrie analytique, ainsi que près d'un problème sur six et d'un problème sur sept respectivement à la mécanique analytique et à l'analyse pure. Des problèmes de mathématiques appliquées (géométrie pratique, astronomie, mécanique) viennent compléter cette offre variée pour satisfaire un public que les rédacteurs en chef souhaitent le plus large possible. Dans la seconde moitié du siècle, l'offre en matière de registre thématique reste ouverte et plus ou moins équilibrée dans les journaux spécialisés, les Q & A se partageant principalement entre algèbre, géométrie, et analyse. Certes, les résolutions de systèmes d'équations à deux inconnues ont disparu et les questions d'analyse, de géométrie projective, les problèmes en théorie des nombres occupent une part plus grande que dans leurs prédécesseurs d'avant 1850, mais le spectre des contenus proposés ne semble pas s'être réduit. Si la progressive professionnalisation du lectorat s'accompagne d'une complexification globale des Q & A, la variété des thèmes abordés et l'étendue des niveaux de difficulté des questions demeurent, quant à elles, relativement inchangées. Ce constat n'est pas sans rapport avec le rôle de préparation aux examens dont se sont emparés les journaux spécialisés, surtout après 1840. Dès le début du siècle, les étudiants représentaient déjà une partie du lectorat visé par les journaux spécialisés[29].

---

29. Au reste, les circulations de tous ordres entre journaux (essentiellement spécialisés) et universités mériteraient d'être caractérisées et le chantier est immense car la période

> Il est bien connu des mathématiciens que rien ne contribue plus au développement du génie mathématique que les efforts déployés par l'étudiant pour découvrir les solutions de questions nouvelles et intéressantes[30]. (Adrain 1825, iii)

explique le rédacteur en chef du *Mathematical Diary*. Plus tard, les rédacteurs en chef du *Mathematical Miscellany*, du *Cambridge Miscellany of Mathematics*, du *Mathematical Monthly* ou de *The Analyst* insèrent dans leurs colonnes des « Junior Sections » où figurent des Q & A spécialement adressées à « l'émulation des jeunes Américains » (Gill 1836, iii). Il y aurait matière à comparer les *Junior questions* à celles qu'on pose aux étudiants dans les *colleges* américains, alors que le recours aux examens écrits s'ancre dans leurs pratiques tout comme l'évaluation et le classement (Brubacher & Rudy 1968, 93–94). Autrefois appuyés sur la pratique de la récitation, les examens des *colleges* dorénavant sous forme de questions nécessitent de plus en plus une préparation spécifique. En Angleterre, les Q & A des journaux spécialisés anglais (Despeaux 2014) sont venus répondre aux besoins de préparation des *mathematical tripos* de l'Université de Cambridge[31]. Sans transposer la situation anglaise au cas américain, y a-t-il matière à faire converger les transformations progressives des examens aux États-Unis et la présence de Q & A dédiées aux étudiants dans les journaux ? De fait, de nombreux problèmes des *tripos* circulent *via* les Q & A dans la presse américaine. Des compilations britanniques d'exercices servent d'abord de sources aux journaux d'éducation : les manuels du tuteur de mathématiques à Cambridge Miles Bland (1786-1867) – *Geometrical Problems* (1819), *Algebraic Problems* (1824) et *Problems in the Different Branches of Philosophy* (1830) – ; ceux de John F. Wright à l'instar de *Self Examinations in Algebra* (1825) et de *Solutions of the Cambridge Problems from 1800 to 1820* (1825). Elles sont bientôt suivies par des équivalents domestiques – dont les *Harvard Examinations Papers* collationnés par Robert F. Leighton (1838-

---

témoigne de transformations majeures (Brubacher & Rudy 1968), (Rudolph 1977) : évolution des *curricula* en lien avec les contenus thématiques des questions, transferts entre examens et Q & A, mutations et rôle de l'édition scolaire domestique, interactions entre les milieux éditoriaux périodique et livresque, inclusions et déplacements de savoirs domestiques ou extra-américains (considérant la modernisation des mathématiques qui a cours en Europe au début du XIXe siècle). Comment se nouent les interactions entre journaux et ouvrages scolaires ? Les journaux américains prennent-ils en charge tout ou partie des manques de l'édition scolaire domestique ? Réciproquement, les manuels spécialisés peuvent-ils être prescripteurs à l'endroit des périodiques ? L'étude des phénomènes d'échanges de Q & A entre manuels et journaux est par exemple en cours. Elle vise à caractériser la nature et la polarisation des circuits entre les périodiques et le monde de l'édition scolaire sur le long terme, les manuels devenant des supports de masse pour l'instruction dans la seconde moitié du XIXe siècle.

30. « It is well known to mathematicians, that nothing contributes more to the development of mathematical genius, than the efforts made by the student to discover the solutions of new and interesting questions. »

31. Établie au milieu du XVIIIe siècle pour remplacer progressivement les traditionnelles interrogations orales, cette série d'examens uniques, auxquels se confrontent tous les étudiants, et qui repose sur la résolution écrite de problèmes difficiles et sur un solide entraînement, donne alors aux mathématiques une place importante dans le *curriculum*. Voir (Warwick 2003).

1892). Plus encore, sur la fin de la période étudiée, les journaux spécialisés anglais transmettent à leurs pairs américains les problèmes de préparation aux examens : les échanges (une quinzaine d'items) s'effectuent essentiellement vers *The Analyst* et *The Mathematical Visitor*, en provenance de *The Educational Times* (1847-1923), journal anglais dans lequel une partie de la diaspora des anciens de Cambridge propose de nombreux problèmes auxquels ils furent soumis étudiants (Despeaux 2014, 44–46).

Examinons à présent les journaux dont les publics sont spécialisés. Conformément à la spécificité des besoins et des pratiques de leur lectorat, près des trois-quarts des sujets parus dans les journaux pour fermiers traitent d'arithmétique et de géométrie pratique. À l'inverse, à examiner les journaux d'éducation, il y a certainement matière à réfuter l'étanchéité des genres en fonction des champs disciplinaires à examiner les journaux d'éducation. Certes, ces journaux traitent bien d'arithmétique et de géométrie pratique (respectivement 38 % et 10 % des contenus globaux). Certes, le lecteur désireux de préparer les examens de l'école ou du lycée du comté y trouvera une section spécifique labélisée, ici « School Exercises » (Gow 1862, 194), (Mowry 1858, 316), là « Examination Questions » (*The Massachusetts Teacher*, 1861, n° 14, p. 113). La plupart du temps, il s'agit de reprises de questions élémentaires déjà posées lors d'examens d'admission ou d'examens terminaux dans les écoles et *high schools* de l'État : « Un homme a acheté un cheval pour 250 dollars, et l'a vendu pour 10 % de plus que ce qu'il a donné, mais pour 25 % de moins que ce qu'il a demandé : qu'a-t-il demandé[32] ? » (Gow 1862, 194). Mais des sujets qu'on pensait réservés à des publics plus spécialisés en mathématiques – algèbre non élémentaire, analyse, géométrie pure, mécanique analytique – concernent à eux quatre près de la moitié des Q & A sorties cumulativement dans les colonnes des journaux d'éducation. On demande par exemple au lecteur du *Massachusetts Teacher* d'intégrer l'expression $\frac{a^3 x^{-\frac{1}{2}} dx}{a-(h-x)}$ (*The Massachusetts Teacher*, 1858, n° 11, p. 435) ou encore de déterminer le lieu du point P situé sur la droite (AB) lorsque celle-ci forme une tige de liaison dans un moteur à vapeur, telle que le point B se déplace sur la circonférence d'un cercle et telle que le point A avance et recule le long d'une ligne droite (*The Massachusetts Teacher*, 1860, n° 13, p. 464).

Au terme de cette brève analyse, les contenus des Q & A – qu'ils soient lus selon leur registre thématique, leur niveau de difficulté ou leur aptitude potentielle à servir la préparation aux examens – 1) se conforment globalement à la grande hétérogénéité du public dans la première moitié du XIXe siècle ; 2) délimitent dans la seconde moitié du XIXe siècle des espaces intellectuels certes relativement autonomes entre genres, mais dont les frontières sont loin d'être imperméables.

---

32. « A man bought a horse for $ 250.00, and sold it for 10 per cent more than he gave for it, but for 25 per cent less than he asked for it : what did he ask for it ? »

3.2 Des références à la mise en réseau des contenus... et des contributeurs

Nous avons vu combien la classification des Q & A par registre thématique ou de difficulté n'était pas sans obstacles pour appréhender la nature des savoirs qui circulent *via* les Q & A ; une voie peut-être plus robuste repose sur l'étude des références d'ouvrages ou d'auteurs, placées à l'intérieur des questions et de leurs solutions. Au nombre de 300 sur l'ensemble du corpus, il s'agit essentiellement de brèves citations ou mentions – jamais de recensions – de manuels français, anglais ou américains, qui viennent justifier ou résumer un point du discours mathématique. Elles se présentent quasi-exclusivement sous la forme d'une très brève incise dans le texte – au moyen de locutions prépositives, de tirets, de parenthèses, de crochets – mentionnant le plus souvent l'auteur à qui on emprunte, parfois le titre très abrégé de l'ouvrage (« *Geometry* » pour « *Elements of Geometry* »), la page citée, plus rarement l'année [Figure 10].

Constituant un objet d'étude en soi, le corpus des références et ses transformations de forme, de nature, et de contenu, peuvent aider à clarifier notre appréhension des circulations de savoirs domestiques, étrangers, classiques ou modernes dans les journaux américains. À un premier niveau d'échelle macroscopique, on pourra ainsi établir une chronologie des entrées par références thématiques dans les Q & A. À comparer avec l'évolution des manuels utilisés aux États-Unis dans les universités ou les *high schools*, on mesurera les antériorités, on traquera les chevauchements. À titre d'exemple, les travaux menés au début du XIXe siècle par Adrien-Marie Legendre (1752-1833) au sujet du calcul des intégrales de forme générale $\int \frac{P(x)}{\sqrt{R(x)}} dx$, où P est une fonction rationnelle et R un polynôme de degré inférieur ou égal à 4, et publiés d'abord dans le volume 3 des *Exercices de calcul intégral* (1811) puis dans les deux volumes du *Traité des fonctions elliptiques* (1825-1826), sont transmis dans les colonnes du *Mathematical Diary* et du *Mathematical Miscellany*[33]. Les tables d'intégrales bâties par Legendre deviennent un outil essentiel dans la pratique du calcul intégral lorsque celui-ci est requis pour solutionner une question. Or à cette époque (1825-1840), il n'existe aucun ouvrage en langue vernaculaire, aucune traduction disponible sur le sujet aux États-Unis, un manque pris en charge par les Q & A de la presse mathématique dès les années 1820.

Réutilisable en faveur d'autres branches du savoir, d'autres points du discours mathématique (analyse, géométrie moderne, géométrie analytique, théorie des nombres, etc.), cette approche est cependant inopérante si l'on souhaite appréhender les circulations à un niveau infrastructurel. Comment les savoirs mathématiques se transmettent-ils entre journaux ? Entre contributeurs ? Entre auteurs de manuels et contributeurs ? Entre espaces géographiques

---

33. En tout, pas moins d'une douzaine de références sont dénombrées, essentiellement œuvres des mathématiciens Nathaniel Bowditch (1773-1838) et Theodore Strong (1790-1869). Voir (Preveraud 2015, 299–300).

> *Rectification.*—Let $s =$ the length of the curve reckoned from A, and $s' =$ the whole length, then
> $$ds = -d(1+\cos^2\phi)^{\frac{1}{2}} + \frac{a.d\cos\phi}{\sqrt{1+\cos^2\phi}} + \frac{a.\sqrt{2}.d\phi}{\sqrt{1-\frac{1}{2}\sin^2\phi}}$$
> $$-a\sqrt{2}.d\phi \times \sqrt{1-\tfrac{1}{2}\sin^2\phi},$$
> Integrating between the above limits, we have
> $$s' = 1.24471 \times a \text{ nearly};$$
> The integrals of the third and fourth terms of the value of ds, are found by Legendre's Tables of Elliptic Functions.*

> $$\frac{dx}{\sqrt{x+x^5}} + \frac{dy}{\sqrt{y+y^5}} + \frac{dz}{\sqrt{z+z^5}} = 0, \text{ or } \frac{dx}{\sqrt{x+x^6}} + \frac{dy}{\sqrt{y+y^6}} + \frac{dz}{\sqrt{z+z^6}} = 0 \quad (5)$$
> To find the algebraic integral of (3) in the cases specified, we shall use the method given by Lacroix, *Calcul Diff. et Int.*, VOL. 2, pp. 475, 476.

>  E and R are equal, and hence, R is the middle of D C, and C N=C H. Therefore, D N=45 feet, A D= 40 feet, whence A N=A E+ E H=$\frac{1}{2}$ the range of ball=$(40^2+45^2)\frac{1}{2}=\sqrt{3625}$. R=2$\sqrt{3625}$.
> But $R = \frac{v^2 \sin.2e}{g}$ (Rutherford's Hutton, p. 847,) where R is the range; v, the velocity; e, the angle of elevation; g,=32$\frac{1}{6}$, whence by substitution, &c., v=66.87 feet.

> Since (Fig. 3) $\angle O_1 AL = \angle OAL = \tfrac{1}{2}(B - C)$, we have from the triangle $O_1 AL$, $(O_1 L)^2 = (AO_1)^2 + (AL)^2 - 2AO_1.AL\cos\tfrac{1}{2}(B - C)$; or, since $r_1 = AO\,\sin\tfrac{1}{2}A$, $A\,L = 2R\cos A$, and $r_1 =$
> $$4R\sin\tfrac{1}{2}A\cos\tfrac{1}{2}B\cos\tfrac{1}{2}C \text{ (Chauvenet's Trig., Eq. 298)},$$

FIGURE 10 : De haut en bas, cas de référencements dans *The Mathematical Diary* (Ryan 1828, 254), *The Mathematical Miscellany* (Gill 1836, 388), *The Indiana School Journal* (*The Indiana School Journal*, 1857, n° 2, p. 151) et *The Analyst* (Hendricks 1874c, 192)

intra-américains ou internationaux[34] ? Une réponse partielle – car l'étude est réduite à quatre des journaux du corpus de ce chapitre[35] – mais tout à fait extensible à l'ensemble des références débusquées *supra*, est proposée dans

---

34. Notons qu'une quarantaine de questions du corpus sont envoyées d'Europe.
35. *The Mathematical Diary*, *The Mathematical Miscellany*, *The Cambridge Miscellany* et *The Mathematical Monthly*.

(Preveraud 2015, 302–305). Croisant les méthodes, outils et résultats de la prosopographie et de l'analyse des réseaux sociaux, l'article établit le réseau thématique des références communes aux contributeurs[36] (selon plusieurs intervalles de temporalité) – quels sont les contributeurs qui citent les mêmes sources ? – et le compare au réseau personnel et professionnel des mêmes contributeurs. Une telle approche permet de « ne pas discriminer le social du vraiment mathématique » (Goldstein 1999, 201) et de comprendre comment se constituent socialement les espaces de circulation mathématique. S'y jouent des forces antagonistes : si l'extension des frontières géographiques mise à jour *supra* [§ 2.2 et § 2.3] s'accompagne parfois d'un dépassement des frontières sociales – l'intégration dans l'Union de nouveaux États accompagne la large diffusion de la traduction des *Éléments de géométrie* de Legendre auprès d'un public de plus en plus mixte (Preveraud 2015, 306) –, on observe aussi des phénomènes de clusterisation quand des références circulent *exclusivement* dans un tout petit milieu académique et mathématique (Preveraud 2015, 305).

Cette dernière focale – à laquelle s'ajoutent les résultats partiels de [§ 3.1] – met donc l'emphase sur l'existence de plusieurs espaces par genre, aux dynamiques plus ou moins dépendantes mais dont on a du mal à distinguer combien ils se chevauchent et comment ils interagissent : *les* espaces « savants » des contenus mathématiques, *les* espaces « sociaux » des auteurs, dans une moindre mesure *les* espaces « géographiques » d'où sont envoyées les Q & A. C'est l'objet de la dernière partie du présent chapitre que d'examiner les zones de chevauchement et d'interaction entres ces espaces ouverts par la circulation mathématique au moyen des Q & A.

4 Une approche réticulaire de la circulation mathématique par Q & A dans les journaux

Dans un article paru dans la *Revue d'histoire des mathématiques* (Kent 2019), l'auteure se focalise sur certains des journaux spécialisés du corpus étudié dans ce chapitre. Elle montre, avec pour angle d'analyse les biographies des rédacteurs en chef de ces périodiques, que leurs initiatives, bien qu'individuelles et discrètes, reposent sur une série d'efforts parfaitement connectés. L'étude jette un regard nouveau sur ces mathématiciens-rédacteurs en chef – dont l'historiographie a isolément bien documenté les activités d'édition, de recherche ou d'enseignement[37] – précisément parce qu'elle les met en réseau. Elle trace en filigrane une forme de continuité éditoriale *via* les interactions des directeurs de publication tout au long du XIXe siècle, par-delà les périodes blanches.

---

36. Cette étude étend l'analyse au-delà des seules Q & A, et intègre aussi les références trouvées dans les articles, essentiellement ceux du *Mathematical Monthly*.

37. Pour les rédacteurs en chef de *The Ladies' and Gentlemen's Diary*, *The Mathematical Diary*, *The Mathematical Miscellany*, *The Cambridge Miscellany of Mathematics, Physics and Astronomy* et *The American Journal of Mathematics*, on lira respectivement (Bruce 2015), (Preveraud 2011), (Kent 2008, 106–107), (Fisch 1982) et (Parshall & Rowe 1994, 53–138).

Dans le sillage d'une telle approche historique et ajoutant au corpus de (Kent 2019) les journaux d'éducation, généralistes et techniques, cette troisième partie cherche à caractériser et étoffer (le cas échéant) cette continuité éditoriale entre journaux, en deçà du réseau de leurs rédacteurs. Comment l'intégration de journaux aux publics non mathématiciens affecte-t-elle les proximités, les voisinages, les chevauchements en matière de diffusion mathématique et quelle image dessine-t-elle des espaces de circulation mathématique ?

4.1 Migrations et socialisation des acteurs

La mise au jour d'une continuité mathématique longitudinale par l'étude des réseaux entretenus par les rédacteurs en chef des périodiques spécialisés s'incarne selon nous en termes de multi-publication des auteurs[38]. L'affiliation de nombreux contributeurs à plusieurs publications spécialisées est en effet bien documentée. Professeurs de mathématiques dont les activités se déploient dans trois, quatre publications pendant parfois des décennies, rédacteurs en chef contribuant à un journal postérieur, étudiants devenus enseignants et toujours fidèles à la diffusion des mathématiques par les Q & A... la liste des auteurs qui migrent d'un journal spécialisé à un autre contient plus de 40 noms. Pour ne prélever que deux exemples parmi une liste partiellement documentée dans (Timmons 2004), on pensera au professeur d'université Robert Adrain (1775-1843)[39], qui collabore dans le premier quart du XIXe siècle à *The Mathematical Correspondent* ou à *The Ladies' and Gentlemen's Diary*, tandis qu'il dirige *The Analyst* puis *The Mathematical Diary* ; on aura également en tête le professeur Theodore Strong (1790-1869)[40], qui écrit dans *The Mathematical Diary*, *The Mathematical Miscellany*, ou *The Cambridge Miscellany of Mathematics*. Il s'agit la plupart du temps de professionnels des mathématiques, enseignants dans les universités ou *high schools* des États de la côte Est, et dont les réseaux s'entretiennent surtout dans la période 1800-1850 au sein des colonnes des publications spécialisées. Certains débutent étudiants leur carrière d'auteurs de Q & A dans des périodiques spécialisés – Benjamin Peirce dans *The Mathematical Diary*, David Trowbridge dans *The Mathematical Monthly* – avant de la poursuivre devenus enseignants dans des journaux postérieurs – Benjamin Peirce dans *The Mathematical Miscellany*, David Trowbridge dans *The Analyst* et *The Mathematical Visitor*. La contraction sociale croît avec le siècle : entre 1800 et 1830, si de nombreux contributeurs – dont parfois, selon la publication, 50 % d'entre eux demeurent inconnus (Preveraud 2018) – exercent en qualité d'amateurs éloignés des centres universitaires, l'endogamie

---

38. En première approche, nous considérons seulement les auteurs de questions mathématiques. L'étude sociale des solutionneurs et l'étude mathématique des solutions sera intégrée aux travaux postérieurs.

39. Pour une biographie de Robert Adrain, on lira (Swetz 2008). En matière d'édition de presse mathématique, voir (Preveraud 2011, 32–35).

40. Dont on verra la place qui est la sienne dans l'Amérique mathématique des années 1820-1850 en lisant (Hogan 1981).

qui domine rapidement dans les titres spécialisés après 1860 est à corréler avec la professionnalisation de la discipline.

Dans la seconde moitié du XIX$^\text{e}$ siècle, avec l'irruption des journaux d'éducation et des journaux techniques, notre étude présuppose une segmentation des publics *a priori* : les mathématiciens publieraient dans les journaux spécialisés, les maîtres d'écoles dans les journaux d'éducation, etc. Afin d'examiner la réalité d'une telle assertion, il faut donc étendre l'analyse prosopographique à l'ensemble des auteurs de Q & A du corpus considéré. Si tel est aisé dans le cas des périodiques spécialisés (surtout après 1840), les manques sont importants en matière de documentation et d'identification d'un grand nombre de contributeurs aux journaux d'éducation et techniques. Les auteurs, souvent annoncés uniquement par leurs initiales, ne sont souvent pas identifiables sans investigation supplémentaire[41]. Ainsi, l'identité ou l'origine du tiers des auteurs de questions de *The Rhode Island Schoolmaster* demeurent à ce stade inconnues ; cette proportion culmine à 60 % dans le cas de *The Illinois Teacher*.

Ceci dit, les informations disponibles ne sont pas inexistantes. En prenant la domiciliation des contributeurs pour focale, tout porte à croire qu'il ne faut pas borner l'espace géographique de circulation des périodiques d'éducation aux frontières des États dont ils sont l'organe de diffusion en matière de politique éducative. Pour ne prendre qu'un exemple, une trentaine des 288 questions publiées (dont 148 d'origine inconnue) dans *The Indiana School Journal* sont écrites d'Iowa, du Michigan ou de Pennsylvanie [Figure 11]. Tout comme l'espace géographique de diffusion (lieux d'où sont écrites et solutionnées les questions) des titres spécialisés ne se cantonne pas aux alentours de la ville d'édition (Preveraud 2018, 120–122), la coloration fortement locale d'un *State School Teachers' Journal* n'a rien de prédictif sur l'origine géographique de son audience. Autrement dit, si des lecteurs se trouvent à des centaines de miles des lieux d'édition des publications auxquelles ils contribuent, il y a tout lieu de supposer qu'ils publient dans d'autres journaux. Dès lors, le traçage des noms/initiales/avatars sur l'ensemble du corpus – ayant en tête les possibilités de doublon et de pseudonymes – doit permettre de révéler des circulations jusque-là ignorées.

Une analyse prosopographique ciblée sur quelques auteurs identifiables – mais qu'il conviendrait, encore une fois, d'étendre au groupe entier – démontre bien l'existence de circulations exogames : des contributeurs collaborent à plusieurs publications de genre différent, d'expertise mathématique *a priori* différente.

---

41. Ajoutons que lorsqu'aucune mention n'accompagnait l'énoncé de la question (ou de sa solution), nous avons présupposé que le rédacteur en chef de la publication idoine en était l'auteur ou le colporteur. C'est par exemple le cas des 61 questions du *Michigan Journal of Education*, publié entre 1854 et 1856.

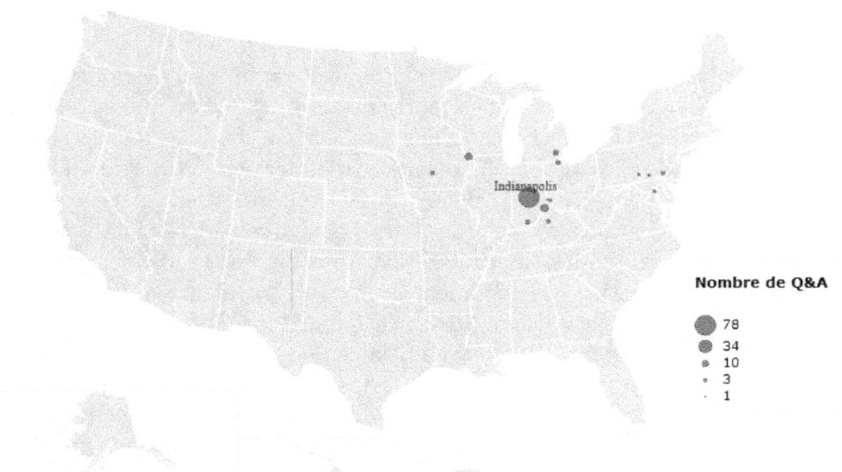

FIGURE 11 : Domiciliation des auteurs de questions contribuant à *The Indiana School Journal (1856-1865)*
basemap from US Census Bureau (made with Khartis)

Parmi d'autres, la trajectoire d'Artemas Martin[42] procède du transfuge de genre. Autodidacte, fermier, il devient maître d'école à Erie, en Pennsylvanie. Amateur de mathématiques, il se met à contribuer, au cours des années 1860, à plusieurs journaux, notamment au sein des sections Q & A : uniquement au titre des questions publiées, on lui doit pas moins de deux contributions dans *The Rural New Yorker* (Moore 1859, 364, 388), trois dans *The Mathematical Monthly* (Runkle, John D. 1859, 1860), huit dans *The Illinois Teacher* (Edwards 1865), trois périodiques aux vues mathématiques pourtant fort différentes et respectivement destinées aux mathématiciens, aux métiers de la terre et aux maîtres d'écoles. Bientôt, Martin envoie questions et articles à *The Analyst* (Hendricks 1877, 64, 95, 127, 148, 164), un journal spécialisé d'envergure très supérieure aux titres avec lesquels il avait précédemment collaboré. Au début des années 1880, alors que ses contributions au sein des journaux anglais se multiplient (*The Educational Times*, notamment), il lance, aux États-Unis, deux journaux intermédiaires, *The Mathematical Visitor* (1878-1894) et *The Mathematical Magazine* (1882-1884), périodiques composés essentiellement de questions-réponses d'un niveau sensiblement supérieur à

---

42. Figure peu documentée par l'historiographie. Voir une courte notice biographique dans (Allaire & Cupillari 2000). Une biographie par l'auteur du présent chapitre est en préparation.

celles qu'on lit dans la presse d'éducation[43]. En 1885, il rejoint en qualité de bibliothécaire puis de calculateur le Bureau des levés géodésiques et côtiers des États-Unis (Allaire & Cupillari 2000, 23).

Martin ne constitue en rien un artefact du propos : une première ébauche met au jour une dizaine d'amateurs ou d'enseignants dont on trouve trace des écrits à la fois dans des publications techniques, d'éducation et spécialisées, indépendamment de leur évolution de carrière. C'est ainsi le cas d'Asher Benton Evans (1834- ?), toute sa vie professeur et principal de l'Union School à Lockport (New York). Des dizaines de contributions[44] qui lui sont attribuées sont publiées dans les sections Q & A du *Rural New Yorker* (Moore 1859, 28, 324), du *Mathematical Monthly* (Runkle, John D. 1861, 1, 17, 25) – uniquement en 1861, où il semble faire un passage éclair à la Madison University d'Hamilton (New York)[45]. Plus tard, on trouve encore trace d'Evans dans *The Mathematical Visitor* (Martin 1883, 62), tandis qu'il devient membre de l'American Mathematical Society. Comme d'autres[46], Evans se tient informé de la parution d'un nouveau journal dans lequel il est possible de publier des Q & A puisqu'on retrouve sa signature dans tous les titres idoines de la période 1860-1880. On ajoutera, sans exhaustivité, deux exemples à la liste des auteurs trans-genres. Daniel Kirkwood (1814-1895), professeur en établissements d'enseignement secondaire (académies de Pennsylvanie) et en *colleges* (Delaware College, Université d'Indiana) est essentiellement actif entre 1840 et 1880 dans trois journaux spécialisés – *The Cambridge Miscellany of Mathematics*, *The Mathematical Monthly*, *The Analyst* – tandis qu'il endosse un temps la rédaction en chef de la section mathématique de *The Indiana School Journal*. David W. Hoyt professe de son côté à Brighton, Massachussetts, et contribue dans les années 1860 à la fois aux *Massachusetts Teacher*, *Rural New Yorker* et *Mathematical Monthly*.

Au vu de ce très partiel panorama – auquel on peut ajouter les migrations entre journaux généralistes tels *The New York Mirror* ou *The Portico* et leurs alter-ego spécialisés des années 1810-1830 –, il y a matière à modérer notre représentation initiale de la progressive segmentation des publics. Les genres spécialisés, éducation, généralistes et techniques témoignent de circulations exogames. Nous l'avons vu, on aurait également tort de limiter ces migrations trans-genres à la seule période de balbutiement mathématique (1800-1830)

---

43. Des deux journaux, seul *The Mathematical Visitor* fait partie du corpus d'étude de cet article. L'intégration des contenus de *The Mathematical Magazine* est envisagée à très court terme.

44. Evans rédige aussi de nombreuses solutions, qui paraissent dans un spectre de journaux d'étendue encore plus large, comprenant par exemple *The Illinois Teacher* (Briggs 1864).

45. Dans les colonnes du *Mathematical Monthly*, il pose moins de questions qu'il n'en résout ; ces dernières figurent toutes dans la *Junior Section*, ce qui mène à croire qu'Evans obtient un M.A. à la Madison University, au tout début des années 1860, un titre qui accompagne son patronyme dans la liste des membres de l'American Mathematical Society, cf. *Bulletin of the American Mathematical Society*, 1891.

46. La quantification du nombre de multi-contributeurs est en cours ; il excédera 50.

pour laquelle le faible de nombre de lieux institutionnels où pratiquer les mathématiques et la précarité éditoriale peuvent contextuellement favoriser les mobilités. Ainsi, avec la poussée éditoriale des périodiques d'éducation dans la décennie 1850-1860, les partages d'auteurs communs entre journaux à public cible différents ne sont pas moins vigoureux. Ce n'est qu'après 1870, alors que la discipline achève son institutionnalisation, que les migrations transgenres disparaissent surtout parce que les journaux d'éducation cessent de publier des Q & A.

Sur le temps long des trois premiers quarts du XIXe siècle, de nombreux contributeurs (amateurs ou professionnels) publient donc des Q & A dans plusieurs périodiques. Ces voisinages dessinent un plus large espace social dans lesquels viennent s'inscrire, dialoguer et interagir des journaux au-delà de leur genre, ville d'édition et durée de vie respectifs. Pour affiner notre compréhension de cette complexité topologique, nous développons *supra* un nouvel indicateur : les reprises de Q & A entre journaux.

4.2 Les reprises de Q & A entre journaux

Le phénomène de reprises – c'est-à-dire l'emprunt (explicite ou non), par un contributeur, d'une question à un autre périodique – permet-il de confirmer l'existence de circuits qui débordent des cliques formées par les groupes de journaux selon leur genre ?

Parmi les 2745 questions du corpus, il nous faut en premier lieu repérer celles qui sont des reprises. Le cas le plus simple est celui du référencement explicite de la source d'emprunt. Dans cette situation exemplaire tirée de

---

PROBLEM No. 236.—FROM THE MATHEMATICAL MISCELLANY.

In a given semicircle, it is required to inscribe the greatest isosceles triangle, having its vertex in the extremity of the diameter, and one of its equal sides coinciding with the diameter.

FIGURE 12 : Reprise d'une question dans *The Indiana School Journal* (*The Indiana School Journal*, 1861, n° 6, p. 397) avec source explicite

The Indiana School Journal [Figure 12], Daniel Kirkwood (responsable de la section mathématique) cite le journal duquel il reprend la question. De tels cas relèvent cependant de l'exception : les emprunts sans référence explicite sont massifs et ne peuvent être décelés qu'à l'aide d'outils numériques de reconnaissance de caractère, mais dont les limites sont réelles. D'une part, certains mots/expressions échappent évidemment à ladite reconnaissance, notamment lorsqu'ils composent les questions originales rédigées en langue étrangère. D'autre part, comment être certain que le chemin entre la copie et une source antérieure identifiée soit direct ? Les questions ne transitent-elles pas entre différents intermédiaires ? Les lignes directes sont généralement lisibles dès

que les auteurs dans le journal source et le journal copie sont les mêmes, ou bien lorsque des liens éditoriaux peuvent être explicités. Par exemple, en 1842, Daniel Kirkwood publie une question de mécanique dans *The Cambridge Miscellany of Mathematics* (Peirce & Lovering 1842, 168), publication qui cesse son activité immédiatement. La question, restée sans réponse, est à nouveau publiée 16 ans plus tard par le même Kirkwood dans le journal spécialisé *The Mathematical Monthly* (Runkle, John D. 1860, 42), question à laquelle aucun contributeur ne répond. Elle est reprise dans *The Illinois Teacher* (Edwards 1865, 59) en 1865. Artemas Martin prend connaissance de la question et contribue à la publier dans le journal anglais *The Educational Times* en 1869 (Miller 1869, 19).

Mais de façon générale, la reconstruction de tels circuits n'est pas chose aisée, y compris en cas de circuits directs et courts. La traque mène néanmoins au résultat provisoire suivant : sur les 2745 questions du corpus, *a minima* 148 sont reprises d'un autre périodique presqu'exclusivement américain (moins de 5 % des Q & A sont empruntées à un journal anglais ou irlandais[47]) et entrent en réseau de la sorte [Figure 13]. Adressons au lecteur une série de remarques préalables à la lecture du réseau : 1) les cercles matérialisent les publications du corpus américain ; 2) les publications les plus anciennes figurent en bas à gauche, les plus récentes en haut à droite ; 3) l'épaisseur des flèches (et non leur longueur) est proportionnelle[48] au nombre de questions reprises 4) l'orientation de la flèche indique le sens de l'emprunt.

Dans le sillage de [§ 4.1], l'établissement d'un tel réseau affine notre appréhension des circulations et des interactions entre les journaux sur le temps long du XIXe siècle.

Dans les quarante premières années, les circulations de questions entre journaux reposent essentiellement sur des échanges entre journaux mathématiques spécialisés, des interactions déjà mises en évidence précédemment avec les liens entre rédacteurs (Kent 2019) et les phénomènes de multi-publication [§ 4.1]. Donnons trois exemples. Le premier met en scène *The Analyst*, journal éphémère d'un seul numéro lancé par Robert Adrain en 1814, et dont neuf des seize questions sont reprises dans *The Ladies' and Gentlemen's Diary* (1820-1822), auquel Robert Adrain participe. Ce même Adrain transfère son soutien (Kent 2019) et sa capacité à produire questions et réponses à une publication généraliste, *The New York Mirror* où se retrouvent quatre questions publiées jadis dans *The Ladies' and Gentlemen's Diary*. Adrain, toujours lui, lance en 1825 *The Mathematical Diary* dont plusieurs questions sont directement issues du *New York Mirror*. Le trajet éditorial de Robert Adrain – comme rédacteur en chef de journaux, prolixe contributeur et auteur de Q & A (Preveraud 2011), (Kent 2019) – se superpose très bien

---

47. Puisque c'est la topologie des espaces intra-américains qui nous intéresse, nous n'avons pas inclus les périodiques anglais et irlandais desquels ces quelques questions sont tirées.

48. En guise d'étalon, *The Ladies' and Gentlemen's Diary* tire neuf questions de *The Analyst*.

au circuit des reprises de Q & A entre 1810 et 1830, période d'activité la plus féconde du mathématicien. Le second exemple se déroule en 1828. En concurrence du *Mathematical Diary*, le mathématicien John D. Williams lance son propre journal de Q & A : *The Mathematical Companion*. Isolé sur la scène mathématique (Kent 2019), il tire parti de l'échec de *The Ladies' and Gentlemen's Diary*, dont le troisième et dernier numéro paru 7 ans plus tôt a laissé des dizaines de questions sans réponse. Williams y puise le tiers des questions rien que pour le premier (et unique) numéro de son journal. Enfin, évoquons les activités éditoriales de Joseph Lovering (1813-1892) et Benjamin Peirce qui lancent à Harvard le journal spécialisé *The Cambridge Miscellany of Mathematics, Physics and Astronomy* (1842-1843). Ils reprennent en fait directement la suite du *Mathematical Miscellany* (1836-1839), journal rédigé par Charles Gill (1805-1855) à Flushing (New York) et dont la fin d'activité laisse orpheline toute une communauté de solutionneurs (Kent 2008, 109–111). Dès lors, près d'une quinzaine de questions du *Mathematical Miscellany*, presque toutes issues du dernier numéro, sont reprises dans la première livraison du *Cambridge Miscellany of Mathematics*.

Avec l'arrivée des journaux d'éducation sur la scène mathématique, les phénomènes de reprises s'intensifient [Figure 13]. Avant 1850, 9 % des questions publiées étaient empruntées ; le taux de republication atteint 15 % dans la décennie 1855-1865 : tandis que dominent les périodiques d'éducation, au moins une question sur six n'est pas originale. Les emprunts sont massifs lors des premières années d'existence des périodiques à destination des maîtres d'écoles, parfois même seulement présents lors de l'année de lancement du titre. Les rédacteurs en chef doivent rapidement (et mensuellement) trouver des questions mathématiques. Très vite, les ambitions sont élevées : alors que tout porte à croire que le public ne s'y prête guère, des questions complexes qui semblent d'ordinaire réservées aux étudiants des *colleges* et professeurs de mathématiques, sont tirées des anciens journaux à portée spécialisée – *The Mathematical Diary* et *The Mathematical Miscellany* un peu, et *The Mathematical Monthly* surtout. Les questions qui en sont issues ne sont pas choisies au hasard. Sans doute plus difficiles à élaborer que de triviaux problèmes d'arithmétique, les questions reprises des journaux spécialisés relèvent de sujets très éloignés *a priori* des préoccupations des maîtres d'écoles[49] – mécanique, géométrie analytique ou algèbre – un phénomène déjà mis en évidence dans [§ 3.1].

Mais, rapidement, les réponses manquent, les problèmes trop difficiles demeurent non résolus [§ 2.2]. Les rédacteurs en chef puisent alors et surtout chez des confrères de genre [Figure 13] des questions de niveau moins recherché (problèmes à une inconnue, calculs de surfaces et de volumes, etc.) : à Detroit, on lit l'*Indiana School Journal* tandis qu'à Peoria, *The Massachusetts Teacher* circule. Les reprises confinent la plupart du temps à l'immédiateté : un à six mois seulement après la parution d'une question, celle-ci peut être reprise dans

---

49. Des sujets qui pourraient atteindre les professeurs exerçant en *high schools*, un public qui semble aussi avoir été visé par les journaux d'éducation.

le journal d'un autre État, ce qui confirme la diffusion et la réception des périodiques d'éducation à une échelle qui dépasse les frontières des États [§ 4.1]. Ces reprises de questions entre périodiques d'un même genre ne reposent pas sur les mêmes mécanismes de circulation observés lors de la période 1800-1848, lors de laquelle les rédacteurs entretenaient des réseaux contigus et connectés *via* leurs relations personnelles. Dans le cas des journaux d'éducation, il semble que le phénomène d'emprunt soit essentiellement le résultat d'un double chevauchement : un chevauchement éditorial – la diffusion a lieu auprès d'un lectorat qui partage intérêts et aspirations professionnels directement communs – ; un chevauchement temporel – la période de publication des Q & A au sein des six périodiques d'éducation du corpus ne dépasse pas 10 ans (1856-1867) [Figure 4], rendant possible les phénomènes de publication croisée ou légèrement différée d'une question.

Le phénomène de reprise tend à disparaître sur la fin de la période étudiée [Figure 13] : les journaux spécialisés qui la dominent, *The Mathematical Monthly* (1859-1861), *The Analyst* (1874-1883), *The Mathematical Visitor* (1877-1894) n'empruntent plus que 26 fois (sur près de 939 questions), dont 23 en provenance de journaux mathématiques anglais[50]. Du point de vue de la dynamique de circulation des savoirs aux États-Unis, la fin des reprises peut surprendre : la professionnalisation de la discipline ne devrait-elle pas s'accompagner d'un accroissement des échanges de tous ordres ? En dépit des migrations d'auteurs observés entre les titres postérieurs à 1850 [§ 4.1], les auteurs (bien que communs pour partie) ne reprennent quasi aucune question jadis publiée dans un journal homologue spécialisé (ou dans un périodique d'éducation). Les intentions des rédacteurs en chef du *Mathematical Monthly* et de *The Analyst* visent des publics de plus en plus spécialisés (professeurs de *high schools* et de *colleges*, étudiants, mathématiciens). S'ils proposent Q & A ou notes de cours, ils cherchent aussi à tenir informés leurs lecteurs des avancées de la recherche en mathématique. Joel E. Hendricks, rédacteur en chef de *The Analyst*, explique ainsi que dans son journal :

> Il est destiné à fournir un support pour la présentation et l'analyse, le cas échéant, de toutes les questions d'intérêt ou d'importance en mathématiques pures ou appliquées, en particulier de toutes les découvertes nouvelles et intéressantes en astronomie théorique et pratique, en philosophie mécanique et en ingénierie[51]. (Hendricks 1874c, 1)

---

50. Les échanges s'effectuent essentiellement entre *The Mathematical Visitor* et *The Educational Times* du fait d'Artemas Martin, lecteur et fréquent contributeur du journal anglais.

51. « It is intended to afford a medium for the presentation and analysis if any and all questions of interest or importance in pure or applied mathematics, embracing especially all new and interesting discoveries in theoretical and practical astronomy, mechanical philosophy and engineering. »

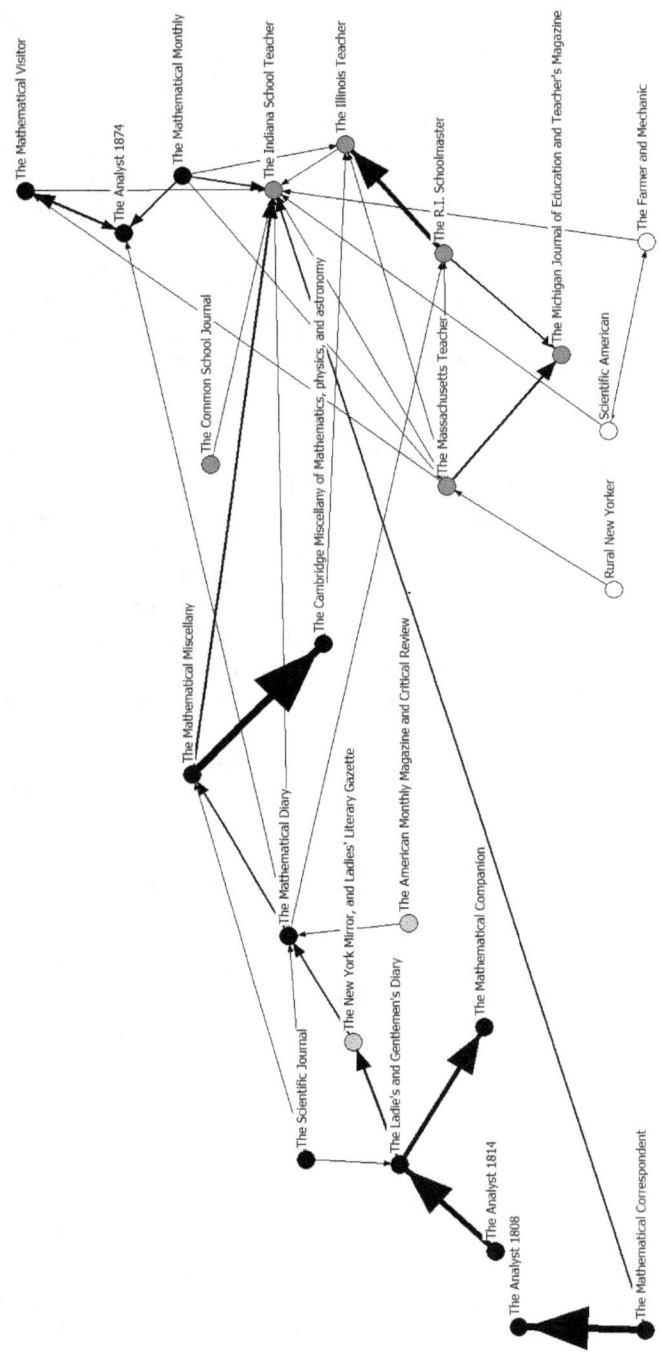

FIGURE 13 : Réseau des reprises de questions dans le corpus des journaux américains (1804-1883) en noir : Journaux spécialisés ; en gris clair : Journaux généralistes ; en blanc : Journaux techniques ; en gris foncé : Journaux d'éducation

En 1859, date où est lancé *The Mathematical Monthly*, les derniers avatars du genre spécialisé datent de 1842, avec la publication du *Cambridge Miscellany of Mathematics* et ses contenus en termes de Q & A sont à présent moins en phase avec les avancées récentes de la discipline. Pour Hendricks, la problématique est similaire puisque 13 années se sont écoulées depuis l'arrêt du *Mathematical Monthly*.

Dans le dernier tiers du XIXe siècle, la continuité de l'activité mathématique cesse donc de s'exprimer par des emprunts auxquels des rédacteurs auraient recours, en reprenant çà et là des questions à des périodiques auxquels ils auraient collaboré, comme directeurs de publication, ou comme simples contributeurs. Faute de sources périodiques locales en prise avec la modernité mathématique, les échanges de Q & A s'effectuent alors davantage avec les ouvrages et manuels scolaires dont le marché s'est fortement développé, y compris sur le terrain des circulations internationales : 60 des 939 questions de la période 1861-1883 sont tirées d'ouvrages. Beaucoup sont anglais et contemporains.

5 Conclusion

Pour l'historien, les Q & A sont une clé d'entrée dans des circuits que les autres documents relatifs à la circulation des mathématiques dans et par les journaux (articles, cours, etc.) ne sont pas en mesure de mettre au jour. Elles traversent les décennies, les publics et les genres de sorte qu'il est possible d'y chercher comment les informations se propagent entre et dans des espaces sociaux et savants *a priori* faiblement liés du point de vue des mathématiques. Sans remettre en cause complètement les logiques et les organisations propres à chaque genre et conformes à une forme de segmentation des publics, les voies ouvertes par cette étude et celles qu'elle appelle à poursuivre invitent à (re)considérer les interactions entre périodiques pour comprendre comment se structurent les circulations mathématiques par les Q & A.

Dans la première moitié du XIXe siècle, la continuité éditoriale entre périodiques spécialisés est rendue nécessaire par l'état de précarité institutionnelle de la discipline mathématique. Outre les connections personnelles et professionnelles entre rédacteurs en chef (Kent 2019), elle joue à plusieurs niveaux d'interactions : publication continue de Q & A, échanges et reprises de Q & A, migrations des auteurs de Q & A. S'il est difficile de dire quel public touchent les premiers journaux spécialisés où nombre de Q & A font essentiellement récréation pour le lecteur, les tentatives éditoriales de professionnalisation de la fin des années 1830 à destination des mathématiciens, professeurs et étudiants *(The Mathematical Miscellany, The Cambridge Miscellany of Mathematics)* rencontrent les mêmes difficultés que leurs prédécesseurs à pérenniser leur exercice. Dès lors, les proximités de tous ordres qu'entretiennent les journaux spécialisés entre 1804 et 1848 sont autant de réponses fournies par les acteurs pour maintenir autant que possible une activité mathématique au long cours avant 1850.

Entre 1848 et 1874, il ne paraît qu'un seul journal spécialisé aux États-Unis – *The Mathematical Monthly* donne 167 Q & A – contre une dizaine de périodiques d'éducation et techniques, livrant quant à eux près de 900 Q & A. Si ces derniers prennent en charge la majorité des circulations mathématiques repérables par les Q & A pendant 30 ans, les contenus qui y sont produits ou diffusés ne le sont pas en circuit fermé. Ainsi, des journaux pourtant destinés aux maîtres d'écoles ou aux fermiers et *a priori* peu connectés au monde académique, ici tirent des périodiques spécialisés une série de Q & A, là reçoivent des contributions rédigées par des professionnels des mathématiques. À ces circuits orientés de « haut vers le bas », s'adjoignent des polarisations retour : lieux de socialisation mathématique pour jeunes enseignants en école primaire ou fermiers issus pour beaucoup des territoires du Midwest, les journaux techniques et d'éducation facilitent l'incubation jusqu'à éclosion dans les milieux institutionnels pour un certain nombre d'acteurs. Ainsi, dès les années 1850, ces périodiques pourtant non spécialisés participent à la structuration d'un espace socio-mathématique où vont venir s'enchâsser journaux et institutions dédiés à la recherche peu avant 1880.

Chapitre 10

La problématique de la circulation dans les revues mathématiques d'enseignement en Belgique au XIXe siècle (1825-1915)

PAULINE ROMERA-LEBRET

> Nous publierons, dans chaque numéro : 1° des articles originaux ; 2° des solutions de questions choisies ; 3° des analyses, extraits, comptes rendus ou traductions de mémoires ou d'ouvrages, de manière à tenir nos lecteurs au courant de la science, autant que le permet le cadre de notre recueil.
> Nous serons forcés d'en exclure les articles absolument trop élémentaires et ceux qui, par leur caractère même, figureraient mieux dans les recueils académiques. Entre ces deux limites, nous accueillerons avec plaisir tous les articles intéressants qu'on voudra bien nous envoyer. (Mansion & Neuberg 1881)

C'est par ces précisions éditoriales que Paul Mansion et Joseph Neuberg terminent la préface au premier numéro de leur revue *Mathesis*, fondée en 1881 en Belgique[1]. Cette dernière a été pensée comme la continuité de la *Nouvelle Correspondance mathématique*, fondée en 1874 par Eugène Catalan et Paul Mansion, elle-même créée sur le modèle de la *Correspondance mathématique et physique* de Jean Guillaume Garnier et Adolphe Quetelet dont le premier numéro paraît en 1825.

---

1. Précisons immédiatement que l'utilisation du terme Belgique est ici anachronique. Entre 1795 et 1814, les territoires qui formeront la Belgique sont sous domination française. Après la chute de l'Empire en France (1814), les provinces sont intégrées au Royaume des Pays-Bas (1815). Après un soulèvement d'abord circonscrit à Bruxelles, une Révolution amène à la proclamation de l'Indépendance le 4 octobre 1830. Utiliser le terme Belgique permet de décrire une unicité géographique même si les troubles politiques influent les parcours que nous décrivons dans ce chapitre. Notons que l'on trouve l'expression « nos provinces » dans les lettres que nous avons consultées pour décrire cette unité géographique.

Ph. Nabonnand, J. Peiffer, H. Gispert (eds.), *Circulation des mathématiques dans et par les journaux : histoire, territoires, publics*, 303–327.
© 2025, the author.

Tout au long du XIXe siècle, ces trois revues belges sont fondées l'une après l'autre avec un projet éditorial commun (au moins dans les intentions) : proposer une revue mathématique d'enseignement d'un niveau intermédiaire qui en favorise la diffusion au plus grand nombre.

Chacune se réclamant l'héritière de la précédente, il s'agira d'abord d'effectuer une étude de la vie éditoriale de ces revues sur le temps long. Nous questionnerons en particulier le choix des imprimeurs et leurs relations avec les rédacteurs. L'étude des évolutions des stratégies éditoriales concernera les contenus comme le lectorat.

La circulation des articles et des auteurs entre les journaux français et ces revues belges, les traductions et les reprises seront évoquées à trois niveaux différents : tout d'abord, un journal (*Mathesis*), puis un auteur (Henri Brocard) et enfin une théorie mathématique avec la nouvelle géométrie du triangle.

1 *Mathesis*, une filiation revendiquée et un projet éditorial affiné

En 1825, Jean Guillaume Garnier[2] et Adolphe Quetelet[3] fondent la *Correspondance mathématique et physique* (*CMP*). Avant 1825, il n'existait pas de revue entièrement dédiée aux mathématiques dans les provinces belges. Selon Quetelet, la Belgique est alors un « désert des sciences exactes » et il s'inquiète pour le niveau mathématique de « [ses] provinces » (Quetelet cité par Elkhadem 1978, 322). Avant cette création, il existait en Belgique trois lieux pour publier des mathématiques[4] : les *Mémoires* de la classe des sciences de l'Académie de Bruxelles[5], les *Annales belgiques des sciences, arts et littératures*, revue majoritairement littéraire dans laquelle la catégorie « sciences et arts » n'a qu'une place mineure, et enfin le *Messager des sciences et des arts du royaume des Pays-Bas* (publié entre 1823 et 1830) qui ne contient que peu de mathématiques[6]. Il n'y a donc pas de revue entièrement dédiée aux mathématiques. Annoncée en 1824 dans le *Messager des sciences et des arts* sous le titre *Correspondance mathématique* (Verdier 2009b, 102), le profil de la revue est étendu à la physique et elle prend le

---

2. En 1825, à la création de la revue, Garnier (1766-1840) est professeur de mathématiques et d'astronomie à l'Université de Gand. Il a été le directeur de thèse du second créateur de la *Correspondance* : Quetelet.

3. Adolphe Quetelet (1796-1874) est alors professeur de mathématiques, de physique et d'astronomie à l'Athénée de Bruxelles. Il est également membre de l'Académie royale des sciences et belles-lettres de Bruxelles.

4. D'après Elkhadem, attaché scientifique au Centre national d'histoire des sciences, qui rédige un mémoire sur l'histoire de la *Correspondance mathématique et physique* (Elkhadem 1978).

5. Elle est appelée Académie royale des sciences et belles-lettres de Bruxelles à partir de 1769 puis elle devient Académie impériale et royale des sciences et belles-lettres de Bruxelles en 1777. En 1832, suite à l'indépendance, elle devient l'Académie royale des sciences et belles-lettres de Bruxelles.

6. Il devient le *Messager des sciences et des arts de la Belgique* ou *Nouvelles Archives historiques, littéraires et scientifiques* en 1833 à l'indépendance.

nom définitif de *Correspondance physique et mathématique*. Les rédacteurs précisent de plus dans leur Prospectus de 1825 qu'ils accueilleront « avec reconnaissance » les branches des sciences naturelles liées aux mathématiques et à la physique (Garnier & Quetelet 1825, 3). L'objectif des deux rédacteurs est donc de combler un manque par comparaison avec d'autres domaines du savoir pour lesquels des revues spécialisées existent. Leur revue doit pallier le bas niveau mathématique des provinces belges en offrant un lieu de publication aux mathématiciens où ils pourront présenter leurs travaux (Garnier & Quetelet 1825, 2).

Le public visé par la *Correspondance* réunit les étudiants et les professeurs des universités et plus généralement tous « ceux qui aiment et cultivent les sciences » [*Ibid*]. Les deux premiers tomes sont gérés conjointement par Garnier et Quetelet, les suivants par Quetelet seul. Des tensions apparaissent entre Garnier et Quetelet dès le premier volume. Elles sont liées à des divergences de point de vue sur le choix du papier ou de l'imprimeur, ce qui engendre des problèmes d'ordre financier et d'expédition (Elkhadem 1978, 318–319). Officiellement c'est leur éloignement (Garnier à Gand, Quetelet à Bruxelles) qui a rendu leur collaboration difficile. Quetelet devient seul maître à bord à partir du volume 3 (1827) et il l'annonce de façon brève dans l'avis à ce numéro (Quetelet 1827, iv).

Le journal est alors transféré de Gand à Bruxelles, ce qui induit un premier changement d'imprimeur (de Hippolyte Vandekerckhove Fils[7], spécialiste gantois dans l'impression de livres à l'usage des établissements d'instruction publique à Hayez[8], imprimeur bruxellois de l'Académie royale de Belgique). Les relations avec les imprimeurs ont d'ailleurs été chaotiques tout au long de la vie du journal (voir (Elkhadem 1978) et (Verdier 2009*b*)). L'indépendance de la Belgique, en 1831, fragilise la revue[9] et Quetelet passe alors un contrat avec les Éditions Hauman, Cattoir et Cie qui ne sera révélé qu'en 1839, lorsque la *CMP* cesse de paraître. Le journal appartient alors pour moitié à Quetelet et pour moitié à Hauman, il est également lié un temps[10] à l'Observatoire royal de Belgique que Quetelet a fondé en 1832 et qu'il dirige. En 1836, Quetelet songe à arrêter : il regrette le manque de coopération des savants et la suppression des subventions du gouvernement. Il vend alors ses parts à la Société belge de librairie mais reste rédacteur. En février 1839, Quetelet reçoit une lettre de la Société belge de librairie lui indiquant l'arrêt de la *CMP* malgré un état financier stable, une bonne réputation et un soutien financier gouvernemental finalement reconduit. Conçue pour combler un manque réel, elle cesse donc

---

7. Pour les années 1825 et 1826.
8. Pour les années 1827 à 1830, 1832, 1835.
9. Avec les modifications de l'enseignement supérieur, il existe un risque de suppression des facultés de mathématiques et physiques de Gand et Bruxelles. Les étudiants et professeurs s'engagent massivement dans l'armée et le matériel mathématique vient à manquer : le nombre de collaborateurs passe alors de 30 à 4.
10. Jusqu'en 1836.

de paraître en 1839 après 11 tomes parus et une vie éditoriale mouvementée impliquant des années vierges[11]. Une raison officielle est donnée aux lecteurs du journal : Quetelet souhaite arrêter la publication pour se consacrer à son poste de secrétaire perpétuel à l'Académie royale des sciences et belles-lettres de Bruxelles.

Au milieu du XIXe siècle, Jean-Charles Houzeau[12] et Jean-Baptiste Liagre[13] ont le projet de faire revivre la *CMP* mais l'entreprise n'aboutit pas (Elkhadem 1978, 364–365). Dans les années qui suivent la guerre franco-prussienne, Eugène Catalan[14] et Paul Mansion[15] créent la *Nouvelle Correspondance mathématique* (*NCM*) en 1874. Alors que les relations scientifiques sont interrompues entre les deux pays, la *Nouvelle Correspondance* « va jouer un rôle de carrefour entre les deux communautés » (Décaillot 1999, 170). Dans le prospectus de lancement, la revue est présentée par ses créateurs comme une continuité éditoriale de la *Correspondance mathématique et physique* avec un recentrage sur les mathématiques :

> Depuis [la fin de la CMP], il n'existe plus, en Belgique, de publication périodique spécialement consacrée aux sciences mathématiques. L'Académie, il est vrai, accueille avec bienveillance les essais des jeunes géomètres ; mais ses Bulletins et ses Mémoires ne peuvent guère s'ouvrir qu'aux recherches originales : ils ont pour but l'extension de la science, plutôt que sa diffusion ; et par suite, ils ne répondent pas à tous les besoins. En outre, ces recueils, où sont réunis des travaux relatifs à toutes les branches du savoir humain, ne peuvent être aussi répandus que le serait un journal consacré aux progrès d'une seule science.
>
> Les réflexions précédentes, déjà anciennes, nous ont suggéré l'intention de publier une *Nouvelle Correspondance mathématique*. Notre future entreprise avait reçu l'approbation du Secrétaire de l'Académie [Quetelet] ; et, si la mort[16] ne l'avait pas ravi à la Belgique et à la science, notre journal aurait paru sous son patronage. (Catalan & Mansion 1874, 5–6)

Comme pour la *CMP*, le public visé rassemble les professeurs et élèves des établissements d'instruction moyenne et des cours relatifs à la Candidature (Licence). Dans les faits Catalan gère seul la revue tout en étant secondé par des collaborateurs qu'il souhaite nommer explicitement[17]. À partir de 1876,

---

11. Il n'y pas de publication en 1831, 1833, 1834 et 1836.
12. Jean-Charles Houzeau (1820-1888) est astronome, il succède à Quetelet en 1876 à la direction de l'observatoire.
13. Jean-Baptiste Liagre (1815-1891) est astronome et militaire.
14. Eugène Catalan (1814-1894) est un ancien élève de l'École polytechnique (X 1833). Il est docteur ès sciences et professeur à l'Université de Liège quand Mansion y prépare sa thèse. On pourra consulter (Verdier 2015a) et (Romera-Lebret 2015a).
15. Paul Mansion (1844-1919) a étudié à l'École normale des sciences de Gand (1862-1865). Il est docteur spécial en sciences mathématiques, professeur de mathématiques avancées à l'École normale des sciences de Gand. Pour des informations biographiques plus approfondies, on pourra consulter (Le Ferrand 2019).
16. Quetelet meurt le 17 février 1874, la première livraison de la *NCM* est pour août 1874.
17. Voir Lettre à Charles-Ange Laisant, 4 novembre 1875. Il existe 33 lettres écrites par Catalan à Laisant entre le 30 mai 1875 et le 11 avril 1881 conservées dans le dossier « Laisant » des Archives de l'Académie des Sciences.

la mention « avec la collaboration de MM. Mansion, Neuberg[18], Laisant[19] et Brocard[20] » apparaît donc sur la première de couverture[21]. Pour le premier numéro (1874-1875), c'est l'imprimeur-éditeur spécialisé dans les classiques à l'usage des établissements scolaires Hector Manceaux[22] qui est choisi par les rédacteurs. Mais très vite Catalan rompt avec cet « imprimeur sans caractère et sans politesse[23] » qu'il accuse de lenteur. Il fonde de grands espoirs sur l'imprimeur Hayez, qui s'est occupé des dernières années de la CMP, mais de nouveau des problèmes de retard d'impression surviennent[24]. Dans les deux cas, les relations tendues avec les imprimeurs sont conditionnées par un nombre insuffisant d'abonnés.

Les collaborateurs de la *NCM* fournissent abondamment Catalan en matériau mathématique (articles, questions et réponses). Catalan n'a donc pas d'inquiétude pour remplir sa revue et il demande même du « répit » à Brocard face « aux colis de copies[25] » qu'il envoie. La pérennité financière est par contre le principal souci du rédacteur et il désespère, dans ses lettres à Laisant, d'augmenter le nombre de souscriptions[26]. La situation devient précaire à la fin de l'année 1877 et Catalan redoute d'être obligé de faire cesser la publication[27]. Finalement, grâce à l'aide simultanée de Laisant[28] et Brocard[29] la *NCM* poursuit sa publication pendant trois années supplémentaires mais cesse définitivement de paraître en 1880 « faute d'un nombre suffisant d'abonnés » (Catalan 1880) et malgré la proposition du prince Boncompagni, refusée par Catalan, de reprendre à sa charge la publication du journal [*Ibid*].

La subvention ministérielle française pour laquelle Laisant avait intercédé auprès du ministre Bardoux n'aura finalement jamais été versée. Tout au long de l'année 1878, Catalan court après la « souscription Bardoux » par l'intermé-

---

18. Joseph Neuberg (1840-1926), luxembourgeois de naissance mais belge depuis 1866, est un ancien élève de l'École normale des sciences de Gand. Il est professeur de mathématiques dans l'enseignement secondaire belge puis à l'Université de Liège (à partir de 1884) dont il sera promu professeur émérite en 1910.

19. Charles-Ange Laisant (1841-1920) est polytechnicien (X 1859), il devient militaire et homme politique mais aussi homme de presse. Sur Charles-Ange Laisant, on pourra consulter (Auvinet 2011).

20. Henri Brocard (1845-1922) est polytechnicien (X 1865), il rejoint l'armée et passe la majorité de sa carrière en Algérie comme météorologue. On pourra consulter (Romera-Lebret 2015*b*).

21. À cette liste, s'ajoutera le nom d'Édouard Lucas. Plus tard, Albert Ribaucour (1878) et Constantin Le Paige (1880) rejoindront la liste des collaborateurs officiels.

22. Maison basée à Mons.

23. Lettre à Charles-Ange Laisant, 4 novembre 1875.

24. Voir Lettre à Charles-Ange Laisant, 7 novembre 1878.

25. Lettre à Charles-Ange Laisant, 17 juin 1877.

26. Voir Lettre à Charles-Ange Laisant, 20 février 1876.

27. Voir Lettre à Charles-Ange Laisant, 31 décembre 1877.

28. Le ministère de l'Instruction publique français, sur l'intervention de Laisant auprès du ministre Bardoux, s'engage à prendre à ses frais 92 abonnements. Malheureusement le paiement se fait attendre et Catalan enrage alors contre les « paperassiens » de l'administration française [lettre du 8 février 1879].

29. Brocard paie pour 84 exemplaires mais n'en reçoit qu'un seul.

diaire de Laisant, se faisant dans ses lettres, tantôt pressant : « N'oubliez pas la souscription ministérielle[30] ! », tantôt doucereux : « Parlons de la *NCM*. Merci, de nouveau, pour tout ce qu'elle vous doit, et, en particulier, pour vos bons offices auprès de notre excellent Ministre [de l'Instruction Publique, Bardoux][31] », mais finalement désabusé :

> Malgré la souscription Bardoux (quand sera-t-elle versée ?), je vais, cette année-ci, être en déficit, peut-être de mille francs (à cause des réimpressions) : ne trouvez-vous pas que ce soit beaucoup, pour ma part[32] ?

Le 26 octobre 1879, Catalan envoie un courrier à tous les collaborateurs de la *NCM* pour leur faire part des problèmes financiers pour le budget de 1879. Neuberg propose que chaque collaborateur supporte une partie des frais d'impression de ses articles mais l'idée n'est pas retenue. Aucune évolution n'arrive en 1880 et Catalan perd patience :

> Depuis plus de quinze mois, votre Ministère de l'Instruction publique me doit 1200 frs [...] Voyez Ferry ou les gratte-papiers, afin que je sois payé, et que je puisse m'acquitter envers M. Hayez. Quelle folle administration que l'Administration française[33] !
>
> Voilà 18 mois que j'aurais dû être payé ! La plaisanterie dure trop [...] Ne pourriez-vous agir auprès de Ferry, et lui faire connaître la sottise de ses gratte-papiers ? Je suis honteux de faire attendre si longtemps M. Hayez[34].

Malgré ses efforts continus, Catalan se résigne à faire cesser la *NCM* à la fin de l'année 1880. Un an plus tard (1881), *Mathesis (recueil mathématique à l'usage des écoles spéciales et des établissements d'instruction moyenne)* est fondé par Joseph Neuberg et Paul Mansion « avec la collaboration de plusieurs professeurs belges et étrangers » ainsi que le mentionne la première de couverture. Dans le prospectus, les créateurs de *Mathesis* (*M*) expriment clairement leur filiation envers la *NCM* tout en espérant ne pas tomber dans les mêmes travers :

> Le nouveau journal, dont nous commençons aujourd'hui la publication, sous le nom de Mathesis, est, en quelque sorte, la continuation de la *Nouvelle Correspondance mathématique*, fondée en 1874, par M. Catalan, professeur à l'Université de Liège, et par l'un de nous. Notre savant collègue a dirigé seul ce dernier recueil, de 1876 à 1880, et l'a élevé, peu à peu, au-dessus du modeste programme formulé en tête du tome premier, de manière à lui attirer d'illustres collaborateurs [...] M. Catalan, ayant renoncé à la publication de la *Nouvelle Correspondance*, qui, par son caractère trop élevé, ne répondait peut-être pas tout à fait aux besoins de l'enseignement en Belgique, nous nous sommes décidés à faire paraître un nouveau journal de mathématiques, encouragés que nous étions par M. Catalan lui-même[35].

---

30. Lettre à Charles-Ange Laisant, 22 février 1878.
31. Lettre à Charles-Ange Laisant, 2 novembre 1878.
32. Lettre à Charles-Ange Laisant, 7 décembre 1878.
33. Lettre à Charles-Ange Laisant, 16 avril 1880.
34. Lettre à Charles-Ange Laisant, 25 juin 1880.
35. Catalan fournira des articles et des questions pour la nouvelle revue ainsi que le rappelle Brocard dans une lettre du 19 octobre 1882 [Catalan, *Correspondance*, vol. 6, lettre 516]. Dans ce même billet, Brocard considère *Mathesis* comme la « continuation » de l'œuvre de Catalan, à savoir la *Nouvelle Correspondance mathématique*.

Quant au programme de *Mathesis*, nous ne pouvons mieux le faire connaître qu'en reproduisant, avec quelques modifications, une partie de la préface du recueil auquel elle fait suite. (Mansion & Neuberg 1881, 1–2)

De ce fait, le journal s'occupe « des parties de la science mathématique enseignées dans les classes supérieures des établissements d'instruction moyenne et dans les cours des Écoles spéciales » [*Ibid*, p. 2]. Ces intentions éditoriales ont été maintenues et *Mathesis* a été publié jusqu'en 1965.

L'analyse succincte de ces revues mathématiques permet d'éclairer les similitudes et les différences de ces trois projets, portés par une même volonté. Pour la *Correspondance*, comme pour la *Nouvelle Correspondance*, un changement de ligne éditoriale a lieu au cours de leur parution. Quetelet, par exemple, alterne suivant les séries entre l'internationalisme et un recentrage sur les recherches produites dans le royaume (Elkhadem 1978, 344, 352, 354). Mais certains collègues belges ou français lui reprochent dans ce cas de ne rien publier de nouveau (Elkhadem 1978, 355). Voulues d'un niveau élémentaire, elles voient chacune le sujet des articles qu'elles proposent se complexifier au cours de leur parution, ne répondant alors plus au besoin des étudiants et des professeurs qui constituent leur public principal. Il existe aussi un problème de différence de génération entre les deux co créateurs. Pour chacune, la figure tutélaire prend le pas et dirige seule la revue, au mieux soutenue par un ensemble de collaborateurs comme pour la *Nouvelle Correspondance*. *Mathesis*, au contraire, adopte un fonctionnement éditorial différent des deux revues précédentes avec un éditeur belge (A. D. Hoste, Gand) et un imprimeur français (J.-A. Gauthier-Villars). On constate une pérennité de la ligne éditoriale, le maintien de deux rédacteurs et une ouverture certaine sur la France, en particulier avec l'imprimeur et des collaborateurs éditoriaux français. Si les collaborateurs proposent une quantité importante de matériau mathématique, les rédacteurs-collaborateurs sont les premiers, comme Paul Mansion pour la *NCM* ou *Mathesis*, à enrichir les tables des matières.

2 Paul Mansion, rédacteur-collaborateur de la *Nouvelle Correspondance mathématique* et passeur de sciences

La volonté des créateurs de la *Nouvelle Correspondance mathématique* est de diffuser aux professeurs et étudiants belges les mathématiques de l'époque, sans nécessairement publier des travaux exclusivement originaux. Comme le rappellent Catalan et Mansion, ils recherchent la diffusion plutôt que l'extension de la science (Catalan & Mansion 1874, 6). Pour atteindre leur but, les rédacteurs publient d'abord les travaux de leurs collègues mathématiciens belges. La revue accueille aussi les articles que les mathématiciens étrangers, majoritairement français et allemands, veulent bien envoyer. Mais le plus souvent, ce sont les rédacteurs et collaborateurs qui font œuvre de médiation scientifique en présentant des travaux de collègues publiés dans d'autres revues ou encore en rédigeant des articles basés sur des extraits d'ouvrages mathématiques. Cette pratique éditoriale de reprise d'articles n'est spécifique ni à l'époque, ni à la *Nouvelle Correspondance mathématique*. On en trouve par exemple dans la *Correspondance mathématique et physique* de Garnier. Le rédacteur se contente alors de mentionner le nom de la revue, avec de nombreux emprunts à Gergonne, ce dont ce dernier se plaint (Verdier 2009*b*, 102–103).

Nous nous proposons d'observer spécifiquement la pratique de reprise du rédacteur-fondateur Paul Mansion et de mettre en évidence les circulations sous-jacentes. Il est nécessaire de préciser qu'il ne s'agit jamais de reproduction textuelle mot à mot. Les écrits sont adaptés, tronqués, parfois traduits et des rapprochements mathématiques sont effectués entre plusieurs références bibliographiques. La circulation des connaissances se fait donc à plusieurs échelles : d'un auteur à l'autre, d'une revue à l'autre, d'un pays à l'autre, mais aussi d'une époque à l'autre.

Le dépouillement exhaustif et l'analyse des tables des matières des six tomes de la *Nouvelle Correspondance mathématique* permettent de montrer le rôle de diffuseurs des sciences des rédacteurs de cette revue, par le nombre et le choix des articles publiés. Pour ce faire, notre attention s'est portée sur les articles attribués aux rédacteurs et collaborateurs officiels de la *NCM* dans les tables des matières. Nous avons réparti ces articles en trois catégories : les articles qui présentent les travaux originaux des rédacteurs (« signés par rédacteur ou collaborateur »), les articles de reprises (« d'après X, signé par rédacteur ou collaborateur ») et enfin les articles signés par des auteurs extérieurs à la rédaction. Les deux dernières colonnes concernent les solutions de questions proposées, pour lesquelles nous avons précisé, dans la dernière colonne, le nombre de celles rédigées par un rédacteur/collaborateur (tableau 1). Dans le premier tome, par exemple, il y a 38 articles publiés répartis entre les travaux originaux des rédacteurs/collaborateurs (14), les articles de reprises signés par ces derniers (15) et 9 contributions d'auteurs extérieurs à la rédaction. On compte aussi 24 solutions de questions proposées, dont 2 signées d'un rédacteur/collaborateur.

Précisons que les questions non résolues de la *NCM* seront reprises par *Mathesis*. Pour notre analyse, nous obtenons une répartition par année (figure 1) des articles entre ceux rédigés par les rédacteurs et présentant leurs travaux propres, les articles de reprises signés par les rédacteurs et enfin les articles d'auteurs extérieurs à la rédaction.

On constate une relative stabilité (autour de 40 %) des articles qui présentent les travaux originaux des rédacteurs et une augmentation des articles d'auteurs extérieurs à la rédaction, à mesure que la revue se fait connaître. Ces constations appuient ce que nous avons évoqué plus haut : trouver des articles à publier n'a jamais été un problème pour les rédacteurs de la *NCM*. Les articles « d'après X », surreprésentés en début de vie de la revue, passent de 40 % dans le tome 1 (1874-1875) à 1,6 % dans le dernier tome. Ces articles de reprises

Année	Nb d'articles (hors questions)	Dont signés par rédacteur ou collaborateur	Dont "d'après X" signés par rédacteur ou collaborateur	Dont signés par auteur extérieur à la rédaction	Solutions questions proposées	Dont rédacteur ou collaborateur comme Auteur de Solution
1874-1875	38	14	15	9	24	2
1876	66	31	12	23	40	9
1877	53	21	4	28	92	46
1878	66	18	3	45	60	18
1879	54	23	5	26	74	31
1880	62	25	1	36	87	19
Total	339	132	40	167	377	125

TABLEAU 1 : Répartition des articles par tome, d'après les tables des matières de la *NCM*

sont en grande majorité (27 sur 40) le fruit d'un seul homme, co-créateur de la revue : Paul Mansion.

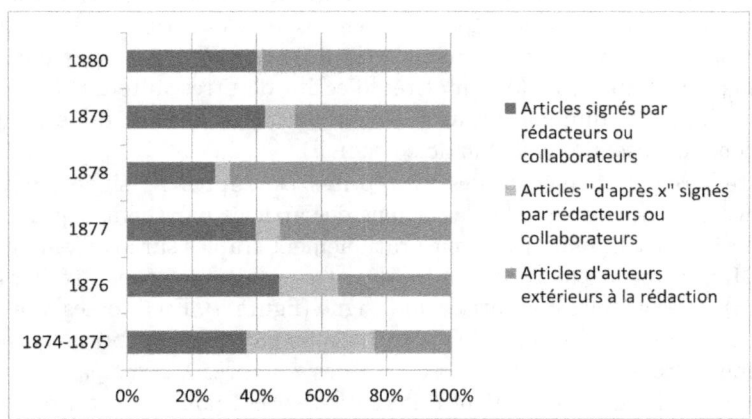

FIGURE 1 : Répartition des articles (hors question/réponse) par tome, d'après les tables des matières

Il est alors intéressant de faire une étude comparative des pratiques de chaque rédacteur (figure 2) sur le temps de vie de la revue. Les pratiques sont diverses : certains proposent exclusivement des articles originaux, comme Lucas (EL) ou Catalan (EC), d'autres ont une activité de médiation scientifique restreinte (Neuberg (JN), Brocard (HB) et Laisant (CAL)). Le co-fondateur, Mansion (PM), qui est par ailleurs le plus grand contributeur de la rédaction, fournit à part égale la *NCM* en articles originaux et en reprises.

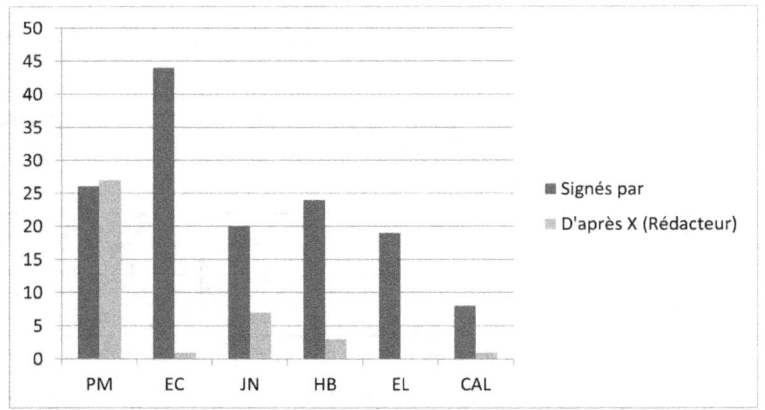

FIGURE 2 : Répartition des articles des rédacteurs de la NCM^{36}

Sur les six tomes de la *NCM*, Paul Mansion a publié 26 articles signés de son nom, et a fourni 27 articles d'après des écrits d'autres auteurs. La figure 3 met en rapport la production de Mansion par rapport à la production totale. On constate immédiatement la prépondérance des articles écrits par Paul Mansion pour le premier tome (pratiquement 50 % du volume) : 15 % sont des articles originaux, le double (31 %) sont tirés d'écrits d'autres auteurs. La part des écrits de Mansion diminue inexorablement jusqu'au dernier tome dont il est pratiquement absent (un seul article original).

Cette répartition inégale des 27 reprises (« d'après X, signé par ») dans les tomes se retrouve dans le classement des articles par thématiques dans les sous-parties du sommaire (qui sont pratiquement stables sur les six années de la revue). Il n'y pas de superposition totale entre les articles originaux de Mansion (figure 4) et les articles de reprises qu'il signe (figure 5). En 6 tomes, il ne publie par exemple aucun article original dans la sous-partie « Courbes et surfaces du deuxième ordre » alors qu'il propose 15 % des « d'après X signé par » dans cette catégorie. À l'inverse, le « calcul différentiel... » est pour les 2 types d'articles la catégorie la plus représentée, ce qui reflète ses préoccupations de recherche de l'époque (puisqu'en 1873, l'Académie de Belgique couronne son mémoire sur les équations aux dérivées partielles du premier ordre publié deux ans plus tard[37] (Mansion 1875)).

Enfin, si l'on effectue un dernier zoom sur les 27 articles « d'après X signé par PM » et que l'on regarde leur répartition dans les tomes (figure 6), 67 % (c'est-à-

---

36. PM : Paul Mansion ; EC : Eugène Catalan ; JN : Joseph Neuberg ; HB : Henri Brocard ; EL : Edouard Lucas ; CAL : Charles-Ange Laisant.

37. Notons également qu'il est curieux de constater l'absence d'article (toutes catégories confondues) sur les probabilités alors que c'est un sujet d'étude de Mansion. On pourra consulter à ce sujet (Mazliak 2019).

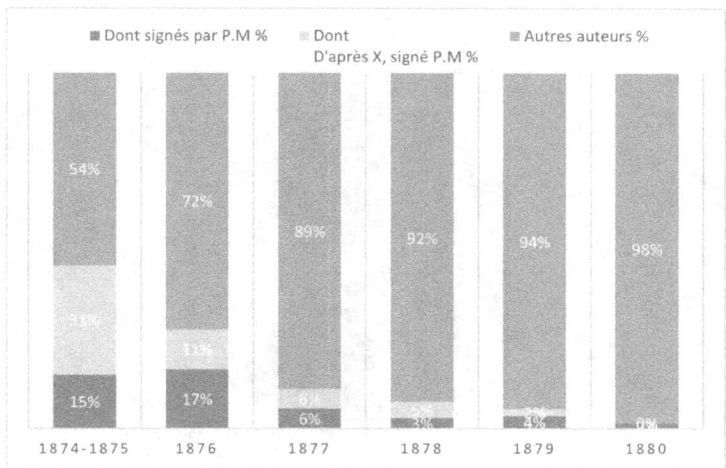

FIGURE 3 : Répartition des articles de Mansion par tome de la *NCM*

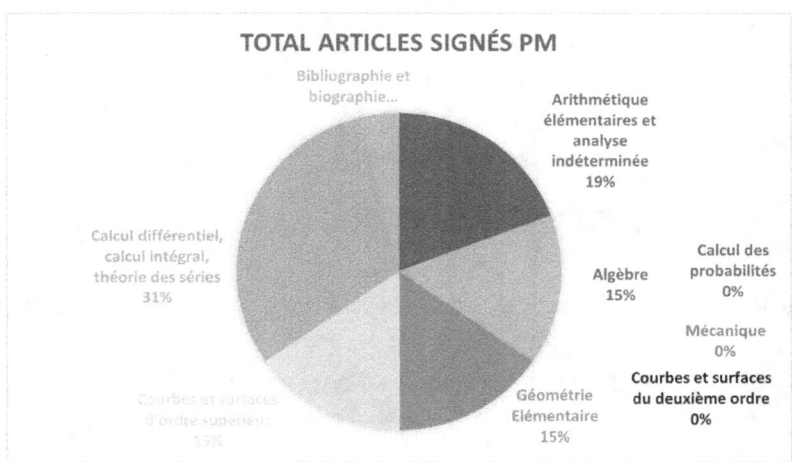

FIGURE 4 : Répartition des articles de Mansion dans la *NCM* par thématiques

dire 18) sont regroupés dans des « Extraits Analytiques » insérés régulièrement dans chaque tome et divisés en paragraphes alors que les neuf restants sont des articles classiques (traduction et adaptation d'articles publiés ailleurs).

Dans les tables des matières, la présentation des articles originaux et des articles de reprises est la même : le nom de l'auteur est suivi du titre de l'article et des références bibliographiques. Pour les articles de reprises, les initiales du rédacteur en charge sont ajoutées entre parenthèse (PM pour Paul Mansion).

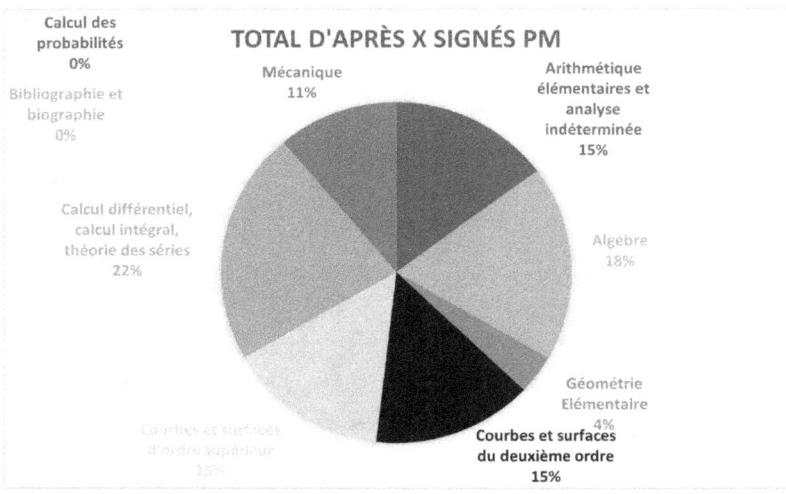

FIGURE 5 : Répartition des « d'après X » signés Mansion dans la *NCM* par thématiques

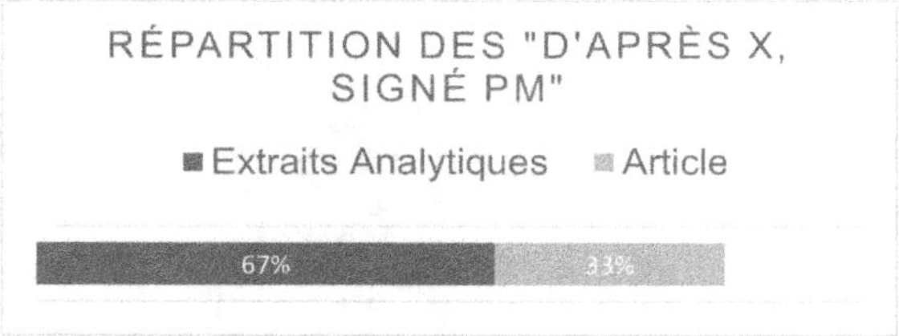

FIGURE 6 : Répartition des « d'après X » signés Mansion dans la *NCM*

FIGURE 7 : Extrait de la table des matières du tome 1

Dans le corps du texte il y a une vraie différenciation des présentations. L'en-tête des articles originaux contient toujours le titre et le nom de l'auteur, parfois sa fonction. Par contre, pour les « Extraits Analytiques », les références bibliographiques n'apparaissent qu'en fin de paragraphe, et les initiales de Mansion en toute fin des « Extraits Analytiques ». Pour les neuf articles de reprises, le titre n'est pas forcément suivi du nom de l'auteur. On trouve plutôt les références bibliographiques entre parenthèses en fin d'article, suivies des initiales de Mansion, elles-mêmes entre parenthèses, comme le montre l'exemple 1 tiré du tome 2 :

SUR DEUX FORMULES RELATIVES A LA THÉORIE DES COURBES PLANES.

En-tête d'un article de reprise du tome 2

(GREEN, *Zeuten's Tidsschrift for Mathematik*, 1875, sér. 3, t. V, pp. 188-189.) (P. M.)

Référence bibliographique en fin d'article

FIGURE 8 : Exemple 1

DÉMONSTRATION ÉLÉMENTAIRE DE LA FORMULE DE STIRLING ;

d'après M. J. W. L. GLAISHER, F. R. S,

par M. P. MANSION, professeur à l'Université de Gand (*).

Titre de l'article de reprise avec le nom de l'auteur d'origine

(*) *Proof of Stirling's Theorem*, by J. W. L. GLAISHER F. R. S. (*Quarterly Journal of Mathematics*, n° 57, 1877, pp. 57-63). *Addition* by Professor CAYLEY (*Ibid.*, pp. 63-64). Nous complétons la démonstration des savants anglais en prouvant que 1.2.3....n est compris *entre* les deux valeurs approchées trouvées par eux. Du reste, le principe qui donne la formule fondamentale peut servir à trouver les valeurs d'un grand nombre de produits indéfinis.

Référence bibliographique en note de bas de page

FIGURE 9 : Exemple 2

Mais parfois, comme dans l'exemple 2 tiré également du tome 2, le titre de l'article repris est suivi du nom de son auteur d'origine et de l'annotation « par P. Mansion ». On trouve alors les références bibliographiques en note de bas de page.

Si ces reprises permettent de remplir les fascicules des premières années, elles ne sont pas mathématiquement et éditorialement superficielles. Elles permettent toujours de faire un lien entre divers travaux ou d'apporter une précision sur une *Question* donnée dans la revue.

Le tout premier « d'après X, signé PM » du tome 1 (1874-1875) est un article de reprise qui porte « sur quelques propriétés des fractions périodiques » (Mansion 1874a). Mansion publie ces théorèmes, « qui sont probablement des cas particuliers de théorèmes démontrés en 1842 par M. Catalan, dans les *Nouvelles annales de mathématiques* [car] ils sont peu connus sous leur forme actuelle » (Mansion 1874a, 8). Cet article permet surtout à Mansion de mettre en relation des théorèmes publiés par trois auteurs différents, de deux nationalités différentes (belge et prusse), et d'époques différentes. La table des matières précise uniquement le titre et la mention « d'après MM. Th Schobbens et J. Plateau », deux scientifiques belges de la deuxième moitié du XIXe siècle. Dans le corps du texte, on trouve d'abord quatre théorèmes « extrait d'une lettre de M. Th. Schobbens[38] » puis Catalan indique qu'il est possible de « rapprocher, du premier des théorèmes précédents, un théorème curieux de M. Plateau, notre éminent physicien » (Mansion 1874a, 11), sans indication du lieu de publication de ce théorème. Pour conclure l'article, le sixième paragraphe propose « l'énoncé d'un théorème analogue et beaucoup plus général, dû à Crelle », mathématicien allemand de la première moitié du XIXe siècle, accompagné de deux références bibliographiques détaillées[39] qui ne sont pas citées dans la table des matières. Les références tirées de revues qui ne sont plus publiées, comme c'est le cas des *Annales de Gergonne*[40], ont toute leur place dans ce type de rapprochements mathématiques.

Même si elle est lue en France[41], la *NCM* reste une revue belge et Mansion est très attaché à « faire connaître à [ses] lecteurs » (Mansion 1874b, 14), les avancées mathématiques françaises et allemandes en particulier. Dans le tome 1, on trouve un article dont l'en-tête indique l'auteur original, Abel Transon. Mansion reprend en fait le dernier théorème d'un long article (quinze pages contre cinq ici) publié l'année précédente dans le même type de revue, Les *Nouvelles annales de mathématiques*), mais en France. En proposant uniquement « une idée de la méthode » (Mansion 1874b, 14), il s'agit vraiment pour Mansion de suivre la science en marche puisqu'il indique que « cette méthode prend de jour en jour une extension plus grande » [*Ibid*].

---

38. Une note de bas de page indique qu'il est docteur en médecine à Anvers.
39. « Journal de Crelle, tome 5 (1830), p. 296, *Annales de Gergonne*, tome 20 (1829-1830), p. 349 et 304 » (Mansion 1874a, 11).
40. Débutée en 1810, la publication des *Annales de mathématiques pures et appliquées* cesse en 1832. À ce sujet, on pourra lire (Verdier 2009b, 98–101).
41. Le catalogue du Système universitaire de documentation (Sudoc) identifie seize bibliothèques françaises en possession (parfois partielle) de la *Nouvelle Correspondance mathématique*. Norbert Verdier en comptabilisait seulement quatre pour la *Correspondance mathématique et physique* (Verdier 2009b, 103).

De la même manière, quand les reprises sont des traductions, il y a toujours un ajout des rédacteurs, qu'il soit d'ordre mathématique ou historique. Dans le tome 5 (1879), Mansion traduit et complète la « démonstration élémentaire de la formule de Stirling » (Mansion 1879) contenue dans une publication originale de l'anglais James Glaisher. Bien que la démonstration proposée par Glaisher soit « longue et difficile » d'après le second rédacteur (Catalan 1879b, 51), elle contient une « formule fondamentale » dont les applications potentielles en justifient la publication bien qu'elle soit moins élémentaire que la démonstration bien connue de Joseph Serret.

Enfin, il peut arriver que ces reprises n'en soient pas vraiment et qu'il s'agisse plutôt de publicité éditoriale pour des travaux didactiques. On trouve par exemple dans le corps du texte du tome 1 (1874-1875), un article sur les « Principes de la théorie des déterminants, d'après Baltzer et Salmon » dont l'en-tête ne mentionne pas d'autre auteur. Or, dans la table des matières, il est attribué à Mansion. Ce long article de 44 pages, publié en 3 livraisons dans ce premier tome, ne contient pas de référence bibliographique explicite[42] aux travaux de Richard Baltzer ou George Salmon. Mansion indique parfois seulement des renvois du type « Baltzer, I, 5 ». Le nom de ces deux mathématiciens renvoie à deux ouvrages de référence de la théorie des déterminants. Il s'agit d'une part de l'ouvrage *Theorie und Anwendung der Determinanten* publié par Baltzer en 1857 (Baltzer 1857) et traduit en français par Jules Hoüel (Baltzer 1861). D'autre part, Mansion renvoie au travail de George Salmon sur la théorie des invariants, *Lessons introductory to the modern higher algebra* (Salmon 1859), dont la première édition paraît en 1859. Mais Mansion ne compile pas des passages de ces deux ouvrages dans cet article présenté comme un article de reprise, il propose en réalité le plan d'un opuscule publié en son nom l'année suivante, en 1876, traduit en allemand en 1878, puis enrichi en 1882 (Mansion 1882), ainsi que l'indique Brocard dans un compte rendu bibliographique (Brocard 1883).

Les exemples que nous venons d'expliciter sont à intégrer de façon plus générale dans les 27 articles « d'après X » de Mansion qui regroupent en réalité 33 références dont l'origine hétérogène est explicitée dans la figure 10 ci-dessous. Trois origines se démarquent : les « Livres/Ouvrages/Tirés à part » ainsi que deux titres de journaux : les *Nouvelles annales de mathématiques* et les *Archiv der Mathematik und Physik* de Grünert). Ce sont probablement les deux journaux de mathématiques intermédiaires les plus diffusés de l'époque et le nombre de reprises qui leur est emprunté témoigne d'une proximité intellectuelle forte avec la *NCM*.

Si on analyse ces 27 articles de reprises du point de vue du pays d'origine des sources primaires (figure 11), on trouve des revues originaires de pays frontaliers à la Belgique ou proches tels que la France (31 %), l'Allemagne (15 %) ou encore

---

42. On notera par contre une référence bibliographique à une note de Catalan, rédacteur de la *NCM*, sur ce sujet au *Bulletin de l'Académie de Bruxelles*.

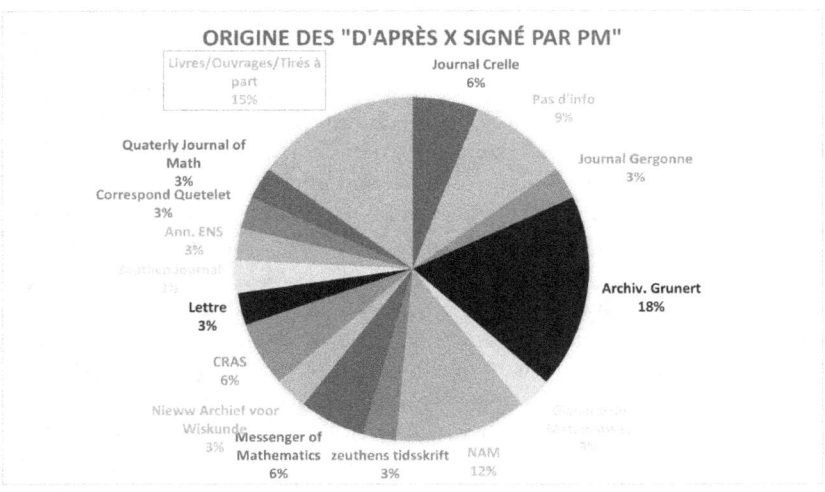

FIGURE 10 : Origines des « d'après X » signés par Mansion

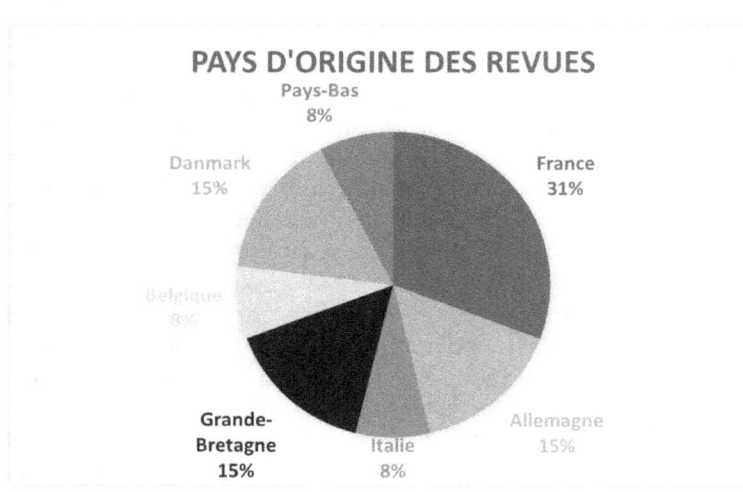

FIGURE 11 : Pays d'origine des revues

le Danemark (15 %). Il ne s'agit pas toujours de la même aire linguistique et les revues indiquées ne publient pas (tout du moins pas exclusivement) en français, il s'agit alors d'un travail de traduction ainsi que d'adaptation.

3 La traduction et autres outils éditoriaux de circulation dans l'œuvre d'Henri Brocard

La traduction est un des outils de circulation des mathématiques utilisés par Henri Brocard. Collaborateur de Mansion et Catalan, cet ancien polytechnicien, météorologue dans l'armée, est un des trois plus grands communicants de la *Nouvelle Correspondance mathématique* mais aussi des premières années de *Mathesis*. Comme les autres membres du comité de rédaction, Brocard seconde Mansion et Catalan dans leur travail éditorial.

Henri Brocard est un exemple d'ingénieur savant de la fin du XIXe siècle, à savoir un polytechnicien à la charnière entre la théorie et la pratique mais aussi entre les mathématiques et la physique (Romera-Lebret 2015*b*). Sa curiosité s'étend « à de nombreux domaines : sciences naturelles, économie rurale, météorologie [...], mais c'est surtout comme mathématicien qu'il s'est fait un nom » (Bricard 1922, 357). Il voue, de plus, une passion à la bibliographie comme en témoigne sa *Notice sur [ses] titres et travaux scientifiques* (Brocard 1895). Elle a probablement été rédigée avant qu'il ne devienne correspondant du ministère de l'Instruction publique dans le Comité des travaux historiques et scientifiques.

Dans cette *Notice*, Brocard présente ses principales publications éditées entre 1863 et 1894. Elles sont réparties en trois catégories : mathématiques pures et appliquées et astronomie ; physique, chimie et sciences d'observation ; enfin économie rurale, météorologie et sciences naturelles. Le dépouillement systématique des huit-cent-quatorze références bibliographiques de la partie mathématique (voir tableau 2 ci-dessous) fait apparaître treize catégories d'articles : les traductions, les communications diverses, les tirés à part, les questions d'examens, les extraits de lettres, les extraits analytiques d'articles, les résumés de mémoires, les notes bibliographiques, les comptes rendus bibliographiques, les questions posées, les mentions de réponses à des questions, les réponses de questions et enfin les articles de fond. Certaines de ces catégories (six) sont des moyens pour Brocard de diffuser des mathématiques : les traductions, les extraits analytiques d'articles, les résumés de mémoires, les notes bibliographiques, les comptes rendus bibliographiques et les extraits de lettres[43]. Elles représentent 12 % de la production mathématique totale de Brocard.

Les traductions sont une partie mineure du travail de diffusion de Brocard mais elles ont la double particularité d'être regroupées sur les années 1877, 1878 et 1879 et d'être publiées dans deux revues au profil différent : *Les Mondes*, revue de recension et la *Nouvelle Correspondance mathématique*, revue de mathématiques intermédiaires. Dans *Les Mondes*, Brocard publie uniquement des traductions, la plupart tirées du journal anglais *Nature*. Enfin, cinq des sept traductions de Brocard ont trait à l'astronomie, qui n'est pas le sujet

---

43. La plupart des extraits de lettres sont l'occasion d'apporter une précision mathématique ou historique ou bien encore une correction à un article déjà publié.

	Articles de fond	Réponses à des questions	Mention de réponses à des questions	Questions posées	C.R. bibliographiques	Notes bibliographiques	Résumés de mémoires insérés ailleurs	Extraits analytiques	Extraits de lettres	Questions d'examen	Tirés à part	Communications diverses	Traductions
1868-1894	75	180	149	231	29	15	33	2	14	73	5	1	7

TABLEAU 2 : Répartition des articles de Brocard

de prédilection de ses recherches et pour lequel il a donc moins de travaux personnels originaux à proposer.

Brocard publie deux traductions dans la *Nouvelle Correspondance mathématique* en 1877 et 1879. La traduction, en tant qu'outil de diffusion des connaissances, est certes performante, mais cela pose aussi le problème des traductions multiples et de la paternité de celles-ci quand elles sont publiées.

Dans les années 1870, de nombreux travaux portent sur les systèmes articulés et Brocard les connaît. Il est alors en poste au service météorologique d'Alger et c'est un contributeur assidu des *Nouvelles annales de mathématiques* dans lesquelles Laisant, lui aussi en poste en Algérie, a présenté dans les années 1874-1875 son compas trisecteur. La première des traductions que Brocard indique avoir publiée dans la *NCM* porte sur un mémoire d'Alfred Bray Kempe « Sur la production du mouvement rectiligne exact, au moyen de tiges articulées ». Il précise l'avoir rédigée conjointement avec Victor Liguine, professeur à l'Université d'Odessa en Russie. Plus qu'un travail conjoint de Brocard et Liguine, qui sous-entendrait une mise en commun, il s'agit plutôt d'un travail complémentaire de traduction effectué par un auteur tiers, le rédacteur Paul Mansion. De plus, c'est un exemple de diffusion de la science en cours puisque cette traduction de Kempe vient en complément d'un premier travail de synthèse et de traduction proposé par Mansion en 1876 sur les compas composés.

En 1876, dans le 2e volume de la *Nouvelle Correspondance mathématique*, Paul Mansion publie « Les compas composés, de Peaucellier, Hart et Kempe » (Mansion 1876), article rédigé « principalement d'après quelques articles de Sylvester » (Mansion 1876, 9.135), articles dont Mansion ne précise pas les références bibliographiques mais dont il indique l'origine : la revue *Nature*[44]. Mansion indique aussi que depuis la rédaction de cette Note, il a lu « un admirable petit Mémoire de M. Kempe [...] » [*Ibid*] dont il a l'intention de publier une traduction prochainement.

---

44. Cet article n'est pas un exemple de « d'après X signé Mansion » évoqué dans la partie précédente de ce chapitre puisque Mansion fait ici un travail de synthèse de plusieurs articles.

Ce mémoire d'Alfred Bray Kempe[45] intitulé « On a general method of producing exact rectilinear motion by linkwork » (Kempe 1875) est publié dans le volume 23 des *Proceedings of the Royal Society of London*, ce qui correspond aux années 1874-1875. En 1877, Catalan et Mansion publient bien dans la *NCM* une traduction de ce travail (Kempe 1877), mais c'est celle de Liguine que les lecteurs peuvent lire, et non celle de Brocard. La raison de ce choix des rédacteurs tient au fait que la traduction de Liguine a été revue par Kempe lui-même et que ce dernier a ajouté une remarque supplémentaire absente de son mémoire original (Catalan 1877, 129). La traduction de Brocard, bien que proposée aux rédacteurs la première, n'a servi qu'à corriger le travail de Liguine « peu familiarisé avec la langue française » (Catalan 1877, 129). Comme cet exemple le montre, la circulation des connaissances par les revues mathématiques intermédiaires permet de diffuser au lectorat des travaux récents dont le développement se fait au fil des pages.

Peu de travaux de Brocard sont identifiés comme des traductions dans sa *Notice*, mais il s'avère que de très nombreux comptes rendus bibliographiques contiennent des extraits traduits des ouvrages dont il est question, ce qui induit une porosité des treize catégories que nous avons identifiées. C'est le cas du second exemple qui permet également d'aborder les traductions de travaux plus anciens.

En 1876 Brocard publie dans le *Bulletin des sciences mathématiques et astronomiques*[46] un long compte rendu (26 pages) de l'édition allemande par le Docteur Frisch des œuvres complètes de Johannes Kepler (Brocard 1876). Ce compte rendu contient plusieurs passages traduits de l'allemand au français par Brocard. Il s'agit alors d'une double traduction : Frisch a traduit le texte latin de Kepler en allemand, Brocard traduit ensuite à partir de l'allemand. En 1878 Brocard publie une version raccourcie de son compte rendu dans les *NAM* (Brocard 1878a). Il n'existait pas alors d'édition moderne des œuvres de Kepler, l'édition allemande offrant la première une traduction du latin. Les comptes rendus publiés dans diverses revues sont l'occasion pour Brocard, comme pour les rédacteurs des revues, de se féliciter qu'une telle entreprise ait pu avoir lieu mais de regretter l'absence d'édition française (Brocard 1876, 49) et (Catalan 1879a, 240)[47]. Enfin, la *Notice* permet d'attribuer à Brocard une traduction de l'*Introduction aux commentaires sur les mouvements de la planète Mars* (1609) de Kepler, bien qu'elle ait été publiée sous le pseudonyme du Docteur Charbonnier. Brocard publie en 1879 dans la *NCM* « une page » des réflexions

---

45. Avocat, Kempe fait des mathématiques sur son temps libre. Il fait parvenir le 4 juin 1875 à la Royal Society of London, un mémoire intitulé « On a general method of producing exact rectilinear motion by linkwork », lu par Sylvester

46. C'est Brocard qui propose à Darboux ce compte rendu d'après une lettre du 21 décembre 1875 de Darboux à Brocard. Cette édition allemande est une publication au long cours, de 1857 à 1871.

47. Si une nouvelle édition allemande voit le jour à Berlin par Caspar, de 1937 à 2010, il ne semble pas qu'un tel projet ait eu lieu en France.

de Kepler sur la condition précaire des mathématiques de son temps, qui débute par l'affirmation que « de tous les métiers actuels, le plus dur est celui d'écrire des livres mathématiques, et surtout des livres astronomiques » (Brocard 1879, 239). Tirée de l'ouvrage de Frisch, cette page de traduction n'a été publiée dans aucun des comptes rendus mentionnés.

Les travaux de Kepler sont un sujet, sinon de recherche, du moins de lecture de Brocard dans les années 1875-1880 puisqu'il est alors météorologue dans l'armée. Il propose ce sujet aux rédacteurs des différentes revues avec lesquelles il collabore, adaptant la forme à chaque revue. Brocard publie[48] par exemple aussi dans le *Bulletin de la Société de statistique des sciences naturelles et des arts industriels du département de l'Isère*[49] une monographie sur la météorologie de Kepler, Werner et Tycho Brahe. Il ne nous semble pas trouver un objectif financier derrière cette poly-publication associée à l'œuvre de Kepler. Il faut plutôt y discerner le caractère de diffuseur de sciences de Brocard, central dans son activité scientifique (Romera-Lebret 2015b). L'ampleur du travail entrepris par Frisch et le fait que son travail comble un manque éditorial unanimement reconnu justifie ces traductions et comptes rendus.

Parfois, Brocard insère certaines expressions d'origine dans l'analyse générale des ouvrages qu'il présente. Dans le compte rendu de l'ouvrage *Lehrbuch der Determinanten-Theorie für Studierende* du docteur S. Günther (Brocard 1878b) qu'il publie dans la *Nouvelle Correspondance*, on trouve les vocabulaires « unbekannte Grössen » (quantités inconnues) ou encore « Independente (*sic*) Formel » (formules indépendantes).

La traduction est un outil qui permet de faire circuler les connaissances dans une aire linguistique plus large que celle d'un journal. Un autre outil éditorial utilisé par Brocard est la « Note » sur une question et/ou une réponse déjà publiée dans laquelle il apporte des précisions bibliographiques et historiques, livre des commentaires ou propose des compléments mathématiques. Ainsi pour les six tomes de la *NCM*, Brocard propose régulièrement des « Notes sur divers articles de la *Nouvelle Correspondance* » qui rassemblent 39 paragraphes répartis en six livraisons (deux en 1876 et 1878, une seule en 1877 et 1880, aucune en 1879). Ces notes sont classées dans la section « mélanges » de la table des matières.

Brocard utilise enfin la publication de « Suppléments » insérés en fin de volume. Dès le deuxième tome du journal *Mathesis*, des mémoires mathématiques sont mis en circulation sous forme de « Suppléments » puis intégrés en fin des volumes annuels. L'ensemble de ces « Suppléments » peut représenter jusqu'au tiers du volume annuel. Il s'agit alors d'une circulation entre des aires culturelles mathématiques différentes puisque ce journal de mathématiques élémentaires, dont le public visé est le monde enseignant, diffuse des mémoires

---

48. Publié en trois livraisons : deux en 1879 et une en 1880.
49. Il en est membre titulaire depuis 1877 puis correspondant de 1879 à 1888.

mathématiques de niveau académique. Dans les premières années de *Mathesis*, ils sont souvent extraits des *Bulletins de l'Académie royale de Belgique*, des *Mémoires de la Société royale des sciences de Liège* ou encore des *Annales de la Société scientifique de Bruxelles*. Si les sociétés académiques belges sont largement représentées, on relève aussi des institutions françaises avec des reprises des *Comptes rendus de l'Académie des sciences de Paris* ou des académies de province comme celle de Montpellier. Une dernière source au profil différent apparaît : les *Comptes rendus des sessions de l'Association française pour l'avancement des sciences* (AFAS). Cette société pluridisciplinaire créée en 1872 organise des congrès annuels dont les comptes rendus sont publiés. En 1882 puis en 1884, *Mathesis* offre à ses lecteurs les conférences proposées par Brocard aux congrès de l'AFAS d'Alger (1881) et de Rouen (1883) sur de nouvelles propriétés du triangle. Ces travaux de Brocard appartiennent à la nouvelle géométrie du triangle, une théorie qui s'est constituée en tant que chapitre indépendant de la géométrie élémentaire. Cela a été rendu possible par la circulation des travaux dans les journaux mathématiques intermédiaires de la fin du XIXe siècle et grâce à l'utilisation d'outils éditoriaux variés.

4 La constitution de la nouvelle géométrie du triangle en tant que chapitre de géométrie élémentaire

Venons-en à la circulation des articles et auteurs entre les journaux français et ces revues belges, au niveau de la constitution de la théorie mathématique qu'est la nouvelle géométrie du triangle[50].

Dès le début du XIXe siècle, de nouveaux objets remarquables du triangle sont étudiés. Les premiers travaux apparaissent en Allemagne en particulier avec August Leopold Crelle (1780-1855), Ernst Wilhelm Grebe (1804-1874), Carl Jacobi (1804-1851) et Christian Heinrich von Nagel (1821-1903). Mais ces travaux sont isolés, diffus et les éventuels liens existant entre les objets remarquables ne sont pas mis en avant. En France, dans le dernier tiers du siècle, deux anciens élèves de l'École polytechnique, Émile Lemoine, ingénieur, et Brocard bientôt suivis par d'autres auteurs, vont initier un renouveau d'intérêt pour l'étude des objets remarquables du triangle dont l'ensemble coordonné sera désigné par les auteurs des recherches par l'expression « nouvelle géométrie du triangle » ou encore « géométrie récente ».

Cette « nouvelle théorie », comme la nomme Émile Vigarié (1887a, 35) ou encore Lemoine (1885, 43), connaît un développement rapide et efficace mais aussi une large diffusion grâce aux revues mathématiques intermédiaires à partir de 1873 (voir tableau 3). Devenue un nouveau chapitre de géométrie, elle apparaît, à partir des années 1880, dans des ouvrages scolaires français et irlandais destinés à la fin de l'enseignement secondaire.

Dans un précédent travail (Romera-Lebret 2014a), nous avons établi que l'historisation de la nouvelle géométrie du triangle permettait de dégager

---

50. On pourra consulter (Romera-Lebret 2014a) et (Romera-Lebret 2014).

Journaux	Période I 1873-1881	Période II 1881-1887	Période III 1888-1905	Période totale 1873-1905
Mathesis (1880-1965)	1	25	115	141
Journal de mathématiques élémentaires (1877-1901)	3	19	81	103
A.F.A.S. (1872-1914)	5	17	48	70
Journal de mathématiques spéciales (1880-1901)	0	18	29	47
L'Intermédiaire des mathématiciens (1894-1925)	0	0	37	37
Nouvelles annales de mathématiques (1842-1927)	6	11	13	30
Nouvelle Correspondance mathématique (1874-1880)	14	0	0	14

TABLEAU 3 : Nombre d'articles par revue et par période

trois périodes principales dans la constitution de ce nouveau savoir : les premières années (à partir de 1873) correspondent à l'époque des recherches indépendantes. Il vient ensuite l'époque de la confrontation des résultats (années 1880) durant laquelle la circulation des connaissances et la reprise de résultats antérieurs permettent de développer de nouveaux outils géométriques. Enfin, les auteurs rendent les résultats cohérents en reliant les différents points et droites remarquables grâce à la géométrie des correspondances (fin des années 1880).

Le tableau 3[51] indique l'importante place que la *Nouvelle Correspondance* et surtout *Mathesis* occupent dans ce processus. *Mathesis* est le journal de mathématiques intermédiaires qui publie le plus d'articles de recherche sur cette théorie. Quant à la *Nouvelle Correspondance*, les premiers travaux de Brocard (1877) y ont été publiés. La circulation des connaissances entre l'ensemble de ces publications a permis à la nouvelle géométrie du triangle de se développer grâce aux intercitations, aux notes, aux reprises et aux traductions. Les auteurs ont développé d'autres outils éditoriaux pour résoudre les problèmes posés par la multiplicité des appellations et l'absence de références bibliographiques, qu'ils ont rencontrés lors de la période de mise en cohérence des résultats. Des articles de compilations et historiographiques[52] ainsi que des bibliographies[53] ont été

---

51. Dans la première colonne, les revues sont classées par ordre décroissant du nombre d'articles sur la nouvelle géométrie du triangle publiés dans leurs pages entre 1873 et 1905. Les dates de création et de fin de publication des revues sont mises entre parenthèses. Tableau tiré de (Romera-Lebret 2014) et basé sur l'analyse des quatre bibliographies (Lemoine 1885), (Vigarié 1889, 1895) et (Brocard 1906) présentées lors des Congrès annuels de l'AFAS.

52. Les principaux articles de compilation sont rédigés par Gaston Gohierre de Longchamps (1886) et Vigarié (1887a, 1888, 1887b).

53. Voir note précédente.

des outils éditoriaux efficaces pour résoudre ces problèmes et établir la synthèse de l'ensemble des travaux (Romera-Lebret 2014a).

À la fin des années 1880, la nouvelle géométrie du triangle apparaît dans des ouvrages scolaires français et irlandais destinés à la fin de l'enseignement secondaire[54]. Dans un premier temps, seuls certains objets remarquables de la nouvelle géométrie du triangle sont utilisés dans le cadre de l'enseignement de la géométrie analytique comme dans (Koehler 1886). Dans un deuxième temps, la nouvelle géométrie du triangle est intégrée dans des manuels de géométrie en tant que théorie propre, exposée dans un chapitre ou une partie indépendante[55]. En 1888, l'Irlandais John Casey augmente la cinquième édition[56] de son traité de géométrie élémentaire, *A Sequel to the first six books of the Elements of Euclid* (Casey 1888), par un chapitre intitulé « Recent Elementary Geometry ». Le journal *Mathesis* permet la diffusion rapide vers la France et la Belgique de ce chapitre additionnel puisqu'une traduction en est publiée l'année suivante (Casey 1889). Il s'agit d'un long article inséré dans la revue (cette traduction[57] ouvre même le 9e tome sur 65 pages) et non d'un des « Suppléments » évoqués plus haut. En 1890, on trouve dans *Mathesis* un complément de théorie des polygones harmoniques, encore inédit, envoyé par Casey dans le but explicite d'enrichir la publication de 1889 (Casey 1890a, 96)[58].

Cette même année, une brochure (Casey 1890b) est publiée par Gauthier-Villars (l'imprimeur de *Mathesis*). Réunissant les divers extraits parus dans *Mathesis*, elle est préfacée par Neuberg, co rédacteur de *Mathesis*. Il y indique que Mansion et lui même ont décidé en 1889 de publier dans *Mathesis* une traduction du chapitre sur la nouvelle géométrie du triangle du *Sequel to Euclid* de Casey car il n'existait pas de manuel français intégrant ces nouveaux développements de la géométrie élémentaire (Neuberg 1890, 3). Ce n'est plus le cas en 1890, puisqu'un ouvrage français de trigonométrie (Lalbalettrier 1889) contient un supplément sur les « principes de la nouvelle géométrie du triangle ». Dans cette introduction, Neuberg souligne « l'esprit différent » avec lequel le chapitre de Casey et le supplément de Gustave Lalbalettrier ont été conçus. L'Irlandais utilise la géométrie des correspondances alors que le Français s'appuie sur les coordonnées trilinéaires. Neuberg sous-entend surtout l'incomplétude du travail de Casey puisqu'il aurait voulu y ajouter « plusieurs

---

54. Pour approfondir la question du passage de la nouvelle géométrie du triangle dans les ouvrages d'enseignements, on pourra consulter (Romera-Lebret 2009b, 341–518).

55. Pour être complet, outre les ouvrages abordés dans cette étude, la nouvelle géométrie du triangle apparaît également en tant que chapitre indépendant dans l'ouvrage du frère Gabriel-Marie (F.G.M.) publié en 1896 et réimprimé en 1991 [F.G.M. 1991]. L'unique ouvrage français datant du XIXe siècle qui est entièrement dédié à cette théorie est écrit par le jésuite Auguste Poulain (1892). Il est tiré d'une communication faite au Congrès scientifique international des catholiques qui s'est tenu à Paris du 1er au 6 avril 1891. On pourra consulter (Romera-Lebret 2009b, 459–477).

56. La première édition paraît en 1881.

57. Le chapitre est traduit et annoté par un certain Fr. Falisse.

58. Aucune mention de traducteur n'est alors faite.

sujets non traités » comme les points de Nagel et de Gergonne ou encore les figures inversement semblables. Or, ce sont des sujets qui apparaîtront dans la note additive que Neuberg lui-même rédige pour la sixième édition du manuel de Rouché et De Comberousse, premier ouvrage français à intégrer la nouvelle géométrie du triangle dans une partie indépendante (Rouché & Comberousse 1891). En effet, dans l'optique d'augmenter la sixième édition du *Traité de Géométrie* qu'il a co-écrit avec Charles de Comberousse[59], Eugène Rouché[60], demande en 1889 à Maurice d'Ocagne (Rouché 1889*a*) de rédiger une note sur la nouvelle géométrie du triangle. Bien que d'Ocagne accepte (Rouché 1889*b*), c'est finalement Neuberg, conformément aux intentions qu'il annonçait en 1890 dans *Mathesis* qui leur a « communiqué un travail complet sur ce sujet » (Rouché & Comberousse 1891, XXXV). Comme l'indiquent Rouché et Comberousse dans leur préface quand ils introduisent le travail de Neuberg, il s'agit d'une illustration de la « confraternité scientifique » [*Ibid.*] que la Société mathématique de France permet de favoriser[61].

Son poste de rédacteur de *Mathesis* a permis à Neuberg d'infléchir le passage de la nouvelle géométrie du triangle dans les ouvrages de géométrie élémentaire français vers sa propre vision. L'édification de cette nouvelle théorie et la circulation des connaissances acquises ont exigé l'engagement sans faille d'un nombre limité d'acteurs fondamentaux : Lemoine, Brocard, Longchamps, Vigarié, Neuberg. Ceux-ci ont alors acquis un double statut de chercheur et de compilateur/historiographe. De plus, la performance du réseau a été accrue par le fait que chacun était investi dans des organes de diffusion différents. Longchamps est rédacteur du *Journal de mathématiques élémentaires* et de son homologue pour les mathématiques spéciales, tandis que Lemoine est le deuxième plus grand communicant de l'AFAS (Gispert 2002, 343). Brocard et Neuberg, enfin, sont des collaborateurs officiels de la *Nouvelle Correspondance* puis de *Mathesis*. Ce réseau d'auteurs se retrouve à toutes les étapes de la circulation des connaissances dans et par les journaux : ils proposent des recherches personnelles originales, favorisent aussi la diffusion des travaux de temporalité, langues et cercles académiques différents, tout en œuvrant à la publication de revues mathématiques intermédiaires. Ils cherchent aussi à confronter les différents travaux et établir des liens éventuels entre eux.

---

59. Comberousse est diplômé (1850) puis professeur de l'École centrale, enseignant au lycée Chaptal et titulaire de la chaire de génie rural au Conservatoire national des arts et métiers (Cnam).

60. Polytechnicien, Eugène Rouché est professeur au CNAM, examinateur à l'École polytechnique, successivement vice-président (de 1876 à 1879), président (en 1883) puis membre du bureau (de 1880 à 1882 puis de 1884 à 1898) de la SMF.

61. Comme Lemoine, Rouché est membre de la SMF depuis sa création en 1872. Brocard et Laisant sont élus en 1873. Élu en 1875, Comberousse en est un des vice-présidents de 1890 à 1897. D'Ocagne est élu en 1884. Casey est élu en 1884, Neuberg en est élu membre en 1885 sur présentation de D'Ocagne et Poincaré.

5 Conclusion

Notre étude sur les revues mathématiques d'enseignement en Belgique a montré qu'elles sont, à mesure que le siècle avance, de plus en plus des entreprises collectives, dont les acteurs sont rédacteurs, collaborateurs officiels ou officieux et auteurs actifs. Nous avons souligné la circulation des connaissances à travers ces revues de mathématiques intermédiaires, en particulier celle de la nouvelle géométrie du triangle. Cette circulation a été favorisée par le fait que les auteurs de la nouvelle géométrie du triangle étaient eux-mêmes des acteurs investis dans les moyens de sa diffusion, ces différentes revues dont ils étaient, pour certains, rédacteurs. Mais il faut également mentionner la circulation des acteurs de cette nouvelle géométrie, collaborateurs de plusieurs journaux à la fois, moins installés académiquement et au profil intermédiaire. Laisant est par exemple collaborateur officiel puis officieux de la *Nouvelle Correspondance mathématique* et de *Mathesis* mais il devient également rédacteur des *Nouvelles annales de mathématiques* de 1896 à 1921. Justin Bourget[62] devient rédacteur des *Nouvelles annales* en 1868 qu'il quitte en 1871 pour fonder le *Journal de mathématiques élémentaires*[63] en janvier 1877. Brocard, Neuberg, Catalan ou encore Mansion participent activement à la vie éditoriale des deux dernières revues belges, mais ils fournissent aussi en matériau mathématique les *Nouvelles annales*, le *Journal de mathématiques élémentaires* puis son homologue pour les *mathématiques spéciales*. L'espace de circulation des mathématiques que nous avons étudié serait à élargir non seulement à l'ensemble des revues portant la nouvelle géométrie du triangle mais aussi sur le temps long puisqu'au XXe siècle cette théorie s'installe comme une source inépuisable de sujets pour concours (Sortais & Sortais 1997).

---

62. Justin Bourget (1822-1887) entre à l'École normale supérieure en 1842. En 1857, il se met en disponibilité de l'Université de Clermont-Ferrand (où il a été nommé en 1854) pour diriger l'école Sainte-Barbe. À la fin de sa vie il est nommé par Bardoux recteur de l'académie d'Aix (1878) puis de celle de Clermont-Ferrand (1882).

63. Le journal est renommé *Journal de mathématiques élémentaires et spéciales* en 1880 avant de se scinder en deux entités distinctes en 1882 : le *Journal de mathématiques élémentaire* d'une part, le *Journal de mathématiques spéciales* d'autre part.

Chapitre 11

Les publications des sociétés savantes locales comme vecteur de circulation mathématique dans la France du XIXe siècle

JULES-HENRI GREBER & NORBERT VERDIER

Apparues au cours du XVIIIe dans les provinces françaises, des centaines de sociétés savantes se sont développées et multipliées tout au long du XIXe siècle comme en témoigne le très complet *Annuaire des sociétés savantes de la France et de l'étranger*, publié par le comte Achmet d'Héricourt (1863). D'Héricourt – homme de lettres, numismate et bibliophile – a eu une forte implication dans les 15 sociétés savantes de son temps à différents niveaux : au niveau local à Arras, au niveau départemental en étant membre de la Commission départementale des monuments historiques dès sa création en 1846 et au niveau national en étant membre de la Société nationale des antiquaires[1] de France. Auteur de nombreuses notices historiques sur des lieux et des personnalités notamment d'Arras, son *Annuaire* – fruit d'une collecte méticuleuse – a pour objectif premier, comme l'indique explicitement la préface (Héricourt 1863, I–XXXII), de permettre aux sociétés d'améliorer leur correspondance et de contribuer à les faire connaître et donc, *in fine*, d'améliorer la circulation de leurs mémoires ou bulletins. En outre, la diffusion de l'*Annuaire* est large grâce à ses éditeurs parisiens, belges et hollandais. L'internationalisation des sociétés et de leurs mémoires ou bulletins est une des finalités poursuivies par d'Héricourt en publiant cet *Annuaire*. Certaines de ces sociétés ont contribué

---

1. Au XIXe siècle, le mot « antiquaires » désigne les historiens.

Ph. Nabonnand, J. Peiffer, H. Gispert (eds.), *Circulation des mathématiques dans et par les journaux : histoire, territoires, publics*, 329–368.
© 2025, the authors.

dans diverses mesures à la circulation des mathématiques en publiant des articles de mathématiques ou en annonçant leurs intentions de le faire.

La production mathématique dans les académies de province n'a été que très peu étudiée à quelques exceptions près[2]. La tâche consistant à repérer l'activité mathématique dans ces sociétés est d'autant plus ardue qu'au début les sociétés savantes ne publiaient pas mais organisaient des séances publiques au cours desquelles les acteurs faisaient des lectures ou prononçaient des discours (Héricourt 1863, XVI). Différentes sources, dont *Le Mercure de France* et les almanachs de province, permettent, dans une certaine et modeste mesure, de saisir quelques traces orales de l'activité mathématique en province en indiquant ici ou là le titre ou le thème d'une conférence et le nom d'un conférencier. Sur un plan plus général, Robert Fox (1980), Jean-Pierre Chaline (1998) et Caroline Barrera (2020) ont montré le rôle des sociétés savantes provinciales et nuancé la réduction des sciences à l'espace parisien[3] en se livrant à de larges enquêtes à caractère national ou régional. Bien que les contenus scientifiques soient mentionnés et listés, ces auteurs n'analysent que très peu cette production et n'entrent pas en général dans les contenus.

Pourtant, la production périodique des sociétés savantes de province est régulièrement présente dans les outils bibliographiques conçus et utilisés par les mathématiciens professionnels du XIXe siècle. Ainsi, certains *Mémoires*, *Bulletins* ou *Actes* des sociétés et académies de province sont non seulement référencés dans les répertoires bibliographiques généraux comme les *Catalogue of Scientific Papers* ou spécialisés comme le *Führer durch die mathematische Literatur mit besonderer Berücksichtigung der historisch wichtigen Schriften* de Felix Müller. Les rubriques bibliographiques (ou revue des revues) de certains périodiques spécialisés en sciences mathématiques comme le *Bulletin des sciences mathématiques et astronomiques*, le *Journal de mathématiques pures et appliquées*, les *Nouvelles annales de mathématiques* ou les *Annales de l'École normale*) citent également les productions provinciales. Dès lors, nous pouvons supposer qu'une partie de la production des sociétés et académies circule au-delà de la sphère provinciale et pénètre le champ mathématique parisien et peut-être même international. Dans certains cas, il y a rayonnement scientifique en général, mathématique en particulier au-delà de la ville de la société. Par exemple, les *Nouvelles annales de mathématiques* analysent des extraits des *Mémoires de la société des sciences physiques et naturelles de Bordeaux*

---

2. Nous pensons aux *Mémoires de la société des lettres, sciences et arts et d'agriculture de Metz* (Nabonnand 2017b), aux *Mémoires de la société d'agriculture, sciences, arts et belles-lettres du département d'Indre-et-Loire, Tours* (Borowczyk 2010) ou aux *Mémoires de la société académique de Nantes et de Loire-Atlantique*. L'étude de cette société est un des axes de recherches du projet de recherches « Nanthématiques : mathématiques et mathématiciens nantais à l'époque contemporaine » [Nanthématiques].

3. Ne pas réduire les sciences qui se pratiquent à celles qui se font à Paris est également l'optique de Mary Jo Nye (1986) qui s'est surtout consacrée au dernier tiers du XIXe siècle en étudiant le rôle de certaines facultés de province ; elle pointe ici ou là une émergence scientifique (par exemple à Bordeaux) dans la première moitié du siècle.

comme cet article de Victor-Amédée Lebesgue sur les ellipsoïdes (Lebesgue 1863). De même, le *Bulletin des sciences mathématiques et astronomiques* propose des analyses de certains mémoires bordelais[4] [*Revue des publications périodiques* 1873, 60–63]. Quant au *Journal* de Liouville, entre 1836 et 1855, presque 5 % des quelque 600 articles proviennent d'académies de province ; c'est quasiment cinq fois moins que ceux provenant des *Comptes rendus hebdomadaires de l'Académie des sciences de Paris,* mais cela représente tout de même une masse significative d'une trentaine d'articles (Verdier 2009b, LXXXV). Revêtant un caractère programmatique, la présente étude interrogera méthodologiquement les façons de saisir la production mathématique dans les périodiques des académies et sociétés savantes de province. Après avoir constitué dans une perspective heuristique un corpus qui, sans prétendre à l'exhaustivité, soit suffisamment représentatif des diversités de l'activité mathématique en province, nous proposons des études de cas montrant la diversité des textes et des acteurs – auteurs & gens du livre – impliqués dans ces processus éditoriaux, le plus souvent complexes. Ces études permettront d'esquisser certains des modes opératoires à l'œuvre dans la construction et la circulation des mathématiques en province.

1 Un gisement potentiellement heuristique

D'Héricourt référence environ 550 sociétés savantes présentes sur l'ensemble du territoire français.

Les sociétés sont implantées dans 209 villes françaises, majoritairement dans le Nord-Est de la France. La majorité des villes (90 %) accueille moins de 5 sociétés ; 10 sociétés ou plus siègent à Bordeaux, Caen, Lyon, Paris et Toulouse, 19 villes dont Metz, Marseille, Lille et Nantes accueillent entre 5 et 9 sociétés. Le centralisme marque cependant l'implantation des sociétés en France, puisque 72 d'entre elles sont présentes à Paris.

Parmi toutes ces sociétés, certaines revendiquent une production scientifique relevant des mathématiques, des sciences expérimentales ou naturelles.

Toutes ces initiatives académiques de tailles variées abordant tous les domaines de l'activité humaine font naître dès la fin des années trente une volonté de coordination à l'échelle nationale. Le ministre de l'Instruction publique François Guizot envoie une circulaire aux sociétés établies dans les départements pour leur donner des moyens d'actions[5]. Deux mots fondent l'argumentation du ministre : « encouragement » et « publicité » (Guizot 1834,

---

4. Il convient de souligner que Jules Hoüel, co-rédacteur du *Bulletin des sciences mathématiques et astronomiques,* est professeur à la faculté des sciences de Bordeaux et membre actif de la société bordelaise.

5. Guizot met en place le Comité des travaux historiques et scientifiques dont l'objectif principal est de permettre à l'état de recenser et d'aider les sociétés savantes : « Il faut que les Sociétés savantes reçoivent du gouvernement, protecteur naturel de l'activité intellectuelle aussi bien que de l'activité matérielle du pays, un encouragement soutenu, que leurs travaux soient effectivement portés à la connaissance du public » (cité par (Plantade 2018, 193)).

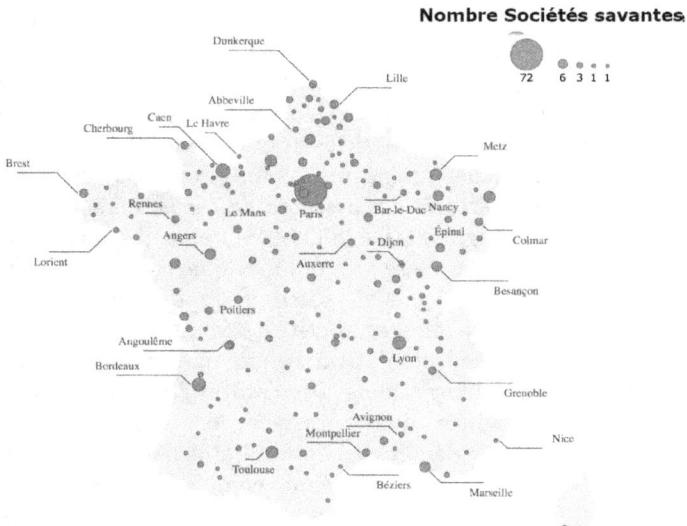

FIGURE 1 : Répartition des sociétés savantes sur le territoire français
basemap from OpenStreetMap contributors (ODbL license) (made with Khartis)

352–357). Dans cette perspective, Guizot propose « de faire publier, chaque année, sous les auspices du gouvernement, un Recueil contenant quelques-uns des mémoires les plus importants présentés aux principales Sociétés savantes du royaume, et, en outre, un compte rendu sommaire des travaux de toutes ces Sociétés, rédigé, soit d'après leurs propres travaux et comptes rendus, soit d'après les relations qu'elles m'auront adressées et les indications qu'elles m'auront fournies » (Guizot 1834, 354). Cette proposition semble avoir provoqué deux réactions antagonistes au sein des sociétés : une réaction favorable avec la possibilité d'obtenir une aide matérielle du pouvoir central et une réaction de crainte avec une possible mainmise du national sur le local. Ce « Recueil » ne paraît pas mais en 1838 ressurgit l'idée d'un « journal consacré à la littérature, aux sciences et aux arts » :

> Ce journal, rédigé avec soin, ne contiendrait que des articles approuvés d'abord par les commissions départementales et par le comité de rédaction de la commission centrale. On y rendrait compte de toutes les publications départementales et de toutes les productions artistiques. (Chapplain 1838, 321)

Le journal reste un vœu pieux mais en 1854 est fondé par le nouveau ministre de l'Instruction publique, Hippolyte Fortoul, le *Bulletin des sociétés savantes* afin de créer un lien éditorial entre les nombreuses associations se consacrant à

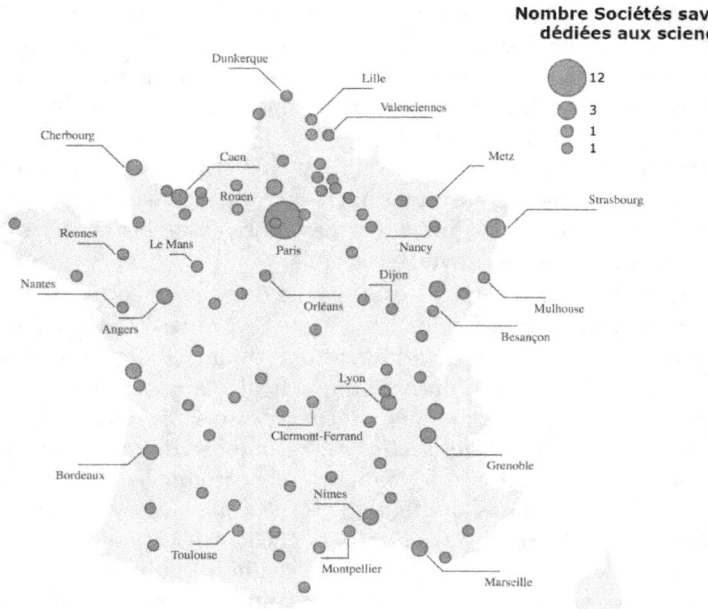

FIGURE 2 : Répartition des sociétés savantes dédiées
aux sciences sur le territoire français

basemap from OpenStreetMap contributors (ODbL license) – Greber Jules-Henri (made with Khartis)

l'étude des lettres et des sciences[6]. En 1856, une extension est proposée ; sous les auspices du ministère de l'Instruction publique et des Cultes, est publiée la *Revue des sociétés savantes de la France et de l'étranger*. Lors des deux premières années, la revue rend principalement compte des travaux ayant trait à l'histoire et à l'archéologie. Dès 1858, elle donne une certaine place à des travaux relatifs aux sciences mathématiques, physiques et naturelles. Ainsi, quelques évocations sont consacrées aux mathématiques : description des prix académiques, des mémoires publiés, des discours, etc. En 1859, Dominique Clos, professeur à la faculté des sciences et directeur du jardin des plantes de Toulouse, publie une assez longue « [a]nalyse des travaux scientifiques publiés dans le ressort de l'Académie de Toulouse par les Sociétés savantes en 1858 » (Clos 1860, 375–382). Il commence par une note liminaire indiquant que les apports en histoire naturelle ont été exposés dans une autre contribution de la revue et se focalise sur les « mathématiques pures », les « mathématiques

---

6. Fortoul (1856) indique qu'il a institué la *Revue des sociétés savantes* dans « le but d'établir un lien entre les diverses Compagnies et de signaler leurs travaux à l'intérêt du public savant » [*Ibid.*].

appliquées », l'« astronomie » et la « physique proprement dite ». Les travaux de mathématiques pures « sont habituellement peu nombreux dans les Sociétés savantes de province : nous avons cependant à en mentionner plusieurs qui font partie des *Mémoires de l'Académie impériale des sciences, inscriptions et belles-lettres de Toulouse, pour l'année*[7] 1858 » explique-t-il, avant de décrire assez précisément les travaux de Philippe-Émile Brassinne et de Lucien Henri Molins ; Clos se consacre ensuite aux travaux de mathématiques appliquées de Prosper Delpech de Saint-Guilhem et de Gabriel Gascheau[8]. Une vingtaine de sociétés et académies de province est citée.

À partir des années 1860, les travaux d'ordre scientifique prennent une extension considérable au sein des sociétés savantes[9]. Afin de ne pas nuire à l'archéologie et à l'histoire, la rédaction[10] de la *Revue des sociétés savantes* décide de faire de la partie du périodique dédiée aux sciences une publication distincte. Ce nouveau périodique, *Revue des sociétés savantes, sciences mathématiques, physiques et naturelles*[11], se compose de trois parties spéciales : « Les nouvelles scientifiques, les rapports concernant les travaux des Sociétés savantes et des Mémoires originaux » [*Revue des sociétés savantes, sciences mathématiques, physiques et naturelles*, 1862, « Avertissement », v–vii]. Elle paraît chaque semaine sous forme d'une feuille d'impression. L'ensemble des feuilles publiées chaque année forme deux volumes d'environ 400 pages chacun. Son objectif principal est alors de faire connaître « les hommes laborieux qui, dans nos provinces, contribuent à étendre le champ de nos études » [*Ibid.*]. En portant « dans chaque département la connaissance des travaux qui se sont faits dans tous les autres » [*Ibid.*], « [L]es savants étrangers, qui jusqu'à présent consultent peu les Mémoires de nos Sociétés départementales, verront en même temps que la France scientifique n'est pas tout entière dans la capitale de l'Empire » [*Ibid.*], est-il asséné. La revue publie aussi les comptes rendus des réunions annuelles des sociétés savantes à la Sorbonne où les délégués des sociétés présentent leurs travaux en cours[12]. Les rapports sur les travaux en sciences mathématiques sont principalement réalisés par les mathématiciens Gaston Darboux, Victor Puiseux, Joseph Serret, Joseph Bertrand et Julien

---

7. Il y a une erreur de casse dans le texte original : « pour l'année » est en italique.

8. Un article très complet de Damien Garrigues (1938) dresse un panorama de l'académie des sciences de Toulouse au XIXe siècle avec des notices biographiques et des portraits de Brassinne, Molins, Saint-Guilhem et Gascheau, entre autres.

9. Ce nouvel essor scientifique au sein des sociétés savantes est concomitant à l'entrée du corps enseignant dans ces sociétés. Cette entrée a été favorisée par le ministre Fortoul.

10. La rédaction de la revue est constituée par les membres du Comité des travaux historiques et des sociétés savantes en charge de fournir à l'administration de l'Instruction publique des renseignements sur les travaux relatifs aux sciences qui sont réalisés dans les départements français et de donner son avis sur les récompenses que le ministre accorde annuellement aux auteurs de ces travaux.

11. En 1881, le périodique devient *Revue des travaux scientifiques* (1881-1898).

12. La première réunion s'est tenue en 1861. Ces réunions se donnent pour objectif de réunir les savants de province afin qu'ils puissent se communiquer mutuellement les résultats de leurs travaux, les discuter et y donner une grande publicité.

Napoléon Haton de la Goupillière. De 1862 à 1880[13], le périodique référence près de 380 mémoires, notes et rapports en sciences mathématiques.

C'est donc tout un corpus potentiel de sources primaires peu exploité jusqu'à présent par les historiens des mathématiques qui s'offre à l'échelle de presque tous les départements.

Après avoir renseigné dans une base de données les noms des sociétés listés par d'Héricourt, nous avons opéré un tri à partir des mots clés sciences et/ou scientifiques. Ce tri conduit à dénombrer environ 120 sociétés implantées dans 85 villes qui s'intéressent *a priori* aux sciences. Ces sociétés entendent, à l'image de la Société d'agriculture, des belles-lettres, sciences et arts de Rochefort, « encourager les sciences, les arts, les belles-lettres et l'agriculture, de perfectionner ces diverses branches et d'en rendre la pratique facile aux populations qui l'entourent » (Héricourt 1863, 37).

Afin d'identifier parmi ces sociétés celles qui ont potentiellement encouragé et perfectionné les sciences mathématiques à travers leurs travaux, nous avons consulté non seulement certains des répertoires bibliographiques comme le *Jahrbuch über die Fortschritte der Mathematik*[14], mais aussi les rapports insérés dans la *Revue des sociétés savantes*. Nous avons alors été amenés à porter notre attention sur trente-et-une sociétés situées dans des villes de différentes tailles et dont les activités éditoriales périodiques se manifestent par la publication de *Mémoires, Bulletins, Actes, Annales, Précis analytiques, Procès-verbaux* ou *Recueils*[15]. Ces sociétés se structurent autour d'un modèle commun composé par un bureau avec un président, un vice-président, un secrétaire, un trésorier, un archiviste, des membres du conseil, des membres titulaires ou résidents et des membres correspondants ou honoraires. Elles sont toutes régies par un règlement écrit qui fixe les règles de fonctionnement.

Les positions de ces sociétés par rapport aux sciences mathématiques sont plus ou moins explicitées à travers leurs périodiques. Seule la société de Cherbourg l'indique à travers le titre de sa publication : *Mémoires de la société nationale des sciences naturelles et mathématiques de Cherbourg* ; les autres, pour la plupart, l'indiquent essentiellement par leurs intentions. Ainsi la Société littéraire et scientifique de Castres précise en séance du 26 novembre 1856 dans un article programmatique que son but est « de favoriser autour d'elle l'amour de l'étude, et de développer le mouvement intellectuel en s'occupant des travaux relatifs : [...] aux mathématiques pures et appliquées » [*Procès-verbaux des séances de la Société littéraire et scientifique de Castres*, 1857,

---

13. En 1883, Eugène Hugot, ancien secrétaire du Comité des travaux historiques et des sociétés savantes, publie la table générale de la *Revue des sociétés savantes, sciences mathématiques, physiques et naturelles*. Cette table couvre les trois premières séries (1862-1864, 1867-1877 et 1878-1880) [*Revue des sociétés savantes, sciences mathématiques, physiques et naturelles* 1862-1880].

14. Outils de référencement à destination de la communauté mathématicienne, ces répertoires ont été réalisés par les acteurs (mathématiciens ou bibliothécaires) de la fin du XIXe siècle. Ils ont servi à alimenter la base de données CIRMATHDATA [CIRMATHDATA].

15. Nous avons détaillé en annexes les périodiques provinciaux dépouillés.

5–12]. La société des sciences de Nancy inscrit les sciences mathématiques dans son règlement et se donne pour objectif explicite de contribuer à les développer et les diffuser :

> Art. 3. – La Société a pour but les progrès et les diffusions des sciences mathématiques, physiques et naturelles dans toutes leurs branches théoriques et appliquées. Elle y concourt par ses travaux et par ses publications. [*Bulletin de la société des sciences de Nancy* 1873, XII]

D'autres, au-delà des intentions, le font par leurs choix éditoriaux comme les *Mémoires de la société royale des sciences, de l'agriculture et des arts de Lille* qui incluent une rubrique « Sciences mathématiques et physiques » et commencent par un mémoire de mathématiques d'Alphonse Adrien Heegmann sur quelques formules algébriques relatives à l'amortissement. De nombreux autres mémoires de mathématiques suivront. Dans l'*Annuaire* d'Héricourt, c'est quasiment la seule société pour laquelle, il est dressé un bilan éditorial accentuant la part des mathématiques. Une partie quantitative résume : « Elle [La société de Lille] a publié 40 volumes de Mémoires et 11 autres volumes spécialement consacrés à l'agriculture (51 vol. in-8) » (Héricourt 1863, 100–102) avant de présenter une partie qualitative listant vingt-sept mémoires dont cinq relèvent explicitement des mathématiques. Pour la période suivante (1860-1900), nous avons consulté la publication lilloise et dénombrons une cinquantaine de mémoires relevant des sciences mathématiques sans omettre quelques courtes notes relatives à ce champ de savoir.

Au-delà des intentions déclaratives des sociétés, il convient de vérifier si cela, comme pour le cas de la Société de Lille, a été suivi d'actes éditoriaux. Nous avons donc dépouillé systématiquement[16] les publications périodiques de ces sociétés qui ont été éditées entre les années 1860 et les années 1890[17]. Pour repérer les interventions en sciences mathématiques, nous avons pris en compte la pratique et le discours des acteurs de l'époque ainsi que le langage employé par les périodiques. Certains de ces périodiques affichent dans la table des matières une rubrique ou une classification disciplinaire ou thématique dédiée aux activités mathématiques de la société[18]. À l'intérieur

---

16. Le travail de dépouillement a été complété par la consultation de certains sites internet dédiés aux académies et sociétés. Il est ainsi possible, à titre d'exemple, d'interroger thématiquement l'ensemble des productions des *Mémoires de l'académie royale des sciences, inscriptions et belles-lettres de Toulouse*. [Académie royale des sciences, inscriptions et belles-lettres de Toulouse].

17. Cet intervalle temporel correspond à la période de publication de la *Revue des sociétés savantes, sciences mathématiques, physiques et naturelles* (1862-1880) et de sa suite *Revue des travaux scientifiques* (1881-1898).

18. Une dizaine de sociétés dont celles de Nancy, Lille et Bordeaux, propose des rubriques disciplinaires. Les interventions en sciences mathématiques peuvent soit motiver la création d'une rubrique spécifique comme cela est le cas pour la Société des sciences de Nancy, soit figurer dans une rubrique plus large couvrant différents domaines scientifiques comme cela est le cas pour les *Actes de l'académie nationale des sciences, belles-lettres et arts de Bordeaux* qui soulignent : « Certaines spécialités, – la chimie, par exemple, ou les mathématiques, –

de ces rubriques, nous retrouvons aussi bien les interventions dont les sujets portent directement sur les concepts, méthodes et théories appartenant aux « mathématiques pures » (arithmétique et algèbre, géométrie, analyse) et aux « mathématiques appliquées » (mécanique, physique mathématique, astronomie, géodésie)[19]. D'autres interventions, ne concernent pas *a priori* les mathématiques mais les impliquent dans des proportions variables : ce sont des interventions relatives aux sciences industrielles, militaires[20] ou de l'ingénieur[21]. En tout cas, elles sont parfois considérées comme relevant des mathématiques dans les différents rapports établis sur les mémoires publiés[22]. À ces interventions, s'ajoutent les métadiscours comme l'histoire[23] et la philosophie[24] ainsi que la vulgarisation[25]. Les sociétés de province adoptent

---

n'offrant pas de travaux en nombre suffisant pour motiver un chapitre à part, nous avons dû les réunir alphabétiquement en un seul » [*Actes de l'académie nationale des sciences, belles-lettres et arts de Bordeaux* 1860, 268].

19. Ces sujets sont traditionnellement et institutionnellement répertoriés sous le chapeau « sciences mathématiques » puisqu'ils sont présents aussi bien dans les journaux spécialisés de l'époque que dans la vie universitaire que ce soit pour les chaires ou pour les sujets de thèses (Gispert & Leloup 2009)

20. Nous retrouvons ainsi plusieurs mémoires de balistique comme ceux de Saint-Loup publiés en 1869 dans le *Bulletin de la société des sciences naturelles de Nancy* (Saint-Loup 1869*b,a*). Ces mémoires ont fait l'objet d'un rapport dans la *Revue des sociétés savantes* [*Revue des sociétés savantes, sciences mathématiques, physiques et naturelles* 1870, 403].

21. Nous retrouvons ainsi plusieurs mémoires sur les constructions (ponts, digues, tunnels) et les machines comme ce mémoire du capitaine de frégate Jean Paul Delagrange sur l'action destructive de la houle sur le profil et la construction des digues en mer communiqué dans les *Mémoires de la société nationale des sciences naturelles et mathématiques de Cherbourg* en 1878.

22. Victor Puiseux publie par exemple de nombreux rapports sur divers travaux dits de mathématiques.

23. Les nombreuses études historiques de l'ingénieur et helléniste Paul Tannery publiées dans les *Mémoires de la société des sciences physiques et naturelles de Bordeaux* sont considérées comme des interventions en sciences mathématiques.

24. Par exemple, Joseph Boussinesq insère en 1879 une très longue étude dans les *Mémoires de la société des sciences, de l'agriculture et des arts de Lille*. Intitulée « Conciliation du véritable déterminisme mécanique avec l'existence de la vie et de la liberté morale », l'étude (Boussinesq 1879) se situe aux confins des sciences mathématiques et de la philosophie. En l'espèce, il s'agit de concilier le déterminisme newtonien (dans une version laplacienne) et la notion de libre arbitre. Nous pourrions qualifier cette étude de philosophie générale informée scientifiquement. Elle est cependant identifiée comme une activité mathématique par les membres de la société lilloise. Pour en savoir plus sur les conceptions philosophiques et mécanistes de Boussinesq, nous renvoyons à (Romero 1999).

25. Les sociétés accueillent plusieurs interventions de vulgarisation à destination des membres non-mathématiciens. En 1864, l'Académie nationale des sciences, belles-lettres et arts de Bordeaux insère dans ses *Mémoires* une note de Jacques Pierre Valat, professeur de mathématiques au lycée, sur l'impossibilité d'exprimer en nombres finis le rapport de la circonférence au diamètre. Reconnaissant la difficulté de traiter et de faire accepter des démonstrations par des non-mathématiciens peu familiarisés avec le calcul algébrique, Valat cherche à « rendre sensible, et surtout élémentaire, la démonstration qui établit l'impossibilité du problème de la quadrature du cercle afin que personne désormais n'y perde du temps et des veilles sans aucun fruit pour la science » (Valat 1864, 271). En 1872, Combette, professeur de mathématiques au lycée de Brest et conseiller municipal, offre une *Histoire*

donc une définition très large des sciences mathématiques. Cette définition semble opératoire pour décrire les différentes activités mathématiques au sein de ces sociétés puisqu'elle est employée par la rédaction de la *Revue des sociétés savantes*.

Sur la période 1860-1890, nous avons identifié et dénombré, à partir de cette définition, près de 950 interventions en sciences mathématiques dans la trentaine de périodiques sélectionnés. Il convient de souligner dès à présent que cette production est inégalement répartie sur le territoire français. Comme nous pouvons le constater sur la carte suivante [à modifier], l'activité mathématique en province est géographiquement disparate et semble dépendre principalement de la présence ou non d'un ou plusieurs établissement(s) d'enseignement supérieur. Ainsi, les situations sont fort différentes suivant les sociétés. Nous

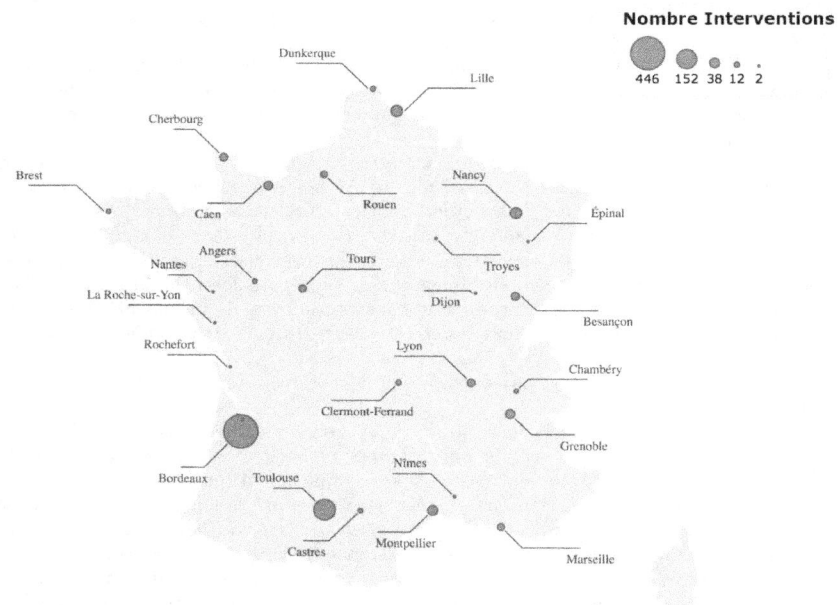

FIGURE 3 : Répartition de l'activité mathématique dans les sociétés savantes

basemap from OpenStreetMap contributors (ODbL license) – Greber, Jules-Henri (made with Khartis)

pouvons tout d'abord relever que la société des sciences physiques et naturelles de Bordeaux, édite à elle-seule près de 45 % des interventions référencées dans

---

populaire des Comètes au *Bulletin de la société académique de Brest*. Au sein de la société des sciences, arts et belles-lettres de Tours, Armand Borgnet, à travers son activité composée de plusieurs communications historiques et didactiques sur la géométrie, « a rendu intelligibles les problèmes les plus ardus des sciences mathématiques » (Chevalier 1862). Vallerey (1885) présente aux membres de la société dunkerquoise les procédés à l'œuvre dans les *curieuses* expériences de calcul mental réalisées par un certain Jacques Inaudi lors d'une représentation à Dunkerque.

notre corpus. Du fait de son activité, la Société apparaît comme un véritable centre éditorial de sciences mathématiques en province. L'importance accordée aux sciences mathématiques par la société repose très majoritairement sur le travail d'archiviste et de contributeur du mathématicien bordelais Hoüel, qu'il mène de 1866 jusqu'à sa retraite en 1884. À travers ses travaux (publication des traductions des écrits fondateurs sur les géométries non-euclidiennes, mémoires sur la théorie des quantités complexes), sa volonté de faire entrer à la société tous les mathématiciens de la faculté des sciences de Bordeaux, la constitution d'un réseau de correspondants scientifiques et mathématiciens à l'échelle européenne, la création d'un bulletin bibliographique des revues et ouvrages reçus par la société, l'élargissement du réseau des sociétés françaises et étrangères avec lesquelles la société des sciences physiques et naturelles de Bordeaux échange son bulletin[26], Hoüel entend faire des mémoires de la société un journal mathématique de recherche[27]. La société passe alors d'une petite société savante éclectique et locale[28], à une société internationale dont les publications sont majoritairement mathématiques[29] (Plantade 2018, 291).

Ensuite, nous pouvons identifier un noyau constitué d'une dizaine de sociétés publiant plus de 20 interventions de 1860 aux années 1900. L'activité mathématique de ces sociétés est majoritairement soutenue soit par un acteur, enseignant, professeur ou ingénieur, soit par un groupe d'individus composé de plusieurs professeurs prolifiques rattachés aux facultés et aux écoles de la ville. Dans le premier cas, nous retrouvons les sociétés de Marseille, Besançon, Grenoble et Lyon. Sur les 19 interventions identifiées dans les *Mémoires de l'académie des sciences, belles-lettres et arts de Marseille*, 18 sont publiées par le professeur de mathématiques de la faculté des sciences de Marseille, l'abbé Aoust[30]. Au sein du *Bulletin de la société de statistique, des sciences naturelles et des arts industriels du département de l'Isère*, environ 70 % de la production mathématique est à mettre au crédit de l'ingénieur en chef des ponts et chaussées Philippe Breton. Le directeur de l'École d'horlogerie de Besançon, Georges Sire, a publié près de 60 % des interventions insérées dans les *Mémoires de la société d'émulation du Doubs*. C'est un professeur de mathématique au lycée, Joseph Bonnel, qui offre aux *Mémoires de l'académie royale des sciences, belles-lettres et arts de Lyon. Section des sciences* une quinzaine d'interventions

---

26. En tant qu'archiviste, Hoüel est « chargé des relations d'échange avec les autres Sociétés savantes, il s'occupe des envois des *Mémoires de la SSPN*, de la réception des ouvrages et des revues, de leur classement » (Plantade 2018, 291).

27. Pour une étude des différents travaux de Hoüel, cf. (Plantade 2018).

28. Jusqu'aux années 1866, la société échange son bulletin avec une vingtaine de sociétés principalement françaises. Les sciences mathématiques sont alors peu présentes dans les activités de la société.

29. La société publie près de 430 interventions en sciences mathématiques entre 1860 et 1900. Les professeurs de mathématiques et de physique ainsi que les ingénieurs sont les auteurs les plus prolifiques.

30. Pour comprendre les stratégies éditoriales de l'abbé Aoust, oscillant entre publications académiques à Paris ou à Marseille, et publications spécialisées dans des journaux mathématiques français ou européens, nous renvoyons à (Gérini *et al.* 2011).

dédiées aux sciences mathématiques. À l'instar de ce J. Bonnel, nombreux sont ces professeurs prolifiques qui écrivent pour la société des sciences physiques et naturelles de Bordeaux, les sociétés de Toulouse, Lille, Caen, Montpellier et Nancy. La présence de ces acteurs éditoriaux majeurs constitue une tradition qui puise son origine dans la volonté du ministre de l'Instruction publique Fortoul. En 1856, ce dernier plaide en faveur de l'entrée des professeurs dans les sociétés savantes (Plantade 2018, 163). Cette volonté s'illustre à travers un courrier officiel en date du 10 janvier 1856 dans lequel Fortoul indique aux recteurs leurs devoirs vis-à-vis des sociétés savantes de leur académie. Ainsi, en plus de diriger et de surveiller les écoles de l'État et de présider à l'Instruction publique, les recteurs ont pour mission de se mettre en contact avec les sociétés savantes et de leur assurer le concours du corps enseignant :

> Au ministère de l'Instruction publique se rattachent d'autres institutions qui, sans participer d'une manière immédiate à la distribution de l'enseignement et sans ressortir directement à votre autorité, ne doivent pas cependant demeurer en dehors de votre action : car *elles contribuent à la diffusion générale des connaissances littéraires et scientifiques* [sic]. Je veux parler des Sociétés savantes et des Correspondants de mon ministère pour les travaux historiques. [...] Votre position élevée vous permettra, je l'espère, d'exercer l'influence la plus salutaire sur les Sociétés qui sont comprises dans la circonscription de votre ressort. [...] Ne craignez pas d'engager les membres du corps enseignant à prendre leur part de ces travaux qui leur feront étudier et aimer le pays qu'ils habitent et auquel ils s'attacheront d'autant plus qu'ils le connaîtront mieux. Ils doivent tenir à l'honneur d'être admis dans ces doctes Compagnies qui ne seront peut-être pas insensibles à des mérites solides et vraiment classiques. (Fortoul 1856)

À titre d'exemple, la société des sciences, de l'agriculture et des arts de Lille peut compter dès 1854, date à laquelle est fondée la faculté des sciences de la ville[31], sur la participation de plusieurs de ses professeurs.

Ainsi de 1855 à 1860, Gabriel Mahistre, nommé sur la chaire de mécanique rationnelle, insère une quinzaine d'études[32] dans les *Mémoires de la société*. De 1860 à 1872, Alexandre Guiraudet, nommé professeur adjoint chargé du cours de mathématiques, publie 10 mémoires sur la géométrie cristallographique, la mécanique du point et l'histoire du calcul différentiel et des variations. De 1860 à 1863, Claude David qui occupe la chaire de mathématiques pures offre 6 mémoires à la société portant sur la géométrie des courbes et des surfaces. De 1873 à 1886, Joseph Boussinesq nommé sur la nouvelle chaire de calcul différentiel et intégral insère une dizaine d'interventions en mécanique des fluides. La participation aux travaux de la société n'empêche pas ces professeurs d'avoir aussi une activité éditoriale importante dans les périodiques spécialisés

---

31. Avant la création de la faculté, la présence des sciences mathématiques au sein de la société et de ses *mémoires* est assurée par des ingénieurs et des manufacturiers comme Heegmann, des professeurs de mathématiques dans les collèges et le lycée de la région comme Charles Delezenne.

32. Ce sont surtout des applications de la mécanique à l'industrie, en particulier les machines à vapeur dont il est spécialiste mais toutes mobilisent à un degré divers des mathématiques. Parmi ces études, 8 seront présentées sous forme de notes aux *Comptes rendus de l'académie des sciences*.

parisiens comme le *Journal de mathématiques pures et appliquées*, et le *Bulletin des sciences mathématiques et astronomiques* ou dans les *Comptes rendus de l'Académie des sciences*[33]. Une analyse similaire peut être réalisée à partir des *Mémoires de l'Académie royale des sciences, inscriptions et belles-lettres de Toulouse*.

En 1899, Émile Bouchet, vice-président de la société dunkerquoise pour l'encouragement des sciences, des lettres et des arts reconnaît que « les Sociétés ont trouvé dans le personnel enseignant des Facultés et des Lycées [...] d'enviables facilités de recrutement » (Bouchet 1899, 303) et que les grandes villes offrent plusieurs instruments de travail comme des archives et de vastes bibliothèques. Il convient cependant de souligner que cette tradition éditoriale reste fragile. En effet, à partir des années 1890, les futurs professeurs de mathématiques ne publient aucun mémoire dans le périodique de la société de Lille et peu en seront membres[34]. Des cas similaires se produisent dans les sociétés de Marseille, Grenoble, Besançon et Nancy où les producteurs de mathématiques particulièrement prolifiques ne sont pas remplacés après leur disparition. Le cas de l'académie des sciences, belles-lettres et arts de Marseille est exemplaire, puisqu'à partir de 1885, date à laquelle l'abbé Aoust disparaît, les *Mémoires de la société* ne publient quasiment plus d'interventions en sciences mathématiques. En outre, la présence d'un établissement d'enseignement supérieur ne profite pas à toutes les sociétés savantes d'une ville et ne garantit pas nécessairement une activité mathématique. Ainsi, alors que les *Mémoires de l'académie royale des sciences, inscriptions et belles-lettres de Toulouse* publient près de 180 interventions et accueillent une trentaine de membres du corps enseignant, le *Bulletin de la société des sciences physiques et naturelles de Toulouse* ne publie que quelques notes en sciences mathématiques. Enfin, une vingtaine de sociétés savantes accordent de manière ponctuelle une place aux sciences mathématiques. Elles présentent une activité mathématique relativement marginale et restreinte en publiant moins de 10 interventions dans ce domaine entre 1860 et 1900. Cependant, comme nous allons le montrer à travers les études de cas, ces sociétés amènent à mettre en relief des engagements et des fonctions locales en faveur de ces sciences dans un contexte peu concerné par les mathématiques. Ainsi, elles permettent d'obtenir plusieurs informations pour appréhender des acteurs peu connus qui sont le plus souvent professeurs de mathématiques dans le collège ou le lycée de la ville, des institutions où sont mis en place des cours de mathématiques

---

33. Par exemple, Boussinesq publie plus d'une quarantaine de notes dans les *Comptes rendus de l'académie des sciences de Paris* et une dizaine d'articles dans le *Journal de mathématiques pures et appliquées*. Pour une liste des interventions du savant, voir (Pourprix 2009, 45–47). Pour saisir l'étendue des apports de Boussinesq, nous renvoyons à (Bois & Verdier 2009).

34. La faculté de Lille devient principalement une antichambre parisienne. Ainsi, ni Gustave Demartres, ni Paul Painlevé, ni Albert Petot, ni Ernest Vessiot, ni Émile Borel ne publieront dans les *Mémoires de la société*.

à destination de différents publics, des imprimeurs qui s'investissent dans la publication d'ouvrages relevant des mathématiques, des lieux physiques de sociabilité comme les bibliothèques qui offrent aux membres de la société la possibilité d'accéder à une production mathématique, etc. Il convient de préciser que ce contexte peu concerné par les sciences mathématiques amène parfois les acteurs mathématiciens à aborder des thématiques plus proches des préoccupations locales. La société d'émulation de Napoléon-Vendée met ainsi en avant à différentes reprises le rôle de deux professeurs de mathématiques, Nicolas Charles Pontarlier et Henri Marichal pour la constitution d'un herbier d'importance sur la flore vendéenne. Lors d'une séance de la société présidée par Henri Lévesque de Puiberneau, il est indiqué :

> En Botanique, nous n'avons, pour ainsi dire, rien à désirer. Des explorations actives et intelligentes de plusieurs années dans toute l'étendue du département, ont mis MM. Pontarlier et Marichal, professeurs de mathématiques au Lycée de Napoléon[35], à même de former un herbier de la plus rare valeur, représentant au complet la riche Flore vendéenne et formant 13 vol. in-folio, dont ils ont doté notre Musée. Plus de 1 400 espèces variées composent cet herbier, vraiment monumental, qui peut compter au nombre des plus riches trésors du Musée vendéen. (Puiberneau 1855)

Le cas du célèbre herbier dit encore aujourd'hui « Pontarlier-Marichal » montre l'investissement quasi professionnel dans un domaine autre que leur domaine d'exercice de deux professeurs de mathématiques.

2 La production mathématique en province : ses formes éditoriales

Les interventions référencées dans notre corpus revêtent plusieurs formes éditoriales qu'il convient d'examiner afin de mettre en relief la diversité des activités mathématiques circulant par le biais des sociétés savantes de province. Pour ce faire, nous nous sommes livrés à une typologie des contributions mathématiques dans les journaux des sociétés savantes : travaux originaux (et spécificité de ces travaux par rapport aux journaux nationaux) qui pourraient être qualifiés de recherches, travaux liés aux applications industrielles et locales, travaux liés à l'enseignement des mathématiques, divers travaux liés aux instruments mathématiques, aux concours proposés par les académies et diverses notes biographiques ou nécrologiques.

La Figure 3 donne des lignes de force en termes de production obtenue en recensant les articles recensés comme « mathématiques » par les sociétés.

Il y a donc une production signifiante disséminée sur tout le territoire. Avant d'être des lieux de production d'articles mathématiques, toutes les académies de province s'appuient sur un lieu de sociabilité scientifique : la bibliothèque. C'est un lieu de lecture et une possibilité pour les membres d'avoir accès à différentes publications. Les différents statuts des sociétés permettent de

---

35. Napoléon ville, Napoléon-Vendée ou tout simplement Napoléon sont des noms portés par la commune de La Roche-sur-Yon en Vendée sous le Premier empire, les Cent-jours, la Deuxième République et le Second empire.

préciser le fonctionnement de ces lieux. Ainsi les statuts de la société de Rochefort précisent : « La Société possède une bibliothèque où sont tous les ouvrages qu'elle achète ou qui lui sont adressés » (Héricourt 1863, 37). La société académique de Brest détaille le fonctionnement de la bibliothèque dans ses règles de fonctionnement établies en 1858 :

> L'Archiviste-Bibliothécaire a la garde des livres, mémoires, manuscrits, plans et dessins composant la Bibliothèque et les Archives de la Société, ainsi que des objets d'art et d'antiquités lui appartenant. Il peut mettre à la disposition d'un Secrétaire, pour un mois au plus, et sur son récépissé, les livres et mémoires imprimés dont il est dépositaire. Les autres objets sont communiqués sans déplacement [*Bulletin de la société académique de Brest*, deuxième série 1875, VI]

Toutes ces mises à disposition d'ouvrages par les bibliothécaires-archiviste[36] permettent aux membres d'être informés soit en empruntant soit en lisant sur place les documents. Ces documents proviennent d'achats directs par les sociétés, par les échanges mis en place avec les autres sociétés et des pratiques de dons. Il peut s'agir de dons institutionnels comme ceux provenant des ministères de l'Instruction publique ou bien de dons privés[37].

2.1 Une activité de recherche spécialisée : apports, perfectionnements et réitérations

Les périodiques de sociétés savantes, présentent des périodicités variables (annuelles ou irrégulières) qui dépendent de l'activité des sociétés, contiennent de nombreuses contributions, mémoires, notes et rapports, qui entendent participer aux progrès des sciences mathématiques. Elles portent ainsi sur des sujets de recherches récents ou inédits. Les auteurs mettent en relief la ou les nouveauté(s) qu'apportent leurs travaux à la connaissance mathématique.

Dans son mémoire sur les sphères coupant les surfaces du second ordre, l'abbé Aoust insiste sur le fait qu'en introduisant dans ses recherches un élément nouveau (puissance d'un point par rapport à une surface), il donne une interprétation facile et intuitive de son analyse et il affirme que les conséquences, qui en découlent, constitue « une théorie [...] tout à fait neuve » (Aoust 1865, 139–140). Ces travaux visent ainsi à faire connaître des théorèmes nouveaux pour la résolution de problèmes mathématiques. Guiraudet présente devant les membres de la société des sciences naturelles de Lille un théorème sur l'intersection des surfaces par leurs plans tangents qui lui donne l'occasion « de refaire d'une manière tout-à-fait neuve la délicate théorie des points

---

36. Pour une étude détaillée du travail d'archiviste au sein d'une société savante de province, voir le cas de Hoüel à Bordeaux dans (Plantade 2018).

37. Ainsi, les auteurs, professeurs, ingénieurs ou propriétaires, participent eux-mêmes au processus d'acquisition des livres en offrant des ouvrages de mathématiques à ces bibliothèques ou bien des tirés à part de leur production dans les différents journaux spécialisés ou non en mathématiques à l'image de Boussinesq qui offre pour la seule année 1873 une dizaine d'ouvrages de mathématiques à la société des sciences, de l'agriculture et des arts de Lille [*Mémoires de la société royale des sciences, de l'agriculture et des arts de Lille et publications faites par ces soins* 1873, 605-606].

singuliers des courbes planes » (Guiraudet 1861, 457). De nombreux travaux sont simplement des redites avec d'autres mots d'articles spécialisés (parfois du même auteur) auxquels les lecteurs de province n'ont pas forcément facilement accès. Nous avons ainsi repéré de nombreux articles sur le calcul différentiel, la théorie des géodésiques, des discussions sur telle ou telle technique particulière, etc. Notons également plusieurs transcriptions ou adaptation en français d'articles parus dans des journaux étrangers (en latin ou en allemand) comme certains articles d'arithmétique de Karl Gustav Jacobi ou Karl Friedrich Gauss. Si tous ces articles ne sont pas *stricto sensu* des articles de recherches dans le sens où ils n'apportent pas directement de plus-value scientifique, ils participent aux processus de création car ils font connaître, sans qu'il soit possible de le quantifier, des sources secondaires sur des sujets spécialisés couvrant de nombreux domaines des mathématiques.

Se pose alors la question des équilibres et circulations entre journaux. Quelques exemples montreront les différents cas de figure. Les auteurs les plus prolixes, principalement professeurs dans les facultés des sciences de province, contribuent aux journaux parisiens (*Journal de l'École polytechnique*, *Journal de mathématiques pures et appliquées*, *Nouvelles annales de mathématiques*, *Bulletin des sciences mathématiques*, etc.) et y abordent des sujets souvent similaires à ceux qu'ils traitent dans les périodiques des sociétés. À titre d'exemple, Albert Édouard Roche, professeur à la faculté des sciences de Montpellier, publie en 1864 dans les *Mémoires de la section des sciences de l'académie des sciences et lettres de Montpellier* une étude sur une généralisation de la formule de Taylor. La même année, il insère un article sur un sujet identique dans le *Journal de mathématiques pures et appliquées*. Ces contributions peuvent même être motivées par les journaux spécialisés à l'image de l'étude de Édouard Combescure professeur d'astronomie à la faculté des sciences de Montpellier, « Sur les surfaces dont les lignes de courbure sont planes dans un système seulement », publiée dans les *Mémoires de la section des sciences de l'académie des sciences et lettres de Montpellier* (Combescure 1880, 401). L'auteur s'inscrit dans la continuité des travaux d'Ossian Bonnet publiés dans le *Journal de l'École polytechnique* et ceux de Ferdinand Joachimsthal insérés dans le *Journal für die reine und angewandte Mathematik* (dit *Journal de Crelle*) ; Combescure indique :

> M. Ossian Bonnet a résolu le premier, et par une savante analyse, le problème de trouver les surfaces à lignes de courbure planes dans un système seulement (*Journal de l'École Polytechnique*, 55ᵉ cahier). Un an environ après, Joachimsthal a substitué au calcul un peu compliqué de l'éminent géomètre, une très belle et très brève solution fondée sur des considérations principalement géométriques (*Journal de Crelle*, tom. XXXVIII). Des circonstances particulières m'ayant amené sur cet ancien et important sujet, j'ai pensé qu'il pourrait y avoir un certain intérêt à faire connaître la méthode purement analytique qui suit, et qui n'est pas sans attaches avec celle des caractéristiques employées par M. Bonnet. [*Ibid.*, 401]

Il arrive aussi que ces contributions soient reprises d'un périodique spécialisé. Dans ce cas, l'auteur modifie plusieurs éléments. Les journaux des sociétés savantes deviennent alors un lieu de perfectionnement pour des articles ou notes publiées ailleurs[38] signale qu'il avait déjà résolu antérieurement ce problème dans son *Analyse infinitésimale des courbes* publié en 1873 (Aoust 1877, 111). Les auteurs peuvent aussi déposer des paquets cachetés pour établir leurs droits de priorité. Ainsi, Borgnet, ancien proviseur et professeur de mathématiques spéciales au lycée impérial à Tours, adresse un paquet cacheté à la société des sciences, arts et belles-lettres de Tours « dans lequel il a consigné [...] la solution d'une question de mathématiques qui lui paraît offrir de l'intérêt. La Société, en acceptant ce dépôt, en donne acte à M. Borgnet » (Borgnet 1860, 91). Les *Nouvelles annales de mathématiques* indiquent dans une rubrique intitulé « Bulletin » et rendant compte de diverses publications :

> Le Besgue (V.-A.), professeur honoraire à la faculté des Sciences de Bordeaux, membre correspondant de l'Institut. – Théorème sur les ellipsoïdes associés, analogue à celui de Fagnano sur les arcs d'ellipse. In-8 de 8 pages. (Extrait des *Mémoires de la Société des Sciences physiques et naturelles de Bordeaux*.). Ce théorème a déjà été donné par M. Le Besgue dans le *Journal de M. Liouville*, t. XI, p. 331. Il est présenté dans ce nouveau travail d'une manière plus géométrique, et l'on y donne l'expression des zones dont la différence est planifiable. [*Nouvelles annales de mathématiques* 1864, 384]

De la même manière, plusieurs notes insérées dans les *Comptes rendus de l'Académie des sciences de Paris* font l'objet de plusieurs adjonctions et développements pour être publiées dans les périodiques des sociétés. Sur les 10 mémoires insérés dans les *Mémoires de la société des sciences, de l'agriculture et des arts de Lille* par Mahistre, 8 sont présentés sous forme de notes aux *Comptes rendus de l'Académie des sciences*. La note de Boussinesq, sur la conciliation du libre arbitre et du déterminisme, présentée par Adhémar Barré de Saint-Venant en 1877 à l'Académie des sciences, devient dans les *Mémoires de la société de Lille* une étude de plus de 200 pages.

Les périodiques des sociétés savantes sont d'ailleurs une possibilité pour les auteurs de faire publier un mémoire qui peut avoir été refusé dans une publication spécialisée. C'est le cas du premier mémoire d'Auguste Boucher[39], professeur de mathématiques au lycée et à l'école supérieure d'Angers, sur une « Nouvelle théorie des parallèles » (Boucher 1858). En préambule, Boucher explique le choix de son support par un refus de la part des *Nouvelles annales de mathématiques*. La lettre du refus rédigée par Camille Christophe Gerono – le co-fondateur des *Nouvelles annales*[40] – est jointe :

---

38. Les mémoires peuvent être aussi l'occasion pour un auteur de réclamer la priorité d'une découverte. Tel est le cas en 1887 dans les *Mémoires de l'académie des sciences, belles-lettres et arts de Marseille*. L'abbé Aoust, après avoir formulé plusieurs observations sur un mémoire de Haton de la Goupillière ayant pour titre « Des développoïdes directes et inverses de divers ordres » et présenté devant l'Académie des sciences de Paris en 1875 [*Comptes rendus hebdomadaires de l'Académie des sciences de Paris*, 1875, 241].

39. Dans la notice bibliographique consacré à Boucher, Roland Brasseur précise que ce dernier orthographiait son patronyme sous la forme « Bouché » (Brasseur 2017).

40. Les *Nouvelles annales de mathématiques* fondées en 1842 par Olry Terquem et Gerono ont été l'un des principaux journaux de mathématiques français dans la première moitié du

> Je profite de l'obligeance de M. le professeur H..., pour vous adresser quelques mots sur votre théorie des parallèles. Je suis loin d'en contester le mérite, je trouve seulement qu'elle s'écarte trop du programme officiel et de l'enseignement des lycées pour qu'il soit possible de l'insérer dans un journal destiné aux candidats aux écoles. (Boucher 1858, 162)

Quand on connaît la propension des *Nouvelles annales* à s'écarter de la norme pour produire des mathématiques hors des programmes (Boucard & Verdier 2015), on peut s'interroger sur les motifs de non-recevoir invoqués par Gerono. Après ce premier article, Boucher devient le représentant de l'activité mathématique au sein de la société de Maine et Loire. Il publie ainsi dans les *Mémoires de la société* sept articles[41] concernant des sujets variés (sur les tables logarithmiques ou trigonométriques, sur l'attraction moléculaire, sur les cadrans solaires ou sur une théorie des radicaux continus). Les articles constituent l'ensemble des interventions référencées dans la rubrique « Mathématiques » des vingt premiers volumes des *Mémoires*.

Les auteurs peuvent compter sur la diversité des sociétés et de leurs périodiques pour trouver un lieu où publier leurs travaux de recherche. Alfred Haillecourt, ancien professeur de mathématiques au lycée de Toulouse et inspecteur de l'académie de Dijon, soumet à l'académie des sciences de Savoie la démonstration d'un théorème nouveau de stéréométrie[42]. Cependant, la démonstration ne peut être publiée dans le journal de l'académie. L'auteur est alors conduit à proposer son mémoire à l'académie nationale des sciences, belles-lettres et arts de Bordeaux qui le publiera en 1876 dans ses *Actes*. Nous pointons le fait que les journaux des sociétés savantes complètent les recueils nationaux en offrant la possibilité de préciser, de développer ou/et offrent une possibilité de publication pour des travaux parfois refusés par les journaux nationaux.

Les mémoires permettent aussi de mettre en avant des travaux d'élèves ou de professeurs à la retraite. Ainsi, à Brest, Eugène Charles Combette commence sa « Note sur la normale à l'ellipse » par des éléments de contexte :

> Je communique à la Société Académique de Brest un travail fait par M. Lefranc, un de mes élèves. La propriété qui est énoncée au début est nouvelle et féconde : la démonstration est simple et directe : il y a là invention de la part de l'auteur. J'estime qu'il sera intéressant de publier cette petite nouveauté et de suivre la série des conséquences qui en sont déduites avec une grande simplicité. On remarquera surtout une certaine maturité d'esprit qui fait honneur à M. Lefranc. (Combette 1868)

---

dix-neuvième siècle avec le *Journal de mathématiques pures et appliqués* fondé par Liouville en 1836. Le *Journal* de Liouville vise les progrès des mathématiques alors que les *Nouvelles annales* est un journal destiné à l'enseignement des mathématiques même s'il s'autorise à ne pas être qu'un journal pour la préparation des concours (Verdier 2009a). Voir également (Rollet & Nabonnand 2013).

41. L'ensemble des références des articles de Boucher est détaillé dans [*Mémoires de la société académique de Maine et Loire* 1866, 181].

42. Selon Haillecourt, ce théorème est inconnu en France. Il indique ainsi aux membres de l'académie que tout ce qu'il a pu « savoir par mes amis et camarades, MM. Puiseux et Briot, c'est qu'un géomètre italien en avait parlé, il y a quelque temps, à M. Hermite, membre de l'Institut et maître des conférences à l'École normale » (Haillecourt 1872, LXIII).

Nous ne pensons pas que « la petite nouveauté » de l'élève Lefranc[43] en soit une à proprement parler, car nous trouvons un énoncé très semblable et une méthode de résolution similaire[44] dans les *Annales de mathématiques pures et appliquées* (Lenthéric et al. 1826-1827). Cette note a-t-elle été proposée par Combette à des journaux mathématiques ou a-t-il préféré la proximité de la société académique brestoise pour être assuré d'une publication plus rapide ? À Lille, Guiraudet présente, en séance du 21 juillet 1865, au nom de Alphonse Sartiaux, élève à l'École polytechnique, une « Note sur les points singuliers de courbes du troisième ordre » [*Mémoires de la société impériale des sciences, de l'agriculture et des arts de Lille* 1866, 754]. Il en fait connaître les principaux résultats. À Nancy, dans le *Bulletin de la société des sciences*, Gaston Achille Marie Floquet donne un rapport sur les recherches de Charé[45], professeur en retraite, ayant trait aux polygones réguliers (Floquet 1885).

D'autres interventions peuvent contribuer à la recherche mathématique à travers des traités ou des expositions de théories ou de démonstrations existantes que les auteurs entendent résumer, simplifier, perfectionner ou défendre. Ainsi Charles-Hippolyte Berger propose de résumer la théorie et les méthodes de Augustin-Louis Cauchy pour le calcul des perturbations des mouvements planétaires. Le travail de Berger est déjà présent dans ses thèses soutenues à Toulouse en 1863. Sa publication dans les *Mémoires de la section des sciences de l'académie des sciences et lettres de Montpellier* représente une opportunité pour promouvoir ses propres recherches et indiquer quelques démonstrations nouvelles, en particulier la dernière méthode de Cauchy « qui n'a encore paru nulle part en France » (Berger 1864, 2). Toujours à l'académie de Montpellier, (Combescure 1885, 13) se donne pour objectif de perfectionner les démonstrations du principe des vitesses virtuelles. Dans une « Note sur la résolution numérique des équations algébriques de degré quelconque » publiée dans les *Mémoires de la société des sciences, de l'agriculture et des arts de Lille*, le directeur de l'institut industriel du Nord, Adolphe Matrot, entend montrer les avantages théoriques et pratiques de la méthode des différences qui a été supprimée des programmes :

> Cette méthode ne mérite pas les critiques et les dédains dont elle a été l'objet. Au point de vue pratique, elle est en général beaucoup plus avantageuse que toutes les autres méthodes de séparation des racines. Elle ne le cède d'ailleurs à aucune pour la certitude des résultats et est par conséquent irréprochable au point de vue théorique. C'est ce que la présente note a pour but de mettre en évidence. (Matrot 1876, 11)

En termes de circulation des mathématiques, les bulletins de province peuvent faire intervenir des catégories d'acteurs peu représentés (membres à part entière des dites sociétés ou simplement cités pour leurs apports) dans les journaux nationaux ; ils permettent d'apporter précisions, informations ou

---

43. Nous ne sommes pas parvenus à établir avec certitude l'identité de ce Lefranc.
44. Nous remercions Jean Delcourt de nous avoir communiqué cette référence.
45. Nous ne sommes pas parvenus à identifier ce professeur.

mises à disposition de résultats contribuant à faire avancer les progrès des sciences mathématiques, au sens large.

2.2 Des préoccupations industrielles et locales

Les périodiques des sociétés de province publient régulièrement des interventions liées à des problèmes techniques et industriels nationaux ou locaux qui stimulent alors la recherche théorique et pratique. À plusieurs reprises, ingénieurs et professeurs lillois publient dans les *Mémoires de la société des sciences, de l'agriculture et des arts de Lille* des résultats pour améliorer la conception et la fabrication des machines employées dans l'industrie. Ainsi, en 1861, Félix Mathias, ingénieur de la traction du chemin de fer du Nord, insère une note sur le calcul des diamètres des cônes de transmission afin de faciliter les procédés de construction de ces cônes (Mathias 1861). En 1869, nous apprenons que Guiraudet, mettant les mathématiques au service de l'industrie[46], a réalisé plusieurs expériences sur les métiers à tisser avec l'aide des ingénieurs mécaniciens à Lille Jules Émile Boivin et Louis Marie Joseph Poillon[47]. Guiraudet engage les chambres de commerce à former des sociétés industrielles et les fabricants à se communiquer les résultats de leur expérience journalière afin de perfectionner les machines industrielles[48]. En 1881, l'ingénieur civil Alfred Renouard réalise deux études théoriques et expérimentales sur le travail mécanique du peignage du lin dans les machines de construction française (Renouard 1881). L'objectif est d'en améliorer les performances afin de concurrencer les machines de construction étrangère, en particulier anglaise.

Dans les *Mémoires de la société nationale des sciences naturelles et mathématiques de Cherbourg*, les ingénieurs et capitaines de vaisseaux se préoccupent des constructions navales (navires, digues, ponts, barrages...) et entendent en améliorer la stabilité sur mer. Ces préoccupations locales entraînent plusieurs études de mécanique. L'ingénieur des constructions navales Émile Bertin offre aux *Mémoires* 8 études sur la houle et le roulis (Bertin 1869a,b, 1872, 1873, 1874, 1879, 1895, 1897). Ces études entraînent celles des ingénieurs Adhémar Barré de Saint-Venant, « Du roulis sur mer houleuse calculé en ayant égard à l'effet retardateur produit par la résistance de l'eau » (1871) et Adolphe Mottez « Du courant alternatif dans la houle » (1871). Le lieutenant de

---

46. Outre ses propres recherches théoriques et expérimentales, Guiraudet présente lors des séances de la société plusieurs travaux des ingénieurs de la ville. Ainsi, en 1865, il communique oralement un rapport sur une « Note sur le calcul des arbres de transmission » réalisée par Poillon, ingénieur civil à Lille. [*Mémoires de la société des sciences, de l'agriculture et des arts de Lille* 1866]

47. Les expériences ont pour objectif de déterminer « les quantités de travail mécanique consommées en service courant par différents genres de métiers à tisser, employés dans la fabrication mécanique des tissus mélangés à Roubaix » (Guiraudet 1869, 447).

48. Les auteurs peuvent aussi mobiliser les périodiques des sociétés savantes pour promouvoir leurs propres machines. Ainsi, en 1889, Emmanuel Minary expose les principes et le rendement d'une machine rotative à vapeur fonctionnant sur le système Minary (Minary 1889).

vaisseau Émile Guyou publie une géométrie des flotteurs où il étudie et expose les théorèmes généraux des courbures des surfaces des flottaisons et des centres des isocarènes (1876). Le capitaine de frégate Delagrange insère une étude sur l'action destructive de la houle sur le profil et la construction des digues en mer. Cette étude est motivée par la ville même de Cherbourg :

> À Cherbourg, il est un genre d'études de la nature, certaine science d'une catégorie de constructions, que le nom seul de la ville évoque. [...] Cherbourg provoque à l'étude des travaux hydrauliques. Ici particulièrement, avec les traditions des œuvres accomplies, des difficultés vaincues, on peut élaborer cette science de dresser des obstacles à la fureur des flots, de créer un pont en toute place [...]. (Delagrange 1878, 201)

Reprise dans la *Revue des sociétés savantes, sciences mathématiques, physiques et naturelles*, l'étude de Delagrange « mérite une attention particulière au moment actuel, puisqu'il s'agit d'exécuter de grands travaux de digues à Boulogne, à Toulon, etc. » (Blanchard 1878, 179). Plusieurs de ces études en ces ports de Boulogne et de Toulon prendront ainsi une envergure nationale.

Les auteurs peuvent aussi aborder des problèmes locaux liés à la gestion de la ville ou aux préoccupations des habitants. À Lille, Heegmann (1860) traite d'un moyen d'augmenter le volume des eaux de la Deûle afin de remédier à la pénurie d'eau dont la ville a été victime au cours des années précédentes. À Bordeaux, le professeur de mathématiques spéciales au collège de la ville publie une note sur la mesure des terrains suite aux plaintes et demandes d'un ami propriétaire du Médoc au sujet de la méthode employée par les agriculteurs dans l'évaluation des surfaces de forme quadrangulaire[49]. Les agriculteurs pensent faire une opération juste en mesurant la longueur des deux médianes, qui passent par les milieux des côtés opposés, puis en multipliant les deux dimensions ainsi obtenues. Après avoir indiqué les cas particuliers où ce procédé est quasiment exact, Valat expose les défauts théoriques de cette méthode (Valat 1868).

2.3 Faire progresser l'enseignement des sciences mathématiques

Les sociétés savantes de province font paraître plusieurs mémoires et notes destinés aux progrès de l'enseignement des mathématiques. Pierre Lenthéric publie un *Essai d'exposition élémentaire des diverses théories de la géométrie supérieure* qui permet aux professeurs d'initier leurs élèves aux méthodes de la nouvelle géométrie (Lenthéric 1875). À Bordeaux, dans les *Actes de l'académie nationale des sciences, belles-lettres et arts* (Valat 1866), propose le plan d'une nouvelle géométrie afin de réformer l'enseignement de la géométrie élémentaire. À Rouen, l'inspecteur d'académie à la retraite et contributeur régulier aux *Nouvelles annales de mathématiques*, Eugène Jubé, aborde à plusieurs reprises les questions d'enseignement. En 1877, année de sa réception

---

49. Ce problème se pose lorsqu'il s'agit de payer à tant l'are ou l'hectare la coupe du blé ou du foin.

au sein de l'académie des sciences, belles-lettres et arts de Rouen[50], Jubé fait don à cette académie de son ouvrage *Exercices de géométrie analytique* constituant un excellent guide pour les élèves ; il donne lieu à une note de lecture de Charles Vincent et de Auguste Benoît (1877, 92). En 1878, il traduit une démonstration algébrique de John Mallet publiée dans les travaux de la société académique d'Irlande. Cette démonstration qui a pour but d'établir que toute équation algébrique a une racine réelle ou imaginaire du second degré[51], « pourrait être utilement introduite dans l'enseignement dès le commencement de la théorie des équations d'un degré supérieur au second » (Jubé 1878, 77). En 1886, il propose *Une théorie élémentaire des marées* exposée avec le seul secours des notions enseignées dans les classes de mathématiques (Jubé 1886). Les procédés de Jubé sont mis à profit dans un cours d'astronomie élémentaire « sans recours aux mathématiques transcendantes et au calcul intégral des lois de l'attraction » [*Ibid.*]

Les sociétés jouent parfois le rôle d'incubateur intellectuel en accueillant des ébauches que les auteurs souhaitent rendre publiques afin de motiver de nouvelles recherches et d'améliorer l'enseignement mathématique. En 1887, l'ingénieur des ponts et chaussées Breton, représentant de l'activité mathématique au sein de la Société de statistique, des sciences naturelles et des arts industriels du département de l'Isère, insère dans le *Bulletin de la société* un projet d'exercices graphiques des courbes diagonales :

> Cette étude est un chapitre commencé et détaché de notes nombreuses, préparées pour un *Essai sur le Dessin des Courbes*, essai qui restera probablement toujours à l'état de projet avorté. Ces Courbes Diagonales sont peut-être une idée neuve, et si je ne me fais illusion, leur emploi pourrait donner aisément certains résultats utiles. Mais je n'ose espérer avoir le temps d'achever même ce fragment détaché. C'est pourquoi je prie notre Société d'accueillir cet exposé incomplet dans son *Bulletin*, afin qu'il tombe dans le domaine public ; et si, plus tard, quelqu'un s'avise de développer cette étude et de l'introduire dans la pratique, j'aurai au moins rendu à l'enseignement le commencement d'un service. (Breton 1887, 28)

À travers leurs rapports, les périodiques des sociétés savantes de province ont joué un rôle important dans la promotion et la circulation sur le territoire français de certaines méthodes originales destinées aux progrès de l'enseignement des mathématiques. Le cas exemplaire est sans doute celui de la tachymétrie.

La tachymétrie est une méthode pédagogico-théorique pour apprendre facilement la géométrie. En réalisant de façon simple et intuitive la mesure rigide des surfaces et des volumes, elle fait ainsi comprendre en quelques heures tout ce qu'il y a de plus essentielle pour la détermination de la surface des

---

50. Jubé (1877) indique dans son *Discours de réception* que la société représente pour lui un endroit idéal pour se consacrer librement aux mathématiques.
51. Jubé estime que cette démonstration est préférable à celle de Cauchy qui n'entre pas « dans le programme du cours de Mathématiques spéciales, ni dans celui du concours pour l'admission à l'École polytechnique » (Jubé 1878, 77).

corps et de la cubature des solides à des personnes tout à fait étrangères à la géométrie.

La tachymétrie comme système d'enseignement ne semble pas avoir retenu l'attention des historiens des sciences mathématiques[52]. Pourtant son développement grâce aux rôles cruciaux joués par les sociétés de province à travers leur bulletin est très intéressant. Alors que les revues mathématiques parisiennes à résonance nationale ne l'évoquent quasiment pas, tous les bulletins de province étudiés publient des articles à son sujet ou font référence à des conférences d'initiation.

Outre les interventions ayant pour objet l'enseignement des mathématiques, les périodiques des sociétés savantes de province constituent également des sources pour appréhender le rôle de diverses institutions locales. On y apprend les détails et les pratiques d'enseignement, parfois des listes de professeurs et d'élèves, les financements des structures, etc. Un exemple étaiera notre propos. La société d'émulation du département des Vosges (Épinal) publie ainsi une très minutieuse « Monographie du collège et de l'école industrielle d'Épinal, 1789-1900 » sous la plume de Paul Decelle, répétiteur et ancien élève au collège d'Épinal (Decelle 1901). On y apprend par exemple, les coulisses de la création d'une classe de mathématiques spéciales au début des années 1840. « Il faudrait que les jeunes spinaliens puissent, au collège, être préparés à l'École polytechnique ou à toute autre Ecole spéciale ; mais, avec l'organisation actuelle on ne peut enseigner que l'arithmétique, un peu de géométrie et les éléments de physique : non que les professeurs soient incapables, seulement ils ne peuvent tout faire » détaille (Decelle 1901, 386).

2.4 Instruments mathématiques, concours et notes biographiques ou nécrologiques : des modes de circulation spécifique

Les préoccupations liées à l'enseignement conduisent certains sociétaires à construire, expérimenter et décrire plusieurs instruments mathématiques de démonstration. L'activité théorique et pratique de ces sociétaires donne le plus souvent lieu à la publication d'un mémoire, d'une note ou d'un rapport. Cette production représente une spécificité des périodiques des sociétés de province puisqu'elle est quasiment absente des journaux spécialisés, et offre l'occasion de saisir certains modes de circulation de ces instruments sur le territoire français. Ces derniers sont, d'ailleurs, régulièrement présentés à Paris lors des réunions annuelles des sociétés savantes à la Sorbonne, à l'image du mensurateur permettant de construire des triangles et d'évaluer les parties inconnues, côtés ou angles, de résoudre deux équations du premier degré et une équation du deuxième degré [*Compte rendu des communications faites par les délégués des sociétés savantes*, 1875, 52]. Une liste d'exemples

---

[52]. À notre connaissance, seul Moyon (2019) s'intéresse actuellement à la tachymétrie dans une perspective de recherche. Nous envisageons de faire paraître une étude consacrée à ce sujet en nous fondant, principalement, sur le corpus des bulletins des sociétés savantes de province.

montre la diversité des réalisations sur tout le territoire tout au long du dix-neuvième siècle.

À Montpellier, dans les *Mémoires de la section des sciences de l'académie*, E. Viala[53] insère une étude sur la théorie et la construction d'un cadran solaire portatif dit analemmatique (Viala 1861). En 1864, André Prosper Paul Crova donne la description d'un appareil pour la projection mécanique des mouvements vibratoires (Crova 1864)[54]. Cet appareil est destiné à des cours publics afin de faciliter l'apprentissage et la compréhension des phénomènes mécaniques.

Entre 1861 et 1881, la société libre d'émulation du Doubs publie régulièrement dans ses *Mémoires* des études et notes sur différents instruments. Cette activité est tout particulièrement soutenue par Sire, directeur de l'école d'horlogerie de Besançon. En 1861, Sire offre à la société une étude sur un polytrope[55] et quelques autres appareils servant à l'étude des mouvements de rotation. Le directeur de l'école d'horlogerie publie plus d'une dizaine de mémoires et notes sur des appareils d'hydrostatique, d'hygrométrie, de voluménométrie ou de microphonie qui peuvent servir dans l'enseignement de la mécanique et de la physique. Il convient de souligner que Sire est l'un des seuls auteurs à présenter et promouvoir un instrument dans le *Journal de mathématiques pures et appliquées*[56]. Il s'agit du dévioscope[57], appareil donnant directement le rapport qui existe entre la vitesse angulaire de la terre et celle d'un horizon quelconque autour de la verticale du lieu (Sire 1881).

En 1868, à Strasbourg, Jean-François Saint-Loup[58] professeur de mathématiques à la faculté des sciences de Strasbourg, présente devant les membres de la société des sciences naturelles un planimètre statique de sa propre conception

---

53. Nous n'avons aucune information sur E. Viala.
54. Cette description est accompagnée d'une planche sur laquelle est dessinée l'instrument.
55. Le polytrope est aussi présenté par son inventeur à l'Académie des sciences de Paris en 1859.
56. En 1871, Justin Bourget, directeur des études à l'école préparatoire de Sainte-Barbe, publie dans le *Journal de mathématiques pures et appliquées* une « Théorie mathématique des machines à air chaud ». La problématique générale, d'ordre industriel, qui motive l'article de Bourget est similaire à celle rencontrée dans la production de la société de Lille. Il s'agit d'amoindrir la dépense mécanique et énergétique des machines : « Les machines à vapeur jouent à notre époque un rôle si important dans l'industrie, que l'étude de leurs perfectionnements, et surtout des moyens de réduire leur dépense, occupera encore longtemps les habiles constructeurs » (Bourget 1871).
57. Le dévioscope est initialement présenté en 1880 à l'Académie des sciences de Paris et à la société libre d'émulation du Doubs.
58. Jean-François Saint-Loup, plus connu comme Louis Saint-Loup, a été professeur de mathématiques spéciales à Metz, de 1864 à 1866 avant d'être nommé professeur de mathématiques appliquées à la faculté des sciences de Strasbourg (Brasseur 2022b).

destiné à mesurer l'aire d'une figure tracée sur un plan[59]. L'année suivante, le professeur présente deux nouveaux appareils de sa conception.

En 1878, dans les *Mémoires de l'académie des sciences, belles-lettres et arts de Clermont-Ferrand*, l'abbé Malo Lavaud de Lestrade, présente plusieurs instruments et leurs principes théoriques destinés à l'enseignement, dont un appareil pour l'étude des lois de la chute des corps (Lavaud de Lestrade 1878). L'année suivante, Jules Gruey, professeur de mécanique à la faculté des sciences de la ville, étudie les théories élémentaires des gyroscopes, en particulier la théorie du *culbuteur de Hardy* et de quelques appareils qu'il a imaginés[60]. Dans son étude de plus d'une centaine de pages, l'auteur donne des indications sur le réseau de circulation de ses instruments[61] :

> Je ne voudrais pas exagérer l'importance de mes petits instruments ; mais je dois dire qu'ils ont été accueillis avec une certaine curiosité. M. Puiseux a bien voulu les présenter à l'Institut ; M. Résal et M. Tisserand en ont fait fonctionner quelques-uns à leurs cours de l'École polytechnique et de la Sorbonne ; M. Darboux et M. Faye les ont soigneusement examinés. Plusieurs journaux Français ou Allemands en ont donné la description. Ils m'ont valu [...] une médaille d'argent au concours des *Sociétés savantes*. (Gruey 1879, 18)

Dans le *Bulletin de la société de statistique, des sciences naturelles et des arts industriels du département de l'Isère*, en 1892, Breton communique sur le « Perspecteur-Calqueur », appareil qu'il qualifie comme étant de son invention[62] (Breton 1892). Cet instrument offre la possibilité aux enfants d'obtenir, par un simple calquage, une esquisse de la perspective d'objets immobiles en vue, et d'acquérir ainsi une très forte notion expérimentale. L'ingénieur présente alors le montage, les principes théoriques et leur enseignement, le démontage et l'utilisation par des amis et des tiers de son instrument.

Outre l'apport des instruments pour l'enseignement, plusieurs auteurs présentent des appareils pouvant être introduits dans les usines et utilisés par des ouvriers. Ainsi, à Castres, Jules Tillol, professeur de mathématiques spéciales au Collège de Castres, réalise un rapport sur l'ellipsographe offert à la société littéraire et scientifique de Castres par Charles Valette. Partant du problème rencontré par les ouvriers pour tracer des ellipses, Tillol s'attache à une description détaillée de l'instrument de Valette et le fait fonctionner devant

---

59. Dans le compte rendu de la présentation de Saint-Loup, la rédaction précise que le planimètre a une utilité sociale non négligeable : « L'extrême division de la propriété qui s'est produite depuis plus d'un demi-siècle rendait désirable un procédé rapide pour évaluer l'étendue des parcelles et de là répartir l'impôt » (Saint-Loup 1868, 46). Les planimètres sont ainsi prisés par les géomètres du cadastre. La rédaction insiste alors sur la facilité d'utilisation du planimètre statique de Saint-Loup ainsi que sur son prix peu élevé.

60. L'exposé s'appuie sur les équations de Résal pour le mouvement d'un solide de révolution, ayant un point fixe sur l'axe de figure.

61. Gruey donne aussi des informations sur les constructeurs et fabricants comme Eugène Ducretet qui a offert à l'académie les clichés des appareils gyroscopiques.

62. Dans sa note, Breton ne revient pas sur les travaux de ses multiples prédécesseurs, dont Jean-Henri Lambert, qui, au XVIIIe siècle, se sont intéressés à la représentation de l'espace grâce à des perspecteurs (Eckes 2010).

les membres de la société (Tillol 1857). La simplicité dans la construction de cet appareil ainsi que l'exactitude avec laquelle il permet de tracer toutes sortes d'ellipses assureront à l'ellipsographe une place dans les ateliers. Suggérant quelques modifications, Tillol estime que l'appareil pourra aussi être introduit dans le dessin graphique.

À travers leurs journaux, les sociétés savantes contribuent à promouvoir des instruments étrangers comme le planimètre polaire d'Amsler[63]. Cet instrument, très utilisé à l'étranger mais peu connu en France, est présenté en 1876 aux membres de la Société de statistique, des sciences naturelles et des arts industriels du département de l'Isère par le garde général des forêts Léon Racapé qui l'utilise depuis plusieurs années pour mesurer les surfaces de ses plans forestiers. Il n'indique pas comment il a découvert cet instrument mais une note de son article donne de précieuses informations : « En 1845, M. Beuvière, géomètre en chef du cadastre, présentait à l'Institut un instrument plus simple et qui fut bientôt adopté par l'administration des forêts » (Racapé 1876). Racapé suggère donc que dans le milieu de l'administration des forêts cet instrument est utilisé depuis une trentaine d'années[64].

La multiplicité des exemples a l'intérêt de montrer l'importance de ces objets dans les sociétés de province et les multiples formes de circulation qui sont ainsi permises *via* leurs réseaux de diffusion. Certains objets étrangers sont ainsi mis à la connaissance d'acteurs locaux. D'autres objets conçus par des acteurs de province sont parvenus dans les prestigieuses institutions parisiennes ou sont mentionnés dans des revues très connues qui circulent dans toute l'Europe comme le *Journal de mathématiques pures et appliquées* ou les *Comptes rendus de l'Académie des sciences de Paris*. Pour beaucoup des instruments présentés, il est légitime de penser qu'un instrument mis au point dans telle localité devient très rapidement connue dans toutes les provinces avec lesquelles la société locale a des échanges. En ce sens, les académies de province, par leurs publications, deviennent de véritables caisses de répercussion[65].

Les sociétés ont aussi recours à des concours dédiés afin de récompenser symboliquement et financièrement les chercheurs locaux. Deux exemples étaieront notre propos. En 1865, la Société des sciences, arts et belles-lettres de Tours a mis au concours une question sur l'équilibre des corps flottants.

---

63. Le planimètre est « une sorte de compas dont l'une des pointes reste fixe et dont il suffit de promener l'autre pointe sur le contour quelconque de la surface à mesurer, pour obtenir par une simple lecture faite sur un compteur spécial, solidaire de l'instrument, l'aire de la surface en question » (Racapé 1876, 303). La communication de Racapé est placée par la rédaction dans la rubrique « Sciences mathématiques » du *Bulletin de la société*.

64. Le planimètre d'Amsler fait aussi l'objet d'une note de la part de Laisant dans les *Mémoires de la société des sciences physiques et naturelles de Bordeaux* en 1876. Pour en savoir plus sur l'intérêt du milieu savant pour cet instrument mathématique dans le courant des années 1875, nous renvoyons à (Auvinet 2011, 45–53).

65. Il est également à noter que les académies assurent parfois un rôle financier pour soutenir la réalisation des objets mais ce n'est pas le propos de ce texte qui s'intéresse uniquement aux aspects relatifs aux circulations.

Ce concours amène l'envoi de plusieurs mémoires dont celui de Luis Victor Turquan, professeur agrégé de mathématiques pures et appliquées au lycée impérial de Tours. Un rapport, réalisé par Maurice de Tastes, résume les apports théoriques et pédagogiques du mémoire. La société lui décerne alors la grande médaille de vermeil, plus haute récompense dont la société puisse disposer. En 1886, la Société dunkerquoise pour l'encouragement des sciences, des lettres et des arts met au concours en séance du 12 décembre 1886 (avec récompense de 200 frs) des problèmes de mathématiques appliquées « Trouver la formule mathématique de l'hélice appliquée aux aérostats ». [*Mémoires de la société dunkerquoise pour l'encouragement des sciences, des lettres & des arts* 1886]. En 1889, elle propose un nouveau problème : *Étude sur les divers genres d'incommensurabilité des grandeurs en mathématiques* (avec récompense de 500 frs). Les concours ne sont pas les seules modalités de financement de la recherche en province. Plusieurs allocations sont mises à la disposition des sections du Comité des travaux historiques et scientifiques pour être distribuées à titre d'encouragement soit aux sociétés, soit à des savants des départements, dont les travaux auront contribué aux progrès des sciences[66].

Par ces concours, les sociétés savantes de province contribuent à encourager la circulation des mathématiques en tant que sujets de recherches. Elles sont de véritables actrices de la promotion des activités scientifiques. Imitatrices des grandes académies qui ont une tradition de la mise en place de concours, elles n'en proposent pas moins des concours avec des sujets qui rejoignent parfois des préoccupations locales. Ces sujets génèrent des recherches et donc des publications qui, sur les multiples exemples répertoriés, atteignent rarement les publications dans les grands journaux spécialisés. En ce sens, nous pouvons affirmer une certaine spécificité sur les circulations engendrées.

Dans le même ordre d'idée, les sociétés de provinces publient de nombreuses notes nécrologiques. Elles rendent hommage à certains de leurs membres qu'elles contribuent ainsi à faire connaître. Outre l'intérêt historique que ces notes revêtent, elles sont aussi l'occasion de saisir de précieuses circulations mathématiques. Nous ne nous appuierons que sur deux exemples parmi de nombreux autres que nous avons repérés. À Marseille, l'abbé Aoust propose en 1870 plusieurs notices sur les travaux des astronomes marseillais Esprit Pézenas et Saint-Jacques de Sylvabelle (Aoust 1870*b*,*a*). Dans les *Mémoires de la société d'émulation du Doubs*, Jacques Boyer, professeur de sciences mathématiques et physiques à Paris, insère une étude historique sur le mathématicien franc-comtois François Joseph Servois, ancien conservateur du musée d'artillerie (Boyer 1894)[67]. Boyer se donne pour objectif de réparer un oubli en exhumant

---

66. En 1875, la *Revue des sociétés savantes* indique que le montant de l'allocation est de trois mille francs.
67. Dans la rédaction de cette nécrologie, J. Boyer est aidé par l'abbé Paul Filsjean, professeur au petit séminaire d'Ornans. Filsjean a communiqué à Boyer des notes rédigées d'après les papiers de Servois détenus par le notaire d'Ornans, Joseph Dhoutaut.

des archives du ministère les pièces officielles concernant Servois, l'un des trois fondateurs de la théorie des quantités imaginaires.

3 Et leurs modes de circulation matérielle à diverses échelles

Robert Fox avait noté de manière très générale (Fox 1980) que l'essor des sociétés savantes de province tout au long du dix-neuvième siècle s'accompagne de l'émergence d'acteurs dont certains sont exclus des institutions officielles et parisiennes dominantes. Face au « spécialiste » parisien, existent des figures provinciales, pas forcément amatrices car rattachées à des institutions provinciales, publiant en dehors des sphères de la capitale. Nous souhaitons dans cette partie approfondir cette question en étudiant les mécaniques éditoriales sur le plan de la circulation des textes relevant des mathématiques. Pour ce faire, nous nous sommes beaucoup intéressés à la circulation matérielle des *Bulletins*, *Mémoires* en produisant une cartographie des échanges de périodiques entre les différentes sociétés.

En première intention, les sociétés savantes de province destinent leurs périodiques aux membres titulaires, associés et correspondants. Le rythme des bulletins est très variable comme l'attestent les bulletins étudiés (en annexes). De même les échelles et les modalités de diffusion varient d'un bulletin à l'autre. Certains, sans doute les plus nombreux, ne dépassent guère l'échelle strictement locale alors que d'autres ont une stature nationale voire internationale. Les membres des sociétés constituent généralement le public visé par ces publications. En partant des sociétés que nous avons analysées, nous trouvons principalement les professeurs des facultés, des lycées ou des collèges de la ville, des ingénieurs, des médecins, des pharmaciens, des hommes de lois (avocats, juges), quelques hommes politiques locaux (maires, sénateurs), des gens du livre et des érudits (graveurs, sculpteurs, hommes de lettres, retraités, archivistes et bibliothécaires de la ville). Dans un premier temps, la circulation des périodiques s'effectue donc à un niveau local. Toutefois, ce premier niveau est largement dépassé grâce aux relations que les sociétés tissent entre elles à l'échelle des provinces, pour la plupart, mais certaines sont en relation avec des institutions parisiennes et avec des sociétés étrangères. Par exemple, le règlement de la société des sciences naturelles de Nancy indique :

> Les membres ont droit aux mémoires de la Société et au bulletin, mais seulement aux volumes publiés depuis leur admission. [...] Les mémoires de la Société sont adressés à toutes les Académies et Sociétés savantes de la France et de l'étranger qui consentent à donner leurs publications en échange. [*Bulletin de la société des sciences naturelles de Nancy*, 1873, XV–XVIII]

Il est alors possible de suivre dans les périodiques les échanges qui sont mis en place et qui assurent la circulation des travaux mathématiques. En effet, chaque société indique dans une rubrique dédiée la liste des établissements scientifiques et des recueils périodiques avec lesquels elle est en relation d'échange. En 1894, l'académie Stanislas est « en rapport » avec 125 académies de province et 69 académies étrangères. Nous apprenons aussi que lui a été adressé dix-sept publications périodiques françaises et étrangères[68], et qu'elle a envoyé ses productions à neuf bibliothèques[69], aux académies parisiennes[70], au Museum d'histoire naturelle et au ministère de l'Instruction publique [*Mémoires de l'académie de Stanislas* 1894, 457–466]. Dans les deux cartes suivantes, nous avons inséré deux schémas de circulation du *Bulletin de la société des sciences de Nancy* en 1870 et en 1890. En 20 ans, il est ainsi aisé de voir que le cadre de déploiement du *Bulletin* s'est considérablement étendu notamment à l'international.

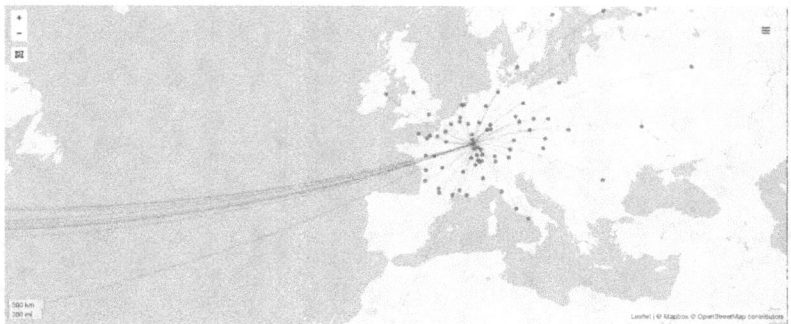

FIGURE 4 : Diffusion du *Bulletin de la société des sciences de Nancy* vers 1870

FIGURE 5 : Diffusion du *Bulletin de la société des sciences de Nancy* vers 1890

---

68. Les périodiques proviennent de Berkeley, Ceara, Clausenbourg, Florence, Harlem, Kiel, La Plata, Nancy, Paris, Rome, Turin, Valence et Washington.
69. Les bibliothèques sont situées à Bruxelles, Chaumont, Lunéville, Metz, La Sorbonne, Pont-à-Mousson, Strasbourg, Toul et Vendôme
70. Il s'agit de l'Académie française, l'Académie des inscriptions et belles-lettres, l'Académie des sciences morales et politiques, l'Académie des sciences et l'Académie des beaux-arts.

Tous les bulletins, dont nous avons étudié les diffusions, connaissent un très important accroissement de leurs échanges entre le mitan et la fin du XIXe siècle.

Plus généralement, si nous considérons les différentes « Liste(s) des Sociétés correspondantes » dans les années 1870, nous constatons une circulation à la fois nationale et internationale. Dans un premier temps, les sociétés échangent les bulletins avec les sociétés avoisinantes. Puis ces échanges s'étendent au reste de la France. En moyenne, chaque société de notre corpus échange son périodique avec plus d'une centaine de sociétés françaises. Enfin, des liens sont noués avec l'étranger. Les échanges s'effectuent alors, en moyenne, avec une trentaine de sociétés étrangères. Le cas des *Mémoires de la société nationale des sciences naturelles et mathématiques de Cherbourg* est emblématique puisque la carte des échanges montre (pour les années 1870s) de très fortes relations internationales.

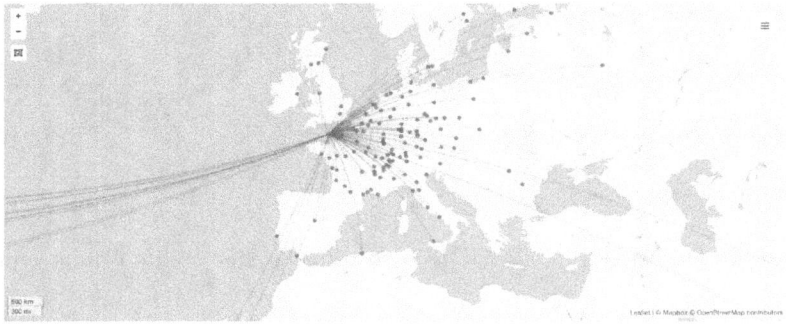

FIGURE 6 : Diffusion des *mémoires de la société nationale des sciences naturelles et mathématiques de Cherbourg* dans les années 1870s

Les périodiques circulent principalement dans quelques sociétés étatsuniennes, allemandes, italiennes, hollandaises, belges, anglaises ou suisses[71]. Nous avons cependant pointé deux exceptions notables avec de très importantes relations avec de multiples sociétés étrangères : la société des sciences physiques et naturelles de Bordeaux qui est en relation en 1874-1875 avec 138 sociétés dont 104 étrangères et la société nationale des sciences naturelles et mathématiques de Cherbourg qui, en 1878, a établi des relations avec 4 sociétés françaises et 177 sociétés étrangères. Derrière ces deux exceptions notables, sans doute, faut-il percevoir l'influence d'une personne plus que d'une politique collective des sociétés en question.

Toutes les sociétés savantes n'ont pas le taux de pénétration internationale qu'ont les sociétés de Bordeaux ou de Cherbourg. La plupart se déploie dans

---

71. Ce n'est qu'à partir des années 1880 que des échanges s'effectuent avec des sociétés brésiliennes et japonaises.

un cadre national, avec des extensions à l'international, à l'image de celles de Toulouse ou de Caen

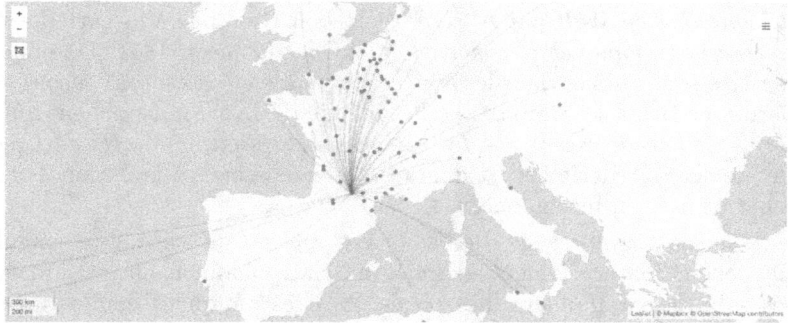

FIGURE 7 : Diffusion des *Mémoires de l'académie de Toulouse* vers 1875

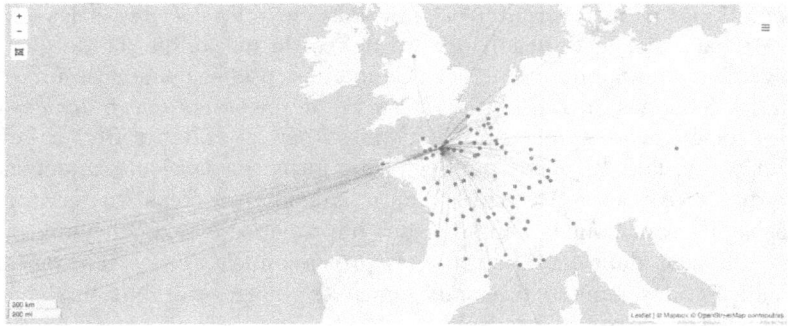

FIGURE 8 : Diffusion des *Mémoires de l'académie impériale des sciences, arts et belles-lettres de Caen* dans les années 1870s

La circulation des périodiques des sociétés savantes est aussi soutenue par les éditeurs locaux ou parisiens. Parmi les trentaines de publications savantes consultées, nous ne connaissons pas un seul cas où le bulletin local n'ait pas été imprimé chez un éditeur de la ville. Cela peut déboucher sur la mise en relief d'éléments économiques de toute première importance et généralement très difficiles à trouver comme ces contrats d'édition entre la société impériale des sciences naturelles de Cherbourg et les imprimeurs cherbourgeois : Lecauf, Bedelfontaine et Syffert (Viel 2017, 366–368). La représentation matérielle des textes est également contractualisée : « Tous les mémoires scientifiques doivent être imprimés avec les caractères et signes spéciaux usités dans les mathématiques et histoire naturelle & on emploiera également les lettres grecques et allemandes » (Viel 2017, 366–368) précise le contrat. Pensons encore à l'imprimeur lillois Danel qui édite les *Mémoires de la société nationale des sciences, de l'agriculture et des arts de Lille*; des fascicules extraits de ces mémoires sont publiés séparément comme l'*Essai d'une théorie du parallélogramme de Watt* par Alexandre Joseph Hidulphe Vincent en 1837 ou *Études sur la trigonométrie sphérique* par Heegmann en 1851. De nombreux autres titres sont publiés dans les années cinquante et soixante. Pensons encore à Giberton et Brun, les libraires de l'académie de Lyon, qui publient outre les *Mémoires de l'académie royale des sciences, belles-lettres et arts de Lyon*, les travaux de Jean-Frédéric Frenet qui ont donné naissance à la notion de trièdre de Frenet utilisée en mécanique[72].

Le cas des *Mémoires de Bordeaux* est intéressant sans être singulier : ils sont conçus matériellement à Bordeaux chez Chaumas-Gayet[73] mais sont diffusés à Paris par Baillière. Les pages de titres indiquent que les mémoires sont alors disponibles à Londres, New York et Madrid et laissent penser qu'ils circulaient de manière significative hors de leur ancrage d'origine. En l'espèce, ce journal que sont les *Mémoires de Bordeaux* a une diffusion nationale et globale en dépassant même le cadre européen. Les activités mathématiques peuvent profiter des relations entre les sociétés et les éditeurs. À titre d'exemple, la diffusion des mémoires de mécanique et de géométrie de l'ingénieur mussipontain Auguste Calinon est non seulement assurée par le réseau des échanges du *Bulletin de la société des sciences naturelles de Nancy* avec les sociétés correspondantes, mais aussi par les éditeurs Berger-Levrault et Gauthier-Villars[74] qui les publient sous forme de fascicules indépendants c'est-à-dire repaginés ou de tirés à part. Aux quatre coins du territoire, de tels fascicules sont conçus dans diverses imprimeries et expédiés aux auteurs qui les diffusent dans leurs entourages professionnels. Toute une mécanique de circulation des connaissances aux multiples rouages s'établit en s'appuyant pour partie sur les sociétés savantes.

Conçue par Fortoul comme un moyen de publicité favorisant la diffusion des connaissances dans la nation toute entière, la *Revue des sociétés savantes, sciences mathématiques, physiques et naturelles* participe ainsi dans une large mesure à la circulation des activités mathématiques menées dans les sociétés de province. En effet, l'objectif premier de la *Revue des sociétés savantes* est de « donner une grande publicité à tout mémoire jugé digne du patronage de l'État et en assurer la facile circulation parmi ceux qui ont intérêt à le connaître » (Milne-Edwards 1862, 21). Ainsi, les sociétés font parvenir au

---

72. Ce trièdre est aussi appelé trièdre de Serret-Frenet car les travaux de Joseph-Alfred Serret publiés à Paris (dans les *Comptes rendus de l'académie des sciences* et dans le *Journal de mathématiques pures et appliquées*) sont similaires.

73. Cette librairie bordelaise a été fondée par Joseph Gayet ; à son décès en 1839, elle a été reprise par son gendre Pierre Chaumas.

74. Gauthier-Villars édite aussi sous forme de fascicule certaines des études insérées par Boussinesq dans les *Mémoires de la société royale des sciences, de l'agriculture et des arts de Lille*.

Comité des travaux historiques et scientifiques les résumés des mémoires lus dans leurs séances[75]. La revue publie alors un rapport sur ces travaux et en assure la circulation auprès de « toutes les personnes désireuses de se tenir au courant du mouvement scientifique national et des travailleurs qui se trouvent dispersés sur divers points du pays où les livres nouveaux et les recueils spéciaux n'arrivent pas en assez grande abondance. » Afin d'assurer une plus grande publicité à ces travaux, l'administration de la *Revue des travaux scientifiques* décide en 1881 « d'envoyer gratuitement ce recueil aux Sociétés savantes des départements ; et elle espère faciliter ainsi les relations qui doivent exister entre toutes les compagnies et faire mieux connaître les services rendus par chacune d'elles » [*Revue des travaux scientifiques* 1881, VI]. Cette louable intention a-t-elle été couronnée de succès ? En consultant l'ensemble des échanges des bulletins mentionnés dans beaucoup des revues étudiées, il nous semble que les intentions du Comité des travaux historiques et scientifiques ont été suivies d'effets. Toute une sociabilité scientifique entre revues de province, notamment, a ainsi été construite.

L'examen détaillé des tomes de la *Revue des sociétés savantes* montre bien toute la structuration éditoriale sous-jacente. La table générale des auteurs conçue par Hugot [*Revue des sociétés savantes, sciences mathématiques, physiques et naturelles* 1862-1880] indique qu'environ 5 % des auteurs publie des mathématiques (soit environ 400 mémoires) ; tous les autres écrivent dans des domaines relevant de l'histoire éventuellement des techniques, des sciences naturelles, de la médecine ou de la physique que nous pourrions qualifier d'expérimentale. En dehors de ces contributions directement mathématiques, la *Revue des sociétés savantes* publie très régulièrement des synthèses sur les productions d'une société savante donnée comme nous l'avons déjà indiqué précédemment. Dans un certain sens, cela nuance l'analyse de Robert Fox. Les productions de province ne sont pas déconnectées des instances parisiennes puisque tous ces experts sont parisiens et appartiennent à tous les cercles du pouvoir scientifique. Leurs analyses relèvent ainsi d'autres contributions mathématiques (non listées dans la table générale) et permettent ainsi de les faire connaître à tout un public éparpillé sur tout le territoire. L'examen des parutions de la *Revue des sociétés savantes* de 1862 à 1880, date du dernier numéro, montre par des exemples précis ce que cette revue n'est pas qu'un outil de transmission d'informations à l'échelle nationale. Elle rend aussi compte de publications spécialisées internationales. Par exemple, dès son premier tome, un encart, non signé, est inséré relatif aux *œuvres de Jacobi* ; il est indiqué : « Le journal de Crelle, qui poursuit activement sa carrière sous l'habile direction de M. W. Borchardt, vient de publier la dernière œuvre de Jacobi » [*Revue des*

---

75. Plusieurs auteurs de notre corpus envoient directement au Comité des travaux historiques et scientifiques leurs mémoires augmentés de quelques développements ou présentant une application nouvelle par rapport aux originaux insérés dans les publications des sociétés de province. Ces auteurs font aussi parvenir des mémoires inédits dont un rapport est alors inséré dans la *Revue des sociétés savantes*.

sociétés savantes, sciences mathématiques, physiques et naturelles, 1862]. La revue imaginée par Fortoul nous semble avoir joué un rôle significatif au niveau de la circulation des mathématiques : en dehors des circulations « évidentes » entre revues spécialisées localisées dans les grandes places européennes (Paris et Berlin pour n'en citer que deux), la revue a contribué à créer tout un réseau pour faire connaître des mémoires publiés dans des bulletins de sociétés académiques de province.

Les propos liminaires de R. Fox – fondés sur une dichotomie Paris/Province – nous paraissent plausibles en première approximation mais aussi à nuancer au moins sur le plan strict de la circulation des mathématiques. Ils ne doivent pas laisser croire qu'il y aurait deux types de circulation des sciences mathématiques (une circulation entre sociétés de province et une circulation parisienne) et deux types d'acteurs (le savant parisien *versus* l'amateur de province). Les circulations sont, au contraire, connectées et la catégorisation des acteurs est moins tranchée. La revue de Fortoul émanant du ministère fait ainsi apparaître, au niveau des mathématiques, que les auteurs ne sont pas amateurs mais ancrés dans des paysages mathématiques institutionnels et professionnels. En revanche, il est sans doute exact que dans les académies de province interviennent mathématiquement toute une variété d'acteurs dont les textes n'ont pas forcément été sélectionnés pour figurer dans la *Revue des sociétés savantes*.

4 Conclusion

Le corpus des périodiques des sociétés savantes étudié ici a permis de mettre en relief la pluralité et la diversité des modalités de construction et de circulation des sciences mathématiques au XIXe siècle dans les provinces françaises. Les sociétés savantes abordent, à travers leurs publications éditoriales périodiques et à l'instar d'autres journaux, la recherche mathématique, les problèmes techniques et industriels, les questions et les expériences d'enseignement, la réalisation des instruments, les métadiscours, etc.

Revêtant ainsi la quasi-totalité des formes sous lesquelles les sciences mathématiques peuvent se matérialiser dans les périodiques spécialisés, scientifiques-techniques et généralistes, à l'exception notable des rubriques Questions-Réponses absentes des périodiques provinciaux, [l'activité mathématique en province, principalement soutenue par des enseignants et des ingénieurs, mais aussi des membres de l'église ou des amateurs ou des érudits provenant de différents horizons, présente plusieurs dimensions. La plupart des bulletins ne dépasse sans doute pas le cadre de la circulation locale même si par le jeu des échanges entre sociétés savantes les écrits d'ici ont pu circuler ailleurs ; d'autres, moins nombreux, ont eu une circulation à l'échelle nationale. Cela a pu être facilité par la mise en place de la *Revue des sociétés savantes* par Fortoul au début de la seconde moitié du dix-neuvième siècle. En mettant l'accent sur certains mémoires sélectionnés par des experts (dont beaucoup étaient parisiens et au cœur du système éditorial), un paysage éditorial multi-composante a ainsi été élaboré. Enfin, quelques rares bulletins de province ont eu un cadre de circulation que nous pouvons qualifier d'international (dans le contexte du dix-neuvième siècle). L'un des cas emblématiques, sur lequel nous avons insisté, est celui des *Mémoires de la société des sciences physiques et naturelles de Bordeaux*. Cette situation d'exceptionnalité est très largement due au rôle d'acteurs ayant une surface internationale comme Hoüel pour Bordeaux. Toutes ces productions de province – quel que soit leur niveau de diffusion – participent à ce qu'il serait possible de nommer les *provincial studies*.

Les travaux de Daniel Roche depuis *Le siècle des Lumières en province* (1978) et de Jean-Pierre Chaline (1998) montrent que les sociétés savantes de province – au-delà de leurs figures exceptionnelles ou de certains lieux privilégiés – ont participé au temps des Lumières puis tout au long du dix-neuvième siècle à construire des sociabilités scientifiques avec des découpages du temps académique bien identifiés : séances, concours, discussions et ordre du jour. Notre enquête a porté sur une trentaine de sociétés savantes et selon le prisme étroit des mathématiques ; elle se situe dans la lignée des contributions précédentes avec certaines spécificités que nous avons détaillées.

Par hommage à Jules-Henri disparu avant la finalisation de ce texte, je continuerai à étudier d'autres sociétés savantes que nous n'avions pas eu le temps d'expertiser mais que nous avions seulement localisées à Bar-le-Duc ou à Cahors sans oublier toutes ces académies non repérées par d'Héricourt car fondées dans le dernier tiers du siècle comme l'Académie d'Hippone ou société de recherches scientifiques et d'acclimatation fondée à Bône (Algérie) en 1865. Jules-Henri s'était lancé avec une appétence avérée dans ce sujet. Chaque fois, qu'il dénichait une circulation institutionnelle surprenante *a priori*, chaque fois qu'il découvrait un mémoire de tachymétrie inédit, chaque fois qu'il élucidait le parcours d'un acteur méconnu de province[76], chaque fois qu'il réalisait une carte synthétisant des circulations mathématiques dans cette France du XIXe siècle qu'il affectionnait tant, il semblait être tellement heureux de partager par un coup de fil ou par, le plus souvent, un courrier électronique ses découvertes et ses joies de l'instant. C'est avec son sourire que je poursuivrai cette étude singulière et terriblement marquée par l'émotion.

Sources primaires

- Académie royale des sciences, inscriptions et belles-lettres de Toulouse :https://www.academie-sciences-lettres-toulouse.fr

- *Actes de l'académie nationale des sciences, belles-lettres et arts de Bordeaux* [1860]

- Annuaire prosopographique : la France savante : https://www.cths.fr/an/prosopographie.php

---

76. Tous les éléments reconstitués par Jules-Henri sont en cours de rassemblement afin qu'ils soient saisis pour alimenter la base de données prosopographique [Annuaire prosopographique : la France savante].

5 Annexes

Notre corpus a été construit à partir des travaux publiés dans les *Actes de l'académie nationale des sciences, belles-lettres et arts de Bordeaux*, les *Annales de la société d'émulation, agriculture, lettres, sciences et arts de l'Ain, Bourg-en-Bresse*, les *Annales de la société royale académique de Nantes et du département de la Loire-Inférieure*, l'*Annuaire départemental de la société d' de la Vendée*, le *Bulletin de la société académique de Brest*, le *Bulletin de la société de statistique, des sciences naturelles et des arts industriels du département de l'Isère*, le *Bulletin de la société des sciences naturelles de Nancy*, le *Bulletin de la société des sciences physiques et naturelles de Toulouse*, le *Bulletin des travaux de la société libre d'émulation du commerce et de l'industrie de la Seine-Inférieure, Rouen*, *Histoire et mémoires de l'académie royale des sciences, inscriptions et belles-lettres de Toulouse*, les *Mémoires de l'académie de Stanislas*, les *Mémoires de l'académie des sciences, arts et belles-lettres de Dijon*, les *Mémoires de l'académie des sciences, belles-Lettres et arts de Clermont-Ferrand*, les *Mémoires de l'académie des sciences, belles-lettres et arts de Marseille*, les *Mémoires de l'académie des sciences, belles-lettres et arts de Savoie*, les *Mémoires de l'académie royale des sciences, belles-lettres et arts de Lyon (Section des sciences)*, les *Mémoires de l'académie impériale des sciences, arts et belles-lettres de Caen*, les *Mémoires de la section des sciences (académie des sciences et lettres de Montpellier)*, les *Mémoires de la société académique de Maine et Loire – Mémoires de l'académie des sciences & belles-lettres d'Angers*, les *Mémoires de la société académique du département de l'Aube, Troyes*, les *Mémoires de la société d'émulation du Doubs*, les *Mémoires de la société des sciences physiques et naturelles de Bordeaux*, les *Mémoires de la société des sciences, de l'agriculture et des arts de Lille*, les *Mémoires de la société dunkerquoise pour l'encouragement des sciences, des lettres et des arts*, les *Mémoires de la société nationale des sciences naturelles et mathématiques de Cherbourg*, les *Notices des travaux de l'académie du Gard – Mémoires de l'académie de Nîmes*, les *Précis analytiques des travaux de l'académie des sciences, belles-lettres et arts de Rouen*, les *Procès-verbaux des séances – société littéraire et scientifique de Castres*, le *Recueil des séances publiques de la société des sciences, arts et belles-lettres de Tours – Annales de la société d'agriculture, sciences, arts et belles-lettres d'Indre-et-Loire, Tours*, les *Séances publiques de l'académie des sciences, belles-lettres et arts de Besançon – Procès-verbaux et mémoires – Académie des sciences, belles-lettres et arts de Besançon*, la *Société d'émulation des Vosges, Épinal*, les *Travaux de la société d'agriculture, des belles-lettres, sciences et arts de Rochefort*.

5.1 Les éléments quantitatifs

170 acteurs sont intervenus dans les 14 sociétés-académies étudiées et ont publié 831 interventions appartenant au champ des sciences mathématiques.

Les interventions se répartissent dans les mémoires, bulletins, actes... de la façon suivante :

- Bordeaux : 480 dont 465 dans les *Mémoires de la société des sciences physiques et naturelles de Bordeaux* et 15 dans les *Actes de l'académie nationale des sciences, belles-lettres et arts de Bordeaux*. La Société des sciences physiques et naturelles de Bordeaux pouvant être considérée comme un centre éditorial de province pour les sciences mathématiques (56 % de la production sciences mathématiques en province).
- Toulouse : 142
- Nancy : 44
- Lille : 35
- Caen : 29
- Montpellier : 25
- Cherbourg : 20
- Marseille : 18
- Tours : 15
- Brest : 8
- Clermont-Ferrand : 8
- Rouen : 7

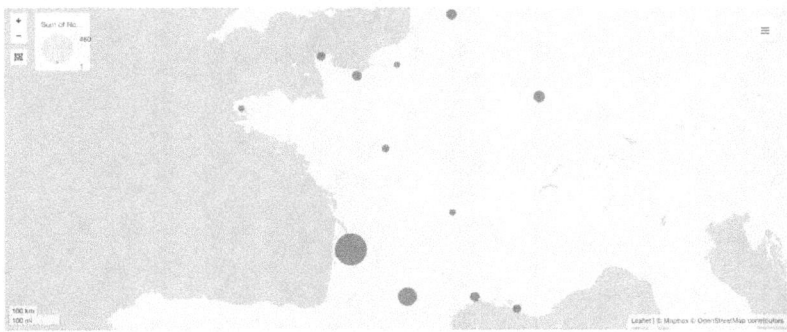

FIGURE 9 : Représentation cartographique de la répartition de la production mathématique en province

10 acteurs ont publié plus de 19 interventions (un total de 273 interventions, 33 % de la production total des sciences mathématiques en province). Leurs interventions sont exclusivement insérées dans les *Mémoires de la société des sciences physiques et naturelles de Bordeaux*. 6 d'entre eux sont professeurs à la faculté des sciences de Bordeaux, 1 est directeur de l'observatoire, et 3 sont ingénieurs dans la région bordelaise.

Auteur	Profession	Société/ Académie	Nombre Interventions
Rayet Georges	Directeur observatoire Bordeaux	SSPNB	40
Ordinaire de Lacolonge, Louis Wilhelm Philibert Paul	Ingénieur	SSPNB	35
Baudrimont, Alexandre Édouard	Professeur physique chimie Bordeaux	SSPNB	27
Abria, Jérémie Joseph Benoît	Professeur physique Bordeaux / Doyen	SSPNB	26
Duhem, Pierre	Professeur physique Bordeaux	SSPNB	26
Brunel Georges	Professeur mathématiques Bordeaux	SSPNB	25
Hadamard Jacques	Professeur mathématiques Bordeaux	SSPNB	25
Tannery, Paul	Ingénieur	SSPNB	25
Bayssellance, Jean-Adrien	Ingénieur	SSPNB	24
Hoüel, Jules	Professeur mathématiques Bordeaux	SSPNB	20

16 auteurs ont publié entre 9 et 19 interventions.

Auteur	Profession	Société/ Académie	Nombre Interventions
Aoust, Barthélémy	Professeur mathématiques Marseille	MASBAM[1]	17
Despeyrous, Théodore	Professeur mécanique astronomie Toulouse	MASBT[2]	17
Molins, Lucien Henri	Professeur mathématiques / Doyen Toulouse	MASBT	16
De Saint-Germain, Albert	Professeur mathématiques Caen	MASABC[3]	12
Gaston, Floquet	Professeur mathématiques Nancy	BSSN[4]	12
Rouquet, Victor	Professeur mathématiques Toulouse	MASBT	12
Brassinne, Philippe-Émile	Professeur mathématiques Toulouse	MASBT	11
Legoux, Alphonse Edmé	Professeur mathématiques Toulouse	MASBT	11
Boussinesq, Joseph	Professeur mathématique Lille	MSSL[5]	10
Crova, André Prosper Paul	Professeur physique Montpellier	MSAM[6]	10
Saint-Loup, Jean François Louis	Professeur mathématiques Nancy	BSSN	10
Glotin, Pierre Joseph	Lieutenant de vaisseau Bordeaux	SSPNB	10
Girault, Charles François	Professeur physique Caen	MASABC	9
Léauté, Henry	Ingénieur Toulouse	MASBT	9
Fontès, Joseph Anne Casimir	Ingénieur Toulouse	MASBT	9
Issaly, Pierre-Adolphe	Religieux Bordeaux	SSPNB	9

[1] MASBAM : *Mémoires de l'académie des sciences, belles-lettres et arts de Marseille*
[2] MASBT : *Mémoires de l'académie royale des sciences, inscriptions et belles-lettres de Toulouse*
[3] MASABC : *Mémoires de l'académie impériale des sciences, arts et belles-lettres de Caen*
[4] BSSN : *Bulletin de la société des sciences de Nancy*
[5] MSSL : *Mémoires de la société impériale des sciences, de l'agriculture et des arts de Lille*
[6] MSAM : *Mémoires de la section des sciences de l'académie des sciences et lettres de Montpellier*

Leurs interventions sont insérées dans :

– Les *Mémoires de l'académie de Toulouse* : 85 interventions, 7 auteurs principalement professeurs à la faculté des sciences de Toulouse

- Le *Bulletin de la société des sciences de Nancy* : 22 interventions, 2 auteurs professeurs à la faculté des sciences de Nancy

- Les *Mémoires de l'académie des sciences, belles-lettres et arts de Marseille* : 17 interventions, 1 auteur professeur à la faculté des sciences de Marseille

- Les *Mémoires de l'académie impériale des sciences, arts et belles-lettres de Caen* : 21 interventions, 2 auteurs professeurs à la faculté des sciences de Caen

- Les *Mémoires de la société des sciences, de l'agriculture et des arts de Lille* : 10 interventions, 1 auteur professeur à la faculté des sciences de Lille

- Les *Mémoires de la section des sciences de l'académie des sciences et lettres de Montpellier*, 1 auteur professeur à la faculté des sciences de Montpellier

- Les *Mémoires de la société des sciences physiques et naturelles de Bordeaux*, 1 auteur, religieux.

35 auteurs ont publié entre 8 et 4 interventions. 20 auteurs sont professeurs à la faculté des sciences de la ville. Les profils commencent cependant à se diversifier avec l'apparition des médecins, militaires, ingénieurs...

108 auteurs ont publié moins de 4 interventions. Ils sont majoritairement ingénieurs, militaires, professeurs à la faculté...

Chapitre 12

Habiter les marges mathématiques : André Gérardin et *Sphinx-Œdipe* à Nancy (1906-1928)

JENNY BOUCARD

1 Introduction

L'espace de circulation des périodiques proposant des contenus mathématiques ou en lien avec les mathématiques est pluriel et dense au début du XXe siècle. L'augmentation continue du nombre de journaux mathématiques et leur diversification depuis 1850 est bien illustrée par le corpus de 1070 périodiques répertoriés dans Cirmathdata pour la période 1900-1930. Ce double phénomène concerne les dimensions géographique (institutions et lieux d'édition), éditoriale (types de journaux et formes éditoriales), sociale (publics visés, auteurs) et épistémique (thèmes, objets, outils et méthodes mathématiques) de cet espace[1]. En particulier, plusieurs travaux ont montré l'émergence et la circulation de mathématiques non académiques originales, à visée utile et ludique, au sein de cet espace. Ces mathématiques sont développées par des enseignants, des ingénieurs ou des militaires, au sein de l'Association française pour l'avancement des sciences (AFAS) dans un contexte de promotion des sciences dans la société (Décaillot 2002) ou à destination des enseignants et des étudiants avec l'essor depuis les années 1840 des journaux qualifiés d'intermédiaires (Ortiz 1994).

Parmi ces mathématiques, la théorie des nombres du dernier tiers du XIXe siècle est un cas exemplaire. De nombreux énoncés relevant de ce domaine –

---

1. Pour une définition de la notion d'espace de circulation mathématique et de ses dimensions, voir (Peiffer *et al.* 2018).

souvent qualifiés d'« énoncés arithmétiques » par la suite – sont élémentaires dans le sens où ils peuvent être compris voire résolus sans formation approfondie en mathématiques ou spécifique en théorie des nombres. Cela explique qu'une partie de la théorie des nombres, nommée ici élémentaire, soit particulièrement investie par des acteurs d'origines et de professions diverses. Il est ainsi possible d'identifier un réseau de textes quantitativement important d'enseignants, d'ingénieurs ou encore de militaires traitant de théorie des nombres élémentaire sans recours à l'analyse, centrés sur des questions développées au tournant du XIXe siècle comme la décomposition des nombres et la résolution des équations indéterminées[2] (Goldstein 1999). La théorie des nombres constitue un des thèmes dominants étudiée par un ensemble d'acteurs promouvant des « mathématiques discrètes », dans le cadre d'une approche visuelle et récréative des mathématiques, et dont l'enseignant Édouard Lucas (1842-1891)[3], le militaire et homme politique Charles-Ange Laisant (1841-1920), le militaire Henri Delannoy (1833-1915) ou encore l'administrateur Gaston Tarry (1843-1913) sont des représentants importants dans le dernier tiers du XIXe siècle (Décaillot 1999, Auvinet 2011, Barbin *et al.* 2017).

Ces recherches paraissent principalement dans les comptes rendus de l'AFAS, dans des journaux intermédiaires et des journaux de questions-réponses comme *L'Intermédiaire des mathématiciens*. Avant de devenir l'objet exclusif de journaux mathématiques, les questions-réponses ont été de plus en plus présentes depuis le XVIIIe siècle dans les journaux intermédiaires, les journaux généralistes, scientifiques et techniques – publiant respectivement sur les savoirs en général, sur les sciences, sur les techniques et contenant plus ou moins régulièrement des mathématiques –, voire ponctuellement dans les journaux spécialisés, c'est-à-dire dont les contenus sont exclusivement mathématiques (Despeaux 2014, Preveraud 2018). La forme éditoriale des questions-réponses sous-tend également le développement des récréations mathématiques dans le second XIXe siècle, sous forme d'énigmes et de jeux dans la presse, voire dans des journaux spécialisés. *Les Tablettes du chercheur*, « journal des jeux d'esprit et des combinaisons » (1890-1896), rassemble ainsi autour de récréations littéraires et mathématiques des « sphinx » et des « œdipes ». Ces dénominations sont alors régulièrement utilisées pour désigner les auteurs d'énigmes et de leurs solutions, en référence à une version ludique du mythe gréco-romain du roi Œdipe victorieux du Sphinx, monstre célèbre pour ces énigmes. Cette diversité de *media* et d'acteurs produit des recherches originales en mathématiques, à la frontière voire à l'extérieur des milieux académiques.

---

2. La décomposition, ou factorisation, d'un nombre entier consiste à le mettre sous la forme d'un produit de facteurs premiers. Une équation indéterminée désigne en théorie des nombres une équation dont les coefficients et les solutions sont des nombres entiers ou rationnels. Sauf mention contraire, une équation indéterminée désignera ici une équation en nombres entiers.

3. Lorsqu'ils sont connus, le prénom et les dates de naissance et de mort sont indiqués à la première occurrence de chaque personnage. Ensuite, seul le nom de famille est utilisé, sauf dans les cas d'homonymes : l'initiale du prénom est alors indiquée dans les cas ambigus.

Elle souligne le caractère flou et mouvant de la frontière existant entre professionnels et amateurs dans le dernier tiers du XIXe siècle. Ces acteurs ont ainsi participé à la constitution de leur propre « espace collectif des mathématiques [...], avec ses journaux adaptés, ses colloques et ses thèmes de recherche propres » (Goldstein 2020, 63).

C'est dans la continuité de cet espace qu'est créé en 1906 le journal *Sphinx-Œdipe*, dont le titre même souligne la place centrale dédiée aux questions-réponses. Initialement généraliste, il devient rapidement quasi-exclusivement mathématique, mobilisant un public divers, souvent anonyme ou difficile. Son éditeur, André Gérardin (1879-1953), peut être qualifié d'amateur dans un double sens. Non diplômé en mathématiques, il n'exerce pas non plus de profession rémunérée liée aux mathématiques. Il consacre la majeure partie de sa vie à collecter, produire et éditer des écrits mathématiques en lien avec ses thèmes de recherche de prédilection, la théorie des nombres élémentaire et les problèmes récréatifs, à l'instar de Laisant et Lucas. À l'image de son éditeur, *Sphinx-Œdipe* est spécialisé sur ces thèmes et est le journal le plus cité, après *L'Intermédiaire des mathématiciens*, dans la synthèse bibliographique de Leonard Eugene Dickson (1874-1954) consacrée à la théorie des nombres (1919-1923). Au carrefour de plusieurs espaces éditoriaux et de plusieurs publics cibles, *Sphinx-Œdipe* est dans le même temps situé aux marges de l'espace de circulation mathématique[4], dans le double sens de « situé sur le bord d'une chose » et non conforme aux caractéristiques dominantes[5]. En effet, *Sphinx-Œdipe* est, au début du XXe siècle, un des seuls journaux spécialisés dans un sous-domaine mathématique. Il est publié en province, à Bar-le-Duc puis à Nancy, et non adossé à une institution, ce qui est là aussi très rare pour un journal spécialisé. Gérardin rédige lui-même la plupart des fascicules et les fait lithographier : la diffusion de *Sphinx-Œdipe* est donc artisanale et très limitée[6]. Cette situation favorise des pratiques moins normées, comme le suggèrent les libertés stylistiques et typographiques prises par Gérardin, qui insère de nombreux commentaires personnels et des tables de nombres, plutôt rares dans les autres journaux mathématiques contemporains.

L'objectif de cet article est d'analyser l'espace de circulation mathématique à partir de ce point de vue local, singulier et marginal qu'offre le journal *Sphinx-Œdipe*. Selon une méthode inspirée de la démarche micro-historique est posée l'hypothèse que « l'observation intensive d'une cellule élémentaire » (Lepetit 1996, 71) met en lumière la constitution de territoires mathématiques spéci-

---

4. De manière générale, un objet ou un individu marginal est souvent situé au carrefour de plusieurs espaces, ce qui fait de lui un cas d'étude intéressant (Star & Griesemer 1989).

5. Cette définition est inpirée de (Rey 1998, 2014), où marginal est défini comme « situé sur le bord d'une chose » et « non conforme aux normes d'un système donné ».

6. Christian Boyer, que je remercie pour nos échanges sur Gérardin et ses revues, estime à 250 le nombre d'abonnés de *Sphinx-Œdipe* en 1916 (Boyer 2005). Aucune liste d'abonnés ne figure dans le journal ou dans le fonds Gérardin. Les catalogues Sudoc et Worldcat indiquent l'existence de seulement dix collections de *Sphinx-Œdipe*, trois en France (consultées dans le cadre de ce travail), une au Royaume-Uni et six en Amérique du Nord.

fiques. La notion de territoire est ici entendue comme une « formation spatiale qui ne relève pas seulement de l'organisation d'un espace, mais de pratiques d'acteurs qui se développent selon des logiques peu commensurables » (Lepetit 1996, 84), car de nature diverse et déployées à partir de positions sociales et d'objectifs différents. *Sphinx-Œdipe* permet d'informer sur les multiples façons qu'ont les acteurs d'*habiter* l'espace de circulation mathématique constitué des différents journaux mathématiques, considérés comme les points ou les lieux de cet espace. Habiter est ici compris comme « le rapport à l'espace exprimé par les pratiques des individus », c'est-à-dire « les différentes manières de pratiquer les lieux ». Il est alors possible de distinguer différents *modes d'habiter*, un mode d'habiter étant « l'ensemble des pratiques qu'un individu associe à des lieux », lieux dont la signification varie selon les acteurs (Stock 2004)[7]. Il est ainsi possible d'identifier la constitution par un ou plusieurs acteurs de territoires favorables à leurs activités mathématiques et constitués de plusieurs lieux de l'espace de circulation mathématique.

Cet article s'appuie sur une analyse systématique du journal *Sphinx-Œdipe*, complétée par l'étude du fonds Gérardin de l'Institut Henri Poincaré[8], l'utilisation de plusieurs bases de données bibliographiques et prosopographiques et le dépouillement partiel de plusieurs périodiques contemporains de *Sphinx-Œdipe*[9]. Cela permet ainsi de suivre des itinéraires d'auteurs, de reconstituer partiellement leurs différents modes d'habiter l'espace de circulation mathématique, selon les quatre dimensions géographique, éditoriale, sociale et épistémique mentionnées précédemment.

La première partie de l'article présente Gérardin et son journal, pour situer *Sphinx-Œdipe* globalement dans l'espace de circulation mathématique, selon ces quatre dimensions. Les deux parties suivantes montrent comment la variation de la dimension épistémique, à travers l'étude de deux thèmes, induit des modifications selon les trois autres dimensions. Premièrement, les récréations mathématiques donnent lieu à des énigmes grand public à la manière des

---

7. Cette approche de la notion d'habiter comme « pratique des lieux » (Fort-Jacques 2007, 251–252) a été développée à la suite de Martin Heidegger (Heidegger 1958, 188), qui propose de comprendre l'habitation comme « le rapport de l'homme à des lieux et, par des lieux, à des espaces ».

8. Sauf mention contraire, les correspondances citées dans cet article sont issues de ce fonds.

9. J'ai utilisé les bases de données du *Jahrbuch über die Fortschritte der Mathematik* (https://www.emis.de/MATH/JFM/JFM.html), des *Nouvelles annales de mathématiques* (http://nouvelles-annales-poincare.univ-lorraine.fr/), du *Répertoire Bibliographique des Sciences Mathématiques* (http://sites.mathdoc.fr/RBSM/) et les bases ProsopoMaths (http://prosopomaths.ahp-numerique.fr/) et l'*Annuaire prosopographique : la France savante* (http://cths.fr/an/prosopographie.php). Je me suis également appuyée sur la synthèse bibliographique de Dickson (1919-1923) et sur l'analyse, au moins par mots-clés et tables des matières, des périodiques suivants : comptes rendus des congrès de l'AFAS et des congrès internationaux des mathématiciens, *L'Argus*, *Bulletin de la société philomathique*, *L'Enseignement mathématique*, *L'Écho de Paris*, *L'Intermédiaire des mathématiciens*, *The Monist*, *Nouvelles Annales de mathématiques*, *La Revue scientifique*, *Les Tablettes du chercheur*.

sudokus actuels (Boyer 2006) mais aussi à des articles théoriques mobilisant des notions mathématiques avancées. Elles constituent donc une forme mathématique pertinente pour analyser la façon dont les auteurs organisent leurs échanges au sein de l'espace de circulation mathématique et structurent des territoires originaux, associant journaux spécialisés et presse quotidienne. Deuxièmement, de nombreuses recherches reposant sur la manipulation de grands nombres sont publiées dans *Sphinx-Œdipe*, à propos de la décomposition des nombres et des équations indéterminées. *Sphinx-Œdipe* acquiert ici une position particulière par rapport à des journaux anglais, américains et français, intermédiaires et académiques, en devenant notamment le lieu de publication de tables de nombres et d'échanges sur les possibilités de mécanisation de calculs arithmétiques. Ces deux parties permettront ainsi de montrer comment les dimensions de l'espace de circulation mathématique peuvent être structurées et articulées différemment par les acteurs pour constituer des territoires adaptés aux échanges et des interactions spécifiques entre journaux.

2 *Sphinx-Œdipe*, ou comment former une niche pour les amateurs de nombres

Sphinx-Œdipe paraît de 1906 à 1928, le plus souvent mensuellement, sous forme de fascicules généralement composés de seize pages numérotées, complétées les premières années par des feuillets non paginés. À cela s'ajoute une vingtaine de volumes spéciaux thématiques. L'analyse systématique de l'ensemble de ces volumes, menée sur les parties paginées, a permis de recenser 2530 entrées signées de 363 auteurs. À sa création, *Sphinx-Œdipe* est présenté comme un « Journal de la Curiosité et de Concours » visant un public général intéressé par « tout genre de questions » (*SO*, avril 1906, vol. 1, n° 1)[10]. Il est alors composé de quatre rubriques : « Modes », « Sports », « Magie et les Sciences Occultes » et « Mathématiques ». La rubrique mathématique, dirigée par Gérardin, est d'ores et déjà circonscrite thématiquement à « la Théorie des Nombres, l'Algèbre, l'Analyse indéterminée, les Carrés magiques, la Cryptographie, l'Aviation ». Initialement dirigé par Ch. Klein à Bar-le-Duc, le journal est imprimé à Nancy dès septembre 1906 et Gérardin en devient le directeur à la fin de l'année 1908. En trois ans, *Sphinx-Œdipe* devient un journal quasi-spécialisé en théorie des nombres élémentaire, publié à Nancy et dirigé par un amateur.

Cette position singulière dans l'espace de circulation mathématique interroge sur les raisons de la création de ce journal et les modalités de son existence pendant plus de vingt ans. Cependant, aucune archive informant sur l'identité et le rôle de Ch. Klein, sur la création du journal ou sur son histoire éditoriale n'a été retrouvée. De même, l'identification de l'autorat du journal

---

10. L'abréviation *SO* (respectivement *IM*) sera utilisée avec les données bibliographiques nécessaires pour renvoyer à des entrées de *Sphinx-Œdipe* qui ne sont pas des articles (respectivement *L'Intermédiaire des mathématiciens*), comme par exemple des éditoriaux ou des questions.

n'est que partielle : sur les 363 auteurs repérés, 180 usent de pseudonymes ou d'initiales, 81 sont réédités par Gérardin sans participer directement au journal et 102 utilisent leur patronyme. Des données biographiques ou bibliographiques ont pu être recueillies sur 84 de ces derniers. Cependant, les nombreuses interventions personnelles de Gérardin – recherche de publications, remerciements pour des envois d'articles ou d'ouvrages, annonce d'événements scientifiques, nouvelles personnelles – permettent en partie de contourner ces difficultés pour comprendre comment il a attiré un public autour de thèmes arithmétiques dans un journal de province.

L'objet de cette première partie est, dans un premier temps, d'analyser le mode d'habiter l'espace de circulation mathématique par Gérardin avant la création de son journal et l'influence de sa pratique de cet espace sur la structuration de *Sphinx-Œdipe* comme journal mathématique lors des trois premières années de son existence. Dans un second temps, nous caractériserons la position marginale de *Sphinx-Œdipe*, dans ses dimensions géographique, sociale et éditoriale.

2.1 Un homme, un réseau, un public : Gérardin et la mise en place de *Sphinx-Œdipe*

« Je sais du reste que M. Gérardin a beaucoup de zèle pour la science[11] ». C'est ainsi qu'en décembre 1911, Gaston Floquet (1847-1920), alors doyen de la faculté des sciences de Nancy, conclut sa lettre de recommandation pour la candidature de Gérardin au titre de « Correspondant du ministère de l'Instruction publique ». Bachelier *ès* sciences, Gérardin a suivi des cours de mathématiques à la faculté des sciences de Nancy de 1901 à 1906 mais n'y a validé aucun diplôme. Il a néanmoins été marqué par les cours de Jules Molk, qui lui a vraisemblablement donné goût aux recherches arithmétiques et à l'édition mathématique[12]. Peu d'éléments sur ses activités professionnelles sont connus, mais il reste à Nancy et finit sa vie ruiné[13]. Sans profession liée aux mathématiques, Gérardin utilise néanmoins les possibilités offertes par l'espace de circulation mathématique du premier XXe siècle : lecteur

---

11. Archives nationales F/17/17141, Lettre de Floquet au recteur de l'académie de Nancy, 17 décembre 1911.

12. À la mort de Molk en 1914, Gérardin souligne les compétences pédagogiques de Molk ainsi que la qualité de son travail pour l'édition française de l'*Encyclopédie des mathématiques pures et appliquées* (Gérardin 1914). Il a pu être familiarisé à l'algèbre et la théorie des nombres par les conférences libres de Molk (Nabonnand 2017a).

13. Des éléments biographiques de Gérardin sont présentés dans (Boyer 2005). Il a été affecté à la section du Chiffre de l'armée en 1914 (*Bulletin mensuel* de l'AFAS, avril 1919, vol. 45, p. 9) et a occupé un poste d'aide-bibliothécaire de 1927 à 1935 à l'Université de Nancy (information transmise par Laurent Rollet, à partir de la consultation du rapport sur la *Séance de rentrée 1935* rédigé par le bibliothécaire en chef). Gérardin décrit sa situation personnelle désespérée ne lui permettant plus d'honorer les cotisations de sociétés savantes dans une lettre du 24 juin 1952 destinée au trésorier de la Société mathématique de Belgique.

assidu de mathématiques intermédiaires[14], il devient auteur à partir de 1904 de plusieurs centaines de textes publiés principalement dans *L'Intermédiaire des mathématiciens*, *Sphinx-Œdipe* et les comptes rendus de l'AFAS, puis éditeur de trois journaux mathématiques – *Sphinx-Œdipe* (1906-1928), la *Lettre mathématique circulaire* (août 1943-mai 1944) et *Diophante* (1948-1952). De plus, Gérardin participe régulièrement aux congrès de l'AFAS, aux congrès des sociétés savantes, ainsi qu'aux congrès internationaux des mathématiciens.

Considéré comme « l'héritier le plus actif de Lucas » (Décaillot 1999, 114), Gérardin investit la « communauté des mathématiques discrètes » mentionnée précédemment, que ce soit par ses relations sociales, ses recherches ou par son goût pour la bibliographie et l'histoire des mathématiques. Le militaire Henri Brocard (1845-1922) a probablement joué un rôle important dans les activités mathématiques de Gérardin. Les deux hommes sont en effet membres de la Société des lettres, sciences et arts de Bar-le-Duc au début du XXe siècle. Or, Brocard est connu pour ses travaux en géométrie du triangle, pour son rôle éditorial dans la presse intermédiaire et *L'Intermédiaire des mathématiciens* (Romera-Lebret 2014), (Pineau 2006, 40–42) et il collabore depuis les années 1870 avec Lucas et Laisant. Avec ce dernier, il parraine Gérardin pour son entrée à la Société mathématique de France (SMF) en 1906. Gérardin contribue d'ailleurs au *Répertoire bibliographique des sciences mathématiques*, entreprise bibliographique initiée dans les années 1880 dans laquelle Brocard et Laisant sont fortement impliqués (Rollet & Nabonnand 2002), (Auvinet 2011, 526), et en devient secrétaire en 1910. Gérardin, en tant que lecteur, puis auteur et collaborateur, développe donc des pratiques au sein d'une région de l'espace de circulation mathématique déjà constituée avec ses types de journaux, de contenus mathématiques et d'acteurs. Cette expérience de Gérardin a un impact fondamental dans la mise en place et l'organisation de *Sphinx-Œdipe*, qui devient rapidement une niche mathématique spécialisée sur plusieurs thèmes de la théorie des nombres élémentaire, au sens d'un lieu adapté pour les lecteurs et auteurs de ce domaine.

Les premiers fascicules de *Sphinx-Œdipe*, publiés à partir d'avril 1906, contiennent des articles, des questions-réponses, des concours et des entrées bibliographiques sur les mathématiques, la mode, la magie ou encore le tourisme et la cuisine. Ils sont complétés par un « Carnet du Sphinx », non paginé et proposant des concours divers, des chroniques sur le tir ou sur la graphologie par exemple. La transformation de *Sphinx-Œdipe* en un journal quasi-exclusivement mathématique est amorcée en avril 1907 : les articles non scientifiques sont regroupés dans la partie non paginée du journal, intitulée « Curiosités et échos », et les questions non scientifiques se font de plus en plus rares dans la partie paginée du journal (fig. 1). Gérardin est annoncé

---

14. Gérardin indique en 1907 qu'il possède les collections complètes des *Nouvelles Annales de mathématiques*, de *L'Intermédiaire des mathématiciens* et des comptes rendus de l'AFAS (*SO*, 1907, vol. 2, n° 8).

« Directeur fondateur » en novembre 1908. Il utilise la lithographie à partir d'avril 1909 pour produire son journal : cette technique d'impression, moins onéreuse, permet ainsi de baisser le prix de l'abonnement, qui passe de 12 à 7 francs annuels. Gérardin pilote alors complètement *Sphinx-Œdipe*, le finance et en gère vraisemblablement la distribution. Cette évolution éditoriale reflète le rôle fondamental de Gérardin dès la création du journal en avril 1906, sur les contenus mathématiques – il est l'auteur de plus de 30 % des entrées mathématiques de *Sphinx-Œdipe* entre 1906 et 1908 –, la constitution d'un public mathématique pour le journal et ses proximités éditoriales dans l'espace de circulation mathématique.

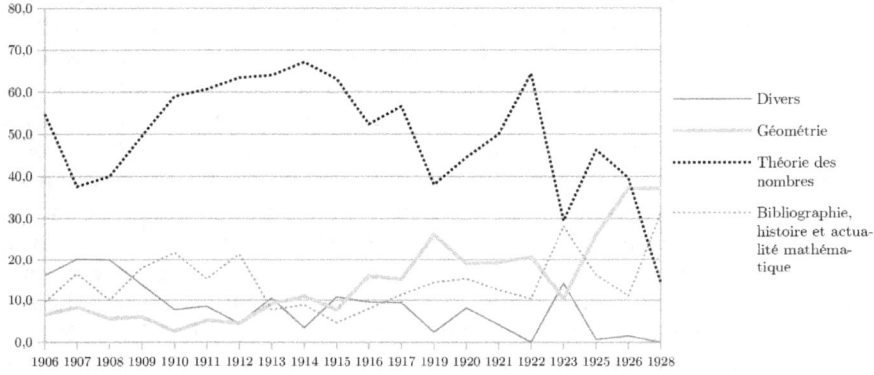

FIGURE 1 : Proportion (en %) annuelle des entrées de *Sphinx-Œdipe* dans les catégories thématiques représentant plus de 8 % sur la période de publication du journal

Sur le plan éditorial, *Sphinx-Œdipe* est situé dans le voisinage des périodiques mathématiques publiant des questions-réponses. L'importance de ce format et la filiation de *Sphinx-Œdipe* avec *L'Intermédiaire des mathématiciens* et *Les Tablettes du chercheur* sont soulignées par la rédaction dans le premier fascicule et se retrouvent effectivement dans le journal : 80 % des entrées du journal sont des questions ou des réponses, dont certaines ont été initialement publiées dans des journaux intermédiaires, dans *L'Intermédiaire des mathématiciens* ou dans la rubrique récréative du quotidien *L'Écho de Paris*. Sur le plan géographique, *Sphinx-Œdipe* n'est adossé à aucune société savante ou association, mais les comptes rendus réguliers que fait Gérardin des congrès de l'AFAS ou des congrès internationaux de mathématiciens le rendent plus proche de ces institutions que des sociétés savantes lorraines qui ne sont jamais mentionnées. L'ancrage géographique de *Sphinx-Œdipe* à Nancy semble donc ne pas avoir d'influence sur ses contenus. Il est néanmoins possible que la mise en œuvre d'un tel journal par un amateur comme Gérardin s'explique partiellement par des raisons locales, avec les conférences de théorie des nombres par Molk à Nancy, la présence de Brocard à Bar-le-Duc ou encore la quasi-absence de contenus mathématiques dans les sociétés savantes et périodiques lorrains du début du XXe siècle[15]. Cela peut avoir encouragé Gérardin à développer une niche mathématique dans un « Journal de la Curiosité et de Concours » pour combler un vide éditorial et institutionnel.

D'un point de vue thématique, entre 1906 et 1908, environ un cinquième des entrées portent sur des thèmes non scientifiques et un autre cinquième, sur les sciences, la bibliographie et l'histoire des mathématiques, le reste portant sur des contenus mathématiques. À partir de 1909, les entrées autour de la « curiosité » non scientifique représentent moins de 10 % tandis que la théorie des nombres occupe plus de la moitié du journal. Gérardin organise ainsi progressivement *Sphinx-Œdipe* autour de la théorie des nombres en général, et de ses thèmes arithmétiques de prédilection – analyse indéterminée et décomposition des nombres – en particulier. Il utilise son journal pour publier ses recherches, mais aussi pour proposer des résumés thématiques, des questions et des concours afin d'encourager les lecteurs de *Sphinx-Œdipe* à approfondir des sujets spécifiques, espérant ainsi revoir « [ses] quelques fervents amateurs » (*SO*, décembre 1907, vol. 2, n° 9, p. 129).

Gérardin réussit à rassembler progressivement un public féru de théorie des nombres et déjà familier de la presse mathématique intermédiaire. Il s'appuie pour cela sur la région de l'espace de circulation mathématique qu'il connaît en tant que lecteur et auteur et sur le réseau d'auteurs associés comprenant des figures habituées de la presse mathématique de la fin du XIXe siècle comme Ernest-Napoléon Barisien (1854-1916), Élie Fauquembergue ou G. Tarry. Il est probable que Brocard ait aidé Gérardin à constituer le premier public de son journal. Comme le montre le tableau 1, la plupart des auteurs publiant dans *Sphinx-Œdipe* en 1906 sont membres de la SMF, participent aux congrès de l'AFAS et publient dans des journaux mathématiques spécialisés, intermédiaires et dans *L'Intermédiaire des mathématiciens*. Les trois seules exceptions sont Brutus Portier (?-1917), Achille de Rilly (?-1909) et Savard, tous trois spécialistes des carrés magiques et publiant dans *Les Tablettes du chercheur* puis *L'Écho de Paris*, journaux également mobilisés par les frères Tarry et Barisien. De plus, la moitié de ces premiers auteurs ont occupé comme Brocard des fonctions militaires ou administratives en Algérie dans les années 1880 et 1890 et échangent sur les mathématiques depuis la fin du XIXe siècle (Aïssani *et al.* 2019). Portier y a séjourné en même temps que les frères Tarry et les a initiés aux carrés magiques (Barbin 2019). Certains, comme G. Tarry, Fauquembergue, Portier et Rilly, sont également spécialisés en théorie des nombres élémentaire ou sur les carrés magiques. *Sphinx-Œdipe* constitue alors un des rares journaux mathématiques leur permettant de publier non

---

15. Cf. Philippe Nabonnand, « Quelles circulations mathématiques *via* les académies et sociétés savantes lorraines ? », Colloque CIRMATH « Circulation des mathématiques dans la Grande Région du XVIIIe au XXe siècle », Institut Henri-Poincaré, Paris, 2017.

seulement des questions mais aussi des articles sur ces thèmes. Le public

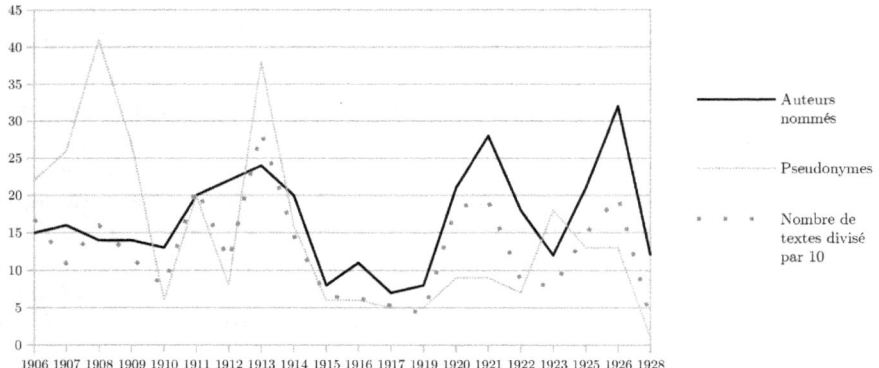

FIGURE 2 : Nombre d'auteurs utilisant un patronyme ou un pseudonyme dans *Sphinx-Œdipe* par année

investi dans la partie générale de *Sphinx-Œdipe* n'a par contre pas pu être identifié, la plupart des auteurs y publiant sous pseudonyme. La proportion annuelle de pseudonymes et des entrées associées suit dans une certaine mesure l'évolution de la proportion d'entrées non mathématiques dans *Sphinx-Œdipe*, qui diminue fortement à partir de 1909 (fig. 2 & 3) : de nombreux auteurs utilisant un pseudonyme interviennent effectivement autour de la « curiosité générale » plutôt que sur les sciences ou les mathématiques. Néanmoins, sur les soixante-cinq pseudonymes utilisés entre 1906 et 1908, vingt-sept proposent au moins occasionnellement des contenus mathématiques. Certains deviennent des contributeurs réguliers de *Sphinx-Œdipe*, comme *K10* ou *Curiosus*[16]. L'usage de pseudonymes est effectivement relativement courant dans des journaux publiant des questions mathématiques comme *L'Intermédiaire des mathématiciens* et *L'Écho de Paris* et certains pseudonymes utilisés dans *Sphinx-Œdipe* le sont d'ailleurs dans ces deux périodiques à la même période. Enfin, si, à part Brocard, aucun auteur identifié ne réside à proximité de Nancy, il est par contre possible que des auteurs locaux usent de pseudonymes, comme un certain *Albert* de Bar-le-Duc.

Amateur de nombres en province, Gérardin investit donc une région spécifique de l'espace de circulation mathématique constituée dans le dernier tiers du XIXe siècle et notamment mobilisée par des amateurs de théorie des nombres. Il utilise cette expérience et le réseau social correspondant pour attirer un public existant et coutumier de la presse intermédiaire, de *L'Intermédiaire des mathématiciens*, de rubriques récréatives dans *L'Écho de*

---

16. Dans ce texte, les pseudonymes sont indiqués en italique, comme il était d'usage dans *L'Intermédiaire des mathématiciens* ou dans les pages imprimées de *Sphinx-Œdipe*.

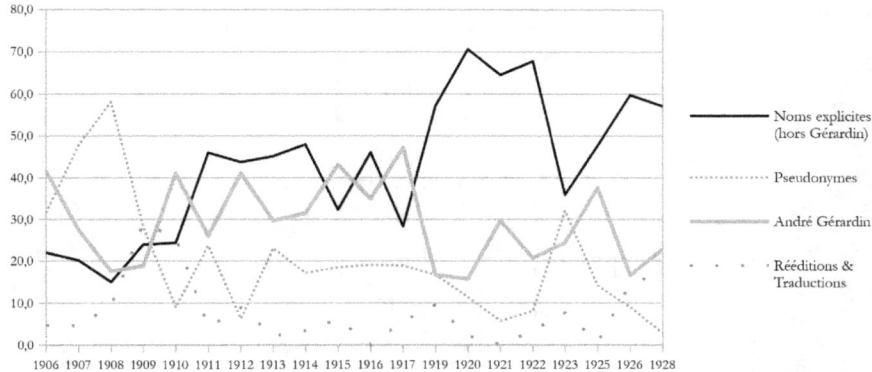

FIGURE 3 : Proportion (en %) annuelle des entrées de *Sphinx-Œdipe* en fonction de la catégorie de leur auteur (les entrées sans auteur indiqué ont été attribuées à Gérardin)

Paris ou *Les Tablettes du chercheur*, des institutions comme l'AFAS, voire de journaux spécialisés. Les trois premières années de publication de *Sphinx-Œdipe* permettent à Gérardin de fixer les caractéristiques géographiques, éditoriales, sociales et épistémiques de son journal qui seront maintenues pendant toute son existence. Il peut ainsi de positionner et faire connaître son journal, spécialisé en théorie des nombres élémentaire, comme point singulier de l'espace de circulation mathématique.

2.2 Éditions, publics et régions d'une revue marginale

Dans le cadre de cette analyse, les différentes entrées de *Sphinx-Œdipe* ont été classées thématiquement, selon les catégories du *Répertoire bibliographique des sciences mathématiques* (RBSM) pour les contenus mathématiques. Comme la figure 1 le montre, la catégorie « Arithmétique et théorie des nombres » est quantitativement dominante jusqu'en 1926. Deux thèmes arithmétiques sont privilégiés, à l'image des recherches personnelles de Gérardin : les équations indéterminées, correspondant à l'« Analyse indéterminée d'ordre supérieur au premier » dans le *RBSM* (44 % des entrées de théorie des nombres), et la décomposition des nombres (18 %). Les entrées classées en « Géométrie » (en moyenne 14 % du journal) sont le plus souvent en rapport avec la théorie des nombres : les carrés magiques et les problèmes d'échiquiers en représentent 34 % et 30 % des autres sont des problèmes géométriques en nombres entiers et rationnels. Cet ancrage thématique a une influence forte sur les dimensions éditoriales, sociales et géographiques du journal.

TABLEAU 1 : Auteurs de contenus mathématiques utilisant leur patronyme dans *Sphinx-Œdipe* entre 1906 et 1908

Nom	Début[a]	Nb[a]	Études[b]	Prof.[c]	Algérie[d]	IM[e]	TC[f]	J. Interm.[g]	EP[h]	AFAS[i]	SMF[j]
Barisien, E. N.	1906	5	X1873	Milit.	X	X		X	X	X	
Boutin, A.	1906	1		Milit.		X		X		X	X
Brocard, H.	1906	14	X1865	Milit.	X	X		X		X	X
Coanet, A.	1906	1									
Collignon, É.	1907	1	X1849	Ing.				X		X	X
Dubouis, E.	1908	1		Ens.		X		X			
Fauquembergue, É.	1906	7		Ens.		X		X			X
Fitz-Patrick, J.	1908	8		Ens.		X		X			
Laisant, C.-A.	1908	1	X1859	Milit.	X	X		X		X	X
Lebon, E.	1908	1	Agreg 1872	Ens.		X		X		X	X
Malo, E.	1906	3	X1875	Milit.	X	X		X			
Mehmet, N.	1907	5		Ens.		X					
Portier, B.	1906	5		Admin.	X		X		X	X	
Rilly, A.	1906	2		Admin.			X		X	X	
Rius y Casas, J.	1908	1		Éd.		X	X				
Savard	1906	1									
Tarry, G.	1906	6		Admin.	X	X		X	X	X	X
Tarry, H.	1906	3	X1857	Admin.	X	X			X	X	X

[a] Date de première publication nombre d'entrées dans *Sphinx-Œdipe* entre 1906 et 1908
[b] « XDate » indique la date de promotion d'École polytechnique et « Agreg Date » renvoie à la date de l'obtention de l'agrégation de mathématiques
[c] « Milit. » pour profession militaire, « Ens. » pour enseignant, « Ing. » pour ingénieur, « Admin. » pour administrateur et « Éd. » pour éditeur
[d] croix = l'auteur a passé une partie de sa carrière professionnelle en Algérie
[e] croix = l'auteur a publié dans *L'Intermédiaire des mathématiciens*
[f] croix = l'auteur a publié dans *Les Tablettes du chercheur*
[g] croix = l'auteur a publié dans des journaux intermédiaires
[h] croix = l'auteur a publié dans *L'Écho de Paris*
[i] croix = l'auteur a participé à un congrès de l'AFAS au moins
[j] croix = l'auteur a été membre de la SMF.

L'analyse globale de *Sphinx-Œdipe* montre plusieurs formes d'interactions avec des journaux mathématiques. Gérardin, de ce point de vue, joue un rôle primordial pour adapter *Sphinx-Œdipe* à son lectorat, en sélectionnant les contenus publiés dans d'autres journaux. Il propose ainsi des synthèses bibliographiques, résume, reprend des extraits ou fait traduire des articles parus dans des journaux mathématiques spécialisés, intermédiaires et académiques, depuis le XIXe siècle. Il inclut régulièrement des extraits d'archives de mathématiciens amateurs de nombres décédés ou des résumés de tirés-à-part et ouvrages contemporains reçus directement de la part de collaborateurs comme Laisant ou G. Tarry. Ces différentes formes de rééditions peuvent, comme en 1909 et 1910, représenter une proportion importante des entrées publiées dans *Sphinx-Œdipe* (fig. 3) et elles permettent à un public amateur d'accéder à des morceaux choisis de plusieurs journaux mathématiques. Des questions-réponses circulent régulièrement entre *Sphinx-Œdipe* et des journaux comme *L'Intermédiaire des mathématiciens*, l'*Educational Times* ou encore *L'Écho de Paris*. *L'Intermédiaire des mathématiciens*, dont la proximité avec *Sphinx-Œdipe* est éditoriale, sociale et épistémique, est le périodique le plus mobilisé par Gérardin, comme ressource pour trouver des auteurs, des questions et faire la publicité de son journal. Réciproquement, des auteurs de *L'Intermédiaire des mathématiciens* se tournent régulièrement vers *Sphinx-Œdipe* pour publier des articles. *Sphinx-Œdipe* peut également constituer un lieu de substitution favorable pour les adeptes de questions-réponses mathématiques. Par exemple, au moins une quinzaine d'auteurs de *L'Intermédiaire des mathématiciens* commencent à écrire des questions et réponses pour *Sphinx-Œdipe* à partir de 1925, alors que *L'Intermédiaire des mathématiciens* connaît de grandes difficultés éditoriales (le dernier volume paraît en 1926). C'est d'ailleurs à ce moment là que la place de la géométrie non liée à la théorie des nombres augmente : de nouveaux auteurs, habitués de *L'Intermédiaire des mathématiciens*, commencent alors à publier leurs questions géométriques dans *Sphinx-Œdipe*.

Le profil général de l'autorat de *Sphinx-Œdipe* est semblable à celui des trois premières années, comme le montre le tableau 1 regroupant des informations sur les auteurs ayant publié plus de vingt entrées dans le journal. Plus globalement, sur les 66 auteurs dont la profession est connue, 25 sont enseignants, 12 sont ingénieurs, 8 militaires, 5 administrateurs. Sur le plan institutionnel, au moins 35 des 84 auteurs identifiés participent à des congrès de l'AFAS et 20 sont membres de la SMF. Au moins 57 publient dans *L'Intermédiaire des mathématiciens*, et parmi les autres, 16 dans des journaux intermédiaires. Parmi les cinq auteurs identifiés ne remplissant aucun de ces critères, seul Ralph Ernest Powers (1875-1952), employé américain des chemins de fer publiant sur la décomposition des nombres dans des journaux britanniques et américains, propose des contenus mathématiques. *Sphinx-*

Œdipe attire également de nouveaux auteurs spécialisés en théorie des nombres élémentaire, comme Maurice Kraïtchik (1882-1957), ingénieur russe installé à Bruxelles et naturalisé belge, Paul Poulet (1887-1946), amateur belge, Léon Valroff, employé dans les assurances, et, plus localement, Lucien Chanzy (1867-1937), enseignant au lycée et à la faculté des sciences de Nancy, et Léon Aubry (1882-1947), viticulteur à Jouys-Les-Reims (120 kilomètres de Bar-le-Duc et 200 de Nancy)[17].

Sur le plan géographique, comme les cas de Powers et Kraïtchik l'illustrent, *Sphinx-Œdipe* mobilise à partir de 1908 un public international, dans un premier temps *via* des traductions de textes déjà édités puis des publications inédites, le plus souvent suite à des échanges avec Gérardin. Par exemple, l'américain Edward Brinn Escott (1868-1946), enseignant de mathématiques et participant prolifique aux journaux de questions-réponses comme l'*Educational Times* et *L'Intermédiaire des mathématiciens*, commence à envoyer des contenus pour *Sphinx-Œdipe* après la traduction dans le journal nancéien d'un de ses articles mentionné dans *L'Intermédiaire des mathématiciens* (cf section 4.1). Plus généralement, les nationalités les plus représentées dans *Sphinx-Œdipe* recoupent partiellement ce qui est déjà connu pour l'AFAS (Gispert 2002), avec huit auteurs belges, trois britanniques et trois américains, la plupart habitués aux journaux mathématiques spécialisés ou intermédiaires. Le lieu d'édition de *Sphinx-Œdipe* joue un rôle légèrement plus important à partir de 1909 : en plus de L. Aubry et Chanzy mentionnés précédemment, au moins trois autres auteurs résident à moins de 250 kilomètres de Nancy : Auguste Aubry (Dijon, sans lien familial avec Léon), Georges Métrod (1883-1961, enseignant à Dôle), habitués de *L'Intermédiaire des mathématiciens* et des journaux mathématiques intermédiaires, ainsi qu'Albert Cadenat, également enseignant à Dôle et publiant à partir des années 1920 dans *Sphinx-Œdipe*, qu'il a sans doute connu grâce à Métrod. Chanzy, A. et L. Aubry deviennent de plus des collaborateurs très réguliers de *Sphinx-Œdipe* qui représente pour eux un des principaux journaux mathématiques où publier.

Sphinx-Œdipe constitue par ailleurs un lieu marginal de publication pour plusieurs auteurs coutumiers de journaux mathématiques spécialisés et intermédiaires. Certains publient dans *Sphinx-Œdipe* suite à leur rencontre avec Gérardin lors d'un congrès scientifique. C'est le cas du suisse Louis-Gustave Du Pasquier (1876-1957), enseignant à la Faculté de Neuchâtel, dont un résumé de sa conférence sur les nombres complexes généraux et plusieurs questions mathématiques paraissent dans *Sphinx-Œdipe* dans les mois suivant le congrès international des mathématiciens de 1920 (Strasbourg). De même, le travail présenté par Auguste Pellet (1848-1935) sur la théorie des équations algébriques à l'AFAS en 1925 est annoncé pour publication dans *Sphinx-Œdipe* dans les comptes rendus du congrès, sans doute suite à un accord avec Gérardin. D'autre

---

17. Je remercie Camille Aubry pour les informations et documents transmis sur son arrière-grand-père Léon.

part, des auteurs, *a priori* sans lien direct avec Gérardin, interviennent ponctuellement dans *Sphinx-Œdipe* pour des raisons géographiques ou thématiques. Par exemple, André Auric (1866-1943), est ingénieur des Ponts et Chaussées, auteur régulier des *Nouvelles annales de mathématiques* et occasionnel dans les *Comptes rendus* de l'Académie des sciences pour ses recherches algébriques et géométriques. Il publie un seul et court article dans *Sphinx-Œdipe* en réponse à Barisien en 1914 alors qu'il est en mission à Constantinople. Il est probable qu'il ait connu le journal de Gérardin *via* un autre ingénieur de la même école résidant alors à Constantinople, Stephan Aram Margossian (1853-1931) et correspondant avec Gérardin depuis 1912, ou par Barisien, envoyé à Constantinople au début du XXe siècle. L'enseignant Charles Bioche (1859-1949), qui diffuse habituellement ses recherches dans les *Comptes rendus* de l'Académie des sciences et le *Bulletin* de la SMF, présente en 1911 à la SMF une communication « Sur un carré magique ». Il la publie cependant dans *Sphinx-Œdipe*, qui est alors le journal français éditant régulièrement des articles sur les carrés magiques.

***

Gérardin organise donc une niche éditoriale pour les amateurs de théorie des nombres élémentaire : son journal propose des conditions favorables aux amateurs de nombres pour s'informer, questionner et publier des recherches arithmétiques à une période où les possibilités éditoriales pour ce domaine sont plus réduites qu'au siècle précédent. Au sein de l'espace de circulation mathématique, *Sphinx-Œdipe* se situe dans le voisinage de plusieurs journaux : *L'Intermédiaire des mathématiciens* pour l'autorat, l'importance des questions-réponses et les thématiques dominantes, *Les Tablettes du chercheur* et *L'Écho de Paris* pour la place accordée aux carrés magiques, l'héritage d'une approche ludique des mathématiques et quelques auteurs communs, les journaux intermédiaires pour l'autorat et certains contenus, les comptes rendus de l'AFAS pour l'autorat et les thématiques, les journaux spécialisés principalement pour la réédition de contenus. *Sphinx-Œdipe* se démarque néanmoins de ces périodiques par sa parution mensuelle (par rapport aux congrès de l'AFAS), par la diversité de ses formes éditoriales (par rapport aux journaux de questions-réponses), l'absence de liens avec des programmes d'enseignement (par rapport aux journaux intermédiaires) et par son ouverture aux mathématiques et mathématiciens non académiques (par rapport à nombre de journaux spécialisés).

TABLEAU 2 : Informations biographiques sur les auteurs identifiés ayant publié plus de vingt entrées dans *Sphinx-Œdipe*

Nom	Lieu	Profession[a]	AFAS[b]	SMF[c]	IM[d]	Période[e]	Nb[f]	Art.[g]	QR[h]
Aubry, Auguste	Dijon	?	X			1909-1926	32	34 %	66 %
Aubry, Léon	Jouys-Les-Reims	Viticulteur	X		X	1910-1926	94	21 %	74 %
Barisien, Ernest Napoléon	France	Militaire	X		X	1906-1920*	68	15 %	84 %
Barniville, John J.	Irlande	Admin.				1919-1925	28	7 %	93 %
Bastien, Louis	France	Militaire	X		X	1912-1921	20	20 %	80 %
Brocard, Henri	Bar-le-Duc	Militaire	X	X	X	1906-1926*	184	8 %	87 %
Buquet, Armand	France	Enseignant	X	X	X	1925-1928	44	11 %	68 %
Chanzy, Lucien	Nancy	Enseignant	X			1911-1928	32	6 %	69 %
Cunningham, Alan	Royaume-Uni	Enseignant	X		X	1908-1926	24	4 %	88 %
Despujols (Cdt)	France	Militaire			X	1919-1925	29	0 %	93 %
Fitz-Patrick, J.	France	Enseignant			X	1908-1916	22		100 %
Gérardin, André	Nancy		X	X	X	1906-1928	772	41 %	63 %
Goormaghtigh, René	Belgique	Ingénieur			X	1916-1926	45	20 %	78 %
Kraïtchik, Maurice	Belgique	Ingénieur	X		X	1911-1925	21	38 %	62 %
Métrod, Georges	Dole	Enseignant			X	1913-1925	30	17 %	83 %
Poulet, Paul	Belgique	?			X	1917-1926	30	40 %	57 %
Rignaux, Marcel	France	Ingénieur		X	X	1917-1928	42	5 %	93 %
Tarry, Gaston	France	Admin.	X	X	X	1906-1913	21	29 %	57 %
Valroff, Léon	France	Assureur			X	1911-1925	26	15 %	77 %

[a] « Admin. » pour administrateur
[b] croix = l'auteur a été membre de la SMF
[c] croix = l'auteur apparaît au moins une fois dans les comptes-rendus des congrès de l'AFAS
[d] croix = l'auteur a publié au moins une fois dans l'*Intermédiaire des mathématiciens* (en fonction de ce qui a été trouvé dans le *Jahrbuch* et (Dickson 1919-1923)
[e] période pendant laquelle sont publiés des textes de l'auteur. Un astérisque indique que certaines des publications de l'auteur sont posthumes
[f] nombre d'entrées publiées
[g] proportion d'articles parmi les entrées publiées
[h] proportion de questions et réponses parmi les entrées publiées

Les deux sections suivantes, centrées sur les récréations mathématiques et sur les grands nombres, permettent d'étudier plus finement et plus concrètement les modes d'habiter l'espace de circulation mathématique déployés par plusieurs auteurs ainsi que la façon dont des territoires ont été constitués de manière différenciée par des acteurs, pour diffuser leurs travaux, échanger et collaborer autour de sujets mathématiques particuliers. En particulier, Gérardin endossera des rôles différents en tant qu'éditeur, car beaucoup plus impliqué comme auteur dans les recherches sur les grands nombres que pour les sujets récréatifs.

3 Publier pour divertir et divertir pour innover : les récréations mathématiques dans le voisinage de *Sphinx-Œdipe*

3.1 *Sphinx-Œdipe* comme lieu privilégié pour les récréations mathématiques au début du XXe siècle ?

Genre littéraire identifiable depuis le XVIIe siècle (Budnik 2018), les récréations mathématiques connaissent un essor important en France sous la Troisième République. Dans un contexte de réformes éducatives et de valorisation de la science pour tous, les promoteurs du divertissement mathématique ont trois objectifs : vulgariser, instruire, innover (Hache-Bissette 2017, Chemla 2014). À la fin du XIXe siècle, des récréations mathématiques paraissent dans des rubriques dédiées de la presse et *Les Tablettes du chercheur*, sont présentées à l'AFAS et ponctuellement proposées dans des journaux scientifiques comme la *Revue scientifique*, des journaux intermédiaires ou spécialisés, comme le *Bulletin* de la SMF autour de 1880. Delannoy, Laisant, Lucas et G. Tarry font partie des auteurs promouvant les mathématiques récréatives dans ces différents *media*. Plusieurs ouvrages dédiés sont de plus publiés à la fin du XIXe siècle, comme ceux de Lucas et de William Walter Rouse Ball (1850-1925) (Décaillot 2014, Singmaster 2005). Cette variété de possibilités pour les récréations mathématiques s'amenuise au début du XXe siècle, comme le montre l'absence d'articles dans le *Bulletin* de la SMF ou les rares notes dans la *Revue scientifique*.

Par son format privilégiant les questions-réponses pour un large public, sa filiation revendiquée avec *Les Tablettes du chercheur* et l'ancrage de son éditeur dans la communauté des mathématiques discrètes, ludiques et visuelles, *Sphinx-Œdipe* a donc le potentiel de devenir au début du XXe siècle un lieu privilégié pour les récréations mathématiques. Cependant, même si, durant les premières années, le « Carnet du sphinx » propose quelques récréations littéraires et mathématiques, l'analyse du journal montre une place relativement réduite des énoncés récréatifs ensuite[18]. Des auteurs réguliers de *Sphinx-Œdipe* sont cependant familiers des contenus récréatifs. Ainsi, trois des quatre rédacteurs de

---

18. Si l'on considère comme récréatifs des énoncés dont les caractéristiques sont semblables aux problèmes explicitement qualifiés de récréations mathématiques dans les ouvrages et

la seconde édition française des récréations mathématiques de Rouse Ball (Ball 1907-1909) publiée chez Hermann interviennent ensuite régulièrement dans le journal nancéien : Margossian y publie ses nouvelles recherches sur les carrés magiques (cf. section 3.3) ; l'enseignant de mathématiques J. Fitz-Patrick traduit pour *Sphinx-Œdipe* plusieurs articles anglais de théorie des nombres à partir de 1908 (cf. section 4.1) ; enfin, A. Aubry souhaite éditer des versions améliorées de ses notes publiées dans (Ball 1907-1909), initialement « demandées à l'improviste par M. Hermann », pour « contribuer à la vulgarisation des math[ématiques] élém[entaires] » suite à la demande de plusieurs lecteurs (lettre d'Aubry à G. Tarry, 8 septembre 1911). Gérardin peut également introduire une nouvelle thématique dans son journal suite à des échanges avec un auteur. En envoyant une synthèse sur la « géométrie des quinconces » (Aubry 1911, 187) de Lucas et Laisant, Aubry initie une collaboration avec Gérardin qui, séduit par cette « voie intéressante à explorer » (*SO*, mai 1911, vol. 6, n° 5, p. 79–80), lui propose de rédiger conjointement une traduction abrégée d'un mémoire de Lucas sur la géométrie des tissus publié initialement en 1880 en italien. Ce travail conjoint d'Aubry et Gérardin est inséré dans les compte rendu du congrès de l'AFAS de 1911 (Lucas 1912).

Gérardin consacre l'année suivante un volume spécial de son journal à une série d'articles d'Aubry sur des approches visuelles de la théorie des nombres. Dans ce cas, Gérardin sélectionne donc des mathématiques récréatives originales, dont l'objectif est de divertir pour vulgariser et instruire, mais également pour innover.

Cette implication de Gérardin comme auteur de contenu récréatif reste néanmoins très ponctuelle, comme l'illustrent les deux cas présentés ici. Le premier est centré sur une perspective éditoriale, à travers les circulations entre *Sphinx-Œdipe* et la rubrique des « Récréations intellectuelles » de *L'Écho de Paris*, alors que le second est thématique, abordant la magie arithmétique, qui représente la majorité des entrées récréatives de *Sphinx-Œdipe* à partir de 1910 (fig. 4). Comme nous le verrons, Gérardin assume plutôt le rôle d'observateur et d'éditeur souhaitant proposer à son lectorat des mathématiques inédites voire l'encourager à s'investir dans des questions de recherche.

3.2 Tri sélectif des publications : énigmes dans *L'Écho de Paris* et questions mathématiques dans *Sphinx-Œdipe*

Le cas de *L'Écho de Paris* est singulier, comme unique quotidien cité explicitement dans *Sphinx-Œdipe* et quotidien national proposant le plus grand nombre de problèmes mathématiques dans ses « Récréations intellectuelles »

---

périodiques contemporains à *Sphinx-Œdipe* – énoncés ancrés dans un contexte de vie quotidienne ou de jeu, ou mobilisant des raisonnements élémentaires combinatoires ou sur des nombres entiers –, ils représentent environ 11 % des questions et 10 % des articles dans *Sphinx-Œdipe*.

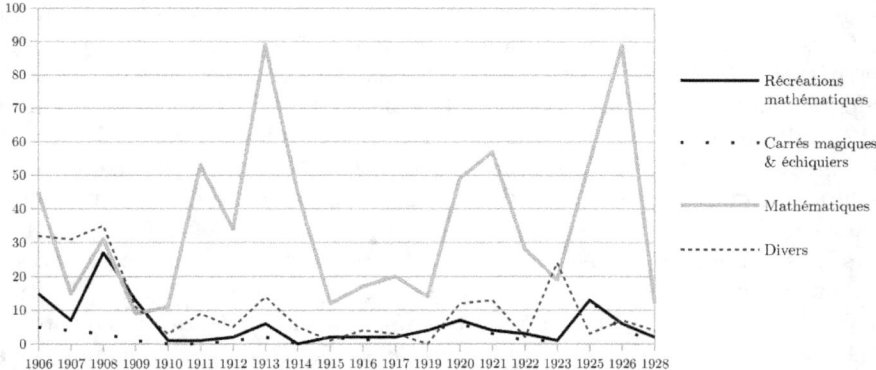

Figure 4 : Nombre de questions non mathématiques, mathématiques non récréatives, récréatives, dont carrés magiques et problèmes d'échiquiers, publiées annuellement dans *Sphinx-Œdipe*.

hebdomadaires au début du XXe siècle[19]. À la fin du XIXe siècle, cette rubrique est éditée par le joueur d'échecs Jules Arnous de Rivière (1830-1905), en contact avec Delannoy, Laisant, Lucas dans les années 1880 (Barbin *et al.* 2017, Goldstein 2020) et elle mobilise plusieurs mathématiciens, dont Delannoy. Elle est reprise à la mort d'Arnous de Rivière par un de ses élèves, sous le même pseudonyme : « Pic de Brasero ». Son public est hétérogène, allant de participants dilettantes à des habitués, dont plusieurs sont familiers de journaux mathématiques intermédiaires et spécialisés, comme Barisien ou G. Tarry. Au moins dix auteurs utilisent *L'Écho de Paris* et *Sphinx-Œdipe* pour leurs questions et réponses mathématiques. L'analyse de leurs interventions permet d'identifier plusieurs modalités mises en œuvre, par des sélections d'énoncés ou de *media*, pour habiter un territoire composé de *L'Écho de Paris* et *Sphinx-Œdipe* favorable à la circulation de mathématiques récréatives.

Des acteurs organisent ce territoire selon leur représentation de ce que peut contenir une rubrique récréative. D'une part, *Pic de Brasero* refuse de publier dans sa rubrique un problème « trop connu » (18 décembre 1905) ou un énoncé qui devrait être « plus humoristique, moins classique et moins difficile » (23 décembre 1907). Il peut d'ailleurs reconnaître des erreurs d'appréciation après la publication d'une énigme peu adaptée à son public : c'est le cas d'une question portant sur les quantités imaginaires dont la réponse publiée est fausse,

---

19. La consultation de plusieurs titres de presse publiant occasionnellement des énigmes mathématiques dans le dernier tiers du XIXe siècle montre que la présence des mathématiques y diminue fortement au début du XXe siècle. *L'Écho de Paris* est décrit dans (Kalifa *et al.* 2011, 243) comme « porte-parole de l'état-major et des intellectuels antidreyfusards ». Le lien éventuel entre cette position et le succès de questions mathématiques attirant d'anciens militaires comme Barisien serait à étudier.

comme le souligne G. Tarry, et pour laquelle *Pic de Brasero* reconnaît qu'elle
« dépasse [...] le cadre d'une rubrique récréative » (7 mars 1910). D'autre part,
des mathématiciens discutent du niveau souhaitable ou acceptable des énigmes
proposées dans *L'Écho de Paris*. A. Aubry, dans une lettre à Tarry (6 décembre
1912), critique « la banalité de nombreux problèmes donnés dans l'Écho » et
souhaite plus de questions sur des sujets comme les piles pentagonales ou
les hexagrammes magiques. Les deux hommes orientent également un sphinx
régulier de *L'Écho de Paris* depuis 1906, Louis Bastien (1869-1961) qui publie
alors sous le pseudonyme *Esperanto*, vers *Sphinx-Œdipe* car ses compétences y
seraient mieux valorisées (lettre d'Aubry à Tarry, 4 décembre 1911) : Bastien
reçoit de Tarry un fascicule de *Sphinx-Œdipe* et contacte Gérardin en octobre
1911 pour lui indiquer l'intérêt qu'il porte à son journal. Bastien commence à
publier des articles et questions de théorie des nombres dans *Sphinx-Œdipe* en
janvier 1912, tout en continuant à proposer des énigmes dans *L'Écho de Paris*.

Des auteurs utilisent également *L'Écho de Paris* comme réservoir d'énigmes
facilement accessible pour proposer des contenus pour *Sphinx-Œdipe* selon
des modes différents. Deux questions publiées en février et mai 1906 sur
la détermination d'expressions d'un nombre donné – comme par exemple
déterminer des expressions du nombre 370 en utilisant des chiffres 3 seulement – sont reproduites à l'identique dans *Sphinx-Œdipe* en novembre par
Arcitenens, dont le passage dans les deux périodiques est très éphémère. Un
mathématicien confirmé comme Brocard s'appuie également sur *L'Écho de
Paris* pour alimenter les questions de *Sphinx-Œdipe* mais en adaptant les
énoncés : le problème de partage intitulé « Le testament de l'oncle Scalène »
et écrit en langage naturel (*EP*, 24 octobre 1910) est ainsi traduit en un
système d'équations indéterminées dans *Sphinx-Œdipe* (février 1911). Ces
cas de circulation illustrent les différences de compétences mathématiques et
d'usages de *Sphinx-Œdipe* par deux sphinx de *L'Écho de Paris*.

Enfin, des allers-retours entre *L'Écho de Paris* et *Sphinx-Œdipe* autour
d'une même énigme témoignent de la maîtrise du fonctionnement des deux
périodiques par plusieurs auteurs, pour y organiser des échanges récréatifs et
mathématiques. Ainsi, le « jeu de Perpète », proposé dans *L'Écho de Paris*
le 15 mai 1911 par Bastien[20] donne lieu à une dizaine d'interventions dans le
quotidien entre mai et novembre 1911, par *Thalès*, *Fleur de Lys* et G. Tarry. Les
solutions données sont de plus en plus mathématisées, impliquant notamment
des décompositions de grands nombres, même si les énoncés conservent la
rhétorique initiale du jeu. Suite à sa lecture (et éventuellement sa participation
sous pseudonyme à ces échanges), H. Tarry envoie à Gérardin une proposition
sur la divisibilité des nombres de la forme $2^p - 1$, dont la démonstration fait
l'objet d'un concours primé dans *Sphinx-Œdipe* en novembre 1911. Gérardin

---

20. « Chacun des deux joueurs possède des jetons en nombre inégal. On joue à pile ou face
un nombre illimité de fois, et à chaque coup, l'enjeu est égal à la fortune du joueur le plus
pauvre en sorte que, si celui-ci gagne, il double sa mise ; s'il perd, il n'a plus rien, la partie
est finie. »

fait alors nommément appel à des « œdipes renommés » comme Kraïtchik et Allan Cunningham (1842-1928), qui publient à la même période sur les nombres de Mersenne dans *Sphinx-Œdipe* (cf. section 4.1). Le concours est également annoncé dans *L'Écho de Paris* le 25 décembre et Bastien publie son premier article dans *Sphinx-Œdipe*, en janvier 1912, sur la congruence $a^x \equiv 5$ en lien avec le jeu de Perpète et les nombres de Mersenne (Bastien 1912).

Ces exemples montrent donc qu'il existe un espace commun de résolution de problèmes entre ces deux journaux pour plusieurs auteurs qui basculent d'un périodique à l'autre selon les formes de mathématiques mobilisées (énigmes / articles, jeu / théorie des nombres). Ils illustrent également la porosité de la frontière entre contenus récréatifs divertissants et recherches mathématiques originales, comme le cas de la magie arithmétique en témoigne également de manière exemplaire.

3.3 *Sphinx-Œdipe* : recycler la magie arithmétique et héberger les mages spécialistes

Le principe des carrés magiques est extrêmement simple : il s'agit de disposer des nombres consécutifs dans un tableau carré tel que les sommes des lignes, des colonnes et des diagonales soient égales. Ces problèmes peuvent donc donner lieu à des questions de nombres accessibles à un public large et adaptables à d'autres figures ou conditions sur les nombres. Très anciens, ces problèmes constituent, avec les polygraphies du cavalier lettrées et numériques[21], des passe-temps très en vogue dans les rubriques récréatives des quotidiens et hebdomadaires généralistes (Boyer 2006) et dans *Les Tablettes du chercheur* à la fin du XIXe siècle. Ces questions d'échiquiers sont également au cœur des mathématiques visuelles et ludiques promues par Laisant, Lucas et consorts, et font l'objet de recherches mathématiques théoriques dans des journaux intermédiaires et spécialisés (Décaillot 2002, Auvinet 2016). Plusieurs spécialistes de magie arithmétique – ou « mages » selon leur propres termes –, dont les frères Tarry, Portier et Rilly, utilisent cette diversité de supports pour diffuser leurs travaux. Comme pour les récréations mathématiques en général, les possibilités éditoriales sont radicalement réduites au début du XXe siècle pour les mages. Parmi la presse, seul *L'Écho de Paris* publie régulièrement des figures magiques de Portier et Rilly au tout début du siècle mais à la mort d'Arnous de Rivière en septembre 1905, ce type d'énigme disparaît pendant plus d'un an. Dans le même temps, *Sphinx-Œdipe* est créé et vise explicitement les carrés magiques dans ses thèmes mathématiques. Des questions y sont insérées

---

21. Le problème du cavalier – ou polygraphie du cavalier – consiste à faire parcourir au cavalier une et une seule fois toutes les cases d'un échiquier. Ce problème peut également donner lieu à des énigmes lettrées : des syllabes sont disposées sur un échiquier et une marche du cavalier permet de faire apparaître un mot ou une expression. Sur la polygraphie du cavalier dans les périodiques au tournant du XXe siècle, voir (Boucard & Eckes 2021, 35–42)

dès 1906 et 33 articles y sont publiés, dont une vingtaine avant 1913, année de la mort de G. Tarry (cf. fig. 4).

Dans un premier temps, *Sphinx-Œdipe* fait office de lieu de substitution à *L'Écho de Paris* : Portier, Rilly et G. Tarry l'investissent dès 1906 avec des articles, questions et réponses sur les carrés magiques, auxquels d'autres mages comme H. Tarry et Savard, ainsi que quelques habitués de *Sphinx-Œdipe*, réagissent. Néanmoins, Portier retourne vers *L'Écho de Paris* en 1907, suivi par Rilly qui meurt en 1909, et est rejoint par cinq autres mages spécialistes dont G. Tarry et Charles Salomon (1876-1949) à partir de 1910. *L'Écho de Paris* devient alors le centre d'un territoire pour la magie arithmétique, sous l'autorité d'un nombre réduit de spécialistes à l'initiative de la plupart de la centaine de questions posées entre 1907 et 1914, et d'un public régulier et familiarisé avec le vocabulaire des figures magiques. Portier et Tarry organisent ce territoire, le premier comme principal pourvoyeur d'énigmes (une quarantaine) et le second en tentant d'éduquer les œdipes avec des méthodes générales (par exemple avec une note intitulée « Ce qu'il n'est pas permis à un mage d'ignorer » et publiée le 14 mars 1910) et l'introduction de concepts de théorie des nombres utiles pour la théorie des figures magiques (géométrie modulaire, égalités à plusieurs degrés[22]). Néanmoins, dans le dernier cas, Tarry surestime parfois le niveau des œdipes des « Récréations intellectuelles » car les questions plus générales ou théoriques n'obtiennent que peu de réponses. À la marge de *L'Écho de Paris*, *Sphinx-Œdipe* continue d'être mobilisé par Portier, Rilly ou Tarry pour des raisons éditoriales et épistémiques : ils peuvent y publier des articles de plusieurs pages – format inexistant pour les mathématiques dans *L'Écho de Paris* – et des questions plus générales, leur permettant de développer des aspects plus théoriques de la magie arithmétique. Ces mages utilisent également d'autres *media* de manière très ponctuelle pour leurs recherches sur les figures magiques : des brochures et ouvrages, l'AFAS pour Rilly, *L'Intermédiaire des mathématiciens* et l'AFAS pour Tarry et ses recherches arithmétiques liées à la magie. Au-delà du public et des possibilités éditoriales, l'utilisation marginale de ces journaux spécialisés peut être conventionnelle : alors que Tarry a proposé quelques semaines plus tôt dans *L'Écho de Paris* deux théorèmes généraux sur les carrés magiques à démontrer, Aubry lui écrit qu'il serait « peu convenable de publier [la démonstration de] ces théorèmes dans l'*Écho* » avant *L'Enseignement mathématique*, mais qu'il serait possible d'en faire circuler une première preuve par voie manuscrite afin de calmer l'impatience des mages. L'intérêt du public est bien là mais il serait malvenu de donner la primeur d'une démonstration dans un quotidien ! Des mages initiés dans *L'Écho de Paris* se tournent parfois vers des supports mathématiques plus spécialisés : à partir de 1912, Salomon publie par exemple plusieurs brochures chez l'éditeur Gauthier-Villars et les envoie à Gérardin au moins. Ces mages ont donc constitué un

---

22. Une égalité à n degrés est un ensemble de nombres entiers $a, b, c, \ldots, \alpha, \beta, \gamma \ldots$ tels que $a^k + b^k + c^k + \ldots = \alpha^k + \beta^k + \gamma^k + \ldots$, $1 \leq k \leq n$.

territoire pour la magie arithmétique, avec *L'Écho de Paris* comme centre, *Sphinx-Œdipe* comme lieu de substitution puis comme marge pour diffuser des travaux plus généraux ou théoriques, au même titre que *L'Intermédiaire des mathématiciens*, l'AFAS et des brochures dont la publicité est assurée dans les rubriques bibliographiques de plusieurs périodiques.

Dans les années 1910, d'autres spécialistes de magie arithmétique envoient leurs travaux à Gérardin. C'est par exemple le cas de l'enseignant belge Édouard Barbette, avec qui Gérardin échange depuis 1910 sur la décomposition des nombres. Gérardin s'intéressera à ses recherches sur la magie arithmétique plus tard, grâce à A. Aubry et G. Tarry, suite à une recension d'Aubry sur un ouvrage de Barbette dans *L'Enseignement mathématique* (*SO*, décembre 1912, vol. 7, n° 12, p. 188). Six mois plus tard, Gérardin publie dans son journal un extrait de mémoire envoyé par Barbette, initialement présenté à l'Académie des sciences de Liège. De même, Margossian envoie à partir de 1912 des articles sur la magie arithmétique à Gérardin[23], qui en publie une dizaine dans son journal entre 1912 à 1925. Margossian a pu entrer en contact avec Gérardin *via* Aubry, avec qui il a collaboré à la traduction du traité de Rouse Ball, *via* Barbette avec qui il correspond, ou encore *via* Barisien qui comme lui a effectué des missions à Constantinople. Enfin, Friedrich Fitting (1862-1945), enseignant de mathématiques à München-Gladbach, publie son premier article sur les carrés magiques en français dans *Sphinx-Œdipe* en novembre 1912, vraisemblablement suite à sa rencontre avec Gérardin au congrès international des mathématiciens de Cambridge l'été précédent. *Sphinx-Œdipe* semble ainsi faire office de point d'accès à l'espace de circulation mathématique pour Margossian et permet à Fitting de commencer à publier sur le territoire de la magie arithmétique francophone.

Ces différents cas montrent que *Sphinx-Œdipe* permet de publier au moins ponctuellement des contenus qui, quelques années plus tôt, auraient trouvé place dans des quotidiens et dans *Les Tablettes du chercheur* pour les questions-réponses ou dans certains journaux intermédiaires et spécialisés pour les articles. Le journal héberge ainsi les travaux de plusieurs mages spécialistes, sans néanmoins susciter d'échanges sur les figures magiques sauf lorsque la rubrique récréative de *L'Écho de Paris* est en sourdine sur ce thème. La magie arithmétique est par exemple un thème important de la correspondance entre Aubry et Tarry mais cela ne transparaît pas dans *Sphinx-Œdipe*. C'est seulement après la mort de Tarry qu'Aubry y publie deux articles de synthèse en 1913 et 1926 fondés sur les travaux de son ami, suite à une commande de Gérardin. Dans les années 1920, Gérardin tente de rassembler des amateurs de son journal autour de questions générales sur les carrés magiques ou la polygraphie du cavalier, en vain. Il n'obtient aucune réponse sur le premier

---

23. Sur Margossian, sa reconnaissance en tant que mathématicien et ingénieur au sein de l'Empire ottoman et son travail sur les carrés magiques, voir notamment (Eden & Takıcak 2022).

thème. Sur le second, il introduit une nouvelle marche, celle du Sphinx en une case et trois perpendiculairement, à partir d'un ensemble de questions générales et d'énigmes lettrées. Seules les dernières trouvent public.

Le territoire mobilisé par ces différents mages semble de plus être étanche à un autre lieu pour la magie arithmétique, outre-Atlantique. Paul Carus (1852-1919), éditeur du journal de philosophie américain *The Monist*, y intègre de la magie arithmétique depuis la fin du XIXe siècle[24]. Une dizaine d'auteurs, se citant mutuellement, y publient environ quarante articles entre 1905 et 1919. L'un d'eux, William Symes Andrews (1847-1929), en compile plusieurs dans un ouvrage synthétique sur les carrés et cubes magiques (Andrews 1908). *The Monist* est apparemment le seul périodique que ces auteurs utilisent pour leurs articles de recherche sur la magie arithmétique. Réciproquement, ces textes semblent y être les seuls contenant des raisonnements mathématiques techniques. Ces auteurs ne se réfèrent jamais aux mages francophones et la seule référence dans *Sphinx-Œdipe* à ces recherches est due à Aubry (Aubry 1926), suite à sa lecture de l'ouvrage d'Andrews annoncé dans *L'Enseignement mathématique*. Dans les années 1910, il existe donc au moins deux territoires pour la magie arithmétique, quasiment hermétiques : le premier, francophone, organisé autour de *L'Écho de Paris* pour les énigmes et rassemblant plusieurs mages diffusant leurs recherches plus théoriques dans quelques journaux spécialisés comme *Sphinx-Œdipe*, et le second centré sur un journal de philosophie américain et aboutissant à la publication d'un traité au moins. C'est finalement cet ouvrage qui permet une circulation très réduite entre ces deux régions de l'espace de circulation mathématique.

***

Par contraste avec les rubriques récréatives de la presse dont la plupart des énigmes sont publiées pour divertir, *Sphinx-Œdipe* apparaît donc comme un lieu qui accueille ponctuellement des mathématiques récréatives innovantes. L'éditeur Gérardin reste relativement passif par rapport à A. Aubry et G. Tarry qui maîtrisent les possibilités éditoriales et les conventions associées au sein du territoire qu'ils ont organisé autour de certaines récréations mathématiques. Par exemple, Bastien, sphinx régulier de *L'Écho de Paris*, est publié dans *Sphinx-Œdipe* pour des questions et articles de théorie des nombres, après recommandation d'Aubry et Tarry. Les échanges personnels entre Gérardin, Aubry et Tarry informent également sur les stratégies éditoriales de certains mages. Ainsi, Aubry peut conseiller à Tarry de se tourner vers un journal dont il est familier comme *L'Enseignement mathématique*, diffusé plus largement que *Sphinx-Œdipe*, car Gérardin favorise alors d'autres thèmes que la magie arithmétique (Lettres d'Aubry à Tarry, 1er septembre et 8 octobre 1912). Dans les années 1920, après la mort de mages comme Portier et Tarry, les tentatives

---

24. Je remercie Jemma Lorenat pour avoir attiré mon attention sur l'approche particulière des figures magiques dans ce journal au tournant du XXe siècle, entre mathématiques, philosophie et métaphysique (Lorenat 2018). À partir de 1906, les énoncés purement mathématiques semblent cependant prendre le pas sur l'approche philosophique.

manquées de Gérardin pour lancer ses lecteurs sur des questions générales de magie arithmétique ou de polygraphie du cavalier confirment que *Sphinx-Œdipe* n'est pas un journal mobilisé par les acteurs souhaitant approfondir mathématiquement des thèmes récréatifs. Le cas de Kraïtchik est éclairant de ce point de vue. Participant régulièrement à *Sphinx-Œdipe* depuis les années 1910 sur la décomposition des nombres et les équations indéterminées, un seul de ses articles porte sur un problème récréatif, en 1925. La même année, il devient rédacteur de la rubrique « Récréations mathématiques » du journal bruxellois *L'Échiquier*, dont l'objectif est de « vulgariser les sciences mathématiques » et dont « l'aboutissement logique » est son ouvrage *La mathématique des jeux* (Kraitchik 1930, v). En 1931, il crée *Sphinx*, « Revue périodique des questions récréatives », qui contient des récréations mathématiques et de la théorie des nombres. À aucun moment Kraïtchik n'évoque une filiation possible entre *Sphinx-Œdipe* et ses publications récréatives mais il mobilise de nombreux contenus du journal nancéien pour son ouvrage, tout particulièrement sur les figures magiques. Sa revue publie de plus une dizaine d'auteurs de feu *Sphinx-Œdipe*, dont A. Aubry, Bastien ou Gérardin. Tout en hébergeant des contenus récréatifs et mobilisant des auteurs qui y sont sensibles, *Sphinx-Œdipe* est donc considéré par Kraïtchik comme un journal plus adapté pour publier de la théorie des nombres.

4 Organiser un territoire pour les calculateurs : grands nombres, tables et machines au sein de *Sphinx-Œdipe*

Dans le dernier tiers du XIXe siècle et suite à des programmes individuels et collectifs mis en œuvre depuis l'époque moderne, des recherches visant à collecter des données arithmétiques sous forme tabulaire sont développées dans au moins deux contextes institutionnels différents. D'une part, les constructions de tables arithmétiques peuvent être financées, en Grande Bretagne dans le cadre du comité des tables de la British Association for the Advancement of Science piloté par James Whitbread Lee Glaisher (1848-1928) et aux États-Unis par la Carnegie Institution à partir du début du XXe siècle (Croarken 2007, Fenster 2003). Suite à ces financements, les recherches sont parfois poursuivies individuellement par des calculateurs et publiées dans des journaux spécialisés comme le *Messenger of Mathematics* et le *Quarterly Journal of Pure and Applied Mathematics* édités par Glaisher (Bullynck 2014). D'autre part, et à la même période, des programmes sur les tables de nombres sont discutés par des auteurs français et belges à l'occasion des congrès de l'AFAS et à partir des travaux de Lucas principalement. C'est dans ce cadre que sont présentés ou discutés des projets de mécanisation des calculs arithmétiques, alors que les machines à calculer intègrent de nombreuses professions impliquant des calculateurs humains (Burot 2016, Gardey 2008, Grier 2005). L'introduction de « machines de papier » – procédures de manipulation de parties de tables de nombres imprimées – et des tentatives de mécanisation pour la décomposition des nombres sont proposées dès la fin du XVIIIe siècle. Elles sont reprises et développées à la fin du XIXe siècle par les Français Lucas, Henri Genaille et le Britannique Frederick William Lawrence notamment (Bullynck 2014).

Sphinx-Œdipe a une position singulière dans l'espace de circulation mathématique sur ces questions de tables de nombres et de mécanisation du calcul. D'une part, les tables de nombres y ont une place importante : 71 tables de nombres sur 360 pages environ, soit l'équivalent de presque deux années de publication du journal. *Sphinx-Œdipe* est le seul journal spécialisé à publier régulièrement de longues tables de nombres en France, ce format éditorial étant aussi relativement rare dans les périodiques en dehors des *Annals of Mathematics* et du *Messenger of Mathematics* (Lehmer 1941). D'autre part, dans les années 1910, *Sphinx-Œdipe* devient un carrefour pour les discussions sur les possibilités de mécanisation du calcul en théorie des nombres, dont les principaux protagonistes sont Gérardin, Kraïtchik et les frères Eugène (1880-1925) et Pierre (1871-1923) Carissan[25].

Dans ce cadre, Gérardin joue un rôle essentiel pour organiser un territoire autour des calculs en théorie des nombres à partir de son journal. Dès les premiers fascicules, il propose des concours et questions mathématiques impliquant des grands nombres[26], résume et réédite des articles qu'il considère comme importants pour son public et constitue progressivement un réseau de collaborateurs locaux, nationaux et internationaux, familiers ou néophytes. L'objet de cette partie est d'étudier la construction et le fonctionnement de cet espace collectif de circulation mathématique à partir des échanges sur la décomposition des nombres au sein de *Sphinx-Œdipe* puis de l'approche spécifique des équations indéterminées cubiques développée dans ce contexte.

4.1 Informer, collaborer et communiquer pour décomposer des grands nombres

L'étude de la période 1906-1913 met en lumière les trois modalités utilisées par Gérardin pour stimuler et organiser les échanges et collaborations sur la décomposition des nombres : s'informer et informer le public en collectant et sélectionnant les contenus les plus pertinents, collaborer en échangeant avec des calculateurs expérimentés et en accueillant de nouveaux amateurs, rencontrer et communiquer à l'occasion des congrès nationaux et internationaux.

Dès 1906, Gérardin invite le public de son journal à s'investir dans les recherches sur la décomposition des nombres, tout en lui donnant accès à de nombreuses méthodes et résultats récents sur le sujet. Pour cela, il s'appuie sur ses propres connaissances mathématiques et bibliographiques. Ainsi, la

---

25. Le rôle de *Sphinx-Œdipe* dans la circulation des informations relatives aux tables et aux machines a déjà été souligné (Bullynck 2014, Burot 2016, Shallit *et al.* 1995).

26. Par exemple, Gérardin propose pour le premier concours mathématique de *Sphinx-Œdipe* de déterminer toutes les autres solutions d'équations indéterminées comme $28\ 515\ 600 s^2 + 199\ 032\ 907\ 896\ 752 s + 150\ 520\ 283\ 598\ 641 = y^2$ lorsque l'on connaît la valeur maximale de s.

première question mathématique posée dans le journal porte sur les diviseurs des nombres de la forme $2^x \pm 1$ pour $x \leq 257$. Gérardin en donne dans le même fascicule une première réponse sous la forme d'un état de l'art sur les nombres de Mersenne ($2^p - 1$ où p est premier, noté M_p) et de Fermat ($2^{2^n} + 1$, noté F_n) étayé de nombreuses références bibliographiques sur les méthodes, les résultats obtenus et les machines utilisées. Plus généralement, Gérardin sélectionne des articles présentant différentes méthodes de factorisation discutées depuis la fin du XIXe siècle, fondées sur les formes quadratiques binaires, sur la différence de deux carrés et la considération des résidus quadratiques, l'analyse des derniers chiffres des nombres ou encore sur l'équation de Pell $x^2 = Ny + 1$. Il en propose des résumés, rééditions et traductions. Il s'appuie notamment sur *L'Intermédiaire des mathématiciens* pour connaître l'actualité relativement récente. Par exemple, un article d'Escott sur la réciproque du théorème de Fermat, paru dans le *Messenger of Mathematics* en mars 1907 puis mentionné dans *L'Intermédiaire des mathématiciens*, est traduit par Fitz-Patrick et publié dans *Sphinx-Œdipe* en janvier 1908. Fitz-Patrick avait envoyé à Gérardin l'année précédente la traduction d'un chapitre d'un traité de théorie des nombres britannique (Mathews 1892). C'est ce premier contact qui semble avoir initié une collaboration éditoriale entre les deux hommes, sous la forme d'une quinzaine de traductions de Fitz-Patrick insérées dans *Sphinx-Œdipe*. Gérardin utilise également *L'Intermédiaire des mathématiciens* pour collecter des textes auxquels il n'a pas pu avoir accès directement : après un appel infructueux dans son journal en juin 1908 (*SO*, Q194, vol. 3, n° 3, p. 44), Gérardin le réitère dans *L'Intermédiaire des mathématiciens* en juillet 1909. Il y annonce être à la recherche d'une série de mémoires sur la décomposition des nombres pour la plupart anglais et américains, dont celui de Lawrence présentant ses procédés mécaniques de calculs, et publiés au tournant du XXe siècle. Il souligne la difficulté « de se procurer des tirés à part de travaux très intéressants publiés en Angleterre et en Amérique, principalement sur la théorie des nombres » (*IM*, 1909, vol. 16, p. 147). À la suite de cet appel, Gérardin reçoit régulièrement des tirés à part et brochures envoyés par plusieurs mathématiciens anglais et américains. C'est le cas de Cunningham et Herbert J. Woodall qui participent à la fin du XIXe siècle au comité des tables de la British Association for the Advancement of Science. Par son appel, Gérardin a initié des correspondances régulières avec des amateurs de calculs.

Suite aux appels de Gérardin débutent des collaborations effectives sur les méthodes et résultats obtenus pour la décomposition des nombres avec des calculateurs expérimentés, comme le montrent les échanges sur les nombres de Mersenne parus dans *Sphinx-Œdipe* entre 1908 et 1912. À partir de 1908, Gérardin y publie une série d'articles intitulés « Décomposition des nombres ». Il y résume les méthodes de factorisation connues et énonce des lois donnant les formes des facteurs possibles de nombres de forme donnée, vérifiées empiriquement sur plusieurs décompositions connues de grands nombres.

Gérardin en déduit les facteurs inférieurs à un million à tester pour plusieurs nombres de Mersenne. Gérardin mentionne son travail pour tester les facteurs possibles de M_{89} inférieurs à un million en collaboration avec Fauquembergue qui étudie et applique des méthodes de factorisation depuis le XIXe siècle. Cette annonce fait suite à la réception d'une lettre de Cunningham l'informant avoir découvert le plus petit facteur de M_{71} et testé, en vain, les facteurs proposés par Gérardin pour les autres nombres de Mersenne. Gérardin en profite pour lancer un appel aux amateurs de *Sphinx-Œdipe* pour la recherche des autres facteurs de M_{71}. Or, la primalité de M_{89} est démontrée indépendamment par Powers en 1911 à partir de l'usage d'une machine arithmétique (Corry 2010). Powers envoie à Gérardin son article paru dans l'*American Mathematical Monthly* en novembre 1911 et contenant un résumé de ses calculs, qu'il complète avec des détails de son travail (*SO*, janvier 1912, vol. 7, n° 1, p. 15). L'envoi de Powers est partiellement publié par Gérardin en février 1912 à côté des méthodes instrumentales développées par Fauquembergue sur la même question, dont les calculs sont « à la disposition de tous » (*SO*, février 1912, vol. 7, n° 2, p. 17). Cet exemple donne à voir plusieurs formes de collaborations : des calculs effectués conjointement avec Fauquembergue, des échanges épistolaires sur des essais de calculs avec Cunningham, et l'envoi de calculs non publiés pour justifier ou vérifier son résultat avec Powers. Ce dernier point, avec le commentaire fait par Gérardin sur les calculs de Fauquembergue, souligne les limitations éditoriales des journaux mathématiques mobilisés : l'absence du détail des calculs qui permettraient aux collaborateurs de vérifier leur exactitude ou de comprendre finement la méthode utilisée induit la nécessité d'échanges personnels.

Entre 1911 et 1914, Gérardin propose également aux œdipes de son journal une douzaine de concours primés sur la décomposition des nombres. Cette stratégie semble payante pour séduire un nouveau public. Gérardin permet ainsi à deux professionnels du calcul, Valroff et Kraïtchik, de publier leurs recherches dans un journal spécialisé. Valroff, ancien directeur d'une compagnie d'assurances, envoie à Gérardin début 1910 une brochure sur les nombres premiers, publiée initialement dans *L'Argus*, journal international des assurances[27]. L'année suivante, Valroff commence à publier régulièrement des questions et des réponses dans *L'Intermédiaire des mathématiciens* et des questions primées dans *Sphinx-Œdipe* sur l'analyse indéterminée et la décomposition des nombres. À partir de ces questions est initiée avec Cunningham une collaboration par questions et réponses interposées, puis par échanges personnels au cours desquels Valroff complète des tables numériques de Cunningham et soumet des factorisations que ce dernier mobilise explicitement dans ses articles (Cunningham 1913). En mai 1911, Kraïtchik, qui s'occupe du service de calcul de la Société financière des transports et d'entreprises industrielles

---

27. Les articles de Valroff sur la théorie des nombres de 1908 et 1909 sont exceptionnels dans l'*Argus*, où les mathématiques ne sont que ponctuellement mobilisées pour des textes sur la théorie des assurances.

à Bruxelles (Kraitchik 1930, d'Ocagne 1930), est annoncé comme « nouveau correspondant » de Gérardin : ses tables de nombres premiers, de racines primitives et de solutions de congruences sont rapidement publiées dans un numéro spécial de *Sphinx-Œdipe* et Kraïtchik devient un collaborateur régulier de *Sphinx-Œdipe*. Kraïtchik est également un des inventeurs de machines à calculer que Gérardin présente en avant-première à partir de mars 1912 dans son journal, avec la sienne et celle de P. Carissan, ce dernier lui en ayant transmis une description. Gérardin porte effectivement une attention particulière aux instruments et mécanismes mobilisés pour les grands calculs et souligne régulièrement l'usage d'un procédé matériel innovant dans les articles qu'il commente ou réédite.

Gérardin profite des congrès pour rencontrer ses correspondants et communiquer sur les recherches en cours des collaborateurs de *Sphinx-Œdipe*. Par exemple, lors du congrès de l'AFAS de 1912, il présente le 1er août une synthèse sur les procédés de factorisation connus et fait la promotion de la machine de Kraïtchik et de la sienne (Gérardin 1913a). Quelques semaines plus tard, Gérardin participe à deux congrès en Angleterre, où il peut échanger avec Cunningham sur les nombres de Mersenne. Au congrès de la British Association for the Advancement of Science à Dundee, il présente sa « machine algébrique » qui pourrait décomposer le nombre de Mersenne M_{47} en quatre minutes et en résume rapidement le fonctionnement, se tenant « à la disposition de nos collègues anglais, pour explications » (Gérardin 1913c, 406). Dans la section didactique du congrès international des mathématiciens, à Cambridge, Gérardin se réfère à sa machine, et à celles de Kraïtchik et des frères Carissan. Il présente de plus une méthode fondée sur l'usage de bandes de papier équivalente à sa machine, testée en classe avec des collégiens par P. Carissan à Lesneven pour décomposer des nombres de 6 à 7 chiffres en quelques minutes. Il fait également la publicité de cette expérience pédagogique l'année suivante dans deux journaux mathématiques pour enseignants, *Mathematical Gazette* et *Wiskundig Tijdschrift*. À Cambridge, la présentation de Cunningham sur les nombres de Mersenne témoigne également des échanges avec Gérardin et de l'importance des collaborateurs de *Sphinx-Œdipe* sur le sujet : les auteurs contemporains mentionnés dans sa bibliographie depuis 1906 participent tous, à une exception près, au journal nancéien.

Gérardin a donc réussi à organiser un territoire pour la décomposition des nombres autour de son journal, mobilisant des protagonistes britanniques, français et belges, calculateurs, familiers de la presse mathématique ou non. Cela génère des collaborations multiples pour échanger des publications, des méthodes et des résultats, voire entreprendre des calculs collectivement. Cette situation contraste avec les exemples analysés dans la section précédente : ici, Gérardin est pro-actif dans le cadre d'un de ses propres thèmes de recherche et met en place un réseau international. Cependant, il ne mentionne pas les recherches contemporaines de certains habitués de son journal. Par exemple, G. Tarry publie à la même période des articles sur la décomposition des nombres, mais dans d'autres *media*, sans doute en collaboration avec l'enseignant de mathématiques Ernest Lebon (1846-1922), à la Société philomathique et à l'AFAS. Gérardin publie une fois les travaux de Lebon et Tarry, en 1906 et 1908 respectivement, puis ne s'y réfère plus bien que Lebon lui envoie régulièrement ses brochures. De même, il évoque régulièrement les envois de Barbette mais n'y consacre pas d'articles dans *Sphinx-Œdipe*. Cette absence peut s'expliquer pour des raisons méthodologiques puisque Lebon, Tarry et Barbette proposent des tables de décomposition exhaustives tandis que Gérardin s'intéresse à des séries de nombres particuliers. Elle peut également être due à une concurrence institutionnelle entre les différents protagonistes, notamment pour des financements de l'AFAS qu'obtiennent Gérardin et Lebon en 1912. Enfin, des stratégies éditoriales sont peut-être en jeu, G. Tarry étant conscient de l'impact réduit d'une publication dans *Sphinx-Œdipe*.

Cette importance accordée aux calculs dans *Sphinx-Œdipe* influence la forme d'autres recherches arithmétiques dans *Sphinx-Œdipe* : par exemple, plusieurs auteurs étudient les équations indéterminées cubiques selon une approche calculatoire. Si certaines problématiques sont communes, la structuration de ces recherches au sein de l'espace de circulation mathématique diffère de celles sur la décomposition des nombres.

4.2 Un lieu de calcul original pour les équations indéterminées cubiques

L'analyse indéterminée est le thème comportant le plus grand nombre d'entrées dans *Sphinx-Œdipe*. Dans le dernier tiers du XIXe siècle, l'analyse indéterminée circule principalement dans des journaux intermédiaires belges et français, et dans une moindre mesure, britanniques et italiens (Boucard 2020a, 51). Cette répartition semble au moins partiellement la même dans le premier tiers du XXe siècle. Dans *Sphinx-Œdipe*, à l'exception de Kraïtchik et d'Escott, tous les auteurs publiant sur les équations indéterminées sont français. Cunningham, par exemple, répond à de nombreuses questions sur les équations indéterminées dans *L'Intermédiaire des mathématiciens* tandis qu'il échange avec Gérardin et intervient dans *Sphinx-Œdipe* sur la décomposition des nombres au même moment. Cependant, comme précédemment, *Sphinx-Œdipe* attire de nouveaux acteurs : L. Aubry, viticulteur et amateur autodidacte en mathématiques, investit *Sphinx-Œdipe* avec une cinquantaine de questions, réponses et articles sur l'analyse indéterminée à partir de 1911. Le journal nancéien lui permet notamment de publier ses recherches sous la forme de longs mémoires, dans le cadre d'un volume spécial en 1913 par exemple. Comme pour la décomposition des nombres, Gérardin encourage son public à entreprendre des recherches en analyse indéterminée, par la publication de nombreuses questions. Entre 1911 et 1913, alors que les discussions sur la décomposition des nombres battent leur plein, Gérardin propose une quinzaine de concours primés sur les équations indéterminées dont certains reposent sur la manipulation de grands nombres : l'approche calculatoire développée dans le cadre de la décomposition des nombres semble influer sur la forme de l'analyse indéterminée dans *Sphinx-Œdipe*.

Le cas des équations cubiques en nombres entiers $x^3 \pm y^2 = \pm a$ est de ce point de vue éclairant. Cette famille d'équations a donné lieu à une série de publications dans les années 1870 et 1880 dans des journaux intermédiaires comme les *Nouvelles Annales de mathématiques* (Boucard 2020a, 34–38), et auxquelles des auteurs réguliers de *Sphinx-Œdipe*, comme Brocard et Fauquembergue, ont participé. Ces équations sont de nouveau discutées par le biais de questions-réponses dans *L'Intermédiaire des mathématiciens* et l'*Educational Times*, impliquant notamment Brocard, Escott et Cunningham. Elles font l'objet de questions et articles dans *Sphinx-Œdipe* à partir de 1911. Par exemple, Valroff publie une question sur $2x^2 = y^3 + 1$ (*SO*, Q277, avril 1911, vol. 6, n° 4, p. 59), indique les deux premières solutions $(1,1)$ et $(78, 23)$, et met en jeu une prime pour la première solution où $y > 23$ ou pour une démonstration de la non-existence de telles solutions. L. Aubry (juillet 1911) et Fauquembergue (novembre 1913) s'appuient sur des propriétés de divisibilité de congruences pour démontrer qu'il n'existe pas d'autres solutions que celles données par Valroff. Kraïtchik (juillet 1911) et Escott (septembre 1911 puis août 1913) adoptent une approche calculatoire, en démontrant qu'il n'existe pas d'autres solutions pour $y < 6720$, pour les nombres y de moins de 100 chiffres, puis de moins de 256 chiffres respectivement. Des calculs effectifs de solutions sont également menés sur des familles de cas, notamment à la suite d'un article de Gérardin, « Solutions entières d'équations cubiques » (Gérardin 1913b). Il y présente un historique des méthodes publiées sur les équations cubiques, ainsi que des résultats inédits obtenus à partir de différentes méthodes de résolution et confirmés par les vérifications de son « collaborateur » Chanzy. Gérardin propose à cette occasion une classification des équations traitées en genres, en fonction du nombre de solutions déterminées. Elle est illustrée par la liste de solutions d'équations de la forme $y^3 + k = x^2$, classées selon leur genre, dont certaines ont été calculées par Bastien à Nancy en octobre 1912. Il publie dans le même fascicule une question primée sur la même famille d'équations (*SO*, Q430, octobre 1913, vol. 8, n° 10, p. 151). Bastien y répond en traitant les équations $q^3 - k^2 = n$ où $n \leq 100$ (1914, vol. 9, n° 1, p. 43–44), donnant au moins toutes les solutions pour q inférieur à un million dans les cas où le nombre de solutions n'est pas connu. *Crussol* (1914, vol. 9, n° 3, p. 15–16) donne le nombre de solutions déterminées de plusieurs équations $x^3 + k = y^2$. Gérardin mobilise donc ici des calculateurs dans son projet de résolution d'équations, que ce soit un auteur local comme Chanzy ou un collaborateur récent comme Bastien. Il mentionne également ses procédés mécaniques de calculs lorsqu'il commence à publier, un an plus tard, une série de tables sur les solutions de l'équation $x^3 \pm y^2 = \pm a$, $|a| \leq 2000$.

En contraste avec la décomposition des nombres, cette approche des équations cubiques par tables, calculs collectifs et partiellement mécanisés semble spécifique à *Sphinx-Œdipe*. À la même période, d'autres méthodes sont développées pour la résolution d'équations indéterminées cubiques, dont la famille de cas traitée ici. Par exemple, suite à sa question posée en octobre 1913, Gérardin reçoit du mathématicien autodidacte Louis Joel Mordell (1888-1972) un mémoire sur l'équation $y^2 - k = x^3$ présenté à la London Mathematical Society en décembre 1912 (Mordell 1914). Mordell y traite plusieurs cas de l'équation selon trois approches, à partir de méthodes fondées sur la loi de réciprocité quadratique, de la théorie des formes cubiques et des nombres idéaux (Gauthier & Lê 2019). Il est probable que le jeune Mordell ait connu l'existence de Gérardin et de son journal *Sphinx-Œdipe* par sa participation aux réunions de la London Mathematical Society et des discussions avec Cunningham[28]. Cependant, il ne publie pas dans *Sphinx-Œdipe* et Gérardin ne résume pas les méthodes de Mordell, qu'il considère sans doute comme inadaptées au public de son journal. Par ailleurs, alors que Gérardin fait la publicité de sa méthode de résolution de problèmes indéterminés dans les *Nouvelles Annales de mathématiques* entre 1915 et 1918, d'autres auteurs y présentent des méthodes non élémentaires. Celles-ci reposent sur des applications géométriques des fonctions elliptiques, sur la considération de coordonnées entières et rationnelles de courbes cubiques ou encore sur l'application d'approximations de nombres algébriques (Boucard 2020a, 48–49). Gérardin ne les mentionne pas dans son journal. *Sphinx-Œdipe* semble donc être un lieu singulier et isolé pour les recherches sur les équations $x^3 \pm y^2 = \pm a$.

***

Gérardin a ainsi constitué un territoire de calculs autour de son journal, initiant des formes multiples de collaborations autour des grands nombres, entre plusieurs journaux spécialisés. Ce territoire est habité par des calculateurs chevronnés et des néophytes comme Kraïtchik, Valroff, les frères Carissan ou Powers, sans doute familiers des manipulations de nombres et des machines à calculer grâce à leurs métiers. Pendant et après la guerre, Gérardin continue d'informer son lectorat des résultats obtenus avec sa machine et propose plusieurs concours sur de grands calculs en demandant aux auteurs d'expliciter leurs méthodes et le temps nécessaire à l'obtention de leurs résultats. P. Carissan répond en indiquant la démonstration de la primalité du nombre 708 158 977 en une dizaine de minutes grâce à la machine de son frère Eugène. Ce type de collaboration se poursuit autour de *Sphinx-Œdipe* : l'américain Derrick Henry Lehmer (1905-1991), qui construit sa première machine de papier pour décomposer les nombres vers 1926 (Shallit *et al.* 1995, Bullynck 2014), rend visite à Gérardin à la fin des années 1920. En 1931, Lehmer

---

28. Cunningham mentionne par exemple Gérardin et *Sphinx-Œdipe* en avril 1912 dans une communication sur les nombres de Mersenne. Même si Mordell n'est élu membre de la société qu'en juin 1912, il a pu lire le compte rendu de la réunion ou bien il a pu échanger avec Cunningham sur la question posée par Gérardin, qui était de plus primée.

se réfère d'ailleurs à ses échanges avec Gérardin pour retrouver les calculs de Kraïtchik sur le nombre de Mersenne M_{257}, alors déposés « au *Sphinx-Œdipe* » (Lehmer 1931) afin de pouvoir les comparer à son travail dans un article paru dans la nouvelle revue *Sphinx* : même après l'arrêt de *Sphinx-Œdipe*, des échanges internationaux ponctuels autour des calculs arithmétiques et des tables de nombres se poursuivent, dans le journal nouvellement créé par Kraïtchik (Bullynck 2014, 16).

5 En guise de conclusion, modes d'habiter et territoires constitués au sein de l'espace de circulation mathématique

L'analyse globale de *Sphinx-Œdipe* informe sur les interactions éditoriales, les lieux géographiques, les publics, les thèmes en jeu, et le positionne de manière singulière au carrefour de plusieurs régions de l'espace de circulation mathématique. *Sphinx-Œdipe* a été constitué, dans ses dimensions éditoriales, sociales et épistémiques, à partir de l'expérience spécifique de Gérardin comme lecteur et auteur, dans la continuité d'un espace collectif mis en place dans le dernier XIXe siècle. Ce journal est de plus marginal au sein de l'espace de circulation mathématique, de par sa situation géographique, sa spécialisation thématique, sa forme matérielle, la position de son éditeur, amateur de province. N'étant que peu soumis aux contraintes académiques ou matérielles, *Sphinx-Œdipe* contient des thèmes – comme la magie arithmétique – et des formats – comme les tables de nombres – rares dans les journaux mathématiques spécialisés de la même période.

L'analyse d'un tel journal permet de saisir différents modes d'habiter les marges de l'espace de circulation mathématique du premier XXe siècle. Comme éditeur, Gérardin cumule une grande diversité de pratiques au sein de son journal avec la collecte d'écrits mathématiques *via* des annonces, la réédition de contenus adaptés à son lectorat et aux thèmes qu'il souhaite approfondir, ou encore l'organisation de concours et de collaborations sur des sujets arithmétiques. Il maîtrise pour cela les différents journaux mathématiques proches éditorialement, socialement ou thématiquement de son journal et communique avec plusieurs amateurs de nombres en participant à des congrès, en les rencontrant personnellement ou par échange épistolaire. *Sphinx-Œdipe* constitue le premier journal où publier des mathématiques pour des auteurs comme Margossian, ou le premier périodique spécialisé pour des auteurs comme Bastien ou Valroff après qu'ils aient commencé à publier leurs travaux mathématiques dans un quotidien pour le premier ou dans un journal professionnel pour le second. *Sphinx-Œdipe* devient un *media* central pour quelques auteurs, comme L. Aubry, Chanzy ou Valroff par exemple, tout en étant marginal pour d'autres qui n'y publient que dans des circonstances spécifiques, comme Bioche, Lebon ou Du Pasquier.

La variation de la focale thématique, sur les contenus récréatifs puis sur calculs arithmétiques sur les grands nombres, permet d'identifier des territoires constitués à partir de *Sphinx-Œdipe*, qui prend alors une fonction différente selon les acteurs en jeu. Dans le cas des récréations mathématiques, et de la magie arithmétique en particulier, Portier et G. Tarry, organisent en grande partie les énigmes publiées sur les figures magiques au sein de *L'Écho de Paris*, qui mobilise un public plus dilettante de divertissement mathématique et majoritairement anonyme. A. Aubry et G. Tarry pilotent au moins partiellement les circulations mathématiques entre *L'Écho de Paris* et *Sphinx-Œdipe* et informent régulièrement Gérardin des auteurs qu'il serait pertinent de publier dans son journal. Aubry et Tarry maîtrisent suffisamment le territoire constitué des périodiques publiant au moins ponctuellement des récréations mathématiques pour adapter les contenus de leurs propres publications ou pour conseiller des auteurs moins avertis. Dans ce territoire, *Sphinx-Œdipe* publie la plupart des mages francophones, en tant que journal acceptant des mathématiques non académiques, entre divertissement et recherches inédites, sous forme de questions mais aussi d'articles. Gérardin y intègre des contenus récréatifs en fonction de conseils reçus d'Aubry et Tarry, ou de rencontres ponctuelles, ce qui induit un corpus de textes et d'auteurs hétérogène. *Sphinx-Œdipe* représente pour ces mages un point relativement marginal de leur espace de publication et ils mobilisent parallèlement d'autres journaux français comme *L'Écho de Paris* pour les énigmes, *L'Intermédiaire des mathématiciens* pour des questions plus techniques, ou encore *L'Enseignement mathématique* pour des recensions bibliographiques, ce qui donne lieu à des circulations et adaptations de questions et d'énoncés mathématiques entre ces *medias*. Il n'y a par contre pas de lien direct avec les auteurs américains du *Monist*.

Les modes d'habiter *Sphinx-Œdipe* en particulier, et l'espace de circulation mathématique en général, diffèrent sensiblement dans le cas des calculs arithmétiques sur les grands nombres. Tout d'abord, Gérardin met en place activement un territoire de collaboration pour la décomposition des nombres, en collectant des informations pour s'informer et informer son lectorat, en initiant des entreprises calculatoires collectives, par articles interposés, échanges épistolaires et rencontres effectives. La possibilité d'éditer des tables de nombres, d'échanger rapidement et de manière relativement informelle fait de *Sphinx-Œdipe* un espace collaboratif lié par des rééditions, traductions puis des citations réciproques à des journaux spécialisés plus académiques, comme le *Messenger of Mathematics*. Ces publications dans des périodiques sont de plus couplées à des échanges épistolaires mais aussi à des rencontres dans les congrès, nationaux et internationaux, et à Nancy, entre Gérardin, et Chanzy, Valroff ou encore Lehmer. Des calculateurs spécialistes depuis la fin du XIXe siècle (Fauquembergue pour la France, Cunningham et Woodall pour l'Angleterre) sont rejoints par des nouveaux utilisateurs de l'espace de circulation mathématique, dont le goût pour cette course collective aux grands nombres a dans certains cas pu être attisé par leurs professions et leur familiarité avec les machines à calculer (les frères Carissan, Kraïtchik, et Valroff). Pour ces auteurs, *Sphinx-Œdipe* constitue le plus souvent le centre de leur espace de publications tandis que d'autres calculateurs comme G. Tarry ou Barbette, publiant par ailleurs dans le journal nancéien, ne s'en servent pas pour diffuser leurs travaux sur la décomposition des nombres. *Sphinx-Œdipe* témoigne par contre de collaborations locales, de Gérardin avec Chanzy, Bastien ou Valroff. Si les calculateurs britanniques n'y publient que très rarement, les échanges organisés par Gérardin à partir de son journal donnent lieu à des coopérations internationales, avec Cunningham, Powers, Woodall et les traductions par Fitz-Patrick. La synthèse monumentale de Dickson sur la théorie des nombres (Dickson 1919-1923) témoigne d'ailleurs de ces collaborations : le mathématicien américain remercie les différents relecteurs de son travail, dont plusieurs auteurs de *Sphinx-Œdipe*, anglophones – Cunningham, Escott, Woodall – mais aussi francophones – Gérardin, A. Aubry et Chanzy.

5.1 Remerciements

Je remercie chaleureusement Pierre Teissier pour nos discussions autour des concepts d'échelles et d'habiter, et François Lê pour sa relecture attentive et ses questionnements sur la notion de marge.

Chapitre 13

Giornali matematici, politica e propaganda: il caso italiano fra le due guerre

Erika Luciano

1 Introduzione

È evidente che i giornali matematici siano soggetti ai condizionamenti e alle influenze della politica e dei suoi eventi. Se infatti non si considerano alla stregua di oggetti materiali inerti, ma li si reputa degli organismi viventi che nascono, si evolvono, muoiono e cambiano, è naturale dedurne che – insieme ai loro collaboratori e ai loro pubblici – essi partecipino alla vita nazionale e internazionale dei paesi in cui sono pubblicati. In altre parole, la "grande storia" incrocia inevitabilmente le varie micro-storie delle riviste (Peiffer *et al.* 2020).

A fronte di questa constatazione quasi banale, sorge spontaneo domandarsi perché in Italia non sia mai stato analizzato a fondo l'oscuro legame che intercorre fra politica, propaganda e giornali di matematica, legame che è stato invece fatto oggetto di riflessione storiografica per altri tipi di segmenti editoriali e per altre discipline. È ad esempio ormai noto che i giornali di trincea,[1] quelli di medicina, chimica e agraria (Seccia 2015) e certe riviste generaliste come la futurista *La Voce* furono scientemente sfruttati a fini di propaganda nella prima guerra mondiale (Ferrata 1961), (Prezzolini 1974). Analogamente è stata documentata l'esistenza di giornali fiancheggiatori della dittatura fascista,

---

1. Ministero per i Beni e le Attività Culturali, Istituto centrale per il catalogo unico delle biblioteche italiane, 2010-2018.

Ph. Nabonnand, J. Peiffer, H. Gispert (eds.), *Circulation des mathématiques dans et par les journaux: histoire, territoires, publics*, 405–428.
© 2025, the author.

quali l'*Educazione Nazionale* e *Cultura Fascista*, che furono organi di stampa della politica scolastica di regime (Castronovo & Tranfaglia 1976), (Tranfaglia *et al.* 1980), (Alfassio Grimaldi 1979), (Chiosso 2008). E ancora, è stato preso in conto il ruolo dei giornali di antropologia come *La difesa della razza*, che diffusero e propalarono i dogmi del razzismo biologico nella società e nelle istituzioni accademiche italiane.[2]

Questa lacuna può forse parzialmente dipendere dal fatto che la matematica è spesso ritenuta – invero in modo immotivato – una disciplina asettica, immune ai condizionamenti ideologici e alle temperie politiche, anche le più drammatiche, in virtù del suo intrinseco carattere di universalità e di sovranazionalità. È d'altra parte vero che non sono esistite riviste matematiche analoghe a quelle, famigerate, sopra citate. A nostro avviso, tuttavia, per quanto meno dirompente rispetto ad altre sfere del sapere, il rapporto politica-propaganda-*policy* dei giornali di matematica è un aspetto affatto marginale o assente dal paesaggio editoriale italiano fra le due guerre ed è un fenomeno che merita di essere affrontato, nel quadro di una riflessione storiografica completa sulla circolazione delle matematiche *nei e attraverso* i giornali.

Dal punto di vista cronologico i primi episodi di condizionamento a carico di periodici di matematica si registrano alla vigilia dell'entrata in guerra dell'Italia (maggio 1915). L'ingerenza diviene poi via via più rilevante fra le due guerre, subendo una brusca accelerazione dal 1924 in avanti, quando si consuma il cosiddetto processo di fascistizzazione della cultura, della scuola e della società (Charnitzky 1996), (Guerraggio & Nastasi 2005), (Galfré 2005), (Ostenc 1981).

Lungo tutto questo arco temporale (1914-1945), il tema si presta a essere declinato secondo una molteplicità di prospettive. Tre sono, a nostro avviso, quelle prevalenti:

- l'intromissione fascista nei comitati editoriali dei principali giornali di matematica, con il corrispettivo corollario di opportunismi, connivenze, cedimenti, scontri di potere;

- la politicizzazione delle riviste, in termini sia di sostanza che di forma. Essa ha luogo quando un giornale di matematica è strumentalizzato per diffondere contenuti di natura ideologica, quali il primato dello spirito latino e del genio italico nelle scienze esatte, o ancora quando è usato, in modo non episodico, per alimentare il culto del Duce, per celebrare gli eroi delle quattro guerre del secolo (libica, mondiale, etiopica e spagnola) ecc.;

---

2. Cf. (Cassata 2008) et (Loré 2008). Si tenga presente, fra l'altro, che il ministro dell'educazione G. Bottai, con una circolare ministeriale del 6 agosto 1938, invitava in modo assai energico tutti i rettori delle università e tutti i direttori degli istituti scolastici superiori a contribuire alla diffusione capillare della rivista, diretta dall'amico T. Interlandi, e all'assimilazione diligente dei suoi contenuti. Un fascicolo conservato nell'Archivio di Stato di Roma ci informa che la tiratura de *La Difesa della Razza* passò dalle 14–15 000 copie dei primi numeri alle 19–20 000 copie del periodo luglio-novembre 1940 delle quali circa 9 000 distribuite come omaggi o per abbonamenti).

– l'impatto di determinati provvedimenti e normative (le leggi razziali per esempio) sulla circolazione del sapere *nei* e *attraverso* i giornali.

In tutte e tre le accezioni, il rapporto politica-propaganda-editoria è stato ampiamente studiato a livello internazionale. A questo proposito è appena il caso di ricordare che fin dagli anni Ottanta il tema del condizionamento nazista sui comitati editoriali dei giornali scientifici tedeschi fu posto all'ordine del giorno della ricerca storica.[3] Nella stessa scia di studi si pone un recente contributo di (Eckes 2018), dedicato al reclutamento dei recensori dello *Zentralblatt für Mathematik*.

Molto lavoro resta invece da fare sul fronte italiano, nonostante il fenomeno dell'ideologizzazione dei giornali di matematica, nella sua pervasività, sia di notevole interesse.[4] Per analizzarlo abbiamo scelto di partire dal posseduto della Biblioteca Speciale di Matematica dell'Università di Torino. Essa comprendeva, nel periodo fra le due guerre, un numero di collezioni di periodici italiani variabile fra 23 e 36. Nove di questi li abbiamo esclusi a priori perché non sono giornali di matematica, pur essendo fonti importanti per esaminare certe questioni strettamente connesse al nostro tema.[5] I restanti hanno costituito il *corpus* di riferimento per la nostra analisi dei rapporti fra politica, propaganda e *policy* editoriale.

Alla luce di questa scelta, abbiamo illustrato l'ingerenza del potere sui comitati editoriali (§ 2) e i momenti salienti del processo di ideologizzazione, in chiave dapprima nazionalista e successivamente fascista, cui i giornali matematici italiani furono sottoposti (§§ 3–4). All'interno del nostro *corpus* sono emersi tre casi di studio particolarmente suggestivi, che sono stati qui sviluppati in dettaglio: quello del *Bollettino di Matematica*, un giornale per insegnanti completamente ed efficacemente fascistizzato (§ 5), quello di una rivista generalista, *Schola et Vita*, che almeno nei suoi primi quindici anni di vita si rifiutò di accettare per la pubblicazione articoli di contenuto politico (§ 6) e quello di tre giornali specialistici creati in Argentina, sul modello di riviste italiane, da Beppo Levi e Alessandro Terracini, esuli per motivi razziali a Rosario e Tucumán rispettivamente (§ 7).

Il ruolo dei periodici di matematica nell'Italia fascista, e in particolar modo di quelli appartenenti all'area del cosiddetto giornalismo a carattere elementare, è stato così definito più chiaramente: i giornali di matematica indirizzati ai maestri elementari e agli insegnanti di scuola media furono, in assoluto, i più

---

3. (Segal 1986, 119), (Mehrtens 1987), (Knoche 1991), (van Dalen & Remmert 2006) e molti altri, per es. (Lehto 1998, 68), (Remmert 2000, 22–27), (Segal 2003, 229), (Siegmund-Schultze 2018, 370).

4. In questo volume si veda, sullo stesso tema, il contributo di Giacardi & Tazzioli, (cap. 23).

5. L'*Universalità fascista* serve ad esempio per illustrare le sinergie internazionali fra i vari fascismi, la *Bibliografia Scientifico-Tecnica Italiana*, organo del Consiglio Nazionale delle Ricerche, per documentare come si cercò di coordinare e collegare la produzione dei diversi istituti scientifici nazionali.

fascistizzati. Le motivazioni di questo fatto sono da ricercarsi in un mix di tre fattori: l'opportunismo dei loro direttori, il formato editoriale di questi periodici e un *quid* specifico connesso al loro essere giornali di matematica.

In relazione al primo fattore, in quanto riviste indirizzate a comunità numericamente ben più consistenti di quella dei matematici professionisti, esse ebbero l'opportunità di costruire e di fidelizzare pubblici larghi, dei quali intercettarono gli interessi culturali e non. Per questo, agli occhi della gerarchia fascista rappresentarono fin da subito una ghiotta occasione, un segmento dell'editoria da sfruttare più di altri a fini di propaganda e di indottrinamento di massa.

La loro fascistizzazione, d'altronde, era più semplice da attuare rispetto a quella di altre tipologie di giornali. Riviste come il *Bollettino di Matematica* da sempre declinavano, oltre a quelli matematici, contenuti di altre discipline (scienze naturali, igiene, geografia economica, fisica e chimica), il cui insegnamento era abbinato a quello della matematica nelle scuole elementari e medie. Non solo: da sempre comprendevano rubriche dedicate alla vita intellettuale, alla cronaca minuta, alle vicende professionali ed esistenziali del personale scolastico. Queste rubriche erano, per loro stessa natura, permeabili a temi extra-matematici e potevano essere facilmente strumentalizzate per far circolare, a livello di meta-discorso, messaggi ideologici. Nulla di più facile, poi, che crearne di nuove: un lettore abituato da decenni a scorrere l'*Albo d'onore* o i *Medaglioni* del *Bollettino di Matematica* era portato a sfogliare anche le neonate sezioni *Notizie a Fascio* e *Per la patria in armi*.

Più complesso, invece, è identificare se e cosa vi sia di specificamente matematico nel meccanismo di fascistizzazione di questi giornali. Da un lato essi, in quanto giornali di matematica, disciplina "senza confini né razze", secondo la celebre definizione di Hilbert, potevano qualificarsi come organi di informazione e di formazione politicamente neutri e creditizzare appieno il prestigio scientifico dei loro direttori e collaboratori. Questi ultimi, da par loro, in un contesto altamente competitivo come il mondo dell'editoria fascista, erano portati a cercare il sostegno del regime, per convinzione o per calcolo. Il fascismo aiutò, anche economicamente, questi periodici che oltre che matematica facevano politica; ciò comportò un loro maggior successo, una diffusione su più larga scala, e questo indusse a scendere a nuovi compromessi. In un tale circolo vizioso, la componente matematica di questi giornali sarebbe stata progressivamente snaturata, ma paradossalmente sarebbe cresciuto il loro peso culturale.

2 Cacciare X, prendere Y: l'intromissione del potere sui comitati editoriali

È questa, forse, la componente più macroscopica e più immediatamente tangibile dell'ingerenza della politica sull'editoria, scientifica e non. Essendo fatti di uomini (e donne), i giornali si espongono infatti inevitabilmente ai tentativi del potere di pilotare la composizione dei comitati di redazione e i relativi avvicendamenti, facendo leva su ambizioni e debolezze personali, su rivalità e regolamenti di conto di vario genere, non solo fra singoli studiosi ma anche fra opposte "Scuole" di ricerca. Gli esempi di manovre per far entrare o viceversa per escludere, per coinvolgere o per marginalizzare un determinato matematico in ragione della sua militanza politica o della sua fede religiosa o della sua appartenenza a una specifica identità razziale si sprecano. Ci limitiamo a citarne alcuni, fra quelli più significativi.

Dopo gli inviti, a tratti quasi le suppliche di Salvatore Pincherle, Vito Volterra, uno dei *leader* della matematica italiana, acconsente a che il suo nome figuri nel comitato di redazione del *Bollettino della Unione Matematica Italiana*, salvo poi astenersi dal partecipare attivamente alla vita del giornale.[6] Lo stesso Volterra, che nel 1931 rifiuta di prestare giuramento di fedeltà al regime fascista, scompare gradualmente dalla cerchia delle firme dei periodici italiani e si rivolge sempre più frequentemente a quelli stranieri per pubblicare i propri lavori.

Guido Castelnuovo e Tullio Levi-Civita, fra i più celebrati Maestri della matematica italiana, non hanno diritto di cittadinanza nei periodici editi dall'Accademia d'Italia, monopolizzati dal fascistissimo Francesco Severi.[7] Un analogo ostracismo si consuma ai danni di Volterra e di Guido Fubini. Così, per una singolare ironia della sorte, le *Memorie* e gli *Atti (Rendiconti)* dell'Accademia d'Italia, pur configurandosi come continuazioni delle omonime serie lincee,[8] si privano della collaborazione di alcune delle loro firme più prestigiose e prolifiche: non solo gli "ebrei", ma anche studiosi di pura razza ariana notoriamente antifascisti, come Gustavo Colonnetti. Il conteggio delle pubblicazioni è schiacciante. Nella sesta serie (1935-1939) delle *Memorie* lincee della Classe di scienze fisiche, matematiche e naturali Federigo Enriques pubblica 3 lavori, Gino Fano 3, Colonnetti 9, Leonida Tonelli 6, Francesco Tricomi 9. Le collezioni dell'Accademia d'Italia non contano alcun loro contributo. Viceversa, i "valorosi camerati" Enea Bortolotti, Corradino Mineo e Mauro Picone hanno al loro attivo 6, 1 e 3 lavori nei periodici lincei e 8, 6 e 2 in quelli dell'Accademia d'Italia. E ancora Luigi Berzolari e Luigi Fantappié non pubblicano alcun lavoro nelle collezioni lincee mentre quelle dell'Accademia d'Italia ospitano rispettivamente 2 e 3 loro scritti (Accademia Nazionale dei Lincei 1953).

Severi, Enrico Bompiani e parecchi altri approfittano poi con spudorato cinismo dell'arianizzazione dei comitati editoriali imposta dalla legislazione

---

6. Si vedano per es. le lettere di Pincherle a Volterra, 22.3.1922, 31.3.1922, 12.4.1922, 17.5.1922, 29.7.1922, 15.11.1922, 30.11.1922, 5.11.1926, 23.11.1926 in *Accademia Nazionale dei Lincei, Fondo V. Volterra* e (cap. 23) in questo volume).

7. In merito al caso di Castelnuovo si vedano le lettere di Castelnuovo a Volterra, 19.2.1929, 17.9.1932, 12.8.1933 in (Luciano 2021); per Levi-Civita si veda (Capristo 2003).

8. Si ricordi che nel 1939 avviene la fusione (di fatto un'annessione) dei Lincei da parte dell'Accademia d'Italia.

razziale. A seguito delle leggi del 1938, Beppo Levi e Beniamino Segre sono così estromessi dalla redazione del *Bollettino della Unione Matematica Italiana* (Giacardi & Tazzioli, cap. 23); Enriques è rimosso dalla direzione del *Periodico di matematiche*, che aveva tenuto con meritato successo dal 1921 (Giacardi 2012, 246–250); Fubini, B. Segre e Levi-Civita sono epurati dal comitato direttivo degli *Annali di matematica pura ed applicata*, e sostituiti da Giovanni Sansone, Bompiani, Gaetano Scorza, Antonio Signorini e Leonida Tonelli.

Un celebre esempio di politica aggressiva verso i tradizionali assetti di potere della matematica italiana riguarda infine i *Rendiconti del Circolo matematico di Palermo* (Nastasi 1998, 321–322). Nel 1931, Bompiani – nelle vesti di segretario del comitato matematico del Consiglio Nazionale delle Ricerche – si occupa della stampa periodica nazionale, prendendo di mira le sue due più gloriose testate: gli *Annali di matematica pura ed applicata* e i *Rendiconti del Circolo matematico di Palermo*. Le loro direzioni, secondo Bompiani, "esistono più di nome che di fatto e non hanno subito alcun rinnovamento o ringiovanimento sostanziale che rifletta in qualche modo la vita nuova in Italia da un decennio a questa parte".[9] D'altro canto le riviste sono uno strumento potente nelle mani della politica accademica, poiché "una Memoria respinta o ritardata, un anticipo nella pubblicazione di un lavoro alla vigilia di un concorso possono escludere dalla cattedra o dalla attribuzione di premi etc. un concorrente e favorirne un altro". Occorre dunque modificare i comitati di redazione per non abbandonare "ogni strumento di pratica azione nelle mani di un gruppo perpetuandone la potenza, al di fuori delle commissioni, nella formazione dei futuri professori universitari e più in generale nella attribuzione di ricompense". L'auspicio di Bompiani diviene di lì a poco una triste realtà: nel 1934 viene approvato per regio decreto il "nuovo" statuto del Circolo che lo priva di ogni autonomia decisionale, essendo il presidente scelto dal ministro e dovendo giurare fedeltà al regime. Seguirà l'attacco più grave, quello al carattere internazionale del Circolo, con la limitazione apposta al numero dei soci stranieri, che non può più superare la metà di quelli italiani.[10]

Come si deduce da questi episodi (solo alcuni fra le decine che si potrebbero elencare), l'influenza della politica sui comitati editoriali è trasversale anche se tocca in modo particolarmente profondo le testate non indipendenti, cioè i giornali addossati a istituzioni e società scientifiche statali. In questi casi il potere ha infatti un interesse ancora maggiore ad agire. Il meccanismo è abbastanza semplice: laddove già non vi sia, alla guida di un determinato giornale si mette un uomo del regime. Questi coopta i collaboratori e, in tal modo, fa salire certe "Scuole" e ne condanna altre all'estinzione, promuove alcune linee di ricerca e ne affossa altre. Da par loro, gli aspiranti contributori –

---

9. *Archivio Accademia Nazionale delle Scienze, Fondo E. Bompiani Roma*: Bompiani a Scorza, 22.6.1931.

10. Brigaglia & Masotto (1982, 382) ricordano una circolare del 1939 con la quale si lanciava un patetico appello per la presentazione di nuove memorie: fino a tutti gli anni 1920 non era mai successo, anzi i *Rendiconti* avevano respinto decine di lavori.

siano essi giovani matematici rampanti o studiosi già maturi, in cerca di affermazione o di riscatto – adattano le proprie strategie in funzione degli orientamenti politico-culturali delle redazioni. Infine, gli intellettuali organici al potere, sedendo nei comitati di redazione dei giornali più prestigiosi, hanno modo di esaltare certe collaborazioni internazionali (per esempio con il Terzo Reich, l'Impero giapponese, la Romania di Antonescu o il Brasile di Vargas) e di passarne altre sotto silenzio, in special modo quelle con l'emergente matematica statunitense.[11]

3 Prime prove di condizionamento: i giornali e la Grande Guerra (1915-1919)

Nella narrativa dei rapporti fra politica, propaganda e *policy* editoriale in Italia si distinguono tre momenti principali: la Grande Guerra, l'ascesa del fascismo e il periodo finale della dittatura (1938-1945). Per ricostruire con fedeltà di dettagli il percorso di condizionamento ideologico e politico che si consuma ai danni dei giornali matematici dobbiamo perciò partire dalla prima guerra mondiale, che ha un effetto dirompente.

Negli anni 1915-1918 tutti i periodici italiani fanno "vita stentatissima".[12] In questo periodo di stasi, il *Bollettino dell'Associazione Mathesis fra gli insegnanti di Matematica* è tra i pochi a uscire con regolarità. Berzolari, presidente della società e direttore del giornale, adotta infatti una strategia di mantenimento (Filiberti 2015-2016, 68), che ha successo grazie all'aiuto dei docenti della sezione ligure e a quello del gruppo delle Conferenze matematiche torinesi. Il *Periodico di matematica* e i suoi Supplementi, così come *Il Pitagora*, rimangono invece silenti per gran parte del conflitto. Nel dopoguerra, non riuscendo a far fronte all'aumento vertiginoso dei costi della carta, *Il Pitagora* e *Il Bollettino di matematiche e di scienze fisiche e naturali* vanno incontro allo spegnimento. Altri giornali vengono assorbiti: ad esempio il *Bollettino di bibliografia e storia delle scienze matematiche* di Gino Loria diventa una sezione del *Bollettino di Matematica* (Armando 2015-2016, 79–90).

Si salva per contro, grazie a Enriques, il *Periodico*. Per fronteggiare la grave crisi in cui versa la rivista e nello stesso tempo per riallacciare i rapporti con la Germania, che si erano interrotti a causa della guerra, nel 1921 Enriques ha infatti l'idea di stabilire un accordo commerciale fra l'editrice Teubner e

---

11. Per dimostrare i legami di amicizia e le strette affinità culturali fra l'Italia fascista e il governo legionario rumeno, in qualità di co-direttore degli *Annali di matematica pura ed applicata* e di accademico d'Italia Severi sollecita ad esempio i giovani matematici rumeni a pubblicare nei periodici italiani. Numerosi contributi di N. Abramesco, M. Ghermanescu e G. Vrănceanu vi trovano ospitalità. Cf. Presentazione, Erika Luciano, "The international partnerships on mathematics at the age of totalitarianisms", *Mathematics and International Relationships in Print (Journals and Books) and Correspondence*, Colloque CIRMATH, Trente, 2014. Lo stesso avviene per il *Bollettino della Unione Matematica Italiana*, (cf. cap. 23).

12. *Fondo Peano-Mastropaolo Torino*: Peano a Mastropaolo, 21.4.1925.

l'italiana Zanichelli.[13] La *joint-venture* che propone a Felix Klein[14] consiste in un sistema di vendite abbinate a prezzi calmierati di opere e riviste italiane e tedesche. L'accordo non va in porto, per la morte di Klein e per altri fattori contingenti, ma Enriques, divenuto nel frattempo presidente della Mathesis, riuscirà comunque a rilanciare il *Periodico* che dal 1921 inaugurerà la quarta serie, sotto il nuovo titolo di *Periodico di matematiche* e accorperà il *Bollettino della Mathesis*, cessato l'anno precedente.

La sopravvivenza degli *Annali di Matematica pura ed applicata* è invece garantita da una campagna di mobilitazione internazionale che vede impegnato in prima persona Corrado Segre (Luciano & Roero 2016, 131–132). Pur amareggiato di doversi rivolgere a degli stranieri, cui "rincresce sempre chieder denari",[15] Segre accetta di sacrificare l'orgoglio patriottico e, per garantire la ripresa del giornale che dal 1857 aveva rappresentato la voce dell'Italia matematica, chiede aiuto ai suoi allievi americani. Virgil Snyder, a Torino per un soggiorno di studi nel 1922, è messo a parte delle preoccupazioni di Segre circa il destino della rivista e decide di diramare attraverso il *Bulletin of the American Mathematical Society* una *call for funds* ai colleghi americani.[16] L'invito è prontamente raccolto da molti "allievi a distanza" di Segre, come C. L. E. Moore, E. B. Stouffer, S. Lefschetz, J. Lipka e L. H. Rice.[17] Gli esiti eccellenti di questa campagna di abbonamenti, "effetto dell'opera di Segre",[18] andranno a scongiurare la morte degli *Annali* e anzi li proietteranno – con l'apertura della quarta serie, diretta da L. Bianchi, C. Segre, S. Pincherle e T. Levi-Civita – verso una nuova stagione.

A seguito della guerra anche le reti di collaborazioni sovranazionali intrecciate dai matematici italiani subiscono una brusca battuta d'arresto. Ciò ostacola chiaramente la circolazione dei giornali. A questo proposito, mi limito a menzionare un solo caso, quello della Biblioteca Speciale di Matematica dell'Università di Torino, dal cui *corpus* abbiamo preso le mosse (Luciano 2018a, 443–445). Fra il 1916 e il 1919 questa biblioteca sospende quasi tutti gli abbonamenti a giornali stranieri, continuando a ricevere solo *L'Enseignement mathématique*, il *Bulletin des sciences mathématiques*, *L'Intermédiaire des mathématiciens* e gli *Acta mathematica*. Il suo direttore, Corrado Segre, si sforza invano di opporsi, appellandosi al fatto che la ricerca scientifica

---

13. Enriques a Klein, 18.1.1921 in (Luciano & Roero 2012, 216–217).
14. La politica editoriale italiana, in questo frangente, è differente rispetto a quella francese; influisce plausibilmente su questo fatto l'esistenza di una salda e duratura trama di relazioni scientifiche e personali fra Klein e i geometri algebrici italiani.
15. Si vedano le lettere di Segre a Volterra, 5.7.1912, 9.7.1912 e 27.12.1912 in *Accademia Nazionale dei Lincei, Fondo V. Volterra*.
16. Snyder a Segre, 21.11.1922 in (Luciano & Roero 2016, 195–196) e *Notes, Bulletin of the American Mathematical Society*, 28, 1922, 370; 29, 1923, 41.
17. Si vedano le lettere di Snyder a Segre, 21.11.1922, 8.12.1922, 5.1.1923 e 19.2.1923 e di Snyder ai membri dell'American Mathematical Society, 18.9.1922 in (Luciano & Roero 2016, 195–201, 203).
18. Pincherle a Segre, 27.1.1923 in (Luciano & Roero 2016, 202).

trascende ogni distinzione di nazionalità e razza. Il fatto di insistere di fronte alle autorità accademiche affinché la Biblioteca continui a ricevere i giornali tedeschi, essenziali per gli studi matematici, nonostante il divieto di importare merci dagli Imperi centrali, gli attira tuttavia le critiche dei colleghi più ferventemente nazionalisti e interventisti e lo espone addirittura all'accusa di filo-germanicità.

Al di là delle conseguenze immediate degli eventi bellici sulla vita dei giornali, gli anni 1915-1919 sono anche quelli in cui si assiste ai primi esperimenti di "pervertimento delle coscienze" attraverso l'uso mirato dei periodici. Esso tocca parecchi giornali (*Scientia*, fra gli altri, di cui Enriques abbandona la direzione proprio per questo motivo (Pompeo Faracovi 1981), (Linguerri 2002)) ma in special modo interessa i *Bollettini*, ovvero la nutrita filiera di giornali per insegnanti, pubblicati da associazioni di categoria e incentrati sugli aspetti sindacali della professione (i salari, le pensioni, i trasferimenti, i concorsi...). A distinguersi, nel processo di ideologizzazione, sono soprattutto il *Bollettino di matematiche e di scienze fisiche e naturali*, il *Bollettino di Matematica* e il *Bollettino dell'Associazione Mathesis*.[19]

Tutti e tre forniscono l'elenco dei soci sotto le armi e pubblicano altisonanti necrologi di quelli caduti al fronte (si vedano per es. (Conti 1915-1916), (Cattaneo 1917a), (Conti & Amici 1918), (Sittignani 1918)). Il *Bollettino di Matematica* inaugura persino due nuove rubriche, i *Medaglioni* e l'*Albo d'onore*, dedicate agli "eroi" (Conti 1920-1921b, 251), cioè alle grandi e piccole storie dei lettori e degli abbonati come Eugenio Elia Levi, Luigi Tenca, Siro Medici, e persino a quelle dei loro figli, nipoti e parenti, feriti sui campi di battaglia o immolatisi per la patria compiendo "per intero il proprio dovere" (Conti 1919, 1).

I direttori (Luigi Berzolari, Tenca e Alberto Conti), intellettuali di cui è ben noto il credo politico nell'ambiente matematico italiano, accettano e talora firmano personalmente articoli di taglio schiettamente orientato (si vedano per esempio (Tietze 1916), (Alasia 1915), (Conti 1919)). Così, con un fenomeno che nell'ambito dei giornali di matematica sembra registrarsi solo in Italia, l'edizione nazionale delle tavole logaritmiche è presentata come un dovere che s'impone ai matematici italiani, affinché le nostre scuole "si liberino dal giogo teutonico" (Cattaneo 1917b, 44). La tradizione nazionale nel campo dell'insegnamento è orgogliosamente esaltata per aver reso possibile, in pochissimo tempo, la preparazione culturale di migliaia di ufficiali, alcuni dei quali hanno condotto eccellenti studi di matematica applicata a problemi di balistica e di fotogrammetria. Persino il tema dell'armonizzazione dei programmi delle scuole delle "terre redente" con quelli del regno d'Italia (Conti 1920-1921b), pur stimolando interessanti discussioni di metodo, si presta a

---

19. Cf. Presentazione, E. Luciano, "Journaux mathématiques et politiques: les *Bollettini* de Conti avant et après la guerre", *Les Journaux mathématiques au XXe siècle*, Séminaire CIRMATH, Paris, 2017.

far politica fra i vecchi lettori e i nuovi abbonati, divenuti italiani secondo i "naturali confini del paese" (Conti 1919, 1–2).

4 La fascistizzazione dei giornali di matematica (1920-1938)

Il percorso di politicizzazione dei giornali matematici intrapreso durante la guerra prosegue nel 1919-1920 con le vibranti proteste nei confronti della "vittoria mutilata" dai trattati di Versailles e con l'esaltazione dell'impresa fiumana, preludendo e infine sfociando nella cosiddetta "opera di fascistizzazione". Con questo termine si denota un complesso insieme di iniziative – messo a punto dal regime fin dal 1922, ma intensificatosi a partire dal 1924-1925 – volto all'omologazione e alla strumentalizzazione di vari ambiti istituzionali e culturali, dalle associazioni ai mezzi di comunicazione (stampa, cinema e radio). L'atto finale di questo processo, esercitato mediante la selezione e il controllo degli autori oltre che attraverso la censura, è rappresentato dalle leggi razziali del 1938 che, ratificando l'antisemitismo di Stato, hanno conseguenze notevoli sull'editoria e sulla stampa italiane (Fabre 1998).

Per quanto riguarda i giornali di matematica, la fascistizzazione tocca in realtà più la forma che la sostanza, più la retorica e l'iconografia che i contenuti. La matematica italiana non "vanta" un Bieberbach. Lo spirito latino e il genio italico nelle scienze esatte sono declinati in modalità molto più *bricoleuses* di quanto non faccia la stampa scientifica del Terzo Reich per la *Deutsche Mathematik*. In linea generale, e pur con i dovuti distinguo, si può comunque dire che i giornali italiani convergano nell'individuare e nell'enfatizzare alcuni tratti propri e peculiari della *Matematica Nazionale*.

In estrema sintesi, le tesi sostenute sono queste. Esistono alcune "Scuole" o tradizioni di ricerca "autenticamente italiane", sia nel campo della matematica pura (logica, geometria algebrica, analisi, calcolo vettoriale), che di quella applicata (attuaria, statistica...). I caratteri di queste tradizioni sono tutto fuorché unitariamente identificati nei diversi periodici, tuttavia generalmente la Scuola logica italiana è definita in rapporto all'impiego dell'ideografia di Peano, cui si tributa non solo la gloria del pioniere ma anche la costituzione di un sistema logico-fondazionale nettamente superiore alla "merce estera", ovvero alla "nebulosa" meta-matematica di Hilbert e Russell (Catania 1919, 197). La Scuola italiana di geometria algebrica, che ha conosciuto il suo apogeo nella teoria delle curve e in quella delle superficie algebriche, è invece caratterizzata soprattutto in riferimento al suo stile sintetico (Si veda per es. (Scorza 1929)). Esistono poi delle tradizioni "autenticamente italiane" anche nel campo dell'insegnamento. Su questo fronte, però, non vi è sintonia di opinioni. Anche i più fidi intellettuali di regime hanno infatti difficoltà ad assegnare il suggello dell'italianità all'educazione al rigore e a negarlo all'indirizzo pedagogico opposto, ovvero all'educazione all'intuizione sostenuta da Castelnuovo, Enriques e tanti altri.

Le tradizioni di ricerca nostrane hanno tratto beneficio dalle influenze "forestiere" ma al contempo hanno preservato un carattere squisitamente nazionale, nella misura in cui esse sono state e sono emanazione diretta e manifestazione perspicua dello spirito o genio latino nelle matematiche (Severi 1935). Tale spirito, essenzialmente sintetico e costruttivo, permea tutta la ricerca e la produzione matematica italiana, sia nei campi astratti sia in quelli applicati. Questi ultimi ne sono però i migliori emblemi, come dimostra il caso degli studi di analisi quantitativa applicata a problemi di statistica, ingegneria, economia industriale, radiotecnica, aerodinamica, scienza delle costruzioni, teoria matematica dell'elasticità e balistica, dai quali "le industrie hanno ricavato norme sicure per un più razionale ed economico sfruttamento delle materie prime" e le forze armate "un'accresciuta potenza" (Picone 1939, 117).

Le "Scuole" di ricerca nazionali hanno portato la matematica italiana ad assumere una *führende Stellung* a livello mondiale. Il primato italico è tuttavia molto più antico: rivisitarlo e rivendicarne le gloriose conquiste di fronte agli stranieri costituisce perciò un imperativo morale per i nostri storici della scienza (si vedano per es. (Quintili 1919) e (Bortolotti 1925)). Mosso dal principio che "il progresso dell'indipendenza politica di una nazione non può essere disgiunto da quello della sua operosità scientifica" (Picone 1939, 95), il governo fascista ha perciò condotto una lungimirante politica culturale. Ha creato istituti che promuovono la ricerca matematica tanto nell'indirizzo applicativo, quanto in quello teorico: l'Istituto Nazionale per le Applicazioni del Calcolo (1932) e l'Istituto Nazionale di Alta Matematica (1939) (si vedano (Fantappié 1932), (Picone 1935), (Severi 1941*b*)). All'Accademia d'Italia, organo consultivo del Duce nelle questioni scientifiche, nelle manifestazioni artistiche e letterarie, e centro di coordinamento delle forze intellettuali del paese, è stato affidato il difficile compito di promuovere e valorizzare il patrimonio italiano affinché nessuna posizione di punta vada perduta, ed anzi se ne aggiungano di nuove (Severi 1939).

A questi *clichés* della *Matematica Nazionale*, a partire dal 1938 se ne aggiungono altri due: la riscrittura in chiave ariana della storia della matematica italiana contemporanea che, pur avendo avuto contributi di ebrei, si era felicemente "salvata dalle trame degli esponenti dell'internazionalismo, che l'avevano riempita delle loro antiche tradizioni orientali e massoniche" (Severi 1941*a*, 137), e l'assunto che, in analogia con quanto fatto dai colleghi della "civiltà dell'Asse", occorresse intraprendere una "grandiosa opera di diffusione della vera cultura europea, in preparazione all'immancabile vittoria finale contro la follia bolscevica e la barbarie slava":[20]

> Noi divideremo domani col nostro grande alleato la responsabilità della direzione politica, economica e culturale dell'Europa ricostruita su basi più salde e più giuste. Bisogna che ci mettiamo fin d'ora ad un livello di parità con lui. Questo dovere imprescindibile s'impone tanto più in una scienza come la matematica, nella quale il mondo ci conosce e ci riconosce maestri. (Severi 1941*a*, 137)

---

20. *Annuario dell'Accademia d'Italia*, 1940-1941, 232–233.

5 La fascistizzazione del *Bollettino di Matematica*

Attraverso questi stereotipi, la retorica ideologica passa, filtra ed è veicolata dai giornali di matematica, talora in chiave di meta-discorso.[21] Il fenomeno dell'ideologizzazione – specificamente italiano e che non si registra, per esempio, in Spagna o in Portogallo durante le rispettive dittature, né tanto meno in Francia – lambisce, in forme più o meno striscianti, la quasi totalità dei giornali (non solo matematici) italiani negli anni tra le due guerre. Esso agisce tuttavia con particolare virulenza sui periodici per insegnanti, e tanto più su quelli rivolti ai maestri e ai professori di scuola media. Ciò è dovuto anche al modello editoriale di queste riviste, più permeabile rispetto a quello dei giornali specialistici, un format più simile a quello dei bollettini delle società professionali o di categoria, i quali da sempre avevano ospitato rubriche di informazioni e di cronaca socio-culturale.

L'esempio più macroscopico del meccanismo di fascistizzazione è costituito dal *Bollettino di Matematica. Giornale scientifico-didattico per l'incremento degli studi matematici nelle scuole medie*. Creato nel 1902 da Alberto Conti insieme al suo quasi omologo *Bollettino di matematiche e di scienze fisiche e naturali* (diretto o co-diretto da Conti fra il 1899 e il 1917), esso occupa una posizione assolutamente unica nel quadro del giornalismo a carattere elementare, un settore dell'editoria italiana assai ricco e diversificato fra fine Ottocento e inizio Novecento. Le riviste di Conti sono infatti le sole ad affrontare in modo sistematico e specialistico le questioni connesse all'insegnamento-apprendimento di una determinata disciplina – la matematica appunto – nelle scuole normali, poi istituti magistrali (Luciano 2018*b*).

Alla guida del *Bollettino* vi è Conti, considerato lo specialista italiano per eccellenza di queste tematiche. Venticinque anni di insegnamento nelle scuole normali, autore di dozzine di articoli sui problemi dell'educazione matematica nelle scuole dell'infanzia, elementari e magistrali e di molti manuali per questi segmenti scolari, Conti gode di prestigio a livello nazionale e internazionale. Interventista, nazionalista, approda precocemente al fascismo militante, anche per il fatto che il regime lo "conquista" alla causa sfruttando abilmente una sua tragedia famigliare: la morte del figlio Luigi, maggiore dell'Aeronautica, decorato di due medaglie d'argento al valore durante la Grande Guerra, perito nel cappottamento dell'idrovolante sul quale si trovava come osservatore per i calcoli astronomici, in preparazione della seconda trasvolata oceanica dell'Atlantico del Nord al comando del generale Francesco De Pinedo.

Caratterizzato da una vena d'internazionalismo nei primi vent'anni di vita, il *Bollettino di Matematica* smarrisce questa cifra a causa dell'orientamento prima nazionalista e poi fascista del suo direttore e di molti collaboratori,

---

21. Cf. Erika Luciano, "Questions de spécialisation et d'idéologisation des mathématiques: le *Bollettino* avant et après le fascisme, Colloque international "Circulation des mathématiques (des Lumières à la seconde guerre mondiale), les mathématiques dans et par les journaux", Les Treilles, 2012.

fino a divenire uno dei giornali più apertamente schierati del nostro paesaggio editoriale.

Il processo di politicizzazione, giocato su più scale e livelli, inizia nel 1915 quando a seguito del conflitto mondiale Conti assiste al tramonto dell'ideale di "fabrique transnationale" del sapere che era stato alla radice stessa della creazione dei suoi *Bollettini*. Consapevole del fatto che un giornale è destinato a riscuotere successo nella misura in cui parla – per così dire – la lingua dei suoi lettori, dal secondo fascicolo del volume XIV (autunno 1916) Conti inizia allora a modificare la linea editoriale e la struttura del "suo"[22] *Bollettino*, al fine di testimoniare al meglio l'adesione della rivista alla vita del paese e allo "spirito dei tempi". Lo scopo è duplice: da un lato far circolare informazioni di varia natura per trasformare un pubblico di lettori fortemente disomogeneo in una comunità che condivida una cultura "autenticamente italiana", dall'altro assoldare all'opera di indottrinamento nazionalista e fascista gli abbonati, per la stragrande maggioranza maestri e insegnanti di scuola media (gli intellettuali nei piccoli centri dell'Italia rurale, e in quanto tali, fra i pochi in grado di far filtrare capillarmente sul territorio il verbo fascista).

"Col 1922", perciò, "si apre una nuova Era per l'Italia e una nuova serie pel *Bollettino*" (Conti 1933, 139). Conti, che fin dall'inizio ha riposto nel partito la sua "illimitata fiducia" (Conti 1936, 94), nel volgere di pochissimo tempo diventa membro del direttorio del comitato provinciale dell'Associazione Nazionale Insegnanti Fascista (ANIF), del consiglio direttivo dell'Istituto fascista di cultura di Firenze e di quello della delegazione fiorentina dell'Unione Nazionale per la Protezione Antiaerea (UNPA), oltre che fiduciario del comitato provinciale fiorentino dell'Opera Nazionale Balilla. Si dedica anima e corpo alla propaganda e, man mano che scala le gerarchie del partito, altera la struttura del *Bollettino di Matematica*.

A distanza di pochi mesi dalla marcia su Roma inaugura tre nuove rubriche del giornale, intitolate *Sulla riforma scolastica*, *Questioni urgenti e vitali per l'insegnamento della matematica nelle scuole medie* e *Riforme recenti e future*, interamente dedicate a interventi pro e contro la riforma Gentile. Inizialmente il *Bollettino* è, accanto al *Periodico di matematiche*, fra le voci apertamente critiche della riforma, di cui denuncia le storture: l'abbinamento della matematica e della fisica in ogni ordine e grado di scuole medie, l'orario inadeguato concesso a queste materie, i carichi di lavoro estenuanti cui costringe i docenti di discipline scientifiche. Con il passare del tempo, tuttavia, il giornale sfuma progressivamente le sue posizioni e finisce per sostenere la legittimità e l'utilità dei "ritocchi" apportati all'assetto gentiliano da Alessandro Casati e

---

22. Conti ha sempre considerato il *Bollettino* alla stregua "di un figlio prediletto" (Conti 1936, 96), pubblicando sulle sue pagine ampi articoli in memoria del padre, della moglie, del figlio e inserendo numerosissime note e interventi a titolo personale, firmati *La Direzione* o siglati *NdD, Nota del Direttore*. Tale tendenza si accentua negli anni Venti, con l'inizio della seconda serie. Per questo motivo non è improprio usare l'aggettivo possessivo riferito al *Bollettino*.

da Pietro Fedele allo scopo di ottenere una maggiore aderenza della prassi didattica ai principi del fascismo.

Negli anni Trenta il *Bollettino di Matematica* "prosegue, fiducioso, nello svolgimento del proprio programma, senza estraniarsi dalla vita nazionale che continua ad avere eco nelle sue colonne, con una completa aderenza al regime, che salvò l'Italia dalla follia bolscevica e che le ridonò lo scettro imperiale".[23] A una nuova sezione del giornale, sotto il titolo evocativo di *Notizie a Fascio*,[24] è attribuito il compito di esaltare il culto del Duce, di magnificare il primato del genio latino nelle scienze matematiche e fisiche, di tessere l'apologia dell'autarchia culturale e di celebrare le missioni all'estero di Severi, Bompiani, Fantappié e degli altri ambasciatori di scienza e d'italianità nel mondo. La rivista di Conti accoglie poi annunci e iniziative, quali la proposta – avanzata da Conti stesso nel 1930 – di costituire un Fascio Scientifico, in sostituzione dell'antica Associazione Mathesis fra gli insegnanti di matematica. Non mancano passaggi di discorsi di Mussolini e di altri intellettuali corifei del regime, spesso riportati sotto il titolo *Detti memorabili*, e riproduzioni di stralci di articoli apparsi su periodici quali *Gerarchia*, *Scuola e Cultura* e *Cultura Fascista*.

La battaglia che Conti si incarica di combattere diventa a maggior ragione "santa" (Conti 1939, p. non numerata) e di piena attualità a seguito delle campagne coloniali quando, come era avvenuto durante la Grande Guerra, "il supremo interesse della difesa nazionale" rende urgente assumere quei provvedimenti che "sistemando meglio l'insegnamento scientifico nelle Scuole medie diano il modo di poter addestrare in ogni momento e il più rapidamente possibile degli ufficiali idonei a tutte quelle operazioni militari che sono un'applicazione continua di materie scientifiche" (Conti 1935, 81). Le imprese italiane in Africa Orientale, la guerra d'Etiopia e d'Albania vanno allora a costituire l'oggetto di un'altra rubrica ancora del *Bollettino di Matematica*, intitolata *Per la patria in armi*.[25]

Infine, dal 1936 le pagine del *Bollettino* ospitano a caratteri cubitali gli slogan della religione fascista (Credere, obbedire, combattere; Viva l'Italia, Viva il Re, Viva il Duce!, ecc.) e alcuni meta-segni (delle specie di manine) che attestano l'appartenenza alla razza ariana degli autori e dei collaboratori.[26]

---

23. *Aderenza al Regime e alla vita nazionale*, annuncio stampato nel retro di copertina di tutti i fascicoli del *Bollettino* dal 1936.

24. La rubrica compare per la prima volta nel *Bollettino di Matematica*, XXVI, 1930, 114–117, 75–76, 159–162. Si veda anche il *Bollettino di Matematica*, XXXII, 1936, 56, 83–86, 123.

25. La rubrica è inaugurata nel *Bollettino di Matematica*, XXXI, 1935, 85, 148. Ospita interventi dai titoli inequivocabili: *Il saluto augurale del Bollettino di Matematica ai lettori richiamati alle armi; Tre comunicati storici del ministero per la stampa e la propaganda; La II Adunata, La Vittoria, L'Impero*, ecc.

26. Il *Bollettino* cassa anche gli annunci pubblicitari di case editrici "ebraiche" quali Lattes e Zanichelli. Per contro, esso sarà uno dei pochissimi periodici a contravvenire apertamente alla legislazione antisemita pubblicando i necrologi di illustri matematici ebrei scomparsi

A salvarsi dal processo di fascistizzazione è un'unica sezione del giornale di Conti, quella bibliografica curata da Loria e pubblicata in appendice al *Bollettino* a partire dal 1922. Essa conserva, infatti, una dimensione veramente internazionale, con il 65 % dei testi recensiti di provenienza estera, ivi compresi volumi di autori "scomodi".

Alla fine del 1939 Conti abbandona la direzione del *Bollettino* a causa delle sue precarie condizioni di salute, non senza riuscire a salutare con un certo entusiasmo la *Carta della Scuola*.[27] Gli succedono Enrico Nannei ed Enrico Grassi che, pur con l'intenzione di proseguire il lavoro editoriale in una linea di continuità, riportano il *Bollettino* al suo originario ruolo di "strumento di diffusione della cultura matematica in Italia" (Conti 1920-1921a) attenuando e infine abolendone del tutto gli aspetti ideologici. Ciò mostra chiaramente come la fascistizzazione del giornale fosse stata strettamente collegata all'orientamento politico del suo direttore. Il *Bollettino* interromperà però la pubblicazione poco dopo il cambio ai suoi vertici, quando la sua sede e il suo archivio saranno completamente distrutti da due bombardamenti aerei (22 ottobre 1942 e 19 maggio 1944).

6 Un episodio di resistenza al condizionamento ideologico: *Schola et Vita*

Un caso di studio di segno contrario, che mostra la resistenza opposta da alcuni giornali al meccanismo di fascistizzazione, è rappresentato da *Schola et Vita, revista mensuale in interlingua*.[28] Edita fra l'agosto del 1926 e l'ottobre-dicembre 1939, *Schola et Vita* è una rivista generalista redatta interamente in interlingua, e prevalentemente in *latino sine flexione*,[29] che pubblica articoli, elzeviri, rapporti e notizie sui temi più disparati, dalla matematica alla fisica moderna, dall'educazione nutrizionale alla psicanalisi, dall'arte alla filosofia.

Suo direttore, amministratore e gerente responsabile è Nicola Mastroapolo (1872-1944), un maestro milanese, collaboratore della *Critica sociale*, assai attivo nei circoli lombardi di azione sindacale e magistrale. Per lui, divenuto insegnante "in un'epoca in cui la scuola rappresentava il luogo di formazione di una cultura civile laica" (Pasini 2008, XI), la professione non è solo fonte di sostentamento, ma anche occasione di impegno politico. Grazie alla

---

dopo il 1938 (Conti 1941, VIII), (Conti 1942-1946, IX).
27. (Conti 1940, 1). Conti scompare il 18 ottobre di quello stesso anno.
28. Con il sottotitolo *Revista mensuale in interlingua*, poi con quello *Organo de Academia pro Interlingua*, infine con l'aggiunta *Revista bimestrale internazionale de cultura*. La collezione completa di *Schola et Vita* è accessibile, in formato elettronico in (Roero 2008). Cf. Presentazione, Erika Luciano, " 'L'école' de Peano et la formation des maîtres et des enseignants de mathématiques: les expériences de la *Rivista di Matematica* et de *Schola et Vita*", in *Quels publics pour quelles mathématiques ?*, Luminy : Colloque CIRMATH, 2011.
29. Si tratta della forma di lingua internazionale ideata da Peano nel 1903 e da lui promossa attraverso l'Academia Pro Interlingua.

sua militanza nelle associazioni socialiste ed esperantiste,[30] Mastropaolo è inoltre ben inserito nell'"Internazionale dell'insegnamento"[31] e ha al suo attivo un'esperienza nel campo dell'editoria: fra l'aprile e il maggio del 1915 ha infatti diretto *L'educazione del popolo*, un periodico che, nonostante la sua vita effimera, aveva raggiunto una certa diffusione in ambito locale (Chiosso 1997, *ad vocem*).

Tramite un amico comune, il linguista Ugo Basso, nel 1920 Mastropaolo entra in contatto con Giuseppe Peano, con il quale instaura un rapporto di amicizia e di collaborazione *inter pares* destinato a protrarsi fino alla scomparsa di quest'ultimo nel 1932. Eccellente è la sintonia politica e umana che lega l'illustre matematico all'umile maestro. Ad accomunarli, infatti, vi sono non solo la missione e la passione interlinguista ma anche le posizioni politiche (sono entrambe socialisti), la condivisione degli ideali pacifisti e internazionalisti[32] e – più ancora – la convinzione che il sapere è vita, progresso e libertà. Di conseguenza, l'istruzione e l'educazione nelle loro varie accezioni sono considerate da Peano e Mastropaolo temi di studio su cui sono chiamati a intervenire non piccole cerchie di specialisti, bensì l'umanità nel suo complesso: maestri e genitori, studiosi e uomini politici, classi dirigenti e lavoratrici. Partendo da tali presupposti ben si comprende che Peano accolga con entusiasmo l'idea di Mastropaolo di fondare una rivista internazionalista, sulle cui pagine ci si potesse confrontare in modo democratico e senza autoritarismi sui problemi dell'educazione matematica, scientifica, tecnico-professionale, artistica, intellettuale, morale, sociale, ecc.[33]

In un frangente storico quale il periodo fascista, il progetto di *Schola et Vita* presenta elementi di profonda novità, per l'apertura nei confronti di temi assenti o quasi dal dibattito pedagogico coevo, affrontati soprattutto da autori stranieri. Fra questi possiamo citare l'istruzione dei disabili, l'attività, gli sforzi e le iniziative delle organizzazioni operaie per estendere la cultura del popolo, gli ordinamenti scolastici nei nuovi stati sorti dopo la guerra, l'insegnamento nelle regioni mistilingue e il rispetto dell'autonomia culturale delle minoranze.

Altrettanto anomalo è il pubblico di lettori e la cerchia di autori su cui *Schola et Vita* può fare affidamento. Peano e Mastropaolo riescono infatti

---

30. Ricordiamo che, come affermava A. Gramsci (*La lingua unica e l'esperanto*, Il Grido del Popolo, 16.2.1918, 1): "come dappertutto, anche in Italia furono e sono soprattutto i socialisti internazionalisti i primi, i più fervidi pionieri dell'esperanto, e se ne intuiscono subito le ragioni, ed è nelle file operaie socialista che più facilmente la propaganda fa presa e recluta adepti."

31. *Fondo Peano-Mastropaolo Torino*: Mastropaolo a Peano, 28.4.1922.

32. Nella lettera *Ad lectores* (*Schola et Vita*, I, 1, 1926, 1–5) si legge: "Moderno civilitate industriale transcende confines de nationes singulo, et mare ipso, cum crea relationes et interferentias semper plus frequente, et cum colliga in modo firmo fortuna et futuro de populos. [...] Nullo dubio in nos. Interlingua [...] i es in breve tempore, ut primum fi noto, lingua auxiliare pro omne relatione internationale, medio efficace de mutuo intercomprehensione, valido instrumento de progressu et de pace."

33. Si vedano nel *Fondo Peano-Mastropaolo Torino*: Mastropaolo a Peano, 3.3.1923; Peano a Mastropaolo, 7.4.1924 e Mastropaolo a Peano, 20.4.1926.

a costruire, intorno al loro giornale, una rete di collaborazioni con linguisti, matematici (i più numerosi, fino al 1932, grazie ai contatti di Peano), fisici, naturalisti, letterati, storici, pedagogisti ed educatori delle più varie estrazioni e provenienze.[34] L'*équipe* di Schola et Vita annovera così intellettuali socialisti, comunisti e anarchici, come Camillo Berneri e Tina Pizzardo, il cui nome è bandito in quegli anni dalla cultura italiana ufficiale, studiosi americani e dell'Est europeo[35] oltre che esponenti di organismi quali l'Institut J.-J. Rousseau, il Bureau international de l'éducation e l'Union internationale de la nouvelle éducation,[36] tollerati ma certo non apprezzati dall'intelighenzia fascista. È grazie a loro se Schola et Vita potrà contribuire alla circolazione in Italia di notizie su esperienze didattiche viste con sospetto dal regime quali la psico-aritmetica e la psico-geometria di Maria Montessori, l'insegnamento scientifico nelle scuole sioniste e in quelle del Soviet (Vergani Marelli 1930, 349–354), (Labunsky 1929, 148–152), (Labriola 1927, 259–262).

Il successo di Schola et Vita, nei primi quindici anni di pubblicazioni, è notevole, con una tiratura di 4000, 2300 e 2100 esemplari nel 1926, 1927 e 1928 rispettivamente, inviati a 304 istituti, università, biblioteche e redazioni di periodici di 39 nazioni, in Europa, America e Asia. Attraverso una capillare opera di promozione morale e materiale, condotta da Peano stesso, Schola et Vita si afferma così nel panorama della stampa internazionalista mondiale come "la più importante rivista scientifica e pedagogica del tempo in lingua internazionale".[37] Il giudizio può apparire enfatico, e in certi termini lo è, perché il peso specifico della matematica e delle altre discipline scientifiche all'interno di Schola et Vita è limitato. Certo, rispetto alla fisica, alla biologia o alle scienze naturali, la matematica ha maggior risalto per la presenza di Peano e di suoi collaboratori antichi e recenti, come Ugo Cassina, Vincenzo Cavallaro, Alpinolo Natucci, Eduard Stamm, ecc. ma i contributi sono comunque quantitativamente e qualitativamente modesti. In parecchi casi, fra l'altro, quelle apparse su Schola et Vita sono traduzioni in interlingua di articoli di matematiche elementari, complementari (storia, fondamenti) o elementari da un punto di vista superiore, ristampe di lavori apparsi in altri giornali o sintesi di contributi più ampi, pubblicati altrove (volumi, rapporti della Commission internationale de l'enseignement mathématique, ecc.). Per contro, è sicuramente vero che nel panorama delle riviste in

---

34. *Fondo Peano-Mastropaolo Torino*: Peano a Mastropaolo, 21.4.1925: "Qualunque soggetto internazionale può dare luogo ad un periodico in Interlingua. Tale è la matematica sotto una qualunque delle sue forme: didattica, analisi, meccanica, ecc. Ognuna di queste questioni lascia indifferente il pubblico generale, ma si potrebbe costruire e unire un pubblico speciale. [...] Il suo programma mi apre un campo nuovo. Potrei rivolgermi a colleghi nei varii stati per avere documenti, che bisognerebbe coordinare. In America ho incontrato la Sig.a Franklin, che si occupa precisamente di ciò".

35. A. V. Morris, E. K. Drezen, D. Mordukhai-Boltovskoi, S. Dickstein, E. Stamm, W. M. Kozlowski, D. Szilàgyi.

36. A. Ferrière, P. Bovet, J. Rosselló-Ordines, M. Butts, P. Bovet.

37. Echos de honores ad Prof. Peano, *Schola et Vita*, 3, 299–300.

interlingua, *Schola et Vita* è l'unica a ospitare sistematicamente interventi inerenti all'insegnamento delle scienze esatte e della natura e alle varie questioni metodologiche ad esso collegate.

Pur essendo menzionata da giornali di regime quali *La Scuola Fascista*, *Schola et Vita* oppone una singolare resistenza al fenomeno della strumentalizzazione politica. Peano sente infatti fortemente la necessità di garantire la neutralità e l'imparzialità del giornale e si rifiuta così, durante tutto il periodo della sua co-direzione, di accettare articoli che presentino allusioni di colore politico. Argina uno degli autori più volonterosi, l'ingegnere Gaetano Canesi, *ex* socialista convertitosi anima e corpo al fascismo, che attende pazientemente alla versione in *latino sine flexione* dei discorsi del Duce.[38] Curando la traduzione in interlingua di un articolo del pedagogista Giovanni Vidari, Peano cassa inoltre, *motu proprio*, alcune frasi sulle manifestazioni della "potenza spirituale molteplice e fervida" del fascismo.[39]

La fermezza di Peano non sarà tuttavia imitata né da Ugo Cassina, segretario di redazione dal gennaio-aprile del 1932, né da Gaetano Canesi, che affiancheranno Mastropaolo alla guida di *Schola et Vita* fino alla cessazione della rivista nel 1939. Costoro non solo cercheranno di mistificare la missione di apostolato interlinguista di Peano, spacciando il *latino sine flexione* come un omaggio al culto della risuscitata romanità imperiale, ma cavalcheranno pure l'onda della fascistizzazione delle riviste per maestri, pubblicando la *Carta del Lavoro* tradotta in interlingua da Settimio Carassali e spingendosi a riprodurre alcune famigerate pagine di Nicola Pende sulla biodiversità antropologica e razziale (Carassali 1932, 346–350), (Pende 1937, 61–62).

7 Una "conseguenza" della diaspora matematica del 1938: i giornali argentini

Precedute dalla pubblicazione del *Manifesto della razza* e dal censimento della minoranza ebraica condotto nell'estate del 1938, le leggi razziali privano gli ebrei italiani dei diritti politici e civili conquistati in epoca risorgimentale.[40] Come è ben noto esse devastano la cultura italiana. A seguito dei decreti del 5 settembre e del 17 novembre 1938, circa 170 insegnanti e presidi sono dispensati dal servizio; altrettanti professori universitari perdono la cattedra e sono espulsi da ogni accademia e società scientifica; migliaia di studenti sono cacciati dalle scuole di ogni ordine e grado. Le dimensioni della discriminazione sono di drammatica rilevanza per la matematica italiana, che cancella figure del calibro di Vito Volterra, Tullio Levi-Civita, e molti altri ancora. Le conseguenze sono ancor più gravi in quelle realtà, come Torino,

---

38. Si vedano nel *Fondo Peano-Mastropaolo Torino*: Peano a Canesi, 25.10.1926 e Mastropaolo a Canesi, 11.1.1926.

39. *Fondo Peano-Mastropaolo Torino*: Peano a Mastropaolo, 5.2.1928; Mastropaolo a Peano, 14.2.1928; Vidari a Peano, 18.7.1929.

40. Nell'ampia letteratura sul tema si vedano (Israel & Nastasi 1998), (Capristo 2002), (Israel 2010).

nelle quali si erano create comunità "trasversali", cioè costituite da docenti universitari impegnati sul fronte della scuola e dell'educazione scientifica e da insegnanti in servizio, che avevano saputo recepire le istanze metodologiche dei loro Maestri e tradurle nella prassi scolastica quotidiana e nei loro manuali. Di fronte alla persecuzione dei diritti, poi divenuta persecuzione delle vite dopo l'armistizio dell'8 settembre 1943, chi può e riesce emigra all'estero, andando alla ricerca di uno spazio di sopravvivenza intellettuale in America Latina, negli USA o in Svizzera.

Le leggi razziali hanno risvolti tutt'altro che trascurabili sui giornali matematici, nella misura in cui impediscono agli ebrei italiani qualsiasi tipo di partecipazione attiva alla vita culturale della nazione, ivi compresa la produzione editoriale. Oltre all'arianizzazione delle redazioni, cui abbiamo già accennato (§ 2), i trattati e manuali scritti da ebrei vengono infatti ritirati dal commercio. Il provvedimento è noto come procedura di "bonifica libraria".[41] Agli ebrei è inoltre impedito di pubblicare articoli, note, recensioni e interventi nei quotidiani e nei periodici nazionali. Tale divieto modifica le prassi di lavoro dei matematici italiani di "razza" ebraica, che vagliano nuove sedi per i propri scritti e che intreccino nuove reti di collaborazione con l'estero.[42] Vi è chi pubblica sotto falso nome (Enriques, ad esempio, nel *Periodico di Matematiche*, sotto lo pseudonimo di Adriano Giovannini), ma si tratta di una minoranza. I più si rivolgono ai giornali stranieri, inclusi quelli editi dallo Stato Vaticano. Fra gli esuli vi è chi si avvicina ai periodici delle nazioni ospite, per farsi conoscere nei *milieu* d'adozione, e chi crea nuovi giornali matematici.

Rientrano in quest'ultima categoria due importanti membri della Scuola italiana di geometria algebrica: Beppo Levi e Alessandro Terracini. Antichi allievi di Corrado Segre, erano stati avviati da lui alla ricerca geometrica e alla carriera accademica. Al momento dell'epurazione sono entrambe professori ordinari: il primo di analisi algebrica a Bologna e il secondo di geometria analitica a Torino. Grazie all'aiuto di Levi-Civita, sia Levi che Terracini riescono a riparare con le proprie famiglie in Argentina. Terracini, chiamato a ricoprire una cattedra di matematica per il professorato recentemente istituito presso la facoltà di ingegneria dell'Università di Tucumán, vi giunge nel settembre del 1939. Levi arriva a Rosario poco dopo, per assumere la direzione del neonato *Instituto de Matematicas* dell'Universidad Nacional del Litoral a Santa Fé. Sarebbe rimasto colà fino alla scomparsa nel 1961, l'unico matematico a rifiutare di tornare in Italia dopo l'abrogazione delle discriminazioni razziali e il reintegro a Bologna.

Per Levi e Terracini il soggiorno argentino non rappresenta un esilio, ma una nuova stagione di vita e di lavoro, "la etapa de su labor como organizador y sembrador de ideas en terreno virgen, pero ávido de producir" (Santaló

---

41. *La Bonifica Libraria*, *Critica fascista*, 18, 5, 1.1.1939, 66–67.
42. Solo nel caso di Gino Fano, costretto ad abbandonare l'Italia nel 1939, è difficile stabilire se e come il forzato soggiorno in Svizzera abbia cambiato la sua strategia editoriale, dal momento che la sua produzione di ricerca ebbe carattere saltuario dopo l'esilio.

1961, XXVII). Il loro impegno in questi anni è infatti frenetico: pubblicano sui giornali matematici sudamericani decine di lavori (originali e/o traduzioni e riadattamenti di contributi apparsi su periodici italiani prima del 1938), tengono dozzine di corsi, spesso su temi mai affrontati prima in Argentina, organizzano cicli di conferenze e seminari per "comunicar a un nuevo ambiente la tradición científica del Viejo Mundo" (Levi 2000, 60).

Soprattutto, Terracini e Levi si dedicano sistematicamente, per la prima volta nelle loro vite, all'attività editoriale. Infatti, avendo fin da subito avvertito la distanza dell'ambiente scientifico locale dall'Europa e dalla sua produzione e volendo "affermare l'importanza nel campo scientifico"[43] delle università che li avevano accolti, fondano e dirigono tre giornali: le *Publicaciones del Instituto de Matematica* di Rosario (1939), le *Mathematicae Notae. Boletin del Instituto de Matematica* (settembre 1940) e la *Revista de matematicas y fisica teorica* dell'Universidad Nacional de Tucumán (dicembre 1940). Essi sanciscono l'esordio della stampa matematica specialistica in Argentina.

Co-diretta da Terracini e dal fisico Félix Cernuschi la *Revista* pubblica articoli scritti in cinque lingue (spagnolo, italiano, francese, inglese e tedesco) e si avvale fin dal primo volume della collaborazione di una cerchia di autori di eccezionale rilievo, fra cui Élie Cartan, Paul Erdös e Lucien Godeaux. Un contributo di Albert Einstein, in traduzione spagnola, appare nel suo secondo tomo.[44] Per avviare la *Revista* e portarla a *standard* qualitativi elevati Terracini non lesina alcun sforzo: entra in contatto epistolare con matematici e fisici quali Levi-Civita, Richard Courant e Garrett Birkhoff, si vale della collaborazione di altri esuli, fra cui Fubini e Levi, e mobilita persino "tutta la casa per correggere bozze, scrivere a macchina, ecc."[45] In qualità di *chief editor* della *Revista*, Terracini dà inoltre l'opportunità di tornare a pubblicare a molti colleghi costretti al silenzio dalle leggi razziali, come Fano, Beniamino Segre e Guido Ascoli.

Analoghe considerazioni valgono per i giornali fondati da Levi. Le *Publicaciones*,[46] che sono un'autentica novità nel panorama editoriale argentino, sono addossate alla Facultad de Ciencias Matematicas della Universidad Nacional del Litoral e sono specialmente indirizzate ai ricercatori che frequentano il seminario matematico di Rosario.[47] Esse ospitano i lavori di giovani

---

43. Terracini a Levi-Civita, 18.10.1939, in (Nastasi & Tazzioli 2000, 403).
44. Einstein chiede espressamente di tradurre il suo contributo, non volendo che apparisse un suo lavoro scritto nella lingua del Terzo Reich.
45. *Archivio delle Tradizioni e del Costume Ebraici B. e A. Terracini, Torino*: Giulia Sacerdote Terracini a Aldo Sacerdote, 1.2.1945.
46. Le *Publicaciones* escono in 8 volumi, fra il 1939 e il 1946, due dei quali interamente dedicati alle *Memorias ofrecidas por varios amigos, alumnos y admiradores en homenaje al Dr. Julio Rey Pastor*. La rivista ha carattere internazionale, come ben traspare dal *parterre* di suoi autori, che comprendeva anche matematici esuli dalla Germania nazista. Levi vi pubblica ben 9 saggi, quasi delle autentiche monografie.
47. M. Cotlar, L. A. A. Santaló, J. Babini, F. Gaspar, J. L. Massera, R. Laguardia, J. C. Vignaux, J. V. Uspensky, F. I. Toranzos, E. A. Sagastume Berra.

ricercatori sud-americani ma anche corposi contributi e traduzioni di scritti di importanti autori italiani e stranieri quali Federico Amodeo, Paul Montel e Julio Rey Pastor.

Le *Mathematicae Notae*,[48] scaturite da un progetto di Fernando L. Gaspar, consigliere della facoltà di scienze dell'Universidad del Litoral, sono invece una sorta di ibrido argentino fra il *Giornale di Matematiche* di Battaglini e il *Bollettino della Unione Matematica Italiana*. Pubblicano "artículos sencillos, sin pretensiones de investigación en altas esferas" (Levi 1941, 7–8),[49] sottoposti per la maggior parte dagli studenti e dai matematici in formazione a Rosario, accanto a lavori di ricerca di autori affermati, a scritti inerenti le connessioni della matematica con altri rami della scienza, a contributi di carattere metodologico, e a necrologi di grandi matematici come Levi-Civita, che non avevano potuto essere commemorati pubblicamente in patria in virtù della loro appartenenza alla "razza" ebraica.[50] Numerose sono anche le recensioni di testi di matematica e di fisica, redatte per lo più da Levi stesso e da sua figlia Laura. Il cuore delle *Mathematicae Notae* – in accordo al progetto epistemologico e didattico portato avanti da Levi in Argentina – è però costituito da tre rubriche di questioni-risposte e di esercizi (*Ejercicios y problemas*, *Cuestiones* e *Flores y Hojas*), formulate e selezionate in modo da creare e consolidare una *readership* mista, composta da matematici professionisti, amatori e praticanti. I primi comprendono esercizi e problemi inerenti i vari settori della matematica pura e applicata. Le loro soluzioni venivano raccolte e pubblicate dal comitato editoriale (Beppo Levi e i suoi più stretti collaboratori) che le corredava spesso di commenti e annotazioni, fra cui dimostrazioni di teoremi utilizzati nella risoluzione, soluzioni alternative e generalizzazioni ispirate da questi problemi. La rubrica *Cuestiones* era invece diretta ad un pubblico più specializzato, in particolare agli studenti desiderosi di intraprendere il cammino della ricerca scientifica: i quesiti proposti erano infatti di carattere avanzato e richiedevano una buona cultura matematica. La sezione *Flores y Hojas*, apparsa solo tra il 1941 e il 1943, proponeva infine domande poco tecniche, ma per rispondere alle quali era necessario un saldo rigore logico-deduttivo; veniva ad esempio chiesto ai lettori di trovare vizi, errori e lacune all'interno di ragionamenti o argomentazioni. Il consiglio direttivo delle *Mathematicae Notae* assegnava, al termine di ogni anno, due premi: uno agli alunni della facoltà di Rosario, che

---

48. Beppo Levi è direttore della rivista dalla sua fondazione fino all'anno della scomparsa (17 volumi). Come le *Publicaciones*, le *Mathematicae Notae* hanno un evidente carattere di internazionalità: nel periodo di direzione di Levi intrattengono il cambio con 146 giornali di 31 diversi paesi e contano 47 autori di tutto il mondo: argentini (20), italiani (8), spagnoli (5), tedeschi (3), americani (2), uruguayani (2), ma anche provenienti da Belgio, Cecoslovacchia, Romania, Brasile, Mongolia, Francia e Ungheria. Levi vi pubblica ben 42 articoli.

49. Si veda anche (Levi 1942, 1–2) e (Levi 1958, 1–4). È interessante notare che il giornale era distribuito gratuitamente agli studenti della facoltà, in modo da agevolarne il coinvolgimento.

50. (*Mathematicae Notae*, 1942, p. 155–159). Un *Homenaje* alla memoria di Volterra compare invece nelle *Publicaciones* (III, 1941, n° 1).

avevano fornito le migliori soluzioni ai quesiti proposti nelle *Cuestiones*, *Flores y Hojas* e *Ejercicios y problemas*, e un premio ai lettori che avevano partecipato dall'Argentina o dall'estero. I premi erano libri, trattati e monografie di matematica e di fisica.[51]

La creazione delle *Mathematicae Notae* e della *Revista de matematicas y fisica theorica* ad opera di Levi e Terracini apre inattesi scenari di appropriazione culturale da parte di un'intera generazione di giovani matematici dell'America latina. L'arricchimento è tuttavia reciproco, così come il verso di percorrenza nella circolazione del sapere fra vecchia Europa e nuovi contesti. Nella loro qualità di *chief editors* alla costante ricerca di articoli per i propri giornali, Levi e Terracini costruiscono infatti delle reti di relazioni con colleghi di tutto il mondo di dimensioni incommensurabilmente maggiori rispetto a quelle su cui avevano potuto contare prima dell'esilio. Ad esempio Terracini entra in contatto con realtà matematiche emergenti quali quella cinese (Su Buchin, Pa Chenkuo,...) e, grazie all'intermediazione di Oswald Veblen, intensifica i legami con alcuni geometri differenziali americani fra cui Edward Kasner e John de Cicco. Il suo patrimonio librario, la sua miscellanea e le corrispondenze con gli autori della *Revista de matematicas y fisica teorica* custodite a Torino e Perugia documentano con evidenza queste nuove interazioni.[52]

8 Osservazioni conclusive

Allo scopo di circoscrivere il nostro oggetto di studio e di non limitarci a inanellare una serie di episodi e momenti, abbiamo scelto di concentrare l'attenzione su un preciso *corpus* di giornali: quelli posseduti dalla Biblioteca Speciale di Matematica dell'Università di Torino negli anni fra le due guerre. Siamo consci dei *bias* che questa scelta può comportare, tuttavia siamo altrettanto convinti di due fatti: un fenomeno complesso come quello del rapporto politica-propaganda-*policy* editoriale non può essere affrontato a partire da un solo giornale; il posseduto di una biblioteca come quella torinese, fra le più ricche e fornite in Italia nel periodo considerato, ci assicura di non essere incorsi in omissioni rilevanti. Altri casi di studio, oltre ai tre qui sviluppati, potranno e dovranno certamente essere presi in considerazione. In special modo sarebbe opportuno approfondire il fenomeno della fascistizzazione dei giornali creati nell'ambito delle Università (i vari *Rendiconti* dei Seminari matematici di Roma, Milano, Torino, ecc. la cui pubblicazione iniziò nel primo dopoguerra) e di quelli delle accademie e società scientifiche (in primo luogo l'Accademia d'Italia e la Società Italiana per il Progresso delle Scienze) con specifico riferimento alle matematiche e all'operato di Francesco Severi ed Enrico Bompiani nella prima e di Corrado Gini, Luigi Amoroso, Luigi Fantappié, Fabio Conforto ed Enea Bortolotti nella seconda. A questo

---

51. *Antecedentes de la creación de las "Mathematicæ Notæ"...*, 1941, 3–5.

52. Cf. E. Luciano, Presentazione "Des cartes et des bibliothèques: le cas d'Alessandro Terracini", *Des cartes et des études de cas*, Colloque CIRMATH, Nancy, 2017.

proposito sarebbe importante condurre un'analisi più dettagliata del processo di condizionamento ideologico, di cifra prima nazionalista e poi fascista, cui questi giornali andarono incontro, unitamente e anzi solidalmente alle istituzioni di cui erano organi di stampa.

Pur con queste riserve, a livello generale sono emerse le seguenti conclusioni. Nessuna rivista, specialistica, generalista o intermediaria, riuscì a restare completamente indenne e immune dall'ingerenza del potere. I giornali più colpiti furono tuttavia quelli addossati a istituzioni e associazioni statali, come il *Giornale dell'Istituto Italiano degli Attuari*, gli *Atti dell'Istituto Nazionale delle Assicurazioni*, il *Bollettino della Unione Matematica Italiana*, i *Rendiconti di Matematica e delle sue applicazioni*,[53] e quelli didattici.

Il percorso di politicizzazione, avviato nel 1915-1916, ebbe un'impennata alla fine degli anni Venti (grosso modo in concomitanza con il Congresso internazionale dei matematici di Bologna, 1928) e conobbe il suo culmine nella fase imperiale della dittatura fascista (1936-1939). I suoi esiti dipesero in larga misura dalla condotta scientifica e deontologica dei direttori e dei principali collaboratori, oltre che dalla loro fede politica. La speranza di ottenere prebende e favori dalla *leadership*, le ambizioni dei singoli e la volontà di approfittare delle proprie posizioni per far carriera o per avvantaggiare le proprie Scuole furono fattori tutt'altro che irrilevanti nell'orientare le linee editoriali. Inoltre, per assicurare alle proprie "creature" gli appetitosi premi ministeriali, direttori come Filadelfo Insolera, Guido Toja e Alberto Conti non esitarono a scendere a compromessi con le gerarchie e a cercare a tutti i costi un *appeasement* con il potere. Gli intrallazzi di Conti con vari ministri fruttarono ad esempio al *Bollettino di Matematica* ben 5 premi di migliaia di lire e un accordo quadro per costi di spedizione agevolati del giornale nei possedimenti italiani e in tutti i territori dell'Impero.

Nello studio dei rapporti fra politica-propaganda e giornali di matematica abbiamo evidenziato tre diversi tipi di ingerenze. Il primo è costituito da quelle dirette, dovute a leggi e provvedimenti, la cui ineludibile applicazione ebbe un impatto immediato e importante sulla vita di *tutte* le riviste italiane. Il secondo tipo di condizionamento ha invece natura squisitamente sociale-intellettuale. In questo caso si è di fronte a singoli intellettuali o a collettività di studiosi che, talora mossi da idealità culturali, politiche o politico-culturali, talaltra da mero calcolo, si infiltrarono, occuparono e infine monopolizzarono certi giornali di matematica, al fine di utilizzarli per veicolare contenuti ideologici e sistemi di valori, o per fare vera e propria opera di propaganda, rivolta a determinati segmenti di pubblico professionalmente omogenei. È infine emerso un ultimo tipo di "corto-circuito" fra gli eventi della Grande storia e le micro-storie dei giornali italiani: l'effetto di uno snodo drammatico della dittatura fascista (la persecuzione razziale) sulla circolazione del sapere matematico *nei e attraverso* i giornali. La nascita di una tradizione di giornali

---

53. Pubblicati dall'Istituto Nazionale di Alta Matematica.

specialistici di matematica in Argentina si può infatti leggere come un *by-product* dell'emigrazione ebraica dall'Italia dopo il 1938. Anche questo, a nostro avviso, è un risvolto assolutamente inedito e privo di analoghi.

La fascistizzazione è un fenomeno che ha interessato i giornali di tutti gli ambiti disciplinari, sia umanistici (riviste di storia, letteratura, ecc.) che scientifici (giornali di biologia, antropologia, scienze naturali). Nel campo dell'editoria matematica, tuttavia, la nostra analisi ha evidenziato una specificità: il ruolo del giornalismo a carattere elementare, e in special modo di quello rivolto ai maestri e agli insegnanti di scuola media. Il *case-study* del *Bollettino* di Conti è apparso, da questo punto di vista, emblematico.

L'idea di sfruttare questi vettori della circolazione del sapere matematico – impermeabile alle logiche dell'ideologizzazione, almeno nell'immaginario collettivo – per diffondere su larga scala il paradigma fascista, è risultata una strategia tanto oculata quanto efficace. Poco importa da questo punto di vista che la cultura di un maestro dell'Italia fascista fosse generalmente mediocre o che la riforma Gentile del 1923 avesse relegato l'insegnamento della matematica, a ogni livello scolare, in una posizione subordinata rispetto a quello delle discipline umanistiche.

Il fatto di "partecipare alla vita" nazionale giovò alla vita di questi giornali, estese e fidelizzò la cerchia dei loro collaboratori e lettori, trasversali ai campi disciplinari ma accomunati da un certo orientamento politico. Riuscire a strappare al regime sussidi, finanziamenti e agevolazioni per gli abbonati residenti nelle colonie significò, per esempio per il *Bollettino* di Conti, garantire la propria sopravvivenza e sbaragliare la concorrenza.

Il compromesso era naturalmente d'obbligo: i giornali di matematica per maestri e insegnanti di scuola media non solo potevano, ma dovevano parlare d'altro, oltre che di matematica, e dovevano farlo nei termini, nei format editoriali e con la retorica che i loro interlocutori si aspettavano e apprezzavano. L'esito fu un circolo vizioso in cui la matematica, i matematici e i loro giornali reagirono e interagirono con il potere politico in un vortice inesauribile di vecchi e nuovi opportunismi e condizionamenti.

Chapitre 14

Mathematics in Modern Japan as Observed through Journals: Results and Prospects

HARALD KÜMMERLE

This chapter provides a perspective on mathematical circulation through journals in Japan from the 1870s until the middle of the 1920s.[1] The institutional foundations of this circulation receive special attention, which helps future international comparisons. The use of the word "observe" in the title is not meant to play down the agency of journals but rather to signify that the chapter carries out a systematic measurement and hereby, necessarily, alters the state of research.

In this chapter, I build on my dissertation, which concerned the institutionalization of mathematics as a science in the Meiji (1868–1912) and Taishō (1912–1926) periods (Kümmerle 2018a, 2022). There, I focused on the circulation of knowledge, for which I, like the organisers of the CIRMATH project, have followed the conceptualisation of circulation by Kapil Raj (2007).

---

1. As the reader may not be familiar with Japanese history in the period involved, the following is a very broad sketch: Intimidated by the expansion of the Western powers, the Shogunate opened up the country in 1854 after more than 200 years of relative (although not total) isolation. While the Shogunate in the following years mainly fostered development technology, the Meiji government, which toppled and succeeded the Shogunate in 1868, complemented the technological modernisation with a modernisation that encompassed Japanese society more generally, following Western models. Not only did Japan avoid being colonized, but it acquired colonies of its own. Viewed on territorial grounds, the Japanese Empire expanded until the beginning of the 1940s. Analyzing political decisions leading up to this is beyond the scope of this work. It suffices to note that the development of science and technology in Japan until the end of the Second World War was closely intertwined with economic growth and expansion into new territory.

Ph. Nabonnand, J. Peiffer, H. Gispert (eds.), *Circulation des mathématiques dans et par les journaux: histoire, territoires, publics*, 429–478.
© 2025, the author.

From the outset, I did not limit my perspective to knowledge relevant to mathematics. Rather, I investigated the production of knowledge in scientific institutions in Japan more generally, contextualising mathematics as one discipline inside the system of science. Accordingly, some arguments brought forward in this chapter pertain to the development of science in Japan more generally, but mathematics remains in focus throughout.

This chapter is divided into five parts. In the first and second parts, I investigate, from an institutional standpoint, two different economies of mathematical circulation from the foundation of the first journals in the 1870s through the middle of the 1920s. Whereas the first economy concerns research, the second focuses on primary and secondary education. The journals relevant to these economies make up almost disjoint sets. That this divide was, however, not complete becomes evident in the third part: The internationally renowned *Tôhoku Mathematical Journal* (TMJ)[2], to a certain degree, took part in both economies for the first decade after its foundation in 1911. It was an important means for its publisher, Hayashi Tsuruichi, to act as a *Wissenschaftspolitiker*.[3] The fourth part contextualises the Japanese case internationally, and the fifth is an appendix that explains how the corpus is composed.

This framework of a division into two economies of circulation is based on a crucial observation made by the historian of science Nakayama Shigeru, a student of Thomas Kuhn: in Japan, the state, from the outset, created scientific institutions and the institutions then trained their own support group. Scholarly traditions had been introduced into other regions before, for example, Greek learning to the Islamic world. But Nakayama considered the "transplantation" of modern science to Japan "perhaps the most dramatic instance of them all", as this process "was intimately bound up with a newly-risen element – the policy of a modern state" (Nakayama 2009b, 207–208). Although outdated in its generality, this view turns out to be surprisingly fitting for the discussion of the first economy. In the discussion of the second economy, I draw on the writings of the historian of mathematics Ogura Kinnosuke. Using the analytic value of the concept of the civil mathematician (*minkan sūgakusha*), something that Ogura used mostly in a descriptive fashion, allows us to detect different types of journals in that economy. In doing so, it will become clear how journals read by civil mathematicians were an important driver in the development of mathematics education in Japan.[4]

---

2. Long Japanese vowels will be expressed using a macron in this chapter. An exception is made when writing out the title of the *Tôhoku Mathematical Journal*, which uses the circumflex in its title.

3. This consciously draws a parallel to Felix Klein, at least to the degree that each wanted to shape both research and education of mathematics. I avoid making a judgement on whether Hayashi succeeded in reaching specific goals but claim that it makes sense to understand his actions as following an agenda that went beyond science. For further clarification, see the last paragraph of section 3.2 and the first paragraph of section 3.3.

4. Influenced by Georgi Plekhanov's Marxist work on arts in class societies, Ogura wrote on mathematics and especially arithmetic in class societies. His research on the history

Throughout the chapter, the emphasis is laid on readership, funding, and institutional backing rather than an a priori classification of the content of journals. This is consistent with the work of Caroline Ehrhardt, who, in a special volume of *Historia Mathematica* accompanying the CIRMATH project, adopted Eduardo Ortiz's concept of intermediate journals (Ortiz 1996) to investigate European mathematical journals for students and teachers (Ehrhardt 2018). Ortiz classified these journals based on their content being between the categories of "elementary" and "advanced" mathematics, while Ehrhardt has shifted the focus on how locally made journals developed within an international mathematical space and how they helped shape a unified kind of mathematics (Ehrhardt 2018, 378). This perspective encourages an institutional analysis. Results from a recent work by Ortiz concern mathematical journals and mathematical societies in Argentina more generally (Ortiz 2016). Drawing on his results from an institutional perspective allows for an interesting comparison between the cases of Japan and Argentina, as the historical backgrounds were similar in key aspects—both were, in both the economic and geographic sense, countries on the periphery during the late 19th and the early 20th centuries.[5]

1 Mathematical research

The first economy of mathematical circulation concerns the circulation of mathematical research. For understanding its dynamics, a very short account of the introduction of the discipline is necessary.

As in the case of Argentina, foreign experts were hired from Europe and the United States in the late 1860s and early 1870s in order to establish schools for professional education. The first university was established in Tokyo in 1877; its function was to educate future experts for the Ministry of Education. Other ministries also founded professional schools to raise future experts relevant to their fields.[6] Much of the teaching was, in the first years, carried out by lecturers from abroad. In mathematics, however, with Cambridge-educated Kikuchi Dairoku leading the department, from the start Japanese lecturers taught the mathematics curriculum. Direct teaching by foreigners left only a

---

of traditional Japanese and Chinese mathematics has also been well received inside China (Makino 2003, 327). While Ogura was not a Marxist historian, he emphasized the social aspects in the history of mathematics (Sasaki 2002, 292).

5. Similar to how Spanish people were banned from studying abroad beginning in the second half of the 16th century (Ortiz 1996, 325), from the start of the 17th century, leaving Japan was punishable by death. Akin to the case of Spain and its colonies (Ortiz 1996, 325), expertise on astronomy, geography, and the military had been obtained in Japan by the early 19th century through the study and translation of Chinese and Dutch books (Horiuchi 2016). Scientists and engineers invited from abroad arrived in Argentina in the late 1860s and the 1870s (Ortiz 2016, 23), the same time as in Japan.

6. These schools, drawing a parallel to the system in France, are now often called *grandes écoles* in the historiography of education in Japan (Amano 2009, 32).

small footprint.[7] In addition to teaching at the university, Kikuchi Dairoku invested energy in popularising mathematics and its applications as well as its foundations, particularly logic (Kümmerle 2018a, 52–53, 193).

Fujisawa Rikitarō, a student that had specialised in physics, was approached by Kikuchi and asked whether he wanted to study mathematics abroad. First studying in England like Kikuchi, Fujisawa went on to study in Germany. After returning to Japan in 1887 and immediately being appointed professor of mathematics, it was Fujisawa rather than Kikuchi that shaped the mathematics department. A pupil of Elwin Bruno Christoffel's, Fujisawa emphasised research as part of the education of students. Through his seminar he established a focus on pure mathematics at the department (Kümmerle 2018a, 196–202), (Kümmerle 2018b). While other departments made concessions to obtain additional funding, the department of mathematics, under Fujisawa's guidance, for the most part, maintained independence in a way that was consistent with the mechanisms of academic self-governance (Kümmerle 2021, 146–149). Consequently, as staff at new universities were mostly hired from among the graduates of Tokyo Imperial University[8], the focus on pure mathematics was propagated to the other universities, although the degrees differed somewhat (Kümmerle 2021, 146).[9]

This led to the situation that, while most of the journals discussed below included research papers from the natural sciences, the disciplines had no substantial interaction (especially such that would have been visible for example in cross-citing) that went beyond disciplinary borders.

---

7. There was also a French-language physics department independent of the department in which Kikuchi taught. Although the French lecturers taught more advanced mathematics than Kikuchi did, the department was shut down in 1880. This was the outcome of a decision that was made in 1873 at the predecessor institution of the university, harmonizing the language use in the scientific departments in favor of English (Kümmerle 2018a, 53). Many of the graduates of the French-language physics course together founded the Tokyo School of Physics. The school will play a key role in section 2.2.

8. In contrast to the other imperial universities, which gave the name of the place before "Imperial University," the official English name of the imperial university in Tokyo was Imperial University of Tokyo. For ease of presentation, it will be referred to as Tokyo Imperial University, making it uniform with Kyoto Imperial University and Tōhoku Imperial University. In legal terms, these universities were equal.

9. Unrelated to mathematics and reflecting much broader trends in educational politics in Japan, the university gained in importance and was renamed Imperial University in 1886. In this process, many of the other *grandes écoles* were integrated into the university, making it the preeminent institution of higher education and making the Ministry of Education much more powerful than it was a decade before. Politicians leading this reform saw the University of Berlin as a model, which from their perspective was a school for educating elite bureaucrats (Kümmerle 2018a, 65–66). The importance that was put on original research in Berlin was not of primary interest for these broad reforms. That in mathematics, such an appreciation of research did indeed take root very soon, can to a large degree be traced to Fujisawa Rikitarō's work (Kümmerle 2018a, 294–295).

1.1 Faculty bulletins

All universities with mathematics departments before the beginning of the Second World War were national universities funded by the state. Rather than aiming to provide results that could be directly applied to the development of technology in Japan, the research papers in their bulletins were, at least in mathematics, primarily aimed at an international scientific audience. The principal reason for the decision to fund the necessary infrastructure was that in the late 19th century, the Japanese government was intent on showing the Western powers that Japan was becoming worthy of being recognised as an equal. The stance of subscribing to a perceived universality of Western civilisation was of importance for diplomatic reasons but was indeed shared by political elites and many intellectuals (Zachmann 2009, 19). This made it necessary to publish research in Western languages, and in order to enable the staff to do so, each faculty of science[10] provided a Western-language bulletin—which Western languages were to be used was mostly up to the contributors.[11]

The availability of the bulletin freed the staff from needing to contact editors of journals abroad. The case of Yoshiye Takuzi, professor of mathematics at Tokyo Imperial University who had studied at the University of Göttingen until 1902, shows this posed a hurdle (Kümmerle 2018a, 164, 224): Shortly after returning, Yoshiye successfully published a paper in the *Mathematische Annalen* in which he referred to a lecture by David Hilbert that he had attended (Yoshiye 1903). In 1911, he tried to publish there again by sending a letter with an attached manuscript to Hilbert (Yoshiye 1911), but for whatever reason—no other part of the correspondence was available to me—the paper was not published and Yoshiye in fact never successfully published abroad again.[12] To avoid such problems, the default publishing strategy of university professors of mathematics until the 1920s was extremely simple: write a paper and have it printed in the bulletin of the faculty—substantial agency related to publishing was to be found in the distribution of the offprints, in which the professors did seem to be interested.[13] Students and junior staff, too, had an incentive to work with their teachers and have their own papers published in the faculty

---

10. Strictly speaking, the word faculty was only used before 1886 and after 1919; between these dates, subdivisions of imperial universities were referred to as colleges in official English-language documents. I have chosen to use the word faculty throughout. Moreover, in the beginning, Kyoto Imperial University had a combined faculty of science and engineering. It was in 1914 that they were divided into a faculty of science and a faculty of engineering (Kümmerle 2018a, 355).

11. On which languages were in fact chosen, see the footnotes in Table 2 at the end of part one.

12. See Yoshiye's entry in the complete index of articles by Japanese mathematicians through 1945 (Kawada 1993, 244). The index was compiled from journals published in Japan, from the *Jahrbuch über die Fortschritte der Mathematik* and from the *Mathematical Reviews* of the AMS and claims comprehensiveness.

13. Yoshiye Takuzi in his letter to Hilbert asked that "in the case of publication, I would like to have 50 pieces of offprint". (*Im Falle der Publikation möchte ich 50 Stück Sonderabdruck haben.*) (Yoshiye 1911). See section 3.2 regarding the offprint policy of the TMJ.

bulletin. This can be traced to the practice of conscious academic inbreeding: for graduates, their own teachers played the most important role in helping them obtain a post, ideally at the alma mater itself or, in most cases, at a school in the higher education system that the professors had a close connection to (Kümmerle 2018a, 86, 176–177). It may seem that publishing in a highly reputable international journal would have been a rational choice for a student to prove his or her[14] ability, but this was, for reasons that have yet to be made explicit, carried out only very seldomly, and mostly when a student was studying abroad. But even from abroad, papers were sometimes sent back in order to appear in a journal published in Japan.

The case of Takagi Teiji's research on class field theory, which made him one of the preeminent number theorists of his time,[15] as well as follow-up research published in the faculty bulletin in Tokyo, offers insights into the restrictions of agency regarding this bulletin. On the one hand, Helmut Hasse, who introduced Takagi Teiji's seminal work on class field theory (Takagi 1920, 1922) to a German audience, continued working with Takagi's student Suetuna Zyoiti and published an article in the bulletin co-authored with Suetuna (Hasse & Suetuna 1931) as well as one where he was the sole author (Hasse 1934). Furthermore, the opportunity to freely decide on the length of articles came in handy: According to the recollections of Iyanaga Shōkichi, another student of Takagi's, Claude Chevalley encountered difficulties publishing his dissertation in a journal in Europe on the grounds that it was too long. Emil Artin, whose lectures Iyanaga and Chevalley attended at the University of Hamburg, suggested he publish the work (Chevalley 1933) in the bulletin in which Takagi Teiji's papers had already appeared (Iyanaga 1994, 276). On the other hand, the bulletin even limited the editorial authority of professors. When Hasse suggested in 1936 that a *Festband* honouring Takagi's works be published, Suetuna, in his reply, stated that the *Journal of the Faculty of Science, Imperial University of Tokyo* was the bulletin of the faculty, not of the mathematics department, and wrote that it had never before published a *Festband*—suggesting that an exception could not be made (Roquette 2005, 1.32).

1.2 Proceedings of the Tokyo Mathematico-Physical Society

An alternative for addressing an international public was provided by the main academic society of the mathematics, physics, and astronomy disciplines in Japan, the Tokyo Mathematico-Physical Society (*Tōkyō Sūgaku Butsurigakkai*), or rather, after its renaming in 1918, the Physico-Mathematical

---

14. Beginning in the 1910s, female students were admitted to some imperial universities. At the faculties of science, mathematics was especially popular. This was, in no small part, due to efforts by Hayashi Tsuruichi to reach out to higher schools for women.

15. Wilhelm Blaschke in 1933 called Takagi "one of the most important mathematicians alive" (*einer der bedeutendsten lebenden Mathematiker überhaupt*) (Blaschke 1933, 11). Blaschke was not alone with this judgement, as Takagi was elected to be one of the five people to choose the recipients of the first Fields Medals (Saxer 1932, 58–59).

Society of Japan (*Nihon Sūgaku Butsurigakkai*).[16] Its predominantly Western-language publication, the *Proceedings of the Tokyo Mathematico-Physical Society* (PMPS), can, in the case of mathematics, be considered to belong to the same economy as the faculty bulletins: while the society was not financially supported by the state, most of the funding came from fees paid by its members, which in the case of mathematics were mostly university staff and university graduates that taught in the higher education system.[17] From the middle of the 1880s, the journal permitted the publishing of both Western-language and Japanese-language papers, but having a look through the issues one discovers that in fact, since about the middle of the 1900s, papers on mathematics (except for those on its history) were exclusively in Western languages. From 1907 onwards, it was a *de facto* monthly journal for papers on mathematics, physics, or astronomy (Kümmerle 2018a, 54–55, 60, 96, 214–215). The first two papers on mathematics were contributed by Fujisawa in 1886 while still in Germany; the second of these was a note that Fujisawa had written in Theodor Reye's seminar in Straßburg (Fujisawa 1886). The content of the PMPS was indexed in the *Jahrbuch über die Fortschritte der Mathematik* from its inception; even Fujisawa's note from Reye's seminar was summarised by Gustaf Eneström [JFM, Vol. 20 (for 1888), 0576.01], who noted that Fujisawa himself admitted that the result was already known. The faculty bulletins were indexed, too.

An early project undertaken by the Society was the translation of several seminal papers by European mathematicians into English. Originally published in the PMPS, they were also collected in a volume titled "Memoirs on Infinite Series" (Tokyo Mathematical and Physical Society 1891). It included three papers from French by Niels Henrik Abel and P. G. L. Dirichlet, one paper from German by Ernst Kummer, and one paper from Latin by Carl Friedrich Gauss. The article by Gauss was translated by Kikuchi Dairoku; while Kikuchi did not carry out mathematical research on par with Fujisawa or the other mathematicians in Japan, his proficiency in classical languages, developed while studying in England, turned out to be beneficial, an advantage he shared with Valentín Balbín, the most important figure in Argentine mathematics at the end of the 19th century.[18] The volume received a very favourable review

---

16. Note that the change in the order of the disciplines did not happen in the Japanese name.
17. It is notable that because membership fees hardly increased despite rising price levels, it was up to industry conglomerates to fill the budget gap of the society through large donations in 1918 (Kümmerle 2018a, 99). That this was possible was almost certainly due to the greater openness of physicists to applications, manifested, for example, in the equal representation of theoretical physics and experimental physics in the chairmanship of the society throughout the 1900s (Takata 1997, 88).
18. Ortiz noted that Balbín, too, had acquired knowledge of classical languages while studying in England (Ortiz 2016, 26). He brought this proficiency to use in the historical section of the *Revista de Matemáticas Elementales*, the journal he published between 1889 and 1893 (Ortiz 2016, 30). In Japan, there were numerous mathematical journals not

in the *Bulletin of the New York Mathematical Society*, which declared that "the work occupies quite a unique place among translations". Moreover, the reviewer wrote that "they are all classical works of the first importance, and are familiar to every mathematician who has a reading knowledge of French, German, and Latin; but they are now for the first time rendered accessible to English and American students who are not familiar with these languages. I have compared these translations with the original texts, and have found them literal and accurate. Our Japanese co-laborers deserve the thanks of every English-speaking mathematician for the preparation and publication of this important translation" (Conant 1894, 223–224). This review and the conscious decision to translate the papers into English rather than Japanese make it clear that the Mathematico-Physical Society was acting as a full member of the international scientific community.

Contributions to the PMPS could be made by members and arose out of talks presented during the monthly meetings of the society; however, mailing in a manuscript and having it read by another member was also an option made use of from time to time. Requiring presenting articles to be delivered in person or by proxy—the name of the presenter was also recorded—served, to a certain degree, as peer review. The general records for these meetings are useful not only for tracking the evolution of the Society as an organisation, but also for gaining insight into who could study the works of Japanese mathematicians directly. The records go into detail regarding the budget and, among other things, the exchange of the journal with universities and other societies. A list of the donated journals and books can be found at least once a volume, with some marked as having been obtained through "exchange" with other institutions or persons. Table 1 shows the total number of institutions and people, divided by country, receiving the PMPS at three different points in time.

The table shows that between 1896 and 1926, most of the new recipients were in the periphery, including, at that time, North America. As a consequence of Japan belonging to the Entente Powers in the First World War, official exchange with institutions in Germany became more difficult for political reasons, even though many Japanese mathematicians had studied there.[19] In 1927, the same year in which an additional Japanese-language journal was started, the outreach of the PMPS increased drastically, with the number of recipients almost quadrupling. Studying how and through which

---

dedicated to research that also covered historical topics (see part two), so there was no immediate need for Kikuchi to publish on this. His proficiency in Latin and Greek did prove important, though, for introducing logic and Euclidean geometry. Regarding this, see the beginning of part two.

19. Of the people that assumed an (assistant or full) professorship at a mathematics department of a Japanese university before 1926 and had studied abroad on a scholarship through the Ministry of Education, three quarters had (also) studied in Germany, according to official statistics (Kümmerle 2018a, 163–164).

means the PMPS became available abroad is an important element of further research on the Mathematico-Physical Society.

Table 1: Number of institutions and people receiving the PMPS

	Germany	Great Britain	France	North America	Italy	Netherlands	Denmark	Russia	South America	China	India & Australia	Other	Total
1896	8	6	4	7	0	1	0	2	0	0	0	2	30
1926	5	12	8	24	3	3	0	1	4	3	5	12	80
1927	69	45	25	50	14	12	6	8	6	4	9	66	314

One aspect that needs further attention is how Japanese mathematicians used the mathematical literature obtained by the Mathematico-Physical Society. Matsuoka Buntarō, whose activities as a teacher and publisher will be discussed in section 2.1, as late as 1922 complained in his journal that there was no library specialising in mathematics accessible to the wider public [*Sūgaku zasshi* (Mathematical Journal, SZ), Vol. 21 (1922), n° 3, p. 4241–4242]. Matsuoka is not listed in a member register from 1926 [PMPS, 3rd series, Vol. 8, n° 10 (1926), 1–13]. But the strong association between the Society and the university departments may have created difficulties in accessing literature for those members who were not university graduates. In order to join, one had to be "introduced" (*shōkai*) by two members, and thus be permitted into a system of obligation and trust that was dominated by academics almost from the beginning.

1.3 Importance of local circulation

In my dissertation on the institutionalisation of mathematics as a science between 1868 and 1926, I have argued that it is useful to model the circulation of knowledge relevant to research in mathematics with a graph that contains three nodes representing places within Japan and one node for the totality of foreign countries. Each node within Japan stands for a city in which there was an imperial university with a mathematics department: Tokyo, Kyoto, and Sendai. Each of these towns was a centre of circulation in its own right. Especially during the 1910s, circulation on a national scale (i.e., between the centres within Japan) was less relevant to the practices of mathematical knowledge production at each centre than circulation on a local scale and circulation on an international scale. Only in Tokyo was circulation on a national scale—specifically with mathematicians in Sendai—of as much influence as that from abroad, although this primarily affected mathematicians in Tokyo other than the university professors; see Figure 1 for a heuristic depiction.[20] This focus on local circulation, most of which was not mediated by journals, was due to academic inbreeding, a practice that was prevalent in all scientific disciplines in Japan (Kümmerle 2018a, 283–285,287–288). Here, the Kuhnian diagnosis articulated by Nakayama (Nakayama 2009b, 208) that, in Japan, institutions raised their own support groups holds true in a concrete way.

While Tokyo, Kyoto, and Sendai were the three centres of publishing of mathematical research in Japan, the audience for these journals was generally abroad.[21] This may seem to withhold agency from the mathematical journals, but the preference for international circulation over national circulation in fact reflects the strategy of the faculty bulletins' funder, the Ministry of Education: Provide Japanese scientists with the means to prove on the international stage that they are capable of carrying out scientific research.

One can fairly conclude that a national community of mathematical researchers had yet to form by the end of the period investigated in this chapter. It was not until 1928, during his studies in Göttingen under Emmy Noether, that Shōda Kenjirō, a graduate from Tokyo Imperial University, was informed about the ground-breaking research on ideal theory that Sono Masazō (Sono 1917, 1918a,b, 1919) had conducted at Kyoto Imperial University almost a decade earlier (Akizuki 1977, 52). Shōda, as a student of mathematics, surely was aware that algebra was taught and researched at Kyoto Imperial University, too, but as a student and later graduate student under the supervision of Takagi in Tokyo, he had no contact with Sono prior to studying abroad.[22]

Even though the two disciplines had a similar publishing infrastructure, the circulation of knowledge in mathematics on the national level was, during the 1910s, lower than that in physics (Kümmerle 2018a, 295–296). However, when put into an international perspective, the patterns of cooperation in mathematical research in Japan may not be that peculiar. After emigrating to Argentina in 1921, leading Spanish mathematician Julio Rey Pastor first refrained from contributing to mathematical journals in Argentina. According to Eduardo Ortiz, Rey Pastor did not show any hostility towards

---

20. On the assumptions of modeling circulation by a graph, the justification for the relative weights of the edges (i.e., the thickness of the arrows), and the circulation for other time intervals between 1868 and 1926, see (Kümmerle 2018a, 283–293, 347–350).

21. This judgment pertains to one aspect of the topology as outlined in Peiffer et al. (2018), polarisation.

22. Michael Barany has considered this an agenda-setting on Noether's side, who, in her seminal publication "Abstrakter Aufbau der Idealtheorie in algebraischen Zahl- und Funktionenkörpern" (Noether 1927), referred to Sono's results (Barany 2020, 6). It is now recognized that Sono was the first to give the modern definition of a commutative ring. This achievement has been judged as a pioneering work in modern abstract algebra (Burton & Van Osdol 1995).

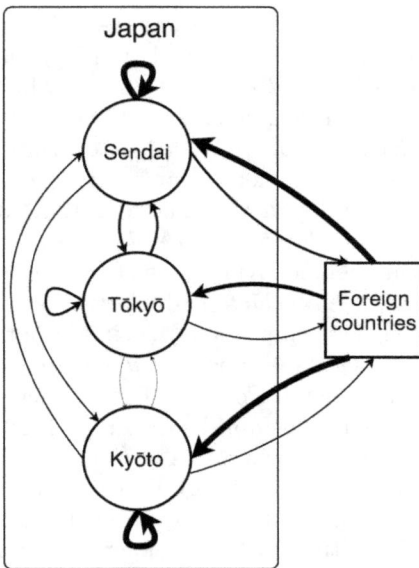

Figure 1: Mathematical circulation relevant to research from 1912 to 1918

their editors, but instead focused on establishing a research group. When Rey Pastor did launch the *Boletín del Seminario Matemático Argentino* in 1928–1929, the papers published therein were authored by him or his students (Ortiz 2016, 43, 45).

1.4 State-funded infrastructure journals

Together with a general reform and an expansion of the higher education system initiated in 1918/19, the relative isolation of these three centres lessened, and the curricula were modernised (Kümmerle 2018a, 127–136). Moreover, from the middle of the 1920s, two *de facto* state-funded journals began to fulfil the functions of communication infrastructure for mathematical research and significantly speeded up mathematical circulation through Western-language journals. While the *Proceedings of the Imperial Academy* (PIA) was first published in 1912, its publishing was irregular and was discontinued in 1918 due to a lack of contributions; after the budget of the academy was increased and new members were admitted, the publication restarted in 1926 with a monthly frequency. Papers—which, apart from mathematics, concerned the natural sciences—had to be communicated by members of the Imperial Academy; the 1926 membership included the mathematicians Takagi Teiji, his teacher Fujisawa Rikitarō from Tokyo Imperial University, and Fujiwara Matsusaburō from Tōhoku Imperial University. Contributions to the PIA were mostly two to four pages in length. In addition to the easy dissemination of short results, the journal facilitated cooperation between universities, as often longer papers that were about to appear in other journals were preannounced in the PIA. From 1924, the *Japanese Journal of Mathematics* (JJM), the second journal dedicated to mathematical research in Japan, began publication (the first, TMJ, is discussed in part three). In addition to printing original papers, it contained abstracts that gave a short summary for each mathematical paper recently published inside of Japan (Kümmerle 2018a, 238–239). Considering that in the late 1920s, the *Jahrbuch über die Fortschritte der Mathematik* lagged four or more years behind (Kümmerle 2018a, 363), and the *Zentralblatt für Mathematik und ihre Grenzgebiete* had not yet been founded, it is fair to say that the JJM fulfilled an important role in the formation of a national Japanese community during that time. It was edited by the mathematical division in the National Research Council. The Council was a member of the International Research Council, established after the First World War, and was controlled by the Ministry of Education. As was the case at the *Journal of the Faculty of Science, Imperial University of Tokyo*, Suetuna Zyoiti wrote that a potential *Festband* for Takagi could not appear in the JJM, though in this case it was because the JJM and the disciplinary journals published by the National Research Council "only accept works that originated in Japan" (*nehmen nur Arbeiten auf, die in Japan entstanden sind*) (Roquette 2005, 1.32).

The JJM and the PIA, in their infrastructural function, greatly increased the circulation of mathematics in the form of research papers. An example of how circulation inside of journals can "spill over" and be institutionalised in other formats is what resulted from the fateful encounter between Akizuki Yasuo, a lecturer at Kyoto Imperial University, and Shōda Kenjirō, who did research in Tokyo during that time. While Akizuki's account of this is given in an obituary for Shōda and thus likely embellished, it serves as a case in point regarding the formal nature of exchange with a mathematician that belonged to another school: Akizuki, who did research on abstract algebra under Sono Masazō, was working on a problem posed by Burnside (Akizuki referred to it as "Problem G") when he noticed that according to an abstract printed in the JJM [JJM, Vol. 6, p. 24], Shōda (1929) had already solved it in greater generality than he was able to. Instead of merely studying the paper, which had appeared in the PIA (and certainly would have been available in the central library of Kyoto Imperial University, possibly also in the library of the department), he contacted Shōda and asked him for an offprint, which he then studied in detail. When Akizuki pointed out that there was a problem in the proof, Shōda admitted that he had made a mistake and suggested that Akizuki publish the correct proof with the more limited conditions. But instead of doing so, Akizuki asked him to cooperate together and exchange in person once Shōda started teaching at Osaka Imperial University, which was easily reachable from Kyoto (Akizuki 1977, 53).[23] The colloquium for abstract algebra that was established

---

23. The faculty of science at Osaka Imperial University was formally founded in 1931, although teaching only started in 1933 (Kümmerle 2018a, 355).

between the mathematicians in Kyoto and Osaka then allowed for frequent personal exchange on a regional scale without the mediation of journals.

Except for the TMJ, which will be discussed in part three, all journals relevant to the circulation in the time span investigated have been mentioned. Table 2 gives a comprehensive overview.

2 Primary and secondary education

There was a second economy for mathematical circulation through journals, for the most part independent from the one concerning research. It concerned mathematical knowledge that was relevant to primary and, particularly, secondary education. In stark contrast to the journals relevant to the first economy, all of them were—with the very few exceptions of when authors excerpted from Western-language literature—exclusively in Japanese. Only a small minority of the contributors to these journals directly participated in the economy of mathematical research. Though these do not capture all journals relevant to this economy in the corpus, this chapter identifies three important types of journals in this economy.

University professors of mathematics, especially in the early years, certainly played an important role in shaping mathematical education in Japan. Kikuchi Dairoku and Fujisawa Rikitarō, who were formative for mathematics at universities, were the authors of textbooks that played a key role in mathematical education in Japan. Most notably, Kikuchi shaped the teaching of elementary geometry, with widely used textbooks first published in the 1880s (Cousin 2017). Thanks to his education in Greek and Latin, he was better prepared to choose vocabulary that more accurately fit Euclidean geometry than what the members of the Tokyo Mathematical Society had decided on in the early 1880s (Kümmerle 2018a, 191–195). Fujisawa, for his part, wrote textbooks for algebra and arithmetic around the turn of the century; his "black-covered" (*kuro hyōshi*) textbook for arithmetic in elementary schools would be used for decades. He developed arithmetic based on the "counting principle" (*kazoe shugi*), which is considered to be partly based in traditional Japanese mathematics (Baba *et al.* 2012, 25).

While they were among the most widely adopted, Kikuchi's and Fujisawa's textbooks were additions to a rich mathematical literature already in use in schools. For the first decades after Japan's 1872 introduction of a formal school system, textbooks used in elementary schools varied by province, a system that was a direct continuation of practices of the Edo period (Ueno 2012, 478).[24] Literature for use in secondary education was independently translated into Japanese by mathematicians from a variety of backgrounds, leading the Tokyo Mathematical Society, the predecessor of the Tokyo Mathematico-Physical Society, to see harmonising mathematical vocabulary as one of its central tasks (Kümmerle 2018a, 61–64, 190–196). During the

---

24. On the canonic textbook "Jinkōki" and its variations, see (Horiuchi 2014).

Table 2: Mathematical journals in the economy of research

	Bulletins of the faculties of science of imperial universities	Academic societies	Infrastructural journals
Funding	National government	Membership fees and donations	National government[1]
Journals	IUTB (1877–) KIUB (1903–) TIUB (1911–)	PMPS (1885–)	JJM (1924–) PIA (1926–[2])
Languages	Western[3]	Western, Japanese	Western[4]

[1] Officially, some of the activities of the Imperial Academy were supported by donations from the Imperial family. Donations by corporate conglomerates also played a role (Kümmerle 2018a, 107).

[2] This can be considered the restart of a previously existing journal, as the PIA had already been published somewhat irregularly between 1912 and 1918.

[3] There may have been more specific rules inside the departments of the respective faculties of science, but in general, authors chose to write in English, German, or French. It is gathered that the choice of language was mostly up to the individual authors. Publications by algebraists from Tokyo were mostly in German, reflecting the language use in their networks. From data given in a recent study on the use of foreign languages by Japanese scientists more generally, it is evident that inside the IUTB, the use of German was much less common than in mathematics (Kikuchi 2021, 117). The general argument of the study, i.e., that Japanese scientists in oral exchange felt more secure using English than using other foreign languages, ultimately favoring "Pacific monolingualism" (English) in contrast to "European multilingualism" during international conferences of the interwar period (Kikuchi 2021, 123–125), likely does not apply for mathematics in this generality. One of the main reasons that mathematicians from Kyoto more frequently used French than those from other universities was that many had studied in France before assuming a professorship. An important reason for this is that during the First World War and immediately afterwards, studying in Germany was difficult, as Japan was part of to the Entente (Kümmerle 2018a, 163–165). An additional reason is that the Third High School (located in Kyoto) and Osaka High School (whose graduates showed a strong preference for studying in Kyoto, as both cities shared the strong common identity of belonging to the Kansai region) were among the very few high schools where students could choose French as their primary foreign language (Kawada et al. 1995, 2–3). With respect to the generally strong multilingualism in mathematics during this time, see (Gray 2002).

[4] In general, the section of abstracts of papers that had appeared in Japan recently was in English. Sometimes, if the original paper already contained an abstract in another language, e.g., German, that abstract was taken instead. The abstracts were given with initials, who correspond to the members in the section of mathematics of the National Research Council. In the 1920s, there was proportional representations for the imperial universities (two professors each) and one representative for Tokyo Higher Normal School.

Meiji period, it was the authors and translators of such books, often with backgrounds in traditional mathematics, who published in and formed the core of contributors to mathematical journals of the second economy of circulation. The intensive translation activities could, according to the "Centennial History of Mathematics in Japan" (*Nihon no sūgaku hyakunen shi*)[25], take place because the "notion of copyright was still poorly developed" (*mada chosakuken no gainen mo toboshiku*) and likely because Japan "had not joined associations for international copyright" (*kokusaiteki na chosakuken no kyōkai ni mo kamei shiteinakatta*) (Nihon No Sūgaku 100 Nen Shi Henshū Iinkai 1983, 122). While contemporary conventions of crediting and authorship should not be judged anachronistically, it is clear that the lack of strict copyright laws aided a timely introduction of Western mathematics.

This chapter contributes to the reappraisal of mathematics education that has taken place within the field of the history of mathematics over the last decades (Ehrhardt 2018, 391–392). Accordingly, existing research is here reframed and systematised. Because characterisations of the journals as "test-taking journals" (*juken zasshi*) have been injected with a pejorative meaning, a cogent reinterpretation is required in order to rechannel attention away from this perspective.[26] Such a reinterpretation allows intermediate journals to be considered as primarily corresponding to examination-focused journals. Additionally, I invoke Ogura Kinnosuke's term of a "civil mathematician" to discuss another journal type, that of journals read by civil mathematicians. These journals fulfilled functions beyond reflecting the international developments that have been analytically captured with the concept of intermediate journals. Importantly drawing on Ogura but going beyond him empirically, the "Centennial History of Mathematics in Japan" highlighted some journals as interesting for not merely being "test-taking journals". Therefore, I try to do justice to the corpus by showing its variety in a way that relates to broader institutional developments, which also offers better contextualisation in the global historiography of mathematics.[27]

2.1 Examination-focused journals

The examination-focused journals roughly correspond to the intermediate journals investigated by Ortiz (1996), which have also been, through the characterisation of being aimed at both teachers and students, the main interest of Ehrhardt (2018).

That there was a relatively high demand for them can be understood when continuities with the Edo period are taken into account. That most of the

---

25. On this work, see section 5.2, p. 474–475.

26. An example being the "Centennial History of Mathematics in Japan", which, after giving several examples, ends a paragraph with "It seems that all of them were what should be called entrance test questions and answer journals". (*Izure mo nyūgaku mondai kaitō shi to mo iubeki mono de atta yō de aru.*) (Nihon No Sūgaku 100 Nen Shi Henshū Iinkai 1983, 201).

27. On details about how the corpus was compiled, see part five.

intermediate journals were privately backed—in the sense of the category of *adossement* used in the CIRMATH database—is consistent with the strong tradition of private schools, which existed in various traditional fields of study, including mathematics.[28] This continuity was complemented by the importance of examinations, a mechanism that was newly introduced as part of the education policy by the Meiji government (in part following suggestions of advisers hired from the West, especially those of the American mathematician David Murray). Examinations were considered as important to check whether students in schools made progress according to the curriculum but also to solve a chicken and egg problem: for a long time, it was not possible to provide sufficient expertise for teachers (in normal schools) or prepatory knowledge for entering the tertiary education system (especially professional schools and high schools, the latter offering preparatory education to study at an imperial university). The shortage of teachers, for example, was compensated for by the opportunity of obtaining a teaching licence by means of an examination without the normal school attendance requirements. People aspiring to become teachers attended the courses at private schools and/or bought journals published by the schools, thus acquiring the means to study on their own; secondary school students aiming to pass competitive entrance examinations into tertiary schools were also among the readership of these journal.

Consistent with the literature on intermediate journals, questions and answers to mathematical problems were the journals' "touchstone" (Ortiz 1996, 334). While in Iberia and especially in Latin America, the financial viability of the intermediate journals was favoured by the rising requirements of professional schools, in Japan of the 1880s, other major drivers for their demand were strict regulations for middle schools (Baba *et al.* 2012, 24) and the systematisation of the middle school teacher examinations (Neoi 1998, 12). It is primarily due to these developments that many journals—most of which were examination-focused—were founded during these years (see Figure 2). In contrast to Latin American intermediate journals, to which famous mathematical researchers from the European centre sometimes contributed (Ortiz 1996, 324, 334), Western readership of Japanese-language journals was all but ruled out by the almost non-existent Japanese-language proficiency outside of Japan until the last years of the 19th century. There may well have been Chinese readers of Japanese intermediate journals, though, after late Qing China chose Japan as an important model for modernisation.[29] Independent of this, a standardisation of practices contributed to the shaping of an international and widely shared mathematical culture (Ehrhardt 2018, 391–392). It was driven, one the one hand, by the Japanese government requirement

---

28. On the private schools of mathematics in the Meiji period, Katano has published a series of three articles (1982, 1983a, 1983b), on their journals, four others; see section 5.2.
29. On the relevance of Japan for the reform of mathematical education in late Qing China, (Sarina 2016, 243–358) goes into much detail.

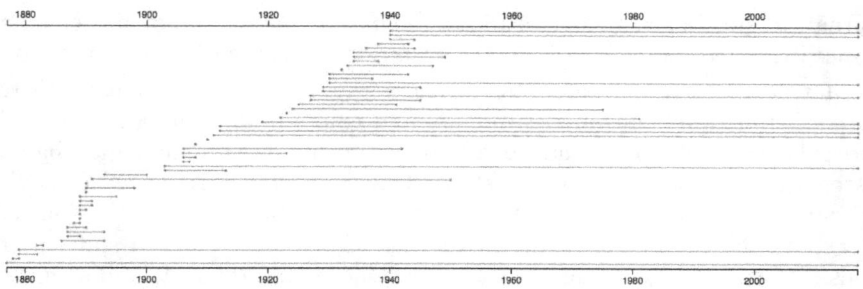

Figure 2: Lifespan of all mathematical journals founded in Japan and its colonies up to 1940

to compose syllabi based on Western mathematics and, on the other hand, by the genuine interest of Japanese mathematicians in developments in the West.

A journal is considered as discontinued in the year in which the last issue known to be extant was published. Early journals may have existed longer, but discontinuation only shortly after their founding turned out to be typical for journals founded in the late 1880s (Nihon No Sūgaku 100 Nen Shi Henshū Iinkai 1983, 132). Journals in the colonies are included; all of these had already been discontinued by the end of the Second World War.

The publishing activities of Matsuoka Buntarō offer an example but also show the limitations for examination-focused journals. In 1886, the same year that he founded the private School of the Principle of Numbers (Sūrigaku Kan), Matsuoka began publishing the monthly *Sūgaku zasshi* (Mathematical Journal, SZ). The structure was somewhat flexible, but, in general, an issue consisted of six parts: "miscellaneous notes" (*zatsuroku*), "lectures" (*kōgi*), "miscellaneous topics" (*zatsudai*), "problems" (*mondai*), "miscellaneous news" (*zappō*), and "solutions/explanations" (*kaigi*). "Problems" ranged from arithmetic to differential and integral calculus, and some issues contained prize questions. "Miscellaneous topics" often discussed problems from examinations for upper school admissions and for obtaining the middle school teaching licence. "Miscellaneous notes" were particularly interesting from the viewpoint of circulation since they provided a place for discussions on Western mathematics in general and on teaching methods. Articles there had titles such as "The meaning of imaginary quantities" (*kyo-ryō no igi*) and "Personal proposal for methods of constructing and proving in geometry" (*kikagaku ni okeru zuhō oyobi shōmei hō no shian*). Among the contributors were Matsuoka's former teachers Higuchi Tōjirō and Chūjō Sumikiyo, both editors of journals that were not examination-focused and that are discussed in the next section (Matsumiya 1985, 155, 157). When the journal was temporarily discontinued in 1894, it had existed, as Figure 2 shows, for a significantly longer time span than many other journals founded during the late 1880s.[30] The standardisation of curricula had reduced the potential for variation in examination-focused journals by then.

Matsuoka, with other outlets for his work than his journal, participated in this larger development. Arithmetic and computation with the abacus in particular had, in Japan, traditionally relied much more on technique than on systematic understanding (Baba et al. 2012, 24). In moving away from this older methodology in the 1880s through the 1890s, the many different journals as well as the classes their editors gave in schools succeeded in shifting the focus of mathematics education from merely accumulating facts and acquiring techniques to how to solve problems systematically. Matsuoka revived the SZ in 1902 with the aim to "help repair the daily schedule of students" (*gakusei nikka no hoshū*) focusing on science in secondary education or below. The simple fact that many other mathematical journals had been discontinued facilitated the revival of Matsuoka's journal [SZ, 2nd series, Vol. 1, n° 1 (1902), p. 1]. Moving away somewhat from conceptual discussions, he now laid the focus on how to solve problems and how to study through the discussion of entrance examinations (Matsumiya 1985, 161). Matsuoka's journal provided an early platform in the 1910s for the activities of Fujimori Ryōzō, the inventor of the "way of thinking" (*kangaekata*) approach and later an influential editor of examination-focused journals as well as the journal *Kōsū kenkyū* (Higher mathematical studies, KK) that went beyond this. Matsuoka's journal was discontinued in 1923 (Matsumiya 1985, 183–184).

Another prolific publisher of examination-focused journals (and textbooks for preparation) was Nagasawa Kamenosuke; his most successful journal, *Ekkusu Wai* (XY), appeared between 1906 and 1923. When, during the 1900s, the Qing dynasty created a formal system of comprehensive education, several of the textbooks translated into Chinese—between 1904 and 1908 alone, at least 97 translations from Japanese appeared—were written by Nagasawa (Sarina 2016, 353). It is thus fair to say that his journals, and indirectly those by other publishers of examination-focused journals, inadvertently had an impact on the development of mathematics in China, whether translators read them directly or merely benefitted from developments Nagasawa himself made while engaging with readers and contributors.

2.2 Journals read by civil mathematicians

With their similarities to intermediate journals abroad, the emergence of what I have classified as examination-focused journals was part of an international development. In Japan, another type of journal also emerged at this time: journals that were read by civil mathematicians (*minkan sūgakusha*). While they may have had a section on problems and answers, such a section cannot, in contrast to what Ortiz said for intermediate journals (1996, 334), be considered

---

30. The temporary discontinuation of the SZ is not made explicit in Figure 2.

their "touchstone" for success. Rather, they had other aspects that were valuable to readers.

While the word *minkan* used by Ogura Kinnosuke can also be translated as "private" or "citizen", I chose to translate the term as "civil" to emphasise both the social role that such mathematicians played and that it has no relation to citizenship, a concept closely tied to the modern nation-state. According to an authoritative dictionary of the Japanese language, one aspect of *minkan*, the meaning "among the people, the society of ordinary/common people" (*jinmin no aida. ippan shomin no shakai*), goes back at least to late eighth-century historiography.[31] A second meaning, which originated in the early 20th century, is "not belonging to official organisations/institutions" (*ooyake no kikan ni zokusanai koto*) (Nihon Kokugo Daijiten Dainihan Henshū Iinkai & Shōgakukan Kokugo Jiten Henshūbu 2002). Mathematicians have used this term affirmatively to mark their standpoint as distinct from that of university-affiliated mathematicians; Matsuoka Buntarō, for example, is among the unaffiliated mathematicians that employed the term.[32] The journals that I classify as read by civil mathematicians, therefore, to some degree, created a counterpublic. A journal can be counted within this type if, more so than in typical examination-focused journals, existing institutions and curricula were questioned and controversies regarding mathematics were readily taken up.

In one key aspect there was almost universal agreement among mathematicians in Japan from the start of the Meiji period: in the translation of Western literature, they left the symbolic apparatus (e.g., how to express equations) intact, adopting it to traditional mathematics was hardly ever done. This was in stark contrast with the translation of Western mathematical literature in China during that time, where the notation was adapted to that of the existing mathematical traditions. Translating terminology was a particularly difficult task: authors independently transliterated terms using the Japanese syllabary, used terms from traditional mathematics they recognised as similar, or created new terms by combining Chinese characters in an original way (Horiuchi 2004, 46–52). When the Tokyo Mathematical Society was founded in 1877, one of the major tasks it assigned itself was the harmonisation of vocabulary; its authority was contested.

The journal *Shogaku fukyū sūri sōdan* (Collection of stories on the principle of numbers for the popularisation of studies, SFSS), founded in February 1879, can be seen as the first of this type of journal. Its founder, Ueno Kiyoshi, was born in 1854—the year the Shogunate agreed to open up Japan—and studied mathematics under Fukuda Riken, who wrote the first manual in which Western arithmetic notation was explained using the notation of traditional

---

31. Specifically, to the *Shoku Nihongi*, written in Classical Chinese.
32. When Matsuoka Buntarō in 1922 complained that there was no library easily accessible to those without an affiliation to an imperial university (see section 1.2), he used the word *minkan*. Biographical research on Matsuoka also calls him a civil mathematician, using the exact wording that Ogura used, *minkan sūgakusha* (Matsumiya 1985).

Japanese mathematics (1857).³³ The preface of the first issue states that the journal aims to have people "realise the utility of the principle of numbers" (*sūri no kōyō o ryōchi seshime*) and "have [the principle of numbers; H.K.] spread to all kinds of learning" (*hyappan no gakujutsu ni suikyū*). While much of the journal concerns questions and answers, the "Centennial History of Mathematics in Japan" states that the journal is of note for its disputes regarding mathematics rather than for the problems discussed. Ueno, himself a member of the Tokyo Mathematical Society, criticised the Society in the journal for being aloof and self-righteous, neglecting popularisation. Several issues later another contributor brought forward the counterargument that Society members could best serve scholars in general by interacting with each other and debating scholarship. On another occasion, Ueno argued for the importance of the history of mathematics, and, in critique of how the Tokyo Mathematical Society proceeded in arriving at its suggestions when translating vocabulary, maintained that terms already in use by many people should be adopted. While the journal's publication schedule decreased, after some time, from biweekly to monthly, and the journal was eventually discontinued in 1882, Ueno continued contributing to other journals and also started several other journals over the years (Nihon No Sūgaku 100 Nen Shi Henshū Iinkai 1983, 127–128). Matsuoka's teacher, Higuchi Tōjirō, was, for several issues, listed as the person responsible for editing. It is noteworthy that several of Ueno's textbooks were also among those translated into Chinese during the creation of a formal education system in late Qing China (Sarina 2016, 353).

The Mathematical Association (*Sūgaku Kyōkai*), a scholarly association founded in 1887, pursued a different goal than the Tokyo Mathematico-Physical Society. The foreword in the first issue of the *Sūgaku Kyōkai Zasshi* (Journal of the Mathematical Association, SKZ) by the journal co-editor Kawakita Chōrin reflects a contemporary view of many mathematicians educated in traditional Japanese mathematics. According to Kawakita, the members of the Mathematico-Physical Society had early on mainly studied books from Great Britain and America, and later also books from Germany and France. But studying the different "principles of numbers" (*sūri*) from these books—Kawakita implied that these principles differed from each other—would be too tiresome for most, and it would be better to "take in the pure aspects" (*junsui naru tokoro o tori*) and construct a new principle of numbers for contemporary Japan, taking into account the old one in the process (cited after Katano 1986, 191–192). Sadly, apart from a special interest in the history of mathematics, which was largely supported by Kawakita himself, advancing such a synthesis was a goal the journal could not live up to. Rather, problems faced in examinations and their solutions made up the majority of the journal's content, and the SKZ finally had to be discontinued in 1893 (Nihon No Sūgaku 100 Nen Shi Henshū Iinkai 1983, 130). For lack of alternatives, this—somewhat

---

33. Regarding the manual, see (Kota 2018, 338–339).

dissatisfying—conclusion from the "Centennial History of Mathematics in Japan" has to suffice here.

One of the most noteworthy journals read by civil mathematicians was *Sūri kaidō* (Congregation hall of the principle of numbers, SK), which appeared monthly beginning in January 1889. Its publisher, Chūjō Sumikiyo, was already a prolific author of textbooks and owner of a private school. Like Chūjō's examination-focused journals, SK ran advertisements and was sold in many towns all over Japan [SK, n° 3 (1889), last page]. That it had high aspirations can be gathered from an editorial that bore the rather grandiose title "My hopes for the new world of the principle of numbers in Meiji 23" [1890] (*Meiji nijūsannen no shin sūri kai ni taisuru wagahai no kibō*): it commented on the state of original mathematics books in Japanese, translations, and journals, and declared that the two mathematical societies (the Tokyo Mathematico-Physical Society and the Mathematical Association) do not suffice to accommodate all of those interested in contributing to mathematics [SK, n° 13 (1890), pp. 1–6].

SK did in fact gather a relatively large variety of contributors. Civil mathematicians like Matsuoka and Ueno contributed to the first issue; Nagasawa Kamenosuke wrote on the advantages and disadvantages of typesetting horizontally in mathematical literature [SK, n° 15 (1890), pp. 1–4].[34] Connections to university-educated mathematicians, however, also existed, which shows that although there was opposition, the divide between civil mathematicians and those associated with institutions run by the national government was far from total. Kikuchi wrote on "miscellaneous techniques in arithmetic" (*sanjutsu zatsujutsu*) and other small topics. Fujisawa contributed a manuscript of the speech he gave at the graduation ceremony of the Tokyo School of Physics in 1890 [SK, n° 15 (1890), pp. 5–8]. While the subject of mathematics teaching in other countries was a topic in many examination-focused journals as well, the series "The actual state of mathematics teaching in various schools in France" (*Fukkoku sho-gakkō sūgaku kyōju no jikkyō*) [SK, n° 11 (1899), pp. 31–33; n° 12 (1890), pp. 36–37; n° 13 (1890), pp. 37–38; Vol. 22, pp. 29–30] in SK was written by a person with exceptional competence: Senmoto Yoshitaka had studied abroad in France and was teaching at the Tokyo Higher Normal School, the preeminent school in Japan for training teachers for secondary education (Nihon No Sūgaku 100 Nen Shi Henshū Iinkai 1983, 101, 117). Terao Hisashi, professor in the department of astronomy at Tokyo Imperial University, who profoundly disagreed with Fujisawa regarding the right approach to mathematics education, discussed in his article "Awareness of those studying mathematics" (*Sūgaku o manabu mono no kokoroe*) [SK, n° 6 (1889), pp. 4–9] his discomfort with pursuing pure mathematics despite being drawn to it himself. Terao had himself published mathematical papers

---

34. There was a tendency to compose the content horizontally (and from left to right). Nevertheless, Matsuoka's SZ was typeset vertically (and from right to left) until the discontinuation of its second series in 1923. SK was typeset horizontally from the beginning.

(Kawada 1993, 215) and had given the first lectures on the basics of complex function theory at the faculty of science (Kōta 2007, 240).

The "Centennial History of Mathematics in Japan" offers a critical review of the SK's content, stating that it ultimately did not live up to Chūjō's high hopes for the publication. Nevertheless, it concludes that, "without leaning towards test taking—and such journals were many during that time— it was a journal that carried interesting articles and commentaries regarding mathematics that went slightly beyond the scope of the elementary"[35] (Nihon No Sūgaku 100 Nen Shi Henshū Iinkai 1983, 130–131). That a graduate student of Tokyo Imperial University researching "arithmetic" (*arisumechikku*) (Kümmerle 2018a, 371), Motoda Tsutomu, published a three-part guide for reading a paper on chain fractions by Eduard Heine (1867) [SK, n° 17 (1890), pp. 7–10; n° 18 (1890), pp. 4–5; n° (1890), pp. 9–11] is seen as a sign "that young graduates were advancing into the mathematical world of the next era" (*wakai sotsugyōsei ga jidai no sūgaku kai ni shinshutsu shiteiku*) (Nihon No Sūgaku 100 Nen Shi Henshū Iinkai 1983, 201). Considering that Fujisawa in his seminar focused on algebra and that Motoda's article would surely have been interesting for students who, like Takagi Teiji, specialised in number theory, the conclusion seems reasonable, independent of whether printed issues of the journal actually continued circulating within the mathematics department or whether local circulation through personal exchange was the main vector of circulation. Furthermore, Kikuchi, Fujisawa, Motoda, and other university-affiliated mathematicians did not merely contribute to SK, but also read articles in the journal by other authors. Using a central concept in the manner of Kapil Raj, it can be said that during the time SK existed, it was part of an intercultural contact zone encompassing both the professional worlds of university-affiliated mathematicians and civil mathematicians. Through the go-betweens and material mediations involved in contributing, editing, publishing, and reading the SK, both groups engaged in the co-production of knowledge. Thus, the involved circulation itself was a site of knowledge production, mathematical and otherwise (Raj 2007, 18–20). Following the main issues of interest to CIRMATH, further research should not pay attention merely to the level of mathematics covered, but also to aspects connected to circulation. Apart from the purely material aspects, attention should be paid to the interactions between various traditions of mathematical knowledge—both within Japan and from abroad—especially focusing on points where they were considered to differ from each other and suggestions for synthesis.[36]

Given the growing standardisation during the 1890s, securing a financial basis for journals that were of interest to civil mathematicians became more and more difficult. A permanent platform emerged with the *Tōkyō Butsuri*

---

35. *tōji juken zasshi ga ooi naka ni atte, sore ni hensuru koto naku shotō sūgaku no han'i o sukoshi koeta teido no sūgaku ni tsuite, kyōmi aru kiji ya ronsetsu o noseta zasshi de atta.*
36. Regarding textbooks, there is ample prior research that traces such debates, e.g., (Nakatani 2010).

Gakkō zasshi (Journal of the Tokyo School of Physics; TBGZ), which was founded in 1891 and published by the alumni organisation of the Tokyo School of Physics (Tōkyō Butsuri Gakkō). The school also allowed students to specialise in mathematics, and mathematics featured prominently in its journal. TBGZ was extraordinarily long-lived and appeared monthly until 1950 (with a short cessation during the war). A recent study found it to be an important provider of "correspondence education" (*tsūshin kyōiku*) in the sciences (Kogure & Ishihara 2012); therefore, it provided functions fulfilled by examination-focused journals but also went far beyond them. It has been argued (with only a slight overstatement) that TBGZ's "founders were motivated and behaved as if they were missionaries of science", where the knowledge taught should be a "service to society", in contrast to the universities, which catered to the elites (Koizumi 1975, 42–43).

That it makes sense to classify the TBGZ as a journal read by civil mathematicians can be gathered from an article in the journal written by Ogura Kinnosuke. Ogura in fact graduated from the school's comprehensive course (*zenka*) in 1905 (Tōkyō Butsuri Gakkō 1930, 216) and contributed the article to the school's journal on the occasion of its 60th anniversary in 1941. Using the school of Ueno Kiyoshi as an example, Ogura states that in the Meiji-era "private schools that engaged in the specialised teaching of mathematics [...] reached a considerable number" (*sūgaku o senmonteki ni kyōju shita shigaku wa, [...] sōtō no kazu ni tasshita*). He contrasted this with the situation in the natural sciences: "Well, among schools in the civil realm, for the natural sciences, with respect to the length of its tradition, absolutely none exists that can compare with the Tokyo School of Physics" (*Sate minkan ni okeru shizen kagaku no gakkō ni wa, sono dentō no nagasa ni oite, Tōkyō Butsuri Gakkō ni kuraberareru mono wa, mattaku sonzai shinai no de aru*) (Ogura 1941, 311–312). Fujimori Ryōzō, the inventor of the "way of thinking" approach, graduated from the mathematics course in 1903 (Tōkyō Butsuri Gakkō 1930, 215); activities by him and others helped to maintain a link between the Tokyo School of Physics and the civil mathematicians like Matsuoka Buntarō who ran their own private schools.

The TBGZ even helped create a contact zone in which civil mathematicians encountered topics of physics and chemistry.[37] Over the decades, much of the staff of the mathematics department of Tokyo Imperial University taught there as lecturers (Kawada *et al.* 1995, 177–179); professors of mathematics departments of imperial universities also contributed to the journal. From early on, geometry featured prominently, reflecting the interest in intermediate journals internationally (Ehrhardt 2018, 386–390). According to the "Centennial History of Mathematics in Japan", the contributions by professors mostly had the "character of comprehensive reports" (*sōgō hōkokuteki*), often on topics of geometry (Nihon No Sūgaku 100 Nen Shi Henshū Iinkai 1983, 283). The level

---

37. Physics was taught together with chemistry in one course (*rika gakka*).

rose with time; in the middle of the 1930s, they were roughly on the level of first-year university students. As time went on, comprehensive reports on other topics grew in number and also targeted more senior university students (Nihon No Sūgaku 100 Nen Shi Henshū Iinkai 1984, 130). Among contributions by staff of mathematics departments of imperial universities, those from Tōhoku are the most numerous by far.

Ogura here expresses a definite judgment on the role of civil mathematicians—referring to them as merely civil scholars, possibly including those affiliated with the Tokyo School of Physics who were not mathematicians but contributed importantly, like Terao Hisashi: "The harmonisation of translation terms was also finally progressing, and with the help of people that had no relationship with Tokyo University, especially civil scholars, elementary mathematics to be sure, and even writing and translating books on higher mathematics was—to a degree—completed. Indeed, I firmly believe that making a conclusion like 'the foundation work for Western mathematics in our country was, for the greater part, accomplished by people other than those with relation to Tokyo University' would not be a big mistake".[38] (Ogura 1973, 168–169). This has yet to be overturned in Japanese historiography and, from the perspective of the circulation of knowledge through journals, can be extended as follows: paralleling the journals for teachers and students as a "locus for transnational exchanges" (Ehrhardt 2018), it can be said that journals read by civil mathematicians were part of a locus of national exchanges that seamlessly integrated mathematical knowledge from the Edo period into the modern education system. Examination-focused journals—mostly published by civil mathematicians, but not of primary interest to their peers—were part of this locus too. But the knowledge that helped fulfil the foundational work referred to by Ogura mainly circulated through journals read by civil mathematicians.

2.3 Application-focused journals

The third type of mathematical journals did not focus on examinations, and their content was likely not of much interest to civil mathematicians. Rather, these journals focused on the application of mathematical knowledge by non-specialists. That I also include here the teaching of mathematics in elementary and early secondary education may be debatable; it is a pragmatic decision to account for the fact that these topics were indeed debated in journals that bore the words "mathematics" or "principle of numbers" in their name. Journals of this type were often published in peripheral regions. I present three to showcase their variety.

---

38. *Yakugo no tōitsu mo yōyaku shinpo shi, mata Tōkyō Daigaku ni kankei naki hitobito, toku ni minkan gakusha no te ni yotte, shotō sūgaku wa mochiron, kōtō sūgakusho no choyaku mo, aru teido made ichiō dekiagatteita. Jitsu ni 'wagakuni ni okeru seiyō sūgaku no kiso kōji wa, daibubun, Tōkyō Daigaku kankeisha igai no hitobito ni yotte, suikō sareta no de aru.' – kayō na ketsuron o kudashite mo, sore wa kesshite dainaru gobyū de ha aru mai to, watakushi ha kakushin suru.*

The journal *Sūri no tomoshibi* (Lamplight of the principle of numbers, ST) circulated among a group of people interested in spreading knowledge about mathematics in general and especially regarding elementary education—it was the organ of a scholarly society, albeit a small one. Only the first issue from 1890 is extant. Readers could send in answers and pose questions; this was not limited to members. In addition to being sent out to the members of the journal's publishing society, it could be ordered by mail if paid in advance. The journal also accepted paid advertisements, giving it an additional means to sustain the journal. Editing and printing took place in Chiba, while the distributor was based in the Nihonbashi district inside of Tokyo, a centre of the publishing industry in Japan. Considering that Chiba is not too far from Tokyo, but still a rather rural region, it is notable that one of the "miscellaneous news" (*zappō*) items in the first issue concerned the "general situation in Okinawa prefecture" (*Okinawa-ken gaikyō*). While anecdotal, this plausibly suggests that people engaged in the education of mathematics in rural regions were interested in the developments in other parts of the periphery of Japan. A journal like ST thus promoted the circulation of mathematical knowledge on a national scale without the assumption that a homogeneity among urban and rural regions was desirable.

In Iwashiro, now part of the Adachi district in the still decidedly rural prefecture of Fukushima in northeastern Japan, a group of traditionally educated mathematicians around Sakuma Tsuzuki published a journal with the title *Yamato nishiki sūri no kura* (Yamato storage for coloured woodprints about the principle of numbers, YNSK). Insofar as much of the journal was composed in *kanbun*—i.e., in classical Chinese together with marks to make it accessible to the Japanese reader—the journal followed the style that was established in books and votive tablets on higher mathematics during the Edo period. Of particular interest was calendric calculation, a classical field of study for Japanese mathematicians, especially solving such questions with "new technique" (*shin-jutsu*). The journal is considered an effort to conduct effective mathematics education through topics related to agriculture (Kobayashi 2017, 414–16, 418). It is noteworthy that Sakuma Tsuzuki was a member of the Tokyo Mathematical Society and contributed several articles to the journal, for example, on how to study traditional Japanese mathematics autodidactically [TSKZ, n° 11 (1880)].

The third journal introduced here was meant to aid calculations. It was located in the rural San'in region, based in Tottori. Its publishing society had two divisions, the first of which concerned itself with topics "as least as high as" (*ijō kōshō*) arithmetic, algebra, geometry, and trigonometry, while the second was interested in "new methods of faster calculation".[39] Only the first issue from 1890 of the journal of the second division of the society, *San'in Sūri Gakkai*

---

39. This information can be discerned from the text on the title page and the explanatory notes in the beginning of the first volume.

Table 3: Mathematical journals in the economy of primary and secondary education

	Examination-focused journals	Journals read by civil mathematicians	Application-focused journals
Funding	Individual sales[1]	Membership fees, individual sales	Membership fees, subscriptions
Representative examples	SZ (1st ser., 1886-1893) SZ (2nd ser., 1902-1923) EW (1906-1923)	SFSS (1879-1882) SKZ (1887-1893) SK (1889-1895) TBGZ (1891-1950)	ST (1890–?) YNSK (1889-1891) SSGOH (1890–?)
Languages	Japanese	Japanese	Japanese

[1] Subscribing at individual book retailers was likely possible. But due to the interest of readers to pass examinations, even if subscriptions were made, they were less important than for journals published by societies in rural regions.

otsubu hō (San'in Society of the Principle of Numbers, bulletin of the second section, SSGOH), is extant, so whether its publishing strategy was viable or not cannot be answered conclusively but the surviving issue prominently featured reports on calculations in banks and ministries. Among the books advertised in the journal was a translation of the textbook *Higher Algebra* by the English mathematicians Henry Sinclair Hall and Samuel Ratcliffe (1887). Another was a book on surveying (*sokuryō*), published by the society itself, which claimed to still be in print and on sale soon. From this preliminary look at least, it seems that this society—whose primary interest was the "principle of numbers" according to its name—addressed the public by covering techniques of local administration while upholding the connection to mathematics that was taught in middle schools, at least through its advertisements. In contrast to the Tokyo Mathematical Society, which was usurped by Western-educated academics in the early 1880s, smaller societies in the periphery simply adapted to (or were founded with the explicit goal of answering to) changing economic demands.

Table 3 sums up the three types of journals relevant to the second economy.

3 An actor in both economies: the *Tôhoku Mathematical Journal*

Published by mathematicians at Tōhoku Imperial University, the *Tôhoku Mathematical Journal* (TMJ) was founded in 1911. From early on, it enjoyed substantial attention abroad. In the United States, George Abram Miller correctly recognised that it "is the first journal devoted mainly to modern advanced mathematics which has been published in Japan" and moreover judged that "its international character should do much to advance the interests of higher mathematics in that country." (Miller 1915) Miller thus even considered it to play an important role for mathematical research in Japan as a whole. In a catalogue from 1918 that listed 82 "mathematical journals" and 101 "periodicals partly mathematical" that "the student will be most apt to consult in his investigations", the TMJ and the local faculty bulletin (*The Science Reports of the Tohoku Imperial University*) were the only journals from Japan included (Smith 1918, 29, 52). That only these two journals were included may come as a surprise, as the account given in part one of this paper explained the structure of the first economy without even taking the TMJ into account.

How can the attention to the TMJ from abroad be understood, and what role did the journal play for mathematical research inside of Japan? As explained in section 1.3, academic inbreeding reduced the incentive for exchange among the mathematics departments of the imperial universities. Professors in Tokyo and Kyoto had direct access to journals in which they could easily publish their work, so it does not come as a surprise that they only rarely published in the TMJ.[40] In the letter to Hasse from 1936 in which Suetuna Zyoiti pondered the question of where a *Festband* for Takagi Teiji could be published (see also sections 1.2 and 1.4), Suetuna wrote the following: "The Tohoku Mathematical J. was until recently almost a private journal of Hayashi (Sendai), to which Takagi had no relation at all—perhaps because of differences of opinion! Now after the death of Hayashi, most still think like that, it is not the right journal for this." (Roquette 2005, 1.32)[41] In light of the warm reception abroad and the indifference or even suspicion at the mathematics department of Tokyo Imperial University, a detailed analysis of the TMJ seems appropriate.

3.1 The editor Hayashi Tsuruichi and the structure of the journal

Hayashi Tsuruichi, who founded the TMJ at his expense in 1911, was arguably among the best-networked mathematicians in the scientific periphery of the early 20th century. Compared with other professors of mathematics at imperial universities in Japan, his career had been very uneven prior to assuming his post in Tōhoku. He was born in 1873 in Tokushima on the island of Shikoku to a father who worked as an elementary school teacher. His father had studied

---

40. Apart from one issue in 1914 to which professors from all three imperial universities contributed, most staff in Tokyo and Kyoto did not contribute even a single paper to the TMJ; see the quantitive evaluation in (Kümmerle 2018*a*, 377) and the respective entries in the comprehensive index of papers by Japanese mathematicians before 1945 (Kawada 1993). It is likely that the contributions to the 1914 issue were the outcome of a one-time initiative that was not repeated (or, if tried, was not repeated with success). An exception to this was Matsumoto Toshizō in Kyōto, who contributed several times over the decades (see also the end of section 3.3).

41. (*The Tohoku Mathematical J. war bis vor kurzem beinahe eine Personalzeitschrift von Hayashi (Sendai), mit der Takagi gar keine Beziehung gehabt — vielleicht durch Meinungsverschiedenheiten! Jetzt nach dem Tode von Hayashi denken sich die meisten noch so, sie ist dafür keine richtige Zeitschrift.*)

the traditional Japanese method of side writing in a private school, thus going beyond what was necessary to teach arithmetic (Suzuki 2009, 210).[42] While he was of samurai descent, his family was not affluent, and he received a student loan from the university after enrolling at Tokyo Imperial University in 1893 (Teikoku Daigaku 1894, taihi gakusei no koto) Because he had to repeat a year due to a bout with typhus, he graduated in 1897 together with Takagi Teiji and Yoshiye Takuzi, who had begun their studies in the mathematics department one year after Hayashi. While Kikuchi became Hayashi's most important teacher (*onshi*) (Suzuki 2012, 128), Hayashi's research in Fujisawa's seminar focused on the transcendence of e and π (Tōkyō Sūgaku Butsurigakkai Hensan Iin 1897, 99–124), a topic that was outside of Kikuchi's domain of competence. Only a year into his graduate studies, he was appointed as an assistant professor at the newly founded Kyoto Imperial University in 1898, where specialised classes for students majoring in mathematics had not yet begun. However, for reasons still largely unknown, he quit this position after only a year and left to teach middle school in Matsuyama, on the island of Shikoku where he grew up. He stayed there for two years before he was appointed to teach at the Tokyo Higher Normal School in 1901 (Kümmerle 2018a, 83, 176). Hayashi made many contributions over the years to the *Rigakkai shi* (Journal of the Society of Science), a journal published by a society directly affiliated with the Tokyo Higher Normal School, including the series "An outline of the changes in the state of teaching elementary geometry in Britain" (*Eikoku ni okeru shotō kikagaku no kyōju jōtai no hensen gairyaku*) [RS, Vol. 2 (1908), n° 5, n° 6, n° 7]. Hayashi was also the most prolific university-educated contributor to examination-focused journals and to the TBGZ. The amount of research he published was no less impressive: by 1910, he had contributed over 50 papers in Western languages to journals published in Japan and abroad (Kawada 1993, 20–24).[43]

Mathematically, Hayashi was committed to generalism, an ideal that he, as the most senior professor, successfully implemented in the department of mathematics at Tōhoku Imperial University. This ideal is reflected in the tradition of rotating the responsibilities for basic lectures, so that ideally, over time, every staff member had the basis to engage with the specialties of the others. Moreover, cooperative research was viewed as important (Kümmerle 2018a, 207). This led to results smaller in size, but greater in number, and, consequently, the number of papers the professors in Tōhoku published surpassed by far the production by the professors in Tokyo and Kyoto. With 244 papers appearing between 1911 and 1920, the four to five professors of mathematics at Tōhoku Imperial University published five times as many

---

42. The method of side writing has the expressivity of a symbolic algebra for polynomials in arbitrarily many variables (Sasaki 2010, 670–671).

43. Of all Western-language papers by Japanese that appeared in mathematical journals inside or outside of Japan between 1901 and 1910, the 49 papers by Hayashi made up about 40 percent (Kümmerle 2018c, 352).

papers as those at the imperial universities in Tokyo and Kyoto combined (Kümmerle 2018c, 352). While they did not obtain results of similar depth to Takagi and Sono, their research on ovaloids, in particular, gained attention abroad (Kümmerle 2018a, 278).

Seen pragmatically, all the research could have been published in the faculty bulletin, and between one-fourth and one-third of the papers produced by professors in Tōhoku were indeed published there (Kümmerle 2018a, 377), (Kümmerle 2018c, 350–352). But almost twice as many papers by professors were published in the TMJ, whose first issue appeared in August 1911, about a month before the first university classes began.[44] The title page listed only Hayashi's name as the editor, while the other professors of the department as well as the physics professor Ishiwara Jun (who played a central role in introducing Einstein's theory of relativity to Japan) were mentioned on the cover as "collaborating". Papers could be submitted in English, German, French, Italian, or Japanese. The Japanese-language papers were primarily on the history of mathematics, which is why the TMJ can, as George Abram Miller opined, indeed be considered a journal for mathematical research aimed at an international readership. Foreign contributions, which Hayashi could readily obtain through his extensive network, comprised approximately 30 percent of all contributions. During its first decade, on average two volumes appeared per year, each consisting of four numbers. While not always regular, this resulted in about 500 to 600 pages each year.[45] Contributions were made without regard to institutional affiliation, and contributors were expected to send them to Hayashi directly (Kümmerle 2018c, 350, 354). Research papers written by students in place of taking examinations were often published in the TMJ too.

The details described above clearly place the TMJ solidly within the first economy of circulation (concerning research). Situating it also in the second economy (concerning primary and secondary education), at least for the first 20 volumes (which appeared between 1911 and 1922), is possible because of the existence of two additional sections. Each of the issues contained a section for "miscellaneous notes" (*zatsuroku ihō*) that spanned a variety of topics and a section on recent publications. Miscellaneous notes informed about activities of scientific societies of other countries, reproduced curricula of universities abroad, recommended articles and pointed out broader recent developments, and contained smaller mathematical propositions and corollaries. A detailed evaluation remains to be carried out and promises to be very insightful as these sections provide a panorama of the mathematical world both inside and outside of Japan.

The section on publications always contained a list of recently published books (that could be in Western languages or in Japanese) and a listing of all articles that appeared in the newest issues of mathematical journals. Some of

---

44. It seems that none of the papers were merely reprints.
45. Two numbers of the journal were often combined into one printed issue.

the books were listed with short reviews written by the staff in Tōhoku.[46] It is likely these lists consisted mostly of publications that entered the department library. Fujiwara Matsusaburō, the second most senior professor of mathematics in Tōhoku, had been sent to study at various universities in Europe from 1907 to 1911, and, looking back at this time in 1925, he mentioned that in addition to his personal studies, he met with other future staff of the department of science and discussed in detail which literature should be bought so that all relevant literature would be present and overlaps would be avoided. For mathematics, he drew on the catalogue of the mathematical library of the University of Göttingen (Fujiwara 1925, 55). The number of journals present in the library of the department in Tōhoku was very high only on account of the exchange made possible because of the TMJ. Without enumerating specific titles, an official university report from 1913 mentions the following geographic distribution for the place of publication of the 59 "academic journals" (*gakujutsu zasshi*) present in the library of the mathematics department. The information is gathered in Table 4. Of these journals, more than 30 were complete and available from their first issue (Tōhoku Teikoku Daigaku 1913, 5).

Table 4: Stock of journals in the mathematical library of Tōhoku Imperial University in 1913

Germany	France	Italy	Great Britain	United States	Sweden	Austria-Hungary	Netherlands	Switzerland	Belgium	Denmark	Russia	Total
14	10	7	7	7	3	3	2	2	2	1	1	59

While a comparison with Table 1 (Number of institutions and people receiving the PMPS) is not straightforward because of the different time frames, the slightly different definition, and the inclusion of physics in the society, these numbers support the established opinion that the journal collection of the mathematical library of Tōhoku Imperial University far surpassed that of other libraries in Japan (Nihon No Sūgaku 100 Nen Shi Henshū Iinkai 1983, 242).

Because the index (containing the titles of all articles and the names of their authors) of recently published issues of other journals was reproduced

---

46. For the first several issues, the section even contained reviews of single papers that the staff considered important.

in each issue of the TMJ, its readers could keep up with the developments of mathematics as a whole, or at least how the discipline was portrayed by the mathematicians in Tōhoku. The intention likely differed from scenarios where catalogues of libraries were printed and circulated as a whole, such as in the case of the University of Turin. The catalogue format made it easy to ask recipients about works that were still missing (Luciano 2018a, 436–437), while the TMJ reported on what came in stock recently.[47] Judging from the correspondence with Wilhelm Süss (see section 3.2), Hayashi likely felt comfortable providing people that contacted the department with literature they were interested in. Framed in the language of (Peiffer *et al.* 2018), vectors for the circulation of mathematical knowledge were entering and leaving Sendai (the location of Tōhoku Imperial University), one of the three centres of circulation inside Japan, much more evenly than was the case with other centres in Japan.

The miscellaneous notes section followed domestic and international events, including those pertaining to publications. As this chapter aims to provide a comparison with Argentina, the following note [TMJ, Vol. 10(1916), n° 3, p. 184], bearing the initials of then-assistant Ogura Kinnosuke, is worth being given in full in English translation.

> Among the journals with influence from South America up to now, we find the *Revista de matemáticas* which was published in Santiago de Chile. Moreover, since 1914, the *Contribucion al estudio de la ciencias fisicas y matematicas* is being published in La Plata in the country of Argentina. Apart from these, the scientific societies of these countries are publishing different sorts of proceedings and reports.
>
> But now, it has come that the monthly journal *Revista de Matemáticas* is being published under the supervision of Professor Manuel Guitarte from the Argentine city of Buenos Aires.
>
> South America's countries are promising. It is said that Buenos Aires is surpassing Paris and Berlin in both area and riches. We cannot but wish good luck to the future of this new journal.

That Ogura awarded special attention to the *Revista de Matemáticas* is understandable since Guitarte himself claimed to have the support of distinguished mathematicians and aimed to publish research papers (Ortiz 2016, 33–34).

3.2 Shaping mathematical circulation

Hayashi's interests went far beyond mathematical research, making the TMJ a publication that is much more interesting from a publishing viewpoint than the faculty bulletins or the various proceedings. In this sense, the TMJ provides a unique and rich picture of mathematical circulation.

For one, he was one of the most important early historians of mathematics in Japan and built the institutional foundations for such research at Tōhoku

---

[47] For standalone publications, it cannot be ruled out that publisher catalogues were consulted without actually obtaining the books. But considering the breadth of the mathematical journal collection, an issue whose index was reproduced was very likely present in the library.

Imperial University (Sasaki 2002, 291–292). He was also the one who, during his time at the Tokyo Higher Normal School, gave the first detailed presentation of Japanese traditional mathematics aimed at a foreign readership, published in a series of articles in the *Nieuw Archief voor Wiskunde* (Hayashi 1905a,b). These articles, written at the request of Kikuchi Dairoku, presented the results of Endō Toshisada, a traditionally educated mathematician who had worked with the support of Kikuchi on publishing the first extensive work on the history of mathematics in Japan (Endō 1896). Although Hayashi got into a dispute with Mikami Yoshio over who was the founder of the circle principle (*enri*, the proto-integral calculation technique in traditional Japanese mathematics), he was keen on promoting Mikami's work in the TMJ; one example being a note on how Mikami had commented on a work on the history of mathematics in Okinawa [TMJ, Vol. 10 (1916), n° 3, p. 185] (the book itself had received a review earlier in the reviews section [TMJ, Vol. 8 (1915), n° 3, 4, p. 223]). Hayashi recommended the English-language book on the history of Japanese mathematics that Mikami had co-authored with David E. Smith (Smith & Mikami 1914) as a "must-read"; readers could order it directly from Hayashi [TMJ, Vol. 11, n° 3 (1917), pp. 187–188]. Moreover, Hayashi considered traditional mathematics of value for secondary education. Several middle school teachers that had been trained in traditional mathematics contributed historical papers to the journal (Miyamoto 2013, 36).

Book reviews sometimes concerned philosophical publications, for example, on epistemology [TMJ, Vol. 8, n° 3, 4 (1915), p. 223]. Tanabe Hajime, lecturer at the faculty of science of Tōhoku Imperial University from 1913 to 1919, gave lectures on the topic "outline of science, philosophy, and ethics" (*kagaku gairon, tetsugaku, rinri*). During his time in Tōhoku, he made several contributions to the "miscellaneous notes" of the TMJ, e.g., a translation of Bertrand Russell's article "The Philosophical Importance of Mathematical Logic" [Vol. 6 (1914–15), n° 2–3, pp. 148–153] and a comment on Hilbert's axiom of completeness [Vol. 13 (1918), n° 3, p. 247].

A striking example of Hayashi's ability to use his network can be found in the genesis of what is nowadays known as the Eneström-Kakeya theorem. The theorem gives an elementary but useful estimate on the distribution of zeros of a polynomial function with certain coefficients (Singh & Shah 2010).[48] Internationally, it was believed for some time that Kakeya Sōichi, assistant professor in Tōhoku from 1912, was the sole namesake of the theorem. However, as soon as it became known to him that the theorem had in fact already been proved, Hayashi communicated this more broadly in the TMJ, thus setting the record straight regarding precedence.

According to the "Centennial History of Mathematics in Japan", Kakeya's theorem was, as an unproven conjecture, brought to the attention of members

---

48. "The absolute values of the roots of the equation, whose coefficients are all real and positive, lie between the greatest and the least of the n quotients,…,." (Kakeya 1912, 140).

of the staff at Tōhoku Imperial University by Kubota Tadahiko, who attributed the conjecture to Sudō Onosaburō, a colleague of Kubota's from his tenure at the First High School in Tokyo. Kakeya found a proof, and it was published in the second volume of the still young TMJ in 1912, spanning only three pages (Kakeya 1912). It is doubtful that this alone would have sufficed to attach a name to it; however, Kubota (already an assistant professor in Tōhoku at this time) during his studies in Göttingen from late 1912 heard that the theorem had been discussed in Edmund Landau's seminar and attributed to Adolf Hurwitz. Kubota passed this information on to Hayashi, who then contacted Hurwitz and sent him an offprint of Kakeya's paper, asking if he could contribute his own proof to the journal (Hayashi 1913a). Hurwitz' paper, titled "On a theorem by Mr. Kakeya" (*Über einen Satz des Herrn Kakeya*), made clear that the theorem can be derived from his own research that took place in a more general setting, but reinforced the attribution to Kakeya by calling it "Kakeya's theorem" (*Satz von Kakeya*) several times (Hurwitz 1913). Although the theorem had come up in his correspondence with Hurwitz, Landau in his widely read textbook on function theory from 1916 (in the first chapter on bounded power series) refers to the theorem as "Lemma (by Kakeya)" (*Hilfssatz (von Kakeya)*) (Landau 1916, 20), making it known to a wider readership.[49] In 1933 Ludwig Berwald published a paper on theorems related to Kakeya's "well-known" (*bekannt*) theorem (Berwald 1933, 61), a clear signal that the attribution to Kakeya was solidified by then.

In the April 1919 issue of the TMJ a note appeared (with the initials K.Y., almost certainly then-assistant Yanagihara Kichiji), written in English, mentioning Kakeya's article from 1912 and repeating the statement of the theorem first given there. It went on to report that the author "happened to find" a problem posed by Gustaf Eneström in the second volume (1895, 419) of *L'Intermédiaire des mathématiciens* which had not been answered. The note reprinted Eneström's problem in its entirety, which ended with the question of "whether this theorem was shown in some Treatise in the theory of equations" [TMJ, Vol. 15 (1919), n° 3–4, p. 344][50]. The author did not state outright that the conclusion to the theorem had already been proved, but as the only essential difference between the two statements was that Eneström's polynomial was normalised, most readers must have considered them to be equivalent immediately. Two issues later, a note by Hayashi (in Japanese) referenced Yanagihara's note and explained that he had since contacted Eneström to see if he had already published a paper. The reader learns that Eneström's reply contained, apart from an offprint of the original paper that had appeared in the *Öfversigt af Kongl. Vetenskaps-akademiens forhandlingar* in Swedish, an excerpt that had also been printed in the *Jahrbuch über die Fortschritte der*

---

49. "Assumption: Proposition: Regarding their absolute values, all roots of the equation are > 1. Proof: ..." (Landau 1916, 20).

50. "*Ce théorème a-t-il été indiqué dans quelque Traité sur la théorie des équations.*"

Mathematik for 1893 (Eneström 1893). Hayashi went on to say that he wanted to publish a translation of the applicable outtake of Eneström's paper in the TMJ in one of the accepted languages [TMJ, Vol. 16 (1919), n° 3–4, p. 342]. Finally, in the February 1920 issue, a very short note without initials appears that refers to an (already existing or soon to be written) French translation of Eneström's paper, which would be published, upon arrival, in the journal [TMJ, Vol. 17 (1920), n° 1–2, p. 154]. And indeed, in the August issue of that year, a paper written by Eneström appeared, containing the statement (on the roots of polynomials equivalent to Kakeya's result) as well as a proof for it. Eneström noted that "on the demand of M. Hayashi, I here literally translate the part that concerns the roots of that equation" (*à la demande de M. Hayashi je traduis ici textuellement la partie où il s'agit des racines de cette équation*) (Eneström 1920). Investigating why even after this correction, Kakeya alone continued to be credited for the theorem even a decade later, could offer insights into the mechanisms of accrediting results in mathematics.

When the German mathematician Wilhelm Süss resided in Japan from 1923 to 1928, he maintained contact with Japanese mathematicians, especially those in Tōhoku. Süss had failed to find a post at a German university and, while teaching German at the Seventh High School in Kagoshima, worked on a group-theoretic foundation of geometry. The results of his work in Japan would later become his habilitation (Remmert 2013, 681). Süss's *Nachlass* contains various letters he received from Japanese mathematicians. In a letter dated October 6, 1924, Kubota Tadahiko, by then a professor of mathematics at Tōhoku Imperial University and an expert in geometry, writes to Süss that the dissertation by Richard Grambow is not present in the university library.[51] As the mathematicians in Tōhoku had put effort into gathering dissertations,[52] Süss may have considered it possible that they had access to it, or he may have even asked to borrow it. In a letter from less than two weeks later, dated October 19th, Kubota thanked Süss for sending him an offprint of a recent publication of his and for offering help in gathering a collection of offprints on ovaloids. Kubota added that creating such a collection is difficult and that he had succeeded in gathering only few, but that he would soon send Süss offprints of two of his (Kubota's) own works that were currently in print (Kubota 1924). From a letter by Hayashi to Süss dated July 14, 1926, one learns that Süss was about to receive 120 offprints of his new paper that had just appeared in the TMJ (Hayashi 1926). According to the back cover of an issue of the TMJ from 1926, 30 offprints were provided

---

51. Grambow had obtained his doctorate under Wilhelm Blaschke in 1922 with a dissertation titled "Derivation of the affine variants of a skewed surface from the variants of movement" (*Ableitung der Affinvarianten einer krummen Fläche aus den Bewegungsvarianten*) (Tobies 2006, 129).

52. A report from 1913 highlighted the high numbers of "doctoral theses" (*doktoru ronbun*) present in the library (Tōhoku Teikoku Daigaku 1913, 5). It is not unlikely that they put some effort in continuing to add to the library, though seemingly not always with success.

free of charge, and any additional offprints would have to be ordered for an extra fee. Whether Süss had to pay for his additional 90 offprints or not is not known. Still, Süss clearly considered his contribution to the journal as not merely a sign of gratitude but important enough to obtain additional offprints to use in his own correspondence. Conversely, two original papers by Süss in Japanese translation in the TBGZ (Süss 1926a) and the *Nihon Chūtō Kyōiku Sūgakkai zasshi* (Journal of the Mathematical Association of Japan for Secondary Education) (Süss 1926b), were perhaps a sign of his gratitude, or even a result of indebtedness. The translation was carried out by Matsumura Sōji, a graduate of Tōhoku Imperial University who was teaching mathematics at the Seventh High School at the time of Süss's residence in Japan.

Hayashi himself never left Japan. It is very likely on the basis of his strong engagement in epistolary correspondence and his related publishing that he was appointed in 1924 as the first Japanese member of the Deutsche Akademie der Naturforscher Leopoldina (which is today the German National Academy of Sciences) (Kümmerle 2018a, 232).[53] Ogura Kinnosuke, for his part, writes that it is likely Hayashi saw himself as fulfilling the role of "Japan's Klein" (*Nihon no Kurain*) through his activity in the organisation of both the research and teaching of mathematics (Ogura 1956, 145). The following section adopts this perspective given by Ogura, so it makes sense to speak of Hayashi's own agenda as that of a *Wissenschaftspolitiker*.[54]

3.3 *Wissenschaftspolitik* and institutional constraints

By the time Hayashi was elected a member of the Leopoldina, the two editorially innovative sections of the TMJ had already vanished. The sections on recent publications and miscellaneous notes ceased to be in 1922; subsequently, the journal only carried research papers. While its internationality was something that distinguished it from the other Western-language journals published in Japan, the richness of mathematical circulation that characterised the TMJ until then was lost. While this resulted in the TMJ losing much of its relevance for secondary education, Hayashi continued these activities on another platform. Rather than claiming to have identified causal relations for this, this last subsection of the main part of this chapter pursues two tasks in parallel. First, it outlines Hayashi's efforts for shaping secondary education. Second, it shows that institutional constraints of the university system imposed limitations on Hayashi's agenda.

At the start of his career, while still a student at Tokyo Imperial University, Hayashi translated parts of Felix Klein's Festschrift "Vorträge über ausgewählte

---

53. The exact basis for his appointment is difficult to determine, as neither a recommendation nor deliberations could be found in the archive of the Leopoldina.
54. In my dissertation, I have called Hayashi merely an organiser of science (*Wissenschaftsorganisator*). But his activities intentionally went beyond science and had an aspect to them that can be considered political. On Klein as *Wissenschaftspolitiker*, see (Rowe 2001).

Fragen der Elementargeometrie" (Klein 1895), appearing in four parts in the *Tōyō gakugei zasshi* (Oriental Journal of Science and the Arts), a leading journal on science and culture, in 1897. When Hayashi taught at the Tokyo Higher Normal School, several of his contributions to journals concerned the teaching of geometry (for example, the series on geometry teaching in Britain that was mentioned in section 3.1). Continuing this interest on the pages of the early TMJ, about half of the miscellaneous notes that specifically concerned mathematical problems can be described as concerning elementary geometry, although this share dropped rapidly around 1916.[55] Whatever the specific reasons may have been for this trend, Hayashi did nonetheless reproduce a note that George Greenhill (1916) had contributed to the *The Mathematical Gazette* in which Greenhill pointed out a relation between triangle geometry (Romera-Lebret 2009a) and "an elliptic function relation" in C. G. J. Jacobi's "Fundamenta Nova" (Iacobi 1829). Greenhill's note, which further commented that "the Geometry of the Triangle does not deserve the contempt expressed for it in some quarters as mere trifling, leading nowhere", should—from Hayashi's point of view—"resonate well" (*kōkyō o atau*) with people eager to study "this sort of geometry" (*kono shu no kikagaku*) [TMJ, Vol. 10 (1916), n° 4, p. 241]. This suggests that while the topic diminished in importance in the miscellaneous notes, Hayashi continued to be sympathetic toward it. His interest in education did not lessen, as it will become clear below.

One person eagerly studying triangle geometry was Sawayama Yūzaburō, an autodidact teaching at the Tokyo School of Physics (Nihon No Sūgaku 100 Nen Shi Henshū Iinkai 1983, 189). Beginning in 1901, papers on traditional Japanese mathematics and triangle geometry authored by Sawayama appeared in the journal of the school's alumni association, the TBGZ (Tōkyō Butsuri Gakkō Dōsōkai 1933), and, beginning in 1905, in foreign journals, including *L'Enseignement mathématique* (Sawayama 1905) and the *Archiv der Mathematik und Physik*.[56] While two of his papers resulted from talks at the meetings of the Mathematico-Physical Society and consequently appeared in its PMPS, it was the TMJ, from shortly after its foundation, that became Sawayama's preferred journal for publishing in Western languages.[57] In the miscellaneous notes, Hayashi helped readers contextualise Sawayama's Japanese- and Western-language work [TMJ, Vol. 6 (1914-1915), n° 1, p. 70; n° 2–3, p. 153; n° 4, p. 242], supporting him in regard to a Japanese readership without breaking the format of a professional research-oriented journal in

---

55. I did not analyze how many complied with Klein's definition of triangle geometry as the invariant theory of five points under the projective groups in the Erlangen Program; for more on this and the situation in intermediate journals in other countries, see (Ehrhardt 2018, 388).

56. Sawayama's collected works have been published by the renowned publisher Iwanami Shoten (Sawayama 1938) and contain biographical information. His case deserves to be studied, as he is one of the few internationally networked autodidacts from Japan.

57. In contrast to some of his earlier papers, e.g., in *L'Enseignement mathématique* Sawayama chose English for his papers in the TMJ.

regard to the international readership. Hayashi also informed readers that Sawayama was presented an award by the Imperial Educational Association (Teikoku Kyōikukai) for 25 years of teaching "without one day of absence from work" (*ichinichi mo kekkin suru koto naku*), and further provided the context that much of his research concerned methods of proving Feuerbach's theorem and that it appeared in the above-mentioned journals [TMJ, Vol. 12 (1917), n° 4, p. 334]. It is likely such panoramic information played an important role in making the TMJ interesting to readers who had not studied at an imperial university. Conversely, other mathematicians might have valued good relations with Hayashi because of the reach of his journal. In a note titled "Mathematical journals for middle school students" (*Chūtō gakkō gakusei-yō no sūgaku zasshi*) from 1918, the TMJ reader learns that such journals come and go, but Matsuoka Buntarō's SZ and Nagasawa Kamenosuke's EW are "leading" (*yūryoku*) journals at the moment. The note goes on to strongly endorse the forthcoming journal *Juken yobi kangaekata* (Way of thinking: test-taking preparation) by Fujimori Ryōzō [TSZ, Vol. 13 (1918), n° 1–2, p. 163]. The journal indeed became very successful and continued until after the Second World War.[58]

Instead of merely anticipating the interests of non-academic readers, Hayashi took the initiative to provide them with literature from textbooks, going decidedly beyond elementary mathematics. The *Sūgaku sōsho* (Mathematical book series), which he founded and edited from 1907, was aimed at aspiring secondary school teachers; the series was marketed as containing volumes suitable for preparing for the examinations at the Ministry of Education. It was published by Ōkura Shoten, also listed as the publisher on the front and back covers of the TMJ. While many of the books were suitable for preparing for the MOE examinations as marketed, Hayashi used the opportunity to insert volumes that had no direct connection to examinations (Kümmerle 2018a, 245). For example, the 14th volume, titled "Outline of series" (*Kyūsū gairon*) and co-authored by Hayashi and Ogura (Hayashi & Ogura 1912), provided an introduction to the theory of series without using tools of differential or integral calculus. According to a self-review Hayashi included in the section on recent publications of an issue of the TMJ that appeared soon thereafter, Hayashi thought that "the publishing of this book will without a doubt exert enormous influence on people who intend to do research on mathematics in our country's language at present"[59] [TMJ, Vol. 2 (1912), n° 4, p. 216]. That is, preparing for examinations was not the intention of the volume; rather, Hayashi used his editorial freedom to foster a research community. An official publication of Tokyo Imperial University lists only two Japanese-language papers among all mathematical research papers authored

---

58. It did not, however, meet the criteria explained in part five and thus did not enter the corpus.

59. *honsho no shuppan wa mokka hōgo ni yorite sūgaku o kenkyū sen to suru hitobito ni shidai no eikyō o oyobosu.*

by its staff up to 1925 (Tōkyō Teikoku Daigaku 1942b, 28–34), thus this encouragement to do "research in our country's language" was not taken up at the other mathematics departments of imperial universities for a long time.[60] Whether the university staff made the effort to study such books is not clear, but the volume "Principles of Geometry" (*Kikagaku genri*) (Hiruberuto 1913), a translation of Hilbert's *Grundlagen der Geometrie* (1899) carried out by the autodidact Ono Tōta[61] on behalf of Hayashi, would surely have been of help for all students aiming to specialise in geometry. Hayashi had, in contrast to many of the early translators of mathematical literature, contacted Hilbert beforehand and asked for permission, but also added that he could not provide any remuneration since "in the present state of our country, it is difficult to get so many readers of mathematical works of such kind" (Hayashi 1913b). Considering that the volumes in general sold well, the judgment by the "Centennial History of Mathematics in Japan" that the series was "a mixture of wheat and chaff" (*gyokuseki konkō*) should be interpreted with the understanding that Hayashi was able to follow his editorial agenda without losing the trust of his main audience, i.e., people preparing for examinations (Kümmerle 2018a, 247). As the royalties of the book series provided part of the financial basis for publishing the TMJ (Suzuki 2013, 166), the series was, just like the journal, part of Hayashi's larger strategy. In one aspect, however, it seems that Hayashi's hope for the series was not fulfilled: as far as I could ascertain, Western-language research papers by the staff of other mathematics departments did not refer to works from the series. They may have read them, and it is possible that they were indeed also read by students in Tokyo and Kyoto, but there were structural reasons that, to a degree, discouraged this.[62]

---

60. At the physics department of Tokyo Imperial University, the number of Japanese-language papers officially considered research papers was significantly higher (Tōkyō Teikoku Daigaku 1942a). That physicists cooperated much more with industry and the military (Kümmerle 2018a, 299–300) can be seen as causally connected.

61. Ono Tōta had an interesting career. He obtained a licence for teaching at normal, middle, and women's high schools in 1891 (Suga 1973, 32); from about that time, he began contributing to Matsuoka's Buntarō's SZ [e.g., SZ, 1st ser., n° 123 (1891), pp. 3–4] and other mathematical journals. Ono taught at the Seventh High School from 1903, but died in 1916, before Matsumura Sōji and Wilhelm Süss began teaching there (Kawada et al. 1995, 56). Notably, in the 1900s he co-edited several French-Japanese dictionaries with Émile Raguet, a member of the Missions étrangères de Paris engaging in missionary work in Kagoshima, and assisted him in translating the New Testament into Japanese (Rage 1910) (Itō 1997, 2).

62. In my dissertation, I frame this in terms proposed by Volker Remmert and Ute Schneider. In their common work on scientific publishing in Germany, they argue that there was one book market for mathematics as an independent scientific discipline and another one for mathematics as a minor subject (*Nebenfach*) or as a resource for other disciplines (Remmert & Schneider 2010, 9). I have argued that, first, this division also makes sense for Japanese-language scientific literature, and second, that significant supply and demand in the first market only arose during the 1920s (Kümmerle 2018a, 240–241, 244, 250). This means that during the 1910s, the first market may have not yet functioned very well, so that even volumes from Hayashi's book series that were interesting for people specialising in mathematics might not have reached their potential readers.

Hayashi had already planned to found a private journal before he went to Sendai. Many of the outcomes he achieved with the TMJ can be considered as successes from the viewpoint of editorial strategy (especially securing international contributors and those described in section 3.2). However, that the journal had *de facto* become part of the university departmental activities imposed limitations on its agency. Hayashi had founded the journal at his own expense, but in order to provide other universities and scientific societies around the world with issues, he needed financial support. As the exchange of journals helped to better equip the library, the first president of the Tōhoku Imperial University, Sawayanagi Masatarō, provided this support without asking for the university to be credited. The journal grew to gain an international reputation, but after some time, the auditing board came to consider the lack of any formal credit for the university a serious problem. In 1916, under university president Hōjō Tokiyuki, the journal formally became a university publication.[63] Hayashi was no longer listed as "author and publisher" (*chosaku kanete hakkōsha*) on the back cover of the TMJ; instead, from then on, Tōhoku Imperial University was given as "editor and publisher" (*henshū kanete hakkōsha*), though not on the backcover but rather on the inside last page.[64] Even though the Western-language text on the back cover still said that contributions should be sent to Hayashi, legally, the publication had no direct connection to him anymore. The front cover remained the same except that "Sendai, Japan" at the bottom of the page was exchanged for "The Tōhoku Imperial University, Sendai, Japan"; Hayashi was also allowed to remain as the only editor.[65] While this change may seem to be an outcome that all sides could easily agree upon, historiography carried out in the name of the alumni association of the mathematics department reveals that this incident concerned more than mere formality: while Hayashi was very sad about it, "it seems that except for Hayashi, all professors secretly approved of the transfer to the university"[66] (Sasaki 1984, 25–26). While the well-resourced library was likely welcomed by all the staff in Tōhoku, this quote reveals that the other professors secretly opposed Hayashi on an issue that had been central for him: that a successful journal requires an editor be personally responsible. Ogura vividly remembers,

---

63. Incidentally, Hōjō had been educated as a mathematician at Tokyo Imperial University in the late 1880s.
64. This change happened from the issue containing n° 1 and 2 of Vol. 9 (February 1916) to the issue containing n° 3 of the same volume (April 1916).
65. The transition to a university organ in a way that was visible to foreign readers progressed rather slowly. When the sections on new publications and on miscellaneous notes vanished in the first issue of volume 21, the journal's front-page noted that the journal was equally "edited by" all three regular professors—Hayashi, Fujiwara Matsusaburō, and Kubota Tadahiko. The back cover, on the other hand, was unchanged and still told readers that "The Editor of the Journal, T. Hayashi [...], accepts contributions from any person". And considering that Suetuna—whatever his intentions may have been—could as late as 1936 take the position that the TMJ had been, until recently, almost Hayashi's personal journal, makes it clear that the formal changes in editorship were likely not noticed abroad.
66. *Hayashi igai no sensei-gata wa mina hisoka ni daigaku ikan ni sansei de atta rashii.*

however, Fujiwara Matsusaburō, the second most senior professor in Tōhoku, emphasizing immediately after the end of World War I the important role of academies in publishing journals (Ogura 1956, 143). Ogura himself had left the mathematics department by then for much the same reason: bureaucracy. While in 1916 he obtained a doctoral degree in science (*rigaku hakushi*) based on his original research, Hōjō Tokiyuki told him that this alone did not allow for a formal promotion: Ogura had not graduated from the mathematics department of an imperial university, but merely from the private Tokyo School of Physics before becoming a personal student of Hayashi. When Ogura was invited to become a researcher of mathematics at the privately funded Shiomi Institute of Physical and Chemical Research in Osaka in 1917, he gladly accepted (Kümmerle 2018a, 116–117).

Bureaucracy hindering Hayashi from using the TMJ to further his agenda notwithstanding, he contributed to mathematics education through other means, especially by publishing extensively in Japanese-language journals and acting in official organisations. He often took organisational responsibility for and spoke at conferences on secondary education by the Ministry of Education. These conferences were the principal conduit for centrally and directly disseminating information to teachers (Neoi 1998, 20). Moreover, Hayashi played an important role in founding the Mathematical Association of Japan for Secondary Education, becoming its first president in 1919. The idea that a professor at an imperial university would establish a society for mathematics education and even serve as its president is said by some in the research literature to lie outside the realm of "common sense" (*jōshiki*). That Hayashi nevertheless did so becomes somewhat understandable when taking into account his many years of involvement in the international movement of mathematics education reform (Miyamoto 2013, 31–32).

Returning to the question that was posed at the beginning of part three, one can ask again: Why did the TMJ enjoy much attention abroad whereas it was met with indifference or even suspicion by other Japanese mathematics departments, especially that of Tokyo Imperial University?

A short paragraph in a text by Mikami Yoshio gives the first hint. Mikami did not engage in disciplinary mathematical research and had no direct affiliation with the mathematics department of any university. Thus, as an outsider, he risked relatively little in being overt. In an overview article "The development of Western mathematics in our country" (*Wagakuni ni okeru yōsan no hattatsu*) that Mikami contributed to a commemorative volume from 1924 on the "birth of the Meiji culture" (*Meiji bunka hasshō*), he devotes the last four lines to the history of mathematics at universities in Japan. Mikami's article is referred to in Ogura's recollections as evidence that, while the publishing of the TMJ "gave a stimulus to the stagnating mathematical world of Japan" and Hayashi was very active as president of the Mathematical Association of Japan for Secondary Education, Hayashi "made many enemies" (*ooku no teki wo tsukuru koto ni narimashita*) (Ogura 1956, 144). Mikami's four lines translate as follows:

> On the other hand, the mathematics departments of the universities took a step forward through the efforts of Kikuchi Dairoku; following this, Fujisawa Rikitarō came back from abroad and further put them in order. But it was because of the emergence of a man of action like Hayashi Tsuruichi that mathematical research was enlivened. Consequently, Mr. Hayashi draws particular attention, even though there are many who deserve respect as mathematicians. When it came to the establishment of Tōhoku University, the influential *Tōhoku Mathematical Journal* was founded too; among those who have studied abroad, some say that they are often asked whether there is anything but Sendai in the mathematics of Japan. Things like these are, in their entirety, nothing but manifestations of Mr. Hayashi's energetic spirit. (Mikami 1924, 45)[67]

Hayashi's and Mikami's opposition on the question of traditional Japanese mathematics is well known, as is their differing focus in their historical research (Sasaki 2002, 291–292). But the above quote was not about an issue in the history of mathematics; rather, it was about a contemporary imbalance regarding the distribution of attention Japanese mathematicians enjoyed internationally. Mikami, who was not a professional mathematician but paid close attention to mathematical publications, could likely discern such an imbalance very well. Moreover, intentionally leaving out "Imperial" in the name of Hayashi's university was likely meant as an insult.[68]

What the members of the departments of mathematics of other universities thought about the TMJ's popularity abroad might be of interest for further research; their opinions were likely not uniform. However, one of the findings of this chapter is that they simply did not have to care, as an independently published journal played no role in either the patterns of cooperation or the career paths of their students, which were incentivised by the institutions relevant to them.

When the national infrastructure for publishing new journals relevant to the first economy of circulation—the PIA and the JJM—was set up, Hayashi's efforts in publishing were not awarded. With the establishment of the mathematics division of the National Research Council in 1923, Hayashi and Fujiwara became the two members representing Tōhoku Imperial University. But it was Fujiwara who was made vice president; Takagi, representing Tokyo

---

67. *Ippō ni oite daigaku no sūgaku kyōshitsu wa Kikuchi Dairoku no chikara ni yorite ichi dankai o nashi, tsuide Fujisawa Rikitarō gaikoku kara kaette sara ni seiton o kuwaeta no de aru ga, sono go Hayashi Tsuruichi no gotoki katsudōka no deta tame ni sūgaku kenkyū no ue ni kakki o teisuru ni itatta. Sūgakusha to shite sonkei subeki jinbutsu wa ikura mo aru ni kakawarazu, Hayashi-shi ga toku ni yo no chūi o hiku no wa kore ga tame de aru. Tōhoku Daigaku no setsuritsu ni oyonde, yūryoku na sūgaku zasshi mo hakkō sare, gaikoku ni asonda mono wa Nihon no sūgaku wa Sendai ni shika nai no ka to zoku tazunerareru mono mo aru to iu ga, sono gotoki wa mattaku Hayashi-shi no katsudōteki seishin no hatsugen ni hoka naranu.*

68. In 1923, Mikami's position in the research project that the Imperial Academy conducted on traditional Japanese mathematics was abruptly terminated (Kashiwazaki 2012, 140). It is thus possible that Mikami also wanted to insult the Imperial Academy indirectly.

Imperial University, was made president. Hayashi quit after several years; after this, he was "extremely cold" (*sukoburu reidan*) on matters concerning the National Research Council, as Fujiwara wrote in his obituary for Hayashi (cited after Suzuki 2012, 129). Even more striking is that during the expansion of the Imperial Academy in 1925, it was not Hayashi but Fujiwara who became the only member among the mathematicians from Tōhoku (see section 1.4). That Hayashi would have declined an invitation to become a member of the Academy seems unlikely given his membership in the Leopoldina obtained in the year before. In 1928, Hayashi ran as a candidate for president of Tōhoku Imperial University but was not elected. In 1929, at the age of 54, Hayashi resigned from his post as professor, continuing to teach at Tōhoku Imperial University as an extraordinary lecturer instead (the usual age of retirement for professors was 60). The research literature has not revealed convincing explanations for any of these events, taken on their own. What is known is that Hayashi stopped engaging actively in disciplinary mathematical research and instead focused on research on the history of mathematics in Japan (Suzuki 2012, 127–129).

This does not imply that Hayashi, during the 1920s, was unable to successfully follow an agenda as a *Wissenschaftspolitiker* to a substantial degree. But it does imply that the highest institutions relevant to scientific research in Japan, in which formality played an important role, did not honour his achievements.

4 Comparison between Japan and Argentina

With regard to both the first and second economy of circulation, the contemporaneous situation in Argentina had many similarities. In Argentina, the first intermediate mathematical journal was founded in the late 1880s, when examination-focused journals were also growing in number in Japan, confirming Ehrhardt's observation that the dynamics in mathematics education connected to these journals played out internationally. That Julio Rey Pastor published a journal for his seminary rather than contribute to other journals in Argentina, for example, bears a similarity with the circulation in the first economy in Japan. In general, professors in the mathematics departments of imperial universities worked with their own students and published their work in the faculty bulletins or, if based on a talk, published it in the PMPS. This cooperation pattern, emphasising local circulation, may reflect a shift towards collaborative research that had already taken place in Europe by the end of the century (Rowe 2004, 87). Notable in the Japanese case is that the focus on local circulation continued throughout the 1910s (see Figure 1). By that time, there were already three departments of mathematics and a mathematical journal, the TMJ, to which all of the departments could easily contribute papers. To a certain degree, academic inbreeding explains this focus on local circulation: since professors bore significant responsibility for the careers of their students, there was little motivation for students to actively pursue other topics or publish in other journals independently.

That several journals relevant to research were already published before the turn of the century initially seems to contradict Ortiz's judgment: "It seems it is mainly at the level of this layer [in personal correspondence; H.K.] that it is possible to speak of an international mathematics community with members from both advanced and peripheral countries in the late nineteenth and early twentieth centuries" (Ortiz 1996, 341). Attention must here be paid to the nature of the faculty bulletins: obtaining offprints and distributing them using one's own network was likely a priority for publishing in them at all. Japanese mathematicians had incentives to raise awareness about their publications themselves, as most foreign mathematicians likely paid attention neither to faculty bulletins from Japan nor to the PMPS. Considering that sustained access to networks was primarily achieved by having future professors study abroad, Ortiz's view should be modified as follows: for a larger number of mathematicians from a peripheral country to participate in the international mathematical community beyond personal correspondence, it takes continuous investments in the scientific infrastructure. This, however, requires a long-term goal, which, in the Japanese case, was to be recognised as equal with the Western powers. On this basis, even in the late 19th and early 20th century, cultural differences did not foreclose cooperation. In this sense, the situation in Tokyo and Kyoto aligns more closely to Ortiz's judgment for mathematicians working in the international periphery than does the situation in Tōhoku, where Hayashi Tsuruichi used his extensive network built without studying abroad. When the ambitious strategy to take part in both economies was dropped, the editors of the TMJ opted to make it a journal dedicated solely to research; in Argentina, the editors of the *Revista de Matemáticas* conversely took the opposite approach. Almost no members of mathematics departments of other imperial universities in Japan contributed to the TMJ, and there is evidence that some members were even irritated by the attention the TMJ received abroad. This response points to limitations in how much an individual mathematician can achieve as *Wissenschaftspolitiker* in a peripheral country. Considering the issues the TMJ encountered with financial support from the university, these limitations appear to be especially strong in countries where universities (or at least those relevant to the sciences) are primarily funded by the national government.

What differed most substantially between Japan and Argentina is both the composition and the quantity of journals that were not directly relevant to research. Especially given the important similarities in development within the field of engineering in the two countries up to the beginning of the Meiji era, the difference in the corpus can only be explained by the existence of a strong mathematical tradition in Japan reaching back to the Edo period. As Annick Horiuchi has pointed out, economic factors can, in part, explain why a professionalisation of mathematics in Japan took place beginning in the early 19th century (1998, 145); thus, that mathematicians adapted to changing economic demands in the Meiji period should be no surprise.[69] In addition to mathematical journals focused on examinations, which can be seen as corresponding to intermediate journals, there were mathematical journals that were of special interest for civil mathematicians. Imagining the intention of the editors as merely clinging to a Japanese tradition would miss the point; rather, many of these journals prominently used the word "principle of numbers" (*sūri*) to indicate something that transcended different mathematical traditions or opened up potential for synthesis. The word featured prominently—in the title (*Sūri kaidō* [Congregation hall of the principle of numbers] and *Shogaku fukyū sūri sōdan* [Collection of stories on the principle of numbers for the popularisation of studies]) or in the preface of the first issue (*Sūgaku Kyōkai zasshi* [Journal of the Mathematical Association])—and provided a common ground for negotiation, even with university-affiliated mathematicians like Kikuchi Dairoku, who viewed it favourably (see footnote 72). For Ogura, it was civil mathematicians who carried out the "foundation work for Western mathematics" in Japan through the translation and writing of textbooks; this chapter has shown that their activities are also importantly reflected in the circulation through journals. What is more, as many of their students obtained teaching licences by passing the examinations of the Ministry of Education, from the perspective of the circulation of knowledge, traditional Japanese mathematics never "died". For this process, it was greatly beneficial that copyright protection of Western literature was, at least for some time, not strictly enforced. Regarding the question of how long the tradition of civil mathematicians remained relevant, the Tokyo School of Physics and the journal of its alumni association, the TBGZ, retained the tradition as did the examination-focused journals published by civil mathematicians. Hayashi Tsuruichi, through his many Japanese-language articles in the TBGZ and other journals as well as through the miscellaneous notes in the TMJ, contributed significantly to the tradition's prolonged relevance, as well. And this is without taking into account Hayashi's activities in the Mathematical Association of Japan for Secondary Education, which he helped establish, activities that are possibly even more functionally pertinent in this regard.

Because of the existing tradition of higher mathematics, some journals focusing on the application of mathematical knowledge were published by

---

69. Even the votive tablets (*sangaku*), long seen as important proof that traditional Japanese mathematics was practised mainly as a pastime, fulfilled an important function of communication between specialists (Horiuchi 1998, 145). The opinion that traditional Japanese mathematics was practised mainly as an art has been put forward by Smith & Mikami (1914, 279–280), (Mikami 1999) and, drawing on his work, Nakayama (2009a, 173, 178, 192). While this view had its merits during a time when a positivistic view of science was prevalent, it no longer holds today (Horiuchi 1998, 144–145). Ogura valued Mikami's research in general but argued that its invoking of a fixed "national character" (*kokuminsei*) showed its inherent limitations (Horiuchi 2010, XXII–XXIII).

scholarly societies dedicated to mathematics as a field in itself. The *San' in Sūri Gakkai otsubu hō*, for example, was the bulletin of the second division of the San'in Society of the Principle of Numbers, whose first division worked on "higher" topics. In sharp contrast, the first mathematical journal in Argentina, the *Revista de Matemáticas Elementales*, was founded by Valentín Balbín, an engineer. This confirms that the CIRMATH project has successfully captured mathematical cultures in the global periphery whose development was, regarding the topology of mathematical journals, homologically different.

I conclude the chapter with an outlook on mathematical journals in Japan through the end of the 1930s. In 1927, the Mathematico-Physical Society began to publish the Japanese-language *Nihon Sūgaku Butsurigakkai shi* (Journal of the Physico-Mathematical Society of Japan, NSBGS) Gakkai as a "service for all members" (*zen-kaiin ni sābisu*), as an assistant in the department of mathematics of Tokyo Imperial University later put it (Shimizu 1957, 69). In the beginning, it appeared three times a year; from 1930, four times a year; and from 1933, even more frequently. Apart from papers, it contained "comprehensive reports" (*sōgō hōkoku*) and "paper introductions" (*ronbun shōkai*); this allowed Japanese mathematicians (as well as physicists and astronomers) to easily learn about subjects outside their specialty and to approach new mathematical research without reading the original works directly. Between 1929 and 1933, four new mathematics departments were founded at Japanese universities. Although academic cliques continued to play a particularly important role, the growing volume of mathematical literature in Japanese—which finally came to include a considerable number of university-level textbooks—naturally contributed to ending the focus on local circulation, in favour of national circulation. During this period, several Japanese-language journals dedicated to mathematical research were founded. One such journal that deserves special mention here is the *Zenkoku shijō sūgaku danwakai* (Nationwide mathematical colloquium on paper, ZSSD), which was published between two and three times a month beginning in 1934. The content had a somewhat preliminary character, like an oral presentation at a colloquium. Contributions were copied by hand and then simply mimeographed; no typesetting was involved. Even though the editing process of the journal was carried out at Osaka Imperial University, authors, while almost exclusively graduates from a university department of mathematics, taught at universities and tertiary schools all over Japan and its colonies.

Although the papers that appeared in the ZSSD were not officially considered to constitute final research publications—the consensus was that these had to be published in Western languages—from the viewpoint of mathematical circulation, the journal did in fact fulfil a very important role in the mathematical research infrastructure of Japan. The authors were generally very open in discussing connections to other research, in making visible their heuristics, and in admitting insecurities regarding their mathematical arguments. Such aspects are often missing from their final Western-language papers, which were supposed to address the international mathematical community. In some cases, like Tannaka Tadao's famous paper on the duality non-commutative topological groups (1938), this makes an adequate historical assessment without studying the Japanese-language mathematical journals, especially the ZSSD, all but impossible (Kümmerle 2024). The history of mathematical journals in Japan thus touches on the question of what can be considered as mathematical research in the first place. While journals like the ZSSD were eligible to be admitted into the CIRMATH corpus without any question, the contributions to the journals have remained invisible in international bibliometrics of mathematical research up to now.

5 Appendix: Composition of the corpus

A short study has investigated the quantitative growth of mathematical papers in Western-language journals published in Japan and has correlated it with the growth of the number of members in the Mathematico-Physical Society (Yoshida 1976). It encompassed exactly the journals described in part one of this chapter and in the TMJ. To my knowledge, no paper that systematically investigated both Western-language and Japanese-language mathematical journals from Japan has been published in an academic journal or an edited volume on the history of mathematics. In compiling the data set, I tried to be comprehensive while avoiding a language bias.

5.1 Absence of publications for most of the time span covered by CIRMATH

During the Edo period, there were two important traditions of publishing: the first, that of the "bequeathed problems" (*idai*), was constituted by authors of mathematical treatises coming up with difficult problems and presenting them for study to their readers. This tradition, flourishing during the 17th century, led to the development of the method of side writing, whose expressivity was mostly equivalent to a symbol algebra of multiple variables. The second publication tradition, that of offering calculation tablets (*sangaku hōnō*), became predominant during the 18th century. It, too, comprised posing difficult problems but importantly involved the method of side writing. The problems were made accessible not in printed form, but by creating a votive tablet and installing it in a shrine or temple. Both traditions were integral for communication among mathematicians during the Edo period, but none of their material products can be likened to what CIRMATH would consider a mathematical journal.

5.2 Existing research on mathematical journals in Japan

Thus, it is customary and useful to look for mathematical journals only after the Meiji Restoration, which took place in 1868. The information in the two volumes of the "Centennial History of Mathematics in Japan" (Nihon No

Sūgaku 100 Nen Shi Henshū Iinkai 1983, 1984), which were the outcome of a project that began at the 100th anniversary of the foundation of the Tokyo Mathematical Society, provided a safety net while compiling the corpus. The strong point of these books is that with 39 authors and 160 other contributors, they could achieve the ambitious goal of rendering a comprehensive picture. The journals mentioned within are discussed from a differentiated, although dated, point of view. But the scope and the ambitious goal also led to one of its weakest points: citations and references to other literature are almost absent.

For the Meiji period, Hirayama compiled a comprehensive list of Japanese-language journals (1969). Based on this list, but critically reexamining it, Katano published a series of four articles that gave an outline of their content (Katano 1985, 1986, 1987, 1994). There are case studies that address specific journals and that are not necessarily limited to the Meiji period. Some start from an institutional viewpoint (e.g., Hiraiwa 1972, Kogure & Ishihara 2012, Kümmerle 2018c), others go into great detail to describe the biography of editors and cover their work in a broader sense, from writing textbooks to teaching (e.g., Matsumiya 1985, Miyamoto 2011).

5.3 Compilation of the dataset

The standard of what CIRMATH counts as a mathematical journal is here applied; publications fulfilling one of the following three criteria were taken into account in accordance with (Cirmath 2014, 2, 10):

1. Journals aimed at the community of mathematics specialists,

2. Journals bearing "mathematics" in their title,

3. Journals aimed at people applying mathematics, such as engineers, and that regularly covered topics of mathematics.

The journals mentioned in the work of Katano and in the "Centennial History" formed the basis of the corpus. In the end, it turned out that the "Centennial History", which strived for comprehensiveness, had indeed listed all journals fulfilling criterion 1).

Gathering the journals for criterion 2) involved explorative work, and there was no secondary literature to fall back on that covered the whole period. Although travelling to multiple cities would have been possible, my research stay only encompassed research in Tokyo. That the collections of the libraries of several universities (Tokyo University, Tokyo University of Science, Tokyo Institute of Technology)[70] formed one focus of interest has invariably led to a bias in the dataset. Still, the bias appears to be limited, as two important libraries in Tokyo, the National Diet Library and the Meiji

---

70. Visiting other universities in Tokyo would not have been very fruitful according to the electronic catalogue CiNii (https://ci.nii.ac.jp), which indexes the stock of all university libraries.

Library for Newspapers and Journals[71] of Tokyo University, have the task of comprehensively compiling journals from all over Japan. Moreover, the libraries do not limit themselves to literature of interest to university-affiliated mathematicians.

In the catalogues of the inspected libraries, there were no relevant Western-language journals bearing the word "mathematics"—or its translations into other Western languages—in the title that were not already covered by criterion 1). The contemporary Japanese translation for mathematics, *sūgaku* 数学 (literally: study of numbers) had been used since the first journals appeared in the 1870s. Journals whose title contained its characters entered the corpus. As for some time the logical structure of mathematics was emphasised by referring to the word *sūri* 数理 (literally: principle of numbers),[72] journals whose titles contained these characters were also entered into the corpus. Finally, all journals whose titles contained the character *sū* 数 (number) where other data (e.g., the name of the publisher) indicated that they potentially concerned mathematics, were inspected. Most of them entered the corpus. The word *sūbutsu* 数物, as an abbreviation for mathematics and physics, was commonly found in the title of these journals.

The content of journals was taken as standard for the compilation of criterion 3). This process, too, was explorative. Due to the lack of alternatives, the service Zassaku Plus (https://zassaku-plus.com/) was consulted. This service aims to provide a comprehensive index of all articles that appeared in journals from Japan since 1868. A journal entered the corpus if at least 5 percent of the articles contained Japanese translations of the word mathematics, nomograph, nomogram, or calculation in their title; all relevant journals could be located in the libraries described for criterion 2). I acknowledge that this approach had its limitations, as regularly appearing columns relevant to mathematics may not be indexed in Zassaku Plus. Moreover, the use of nomographs became integrated into engineering curricula with time, so it is disputable whether articles encompassing them as late as in the 1930s should be considered relevant to mathematics at all. However, as professors at departments of mathematics of Japanese universities in general showed little interest in applications and, moreover, the education at the faculties of engineering of imperial universities

---

71. In seeming opposition to its name, the Meiji Library for Newspapers and Journals contains literature not only from the Meiji period but also from the Taishō (1912–1926) era and well into the Shōwa era (1926–1989).

72. The Tokyo Mathematical Society, founded in 1877, contained the modern term *sūgaku* in its name from its beginning. But that it stayed this way was not uncontested: the Society decided on official recommendations for translating mathematical terms, and when the translation of mathematics was to be decided on in January 1882, Kikuchi Dairoku proposed to translate the term as *sūrigaku* 数理学 (literally: study of the principle of numbers). This was analogous to translating physics as *butsurigaku* 物理学 (literally: study of the principle of things). The suggestion was turned down on pragmatic grounds, one reason being that choosing something other than *sūgaku* would have forced the inevitable renaming of the society (Sarina 2016, 201–202).

encompassed relatively advanced mathematics, it is reasonable to assume that even articles on calculation and nomograms encompassed aspects that would have been explicitly framed as applications of mathematics in other countries.[73]

Before the end of the Second World War, Japan's colonies were an integral part of the economy of the Japanese Empire and became sites for institutions of higher education, such as universities. It was thus natural to include publications from the colonies in the corpus.

Corpus of Japanese journals used in this paper with their abbreviations

- EW: *Ekkusu Wai* (XY)

- IUTB (Imperial University of Tokyo bulletin): *Memoirs of the Science Department, University of Tokyo – The journal of the College of Science, Imperial University, Japan – The journal of the College of Science, Imperial University of Tokyo, Japan – Journal of the Faculty of Science, Imperial University of Tokyo. Section 1, Mathematics, astronomy, physics, chemistry*

- JJM: *Japanese Journal of Mathematics*

- KIUB (Kyoto Imperial University bulletin): *Memoirs of the College of Science and Engineering, Kyoto Imperial University – Memoirs of the College of Science, Kyoto Imperial University – Memoirs of the College of Science, Kyoto Imperial University, Series A*

- KK: *Kōsū kenkyū (Higher mathematical studies)*

- NCKSZ: *Nihon Chūtō Kyōiku Sūgakkai zasshi* (Journal of the Mathematical Association of Japan for Secondary Education)

- NSBGS: *Nihon Sūgaku Butsuri Gakkai shi (Journal of the Physico-Mathematical Society of Japan)*

- PIA: *Proceedings of the Imperial Academy*

- PMPS (Proceedings of the Mathematico-Physical Society)[74]: *Tōkyō Sūgaku Butsuri Gakkai kiji – Tōkyō Sūgaku-Butsurigakkwai hōkoku – Tōkyō Sūgaku-Butsurigakkwai kiji-gaiyō – Proceedings of the Tokyo Mathematico-Physical Society. 2nd Series – Proceedings of the Physico-Mathematical Society of Japan. 3rd Series*

---

73. The words "nomograph" and "nomogram" were either transcribed into Japanese as *nomogurafu* ノモグラフ and ノモグラム, or, more commonly, translated as *keisan zuhyō* 計算図表 (literally: calculation diagram).

74. This journal was the successor of TSKZ. The journal is referred to throughout as PMPS (mentioning mathematics before physics) because the switch in disciplines between the 2nd and the 3rd series in 1918 did not occur in the Japanese name and this chapter covers mostly covers the time before it.

- RS: *Rigakkai Shi* (Journal of the Science Society)

- SFSS: *Shogaku fukyū sūri sōdan* (Collection of stories on the principle of numbers for the popularisation of studies)

- SK: *Sūri kaidō* (Congregation hall of the principle of numbers)

- SKZ: *Sūgaku Kyōkai zasshi* (Journal of the Mathematical Association)

- SSGOH: *San'in Sūri Gakkai otsubu hō* (San'in Society of the Principle of Numbers, bulletin of the second section)

- ST: *Sūri no tomoshibi* (Lamplight of the principle of numbers)

- SZ: *Sūgaku zasshi* (Mathematical journal)

- TBGZ: *Tōkyō Butsuri Gakkō zasshi* (Journal of the Tokyo School of Physics)

- TIUB (Tōhoku Imperial University bulletin): *The Science Reports of the Tohoku Imperial University*

- TMJ: *Tôhoku Mathematical Journal*

- TSKZ: *Tōkyō Sūgaku Kaisha zasshi* (Journal of the Tokyo Mathematical Society)

- YNSK: *Yamato nishiki sūri no kura* (Yamato storage for coloured woodprints about the principle of numbers)

- ZSSD: *Zenkoku shijō sūgaku danwakai* (Nationwide mathematical colloquium on paper)

PARTIE III

QUELLES MATHÉMATIQUES POUR QUELS PUBLICS ?

Introduction – Partie 3

Une des ambitions de cet ouvrage est de proposer une étude de la circulation des mathématiques en choisissant comme vecteur les journaux mathématiques, sans se cantonner à ceux exclusivement consacrés à l'innovation mathématique, dont l'histoire est déjà bien connue. Nous avons souhaité inclure dans le corpus sur lequel s'appuient les études publiées ici, des journaux dont les domaines de publication comprennent parmi d'autres les mathématiques, tels par exemple les mémoires académiques, mais aussi les journaux scientifiques/techniques ou même des journaux généralistes[1]. Ce choix s'est révélé judicieux puisqu'un des résultats de l'étude quantitative indique que les journaux scientifiques/techniques, qui connaissent un essor remarquable au XIXe siècle, constituent alors l'offre éditoriale majoritaire. Afin d'affiner notre compréhension de la nature des « journaux mathématiques » dans un sens plus large, nous avons voulu tenir compte dans nos analyses des divers publics auxquels s'adressent ces périodiques. Ceux-ci ont été sériés en « spécialistes », « scientifiques », « ingénieurs », « monde de l'enseignement », « grand public » et « autres », puis considérés comme autant de cibles pour les journaux qui adaptent les contenus mathématiques à leurs attentes. Ces lectorats potentiels des revues, tels que décrits dans les paratextes – notes au lecteur, préfaces... –, peuvent ne pas correspondre aux lecteurs réellement atteints[2], mais en constituent un important horizon d'attente qui dicte les choix de contenus effectués par les rédacteurs.

Dans cette partie, sept études de cas mobilisent les contenus de mathématiques véhiculés par des journaux en fonction des publics visés. Deux d'entre elles sont consacrées à des journaux s'adressant aux spécialistes (Enea sur le Naples des XVIIIe et XIXe siècles, Parshall sur les États-Unis aux XIXe et XXe siècles), deux s'intéressent à l'aire germanophone au tournant du XVIIIe siècle et dans le premier quart du XIXe siècle (Archibald et Morel), et

---

1. Pour rappel, CIRMATH considère trois catégories de journaux, les spécialisés, les scientifiques/techniques et les généralistes. Voir l'introduction générale pour plus de détails.
2. Voir cependant au chapitre « Que disent les analyses quantitatives du corpus des "journaux mathématiques" de la circulation mathématique ? », le résultat que livre l'analyse quantitative du corpus.

trois autres concernant la France des XIXe et XXe siècles analysent des projets d'acculturation mathématique à l'adresse des instituteurs, des philosophes ou d'un large public cultivé (d'Enfert, Greber et Ehrhardt & Gispert). Tous ces exemples concernent des pays qui sont d'importants producteurs de mathématiques dans les époques considérées, sans qu'ils mettent forcément les journaux qu'on pourrait dire parfois quelque peu anachroniquement de recherche au centre de leurs analyses.

Outre les questions d'acculturation, deux grandes problématiques indissociables s'en dégagent : les journaux construisent-ils des communautés de lecteurs et en quoi participent-elles à la création de communautés mathématiques ? Les journaux sont-ils des acteurs de la professionnalisation, des miroirs du développement mathématique ou des analyseurs de ce développement ? Les réponses données divergent selon les corpus choisis, les périodes et les régions prises en considération, ainsi que selon les approches épistémologiques ou historiographiques mises en œuvre par les auteurs et autrices des articles. Tous mettent en avant une masse critique d'auteurs et de lecteurs à atteindre pour qu'un journal mathématique puisse être viable. Ainsi, elle est atteinte en Allemagne dans le premier quart du XIXe siècle mais ne l'est aux États-Unis que dans le dernier quart.

Alors que Marisa Enea et Karen Parshall voient dans les journaux un analyseur du développement mathématique dans leur région et s'intéressent donc surtout à ceux s'adressant aux mathématiciens qui y contribuent, l'une et l'autre déroulent leur récit en partant des journaux encyclopédiques. À Naples, à côté des journaux de compilation du XVIIIe siècle incluant des articles de mathématiques de plus en plus techniques, les Mémoires des académies comprennent des sections dédiées. Ainsi, deux écoles mathématiques concurrentes caractérisées par des approches respectivement synthétique et analytique choisissent comme support les actes de deux académies différentes qui se font aussi l'écho de leurs controverses. On peut suivre, dans la contribution d'Enea, la constitution, richement contextualisée, d'un milieu napolitain permettant peu à peu de concevoir la possibilité de créer une revue exclusivement mathématique, le *Giornale di Matematiche* de Battaglini paraissant dès 1863. Celui-ci se présente comme « un gymnase (palestra) dans lequel les jeunes étudiants de toute l'Italie peuvent s'exercer au difficile exercice de la recherche ». C'est donc par la lecture des revues spécialisées, italiennes et étrangères comme le journal de Crelle dont le *Giornale* publie des extraits, que les jeunes mathématiciens sont censés se former à la recherche.

Parshall utilise les journaux comme un outil analytique permettant de retracer le développement de communautés de recherche mathématique dans le contexte national des États-Unis. Tant que de telles communautés n'existent pas, les tentatives de fondation de journaux spécialisés sont vouées à l'échec[3].

---

3. Voir aussi la contribution de Thomas Preveraud (chap. 9) dans la Partie 2 et celle de Deborah Kent (chap. 5) dans la Partie 1.

Elle en cite neuf s'adressant à des communautés de lecteurs indifférenciées pour les trois premiers quarts du XIXe siècle, alors que l'*American Journal of Mathematics. Pure and Applied*, créé par Sylvester en 1876 réussit, dans un contexte de fort développement de l'enseignement supérieur, de rassembler autour de lui la première communauté mathématique américaine de niveau recherche. Cette création est suivie par d'autres ciblant des publics toujours plus différentiés, rendant ainsi visibles le double processus de professionnalisation de l'enseignement et de la recherche, et de stratification des lectorats à l'œuvre au XXe siècle.

Deux auteurs se penchent sur l'offre éditoriale dans les pays germaniques entre la fin du XVIIIe siècle et la naissance, en 1826, du *Journal für die reine und angewandte Mathematik*, dit de Crelle. La question sous-jacente, et explicite chez Thomas Morel, est de comprendre ce que la création de ce journal souvent considéré comme le premier journal mathématique doit, ou pas, aux développements éditoriaux qui précèdent. Les récits proposés ne s'appuient pas sur les mêmes sources et diffèrent quelque peu. Morel part des journaux issus des demandes des praticiens et usagers des mathématiques, plus dynamiques que les mathématiciens universitaires au XVIIIe siècle, alors que Tom Archibald part d'un échantillon de mathématiciens tous liés d'une manière ou d'une autre à la vie académique et s'interroge sur l'offre éditoriale disponible pour leurs publications, en l'absence de journaux mathématiques. Cela l'amène à considérer surtout la place occupée par les mathématiques dans des journaux de physique et d'astronomie, plus précoces, et à conclure que les journaux de cette période ne constituent pas le véhicule privilégié par les mathématiciens de son échantillon, qui préfèrent publier des ouvrages et des manuels apportant plus de reconnaissance et de revenus. Morel insiste lui aussi sur les stratégies professionnelles, mais pour lui les périodiques dans la très grande variété qu'il décrit sont justement un instrument permettant d'obtenir un poste, de promouvoir un manuel ou de faire vivre une entreprise familiale. Appuyant son analyse sur des sources peu connues, il montre la profusion de collections à parution pas forcément périodique créée à l'intention de divers milieux de praticiens. Les « journaux mathématiques » d'avant 1826 sont surtout décrits comme un « outil de renégociation disciplinaire ». Dès qu'une demande, un problème ou une sous-discipline émanent d'un groupe, un acteur crée un journal pour tenter de fédérer un public. En retour, cette création peut modifier les contours de la discipline mathématique telle qu'elle est entendue à l'époque. Ce n'est qu'après la création du *Journal* de Crelle que la discipline se structure dans les pays germaniques avec un fort ancrage universitaire.

La France est présente dans cette partie avec des journaux qui ciblent des publics spécifiques peu spécialisés en mathématiques. Ainsi Renaud d'Enfert se penche sur les mathématiques véhiculées par les journaux publiés entre 1830 et 1870 s'adressant aux instituteurs, en se concentrant sur deux périodiques qui, tout en étant concurrents, sont proches du ministère de l'Instruction publique. Il s'agit pour eux de fournir aux enseignants les ressources pour mettre en œuvre leurs enseignements. L'accent y est mis sur des recensions de manuels scolaires souvent issus de la plume d'auteurs parisiens qui ne sont pas des instituteurs, des cours publiés par feuilletons, des banques d'exercices scolaires, mais ces journaux présentent aussi des rubriques de problèmes à résoudre, encourageant l'interactivité avec le journal mais aussi et surtout des activités purement mathématiques auprès des instituteurs qui s'y adonnent plus qu'on ne pourrait le penser. D'Enfert souligne l'existence de zones de contact avec d'autres univers, comme l'enseignement du second degré, avec lequel les échanges mathématiques sont plus importants que le suggère l'historiographie traditionnelle.

Jules-Henri Greber centre sa contribution sur un nouvel espace de circulations créé à partir de 1870 pour les sciences mathématiques par une douzaine de revues ciblant la communauté des philosophes jusque là réticents à acquérir une culture scientifique. Ce processus aboutit à la création d'un nouveau champ de recherche spécialisé en histoire et philosophie des sciences et à son institutionnalisation au tournant du siècle. L'article met en relief deux revues francophones, la *Revue philosophique de la France et de l'étranger* (1876) et la *Revue de métaphysique et de morale* (1893) et l'accent sur les outils mis en place par chacune d'elle pour transmettre à leur public spécifique des connaissances mathématiques. Alors que la première s'associe comme médiateur l'ingénieur polytechnicien Paul Tannery, la seconde collabore avec Louis Couturat et le milieu des mathématiciens. Deux exemples – les géométries non euclidiennes, le programme de Peano, objets de prédilection de ces revues – viennent illustrer concrètement les modes et formes de transmission choisis, leur évolution et aussi les limites de l'acculturation mathématique du public philosophe.

La contribution de Caroline Ehrhardt et Hélène Gispert consacrée aux revues généralistes du tournant du XIXe siècle visant un public plus cultivé que populaire, entre en résonnance avec celle de Greber en ce qu'elle propose d'analyser présence et modes de communication des mathématiques dans quatre périodiques de ce type. Exhibant des maquettes communes – comprenant articles de fond, actualités et recensions d'ouvrages – ils traitent de mathématiques notamment dans les deux dernières rubriques. Certains mobilisent des mathématiciens, comme Jacques Hadamard dans la *Revue générale des sciences pures et appliquées*, qui délivrent un discours sur les mathématiques qui ne trouvent pas toujours sa place dans les revues de mathématiques et qui concerne surtout leurs enjeux philosophiques ou sociaux. Les discussions sur le calcul des probabilités y occupent une certaine place. De manière plus générale, ces revues combinent fonctions informatives à l'adresse des lecteurs cultivés et fonctions réflexives à l'adresse des lecteurs mathématiciens.

Les bribes de récit qui se dégagent de cette partie pointent vers un phénomène en rhizomes qui nourrit l'expression de discours mathématiques variés. En ciblant des publics différenciés, les journaux offrent à leurs auteurs les possibilités de publier leurs résultats mais aussi, surtout s'ils se sentent à l'étroit dans leurs journaux de recherche, de réfléchir à leur activité et à ses retombées philosophiques et sociales. Le récit se fait plus linéaire si l'on se restreint à un public de mathématiciens innovants (les *research-mathematicians*). Dans ce dernier cas, on retrouve les résultats bien connus de l'historiographie traditionnelle.

Chapitre 15

Sviluppo e diffusione delle matematiche nei periodici napoletani tra fine Settecento e Ottocento

MARIA ROSARIA ENEA

1 Introduzione

Tra la fine Settecento e prima metà dell'Ottocento la vita scientifica napoletana fu notevolmente condizionata dalle vicende politiche e amministrative del Regno delle Due Sicilie, a cominciare dal ritorno dei Borbone dopo la caduta della Repubblica napoletana del 1799, per finire con l'ingresso del Mezzogiorno nello Stato unitario, tutte vicende che influenzarono profondamente la scienza, gli scienziati e l'editoria scientifica di quel periodo.[1]

Nei cinquant'anni che vanno dal Decennio francese (1806-1815) all'Unità d'Italia la scienza e la tecnica rimasero a Napoli all'altezza della più popolosa città d'Italia e di una delle maggiori capitali europee. Vi furono grandi istituzioni statali[2], in gran parte create o riformate dai francesi, e una notevole quantità di scuole e accademie private, che spesso sopperivano alle carenze dell'istruzione pubblica.

In accordo con (Gatto 2010), (Rao 1998) e (Trombetta 2008) l'editoria matematica napoletana del Settecento e della prima metà dell'Ottocento fu

---

1. Per l'editoria napoletana si veda (Rao 1998), (Trombetta 2008), (Borrelli 2005).

2. Basti ricordare la Reale Accademia delle Scienze, il Reale Istituto di Incoraggiamento alle Scienze Naturali, l'Osservatorio Astronomico, il Corpo degli ingegneri di ponti e strade con l'annessa Scuola di Applicazioni, senza contare l'Università, con i suoi musei scientifici, le sue cliniche mediche, i suoi laboratori di chimica e di fisica (De Sanctis 1986), (Torrini 1994), (Fratta 1999).

molto florida, per la quantità e la qualità delle opere prodotte, molte delle quali ebbero un gran numero di ristampe. Questi libri erano destinati a pochi cultori e agli studenti dell'Università, o delle numerose scuole, pubbliche e private, che nel corso del secolo attribuirono una crescente importanza formativa all'insegnamento delle matematiche (Zazo 1927).

Alla fine del Settecento e per i decenni a seguire, temi matematici cominciarono a trovare posto anche in alcuni periodici scientifici-letterari a più larga diffusione, che rispondevano alla sempre crescente necessità di conoscere, in lingua italiana e per mezzo di estratti e resoconti, quelle pubblicazioni che alimentavano e caratterizzavano il dibattito culturale italiano ed europeo. L'attenzione dedicata alla matematica da questi periodici cresce con l'evolversi dei tempi. Per tutta la prima metà dell'Ottocento nei periodici napoletani trovano posto idee, metodi e controversie che caratterizzarono l'attività delle due principali scuole di matematica napoletane. Negli anni '50 dell'Ottocento, quando in Italia cominciavano a porsi le basi per una comunità scientifica nazionale, anche il mondo della matematica napoletana subisce un'accelerazione verso l'inevitabile rinnovamento generazionale e l'affermarsi definitivo di una stretta relazione tra insegnamento e ricerca. L'obiettivo di questo lavoro è mettere in evidenza come attraverso alcuni periodici sia possibile seguire lo sviluppo della matematica a Napoli dal Decennio francese all'Unità d'Italia. Le riviste seguono il passo della ricerca matematica a Napoli, ma nello stesso tempo informano e orientano studiosi e dilettanti nel vasto panorama di articoli e opere pubblicate in Europa. Sono proprio questi periodici gli artefici principali della diffusione a Napoli della Geometria sintetica e del Calcolo differenziale e integrale. Questo percorso graduale di sviluppo della ricerca e di divulgazione dei metodi porterà, nel 1863, alla fondazione del *Giornale di Matematiche*, il primo periodico napoletano interamente dedicato alla matematica.[3]

2 Matematica e matematici a Napoli tra XVIII e XIX secolo

L'attività matematica a Napoli tra il Settecento e la prima metà dell'Ottocento fu dominata dal dibattito scientifico (a tratti aspra polemica) tra due gruppi di matematici, i *Sintetici* e gli *Analitici* (Amodeo 1924), (Zazo 1926).

I *Sintetici*,[4] capitanati prima da Nicolò Fergola (1753-1824) e poi da Vincenzo Flauti (1782-1863), vengono descritti come conservatori sia in

---

3. Tutti i periodici esaminati in questo articolo sono stati consultati dall'autore presso la Biblioteca Nazionale di Napoli e la Biblioteca Universitaria di Napoli. Per questi periodici è possibile consultare il CIRMATH-database. Saranno esplicitamente segnalati quei periodici che non è stato possibile consultare. Si coglie l'occasione per ringraziare tutto il personale delle citate biblioteche per la collaborazione al lavoro svolto.

4. Fanno parte della scuola sintetica: Felice Giannattasio, Giuseppe Scorza, Francesco Bruno, Giuseppe Sangro, Stefano Forte, Ferdinando De Luca.

matematica che in politica, apertamente sostenitori del governo borbonico;[5] gli *Analitici*,[6] capitanati prima da Ottavio Colecchi (1773-1848) e poi da Francesco Paolo Tucci (1790-1875), erano invece progressisti sia in matematica sia in politica, in quanto liberali.[7]

Sintesi e analisi, in questo contesto, sono da considerarsi due diversi modi di far matematica: la sintesi si basa sulla rappresentazione mediante figure delle grandezze studiate, mentre analisi indica che lo studio delle stesse grandezze è condotto mediante rappresentazioni simboliche non iconiche e mediante gli algoritmi dell'algebra e del calcolo.

Per meglio comprendere il contesto nel quale si svolse il dibattito tra le due scuole, occorre qui ricordare la pubblicazione, nel 1788, della *Mécanique analytique* di Lagrange, dove si separava dall'immagine grafica e da ogni metafora teologica la trattazione dei fenomeni fisici, i quali venivano, in tal modo, ad essere governati solamente dagli algoritmi della matematica.[8] Alla meccanica, Lagrange, applicava un nuovo capitolo del calcolo infinitesimale, il calcolo delle variazioni, da lui ideato a partire dalle primitive elaborazioni di Eulero. La meccanica analitica costituì anche a Napoli, sul finire del Settecento, un campo di ricerca privilegiato. L'opera di Lauberg, *Memoria sull'unità dei principj della Meccanica* del 1789 è un esempio della costante compresenza, accanto ai sintetici, di cultori dei metodi analitici nel Regno di Napoli.

All'opera di Lagrange si ispirarono anche i lavori di Colecchi e della scuola analitica, sensibili, fino all'esaltazione, non solo di tutte le novità scientifiche ma anche a quelle politiche, che giungevano dalla Francia.

Non si deve fare l'errore di pensare che Fergola e la sua scuola non conoscessero le novità provenienti dall'Europa. Fergola era infatti un grande estimatore di Eulero. Sintesi e analisi sono termini che possono essere anche intesi in modo diverso. Per sintesi, infatti, si può intendere un metodo di esposizione sistematico della scienza di cui l'esempio più noto è costituito dagli *Elementi* di Euclide, ma che può essere applicato non solo alla geometria ma anche all'algebra, al calcolo differenziale e integrale e a qualsiasi altra scienza. Questa concezione della sintesi era molto diffusa negli ambienti culturali napoletani. Gli *Elementi* di Euclide, e in particolare i primi sei libri, con la loro concatenazione di assiomi, postulati, definizioni, teoremi strettamente

---

5. Fergola si mostrò sempre un leale suddito dei Borboni e profondamente legato al mondo cattolico, passando da un cattolicesimo aperto al nuovo a un cattolicesimo bigotto e conservatore (Ferraro 2013), (Palladino 1999). Anche Flauti era un conservatore, come si evince da vari suoi scritti. Qui ricordiamo gli opuscoli pubblicati nel 1860, nei quali attacca con veemenza le leggi di riforma dell'Università di Napoli (Flauti 1860).

6. Fanno parte della scuola analitica: Annibale Giordano, Salvatore De Angelis, Vincenzo De Filippis.

7. Il domenicano Ottavio Colecchi giunse a Napoli nel 1810 dall'Abruzzo. Fu anche un buon filosofo, conoscitore e diffusore dell'opera di Kant in Italia (Oldrini 1986). Viene considerato il successore ideale di Carlo Lauberg, che partecipò ai moti del 1799 e fu anche presidente del governo provvisorio della Repubblica (Palladino 1999).

8. Per una discussione sui contenuti della *Mécanique*, anche in relazione alle opere degli autori del tempo si veda (Galletto 1991).

congiunti da dimostrazioni che Fergola riteneva rigorose ed eleganti, così da
formare un edificio solido ma anche esteticamente valido, costituivano, a suo
parere, il modello della conoscenza più elevata, modello che egli si proponeva
di applicare al calcolo sublime e alla meccanica. In altri termini, Fergola
proponeva un programma di ricerca che puntava a trasformare il Calcolo in
una "teoria assiomatica" di tipo euclidea, la cui essenza consisteva, per prima
cosa, nella formulazione di assiomi autoevidenti e di chiare definizioni e, per
seconda, nel dedurre da essi, in ordinata sequenza, tutte le proposizioni del
calcolo sublime, senza far ricorso a principi estranei, a vaghe intuizioni, a
verifiche empiriche, al successo pratico della teoria (Ferraro & Palladino 1995).

Lo scontro fra le due scuole fu anche accademico: i *Sintetici* dominavano
principalmente l'Università e l'Accademia delle Scienze; mentre gli *Analitici*
ebbero soprattutto posizioni nella Scuola di Applicazioni e nell'Accademia
Pontaniana. Parte della produzione scientifica di queste due scuole si trova
pubblicata negli *Atti* e nelle *Memorie* di queste due accademie.

Gli eventi che segnarono il passaggio dallo stato preunitario al Regno d'Italia
cambiarono profondamente la società napoletana e, di conseguenza, il mondo
accademico. Il comparire sulla scena di una nuova generazione di studiosi, tra
i quali Fortunato Padula (1815-1881), Nicola Trudi (1811-1884) e Giuseppe
Battaglini (1826-1894), generò, come vedremo, un nuovo clima di proficua
collaborazione scientifica (Castellana & Palladino 1996).

3 La stampa periodica del Settecento

Nel Settecento l'editoria scientifica napoletana fu caratterizzata dalla pubblicazione di traduzione di testi stranieri di matematica (Gatto 2010), fisica, chimica, cartografia, agricoltura, ingegneria e medicina.[9] Queste iniziative, spesso private, non riuscirono però a trasformarsi in un programma di ricerca, per mancanza di un adeguato supporto delle istituzioni, da qui la progressiva arretratezza del Mezzogiorno rispetto alle altre regioni d'Italia.

Anche nel campo delle riviste periodiche si ebbe un imponente lavoro di traduzione; tra le imprese editoriali, più notevoli e complesse, ricordiamo:[10] i cinque volumi del *Saggio delle transazioni filosofiche della Società Regia*,[11] pubblicati tra il 1729 e il 1734; l'*Istoria dell'Accademia reale delle scienze*[12] del 1669 e del 1670, con le memorie di matematica e fisica dello stesso anno,

---

9. La pratica della ristampa di opere straniere costituì anche nella prima metà dell'Ottocento un prodotto tipico delle tipografie meridionali, per i bassi costi e il sicuro smercio dato l'altissimo costo sul mercato dei testi originali (Genoino 1943).

10. Queste opere non sono reperibili presso le biblioteche prima citate. Si veda (Torrini 1998).

11. *Philosophical Transactions*, tradotte da Tommaso Dereham per i tipi di Moscheni. I primi tre traducono i volumi del compendio di John Lowthorp che copre fino al '700 l'attività della Royal Society, gli altri riguardano il compendio curato da Benjamin Mottes che copre gli anni dal 1700 fino a tutto l'anno 1730.

12. *Histoire de l'Académie royale des sciences*, tradotte a spese di Bernardino Gessari, presso la stamperia di Mosca.

pubblicata nel 1739; gli otto volumi della *Ciclopedia*[13] pubblicati dal 1747 al 1754.

Nel 1755 veniva dato alle stampe il primo – destinato ad essere anche l'unico – volume della *Scelta de' migliori opuscoli tanto di quelli che vanno volanti, quanto di quelli che inseriti ritrovansi negli atti delle principali accademie di Europa, concernenti le scienze e le arti, che la vita umana interessano.*[14] L'obiettivo dell'opera, dagli accenti educativi e didattici, ma non scolastici, era di ricondurre i giovani, che ormai leggevano solo compendi,[15] all'esame delle fonti. Queste sarebbero state ripubblicate in italiano, corredate di opportune note storiche, per "chiarire quelle parti che possono essere d'intoppo ai principianti", e vennero aggiunte "quelle scoperte, che più di recente, sulle rispettive materie, sono di poi state fatte, e finalmente, per non entrare in certe noiose controversie, ne ometteremo del tutto qualunque opposizione"[p. XLII]. Gli articoli pubblicati erano scelti tra quelli presentati nelle più celebri accademie d'Europa. Il piano dell'opera non era descritto, ma furono esplicitamente esclusi gli articoli che riguardano le più "sublimi parti della matematica", come l'algebra, la geometria e la trigonometria, o comunque tutte quelle parti che andavano sotto il nome di "Elementi di Matematica", perché per queste si riteneva già sufficiente quanto impartito nelle Istituzioni nelle varie parti d'Italia, e "quei pochi che, di queste non contenti, vogliono in questi studi maggiormente inoltrarsi, non mancano presso di noi copiose, numerosissime fonti"[p. XLIII]. Gli articoli pubblicati nel primo volume erano: *Discorso Accademico del Sig. di Maupertuis sul Progresso delle Scienze* del 1752, *Dissertazione sul Metodo del Sig. Renato Descartes* del 1637, *Discorso Istorico-Critico del chiarissimo Vincenzo Viviani, sulla vita e ritrovati del Sig. Galileo Galilei* del 1645.

Quello che accomuna questi opuscoli, così diversi tra loro e cronologicamente distanti, crediamo sia l'aver fatto da base storica a importanti dibattici scientifici.

Nel 1778 venne fondata a Napoli l'Accademia delle Scienze e Belle Lettere. Grazie al contributo degli illuministi napoletani,[16] e nella convinzione che la riduzione ai canoni delle scienze matematiche dovesse essere una opzione obbligata se si voleva il progresso della società civile, i fondatori dell'Accademia assegnarono un ruolo primario alle matematiche,[17] riscontrabile anche nei due

---

13. *Cyclopaedia* di Efraim Chambers, tradotta da Giuseppe Maria Secondo e pubblicata per i tipi di De Bonis.
14. L'opera è dovuta a Fortunato Bartolomeo De Felice, Tipografia di Giuseppe Raimondi. (Ferrari 2016).
15. Esplicito qui è il riferimento alle traduzione dei compendi delle *Philosophical Transactions*.
16. Per esempio di Celestino Galiani, Pietro Giannone, Antonio Genovesi, Gaetano Filangieri, Ferdinando Galiani.
17. Nell'ordinamento accademico venne assegnata la prima classe alle "Matematiche pure e miste", la seconda classe era quella di "Medicina e Chirurgia", la terza di "Istoria Antica, la quarta e ultima di "Mezzana Antichità".

unici volumi pubblicati (D'Erasmo 1940). Il primo era dedicato al terremoto in Calabria e in Sicilia del 1783 (Atti 1784), l'altro, pubblicato nel 1788, era una raccolta di quattordici memorie, di cui nove di matematica (Atti 1788). Di queste nove memorie, sei riguardano temi di matematica applicata trattati per la maggior parte con il calcolo infinitesimale,[18] le restanti tre memorie erano di geometria sintetica.[19]

Nella seconda metà del Settecento si fece strada a Napoli l'enciclopedismo di marca illuministica, venne così pubblicato, nel 1785, il *Giornale enciclopedico d'Italia*. Il sottotitolo, *Memorie scientifiche da' Giornali di Bologna, di Vicenza, di Due Ponti ecc...*, e il programma dei compilatori[20] chiarivano subito la natura del *Giornale*:

> Senza impegnarci alla formazione di un nuovo *Giornale*, opera difficile e non eseguibile in ogni paese, noi ci proponiamo di somministrare ai nostri concittadini tutti gli interessanti ed utili articoli degli indicati giornali Bolognese e Vicentino [...] né saranno trascurati gli aneddoti di utili stabilimenti, di invenzioni nelle arti, di scoperte nelle scienze, di nuove leggi, di tratti di virtù e simili.

Nel secondo tomo, la serie di giornali consultati, da cui venivano estratti gli articoli, contemplerà oltre ai giornali italiani anche quelli "Oltremontani".[21]

Il *Giornale* non aveva una struttura predefinita, si trovano articoli, curiosità, brevi avvisi bibliografici, atti e relazioni ufficiali dei lavori che si svolgevano presso le accademie reali di Parigi, Berlino e Londra. L'indice dei tomi seguiva l'ordine alfabetico dei titoli degli articoli. La parte scientifica curava molto lo sviluppo delle ricerche sull'elettricità e il magnetismo. Per la matematica si pubblicarono articoli che introducevano allo studio del calcolo differenziale, con molti riferimenti a Eulero,[22] "per rispondere alla domanda di una teoria chiara e precisa dell'infinito matematico". In un articolo, riguardante la teoria generale delle equazioni di Bézout, appare chiaro per quale motivo gli articoli di matematica pubblicati avessero solo carattere informativo:

> Brevissima sarà la notizia, che stiamo per darne, perché di siffatte opere non si può formare idea, e rilevare il merito, che con leggerle attentamente, e sottoponendole a diligente esame. (Tomo primo, p. 177)

---

18. *Risoluzione di alcuni lavori ottici* (Fergola 1780); *Sopra le caustiche* (Saladini 1781); *Compasso sferico eseguito dal sacerdote Giampaolo Anderlini di Bologna* (Saldini 1782); *Sulla strada universale* (Saladini 1783); *La vera misura delle volte a spira* (Fergola 1785); *Del salire dei corpi in aria per la loro specifica leggerezza* (Saladini 1784).

19. *Nuovo metodo di risolvere alcuni problemi di sito e posizione* (Fergola 1786); *Continuazione del medesimo argomento* (Giordano 1786); *Nuove ricerche sulle risoluzioni dei problemi di sito* (Fergola 1787).

20. Come spesso succede nei periodici napoletani, manca il nome dei compilatori che qui si definivano "cittadini che si consacrano volentieri alla gloria della Nazione, che coltivano tranquillamente gli studi geniali". Direttore del periodico sembra fosse l'abate Antonio Scarpelli (Cortese 1965, 313).

21. Non viene detto dai compilatori quali giornali saranno consultati.

22. Nel terzo tomo si trova anche un *Elogio a Eulero* a due anni dalla sua morte (p. 38), due recensioni di opere sul calcolo differenziale, pubblicate da Speroni e L'Huillier, si trovano nel tomo sesto, p. 108 e p. 194.

Nello stesso anno, il 1785, appariva anche il *Giornale enciclopedico di Napoli*, che sospese le sue pubblicazioni dopo un anno, per riprenderle nel 1806. Di questo periodico ci occuperemo nel paragrafo successivo.

Tra la fine del Settecento e l'inizio dell'Ottocento vennero pubblicati anche altri periodici[23] con l'obiettivo di informare i lettori sulle "novità" letterarie, scientifiche, artistiche e commerciali a Napoli e negli altri paesi, nella convinzione di fornire, oltre che uno strumento utile alla pubblica istruzione, una reale possibilità di incontro per gli stessi studiosi di tali discipline, favorendo così anche lo scambio delle loro esperienze.[24] Animati dall'obiettivo di contribuire a promuovere il progresso economico e sociale del Regno, essi avevano cura di divulgare anche opere sul patrimonio agricolo, relative alle sue capacità e ai suoi livelli di produzione, sul patrimonio ittico e zootecnico e più in generale sull'immenso patrimonio naturale del Regno. Completamente assente da queste riviste sono gli articoli di matematica, che, per questo motivo, rimaneva ancora nelle mani di pochi studiosi.

4 *Giornale enciclopedico di Napoli* e *Biblioteca analitica*

Tra il 1806 e il 1857 si registra a Napoli un notevole incremento di periodici scientifici-letterari.[25] I modelli editoriali di queste riviste erano molto simili. Gli articoli pubblicati erano suddivisi per soggetti: Astronomia, Botanica, Chimica, Entomologia, Geografia, Geologia, Industria, Matematica, Medicina, Storia Naturale, Scienze Naturali, Paleontologia, Fisica, Fisiologia, Topografia, Zoologia. A volte troviamo anche Archeologia, Economia, Storia e Filosofia. In alcuni di essi, come il *Giornale enciclopedico di Napoli* e la *Biblioteca analitica di scienze lettere e belle arti* si registra una maggiore attenzione alla matematica (Cortese 1965), (Trombetta 2011), (Conforti 2013).

---

23. Alcuni esempi: *Analisi ragionata dei libri nuovi* (1791); *Commercio Scientifico d'Europa col Regno delle Due Sicilie* (1792); *Giornale letterario di Napoli* (1793), *Effemeridi enciclopediche, per servire di continuazione all'Analisi ragionata de' libri nuovi* (1794), *Novelle di letteratura scienze arte e commercio* (1800), *Giornale delle arti, scienze, letteratura* (1806), *Saggi sulle scienze naturali ed economiche* (1807).

24. Per uno studio più approfondito dei giornali animati da questi obiettivi e pubblicati in Europa tra il XVII secolo e l'inizio del XIX, si veda (Peiffer *et al.* 2013*b*).

25. *Giornale enciclopedico di Napoli* [1806-1821], *Biblioteca analitica di scienze lettere e belle arti* [1810-1823], *Rivista generale di scienze, lettere ed arti* [1825], *Il Progresso delle scienze, delle lettere e delle arti* [1832-1847], *Il Lucifero giornale scientifico, letterario, artistico, industriale* [1838-1844], *Foglio settimanale di scienze, lettere* [1839-1840], *Museo di scienze lettere ed arti* [1843-1862], *Sibilo foglio periodico scientifico letterario artistico industriale* [1843-1845], *Annali scientifici giornale di scienze fisiche, matematiche, agricoltura, industria* [1855-1857], *Antologia contemporanea, giornale di scienze, lettere ed arti* [1856-1865], *Il Gianbattista Vico giornale Scientifico* [1857], *Rivista napoletana di politica, letteratura, scienze, arti e commercio* [1862-1863]. Non è stato possibile consultare: *Giornale delle arti, scienze, letteratura*, *Saggi sulle scienze naturali ed economiche*, *Biblioteca scientifica e letteraria*, *Bazar di scienze lettere ed arti*.

Come abbiamo già accennato il *Giornale enciclopedico* riprendeva una testata, pubblicata tra il 1785 e 1786, che si proponeva di raccogliere notizie a "vantaggio delle Arti, delle Scienze e della Storia e specialmente del Regno di Napoli". Il periodico riproposto nel 1806 non si distacca molto dall'originario progetto. Il nuovo *Giornale* infatti si basava sulla selezione dei migliori articoli della stampa estera, comprese recensioni e corrispondenze, e su quelle opere "frutto delle dotte vigilie e dei buoni ingegni nazionali". I compilatori indicavano alcuni giornali italiani come fonti da cui traevano gli articoli, tra questi: *Giornale enciclopedico di Vicenza*, il *Giornale enciclopedico di Bologna*, *Giornale letterario di Milano*, *Effemeridi di Roma*. Tuttavia nei singoli articoli non veniva indicato il giornale da cui esso era tratto, ma solo la provenienza dell'autore o il luogo in cui l'opera era stata stampata. Questo vale anche per i periodici stranieri, troviamo solo qualche (raro) riferimento al *Magasin encyclopédique* di A. L. Millin e la *Bibliothèque universelle* di Ginevra. A volte vengono indicati i librai presso cui era possibile ordinare le opere citate. Direttore del periodico fu Michele Tenore, professore di Botanica e direttore del Reale Orto Botanico di Napoli. Tra i collaboratori più accreditati troviamo, per la matematica, Fergola, insieme a due giovani studiosi, Oronzio Cosi e Giovanni Taddei. Nel 1810, il *Giornale* cominciò a ospitare le ricerche di Tenore sulla flora napoletana,[26] ricerche che finirono per occupare buona parte del periodico togliendo spazio agli altri settori della cultura scientifica. Le difficoltà editoriali del periodico, testimoniate dal continuo cambio di tipografie, ne ritardarono spesso l'uscita, pregiudicandone anche una più vasta circolazione. Le pubblicazioni cessarono nel 1821, dopo la seconda Restaurazione borbonica.

Analogo era il progetto editoriale della *Biblioteca analitica*, pubblicata nel 1810 per divulgare argomenti di attualità scientifica e letteraria con la doppia serie di *Memorie, estratti e saggi*, e *Annunzi e Corrispondenze*. Animatore e, per lungo periodo, unico compilatore fu Vincenzo De Ritis.[27] Nel periodico furono pubblicati saggi e memorie dei più noti letterati e scienziati napoletani, estratti e recensioni di autori stranieri, segnalazioni bibliografiche, corrispondenze e rapporti di accademie, istituti e società di cultura attivi a Napoli e in Europa (le stesse del *Giornale enciclopedico di Napoli*). Si pubblicarono lavori già editi ma anche inediti, inseriti in tre aree tematiche: scienze matematiche e fisiche, storico-morali, lettere e belle arti.

La *Biblioteca*, nata sotto il regime napoleonico, continuò a pubblicare, non senza difficoltà, anche durante la seconda Restaurazione borbonica, con alcune variazioni nel titolo: nel 1812 divenne di *Biblioteca analitica d'Istruzione e di Utilità pubblica*; nel 1816, *Nuova Biblioteca analitica di Scienze, Lettere e*

---

26. *Flora napolitana* è il titolo di un'opera di Tenore, pubblicata nel 1811, che descriveva la flora presente nei territori napoletani.
27. Vincenzo De Ritis fu un letterato, autore di poesie in dialetto. Tra le sue opere il *Vocabolario Lessigrafico e Storico*, un vero e proprio dizionario enciclopedico dedicato a Napoli e al suo lessico, esteso a comprendere anche il nome degli edifici notevoli, dei luoghi e dei cittadini illustri.

Arti; e in ultimo, nel 1819, *Biblioteca analitica di Scienze, Lettere e Arti*. Le pubblicazioni cessarono nel 1823.

È difficile stabilire quali fossero i reali lettori di questi due periodici. Un'idea, se pur vaga, ci viene data da un'unica lista di associati[28] che ricevevano in abbonamento il *Giornale enciclopedico*. In tutto troviamo trentanove abbonati, tra i quali spiccano biblioteche e direttori di prestigiose riviste sia in Italia che in Europa.[29] L'elenco era accompagnato da una nota in cui si legge che Ferdinando I aveva incoraggiato la pubblicazione con centocinquanta associazioni, da distribuire tra le varie segreteria di stato. Anche la copertura delle istituzioni scolastiche pubbliche era garantita dalle sovvenzioni del re, e ciò indica che il numero di lettori potesse essere elevato, se le copie spedite ai licei, ai collegi e alle università potevano essere fruite anche da docenti e studenti.

Un grande merito della *Biblioteca analitica* è aver contribuito, con ampie recensioni e con la pubblicazione dei Rapporti dell'Istituto di Francia, alla diffusione a Napoli del calcolo differenziale e integrale e delle sue applicazioni all'astronomia, alla meccanica, all'architettura e al calcolo delle probabilità. Troviamo recensite le opere più importanti di Laplace, Hachette, Binet, Biot, e tutte le opere di Lagrange.

Come abbiamo già detto, questi due periodici, seguirono i progressi e le dispute dei due gruppi di matematici operanti a Napoli in quel periodo, i *Sintetici* e gli *Analitici*, e attraverso loro si fecero portavoce di tutte le più importanti ricerche europee.

Per esempio un'importante questione, ancora dibattuta a Napoli all'inizio dell'Ottocento, e che trovava ampio spazio nella *Biblioteca analitica*, era se si dovesse ritenere o no risolto un quesito geometrico nel caso in cui avendone prodotto algebricamente, o in senso più ampio analiticamente, la soluzione, espressa da un'equazione, non si era però proceduto a dare contestualmente una "costruzione" del risultato algebrico-analitico, vale a dire non si indicava la successione dei passaggi geometrici capaci di esibire – costruendola – la soluzione. Già Descartes, nella sua *Géométrie*, aveva sancito che nella risoluzione analitica di un problema non ci si poteva limitare alla soluzione algebrica, ma si doveva comunque giungere alla costruzione di detta soluzione (Bos 1998), (Gatto 2006).

Nutrendo scarsa fiducia verso i metodi della geometria lagrangiana, cioé verso i metodi della geometria a due e tre coordinate (parte della geometria analitica), Fergola e i suoi allievi studiarono e potenziarono la geometria sintetica, operazione che si rivelò poi fruttuosa per lo studio delle geometrie descrittiva e proiettiva. Per la tradizione sintetica-euclidea la costruzione era

---

28. Volume del 1821, tomo II, p. 366–368.
29. Tra questi citiamo: Biblioteca Reale di Parigi; Biblioteca Reale di Berlino; Sig. Silvestri e Sig. Fusi Stella, editori di Milano; Sig. Gianpietro Visseux, editore di Firenze; Sig. Pictet direttore della *Bibliothèque universelle*, Ginevra; Sig. Jullien, direttore de la *Revue encyclopédique*, Parigi; Sig. Acerbi, direttore della *Biblioteca italiana*, Milano.

un fatto insito nello stesso procedimento risolutivo, per l'analisi algebrica la risoluzione raggiunta per via algebrica non comportava necessariamente la costruzione geometrica di quanto era richiesto. Una bella prova della bontà dei metodi sintetici era stata data nel 1788 da Giordano[30] con la risoluzione del "Problema di Cramer"[31] (Giordano 1788). La soluzione del problema per via analitica era stata data da Lagrange con uno stretto utilizzo di formule trigonometriche (Lagrange 1776).

Su questa questione (peraltro discussa in tutta Europa), riguardante l'alternativa tra metodo sintetico e metodo lagrangiano in geometria, e sulla necessità di organizzare, per motivi dottrinali e didattici, il calcolo infinitesimale di Eulero e Lagrange secondo il metodo sintetico, si concretizzava la forte diversità di vedute che porta alla divisione tra i matematici napoletani.

Tra le memorie della *Biblioteca analitica* che trattavano questo tema, troviamo quelle di Fergola, come per esempio: *Prospetto di un'opera geometrica che ha per titolo l'Arte d'inventare ridotta in sistema didascalico*,[32] seguita da una sua memoria originale, *I problemi delle tazioni risoluti con nuovi artifizi*,[33] accompagnata da note scritte dal suo allievo Flauti, *Addizione di Flauti alle nuove soluzioni de' problemi delle Tazioni*.[34] I nuovi artifici di cui parla Fergola, per risolvere i problemi di contatto tra cerchi, si basavano su di una proprietà focale dell'iperbole e sulla costruzione di un triangolo di cui erano noti la base, uno degli angoli adiacenti e il rapporto tra gli altri due lati. Flauti generalizza i risultati del maestro a contatti tra sfere. Ci sono poi: *Costruzione dell'equazione di terzo e quarto grado*,[35] di Pasquale Navarro, capitano d'artiglieria a riposo; *Della natura dell'antico Problema della Trisezione dell'Angolo*,[36] un articolo di Flauti, che, rivolgendosi ai giovani, ripercorreva i principi geometrici e analitici che permettevano di dimostrare l'impossibilità di effettuare una tale costruzione geometrica. *Soluzione di un problema creduto da Lagrange difficilissimo a trattarsi colla geometria*[37] e *Soluzioni analitiche del problema delle quattro sfere condotto al fine col metodo delle coordinate*[38] di Francesco Paolo Tucci, allievo di Fergola, che coltivava anche l'analisi.[39] Un'interessante memoria a favore dell'inscindibilità tra soluzione algebrica e costruzione geometria della soluzione, veniva pubblicata da Luca Samuele Cagnazzi, con il titolo *Dell'uso della Sintesi e dell'analisi nell'Istruzione*

---

30. Anche se Giordano viene annoverato tra gli Analisti, fu uno degli allievi prediletti di Fergola.
31. "Iscrivere in un circolo un triangolo rettilineo, i cui lati distesi passassero per i punti dati."
32. BA-MS 1810, p. 65–71.
33. BA-MS 1810, p. 81–97.
34. BA-MS 1810, p. 98–104.
35. BA-MS 1810, p. 428–439.
36. BA-MS 1812, p. 25–40.
37. BA 1812, p. 321–326.
38. BA 1812, p. 260.
39. Anche Tucci viene considerato un analitico, ma era stato allievo di Fergola.

delle Scienze Matematiche.[40] Questa memoria bene si accompagnava alla pubblicazione degli *Opuscoli matematici della scuola del Sig. Fergola*, nei quali si difendeva il valore culturale della ricerca geometrica condotta con metodi sintetici, e di cui la *Biblioteca* pubblicava un'ampia recensione.[41]

Ottavio Colecchi, nel 1810 irrompe nel processo di rinnovamento dei saperi e delle istituzioni del Regno di Napoli portando il dibattito tra analisi e sintesi al centro dell'attenzione. In quell'anno, pubblicava la sua *Memoria sulle forze vive*,[42] contenente un'ampia e utile rassegna erudita sull'argomento. A causa del gran numero di formule, ne fu pubblicata solo una parte; scrivevano i compilatori:

> [...] Ma i molteplici calcoli co' quali avremmo dovuto ingombrar molte pagine avrebbero disgustato il maggior numero dei nostri lettori. [...] Ci siamo perciò creduti in dovere di non darne che un trasunto.

La grande varietà di lettori non permetteva articoli troppo specialistici.

Nel 1811 Colecchi pubblicava le sue *Riflessioni sopra alcuni opuscoli, che trattano delle funzioni fratte, e del loro risolvimento in funzioni parziali*,[43] dove criticava duramente, il lungo scritto di Fergola, *Delle funzioni fratte e del loro risolvimento in frazioni parziali*, contenuto negli *Opuscoli matematici*, che riguardava l'integrazione delle funzioni razionali fratte. Colecchi attaccava così Fergola:

> [...] Che anzi che il male cominci a farsi sentire, dacché nell'atto che in Francia un Laplace scriveva la Mécanique celéste, e l'Exposition du système du Monde; un Monge la Géométrie descriptive e l'Analyse géométrique; un Poisson la Géodésie e il Recueil de diverses propositions ecc..., ove con il metodo delle coordinate scioglie i più ardui problemi con una semplicità ed un'eleganza senza pari, [...] qui in Napoli si parla dei problemi delle Tazioni, e di una nuova proprietà dei triangoli; si parla del modo di inscrivere un triangolo in un cerchio, i cui lati passano per tre punti dati; si scrivono con didascalico rigore opuscoli che trattano delle funzioni fratte, e del loro risolvimento in funzioni parziali, e si fregiano poi queste e cosimili baie di un gran numero di scolii e di note, che per far troppo plauso a sì misere cose destano la noja e stancano la sofferenza dei Lettori. [...]

La memoria del Colecchi fu oggetto di aspre censure da parte dell'Accademia delle Scienze di Napoli, e anche la *Biblioteca analitica*, che, l'aveva ospitata con piacere, ne fu talmente coinvolta da dover sospendere le sue pubblicazioni.

Nella *Biblioteca analitica* troviamo anche un'ampia recensione delle *Lezioni di Calcolo sublime*[44] di Colecchi e del suo lavoro sui *Punti di regresso della seconda specie*,[45] dove tratta dell'uso del calcolo infinitesimale applicato alla teoria delle curve.

---

40. BA 1811, p. 208–223; 1812, p. 19–36.
41. BA 1811, p. 387.
42. BA 1810, p. 404–423.
43. BA 1810, p. 249–269, 329–376.
44. BA 1816, p. 58–64.
45. Si intende i punti cuspidali. BA 1813, p. 321–331.

Queste due ultime memorie erano più di natura didattica, e in effetti la *Biblioteca analitica* dedicò anche ampio spazio alle memorie e sunti di opere nate da esigenze didattiche. Tra gli argomenti di didattica trattati troviamo, per esempio, gli *Elementi* di Euclide, l'estrazione di radici, la gnomonica, il metodo per determinare i segni delle radici reali, le proprietà del raggio di curvatura, le sezioni coniche.

Il *Giornale enciclopedico*, anche se dedicava meno spazio alla matematica, non si discostava molto dai temi trattati nella *Biblioteca analitica*. Troviamo più recensioni che articoli, la maggior parte delle quali riguardavano le opere della scuola di Fergola. Il *Giornale* presentava una discreta bibliografia di opere francesi sulle applicazioni del calcolo (in parte uguali a quelle pubblicate nella *Biblioteca analitica*). Molte le opere a carattere didattico, relative alla grafometria, gnomonica, geografia matematica, aritmetica e algebra, elementi di stereometria, metodi per estrazione di radici quadrate e cubiche.

Sembra che inizialmente tra le due riviste, anche se in aperta concorrenza, regnasse un clima di reciproco rispetto. Ma con il passare degli anni, e in particolare dopo la seconda restaurazione borbonica, cominciarono aspre polemiche che sfociarono anche in invettive e nelle accuse lanciate dalla *Nuova Biblioteca* al *Giornale enciclopedico* di copiare integralmente gli articoli.[46]

5 La stampa periodica dalla seconda Restaurazione Borbonica all'Unità d'Italia

Nel 1815 il Regno tornò in mano ai Borbone che, pur adottando una politica tollerante con chi aveva collaborato con i Francesi, ripristinarono subito in diversi settori della vita pubblica e intellettuale le leggi anteriori al 1806. Il settore della stampa, particolarmente importante per la circolazione delle idee "sovversive", fu uno di quelli cui prestarono maggiore attenzione (Consiglia 2002). Nulla poteva essere stampato e nessun libro poteva entrare nel Regno senza i dovuti controlli, senza il visto della censura.

Nelle riviste scientifiche pubblicate a Napoli tra il 1820 e il 1840 si segnala di nuovo poco interesse per la matematica. Il problema non sembra essere nelle tendenze specifiche di questa o quella scuola ma del contesto sociale che sembra attribuire scarsa considerazione alla ricerca matematica. *Sintetici* e *Analitici* dedicano tutte le loro energie all'insegnamento e sono autori di opere didattiche.

A partire dal 1840 Nicola Trudi e Fortunato Padula, ormai padroni di entrambe le metodologie cominciarono a rinnovare profondamente la ricerca matematica a Napoli, non a caso furono i naturali interlocutori di Jacobi e Steiner nel loro soggiorno napoletano del 1844 (Amodeo 1924), pur essendo di formazione molto differente: Trudi era stato allievo di Vincenzo Flauti, custode della scuola di Nicolò Fergola; Padula si era formato invece alla scuola di Francesco Paolo Tucci, che aveva consolidato l'uso dei metodi analitici.

---

46. NBA 1818, p. 3–8 a firma di Vincenzo De Ritis.

Il Congresso degli Scienziati Italiani,[47] tenutosi a Napoli nel 1845, fu per gli scienziati napoletani un'importante possibilità di confronto con le diverse realtà esistenti dentro e fuori il Regno. In particolare alla sezione di Fisica e Matematica si contarono ben 174 iscritti (Atti 1846).

Questi congressi riuscirono a creare un numeroso pubblico desideroso di partecipare attivamente all'intenso sviluppo scientifico di quegli anni e dunque in grado di sostenere economicamente iniziative editoriali più specializzate. La costituzione di questo pubblico è da mettere in relazione con vari fattori, che si andavano ad inserire nel generale clima di progresso tecnico e scientifico, quali ad esempio il fiorire delle scuole di ingegneria e l'incremento dei ruoli tecnici militari (genio, marina, uffici topografici) (Amodeo 1924).

In effetti strettamente connessa al movimento dei Congressi degli Scienziati italiani fu la creazione di riviste periodiche per incrementare gli studi e portarli così ai livelli qualitativi dei paesi più evoluti.[48] Le riviste, che si rivolgevano ai cultori delle scienze di tutti gli Stati, si proponevano di presentare le scoperte, le invenzioni e i nuovi metodi di ricerca degli scienziati italiani, e di informare sulle opere e sulle principali memorie scientifiche straniere. Obiettivo importante, e forse decisivo, era far uscire dall'ambiente delle accademie i risultati scientifici e offrirli alla fruizione di un pubblico colto scientificamente più vasto, sollecitandone la partecipazione attiva.

Tra il 1854 e il 1857 furono pubblicati a Napoli gli *Annali scientifici, giornale di scienze fisiche, matematiche, agricoltura, industria*, e *Il Giambattista Vico, giornale scientifico*.

I compilatori degli *Annali scientifici* erano il matematico Vincenzo Janni e N. Buondonno, del quale al momento poco è noto. In *Il Giambattista Vico* non troviamo i nomi dei compilatori ma solo quello del mecenate, Leopoldo di Borbone, conte di Siracusa e fratello di re Ferdinando II, con interessi artistici e considerato di idee liberali.

Come si deduce dalle introduzioni, la nascita di entrambe le riviste risente ancora degli echi del Congresso[49] del 1845.

Lo scopo degli *Annali scientifici* era quindi di offrire "agl'intelligenti del Regno un mezzo facile per mettersi in comunicazione con tutti i dotti e industriosi della Terra". *Il Giambattista Vico* invece si rivolgeva a tutta la

---

47. I Congressi degli Scienziati Italiani furono i primi tentativi di creare in Italia una comunità scientifica nazionale, stabilendo contatti personali e sistematici tra gli scienziati dei vari Stati preunitari (Bottazzini 1983, 11–68). Ai Congressi, che si tennero annualmente dal 1839 al 1847, presero parte matematici, fisici, astronomi, chimici, geologi e naturalisti, ma anche economisti, storici, giuristi e letterati.

48. Nel 1841, furono fondati a Milano gli *Annali di fisica, chimica e matematiche* sotto la direzione del fisico Giovanni Alessandro Majocchi. Un'altra rivista legata ai Congressi degli scienziati italiani fu *Il Cimento: giornale di Chimica, Fisica e Storia Naturale*, pubblicata nel 1844 a Pisa, sotto la direzione di Carlo Matteucci e con la collaborazione di un gruppo di professori pisani tra i quali Ottaviano Mossotti e Raffaele Piria.

49. Osserviamo, ad esempio, che Vincenzo Janni compare nella lista dei partecipanti al convegno; inoltre la scelta del nome della rivista *Il Giambattista Vico* richiama il fatto che durante il Congresso, erano state coniate medaglie commemorative con l'immagine del Vico.

nazione proponendosi di pubblicare tutto ciò "che ha rapporto alla scienza, al suo progresso, ed allo sviluppo intellettuale della Italiana famiglia", espressione piuttosto ardita per l'epoca certamente segnata in maniera profonda dagli eventi del 1848.

Le riviste ebbero vita breve:[50] furono pubblicati tre volumi annuali degli *Annali scientifici* nel 1854, 1855 e 1857, e quattro volumi trimestrali nel 1857 di *Il Giambattista Vico*.

I modelli editoriali delle due riviste erano molto simili. Gli articoli pubblicati erano ancora suddivisi per soggetti: Astronomia, Botanica, Chimica, Entomologia, Geografia, Geologia, Industria, Matematica, Medicina, Storia Naturale, Scienze Naturale, Paleontologia, Fisica, Fisiologia, Topografia, Zoologia.

In *Il Giambattista Vico* troviamo anche Archeologia, Economia, Storia e Filosofia, soggetti che negli *Annali scientifici* sono posti in *Appendice* e quindi non riportati nell'indice (quasi a voler maggiormente sottolineare il carattere scientifico del giornale). La presenza nei due giornali degli stessi autori, quasi tutti scienziati napoletani che avevano partecipato al VII Congresso, sembra convalidare la tesi che *Il Giambattista Vico* sia in qualche modo una continuazione ideale degli *Annali scientifici*. In entrambi è presente una sezione tutta dedicata alla matematica. Con gli *Annali scientifici* e *Il Giambattista Vico*, cambiati i potenziali utenti, la natura degli articoli cambiava da divulgativa a scientifica, e quindi mutava anche il registro linguistico che diventava, per ciascuna disciplina, più specialistico. Gli articoli di matematica vengono ora pubblicati integralmente, cioé non viene più omessa la parte relativa ai calcoli e alle formule, come invece accadeva nei precedenti giornali.

Nella tabella, costruita rispettando la classificazione utilizzata negli *Annali scientifici* ed escludendo gli articoli d'area umanistica, viene indicato il numero di articoli pubblicati per anno in ciascuna disciplina nelle due riviste. Negli *Annali scientifici* il numero dei contributi di natura matematica nei primi due volumi è relativamente alto – sette e sei rispettivamente – mentre diminuisce notevolmente nel seguente volume – solo due. Tuttavia l'articolo dal titolo *Geometria analitica*, che compare nel volume degli *Annali* del 1857 è un vero è proprio saggio: diviso in 15 capitoli, ne occupa il 60%.

Il decremento potrebbe, peraltro, essere anche giustificato dalla pubblicazione in quell'anno, 1857, di *Il Giambattista Vico* che contiene sette articoli di matematica.

Nel primo volume degli *Annali scientifici* non si fa distinzione tra articoli

---

50. Molto probabilmente per la mancanza di adeguati finanziamenti.

SOGGETTI	ANNALI SCIENTIFICI			GIANBATTISTA VICO
	1854	1855	1857	1857
Astronomia	3	2	3	
Botanica	4	1		4
Chimica	3	3	4	9
Entomologia	4			
Geodesia			2	
Geografia	2	4		
Geologia	1	1		1
Industria	3	2		3
Matematica	7	6	2	7
Medicina		2	4	7
Scienze naturali			7	1
Storia naturale	2	1		
Fisica	8	8	10	5
Fisiologia	5			1
Topografia	1	4		
Zoologia e Paleontologia		1		5

di matematica pura e di matematica applicata,[51] infatti dei sette articoli pubblicati nella sezione matematica quattro sono di matematica applicata. Nei volumi successivi, pur essendo presenti un gran numero di articoli di matematica applicata, la strategia dei compilatori cambia ponendo nella sezione matematica solo quelli di matematica pura. Analogamente accade nel *Il Giambattista Vico* dove troviamo due articoli di matematica applicata solo nel primo volume.

L'impressione complessiva che si ricava dalla lettura dei volumi delle due riviste è di una presenza significativa della matematica, e in particolare, per quanto riguarda la matematica pura, una tendenza a separarla dalle applicazioni, e a trattare gli argomenti in modo esteso e completo, al punto da rendere l'ultimo volume degli *Annali scientifici* quasi esclusivamente a carattere matematico.

La pubblicazione di queste riviste sembra dunque mostrare come anche a Napoli si potesse ormai pensare all'uscita di una rivista specializzata se non proprio in matematica, quanto meno nelle scienze esatte, come stava accadendo

---

51. Per articoli di matematica pura intendiamo quelli che si occupano di quella parte dell'attività matematica che viene svolta senza considerazione esplicita o immediata dell'applicazione diretta, anche se sono originate da queste. Articoli di matematica applicata sono invece legati a quelle ricerche matematiche nate per rispondere ai problemi di navigazione, astronomia, fisica, ingegneria e molte altri. Chiaramente ciò che oggi è "puro" spesso viene applicato in seguito.

a Roma con gli *Annali di scienze matematiche e fisiche*, pubblicati a partire dal 1850 da Barnaba Tortolini.

A confermare ciò è anche il decisivo aumento delle memorie di argomento matematico nei sei volumi degli *Atti della Reale Accademia delle scienze di Napoli* e nei due delle *Memorie* della *Reale Accademia delle Scienze di Napoli*,[52] pubblicati (non con regolarità) fino al 1857, memorie peraltro destinate, ad un pubblico più ristretto. Se escludiamo il primo volume, dato alle stampe nel 1819, e contenente 11 articoli di Nicolò Fergola e dei suoi allievi risalenti al periodo francese, nei volumi che vanno dal secondo al quinto, rispettivamente pubblicati negli anni 1825, 1832, 1839 e 1843-1844, il numero degli articoli di matematica passa dal 33% al 3%, dato che conferma anche quanto detto all'inizio di questo paragrafo. Nel 1851 si registrava un primo incremento passando al 31%. I due volumi delle *Memorie*,[53] usciti nel 1856 e nel 1857, indicano la matematica come una disciplina in forte ripresa: gli articoli di matematica erano rispettivamente il 53% e il 49% e di questi la metà erano di matematica pura.

È interessante osservare anche, rispetto al passato, in che percentuale i redattori degli *Annali scientifici* e di *Il Giambattista Vico* abbiano attinto da testi o riviste straniere e quanto rilevante sia, invece, il contributo originale dato dagli studiosi napoletani. I compilatori delle due riviste nel dichiarare quali sarebbero state le fonti a cui avrebbero attinto, sottolineano l'originalità delle loro compilazioni. Per tutte le discipline le memorie erano quasi sempre composizioni originali che tenevano conto della bibliografia, anche straniera, esistente sull'argomento trattato.

Nel primo volume degli *Annali scientifici* la percentuale di lavori tradotti in italiano è del 33%, si passa poi all'11% e al 13% nel secondo e terzo volume rispettivamente. Il decremento delle traduzioni sembra in linea con gli scopi delle due riviste. I compilatori degli *Annali scientifici*, volendo informare gli "intelligenti del Regno", attingono di più da altre riviste italiane e straniere, quelli di *Il Giambattista Vico* invece, volendo dare un contributo al progresso delle scienze, trattavano argomenti più legati alle loro ricerche e quindi più legati alla produzione originale napoletana.

Nella seguente tabella vengono riportate, per la sezione matematica, l'elenco degli autori e dei titoli delle memorie pubblicate nelle due riviste.

La sezione matematica in entrambe le riviste conteneva articoli di astronomia, caratterizzati da una forte componente matematica. Tra gli autori si distingue Remigio Del Grosso impegnato in articoli di meccanica, geometria analitica ed algebra. Il secondo volume degli *Annali scientifici*, poneva accanto, quasi a complemento e a ricordo di vecchie vicende e contese, le due

---

52. La R. Accademia delle Scienze con la R. Accademia Ercolanese e con la R. Accademia di Belle Arti componevano, dal 29 ottobre 1816 al 29 Aprile 1861, la Società Reale Borbonica (D'Erasmo 1940).

53. Il volume pubblicato nel 1856 raccoglieva le memorie dal 1852 al 1854, quello pubblicato nel 1857 le memorie dal 1855 al 1857.

ANNALI SCIENTIFICI

I Volume 1854	
Dimostrazione elementare dell'azione che esercita il moto rotatorio della terra sul piano di oscillazione del pendolo	D.F. Schaub
Due formule di Trigonometria sferica	H. d'Arrest
Dimostrazione di due formule di Trigonometria sferica	Nicola Trudi
Dimostrazione elementare dell'equazione de' fluidi elastici omogenei e d'uniforme temperatura	Remigio del Grosso
Studi di Meccanica razionale: sulle oscillazioni isocrone	Biagio de Benedictis
Dimostrazione di un Teorema di Ottica	Remigio del Grosso
Problema	Andrea Sabato

II Volume 1855	
Problema	Giuseppe Janni
Problema	Andrea Sabato
Teorema	Giuseppe Janni
Geometria Superiore	Andrea Sabato
Problema	Remigio del Grosso
Due problemi di Geometria	Francesco Grimaldi

III Volume 1857	
Applicazione del metodo delle coordinate trilineari alla dimostrazione dei teoremi proposti da Steiner nel Giornale Arcadico di Roma	Remigio del Grosso
Geometria analitica	

scuole napoletane, quella analitica e quella sintetica. Esso infatti conteneva diversi problemi di matematica elementare risolti da Giuseppe Janni e Andrea Sabato, con "l'analisi delle coordinate", e da Francesco Grimaldi, "con i metodi geometrici degli antichi".

Matematici come Padula e Sabato, erano autori di memorie di geometria analitica e geometria descrittiva. L'estesa memoria di geometria analitica contenuta negli *Annali scientifici* non era firmata ma va forse collegata ai trattati elementari di geometria analitica di Nicola Trudi e Raffaele Rubini (Trudi 1852), (Rubini 1851), (Rubini 1857), rispettivamente del 1852 e del 1851 e del 1857.

Giuseppe Battaglini, in *Il Giambattista Vico*, pubblicava i suoi primi studi di Geometria proiettiva: si tratta essenzialmente di tentativi di fondare la

IL GIANBATTISTA VICO

I Volume 1857	
Formule e tavole numeriche per la soluzione del problema di Keplero	Annibale de Gasparis
Sulla omografia delle figure	Giuseppe Battaglini
Sulla figura di equilibrio di una lama elastica senza peso, e sollecitata in vari punti della sua lunghezza da forze dirette nello spazio	Remigio del Grosso

II Volume 1857	
Sulla omografia delle figure	Giuseppe Battaglini

III Volume 1857	
Ricerche di Geometria analitica	Fortunato Padula
Dimostrazione di un teorema di Cayley sulla eliminazione	Remigio del Grosso

IV Volume 1857	
Pensieri intorno al modo di sciversi la storia delle scienze, e particolarmente delle matematiche, con uno sguardo sulla storia della geometria	Ferdinando de Luca

teoria dell'omografia sul concetto di corrispondenza biunivoca senza l'uso del rapporto armonico.

Infine il quarto volume di *Il Giambattista Vico* si chiudeva con un breve articolo di Ferdinando De Luca, dove veniva suggerito di esporre la storia delle matematiche prendendo "a guida lo sviluppo delle singole teorie e non già la successione degli uomini nel tempo".

6 Una rivista specializzata: Giornale di Matematiche di Battaglini

L'unificazione italiana, oltre a determinare un clima intellettualmente effervescente, introdusse anche altri importanti fattori di novità. Ad esempio la legge di riforma universitaria del 1859, la cosiddetta legge Casati, la cui validità era stata estesa all'intero paese, aveva determinato una certa uniformità di studi e dunque si era costituito un pubblico di studenti potenziale abbastanza vasto. D'altro canto anche la circolazione dei volumi era di gran lunga facilitata dall'esistenza di un mercato retto da regole comuni, da una moneta unica e da un unico sistema postale.

Questi nuovi fattori, la presenza di un forte interesse per la scienza messo ben in evidenza dai congressi, le prove editoriali degli *Annali scientifici* e del *Il Giambattista Vico*, confluirono nella nascita di una rivista interamente dedicata alla matematica: il *Giornale di Matematiche ad Uso degli Studenti delle Università Italiane*, la cui pubblicazione ebbe inizio nel 1863 sotto la direzione di Giuseppe Battaglini, Nicola Trudi e Vincenzo Janni (Enea 2017), (Carbone & Enea 2018). Non a caso nel titolo stesso della rivista veniva sottolineato che essa era ad uso degli studenti universitari dell'intera Italia. Nella prefazione si precisava che esso era diretto "*principalmente ai giovani studiosi delle Università italiane, perché loro serva come anello tra le lezioni e le alte quistioni accademiche, cosicché possano rendersi abili a coltivare le parti superiori della scienza e leggere senza intoppi le dotte compilazioni del Tortolini, del Crelle, ed altri*". Veniva poi specificato che: "*Procederà nella nostra compilazione e ne sarà come base una serie di articoli, i quali svolgeranno ordinatamente i principi dei moderni metodi di ricerca. Insieme a questi si tratteranno delle quistioni speciali, di cui si pubblicheranno le soluzioni inviate alla direzione del giornale, e si daranno articoli bibliografici e di storia delle matematiche*"; in altre parole il *Giornale* voleva essere un valido strumento di avvio alla ricerca, il contributo napoletano alla creazione di un giovane movimento scientifico nazionale. Per questo la scelta delle memorie da pubblicare nel *Giornale* non era basata sul criterio dell'originalità ma spesso su quello dell'opportunità. Battaglini proponeva le nuove tematiche per mezzo di memorie dal carattere prevalentemente informativo e con una bibliografia sempre adeguata e aggiornata, in modo tale da dare al giovane lettore una visione generale delle questioni trattate. Le memorie dovevano suscitare l'interesse del lettore e nello stesso tempo fornirgli gli strumenti necessari per successivi approfondimenti.

La locandina che ne annunciava la pubblicazione, a riprova anche dei suoi collegamenti con gli *Annali scientifici* e *Il Giambattista Vico* portava in calce, oltre i nomi di Battaglini, Janni e Trudi, quelli di Emanuele Fergola, Annibale De Gasparis, Remigio Del Grosso, Fortunato Padula, Raffaele Rubini, Achille Sannia e quelli Carlo Avena e Andrea Sabato.[54] Fu dunque l'intera comunità matematica che aveva il suo centro in Napoli, rimasta capitale culturale del Mezzogiorno, che si riconobbe nell'iniziativa.

Alcune memorie pubblicate nei primi volumi del *Giornale* sembrano essere la naturale continuazione dei temi trattati precedentemente nelle due riviste: Trudi presentava una memoria sui diversi sistemi di coordinate omogenee,[55] Del Grosso continuava ad indagare gli strumenti matematici utili nei problemi

---

54. Carlo Avena e Andrea Sabato erano professori della scuola media secondaria di Napoli che insegnavano rispettivamente in un istituto tecnico e in un liceo. Erano liberi docenti rispettivamente di Geometria analitica e di Calcolo differenziale e integrale all'Università di Napoli.

55. Esposizione di diversi sistemi di coordinate omogenee, GM 1 (1863), p. 11–25, 47–59, 148–158.

di meccanica,[56] mentre De Gasparis pubblicava ancora su classici temi di astronomia di posizione.[57] Battaglini approfondiva i sui studi di geometria proiettiva presentando i suoi lavori sulle "forme geometriche" di prima e seconda specie.[58] Lo stesso richiamo nella prefazione ad articoli che avrebbero svolto "ordinatamente i principi dei moderni metodi di ricerca" ricorda ad esempio la lunga serie di articoli di geometria analitica presente nell'ultimo volume degli *Annali scientifici*.

Coerentemente con gli scopi dei curatori della rivista, nel *Giornale* furono pubblicati anche articoli e memorie già pubblicati in altre riviste, come per esempio quelli di Cremona sulla teoria delle coniche pubblicati sulle *Memorie dell'Accademia di Bologna*, oppure come la maggior parte degli articoli dello stesso Battaglini sui complessi di rette e sulle forme algebriche binarie e ternarie pubblicati nei *Rendiconti dell'Accademia delle Scienze di Napoli* e dell'*Accademia dei Lincei*.

Tra le pubblicazioni del *Giornale* si trovavano anche relazioni su corsi universitari e sunti di lezioni su argomenti poco noti; ad esempio dei tre corsi paralleli sulle funzioni abeliane tenuti a Milano da Francesco Brioschi, Luigi Cremona e Felice Casorati secondo i tre metodi differenti di Jacobi, Clebsch e Gordan e di Riemann, veniva data notizia nel *Giornale* attraverso una relazione redatta da Angelo Armenante e Giuseppe Jung.[59] Le considerazioni geometriche usate da Cremona nelle sue lezioni portarono Armenante e Jung alla stesura di una loro memoria[60] sull'invarianza del genere nelle corrispondenze birazionali fra particolari curve.

Naturalmente Battaglini pubblicava anche molti articoli originali soprattutto di giovani studiosi, perché

> con quell'incessante progredire delle università italiane che i tempi nuovi già facevano intravedere sull'orizzonte, i giovani presto avrebbero avuto bisogno di una propria palestra in cui addestrarsi, di una arena propria che fosse più largamente aperta a tutti e nella quale tutti potessero cominciare a misurarsi e a mostrare il proprio lavoro. (Pascal 1910)

Nel *Giornale* annunci bibliografici, recensione e lettere al redattore non erano pubblicati con regolarità e neppure ad opera di uno stesso collaboratore. Oltre a Rubini e Battaglini, si trovavano annunci e recensioni di Eugenio Beltrami, Luigi Cremona, Ernesto Padova, Ferdinando Ruffini, Temistocle Zona, spesso legati ai loro ambiti di ricerca.

---

56. Nota sull'equazioni differenziali che si presentano nei problemi di Meccanica, GM 1 (1863), p. 129–135, 203–208, 257–264.
57. Formole pel calcolo delle orbite di pianeti e comete, GM 2 (1864), p. 42–46.
58. Teoria elementare delle forme geometriche, GM 1 (1863), p. 1–6, 41–46, 97–109, 161–169, 227–239.
59. Relazione sulle lezioni complementari date nell'Istituto tecnico superiore a Milano, GM 7 (1869), p. 224–234.
60. Sulle trasformazioni birazionali o univoche, e sulle curve normale e subnormale del genere p, GM 7 (1869), p. 235–253.

Battaglini pubblicava anche una rubrica di *Questioni*, formulate dai suoi collaboratori e collegate alle memorie presentate. Questa rubrica di problemi da risolvere e relative soluzioni era comune a molti giornali europei dell'Ottocento,[61] come gli *Nouvelles annales*,[62] gli *Annales de mathématiques pures et appliquées* e il *Journal für die reine una angewandte Mathematik*. Molte erano infatti le soluzioni, pubblicate nel *Giornale*, a problemi proposti in quelle riviste.

Delle *Questioni* venivano pubblicate le soluzioni più interessanti, e spesso di uno stesso problema venivano pubblicate anche più soluzioni che differivano per i metodi usati. Ai quesiti rimasti insoluti davano spesso soluzione lo stesso Battaglini o suoi collaboratori, per esigenze di completezza, e per il desiderio di soddisfare sempre i lettori.

Il modello editoriale del *Giornale di Matematiche* chiaramente non era più quello delle riviste che lo avevano preceduto. Esso si rivolgeva a un vasto pubblico costituito da ingegneri, ufficiali del genio e di marina, insegnanti e studenti, interessati alla matematica e alla sue applicazioni. Un attento esame degli articoli pubblicati nel *Giornale* ci permette di affermare che, almeno nel periodo 1863-1893, esso fu realmente, come nei propositi del Battaglini, una palestra nella quale i giovani studiosi potessero esercitarsi nel non facile esercizio della ricerca.

Questi giovani matematici pubblicarono nel *Giornale* i loro primi lavori scientifici, si trattava per lo più di generalizzazioni o dimostrazioni alternative di formule o teoremi ispirati dai docenti dei corsi da loro frequentati oppure dalle letture di opere straniere. Ad esempio Eugenio Bertini che nel 1868, come allievo dell'Istituto tecnico superiore di Milano, stimolato, come i già citati colleghi Armenante e Jung, dalle lezioni sulle funzioni abeliane di Cremona, diede una nuova dimostrazione geometrica di un importante teorema dovuto a Riemann sull'invarianza del genere nelle corrispondenze birazionali fra curve. Questo suo primo lavoro scientifico fu pubblicato nel 1869 nel *Giornale* e diventò ben presto classico tanto da essere inserito pochi anni dopo in opere di larga diffusione internazionale, quali le *Vorlesungen über Geometrie di Clebsch* [Leipzig, Teubner 1876] e il secondo volume di *A treatise on the analytic geometry of three dimensions* di Salmon [Hodges, Foster and Company, Dublin, 1874].

Naturalmente, come già osservato, non mancarono nel *Giornale* i contributi scientifici originali, come quelli di Ulisse Dini che pubblicò tra il 1864 e il 1866 le sue prime ricerche, elaborate in parte durante il suo soggiorno parigino, sulla determinazione di classi di superfici rotonde ed elicoidali applicabili sulle quadriche rotonde, sulla sfera o sulla pseudo sfera; "problemi che allora si presentavano come sostanziali nel progresso della geometria differenziale delle

---

61. Si veda http://cirmath.hypotheses.org/101-2/seminaire-cirmath-la-forme-questionreponse-dans-la-circulation-des-mathematiques-ihp-paris-15-fevrier-2016.
62. (Nabonnand & Rollet 2012) e http://nouvelles-annales-poincare.univ-lorraine.fr/p.

superfici" (Bortolotti 1953). Il *Giornale* accoglieva anche tantissimi contributi di insegnanti di liceo e di istituti tecnici, non a caso tra i compilatori c'erano due insegnanti. La presenza di tanti insegnanti non stupisce: molti dei matematici più noti hanno insegnato, per periodi più o meno lunghi, in istituti secondari sia prima che durante la loro carriera accademica. Il *Giornale* chiaramente suppliva in quel momento alla mancanza di riviste rivolte all'insegnamento della matematica nelle scuole secondarie.

L'unica lingua straniera accettata nel *Giornale* era il francese, ogni altro articolo veniva tradotto in italiano. Diversi sono i matematici italiani che si occupavano di tradurre gli articoli, oltre a Battaglini e Rubini, che avevano in questo campo una lunga esperienza, si trovavano traduzioni firmate da giovani studenti. La scelta degli articoli da tradurre non sempre era dettata dalla direzione, anche questi, come bibliografie e recensioni, erano probabilmente proposti dagli stessi lettori.

Nel *Giornale* venivano anche pubblicate le lettere di matematici italiani e stranieri indirizzata al direttore, contenenti osservazioni o integrazioni agli articoli pubblicati.

Il *Giornale di Matematiche* ebbe il merito di essere il primo e più importante veicolo per la diffusione in Italia della geometria non-euclidea,[63] in questo settore di ricerca Battaglini ebbe Hoüel quale importante interlocutore scientifico, come ampiamente documentato dalla loro corrispondenza (Calleri & Giacardi 1996), (Enea 2017). La polemica sulla geometria non-euclidea sviluppatasi in quegli anni negli ambienti accademici italiani si sovrappose al dibattito sopra gli *Elementi* di Euclide come testo ad uso didattico nelle scuole classiche (Giacardi 1995), (Enea 2017).

Battaglini non volle mai approfittare della sua posizione di direttore del *Giornale*, per far valere le proprie idee in merito a fatti cosí controversi della vita matematica italiana. Fedele alla funzione che riteneva dovesse svolgere il *Giornale*, fece in modo che questo fosse sempre interprete delle differenti opinioni espresse dai matematici che partecipavano al dibattito.

La prima serie del *Giornale* si chiudeva con il volume 31 del 1893 dove veniva annunciata la morte, avvenuta il 29 aprile di quello stesso anno, di Giuseppe Battaglini.

7 Conclusioni

Il *Giornale enciclopedico d'Italia*, il *Giornale enciclopedico di Napoli* e la *Biblioteca analitica*, tra la fine del Settecento e i primi dell'Ottocento, furono partecipi testimoni del serrato dibattito tra gli esponenti di due scuole di matematica, la *Scuola sintetica* e la *Scuola analitica*. Si trattò di una discussione lunga e a volte polemica che però contribuì non poco alla diffusione a Napoli della Geometria sintetica e del Calcolo infinitesimale secondo la linea di sviluppo dominata dal formalismo algebrico di Eulero e di Lagrange.

---

63. Per la nascita e gli sviluppi della geometria non-euclidea si veda (Bonola 1906).

Negli anni cinquanta dell'Ottocento questo processo di crescita della ricerca matematica, accompagnato da una lunga serie di riforme politiche, e da una condivisione dei metodi, sfocíò negli studi di Geometria analitica, Geometria descrittiva e di Geometria proiettiva. Testimoni di questo processo di crescita furono due periodici pubblicati tra il 1854 e il 1857, gli *Annali scientifici* e il *Gianbattista Vico*. Il processo di crescita si concluderà con la pubblicazione del *Giornale di Battaglini*, come strumento non solo di informazione sulle matematiche ma anche di avvio alla ricerca.

Attraverso questi giornali abbiamo potuto osservare come, nel corso degli anni, cambiarono i lettori, l'esposizione degli articoli, gli stessi argomenti trattati. A Napoli quindi alcuni giornali non furono solo specchio delle ricerche dei matematici napoletani ma, con articoli originali, ricche recenzioni, annunci e indici bibliografici, contribuirono alla diffusione di quelle discipline che, in quei secoli, si andavano sviluppando.

Chapitre 16

Les publications périodiques comme miroir de l'évolution des mathématiques en langue allemande (1780-1830)

Thomas Morel

1 Introduction

Joseph Maria Schneidt (1727-1808) fut professeur de droit et conseiller privé de la principauté épiscopale de Wurtzbourg en Franconie. Dans les années 1780, il était principalement connu pour son *Thesaurus juris franconici*, un périodique consacré au droit franconien qui semble avoir rencontré un certain succès parmi les lettrés (voir Landsberg 1891). Carl Christian Illing (1747-1814) fut pour sa part comptable à Hambourg avant d'ouvrir une école de commerce en Saxe dans les années 1780, pour laquelle il faisait paraître des publicités dans la presse régionale. Autodidacte, il fut enseignant et auteur de manuels sur la comptabilité et l'arithmétique marchande, dont le succès aurait assuré sa subsistance. Georg Friedrich Petersen est moins connu, si bien que seules des bribes de sa vie professionnelle nous sont parvenues. Dans les années 1780, il semble avoir été commissaire des étables royales du Hanovre et comptable de l'école vétérinaire locale[1]. Heinrich Carl Wilhelm Breithaupt (1775-1856) fut un facteur d'instruments qui reprit avec son frère l'atelier familial à la fin du XVIIIe siècle et travailla comme mécanicien à la cour du Landgrave de Hesse-Cassel[2]. Johann Gottlieb Goldberg (1720-1794) fut organiste et maître d'école à

---

1. Sur C. C. Illing et G. F. Petersen, voir (Morel 2014*b*).
2. Sur la dynastie Breithaupt et l'entreprise familiale, nous renvoyons à (Mackensen & F. W. Breithaupt, Fabrik Geodätischer Instrumente 2012).

Ph. Nabonnand, J. Peiffer, H. Gispert (eds.), *Circulation des mathématiques dans et par les journaux : histoire, territoires, publics*, 511–536.
© 2025, the author.

Rennersdorf, en Haute-Lusace saxonne[3]. Johann Friedrich Lempe (1757-1801), qui commença sa carrière comme mineur, devint dans les années 1780 professeur de mathématiques, physique et théorie des machines à l'Académie des mines de Freiberg[4].

Le point commun de cet inventaire à la Prévert est que tous ces personnages ont été éditeurs et souvent auteurs principaux de périodiques mathématiques au tournant du XIXe siècle. Si nous laissons provisoirement de côté les sphères de la République des lettres et des académies des sciences d'envergure internationales, la base de données établie dans le cadre du projet CIRMATH permet de faire remonter pour l'espace germanophone un patchwork d'une vingtaine de journaux méconnus, une collection à laquelle il semble à première vue difficile de donner un sens. Les différents acteurs de ces entreprises ne se connaissent généralement pas et ne sont pas clairement identifiés dans le monde intellectuel de leur époque. Ils exercent des professions variées dans des milieux fort différents, certains ne se considérant ni comme mathématicien ni même comme savant, rejetant parfois explicitement ces appellations. En dépit de cette hétérogénéité et de conditions économiques et politiques fort peu favorables, ces acteurs cherchent à toute force à publier des savoirs explicitement mathématiques.

Dans ce chapitre, nous défendrons la thèse selon laquelle ces périodiques illustrent d'une part l'absence d'unité des sciences mathématiques et d'autre part la variété et l'étendue de leurs usages dans les milieux non-académiques. Nous entendons montrer que cette situation perdure au moins dans le premier tiers du XIXe siècle. L'histoire des journaux mathématiques en langue allemande s'est longtemps focalisée sur la recherche du premier périodique correspondant à notre définition actuelle, tendance qui n'a d'ailleurs pas totalement disparu[5]. Il se révèle fécond d'inverser momentanément notre vision des périodiques mathématiques : au lieu de juger du degré de scientificité, de la cohérence ou de la viabilité de ces entreprises éditoriales, avec comme mètre étalon notre conception moderne des journaux scientifiques, nous les étudierons dans leurs contextes sociaux d'émergence, en soulignant l'originalité de chaque démarche. En ce sens, les périodiques sont un outil d'investigation original, un angle d'approche singulier pour étudier les publics et pratiques mathématiques – parfois insoupçonnées – de l'espace germanophone.

Nous verrons ainsi que l'histoire des périodiques allemands n'est pas celle d'un chemin tout tracé menant au *Journal* de Crelle, dont le succès semble en fin de compte résulter d'une heureuse conjonction de circonstances

---

3. Voir (Anonyme 1801, 504). Il s'agit d'un homonyme de J. G. Goldberg, organiste à Dresde et inspirateur à Jean-Sébastien Bach des *Variations Goldberg* en 1741.

4. Sur J. F. Lempe et son *Magazin für die Bergbaukunde*, voir (Morel 2013, 164–179).

5. Les travaux de W. Eccarius sont fondamentaux pour comprendre la genèse du *Journal für reine und angewandte Mathematik* d'A. L. Crelle ; voir (Eccarius 1974, 1976). Pour un exemple récent d'histoire rétrospective se focalisant sur les « scientifiques exceptionnels », voir (Girlich 2009).

favorables. Ces études de cas permettent de formuler plusieurs hypothèses sur le rôle des périodiques mathématiques et leurs interactions avec d'autres formes de circulation des savoirs au tournant du XIXe siècle. Ces journaux témoignent de stratégies de carrière variées et leur publication joue souvent un rôle performatif. Les éditeurs cherchent bien à transmettre des savoirs et informations, dont l'intérêt dépasse cependant le seul contenu mathématique et doit selon les cas favoriser des cours particuliers ou l'obtention d'un poste, souder un groupe de personnes ou promouvoir une nouvelle institution. Le nombre élevé de publications, leur variété et leur caractère éphémère sont enfin le signe de constantes renégociations des frontières disciplinaires. Celles-ci tendent à s'articuler autour d'ensembles de problèmes techniques ou pratiques, pour lesquels la forme périodique semble constituer un mode de circulation adéquat.

2 Éditeurs, contributeurs, acteurs des mathématiques dans l'espace germanophone à la fin du XVIIIe siècle

La fin du XVIIIe siècle constitue une période complexe dans l'histoire des mathématiques dans l'espace germanophone. Elle fut longtemps éclipsée, d'une part par l'essor des mathématiques prussiennes qui se produira dans le second quart du XIXe siècle, et d'autre part par les travaux contemporains des mathématiciens français. Dès 1911, Felix Müller tentait de nuancer cette vue en dépeignant le panorama de sa discipline comme un firmament [*Sternenhimmel*] fourni en dépit de l'absence d'astre majeur[6]. Malgré cet élargissement considérable, l'historiographie se restreint essentiellement aux biographies des professeurs d'université ainsi que de quelques enseignants des lycées berlinois les plus en vue. Elle ignore *de facto* la plupart des éditeurs de périodiques mathématiques, qui étaient actifs en dehors du domaine académique, dans des établissements de commerce, d'enseignement technique, ou bien dont l'activité professionnelle était déconnectée des publications.

Le milieu des savants [*Gelehrten*] est intégré à la fois au réseau des grandes universités allemandes de Göttingen, Halle ou Leipzig, et à la République des lettres européenne notamment incarnée dans les académies des sciences de dimension internationale. Ce milieu a possédé des publications périodiques, en particulier les *Acta eruditorum*, mais sa vocation à défendre une érudition universelle [*Gelehrsamkeit* ou *Weltweisheit*] s'accorde mal avec l'idée de publications spécialisées[7]. Dans la seconde partie du XVIIIe siècle, les journaux allemands de recensions jouent un rôle important et complémentaire de diffusion des connaissances, comme l'a montré Maarten Bullynck (2013). Les professeurs de mathématiques renommés de l'époque, comme Abraham

---

6. (Hankel & Du Bois-Reymond 1869), (Müller 1911). Plus récemment, voir (Mehrtens 1981).

7. Sur les *Acta eruditorum* et les journaux savants, voir (Peiffer & Vittu 2008, Peiffer 2011).

Gotthelf Kästner (1719-1800) ou Carl Friedrich Hindenburg (1741-1807), ont soit participé à ces journaux, soit lancé leurs propres collections d'ouvrages. La spécialisation de ces tentatives les condamne cependant à la confidentialité dans l'espace germanophone, ou bien à une intégration dans les réseaux européens, le plus souvent par l'intermédiaire du latin ou du français.

En dehors des milieux académique et savant, il existe cependant de multiples initiatives. Il ne s'agit d'ailleurs pas seulement d'une opposition entre savants et non-savants [*Ungelehrten*], puisqu'à l'intérieur même du monde universitaire, les situations sont variables et les frontières des chaires très mouvantes (voir Schneider 1981). La plupart des professeurs de mathématiques, surtout dans les plus petites universités, ont une activité de savants universels. Johann Jacob Ebert (1737-1805), titulaire de la chaire de mathématiques à Wittemberg, est surtout connu pour son activité d'écrivain. S'il édite bien un périodique, il s'agit d'un surprenant *Jahrbuch zur belehrenden Unterhaltung für junge Damen* [*Almanach pour le divertissement instructif des jeunes filles*], qui contient de la musique, divers poèmes ou une biographie de Charlotte Corday, mais pas de mathématiques[8]. Johann Gottfried Huth (1763-1818) fut professeur ordinaire de mathématiques et physique à Francfort-sur-l'Oder. Bien qu'enseignant les mathématiques, il publiera essentiellement en astronomie et en physique, notamment un *Allgemeines Magazin für die bürgerliche Baukunst* [*Magazine général pour la construction civile*] de 1789 à 1796. Ce choix reflète peut-être une stratégie familiale concertée, son père étant *Landbaumeister*, ou peut-être Huth n'enseigne-t-il les mathématiques que par nécessité[9].

Notre vision des mathématiques allemandes de l'époque est ainsi obscurcie par une tendance naturelle à les rapporter aux seules mathématiques universitaires, et celles-ci à quelques figures clés dont l'école d'analyse combinatoire d'Hindenburg. Il devient alors difficile de comprendre l'évolution qui mène au monde universitaire post-napoléonien[10]. Au XVIIIe siècle, dans les académies de provinces comme Erfurt ou les universités peu fréquentées comme Helmstedt, qui n'accueille que quelques dizaines d'étudiants, les mathématiques sont souvent réduites à la portion congrue. Peu fréquentées par des étudiants souvent médiocres, elles sont la chaire la moins bien rémunérée, que l'on s'empresse d'abandonner pour une faculté supérieure[11]. Lorsque Jean-Baptiste Delambre (1749-1822) explique dans son célèbre *Rapport* de 1808 que « l'analyse combinatoire continue d'occuper les géomètres Allemands », son diagnostic pessimiste ne décrit en réalité qu'un nombre limité d'individus, une mince

---

8. *Jahrbuch zur belehrenden Unterhaltung für junge Damen* (Leipzig, Seeger), huit volumes parus de 1795 à 1802.

9. Dans le premier volume, page 12, Huth indique ainsi l'adresse de son père pour l'envoi des contributions. Il contribue également ponctuellement aux *Annalen der Physik* de Gilbert et régulièrement aux *Astronomische Nachrichten* de Bode (une dizaine d'articles).

10. Sur l'école d'analyse combinatoire, voir (Noble 2011). L'essor des mathématiques prussiennes a été analysée en détail par Gert Schubring et Hans Niels Jahnke.

11. Sur les mathématiques à l'Université d'Helmstedt, voir (Klein 2017, 272–284).

couche peu représentative de la variété des milieux mathématiques allemands (Delambre 1808, 86).

À l'inverse, de multiples institutions sont habituellement négligées, surtout les écoles et académies fondées au cours du dernier tiers du siècle dans le sillage de la guerre de Sept Ans (1756-1763). Si cette effervescence n'est pas limitée au monde germanique, le morcellement politique y constitue un important effet multiplicateur. Sont créées des académies des mines (notamment Schemnitz 1762, Freiberg 1765) et des académies forestières (Zillbach avant 1795), dans lesquelles les chaires de mathématiques pratiques jouent un rôle central. Des institutions militaires et écoles des Beaux-Arts s'ouvrent ou sont réformées dans la plupart des États[12]. De nouveaux réseaux de publications vont naître autour de ces institutions, qui emploient de nombreux professeurs de mathématiques et proposent des enseignements plus pratiques et utilitaires [*brauchbar*] que les cursus universitaires.

Une Académie de commerce [*Handlungsakademie*] ouvre ainsi en 1768 à Hambourg, alors ville libre d'Empire. Johann Georg Büsch (1728-1800), qui enseignait jusque là le commerce et les mathématiques à l'*Akademisches Gymnasium* (institution intermédiaire entre le secondaire et l'université) de la ville, en rédige le programme d'enseignement. Büsch y est chargé du cours de mathématiques marchandes et devient rapidement directeur. Il a par ailleurs publié de nombreux manuels et encyclopédies mathématiques à succès, en proposant « le plus utile des mathématiques abstraites » tout en s'adressant « avant tout aux non-lettrés » (Büsch 1773, page de titre et p. ix). Le professeur de calcul y est Johann Reimers (1731-1803) membre de la Société mathématique de Hambourg et éditeur d'un hebdomadaire mathématique, *Der gemeinnützige mathematische Liebhaber* [*L'amateur des mathématiques utiles*][13].

L'exemple de ce réseau de publications, articulé autour d'une institution et de ses professeurs, incluant en outre un périodique, témoigne du dynamisme des mathématiques non-académiques dans le dernier tiers du XVIIIe siècle. Il illustre un phénomène plus global, celui de la prépondérance dans l'édition mathématique des ouvrages élémentaires ou pratiques, au moins jusqu'au début du XIXe siècle (voir Morel & Bullynck 2015, 194–199). Les auteurs, les éditeurs et le public visé appartiennent à des sphères sensiblement distinctes de celles des *Gelehrten*. Entre différentiation, attirance et rejet explicite, les praticiens des mathématiques hésitent dans leurs rapports aux savants.

Puisqu'ils appartiennent à des milieux où l'on utilise des mathématiques pratiques pour la technique, le commerce ou l'enseignement non-académique, les éditeurs de périodiques vont nous permettre d'explorer la variété des

---

12. Pour le seul Électorat de Saxe par exemple, outre l'Académie des mines de Freiberg (1765), deux académies des beaux-arts sont fondées à Leipzig et Dresde en 1764, ainsi qu'une *Société économique*. Voir (Morel 2014a).

13. J. Reimers est mentionné par M. Cantor dans son *Histoire des mathématiques* (vol. 4, p. 54). Voir également sa courte biographie dans Hans Schröder, *Lexikon der hamburgischen Schriftsteller bis zur Gegenwart*, Hambourg, Mauke, vol. 6, notice 3137.

mathématiques allemandes de cette époque. Leur profil sociologique semble d'ailleurs, pour autant que l'on puisse en juger, plus proche du lectorat auquel ils s'adressent que du monde universitaire. S'il est en l'état actuel impossible de connaître précisément la composition du lectorat des divers journaux publiés au tournant du XIXe siècle, la liste des souscripteurs du premier journal de C. F. Hindenburg [*Leipziger Magazin zur Naturkunde, Mathematik und Oekonomie*], qui contient près de deux cents noms, nous en donne un aperçu. On trouve ainsi monsieur Bauer, travaillant dans une usine Schindler qui raffine du cobalt près de Schneeberg ; il y a également la bibliothèque de la collection d'histoire naturelle d'Iéna, le collecteur d'impôts Vogel, qui travaille à Borna, ou encore Frederik Adam Müller (1725-1795), haut fonctionnaire danois et collectionneur d'impressions en taille douce. Voici quelques exemples des fameux amateurs [*Liebhaber*] des mathématiques, évoqués à l'envi par les journaux de recensions, qui ne sont pas tous des lettrés mais mélangent simplement une curiosité générale et des intérêts professionnels particuliers.

3 Les périodiques mathématiques comme outils de renégociation disciplinaire

Les quatre périodiques successivement lancés par C. F. Hindenburg entre 1781 et 1800 sont emblématiques d'une instrumentalisation des périodiques qui vise à imposer une définition de ce que sont les mathématiques. Son premier journal recouvre un large spectre allant de l'économie aux mathématiques en passant par les sciences naturelles, et est d'ailleurs coédité par Nathanael Gottfried Leske (1751-1786), professeur d'histoire naturelle et Christlieb Benedikt Funk (1736-1786) professeur de physique. Si les trois éditeurs sont membres de la communauté des savants, nous avons vu que ce n'est pas le cas des souscripteurs. Rassembler ces trois disciplines nous semble aujourd'hui incongru mais pouvait correspondre aux attentes des amateurs curieux des années 1780. C'est d'ailleurs à un public similaire que l'enseignant hambourgeois J. G. Büsch s'adressait en publiant six ans plus tôt son *Encyclopädie der historischen, philosophischen und mathematischen Wissenschaften* [*Encyclopédie des sciences historiques, philosophiques et mathématiques*], basée sur une esquisse du philosophe Hermann Samuel Reimarus (1694-1768) (Büsch & Reimarius 1775). Nous avons souligné ailleurs en quoi les contributeurs du premier journal d'Hindenburg venaient d'horizons très différents et pouvaient être trésorier, médecin aussi bien qu'universitaire (Morel 2014*b*).

C. F. Hindenburg, qui avait commencé sa carrière comme polymathe en s'intéressant à la philologie et à la physique, va progressivement se focaliser sur l'analyse mathématique. Son second journal, le *Leipziger Magazin für die reine und angewandte Mathematik* (1786-1789) témoigne de sa volonté de spécialisation. Hindenburg réoriente progressivement son périodique vers les mathématiques pures, puis vers son domaine de spécialité, l'analyse combinatoire. Il détourne complètement la ligne éditoriale de son journal, quand bien même les mathématiques pures ne sont visiblement pas ce qui intéresse le plus les contributeurs ou les lecteurs dans les premiers numéros, le sujet le plus discuté étant les questions liées à la durée moyenne de la vie, au prix des assurances-vie et autres rentes viagères. Ce faisant, il se coupe du public d'amateurs qui constituait la plus grande partie des souscripteurs initiaux et s'adresse à une « audience incroyablement restreinte » pour reprendre les termes de son éditeur Schäfer[14]. Hindenburg essaie par là de recentrer les mathématiques universitaires sur l'analyse combinatoire et privilégie sa politique scientifique au succès éditorial. Il y parviendra temporairement, ce que montrent à la fois les recrutements universitaires au tournant du XIXe siècle et le rapport de J.-B. Delambre mentionné ci-dessus.

Loin d'être isolée, sa démarche me semble représentative du rôle des périodiques en langue allemande en cette fin de XVIIIe siècle. Hindenburg se distingue de ses contemporains par le fait que sa tentative a réussi – institutionnellement, pas scientifiquement – là où d'autres ont échoué. Il constitue assez littéralement l'arbre qui cache la forêt, puisque l'on tend à rapporter les mathématiques de son époque aux seules mathématiques universitaires, et celles-ci à son école d'analyse combinatoire. Concrètement, dès qu'un ensemble de problèmes intéresse suffisamment de gens, ou lorsqu'une sous-discipline semble prometteuse, un acteur lance un journal pour essayer de fédérer un public. La plasticité des sciences mathématiques de l'époque facilite grandement ce phénomène, qui tend en retour à faire évoluer la définition même de la discipline.

Le *Juristisch-Mathematisches Magazin*, édité en 1798 par Joseph Maria Schneidt, peut ici servir d'exemple. Ce professeur d'université, par ailleurs haut-fonctionnaire local, a essentiellement publié en théorie du droit. Dans son introduction, pompeusement intitulée « Annonce d'un périodique juridico-mathématique, en lieu de préface » il annonce avoir trouvé un créneau éditorial, un manque dans la littérature de son époque[15] :

> Bien que les journaux, les mensuels, les collections, archives, magazines et autres [publications] semblables submergent presque complètement le public littéraire, on n'en trouve cependant qu'un nombre modéré dont le contenu soit juridique, peu qui soient mathématiques et à ma connaissance aucun qui soit mathématico-juridique. C'est dans le but de combler ce manque que paraît le présent périodique mathématico-juridique, qui contient en même temps le premier numéro de celui-ci[16].

---

14. Voir l'adresse de l'éditeur Schäfer au public sur la couverture du onzième cahier (troisième tome) : « Diese Zeitschrift [...] hat ihrer Natur nach ein ungemein kleines Publikum. »

15. « Ankündigung einer juristisch-mathematischen Zeitschrift statt der Vorrede ».

16. (Schneidt 1798, préface) : « Obschon die Journale, Monathschriften, Sammlungen, Archive, Magazine, und andere dergleichen, das literarische Publicum fast gänzlich überschwemmen, so findet man dennoch von juristischem Inhalte nur eine gemäßigste Anzahl, von mathematischem wenige, und von mathematisch-juristischem meines Wissens keine. Diese Lücken auszufüllen, erscheinet gegenwärtige juristisch-mathematische Zeitschrift, welche zugleich das erste Stück derselben enthält. »

C'est donc selon l'auteur la découverte d'un ensemble de problèmes qui ne sont pas traités de manière adéquate qui le pousse à publier. Dans ce magazine, de l'arithmétique élémentaire est appliquée à des problèmes de droit et tous les articles s'articulent autour de problèmes liés « à la proportion géométrique et des proportions qui en dérivent », mais aussi « particulièrement sur ce que l'on appelle arrière-change », le tout étant alors connu sous le nom de *mathesis forensis*[17]. Chose habituelle pour l'époque, l'auteur utilise le format périodique en toute liberté, « sans s'en tenir à une périodicité ou à un nombre de feuillets [par livraison] fixe ». Schneidt semble disposer d'une certaine connaissance des classiques de son époque, mentionnant W. J. G. Karsten et C. Wolff. Sa tentative vise donc à faire bouger les frontières entre droit et mathématiques ; ne rencontrant que peu d'écho, la publication s'interrompt après le premier numéro[18].

Les initiatives visant à établir des périodiques autour de questions éloignées des disciplines universitaires auront régulièrement plus de succès. Johann Friedrich Lempe (1757-1801) lance en 1785 un *Magazin für die Bergbaukunde* [*Magazine pour la science des mines*] qui, en dépit de son titre, est essentiellement consacré aux mathématiques[19]. Lempe, qui enseigne à l'Académie des mines de Freiberg, veut étendre leur application aux questions minières, alors même que les mathématiciens savants ont jusqu'alors porté un intérêt assez mesuré aux mines. S'il ne s'agit pas d'annexer un domaine en créant des mathématiques minières, il veut rendre indispensable une maîtrise des mathématiques pour les fonctionnaires et techniciens des mines ; ce projet de mathématisation « par le bas » se distingue ainsi nettement d'une approche plus savante. Lempe s'adresse avant tout aux techniciens, en proposant des mises en équation souvent élémentaires, des formules basées sur l'observation et l'expérience plutôt que sur la déduction :

> J'inclurai ici les travaux qui ont été réalisés, à mon instigation et sous ma supervision, par l'un ou l'autre de mes auditeurs ; bien sûr uniquement les travaux qui ne me sembleront pas indignes d'être publiés ; et ces travaux pourront être un exemple de mes efforts d'enseignement pour rendre les mathématiques aussi utiles que possible à l'exploitation des mines[20].

---

17. Dans les deux cas J. M. Schneidt semble désigner des problèmes d'intérêts composés (« von der geometrischen Proportion und den daraus entspringenden Progressionen » ; « besonders auf die so genannte Rutscherzinse »).

18. Je n'ai trouvé qu'une seule recension, neutre, dans la *Neue allgemeine deutsche Bibliothek*, vol. 45, p. 13–14.

19. Le premier numéro porte le titre *Magazin der Bergbaukunde*, Dresde, Walther, 13 volumes publiés de 1785 à 1799.

20. *Magazin für die Bergbaukunde*, vol. 1, 1785, préface : « Ich werde darein Arbeiten aufnehmen, die, auf meine Veranlassung und unter meiner Aufsicht, von diesem oder jenem meiner Zuhörer gefertigt worden sind ; freilich nur solche Arbeiten, die mir einer Bekanntmachung nicht unwürdig scheinen ; doch dürften diese Arbeiten auch Proben meiner Bemühungen seyn, die Mathematik für den Bergbau so gemeinnützig, als in meinen Kräften steht, zu lehren. » Contrairement à ce qu'affirme D. A. Kronick (1976), il s'agit bien d'une entreprise collective menée avec ses étudiants.

Les journaux de recensions ne sont visiblement pas enthousiasmés par cette initiative. Seul l'*Allgemeine Literatur-Zeitung* en propose des comptes rendus réguliers qui reflètent bien l'attitude générale par rapport à cet objet curieux. Les numéros sont classés dans les rubriques « Histoire naturelle », « Économie », « Technologie » avant d'aboutir, assez logiquement, dans la catégorie des « Mélanges » [*vermischte Schriften*]. Ces hésitations témoignent d'une incompréhension du monde académique face à la renégociation disciplinaire suggérée par Lempe, pour qui il s'agit clairement de mathématiques appliquées à l'exploitation minière[21]. La recension du premier numéro est vague, mais positive, tandis que celle du second est très critique :

> La plus grande partie de ce deuxième numéro est à nouveau remplie de calculs mathématiques sur l'action d'une machine à molette tirée par des chevaux, sur la vitesse de l'eau dans des canaux, etc. Personne ne niera l'importance et l'utilité de tels calculs ; toutefois cela ne sert certainement que la plus petite partie des lecteurs d'un magazine pour l'exploitation des mines, car la plupart préféreront plutôt y trouver des essais de minéralogie ou d'autres sujets miniers moins abstraits[22].

En dépit des réticences du monde universitaire, le journal de Lempe paraîtra sans interruption, treize numéros étant publiés jusqu'à la mort de son éditeur. Il sera largement diffusé, y compris à l'étranger, l'École des mines de Paris allant jusqu'à faire traduire le sommaire des numéros en français pour faciliter son utilisation (Laboulais 2012, 166, 176). À partir d'un titre anodin, nous découvrons ici un éditeur original et tout un milieu qui se développe hors des universités allemandes. On accède surtout à la thématique de l'utilisation des mathématiques dans la vie civile, difficile à appréhender par les périodiques savants.

Il est révélateur que le seul autre journal pérenne consacré aux mathématiques sur la période considérée soit le *Magazin für Ingenieur und Artilleristen* [*Magazine pour les ingénieurs et artilleurs*], édité par Andreas Böhm entre 1777 et 1795 (douze numéros parus, le dernier posthume). Les deux journaux ont en commun de se développer non pas autour d'une discipline existante ou consacrée par l'usage académique, mais de s'articuler autour de problèmes techniques concrets.

Comme dernier exemple, nous pouvons citer les tentatives de fonder des périodiques spécifiquement consacrés à l'arithmétique marchande. G. F. Petersen publiera deux numéros de sa *Tentative d'un magazine pour l'arithmétique* [*Versuch eines Magazins für die Arithmetik*] en 1785 et 1787 (Petersen 1785).

---

21. Précisons que l'administration des mines ne comprend pas davantage la ligne éditoriale de J. F. Lempe (voir SächsBergAFG, 40001 Oberbergamt Freiberg, Nr. 3010).

22. *Allgemeine Literatur-Zeitung*, novembre 1786, numéro 273, p. 314 : « Die grösste Hälfte dieses zweyten Theils füllen wiederum mathematische Berechnungen über die Wirkung eines Pferdegöpels, über die Geschwindigkeit des Wassers bey Kunstgräben u.s.w. an. Die Wichtigkeit und den Nutzen von dergleichen Berechnungen wird niemand ableugnen ; indessen ist doch gewiss nur dem kleinsten Theile der Leser eines Magazins zur Bergbaukunde damit gedienet, denn die mehresten werden lieber mineralogische und andere weniger abstracte bergmännische Aufsätze darinnen antreffen wollen. »

C. C. Illing fera paraître pendant toute l'année 1792 un mensuel intitulé *Arithmetisches Vade Mecum* [*Vade-mecum arithmétique*], publié sous forme de volume l'année suivante (Illing 1793). J. G. Goldberg essaiera de lancer des *Occupations arithmétiques, ou Magazine pour l'usage et le divertissement des amateurs du calcul* [*Arithmetische Beschäftigungen*] en 1780 et 1781, relancées sous le titre de *Divertissements arithmétiques* [*Arithmetische Unterhaltungen*] en 1788 et de *Nouveaux divertissements arithmétiques* [*Neue arithmetische Unterhaltungen*] en 1796, sans jamais rencontrer le succès escompté[23]. Ces arithméticiens pouvaient occuper des professions diverses, comme nous l'avons souligné en introduction : enseignant, maître de calcul, comptable ou trésorier.

Ils semblent se considérer avant tout comme des arithméticiens, dans la grande tradition des *Rechenmeister* de l'espace germanophone. Si ces maîtres de calcul connurent leur apogée au XVIe siècle, les besoins en arithmétique marchande se maintiennent. Illing se décrit ainsi comme « enseignant d'arithmétique et de sciences commerciales » ; il est autodidacte et semble vivre du revenu de ses cours pour marchands et de ses manuels. En lançant son périodique, il écrit : « mon vrai but en créant cet ouvrage de circonstance est d'être utile à un public arithmétique », c'est-à-dire à ceux qu'il nomme les « calculateurs » et distingue soigneusement des mathématiciens : « un mathématicien peut être un vrai et bon calculateur, mais néanmoins se servir de la manière [de calculer] habituelle et commune, sans se soucier de la rapidité selon les situations[24] ». La manière même dont certains de ces ouvrages sont éreintés par les savants montre le gouffre qui existe dans les approches et les publics, et les tensions que ces renégociations peuvent engendrer, comme en témoigne la recension suivante :

> Nous devons certes reconnaître [...] qu'il y a dans cet ouvrage bien des choses éminemment triviales, d'autres incorrectes, et qu'on n'y trouve rien qui ne soit présenté plus clairement et plus pleinement dans les meilleurs ouvrages généraux de cette discipline. Nonobstant, ce travail a tout de même une certaine valeur comme manuel pour une classe qui n'est par ailleurs que peu instruite, et nous avons ainsi constaté avec plaisir le grand nombre de souscriptions, la plupart de marchands, qui remplit 19 pages[25].

---

23. *Arithmetische Beschäftigungen*, Bautzen, 1780-1781 ; *Arithmetische Unterhaltungen*, Leipzig et Zittau, Schöps, 1788 et *Neue arithmetische Unterhaltungen*, Leipzig et Zittau, Schöps, 1796.

24. (Illing 1793, introduction) : « meine wahre Absicht bey der Geburt dieses Zeit-Werkgens ist, einem wißbegierigen arithmetischen Publikum nützlich zu seyn » ; « ein Mathematiker zwar ein richtig und gut Rechnender sein kann, hingegen aber sich dennoch der gewöhnlichen und weitläufigen Art bedienet ohne sich um die Kürze nach den Verhältnissen zu bekümmern ».

25. *Allgemeine Literatur-Zeitung*, octobre 1798, numéro 301, p. 55–56, recension de sa *Handlungsakademie* : « Wir müssen zwar aufrichtig gestehen, dass wir [...] in dieser Schrift vieles äusserst triviale, manches unrichtige und nichts gefunden haben, was nicht in den besseren, allgemein bekannten, Schriften dieses Fachs bestimmter, deutlicher und vollständiger vorgetragen wäre : inzwischen hat die Arbeit immer einigen Werth, als Handbuch für eine, sonst wenig unterrichtete Classe, und in dieser Rücksicht haben wir die

G. F. Petersen, qui publie son journal sept ans avant Illing, semble répondre préventivement à cette attaque en demandant dans son introduction : « Pourquoi la discipline arithmétique n'a-t-elle pas de journal ? Ne le mériterait-elle pas, cette science pour toutes les professions [*Stände*] ? », précisant qu'il écrit ce périodique pour les « amateurs d'arithmétique[26] ».

Ces journaux sont d'ailleurs l'un des lieux où sont discutées les évolutions des disciplines. La Société mathématique de Hambourg entreprend, en 1767, de publier un hebdomadaire intitulé *Der gemeinnützige mathematische Liebhaber* [*L'amateur des mathématiques utiles*], dans une démarche assez comparable aux journaux arithmétique que nous venons de présenter[27]. Johann Reimers, par ailleurs enseignant dans l'Académie de commerce d'Hambourg, dirige la publication. Il parsème les différents numéros de remarques sur le type de questions acceptables et intéressantes mathématiquement. Le dénouement du débat a lieu en août 1769, lorsque Reimers annonce la fin du magazine, bien « qu'il n'ait pas manqué d'amateurs », sous-entendu que l'équilibre financier était atteint. La raison semble être le refus d'une partie des membres de la société d'accepter des contributions extérieures. Plus largement, il semble exister dans le milieu des maîtres de calcul une division entre les partisans d'une approche algébrique et ceux qui s'opposent à l'utilisation du calcul littéral. Reimers conclut sa dernière préface en décrivant ce conflit profond entre deux conceptions de l'arithmétique marchande, faisant ainsi de son périodique la caisse de résonance d'un débat plus large :

> Tant qu'il y aura des hommes qui ne cessent de nier l'utilité des mathématiques, et en particulier de l'algèbre à laquelle ils ont voué une inimitié éternelle, pour toutes sortes de calculs et en particulier pour les calculs marchands, et qui outrageront cette science ; aussi longtemps les amis de celle-là [la science algébrique] devront toujours lutter contre des obstacles, car les hommes ne souhaitent entretenir comme vérités fixes rien tant que ce qui convient à leur confort et leur inertie[28].

Ces journaux semblaient donc poursuivre, chacun à sa manière, l'intégration d'une approche mathématiquement plus rigoureuse des sciences du commerce : « L'arithmétique n'est plus seulement l'ouvrage du maître de calcul, mais aussi

---

grosse Anzahl von Pränumeranten und Subscribenten, meistens aus dem Kaufmannstande, welche 19 Seiten füllt, mit Vergnügen bemerkt. »

26. (Petersen 1785, 8–9) : « Warum hat das arithmetische Fach keine Zeitschrift ? Ist sie etwa nicht werth, die Arithmetik, diese Wissenschaft für alle Stände ? » ; « Liebhaber der Arithmetik ».

27. Voir l'article de J. Krüger dans ce volume.

28. (Reimers 1769, introduction) : « So lange es freylich noch Männer giebt, die nicht aufhören, den Nutzen der Mathematik, und besonders der verzweifelten *Algebra*, der sie eine ewige Feindschaft geschworen haben, in alle Rechnungs-Arten und besonders in die kaufmännische Rechnungen zu leugnen, und diese Wissenschaften verächtlich zu machen : so lange werden die Freunde derselben immer mit Hindernissen zu kämpfen haben, weil die Menschen nichts begieriger für ausgemachte Wahrheiten anzunehmen pflegen, als dasjenige, was ihre Bequemlichkeit und Trägheit gut zu statten kommt. » Voir aussi dans le même volume, p. 47–48, une réflexion sur ce qui constitue une solution acceptable, du point de vue du maître de calcul d'une part et selon le mathématicien académique de l'autre.

l'occupation du mathématicien ; on ne croit plus qu'elle appartienne seulement au marchand[29]. »

La publication de journaux mathématiques, par des éditeurs souvent extérieurs au monde universitaire et tournés vers l'interaction entre les parties théoriques de cette science et divers domaines de la vie civile comme le droit, les mines, l'art militaire ou le commerce, montre bien qu'une négociation sur les buts et les moyens est en cours. À la fin du XVIIIe siècle, ces domaines ont de plus en plus recours à la quantification, la modélisation et l'anticipation. Ces efforts ne sont plus seulement des tentatives ambitieuses de savants académiciens : ils sont proposés par des praticiens des mathématiques. En discutant du rapport à entretenir avec les autres domaines du savoir, ces éditeurs sont donc bien en train de questionner le périmètre des sciences mathématiques. Au XVIIIe siècle, les frontières des mathématiques sont dans l'espace germanophone en renégociations permanentes. Des partisans de la *Naturphilosophie* peuvent tenter de revendiquer le domaine des mathématiques comme une partie de leur science (voir Morel 2013). À l'inverse, J. G. Büsch, après avoir édité en 1775 une *Encyclopédie des sciences historiques, philosophiques et mathématiques*, en réduit considérablement le périmètre pour la seconde édition de 1795. Il se restreint désormais à une *Encyklopädie der mathematischen Wissenschaften* [*Encyclopédie des sciences mathématiques*], laissant de côté « la langue complètement transformée de la philosophie critique », c'est-à-dire kantienne[30].

Dans ce contexte de frontières mouvantes, chaque périodique tente donc de regrouper une masse critique de lecteurs et de structurer un public autour d'intérêts communs. Ce phénomène est accentué par l'absence d'une profession de mathématicien et même de cursus de mathématiques structurés dans les universités. J. F. Lempe et A. Böhm, qui lancent deux journaux s'adressant à deux publics de techniciens autour de problèmes concrets, les mines et les fortifications, arriveront à fidéliser un tel public. La plupart des autres tentatives se termineront assez rapidement, mais l'exemple des journaux d'Hindenburg montre que l'échec éditorial peut s'accompagner de succès institutionnels : au tournant du XIXe siècle, l'édition d'un périodique mathématique vise souvent plus que la diffusion de connaissances factuelles.

4 Promouvoir une carrière, une institution ou une entreprise

Les périodiques mathématiques semblent jouer un rôle très instrumental pour leur éditeurs. Le cas d'Hindenburg, précédemment évoqué, est à cet égard exemplaire. Non seulement sa direction éditoriale réduit peu à peu le spectre de publication à la seule analyse combinatoire, mais son rôle en tant qu'éditeur

---

29. (Petersen 1785, 8) : « Die Arithmetik ist nicht mehr allein das Werk der Rechenmeister, sondern auch die Beschäftigung der Mathematiker ; man glaubt nicht mehr, sie gehöre allein für den Kaufmann. »

30. (Büsch 1795, vi) : « die so ganz veränderte Sprache der kritischen Philosophie ».

est extrêmement étendu. Il n'hésite pas à remanier lourdement les articles reçus, surtout dans sa dernière publication dédiée à l'analyse combinatoire (*Sammlung combinatorisch-analytischer Abhandlungen*). Hindenburg fait de plus massivement publier ses étudiants, au premier chef Heinrich August Rothe (1773-1842) et Moritz von Prasse (1769-1814), qui obtiendront tous deux des postes à l'Université de Leipzig, mais également des mathématiciens qui lui sont proches comme Heinrich Wilhelm Brandes (1777-1834) et Friedrich Gottlob von Busse (1756-1835).

Quand l'éditeur ne possède pas de poste universitaire, le périodique est parfois vu comme le moyen d'en obtenir un. Le cas de Johann Jakob Meyen (1731-1797) est de ce point de vue assez éclairant. Après de brillantes études, il devient *Privatdozent* en théologie et mathématiques, un poste précaire et sans salaire fixe. Participant au prix de l'Académie de Berlin pour l'année 1769 avec une *Dissertation sur les moyens d'allier la physique et les mathématiques à l'économie rurale* il emporte le prix et publie un ouvrage l'année suivante[31]. On remarque au passage l'importance des questions sur les liens entre économie et mathématiques à l'époque, que l'on trouvait déjà dans le premier périodique de C. F. Hindenburg. Il obtient rapidement (1774) un poste de professeur de mathématique et de physique à l'*Akademisches Gymnasium* de Stettin (aujourd'hui Szczecin en Pologne). L'institution, qui se veut intermédiaire entre le secondaire et l'université, est à cette époque en déshérence. Meyen va alors accumuler les publications, et pour augmenter leur visibilité les republier sous forme d'un périodique mensuel de novembre 1787 à mars 1788 sous le titre *Unbekannte wie auch zu wenig bekannte Wahrheiten der Mathematik* [*Vérités inconnues ou trop peu connues des mathématiques, de la physique et de la philosophie, ainsi que leur application utile, en particulier à l'économie*] (Meyen 1787).

Il s'agit clairement d'un journal dont il est le seul auteur, où la variété des sujets vise à montrer l'étendue de son savoir pour obtenir un poste universitaire. De la philosophie de Gottsched à l'hydrodynamique des roues à aubes, en passant par la taxation des victuailles, ce périodique aborde tous les sujets à la mode. Un accueil mitigé, et en particulier une recension acerbe de l'*Allgemeine Deutsche Bibliothek*[32] vont doucher, malgré l'*Antikritik* qu'il publie en réponse, ses espoirs d'obtenir une chaire dans une université importante.

Le cas de Johann Sebastian Horrer (1748-1797) présente d'intéressantes similitudes. Après avoir étudié dans deux universités prestigieuses, Halle et Iéna, il devient enseignant de mathématiques dans une école secondaire [*Real-Schule*] de Berlin. Il publie en 1781 des *Physikalische Unterhaltungen verschiedener Gegenstände : zur gemeinnützigen Kenntniß der Mathematik* [*Divertissements sur plusieurs parties des sciences physiques : pour une connaissance utile des*

---

31. Il remportera ensuite le second accessit du prix de 1771, avec son « *Versuch eines Systems der Selbsterfindung der wörtlichen Sprache* ».
32. Voir la recension de l'*Allgemeine Deutsche Bibliothek*, numéro 82, p. 285–286, qui souligne la reformulation d'ouvrages déjà publiés sous forme d'articles de périodique.

mathématiques], dans lesquels il se présente comme titulaire d'une maîtrise en philosophie (*Weltweisheit*). Devenu *Privatdozent* à l'Université d'Erlangen, il édite ce périodique pour montrer ses compétences et obtenir un poste pérenne d'*Extraordinarius*. Dans l'introduction, il loue assez pesamment sa manière d'enseigner les mathématiques. La recension de l'*Allgemeine Deutsche Bibliothek* va brocarder cette tendance à publier non pas pour diffuser des connaissances, mais pour se faire remarquer du milieu savant :

> L'ensemble de ces essais sont parmi les plus insignifiants et trahissent par làmême [la personnalité d']un jeune homme, qui par manque visible de connaissances fondamentales, avec une maigre capacité de représentation et de claires faiblesses dans sa langue maternelle, laisse voir de lui une grande confiance en soi et une forte suffisance, et qui semble se présenter au public comme écrivain non par inclinaison vers la diffusion des sciences mais par désir de briller [...]. Nous craignons en vérité qu'il n'atteigne jamais l'étoile vers laquelle il pense son chemin pavé[33].

Il s'adresse effectivement à un public savant et, tout en prétendant vouloir écrire pour le bien commun, cherche avant tout à se mettre en valeur. Écrivant par exemple sur la mesure des tonneaux, il définit son objet par un latinisme [*Pithometrie*] là où tous ses contemporains utiliseraient les termes allemands largement usités de *Faßmessung* ou *Visierkunst*[34]. Il est bien sûr impossible de savoir avec certitude si c'est l'échec de son magazine qui a effectivement ruiné son projet de carrière académique. J. S. Horrer cessera néanmoins de publier en mathématiques pour se tourner vers la religion et occupera par la suite divers postes d'enseignement et de pasteur (voir Vocke 1797, 81–82).

Au delà de la recherche d'un poste universitaire, il existe bien d'autres raisons pour publier un périodique. Les maîtres de calcul, d'arithmétique marchande et de sciences du commerce n'espèrent généralement pas entrer dans le monde savant. Leur rôle d'éditeur sert une autre forme de promotion, essentiellement économique, qu'il s'agisse de recruter de nouveaux élèves en augmentant le prestige de son enseignement ou bien de faire de la publicité pour ses manuels. À ces objectifs particuliers vont assez naturellement correspondre des modalités de publications différentes : les publications sont de formats plus modestes (un ou deux cahiers de seize pages), la périodicité plus rapprochée et le niveau de mathématiques souvent élémentaire.

Lorsque Carl Christian Illing lance son *Arithmetisches Vade Mecum* en 1792, il a déjà un parcours professionnel varié, ayant été comptable et

---

33. Cette dernière remarque est une allusion à la citation que Horrer a apposé sur la page de garde de son périodique, « sed itur ad astra ». *Allgemeine Deutsche Bibliothek*, numéro 54, 1783, p. 455–456 : « Diese sämmtlichen Abhandlungen gehören unter die sehr unbedeutenden, und verrathen durchaus einen jungen Mann, der bey sichtbarem Mangel an gründlichen Kenntnissen, bey weniger Gabe der Darstellung und offenbarer Schwäche in seiner Muttersprache, große Zuversicht auf sich selbst und eine starke Selbstgenügsamkeit von sich blicken läßt ; und der nicht aus Hang zur Ausbreitung der Wissenschaften, sondern aus Begierde zu glänzen, vor dem Publicum als Schriftsteller aufzutreten scheint [...] Wir befürchten in Wahrheit, daß er jene Sterne, zu welchen er den Weg so gebahnt hält, schwerlich jemals erreichen werde. »

34. (Horrer 1782, 53–56), « Bemerkungen bei der Pithometrie ».

administrateur. Depuis 1786, il est établi à Dresde où il officie en tant que maître de calcul. Ses sources de revenus semblent être principalement constituées de ses gages d'enseignant et de son activité d'auteur : à partir de 1788, il publie de nombreux manuels arithmétiques élémentaires s'adressant aux enseignants, aux marchands et au grand public. Les rééditions fréquentes, à compte d'auteur, semblent indiquer qu'il s'agit bien d'une source de revenus pour l'auteur (Hamberger 1797, 540–541). L'édition de son périodique est probablement un moyen de se distinguer des nombreux concurrents actifs dans la capitale saxonne. Il signe la préface en tant qu'« enseignant d'arithmétique et entrepreneur d'un institut privé de commerce » et conçoit ce mensuel comme une publication pédagogique : « Une année [complète] produira un compendium arithmétique très utile, et pourra être utilisé comme guide ou aide mémoire [*Noth- und Hülfsbüchlein*][35]. »

Les articles, souvent très courts, présentent des méthodes arithmétiques et diverses techniques de calcul, de change ou encore des exercices. On y trouve aussi de nombreuses réflexions didactiques, qui insistent toutes lourdement sur l'utilité d'avoir recours à un bon maître de calcul. Dans un article en plusieurs parties, intitulé « Discussion entre deux jeunes gens à propos du calcul », Illing fait revivre la tradition du dialogue pour promouvoir son enseignement. L'élève Ernst (littéralement « sérieux »), dont on comprend qu'il apprend l'arithmétique sous la férule d'Illing, explique à son ami Carl les rudiments du calcul. Ce dernier semble rencontrer de grandes difficultés, et Ernst en trouve rapidement la cause : « Ton maître ne t'a-t-il pas montré et démontré [...] ? [...] c'est peut-être la bonne instruction qui te fait défaut [...] ». Il ne se contente pas de louer le sens pédagogique se son maître (« je fais tout avec envie, et mon maître m'indique toujours les méthodes les plus courtes, que je suis sans difficultés, et j'arrive ainsi à mon but »), mais souligne l'insuffisance de tout manuel : « ce cher calcul ne se laisse pas apprendre sans instruction orale ». La conclusion est alors toute trouvée, dans un message transparent au lecteur, lorsque Ernst prodigue à son ami le conseil suivant : « tu trouverais en la personne de mon maître un homme méticuleux, et également tout à fait volontaire[36] ».

Illing n'hésite pas non plus à faire dans son périodique la promotion de ses manuels de calcul marchand. Dans le numéro de septembre 1792, il annonce son *Allgemeiner Contorist* [*Employé général*], indiquant le prix, le mode de souscription et même les points de vente ; on y remarque d'ailleurs

---

35. (Illing 1793, préface), préface : « Lehrer der Arithmetik, und Entrepreneur eines Privat-Handlungs-Instituts » ; « Ein Jahrgang aber wird ein sehr dienliches arithmetisches Compendium abgeben, und als ein Noth- und Hülfs-büchlein können gebraucht werden. »

36. (Illing 1793, 153–159, 172–175) : « Hat dir dein Lehrer nicht [...] gelehrt und gewiesen ? » ; « ich mache alles mit Lust, und mein Lehrer weist mir immer die kürzesten Wege, auf welche ich mit wenig Mühe fortgehen, und zu meinem Ziele kommen kann » ; « Ohne mündliche Anweisung läßt sich es doch nicht recht lernen, das liebe Rechnen » ; « Du würdest in meinem Lehrmeister einen accuraten aber auch einen recht eigensinnigen Mann antreffen. »

que l'ouvrage est vendu plutôt chez des marchands que chez des libraires[37]. Il demande aussi la création d'écoles de calcul : « On ouvre des académies de peinture et de sculpture – Mécènes du luxe, pourquoi n'ouvre-t-on pas d'académie d'arithmétique[38] ? » Si le ton de l'auteur et ses sous-entendus trop transparents peuvent aujourd'hui faire sourire, il est nécessaire de les replacer dans leur contexte. La fin du XVIIIe siècle est une période de rapide évolution institutionnelle et le succès de l'Académie de commerce d'Hambourg constitue un précédent notable. S'il est indéniable que C. C. Illing utilise son mensuel arithmétique pour promouvoir ses manuels et son enseignement, il souligne ce faisant le manque criant de formation mathématique élémentaire pour les marchands et les enseignants du primaire.

Outre la promotion d'une carrière universitaire ou d'enseignement, la forme périodique peut-être utilisée pour la promotion d'une entreprise, comme l'illustre l'exemple de celle de l'entreprise de mécanique de précision Breithaupt. Johann Christian Breithaupt (1736-1799) fonde en 1762 une fabrique d'instruments de mesure à Cassel, dans le Landgraviat de Hesse-Cassel où il est également mécanicien de cour [Hofmechanikus]. Son second fils reprendra l'entreprise familiale dans laquelle travaillera également le premier, Heinrich Carl Wilhelm Breithaupt (1775-1856) (Mackensen & F. W. Breithaupt, Fabrik Geodätischer Instrumente 2012). Heinrich se distingue par une intense activité de publications techniques dans lesquelles il assure la promotion des productions familiales. En l'absence de périodique spécialisé dans les instruments de mesure, il choisit de publier au début des années 1790 ses premières idées dans une revue généraliste, *Die natürliche Magie* de Johann Christian Wiegleb (1739-1800). Sous le terme de « magie naturelle » sont publiés des articles d'histoire et de sciences naturelles, en particulier sur l'optique et la mécanique[39].

Il publie également des ouvrages sur ses instruments de mathématiques, dont des théodolites miniers qui feront plus tard le succès de la fabrique familiale, entreprise qui existe encore aujourd'hui. Dès 1803, il fait paraître sous forme de cahiers [*Heftchen*] une *Sammlung der neuesten und vorzüglichsten mathematischen Instrumenten und Maschinen mit ihren Gebrauch* [*Collection des plus récents et des meilleurs instruments mathématiques*][40]. Selon l'introduction de Breithaupt, « le présent texte contient la description des instruments mathématiques les plus utiles, de manière concise, avec les illustrations les plus nécessaires. Elle contient essentiellement des instruments qui ont été réalisés

---

37. (Illing 1793, 144). Voir des annonces similaires dans le numéro de mars (p. 47–48) et décembre (191–192).
38. (Illing 1793, 40–41) : « Man errichtet Mahler- und Bildhauer- Akademien [...] Beförderer des Luxus, warum errichtet man nicht arithmetische Akademien ? »
39. *Die natürliche Magie : aus allerhand belustigenden und nützlichen Kunststücken bestehend*, Berlin, Nicolai.
40. (Breithaupt 1803), parution irrégulière.

avec la plus grande exactitude, soin et exhaustivité dans mon atelier, selon les prescriptions d'autres [personnes] ou bien d'après mes propres idées[41] ».

De ce point de vue, la forme périodique est particulièrement adaptée : elle permet de réduire les coûts élevés de ces publications, qui contiennent forcément de nombreuses illustrations. Il peut ainsi publier rapidement et fidéliser un public[42]. Concrètement, il y décrit de nombreux instruments de mesure ou de dessin, pouvant être utilisés dans l'arpentage, les mines, la mécanique, etc. On y trouve des niveaux, des outils pour rapporter les angles, pour fixer divers instruments horizontalement ou verticalement, des règles avec boussoles, dioptres, etc. En 1805 Breithaupt saute le pas et publie le premier volume de son *Magazin für das Neueste aus der Mathematik, über Geographische, Spezialaufmessung, Aufzeichnung und Berechnung* [*Magazine pour les nouvelles les plus récentes en mathématiques, géographie, mesures de précision, dessin et calcul*], dont sept numéros successifs paraîtront, avec un changement de nom, jusqu'en 1811. Il s'adresse donc à un public intéressé et potentiellement acquéreur d'instruments[43].

Le contenu de ce magazine illustre parfaitement l'ambivalence du rôle attribué à ces publications. Il est clair qu'un objectif fondamental est la promotion de l'atelier familial, Breithaupt soulignant à l'envi les modifications apportées à des instruments classiques, la possibilité de travailler à la demande ou encore ses collaborations avec divers ingénieurs ou techniciens[44]. Son périodique revendique cependant une approche plus rigoureuse que la simple description d'instruments, tout en se démarquant du monde savant. Après avoir critiqué ceux qui « ne peuvent rien de plus que bien travailler et ne possèdent ni la théorie, ni suffisamment d'expérience », il ajoute :

> Je suis pour ma part conscient de mes faiblesses et reconnais bien volontiers que je ne suis pas capable de me mesurer aux vrais grands savants ; car je ne suis qu'un débutant et ne peux faire prétention de science [*Gelehrsamkeit*] en vertu de la sphère que j'ai embrassée, et que je m'emploie à satisfaire autant que possible. Mais les mathématiques pures et appliquées, que j'ai étudiées sous la direction du digne

---

41. *Ibid*, p. iii : « Die gegenwärtige Schrift enthält die Beschreibungen der gemeinnützigsten mathematischen Instrumenten, in möglichster Kürze mit den nothwendigsten Abbildungen begleitet. Sie enthält meistentheils Instrumente, die in meiner Officin nach gegebener Vorschrift anderer, oder nach meiner Idee mit aller Genauigkeit, Sorgfalt und Vollständigkeit verfertigt sind. »
42. *Ibid*, p. x : « Ueberigens habe ich diese Sammlung den Weg der Theilung gewählt, und lasse das Ganze in einzelnen Heften erscheinen, wo von einige willkührlich zusammen genommen einen Band ausmachen können ; damit, weil viele Kupfer zur umständlichen Erläuterung der Beschreibung nöthig sind, auch für die Ingenieur und Liebhaber der Feldmeßkunst keine zu großen Kosten auf einmal veranlassen will. »
43. Les derniers numéros sont à nouveau des tirés à part de deux revues généralistes, l'*Almanach der Fortschritte, neueste Erfindungen* et l'*Almanach der Wissenschaften, Künste*.
44. *Ibid*., volume 3, 1806, en fin de table des matières : « Ich habe ein Offizin allhier errichtet, worrinen alle astronomische, mathematische und physikalische Instrumente und Maschinen mit der strengsten Genauigkeit verfertiget und berichtiget werden, sowohl nach Angabe als ausser diese. »

conseiller Matsko, à présent décédé, m'ont procuré suffisamment de connaissances théoriques pour pouvoir exercer mon métier en connaisseur, de manière rigoureuse et scientifique. Cette conviction me distingue du cortège des mécaniciens routiniers, qui affirment avec raison que la connaissance des mathématiques ne nourrit pas son homme, car elle se trouve hors de leur sphère[45].

Ce périodique s'adresse donc au milieu professionnel des praticiens des mathématiques, des utilisateurs d'instruments de mesure. Il présente des innovations techniques, le plus souvent la mise en instruments de principes géométriques élémentaires, dont le but est de faciliter des opérations de mesure ou d'améliorer leur précision. Il représente pour la géométrie pratique le pendant des périodiques de calcul marchand en arithmétique. Il peut s'agir d'arpenteurs, d'ingénieurs civils ou militaires, de fonctionnaires des mines ou des forêts.

Les contributeurs du journal ne semblent pas être mathématiciens et se situent de fait hors des milieux académiques et universitaires de leur temps. Georg Heinrich Hollenberg (1752-1831) est technicien et maître d'œuvre d'origine suisse, ayant travaillé à Osnabrück et publié une géométrie pratique pour les enseignants « qui ne sont pas mathématiciens[46] ». Anton Johann Lang (1765-1805), fonctionnaire des finances autrichien et spécialiste de mathématiques forestières, a publié une géométrie « pour tous ceux qui veulent se former à l'arpentage de manière approfondie sans connaissances préalables[47] ». Johann Baptist Neumann (1747-1823) est géomètre souterrain en Bavière, enseignant à l'école militaire [*Cadettencorps*] et membre d'un bureau de topographie ; il a par ailleurs publié dans un autre journal mathématique, la *Monatliche Correspondenz zur Beförderung der Erd- und Himmelskunde* [*Correspondance mensuelle pour l'encouragement des sciences de la terre et de l'astronomie*][48]. Johann Helfrich von Müller (1746-1830) est lieutenant et maître d'œuvre connu pour sa machine à calculer et des recueils de tables de calcul. Gottfried Erich Rosenthal (1745-1813) est commissaire des mines tandis que Georg Anton Dätzel (1752-1847) est fonctionnaire des forêts et enseignant de mathématiques à l'école forestière. Ces profils ne sont pas sans rappeler celui de J. F. Lempe,

---

45. (Breithaupt 1803, vi–vii) : « Ich für meine Person fühle meine Schwäche und bekenne sehr gerne, daß ich außer Stand bin mich mit wahren großen Gelehrten aufzunehmen ; denn ich bin nur Anfänger, und kann vermöge der Sphäre die ich mir wählte, – die ich aber möglichst ganz auszufüllen mich bestrebe – nie Ansprüche auf Gelehrsamkeit nehmen. Aber die reine und angewandte Mathematik, welche ich unter der Leitung des würdigen und nun verewigten Rath Matsko, studirt habe, verschaft mir hinlängliche theoretische Kenntnisse um meinen Beruf kundig, wissenschaftlich und gründlich ausüben zu können. Diese Selbstüberzeugung setzt mich über den Troß der handwerksmäßigen Mechaniker hinaus, welche sehr richtig behaupten, daß die Kenntnisse der Mathematik kein Brod bringen, weil sie außer ihrer Sphäre liegen. »

46. (Hollenberg 1791, page de titre) : « welche keine Mathematiker sind ».

47. (Lang 1804, page de titre) : « für alle diejenigen, welche sich in der Feldmeßkunst, ohne theoretische Vorkenntnisse selbst gründlich unterrichten wollen ».

48. Voir dans le volume 8, pages 273 et suivantes, sa « Neue Abkürzung der Bohnenberger'schen Formeln und Anwendung derselben auf die trigonometrische Vermessung in Bayern ».

éditeur du *Magazin für die Bergbaukunde* ; tous présentent des mathématiques pratiques, souvent élaborées dans des institutions techniques récentes (l'école forestière de Munich ayant par exemple été fondée en 1790).

La participation de G. A. Dätzel au premier journal d'Hindenburg constitue à cet égard un détail significatif. En 1784, plus de vingt ans avant sa participation au journal de Breithaupt, Dätzel avait publié deux articles, l'un « Sur la meilleure forme des voûtes et des arcs diaphragmes » et l'autre « Sur la meilleure disposition des toits français », Hindenburg ajoutant que « les deux articles sont à recommander aux connaisseurs par leur maîtrise peu commune de l'analyse et son application à des objets si utiles de la vie courante[49] ». Les contributeurs du journal de Breithaupt, qui est dans la première décennie du siècle l'unique journal spécialisé à encore publier des mathématiques, semblent représenter un vaste lectorat intéressé par les problématiques de l'instrumentation, de la mesure et de la géométrie pratique. Ils sont finalement tous des utilisateurs actifs de la discipline (des *mathematical practitioners*) et leurs ouvrages veulent rendre accessibles des méthodes mathématisées au plus grand nombre. Ce lectorat, qui pouvait se retrouver dans le programme œcuménique du premier journal d'Hindenburg, s'était progressivement éloigné des tentatives plus spécialisées en analyse combinatoire.

5 Le *Journal* de Crelle, rupture ou continuité ?

Les périodiques publiés dans le premier tiers du XIXe siècle présentent des caractéristiques tout à fait similaires à ceux que nous avons présentés jusqu'ici, ce qui peut s'expliquer par la forte continuité institutionnelle dans les mathématiques de langue allemande. Il s'agit là aussi de journaux variés, à la durée de publication courte, qui reflètent une grande diversité de pratiques et l'absence d'une mathématique universitaire unifiée. De 1808 à 1810, un *Jahrbuch* est publié à Heidelberg et propose annuellement quatre volumes couvrant l'ensemble des disciplines universitaires. La quatrième (et donc dernière) section rassemble les mathématiques, la physique et les sciences camérales, un périmètre remarquablement proche du premier journal d'Hindenburg. Il s'agit essentiellement d'un journal de recensions, où sont discutés des ouvrages de niveau très variés, depuis l'agriculture jusqu'à la minéralogie.

En 1811 et 1812, quatre numéros des *Königsberger Archiv für Naturwissenschaft und Mathematik* [*Archives de Königsberg pour les sciences naturelles et les mathématiques*] sont publiés (aujourd'hui Kaliningrad, enclave russe[50]). Il s'agit d'une collection de diverses publications réalisées par des professeurs de la faculté. Le professeur de médecine et sciences naturelles Karl Gottfried Hagen (1746-1829) semble avoir été l'éditeur ; le professeur de botanique August Friedrich Schweigger (1783-1821) et le mathématicien

---

49. Ces articles sont publiés dans le volume de 1784 (p. 129–158 et p. 411–424), la remarque de C. F. Hindenburg se trouvant en note page 411.

50. Ces numéros sont réunis dans un unique volume paru en 1812, (Bessel *et al.* 1812).

Friedrich Wilhelm Bessel (1784-1846) en sont les principaux contributeurs. Le large spectre, la dimension savante et l'ancrage local du journal le rapprochent une fois de plus du premier *Magazine* de Leipzig édité dans les années 1780. La publication cesse rapidement en 1812, probablement en raison de la campagne de Russie.

En 1815, Leopold Gunz (1743-1824), professeur de mathématiques au *Lyceum* de Laibach (aujourd'hui Ljubljana, Slovénie), publie une brochure portant sur la théorie des parallèles, dans la veine des multiples publications visant à fonder la géométrie euclidienne. Dans un mouvement similaire à celui de J. J. Meyen, il republie ce texte sous forme périodique, accompagné d'un texte d'un certain « J. Ph. Neumann » sur les horloges à pendule. Il annonce ainsi le lancement d'un journal, les *Beiträge zur reinen, angewandten und technischen Mathematik* [*Contributions aux mathématiques pures, appliquées et techniques*] qui ne dépasseront pas le premier cahier[51]. On peut supposer qu'il s'agit d'une publication de circonstance visant à obtenir une reconnaissance, comme J. J. Meyen avait pu le faire dans les années 1780. Cette tradition vivace, qui reflète le caractère embryonnaire de l'institutionnalisation des mathématiques allemandes, se retrouve dans les *Mathematische Abhandlungen* [*Mémoires mathématiques*] de J. C. D. Hellerung, dont le premier et unique numéro paraîtra en 1823. Hellerung, qui se définit lui-même comme médecin, y publie trois textes portant respectivement sur la géométrie analytique, les carrés magiques et la dynamique (Hellerung 1823). Il se présente comme un amateur, isolé dans une « petite ville à la frontière nord de l'Allemagne », limité par sa « petite collection d'ouvrages », publiant un premier numéro comme un « échantillon » à l'intention de la communauté mathématique[52].

Au milieu des années 1820, le paysage éditorial des mathématiques allemandes semble donc avoir peu évolué depuis la fin du XVIIIe siècle. Les tentatives éditoriales, qui sont généralement de courte durée, sont soit l'œuvre d'amateurs éclairés visant une reconnaissance académique, voire l'une des rares chaires existantes, soit des publications universitaires dans la tradition du siècle précédent. Comment comprendre dans ces conditions l'événement majeur que représente, de notre point de vue, la fondation par August Leopold Crelle du *Journal für die reine und angewandte Mathematik* en 1826 ? Comment expliquer la rupture qui va rapidement aboutir à un journal spécialisé en mathématiques, dont la définition va immédiatement coïncider avec notre compréhension actuelle du terme, avec une homogénéité dans la forme, le niveau et un processus éditorial bien plus moderne que dans toutes les tentatives précédentes ?

Il est important de remarquer, avant toute chose, que le lancement du *Journal für die reine und angewandte Mathematik* est bien moins moderne

---

51. *Beiträge zur reinen, angewandten und technischen Mathematik*, Graz, Miller, 1815.

52. Hellerung publiera d'ailleurs des « Exercices et théorèmes, les premiers à résoudre, les seconds à démontrer » dans le troisième volume du *Journal für reine und angewandte Mathematik* d'A. L. Crelle en 1828, p. 207–212.

et original qu'une vision rétrospective ne pourrait le laisser penser. Comme nombre de ses contemporains, August Leopold Crelle (1780-1855) n'est pas un mathématicien académique professionnel, mais un fonctionnaire de l'État prussien chargé de travaux d'ingénierie et de construction. C'est dans ce cadre qu'il va chercher à lancer en 1821 un premier journal mathématique, la *Sammlung mathematischer Aufsätze und Bemerkungen* [*Collection d'essais et de notices mathématiques*], qui ne rencontre pas plus de succès que les nombreuses tentatives que nous avons retracées jusqu'à présent (Eccarius 1976, 233–234). Une succession de circonstances favorables vont ensuite lui permettre d'agréger autour de lui un groupe de mathématiciens de haut niveau, notamment Jakob Steiner, Carl Gustav Jacob Jacobi et Niels Henrik Abel, mais aussi des auteurs aujourd'hui moins renommés comme Johann Albert Eytelwein, Johann Philipp Gruson ou Martin Ohm, voire même l'énigmatique Louis Olivier. Le succès des premiers numéros lui permet d'atteindre rapidement une audience européenne, là où de nombreuses tentatives précédentes ne pouvaient être viables car restreintes au seul espace germanophone.

Le *Journal* de Crelle est lancé en 1826, au moment où l'institutionnalisation et la différentiation des mathématiques s'accélèrent dans les universités germanophones, et particulièrement en Prusse. Steiner est bientôt nommé à l'Académie professionnelle de Berlin, tandis que Jacobi, après avoir soutenu sa thèse en 1825, obtient un poste à l'Université de Königsberg ; Martin Ohm devient professeur en Bavière. Cette nouvelle génération est fortement soutenue par le naturaliste Alexander von Humboldt, dont les actions vont bouleverser l'enseignement supérieur allemand. Le *Journal* de Crelle, lui aussi soutenu par Humboldt, forme une tribune pour les mathématiques allemandes ; un cercle vertueux s'enclenche ainsi dans le second quart du siècle avec les conséquences que l'on sait[53]. Crelle semble avoir tiré les leçons de l'échec de l'entreprise éditoriale de C. F. Hindenburg, qui avait utilisé ses périodiques successifs pour tenter de réorienter la discipline mathématique vers l'analyse combinatoire :

> Certaines tentatives précédentes, pourtant méritoires, n'ont peut-être pas subsisté pour la seule raison qu'elles occupaient un espace trop réduit. Ce périodique ne doit donc pas seulement s'adresser aux connaisseurs, ou ne pas chercher à œuvrer uniquement au progrès de la science, mais aussi à sa diffusion. Il doit avant tout éviter toute forme de partialité [*Einseitigkeit*]. Rien ne nuit davantage au développement d'une science que la contrainte, l'habitude ou la préférence partiale pour une méthode ou une autre[54].

---

53. Voir notamment (Biermann 1959), (Eccarius 1974).
54. August Leopold Crelle, *Journal für die reine und angewandte Mathematik*, vol. 1, 1826, Vorwort, p. 2 : « Frühere ähnliche, sehr verdienstliche Versuche sind vielleicht nur deshalb nicht bestanden, weil sie sich zum Theil in einem zu engen Raum bewegten. Die Zeitschrift muss sich also nicht bloss Kennern widmen, oder nicht auf die Erweiterung der Wissenschaft allein zu wirken suchen, sondern auch auf ihre Verbreitung. Vorzüglich muss sie alle Einseitigkeit vermeiden. Nichts schadet der Entwickelung einer Wissenschaft mehr, als einseitige Vorliebe für diese oder jene Methode, als Zwang und Gewohnheit. »

Le *Journal* de Crelle s'efforce en effet, dès les premières années de son existence, d'accueillir toutes sortes de recherches en allemand, latin et français, pour ne citer que les principales langues. Si une orientation vers les mathématiques pures est rapidement discernable, il s'agit plus d'une stratégie d'internationalisation du journal que d'une renégociation disciplinaire comme on pouvait y assister chez Hindenburg.

Malgré son ouverture et l'accueil favorable dont il bénéficie dans toute l'Europe, les nombreuses difficultés rencontrées par A. L. Crelle durant les premières années de publication témoignent de la lenteur de l'évolution institutionnelle. Le *Journal* est chroniquement déficitaire, car le nombre réduit de chaires de mathématiques ne permet pas d'atteindre des revenus suffisants par les seuls abonnements. Le ministère prussien restreint en outre drastiquement ses subsides, après avoir envisagé dans un premier temps une large souscription qui aurait permis d'équilibrer les comptes. Selon les travaux de W. Eccarius, il semble que ce soit avant tout le succès colossal de la seconde revue de Crelle, le *Journal für die Baukunst* [*Journal de la construction*, à partir de 1829], qui lui a permis de subventionner son journal de mathématiques[55].

Dans le second quart du XIXe siècle, les périodiques mathématiques vont alors lentement entamer un processus de spécialisation. La discipline est maintenant solidement définie et possède un ancrage universitaire fort, ce qui est notamment à mettre au crédit du *Journal* de Crelle. Contrairement à la période précédente, pour laquelle nous avions décrit une renégociation permanente des limites disciplinaires, la spécialisation va ici s'opérer à l'intérieur du champ mathématique. Le journal de Crelle se focalise essentiellement sur les résultats de recherche et les mathématiques universitaires ; si cela nous semble aujourd'hui relever de l'évidence, les exemples introduits ci-dessus illustrent clairement que la distinction entre les visées professionnelles, de recherche et d'enseignement n'avait pas cours au siècle précédent.

Au *Journal für die reine und angewandte Mathematik* vont venir s'ajouter plusieurs périodiques germanophones dans le second tiers du XIXe siècle. Le rythme se ralentit nettement par rapport à la période précédente, notamment car les journaux lancés sont généralement pérennes. La même année 1826 avait vu le lancement à Vienne d'un *Zeitschrift für Physik und Mathematik*, qui s'oriente cependant rapidement vers les sciences physiques pour éviter une concurrence trop directe avec l'entreprise de Crelle.

Cette période est en outre marquée par la structuration de l'enseignement secondaire et supérieur, qui se traduit par la mise en place de cursus coordonnés en mathématiques dans de nombreux établissements. Il existe donc un nombre important d'institutions dans lesquelles un nombre croissant d'enseignants de mathématiques exercent. Ceux-ci ne sont pas forcément des lecteurs du journal de Crelle, qui présente des articles de recherche. Johann August Grunert (1797-

---

[55]. Nous renvoyons ici à la thèse de W. Eccarius, qui a étudié en détail les conditions matérielles d'édition des journaux d'A. L. Crelle dans (Eccarius 1974).

1872), professeur de mathématique à l'Université de Greifswald, a l'intuition qu'un public intermédiaire existe, et lance en 1841 l'*Archiv der Mathematik und Physik*, avec un sous-titre programmatique : « portant une attention particulière aux besoins des enseignants des établissements d'enseignement supérieur[56] ». Dans l'annonce du premier volume, Grunert regrette :

> la difficulté à se procurer la plupart des ouvrages dans lesquels sont publiées les nouvelles découvertes, de sorte que bien des accomplissements scientifiques restent inconnus d'un grand nombre d'excellents mathématiciens ; je pense par là avant tout à l'honorable classe des enseignants de mathématiques actuels dans les gymnases et les lycées, les écoles militaires, professionnelles ou polytechniques, et d'autres instituts d'enseignement supérieur[57].

Cette citation témoigne du soin avec lequel l'éditeur a pensé sa ligne éditoriale. Il s'adresse ainsi à un public de villes moyennes, où les mathématiciens n'ont pas accès à une université et donc aux livres et périodiques d'une bibliothèque fournie. La multiplication des publications rend impossible à un individu isolé d'acquérir toute la littérature récente. Imaginons un jeune mathématicien, qui a étudié dans un grand centre universitaire avant d'être nommé dans l'un des établissements mentionnés par Grunert. Si cet individu souhaite suivre le développement de la discipline, il ne trouvera pas les ressources dont il a besoin dans son institution, qui n'est pas dédiée à la recherche mathématique. Le *Journal* de Crelle, s'il propose des articles de recherche, ne vise nullement l'exhaustivité. L'*Archiv* de Grunert va donc se positionner comme un périodique de circulation de connaissances, sans que celles-ci soient forcément inédites. On y trouvera de nombreuses traductions abrégées et beaucoup d'articles « librement retravaillés par l'éditeur » qui exposent des résultats déjà publiés à l'international. Dans le premier volume, publié en 1841, on trouve ainsi un résumé des travaux d'Ampère sur la théorie des équations, originellement publié dans la *Correspondance mathématique* de Quetelet, un article de l'abbé Moigno initialement paru dans le *Journal de mathématiques pures et appliquées* de Liouville, ou encore un travail de Cockle, toujours en théorie des équations, tiré du *Cambridge Mathematical Journal*[58].

Logiquement, les contributeurs au journal de Grunert viennent essentiellement de ces multiples villes moyennes, souvent dépourvues d'universités, comme Oskar Schlömilch (1823-1901) à Weimar ou bien Leopold Moßbrugger (1796-1864), « enseignant de mathématiques à l'école cantonale de Aarau ».

---

56. Johann August Grunert, *Archiv der Mathematik und Physik mit besonderer Rücksicht auf die Bedürfnisse der Lehrer an höhern Unterrichtsanstalten*, Greifswald, Koch, volume 1, 1841.

57. *Ibid.*, Annonce : « die Schwierigkeit, mit welcher die meisten Schriften, in denen die neuen Erfindungen bekannt gemacht werden, an vielen Orten zu haben sind, so dass viele neue Leistungen in der Wissenschaft einer grossen Anzahl trefflicher Mathematiker, wobei ich vorzüglich die in jetziger Zeit so höchst ehrenwerte Klasse der Lehrer der Mathematik an Gymnasium und Lyceen, Militair-, Gewerbe- und polytechnischen Schulen, und anderen höheren Unterrichtsanstalten im Auge habe, unbekannt bleiben. »

58. *Ibid.*, respectivement p. 16–19, p. 19–57 et p. 254–257.

L'essor de l'*Archiv der Mathematik und Physik*, qui paraîtra jusqu'en 1920, reflète la nouvelle profondeur du milieu mathématique allemand : celles que l'on appelle encore les « hautes mathématiques » ne sont plus seulement pratiquées par une poignée d'académiciens et de professeurs d'université. Il existe désormais un large milieu de savants rompus aux mathématiques et désireux de garder contact avec les évolutions récentes de la discipline. Pour remplir au mieux ce rôle, Grunert insère également dans son périodique une rubrique d'histoire et des questions mathématiques.

En 1856, Oskar Schlömilch et Benjamin Witzschel lancent le *Zeitschrift für Mathematik und Physik*. Les deux mathématiciens sont saxons et Schlömilch enseigne à l'École polytechnique de Dresde. Dans leur préface, ils expliquent en quoi leur journal s'adressera à un public différent de ceux de Crelle et Grunert :

> Dans les nombreuses villes de 8 000 à 12 000 habitants, le *Mathematikus* du *Gymnasium* ou de l'école professionnelle est la seule personne dont le public attend qu'il sache à peu près ce qu'est une machine à vapeur, une machine thermique, un télégraphe électrique, un extracteur centrifuge, etc. Il y a peut-être également une association commerciale, dans laquelle le compère tailleur et gantier lit dans les journaux, et le *Mathematikus* doit alors expliquer ; mais en règle générale ce dernier ne comprend rien à ces choses là (sûrement pas, s'il a suivi comme cursus le *Gymnasium* puis l'université[59]).

Ce nouveau journal s'adresse donc aux enseignants secondaires, aux ingénieurs et plus généralement aux utilisateurs des mathématiques, cette fois-ci hors d'un cadre strictement universitaire. Les éditeurs articulent une méfiance et un reproche d'insuffisance aux mathématiques universitaires, et vont par conséquent orienter leur publication vers les domaines professionnels, au moment où les États allemands entrent de plain-pied dans l'industrialisation.

À partir des années 1820, la structuration institutionnelle des mathématiques allemandes a rendu possible l'émergence de périodiques spécifiquement mathématiques, à commencer par le *Journal* de Crelle. Son succès est suivi du lancement de nouveaux journaux, dans un mouvement sensiblement différent de la période précédente. Si ces publications ne sont pas explicitement coordonnées, elles entretiennent des relations mutuelles claires et se positionnent chacune face à un segment spécifique d'une communauté toujours mieux structurée. On trouve aussi, en parallèle, des publications de mathématiciens dans les programmes des écoles secondaires [*Schulprogramme*] une forme originale de publication périodique qui semble assez spécifique à l'espace germanophone (voir Schubring 1986).

---

59. Voir (Müller 1911), (Morel 2013, 316–317) : « in den zahlreichen Städten von 8 000 bis 12 000 Einwohnern ist der Mathematikus des Gymnasiums oder der Realschule der einzige Mensch, von dem das Publikum erwartet, daß er ungefähr wisse, was eine Dampfmaschine, kalorische Maschine, elektrischer Telegraph, Zentrifugalextractor usw. sei ; ein Gewerbeverein ist auch vielleicht da, Gevatter Schneider und Handschuhmacher liest in den Zeitungen, und der Mathematikus sol l erklären ; in der Regel versteht aber letzterer gar nichts von solchen Dingen (sicher nicht, wenn er den Studiengang Gymnasium, Universität gemacht hat). »

6 Conclusion

Quelles conclusions peut-on tirer de cette analyse en pointillé d'un ensemble disparate de périodiques? Que trouve-t-on dans ces journaux et qui y publie? Le profil des auteurs est probablement l'aspect le plus notable de cette analyse. Au tournant du XIXe siècle, il n'est pas étonnant qu'ils ne soient pas des mathématiciens au sens moderne du terme, puisque nous avons souligné l'institutionnalisation encore embryonnaire de la discipline. Ils débordent toutefois le cadre des mathématiques académiques selon les catégories mêmes de leur époque, ouvrant ainsi une fenêtre sur le vaste milieu des praticiens des mathématiques. Maîtres d'œuvre, facteurs d'instruments, arpenteurs assermentés, fonctionnaires des mines ou des forêts, comptables et trésoriers écrivent dans ces différentes publications.

Si l'on poursuit l'analyse, on note également que la faible proportion de mathématiciens universitaires ne se traduit pas nécessairement par un niveau médiocre des articles ou une absence de mathématiques pures, mais plutôt par un rapport instrumental à la discipline. J. F. Lempe et G. A. Dätzel ont par exemple recours au calcul infinitésimal, mais avec des objectifs bien précis : calculer le volume d'un baquet de minerai pour l'un, optimiser la forme des voûtes en architecture pour l'autre.

La lecture croisée de ces périodiques fait également ressortir les renégociations disciplinaires en cours. La définition même de ce que sont les mathématiques ne fait pas encore consensus à la fin du XVIIIe siècle. Des maîtres de calcul comme Illing pensent que l'arithmétique, en particulier marchande, est un domaine spécifique et partiellement autonome, possédant son propre système de valeurs. Certains de ses contemporains vont plus loin et cherchent même à exclure l'usage de l'algèbre en arithmétique marchande. Les journaux de J. F. Lempe sur la science des mines, d'A. Böhm sur les sciences militaires ou de H. C. W. Breithaupt sur les instruments de mesure montrent également que les questions de mathématisation et de quantification sont complexes. En défendant une utilisation poussée des mathématiques, qui respecte cependant les spécificités de chaque domaine, et une exigence de praticabilité [*Brauchbarkeit*], ces journaux soulèvent à la fois l'enthousiasme de certains lecteurs et l'incompréhension d'une partie des milieux savants, comme en témoignent les recensions.

On pourrait voir dans ces tentatives des préfigurations des journaux pour ingénieurs du XIXe siècle, aussi bien pour leur démarche que par ancrage dans de nouvelles institutions techniques et commerciales. Sans chercher à opposer deux explications qui se superposent partiellement, il me semble qu'ils reflètent plutôt le développement de la quantification au XVIIIe siècle, ainsi que ce que l'on nomme parfois *economic* ou *industrial Enlightenment.*

Il est enfin notable que ces journaux se déploient dans des espaces et des milieux sociaux particuliers, formant des réseaux de textes distincts de ceux du monde savant. On retrouve certains articles de mathématiques publiés dans des journaux généralistes locaux[60], tandis que d'autres journaux revendiquent un ancrage régional : les publications de la Société mathématique de Hambourg s'adressent au public germanophone et néerlandophone proche, tandis que l'éphémère journal de Meyen écrit pour « la Poméranie et les provinces environnantes ». L'espace de publication n'est cependant pas seulement géographique : le journal de Breithaupt semble s'adresser à un public germanophone au sens large, et les six contributeurs répertoriés viennent de différentes provinces. Il s'agit cependant d'un milieu professionnel bien particulier. Le *Magazine pour la science des mines* présente le même type de circulation étendue géographiquement, mais dans un milieu professionnel restreint principalement aux institutions minières.

Ces multiples périodiques, leurs éditeurs et leurs auteurs reflètent ainsi une grande variété de pratiques mathématiques et de centres d'intérêts. Les journaux se révèlent être des outils aux multiples fonctions, qui accompagnent les transformations des milieux mathématiques : on s'en sert pour promouvoir ses ouvrages, sa carrière ou son entreprise, et surtout pour présenter sa vision des savoirs mathématiques. On cherche aussi à faire exister un espace de discussion autour de problèmes spécifiques, de l'arithmétique marchande à la géométrie des mines, de l'analyse combinatoire aux instruments d'arpentage. Les périodiques sont enfin insérés dans des réseaux d'acteurs et de textes qui débordent les catégories conventionnelles. Ils constituent un angle d'attaque privilégié pour étudier la diversité des mathématiques allemandes au tournant du XIXe siècle, en repérant des acteurs peu connus ou des diffusions insoupçonnées.

Ces journaux se déploient ainsi dans les milieux des amateurs et utilisateurs de mathématiques, dont les profils sont très variés. Il existe de ce point de vue peu de continuité entre les diverses entreprises éditoriales au tournant du XIXe siècle et le *Journal für die reine und angewandte Mathematik* d'August Leopold Crelle. La proximité est même plus marquée avec le second périodique édité par Crelle, le *Journal für die Baukunst*. Ce périodique touche un lectorat bien plus large et diffuse des mathématiques pratiques en lien avec divers domaines techniques[61]. Le succès éditorial des deux périodiques de Crelle signale bien un moment de bascule dans l'organisation des mathématiques en langue allemande. Le succès et la pérennité de ses entreprises, conjugués au développement de l'enseignement des mathématiques à l'université, mais aussi dans les domaines secondaires et professionnels, vont inciter d'autres éditeurs à proposer des publications complémentaires. Le panorama disparate de la période précédente laisse alors place à un domaine structuré, où les publications se spécialisent. Les acteurs partagent désormais une définition commune des mathématiques et positionnent leur journal consciemment par rapport aux périodiques existants.

---

60. Voir quelques exemples pour les journaux arithmétiques dans (Morel 2014*b*).
61. Voir en particulier (Eccarius 1976, 244–253). On possède pour ce journal la liste des abonnés (p. 249).

Chapitre 17

Journal Publication and Mathematical Publics in Germany, 1800-1825

Tom Archibald

1 Introduction

In the German states, the period from the late eighteenth century to the mid-1820s was one of profound social transformation, in which mathematical employment increasingly moved from private patronage to the auspices of the state. This was accompanied by shifts in the forms of mathematical publication, with consequences at all levels including intended audience, subject, rhetorical form, and choice of content.

The German-speaking *mathematicus* of the late eighteenth and early nineteenth centuries employed publication in a way that was markedly different from the learned research production of the last half of the nineteenth century, when the normal career of the research mathematician was as a university professor. While publication for the earlier as for the later writer served the goals of increasing one's renown and fostering career advancement, in order to attain such goals the postulant had to aim more broadly than his mid-nineteenth-century counterpart. For the career was typically not encompassed within the narrow confines of a single institution or university system, like the Prussian system that was to become dominant. In the mid-eighteenth century the young mathematical practitioner, while he shared a body of mathematical knowledge with his peers, typically sought employers or patrons to make use of his skills, whether as a surveyor, cartographer, instrument maker, architect and draftsman of plans, canal manager, astronomer, teacher, translator, diplomat, puzzle solver, companion or researcher. These uses could be eminently practical or merely symbolic, so that the older pattern persisted of patronizing those making new discoveries (for example, as with Gauss, patronized by the duke of Braunschweig, Carl Wilhelm Ferdinand until the death of the latter in 1806), as did the employment of cartographers or of tutors for one's children. By the late eighteenth century the patrons and employers did not need to be aristocrats any longer, though they frequently were, and much employment was state employment. Furthermore, increasingly remuneration for work—notably for publications—was via honoraria agreed upon through contract (Brandes 2005), (Wittmann 2011), (Sher 2006).

Entry into one or more mathematical roles was often obtained by a combination of schooling and apprenticeship. A vivid portrait, for a non-mathematician, of the diversity of strategies and the strange trajectories brought about by the vicissitudes of fate was provided for an earlier period by Rousseau in his *Confessions*, who tells us of his shifts from engraver's apprentice to valet to music teacher and lecturer to diplomat and finally *philosophe* and writer. What we will see in what follows is that what might appear to be a dramatically singular experience in Rousseau's account shares many features with the career paths of the upwardly mobile practitioners of the mathematical sciences. The possibility of moving from one kind of practice to another, afforded by their intelligence, education, and versatility, was facilitated by presenting oneself to a variety of publics and thus potential employers and patrons via different kinds of literary production. So widespread is this that it seems a *sine qua non* for such workers.

The period selected for our discussion is a little arbitrary, since the models of how a *mathematicus* made a career were not so different in 1800 than they were a century or more before. On the other hand, the transformation of German society, the system of education, and the function of the state accelerated in the last decade of the eighteenth century throughout the territory, driven in part by Prussian expansionism. Definitive changes took place in the first three decades of the nineteenth century, at first via the French victory and Napoleonic reorganizations following 1806. We witness much redrawing of the political map: there is a transition from hundreds of independent states to a few, the main ones being Prussia, Saxony, Hannover, Bavaria, Baden, and Wurttemberg. We may note in passing that this meant plentiful employment for mathematically trained cartographers. The transforming landscape of government, moving from the Holy Roman Empire, through the period of French hegemony, to new independent states, resulted in modernization and a more consistent bureaucratization. If there was instability, there was also the opportunity afforded by change. The end of *Kleinstaaterei* meant changes in government, rendering more uniform and more directly comparable the roles of administrators and clerks in the different, now larger states. The abolition and consolidation of certain universities, likewise increased uniformity, as did reorganizations of education. This same dissolution of borders also led, in complex ways, to improvements in trade, culminating in the customs union [*Zollverein*], beginning in the 1820s. This was important for publishing.

The termini that we give in the title are selected, on the one hand, because of the convenience of Scharlau's study of mathematical institutes, which begins in 1800 (Scharlau 1990), and on the other by the shift produced with the first appearance of a durable specialized journal concentrating on mathematics and adressing specialist mathematicians—Crelle's journal in 1826. This terminus is thus a point when one commercial mathematics journal in German had established itself, as it turned out enduringly, but before the 1834 *Zollverein*, which saw major economic changes and a rise in political tensions. Both of these materially changed the situation of the trade in print media.

The division of literary genre of that period was quite distinct from the one which became dominant later in the nineteenth century. Furthermore, the business of publishing and selling books was markedly different, as were reading habits, which were changing. Habermas, among others, has drawn attention to the birth of a public (or set of publics) that read privately, for example, rather than in groups or *en famille* (Habermas 1990). Thus the available strategies for publication were multiple. In the German states, journals published by learned academies were closest to their present form, though access to such venues was often limited to academicians themselves or those they were willing to recommend. Journals whose titles announce their restriction to mathematical subjects begin in the late eighteenth century, with Hindenburg's *Leipziger Magazin für reine und angewandte Mathematik*, edited jointly with Johann III Bernoulli from 1786 to 1789 (Cantor 1880). Such journals were frequently short-lived—less so elsewhere, for example Britain— and while Moritz Cantor attributes this to the warlike times, it seems likely that the story is more complex, as we shall to some extent examine below. The apparent specialization implied by the title is belied to some degree by the content. This resembles the arguably more mathematical part of many periodicals of the day, including not only mathematics as such but astronomical phenomena, pension and insurance funds, the explanation of magic tricks, and news, as well as reviews of literature published elsewhere: *Resenzionen* (recensions or reviews).

Happily, the current situation with internet availability of these publications, many short-lived and recondite, permits us not only to read many articles and reviews but to do various kinds of searches.[1] Brandes (2005) reports the founding of 2,191 journals in the period from 1766 to 1790. She attributes this

---

1. For example, the *Index Deutschsprachiger Zeitschriften 1750-1813* (gso.gbv.de) contains about 100,000 articles from 195 German-language journals of the years from 1750 to 1815, and the reviews are also well-served by the *Retrospektive Digitalisierung wissenschaftlicher Rezensionsorgane und Literaturzeitschriften des 18. und 19. Jahrhunderts aus dem deutschen Sprachraum* (http://www.ub.uni-bielefeld.de/diglib/aufklaerung/index.htm).

proliferation to a growing and more diverse reading public, which must indeed be part of the story, though other factors were clearly at play.

Over this same period the mathematical sciences assumed a higher importance in military and state administrative practices. The employment of mathematical scientists in the design of fortification plans, the engineering and use of artillery, in naval architecture, geodesy, astronomy, and the administration of canals and dykes were not new but were augmented by increasing state involvement. These requirements increased demand for basic and advanced mathematical knowledge, which was likewise stimulated by commerce (including insurance). A fascinating example of how the demand for mathematical knowledge in the context of shipping led to vigorous self-instruction is provided by the case of Bessel, who studied higher mathematics first in order to improve his ability to plan scheduling and routes for his employer, a large shipping firm in Bremen.[2]

There were many sources for the fluidity of mathematical employment. During the Napoleonic wars, the changing state governments led to the dissolution and reconfiguration of many universities, with consequences for teachers, including the eventual expansion of the Prussian research model. In Prussia, the Humboldtian reforms also emphasized the classical dimension of mathematical study. The Prussians also established *Kriegsschulen* in 1810, in Berlin, Königsberg and Breslau (Brockhaus 1896, v. 10, 737). This led to local opportunities for mathematical instructors, notably but not exclusively for descriptive geometry.

We will proceed as follows: we start with a selection of actors, selected somewhat opportunistically, considering their overall scholarly output (broadly interpreted to include textbooks and various non-research writings). We will consider the journals in which they published, and finally some instances of the mathematics they publish in these periodicals. It should be noted here that a number of other authors have travelled this same territory in recent years with various objectives. Here should in particular be mentioned work by Thomas Morel and Maarten Bullynck, whose joint paper (2015) is emblematic of their individual efforts, as is Morel's paper in this volume (chap. 16).

2 Publication and career strategy

2.1 Publishing in Germany around 1800

While the reading public was exploding, so was education, and with the increase in educational institutions and educators came a variety of educational theories and books to support teaching according to one method or another. Publishers then attempted to exploit this market for textbooks, in part by looking for innovative methods. Right at the turn of the century, the invention of lithography marked a turning point in the cost of illustration. The gradual reform of boundaries and the eventual customs union had the effect

---

2. https://de.wikisource.org/wiki/ADB:Bessel,_Friedrich_Wilhelm.

of improving the circulation of many goods, books included, and extended the influence of publishing centres like Leipzig and Berlin.

However, various forms of taxation remained as a brake on free development and trade; in addition to tariffs there were in some places taxes on inventory.[3] Furthermore, there were political restrictions on what could be published, enforced by various methods in different centres, but censorship was normal. The Carlsbad decrees of 1819 imposed a general censorship in the *Bundesverein* covering much of the German culture area. In a more particularly mathematical vein, almanacs typically could use only the official calendar of the state in which they were printed, and had to pay for the right to use this state-created resource.

2.2 Careers in late eighteenth-century Germany

What is a career? The term implies a trajectory through various life stages in the pursuit of a livelihood. While the usual usage today is often linked with a single occupation or a set of closely linked pursuits—a career as a doctor, a stockbroker, an investor—we will not use the term in that way. We typically use the term in connection with the practice of an occupation that is "white collar": we don't speak of a career as a farmer or a herdsman or as a miner or a woodcutter. It is often associated with training, apprenticeship, specific tools or abilities.

The eighteenth century was a period of markedly increased social mobility, which is often described, in the German context, in terms of two key properties: *Bildung* and *Besitz*, education and possession. One's position in society is typically described as one's estate or station: the German term is *Stand*, and I will use it in what follows. In the beginning decades of the century, a change in *Stand* was most readily possible through education, notably in theology, with the end in mind of becoming a pastor. As Anthony LaVopa has examined in a remarkable study (1988), poor students could often find support from a community or a patron to pursue higher study. This career path took them to universities, by means that varied considerably with the region (largely Protestant North versus largely Catholic South, for example).

To gain some insight into the role of publication in such careers, we consider first a sample of mathematicians who attained university positions. We then turn to a set of journals to examine the range and authorship of mathematical publications. This is not, of course, an exhaustive study. The hope is to identify some common features of the authors and of the publications, with the end in mind of assessing in a preliminary way the relationship between publication and career. Since this research was undertaken in the course of an international research project on the role of journals in the circulation of mathematical knowledge, we address questions of circulation in passing and in the conclusion.

---

3. Famously, many copies of some of Alexander von Humboldt's works were destroyed for this reason.

3 University careers: a sample

For a small number of mathematicians, their efforts led to employment in post-secondary teaching. The institutions include universities, but also various kinds of special schools, for example military academies or schools for various kinds of practical instruction. The university people can fortunately be identified fairly easily thanks to Scharlau (1990), who gives a complete list by university and position of mathematicians in Germany, defined to exclude Austria and its dependencies. The university mathematician is evidently someone with some success, who has acquired an ongoing position with well-defined responsibilities and a salary. While we typically will not be discussing the specific reasons for the appointments, we will discuss aspects of the curricula of these people, in particular their literary production. In this way, peers can be identified and publics also can be assessed to some extent. The selection is based in part on what information was readily available, with an attempt at getting some geographic distribution within the German *Sprachgebiet*.

The mathematicians we will look at are Christian Ludwig Ideler (1766-1846), Jabbo Oltmanns (1783-1833), Heinrich Wilhelm Brandes (1777-1834), Johann Philipp Grüson (1768-1857), and Bernhard Friedrich Thibaut (1775-1832). The careers of all our subjects will look quite singular from the viewpoint of the later nineteenth century. Yet, as we shall see, they share features that help us grasp why mathematicians published what they did, and their choice of venue. The people we have chosen to examine were selected on the basis that they obtained university appointments after 1800. They by no means exhaust this category. In Berlin alone, as the inventory (Anonymous 1826) shows, we could include E. G. Fischer (1754-1831), Johann Georg Tralles (1763-1832) and Abel Bürja (1752-1816). But a preliminary look at professors in other centres indicates that the overall picture of which journals they published in is similar.

A word is perhaps necessary on position titles and functions. At the beginning of the period we are discussing, most of the German states, including Prussia, retained aspects of the governance structure of the Holy Roman Empire. This was an elaborate structure, in which each state had its own ordinances and offices. The ecclesiastical world was partially subsumed in the state, and certain functions, such as those of education, were generally at least in part regulated by the spiritual side of the government. Titles usually precede names in any kind of official document, with the highest or most important being used as a term of address. A title such as *Oberconsistorialrath* implies membership in a "consistorium", or ecclesiastical council [*Kirchenrath*]. These (literally) byzantine structures often continued to be mirrored to some degree in the states that emerged after the Napoleonic dissolution of the Empire in 1806, so that we find one of our mathematicians holding a post as "ordentliches Mitglied der königlichen Kalenderdeputation." We will not be able to penetrate all of the mysteries contained in these. A good source for the eighteenth century is (Zedler 1732).

3.1 Christian Ludwig Ideler (1766-1846) began his academic career studying theology in Halle. His mathematical pursuits are first evident in his 1794 appointment as Royal Astronomer, Calculator of the *Landeskalender*, followed by a 1796 naming as Court Astronomer to the Prussian court. By 1815, in a political environment that was greatly changed, he became an ordinary member of the Royal *Kalenderdeputation*. By 1816 he was a member of the Akademie in Berlin, and by the same year his connections with the court become even more clear, with an appointment as private tutor for the princes, Wilhelm (later the Emperor of the German *Reich*), Friedrich and Karl, which he held until 1822. Further appointments in this period show him as a probable beneficiary of royal patronage: *Studiendirektor* in the cadet corps, with teaching appointment at the *Forstakademie*, and the *Kriegsschule*. At this time the accumulation of positions was permitted. He also began to teach at Berlin University in 1817, as extraordinarius. In 1822 he was appointed ordinarius in astronomy, mathematical geography, and chronology.

This mathematical career goes along with a very diverse publication pattern. Even before his first documented calendrical work he wrote a two-volume *Handbuch der englischen Sprache* with a co-author, Nolte, the first edition of which appeared in 1793. This was to become a standard text, running to many editions. His literary interests appear from time to time, for example with a 6-vol. annotated edition of Cervantes' *Don Quixote*. More mathematically, he produced trigonometric tables, a standard *Lehrbuch* of the dying science of Chronology, seen in large part as within the domain of the mathematician due to its ties with the calendar. He was the author of many translations of mathematical works, for example those of Lacroix on trigonometry and algebra. An accomplished philologist, he made critical editions of classical mathematical and literary texts. His journal production is largely in that area, and he has many historical articles on calendars in antiquity. His ultimate professorial role at the new university of Berlin reflects the importance of these disciplines as well as their close association.

3.2 In the first decades of the nineteenth century some people in the German professoriate found publication in journals dispensable as a career strategy, or for any other purpose. One such is Bernhard Friedrich Thibaut (1775-1832) (Cantor 1894). Thibaut studied in Göttingen, attending lectures by Kästner, Lichtenberg and others, and completed an *Habilitationsschrift* in 1797, *Dissertatio historiam controversiae circa numerorum negativorum et impossibilium logarithmos sistens*, apparently an historical study. He then worked as a Privatdozent in Göttingen until 1802, when he became an extraordinarius, followed by a post as ordinarius in Philosophy in 1805. From a distinguished family, he became a *Hofrat*, and was also an academy member in Göttingen from 1804. His two books on mathematics had several editions, but according to Cantor his considerable fame depended on his skills as a lecturer. [*Hallische Jahrbücher für deutsche Wissenschaft und Kunst*, Leipzig 1841, 295-

304]. The 1801 appearance of his *Grundriss der reinen Mathematik* raises the question of the role of publication in career progress; the book doubtless reflects the content of his lectures (on elementary arithmetic, geometry, and trigonometry, prefaced with a good dose of metaphysical reflection) and helps us see why his eventual ordinarius would have been in philosophy. It is quite possible that it was simply a resource for his students, as well as a modest source of income.

3.3 Jabbo Oltmanns (1783-1833) has been the subject of a thorough and interesting biography (Folkerts 1987). Because of this fine work, we have a great deal of information about the role of publication in the career of Oltmanns, journal publication in particular. We also are afforded a glimpse of his interaction with two journal editors. These were J. E. Bode, directory of the observatory in Berlin and editor of the journal known as Bode's *Jahrbuch*; and F. X. von Zach, then at Gotha, editor of the *Monatliche Correspondenz* (Zach 1800-1813). The *Jahrbuch* had begun publication in 1773, and was more or less alone in its field (in the German-speaking world) until the monthly of Zach began publication in 1800. These two journals appear to have played a very important role in the circulation of astronomical knowledge, not only observation data, but also theoretical aspects including the use of formulas. We shall return to this point in connection with Oltmanns' publications.

Oltmanns was from Ostfriesland, part of Prussia in his youth, becoming French from 1806 to 1813, then returning to Prussia briefly before being given to Hannover. He was self-taught in mathematics, and in particular in mathematical astronomy. By 1805 he sent to Bode a calculation of the longitude of Regensburg from eclipse data (Folkerts 1987, 77). This may have been suggested by a regional administrator, L. Vincke, who arranged for Oltmanns to be sent to Berlin as assistant to Bode in that same year. In Nov. 1805 he met Alexander von Humboldt, worked for him 7 years reducing observations made by Humboldt during his voyages in South America.

Oltmanns was offered a professorial position in Berlin, thanks to Humboldt's brother, in 1810, but preferred to stay in Paris. In 1812 he returned to Friesland as "sous-préfet" under the French administration, remaining their through various administrative changes until 1824, with responsibilities for geodetic endeavours. In 1824 he became ordinarius for applied mathematics in Berlin.

Oltmanns published prolifically, and his name was first made in connection with the astronomical part of Humboldt's *Reise*, in which he did most of the conversion of Humboldt's local observations into terrestrial coordinates, thus playing a key role in the new maps of previously uncharted territory that resulted from Humboldt's journeys. Oltmanns was also a regular contributor to Bode's *Jahrbuch* and von Zach's *Correspondenz*, two astronomical journals in which his most frequent contributions were methods for longitude determination, for example from eclipse data. He likewise published in the French

Connaissance des tems, and, as an academician, in the journals of the Berlin Akademie.

3.4 Like many who found their way to university work, Heinrich Wilhelm Brandes (1777-1834) was the son of a pastor, originating in the northwestern coastal town of Groden (near Cuxhaven). He studied from 1796 to 1798 in Göttingen, taking lectures from Abraham Gotthelf Kästner and Georg Christoph Lichtenberg. His doctorate was taken under their supervision, in 1800. After a short time as a private tutor, he became what we might now call an engineer, working from 1801-1811 as *Deichkonstrukteur*; in this role he did general work related to the maintenance and construction of dykes on the Weser, in the Herzogtum of Oldenburg at Jadebusen. He was later promoted to *Deichinspektor* on the lower right bank of the Weser. During that period he translated Euler's work on fluids. The local economic importance of this role is considerable, and the position would entail considerable responsibility, since agriculture, shipping, and the safety of towns and cities would depend on water management.

In 1811, following the Treaty of Tilsit, he obtained a post of Professor in Mathematics, on the founding of the new university of Breslau, designated as Silesian but in fact in what was then occupied Prussia. The university resulted from the amalgamation of the local Jesuit university, the so-called Leopoldina, and the university at Frankfurt on Oder, which moved. We notice here an opportunity that arose due to the political restructuring of German space. He remained there until 1826, when he changed to a Physics professorship in Leipzig (Bruhns 1876).

Brandes is not the only professor of the period to go back and forth between mathematics and physics. His earliest publication activity was in astronomy, an 1800 work on determining the path and velocity of meteors. He later became something of a specialist in meteorology, and is credited with originating weather maps.

Brandes was a prolific writer who published research papers and monographs, textbooks, translations, and popular works. The subjects cover mathematics, astronomy, and physics, and to some degree the natural sciences more broadly. His popular writings include "Vornehmste Lehren der Astronomie in Briefen an eine Freundin", "Unterhaltungen für Freunde der Physik und Astronomie", and a posthumous "Aufsätze über Astronomie und Physik" (1835). His journal publications included work in both Bode and Zach, also in the *Annalen der Physik und Chemie* under both Gilbert and Poggendorff, Bohnenberger's und Lindenau's *Zeitschrift für Astronomie und verwandte Wissenschaften*, Hindenburg's *Archiv der reinen und angewandten Mathematik*, Voigt's *Magazin für den neuesten Zustand der Naturkunde*, and Schweigger's *Journal für Chemie und Physik*. Much of his activity concerns shooting stars and comets, as well as atmospheric phenomena, including mirages and barometric measurement. There are several purely mathematical papers, including one on the geometry of surfaces and one concerning the computation of the Euler γ.

The role of publication in the career of Brandes is not completely clear. Certainly the textbook production will have been a source of income, as presumably were the popular writings. His research publications on various subjects date already to his university days, but how exactly he came to be the successful candidate for the new university at Breslau is not clear. It is noteworthy, though, that the research record is accompanied by popular work that aims at a broad public: tradesmen, businessmen, and mothers are explicitly cited as part of the potential audience in his 1810 book of letters on astronomy.

3.5 Johann Philipp Grüson (1768-1857) is also known as Jean Philippe Gruson, from a Huguenot family in Magdeburg. He is first noted in 1787 as a "Conducteur" of the Kriegs- und Domänenkammer in Magdeburg, in effect the provincial government. The details of his early education appear lost (Cantor 1879); however he contributed to Hindenburg and Bernoulli's *Leipziger Magazin für die reine und angewandte Mathematik* in 1787. In 1790 in Magdeburg he invented a calculating device that the Göttingen mathematician Kästner approved of, or so Grüson tells us in the pamphlet, dedicated to Kästner, that he published describing its use (Grüson 1791). Grüson was promoted in Magdeburg, but in 1794 was transferred to Berlin to become a Professor in the *Kadettenkorps*. Manteuffel conjectures that this transfer was due in part to the demonstration of competence associated with his publication activity (2008). He became an ordinary member of the Berlin Academy in 1798. Eventually he took a doctorate, in 1816, and became a Professor at the University of Berlin. The very complete listing of publication activity in (Anonymous 1826) includes many monographs, books of tables, translations (notably of Euler, Lacroix and Lagrange) and both pedagogical and original mathematical works. His journal publication has two periods: when he was very young he has a few papers in Hindenburg, that doubtless will have made him known. After that there is a large production of monographs, largely pedagogical in character, with journal publication resuming in 1798 in the *Mémoires* of the Berlin Academy, where he has papers regularly every couple of years until 1820.

To summarize, let's note that non-journal publication for these authors took a number of forms. These included: monographic publications reporting discoveries or giving surveys of a subject; textbooks (for adults and for young people), often associated with some form of special "method"; handbooks for practitioners, particularly in architecture, geodesy, and chronology; translations of works deemed sufficiently important to be useful and profitable; and books of tables (logarithms, duodecimal arithmetic, and so on). The production of the Berlin writers is given in great detail in (Anonymous 1826), and nearly complete records appear for many people in Poggendorff.

As for what these authors share, let us notice that all share a practice of fairly wide publication in different fields of what we would now term the mathematical sciences. There is a strong emphasis on application and utility, though the scope of this varies with the author. Most do not appear as what we think of now as specialized researchers, and indeed the concentration on research as such is variable, with Oltmanns perhaps being the most restricted in scope.

4 Journals and their publics

The CIRMATH database shows that the task of listing of the journals containing various kinds of mathematical articles is a daunting one. All the more, then, is it difficult to reconstruct the publics for these, or to assess how the journals functioned for these publics. Answers to such questions must to a great extent be inferred from the contents, including the list of authors and editors. In the German states in this period the positions of the authors are often not so simple to interpret. To grasp how an article functions for different classes of readers requires an understanding of what these readers were engaged in, either in the function of a particular position, as amateurs or as aspirants.

In journals, we find transmission of original data, the results of theoretical deliberations, new applications, reports of work from abroad (often as a letter or a translation), efforts to coordinate various projects, all at various levels of detail, and thus addressed in some cases to specialists but in others to a rather general public. Specialized mathematical journals being few and short-lived around 1800, we will first examine some journals of general science. Physics and chemistry are central here, though it should be understood that physics at this time included a large amount of non-mathematical material of an empirical character, and these journals included mathematical physics only occasionally. We will then look at astronomical journals, journals aimed at a broader literary public, and finally consider a nominally specialized mathematical journal, Hindenburg's *Archiv*.

4.1 Science and general journals

We include Academy journals under this heading. Learned academies have various terms of reference. The German term *Wissenschaften* includes both the human and the natural sciences. Major academies and scientific societies existed in Berlin (Prussia), Leipzig (Saxony), Göttingen (Hannover), Munich (Bavaria), and Vienna (Austria-Hungary). All of these published the production of their members, both shorter reports from papers presented at meetings and longer treatises. In addition, in some cases members had the possibility to insert papers by non-members, and in some cases there are different levels of membership (regular, corresponding). Such journals were usually acquired by libraries of the academies, and in some cases by learned aristocrats (the Duke of Devonshire is an example). In this context offprints also circulated to known interested parties. In fact it is difficult to determine the publics for this kind of publication. To the reader of today, the level of specialization of the content is highly variable. At least some writers of the day were concerned about the limited comprehensibility of mathematical work, even to the members of the Academy or Society where they were presented. Gauss, for example, remarked more than once that he feared "the howls of the Bœotians" concerning the use of complex numbers (on which he did publish) and on non-Euclidean geometry (which he kept to himself). However, the status of the writer meant considerable freedom to publish content that might have a very limited knowledgeable readership. In general, royal or national patronage ensured the continued existence of these journals.

Broader scientific journals aimed at both academic and non-academic readers. In a period in which scientific discoveries were frequently associated with the creation of devices of various kinds, readers could dip into the *Annalen der Physik* for ideas of various kinds. For example Nobili's 1827 paper on the colourful deposition of precipitate on metals coated with electrolyte was suggested for the manufacture of jewellery; and Moritz Jacobi, brother of the mathematician, used and published in such journals in the 1830s concerning various inventions, including motors. Here, however, we are concerned with journals publishing mathematical work of which the *Annalen der Physik und Chemie* (edited first by Gilbert, then by Poggendorff) is certainly one.

Let us begin, however, with one example that falls a little outside our mathematical focus, but in which a paper is published by someone who is a mathematical professional. This is a contribution of W. H. Brandes to Schweigger's *Journal* in 1820. This journal is the *Neues Journal für Chemie und Physik*, edited by Schweigger and Meineke and printed in Nürnberg in Bavaria. Brandes, in what appears to be his sole contribution to this journal, responds to a call that originated with the *Naturforschende Gesellschaft* (Society for the study of Nature) in Halle, which had appeared in the same journal in the previous year. The title of the article may be translated as "Remarks on the Observation of Storms", such observations being what had been called for. Brandes, who at that period had become interested in the production and uses of weather maps, makes lengthy observations about what kind of data could be collected and how this should be done. While the paper is allied to one of his main interests—cartography applied to meteorology—it contains no data and no mathematics. It is instead part of a conversation among geographically separated actors engaged in what he hoped would be a common useful project. The call, in fact, had been issued by Schweigger himself, together with the other directors of the society and is connected with the recent discovery of electromagnetism by Ørsted—also reported in this journal—and its potential for use in understanding and measuring electrical storms. The public desired here is made explicit by the call, which is addressed to all scientific groups (Vereine) in Germany and namely to those of their members interested in meteorology. This is, of course, a very broad public indeed, and it points to the journal as a tool for furthering large joint projects, a role that was to become explicit later with the Gauss-Weber *Resultate aus den Beobachtungen des Magnetischen Vereins* which appeared from 1837 to 1843.

The journal we will refer to as the *Annalen der Physik* began as a journal mixing chemistry and physics, edited by Gren. Gren was succeeded by Ludwig Wilhelm Gilbert in 1799. Gilbert's affiliations give some idea of the network, hence of the public of authors, of the journal, published in Halle (where Gilbert was Prof. of Physics and Chemistry) by the Rengersche Buchhandlung. Gilbert describes himself on the title page as a member of the Gesellschaft naturforschender Freunde in Berlin, and of the societies of natural sciences in Halle, Göttingen, Jena, Mainz, Nasfeld and Potsdam, as well as of the Batavian society of sciences in Haarlem (in the Netherlands). The aim of the journal was primarily physics, though physically-related chemistry was also welcome. There is an emphasis on the description of particular experimental work, both in Germany and elsewhere. Particularly important throughout the period is work related to electric conduction. Directly mathematical content is scarce, though the first volume contained two mathematical problems. In 1806 we find a description by Alexander von Humboldt of mathematical instruments available from Nathan Mendelssohn in Berlin. This is worth quoting for the picture that it provides of mathematical practice in the period, and hence, of the perceived public for the journal.

> Among the manifold causes that stand against the advancement of the practical part of the mathematical sciences in northern Germany, one of the greatest is the difficulty of providing oneself with accurate astronomical and geometric instruments.[4] (Humboldt 1806, 362)

We see from this that instruments for an expanding number of physical experimenters were made by the same manufacturers as those for geodesy and astronomy. Some of the more mathematical readers were likewise at least interested as amateurs in developments in the physical sciences, though papers with equations in them seem essentially non-existent in the early years. But some theoretical considerations were often relevant for physical readers, so that we find in 1806 (p. 474) an announcement (in the form of a letter to the editor) from W. H. Brandes, of the publication of his translation of Euler's work on fluids into German.

Periodical collections of reviews of published literature and announcements remained very common, and the best ones had long lives and broad readership. For example, the *Allgemeine Literatur-Zeitung*, originally published in Jena, was a daily paper with various less frequent complements such as the bibliographical *Allgemeines Repertorium der Literatur* and the irregular *Intelligenzblatt*, reporting on various significant events and discoveries. Such

---

4. Unter den mannigfaltigen Ursachen, welche im nordlichen Deutschland den Fortschritten des ausübenden Theils mathematischer Wissenschaften entgegen stehen, ist eine der grössten die Schwierigkeit, sich genaue astronomische und geometrische Instrumente zu verschaffen.

journals frequently reported on things described as mathematical. A stunning example is the 1796 announcement in the *Intelligenzblatt* of Gauss' discovery of which regular polyhedra admit ruler and compass construction (Gauss 1796).

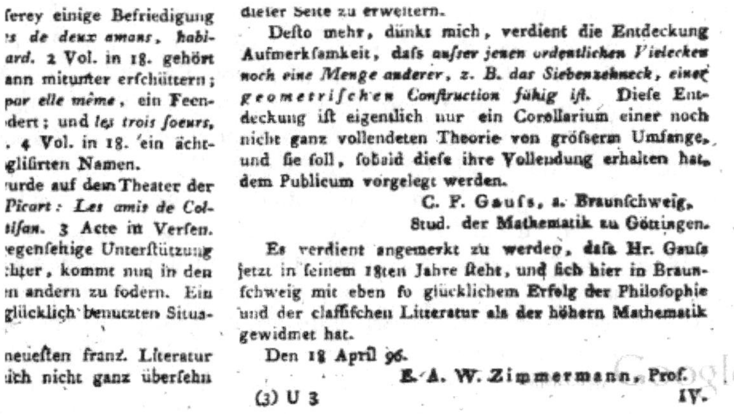

ſerey einige Befriedigung
's *de deux amans*, *habi-*
ard. 2 Vol. in 18. gehört
ann mitunter erſchüttern;
par elle même, ein Feen-
dert; und *les trois ſoeurs*,
. 4 Vol. in 18. ein ächt-
glißrten Namen.
urde auf dem Theater der
Picart: Les amis de Col-
liſan. 3 Acte in Verſen.
egenſeitige Unterſtützung
hter, kommt nun in den
n andern zu fodern. Ein
glücklich benutzten Situa-

neueſten franz. Literatur
ich nicht ganz überſehn

dieſer Seite zu erweitern.

Deſto mehr, dünkt mich, verdient die Entdeckung Aufmerkſamkeit, daſs *auſser jenen ordentlichen Vielecken noch eine Menge anderer, z. B. das Siebenzehneck, einer geometriſchen Conſtruction fähig iſt.* Dieſe Entdeckung iſt eigentlich nur ein Corollarium einer noch nicht ganz vollendeten Theorie von gröſserm Umfange, und ſie ſoll, ſobald dieſe ihre Vollendung erhalten hat, dem Publicum vorgelegt werden.

C. F. Gauſs, a. Braunſchweig,
Stud. der Mathematik zu Göttingen.

Es verdient angemerkt zu werden, daſs Hr. Gauſs jetzt in ſeinem 18ten Jahre ſteht, und ſich hier in Braunſchweig mit eben ſo glücklichem Erfolg der Philoſophie und der claſſiſchen Litteratur als der höhern Mathematik gewidmet hat.

Den 18 April 96.

E. A. W. Zimmermann, Prof.

(3) U 3 IV.

Figure 1: Gauss' first publication 1796

4.2 Astronomy journals

Astronomical journals published work only broadly related to astronomy as such for quite some time. Many of our authors are specifically implicated in the aspect of "astronomical" work having to do with the mapping of the earth as well as the heavens, notably in Bode, Zach, and the short-lived *Zeitschrift* of Bohnenberg and Lindenau. These journals tend to aim at publics that possess specific kinds of knowledge, which ranges from simple geometry, through how to do various kinds of astronomical and geodetic calculations, to deep theoretical methods for determining planetary orbits. The optics of lenses, including chromatic dispersion issues, also figure here. While the authors we have mentioned often work at the more specialized end of this scale, it is clear that the results of the work could be used in more routine pursuits such as cartography. We will give some examples below, but first let's consider some of these journals, which have many features in common.

Bode

Bode's journal was a project of the polymath Lambert, and began publishing in 1776 under Bode's direction with the support of the Berlin Academy (Kokott 2002). Its full title is revealing of its project:

> Astronomical Yearbook or Ephemerides for the year 1776 together with a collection of the newest striking observations, reports remarks and treatises in the astronomical

Figure 2: Bode – *Jahrbuch*

sciences. Completed and prepared for press under the supervision and with the participation of the Royal Academy of Sciences in Berlin.[5]

The first volume announces six copper-engraved plates. The publisher was a book dealer, the Haude und Spenersche Buchhandlung. One notes that this would give the journal access to the usual distribution networks of that dealer, such as participation in the Leipzig Fair. The journal was classified as "Mathematics" by at least one general reviewing journal, the influential *Jenaische Allgemeine Literaturzeitung* (Max 1804, col. 585). The public for this journal is described eloquently by the reviewer,

> This is the 31st volume of the yearbook that is so beloved and generally useful in both domestic and foreign lands. Through it astronomy has received significant extensions, and the friends of astronomy have an almost indispensable aid for their astronomical activities.[6] [*ibid.*]

---

5. Astronomisches Jahrbuch oder Ephemeriden für das Jahr 1776 nebst einer Sammlung der neuesten in die astronomischen Wissenschaften einschlagenden Beobachtungen, Nachrichten, Bemerkungen und Abhandlungen. Unter Aufsicht und mit Genehmhaltung der Königl. Akademie der Wissenschaften zu Berlin verfertigt und zum Drucke befördert.

6. Dies ist der 31. Band der im In- und Auslande so beliebten und gemeinnützigen Jahrbücher, durch welche die Astronomie bedeutende Erweiterungen, und die Freunde derselben ein fast unentbehrliches Hülfsmittel für ihre astronomischen Beschäftigungen erhalten haben.

This "indispensable" work received a review of 6 columns, three full pages, with a surprising amount of detail about the contents. Bode's journal has a long history, in effect continuing to the present.

Figure 3: Von Zach of Gotha

Zach

Zach's journal, the *Monatliche Correspondenz zur Beförderung der Erd- und Himmels-Kunde*, began in 1800, and sought to be a monthly version of the portion of Bode, without the ephemerides. Apparently it was printed in up to 300 copies (German Wikipedia, unsourced). A great deal of it consists of reports by Zach himself, both on literature he has encountered and on his own observations. In addition there are contributions by various correspondents, sometimes presented as letters, sometimes as papers. It is sometimes difficult to tell whether the writing is by Zach or by the author whose name appears at the head of the article. Clearly, much like Gergonne, Zach intervened more or less freely. The objects are very similar to those covered in Bode: geodetic questions such as the surface areas of various regions; longitude determination; the positions and paths of the heavenly bodies, particularly including asteroids and comets. In the case of comets there is a good deal of attention paid to whether a given comet is a return of a previously observed one.

More specifically mathematical questions in Zach generally seem to have a navigational, cartographic or astronomical payoff. One topic of this kind concerns the approximate solution of triangles without trigonometric tables, using formulas involving the sides. Zach, Mollweide and Olbers all comment on this, with Zach noting that such questions are largely for sailors. The articles themselves are surely not directed at sailors, but rather to those who

Figure 4: Zach's Journal

teach sailors, or who write books for the use of those involved in navigation. The reason for this is that quite a lot of attention is devoted to the derivation of the formulas (generally using Taylor series) and to error.

Zach's monthly was a private venture, funded by Ernest II, Duke of Saxe-Gotha-Altenburg, who had hired Zach in 1786 as an observatory director for his new installation in Gotha. The duke's wife, Princess Charlotte of Saxe-Meiningen, was likewise an enthusiastic patron of astronomy and worked directly with Zach. The publisher of the monthly was a Gotha book dealer, the Bechersche Buchhandlung. Around 1800 Gotha had what was probably the most sophisticated observatory in the world, from the point of view of instrumentation. When the Duke died in 1804, Zach left Gotha, travelling with the Princess. His position at the observatory and as editor was taken by Bernhard von Lindenau. The series ended in 1813 for reasons that are not clear but likely involved funding, since Zach started another journal in Italy.

The public for this journal was above all those involved professionally in astronomy and geodesy, often at a very high level: Zach had lived in Paris and had had broad contacts with top European mathematicians and astronomers including Laplace, William Herschel, Gauss, Olbers and Bessel.

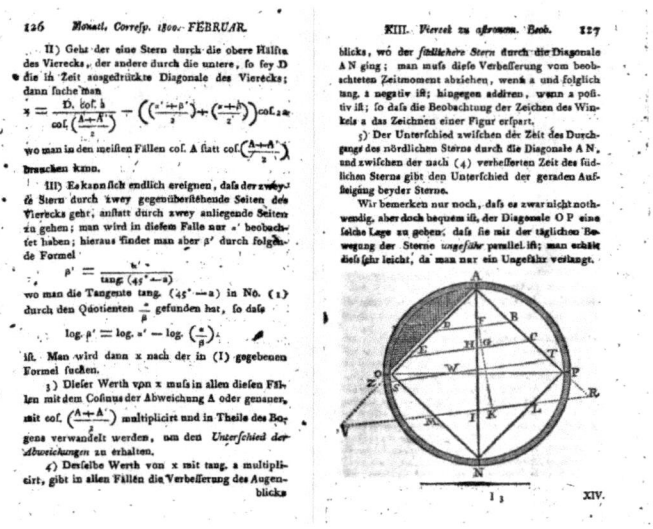

Figure 5: Zach – Theory of an instrument

Nevertheless the journal occasionally found room for non-mathematical discoveries of import, such as palaeontological discovery of an elephant skeleton. This publication had as one function to honour the journal's patron, since the Duke of Gotha had ordered the excavation.

A commercial astronomy journal

When Zach's journal ceased publication, his successor B. von Lindenau, together with J. G. F. Bohnenberger, attempted to make a go of a new *Zeitschrift für Astronomie und verwandte Wissenschaften*, which however ran only for two years, from 1816 to 1818, and then ceased publication. This was published by the Cotta'sche Buchhandlung in Tübingen. This permitted it to be printed in Latin characters—German work in Prussia had to be set in Fraktur—which might have made it more attractive to non-German readers. We note that the discipline "Astronomy" is signalled in the title, and in fact the propectus printed in the first number gave specific details about what kind of papers were sought:

> The content of this new journal will consist of astronomical and mathematical original memoirs, circular announcements of classical astronomical-mathematical works, and reports on correspondence. About geography we have in mind only the truly mathematical part.[7]

---

7. Der Inhalt dieser neuen Zeitschrift wird bestehen: in astronomischen und mathematischen Original-Abhandlungen, kreisischen Anzeigen Klassisch-astronomisch-mathematischer

Proceeding in this way they felt that they could produce an annual total of not more than 48 sheets, an average of four monthly; in an octavo volume this is 64 pages per month. The price of a volume, 6 monthly issues, is 5 Prussian Reichsthaler or 9 florins, and subscription is urged, though the entire volume must be taken. The journal can be ordered sent to any town with a book dealer or post office that has dealt with Cotta.[8]

The journal declares an editorial board of "the most famous German astronomers and mathematicians":

> Beigel, Bessel, Brandes, Bürg, Buzengeiger, David, Ende [Encke?] Gauss, Gerling, Harding, Heinrich, Hohner (?), Ideler, Mollweide, Münchow, Nicolai, Olbers, Oltmanns, Pasquich, Pfaff, Soldner, Triernecker(?), Wacher, Wurm,

and Zach also has promised to contribute, from Italy. Since the editors got free copies, a fact that is mentioned in the preface to the first volume, this large editorial board may have undermined the overall viability of the enterprise. We note that the greater restriction of subject matter would necessarily restrict the public somewhat.

4.3 Hindenburg's *Archiv*

Hindenburg's journal *Archiv der reinen und angewandten Mathematik* ran from 1794 to 1800. This was one of a series of journals that have been discussed collectively by Maarten Bullynck (2013) among others. In this case, the publisher is the *Leipzig Schäferische Buchhandlung*. In a prefatory note to the first volume the publisher writes concerning the journal's project:

> Encouraged by the flattering circumstance in which several of the most prominent mathematicians of Germany and elsewhere have favourably expressed the conclusion to again initiate a journal for Mathematics of its own, and honoured by the readiness with which they have offered articles, the undersigned book dealership here makes a beginning to discharge its promise to occupy itself with the publication of this journal. If the mathematical public should support this undertaking even moderately, then at every Easter and Michaelmas two issues will regularly appear, each of eight sheets, in a coloured wrapper.[9]

Eight sheets make 128 pages in an octavo volume, and the publisher thus notes the willingness to publish given the supply of material, hoping that the

---

Werke und Korrespondenz-Nachrichten. Von Geographie berücksichten wir bloss den eigentlich mathematischen Theil.

8. Bezout's *Traité d'arithmétique* (1821) cites tables from the *Annuaire* of the Bureau des longitudes to put this at around 20 francs; this is not a small sum, roughly $200 in 2018 (Bézout 1821, 155).

9. Aufgemuntert durch den schmeichelhaften Beyfall, womit mehrere der angesehensten Mathematiker Teuschlands und des Auslands den Entschluß, der Mathematik eine eigne Zeitschrift wieder zu eröffnen, gut geheißen, und geehrt durch die Bereitwilligkeit, womit sie sich zu Beyträgen erboten haben, macht Endesunterzeichnete Buchhandlung hier den Anfang, sich ihres Versprechens, den Verlag dieser Zeitschrift zu besorgen, zu entledigen. Unterstützt das mathematische Publikum nur einigermassen dies Unternehmen, so werden in jeder Oster- und Michaelismesse zwei Hefte, jedes zu acht Bogen, in einem farbigen Umschlage regelmäßig erscheinen.

"mathematical public" will unite to support the effort. In a preface, Hindenburg underlines that the publisher is not aiming at a profit, but only at the recovery of costs. The experience of earlier failed efforts may have been well known to the publisher, who also gave the undertaking a patriotic twist in the same prefatory note:

> The publisher adds no word of recommendation for an undertaking that thus far has been undertaken and carried out by no other nation than the German one...[10]

Hindenburg echoes this sentiment in his preface, and likewise discusses the notion of the readership. This is to consist not only of the learned, who can contribute to the science, but also amateurs:

> The learned expert, to whom the completion and extension of his science lies foremost in the heart, will find here nourishment for the spirit and an encitement to further reflections, as I can guarantee; but even the mere amateur—who is accustomed not to raise the beautiful flowers and edible fruits himself, but only to pick them for his pleasure and collect them for his use—will not be forgotten, noting however that in the present volume he was less considered than he might well wish.[11]

Thus Hindenburg took note of the fact that the articles for the first volume might seem, to the amateurs he hoped to attract as readers, out of reach. Thus, while the intended public might have been wide, the gap in understanding between those who sought to "complete and extend" mathematics and those with a more casual interest meant that in fact the public was quite restricted. The range of articles did not go beyond a rather limited set of subjects.

Brandes' article, "Über den Durchschnitt ebener Flächen mit Flächen zweiter Ordnung (X. 1799)" offers us another idea of what this journal aimed to carry in the form of new research. The paper takes as its starting point geometrical results from Euler's *Institutiones*, and adds to mathematical knowledge by working out a specific case, or set of cases.

4.4 A plan for a journal

The question of why editors then would seek to start journals can be answered in various ways. If we emphasize the concrete requirements of life and career, income and fame come to the fore. However, there can be little doubt that these were accompanied by a general sense of the value of sharing scientific work, as well as the value of showing that a given context (be it a locality, a university, or an academy) was a site of scholarly activity.

These values are nicely illustrated by a project that did not bear fruit in the form envisaged. This was for a journal of humanities and sciences based in

---

10. Die Verlagshandlung setzt kein Wort zur Empfehlung eines Unternehmens hinzu, das noch von keiner andren Nation, als der Teutschen, entworfen und ausgeführt worden ist...

11. Der gelehrte Kenner, dem die Vervollkommnung and Erweiterung seiner Wissenschaft vornehmlich am Herzen liegt, wird hier, wie ich versichern kann, Nahrung für den Geist und Veranlassung zu weiterm Nachdenken finden; aber auch der bloße Liebhaber—der angenhme Blumen und eßbare Früchte, nicht selbst zu ziehen, nur zu seinem Vergnügen zu brechen und zu seinem Nutzen einzusammeln gewohnt ist—soll nicht vergessen werden, gesetzt auch, dass er in diesem Bande weniger bedacht wäre, als er wohl wünschen möchte.

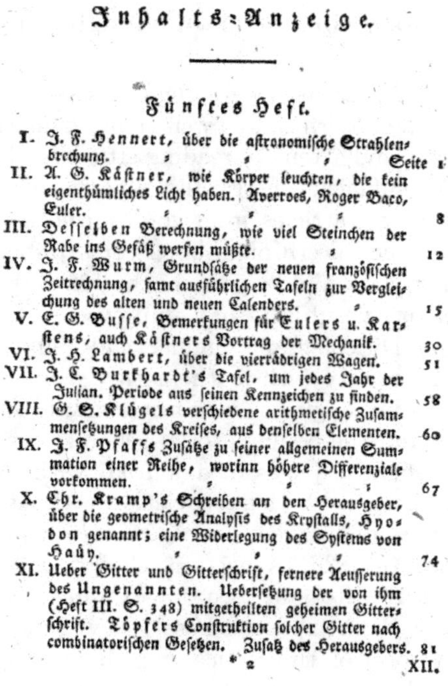

Figure 6: Hindenburg – Table of Contents, 1798

Königsberg, Prussia. We know of this from the Gauss-Bessel correspondence, and it gives a nice picture of why one might attempt to plan such a general journal, including mathematical work.

Writing to Gauss on 27 December 1810, the astronomer Friedrich Wilhelm Bessel commented on Gauss' recent work on the method of least squares, indicating that he thought a more comprehensive table of the error function would be useful. This he planned to publish in a new annual journal, which he describes as follows:

> I will perhaps calculate a more complete table, which could have its uses in mechanics; however I will now take on research on this subject, and produce a memoir on it, that I will perhaps have printed in a collection of treatises that I and a number of my colleagues here think to publish annually. Participants in this work will be Vater, Krause, Herbart, Rehmer, Schweigger, and I; and our idea is to publish it in two sections, of which one is specified for theology, philology and linguistics, and the other for mathematics and natural sciences. If the enthusiasm doesn't cool, then I would think that this kind of periodical will excite interest.[12] (Gauss & Bessel 1880, 136)

---

12. Würde ich vielleicht eine vollständigere Tafel berechnen, die in der Mechanik ihren Nutzen haben könnte; indess werde ich die Untersuchungen über diesen Gegenstand nun ordnen, und eine Abhandlung darüber ausarbeiten, die ich vielleicht in einer Sammlung von Abhandlungen drucken lassen werde, welche ich und eine Anzahl meiner Collegen

4.5 Crelle and the establishment of an enduring mathematical journal

In order for a mathematical journal achieve ongoing success, it's clear that one needs a reading public and subscribers, as well as mathematical writers whose works commanded interest and attentive reading. It's also clear that one needs an editor (or group) with sufficient energy and time to coordinate the various aspects of the task: soliciting articles from good authors, coordinating with the printer, arranging for the sale through bookstores/publishers, and getting subscriptions organized. By the middle years of the 1820s the supply of papers on various pure-mathematical subjects had improved in German, and most notably in Berlin, where Dirichlet and Steiner had come on the scene and where there was a new university with mathematical faculty.

August Leopold Crelle, an engineer with mathematical interests and associated with Hindenburg and the combinatorial school, thus had a reasonable chance of being able to fill the pages of a journal with diverse material of broad appeal. This was enhanced by his association with Abel, who had many papers in the early volumes of the new *Journal für die reine und angewandte Mathematik*, which began in 1826. Aspects of Crelle's activity have received considerable attention from historians (see, for example, Eccarius 1976), and space prevents discussing them in detail here. However, we may note that Crelle's success hangs not only on this critical mass of authors, but on a critical mass of mathematical readers, whose numbers were growing and who were more easily reached due to improved distribution, already mentioned. Eccarius also draws attention to his considerable efforts to support and publish the work of early-career mathematicians of promise. Crelle also had deep pockets: a successful industrialist, if he had a bad year he could afford to pick up the debt. This remained true until he died in 1856, in fact, since it was a required feature of his replacement editor. During the period of his activity the material conditions of both mathematics and publishing in German changed greatly, and this takes us beyond the ambit of this paper.

5 Concluding remarks: Circulation and publics

Circulation of knowledge that takes place in such journals has several forms. The astronomical journals draw particular attention to a mature form of circulating *data*, in particular new or improved determinations of the position of terrestrial or heavenly location. They also give clear evidence of the circulation of *methods*; and example is Oltmanns' determination of longitude from eclipse data, and there are also examples of approximation methods. This pattern is detectable in the journals of physics and natural sciences. The reviewing

---

hier jährlich herauszugeben denken. Theilnehmer an diesem Werke werden Vater, Krause, Herbart, Rehmer, Schweigger und ich sein; und unsere Idee ist, es in zwei Abtheilungen, wovon eine für Theologie, Philologie, Linguistik, und die andere für Mathematik und die Naturwissenschaften bestimmt ist, herauszugeben. Wenn der Eifer nicht erkaltet, so sollte ich denken, dass diese Art von Zeitschrift Aufmerksamkeit erregen wird.

journals provide much general information, whether in the form of such things as the announcement of Gauss' construction, or of reviews of particular works such as Bode's almanac. This does not circulate the know-how about how to produce such work, but it will certainly have provided information to a broad cross-section of the learned public, including people with such know-how.

The sole example we have examined of a journal specializing in mathematical research specifically aims to transmit knowledge about new *theories* such as Hindenburg's own combinatorial work, and also about older theoretical or practical discoveries and techniques that are more particularly designed for researchers and innovators in mathematical practice. The public for such a journal was clearly limited, as its relatively brief lifetime suggests.

The authors we mentioned did not employ journal publication as the main vehicle for presenting their work to its various publics. It is nevertheless a significant form of publication, particularly in the general field of astronomy and geodesy, in which the diffusion of data and methods via periodical publication had a long history. As we have seen in passing, the physical sciences to some extent built on this model, and physically-related mathematics was to appear in such venues as Schweigger's and Poggendorff's journals, especially by the mid-1820s. The diversity of publication by individuals reflects in a complex way the diversity and manifold nature of careers. This is a continuation of a "pre-bureaucratic" model, or a pre-professional model, of seeking a career, one that is familiar from the early modern period onward, linked to patronage of individuals by nobles. This was very much in decline in post-Napoleonic Germany, not least due to the reforms that took place during the French occupation. The various changes in individual states, including the end of the Holy Roman Empire, likewise meant a large-scale reform of the bureaucracy, fundamental for most mathematical careers, whether as educators or as practical mathematicians.

The reasons for a restrained interest in journal publication are doubtless complex, but, setting aside the purely reviewing journals, we can see different factors at play in different contexts. The academy journals are of restricted access. For members, they had the advantage of providing offprints at reasonable (or no) cost (Fyfe 2018), at least in some cases, allowing academicians to circulate their work to colleagues by direct correspondence. Commercial journals were accessible, at least more so, but their diffusion by booksellers was perhaps more risky than was the case for monographs. A given journal issue might contain little of interest to a given individual. Distribution of journals in Germany could be via subscription and through booksellers (exchange mechanism between booksellers at fairs); censorship a variable factor, as are state monopolies (eg on almanacs)

We see, nonetheless, that journals did aim at specific publics, doubtless in part as a means of attempting to secure readers. These publics are differentiated, and we see among them groups such as scientists and practitioners;

students and professors; and the general literate public with scientific or mathematical interests. Such groups are ill-defined and surely overlap.

R. S. Turner argued over 50 years ago that the main role of the professoriate in Germany shifted after the Congress of Vienna, with Prussian leadership, emphasizing the role of the state (Turner 1971). In our period the public for new *research* in mathematics is small, while the public for applications is larger. This is particular the case in astronomy, which attained critical mass commercially due to the cultural, social, and political importance of calendars, timekeeping, geodesy, mapmaking and navigation.

The role of journals in the circulation of mathematical knowledge in this period is thus difficult to summarize in a way that would apply generally. Certainly the reviewing journals circulated mathematical information in a broad sense, facts rather than proofs or arguments. Gauss's 17-gon, for example, would be a striking novelty to anyone who had completed Gymnasium studies, though the article describing it was silent about the method. Astronomical and physical journals included mathematical detail, as well as methods. The astronomical journals, above all Bode but Zach as well, during its life, were clearly at least looked at by leaders in the astronomy community. The journals containing physics, especially, later, Schweigger and Poggendorff, were to become important vehicles of mathematics only somewhat later. For example, Ohm's work on electric conduction was described in 1826 in Schweiger, but the full version, including the Fourier-style derivation, was a monograph (Archibald 1988). Mathematics journals specialized in research are yet to come, outside of the academy. All of these journals participate to some degree in the diffusion of existing knowledge, especially from beyond Germany. This was a role that complemented the translations of leading monographs. Offprints eventually came to have an important role, as something the author could distribute himself to build his reputation. The history of this is however very murky.

Turner's 1971 article emphasized the emergence of a professorial "duty" to do research in the 1820s, in the wake of the Humboldt reforms. Circulating this knowledge was mandated, while in the earlier period novelty was less valued, apparently, and the plethora of textbooks and tables suggests that these were more productive of employment, and perhaps also of income via contracts with publishers. Non-journal publication worked more effectively than journal publication for those purposes. But with the increased emphasis on production of new knowledge as indicative of the fitness to teach, journals became more important for mathematical careers.

Chapitre 18

Mathématiques et « mathématiciens » dans les journaux d'instituteurs français, des années 1830 aux années 1870

Renaud d'Enfert

> « J'aime mieux l'instituteur sonneur de cloches que l'instituteur mathématicien. »
> (A. Thiers, 1849)

Si l'on observe, à partir du XIXe siècle, l'émergence et le développement en France d'une presse spécifiquement dédiée aux mathématiques (Gérini & Verdier 2014), si celle-ci s'adresse, entre autres, aux enseignants qui peuvent y trouver des ressources pour l'exercice de leur métier ou échanger avec leurs pairs, force est de constater que le public des instituteurs, et plus généralement le monde de l'instruction primaire qui est alors l'école du peuple, reste très largement à l'écart de ce mouvement éditorial. C'est ainsi que sur les 1 852 auteurs recensés des *Nouvelles annales de mathématiques* (1842-1927), on compte plus de 700 enseignants, mais seulement trois enseignants du primaire, lesquels exercent d'ailleurs dans des écoles primaires supérieures, c'est-à-dire dans le « haut » enseignement primaire[1]. Cela ne signifie pas pour autant que

---

1. Il s'agit d'Adolphe Watelet (Soissons), Victor Thébault (Ernée) et Pierre Robert (Poitiers). À ces trois enseignants, on pourrait ajouter Georges Ritt, inspecteur de l'enseignement primaire, mais ce dernier est un ancien élève de l'École normale supérieure. La base de données des auteurs de cette revue est en ligne sur http://nouvelles-annales-poincare.univ-lorraine.fr/index.php?p (consulté le 11 juin 2019). Pierre Robert obtiendra l'agrégation de mathématiques en 1923.

les instituteurs ne disposent pas, au XIXe siècle, de journaux leur proposant des contenus mathématiques. La presse professionnelle qui se développe à la même époque à leur intention joue en effet ce rôle en s'intéressant aux questions scolaires et pédagogiques qui touchent de près ou de loin l'école primaire et aux différentes matières inscrites à son programme – dont les mathématiques –, et en proposant leçons-modèles, exercices et problèmes d'application, sujets d'examen, conseils et recommandations méthodologiques, revues bibliographiques, etc.

Le XIXe siècle est celui de l'essor de la presse pédagogique à destination des instituteurs (plus rarement des institutrices), auprès desquels elle assure une fonction d'information, de guide pour la préparation de la classe, mais aussi de formation continue (Caspard & Caspard-Karydis 1996). Si quelques journaux « primaires » voient le jour dans les premières décennies du siècle, c'est surtout à partir des années 1830, marquées par la loi Guizot sur l'instruction primaire (1833), que ceux-ci se multiplient : 76 journaux sont ainsi créés entre 1830 et 1879, dont la moitié avant 1850 (Caspard & Caspard-Karydis 1996, 108–109). Un nouvel élan, plus vigoureux encore, interviendra à partir des années 1880, à la faveur des grandes lois scolaires républicaines et de la rénovation pédagogique qui est alors entreprise. Certes, les durées d'existence de ces journaux sont très inégales : certains d'entre eux cessent de paraître au bout de quelques mois ou de quelques années, tandis que d'autres font preuve d'une longévité remarquable, parfois plus d'un siècle. Si bien que dans le tiers central du XIXe siècle, une dizaine de journaux en moyenne, publiés aussi bien en province qu'à Paris, se partagent le public des instituteurs.

Bien que fondamentalement généralistes, ces journaux pédagogiques sont autant de vecteurs potentiels de circulation de savoirs et de pratiques mathématiques au sein du monde de l'enseignement primaire, mais aussi entre celui-ci et d'autres univers culturels ou professionnels. Pour les instituteurs qui en sont les lecteurs et parfois les auteurs, ces journaux constituent donc, en quelque sorte, leur « presse mathématique » (Gispert 2017, 20) et c'est sous cet angle que l'on se propose de les étudier pour ce qui est du demi-siècle précédant les grandes réformes scolaires de la décennie 1880. Il s'agira donc de caractériser les mathématiques qui y sont promues et les auteurs qui les incarnent, mais on voudrait également mettre en évidence la variété de leurs fonctions et la multiplicité de leurs usages. Il s'avère, en particulier, que les instituteurs ne peuvent être réduits à de simples « utilisateurs » de mathématiques. Pour ce faire, on se concentrera sur les deux principaux journaux d'instituteurs de l'époque, à savoir le *Manuel général de l'instruction primaire* et le *Journal des instituteurs*, créés en 1832 et 1858 respectivement. Leur longévité comme leur très grande diffusion (30 000 abonnés pour le *Journal des instituteurs* en 1862 (Chapoulie 2010, 59)), leur proximité initiale avec le pouvoir en place, en font en effet des titres emblématiques de la presse d'enseignement primaire au XIXe siècle[2].

---

2. Ces deux journaux sont disponibles en ligne à l'adresse https://www.bibliotheque-diderot.fr.

1 Le *Manuel général* et le *Journal des instituteurs* : proximités et concurrences

Constituant de « véritables institutions » (Caspard & Caspard-Karydis 1996, 109) au sein de la presse d'enseignement primaire, le *Manuel général de l'instruction primaire* et le *Journal des instituteurs* présentent des caractéristiques communes dont certaines les rendent directement concurrents sous le Second Empire : même public cible d'instituteurs, mêmes objectifs, même caractère quasi-officiel au moment de leur création notamment.

1.1 Le *Manuel général*, emblème éditorial du « moment Guizot »

Destiné « à guider les instituteurs dans le choix des méthodes et à répandre dans toutes les communes de France les meilleurs principes d'éducation » (*MGIP* 1832, couverture), le *Manuel général ou Journal de l'instruction primaire*, puisque tel est son titre initial, est créé à la fin de l'année 1832 à l'instigation du nouveau ministre de l'Instruction publique François Guizot. Ce dernier estime en effet nécessaire d'instituer une « publication périodique qui recueille et répande tout ce qui peut servir à l'amélioration des écoles et à l'instruction du peuple » (Ministère de l'Instruction publique 1832, 102).

De fait, la création du *Manuel général* est partie prenante de la politique menée au lendemain de la révolution de Juillet par le ministère de l'Instruction publique, notamment par Guizot, pour organiser et développer mais aussi encadrer et contrôler l'enseignement primaire, y compris en matière de culture scolaire. La loi Guizot de 1833 (qui ne concerne que l'enseignement masculin[3]) et divers autres textes réglementaires fixent et circonscrivent les contenus d'enseignement des écoles primaires, élémentaires et supérieures, ainsi que des écoles normales primaires qui préparent au brevet de capacité (élémentaire ou supérieur) indispensable pour exercer le métier d'instituteur[4]. L'arithmétique et le système métrique, ainsi que, pour le « haut » enseignement primaire seulement, la géométrie (ou la géométrie pratique), le dessin linéaire et l'arpentage (vus comme des « applications usuelles » de la géométrie), forment ainsi les grandes composantes de l'enseignement mathématique censé être dispensé dans les établissements d'instruction primaire.

La création du *Manuel général* participe d'ailleurs d'un ensemble de mesures relatives à l'édition scolaire visant, certes de façon moins impérative, à la définition des contenus d'enseignement. C'est ainsi qu'au début des années 1830, le ministère de l'Instruction publique fait composer et envoyer dans les écoles une série de cinq manuels « officiels », dont une *Petite arithmétique raisonnée* rédigée par Hippolyte Vernier (1800-1875), professeur de mathématiques au collège royal Louis-le-Grand (Vernier 1832). Une commission

---

3. Elle sera étendue aux écoles primaires de filles, avec des différences toutefois, par une ordonnance royale du 23 juin 1836.
4. La loi Guizot oblige chaque département à entretenir une école normale primaire (d'instituteurs). Leur nombre passe de 47 en 1833 à 76 en 1841.

d'examen des livres élémentaires, initiée en 1828, est également réactivée, qui dresse régulièrement la liste des manuels scolaires dont l'usage est autorisé dans les écoles primaires[5].

À l'origine, le *Manuel général* est publié par quatre éditeurs associés – Didot, Hachette, Levrault, Renouard – et porté par une équipe dirigeante de quatre rédacteurs, proches de Guizot. Deux parmi ces derniers, Louis Lamotte et Auguste Michelot, respectivement maître de pension et chef d'institution, retiennent l'attention pour leur relative familiarité avec le champ des mathématiques. Bien que licencié en droit, Lamotte (1793-?) a notamment été pendant plusieurs années répétiteur de mathématiques au sein de l'institution Paté-Jouant à Paris, préparant d'après ses dires les élèves au concours de l'École polytechnique. Il deviendra en 1835 inspecteur de l'instruction primaire du département de la Seine après avoir fondé un éphémère « collège d'industrie » (Guyot de Fère 1834, 295–296), (Archives nationales [AN], F/17/9026, F/17/21064 et LH/1462/8). Michelot (1792-1854) est quant à lui un ancien élève de l'École polytechnique (puis officier du Génie) qui a pris la direction d'une institution préparatoire privée en 1823 (Guyot de Fère 1834, 324–325). Auteurs de nombreux manuels scolaires dans des domaines divers – Lamotte publie notamment chez Hachette des manuels et des tableaux d'arithmétique, de système métrique, de dessin linéaire et d'arpentage –, ils feront partie de la commission d'examen des livres élémentaires à partir de la seconde moitié des années 1830[6].

Le *Manuel général* va connaître diverses évolutions durant son premier demi-siècle d'existence. Outre des modifications dans son titre complet et des changements de rédacteurs en chef au cours de la période, le journal perd en 1838 sa position de « porte-parole officiel du ministère » (Geslot 2010, 43). Ses objectifs évoluent également : en 1844, estimant que les instituteurs sont désormais « capables de faire eux-mêmes leur classe », le *Manuel général* se donne notamment pour mission d'« entretenir et fortifier les connaissances qu'ils ont déjà acquises » et de les mettre « à portée de populariser les découvertes utiles et les procédés nouveaux qui peuvent contribuer au bien-être des classes laborieuses de la société[7] ». Sa périodicité connaît aussi des variations : publication mensuelle lors sa création, le *Manuel général* devient hebdomadaire en 1850 en même temps qu'il passe sous le contrôle exclusif de

---

5. Voir par exemple la *Liste des ouvrages dont l'usage a été et demeure autorisé dans les établissements d'instruction primaire* publiée dans (Conseil royal de l'instruction publique 1836).

6. En 1830, Lamotte et Michelot avaient créé, avec l'éditeur Hachette, le *Journal de l'instruction élémentaire* dont l'objectif était de « répandre dans toutes les communes de France les meilleures méthodes de lecture, d'écriture, de calcul, de grammaire, de géographie, de dessin linéaire, de gymnastique et de musique » et qui peut être considéré comme le précurseur du *Manuel général*.

7. Cité dans la notice « *Manuel général de l'instruction primaire* » de la banque de données Pénélopée : www.inrp.fr/presse-education/revue.php?ide_rev=476&LIMIT_OUVR=0,10 (consulté le 17 janvier 2020).

Hachette, puis à nouveau mensuel en 1858 et enfin hebdomadaire à partir de 1864. Dans l'intervalle, il a fait l'objet d'éditions complémentaires : d'une part des éditions locales – académiques ou départementales – dans la deuxième moitié des années 1840 ; et d'autre part, la publication à partir de 1854 d'un *Petit manuel de l'instruction primaire*, version réduite et mensuelle de l'édition hebdomadaire.

1.2 Le *Journal des instituteurs* : la voix du ministère sous le Second Empire

Les changements de périodicité du *Manuel général* sous le Second Empire ne sont pas sans liens avec la création en 1858 d'un nouveau journal très directement concurrent, le *Journal des instituteurs*[8]. Publié sous forme hebdomadaire par l'éditeur et député bonapartiste Paul Dupont, celui-ci s'adresse au personnel des écoles primaires et de ses extensions (il est sous-titré « Écoles normales primaires, écoles de garçons et de filles, classes d'adultes, salles d'asile »). De même que le *Manuel général* n'avait d'autre but, à l'origine, que de diffuser les vues du ministère auprès des instituteurs, le *Journal des instituteurs* est lui aussi, à sa création, le relais quasi-officiel du ministère de l'Instruction publique dont il reçoit le soutien, y compris financier[9]. « Le gouvernement doit avoir aussi ses organes avoués auprès des instituteurs », écrit ainsi le ministre Gustave Rouland dans un prospectus de décembre 1857 présentant le nouveau journal[10]. Par rapport au « moment Guizot », la politique éducative a fortement évolué : la réaction conservatrice qui a suivi la révolution de 1848 a conduit à « ramener l'enseignement primaire à ce qu'il a d'essentiel », autrement dit à l'apprentissage des rudiments (Beugnot 1849, 214). Les écoles primaires supérieures ont perdu leur existence légale tandis que les écoles normales doivent désormais former « des instituteurs sages et modestes » (Fortoul 1854, 328).

Si l'on met de côté la dimension politique, l'objectif du *Journal des instituteurs* n'est guère différent de celui du *Manuel général* puisque les instituteurs « y trouveront des conseils immédiatement applicables sur la direction des classes, sur l'instruction pratique et l'éducation morale, des

---

8. Le *Journal des instituteurs* prend la suite du *Bulletin de l'instruction primaire* créé en 1854. Notons qu'en 1858, Pierre Larousse – un ancien instituteur – lance également un journal, *L'École normale*, également à destination des instituteurs. Bimensuel puis mensuel, celui-ci est tiré à 40 000 exemplaires en 1859. Il cessera de paraître en 1865. D'après la notice « École (L') normale » de la banque de données Pénélopée : www.inrp.fr/presse-education/revue.php?ide_rev=2157&LIMIT_OUVR=0,10 (consulté le 17 janvier 2020).

9. Le *Bulletin de l'instruction primaire*, qui précède le *Journal des instituteurs*, avait déjà reçu les encouragements du ministre Fortoul qui voyait en celui-ci « un auxiliaire utile des vues de l'administration ». Voir (Fortoul 1855).

10. Cité dans la notice « *Journal des instituteurs* » de la banque de données Pénélopée : www.inrp.fr/presse-education/revue.php?ide_rev=502&LIMIT_OUVR=0,10 (consulté le 17 janvier 2020).

notions usuelles sur tout ce que la science découvre chaque jour[11] ». Étant « richement subventionné par le ministère » (Mollier 1999, 405), le *Journal des instituteurs* peut cependant proposer un abonnement moins cher que le *Manuel général* (5 francs par an contre 8 francs par an), lequel redevient alors, comme on l'a vu, un mensuel (à 1,20 francs par an). Et si l'arrivée de Victor Duruy au ministère en 1863 lui ôte son sceau officiel et ses subventions, il n'en reste pas moins jusqu'à la fin du Second Empire un journal moins onéreux que le *Manuel général* redevenu hebdomadaire : en 1865, par exemple, le prix de leur abonnement annuel est respectivement de 5 francs et 10 francs, mais il est vrai que le *Journal des instituteurs* ne totalise qu'environ 700 pages quand son concurrent en compte plus de 1 100.

2 Présence des mathématiques : des formes éditoriales diverses

À l'image des instituteurs, caractérisés par leur polyvalence disciplinaire, le *Manuel général* comme le *Journal des instituteurs* sont des journaux généralistes, au sens où ils traitent des différentes matières susceptibles d'être enseignées dans les écoles primaires ou de contribuer à la formation de leurs maîtres. Généralistes, ces deux journaux le sont également dans la mesure où ils abordent des questions qui regardent l'instruction primaire en général[12], mais aussi, de façon variable dans le temps, informent leurs lecteurs de l'actualité « politique », tant nationale qu'internationale. Des bulletins météorologiques, les cours de la bourse, ou encore des romans-feuilletons pour la jeunesse peuvent également y être publiés. À cette variété des sujets répond la multiplicité des rubriques, dont l'organisation et les intitulés évoluent au fil du temps et diffèrent d'un journal à l'autre. Aussi n'est-il pas toujours aisé d'y repérer la présence des mathématiques et encore moins de la quantifier, d'autant que celle-ci n'est pas régulière, surtout en début de période. Plusieurs formes éditoriales où se déploient les mathématiques peuvent néanmoins être identifiées sur l'ensemble de la période.

2.1 Articles de fond et recensions

Une première forme est composée des articles « de fond » touchant aux contenus mathématiques ou à leur pédagogie. De nature explicative, ces articles publiés en une ou plusieurs livraisons, parfois de façon anonyme, peuvent donner des vues générales sur l'enseignement des mathématiques et ses enjeux, s'intéresser à des notions ou à des méthodes de résolution particulières – et éventuellement les discuter –, ou encore fournir des conseils

---

11. Cité dans la notice « *Journal des instituteurs* » de la banque de données Pénélopée : www.inrp.fr/presse-education/revue.php?ide_rev=502&LIMIT_OUVR=0,10 (consulté le 17 janvier 2020).
12. Ces questions d'ordre général peuvent néanmoins concerner en partie les mathématiques. Voir par exemple (Badin 1845-1846) qui consiste en une série d'articles intitulée « De l'emploi du temps et de la distribution des exercices dans une école primaire ».

aux instituteurs pour l'enseignement aux élèves. Citons respectivement, à titre d'exemples, ces articles du *Manuel général* sur « l'arpentage considéré comme moyen d'amélioration dans le sort des instituteurs » (1832), sur « l'emploi des proportions dans les problèmes d'arithmétique » (1837), ainsi que ces « Lettres à un instituteur sur la manière d'enseigner l'arithmétique » publiées mensuellement en 1841 et 1842. Les mêmes types d'articles se retrouvent dans le *Journal des instituteurs* qui publie par exemple une série d'articles sur « l'enseignement du système métrique » visant à montrer comment celui-ci peut être articulé avec l'enseignement de l'arithmétique (1860), d'autres sur les « règles d'intérêt » (1858) et sur « la réforme de la règle de trois » (1876), ou encore des « conseils aux instituteurs sur l'enseignement de l'arithmétique » (1870-1872).

Les comptes rendus critiques de manuels scolaires, habituellement rassemblés dans une rubrique spécifique, constituent une deuxième forme éditoriale, présente tout au long de la période. La monarchie de Juillet apparaît néanmoins la période la plus prolifique en la matière : le *Manuel général* publie près d'une centaine de recensions de manuels de mathématiques durant les décennies 1830 et 1840, mais seulement une vingtaine environ au cours des deux suivantes, les années 1870 marquant quant à elles une légère reprise. Dans cette deuxième période, le *Journal des instituteurs* ne fait guère mieux que son concurrent, avec moins d'une vingtaine de recensions durant les décennies 1860 et 1870. Ce dynamisme du début de période peut être rattaché au fait que, comme on l'a vu plus haut, les principaux rédacteurs du *Manuel général* appartiennent à la commission d'examen des livres élémentaires (dont l'activité cesse vers 1848) et ont donc une bonne connaissance de la production scolaire. Mais il tient aussi au projet de populariser auprès des instituteurs cette nouvelle génération de manuels scolaires conçus spécifiquement pour (ou censés convenir à) l'école primaire, et qui voit le jour à partir des années 1830 avec Hachette comme éditeur phare :

> Les connaissances que la plupart des instituteurs ont en arithmétique sont vagues, incomplètes, inexactes. [...] Il y a quelques années, on aurait pu les excuser jusqu'à un certain point. Alors, les instituteurs et les aspirants, qui voulaient étendre un peu leurs connaissances en arithmétique, étaient obligés d'avoir recours aux savants ouvrages de MM. Bourdon, Lacroix, Reynaud, etc., trop forts et trop étendus pour eux, et dont ils ne retiraient le plus souvent que de la fatigue et du découragement. Maintenant ils ont, dans les livres de MM. Bergery, Ferber, Lamotte, Alexandre Meissas, Michelot, Vernier, Woisard, etc., tout ce que les instituteurs, même du degré supérieur ont besoin de savoir, présenté avec exactitude, clarté et simplicité. (*MGIP* 1835, 67)

Sont ainsi mis en avant à travers les recensions, non sans une certaine dose d'autopromotion, les « bons » manuels et les « bons auteurs », comme Louis Lamotte, Jacques-Frédéric Saigey (1797-1871) ou Hippolyte Sonnet (1802-1879), au demeurant publiés par Hachette. Ainsi les *Tableaux d'arithmétique* de Vernier et Lamotte sont-ils salués pour leur « importance », leur « étendue » et leur plan « très méthodique » (*MGIP* 1833b, 313), et les recueils d'exercices de Saigey pour leur « grand nombre de questions fort bien choisies » (*MGIP* 1841b,

362–363). À l'inverse, le *Cours de mathématiques pour les écoles primaires* de Jean-François Major est jugé « incomplet et rempli d'inexactitudes » (*MGIP* 1833a, 319), tandis que l'auteur du *Manuel classique des poids et mesures*, Louis Daléchamps – un instituteur parisien –, est invité « à refaire son livre, à en retrancher tout ce qui est inutile » (*MGIP* 1841a, 305). Souvent parisiennes, ces « valeurs sûres » appartiennent beaucoup plus souvent au monde de l'enseignement secondaire, voire des grandes écoles scientifiques et techniques, qu'à celui de l'enseignement primaire. Leur mise en avant ne s'interrompt pas avec la chute de la monarchie. À partir de la fin des années 1850, tant le *Journal des instituteurs* que le *Manuel général* promeuvent les nombreux manuels d'Étienne-Auguste Tarnier (1808-1882), un examinateur d'admission à l'École militaire de Saint-Cyr (et par ailleurs auteur chez Hachette) devenu inspecteur primaire à Paris[13], dont la *Nouvelle Arithmétique pratique* (1859) présente la caractéristique – jugée novatrice – de placer l'étude du système métrique avant celle des quatre opérations (Rapet 1860)[14]. Comme on le verra plus loin, les recensions ne constituent qu'une des facettes de cette mise en contact, *via* les journaux, du monde des instituteurs avec ces autres univers professionnels mais aussi mathématiques.

2.2 Des banques d'exercices scolaires en flux continu

À côté des articles de fond et des recensions de manuels, les exercices et problèmes, avec ou sans solution, constituent une troisième forme éditoriale, qui prend de l'ampleur au cours de la période. Publiés parfois isolément, le plus souvent en série, ils sont destinés à être donnés aux élèves mais visent également, pour une partie d'entre eux, les instituteurs eux-mêmes. Jusqu'au Second Empire, la frontière entre les exercices pour les élèves et ceux pour les maîtres paraît même assez floue. C'est ainsi qu'en 1836, le *Manuel général* publie une série d'exercices comprenant à la fois « des problèmes extrêmement faciles, destinés aux élèves », et « des problèmes particulièrement destinés aux aspirants, qui se préparent à obtenir les brevets de capacité élémentaire et supérieur » (*MGIP* 1836, 116). Ces derniers visent très probablement les élèves les plus avancés des écoles primaires susceptibles de se présenter à l'examen du brevet, mais aussi les maîtres non brevetés (de Salvandy 1838) ou ceux déjà avancés dans la carrière, le plus souvent formés sur le tas et dont la remise à

---

13. Nommé inspecteur de l'enseignement primaire en 1856, Tarnier était docteur ès sciences après avoir présenté en 1845 une thèse d'astronomie à l'Université de Paris. Il avait été auparavant répétiteur de mathématiques spéciales au collège royal Louis-le-Grand et s'était associé en 1838 avec Jean-Joseph Guilloud, également répétiteur de mathématiques, pour ouvrir une « école spéciale de mathématiques, destinée à la préparation des élèves à l'École polytechnique et aux écoles forestière, navale et militaire » (Anonyme 1838). Voir également (Belhoste 2001).

14. De larges extraits de la *Nouvelle Arithmétique théorique et pratique* de Tarnier (Tarnier 1861) sont publiés dans le *Manuel général*. Voir par exemple (*MGIP* 1865). En 1865, le *MGIP* reproduit une recension élogieuse de Gérono parue en décembre 1864 dans les *Nouvelles annales de mathématiques* (Gérono 1865).

niveau peut s'avérer nécessaire[15]. De même, alors que ses abonnés « demandent avec instance de leur donner, en aussi grand nombre que possible, des questions et des problèmes qui puissent leur servir d'exemples et d'applications pour leur enseignement », le *Journal des instituteurs* se met à publier « les énoncés et les solutions de tous les sujets qui sont proposés par les commissions d'examen pour les brevets de capacité d'instituteur et d'institutrice » :

> Ces questions présenteront d'ailleurs un double intérêt. Outre celui qui s'attache à toute application quelle qu'elle soit, elles auront l'intérêt tout particulier que doit offrir aux instituteurs, dont plus d'un élève se prépare aux examens pour le brevet, la connaissance des matières sur lesquelles portent les épreuves. (Petit 1859a, 185)

Le changement d'intitulé sans aucune explication, en mars 1855, des exercices « à l'usage des instituteurs » proposés par le *Manuel général*, lesquels deviennent « à l'usage des classes », est également révélateur de cette incertitude, en même temps qu'il signale la volonté de mieux distinguer les publics et les intentions. De fait, à partir des années 1850 et surtout 1860, la distinction devient beaucoup plus nette entre les exercices et problèmes pour la classe, les problèmes d'examen et concours, et ceux plus spécifiquement destinés aux maîtres, renforçant ainsi la fonction de formation continue de ces journaux (cf. *infra*).

Dans le même temps, les rédacteurs se mettent à proposer des exercices gradués en fonction du niveau des élèves, suivant en cela les évolutions de l'organisation pédagogique des écoles primaires (Chapoulie 2005). En 1854, le *Manuel général* publie ainsi une « série graduée d'exercices et de problèmes » en arguant que « dans beaucoup d'écoles il y a des élèves qui n'en sont déjà plus aux premiers éléments et que les instituteurs ont besoin de les exercer par des problèmes un peu plus difficiles » (*PMIP* 1854). De même, le *Journal des instituteurs* propose à partir de 1864 un ensemble de « problèmes gradués » : d'abord répartis en deux séries, l'une « pour les commençants » et l'autre « pour les élèves plus avancés » (*JdI* 1864), ceux-ci seront plus tard distribués en trois séries correspondant aux trois cours – élémentaire, moyen, supérieur – qui composent alors la scolarité primaire (*JdI* 1867, 1875).

Les sujets d'examen tendent également à se diversifier au fil du temps : ainsi voit-on apparaître, à côté de ceux, eux-mêmes plus variés, concernant spécifiquement le monde primaire (brevets de capacité, concours cantonaux, certificat d'études primaires, bourses des écoles primaires supérieures, épreuves d'admission dans les écoles normales), des problèmes de baccalauréat, d'examens de l'enseignement secondaire spécial (brevet et agrégation), d'admission à l'École supérieure de commerce, à l'École centrale ou à l'École spéciale militaire de Saint-Cyr. Cette ouverture à la culture secondaire et préparationnaire, qui

---

15. Voir (Ministère de l'Instruction publique 1832, 102) : « Bien peu d'instituteurs primaires ont reçu, dans les écoles normales récemment fondées, le secret des bonnes méthodes et les principes d'une éducation nationale ».

concerne quasi-exclusivement le *Manuel général*[16], témoigne là encore du rôle des journaux pédagogiques dans l'acculturation mathématique des instituteurs (et peut-être de certains de leurs élèves) au-delà des connaissances relevant strictement de l'univers du primaire. Elle ne doit pas non plus totalement surprendre, dans la mesure où, comme l'a noté Jean-Michel Chapoulie, les classes de l'enseignement secondaire spécial créé en 1865 peuvent être considérées comme les « héritières directes dans un grand nombre de cas » des écoles primaires supérieures établies sous la monarchie de Juillet dans les établissements secondaires (Chapoulie 1989, 434).

Au total, le *Manuel général* comme le *Journal des instituteurs* apparaissent de plus en plus comme des banques d'exercices scolaires en flux continu. Le *Journal des instituteurs* voit ainsi dans les problèmes posés dans chaque département pour l'examen du brevet de capacité « une source inépuisable qui nous permettra de satisfaire à toutes les exigences » (Petit 1859a). Viendra s'ajouter, à partir des années 1860-1870, une nouvelle forme éditoriale avec la publication par fragments, numéro après numéro, de « cours complets ». Qu'ils abordent conjointement les principales matières de l'instruction primaire ou se consacrent plus spécialement à l'une d'entre elles – comme l'arithmétique –, ces cours fournissent clés en main aux instituteurs des leçons et des exercices d'applications (ainsi que leurs solutions), éventuellement répartis par cours et parfois même pour chaque jour de la semaine (*JdI* 1860, *MGIP* (Émile Burat) 1870, *MGIP* 1871)[17]. Le cours d'arithmétique publié dans le *Manuel général* à partir de la rentrée scolaire 1870 est ainsi conçu pour être utilisable avec les élèves des différents cours de l'école primaire, selon le principe de l'enseignement concentrique :

> Ce cours d'arithmétique raisonnée, qui sera accompagné d'un grand nombre d'exercices d'application, est rédigé en vue du cours supérieur. Pour le cours intermédiaire, on pourra supprimer quelques développements ; pour le cours élémentaire, on se contentera des définitions, des règles pratiques et des exercices les plus faciles. (*MGIP* (Émile Burat) 1870, 1)[18]

3 Quelles mathématiques ?

À travers leurs articles de fond, leurs recensions de manuels, leurs séries d'exercices et de problèmes et leurs « cours complets », le *Manuel général* et le *Journal des instituteurs* s'attachent essentiellement à définir et expliciter les contenus, les normes et les bonnes pratiques de l'enseignement des mathématiques à l'école primaire.

---

16. Voir par exemple (d'Altemont 1858). Voir également la « Partie technique » du *Manuel général* pour les années 1877 et 1878.

17. Notons que dans les années 1830, le *Manuel général* avait publié des « Instructions pour le brevet de capacité » portant sur diverses matières de l'enseignement primaire (notamment arithmétique, système métrique, dessin linéaire) et formant ainsi, pour chacune d'entre elles, une sorte de cours complet. Voir par exemple (*MGIP* 1833c).

18. Sur l'enseignement concentrique, voir par exemple (d'Enfert & Jacquet-Francillon 2010).

3.1 Des contenus « primaires », mais pas seulement

À cet égard, il n'y a pas vraiment de décalage entre les propos tenus dans ces journaux et les conceptions officielles. Le champ des mathématiques abordées dans les deux journaux est dans l'ensemble conforme aux prescriptions ministérielles et vise surtout l'école primaire élémentaire : l'arithmétique et le système métrique dominent, tandis que la géométrie, d'abord réservée aux élèves des écoles normales et primaires supérieures puis exclue en 1850 des programmes d'enseignement ou fortement minorée dans ceux-ci, est surtout présente à travers ses aspects pratiques, du moins jusqu'au milieu des années 1860. Les journaux s'accordent toutefois une certaine liberté par rapport au cadre officiel et s'ouvrent à l'algèbre, à la trigonométrie, à la cosmographie, à la mécanique, à la géométrie descriptive, et même aux probabilités. En particulier, l'algèbre occupe une place croissante à partir des années 1850-1860 – *via* notamment l'utilisation de notations littérales ou la présentation de « solutions algébriques » à des problèmes d'arithmétique[19] –, et pénètre ainsi le monde de l'enseignement primaire avant son introduction officielle dans les programmes[20]. En 1879, le *Manuel général* publie même des « Éléments d'algèbre » en plusieurs livraisons successives, en arguant que les programmes de l'enseignement primaire supérieur alors en préparation renfermeront très probablement « quelques notions d'algèbre », mais aussi que « beaucoup de problèmes d'arithmétique réputés difficiles se font rapidement avec le secours de quelques notions d'algèbre » et qu'« un bon instituteur doit savoir beaucoup au-delà du programme imposé aux élèves » (Burat 1879).

Notons que, à l'exception des sujets d'examen et de concours, généralement distincts selon les sexes, la question d'une éventuelle différenciation des contenus d'enseignement entre garçons et filles n'est que très rarement abordée. En 1868, le *Journal des instituteurs* indique les restrictions à faire en ce qui concerne l'arithmétique enseignée aux filles, en invoquant sans surprise la spécificité des besoins inhérents à leur future vie sociale et professionnelle :

> Nous ne prétendons pourtant point qu'on doive enseigner l'arithmétique aux filles avec autant d'étendue qu'aux garçons. Rappelons-nous en effet, qu'il y a deux choses à considérer dans cette science : son utilité en elle-même et par rapport aux applications qu'on en pourra faire dans sa profession future, et son utilité comme moyen de développement intellectuel. Or les femmes n'ont pas les mêmes professions à exercer dans le monde, et par conséquent elles n'ont pas les mêmes besoins. Il serait donc inutile de leur donner un enseignement aussi complet et dont elles n'auraient peut-être jamais à faire usage. Si, par exemple, l'étude des proportions et des rapports en général est importante pour elles, comme moyen d'étendre l'esprit et de lui donner de la précision, s'il est utile pour elles de connaître la formation des carrés et des cubes, nous ne voyons pas le même avantage à leur enseigner la théorie complète des

---

19. Voir par exemple (Lagarrigue 1868). Voir également la « Partie technique » du supplément du *Manuel général* pour les années 1877 et 1878.

20. Notons cependant que dans une instruction du 2 juillet 1866, le ministre de l'Instruction publique Victor Duruy avait encouragé l'extension des programmes des écoles normales primaires à l'aide de ceux l'enseignement secondaire spécial nouvellement créé (d'Enfert 2003, 146–149).

logarithmes dont la plupart d'entre elles ne se serviront probablement jamais, ni les règles relatives à l'extraction des racines, qui s'oublient si rapidement quand on n'en fait pas usage [...]. Quelle que soit donc la variété des questions qui s'adressent à la fois aux deux sexes, on se tromperait gravement si l'on faisait toujours résoudre des problèmes de même nature aux garçons et aux filles ; on ne préparerait complètement ni les uns ni les autres à leur destination spéciale. (*JdI* 1868, 677)

3.2 Simplicité, clarté, utilité

Au-delà des contenus proprement dits, c'est aussi et surtout, comme le suggère la longue citation ci-dessus, l'esprit dans lequel les mathématiques doivent être enseignées à l'école primaire qui est mis en avant dans les deux journaux. En premier lieu, celles-ci doivent être exposées de façon simple, claire et méthodique : « Ce n'est pas seulement, en effet, de science qu'il est besoin pour enseigner dans les écoles primaires, il faut encore savoir se mettre à la portée d'intelligences quelquefois complètement incultes et rebelles au défrichement », peut-on lire en 1846 dans le *Manuel général* qui encense par ailleurs un manuel d'arithmétique dont « l'auteur a sacrifié le désir de faire preuve d'érudition à l'avantage d'être clair et intelligible », et un autre dont les notions sont présentées « dans l'ordre le plus méthodique, et énoncées dans un style concis, mais simple et facilement intelligible » (*MGIP* 1846, 278). La tonalité n'est guère différente après 1850, marquée néanmoins par une plus grande attention au fait que l'enseignement doit être adapté à l'âge des élèves : « évitons les termes peu usuels, les expressions trop savantes, n'abusons pas des définitions [...]. Rappelons-nous que nous nous adressons à des enfants », écrit ainsi un rédacteur du *Journal des instituteurs* (Lagarrigue 1871, 104).

Ce désir de clarté et de simplicité se conjugue, en second lieu, avec une exigence d'utilité pratique. Au motif que, dans leur très grande majorité, les élèves des écoles primaires entreront tôt dans la vie active, les journaux mettent l'accent sur les applications pratiques. Pour le *Manuel général*, celles-ci « sont, dans nos écoles primaires, le seul but important des études mathématiques, le seul qu'il soit utile et possible à tous les enfants d'atteindre » (*MGIP* 1848, 280). Le *Journal des instituteurs* rappelle quant à lui que les élèves de l'enseignement primaire sont « destinés pour la plupart à limiter leurs études au programme de l'école primaire et [...] doivent être à même, en nous quittant, de mettre immédiatement en pratique les connaissances que nous leur aurons communiquées » (Lagarrigue 1871, 104). De là, la volonté de fournir des exercices d'arithmétique « dont les énoncés offrent un certain intérêt », c'est-à-dire en prise sur des aspects pratiques de la vie usuelle et fondés sur des données réelles :

Les nombres que nous proposerons pour base des calculs à effectuer, ne seront jamais pris au hasard. Ils seront toujours des données exactes fournies par les documents les plus certains. (Petit 1860a, 104)

Cette exigence d'utilité pratique, que l'on retrouve aussi bien pour la géométrie que pour l'arithmétique mais qui n'est pas toujours respectée[21], se traduit également par la volonté de bien différencier, dans leur esprit comme dans leurs finalités, les mathématiques de l'école primaire de celles de l'enseignement secondaire, présentées comme abstraites, théoriques et spéculatives[22]. Mais si la « nécessité de ne pas confondre l'école avec le lycée » est bien affirmée (*JdI* 1862, 602), la contribution des mathématiques à la culture de l'intelligence et à la formation du jugement n'en est pas moins mise en avant. Publiées dans le *Manuel général* au début des années 1840, les « Lettres à un instituteur sur la manière d'enseigner l'arithmétique » sont particulièrement emblématiques à cet égard. Leur auteur – un certain J.F.A. ou S.T.A. – estime ainsi que « l'étude de l'arithmétique peut et doit surtout développer les forces de l'esprit » (S.T.A. (J.F.A.) 1841, 254) et que, pour cela, les élèves « devront toujours se laisser guider par le raisonnement, par l'intelligence et non par l'habitude » (J.F.A. 1842, 174) : contre le calcul machinal et « l'ornière de la routine », il s'agit d'amener les élèves « à comprendre et à expliquer le pourquoi de chaque opération, de chaque règle, de chaque résultat obtenu » (S.T.A. (J.F.A.) 1841, 254). Cet appel au raisonnement se traduit, dans le *Manuel général* comme dans le *Journal des instituteurs*, par la promotion de « l'explication raisonnée » ou plus fréquemment de la « solution raisonnée » dans la résolution des problèmes d'arithmétique (au milieu des années 1860, le *Journal des instituteurs* comporte même une rubrique intitulée « Solutions raisonnées des exercices d'arithmétique et des problèmes[23] »). Celle-ci trouve son illustration archétypique dans la méthode dite « de réduction à l'unité », promue dans les deux journaux tout au long de la période pour résoudre les problèmes de règle de trois parce qu'elle permettrait facilement de faire raisonner les élèves et constituerait à ce titre une alternative au calcul des proportions dont l'emploi serait trop machinal. Cette méthode, également présente dans les manuels depuis les années 1820 et recommandée par les inspecteurs primaires (d'Enfert 2003, 109–110), sera introduite officiellement dans les programmes de la ville de Paris en 1868, et au niveau national en 1871 puis 1882 : tout comme pour l'algèbre (cf. *supra*), les journaux d'instituteurs auront ainsi contribué à en populariser la pratique avant sa prescription réglementaire.

---

21. Voir par exemple les exercices de géométrie proposés dans (*MGIP* 1845a) qui proposent de démontrer « que si, par un point quelconque pris dans l'intérieur d'un polygone convexe qui a tous ses côtés égaux, on abaisse des perpendiculaires sur ces côtés (ou sur leurs prolongements), la somme de ces perpendiculaires restera constante ». Voir également les exercices sur la similitude des triangles donnés dans (*JdI* 1865).

22. Voir le compte rendu des *Premiers éléments de géométrie* de Hippolyte Sonnet, dans (*MGIP* 1845b).

23. La popularisation de l'expression « solution raisonnée » se repère également dans les titres des manuels d'arithmétique publiés à partir des années 1830. Voir par exemple (Sonnet 1837), (George 1843).

4 Rédacteurs, collaborateurs, contributeurs, lecteurs (après 1850) : quelle place pour les instituteurs ?

Si le *Manuel général* et le *Journal des instituteurs* s'adressent en premier lieu aux maîtres d'école, force est de constater que ces derniers n'y collaborent que très rarement de façon durable. Comme on va le voir, les collaborateurs des deux journaux appartiennent plus souvent au monde de l'enseignement secondaire (public ou privé) ou en sont directement issus. Il est toutefois difficile d'en effectuer un recensement exhaustif, dans la mesure où nombre de contributions sont publiées anonymement – c'est très souvent le cas dans le *Manuel général* avant 1850 – ou signées par des initiales (ou un pseudonyme) qu'il n'est pas toujours aisé de décrypter. De plus, leurs titres et leur qualité sont très rarement mentionnés, rendant encore un peu plus compliquée leur identification. Enfin, il n'est pas rare que des extraits de manuels soient publiés dans l'un ou l'autre journal. C'est le cas par exemple, dans le *Manuel général* en 1865, de la *Nouvelle Arithmétique théorique et pratique* de Tarnier et, dans le *Journal des instituteurs* en 1872, de l'*Arithmétique populaire* de Noël et Dubois, deux directeurs d'école nancéens. Faut-il considérer ces derniers comme des collaborateurs du journal qui reproduit leur ouvrage ? Quoiqu'il en soit, sans doute une enquête prosopographique de nature collaborative (ou, *a minima*, la réalisation d'une base de données des auteurs) mériterait-elle d'être engagée pour à la fois inventorier et caractériser l'ensemble des rédacteurs, collaborateurs et contributeurs de ces journaux. Aussi se limitera-t-on, dans cette dernière partie, à mettre en lumière quelques piliers clairement identifiables de chacun des deux journaux dans le domaine des mathématiques durant les années 1850-1870, ainsi que la part prise par les instituteurs dans leur fonctionnement.

4.1 Le *Manuel général* : la prééminence des enseignants du secondaire

Examinons d'abord le cas du *Manuel général*. Alors que, comme on l'a vu, ses premiers rédacteurs étaient plutôt polyvalents – Lamotte et Michelot ont par exemple publié ensemble une méthode de lecture (Lamotte *et al.* 1832) –, le journal va progressivement s'attacher, pour ce qui est des mathématiques, des spécialistes de la discipline. Plutôt jeunes, ils sont passés par l'École normale supérieure, ont réussi le concours de l'agrégation et exercent dans des lycées de grandes villes. On peut ainsi citer Charles Drion (1827-1863), professeur adjoint de physique au lycée Saint-Louis, qui publie dans le *Manuel général* une série de problèmes d'arithmétique avec leur solution au milieu des années 1850[24], ainsi que Henri Bos (1830-1888), qui lui succède temporairement à la fin de la décennie – il est alors professeur de mathématiques spéciales aux

---

24. Charles Drion succède à A. Labosne, connu notamment pour le *Journal des sciences mathématiques* qu'il fait paraître en 1872 à destination des élèves des lycées ainsi que pour son *Instruction sur la règle à calcul* (Labosne 1872).

lycées d'Orléans puis de Lille (Caplat 1986, 179–180) ; (Brasseur 2022a). Avec Tarnier, déjà cité, ce dernier publiera par la suite chez Hachette un recueil de plus de 1 500 problèmes d'arithmétique « à l'usage des commençants » accompagnés de leurs « solutions raisonnées » qui reprend, au moins en partie, ceux proposés dans le *Manuel général* (Tarnier & Bos 1863, 1865). En 1860, le relais est pris par Émile Burat (1830-1894), professeur au lycée de Bordeaux – également normalien, il enseignera dans des lycées parisiens à partir de 1861 –, qui va collaborer de façon très active au *Manuel général* jusqu'à sa mort (Dubois 2002, 49)[25]. Si ce dernier fournit de nombreux exercices et problèmes « à l'usage de la classe », il publie également durant l'année 1870 un cours d'arithmétique (signé E.B.) qui présente de nombreuses similitudes avec son *Cours d'arithmétique élémentaire* qui paraît quelques années plus tard (Burat 1874). Il contribue également activement au « Supplément » créé en 1877 pour les enseignements primaire supérieur, secondaire spécial et professionnel, en publiant, entre autres, des exercices de trigonométrie, des « Éléments d'algèbre » (cf. *supra*), ainsi que des « Notions sur le calcul des probabilités » en vue du concours d'agrégation de l'enseignement spécial (Burat 1878).

Il faut attendre, selon toute vraisemblance, les années 1870 pour que le *Manuel général* fasse appel à des rédacteurs appartenant à l'enseignement primaire (ou qui en sont issus), ou du moins pour que ceux-ci deviennent visibles. Auguste Demkès (1828-1877), directeur de l'école communale de la rue des Batignolles à Paris depuis 1852, devient ainsi l'un des deux rédacteurs (l'autre étant Émile Burat) de la partie mathématique du « Cours d'études à l'usage des écoles primaires » publié chaque semaine à partir du mois de novembre 1871[26]. Considéré comme l'« un des meilleurs instituteurs de Paris » (Sauvestre 1867, 115), Demkès avait notamment publié une *Arithmétique des élèves* en 1858 (Demkès 1858) et inventé un « escalier métrique » pour l'enseignement du système légal des poids et mesures – celui-ci fut présenté à l'Exposition universelle de 1867 à Paris (Maire 1887). Au sein du *Manuel général*, la répartition du travail entre Demkès et Burat (qui signent respectivement A.D. et E.B) respecte toutefois la hiérarchie des ordres d'enseignement (et peut-être aussi des compétences) puisque le premier prend en charge le cours élémentaire et le second le cours moyen. On retrouve une répartition analogue dans la série d'exercices publiée à partir de la rentrée 1874, avec cette fois les cours élémentaire et moyen pour Demkès, et le cours supérieur pour Burat. À sa mort en 1877, Demkès sera remplacé par un autre instituteur, Simon Maire (1854-1884), qui avait commencé sa carrière dans son école de la rue des Batignolles. La même année, le *Manuel général* fera appel à un autre rédacteur issu du monde primaire, Ambroise Bougueret (1846-19..), pour traiter les questions de géométrie, notamment descriptive, et de dessin géométrique (dont il est

---

25. Pour un aperçu sur sa carrière, voir également (AN, LH/393/28). À Paris, Burat enseigne à partir de 1866 dans les classes préparatoires à l'école militaire de Saint-Cyr.
26. Demkès collabore également avec Charles Defodon, directeur du *Manuel général* depuis 1865. Voir (Berger *et al.* 1875).

spécialiste[27]) mais aussi d'algèbre dans le supplément dédié aux enseignements primaire supérieur, secondaire spécial et professionnel (Bougueret 1877, 1878). Professeur à l'école primaire supérieure Jean-Baptiste-Say à Paris, Bougueret avait en effet commencé sa carrière comme instituteur avant d'entrer à l'École normale de l'enseignement spécial de Cluny et d'être reçu à l'agrégation de l'enseignement spécial (Dubois 2002, 42–43)[28].

4.2 Le *Journal des instituteurs* : des rédacteurs plus éloignés des élites enseignantes

Les profils des principaux rédacteurs du *Journal des instituteurs*, pour ce qui est des mathématiques (et dès lors qu'il est possible de les identifier), contrastent assez nettement avec ceux de leurs homologues du *Manuel général*. Notons, tout d'abord, que dès sa création, le *Journal des instituteurs* s'attache pour quelques années un instituteur devenu inspecteur primaire, Louis Bonvallet (1818-1895), qui venait de faire paraître un *Traité d'arithmétique décimale pratique et raisonnée à l'usage des écoles primaires*. Quant aux autres qui ont pu être identifiés, jamais agrégés, ils apparaissent davantage éloignés des élites enseignantes. Il en va ainsi, dans les premières années du journal, de A. Salvignac, licencié ès sciences et professeur adjoint de mathématiques au lycée Louis-le-Grand, ou encore de Jean-Joseph Regnault (1797-1863), bachelier ès sciences, directeur des *Annales des conducteurs des Ponts et Chaussées* et des *Annales des chemins vicinaux* (deux journaux publiés par Paul Dupont), par ailleurs secrétaire de la Société centrale des agents voyers, et qui avait notamment publié en 1853, également chez Paul Dupont, un *Cours de mathématiques élémentaires théorique et pratique [...] à l'usage des candidats aux emplois de conducteur des Ponts et Chaussées et d'agent voyer*. Ce dernier fournit, entre autres, en plusieurs livraisons, une « Arithmétique mise en problème », censée « comprendre tous les principes de la science du calcul et former un traité complet » (Regnault 1858, 169). Dans la seconde moitié des années 1870, le *Journal des instituteurs* s'attache un autre rédacteur atypique, Louis-Étienne Faucheux (1800-1887 ?), conservateur adjoint à la bibliothèque de l'Arsenal, délégué cantonal à Paris et auteur en 1875 de *Leçons élémentaires d'arithmétique*, qui y propose des solutions de problèmes ainsi que divers articles relatifs à l'arithmétique (L.E.F. (Louis-Étienne Faucheux) 1877-1878, 1878).

Un autre collaborateur du *Journal des instituteurs*, Jean-Auguste-Victor (dit Ferdinand) Lagarrigue (1834-1908), retient particulièrement l'attention.

---

27. Bougueret est également titulaire du diplôme de professeur de dessin géométrique de la ville de Paris, voir (C.D. (Charles Defodon) 1877).

28. En 1879, Bougueret devient par ailleurs professeur de travaux graphiques pour l'enseignement spécial au lycée Saint-Louis. Sur les agrégés de l'enseignement spécial, voir (Rizet Clergue 2015). Notons que Bougueret, mais aussi Bos, Burat, Demkès, Maire, ont tous contribué au *Dictionnaire de pédagogie et d'instruction primaire* dirigé par Ferdinand Buisson et dont la parution en livraisons bimensuelles commence en 1878 (Dubois 2000, 2002). Sur les mathématiques dans le *Dictionnaire* de Ferdinand Buisson, voir (Assude & Gispert 2003).

Bachelier ès sciences, il fait carrière à Paris dans l'enseignement, d'abord en exerçant dans l'institution de son oncle, plus tard en ouvrant son propre établissement (Lagarrigue s.d.)[29]. Il fut également, semble-t-il, professeur de sciences appliquées à l'École supérieure de commerce[30]. Particulièrement actif durant les vingt premières années d'existence du *Journal des instituteurs*, Lagarrigue se signale par la large palette de ses contributions, dont une bonne partie relève de la vulgarisation scientifique (voire de la science-fiction (Lagarrigue 1865a)) et se retrouvera ensuite au sein d'ouvrages édités par Paul Dupont – on retrouve là un procédé déjà évoqué plus haut (Lagarrigue 1866, 1867). Ainsi, après avoir livré en 1863 des articles sur les « problèmes impossibles » évoquant notamment la question de la quadrature du cercle, il fournit, l'année suivante, des « Récréations arithmétiques » abordant tour à tour une méthode pour deviner un « nombre pensé », les carrés magiques et les problèmes qui s'y rattachent, ou encore « quelques particularités curieuses des combinaisons des nombres ». Il publie par la suite des articles sur « les infiniment grands et les infiniment petits » (1865), le « pouvoir des nombres » (1866), ou encore le calcul des probabilités et ses applications usuelles (1867). Notons que cette démarche de vulgarisation mathématique, en marge des exercices proprement scolaires, n'est propre ni à Lagarrigue, ni au *Journal des instituteurs* puisque dès sa création par Pierre Larousse en 1858, le journal *L'École normale*, également dédié aux instituteurs, publie des « Récréations mathématiques » sous la plume de Joseph Vinot (1829-1905), bachelier ès sciences et enseignant dans diverses institutions parisiennes (Vinot 1858)[31]. Le *Journal d'éducation populaire*, organe de la Société pour l'instruction élémentaire, en avait alors loué l'intérêt : « l'aridité [des problèmes d'arithmétique] est aussi déguisée sous la forme de récréations mathématiques auxquelles un collaborateur, M. Vinot, apporte un certain attrait » (Carteron 1859, 157).

4.3 Des instituteurs anonymes mais actifs

La mise en exergue des principaux collaborateurs du *Manuel général* et du *Journal des instituteurs* ne doit pas éclipser les nombreux instituteurs qui contribuent, anonymement et très ponctuellement, à leur vitalité. À partir des années 1860, les deux journaux invitent leurs lecteurs à élargir leurs horizons mathématiques et à diversifier leurs pratiques de la discipline, *via* une éventuelle activité de recherche et de production mathématique. On a évoqué les « Récréations arithmétiques » du *Journal des instituteurs* ainsi que la parution dans le *Manuel général* de sujets d'examen ou de concours sortant du cadre strictement primaire : sans doute ces publications visent-elles

---

29. Lagarrigue contribuera également au journal *L'Instruction primaire* lancé en 1879 par l'éditeur Belin.

30. C'est du moins ce qu'indique en 1865 une publicité du *Journal des instituteurs* (supplément du n° 40, 7 octobre 1865, p. 5). Dans ses ouvrages, Lagarrigue se présente comme professeur de sciences mathématiques et physiques.

31. Vinot en tira peu après un ouvrage : (Vinot 1860). Sur Joseph Vinot, voir (Dubois 2002).

autant, sinon plus, l'acculturation et l'entraînement des maîtres (qui peuvent notamment envisager par ce moyen une évolution professionnelle) que la préparation de leurs meilleurs élèves. Comme l'indique Émile Burat, « beaucoup d'abonnés pensent que le *Manuel* n'est pas uniquement destiné aux solutions des problèmes proposés aux examens pour les brevets de capacité, ou bien à fournir des sujets de composition en vue de ces examens » (Burat 1875a, 131). Au-delà de l'instituteur candidat (au baccalauréat, aux écoles du gouvernement, etc.), c'est également l'instituteur amateur de mathématiques qui est visé. C'est ainsi qu'en 1861, le *Manuel général* publie « comme amusement et occupation pendant les vacances, les problèmes [...] récemment donnés en devoirs aux élèves de divers lycées et collèges » (X. 1861, 202). En septembre 1864, le *Petit manuel de l'instruction primaire*, qui reprend largement on l'a vu les contenus du *Manuel général*, propose des « exercices spéciaux [...] destinés à ceux de nos lecteurs qui ont du goût pour les mathématiques, et qui désirent faire des progrès dans cette étude » (Burat 1864a, 237). Évoquant en 1875 les questions des abonnés, Émile Burat estime d'ailleurs « bien faire en sortant ainsi de temps en temps du programme des études primaires, parce qu'en rendant service à l'un de nos lecteurs en particulier, nous donnerons à beaucoup d'autres la curiosité d'étendre leurs connaissances mathématiques » (Burat 1875a, 131).

Parallèlement, les journaux se mettent à interagir avec leurs lecteurs sur des questions de mathématiques. En 1859, le *Journal des instituteurs* publie non seulement, sous la plume d'un certain S. Petit, des « questions à résoudre » dont la solution sera donnée dans le numéro suivant (Petit 1859b)[32], mais aussi des « réponses à diverses questions dont les solutions nous ont été demandées » (Petit 1859c). L'année suivante, le même S. Petit publie une « Réponse à des questions qui nous ont été adressées relativement au cubage des bois en grume », après que plusieurs abonnés aient demandé les raisons du « si grand désaccord entre les résultats fournis par les divers tarifs et ceux que l'on obtient en suivant les méthodes indiquées par les traités de géométrie » (Petit 1860b, 314). Ces interactions ponctuelles deviennent plus fréquentes à partir de 1864 – elles font alors l'objet d'une rubrique spécifique –, sans devenir pour autant régulières. Force est de constater, toutefois, que dans ce jeu de questions-réponses (qui n'aura d'équivalent dans le *Manuel général* qu'à partir de 1875[33]), les abonnés peuvent certes proposer des énoncés de problèmes, mais ne sont guère invités à fournir leurs propres solutions. À cet égard, la situation est bien différente de celle observée dans les journaux spécialisés (Nabonnand 2016). Sauf rares exceptions, celles-ci sont systématiquement données par le rédacteur de la rubrique, qui s'arroge donc le privilège de communiquer les « bonnes »

---

32. Peut-être s'agit-il de Stanislas Petit (1821-1877), conducteur des Ponts et Chaussées.

33. En 1875, le *Manuel général* met en place une correspondance comprenant notamment des « Questions d'arithmétique et de géométrie », puis également une « Correspondance scientifique » dans son supplément créé en 1877. Voir (Burat 1875b). Dans les années 1860, il arrive néanmoins que le journal publie des énoncés de problèmes proposés par des abonnés. Voir par exemple (Burat 1864b).

méthodes de résolution. En 1865, un contributeur se voit d'ailleurs reprocher ses suggestions, jugées inadéquates :

> M. L. nous indique une méthode approximative [pour calculer le volume d'un tronc de pyramide à bases parallèles] qu'il propose pour éviter d'extraire des racines carrées dans les cas où les bases sont des rectangles. La formule générale $V = (B + b + \sqrt{B \times b})H/3$ est trop simple pour que l'on se donne la peine d'en chercher une autre, qui ne donnerait jamais qu'un résultat inexact. Que ceux qu'arrête la difficulté de l'extraction d'une racine carrée s'adressent à plus savant qu'eux. Nous espérons que, grâce aux instituteurs, ils n'auront pas loin à aller. (Lagarrigue 1865c, 590), (voir également Lagarrigue 1865b)

À l'inverse, dans la seconde moitié des années 1870, il arrive que les solutions proposées par des instituteurs ou des élèves-maîtres, désormais mieux formés il est vrai, trouvent leur place dans l'un ou l'autre journal (E.L.F. 1877)[34]. En 1878, un inspecteur primaire voit ainsi publiée, dans le *Manuel général*, la « solution ingénieuse » (et alternative) qu'il a envoyée après la publication d'un problème de géométrie donné au concours d'entrée à l'École militaire (E.B. 1878).

Dans la seconde moitié des années 1870 également, le *Journal des instituteurs* propose une autre forme de participation des lecteurs intéressés par les mathématiques, mais sur le versant pédagogique cette fois. Ouverte en 1875, une éphémère rubrique intitulée « Pédagogie en action » donne en effet la parole aux instituteurs qui peuvent y exposer leurs pratiques de classe. L'un d'entre eux y présente la « méthode analogique » qu'il emploie avec ses élèves pour la résolution de problèmes d'arithmétique portant sur des grands nombres (G.D. 1875), un autre le moyen qu'il emploie pour montrer que « dans le mètre cube il y a mille décimètres cubes » (V.T. 1876), un autre encore un procédé pour faire comprendre « le principe de réduction de fractions au même dénominateur et de simplification des calculs fractionnaires » (M.H. 1877). Fait rarissime, le journal donne en 1878 la parole à une institutrice, qui explique la façon dont elle se sert d'une table de division (publiée par Paul Dupont) qui « remplace avantageusement la table de multiplication et fait en outre comprendre tout de suite le rapport intime qui existe entre la multiplication et la division » (A. C. 1878, 474), (voir également N.M. 1878).

5 Conclusion

L'étude conjointe du *Manuel général de l'instruction primaire* et du *Journal des instituteurs* a ainsi permis de mettre en évidence l'essentiel des fonctions et usages des journaux d'instituteurs en matière de circulations mathématiques. En proposant tout à la fois des articles (sur des contenus disciplinaires, des méthodes pédagogiques, etc.), des comptes rendus bibliographiques et, de façon

---

34. Les solutions sont fournies respectivement par un élève-maître de l'école normale d'Auteuil et un instituteur d'Hattincourt (Somme). Voir également (*JdI* 1877). Concernant le *Manuel général*, voir notamment (*MGIP* 1877a) (solutions proposées par un instituteur des Landes et un élève de troisième année à l'école normale de Nîmes) et (*MGIP* 1877b) (solution proposée par un instituteur de l'Aube).

quasi-permanente, des séries d'exercices (ainsi que quelques « cours complets » en fin de période), ils fournissent à leurs lecteurs des ressources particulièrement riches et nombreuses pour concevoir et mettre en œuvre leur enseignement aux élèves, et participent en même temps au développement de leurs propres savoirs mathématiques. À cet égard, la lecture des deux journaux renvoie l'image d'instituteurs qui ne se contentent pas d'être de simples consommateurs des divers contenus mathématiques qui leur sont offerts. Leurs lecteurs jouent en effet, pour une fraction d'entre eux du moins et surtout en fin de période, un rôle actif dans leur vie éditoriale, en proposant des énoncés de problèmes et parfois des solutions, ou encore en exposant leurs pratiques d'enseignement des mathématiques. On peut également interpréter la volonté des rédacteurs de développer leur fibre mathématicienne et/ou de les amener éventuellement sur le chemin de la promotion professionnelle, *via* des problèmes qui leurs sont spécialement dédiés, comme une autre façon de les impliquer. Par ailleurs, les instituteurs ne se situent pas seulement du côté du lectorat, aussi actif soit-il, puisque les deux journaux s'appuient sur certains d'entre eux pour nourrir leurs colonnes. Ainsi les enseignants du primaire apparaissent-ils bien plus « mathématiciens » qu'on ne pourrait le supposer au premier abord, s'incarnant dans des figures variées : simples utilisateurs en vue de leur propre enseignement, ils sont aussi élèves, candidats, amateurs, voire producteurs de savoirs mathématiques.

Au-delà de cette multiplicité des rôles, il s'avère également que, loin de se limiter au monde de l'instruction primaire, l'espace de circulation mathématique formé par ces journaux met les instituteurs en relation avec d'autres univers culturels ou professionnels, à commencer par celui des enseignants du secondaire (du bachelier à l'agrégé), représenté par nombre de rédacteurs ou collaborateurs, mais aussi indirectement par une bonne partie des auteurs de manuels faisant l'objet d'une recension[35]. Le phénomène peut être rapproché de celui observé dans les écoles normales d'instituteurs de la monarchie de Juillet, dont la moitié environ des enseignants étaient issus du secondaire et/ou titulaire d'un grade ou d'un titre universitaire (d'Enfert 2012a). Comme ces écoles, les journaux d'instituteurs peuvent être considérés comme des espaces « connectés », comme des zones de contact et d'échanges mathématiques entre les deux ordres d'enseignement, primaire et secondaire, dont les frontières apparaissent finalement bien plus poreuses que ne le suggère l'historiographie. Il reste que, sauf à mieux connaître la nature de leur lectorat, ces espaces de circulation se révèlent quasi-exclusivement masculins, tant par les mathématiques qu'ils véhiculent, presque jamais explicitement destinées aux écoles de filles et à leurs enseignantes, que par les acteurs qui les font vivre, rédacteurs et collaborateurs comme lecteurs « actifs ». À cet égard, les

---

35. On peut également évoquer le monde des conducteurs des Ponts et Chaussées dans le cas du *Journal des instituteurs*, la robustesse des connexions restant néanmoins à confirmer.

journaux d'instituteurs du XIXe siècle ne diffèrent guère des « grands » journaux mathématiques qui leurs sont contemporains.

Archives nationales

F/17/9026 : Institutions et pensions, Paris 2e, collège d'industrie.

F/17/21064 : Dossier de carrière de Louis Lamotte.

LH/1462/8 : Dossier de Légion d'honneur de Louis Lamotte.

LH/393/28 : Dossier de Légion d'honneur d'Émile Burat.

Chapitre 19

Des mathématiques de culture générale ? Modalités et acteurs de la circulation mathématique dans des revues généralistes de la Belle Époque

Caroline Ehrhardt & Hélène Gispert

Comment les mathématiques circulent-elles auprès de publics qui ne les connaissent pas ou très peu ? S'agit-il, comme on l'entend souvent, d'un domaine trop aride (et/ou trop technique, et/ou trop détaché du réel, etc.) pour intéresser un public relativement large ? En ciblant la France et des revues s'adressant à un tel public à la Belle Époque, nous avons cherché à comprendre comment la circulation des mathématiques prend place au sein d'un phénomène bien analysé par ailleurs, l'avènement de la « civilisation du journal[1] ». Si la présence des mathématiques demeure effectivement marginale dans la plupart des publications que nous avons pu consulter, quelques titres qui accordent une place régulière aux mathématiques permettent d'interroger les particularités de cette circulation.

À la fin du XIXe siècle, en France, l'espace éditorial scientifique s'enrichit et se diversifie pour toucher un public varié, différent des publics spécialisés dans un domaine scientifique. Aux côtés des journaux spécialisés et de la littérature de popularisation destinée à promouvoir les progrès des sciences et des techniques auprès du « grand public[2] », on trouve ainsi, d'une part, des titres scientifiques généraux qui poursuivent une tradition de journalisme

---

1. On pourra voir par exemple (Kalifa *et al.* 2011) sur l'histoire de la presse française au XIXe siècle.
2. Sur la vulgarisation, voir notamment (Bensaude-Vincent & Rasmussen 1997) ; (Béguet 1990), (Raichvarg & Jacques 1991). Sur l'édition universitaire, voir (Tesnière 2001). Sur la

scientifique entamée dans les années 1830[3]. Destinés à un public scientifique ou formé aux sciences, ces périodiques œuvrent notamment au maintien d'un certain encyclopédisme savant alors que les carrières scientifiques se font de plus en plus spécialisées. D'autre part, des titres naissent qui, sans être à proprement parler scientifiques et tout en se destinant à un public lettré voire littéraire, proposent une réflexion sur les enjeux liés à l'évolution des sciences et des techniques. C'est le cas de certains périodiques spécialisés en philosophie[4], telle la *Revue de métaphysique et de morale*, mais aussi de certaines revues qui se présentent comme « généralistes[5] ». Si tous ces périodiques n'ont pas eu la même durée de vie, la même influence sur leur temps ni la même ligne éditoriale, la présence régulière des sciences et des techniques dans certains d'entre eux atteste, du moins en ce qui concerne une certaine partie de la population, d'un intérêt pour le progrès scientifique et d'une capacité à en comprendre les rouages.

Or, bien que certaines figures mathématiques de la Belle Époque prennent une part active à ce mouvement, le silence de l'historiographie à propos de la présence des mathématiques dans ce phénomène éditorial pourrait laisser croire qu'il ne joue pas de rôle dans la circulation des mathématiques – un constat qui n'est pas anodin car ce type de publications constitue, de fait, l'un des vecteurs privilégiés par lequel les sciences entrent dans l'espace public. N'est-il donc pas possible de parler de mathématiques à des lecteurs qui n'en sont pas familiers, ou d'en parler pour d'autres raisons que leurs applications dans certains milieux professionnels ? En étudiant les pratiques d'écriture et les fonctions de la présence des mathématiques dans quatre revues de langue française à la Belle Époque, ce chapitre se fixe un double objectif. D'une part, il analyse les modalités selon lesquelles les journaux non spécialisés participent à la promotion de la discipline et de ses acteurs et à la mise en avant de certains thèmes ou sujets, de façon alternative à la presse mathématique. D'autre part, il explore les usages que revêt l'écriture à propos des mathématiques dans ces publications et les publics auxquels elle s'adresse.

1 Faire circuler les mathématiques auprès d'un large public : une gageure ?

Les périodiques examinés au départ pour cette enquête ont été sélectionnés selon deux critères. D'abord leur caractère généraliste (c'est-à-dire non spécialisé dans une discipline), ce qui nous a amenées à exclure des titres centrés

---

presse scientifique et technique, voir (Bret *et al.* 2008). Pour les mathématiques, voir (Verdier 2013).

3. Sur les premiers pas de ce journalisme, voir (Belhoste 2006).
4. Voir le chapitre de Jules-Henri Greber (chap. 20) et, pour le cas de l'Allemagne, celui de Françoise Willmann (chap. 24) dans le présent ouvrage.
5. Sur l'édition périodique en France au cours de la période étudiée ici, voir (Charle 2004), (Kalifa *et al.* 2011), ainsi que (Loué 2002, 2011), (Pluet-Despatin *et al.* 2002), (Tesnière 2021). Voir aussi pour la Grande Bretagne (Cantor *et al.* 2008).

sur la philosophie ou l'histoire, comme la *Revue de métaphysique et de morale* et la *Revue de synthèse historique*, où la présence des sciences mathématiques n'est pourtant pas négligeable[6]. Ensuite leur volonté de s'adresser à un public plus cultivé que populaire : des périodiques comme *La Science illustrée*, par exemple, n'ont pas été pris en compte – mais il faut préciser qu'un rapide coup d'œil à quelques-uns d'entre eux montre, en fait, qu'ils ne publient quasiment rien sur les mathématiques.

Parmi la trentaine de titres envisagés, beaucoup ne figurent pas dans la base CIRMATH, et pour cause : ils n'accordent effectivement pas, si ce n'est de manière très ponctuelle, de place aux mathématiques. La circulation des mathématiques auprès d'un public relativement large à la Belle Époque semble donc bel et bien très restreinte, du moins d'après ce premier examen. Pour autant, nous en avons retenu quatre en raison d'une présence régulière, sinon massive, des mathématiques parmi les sujets traités, et qui permet de les prendre en compte comme « journal mathématique[7] ». Il s'agit de la *Revue générale des sciences pures et appliquées*, de la *Revue scientifique*, de la *Revue du mois* et de la *Revue des idées*.

1.1 Quatre revues générales de « haute culture »

Ces quatre revues n'ont pas la même histoire éditoriale. Deux d'entre elles sont exclusivement consacrées aux sciences. La plus ancienne, la *Revue scientifique*, fondée en 1863, est depuis l'origine couplée à une revue politique et littéraire, chacune étant nommée d'après la couleur de sa couverture : *Revue rose* pour la *Revue scientifique*, *Revue bleue* pour la *Revue politique et littéraire*. Elle s'inscrit donc dans un partage Sciences/Lettres tel que le monde académique le conçoit à la fin du XIXe siècle. La *Revue générale des sciences pures et appliquées*, créée quant à elle en 1890, poursuit également cette volonté de s'ouvrir à toutes les sciences, avec, comme son titre l'indique, un accent mis sur applications. À la différence de la *Revue scientifique* qui connaît six directeurs entre sa création et la Première Guerre mondiale, la *Revue générale* est l'affaire d'un seul homme, Louis Olivier (1854-1910), un temps biologiste puis industriel, militant des progrès de la science et de ses liens avec l'industrie[8]. Toujours à la différence de la *Revue scientifique* dont l'éditeur annoncé est le « Bureau des Revues », la *Revue générale des sciences pures et appliquées* est publiée par des éditeurs commerciaux, Doin, puis Carré et Naud, puis Armand Colin au cours de notre période.

Les deux autres revues, la *Revue du mois* et la *Revue des idées*, revendiquent un caractère encore plus généraliste, puisqu'elles publient tant sur les lettres

---

6. Sur l'histoire éditoriale de la philosophie des sciences, voir (Greber 2014) ; sur la *Revue de métaphysique et de morale*, voir (Soulié 2009). Sur les débuts de la *Revue de synthèse*, voir (Biard *et al.* 1997).

7. Sur le choix de cette notion élargie de journal mathématique, voir (Peiffer *et al.* 2020, 132–133).

8. Après sa mort la même ligne éditoriale est maintenue.

que sur les sciences. Plus récentes, elles font partie des « petites revues » créées par des universitaires ou hommes de lettres au tout début du XXe siècle (Charle 2004), (Pluet-Despatin et al. 2002). Leur situation, nous le verrons, n'a rien de comparable dans le cadre de notre étude, puisque la *Revue du mois* est fondée et dirigée par le mathématicien Émile Borel (1871-1956) (Ehrhardt & Gispert 2018), tandis que la *Revue des idées* affiche comme fondateurs deux écrivains, Édouard Dujardin (1861-1949) et Rémy de Gourmont (1858-1915).

Aussi différentes les unes des autres soient-elles, les quatre revues générales que nous avons choisi de retenir en tant que « journal mathématique » fonctionnent sur un même modèle éditorial comprenant dans chaque numéro des articles de fond, des chroniques ou actualités, des comptes rendus d'ouvrages – une organisation dans laquelle, nous le verrons, la présence des mathématiques est très différenciée. Cette maquette commune est d'autant plus notable qu'on ne la retrouve pas, en France en tout cas, dans les journaux exclusivement consacrés aux mathématiques, quel que soit leur public[9]. L'actualité est par ailleurs une notion qui se décline à un rythme différent selon les revues. La *Revue scientifique* et la *Revue générale des sciences pures et appliquées* ont une périodicité hebdomadaire pour la première, bimensuelle pour la seconde – des rythmes de parution qu'on ne trouve pas dans les journaux français spécialisés en mathématiques de l'époque. Les deux autres sont mensuelles.

Ce modèle particulier tient en fait aux intentions éditoriales et au public ciblé. Ces quatre périodiques veulent en effet faire connaître, « non à la foule » mais aux « hommes de haute culture[10] », « aux seuls hommes capables de monter jusqu'à elle [la Science], sans chercher à la mettre au niveau de ceux qui ne veulent pas ou ne peuvent pas monter[11] », l'actualité de ce qui se fait, se dit, se lit dans le domaine des sciences. Il s'agit là d'un public bourgeois que les publicités insérées dans les revues permettent de mieux identifier ; ces « personnes instruites[12] » lisent de la science, d'autres revues, des collections de vulgarisation, certaines prennent le train, partent en croisière (della Dora 2010),

---

9. Les journaux spécialisés en mathématiques visant un lectorat de mathématiciens n'ont pas, en France, de chronique régulièrement dédiée à l'actualité de la vie savante ou mathématique. La comparaison entre le *Bulletin de la Société mathématique de France* et le *Bulletin of the American Mathematical Society* qui, lui, comporte une partie chronique, est particulièrement marquante sur ce point. Les autres revues consacrées entièrement aux mathématiques sont celles, qualifiées d'intermédiaires (Ortiz 1996), (Ehrhardt 2018), qui s'adressent aux enseignants, lycéens et étudiants. Elles ont pour particularité d'inclure une rubrique consacrée aux questions et réponses, absente des quatre revues étudiées ici. Il faut toutefois signaler deux journaux qui sortent en partie de ce cadre éditorial. Il s'agit de *L'Enseignement mathématique*, revue internationale publiée à Genève et qui consacre une partie de ses pages à rendre compte de l'actualité institutionnelle et scientifique, et le *Bulletin des sciences mathématiques*, qui recense l'ensemble des publications relevant de la discipline. Voir notamment ici (Gispert et al. 2023).

10. *Revue des idées*, Éditorial, t. 3(1), 1906, n. p.

11. *Revue scientifique*, « Le cinquantenaire de deux revues françaises, Discours de M. Ch. Moureu », t. 50 (1), 1912, p. 745.

12. *Revue du mois*, Éditorial, t. 2, 1906, 4e de couverture.

certaines sont plus directement concernées par des réclames pour des produits de laboratoires ou des instruments. Un public savant, également, comme en témoigne Henri Poincaré (1854-1912) dans la préface qu'il écrit dans un petit volume sur l'histoire des deux revues, la *Revue rose* et la *Revue bleue* :

> Le monde de la pensée s'étend sans cesse et devient trop grand pour nos faibles jambes ; et bien il faut faire comme on a fait pour le globe terrestre ; il faut y établir des moyens de transport rapides, y construire des Chemins de Fer.
> Ces chemins de Fer, ce sont les Revues. Le savant a travaillé toute la journée et pour cela il a bien fallu qu'il reste dans sa petite ville ; mais le soir venu [...], il coupe sa Revue Bleue ou sa Revue Rose et voilà son esprit qui voyage. [...] Il ne voit que l'essentiel des choses ; mais comme il a de bons guides, il en voit l'essentiel.[...] Les connaissances acquises à la hâte dans une Revue ne sont pas non plus inutiles ; elles nous apportent l'air de dehors ; elles nous rafraîchissent et nous rendent plus dispos et plus forts pour la tâche de demain. (Poincaré s.d., 7–8, cité dans Rollet 1999, 218–219)

Les quelques données dont nous disposons quant aux abonnements semblent indiquer que, portées par cette ambition généraliste de haute culture, les mathématiques y bénéficieraient d'un public plus large que celui des journaux s'adressant à des spécialistes de la discipline. On peut en effet opposer aux 200 abonnements payants qu'a eus le *Bulletin des sciences mathématiques* à la fin du XIXe siècle, les 417 abonnements de la *Revue du mois* en 1906 ou les 400 de la *Revue des idées* en 1909[13].

Enfin, si toutes déclarent mettre l'accent sur les sciences, elles ont, en fonction de leur projet, des conceptions différentes de ce à quoi ce terme renvoie et de la place que les mathématiques y occupent. Elles affichent toutes les quatre[14], certes à des degrés variables, l'ambition première, quasiment militante, de développer l'esprit et la méthode scientifique et placent, chacune, les mathématiques sur une scène différente de celles que lui offrent les revues spécialisées. La *Revue scientifique* et la *Revue générale des sciences pures et appliquées*, qui revendiquent dans leur titre même ce rapport à la science ou aux sciences, se limitent, pourrait-on dire, aux sciences qui sont aujourd'hui parfois

---

13. Pour le *Bulletin des sciences mathématiques*, voir (Croizat 2016, 486). Pour la *Revue du mois*, voir (Lebesgue 1991), lettre du 16 mars 1906 ; Camille Marbo, l'épouse de Borel parle de 1000 abonnés dans (Marbo 1968) ; pour la *Revue des idées*, lettre de Gourmont à Corpechot de juillet 1909 dans (Gourmont 2015). Nous n'avons pas trouvé d'informations sur les abonnements de la *Revue scientifique* et de la *Revue générale des sciences pures et appliquées*.

14. La *Revue du mois* annonce laisser s'exprimer « toutes les opinions à base scientifique » (*Revue du mois*, Éditorial, t. 2, 1907, 4e de couverture). La *Revue des idées* déclare « laisser la part la plus large aux sciences » (*Revue des idées*, Éditorial, t. 3(1), 1906, n. p.) ; sur la mise en place de cette dernière, voir (Gillyboeuf 2010). La *Revue scientifique* veut « répandre l'esprit scientifique, [...] en faire connaître les méthodes » (*Revue scientifique*, « Le cinquantenaire de deux revues françaises, Discours de M. Ch. Moureu », t. 50(1), 1912, p. 743). Enfin, la *Revue générale des sciences pures et appliquées* se définit comme un journal où « les progrès incessants de la science dans toutes ses branches seront exposés » (J.-P. Langlois, « Éditorial », *Revue générale des sciences pures et appliquées*, 1910, t. 21, p. 917).

qualifiées de « dures[15] ». Sans négliger « les hautes recherches spéculatives[16] », elles insistent l'une et l'autre sur « l'alliance féconde entre la science et l'industrie[17] », sur « le mouvement général des découvertes matérielles et des doctrines[18] », sur « les rapports de la Science avec l'organisation économique et sociale ». La *Revue du mois* et la *Revue des idées* affirment quant à elles une conception plus large de ce que sont les sciences, à savoir l'ensemble des domaines dans lesquels la méthode scientifique peut s'appliquer[19]. La *Revue des idées* veut « embrasser les différents domaines de l'intelligence[20] », « se défenda[nt] de vouloir être une revue purement scientifique ». La *Revue du mois*, « prenant comme but essentiel de contribuer au développement des idées générales par l'exposition et l'étude critique des progrès réalisés dans la connaissance des faits et des mouvements d'idées qui en sont la conséquence[21] », se propose de traiter « d'une manière générale de tout ce qui est susceptible d'intéresser des esprits sérieux[22] ».

Mais dans tous les cas, l'examen des premières et quatrièmes de couvertures, de même que les tables des matières, affichent la présence de mathématiques, au même titre que les autres sciences.

1.2 Les mathématiques, des intentions à la réalité

La présence des mathématiques peut s'afficher par la participation de mathématiciens dans les équipes, et par des noms indiqués sur les pages de couverture ou les pages de garde : aux noms de Paul Appell (1855-1930) et Émile Picard (1856-1941) pour la *Revue générale des sciences pures et appliquées*, font écho ceux d'Émile Borel et Jules Drach (1871-1949) pour la *Revue du mois*, ainsi que celui de Henri Poincaré, annoncé comme collaborateur pour les mathématiques dans le premier numéro de la *Revue des idées*[23].

---

15. Sur la couverture de la *Revue scientifique*, les noms et qualités du trio qui compose le secrétariat de rédaction borne la scène aux sciences physiques et industrielles, biologiques et naturelles, médicales. Sur la couverture de la *Revue générale des sciences pures et appliquées*, c'est un comité de rédaction de grandes figures scientifiques académiques (dont les deux mathématiciens Paul Appell et Émile Picard) présentés avec leur titres institutionnels et non disciplinaires, qui délimitent le champ.

16. Cf. note 14.

17. Cf. note 14.

18. *Revue scientifique*, « Le cinquantenaire de deux revues françaises, Discours de M. Ch. Moureu », t. 50(1), 1912, p. 745.

19. L'étendue d'un tel programme se lit en quatrième de couverture. On y trouve en effet, pour les deux revues, les listes des collaborateurs où les mathématiques figurent au milieu des sciences « dures », mais aussi de l'histoire, de la psychologie, de la sociologie, de la philosophie, des sciences religieuses, par exemple.

20. *Revue des idées*, Éditorial, t. 3(1), 1906, n. p.

21. *Revue du mois*, Éditorial, t. 2, 1906, 4e de couverture.

22. Lettre d'Émile Borel à K. Miwa, RM 054, Fonds Émile-Borel, Archives de l'Académie des sciences. Parmi ces « esprits sérieux » figurent, par exemple, les élèves et professeurs de l'École normale supérieure de jeunes filles de Sèvres qui a été parmi les premiers abonnés de la *Revue du mois* (Cotton 1940, 29).

23. Cela avec l'accord de Poincaré qui a effectivement accepté être collaborateur de la revue (Lettres de Gourmont à Dujardin des 27 juillet et 23 octobre 1903, dans (Gourmont

Les mathématiques peuvent aussi être rendues visibles par l'existence d'une rubrique dédiée dans les tables analytiques récapitulant annuellement les contenus, lorsqu'elles sont organisées par matières, comme c'est le cas pour la *Revue scientifique* jusqu'en 1908 et pour la *Revue générale des sciences pures et appliquées*. Néanmoins, la vue d'ensemble que donnent les couvertures et les tables récapitulatives cache en fait de profondes disparités au sein des trois grandes rubriques que comportent nos revues. Bien que les mathématiques soient régulièrement présentes dans chacune d'entre elles, ces différences permettent de mieux comprendre les modalités de la circulation des mathématiques dans les publications qui nous intéressent ici.

La partie où les mathématiques sont globalement le plus présentes est, de loin, celle consacrée aux recensions d'ouvrages publiés, partie pour laquelle la part des mathématiques est, sur l'ensemble de la période, quantitativement comparable à celle des autres disciplines prises individuellement. La *Revue des idées* est ici le périodique qui publie le moins de comptes rendus (un à deux par an), mais il s'agit d'analyses longues et détaillées, et des titres de livres « nouveaux » sont par ailleurs régulièrement mentionnés. À titre de comparaison, la *Revue du mois* publie en moyenne cinq recensions d'ouvrages mathématiques par an, et la *Revue générale de sciences pures et appliquées* une petite dizaine (mais une trentaine par exemple en 1913). La *Revue scientifique*, dont le nombre moyen de comptes rendus relevant de la discipline est inférieur, en a recensé jusqu'à vingt en 1913. Dans la majorité des cas, et quelle que soit leur longueur, la particularité de ces comptes rendus est d'être consacrés à des titres non élémentaires rejoignant souvent l'actualité de la recherche. Il s'agit de cours universitaires bien d'avantage que de manuels d'enseignement secondaire, de monographies de recherche bien plus que de livres de vulgarisation. La *Revue du mois* consacre ainsi en 1906 deux paragraphes à la *Théorie des fonctions algébrique de deux variables*, de Picard et Simart, bien que cette monographie porte sur le sujet « le plus difficile parmi ceux dont s'occupent les mathématiciens[24] ». De même, en 1905, la *Revue générale des sciences pures et appliquées* comme la *Revue scientifique* publient deux analyses d'ouvrages appartenant à la « Collection de monographies sur la théorie des fonctions », explicitement destinés à des étudiants maîtrisant déjà le programme de licence[25].

La circulation des mathématiques s'effectue aussi par le biais d'« informations » et « d'actualités », au sein de rubriques dédiées. Leur place, certes

---

2015)). Quant à la *Revue scientifique*, si aucun mathématicien n'est mentionné parmi les responsables, elle n'en fait pas moins régulièrement appel à certains, tels Auguste Grévy (1865-1930) ou Gaston Cotty (1886-1916), tous deux docteurs en mathématiques.

24. « Notes bibliographique », *Revue du mois*, 1906, t. 2., np.

25. *Revue générale des sciences pures et appliquées*, 1905, vol. 16, p. 914 et p. 653 ; *Revue scientifique*, 1905, 5ᵉ série, vol. 4, p. 63–64 et p. 127. Il s'agit du livre de René Baire, *Leçons sur les fonctions discontinues* et de celui d'Émile Borel, *Leçons sur les fonctions de variables réelles et les développements en séries de polynômes*. Voir à ce sujet (Ehrhardt 2011).

restreinte, peut être néanmoins conséquente par rapport à celle des autres sciences prises individuellement. Les sujets traités dans ces rubriques sont de fait très variés. On peut ainsi lire, à titre d'exemple, une description d'une séance de cours de Poincaré à la Sorbonne, mettant l'accent sur l'ambiance et la personnalité du professeur[26], ou encore des points de vue sur les femmes et les mathématiques[27]. Une part notable de la rubrique est consacrée aux informations de nature plus institutionnelle ou liées à la vie de la communauté : biographies ou nécrologies de mathématiciens, informations sur les congrès, sur la Société mathématique de France, etc. Mais cette rubrique est aussi celle où ces revues générales renseignent leurs lecteurs sur l'actualité scientifique à proprement parler. Elles fournissent alors des résumés ou des analyses des thèses soutenues, d'articles publiés dans des revues spécialisées, ou de certains résultats jugés intéressants ou remarquables, faisant appel à cette occasion à des contenus mathématiques beaucoup plus précis que ceux que l'on trouve dans les actualités de nature institutionnelle. C'est le cas, notamment, d'une chronique sur une « Généralisation d'un théorème de Lagrange[28] », des revues annuelles des thèses[29], ou encore des comptes rendus du « Mois mathématique à l'Académie des sciences[30] ».

En revanche, peu d' « articles de fond » sont consacrés à des sujets relevant des mathématiques. En moyenne, la *Revue du mois* et la *Revue générale des sciences pures et appliquées* en publient deux à trois par an, la *Revue des idées* un ou deux, la *Revue scientifique* encore moins. Plus encore, bien qu'ils soient toujours qualifiés « d'originaux », certains de ces articles n'ont pas été écrits expressément pour la revue qui les publie : il n'est pas rare qu'il s'agisse, en fait, de la version écrite d'un discours prononcé lors d'une conférence ou d'une cérémonie officielle, et que ces revues n'en aient pas l'exclusivité. Ainsi, le seul texte de Poincaré qui soit effectivement paru dans la *Revue des idées* se trouve être celui de la conférence qu'il avait prononcé à l'exposition universelle de Saint-Louis en septembre 1904, que l'on peut lire également dans le *Bulletin des sciences mathématiques*. La *Revue du mois* s'ouvre quant à elle sur une traduction à peine remaniée de la conférence inaugurale donnée par Vito Volterra à l'Université de Rome en 1901 (Durand & Mazliak 2011). De même, sur les quatre articles de mathématiques publiés dans la *Revue générale des sciences pures et appliquées* en 1908, trois sont issus de conférences

---

26. « Un cours de M. Poincaré », *Revue des idées*, 1910, t. 7(2), p. 455–459.
27. Gino Loria, « Les femmes mathématiciennes », *Revue scientifique*, 1903, 4ᵉ sér., t. 20, p. 385-392 ; Mlle Joteyko, « À propos des femmes mathématiciennes », *Revue scientifique*, 1904, 5ᵉ sér., t. 1, p. 12-15 et Gino Loria, « Encore les femmes mathématiciennes », *Revue scientifique*, 1904, 5ᵉ sér., t. 1, p. 338–340.
28. *Revue du mois*, 1906, t. 2, p. 508–510 (non signée).
29. *Revue scientifique*, 1905, 5ᵉ sér., t. 3. On retrouve aussi une telle chronique dans la *Revue générale des sciences pures et appliquées*.
30. *Revue scientifique*, 1913, t. 51(2), p. 370, p. 401, p. 720 ; 1914, t. 52(1), p. 48, p. 210, p. 272, p. 403, p. 434, p. 657 ; 1914, t. 52(2), p. 18, p. 113 ; 1915, p. 145, p. 275, p. 306, p. 338, p. 370. À propos de cette chronique, voir sec. 1.3.

données au Congrès international des mathématiciens à Rome par Darboux (1842-1917), Picard et Poincaré[31] et la quatrième, également signée Poincaré, provient d'un discours prononcé à l'Institut général psychologique. S'il s'agit là d'une pratique fréquente et que l'on retrouve pour d'autres sciences, le faible nombre d'articles de mathématiques lui donne toutefois un poids important ici : les articles véritablement originaux, écrits *en première intention* pour être publiés dans ces périodiques, s'avèrent encore moins nombreux qu'il n'y paraît à première vue.

C'est au niveau des articles que l'on observe par ailleurs la différence la plus sensible entre la place accordée aux mathématiques et celle accordée aux autres sciences[32]. Pour les années 1904 et 1905, la *Revue scientifique* ne publie ainsi qu'un article classé en mathématiques, alors que sept contributions sont consacrées à la biologie et quinze à la physique. Au cours de la même période, la *Revue générale des sciences pures et appliquée* consacre cinq articles originaux aux mathématiques, tandis que vingt-deux traitent de physique et vingt-cinq de zoologie et d'anatomie. La *Revue des idées* présente quant à elle une distribution un peu différente : en 1904-1905, la rubrique « mathématiques » comprend trois articles (dont un de Poincaré sur la physique mathématique), soit le même nombre que la physique, tandis que la biologie totalise douze contributions. En 1906, première année de publication, la *Revue du mois* affiche elle aussi une différence, mais moins marquée, avec trois articles de mathématiques pour trois articles de physique et six de biologie.

Au final, si les mathématiques sont présentes à tous les niveaux de la table des matières des quatre périodiques étudiés ici, une certaine dissymétrie demeure, plus ou moins importante selon les titres, et qu'il convient maintenant d'analyser en examinant, d'une part, les collaborateurs que les unes et les autres parviennent à mobiliser et, d'autre part, les particularités revêtues par des textes mathématiques destinés à circuler auprès d'un public non-spécialisé[33].

1.3 Avoir les moyens d'une telle ambition : s'attacher des collaborateurs (parfois virtuels) et mobiliser des auteurs

Les quatre revues, dans un bel ensemble assez convenu, revendiquent le concours des plus grands spécialistes, une condition posée comme nécessaire à la réussite de leur projet intellectuel. La *Revue générale des sciences pures*

---

31. L'origine de ces « articles » est toujours signalée. Pour la conférence de Poincaré, il est précisé que la parution se fait avec l'autorisation de Guccia, celle-ci « étant parue dans une brochure du Circolo ». Il faut signaler que ce même texte est publié dans le *Bulletin des sciences mathématiques*.

32. Une étude détaillée sur l'ensemble de la période serait ici délicate, étant donné que ni la *Revue des idées* ni la *Revue du mois* ne disposent de manière systématique d'un sommaire réparti par matière. Nous avons choisi les années 1904 et 1905 car ce sont les seules où un tel sommaire existe pour la *Revue des idées* (t. 3(1), p. 11–12). De même,1906 est la seule année où une table des contributions par matières est fournie pour la *Revue du mois* (t. 2, p. 888).

33. La question de l'écriture des sciences pour un public non spécialiste ne se pose pas seulement dans le cas des mathématiques. Voir (Ehrhardt & Gispert 2018) pour le cas de la *Revue du mois*.

et appliquées annonce ainsi des exposés dans toutes les branches de la science
« par les compétences les plus autorisées[34] », la *Revue du mois* indique que
« les noms des auteurs sont une garantie que son programme sera sérieusement
rempli[35] » et enfin la *Revue des idées* « insiste sur ce fait que tous les articles
jusqu'aux moindres notes anonymes, sont dues à des spécialistes, à des hommes
notoirement compétents, à des hommes de laboratoire pour les questions
scientifiques[36] ». Mais comment et dans quelle mesure nos revues ont elles réussi
à intéresser les mathématiciens à leur projet qui n'est pas, c'est le moins que l'on
puisse dire, spécifiquement tourné vers les mathématiques ? Comment se sont-
elles attaché la collaboration d'auteurs dans le domaine des mathématiques, sur
quels « spécialistes » ont-elles pu compter pour assurer leurs rubriques régulières
dédiées aux mathématiques ?

Une première mesure de la participation de mathématiciens à ces entreprises
de circulation des mathématiques sur des scènes non directement professionnelles est leur présence dans les comités de rédaction ou les directions des
revues. C'est le cas, nous l'avons vu, pour deux d'entre elles, la *Revue générale
des sciences pures et appliquées* et la *Revue du mois*. Les profils, manifestement
très différents, de Picard et Appell d'une part, Borel et Drach d'autre part,
suggère la mise en action de deux modes de rayonnement et d'attractivité
différents : une légitimité académique appuyée, institutionnelle tout autant que
mathématique, dans le cas de la *Revue générale des sciences pures et appliquées*,
une compétence et connivence mathématique et culturelle, normalienne et
d'avant-garde pour la *Revue du mois*.

Quel peut être le sens de la présence de Poincaré dans la *Revue des idées*,
comme de celle d'Appell et Picard dans la *Revue générale des sciences pures
et appliquées* ? Y sont-ils en tant que « parrains », attirant de ce fait lecteurs
et auteurs de mathématiques à « leur » revue ? En tant qu'acteurs effectifs
de la circulation mathématique ? Ou encore sont-ils avant tout des auteurs
« virtuels » mis en scène par la publication de leurs discours, conférences et
écrits académiques ou littéraires ? La réponse semble simple pour Poincaré dont
(presque) seules des conférences sont publiées dans la *Revue des idées*, qui n'en a
d'ailleurs pas l'exclusivité ; cela d'autant que Poincaré est finalement d'avantage
présent, et toujours de cette façon, dans la *Revue scientifique* et la *Revue du
mois* avec des sujets là encore d'ordre plus large que les mathématiques. Le
cas de Picard et Appell est sensiblement le même, leurs activités académiques,
consacrées plus souvent aux sciences en général qu'aux seules mathématiques,
nourrissant les colonnes des rubriques « actualités » et « articles de fond »
de la *Revue générale des sciences pures et appliquées* comme de la *Revue
scientifique* – Appell étant par ailleurs également présent dans la *Revue du
mois*. Il est remarquable qu'aucun d'eux (à part Appell très modestement), ne

---

34. Cf. note 14.
35. *Revue du mois*, Éditorial, t. 2, 1907, 4ᵉ de couverture.
36. *Revue des idées*, Éditorial, t. 3(1), 1906, n. p.

participe aux rubriques bibliographiques de ces revues qui sont, nous l'avons vu, le lieu où les mathématiques sont les plus présentes et qui demandent une collaboration effective même si moins prestigieuse.

Au-delà de ces figures de proue, quels collaborateurs les revues ont-elles réussi à s'attacher, quels auteurs ont-elles su mobiliser pour les mathématiques ? L'économie des auteurs que pratiquent ces quatre revues apparaît ici radicalement différente. À la trentaine de noms repérés comme mathématiciens ou ayant écrit sur les mathématiques dans la *Revue générale des sciences pures et appliquées*, on peut opposer la quinzaine de ceux notés dans la *Revue scientifique* et la *Revue du mois*, cinq seulement apparaissant dans la *Revue des idées*. Mais que peut-on en déduire quant à la capacité de chacune à jouer un rôle dans l'espace de circulation mathématique ? Beaucoup de ces noms n'apparaissent en effet qu'une fois ou deux alors que d'autres y figurent beaucoup plus régulièrement. La prise en compte de l'ensemble de ces noms, qui circulent d'ailleurs beaucoup entre nos revues, voire également dans d'autres revues générales, permet d'apporter quelques éléments sur les acteurs de la présence des mathématiques dans cet espace éditorial particulier ainsi que sur leur motivation.

En s'attachant aux rubriques les plus fournies pour les mathématiques, à savoir les rubriques bibliographiques, nous avons identifié, malgré une certaine pratique de l'anonymat dans deux des revues (la *Revue générale des sciences pures et appliquées* et la *Revue des idées*), quelques chroniqueurs-phare qui renseignent sur les liens des revues au milieu mathématique français comme étranger. La *Revue générale des sciences pures et appliquées* semble ainsi connectée à plusieurs milieux avec sa pléiade de collaborateurs dont Jacques Hadamard (1865-1863), qui apparaît comme stratégique, professeur à la Sorbonne puis au Collège de France, auteur de très nombreux comptes rendus qu'il écrit à la première personne (même pour ceux qui sont anonymes). Quel intérêt Hadamard peut-il trouver à un tel investissement dans une telle revue générale ? Compte tenu des recensions qu'il y publie, nous avançons l'hypothèse qu'il s'agit ici d'un prolongement éditorial à son engagement dans le séminaire qu'il vient de créer au Collège de France, la presse mathématique spécialisée ne lui offrant pas de telle opportunité[37]. Parmi les autres collaborateurs effectifs de la *Revue générale des sciences pures et appliquées*, dont plusieurs universitaires, signalons Henri Fehr (1870-1954), professeur à l'Université de Genève et co-directeur de *L'Enseignement mathématique*, qui recense plus systématiquement des ouvrages en langue allemande et participe, avec quelques autres auteurs suisses qu'il a pu attirer, de l'ouverture de la chronique bibliographique aux publications étrangères.

---

37. Même si Jacques Hadamard fait également des recensions dans le *Bulletin des sciences mathématiques* à partir de 1912, après la mort de Jules Tannery. Voir sur les débuts de ce séminaire (Gispert & Leloup 2009).

Les mathématiciens qui écrivent des chroniques bibliographiques dans la *Revue scientifique* ont un autre profil et traduisent d'autres accroches avec le milieu mathématique. Le premier, Auguste Grévy, professeur au lycée Saint-Louis est normalien, docteur es mathématiques, secrétaire puis vice-président de la Société mathématique de France de 1902 à 1911 et est élu président de l'APMESP[38] à sa création en 1910. Il pourrait concrétiser des liens manifestes entre la revue et le milieu mathématique enseignant. Un second est le jeune Gaston Cotty[39], tout juste docteur en théorie des nombres, brillant normalien dont la carrière semble s'annoncer prometteuse à la veille de la guerre, qui prend en 1913 la responsabilité d'une nouvelle rubrique, « Le mois académique à l'Académie ». Cotty est depuis ses années de lycée un familier de la presse mathématique intermédiaire – il a en effet publié dans les *Nouvelles annales de mathématiques* et dans la *Revue de mathématiques spéciales* – mais son engagement dans la *Revue scientifique* est d'une autre nature ; il y tient en effet une chronique mathématique pour une autre sorte de public. Il en retire très probablement un crédit symbolique, comme un certain nombre d'autres jeunes docteurs auxquels la *Revue scientifique*, mais aussi la *Revue générale des sciences pures et appliquées* ou la *Revue des idées*, font appel pour rendre compte de livres. Il se pourrait ainsi que cette presse généraliste soit un espace de « mise en jambe », une sorte de terrain d'exercice pour de jeunes mathématiciens. Cotty meurt en 1916 des suites d'une tuberculose, il sera remplacé par René Garnier (1887-1984), maître de conférences à la Sorbonne, preuve tout à la fois de l'attractivité de cette presse généraliste pour les mathématiciens et du crédit que la *Revue scientifique* a auprès d'eux.

La *Revue du mois* et la *Revue des idées* donnent à voir des situations différentes. La présence d'Émile Borel comme directeur de la première pose évidemment la question de la participation des mathématiciens à la revue d'une façon très particulière. D'une part Borel n'a pas de mal à gagner à la cause de sa revue des auteurs mathématiciens mais, d'autre part, il n'a pas en fait, à part Drach, de collaborateur mathématicien régulier. Il rédige d'ailleurs lui-même plus de la moitié des recensions d'ouvrages mathématiques. La *Revue des idées* connaît à l'inverse un déficit manifeste de collaborateurs mathématiciens malgré l'affichage de Henri Poincaré. Parmi les quelques autres signatures qui apparaissent à propos de mathématiques, seule l'une appartient au milieu mathématique, celle de Georges Combebiac (1862-1912), capitaine du génie, auteur d'une thèse sur les triquaternions, collaborateur également de *L'Enseignement mathématique*. Parmi les quatre revues, la *Revue des idées* semble avoir échoué à mobiliser des mathématiciens et ce sont des auteurs issus d'autres domaines qui couvrent ce créneau : le vulgarisateur scientifique Jules

---

38. APMESP = Association des professeurs de mathématiques de l'enseignement secondaire public.

39. Sur Gaston Cotty, voir (Aubin 2018) et (Goldstein 2009). Outre les recensions qu'il fait également pour la *Revue scientifique*, Gaston Cotty a écrit deux ou trois recensions pour le *Bulletin des sciences mathématiques*.

Sageret (1861-1944), le philosophe des sciences Georges Matisse (1874-1961), ou encore le docteur en médecine (également licencié es sciences mathématiques et physique) Joseph Deschamps (? ?- ? ?).

In fine, nous retrouvons donc essentiellement dans les colonnes de ces revues générales des mathématiciens du monde académique parisien, les plus prestigieux comme ceux de la jeune génération normalienne. Il serait toutefois hâtif d'y voir une pratique largement répandue dans le milieu mathématique français, puisque ceux qui participent à ce phénomène éditorial demeurent tout de même très minoritaires. Le non-investissement de mathématiciens dans la *Revue des idées* laisse supposer que la collaboration à une revue nécessite certaines connivences relationnelles, mais aussi, peut-être, qu'il s'agit d'une activité à laquelle tous n'ont pas envie de se livrer. Henri Lebesgue (1875-1941), en dépit de sa proximité avec Borel, refusera ainsi de « s'embarquer dans des élucubrations pour la *Revue du mois*[40] » ni dans aucune autre de ces revues[41].

1.4 Comment parle-t-on de mathématiques dans ces revues ?

Un point commun des revues étudiées ici est qu'elles ne s'adressent pas à des spécialistes d'une discipline particulière, et n'ont pas non plus vocation à être utilisées dans le cadre d'une pratique professionnelle. Comme l'indiquent leurs déclarations liminaires, la visée est avant tout culturelle. De ce point de vue, le fait de trouver la bonne manière de s'exprimer, le ton adéquat ou le niveau de généralité ou de difficulté approprié constitue un enjeu majeur, tant pour les auteurs, qui, étant pour beaucoup des scientifiques, sont de fait peu habitués à ce type d'exercice, que pour les responsables des revues, soucieux d'assurer la lisibilité et de préserver l'intérêt du public[42].

Dans ce contexte, les mathématiques n'échappent pas aux enjeux de toute entreprise de vulgarisation, fut-elle destinée à un public cultivé. L'effet le plus visible de ce cahier des charges est que les textes traitant de mathématiques, tant pour les articles que pour les chroniques et les comptes rendus, relèvent davantage, dans leur grande majorité, de discours sur les mathématiques[43] que des mathématiques à proprement parler.

En effet, ces textes ont pour point commun d'être écrits selon un style très différent de celui utilisé dans les articles des journaux spécialisés en mathématiques. Ils font notamment davantage appel à une forme d'écriture « en français » qu'en langage algébrique. Mêmes si des formules sont parfois

---

40. (Lebesgue 1991), lettre du 15 août 1904 (il y a vraisemblablement une erreur de date, la lettre n'ayant pas pu être écrite avant 1905, moment où Borel s'engage dans la création de sa revue).

41. Une lettre de Lebesgue du 16 juillet 1905 (Lebesgue 1991) mentionne un texte en préparation pour « la Revue des sciences », vraisemblablement la *Revue générale des sciences pures et appliquées*, mais celui-ci ne semble pas avoir été publié.

42. Voir à ce sujet, sur la *Revue du mois*, (Ehrhardt & Gispert 2018).

43. Les « discours » dont il est question peuvent être, nous l'avons vu, des allocutions effectivement prononcées mais aussi, plus généralement, des textes portant sur les mathématiques sans être des textes de mathématiques *stricto sensu*. Voir sur cette question (Mehrtens 1990).

présentes, on n'y lit que peu d'équations et on n'y voit que peu de figures, du moins si on les compare aux textes que publient les revues spécialisées en mathématiques à la même période. À titre d'exemple, l'article « Sur la théorie des fonctions analytiques et sur quelques fonctions spéciales » d'Émile Picard[44], propose, en neuf pages pleines, un état des lieux des développements passés et récents de cette théorie mais ne comporte en tout et pour tout qu'une trentaine de passages faisant intervenir des notations mathématiques. De même, la chronique anonyme sur « La généralisation d'un théorème de Lagrange[45] » publiée dans la *Revue du mois* en 1906, et citée précédemment (sec. 1.2), qui commente un article publié par Edmond Landau dans les *Mathematische Annalen*, rappelle les principaux résultats et les noms de leurs auteurs, mais, contrairement à ce que l'on peut lire dans le texte original de Landau, aucune formule ni élément relatif aux démonstrations n'est fourni. Écrire sur les mathématiques dans une revue générale implique donc, on le voit, de renoncer aux outils langagiers coutumiers des mathématiciens et de trouver d'autres manières d'exprimer les idées ou de présenter les concepts.

Ce caractère discursif est également lié au ton employé. Les textes publiés ici manifestent souvent l'expression d'un point de vue, d'un avis, voire une volonté de prise de hauteur sur le sujet traité, loin de la neutralité que l'on attribue souvent aux textes de mathématiques. Ceci peut, certes, être favorisé par le sujet même de l'article. Ainsi, en présentant « Quelques vues générales sur la théorie des équations différentielles[46] », des « Réflexions sur le calcul des probabilités[47] », ou en dissertant « Sur le sens des problèmes métaphysiques en mathématiques[48] », les auteurs ne se contentent pas de faire le point sur l'état de la recherche en mathématiques ou en philosophie des mathématiques. Ils parlent en leur propre nom et donnent leur avis sur le développement de la discipline, le sens qu'il faut lui attribuer et les inflexions qu'il faudrait lui donner.

Néanmoins, cette personnalisation du propos ne se limite pas aux articles à visée réflexive. De fait, ces auteurs qui écrivent sur les mathématiques peuvent s'autoriser dans ces revues des ex-cursus qui ne trouveraient sans doute pas leur place dans des revues de mathématiques spécialisées dont les politiques éditoriales excluent généralement ce type de pratique. Les articles cités précédemment fournissent, là encore, des exemples. En effet, Picard termine son article sur les fonctions analytiques, qu'il présente simplement comme un « rapide coup d'œil », par un « conseil aux étudiants mathématiciens », celui

---

44. Émile Picard, « Sur la théorie des fonctions analytiques et sur quelques fonctions spéciales », *Revue générale des sciences pures et appliquées*, 1900, t. 11, p. 589–597.

45. *Revue du mois*, 1906, t. 2, p. 508–510.

46. Émile Picard, « Quelques vues générales sur la théorie des équations différentielles », *Revue générale des sciences pures et appliquées*, 1900, t. 11, p. 229–237.

47. Henri Poincaré, « Réflexions que le calcul des probabilités », *Revue générale des sciences pures et appliquées*, 1899, t. 10, p. 262–269.

48. Lucas de Pesloüan, « Sur le sens des problèmes métaphysiques en mathématiques », *Revue des idées*, 1908, t. 5(1), p. 209–226.

« d'acquérir des vues générales » plutôt que de « se cantonner trop tôt dans des recherches spéciales », au risque de voir ces dernières rester « stériles ». De même, l'auteur de la chronique sur une généralisation du théorème de Lagrange conclut en expliquant que les résultats arithmétiques qu'il vient de présenter sont en fait de « purs objets de curiosité » et qu'il n'y a donc « pas lieu de regretter que la jeune école mathématique française délaisse ces études arithmétiques, en faveur en Allemagne, pour s'attacher de préférence à défricher le champ immense de recherches qui se rattachent au calcul différentiel et au calcul intégral[49] ».

Pour autant, on ne saurait confondre ici une manière d'écrire dépouillée de technicité et une relative liberté de ton avec une absence de substance en termes de contenus. Au contraire, les sujets traités ne sont pas toujours des plus élémentaires, puisque l'un des enjeux consiste précisément à présenter l'actualité de la recherche. Un compte rendu sur *L'Analyse vectorielle générale* de Burali-Forti et Marcolango[50], des articles sur « La théorie des groupes[51] » ou sur la géométrie comme science de l'espace (par opposition à la géométrie euclidienne traditionnelle)[52], pour ne prendre que quelques exemples, laissent présager, dès leur titre, qu'une certaine connaissance des mathématiques est nécessaire au lecteur. Plus encore, des textes dont on pourrait penser, de par leur titre, qu'ils s'inscrivent véritablement dans une logique de vulgarisation ne partent pas toujours des savoirs connus de tous pour développer leur propos. La chronique sur « Les principes de la théorie des ensembles[53] » que publie la *Revue générale des sciences pures et appliquées* en 1906 débute ainsi non pas en expliquant ce qu'est un ensemble, mais en évoquant « la question de la représentation du continu sous forme d'un ensemble bien ordonné par la méthode de M. Zermelo ».

Plus généralement, la relative absence de formules n'empêche pas le recours à des termes spécialisés, à des noms ou des concepts que l'on ne peut pas comprendre si l'on ne dispose pas d'un minimum de connaissances scientifiques ou mathématiques. La chronique sur « La généralisation d'un théorème de Lagrange », bien que dépourvue de toute équation, suppose ainsi que le lecteur sache ce qu'est un polynôme (et ait quelques connaissances en algèbre polynomiale), mais aussi que le nom de Hilbert ne lui soit pas inconnu, de même que l'expression « forme quadratique ». Le caractère général du propos ne constitue pas un gage d'intelligibilité. Un article tel que celui de Vito Volterra sur « Les mathématiques dans les sciences biologiques et sociales[54] », dont le

---

49. *Revue du mois*, 1906, t. 2, p. 510.
50. *Revue scientifique* 1914, t. 52(2), p. 766.
51. Élie Cartan, « La théorie des groupes », *Revue du mois*, 1914, t. 17, p. 438–468.
52. Georges Combébiac, « Géométrie et métrique », *Revue des idées*, 1905, t. 2(1), p. 342–355.
53. Anonyme [Jacques Hadamard], « Les principes de la théorie des ensembles », *Revue générale des sciences pures et appliquées*, 1906, t. 17, p. 209.
54. Vito Volterra, « Les mathématiques dans les sciences biologiques et sociales », *Revue du mois*, 1906, t. 1, p. 1–20.

propos relève d'une forme d'actualité propre à intéresser un public lettré et dans lequel l'auteur a pris soin d'éluder les détails trop techniques, est ainsi jugé difficile à comprendre car c'est un « article où l'on ne parle que par allusion des hautes théories de mathématiques[55] ».

Il faut noter, cependant, que les niveaux de contraintes imposés par le cahier des charges de ces revues s'avèrent en fait différenciés selon les rubriques. Ainsi, les articles originaux, les plus longs, s'efforcent davantage de conserver une certaine lisibilité et de parvenir à un degré de généralité susceptible d'éveiller l'intérêt d'un lecteur « profane ». Le recours à l'histoire des mathématiques, le lien à l'actualité ou à d'autres domaines, le souci de commencer par des notions très élémentaires avant de monter en abstraction sont alors des leviers fréquemment utilisés par les auteurs pour parvenir à parler suffisamment simplement de mathématiques que l'on n'apprend pas avant le baccalauréat. En revanche, ce souci de vulgarisation s'atténue dans les autres grandes rubriques, où, comme nous l'avons vu (sec. 1.2), les mathématiques sont pourtant bien plus représentées. Les livres de mathématiques qui sont recensés, de fait, demeurent le plus souvent illisibles pour la très grande majorité du lectorat visé et n'ont vraisemblablement que peu de liens avec les intérêts de ce dernier. De même, les chroniques des thèses soutenues, des travaux présentés à l'Académie des sciences, ou des articles remarquables parus dans les périodiques de mathématiques, bien qu'écrites sous une forme « dé-technicisée », nécessitent bien trop de prérequis – que leur format court ne permet pas d'ailleurs de donner – pour être véritablement appréciées du lecteur cultivé visé par ces revues.

La coexistence de ces différents niveaux d'écriture, au sein des mêmes revues, montre ainsi que leur caractère généraliste, loin de les cantonner à une entreprise de vulgarisation, leur permet en fait de cristalliser différents lectorats. Les textes mathématiques publiés dans les revues générales examinées ici s'adressent *a priori*, certes, à un public lettré et cultivé relativement large. Mais, au-delà, ces textes visent aussi des scientifiques ou des professionnels formés aux sciences. Dans ce cas, leur forme et leur style les distinguent des articles mathématiques que publient les revues spécialisées et leur confère un usage plus culturel qu'utilitaire. Enfin, en dépit de la revendication de généralité et de construction de ponts entre les différents domaines de savoirs, les revues examinées ici rejoignent à certains égards les revues spécialisées en mathématiques puisqu'une partie non négligeable des textes qu'elles publient sur les mathématiques sont vraisemblablement destinés, en fait, à être lus d'abord par des mathématiciens. Contrairement à ce à quoi on peut s'attendre étant donné, notamment, que la communauté mathématique française dispose avec le *Bulletin des sciences mathématiques* de Darboux d'un organe d'information efficace, nos revues semblent donc jouer, *aussi*, un rôle dans la circulation des mathématiques parmi les mathématiciens.

---

[55]. (Lebesgue 1991), lettre du 14 mars 1906.

Il convient maintenant d'examiner les différentes fonctions qu'assument ces revues, pour comprendre quels sont les rouages et les effets de la cristallisation de ces publics sur un même support.

2 Un espace de circulation particulier pour les mathématiques

Nos revues sont bien des journaux mathématiques, au sens entendu dans cette recherche collective, dans la mesure où elles contiennent des mathématiques de façon régulière et significative dans leurs colonnes. Pour l'essentiel, sauf peut-être pour la *Revue des idées*, ce sont des mathématiciens qui consacrent de leur temps à faire vivre ce segment particulier de l'espace de circulation mathématique destiné à des publics tout à la fois généraliste et spécialiste. Or, même si les contenus mathématiques qui circulent dans chacune de ces revues ont des niveaux de lecture très différents, ces derniers n'en restent pas moins matériellement rassemblés puisque chacune des revues forme un tout. L'examen des fonctions et des usages de cette tribune mathématique particulière permet ici de montrer comment ces revues (et leurs auteurs) jouent sur la co-existence, l'articulation des publics et permettent une forme de circulation originale des mathématiques.

2.1 Une gazette des mathématiques

La fonction informative s'inscrit dans une histoire longue de la presse scientifique, dès la naissance des journaux savants (Peiffer *et al.* 2013b), (Peiffer & Vittu 2008). Dans la première moitié du XIXe siècle en France, cette fonction est par exemple assumée par la revue *L'Institut* qui publie sa propre analyse des réunions hebdomadaires de l'Académie des sciences, parallèlement aux *Comptes rendus hebdomadaires des séances de l'Académie des sciences*, la publication officielle de cette institution. Au début des années 1860, la création de l'ancêtre de la *Revue scientifique*, la *Revue des cours scientifiques de la France et de l'étranger*, s'inscrit dans cette même fonction. Dans tous les cas, cependant, l'actualité des mathématiques n'était en général que peu représentée. Le contexte est autre pour nos revues. Le processus de spécialisation et de professionnalisation de l'activité mathématique comme des cours universitaires dans le dernier tiers du XIXe siècle a en effet créé de nouvelles conditions pour la presse généraliste face à un développement de la presse s'adressant aux spécialistes d'un domaine spécifique.

Une des particularités de nos revues, concrétisée entre autre par l'existence de leurs rubriques « Chronique » ou « Actualité » et la place qu'y occupent les mathématiques, est ainsi leur ambition d'assumer une fonction de gazette de la vie éditoriale et institutionnelle mathématique. Les actualités, annoncées ou commentées, concernent, nous l'avons vu, des articles ou des ouvrages mathématiques récemment parus comme des évènements de la vie mathématique, de la vie scientifique ou plus largement de la vie académique, auxquels des mathématiciens ont participé. Mais quels publics ces diverses actualités ciblent-elles ?

Dans la mesure où il n'existe pas alors en France de journal mathématique s'adressant aux spécialistes des mathématiques qui traite de l'actualité institutionnelle[56], on peut supposer que lorsque la *Revue générale des sciences pures et appliquées* informe ses lecteurs que la bibliothèque de la Société mathématique de France a déménagé à la Sorbonne ou que la Société mathématique de Calcutta vient d'être créée, c'est en fait à des lecteurs-mathématiciens qu'elle s'adresse[57]. Plus encore, et en dépit de l'existence du *Bulletin des sciences mathématiques*, certaines chroniques qui touchent à l'actualité de la recherche mathématique s'adressent vraisemblablement, elles aussi, en tout premier lieu à ce public particulier. Pour ne prendre qu'un exemple, des lecteurs autres que ceux qui sont mathématiciens sont-ils susceptibles de lire la chronique de deux paragraphes consacrée à une thèse récente soutenue à l'Université de Göttingen, dont le titre, « Les problèmes aux limites relatifs aux équations aux dérivées partielles et aux équations différentielles du second ordre », ouvre le numéro de janvier 1904 de cette même revue ?

De même, la *Revue scientifique* s'enorgueillit d'offrir chaque semaine, dès le samedi matin, des comptes rendus analytiques des principales communications des séances de l'Académie des sciences, rédigés à partir des notes fournies par les auteurs eux-mêmes, alors même que l'Académie ne le fait que le lendemain dans sa publication officielle[58]. Si les mathématiques apparaissent très longtemps comme un parent pauvre de cette chronique « Académie des sciences de Paris », seuls les titres des communications étant souvent mentionnés, les choses changent juste avant la guerre avec la création, à côté des comptes rendus hebdomadaires, de la nouvelle rubrique dont Gaston Cotty est responsable (voir sec. 1.3). Il rédige alors, chaque mois, une chronique de plusieurs colonnes où il n'hésite pas à user d'un langage mathématique, de formules, etc. Si l'information n'est plus en temps réel, elle a gagné en visibilité et en contenu. Mais un tel gain a supposé tout à la fois qu'un jeune « aspirant » mathématicien ait jugé important et profitable de s'y investir et que la direction du journal ait eu les preuves qu'il y avait suffisamment de lecteurs qui y trouvent de l'intérêt.

Les analyses bibliographiques des ouvrages récents participent elles aussi largement à cette fonction de gazette que remplissent les quatre revues. Mais l'existence du *Bulletin des sciences mathématiques* met ici nos revues dans une situation différente. Si elles partagent avec le *Bulletin* le même

---

56. Des informations de ce type se retrouvent en revanche dans les colonnes de *L'Enseignement mathématique*, revue internationale publiée en français ; on en trouve également parfois, pour ce qui touche à l'enseignement, dans certaines revues intermédiaires (cf. Gispert 2018).

57. Respectivement *Revue générale des sciences pures et appliquées*, 1900, t. 11, p. 1205, et 1909, t. 20, p. 977.

58. *Revue scientifique*, Éditorial, 1884, 3ᵉ sér., t. 8, p. 1.

souci de l'actualité[59], il n'est en effet pas question pour elles d'avoir une ambition d'exhaustivité, contrairement au *Bulletin*, qui rend compte chaque année de dizaines d'ouvrages[60], très souvent longuement. La question du choix des ouvrages dont les revues proposent des comptes rendus dans cet espace éditorial généraliste se pose donc, sachant qu'il s'agit en général d'ouvrages que le *Bulletin des sciences mathématiques* vient juste de recenser, ou va prochainement recenser.

Le choix des comptes rendus peut être, on s'en doute, conditionné par l'actualité mathématique elle-même. La *Revue générale des sciences pures et appliquées*, celle de nos revues qui recense le plus de livres et le plus souvent pour en recommander la lecture, montre par exemple une forte présence des livres d'analyse, qui est alors la discipline qui occupe le front avancé de la recherche et de l'enseignement supérieur en France[61] et qui est donc celle qui fait actualité en France, mais aussi à l'étranger, puisque de nombreux livres recensés sont publiés en Allemagne. Mais la publication des recensions peut aussi être conditionnée par les possibilités dont chacune des revues dispose. Dans la mesure où les revues bibliographiques fonctionnent le plus souvent à partir des livres reçus par la revue ou par ses collaborateurs, cela suppose en amont une circulation éditoriale des livres qui n'a rien d'évident. Ainsi Rémy de Gourmont écrit-il au démarrage de sa revue qu'il a « commencé à demander des livres », mais qu'« il faudra sans doute se résigner à en acheter quelques-uns les premiers mois[62] ». De plus, il ne peut y avoir publication d'une recension que si quelqu'un a été volontaire ou payé pour l'écrire, ce qui ne va pas toujours de soi. On retrouve ici la question évoquée précédemment (sec. 1.3) du vivier de mathématiciens sur lesquels peut compter une revue, comme celle de ses liens avec le milieu mathématique. La *Revue des idées* est ici moins performante que les trois autres revues qui ne semblent pas, à lire le large panel des ouvrages recensés, y compris édités à l'étranger, souffrir des mêmes faiblesses.

Tiraillé entre les choix et les possibilités, le traitement de l'actualité dans les quatre revues générales analysées doit également tenir compte de la coexistence des divers publics visés. Dans la lignée de leurs intentions éditoriales, les revues entendent en effet « faire le départ de l'important et du secondaire[63] » et « se réserv[er] de choisir parmi les nouveautés celles qui semblent destinées à prendre place dans la série des notions utiles[64] » – autant de déclarations qui attestent du souci de continuer à s'adresser à un public large, y compris en remplissant ce type de fonction. Une comparaison entre les recensions publiées par nos

---

59. Les recensions paraissent le plus souvent dans l'année même de la publication des ouvrages. Il en est de même pour le *Bulletin des sciences mathématiques* qui, dans notre période, n'accuse pas de retard.

60. Par exemple en 1913, on en compte plus de quatre-vingts.

61. Voir sur ce point (Gispert 2015).

62. Lettre de Gourmont à Dujardin, 13 novembre 1903, dans (Gourmont 2015, 115).

63. Charles Moureu, « Le cinquantenaire de deux revues », *Revue scientifique*, 1912, t. 50(1), p. 743–746, citation p. 745.

64. *Revue des idées*, Éditorial, 1904, t. 1(1), p. 2.

quatre revues d'un même ouvrage, paru en 1909, les *Éléments de la théorie des probabilités* d'Émile Borel, permet de montrer l'angle sous lequel chacune d'elles – chacun des chroniqueurs, devrait-on dire – choisit de traiter cette actualité et à quel type de public il s'adresse plus spécifiquement.

Toutes insistent sur l'actualité et l'importance du sujet, un point sur lequel nous reviendrons (sec. 2.2). Après avoir présenté le plan de l'ouvrage, tous soulignent également le souci de Borel d'avoir écrit un livre requérant le minimum de connaissances mathématiques. Ils en mettent ensuite en avant certaines parties et certaines des applications en fonction de leurs intentions et des lecteurs auxquels ils s'adressent en priorité.

L'originalité de la recension de Georges Matisse dans la *Revue des idées* est l'ambition philosophique du propos[65]. Intitulé « Sur la théorie des probabilités[66] », ce texte de quatre pages loue le traitement mathématique, mais s'avère plus réservé sur le côté philosophique. Matisse y explique en particulier en quoi la théorie classique des probabilités, celle dont traite Borel où tous les cas sont également possibles, perd de son intérêt pour le philosophe car elle s'éloigne de la réalité en s'appuyant sur cette hypothèse « trop artificielle, simpliste » ; il met alors en avant un essai récent de Charles Henry sur le calcul des probabilités qui « hardiment » est sorti du point de vue classique[67].

Les trois autres recensions ont un tout autre ton. Celle de la *Revue scientifique*, écrite sans surprise par Grévy, après avoir insisté sur les services que peut rendre ce calcul dans des domaines très variés, salue le travail de Borel qui a su en donner une exposition simple permettant à ceux qui n'ont que des notions élémentaires de mathématiques de « savoir avec précision dans quelles conditions on est en droit d'appliquer les résultats essentiels de la Théorie des probabilités[68] ». Alfred Barriol, qui signe avec sa qualité de « Directeur de l'Institut des finances et des assurances » la recension de l'ouvrage dans la *Revue générale des sciences pures et appliquées*, signale d'emblée le nombre d'ouvrages de calcul des probabilités publiés depuis quelques années puis montre en quoi celui de Borel, « statisticien et philosophe » se signale plus particulièrement. Il remercie en conclusion Borel « d'avoir fait un travail qui sera profitable aux économistes[69] ». Enfin, en lisant celle de la *Revue du mois*[70], on ne peut oublier qu'il s'agit d'un ouvrage du directeur de la revue. La recension, signée d'un « R »

---

65. Georges Matisse est l'auteur de nombreux ouvrages, dont plusieurs relèvent de l'épistémologie et des réflexions sur les sciences contemporaines. La seule étude le concernant est due à Paul Braffort : http://www.paulbraffort.net/litterature/critique/gmatisse.html.

66. Georges Matisse, « Sur la théorie des probabilités », *Revue des idées*, 1909, t. 6(2), p. 295–299.

67. Matisse ne précise pas ici le titre de l'ouvrage de Charles Henry. Il pourrait s'agir de *La loi des petits nombres. Recherches sur le sens de l'écart probable dans les chances simples à la roulette, eu trente-et-quarante, etc.*, Paris, Laboratoire d'énergétique d'Ernest Solvay, 1908.

68. *Revue scientifique*, 1910, t. 48(1), p. 573.

69. *Revue générale des sciences pures et appliquées*, 1909, t. 20, p. 787.

70. *Revue du mois*, 1909, t. 8, p. 503–504.

qui signifie « la Rédaction », rend compte d'ailleurs de deux livres sur les probabilités à la fois, celui de Borel et les *Leçons élémentaires sur les probabilités* de Robert de Montessus. Sans entrer dans le détail des deux livres, la courte recension développe prioritairement l'idée que, d'une part, les mathématiques sociales ont alors rejoint les mathématiques et, d'autre part, les biologistes se préoccupent de plus en plus de probabilités, tant du point de vue de la théorie que des applications.

Finalement, cet exemple atteste que si la présence d'un compte rendu et son propos obéissent sans doute à des logiques contingentes, les rubriques dédiées aux analyses participent néanmoins non seulement à faire connaître des ouvrages spécialisés auprès d'un public varié, mais aussi à légitimer la présence des mathématiques dans un espace social qui dépasse le milieu disciplinaire.

2.2 Mathématiques en société et mathématiques sociales

Comment intéresser aux mathématiques en dehors de la communauté des mathématiciens ? Une partie de la réponse réside, comme pour les autres sciences, dans le fait que pour « intéresser le grand public au mouvement des sciences, il [faut] qu'il ait l'impression que les recherches scientifiques d'apparence les plus abstruses ont ou peuvent avoir une action pratique et efficace dans le monde[71] ». Mais si les objets et les concepts mathématiques ne doivent pas apparaître comme « une distraction de mathématicien inoccupé[72] », les revues générales mettent l'accent sur un type spécifique d'« applications » des mathématiques. Les liens à la physique ou à l'ingénierie, classiquement examinés dans les revues spécialisées, ne font ici l'objet que de peu d'attention en dehors de quelques reprises de discours généraux. En revanche, les sujets qui relèvent des mathématiques sociales, très discrets dans les périodiques mathématiques spécialisés d'alors, y bénéficient d'un réel intérêt. Si cet intérêt demeure inégal selon les revues, et si, comme pour les mathématiques en général, il ne s'exprime quantitativement que par un nombre de pages relativement restreint, la singularité en la matière de cet espace éditorial – qui n'a pas d'équivalent dans la presse mathématique spécialisée – mérite que l'on s'y attarde.

Les revues générales constituent en effet un lieu où il est possible de mettre en avant le rôle que jouent les mathématiques pour certains thèmes qui relèvent de l'actualité sociale. Nos quatre périodiques abordent ainsi, en particulier, la question des modes de scrutins. Dans un contexte où la question de la représentation proportionnelle anime la vie politique française, où partisans et opposants se disputent la bataille de l'opinion publique et où la cause proportionnaliste soulève l'enthousiasme dans le monde savant et intellectuel (Huard 1988), ces périodiques se saisissent du sujet pour le déplacer sur le terrain de l'objectivité scientifique. Les mathématiques sont alors mobilisées à

---

71. Lettre de Noël Bernard à Borel 19 janvier 1906, Fonds Émile-Borel, RM 024, Archives de l'Académie des sciences.
72. Idem.

des degrés divers. Si l'argument mathématique n'a qu'une place modeste dans la *Revue des idées*, où des calculs arithmétiques élémentaires sur des statistiques administratives servent au juriste belge Louis Frank (1864-1917) à plaider une réforme électorale accordant une place aux femmes[73], cet argument constitue en revanche le cœur des textes que l'on peut lire dans la *Revue scientifique*, dans la *Revue générale des sciences pures et appliquées* et dans la *Revue du mois*[74]. Ces textes, en fait, ne se placent pas sur le terrain du débat d'idées. Dans les faits, leurs auteurs sont tous partisans de la réforme, mais il ne s'agit pas de défendre ce mode de scrutin du point de vue idéologique : le propos consiste à expliquer et à comparer les divers procédés possibles pour répartir les sièges complémentaires que l'on obtient lors d'un scrutin proportionnel, à discuter de leur pertinence en examinant les conséquences à partir d'exemples numériques représentant des cas-limites, ou à pointer les faiblesses mathématiques des affirmations sur lesquelles reposent certains d'entre eux. Si les articles font état de désaccords, ces derniers ne portent donc pas sur le bien-fondé du projet de réforme, mais plutôt sur ses modalités avec, en toile de fond, la question de savoir dans quelle mesure les positions dictées par les mathématiques seraient (ou pas) les seules dépositaires de la rationalité.

Plus généralement, les questions mathématiques traitées dans les revues générales donnent à voir un mouvement de fond, celui de la mathématisation de disciplines autres que les sciences physiques à partir de la fin du XIXe siècle. Même si leur actualité est moins vive, ces questions touchent elles aussi aux évolutions de la société et aux débats ou aux problèmes qu'elles engendrent. Les liens entre hérédité et statistiques font ainsi l'objet d'articles dans la *Revue des idées* et la *Revue du mois*, tandis que la *Revue générale des sciences pures et appliquées* et la *Revue scientifique* se font l'écho des travaux de Pearson[75]. L'usage des mathématiques pour des questions économiques fait l'objet d'un traitement similaire. Par exemple, les travaux de Walras et de Pareto sont longuement discutés dans la *Revue des idées* et la *Revue du mois*, tandis que « La science de l'actuaire » fait l'objet d'un long article dans la *Revue*

---

73. Louis Frank, « Le suffrage universel, proportionnel et intégral », *Revue des idées*, 1909, t. 6(2), p. 209–218.
74. Alfred Meyer, « Théorie des élections et représentation proportionnelle », *Revue générale des sciences pures et appliquées*, 1905, t. 16, p. 111–123 et p. 158–171 ; Émile Macquart, « Examen critique des divers procédés de répartition proportionnelle en matière électorale », *Revue scientifique*, 1905, 5e sér., t. 4, p. 545–554, p. 584–591 ; Robert de Montessus « La représentation proportionnelle », *Revue du mois*, 1906, t. 2, p. 337–344 ; Ludovic Zoretti, « À propos de la représentation proportionnelle », *Revue du mois*, 1907, t. 3, p. 323–235.
75. Émile Waxweiler, « Les statistiques et les sciences de la vie », *Revue des idées*, 1909, t. 6(2), p. 40–48 ; Vito Volterra, « L'application du calcul aux phénomènes d'hérédité », *Revue du mois*, 1912, t. 13, p. 556–574. On trouve par exemple un long résumé d'un mémoire de Pearson dans la *Revue générale des sciences pures et appliquées*, 1897, t. 8, p. 638–639 et un compte rendu d'un de ses ouvrages dans la *Revue scientifique*, 1898, 4e sér., t. 9, p. 178–179.

scientifique[76]. La *Revue générale des sciences pures et appliquées*, quant à elle, publie régulièrement des analyses de travaux ou des comptes rendus d'ouvrages où les mathématiques sont mobilisées pour des questions économiques et financières[77]. En abordant ces sujets, nos revues remplissent pleinement leur objectif de tenir le public lettré informé des dernières avancées liant sciences et société : c'est parce que « le grand public, même scientifique, n'est pas très documenté[78] », ou pour expliquer que « la spéculation ferait du calcul des probabilités comme Monsieur Jourdain faisait de la prose[79] », que se justifie la publication des tels articles ou comptes rendus.

Pour autant, l'enjeu de ces textes n'est sans doute pas exclusivement informatif, dans la mesure où ils prennent place, en fait, dans un débat inscrit dans un temps long qui remonte à la fin du XVIIIe siècle et qui porte sur l'usage des mathématiques, ou, plus précisément, sur celui des probabilités et des statistiques, pour des questions touchant à la vie humaine et sociale. Le développement de la biométrie, de l'actuariat, ou de l'économie comme sciences contribue en effet, à la fin du XIXe siècle, à réouvrir cette question, qui avait longtemps été tranchée par la négative en France – tant par les mathématiciens que par l'opinion publique[80]. Les auteurs s'avèrent ainsi soucieux, par la publication de ces textes, de réhabiliter l'usage des mathématiques, en montrant que celui-ci peut se révéler pertinent et fructueux pour permettre le progrès de ces nouvelles disciplines, voire que cet usage est parfois indispensable, puisqu'il est des questions où « la vérité statistique est la seule vérité[81] ». Plus encore, par les choix éditoriaux consistant à mettre en avant ce sujet, les revues, en tant qu'institution, participent aussi à cette réhabilitation.

Néanmoins, si les mathématiques sont dans les faits réintroduites dans les sciences humaines et sociales, leur légitimation nécessite de poser des gardefous. Pour se prémunir contre un nouveau discrédit, pour préserver le statut de leurs disciplines, les auteurs – mathématiciens, statisticiens, actuaires – sont en fait tout aussi attentifs à couper court à tout ce qu'ils considèrent comme des

---

76. Ludovic Zoretti, « La méthode mathématique et les sciences sociales », *Revue du mois*, 1906, t. 2, p. 355–365 ; Christian Cornélissen, « L'application des mathématiques aux sciences sociales », *Revue des idées*, 1904, t. 1(2), p. 943–950 ; Charles Lefebvre, « La science de l'actuaire : sa méthode », *Revue scientifique*, 1908, 5e sér., t. 10, p. 111–113.

77. On peut ainsi y lire, par exemple, des comptes rendus de la thèse de Louis Bachelier *Théorie de la spéculation* (1900, t. 11, p. 1240), d'un ouvrage de Gottlob Friedrich Lipps sur la théorie des erreurs, *Die Theorie der Collectivgegenstände* (1902, t. 13, p. 1100), d'un livre sur *La méthode mathématique en économie politique* (1902, t. 13, p. 890), d'un *Petit traité mathématique et pratique des opérations commerciales et financières* (1906, t. 17, p. 1080), du traité de Charles Henry *La Loi des petits nombres* (1908, t. 19, p. 626).

78. Charles Lefebvre, « La science de l'actuaire : sa méthode », *Revue scientifique*, 1908, 5e sér., t. 10, p. 111.

79. Léon Autonne, « Bachelier (L.). Théorie de la spéculation », *Revue générale des sciences pures et appliquées*, 1900, t. 11, p. 1240.

80. (Barbin & Marec 1987). Pour une synthèse, voir (Courtebras 2008).

81. Émile Borel, « Un paradoxe économique. Le sophisme du tas de blé et les vérités statistiques », *Revue du mois*, 1907, t. 4, p. 698.

utilisations abusives ou illicites qu'à faire la promotion des usages pertinents. Le statisticien Émile Waxweiler (1867-1916) souligne qu'« un recours prématuré à la statistique peut être plus nuisible qu'avantageux, en ce qu'il confère le prestige de la précision à des données mal débrouillées : cela ne peut donner que l'illusion de l'exactitude et renforcer l'hostilité[82] ». L'actuaire Alfred Barriol (1873-1959) précise que « la définition même de la probabilité la plus généralement adoptée, qui ne s'applique qu'à des événements tous également possibles, convient assez mal aux événements économiques et moraux pour lesquels les régimes douaniers, les lois « sociales » et autres, peuvent rendre impossible la répétition dans l'avenir[83] », rejoignant ainsi la position exprimée par Poincaré lui-même[84]. De même, le mathématicien Léon Autonne (1859-1916) rappelle que « le mariage prématuré de l'algèbre avec l'expérimentation, l'observation, la statistique risque de produire des monstres, c'est-à-dire des scandales et des paradoxes scientifiques, comme on en a reproché quelquefois déjà au calcul des probabilités[85] ».

Or, s'ils ne sont pas les seuls à intervenir sur ce type de sujet, les auteurs mathématiciens y sont, on s'en doute, en première ligne. Ce sont eux les plus gros pourvoyeurs d'articles originaux et ce sont le plus souvent eux qui rédigent les chroniques et comptes rendus émettant des jugements sur les travaux issus d'autres domaines. Dans un contexte paradoxal où le dossier probabiliste se trouve négligé dans les milieux mathématiques depuis plusieurs décennies alors qu'il bénéficie d'une grande vitalité dans des disciplines « connexes », les revues générales constituent ainsi un lieu où certains mathématiciens vont choisir de s'emparer du sujet[86]. On peut y lire, notamment, les textes célèbres des deux grands noms ayant œuvré pour le renouveau des études probabilistes en France, Henri Poincaré et Émile Borel[87]. Mais l'expression de cet intérêt se manifeste aussi, plus discrètement, dans le fait qu'Autonne ou Hadamard recensent des ouvrages et manuels de probabilités issus de la tradition actuarielle. La conclusion du second à propos de l'un ce ces livres résume bien la croisée des chemins à laquelle se trouve alors le calcul des probabilités aux yeux des mathématiciens :

---

82. Émile Waxweiler, « Les statistiques et les sciences de la vie », *Revue des idées*, 1909, t. 6(2), p. 43.
83. Alfred Barriol, « Montessus (R. de), *Leçons élémentaires sur le calcul des probabilités* », *Revue générale des sciences pures et appliquées*, 1908, t. 19, p. 753.
84. Henri Poincaré, « Le hasard », *Revue du mois*, 1907, t. 3, p. 257-276.
85. Léon Autonne, « Lipps. *Die Theorie der Collectivgegenstände* » *Revue générale des sciences pures et appliquées*, 1902, t. 13, p. 1101.
86. Sur le renouveau des études probabilistes en France au début du XXe siècle, voir (Mazliak & Sage 2014, Mazliak 2015).
87. Henri Poincaré, « Réflexions sur le calcul des probabilités », *Revue générale des sciences pures et appliquées*, 1899, t. 10, p. 262–269 ; Henri Poincaré, « Le hasard », *Revue du mois*, 1907, t. 3, p. 257–276 ; Émile Borel, « La valeur pratique du calcul des probabilités », *Revue du mois*, 1906, t. 1, p. 424–437 ; Émile Borel, « Le calcul des probabilités et la mentalité individualiste », *Revue du mois*, 1908, t. 6, p. 641–660.

Il n'est pas de branche de la Science – de la Science mathématique, du moins – plus intéressante, et il n'en est pas de plus importante que le Calcul des probabilités. Il n'en est pas, cependant, que les mathématiciens aient moins cultivée et à laquelle ils fassent faire moins de progrès. C'est sans doute, il faut bien le dire, parce qu'il n'en est pas de plus déconcertante, et en face de laquelle nous nous sentions plus désarmés[88] ?

De telles remarques, ou des articles comme ceux de Borel ou Poincaré, ne s'adressent pas exclusivement au public cultivé[89]. Ils constituent *aussi* des prises de position relativement au développement des probabilités et des statistiques dans les milieux savants, et en particulier à l'attention que devraient lui consacrer les mathématiciens. Dans la mesure où les « monstres » que soulève le calcul des probabilités (pour reprendre le terme d'Autonne) relèvent en même temps et de façon intrinsèquement imbriquée de la philosophie, des questions sociales et des mathématiques, les revues examinées ici, par leur caractère *général*, constituent en fait un espace éditorial de choix pour discuter des difficultés et des problèmes posés par le calcul des probabilités et de la pertinence de son renouveau. Elles offrent non seulement la possibilité d'embrasser dans un même mouvement les différentes facettes du sujet mais permettent aussi, sous couvert de chercher à sensibiliser l'opinion publique, de développer une pensée originale et réflexive sur le calcul des probabilités, susceptible de convaincre les mathématiciens.

2.3 Une fonction réflexive

La question des enjeux épistémologiques des mathématiques préoccupe fortement les mathématiciens et, plus largement, les cercles intellectuels, économiques, industriels, au tournant des XIXe et XXe siècles. La philosophie des sciences, et notamment la philosophie des mathématiques, sont par exemple en plein essor. Philosophes et mathématiciens dialoguent ainsi au Congrès international de philosophie, à Paris, en 1900, comme dans les pages de la *Revue de métaphysique et de morale* ou de la *Revue philosophique*[90]. Autre exemple, la nouvelle place des sciences, et des mathématiques, dans la formation des élites intellectuelles et sociales, alors débattue tant dans le monde académique qu'au parlement, fait l'objet de nombre d'articles et tribunes dans les colonnes des quotidiens et des revues. Ces questions, toutefois, ne sont pas présentes dans les journaux mathématiques spécialisés de langue française qui, à l'exception du *Bulletin des sciences mathématiques* et de *L'Enseignement mathématique*[91], ne sont ouverts ni aux considérations d'ordre social ou sociétal, ni aux

---

88. Jacques Hadamard, « Czuber (E.), *Wahrscheinlichkeitsrechnung und ihre Anwendung auf Fehlerausgleichung, Statistik und Lebensversirung* », *Revue générale des sciences pures et appliquées* 1905, t. 16, p. 784.
89. Les articles de Poincaré et Borel cités précédemment ont d'ailleurs eu une postérité importante. Ils ont été reproduits dans des ouvrages et sont très souvent cités.
90. Sur cette question, voir (Soulié 2009) et (Greber 2014).
91. Ces aspects sont notamment présents dans les parties consacrées aux comptes rendus d'ouvrages du *Bulletin des sciences mathématiques*, et dans les rubriques bibliographiques comme dans les articles de *L'Enseignement mathématique*.

considérations d'ordre philosophique ou épistémologique. En revanche, on constate la présence dans nos revues générales de textes réflexifs – que ce soit sur les mathématiques dans leur ensemble, sur un domaine particulier, ou encore sur leur usage, le sens de leur enseignement, ou leur lien à d'autres disciplines – qui font ainsi écho à l'actualité de ces questions. Beaucoup de ces textes étant écrits par des mathématiciens, ces revues générales ouvrent là encore à ces derniers un espace de circulation mathématique qu'ils n'hésitent pas à investir.

Il faut noter cependant qu'au-delà de cette actualité, la présence de textes réflexifs sur les mathématiques est sans doute renforcée par les choix éditoriaux de ces revues. En effet, ce type de texte est perçu par les éditeurs comme un bon moyen d'intéresser le public aux mathématiques. Comme l'écrit par exemple Georges Matisse dans son compte rendu des *Éléments de la théorie des probabilités* de Borel pour la *Revue des idées* :

> Les mathématiques sont trop souvent présentées aujourd'hui comme une science sèche et ennuyeuse, ou tout au moins comme un jeu de l'esprit très subtil, très difficile, mais un peu vain. Pour cette raison, de bons esprits s'en sont trouvés détournés. Les questions philosophiques, si on les laissait transparaître, donneraient de la vie à ces théories abstraites, montreraient le sens de ces longs et arides calculs sur lesquels l'esprit se dessèche[92].

Les textes à connotation philosophique occupent une place de choix dans les revues générales car ils permettraient, en quelque sorte, de faire percevoir quels sont les enjeux des mathématiques sans véritablement en faire, et donc de rendre la discipline accessible et attractive pour des non-mathématiciens.

Le phénomène, toutefois, déborde largement des débats qui animent alors la philosophie des mathématiques. En effet, la dimension réflexive est caractéristique des leçons inaugurales, discours et autres conférences que les mathématiciens les plus en vue peuvent être amenés à prononcer, et dont ils confient volontiers, comme nous l'avons signalé précédemment, la publication aux revues étudiées ici – sans toutefois leur en réserver l'exclusivité. De ce point de vue, cette fonction réflexive fait écho à la volonté de ces périodiques généralistes de mettre en avant des auteurs connus et de publier leurs propos, que ceux-ci relèvent de la philosophie des sciences *stricto sensu* ou qu'ils soient de l'ordre, plus trivialement, du « point de vue » de l'expert reconnu. L'omniprésence de Poincaré dans le corpus tient ici, par exemple, au fait qu'il est à la fois un mathématicien, un philosophe *et* une figure médiatique. Il publie ainsi dans la *Revue scientifique*, en 1900 son discours sur « Les relations entre la physique expérimentale et la physique mathématique, prononcé à l'occasion du Congrès international de physique ; en 1904 son discours à l'exposition universelle de Saint-Louis en 1904, sur « L'état actuel et l'avenir de la physique mathématique » paraît dans la *Revue des idées*[93] ; puis, en 1908, sa conférence

---

92. Georges Matisse, « Sur la théorie des probabilités », *Revue des idées*, 1909, t. 6(2), p. 298.

93. Ce même discours est publié dans le *Bulletin des sciences mathématiques*.

sur « L'invention mathématique » à l'Institut général psychologique, est publiée dans la *Revue du mois*[94] et le texte sur « L'avenir des mathématiques », lu au congrès international des mathématiciens à Rome dans la *Revue générale des sciences pures et appliquées*[95]. En 1904, cette dernière publie également sur trois colonnes une analyse de la conférence que Poincaré a donnée au Musée pédagogique devant une assemblée de professeurs de lycée sur « Les définitions générales en mathématiques[96] » à l'occasion de la réforme de l'enseignement secondaire de 1902, ainsi que de la discussion qu'elle a suscitée au cours de laquelle Hadamard est intervenu.

Il faut noter, ici, que le thème de l'enseignement s'avère en fait récurrent dans nos revues. Confrontés au débat toujours d'actualité, et revivifié par la réforme de 1902, sur l'opposition entre, d'une part, « culture générale » et, d'autre part, « esprit technique ou utilitaire » dont relèveraient nécessairement les sciences et les mathématiques[97], des mathématiciens tels Carlo Bourlet (1866-1913)[98], Charles-Ange Laisant (1841-1920)[99], Appell[100], Hadamard[101], ou encore Borel[102], Maurice Fréchet (1878-1973)[103], y traitent de différents enjeux épistémologiques, sociaux, intellectuels, pédagogiques de l'enseignement des mathématiques, ou plus globalement de l'enseignement scientifique. Dans la mesure où leurs interventions prennent le plus souvent la forme de reprises de conférences, voire de reprises d'articles parus dans d'autres revues (notamment *L'Enseignement mathématique*), on peut penser que ces auteurs mathémati-

---

94. La revue est cependant très loin d'en avoir l'exclusivité, puisqu'on retrouve cette conférence dans *L'Enseignement mathématique*, dans *L'Année psychologique* et dans le *Bulletin de l'Institut général de psychologie*.

95. Le texte est lui aussi l'objet de publications multiples : dans le *Bulletin des sciences mathématiques*, et dans les *Rendiconti*.

96. La conférence est publiée intégralement dans la revue *L'Enseignement mathématique*.

97. Jacques Hadamard, « À propos d'enseignement », *Revue générale des sciences pures et appliquées*, 1915, t. 26, p. 192–194.

98. Carlo Bourlet « La pénétration réciproque des mathématiques pures et des mathématiques appliquées dans l'enseignement secondaire », *Revue scientifique*, 1910, t. 48(2), p. 616–622.

99. Charles-Ange Laisant, « La première éducation scientifique », *Revue scientifique*, 1908, 5e sér., t. 10, p. 449–413.

100. Voir, entre autres, « L'enseignement des sciences et la formation de l'esprit scientifique », *Revue scientifique*, 1908, 5e sér., t. 10, p. 161–166 ; « L'enseignement des mathématiques », *Revue générale des sciences pures et appliquées*, 1903, t. 14, p. 893–894 ; « L'enseignement supérieur des sciences » (cycle de conférence à l'EHES sur l'éducation de la démocratie) [École des hautes études sociales], *Revue générale des sciences pures et appliquées*, 1904, t. 15, p. 287–299 ; « Faut il supprimer le baccalauréat », *Revue du mois*, 1907, t. 3, p. 5–17.

101. Jacques Hadamard, « Réflexions sur la méthode heuristique », *Revue générale des sciences pures et appliquées*, 1905, t. 15, p. 499–504 et « À propos d'enseignement », cf. *supra*.

102. Émile Borel, « Les exercices pratiques de Mathématiques dans l'enseignement secondaire », *Revue générale des sciences pures et appliquées*, 1904, t. 14, p. 431–440.

103. Maurice Fréchet, « À propos du projet de réforme du diplôme d'études supérieures de Mathématiques », *Revue générale des sciences pures et appliquées*, 1913, t. 24, p. 492–493.

ciens cherchent ici à faire partager leurs réflexions et à convaincre au-delà du seul cercle mathématique[104].

Plus généralement, la diversité des contributions ou des remarques proposant une réflexion sur ce que sont les mathématiques (ou une partie des mathématiques), sur ce qu'elles pourraient ou devraient être et sur le rôle qu'elles pourraient jouer, montre que ces revues constituent un lieu d'expression pour l'insertion des mathématiques dans l'espace intellectuel de la Belle Époque. Elles jouent ainsi notamment le rôle d'une chambre d'écho pour des positions émanant pour l'essentiel des acteurs et des institutions légitimes. Loin de se cantonner aux explications sur tel ou tel sujet et ses enjeux, ces derniers s'efforcent de clarifier ce en quoi consiste leur pratique dans un contexte d'évolution scientifique important où les mathématiques s'avèrent de plus en plus présentes, mais sans que cette clarification ne soit de l'ordre de la philosophie de leur discipline. Arnaud Denjoy (1884-1974) se demande ainsi dans la *Revue du mois*, en 1913, s'il y a une « physionomie mentale propre aux mathématiciens », tandis la *Revue scientifique* reproduit en 1900 une conférence où Darboux explique que les « heures les plus douces, les plus heureuses de [sa] vie » sont celles où il a pu « saisir dans l'espace et étudier sans trêve quelques-uns de ces êtres géométriques qui flottent en quelque sorte autour de nous[105] ».

De même, quoique de manière plus ponctuelle, des acteurs moins « autorisés », parfois non spécialistes des mathématiques, trouvent là une occasion de faire entendre leur voix, mais sans s'inscrire eux non plus dans la philosophie des mathématiques telle qu'elle est instituée à l'époque. Ainsi, Joseph Deschamps, docteur en médecine ayant occasionnellement publié en mathématiques mais qui demeure à la marge de ce milieu, s'exprime longuement dans la *Revue des idées* sur « l'idée mathématique[106] », tandis que le jeune psychologue Henri Piéron (1881-1964) livre dans la *Revue scientifique* un compte rendu assez critique de *La valeur de la science* de Poincaré[107].

Faut-il voir pour autant dans ces textes réflexifs une simple stratégie de vulgarisation des mathématiques à destination d'un large public lettré ? Certains d'entre eux, en tout cas, permettent d'en douter car ils participent d'une volonté de mettre en avant des thèmes relatifs aux fondements des mathématiques qui trouvent sens, plus généralement, tant sur la scène philosophique

---

104. Maurice Caullery (1868-1958), zoologiste, ami de Borel et membre du comité de rédaction de la *Revue du mois*, exprime une intention semblable lorsqu'il écrit dans cette dernière que « c'est le rôle de cette Revue de contribuer à la diffusion et de provoquer la discussion des problèmes généraux de l'enseignement supérieur, si important pour la prospérité du pays » (« L'évolution de notre enseignement supérieur scientifique », *Revue du mois*, 1907, t. 4, p. 513-535, ici p. 513).

105. Gaston Darboux, « Allocution prononcée à la XVIe réunion de la conférence Scientia » *Revue scientifique*, 1900, 4e sér. t. 14, p. 17–19 ; Arnaud Denjoy, « Les mathématiques et les mathématiciens », *Revue du mois*, 1912, t. 13, p. 67–77. Voir aussi Émile Picard, « L'état actuel de la science », *Revue scientifique*, 1905, 5e sér., t. 4, p. 449–452.

106. Joseph Deschamps, « L'idée mathématique », *Revue des idées*, 1905, t. 2(2), p. 756–773.

107. Henri Piéron, « *La Valeur de la science*, par H. Poincaré », *Revue scientifique*, 1905, 5e sér., t. 4, p. 464–466.

que sur la scène mathématique de l'époque – un phénomène d'autant plus remarquable que les périodiques spécialisés pour mathématiciens n'accordent pas véritablement de place à ce type de sujets, à l'exception notable du *Bulletin de la Société mathématique de France* qui, de façon tout à fait ponctuelle, publia les fameuses cinq lettres sur la théorie des ensembles[108]. Ainsi, la controverse philosophique sur la nature des mathématiques opposant Poincaré à Russell et Couturat à la fin du XIXe et au début du XXe siècle, et dont la *Revue de métaphysique et de morale* constitue le lieu d'expression privilégié, trouve un écho dans la *Revue générale des sciences pures et appliquées* et dans la *Revue scientifique*[109]. Ces textes, par leur technicité et leur précision, ne semblent pas forcément de nature à « donner vie à des théories abstraites », pour reprendre l'expression de Matisse. En revanche, même s'il ne s'agit pas alors de participer aux discussions mais d'analyser les travaux des uns et des autres ou de faire un état des lieux des débats, la visibilité que des revues comme celles-ci offrent à ces sujets et l'autorité des auteurs de ces analyses contribuent de fait à légitimer ces questions philosophiques auprès d'un public scientifique, voire même mathématique puisque ce dernier ne peut pas en prendre connaissance dans les périodiques qui lui sont spécialement dédiés en France.

La nouvelle théorie des fonctions, développée notamment par la jeune génération des analystes français à partir des travaux de Cantor sur la théorie des ensembles offre ici un exemple de sujet sur lequel la coexistence des publics des revues générales s'avère opérant. D'une part, la *Revue générale des sciences pures et appliquées* publie les recensions de quinze ouvrages de la « Collection de monographies sur la nouvelle théorie des fonctions » (sur les 17 que compte la série en 1914), et offre au directeur de la collection, Émile Borel, l'occasion de s'exprimer longuement sur le sujet dans ses colonnes[110]. L'importance du phénomène est tout à fait exceptionnelle si on se souvient que la revue effectue une sélection des ouvrages recensés. Elle atteste d'une volonté

---

108. *Bulletin de la Société mathématique de France*, t. 33, 1905, p. 261–273.

109. Voir notamment, Jules Tannery, « De l'infini mathématique », *Revue générale des sciences pures et appliquées*, 1897, t. 8, p. 129–140 et (anonyme), « La logistique et l'induction complète », *Revue générale des sciences pures et appliquées*, 1906, t. 17, p. 161–162 ; R. Dongier, « *Die Philosophischen Prinzipien der Mathematik*, von Louis Couturat » *Revue scientifique*, 1909, t. 47(2), p. 30–31. Sur ce débat voir (Brenner 2014).

110. *Revue générale des sciences pures et appliquées*, 1898, t. 9, p. 759–760 ; 1900, t. 11, p. 1283 ; 1902, t. 13, p. 48 ; 1904, t. 15, p. 952 ; 1905, t. 16, p. 653, p. 914, et p. 1004 ; 1908, t. 19, p. 368 ; 1909, t. 20, p. 376 ; 1910, t. 21, p. 835 ; 1911, t. 22, p. 733 ; 1912, t. 23, p. 286 ; 1913, t. 24, p. 440. p. 590 et p. 779 ; 1914, t. 25, p. 611. Voir aussi Émile Borel, « La théorie des ensembles et les progrès récents de la théorie des fonctions », *Revue générale des sciences pures et appliquées*, 1909, t. 20, p. 315–323. On ne trouve rien sur cette collection dans la *Revue scientifique* à l'exception d'un compte rendu des *Leçons sur les fonctions discontinues* de Baire, (1905, 5e sér., t. 4, p. 63–64) et d'un autre des *Leçons sur les fonctions de variables réelles et le développement en série de polynômes* de Borel (1905, 5e sér., t. 4, p. 127–128). La *Revue du mois* y consacrera moins d'attention, du fait sans doute que Borel en est aussi le directeur. Elle publie toutefois une analyse des *Leçons sur les séries trigonométriques* de Lebesgue (1906, t. 2), et des *Leçons sur les fonctions définies par les équations différentielles du premier ordre* de Pierre Boutroux (1909, t. 7).

d'offrir une grande publicité à un domaine mathématique récent et en plein développement, et donc, si l'on tient compte du fait que les ouvrages en question s'adressent tout de même exclusivement à des spécialistes des mathématiques, de participer à sa promotion au sein même du milieu mathématique. Mais, d'autre part, les implications de ces recherches en termes de fondements, qui touchent de manière indissociable aux mathématiques et à la philosophie, trouvent également un large écho dans la *Revue générale des sciences pures et appliquées* comme dans la *Revue du mois*. Le débat sur l'axiome du choix, initié dans les *Mathematische Annalen* et dans le *Bulletin de la Société mathématique de France* en 1905, fait intervenir deux responsables de ces revues, Hadamard et Borel, ainsi que deux proches de Borel, Baire et Lebesgue. L'une des références récurrentes dans les textes des uns et des autres est alors l'article de Tannery sur l'infini en mathématiques, publié dans la *Revue générale des sciences pures et appliquées* en 1897. Parallèlement aux publications consacrées aux implications de la théorie des ensembles dans les revues philosophiques, la réflexion se poursuit dans les colonnes de la *Revue générale des sciences pures et appliquées* entre 1905 et 1908 par une série d'articles d'Hadamard, mais aussi de Jules Richard (1862-1956), qui y présente le paradoxe qui porte aujourd'hui son nom[111]. Enfin, en 1912 puis en 1914, Borel réouvre le débat dans la *Revue du mois* à l'occasion de la publication de l'ouvrage de Léon Brunschvicg (1869-1944), *Les Étapes de la philosophie mathématique*[112].

On le voit, la fonction réflexive des revues générales revêt dans un cas comme celui-là de multiples aspects. Ces revues participent, certes, de l'information du public, mais elles sont aussi un vecteur de promotion pour une théorie mathématique non élémentaire, un lieu où sont publiées des connaissances inédites (le paradoxe de Richard sur la théorie des ensembles) et des sources d'inspiration qui acquièrent le statut de référence partagée (le texte de Tannery de 1897). Et, ce faisant, elles jouent un rôle d'interface dans la circulation des questions relatives à la théorie des ensembles entre trois publics, auxquels elles s'adressent conjointement bien que chacun n'ait sans doute pas la même façon de les lire : le public cultivé, celui des spécialistes de philosophie, et celui des spécialistes des mathématiques.

---

111. Anonyme [Jacques Hadamard], « La théorie des ensembles », *Revue générale des sciences pures et appliquées*, 1905, t. 16, p. 241–242 ; Richard et Anonyme [Jacques Hadamard], « Les principes des mathématiques et la théorie des ensembles », *Revue générale des sciences pures et appliquées*, 1905, t. 16, p. 541–543 ; Anonyme [Jacques Hadamard], « Les principes de la théorie des ensembles », *Revue générale des sciences pures et appliquées*, 1906, t. 17, p. 209 ; Anonyme [Jacques Hadamard], « La logistique et l'induction complète », *Revue générale des sciences pures et appliquées*, 1906, t. 17, p. 161–162 ; Jules Richard, « À propos de la logistique », *Revue générale des sciences pures et appliquées*, 1906, t. 17, p. 957–958.

112. Émile Borel, « La philosophie mathématique et l'infini », *Revue du mois*, 1912, t. 14, p. 218–227 ; Émile Borel, « L'infini mathématique et la réalité », *Revue du mois*, 1914, t. 18, p. 71–84.

3 Conclusion

Si les quatre titres examinés ici font exception dans un paysage éditorial généraliste où les mathématiques occupent, d'un point de vue global, une place relativement restreinte, leur étude dévoile des modalités de circulation mathématique sensiblement différentes d'un simple processus de vulgarisation. Ces revues permettent, certes, de faire connaître les mathématiques et leurs enjeux à un large public cultivé, ou encore d'affirmer leur importance et leur statut institutionnel. Mais l'intérêt qu'y trouvent les mathématiciens qui s'y investissent, de manière importante pour certains, réside aussi dans le fait qu'elles leur permettent de s'adresser, aussi, à leurs pairs. En y manifestant leurs choix, en y exprimant leurs points de vue, en y défendant certains thèmes, ils trouvent là un espace d'expression que ne leur offrent pas les revues spécialisées dans leur discipline. La coexistence des publics comme les différents niveaux de lectures qu'autorisent ces revues constituent ainsi un levier pour faire circuler, y compris dans le milieu mathématique, des idées nouvelles. Ces revues générales dévoilent, en l'occupant, un coin aveugle de l'espace de circulation mathématique pour spécialistes en France.

Chapitre 20

Circulation des sciences mathématiques dans les périodiques philosophiques à la Belle Époque

JULES-HENRI GREBER

> La vulgarisation devrait être une dialectique, au sens socratique, plutôt qu'un enseignement magistral, un dialogue plutôt qu'un discours suivi, silencieusement écouté. L'ignorant cherche à s'élever jusqu'à la science, le savant la fait descendre jusqu'à lui. Comme deux voyageurs qui se cherchent, faisons-nous des signaux, adressons-nous des appels, pour être plus sûrs de nous rencontrer. (Goblot 1922, 136)

1 Introduction

Des années 1800 jusqu'aux années 1860, les œuvres intellectuelles associant théories mathématiques et analyses épistémologiques ont connu une certaine défiance de la part de la philosophie officielle. Les études philosophico-mathématiques d'Antoine-Augustin Cournot (1801-1877) telles que *De l'origine et des limites de la correspondance entre l'algèbre et la géométrie* (1847) et l'*Essai sur les fondements de nos connaissances et sur les caractères de la critique philosophique* (1851) ont ainsi fait l'objet d'une indifférence quasi-totale et d'un désintérêt manifeste de la part de la communauté des philosophes professionnels[1].

---

1. Les livres de Cournot ont connu un échec commercial. Alfred Espinas (1844-1822) rappelle à ce sujet que « l'éditeur de ses ouvrages, désespérant d'écouler un bon nombre

La marginalisation philosophique à l'égard de ces études interdisciplinaires impliquait dès lors l'absence de circulation des connaissances scientifiques en général, des connaissances mathématiques en particulier sur le marché des idées philosophiques. Cette marginalisation s'explique par la situation de l'enseignement et de la pratique philosophiques à cette époque, caractérisée par l'éclectisme spiritualiste de Victor Cousin (1792-1867) et le divorce systématique et institutionnel entre les sciences positives (mathématiques, physiques et naturelles) et la philosophie. Dans sa leçon du 27 novembre 1905 à la Faculté des lettres de Montpellier, le professeur de philosophie et ancien mathématicien Gaston Milhaud (1858-1918) rappelait devant ses étudiants l'état de la philosophie au début du XIXe siècle :

> Vous savez ce qu'avait été longtemps en France la philosophie universitaire, je veux dire cette sorte de catéchisme naïf et banal auquel avait abouti l'école de Cousin ; et vous savez à quel point la rhétorique, qui s'y donnait libre carrière, avait inévitablement séparé la philosophie de la science. (Milhaud 1911, 2)

La psychologie, l'histoire de la philosophie, la métaphysique et les sciences morales suffisaient ainsi à fournir les bases aux doctrines philosophiques. Les sciences mathématiques, physiques et naturelles, délaissées aux scientifiques, devenaient des objets étrangers aux spéculations des philosophes[2]. Le philosophe Frédéric Rauh (1861-1909) constate amèrement au sujet de l'enseignement des philosophes que

> La critique de la science, des méthodes, la délimitation et signification exacte des concepts, telle qu'elle ressort de leur application naturelle aux faits, telle est l'œuvre qu'ils (les philosophes) sont pour la plupart obligés, par ignorance, d'abandonner aux savants. [...] Ainsi, la critique des sciences est-elle à peu près interdite au philosophe formé par l'Université ; et il ne peut que traverser la métaphysique, faute de pouvoir la vivifier au contact de la science vivante. (Rauh 1895, 362–364)

L'enseignement de la philosophie finissait alors par devenir littéraire et s'adonnait à la rhétorique mondaine. L'absence d'apprentissage scientifique et de maîtrise conceptuelle et méthodologique des théories et résultats scientifiques empêchait dès lors chez les philosophes toute forme de compréhension et d'assimilation des analyses épistémologiques sur les sciences. Dans ces conditions, le public philosophique n'était nullement disposé et préparé à suivre des penseurs comme Cournot sur le terrain de la philosophie des sciences mathématiques.

---

d'exemplaires, les mit au pilon » (Espinas 1909, 562). Lévy-Bruhl (1857-1939), reprenant une expression de Hume, estime que ces ouvrages sont *tombés morts nés*. (Lévy-Bruhl 1911, 292). Paradoxalement, celui qui occupe aujourd'hui une place centrale dans l'histoire de la philosophie française des sciences était de son vivant quasiment ignoré par la communauté philosophique.

2. Sous l'influence de l'école de Cousin, les philosophes se montraient même hostiles à l'intervention des sciences en philosophie : « Plus la critique des sciences tenait de place dans une doctrine, moins cette doctrine devait paraître philosophique aux yeux des éclectiques » (Lévy-Bruhl 1911, 294).

Un changement progressif va cependant s'opérer à partir des années 1870 et mener à la création d'un nouvel espace intellectuel et éditorial de circulation pour les sciences en général, pour les sciences mathématiques en particulier. Plusieurs jeunes philosophes, refusant de voir la philosophie dégénérer en « un verbiage dont la sonorité révélait le creux » (Duhem 1908, 8), sont saisis par le désir non seulement de renouer un lien avec les sciences, mais aussi d'instaurer un dialogue et une collaboration active avec les scientifiques. Afin de satisfaire cette nouvelle forme de *libido sciendi*, ces derniers vont compléter leur formation philosophique par une formation scientifique et ainsi rompre la tradition de silence sur l'activité scientifique caractéristique de la philosophie et de son enseignement sous Cousin. Le témoignage du philosophe Pierre Janet (1859-1947) est, à cet égard, exemplaire :

> Élève de la section des lettres et professeur de philosophie, je sentais la nécessité d'une éducation scientifique plus avancée pour les recherches philosophiques et j'exprimais souvent le regret de mon ignorance en mathématiques. Avec sa complaisance inépuisable Milhaud s'offrit généreusement pour compléter un peu mon instruction et pour me faire faire la classe de mathématiques spéciales qu'il me manquait[3]. (Janet 1919, 56)

En se livrant à l'étude des sciences mathématiques ou des sciences physico-chimiques, les philosophes comblent les lacunes scientifiques d'une éducation philosophique jusque-là littéraire et acquièrent les compétences nécessaires pour s'adonner aux analyses philosophiques sur les sciences. Ces nouvelles compétences se traduisent par la soutenance de plusieurs thèses[4], dont celles de Arthur Hannequin (1856-1905) en 1895 sur *L'Hypothèse des atomes dans la science contemporaine*, de Louis Couturat (1868-1914) en 1896 sur *L'Infini mathématique*, et de Abel Rey (1873-1940) en 1907 sur *La Théorie de la physique chez les physiciens contemporains*. Accompagnés de plusieurs scientifiques comme les physiciens Henri Bouasse (1866-1953) et Pierre Duhem (1861-1916) et les mathématiciens Pierre Boutroux (1880-1922) et Émile Borel (1871-1956), ces philosophes vont plaider en faveur d'une réforme de l'enseignement philosophique et de l'élaboration d'un enseignement scientifique spécifique pour la communauté des philosophes[5].

---

3. Il convient de souligner que l'École normale supérieure va alors fonctionner comme un lieu de rencontre et d'échange interdisciplinaires entre les futurs scientifiques et philosophes. Ce lieu a donné naissance à une forme de sociabilité entre les deux communautés. Bourgeois (2004) rappelle à ce sujet que « l'un des facteurs historiques importants, sans doute, de la constitution d'une société de philosophes faisant aussi société avec des non philosophes, a été leur présence juvénile dans ce lieu exigeant et cultivant la pluridisciplinarité qu'était l'École normale. [...] Le progrès problématisant des sciences notamment [...] suscitait, dans un tel lieu qui les facilitaient, des échanges intenses entre les futurs savants et philosophes ».

4. La soutenance de ces thèses est perçue à cette époque comme l'une des manifestations majeures du renouveau philosophique et de la réhabilitation du lien entre philosophie et sciences (Duhem 1908, 9).

5. Cet enseignement est principalement centré sur les sciences mathématiques, *outil indispensable* pour aborder les questions de philosophie naturelle (Bouasse 1901). Pour une présentation des nombreux réquisitoires contre les lacunes scientifiques des philosophes et

La philosophie et l'histoire des sciences vont dès lors rentrer dans un processus d'institutionnalisation avec les créations en 1892 de la première chaire d'histoire générale des sciences au Collège de France et en 1909 d'une chaire d'histoire de la philosophie dans ses rapports avec les sciences à la Sorbonne. En outre, plusieurs cours de philosophie et d'histoire des sciences vont être dispensés dans les facultés de province. Initiés à la Faculté des lettres de Lyon par Hannequin, ces cours interdisciplinaires connaîtront leur pleine mesure à l'Université de Montpellier de 1892 à 1909 par l'intermédiaire de Milhaud[6].

Ce processus d'institutionnalisation est consolidé par la création de revues philosophiques qui amorcera celle des congrès internationaux et des sociétés savantes de philosophie. Conçues comme un espace majeur de rencontre et de discussion entre les philosophes et les scientifiques[7], les revues vont contribuer à la culture scientifique des premiers et participer à légitimer la sociabilité philosophique des seconds.

Parmi les 12 revues philosophiques françaises publiées à la Belle Époque[8], la *Revue philosophique de la France et de l'étranger* (1876-) et la *Revue de métaphysique et de morale* (1893-)[9] sont régulièrement présentes non seulement dans les répertoires bibliographiques pour les sciences mathématiques tels que le *Jahrbuch über die Fortschritte der Mathematik* et le *Führer durch die ma-*

---

des différents projets de réforme de l'enseignement philosophique qui visent à assurer une véritable formation scientifique aux philosophes, nous renvoyons le lecteur à (Rauh 1895), (Bouasse 1901), (Goblot 1902) et (Soulié 2009, 216–221).

6. Pour Milhaud, ancien professeur de mathématiques spéciales au lycée de 1888 à 1895 puis chargé de cours de philosophie et d'histoire des sciences à la Faculté des lettres de Montpellier à partir de 1895, l'un des principaux objectifs de ces cours interdisciplinaires est de « renverser cette barrière ridicule qu'ont peu à peu édifiée nos programmes d'enseignement entre la science et la philosophie ». Ces cours s'inscrivent ainsi pleinement dans le double projet de déconstruire la structure institutionnelle de l'enseignement en mettant un terme à la fragmentation et au cloisonnement disciplinaires du système des facultés, et de rendre possible un travail communautaire et une réflexion collective sur les connaissances scientifiques. Pour une présentation des réformes des facultés engagées au cours de la troisième République et de l'interdisciplinarité universitaire à Montpellier, nous renvoyons le lecteur à (Laurens 2009).

7. Dans son article programmatique, la *Revue de philosophie* « demande aux premiers (scientifiques) d'apporter des données positives ; aux seconds (philosophes) de tenir compte de ces données dans la spéculation ». Le philosophe Alphonse Darlu (1849-1921) remarque au sujet de la *Revue philosophique de la France et de l'étranger* qu'elle « a obligé les philosophes de suivre les travaux des savants ; elle a permis aux savants de lire les méditations des philosophes ». Les périodiques vont ainsi conduire à structurer et réguler la pratique épistémologique en France.

8. Le corpus des revues philosophiques françaises est composé des périodiques positivistes (*La Philosophie positive* (1867-1883), *La Revue occidentale* (1878-1914) et *La Revue positiviste internationale* (1906-1930)), néo-criticistes (*La Critique philosophique* (1873-1889) et *L'Année philosophique* (1890-1913)), néo-thomistes (*Annales de philosophie chrétienne* (1880-1913), *Revue thomiste* (1893-1930), *Revue néo-scolastique* (1894-), *Revue de philosophie* (1901-1946), et *Revue des sciences philosophiques et théologiques* (1907-)) et universitaires (*Revue Philosophique de la France et de l'étranger* (1876-), *Revue de métaphysique et de morale* (1893-) et *Bulletin de la Société française de philosophie* (1901-)). Pour une étude générale de ce corpus, voir (Greber 2014).

9. Désignées respectivement *Rpfe* et *Rmm* dans la suite de l'article.

thematische Literatur mit besonderer Berücksichtigung der historisch wichtigen Schriften de Felix Müller, mais aussi dans les bulletins bibliographiques de plusieurs journaux mathématiques tels que *L'Enseignement mathématique* et l'*American Mathematical Monthly*[10]. Des études antérieures (Greber 2014) ont permis d'établir que ces revues ont joué à cette époque un rôle central dans l'organisation et l'institutionnalisation de la philosophie des sciences mathématiques comme champ collectif de recherche spécialisée.

L'objectif de la présente étude est d'identifier et d'interroger les particularités des outils méthodologiques et éditoriaux élaborés et mis en place par ces périodiques pour permettre au public philosophique d'assimiler et de s'approprier les concepts et théories mathématiques susceptibles de faire l'objet d'une analyse épistémologique. Nous serons alors amenés à mettre en relief, à partir d'études de cas, certaines des entreprises d'acculturation mathématique à travers lesquelles les médiateurs scientifiques ont déterminé et mis en forme les connaissances mathématiques à partir des attentes d'un public composé principalement de non-mathématiciens.

2 L'espace éditorial pour les sciences mathématiques dans et par les périodiques philosophiques

En 1876, le normalien et agrégé de philosophie Théodule Ribot (1839-1916) fonde la *Rpfe* qu'il dirige seul jusqu'à sa mort en 1916[11]. Refusant d'être une revue d'école[12], la *Rpfe* exclut l'esprit sectaire caractéristique des démarches éditoriales et dogmatiques du publiciste et philologue Émile Littré (1801-1811) fondateur de *La Philosophie positive* (1867-1883)[13] et de l'ancien polytechnicien

---

10. Les sommaires et les principales publications en philosophie des sciences mathématiques sont ainsi portés à la connaissance de la communauté mathématicienne de l'époque. Les ouvrages philosophico-mathématiques, principalement conçus à partir des articles publiés dans les périodiques philosophiques, font aussi l'objet de comptes rendus et d'analyses dans les journaux mathématiques.

11. La *Rpfe* est une entreprise individuelle dans laquelle Ribot contrôle et dirige tout en solitaire (Carroy et al. 2016). Elle fait ainsi partie d'une stratégie intellectuelle d'intégration dans le milieu universitaire parisien. Elle permettra à Ribot d'être chargé du premier cours de psychologie expérimentale à la Sorbonne en 1885 et d'obtenir en 1889 la chaire de psychologie expérimentale et comparée au Collège de France. (Fabiani 1988, 35).

12. À cette époque, les revues d'école participaient à la diffusion des courants intellectuels extra-universitaires. Le positivisme et le néo-criticisme étaient ainsi en marge ou même exclus du courant philosophique officiel et des institutions d'enseignement comme la Sorbonne ou le Collège de France.

13. Fondée et dirigée par Littré et le chimiste Grégoire Wyrouboff (1843-1913), la revue est conçue comme un organe de propagande et de combat. Elle entend ainsi promouvoir la doctrine d'Auguste Comte auprès du grand public à travers un contenu encyclopédique. Dans l'article programmatique, les directeurs indiquent que le périodique se donne pour objectif « de développer les idées fondamentales de Comte [...] et de les appliquer *aux questions de tout ordre que le progrès de la civilisation a fait naître dans les sciences, dans les arts, dans les lettres et dans la politique.* [...] Tout ce qui s'écrira dans cette revue portera le caractère de cette philosophie et s'y rattachera par des liens directs ou indirects ». (« Notre Prospectus »). Initialement éditée par Germer Baillière, elle prend son indépendance en 1872.

Charles Renouvier (1843-1913) directeur de *La Critique philosophique* (1873-1889)[14].

Ouverte à toutes les écoles philosophiques, la *Rpfe* ambitionne de dresser un tableau complet et exact du mouvement philosophique de l'époque[15]. Elle se donne alors pour objectif d'embrasser les questions ayant trait à la psychologie, la morale, les sciences de la nature, la métaphysique et l'histoire de la philosophie.

Conçus comme un instrument éditorial d'organisation des pratiques et de la recherche philosophiques universitaires, les numéros mensuels de la revue sont structurés autour de six rubriques principales : articles de fond, analyses et comptes rendus, notes et documents, revues générales, notices bibliographiques et revues des périodiques étrangers. La revue est éditée chez Germer Baillière, puis chez Félix Alcan[16]. En s'imposant comme la référence incontournable dans le milieu philosophique universitaire, la revue connaît un succès éditorial avec un tirage d'environ 1 000 exemplaires par numéro (Tesnière 2001, 90). Ce succès est consolidé par les professeurs du secondaire puisqu'une partie des lycées de France y sont abonnés (Fabiani 1988, 36).

En 1893, Xavier Léon (1868-1935) fonde la seconde revue philosophique universitaire, la *Rmm*[17]. Dans cette entreprise intellectuelle, Léon est accompagné de Élie Halévy (1870-1937), Léon Brunschvicg (1869-1944), Couturat et Maximilien Winter (1871-1935), des jeunes normaliens, anciens élèves d'Alphonse Darlu (1849-1921) au Collège Condorcet, « lieu matriciel » et « creuset intellectuel » du projet de la revue et de son réseau (Soulié 2017,

---

Bimensuelle, la revue est financée par Wyrouboff qui dispose d'une fortune personnelle. Aux côtés des fondateurs, les contributeurs-lecteurs sont principalement des hommes politiques, des militaires, des médecins, des avocats et des notaires (Heilbron 2007), (Clauzade 2016).

14. Fondée et dirigée par Renouvier et le publiciste François Pillon (1830-1914), la revue entend construire une philosophie républicaine en abordant les *questions du jour* à partir des présupposés philosophiques du néo-criticisme. Initialement éditée par Germer Baillière, la revue prend son indépendance en 1874. Hebdomadaire, puis mensuelle, elle est financée par les abonnements. Aux côtés des fondateurs, les contributeurs-lecteurs sont principalement des hommes politiques, des hellénistes, des ingénieurs, des médecins et des jeunes philosophes. (Fedi 2002).

15. Tout en faisant preuve d'une ouverture et neutralité intellectuelles, la revue pratique cependant un contrôle de la production en s'opposant à une conception littéraire et rhétorique de la philosophie. Elle exclut ainsi « les articles en dehors du mouvement philosophique, c'est-à-dire qui, étant consacrés à des doctrines déjà connues, rajeunies seulement par un talent d'exposition littéraire, n'auraient rien à apprendre aux lecteurs ».

16. Félix Alcan (1841-1924), ami normalien de Ribot, est de 1863 à 1870, professeur de mathématiques dans plusieurs lycées de l'Est. Suite au siège de Metz, il se rend à Paris dans l'intention de percer dans la librairie et l'édition. Il s'associe alors à l'éditeur Baillière en 1875 avant de devenir en 1883, le seul propriétaire de la firme. La philosophie universitaire est l'une des références principales du catalogue Alcan qui offre alors la possibilité aux philosophes d'entrer dans l'univers de l'édition (Tesnière 2001, 89).

17. Contrairement à Ribot pour qui l'entreprise revuiste a joué un rôle moteur dans sa carrière universitaire, X. Léon qui disposait d'une fortune familiale n'a jamais tenté d'occuper un poste de fonctionnaire au service de l'Instruction publique. Il se consacra ainsi exclusivement à la *Rmm* et son réseau (Soulié 2009).

215). Dans un contexte de parcellisation du savoir, l'objectif de la *Rmm* est de restaurer et de défendre les prérogatives d'une philosophie normative et rationaliste face à l'autonomisation et l'institutionnalisation progressive des sciences humaines et sociales comme la psychologie expérimentale et la sociologie qui menaçaient de plus en plus de réduire ou de dissoudre la philosophie (Soulié 2009). Léon et ses collaborateurs entendent ainsi :

> donner plus de relief aux doctrines de philosophie proprement dite ; [...] laissant de côté les sciences spéciales plus ou moins voisines de la philosophie, ramener l'attention publique aux théories générales de la pensée et de l'action dont elle s'est détournée depuis un certain temps et qui cependant ont toujours été, sous le nom décrié aujourd'hui de métaphysique, la seule source des croyances rationnelles ; [...] non pas suivre le mouvement des idées, mais essayer de lui imprimer une direction. (Darlu 1893, 2)

La *Rmm* est éditée par Hachette de 1893 à 1895, puis par Armand Colin. La politique éditoriale de ces éditeurs qui se placent avant tout sur le marché de l'édition scolaire, renforce un peu plus l'ambition universitaire de Léon et de son réseau. Le tirage des livraisons bimestrielles oscille entre 300 et 600 abonnements de 1893 à 1906. Régulièrement déficitaire à ses débuts, la revue contraindra plusieurs fois Léon à renflouer la caisse (Prochasson 1993).

Bien que la *Rpfe* et la *Rmm* se trouvent en concurrence[18] et cultivent des spécificités doctrinales parfois opposées[19], elles présentent des lignes éditoriales et des centres d'intérêt communs[20]. Opposées au spiritualisme « ronronnant » et littéraire des disciples de Cousin[21], elles vont accorder une importance intellectuelle et éditoriale aux sciences mathématiques et aux mathématiciens. Dans cette perspective, elles vont accorder une importance intellectuelle et éditoriale aux sciences mathématiques et aux mathématiciens.

2.1 Une rubrique et un ingénieur au service de la communauté philosophique

Dans son article programmatique, la *Rpfe* ne mentionne pas explicitement son intérêt pour les sciences mathématiques. Pourtant, de 1876 à 1914, le

---

18. Les deux revues visent le même public à dominante scolaire et universitaire. D'ailleurs, un *incident* confirme la concurrence entre les deux revues. Rabier, le directeur de l'enseignement secondaire au ministère de l'Instruction publique, désabonnera de la *Rpfe* 58 lycées sur 108, pour prendre 50 abonnements en faveur de la *Rmm* (Fabiani 1988, 37).
19. Alors que l'entreprise de Ribot est de tendance positiviste et empiriste, celle de Léon est de tendance métaphysique et rationaliste. Ainsi, alors que Ribot demande aux contributeurs des faits, Léon attend des idées.
20. Les études comparées réalisées par (Vogt 1982) et (Merllié 1993) montrent qu'il n'existe aucun antagonisme entre les deux périodiques qui se partagent une large partie de la communauté des contributeurs-lecteurs. Près de 54 % des contributeurs majeurs (+ de 4 articles) publient ainsi alternativement dans les deux revues.
21. Pour Léon, la *Rmm* a été conçue pour permettre le « rapprochement des sciences et de la philosophie – qui est la grande tradition de l'histoire de la pensée [...] rompue en France par l'école de V. Cousin ». Cité par (Soulié 2009).

périodique publie près de 190 interventions en rapport avec ces sciences[22]. Cette production fait du périodique de Ribot le premier centre éditorial et intellectuel de philosophie au sein duquel non seulement sont diffusées et réceptionnées certaines nouveautés mathématiques du moment[23] telles que les géométries non-euclidiennes, la logique algorithmique et les travaux de Georg Cantor (1845-1918) sur le continu et le transfini, mais aussi interviennent des mathématiciens comme Joseph Boussinesq (1842-1929), Jules Andrade (1857-1933), Borel et des ingénieurs comme Georges Mouret (1850-1936), Auguste Calinon (1850-1900), Georges Lechalas (1851-1919) dont les interactions avec les philosophes vont donner naissance aux premières thèses originales et innovantes en philosophie des sciences mathématiques.

Les conditions de possibilité qui ont permis d'instaurer un dialogue entre ces différents acteurs reposent en partie sur une stratégie de médiation scientifique menée par l'ingénieur et helléniste Paul Tannery (1843-1904) suite à une demande de Ribot[24]. En effet, afin de forger la culture mathématique du lectorat philosophique et lui offrir la possibilité d'intégrer dans une réflexion épistémologique les concepts mathématiques, le directeur de la *Rpfe* charge l'helléniste d'endosser le rôle de médiateur scientifique. Pineau (2010) montre ainsi que les interventions en philosophie des sciences mathématiques de Tannery sont rarement le fait de sa propre initiative, mais répondent à des commandes de Ribot qui entend mettre au service de la communauté philosophique la formation et les compétences scientifiques de l'ancien polytechnicien. Ces compétences confèrent ainsi à l'helléniste une autorité et une légitimité au sein de la communauté philosophique pour diffuser les connaissances mathématiques. C'est en échange d'une place éditoriale pour ses propres recherches en histoire des sciences que Tannery accepte ce rôle. Le fait d'intervenir dans un périodique parisien constitue, pour un ingénieur non-enseignant situé en province comme Tannery, une façon d'accéder à une reconnaissance dans le monde intellectuel et académique (Pluet-Despatin 2002). La *Rpfe* apparaît alors comme une opportunité éditoriale et un canal de diffusion pour des travaux en histoire des sciences dont l'espace éditorial est extrêmement restreint à cette époque. La *Revue* va ainsi participer à la construction de l'identité d'historien des sciences de l'ingénieur (Pineau 2010).

---

22. Avec une moyenne de 5 interventions par année, la philosophie des sciences mathématiques représente environ 60 % de la production du périodique en philosophie des sciences sur cette période.

23. Avant l'apparition de la *Rpfe*, les analyses philosophiques sur les sciences mathématiques présentes dans *La Philosophie positive* et *La Critique philosophique* tiennent rarement compte de l'actualité mathématique. Dans *La Philosophie positive*, en dehors d'une note (André 1870) du militaire Louis André (1838-1913) examinant l'incident qui s'est produit à l'Académie des sciences en 1869 autour de la démonstration du postulat d'Euclide proposée par Jules Carton et rapportée favorablement par Joseph Bertrand (1822-1900), les interventions visent principalement à compléter et corriger les considérations de Comte sur les sciences mathématiques et à faire la preuve du caractère objectif et expérimental de ces sciences afin de les libérer de tout résidu métaphysique (Greber 2014, 204–215).

24. Les analyses qui suivent sont en partie reprises de (Greber 2017).

La demande de Ribot se matérialise dans les sommaires du périodique par la création, en 1879, d'une rubrique dédiée aux « Travaux récents de philosophie mathématique » et à la « Théorie de la connaissance mathématique ». Composée principalement de comptes rendus, la rubrique permet l'organisation conceptuelle et la structuration du champ de la philosophie des sciences mathématiques. Tannery y présente en effet plusieurs ouvrages ou articles de mathématiques « pouvant intéresser les philosophes[25] pour leurs conclusions ou leurs tendances » (Tannery 1889, 73). Tel est le cas, par exemple, des ouvrages de (Wernicke 1887) et de (Lange 1886) sur l'enseignement des fondements de la géométrie et de la mécanique. L'analyse de ces ouvrages permet à Tannery d'indiquer au lecteur du périodique

> dans une vue d'ensemble, les nouvelles tendances qui se font jour pour l'enseignement des fondements de la géométrie et de la mécanique, tendances dont le but est de faire nettement ressortir les éléments hypothétiques ou conventionnels qui entrent dans les concepts mathématiques primordiaux. (Tannery 1888, 189)

D'un point de vue général, ces ouvrages qui ne peuvent être réalisés que par des scientifiques de profession, sont indispensables aux philosophes qui s'engagent dans l'étude ou l'élaboration d'une théorie de la connaissance mathématique dont l'objectif premier est une « critique des concepts que la science prend comme fondamentaux » (Tannery 1898, 429). En effet, l'ingénieur souligne, au moment d'indiquer les tâches respectives des scientifiques et des philosophes dans le travail communautaire en philosophie des sciences, que

> la théorie de la connaissance scientifique a besoin, avant toutes choses, d'exposés exacts et précis des concepts dont la critique lui appartient, et que, pour des tels exposés, c'est surtout dans les savants spéciaux que l'on peut avoir confiance. S'ils n'ont pas une culture philosophique proprement dite, [...] ils pourront ne pas faire ressortir, sous la terminologie convenue, les problèmes à résoudre, mais il suffit que leurs idées et leur langage soient clairs pour qu'on l'on puisse dégager ces problèmes. (Tannery 1898, 429)

Le travail de médiation de Tannery aura pour principale caractéristique de minimiser le formalisme mathématique dans lequel ces ouvrages sont rédigés afin de mettre en avant les éléments philosophiques. Le public philosophique ne maitrisant pas forcément toutes les subtilités du langage mathématique, l'ancien polytechnicien est amené à utiliser les recettes de simplification caractéristique d'une pratique éditoriale et intellectuelle de vulgarisation. Ainsi, par exemple, au moment de rendre compte de l'ouvrage de Lucien De la Rive (1834-1924), *Sur la composition des sensations et la formation de la notion d'espace* (La Rive 1888), il souligne :

> Malheureusement pour la vulgarisation de son travail, il est rédigé sous la forme d'un mémoire destiné à une société savante, et il se trouve surchargé de développements

---

25. Tannery assimile le public philosophique au grand public « ayant reçu l'instruction scientifique générale, telle qu'elle est donnée dans l'enseignement secondaire, et s'étant, depuis, tenu au courant par la lecture des livres de vulgarisation et des articles de la presse tenus dans le même esprit ». (Tannery 1904, 4).

mathématiques qui rendent la lecture difficile aux profanes. J'essayerai de donner une idée succincte de ce mémoire en écartant précisément tous ces développements. (Tannery 1889, 76)

Un traitement similaire est réalisé sur (Laisant 1898), recommandé par l'helléniste pour l'exposé des concepts et méthodes employés dans les sciences mathématiques. Délaissant « les détails qui, aujourd'hui, n'intéresseraient guère que les mathématiciens », l'ingénieur met en relief les opinions de Laisant qui ont « un caractère philosophique proprement dit » (Tannery 1898, 432).

À côté de cette rubrique, Tannery consacrera plusieurs articles d'histoire des sciences pour introduire au sein du champ philosophique certains concepts mathématiques. Ainsi, en 1885, à partir d'une étude historique consacrée aux arguments de Zénon d'Élée, l'ingénieur présente la définition du continu mathématique développée par Cantor[26]. Le même procédé est employé à l'occasion de ses études sur les présocratiques[27]. Anaximandre conduit à un exposé de la notion d'entropie et Anaximène à une analyse de la théorie de l'éther. Une étude sur Kant en 1885 offre l'occasion de présenter les théories de l'époque en mécanique et physique mathématique. L'histoire des sciences constitue ainsi pour l'helléniste un processus d'acculturation mathématique.

Alors que la *Rpfe* s'appuie principalement sur un ingénieur pour mener à bien son entreprise de médiation scientifique, la *Rmm* va convoquer plusieurs mathématiciens et créer de nouveaux espaces de circulation pour les sciences mathématiques.

2.2 De la convocation des mathématiciens aux Congrès internationaux de philosophie

Véritable « pourvoyeuse de sciences » (Alunni 2019), la *Revue de métaphysique et de morale* indique dès son article programmatique la volonté de se rapprocher des sciences mathématiques :

> [La *Revue*] a une prédilection marquée – en souvenir de Platon et de Descartes, si l'on veut – une prédilection de sœur aînée, dirions-nous plutôt, pour les sciences mathématiques, ce grand art aux ressources inépuisables, né, lui aussi, de l'esprit humain. [...] On répéterait volontiers avec une variante le mot de Platon que « nul n'entre ici, s'il n'est logicien ». (Darlu 1893, 3)

Pour réaliser ce programme et obtenir des théories sur les sciences mathématiques, Léon va s'assurer la collaboration et le concours de plusieurs mathématiciens. Ainsi, par l'intermédiaire de Émile Boutroux (1845-1921), le directeur de la *Rmm* obtient la présence de Henri Poincaré (1854-1912)

---

26. La circulation des travaux de Cantor dans le périodique philosophique a lieu deux ans après leur traduction dans les *Acta Mathematica* et un an après leur réception, par P. Tannery, au sein du *Bulletin de la Société mathématique de France*. Le travail de médiation de Tannery sur les théories de Cantor est continué et complété par Borel (1900, 1901) dans la *Rpfe*. Le mathématicien se focalisera sur le concept de transfini qui offre aux philosophes « une occasion exceptionnelle [...] d'observer une notion en formation ». Pour une étude des interventions de Borel, voir (Bourdeau 2009) et (Greber 2014, 397–399).

27. Pour une étude des thèses historiographiques de Tannery, voir (Pineau 2010).

dès le numéro de lancement du périodique[28]. Lors des premières années, la *Rmm* publie les interventions et polémiques philosophico-mathématiques des mathématiciens Poincaré sur le « Continu mathématique », « Le mécanisme » et « Le raisonnement mathématique », Charles Riquier (1853-1929) sur « L'idée de nombre considérée comme fondement des sciences mathématiques », et les « Axiomes mathématiques », Édouard Le Roy (1870-1954) sur « La méthode mathématique », Milhaud sur « Le concept du nombre chez les pythagoriciens et les Éléates », Lechalas sur « Le raisonnement mathématique », Eugène Ballue (1863-1938) sur « Le nombre considéré comme fondement de l'analyse mathématique » et Gottlob Frege (1848-1925) sur « Le nombre entier[29] ».

Afin de garantir sur le temps long la réalisation du volet scientifique de la *Revue* ainsi que la mise en relation des mathématiciens avec les philosophes, Léon va pouvoir compter sur le travail éditorial de médiation mathématique du philosophe et licencié ès sciences mathématiques Couturat. À travers une trentaine d'articles et études critiques, le philosophe va non seulement contribuer à familiariser le public philosophique avec les géométries non-euclidiennes et les différents programmes de logicisation des sciences mathématiques dont ceux de Giuseppe Peano (1858-1932) et Bertrand Russell (1872-1970), mais aussi réguler les controverses philosophico-mathématiques entre mathématiciens et philosophes (Soulié 2017)[30]. Grâce à ce travail, la *Rmm* publie près de 150 interventions en philosophie des sciences mathématiques et contribue à la sociabilité philosophique de 26 mathématiciens[31].

Contrairement à la *Rpfe* qui a été principalement mobilisée par des mathématiciens et ingénieurs de province, la *Rmm* accueille certains patrons des mathématiques françaises[32] et plusieurs mathématiciens étrangers dont

---

28. Le 4 novembre 1892, il informe Élie Halévy : « J'ai écrit à Boutroux pour lui rappeler sa promesse et lui demander d'intercéder pour nous auprès de Mr. Poincaré et j'attends sa réponse » cité par (Soulié 2009).

29. Ces interventions se rattachent principalement au mouvement d'arithmétisation des sciences mathématiques dans lequel toutes les vérités mathématiques portent en dernière analyse sur les nombres entiers et se déduisent de leurs propriétés.

30. En outre, la thèse de Couturat sur *L'Infini mathématique*, où sont examinées les diverses théories relatives à la généralisation de l'idée de nombre au point de vue purement analytique et géométrique, a été rédigée dans l'objectif de « servir aux philosophes novices en mathématiques d'initiation à l'*Introduction à la théorie des fonctions d'une variable* de Jules Tannery (1848-1910). S'adressant à un public profane, le philosophe a eu comme « préoccupation constante de ramener toutes les théories à leur forme la plus élémentaire, et de les illustrer par les exemples les plus clairs et les plus familiers » (Couturat 1896).

31. En convoquant ces mathématiciens sur la scène philosophique, la *Rmm* jouent un rôle de premier plan dans le processus d'intégration de ces derniers à la communauté philosophique et participent à la construction de leur identité philosophique. Elle donne ainsi la possibilité aux mathématiciens d'inscrire leurs analyses épistémologiques dans des programmes philosophiques, de les approfondir et de les systématiser au contact des philosophes. Sur ces processus d'intégration, voir (Rollet 2000), (Soulié 2010) et (Greber 2014).

32. Ils ont pour caractéristique de détenir le pouvoir institutionnel sur le milieu mathématique français et de contribuer à façonner les intérêts de recherche dans ce domaine, ses styles,

cinq italiens associés à l'École de Peano. La production en philosophie des sciences mathématiques, représentant près de 30 % des interventions publiées dans la *Rmm*, conduira le philosophe Émile Chartier (1868-1951), alias Criton puis Alain, à rebaptiser avec ironie la revue : « Revue de mathématique et de morale ». Ce dernier regrettait le faible nombre d'intervention consacrés au volet sciences morales du programme de la revue (Prochasson 1993, 119).

Au-delà de la *Revue*, Léon et ses collaborateurs vont contribuer à la circulation des sciences mathématiques à travers l'organisation des premiers congrès internationaux de philosophie[33].

Le premier congrès, organisé à Paris en août 1900, propose une section de « Logique et histoire des sciences » dont Couturat est le « patron » (Soulié 2017). Le programme de la section n'est autre que celui défini en 1893 par l'article introducteur de la *Rmm*. Le congrès est annoncé dans les chroniques de *L'Enseignement mathématique*[34]. Considérant que cette section intéressera tout particulièrement les mathématiciens, *L'Em* reproduit la liste des questions qui figurent à l'ordre du jour des séances et annonce une forte participation des mathématiciens aux travaux du congrès qui précède de quelques jours le congrès de mathématiques[35]. D'ailleurs, plusieurs mathématiciens accorderont leur patronage au congrès des philosophes[36]. Les mémoires aborderont l'ensemble des théories et principes qui composent habituellement les sciences mathématiques : l'algèbre de la logique et le calcul des probabilités, la théorie des ensembles, la théorie des chaînes, la théorie des groupes, le transfini, les principes de l'analyse (le nombre, le continu), la théorie des fonctions, les postulats de la géométrie (origine et valeur), l'intuition en mathématique, les géométries non-euclidiennes, les méthodes de la géométrie, la géométrie analytique, la géométrie projective et le calcul géométrique, les principes de la mécanique, leur nature et leur valeur, les méthodes de la physique mathématique, la théorie des erreurs et des approximations. La section consacrée à l'histoire des sciences traitera les origines du calcul infinitésimal, la genèse de la notion d'imaginaire et l'élucidation progressive de la théorie des fonctions, l'histoire de la découverte de la gravitation newtonienne et de son influence sur le développement de la mécanique.

---

ses nouveautés et ses créneaux. Ils sont le plus souvent académiciens, à la tête de chaires de sciences mathématiques au Collège de France ou à la Faculté des sciences de Paris. Nous reprenons cette définition de (Gispert & Leloup 2009).

33. Pour une étude générale des congrès de philosophie, voir (Soulié 2014).

34. Désignée *L'Em* dans la suite du chapitre.

35. *L'Em* souligne ainsi que le congrès de philosophie offre aux hommes de science l'occasion de se rencontrer avec les philosophes et de contribuer à rendre plus étroite et plus constante l'union de la science et de la philosophie [*L'Em* 1900, 55-56].

36. Il s'agit de Lechalas, Paul Painlevé (1863-1933), Poincaré, les frères Tannery pour la France, Cantor, Richard Dedekind (1831-1916), Frege, Klein (1849-1925), Ernst Schröder (1841-1902) pour l'Allemagne, Paul Mansion (1844-1919) pour la Belgique, Peano et Giovanni Vailati (1863-1909) pour l'Italie, Alexandre Vassilieff (1855-1929) pour la Russie et Gösta Mittag-Leffler (1846-1927) pour la Suède.

La section, dont les séances sont présidées par J. Tannery, compte le plus de mémoires. Sur les 24 mémoires, 18 sont dédiés aux sciences mathématiques et 12 sont présentées par des mathématiciens. (Couturat 1900a) publie un compte rendu de ces travaux dans *L'Em* où il analyse les interventions et résume les discussions *les plus propres à intéresser les mathématiciens et les professeurs de mathématiques*.

En 1901, suite au succès du Congrès, Léon et ses collaborateurs fondent la Société française de philosophie. Principalement centrée autour de la communauté de la *Rmm*[37] et conçue comme un véritable forum épistémologique[38], la société a pour objectif « de rendre possible les débats de fond sur deux questions [...] : le rapport de la philosophie à la science et le rapport de la philosophie à l'enseignement ». Plusieurs mathématiciens seront sollicités et, outre des communications sur la valeur des principes mathématiques, des séances seront consacrées à l'enseignement mathématique (Bourlet 1907). Les séances mensuelles sont publiées annuellement dans le *Bulletin* de la société édité chez Colin[39].

La *Rmm* participe à l'organisation des Congrès suivants. En 1904, le Congrès a lieu à Genève sous la présidence du philosophe Jean-Jacques Gourd (1896-1898). Les sections « Logique et philosophie des sciences » et « Histoire des sciences » sont maintenues. La première est présidée par le mathématicien Henri Fehr (1870-1954) qui ouvre les séances par une allocution *Sur la fusion progressive de la logique et des mathématiques*. La seconde est dirigée par P. Tannery. À l'image du premier congrès, les sciences mathématiques et les mathématiciens occupent une large place dans les exposés et les discussions[40].

En 1908, le Congrès se tient à Heidelberg sous la présidence du philosophe Wilhelm Windelband (1848-1915). Malgré la présence des sections dédiées à la philosophie et l'histoire des sciences, les communications se rattachant aux sciences mathématiques n'ont pas autant de relief que dans les deux congrès précédents[41]. Pour Vailati (1908) qui publie dans *L'Em* un compte rendu des « mathématiques au IIIe Congrès international de Philosophie », l'alliance entre scientifiques et philosophes est moins marquée en Allemagne qu'en France et en Italie. La séparation entre les deux communautés est illustrée par les positions

---

37. Soulié (2009, 146) indique ainsi qu'en dehors « des membres de la section de philosophie de l'Institut et de quelques personnalités "indépendantes" soigneusement choisies, pour la plupart liées à la *Rmm*, n'étaient sollicités que les professeurs de la Sorbonne, de l'École normale supérieure, du Collège de France et des lycées parisiens ». La société siège, avec l'autorisation du recteur et du doyen de l'Université de Paris, à la Sorbonne.

38. Pour une étude historique de la création et du fonctionnement de cette société, nous renvoyons le lecteur à (Drouin-Hans & Drouin 2007) et (Soulié 2009, 113–151).

39. Le nombre des abonnés au *Bulletin* est inférieur à celui de la *Rmm* : « il atteint la trentaine à la fin de la première année, une centaine trois ans plus tard [...]. À la veille de la Grande Guerre, le Bulletin compte près de 300 abonnés » (Soulié 2009).

40. Le congrès de Genève est lui aussi annoncé dans les pages de *L'Em*.

41. Les conférences dans ce domaine sont données par le mathématicien belge Mansion et le mathématicien italien Federigo Enriques (1871-1946). Ces derniers abordent les questions ayant trait à la logique algorithmique et aux géométries non-euclidiennes.

de Ernst Mach (1838-1916) qui désavoue explicitement dans la préface à son volume sur *La Connaissance et l'Erreur* toute solidarité avec les philosophes et les professeurs de philosophie.

En 1911[42], le Congrès est organisé à Bologne sous la présidence du mathématicien italien Enriques, directeur de la revue de synthèse scientifique *Scientia* (1907-1988)[43] et président de la Société philosophique italienne. Bien que la volonté d'Enriques de transformer le congrès en congrès de philosophie et d'histoire des sciences n'ait pas abouti[44], les sciences mathématiques occupe une place importante dans les communications et les débats[45].

Le travail collaboratif entre mathématiciens et philosophes connaît sa consécration les 6, 7 et 8 avril 1914 à la Sorbonne. Sur une initiative d'Enriques, la Société française de philosophie[46] en collaboration avec les éditeurs de *l'Encyclopédie des sciences mathématiques* organise à Paris le premier congrès de philosophie mathématique où sont conviés « les mathématiciens réunis à Paris à l'occasion de la Conférence internationale de l'*Enseignement mathématique* ». Présidé par É. Boutroux[47], les séances sont consacrées à la lecture et à la discussion de 16 mémoires abordant les différents aspects philosophiques des sciences mathématiques et de leur enseignement[48]. Suite à une proposition d'Enriques, le congrès aboutit à la création d'une Société internationale de philosophie mathématique dont l'objectif principal est de préparer le travail de la partie philosophique de l'*Encyclopédie des sciences mathématiques*[49].

---

42. Le congrès des mathématiciens ayant lieu en 1912, les organisateurs décident de retarder d'un an le congrès de philosophie initialement prévu en 1911. Il s'agit de permettre aux mathématiciens de rejoindre les philosophes et d'apporter leurs contributions.

43. *Scientia* est l'organe international de la philosophie des sciences qui a fait sien le programme épistémologique proprement français (Rey 1911, 521). *Scientia* a d'ailleurs choisi comme langue internationale auxiliaire le français. Elle publie ainsi un supplément où tous les articles étrangers sont traduits en français sous la direction de Camille Raveau. Léon a été un temps inquiet que la revue italienne ne fasse de la concurrence à la *Rmm* dans le champ de la philosophie des sciences (Soulié 2014).

44. Soulié (2014) rapporte que les sociétaires français dont Léon et Henri Bergson (1859-1941) « ont résisté au désir d'Enriques de transformer le Congrès de philosophie en salle de conférences pour savants philosophes ».

45. Une dizaine de communication en sciences mathématiques ont ainsi été lues. 8 mathématiciens, dont Pierre Boutroux (1880-1922), Borel, Robert d'Adhémar (1874-1941), Peano, Alessandro Padoa (1868-1937), Zoel de Galdeano (1846-1924) ont présenté une communication.

46. Léon est le principal organisateur du Congrès. D'ailleurs, le dimanche 5 avril, Léon et sa femme ont offert une réception afin que les membres du Congrès puissent se rencontrer et faire connaissance.

47. Le congrès devait initialement être présidé par Poincaré.

48. La liste des mémoires est donnée dans le compte rendu du congrès réalisé par le philosophe suisse Arnold Reymond (1874-1958) pour *L'Em*. Les circonstances liées à la Grande Guerre ont empêché la reproduction des mémoires et des discussions dans la *Rmm*.

49. Le congrès était déjà une occasion pour Heinrich Timerding (1873-1945) d'esquisser le plan et la matière des ouvrages et travaux qui seront dédiés à la philosophie dans *l'Encyclopédie des sciences mathématiques* (Reymond 1914), (Gispert 1999).

Ainsi, les congrès internationaux de la *Rmm* et la rubrique de la *Rpfe* ont non seulement contribué de façon significative à la circulation des sciences mathématiques en dehors de la sphère des spécialistes, mais aussi rendu possible la collaboration entre les mathématiciens et les philosophes.

3 La circulation des géométries non-euclidiennes

L'analyse des interventions philosophico-mathématiques dédiées aux géométries non-euclidiennes va permettre d'appréhender et de décrire certains des processus de circulation et de médiation mis en place dans les périodiques pour offrir à la communauté philosophique la possibilité de s'orienter par rapport à la nouveauté philosophique et d'intégrer cette nouveauté dans ses propres problématiques épistémologiques.

3.1 Deux articles programmatiques

P. Tannery est le premier scientifique à contribuer à la diffusion des géométries non-euclidiennes auprès du public philosophique français à travers deux articles publiés en 1876 et 1877 dans la *Rpfe*. Intitulés « La géométrie imaginaire et la notion d'espace », les articles ont pour objectif de présenter les nouvelles recherches en géométrie du fait de leurs implications philosophiques pour l'étude épistémologique et métaphysique de la notion d'espace.

Dans un premier temps, le travail de médiation de Tannery prend un caractère opératoire. Il s'agit de déterminer un domaine d'intervention pour le public philosophique dans les énoncés mathématiques liés aux géométries non-euclidiennes. Ainsi, la diffusion des mathématiques comporte l'adaptation du sujet traité aux demandes et préoccupations intellectuelles spécifiques à la communauté philosophique. L'ingénieur met alors en relief les éléments susceptibles d'amorcer la réflexion épistémologique ou de se rattacher à l'investigation philosophique, en particulier celle ayant trait à la nature, aux propriétés et dimensions de l'espace. Dès lors, seules les informations nécessaires à une étude épistémologique sont présentées aux destinataires philosophes. Tannery opère une clarification conceptuelle sur la notion de géométrie imaginaire[50] en distinguant les trois théories mathématiques qu'« on confond à tort sous le nom de géométrie imaginaire » (Tannery 1876, 433). Il s'agit de la géométrie à n dimensions, de la géométrie imaginaire proprement dite et de la géométrie non-euclidienne. L'Helléniste écarte les deux premières théories de son analyse du fait de la nature conventionnelle des concepts et des procédés qu'elles emploient. Elles n'apporteraient aucune indication aux philosophes qui se préoccupent de la notion d'espace. Il indique ainsi après une brève présentation théorique de la géométrie à n dimensions :

---

50. La géométrie imaginaire est, pour Tannery, une géométrie « où, pour arriver à des démonstrations portant sur des figures réelles, on considère des relations analytiques compliquées d'expressions de la forme $x + y\sqrt{-1}$, relations que l'on désigne symboliquement avec les mots de points, lignes, figures imaginaires » (Tannery 1877b, 553).

les métaphysiciens y chercheraient en vain quelques lumières pour éclairer la fameuse question : l'existence d'espaces ayant plus de dimensions que le nôtre est-elle possible ? Ce problème, pour longtemps encore, sinon pour toujours insoluble, ne peut être raisonnablement abordé que du côté de la physiologie. Dans la nouvelle théorie mathématique, il ne s'agit nullement en fait de géométrie mais simplement d'algèbre pure. [...] La géométrie à n dimensions n'est que de l'algèbre écrite dans une nouvelle langue conventionnelle. (Tannery 1876, 433–434)

La géométrie imaginaire est écartée pour la même raison. Elle n'est qu'« un artifice logique » qui n'apporte rien « qui puisse en réalité, intéresser le métaphysicien spéculant sur la notion d'espace » (Tannery 1876, 437).

Ce travail de clarification conceptuel est suivi par un exposé historique et didactique des travaux mathématiques de (Lobatchevski 1866), (Bolyai 1868), (Riemann 1867) et (Beltrami 1869). C'est principalement à travers le travail de traduction et de commentaire de son ami le mathématicien Jules Hoüel (1823-1886) que Tannery prend connaissance des géométries non-euclidiennes[51]. Hoüel est ainsi l'émetteur primaire à partir duquel se fait la première médiation des géométries non-euclidiennes en France aussi bien pour la communauté philosophique que pour la communauté des mathématiciens[52].

Puis, Tannery présente les conséquences épistémologiques des géométries non-euclidiennes pour les deux thèses métaphysiques habituellement utilisées et débattues par les philosophes au sujet de la notion d'espace. La première thèse est le réalisme qui postule que l'espace est un complexe formé de certains concepts tirés de l'expérience à partir d'un processus d'abstraction inductif. La seconde thèse est l'idéalisme qui affirme que l'espace est un principe subjectif représentant les formes logiques de l'entendement. Tannery présente la distinction entre ces deux écoles comme le cadre le plus approprié pour analyser d'un point de vue épistémologique les sciences-mathématiques en général, les géométries non-euclidiennes en particulier. Il élabore ainsi le cadre conceptuel de la philosophie des sciences mathématiques et le met à la disposition des philosophes et des mathématiciens du périodique.

Enfin, Tannery met en avant deux programmes de recherches épistémologiques. Le premier s'adresse à l'école idéaliste. En effet, bien que l'existence d'une pluralité de géométries soit incompatible avec la doctrine idéaliste de l'espace, Tannery envisage la possibilité d'une révision des conceptions idéalistes afin d'élaborer une philosophie critique susceptible de s'accorder avec l'existence des géométries non-euclidiennes. Afin de permettre aux philosophes de remplir ce programme de révision et de correction, l'ingénieur va de 1877 à 1898, dans six comptes rendus insérés dans la rubrique « Travaux de philosophie mathématique », présenter différents travaux philosophico-mathématiques liés à ces géométries, dont ceux de Benno Erdmann (1851-

---

51. En 1875, après sa nomination à la manufacture des tabacs de Bordeaux, Tannery intègre, sur recommandation du philosophe Louis Liard (1846-1917), rencontré quatre ans auparavant par l'intermédiaire de son frère mathématicien J. Tannery, la Société des sciences physiques et naturelles de Bordeaux où il se lie d'amitié avec Hoüel.
52. Sur les travaux de Hoüel, voir (Plantade 2018).

1921) (Erdmann 1877) qui constituent « un excellent guide pour les philosophes qui voudront s'intéresser aux questions (mathématiques) qui en font le sujet » (Tannery 1877a, 530) et ceux de Russell (Russell 1897) qui indiquent « avec précision ce qu'il n'est plus permis de soutenir, ce qu'on peut au contraire toujours affirmer avec l'idéaliste » (Tannery 1898, 437).

Le deuxième programme de recherche épistémologique est directement lié aux recherches psycho-physiologiques publiées dans la *Rpfe*. En effet, Tannery estime qu'à présent le philosophe doit se tourner vers les travaux de psycho-physiologie pour trouver les éléments susceptibles de servir à une analyse métaphysique de la notion d'espace :

> La philosophie ne doit pas attendre désormais de l'analyse mathématique d'autres éclaircissements sur la notion d'espace ; cette science a rempli, à cet égard, à très-peu près, tout le rôle qu'elle peut jouer. C'est aux autres et surtout à la physiologie qu'il faudrait s'adresser maintenant. Il n'entre pas dans le cadre que je me suis tracé, de n'essayer aucune indication sur ce sujet [...]. (Tannery 1877b, 575)

C'est dans l'optique de ce programme que Tannery rendra compte d'ouvrages de psycho-physiologie dont la problématique générale est d'examiner l'origine, la nature et les propriétés de l'espace, en particulier le nombre de ses dimensions.

Alors que les mathématiciens Boussinesq, Andrade, Milhaud et les ingénieurs Lechalas, Georges Sorel (1847-1922) et le philosophe Joseph Delboeuf (1831-1896) vont, suite au travail de Tannery, poursuivre dans le périodique de Ribot les analyses épistémologiques sur les géométries non-euclidiennes, un ingénieur de province va se saisir de l'espace éditorial de la *Rpfe* pour diffuser ses propres études mathématiques sur ces théories.

3.2 De la Société des sciences naturelles de Nancy aux réseaux des périodiques philosophiques

Le 16 mars 1885, devant les membres de la Société des sciences naturelles de Nancy, Gaston Floquet (1847-1920), professeur de mathématiques à la Faculté des sciences de Nancy, présente la candidature d'un jeune ingénieur lorrain, ancien élève de l'École polytechnique, Auguste Calinon (1850-1900). Élu membre titulaire le 16 avril 1885, Calinon va rapidement devenir l'un des représentants majeurs des sciences mathématiques au sein de la Société. Il présente et publie ainsi de 1885 à 1900, 7 mémoires dans le *Bulletin de la Société des sciences naturelles de Nancy*[53]. La circulation des mémoires est, dans un premier temps, assurée par le réseau des échanges du *Bssn* avec les sociétés correspondantes[54], puis par les éditeurs Berger-Levrault et Gauthier-Villars qui

---

53. Désigné *Bssn* dans la suite de l'article. La consultation du *Bssn* a permis d'identifier 35 interventions appartenant au champ des sciences mathématiques de 1870 à 1900. Les autres acteurs à publier dans ce champ de recherche sont principalement les professeurs de mathématiques de Nancy, Floquet, Saint-Loup et Bach.

54. À cette époque, la Société des sciences naturelles de Nancy échange son *Bulletin* avec près de 130 Sociétés françaises et étrangères.

les publient sous forme de fascicules, et enfin par le bulletin bibliographique du *Bulletin des sciences mathématiques* qui en donne des analyses et des comptes rendus. À côté du réseau éditorial de la Société, des éditeurs et des bulletins bibliographiques, Calinon, chercheur isolé selon J. Tannery[55], va de 1885 à 1900, présenter ses travaux au public philosophique de la *Rpfe*. L'activité de Calinon va ainsi nous permettre d'exposer les différents mécanismes de circulation d'une étude provinciale en mathématiques au sein de l'univers des périodiques philosophiques.

Lors de la séance du 16 juin 1885, Floquet rend compte du premier mémoire de Calinon intitulé *Étude critique sur la mécanique* (Calinon 1885). Ce travail, publié *in extenso* dans le *Bssn*, a pour objectif d'établir « une mécanique rigoureusement rationnelle, véritable géométrie du mouvement qui subsisterait dans toutes ses conséquences quand bien même l'univers cesserait d'exister ou existerait autrement » (Calinon 1885, 180). Édité chez Berger-Levrault la même année, le mémoire est recensé par J. Tannery dans le *Bulletin des sciences mathématiques* qui estime que le travail de l'ingénieur présente un intérêt pédagogique manifeste pour l'enseignement de la mécanique (Tannery 1886). En 1886, suite à une rencontre amicale dans la région de Nancy (Rollet 2000, 152), Calinon fait parvenir à Poincaré son étude. Dans sa lettre datée du 9 août 1886, l'ingénieur demande l'appréciation du mathématicien[56] sur sa manière d'exposer la mécanique et l'informe de la publication prochaine d'un article sur ce sujet dans la *Rpfe* :

> J'avais envoyé à M. P. Tannery (Ingénieur des Tabacs) que vous connaissez sans doute de nom, un article dans lequel j'ai essayé d'exposer les mêmes idées que dans mon livre mais à un point de vue spécialement philosophe et sans formules.

L'article paraît dans le tome 23 de la *Rpfe* en 1887 et revêt la forme d'une intervention de popularisation :

> Dans une étude qui ne peut être lue que par les mathématiciens, nous avons essayé de montrer et de rectifier les erreurs de doctrine qu'on trouve dans la mécanique rationnelle telle qu'elle est comprise de nos jours. Ce sujet nous paraissant devoir intéresser également les philosophes, nous allons le traiter aussi simplement que possible et en vue des personnes qui ne sont pas versées dans les hautes mathématiques. (Calinon 1887b, 286)

Calinon entend ainsi familiariser le public philosophique avec son programme réductionniste de la mécanique dans lequel les grandeurs premières

---

55. Le jugement de J. Tannery est confirmé par la faible activité éditoriale de Calinon dans les périodiques spécialisés qui se résume à deux interventions sur la définition des grandeurs et des nombres dans le *Journal de mathématiques élémentaires et spéciales* en 1884 et 1885, et une note sur le théorème de Gauss sur la courbure dans les *Nouvelles annales de mathématiques* en 1896.

56. Il convient de souligner que Poincaré s'était déjà intéressé à ce sujet. En effet, ce dernier a inséré à la fin de l'édition de 1881 de *La Monadologie* de Leibniz, éditée et commentée par son beau-frère et philosophe É. Boutroux, une note sur les principes de la mécanique chez Descartes et chez Leibniz (Rollet 2000).

de cette science (vitesse, masse, force) sont ramenées à des définitions géométriques. Dans un deuxième article publié l'année suivante, il généralise ce programme à l'ensemble des notions premières des sciences mathématiques en faisant la preuve que « les mathématiques pures peuvent être constituées dans leur ensemble à l'aide de la seule notion géométrique de la forme, laquelle contient implicitement les idées de nombre, de temps et de force » (Calinon 1888, 48).

Ce réductionnisme théorique permet de constituer une science qui soit, dans son ensemble, « une à la fois quant à sa méthode, qui est le raisonnement pur, et quant à son objet, qui est l'étude de la forme ». Cette science, qualifiée de « Géométrie générale », va être au centre des préoccupations scientifiques de Calinon. Il lui consacre ainsi 5 mémoires de 1887 à 1900[57]. Initialement destinées « aux personnes versées dans les mathématiques », ces études sont publiées dans le *Bssn* et éditées en fascicules. Elles vont ensuite faire l'objet d'un travail de médiation à travers trois articles de fond insérés dans la *Rpfe*. Dans ces articles, Calinon expose d'une façon aussi « simple et précise » que possible les données premières de cette géométrie et se borne alors « à quelques considérations très simples susceptibles d'être comprises de tous » se référant pour la partie mathématique à ses mémoires. La « Géométrie générale » est ainsi présentée au public philosophique comme :

> L'étude de tous les groupes de formes dont les définitions premières sont astreintes à une condition unique qui est de ne donner lieu à aucune contradiction, lorsqu'on les soumet au raisonnement géométrique indéfiniment prolongé. En d'autres termes, la « Géométrie Générale » est l'étude de tous les espaces compatibles avec le raisonnement géométrique. (Calinon 1891, 368)

Conscient que cette géométrie a un intérêt philosophique, Calinon examine sans l'appareil des formules, certaines de ses conséquences relativement à notre conception de l'espace. Il est alors conduit à soutenir la thèse épistémologique d'une relativité et d'une pluralité des représentations algébriques, géométriques et mécaniques des phénomènes naturels.

Grâce à une amitié polytechnicienne, la diffusion des travaux de l'ingénieur va s'étendre progressivement à une large partie des périodiques philosophiques de l'époque. Issu de la même promotion et instruit par Calinon dans les principes de la géométrie non-euclidienne, l'ingénieur rouennais Lechalas[58]

---

57. (Calinon 1887a, 1889, 1890, 1895, 1900a). Ces mémoires sont présentés par Floquet lors des séances. Ce dernier délaisse souvent l'exposé mathématique pour faire ressortir la haute partie philosophique et aborder l'origine historique des problèmes traités par Calinon (Woelflin 1895, XI–XII).

58. Lechalas indique dans ses premiers articles consacrés aux géométries non-euclidiennes qu' « une circonstance singulièrement favorable, l'amitié qui nous lie à M. Calinon, nous a permis de nous former une idée assez nette de cette science si contestée, d'en apprécier la valeur intrinsèque et de conclure à des conséquences métaphysiques singulièrement différentes de celles qu'on en tire généralement [...] Ce qui nous a été d'un secours infiniment plus précieux, c'est l'extrême complaisance avec laquelle notre ami nous a exposé les principes de la géométrie générale [...] et a répondu aux innombrables difficultés qui nous arrêtaient à tout moment » (Lechalas 1889, 217–218).

va contribuer à la promotion et à la circulation des recherches philosophico-mathématiques du Mussipontain dans les périodiques néo-criticistes et néo-thomistes[59]. Lechalas consacre ainsi une douzaine d'interventions à diffuser, commenter et défendre les travaux de son ami polytechnicien[60]. Ce travail de propagande suscite plusieurs réactions critiques de la part de Renouvier, de l'abbé de Broglie (1834-1895) et du théologien Edmond Domet de Vorges (1829-1910)[61].

Outre les réponses de Lechalas (1890a,b,c, 1891a,b), ces réactions amèneront Calinon à préciser les présupposés et les implications épistémologiques de ses travaux dans la *Rpfe* en 1891[62].

La géométrie générale va ainsi constituer le nœud du réseau des discussions philosophico-mathématiques au sein des périodiques philosophiques jusqu'à la publication des premiers numéros de la *Rmm* et l'apparition de Poincaré sur le marché des idées philosophiques. En effet, le réseau qui s'est constitué autour des travaux de Tannery et Calinon dans la *Rpfe* va progressivement être remplacé par le réseau de la *Rmm* auquel les ingénieurs eux-mêmes se rallieront.

3.3 Un nouvel objet de médiation mathématique : Henri Poincaré

En 1887, Poincaré publie dans le *Bulletin de la Société mathématique de France* une étude mathématique « Sur les hypothèses fondamentales de la géométrie » (Poincaré 1887). Cette étude est régulièrement référencée par les acteurs qui prennent part aux débats sur les géométries non-euclidiennes dans les périodiques philosophiques. Ainsi, Lechalas (1889) indique que le travail essentiellement scientifique de Poincaré a démontré l'importance et la fécondité de ces géométries. (Vandame 1888) estime que « les principes de la géométrie se trouvent solidement établis (au point de vue purement mathématique), surtout

---

59. En plus de son travail de médiation dans les périodiques philosophiques, (Lechalas 1891c) est conduit, suite à une réaction de l'abbé Poulain dans la revue jésuite *Études* (Poulain 1891), à présenter les travaux de Calinon dans les *Nouvelles annales de mathématiques*.

60. Il convient de souligner que Lechalas joue un rôle de médiateur scientifique au sein de *La Critique philosophique* et des *Annales de philosophie chrétienne* (Greber 2014). Ainsi, en plus de diffuser les études de Calinon et d'être le premier savant à présenter les géométries non-euclidiennes au public néo-criticiste et au public néo-thomiste français, l'ingénieur rouennais consacre plusieurs exposés aux travaux mécaniques de Barré de Saint-Venant sur *Les Principes de mécanique fondés sur la cinématique* (1851), aux recherches de Boussinesq *Sur les principes de la mécanique, sur la constitution moléculaire des corps et sur une nouvelle théorie des gaz parfaits* (1873) et aux études de Flamant sur *La Mécanique générale* (1888). Les théories mécaniques constituent pour Lechalas les données premières sur lesquelles la communauté philosophique doit s'appuyer pour élaborer une théorie philosophique de la matière (Lechalas 1887b, 106).

61. Cf. (Renouvier 1889, 1891), (De Broglie 1890) et (Domet de Vorges 1889). Pour une analyse philosophique de ces réactions, voir (Panza 1995).

62. Calinon prêtera d'ailleurs son aide à Lechalas dans la défense de la géométrie générale au sein des *Annales de philosophie chrétienne*. Dans sa réponse à de Broglie, Lechalas indique « que M. Calinon nous a encore prêté assistance pour la rédaction du présent article » (Lechalas 1891b, 303).

depuis les belles recherches de M. Poincaré sur les hypothèses fondamentales de la géométrie ». Andrade (1890) reconnaît que Poincaré a considérablement résumé en quelques pages du *Bulletin* cette géométrie. Bien que (Poincaré 1887) se conclut sur des « Remarques Diverses » où sont exposées les prémisses de la philosophie géométrique du savant (Rollet 2000, 41–43), seul l'aspect mathématique de l'étude a retenu l'attention de ces acteurs.

Il faut alors attendre la publication en 1891 d'une étude dans la *Revue générale des sciences pures et appliquées* (Poincaré 1891) pour que l'image de Poincaré mathématicien-philosophe se dessine. Intitulée « Les géométries non-euclidiennes », l'article peut être perçu comme la version grand public de (Poincaré 1887)[63]. Le savant ne s'adresse plus ici à des spécialistes mais à des non-mathématiciens potentiellement intéressés par les nouveautés scientifiques et leurs implications philosophiques. L'étude renvoie explicitement aux études de Calinon, Lechalas et Renouvier publiées dans la *Rpfe* et *La Critique philosophique*[64]. Poincaré formule et inscrit ainsi ses analyses épistémologiques au sein du contexte des débats philosophico-mathématiques en cours autour des géométries non-euclidiennes dans les périodiques philosophiques.

L'article va faire l'objet d'un travail de médiation de la part de Couturat à travers une étude critique insérée dans le premier numéro de la *Rmm*. Consacrée initialement à (Renouvier 1891), l'étude de Couturat entend non seulement faire entrer l'ensemble des débats et analyses épistémologiques sur les géométries dans les pages de la *Rmm*, mais aussi et surtout familiariser le public philosophique du périodique avec la pensée poincaréenne. Ainsi, considérant que (Poincaré 1891) présente l'ensemble des principes et résultats des géométries non-euclidiennes[65], le philosophe endosse

> le rôle modeste, mais utile, d'interprète du savant mathématicien ; car, de son propre aveu, il affirme plus qu'il ne prouve, et ses affirmations sont tellement condensées, qu'elles ont besoin, croyons-nous, d'un commentaire pour devenir accessible aux « profanes ». (Couturat 1893, 71)

Ce travail de médiation, couplé à ceux opérés en 1896 et 1898 sur les *Études sur l'espace et le temps* de Lechalas (Couturat 1896) et sur l'*Essai sur les*

---

63. On peut ainsi relever l'absence de formules mathématiques et le recours à des images, des métaphores et des fictions démontrant un souci pédagogique et didactique de la part du mathématicien (Rollet 2000, 43–45). L'intervention occasionne d'ailleurs la réaction philosophique de l'ingénieur Georges Mouret. Ce dernier entend tirer les analyses poincaréennes vers l'empirisme géométrique. En outre, ce dernier a publié plusieurs plaidoyers épistémologiques en faveur de cet empirisme dans la *Rpfe* de 1891 à 1897 en faisant la preuve que les notions premières des sciences mathématiques (égalité, inégalité, infini, quantité, force et masse) dérivent de l'expérience. Poincaré répondra à l'ingénieur dans la *Revue générale* et la *Rmm* (Rollet 2000, 48–50) et (Greber 2014, 386–387).
64. Le réseau intellectuel et éditorial formé autour du couple Calinon-Lechalas est alors la première référence philosophique mobilisée par le mathématicien.
65. Couturat considère que « sur la question des géométries non euclidiennes, nous ne pouvons mieux faire que de renvoyer le lecteur à l'article substantiel et définitif où M. Poincaré a résumé, avec autant de clarté que de concision, les principes essentiels et les résultats les plus intéressants de ces singulières théories » (Couturat 1893, 71).

fondements de la géométrie de Russell (Couturat 1898)[66], vont occasionner plusieurs controverses régulées par Couturat[67], et déplacer progressivement le réseau philosophico-mathématique dédié aux principes géométriques de la *Rpfe* à la *Rmm*.

Ce sont ces travaux qui ont motivé le dernier mémoire mathématique et la dernière étude philosophique de Calinon en 1900[68]. Consacrée à « La géométrie numérique » et présentée à la Société des sciences naturelles de Nancy et au public de la *Rpfe*, l'étude de Calinon indique le ralliement de ce dernier aux positions pragmatistes et conventionalistes de Poincaré[69].

Ce sont encore ces travaux qui font l'objet des derniers comptes rendus de P. Tannery dans la rubrique « Philosophie de la connaissance mathématique » de la *Rpfe*[70]. L'helléniste considère que les écrits de Poincaré représentent un progrès dans l'analyse épistémologique des principes géométriques et que les études de Russell remplissent le programme que Tannery lui-même avait envisagé au sujet de l'idéalisme en 1877 :

> Il y a déjà plus de vingt ans que j'exprimais la croyance que, sauf quelques sacrifices nécessaires en tout cas, mais qui n'en laisseraient pas moins intactes les grandes

---

66. L'année suivante, Couturat donne un compte rendu de l'ouvrage dans le *Bulletin des sciences mathématiques* (Couturat 1899a).

67. Pour une étude de ces controverses dont la plus célèbre oppose Russell et Couturat à Poincaré dans les pages de la *Rmm*, nous renvoyons le lecteur à (Nabonnand 2000), (Brenner 2014).

68. Les premières interventions en philosophie des sciences mathématiques insérées dans la *Rmm* et consacrées à la possibilité de réduire les mathématiques à la seule notion de nombre entier avaient déjà motivé un mémoire mathématique de Calinon en 1897 et un exposé didactique dans la *Rpfe* l'année suivante. Intitulée « Sur la définition des grandeurs » et principalement motivée par l'article de (Poincaré 1893) sur « Le continu mathématique », l'exposé présente en « *termes aussi simples que possible* comment l'on peut tirer de la théorie du nombre pur une définition précise de l'idée de grandeur ». Calinon renvoie à son mémoire scientifique où le lecteur trouvera « tous les développements mathématiques relatifs à cette question, que je suis obligé de supprimer dans le présent article » (Calinon 1898, 490).

69. Calinon adopte ainsi une méta-théorie pragmatiste dans laquelle le choix d'une représentation des phénomènes parmi la pluralité des représentations algébriques, géométriques et mécaniques possibles, est justifié par des critères pragmatistes comme la simplicité, l'élégance et la commodité. (Lechalas 1898) attestera du ralliement de ce dernier aux positions du mathématicien.

70. Il convient de relever le fait que Couturat tentera de noyauter certaines études de psycho-physiologie de la *Rpfe* afin de faire la preuve de la supériorité des analyses rationalistes de la *Rmm* et de son programme en philosophie des mathématiques. Ainsi, suite à un article de Élie de Cyon (1843-1912) consacré aux origines physiologiques de la géométrie (Cyon 1901), le philosophe insère une note critique pour montrer que des résultats meilleurs peuvent être atteints à l'intérieur du réseau lié à la *Rmm* : « le problème de l'origine de la notion d'espace et de ses propriétés essentielles ne relève ni de la physiologie ni même de la psychologie expérimentale, mais de la logique ou de la critique des sciences, spécialement de la géométrie ; et s'il est vrai que ni les philosophes (purs), ni les mathématiciens (purs) ne l'aient résolu, du moins les philosophes mathématiciens en ont-ils préparé la solution définitive, et en ont déjà donné une solution très approchée » (Couturat 1901, 541–542). Il renvoie alors aux études et discussions de Russell et Poincaré publiées dans la *Rmm* qui sont parvenus « à des conclusions autrement précises et certaines que celles que M. de Cyon croit pouvoir tirer de l'observation des démarches des animaux poursuivis [...] » (Couturat 1901, 542).

lignes de l'idéalisme kantien, cette doctrine pouvait être mise en accord avec la métagéométrie. [...]. Le livre de M. Russell me paraît absolument combler la lacune, et indiquer avec précision ce qu'il n'est plus permis de soutenir, ce qu'on peut au contraire toujours affirmer avec Kant. (Tannery 1898, 437)

Première thématique de prédilection pour les travaux de médiation scientifique jusqu'à la fin des années 1890, les géométries non-euclidiennes vont progressivement être remplacées par les programmes de logicisation des sciences mathématiques. Ces programmes représentent d'un point de vue quantitatif la deuxième thématique en philosophie des sciences mathématiques abordée dans les périodiques philosophiques. Malgré ce statut, certains acteurs, mathématiciens et philosophes, vont mettre en relief les limites imposées doctrinalement et méthodologiquement par la logistique aux connaissances mathématiques susceptibles de circuler dans l'espace philosophique. Ces critiques amèneront à une réflexion sur la méthode philosophique adéquate pour offrir aux philosophes les concepts et théories nécessaires à l'élaboration d'une philosophie des sciences mathématiques en accord avec la réalité et l'actualité mathématiques du moment.

4 De la logistique à l'histoire critique : quelle méthode philosophique pour la circulation des sciences mathématiques ?

« Nul n'entre ici s'il n'est logicien ». Cet avertissement de Darlu dans l'article programmatique de la *Rmm* prend tout son sens à travers le travail de médiation réalisé par Couturat sur les différents programmes de logicisation des sciences mathématiques. Incarnation d'un rationalisme logicien qui radicalise l'intellectualisme philosophique de la *Rmm* (Soulié 2017, 219), le philosophe a pour leitmotiv de *populariser* la logique moderne auprès du public philosophique à travers une quinzaine d'articles de fond, d'études critiques et de discussions[71].

4.1 Du *Formulaire* de Peano aux *Principles* de Russell

En 1898, Couturat présente les travaux de l'école italienne de Peano. Considérant que le *Formulaire de mathématiques* constitue à la fois un répertoire de formules à l'usage des mathématiciens de profession et un véritable instrument épistémologique d'investigation pour les philosophes qui cultivent la philosophie des sciences, il entend établir une collaboration entre mathématiciens italiens et penseurs français et faire de la *Rmm* le principal vecteur de promotion du programme de Peano en France :

> Pour nos compatriotes cet ouvrage offre un intérêt tout particulier : il est écrit en français. Pour reconnaître l'hommage ainsi rendu au caractère international de notre

---

71. Derrière cet objectif didactique se cache la volonté de combattre les nouvelles écoles à la mode comme le psychologisme, le sociologisme, le moralisme et le pragmatisme qui s'opposent ou menacent le développement en France de l'intellectualisme philosophique et de la logique formelle (Couturat 1906), (Worms 2017), (Engel 2017).

langue, et pour continuer à mériter ce privilège traditionnel, nous avons le devoir, d'abord, de nous initier à cette science nouvelle et d'en répandre la connaissance ; ensuite, d'y collaborer dans la mesure de nos moyens, soit par des contributions positives, soit par de bienveillantes critiques. C'est une collaboration de ce genre que nous désirerions apporter à ces savants, moins en leur signalant les imperfections de leur travail qu'en le faisant connaître aux logiciens et aux mathématiciens français, et en invitant ceux-ci à l'étudier et à la perfectionner. (Couturat 1899b, 646)

En 1900, il participe à la circulation de *A Treatise on Universal Algebra* (1898) d'Alfred North Whitehead (1861-1947). Alors que des analyses de l'ouvrage ont été réalisées exclusivement au point de vue scientifique par J. Tannery dans le *Bulletin des sciences mathématiques* en 1898 et au point de vue de la logique symbolique par Hugh MacColl (1837-1909) dans *Mind* en 1899, le philosophe vise à en extraire les idées directrices et les principes fondamentaux afin d'en dégager « les vues philosophiques qui en font l'unité et le principal intérêt » (Couturat 1900b, 324).

De 1904 à 1905, Couturat consacre plusieurs comptes rendus aux *Principles of Mathematics* (1903) de Russell. Véritable synthèse systématique qui résume et coordonne les travaux épars de Boole, Schröder, Peirce, Weierstrass, Cantor et Peano[72], l'ouvrage présente une reconstruction et réduction logique de toute la mathématique pure au moyen de l'algorithme logique de Peano, complété et perfectionné par Russell dans le domaine de la logique des relations. Comme pour (Poincaré 1891), le philosophe propose de jouer le rôle de *commentateur* de Russell et entend réécrire sous une forme moins technique et plus accessible aux profanes les *Principles* (Gandon 2017) : :

> Je voudrais [...] vulgariser autant que possible ces doctrines nouvelles, si peu connues en France des philosophes et des mathématiciens [...]. Certes, il serait désirable que votre livre fût traduit en français [...]. Mais, outre qu'il m'est impossible d'entreprendre une pareille tâche, je crois que votre ouvrage serait peu lu et compris, à cause de son aridité. Il vaudra mieux pour lui que je m'en fasse le *commentateur*. Peut-être même pourrais-je en publier sous forme de livre une sorte de résumé populaire, accessible aux profanes, j'entends aux gens non-initiés à la Logique moderne[73].

Les mathématiciens Mario Pieri (1860-1913), Giovanni Vailati, Giovanni Vacca (1872-1953), Alessandro Padoa (1868-1937) et Platon Poretsky (1846-1907) vont participer à la promotion du formulaire de Peano et de la logistique de Russell au sein de la *Rmm*, en poursuivant et complétant les études de Couturat[74].

---

72. Les travaux de logique algorithmique de Boole, Schröder et Peirce qui visent à une mathématisation de la logique ont déjà fait l'objet d'une médiation au sein de la *Rpfe* de 1876 à 1889 à travers plusieurs articles de fond et comptes rendus réalisés par les philosophes Thomas-Victor Charpentier (1841-1900), Louis Liard (1846-1917), Delboeuf et l'ingénieur P. Tannery.

73. Lettre à Russell datée du 12 octobre 1903, citée par (Gandon 2017, 109). Il convient de souligner que Couturat présentera certains travaux en logique algorithmique dans le *Bulletin des sciences mathématiques*. En 1900, il consacre un compte rendu aux travaux de Schröder (Couturat 1900c).

74. Par exemple, en 1911, Padoa publie dans la *Rmm* un cours de 7 conférences données à l'Université de Genève. Endossant un rôle de *vulgarisateur*, il souhaite contribuer « à révéler

La diffusion de ces travaux occasionne plusieurs réactions critiques de la part des mathématiciens français tels que Borel, Poincaré et P. Boutroux et mèneront à plusieurs controverses, régulées par Couturat, entre tenants et opposants à la logistique. Ces derniers mettent principalement en relief l'impossibilité pour les logisticiens d'aborder l'ensemble de la pensée mathématique et à réduire les branches des mathématiques comme l'algèbre, l'analyse et la géométrie à des principes et concepts logiques, l'incapacité des méthodes logistiques à apporter des solutions concrètes aux problèmes réels des mathématiciens professionnels, et l'absence totale de fécondité théorique des différents programmes de logicisation.

Ces controverses illustrent alors l'échec d'une réception heuristique et positive chez les mathématiciens français[75], en particulier les patrons des mathématiques comme Baire, Borel et Lebesgue, de la logistique[76]. Couturat reconnaît cet échec dans une lettre adressée à Russell :

> Qu'il soit utile de vulgariser la logistique, ou même de la faire connaître, ce dont j'ai chaque jour la preuve. J'ai fait la petite expérience que voici : mon ami M. Borel [...] m'ayant donné des ouvrages qu'il vient de publier pour rendre compte dans la *Rmm*, j'ai rédigé quelques « Remarques de logicien » que j'ai envoyées à lui, à M. Baire et à M. Lebesgue [...] pour leur apprendre l'existence de la logistique. Je vous envoie la copie de ces remarques, et de la lettre que j'ai répondue à M. Baire : vous devinerez aisément les objections de celui-ci. Borel et M. Lebesgue m'ont fait des réponses analogues, c'està-dire tout à fait sceptiques, sous une forme plus ou moins aimable. Il est clair qu'ils dédaignent et ignorent les travaux de Peano et de son école, et les croient absolument inutiles et stériles. Ils n'ont pas besoin de cela pour raisonner juste, etc. Je crains bien que ce ne soit là l'attitude de tous les mathématiciens à l'égard de la logistique ; ces gens qui vivent de symboles ont une aversion étrange et irréfléchie pour tout symbole qu'ils ne comprennent pas[77].

En ce qui concerne les philosophes français, le constat est quasiment similaire. Les études critiques publiées dans les autres périodiques philosophiques découragent les philosophes à s'aventurer dans l'étude de la logistique. Un cas exemplaire est celui de l'ingénieur Lucas de Pesloüan (1878-1952). En marge des controverses de la *Rmm*, Pesloüan insère en 1906 dans la *Revue de philosophie*, sous la forme de lettres écrites par un ancien ingénieur à un professeur de mathématique d'un collège de province, 4 articles de fond où sont combattus les études et conceptions de Couturat. Se situant sur le terrain de l'enseignement secondaire et reprenant à son compte les remarques hostiles formulées par Poincaré, l'ingénieur élabore une critique épistémologique, politique et sociale de la logistique (Renaud 2015). Ces articles sont repris en 1909 dans un livre intitulé *Les Systèmes logiques et la logistique. Étude sur l'Enseignement et les*

---

toute la beauté de ces travaux à un public un peu plus vaste que celui des lecteurs du formulaire » (Padoa 1911, 828).

75. En outre, il convient de rappeler que les périodiques spécialisés français à destination des mathématiciens accorderont très peu de place à ces théories.

76. Cf. Erika Luciano, « Les observations d'un logicien à Baire, Borel et Lebesgue », Séminaire d'histoire des mathématiques, Laboratoire Paul Painlevé, 2013.

77. Lettre de Couturat datée du 18 décembre 1904 (Russell 2001).

Enseignements des mathématiques modernes. Le compte rendu de cet ouvrage dans la *Revue de philosophie* donne alors aux philosophes « des indications qui suffisent même à ôter tout désir de connaître davantage la logistique » [H.P. 1909]. Brunschvicg, maître de la philosophie des sciences à la Sorbonne, auteur des *Étapes de la philosophie mathématique,* délaisse tout le mouvement issu des travaux de Russell (Soulez 2006). Les étudiants qui suivent le cours sur *l'Histoire de la logique formelle moderne* de Couturat au Collège de France pendant l'année 1905-1906 sont très rares (Worms 2017).

Au-delà de ces échecs, les différentes réactions hostiles des mathématiciens et philosophes à l'égard de la logistique de Peano et Russell amènent à une remise en cause des formes et contenus de l'acculturation mathématique du public philosophique. Cette remise en cause, qui met en relief les limites imposées par la logistique aux connaissances mathématiques qui circulent dans l'espace philosophique, se cristallise dans l'intervention de Borel en 1907.

4.2 Un désir borélien : renouveler la philosophie des mathématiques

Borel reconnaît dans la *Rmm* que les stratégies d'acculturation mathématique mises en œuvre dans les périodiques philosophiques ont permis de combler certaines lacunes en fournissant des notions scientifiques plus précises et rigoureuses au public philosophique :

> Depuis (vingt ans), un grand effort a été tenté – ce n'est pas aux lecteurs de cette Revue que nous avons à l'apprendre – pour donner aux philosophes des notions plus précises sur les sciences dont ils parlent, et le nombre des lecteurs qui suivent les articles et livres de M. Poincaré est une preuve que cet effort n'a pas été vain. (Borel 1907, 273)

Cependant, ces stratégies ont fini par imposer des bornes et des restrictions dans les concepts et théories mathématiques diffusées auprès de ce public. En effet, la prise en compte du niveau élémentaire de l'enseignement scientifique reçu par les philosophes a conduit les médiateurs et mathématiciens à se limiter aux principes et fondements des sciences mathématiques :

> Malheureusement, pour être lu, la première condition est de pouvoir être compris ; les mathématiciens qui voulaient être compris des philosophes peu instruits en mathématiques, ont naturellement parlé surtout des parties élémentaires, des principes. (Borel 1907, 273)

Or, pour Borel, ces thématiques, objet principal des programmes de logicisation et de la médiation scientifique à cette époque, empêchent les philosophes de saisir la véritable nature des sciences mathématiques ainsi que le travail propre des mathématiciens. Il estime en effet que c'est une erreur de croire que l'essentiel de la pensée mathématique a été absorbée dans les théories générales de la logistique et que l'ensemble des branches de ces sciences se réduit à leurs parties élémentaires. De ce fait, les philosophes se trouvent dans l'incapacité de construire une philosophie des sciences mathématiques digne de ce nom :

> Les principes ne sont pas les mathématiques tout entières et, si les principes sont mieux connus, la nature des mathématiques reste aussi généralement ignorée de tous ceux qui ne sont pas mathématiciens de métier. Je laisserai de côté toutes les discussions relatives aux principes des mathématiques ; leur étude constitue une science qui est réellement distincte de la science mathématique proprement dite ; il suffit, pour s'en convaincre, de constater que beaucoup d'excellents mathématiciens ignorent systématiquement toutes les publications relatives aux « principes ». [...] La connaissance des principes n'est pas nécessaire à la découverte des faits analytiques et des lois qui les régissent, ce qui est le travail propre du mathématicien. (Borel 1907, 273–274)

Ce constat conduit Borel à opérer une médiation sur des données permettant aux philosophes d'élaborer une philosophie des sciences mathématiques qui ne soit pas en décalage avec la réalité mathématique du moment. La sélection de ces données repose principalement sur un dispositif épistémologique de nature pragmatiste[78]. Véritable critère de démarcation, ce dispositif a pour objectif de faire le partage entre les concepts et théories qui appartiennent à l'activité mathématique effective et celles qui lui sont extérieures[79]. Ainsi, seules les notions qui se sont avérées fécondes, qui ont trouvé à s'appliquer et qui ont prévu des *faits* doivent faire l'objet d'un travail d'acculturation. Afin de faire comprendre au public philosophique « le rôle (heuristique) que jouent dans les progrès des mathématiques les théories générales », le mathématicien se focalise sur l'exemple de la théorie des fonctions d'une variable complexe qu'il considère comme « la plus importante des théories qui a dominé tous les progrès de la science au XIXe siècle » (Borel 1907, 280).

Les interventions de vulgarisation de Borel au sein du champ philosophique se réaliseront à partir de ces critères. En 1924, le mathématicien présente *A Treatise on Probability* de John Maynard Keynes (1883-1946) au public philosophique de la *Rpfe*. Cette présentation délaisse ainsi la partie II « Fundamental theorems » de l'ouvrage écrite sous l'influence de Russell et consacrée à la réduction en formules logiques des théorèmes fondamentaux de la théorie des probabilités. Borel estime en effet que « ce symbolisme n'a jusqu'ici conduit à aucune découverte proprement mathématique ; c'est là une raison suffisante pour qu'il n'intéresse pas les mathématiques » (Borel 1924, 322). Son exposé

---

78. En 1910, Borel avance publiquement son adhésion au pragmatisme en se distinguant de la position de Poincaré : « Le point de vue auquel je me place me paraît mériter le nom de « pragmatiste » : je n'ai jamais pu comprendre le rapprochement que l'on a parfois établi entre ce que l'on appelle pragmatisme et la philosophie de M. Poincaré, qui me paraît être précisément l'opposé du pragmatisme, puisqu'elle néglige les réalités les plus tangibles » (Borel 1910, 419).

79. C'est un tel critère que Borel mobilise pour départager au sein de la théorie des ensembles la partie proprement mathématique et la partie purement symboliste n'ayant joué aucun rôle heuristique et théorique dans le développement des sciences mathématiques : « je me suis toujours efforcé de séparer celles des parties de la théorie des ensembles qui ont effectivement contribué au progrès de la théorie des fonctions, des constructions logiques purement verbales dans lesquelles on jongle avec des symboles auxquels ne correspond aucune intuition » (Borel 1914, 154).

portera principalement sur les applications de la théorie des probabilités[80], puisque

> ce sont ces applications qui sont les véritables réalités ; les réalités, ce sont les dividendes des compagnies d'assurances, ce sont les sélections obtenues par les biologistes et les agronomes, ce sont les phénomènes prévus et observés par les physiciens. (Borel 1924, 323)

Les critiques et réclamations de Borel vont être entendues et prises en compte par Winter, un des collaborateurs proches de Léon à la *Rmm*, dont l'objectif principal est de déterminer la méthode qui présente des garanties scientifiques suffisantes pour exposer et examiner d'un point de vue épistémologique les sciences mathématiques et leur actualité (Winter 1912).

4.3 La méthode historico-critique comme mode opératoire de circulation et d'acculturation mathématiques

Reconnaissant avec Borel les limites scientifiques de la logistique et la restriction du domaine auquel ses méthodes peuvent légitimement s'appliquer[81], Winter s'oppose rigoureusement aux extensions illégitimes de cette science, en particulier celles qui entendent faire de la logistique non seulement une méthode nouvelle d'investigation susceptible de résoudre des problèmes mathématiques réels, mais aussi une sorte de « spécieuse universelle dans laquelle la pensée mathématique s'anéantirait ». Il rejette ainsi la thèse de l'identification complète de la pensée mathématique avec la logique :

> L'identification complète de la pensée mathématique avec les éléments grammaticologiques qui la conditionnent est une illusion analogue à celle du dogmatisme matérialiste, qui assimile complètement la pensée aux éléments du cerveau, qui en sont les conditions matérielles de production. La preuve que cette identification est vaine résulte du fait que, si la logistique rendait le mécanisme de la pensée mathématique absolument transparent, et si elle absorbait effectivement cette pensée, on ne devrait plus jamais rencontrer de problèmes mathématiques présentant des difficultés, que la logistique ne fût pas apte à résoudre immédiatement. Or, nous savons qu'il n'en est rien. (Winter 1907, 215)

De 1905 à 1909, Winter présente au public de la *Rmm* un état des lieux et un bilan critique des différentes controverses liées aux rôles et à la valeur de la logistique. Il examine les différents problèmes mathématiques, en particulier ceux qui se posent au sein de la théorie des nombres, pour la solution desquels la logistique est impuissante et n'apporte aucun secours aux mathématiciens. De ce fait, ce serait une erreur de considérer que la pensée mathématique peut être

---

80. Il convient de souligner qu'une partie des exposés didactiques de Borel consacrés aux théories des probabilités insérés dans la *Revue du mois* porteront sur les applications de ce calcul non seulement aux sciences physiques mais aussi aux mathématiques sociales. Voir la contribution de Caroline Ehrhardt et Hélène Gispert dans cet ouvrage (chap. 19).

81. Winter assigne une fonction positive spéciale à la logistique qui est de déterminer, de dresser et d'étudier les éléments grammatico-logiques intervenant dans les mathématiques. Elle est ainsi « une branche des mathématiques, ignorées en fait de la plupart des mathématiciens et non l'instrument indispensable à toute recherche mathématique » (Winter 1907, 189).

absorbée dans les théories générales de la logistique et que toutes les branches des sciences mathématiques peuvent se réduire à une application automatique et systématique des règles posées dans l'introduction logique :

> On doit reconnaître l'autonomie absolue de la pensée mathématique. Nous voulons dire que, mêmes si les questions générales de la logique étaient résolues à la satisfaction de tous, la difficulté des problèmes réels, que l'on rencontre dans les mathématiques pures, ou qui sont posés au calculateur par le physicien, n'en serait aucunement diminuée. Reprenant une parole célèbre, on pourrait dire : La logique est fondée, l'ère des difficultés scientifiques commence. (Winter 1907, 199)

Etant donné que la logistique n'est pas en mesure d'envelopper et de résoudre toutes les difficultés mathématiques qui se posent aux mathématiciens et qui soulèvent des questions philosophiques de grande portée devant intéresser les critiques des sciences, elle ne peut prétendre être la méthode à employer pour édifier la philosophie des sciences mathématiques.

S'inspirant alors des travaux de Mach sur les principes de la mécanique, Winter présente l'histoire critique comme étant la seule méthode à travers laquelle les concepts et théories mathématiques nécessaires à l'élaboration scientifique d'une philosophie des mathématiques peuvent circuler dans l'espace philosophique. Cette méthode est

> l'histoire conçue non comme une chronologie fastidieuse, comme un répertoire où l'on met un nom et une date sur chaque découverte, méthode qui donne à l'histoire des mathématiques l'aspect d'un annuaire des téléphones ; mais l'histoire conçue comme la genèse même des théories scientifiques, où la filiation des idées fondamentales serait établie. (Winter 1908, 326)

Afin de faire la preuve du potentiel heuristique de l'histoire philosophique des sciences, Winter applique cette méthode à la théorie des nombres[82] (Winter 1908), à la théorie de la résolution des équations algébriques (Winter 1910) et au calcul fonctionnel[83] (Winter 1913) qui « en général sont complètement ignorées de la plupart des philosophes et qui ont cependant un caractère fondamental ». En œuvrant à la circulation de nouvelles connaissances mathématiques, cette méthode enrichit l'acculturation mathématique du public philosophique.

---

82. Cette théorie comprend la théorie des congruences, la théorie des résidus, la théorie arithmétique des formes, l'analyse indéterminée, l'étude des propriétés des nombres incommensurables algébriques, des nombres transcendants... Winter met en relief, sous une forme élémentaire, quelques-unes de ces notions fondamentales (nombre imaginaire, nombre idéaux, notion de groupe, variable continue).

83. Cette présentation est complétée en 1925 par le mathématicien Maurice Fréchet (1878-1973) sur demande de la rédaction de la *Rmm* : « En nous demandant de tenir le lecteur au courant des progrès réalisés depuis l'exposé de M. Winter, la rédaction de cette *Revue* a certainement voulu nous donner l'occasion de décrire le développement nouveau qu'a reçu l'analyse fonctionnelle [...]. C'est, en effet, en essayant d'éliminer la considération de la nature de la variable que nous avons été amené à étudier de plus près les notions de limite, de distance, de différentielle et d'intégrale sous un angle qui est susceptible d'intéresser les philosophes aussi bien que les mathématiciens » (Fréchet 1925, 1–2).

5 Conclusion

Dans une étude intitulée « Pour lire M. Poincaré » et publiée en 1910 dans la *Revue de philosophie*, le philosophe et théologien néo-thomiste Jean Bulliot (1851-1915) rappelait que les conditions fondamentales d'une véritable théorie philosophique des sciences devaient nécessairement reposer sur « la collaboration intime et constante, de tous les jours et de tous les instants, des spécialistes et des métaphysiciens, des savants et des philosophes » (Bulliot 1910, 237). La pratique épistémologique qui sous-tend la philosophie et l'histoire des sciences dans la France de la Belle Époque peut ainsi être caractérisée par les interactions communautaires et les échanges interdisciplinaires entre scientifiques et philosophes.

Dans cet article, nous avons voulu montrer comment les stratégies et entreprises de médiations, conçues comme vecteur de circulation et de promotion des théories et résultats mathématiques dans et par les périodiques philosophiques, ont contribué à l'émergence et au développement de ce phénomène collectif. Les études de cas dédiées aux phénomènes d'acculturation mathématique ont alors permis de mettre en lumière des pratiques conceptuelles, des fonctions éditoriales et des lieux d'échanges, de collaborations et de concurrences rarement présents dans les historiographies intéressées par la circulation des mathématiques.

Cependant, en portant volontairement notre attention sur les interventions qui appartiennent au champ des mathématiques pures (arithmétique et algèbre, géométrie, analyse) nous n'avons pas épuisé les méthodes et théories traditionnellement et institutionnellement répertoriées sous le chapeau « sciences mathématiques[84] » et mises à la disposition du public philosophique. Ainsi, des études consacrées aux travaux de médiation sur l'astronomie, la mécanique, la cosmologie, la physique mathématique restent à réaliser pour approfondir les modes et formes de circulation des mathématiques sur le marché éditorial de la philosophie.

De plus, les rubriques bibliographiques de la *Rpfe* dédiées aux journaux étrangers ainsi que les congrès internationaux de philosophie montrent que la France n'est pas le seul pays d'Europe où la philosophie et l'histoire des sciences se sont organisées et développées. D'autres centres éditoriaux dédiés à la philosophie des sciences mathématiques ont ainsi émergé en Europe. Nous pouvons mentionner la *Revue néo-scolastique* (1894-), organe de l'Institut supérieur de philosophie de Louvain, dans laquelle le mathématicien belge

---

84. Les mathématiques pures (arithmétique et algèbre, géométrie, analyse) et les mathématiques appliquées (mécanique, physique mathématique, astronomie, géodésie) constituent, d'un point de vue institutionnel, la division des sciences mathématiques. Elle est ainsi présente aussi bien dans les journaux spécialisées et généralistes de l'époque que dans la vie universitaire que ce soit pour les chaires ou pour les sujets de thèses. En outre, elle a été utilisée dans plusieurs recherches historiographiques contemporaines portant sur l'analyse quantitative des thèses de mathématiques (Leloup 2009) et sur les mathématiciens français de cette époque (Gispert & Leloup 2009).

P. Mansion publie plusieurs travaux sur la métagéométrie de 1896 à 1919. Premier mathématicien à présenter cette théorie au public néo-thomiste belge, Mansion se donne pour objectif premier :

> D'exposer d'une manière élémentaire et sous forme didactique [...], les principes de la métagéométrie jusqu'à sa subdivision en trois branches et d'esquisser les conséquences philosophiques que l'on peut en déduire. Nous faisons précéder cet exposé d'une notice historique sommaire sur les travaux les plus importants dont les principes de la Géométrie ont été l'objet depuis Euclide jusqu'à M. De Tilly. De cette manière, le lecteur qui voudra bien nous suivre, pourra peu à peu se débarrasser de cette idée préconçue qu'il ne peut exister qu'un seul système de géométrie, et il se familiarisera avec les vues nouvelles qu'il rencontrera plus tard dans les deux systèmes de géométrie non euclidienne. (Mansion 1896, 144)

Permettant alors aux lecteurs néo-thomistes d'acquérir une connaissance suffisante de la métagéométrie et des mathématiques, les interventions de Mansion ouvriront un espace éditorial où seront réceptionnés et discutés, par exemple, les travaux de Russell sur les fondements de la géométrie ou encore les différents travaux de logicisation des mathématiques. Des interventions didactiques similaires seront menées sur les hypothèses cosmologiques par l'astronome Ernest Pasquier (1899-1926). Une étude systématique de ces périodiques permettrait de comparer et d'approfondir les modi operandi à l'œuvre dans la circulation et l'appropriation des sciences mathématiques par le public philosophique à l'échelle européenne.

Chapitre 21

Journals in the Evolution of a National Research Community: The Case of Mathematics in the United States (1776-1940)

KAREN HUNGER PARSHALL

In 1940, the American mathematical research community hoped finally to realize an aspiration that dated to at least the 1920s: hosting an International Congress of Mathematicians (ICM). It felt that the time had come when, as a whole, it could assert itself on the international stage and take its place alongside the world's other, major, national mathematical research communities. Mathematics as an area of scholarly study had a history in North America going back to early seventeenth-century efforts of European colonists to set up educational institutions in the so-called New World (Dauben & Parshall 2014, 175–185). Still, the differentiation of an actual community of mathematical *researchers* from that segment of the population with an active interest in mathematics was a late-nineteenth-century phenomenon critically linked to developments in American higher education as well as to the founding in 1888 of the New York (later American) Mathematical Society (Parshall & Rowe 1994). That community's professionalization and stratification, moreover, continued into the first half of the twentieth century with, for example, the building of financial infrastructure supportive of mathematical research and the founding both of the Mathematical Association of America in 1915 to serve the interests of collegiate mathematics teachers and of the National Council of Teachers of Mathematics in 1920 to do the same for teachers at the lower levels (Parshall 2015a, 275–284), (Parshall 2015b). This chapter

Ph. Nabonnand, J. Peiffer, H. Gispert (eds.), *Circulation des mathématiques dans et par les journaux: histoire, territoires, publics*, 647–662.
© 2025, the author.

spotlights, in the American context, journals as critical agents in processes like community differentiation, professionalization, and stratification and suggests how, collectively, they can serve as an analytic tool for tracing the evolution of scientific research communities in national settings more generally.

1 Mathematics in the journals of a developing *general* scientific community

When independence from Great Britain was declared in 1776 and a United States of America emerged from the collection of former British colonies, efforts had already been under way to provide higher education in North America analogous to, if not comparable with, what was available in Europe[1] as well as to unite those in what became the new nation who were actively interested in the sciences, including mathematics. Harvard College had been founded in Cambridge, Massachusetts in 1636 and had a mathematical component in its curriculum beginning in 1638 that included arithmetic, geometry, and astronomy and that had incorporated the calculus by the mid-eighteenth century. The College of William and Mary in Williamsburg, Virginia and Yale College in New Haven, Connecticut followed in 1699 and 1701, respectively, with what became the College of Philadelphia (later the University of Pennsylvania) emerging by 1755. Graduates of these and, later, other colleges—together with self-educated members of the colonial intelligentsia—had by the last half of the eighteenth century begun to make common cause in promoting the production of new knowledge on the western side of the Atlantic.

In 1743, for example, the American Philosophical Society was founded in Philadelphia for "promoting useful knowledge" and published the first volume of its journal, the *Transactions of the American Philosophical Society* (*TAPS*), in 1771 (Anonymous 1769-1771, x).[2] Although it came out only sporadically throughout the eighteenth century, the *Transactions* nevertheless defined an early American scientific publication community that consisted of physicians, chemists, farmers, surveyors, instrument makers, teachers of mathematics, and others interested in actively cultivating science on American shores.[3] In the mathematical sciences, the *TAPS* mostly carried articles on astronomical topics—the transit of Venus that occurred in June 1769,[4] the appearance of a comet in 1770 (Rittenhouse 1769-1771)[5] a lunar eclipse and transit of Mercury

---

1. See (Dauben & Parshall 2014, 179–185). For a brief overview of the state of elementary mathematics education before 1800, see (Dauben & Parshall 2014, 176–179).

2. Although it dates its founding to 1743, the American Philosophical Society had become inactive by 1746, was revivified in 1767, and better assured its continuation by joining forces with another Philadelphia group, the American Society for Promoting Useful Knowledge, in 1769.

3. Price (1978) defines the analytic concept of a "publication community," that is, a group of people united specifically through publication in one or a set of journals.

4. See the numerous papers in *TAPS* 1 (1769–1771).

5. David Rittenhouse was a noted clock- and instrument-maker as well as a President of the American Philosophical Society.

in 1789 (Rittenhouse & Madison 1793)[6]—but at least three articles of a calculational or applied mathematical nature also appeared in the four volumes published in the eighteenth century (Rittenhouse 1793, 1799), and (Jefferson 1799).[7] While the *TAPS* can thus rightly be seen as a viable publication outlet for those in the early years of the American republic with serious mathematical interests, it, as well as other general science journals like the *Memoirs of the American Academy of Arts and Sciences* and the *American Journal of Science and Arts* served scientific practitioners at an undifferentiated, pre-professional stage in the history of American science in which science, when it was done at all, was largely conducted on the side by those who earned their livings through other pursuits.[8]

After the turn of the nineteenth century, however, some with mathematical interests became convinced that the time was right for a periodical devoted solely to the promotion of mathematics. George Baron, an English-born seaman and teacher of mathematics, published the first such journal, *The Mathematical Correspondent*, in New York City in 1804 (Zitarelli 2005, 3).[9] Baron had settled in the United States around 1797 and had taught briefly at what would become the United States Military Academy in West Point, New York before embarking on his publication venture. As he explained, his was a journal "adapted to the present state of learning in America" that aimed

> to inspire youth with the love of mathematical knowledge, by alluring their attentions to the solutions of pleasant and curious questions—and to promote the cultivation of

---

6. The Reverend James Madison (not to be confused with his cousin and contemporary, James Madison, who became the fourth President of the United States) was the Bishop of the Episcopalian diocese of Virginia and served as the eighth President of the College of William and Mary from 1777 to his death in 1812.

7. Todd Timmons analyzed the *mathematical* publication community defined by the *TAPS* together with two other early general American science journals—the *Memoirs of the American Academy of Arts and Sciences* and the *American Journal of Science and Arts* (see below)—in (Timmons 2004). (Interestingly, he omitted Jefferson's paper in his prosopographical study. Thomas Jefferson, a farmer, was the author of the American Declaration of Independence from Great Britain and became the third President of the United States.) Sloan Despeaux also made excellent analytic use of the notion of a mathematical publication community, but in a British context, in (Despeaux 2002b). It goes without saying that the notions of "mathematical publication community" and "mathematical research community" (as in this chapter's title) are distinct. A "mathematical research community" defines a particular "mathematical publication community," but a "mathematical publication community," depending on the journals selected, may not be research-oriented.

8. The American Academy of Arts and Sciences was founded in Boston, Massachusetts in 1780 and published the first volume of its *Memoirs* in 1785, while the *American Journal of Science and Arts* was privately financed, not associated with a scientific society, and inaugurated in New Haven, Connecticut in 1818. Timmons (2004, Tables 2–4, 435-437) gives the occupations of sixty-four of the eighty-four authors of mathematical papers in the *TAPS*, the *Memoirs*, and the *American Journal of Science and Arts* between 1771 and 1834. For more on the early history of science in the United States, see the dated but still useful (Struik 1948) as well as (Greene 1984).

9. See also (Finkel 1940) and (Hogan 1976). This journal is also discussed in the chapters by Thomas Preveraud (chap. 9) and Deborah Kent (chap. 5) in this volume.

the mathematics, by opening a channel for the ready conveyance of discoveries and improvements, from one mathematician to another. (Baron 1804, title page)

With the dual mission, then, of stimulating the mathematical education of younger Americans through problems and solutions complementary to the usual collegiate curriculum and of diffusing mathematical knowledge among those more mathematically savvy through the publication of articles, Baron's journal sought actively to foster a subject viewed as having been "shamefully neglected in the United States of America" (Baron 1804, iii).

In all, thirty-eight different people proposed problems, fifty-eight solved them, and five contributed articles over the course of the journal's just-over-two-year run (Zitarelli 2005, 13). These participants, together with the journal's subscribers—some 362 individuals strong (Zitarelli 2005, 13)—thus defined a more focused mathematical publication community than could general science journals like the *TAPS*. Still, not even that significant a number proved able to sustain the specialized journal when ill health forced Baron to cease his editorial activities in 1806. A ninth and final issue was brought out in 1807 by Robert Adrain, an Irish émigré and self-taught mathematics teacher who had been one of the journal's most active participants. After that one issue and following an attempt in 1808 to launch a similarly spirited journal of his own, the *Analyst or Mathematical Museum*, Adrain, too, was unable to keep a specialized mathematical publication going.[10]

The failed experiments of Baron and Adrain would be repeated at least nine more times over the course of the first three quarters of the nineteenth century as a series of editors tried different strategies to sustain exclusively or substantively mathematical publications.[11] William Marrat, a Englishman like Baron transplanted to New York City, followed Adrain. One volume of Marrat's *The Monthly Scientific Journal* appeared in 1818, containing "Disquisitions in Natural Philosophy, Chemistry, and the Arts with an Extensive Mathematical Correspondence."[12] As he conceived of it, his journal would aid teachers of these first three broad categories of scientific knowledge by providing them with "subjects the discussion of which may be useful to certain classes," while in mathematics it would be "immediately conducive to the *improvement* of the different branches" through problems for solution and would be less concerned with "the extension of [those branches'] boundaries" (Marrat 1818, ii (his emphasis)). His less specialized journal thus targeted a broad range of *science* teachers and enthusiasts rather than the narrower public of *mathematics* teachers and enthusiasts. Yet, those greater numbers still proved insufficient to keep it afloat.

---

10. Adrain did publish the first issue of a second volume of the *Analyst* in March 1814, but with that the journal perished. On Adrian's life, see (Hogan 1977).

11. For more details than follow here on these various initiatives, see (Kent 2019). She also discusses these early efforts in her chapter in the present volume (chap. 5).

12. *The Monthly Scientific Journal* 1 (1818), title page.

An even more hybridized venture, also out of New York City, followed two years later in 1820 when Melatiah Nash, an instructor of navigation, mounted *The Ladies' and Gentlemen's Diary, or United States Almanac, and Repository of Science and Amusement*. The journal's diary-almanac part gave "information of the varying positions of the heavenly bodies [and] methods of knowing the principal fixed stars and planets," while its repository part included "a variety of extracts, and, when they [could] be obtained, original essays, relating to the arts and sciences" as well as "a number of mathematical questions, to be answered in the next" issue (Nash 1820, iv). Interestingly, Nash made explicit his conception of his journal as a unifier of practitioners when he explained that

> [a]ll contributors to the Repository, whether ladies or gentlemen, will be esteemed a *community* of citizens, associated for mental improvement, and the dissemination of useful knowledge. (Nash 1820, v (my emphasis))

Ultimately, it served that purpose for only three years. Illness in Nash's family forced him to discontinue the venture in 1822.[13]

By the 1830s, despite the mortality rate of mathematical journals with a lower-level, more problems-for-solution orientation, still another transplanted Englishman and teacher, Charles Gill, dared to hope that he might sustain a mathematical journal that would serve

> as a medium for valuable communications that might otherwise be lost to the public; as an index to mark the taste in science, and the *progress in discovery*, of the day and of the country; and as a field where the aspirant to mathematical distinction may try his strength with those of established reputation. (Gill 1836, iii (my emphasis))[14]

In bringing out the first number of *The Mathematical Miscellany* in March 1836, Gill, despite his aspiration of providing a publication venue for mathematical research, presented the journal as "an experiment" and asked his readers, especially the "gentlemen of the mathematical chairs in our colleges," whether it "might not be made a useful auxiliary in cherishing a spirit of science in their classes" (Gill 1836, iii). While a purely educational function was by no means ruled out, the journal sought to uphold Gill's vision of fostering real mathematical progress.

During the three years of the *Miscellany*'s existence, it served as a high-level, problems-for-solution journal that, with mixed results, assumed knowledge of the work of mathematicians like Lagrange, Laplace, Legendre, and Gauss. It also attracted the attention of America's best mid-century mathematicians, among them, Harvard's then professor of mathematics and natural philosophy,

---

13. At least one other effort at a specialized mathematics journal publication followed in the 1820s: Adrain's *The Mathematical Diary*, another problems-for-solution journal that ran intermittently from 1825 to 1832. On this journal, see (Hogan 1977, 159–161). For more on problems-for-solution journals, see Thomas Préveraud's chapter in the present volume (chap. 9).

14. On Gill's life, see (Anonymous 1856).

Benjamin Peirce, and Theodore Strong, the professor of mathematics at Rutgers College in New Brunswick, New Jersey (Kent 2008, 107–108). As its subscribers made clear, moreover, it succeeded in creating a community among otherwise "mathematically isolated individuals" by providing them with "a welcome infusion of mathematical dialogue and intellectual challenge" (Kent 2008, 109). Unfortunately, that community's numbers also failed to sustain the publication financially and editorially.[15]

The demise of *The Mathematical Miscellany* was followed in March 1842 by the birth of yet another journal specializing in the mathematical sciences, Benjamin Peirce's not dissimilarly named *Cambridge Miscellany of Mathematics, Physics, and Astronomy*. Unlike its defunct namesake, however, Peirce's journal would, "instead of occupying nearly the whole work with solutions of questions," "admit memoirs on different subjects in Math. Science, somewhat [...] after the manner of Liouville or Crelle."[16] In other words, while it would perpetuate Gill's agenda of enhancing mathematical education through what it called a "Junior Department of Mathematics" with an emphasis on problems for solution, it would also carry a "Senior Department of Mathematics" to challenge teachers of mathematics. Moreover, it would publish research-oriented articles in the mathematical sciences, especially physics and astronomy, in an effort to stimulate original research.

With the journal's second number in July 1842, Peirce, who became the Perkins Professor of Mathematics and Astronomy at Harvard in that same year, made a strategic move by enlisting the editorial help of his Harvard colleague, the Hollis Professor of Mathematics and Natural Philosophy, Joseph Lovering. With two editors at its helm, *The Cambridge Miscellany* would be less likely to succumb, as had all earlier attempts to maintain a more specialized mathematical periodical, to the vagaries of a sole editor's personal circumstances. There would also be two people, rather than one, to shoulder the editorial responsibilities as well as the work of providing material of appropriate quality for the readership. Yet, not even this shared labor prevented Peirce and Lovering's journal from folding in 1843 after just four numbers. As Deborah Kent astutely put it, "[t]he long-term survival of an American journal more narrowly focused on research-level mathematics" like *The Cambridge Miscellany* "would partly depend on cultivating an educated audience and creating a more mathematically sophisticated environment" (Kent 2008, 118).[17] In other words, the efforts, no matter how valiant,

---

15. In particular, when personal matters forced Gill to scale back his editorial activities, he was unable to secure another editor willing or qualified to maintain the journal at the desired mathematical level. See (Kent 2008, 108–110).

16. H. B. Lane to Benjamin Peirce, 4 October, 1842, Houghton Library, Harvard University, as quoted in (Kent 2008, 110).

17. At least two more specialized mathematics journals, *The Mathematical Monthly* (1858–1861) and *The Analyst: A Monthly Journal of Pure and Applied Mathematics* (1874–1883), were launched in the third quarter of the nineteenth century, but they ultimately met the same fate as their predecessors. See (Kent 2019). Although both of the latter journals were

of *individuals* like Baron, Adrain, Marrat, Nash, Gill, and Peirce would be inadequate for the sustenance of more advanced publication outlets until a broader *community* of mathematical researchers was in place.

2 Journals in an emergent mathematical research community

Indeed, such a community had been forming in the background even as this string of more specialized mathematics journals successively failed. Relative to mathematics, colleges in the United States had begun to move away in the 1810s from outdated, British approaches to the calculus and other topics and to embrace the continental techniques particularly of French mathematicians like Silvestre Lacroix and Adrien-Marie Legendre (Parshall & Rowe 1994, 2–23). Still, this marked a shift in what was an exclusively undergraduate curriculum to continental mathematics of the turn of the nineteenth century. As the experiences of those who tried to sustain more specialized mathematics journals over the course of that century's first three quarters underscored, that level of expertise was insufficient to assure a critical mass of mathematically competent contributors to problems-for-solution journals much less more research-oriented periodicals.

At midcentury, however, the establishment (in 1847) of both the Lawrence Scientific School at Harvard for more advanced instruction in the sciences and mathematics and of the Department of Philosophy and the Arts at Yale for graduate studies in various fields signaled the beginnings of a differentiation between the purely undergraduate college and what would become the university.[18] That shift, which continued up to and following the American Civil War (1861–1865), had at least two fundamentally different influences. The first was legislative. In 1862, the U. S. Congress passed the Morrill Act that provided Federal funds for the establishment in each state of a so-called land-grant university oriented toward the practical sciences of agriculture, engineering, mining, etc. The second was societal. The war had made wealthy a number of individuals who chose to direct their philanthropy to American higher education.

By 1876, the Johns Hopkins University had been founded in Baltimore, Maryland, thanks to the bequest of one of the latter, railroad magnate Johns Hopkins. It was the first American university in the modern sense, that is, it was a *differentiated* institution of higher education that fostered *undergraduate* study—recognized as the bedrock of a solid mathematical education—as well as *graduate* study. At the same time, it promoted the training of future researchers

---

on strong financial footings, *The Mathematical Monthly* could not be sustained when civil war rent the country in the early 1860s, while ill health and the inability to find a successor forced *The Analyst*'s editor to suspend publication. For more on the latter publication, however, see the next section.

18. For more on the changes sketched in this paragraph as they relate to mathematics, see, for example, (Parshall & Rowe 1994, 21, 53–58, 261–294).

and the production of new knowledge in all fields. It thus served as an example not only to those extant schools—like Harvard and Yale—that sought to grow in the research direction but also to new institutions—such as the land-grant universities and the privately endowed University of Chicago—founded in the last quarter of the century. Hopkins's first professor of mathematics, the Englishman James Joseph Sylvester, embodied those new research ideals in mathematics.[19]

In addition to setting up the country's first graduate program in mathematics, Sylvester also founded a new journal, the exclusively research-oriented *American Journal of Mathematics, Pure and Applied*.[20] His venture was markedly different from those that had come before it on American shores and clearly underscored his university's institutional differentiation into distinct yet intertwined undergraduate and graduate missions. Whereas all of the journals discussed in the previous section depended financially on subscriptions and/or on the personal fortunes of their respective editors, the *American Journal*, which did take in money from subscriptions, was substantially underwritten by the university. Hopkins's first president, Daniel Coit Gilman, had explicitly stated that university sponsorship of scholarly publications would be one of his new institution's goals (Gilman 1906, 115). As he saw it, if his university was going to mandate that its faculty and graduate students engage actively in research and publication, then it needed to provide a venue for the dissemination of that new work. Indeed, during Sylvester's editorship of the *American Journal* from 1878 to 1883, roughly half of the research papers published were penned by those associated with the Johns Hopkins University, while a quarter owed to other mathematicians in the United States, and the final quarter issued from mathematicians abroad thanks to Sylvester's active solicitation and extensive foreign contacts (Parshall 2006, 248). Clearly, the differentiation of a graduate from an undergraduate program had generated new research sufficient to sustain a journal, "the primary object" of which was "[t]he publication of original investigations."[21] In so doing, it allowed the *American Journal* to attain its articulated goal of "supply[ing] a want, a medium of communication between American mathematicians," that is, of defining the United States's first *sustainable* mathematical publication community and one at the *research level*.[22] It thus proved critical for the emergence of what would become an American mathematical research community.

---

19. On Sylvester at Hopkins, see (Parshall 1988), (Parshall & Rowe 1994, 153–196), and (Parshall 2006, 225–277).

20. On the *American Journal* under Sylvester's editorship, see (Parshall & Rowe 1994, 88–94) and (Parshall 2006, 239–248).

21. "Notice to the Reader," *American Journal of Mathematics* 1 (1878), iii. The quote that follows may also be found here.

22. Indeed, the *American Journal* is the country's oldest, continually published, research-level journal in mathematics.

The *American Journal* also differed significantly from its predecessors in its reliance not on a single editor but on a strategically chosen editorial board.[23] While Sylvester served as editor-in-chief and, as such, was responsible not only for producing new results of his own to help fill the journal's pages but also for soliciting the contributions of others, his junior Hopkins colleague, William Story, was "associate editor in charge"[24] and handled the editorial and production nitty-gritty. Moreover, the journal had the "co-operation of" Benjamin Peirce for papers in mechanics, Simon Newcomb, the Superintendent of the Nautical Almanac Office, for contributions in astronomy, and Hopkins professor of physics, Henry Rowland, for work related to his field. Although the journal leaned more toward the "pure" than the "applied" of its subtitle, it did publish papers in all of these associated fields, some authored by the cooperating editors themselves and some by others, like mathematical astronomer George William Hill, within their spheres of influence.

And, there is a final key difference to highlight between the *American Journal* and its predecessors. When Sylvester left Baltimore at the end of 1883 to assume the Savilian Professorship of Geometry at Oxford, there was a seamless editorial transition to his successor, Simon Newcomb. The journal's financing was secure; there was a first-rate researcher willing and able to assume the editorship; new original research for publication continued to flow in without interruption from those in the process of earning and then increasingly holding a new credential, the Ph.D. in mathematics. Over the course of the first three quarters of the nineteenth century, insufficient numbers of mathematical practitioners had resulted in the demise of a succession of specialized mathematical journals. By the century's final quarter, as the *American Journal*'s trajectory suggests, a critical mass had finally been achieved. Moreover, it was a critical mass not of mathematical practitioners but of professional mathematical *researchers* that had been differentiated from problem-solvers owing to important changes in American higher education.[25]

Those problem-solvers by no means disappeared from the American mathematical landscape, however. In 1874, just four years before the founding of the *American Journal*, Joel Hendricks, a self-taught medical practitioner and surveyor, launched *The Analyst: A Monthly Journal of Pure and Applied Mathematics* from his then hometown of Des Moines, Iowa and at his own personal expense.[26] Aimed, like Peirce and Lovering's *Cambridge Miscellany*, at the problem-solver as well as at the more sophisticated mathematician,

---

23. Deborah Kent also makes this point in (Kent 2019).
24. Title page, *American Journal of Mathematics* 1 (1878). The next quote may also be found here.
25. This is not to suggest, however, that mathematical researchers cannot also be problem-solvers and vice versa. Sylvester, in fact, was a prime example of a professional mathematician who maintained an active interest in problem-solving throughout his career. See (Parshall 2006, 185–186).
26. For more on this journal, see (Kent 2019) as well as her chapter in the present volume (chap. 5).

The Analyst included problems for solution, more research-oriented articles, and abstracts of then-recent mathematical publications in venues such as the *Journal für die reine und angewandte Mathematik*.[27] Hendricks thus self-consciously sought to fill what he deemed the

> obvious want of a suitable medium of communication between a large class of investigators and students in science, comprising the various grades from the students in our high schools and colleges to the college professors. (Hendricks 1874b, 1)

Unlike earlier nineteenth-century attempts to unify this diversely qualified group, Hendricks's in the closing quarter of the nineteenth century proved largely successful. Changes in higher education had resulted—again as evidenced in the *American Journal*'s contemporaneous success—in an altered mathematical climate. Although ill health forced Hendricks to cease publication in 1883 without a definite editorial successor, the resulting lapse did not last long. Ormond Stone and William Thornton, observatory director and professor of engineering, respectively, at the University of Virginia, began publishing the similarly spirited *Annals of Mathematics* in 1884 with Stone assuming the full financial burden of the venture (Anonymous 1898, iv).

Described as "the successor of the *Analyst*" (Anonymous 1898, iv), the *Annals* represents an interesting example of a journal that shifted its focus from a mixed to a more specialized audience, directly paralleling the differentiation of higher-level mathematics education in the last quarter of the nineteenth century. Beginning with the tenth volume in 1895–1896, Stone's private funding was replaced by direct support from the University of Virginia. The journal's tenth volume, moreover, was its last to have a problems-for-solution component.[28] In following the lead of the Johns Hopkins's research-oriented *American Journal*, the *Annals* was the last American mathematical journal to try to straddle the divide between the undergraduate and the research levels. At the turn of the twentieth century, an American mathematical research community actually had sufficient numbers to support *two* journals, the *American Journal* and the *Annals*.

Even more was true. In 1888, three "recent students of the graduate school of Columbia College" proposed the establishment of "a mathematical society for the purpose of preserving, supplementing, and utilizing the results of their mathematical studies" (Archibald 1938, 4).[29] In December of that year, the New York Mathematical Society was formed with a membership totaling only six. A mere three years later, that number had risen to 210, and the group had brought out the first three numbers of a new journal, the *Bulletin of the New York Mathematical Society: A Historical and Critical Review of Mathematical Science* (Archibald 1938, 5). Explicitly intended not to compete with the *American Journal* or the *Annals*, the *Bulletin* would

---

27. As an example of each, see (Hill 1874) and (Ladd 1875), respectively.
28. See *Annals of Mathematics* 10 (1895–1896), title page and table of contents.
29. This source details the Society's early history. See also (Parshall 1984/1988).

contain, primarily, historical and critical articles, accounts of advances in different branches of mathematical science, reviews of important new publications, and general mathematical news and intelligence. (Archibald 1938, 48)

and would be sustained financially through dues to the Society. It would thus unite the newly formed American mathematical research community socially, intellectually, professionally, while the two older journals would publish that community's research advances. The New York Mathematical Society's assumption of ostensibly national proportions in 1894—the year it became the American Mathematical Society (AMS)—marked yet another milestone in the late-nineteenth-century professionalization of research-level mathematics in the United States. That process—characterized by an increasingly shared research ethos, the notion of the Ph.D. as an ever-desirable credential, jobs at universities and some colleges defined partially by the production of research, and the existence of self-sustaining, specialized research-level journals both within and outside the context of a specialized society—was furthered in 1900 when the AMS brought out yet another new research-oriented journal.

The *Transactions of the American Mathematical Society* was created to fill the perceived need for a new journal focused squarely on the publication needs of American mathematical researchers. True, the *Annals* had then-recently reoriented itself in that direction and continued in that new direction following its move to Harvard in 1899, but the *American Journal* had persisted in drawing from "the European groups from which its contributions had come in the past," despite the fact that there was much "new strength in young mathematicians in this country" (Archibald 1938, 58, quoting Harvard mathematician, William Fogg Osgood).[30] Those "young mathematicians," among whom were the earliest members of the AMS, not only felt closed out by the *American Journal*'s editorial policies but also wanted to see their new society—hence themselves—assume a leadership role in American mathematical publication. In publishing their transactions, then, an editorial team hand-picked by the Society would vet papers that, by definition, had "previously been presented by a member at a meeting of the Society" (Archibald 1938, 59).

The University of Chicago's Eliakim Hastings Moore, together with Ernest W. Brown of Yale and Columbia's Thomas Fiske, served as the *Transactions*' first editors. They were all young—in their thirties—and theirs was a formidable task. As Brown recounted,

> I like to think of the immense amount of trouble we all took—and especially Moore—to get the best information, the best printing, the best editing and the best papers before the first number appeared [in January 1900]. And the work did not stop there. We wrestled with our younger contributors to try to get them to put their ideas into good form. The refereeing was a very serious business [...]. (Archibald 1938, 60) (as quoted in (Parshall 1984/1988, 326))

---

30. For an account of the interesting effort of the AMS to take over the *American Journal* at the end of the nineteenth century, see (Batterson 2017, 115–141).

Moreover, in a concept new to mathematical publication, the AMS initially financed the printing of its new journal through subventions secured from a number of the nation's colleges and universities: Haverford, Bryn Mawr, Harvard, Yale, Princeton, Columbia, Northwestern, Cornell, the University of California, and the University of Chicago.[31] These, after all, were among the increasing number of institutions of higher education that were embracing publication as a scholarly standard. Was it not fair and just that they should be called upon to help defray the costs incurred by the professional societies that provided for that publication? It had been a successful argument that the AMS would use again in support of its publication enterprise at the height of the Depression in the 1930s.[32]

With the *Transactions*, the American mathematical research community thus supported four journals in 1900, all of which had been created in the span of less than a quarter-century.[33] Two, the *American Journal* and eventually the *Annals*, were underwritten by individual universities, while two, the *Bulletin* and the *Transactions*, were associated with a new professional organization, the American Mathematical Society. The existence of all four reveal processes resulting from the complex interactions of changes taking place within American higher education in particular and within American society more broadly over the course of the last quarter of the nineteenth century, specifically the processes of the differentiation of a community of mathematical researchers from a larger body of mathematical enthusiasts and of the professionalization of the former group within American science.

3 Journals in a maturing mathematical research community

Stratification accompanied this differentiation and professionalization. Mathematical researchers, who were, for the most part, also collegiate teachers of mathematics, increasingly distinguished themselves from their colleagues who did not actively pursue research, while mathematics educators more generally established a "hierarchy [...] from school teachers to researchers" (Roberts 1996, 271). As noted, journals like Marrat's *The Monthly Scientific Journal* and Gill's *The Mathematical Miscellany* had tried, to some extent and ultimately unsuccessfully, to reach teachers during the first half of the nineteenth century. At the century's close, Benjamin Finkel, first a high school

---

31. *Transactions of the American Mathematical Society* 1 (1900), title page. For the full list of schools that contributed in this way between 1900 and 1909, see (Archibald 1938, 61).

32. See Mark Ingraham to Members of the American Mathematical Society, 15 June, 1935, Box 8, Folder 5: AMS–Miscellaneous Correspondence RE the AMS (1935–1959), Gordon T. Whyburn Papers, Special Collections, University of Virginia. The Great Depression began in the United States with the stock market crash in the autumn of 1929 and persisted through the 1930s.

33. In his dissertation, Samson Duran uses two of these journals, the *Bulletin* and the *Transactions*, to document geometrical research in the United States between the founding of the AMS in 1888 and 1920. See (Duran 2019).

teacher and then a collegiate professor of mathematics, continued to find their needs unmet, despite the existence of Artemas Martin's problems-for-solution journal, the *Mathematical Visitor*.[34] Finkel's founding in 1894 of *The American Mathematical Monthly* thus aimed specifically at "teachers of mathematics in our high schools and academies and normal schools" by focusing on interesting topics at the appropriate mathematical levels and by devoting sufficient space to problems for solution (Finkel 1931, 310) (as quoted in (Parshall 2016, 194)).[35] Still, it did not take long for the intended constituency to be edged out of the journal's content by what Finkel colorfully termed "a more virile race of mathematicians, namely the teachers of college and university mathematics, particularly the former." By 1913, the writing on the wall, the journal had made the critical move to serve "to *professionalize* and more formally to *legitimize* the teaching of *collegiate* mathematics."[36]

That professionalization continued in 1915 with the founding of the Mathematical Association of America (MAA) as separate and distinct from the AMS[37] and with the MAA's adoption of *The American Mathematical Monthly* as its official, dues-supported publication. Although it was clearly recognized that the constituencies of the AMS and of the new MAA overlapped significantly, the two organizations and their journals very consciously strove "to carry out in good faith the *separation* of fields of activity" inherent in the MAA's creation (Hedrick 1916, 32 (my emphasis)) (as quoted in (Parshall 2016, 199)). In particular, the MAA's *Monthly* would not publish mathematical research; that would be the domain of the AMS's *Transactions*. Rather, it would publish work that

> represent[ed] a great deal of labor of a purely investigational sort which would seem worthy of being called research in a broader interpretation of that word. (Hedrick 1916, 33) (as quoted in (Parshall 2016, 199))

In other words, it would publish original historical investigations geared toward the content of the undergraduate curriculum, technical mathematical inquiries into the subject matter of collegiate coursework, and high-level pedagogical considerations. As University of Chicago mathematician, Herbert Slaught, had foreseen, what was needed was a journal that would provide the "intermediate steps up which" students could "climb" in order eventually to reach the research "heights" (Slaught 1914, 2) (as quoted in (Parshall 2016, 198)). In short, the MAA and its journal represented a self-conscious and hierarchical stratification

---

34. Martin, a self-taught mathematical enthusiast, began the *Mathematical Visitor* in 1877 and brought it out sporadically until it actually folded in 1894.

35. The quote that follows is also on this page. Compare also (Finkel & Colaw 1894, 1–2).

36. As argued in (Parshall 2016, 198 (emphasis in the original)). See also (Hedrick 1913, 5).

37. On the debates within the AMS about the possibility of taking over publication of *The American Mathematical Monthly* and/or the desirability of creating a new mathematical society for teachers of collegiate mathematics, see (Archibald 1938, 79) and (Parshall 2016, 198–199).

of collegiate mathematics in the United States, a delineation of the teaching and research components of the life of the academic professional.[38]

Five years later in 1920, the stratification of mathematics teaching was carried even further with the founding of the National Council of Teachers of Mathematics (NCTM) specifically to serve the needs of mathematics teachers in the lower schools and to counterbalance attacks on the mathematics curriculum then coming from "[s]o-called educational reformers" (Austin 1921, 1).[39] The NCTM immediately began the quickly successful negotiations that resulted in the transfer of *The Mathematics Teacher* from the Association of Teachers of Mathematics in the Middle States and Maryland to the new national organization (Austin 1921, 2).[40] As with the AMS and its *Bulletin* and *Transactions* and with the MAA and its *Monthly*, a journal was deemed "absolutely necessary for the life and action of the" NCTM, especially if "curriculum studies and reforms and adjustments" were to "come from the teachers of mathematics," that is, from the actual professionals in the trenches, "rather than from the educational reformers" (Austin 1921, 2–3). The NCTM's creation thus marked, in some sense, the completion of the several-decades-long processes of the stratification of mathematics education in the United States as well as of the professionalization of teachers of mathematics at all levels.

As that stratification and professionalization was taking place at the "lower" levels, mathematics at the research level continued to consolidate and grow, a dynamic made manifest in the further development of its journals.[41] For example, at least two new, general research-level journals were established by institutions of higher education. Massachusetts' land-grant institution, the Massachusetts Institute of Technology, began its *Journal of Mathematics and Physics* in 1922 primarily as a publication outlet for its faculty and their collaborators, while the new, privately endowed Duke University in Durham, North Carolina sought a national audience when it began underwriting the *Duke Mathematical Journal* in 1935.[42] Indeed, Duke's strategy, like that of Hopkins in founding the *American Journal* and Princeton when it took over the publication of the *Annals* from Harvard in 1911, was to use the journal to help put its program more prominently on the mathematical map.

---

38. For more specifically on this point, see (Parshall 2015*a*).
39. For more on the professionalization of American mathematics education, see (Donoghue 2003).
40. *The Mathematics Teacher* had begun publication as a quarterly in 1908.
41. Parshall & Rowe (1994, 427–432) describes the period in the history of American research-level mathematics from 1900 to roughly 1933 and the beginning of the influx of mathematical émigrés from Europe as one of "consolidation and growth." In a slight reperiodization, I analyze the three decades from 1920 to 1950 in (Parshall 2022).
42. Duke had actually tried to found the journal as early as April 1927. See Robert Carmichael to Robert L. Moore, 21 April, 1927, Box 4RM73, Folder: R. D. Carmichael (University of Illinois at Urbana), Robert L. Moore Papers, 1875, 1891-1975, Archives of American Mathematics, Dolph Briscoe Center for American History, The University of Texas at Austin.

In Duke's case, moreover, the timing coincided with growth in the American mathematical research community that was putting a strain on its publication capacity. As AMS Secretary Roland Richardson quantified it in 1931, the

> increase in the *Annals*, *Bulletin*, *[American] Journal*, and *Transactions* has averaged 200 pages a year for 9 years, there being now 3600 pages as against 1800 in 1922, and the demand for the increase seems not to abate. Before 1932 begins, there will be on hand accepted material to fill more than 2500 pages and this is considerably more than in any recent year. To make the situation worse, mathematics is forced by the financial depression to curtail printing next year by several hundred pages (probably by a minimum of 400 in total).[43]

Duke University's intervention on the journal scene in 1935 thus proved propitiously timed.

The growth in numbers documented in Richardson's data also had implications for mathematics as a discipline. In 1936, the quarterly *Journal of Symbolic Logic* was launched at the founding of the Association for Symbolic Logic (ASL) as a publication platform specifically for America's symbolic logicians. Largely trained in mathematics departments, symbolic logicians had traditionally published in the nation's research-level mathematics journals, but, there, their results had often been obscured amidst more purely mathematical research. The ASL and its journal thus aimed to delineate symbolic logic "from pure mathematics on the one hand and pure philosophy on the other" (Church 1936, 121). Whereas at the beginning of the nineteenth century those interested in mathematics had sought to differentiate their subject from the other sciences by establishing specialized journals, by the 1930s, the American mathematical research community was sufficiently mature to allow the symbolic logicians to differentiate themselves from the mathematicians and to sustain a subfield-specific research journal.[44]

4 Concluding remarks

The American mathematical research community finally hosted its first, the eleventh, International Congress of Mathematicians only in 1950.[45] It had been, of course, the outbreak of World War II and its immediate aftermath that

---

43. Roland Richardson to the members of the AMS Council, 18 November, 1931, Box AAM-MNR/1, Folder: Duke Mathematical Journal, Duke Mathematical Journal Records, 1927–1934, Archives of American Mathematics, Dolph Briscoe Center for American History, The University of Texas at Austin.

44. The historians of mathematics and astronomy tried to do the same in 1939 with the founding by the MAA of the journal, *Eudemus*, under the editorship of German émigré, Otto Neugebauer. Their numbers were still apparently too small, since only one volume of the journal appeared in 1941. See Raymond Archibald to William Cairns, 23 March, 1939, Box 86-14/65, Folder 5, Mathematical Association of America Records, Archives of American Mathematics, Dolph Briscoe Center for American History, The University of Texas at Austin.

45. A so-called "zero-th" International Congress had been held in Chicago, Illinois in 1893, but the first official ICM was held in Zürich in 1897. For details on the "zero-th" congress, see (Parshall & Rowe 1994, 295–330). See also the coda of (Parshall 2022) for more on the 1950 ICM.

had forced the decade-long postponement of the ICM that had been planned for 1940. Oswald Veblen, former President of the AMS and one of the leaders of American mathematics throughout the 1920s, 1930s, and 1940s, was President of the 1950 ICM and took the opportunity briefly to survey the development of research-level mathematics in the United States. As he saw it, "[i]f this congress could have been held, as originally planned in 1940, it would have marked in a rather definite sense the coming of age of mathematics in the United States" (Veblen 1952, 124). "Important discoveries had been made by American mathematicians," he stated, and "[n]ew branches of mathematics were being cultivated" at the same time that "new tendencies in research were showing themselves" (Veblen 1952, 124). As Veblen recognized, those discoveries and those new research tendencies were documented to a large degree on the pages of the country's journals.

Indeed, the development of those journals went hand in hand with the development of the mathematical research community as a whole. In the eighteenth century, well before that community existed, general science journals defined a publication community within which the relatively few mathematical practitioners could communicate their findings. In the first three quarters of the nineteenth century, as the number of those practitioners grew, repeated efforts to sustain more specialized mathematical journals—many with problems-for-solution components so as to appeal to the broadest possible readership—nevertheless failed. Why? A closer look reveals that neither the American educational environment in general nor American higher education in particular had developed sufficiently to produce a critical mass of committed researchers from a group of mathematical enthusiasts. Key changes in both by the last quarter of the nineteenth century made possible the sustenance of more advanced publication outlets. The mathematical publication community that those journals defined then served as the core of an actual American mathematical research community, the members of which were associated primarily with the nation's colleges and universities. But those collegiate mathematical researchers were also teachers, whose interests naturally diverged from the interests of mathematics teachers at the secondary level. Moreover, as mathematical researchers, they also specialized further into subdisciplines like symbolic logic.

As this case study demonstrates, journals mark the successive steps of this evolution. They have the power, as an analytical tool, to make manifest processes like community differentiation, professionalization, and stratification. In so doing, they guide the historian in uncovering the broader societal forces that impel those processes.

PARTIE IV

TRACES DE CIRCULATIONS DANS LES JOURNAUX MATHÉMATIQUES

Introduction – Partie 4

Un journal mathématique est un objet du champ éditorial façonné par ses acteurs, les rédacteurs, auteurs, éditeurs, imprimeurs, lecteurs et aussi les institutions auxquelles il peut s'adosser. En tant que tel, il (trans)porte des modèles éditoriaux, des rubriques et des formes comme les mémoires, les questions/réponses, les recensions, les bibliographies, les sommaires et les index. Mais il est aussi et surtout un support de contenus mathématiques qui se coulent dans ces formes éditoriales ou en créent d'autres. L'analyse des formes et contenus permet de mettre en évidence des circulations dont les pages du journal portent des traces.

Aussi ce qui réunit les cinq premières contributions à cette partie, c'est une méthode commune : l'étude d'un journal, de sa structure et de son histoire ainsi qu'une lecture serrée de son contenu afin d'y déceler des traces de circulations et de leurs modifications dans le temps, sous la pression du développement mathématique, de stratégies éditoriales changées ou d'événements (institutionnels ou politiques) extérieurs. Les journaux étudiés sont de différents types, allant des revues spécialisées aux périodiques généralistes, ciblant les mathématiciens engagés dans la recherche (Frédéric Brechenmacher), les adhérents à une société mathématique (Livia Giacardi & Rossana Tazzioli), les élèves de mathématiques spéciales (Jean Delcourt), les philosophes (Françoise Willmann) et les lettrés de l'époque des Lumières (Silvia Roero). À l'exception de ce dernier cas, la période étudiée prioritairement va de la fin du XIXe siècle à la première moitié du XXe siècle. La partie est centrée exclusivement sur l'Europe, puisque les journaux analysés sont français, anglais, italiens ou allemands.

Pour commencer, Roero nous livre une étude très complète des *Novelle letterarie*, un journal savant publié à Florence entre 1740 et 1792 choisi en raison de la richesse de ses archives. Elle nous permet de comprendre concrètement sur un exemple les modes de présence et de circulation des mathématiques dans un journal encyclopédique du XVIIIe siècle. Les mathématiques trouvent leur place dans le projet initial du fondateur et directeur, Giovanni Lami, d'éduquer ses lecteurs grâce à des comptes rendus bien informés rédigés par des recenseurs compétents et critiques. Ainsi si la majorité des « extraits » les concernant sont consacrés à des manuels, des cours, ou à des collections académiques, on y trouve également traitées des questions concernant des débats de l'époque comme les travaux de Newton et Leibniz, les forces vives ou les problèmes hydrauliques et statiques à l'adresse des ingénieurs et architectes. En s'appuyant sur ces riches contenus, Roero met surtout en lumière la variété des formes sous lesquelles les mathématiques circulent et se transforment dans des réseaux italiens et européens dans lesquels les *Novelle* s'inscrivent.

À l'autre bout du spectre, tant pour la période que pour la nature du périodique qui représente le modèle matriciel du journal spécialisé pour spécialistes ne publiant que des articles scientifiques, Brechenmacher nous offre une étude originale[1] du *Journal de mathématiques pures et appliquées* sous la direction de Camille Jordan, 1885-1922. L'étude prosopographique des contributions et des contributeurs livre de nombreux résultats sur la composition de l'ensemble des auteurs, leurs affiliations, motivations, activités de publication, langues, formations... L'exploitation de la correspondance de Jordan permet de reconstituer le fonctionnement éditorial et matériel de la revue, mais aussi et surtout d'éclairer la stratégie éditoriale de Jordan qui positionne le journal dans un espace mathématique international, hautement concurrentiel, sans négliger l'espace national très polarisé au début de la période entre Académie des sciences, École polytechnique et Faculté des sciences de Paris. Brechenmacher identifie l'espace de circulations mathématiques dans lequel s'inscrit, dès 1892, le *Journal* de Jordan à partir des accords d'échanges avec les autres périodiques dominant la production mathématique européenne, les *Mathematische Annalen* (Göttingen) et le *Journal* de Crelle (Berlin), mais aussi les *Rendiconti* de Guccia, le *Bulletin de l'American Mathematical Society* et les *Annales de l'École normale supérieure*. Le *Journal* a acquis un statut de journal de référence pour la communauté mathématique internationale.

La contribution de Delcourt sur une autre revue française spécialisée et contemporaine du *Journal* de Jordan, la *Revue de mathématiques spéciales*, qui cible exclusivement les élèves et professeurs des cours préparatoires parisiens aux grandes écoles, témoigne d'une stratification de plus en plus fine des publics. Étroitement liée au système d'enseignement français, la *Revue* est surtout celle d'un milieu captif mais en constant renouvellement, qui crée son propre micro-espace de circulation très circonscrit à la France et à un milieu dominé par Paris, ses principaux acteurs étant surtout des professeurs de lycées parisiens. Le mensuel s'avère un outil indispensable à ses lecteurs souhaitant avoir accès aux sujets de concours et à leurs corrigés, ce qui explique sa longévité et son immuabilité. Mais la *Revue* leur permet aussi d'envoyer leurs réponses dont les meilleures seront publiées avec les noms de tous ceux qui ont transmis une réponse correcte, et crée ainsi un espace d'interactivité. C'est finalement une

---

1. Si le *Journal* est bien connu pour la période de la direction de Liouville grâce surtout aux travaux de Norbert Verdier (2009*b*), l'étude présentée ici pour la période Jordan est nouvelle.

vitrine publicitaire pour Vuibert, la maison d'édition qui a su éliminer toutes les revues concurrentes.

Giacardi et Tazzioli abordent sous un angle très différent un troisième journal spécialisé, le *Bollettino dell' Unione Matematica Italiana* (BUMI) ciblant des professionnels. Elles se demandent comment le fascisme a pu transformer le bulletin[2] – ses acteurs, rubriques et contenus – et notamment l'espace de circulations international dans lequel il se situe. Progressivement asservi au fascisme, son comité de rédaction suit la politique d'autarcie prônée par le régime et abandonne progressivement la rubrique dédiée aux résumés de travaux étrangers. De même après l'exclusion des juifs de la société, la section des *Piccole Note* change de nature et ne représente plus les recherches de toute la communauté italienne. En 1939, le BUMI crée une section historico-didactique qui lui permet d'élargir sa circulation nationale en incluant les enseignants du secondaire. Alors que l'UMI avait une certaine visibilité et pratiquait de nombreux échanges du *Bolletino* avec d'autres revues, suite au congrès international de Bologne 1928, elle se rapproche, après 1940, de la *Deutsche Mathematiker-Vereinigung* et coopère avec les pays amis, inscrivant alors son Bulletin dans un espace de circulation plus restreint dont les contours étaient dictés par la politique fasciste de l'Axe.

Willmann s'intéresse à la présence des mathématiques dans une revue allemande de philosophie, la *Vierteljahrsschrift für wissenschaftliche Philosophie* (1877-1916), fondée en 1877 à Leipzig par Richard Avenarius dans un contexte d'essor des sciences. C'est une revue à programme qui tente d'apporter une réponse à une situation de crise de la philosophie qui, dans l'université allemande, avait jusque là exercé la suprématie sur les sciences. Elle publie peu d'articles par an et ses auteurs peu nombreux, issus exclusivement de l'aire germanique, sont des philosophes, des logiciens, des psychologues et des sociologues formés aux mathématiques dans les facultés de philosophie. Les comptes rendus de lecture parfois polémiques favorisent les controverses, notamment sur le concept de l'infini, la question de l'espace psycho-physique dans les débats qui ont suivi la découverte de la géométrie non euclidienne et surtout sur le statut philosophique des savoirs mathématiques, simple outil ou instrument de connaissance du monde. Bref, les mathématiques sont ici objet de débat entre philosophes d'un cercle étroit et assez fermé d'expression allemande[3].

Les derniers articles de cette partie se sont donné comme objet l'étude de deux formes éditoriales, les questions/réponses qui jouent un rôle particulier pour les mathématiques, et les recensions – comptes rendus, extraits, abrégés – jugées fréquemment difficiles voire impossibles pour les mathématiques.

---

2. Voir aussi la contribution d'Erika Luciano à ce volume (chap. 13).

3. Voir (chap. 20) l'article de Greber sur le fonctionnement assez différent de quelques revues analogues en France.

Despeaux nous offre une description fine du milieu des éditeurs pour le genre Questions/Réponses, c'est-à-dire de questions mathématiques publiées pour être résolues par les lecteurs dont les réponses sont également publiées dans le journal. Cette pratique s'est développée en Angleterre dès le début du XVIIIe siècle dans les almanachs dont la Compagnie des papetiers avait le monopole. Elle favorise une forte interactivité entre mathématiciens quelque soient leur formation et leur statut professionnel. Despeaux choisit trois fenêtres temporelles – 1775-1884, 1820-1829 et 1845-1854 – afin de pouvoir suivre les changements considérables qui interviennent dans le milieu des éditeurs, dont le rôle décisif de médiateurs n'est pas à souligner. Pour chacun de ces intervalles de temps, elle indique l'offre disponible, les motivations des éditeurs d'almanachs et de journaux commerciaux, les interactions entre les éditeurs et leurs journaux ainsi que leurs localisations géographiques. La plupart de ces publications ont un temps de vie relativement bref dans un contexte hautement concurrentiel surtout dans la première période, mais le genre survit dans la deuxième période grâce à la transmission de stocks de questions entre journaux qui se suivent. Dans la dernière, les Questions/Réponses sont davantage l'objet de rubriques dans des journaux existants.

Finalement, un sous-groupe de CIRMATH s'est intéressé sous la plume de Jeanne Peiffer aux recensions, outils de circulation par excellence, sur le temps long de la fin du XVIIe siècle au milieu du XXe. Les « articles » des journaux savants de l'époque moderne prenaient majoritairement la forme d'extraits de livres que les rédacteurs souhaitaient présenter à leurs publics lettrés comprenant aussi bien les savants que les simples curieux. Les auteurs de cette contribution ont voulu explorer comment cette pratique issue d'une tradition manuscrite a pu s'adapter à l'imprimé dans le champ des mathématiques et comment elle a évolué au cours du temps. Alors que les journalistes du XVIIIe siècle se sont souvent contentés de signaler l'existence d'un ouvrage et de renvoyer au livre même pour en prendre plus ample connaissance, les recensions de livres ont disparu de la grande majorité des journaux mathématiques spécialisés du XIXe siècle, qui privilégient la forme mémoire originale et innovant pour leurs articles. D'autres supports ont alors pris en charge la double fonction de veille bibliographique sous forme de répertoire bibliographique d'une part et de compte rendu critique de livres de mathématiques dans des revues intermédiaires ou généralistes de l'autre. En annexe de cette contribution, Reinhard Siegmund-Schultze présente un des plus anciens de ces journaux de bibliographie, le *Jahrbuch über die Fortschritte der Mathematik* (1869-1945).

Chapitre 22

The Long Term Florentine *Novelle letterarie* 1740-1792 and Lami's Strategies to Promote Mathematics and Scientific Education in Italy

CLARA SILVIA ROERO

1 Introduction

The weekly gazettes – called *Novelle* – and the section of the news from Italian towns, which were printed in journals of the 18th century [1], were commonly considered to be simple reference works for booksellers and institutions interested in purchasing recent books and it is perhaps for this reason that little attention has been paid to them by historians.[2]

---

1. Cf. *GLI* (1710-1740); *BI* (1728-1734); *NRL* Ve (1728-1785); *R Calogerà* and *NR Calogerà* (1728-1785).

2. The following abbreviations are used:
AE = *Acta Eruditorum*;
BI = *Bibliothèque italique ou Histoire littéraire de l'Italie* (Geneva 1728-1734);
BR Fi = Biblioteca Riccardiana di Firenze; col. = column;
DBI = *Dizionario Biografico degli Italiani*: https://www.treccani.it/biografico/elenco_voci/aindex.html;
GLI = *Giornale de' letterati d'Italia* (Venezia 1710-1740);
GLF = *Giornale de' letterati pubblicato in Firenze nell'anno...* (Firenze 1742-1753);
GLP = *Giornale de' letterati pubblicato in Pisa nell'anno...* (Pisa 1757-1762);
GL Pi = *Giornale de' letterati* (Pisa 1771-1796);
GL Ro = *Giornale de' letterati pubblicato col titolo di Novelle Letterarie Oltramontane*, then *Giornale de' letterati* (Roma 1742-1759);
NLF = *Novelle Letterarie pubblicate in Firenze l'anno...* (Firenze 1740-1792) http://www.internetculturale.it;

Ph. Nabonnand, J. Peiffer, H. Gispert (eds.), *Circulation des mathématiques dans et par les journaux: histoire, territoires, publics*, 669–709.
© 2025, the author.

Contrary to this belief, the *Novelle Letterarie pubblicate in Firenze* (*NLF*) can be regarded as a concrete example of how mathematics and mathematicians were featured in a journal publishing news and reviews.

We chose – as case study – the *NLF* mainly for two raisons: its long history and the rich archives which include letters, manuscripts and manifestos of publishing houses which came into possession of Giovanni Lami, the main editor, whose aim was the promotion of studies, research, and education in Italy (§§ 2–3).

Our purpose is to show how the circulation of mathematical sciences made it happen in the local (§ 2, 3), national (§ 3, 4, 6, 8), and European background (§ 3, 6, 7),[3] and describe the strategies implemented by Lami both to endear a widespread audience (of readers and collaborators), and to maintain good relationships with the political, cultural, and social environment in Italian States (§ 4, 5, 6, 7, 8, 9).

Until now, historiography has focused above all on the local dimension of the *NLF*, linked to the city of Florence and the Grand Duchy of Tuscany, regarding political, philosophical and religious aspects, and positing the idea of scarce diffusion in the regions of Southern Italy and in the rest of Europe (Ricuperati 1976), (Capra 1976), (Pasta 1996), (Boutier 2003)). The examination of Lami's extensive correspondence (67 volumes of about 14,000 letters received from 1760 Italian and foreign correspondents, Fig. 1, Fig. 2) leads instead to the conclusion that the number of subscribers in the southern regions was large,[4] but the number of the publishing houses was limited, if compared to Northern and Central Italy from where manifestos of most recent books and news from academies and cultural institutions came.

Undoubtedly, in the long term, the *NLF* played an important role not only in linking scholars and booksellers-printers, revealing where to publish and buy advanced mathematics texts from abroad or re-edited in Italy, but also in showing officials, nobles and merchants of various countries the standard of work by Italian mathematicians, both for the education of young people, and

---

NRL Ve = *Novelle della Repubblica delle Lettere* (Venezia 1729-1733);
Novelle della Repubblica Letteraria (Venezia 1734-1761);
PT = *Philosophical Transactions*;
R Calogerà = *Raccolta di opuscoli scientifici e filologici* (Venezia 1728-1757);
NR Calogerà = *Nuova Raccolta di opuscoli scientifici e filologici* (Venezia 1755-1785);
Raccolta Fi = *Raccolta d'autori che trattano del moto dell'acque* (Firenze 1765-1774);
RNL = Russia National Library S. Petersbourg, ms. N. 975, *Lettere di studiosi, editori italiani al filologo ed editore veneziano A. Calogerà*; v. = volume.

3. Local: (§ 2, 3) Grand Duchy of Tuscany, Studio of Florence, Pisa University; translations and reissues of the *Encyclopédie* in Lucca, Livorno, Florence, and the plan of a *Nuova Enciclopedia Italiana* in Ferrara and Siena; National: (§ 4, 5, 6, 7, 8, 9) Padua University, Institute of Sciences in Bologna and Papal States, Republic of Venice, Brera college in Milan, Pious Schools in Senigallia, Pavia University, Academy of Sciences in Turin, University La Sapienza in Rome; European: (§ 3, 4, 6, 7).

4. Cf. BR Fi, ms. 3833, where we find in Naples over 70 correspondents of Lami, including Domenico Bartaloni, the brothers Domenico and Giacomo Caracciolo, Vito Caravelli and Domenico Diodati (See also Fig. 2).

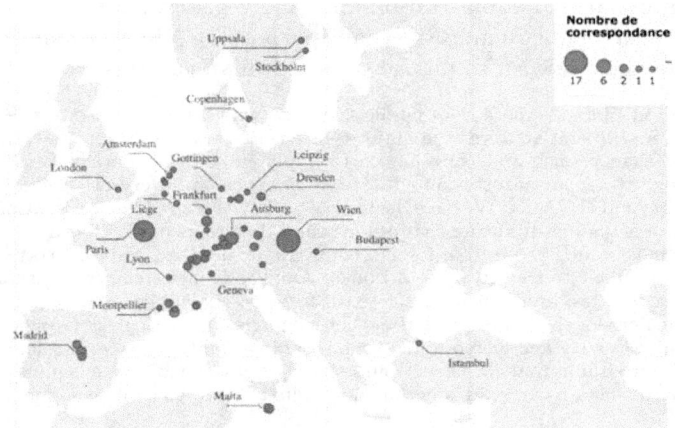

Figure 1: Correspondence of G. Lami outside of Italy

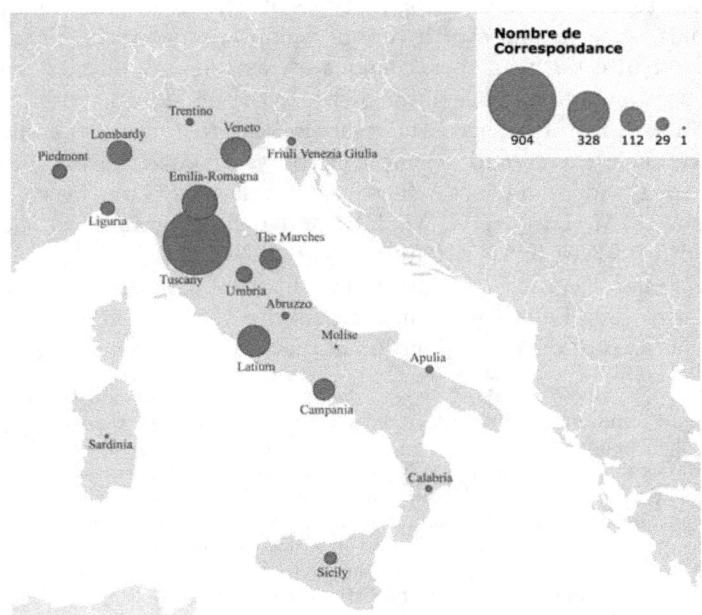

Figure 2: Correspondence of G. Lami inside of Italy

for employment in tasks useful to society, such as hydraulic engineers, experts in structural statics, administration and land registry, etc.

Right from the beginning the main purpose of *NLF* was the education of the readers and the wish to fill the gaps of Italian gazettes:

> although in Florence there is an intellectual élite who deeply applies to sciences, book learning and liberal arts, yet the majority are those who have more talent and desire to learn than chance and convenience to apply in order to enrich themselves with knowledge. (...), our gazette can educate in Florence and every other city in Italy, as well as beyond the Alps. We have decided to satisfy these readers by presenting a vast repertoire of quality literature that our city and the others of Italy send us every week, and we have added those from foreign countries. We intend to insert so many things that are difficult to find in printed books. Our latest news can well instruct Italian and foreign cities, and will be perfected if foreign scholars continue to communicate to us the news of the books printed in their countries, the eulogies of deceased learned men and all the other memorable events concerning literature and science. (...) it would be desirable that foreigners immediately try to send us the said works at our expense so that we can read them in the original, as we have done so far.[5]

And again in 1762, despite the difficulties in funding the publications, Lami wrote:

> I don't know what Love pushes me to continue these *NLF*. But whatever Love it may be, I know it is good because it tends to educate people.[6]

Lami's attention was focused on all types of schools and the training of new professionals, such as those of hydraulic engineers and technicians, military personnel, architects, instrument makers for astronomy, physics, navigation, etc. This was undoubtedly one of the merits of the periodical. For mathematics teachers in peripheral colleges and schools, the *NLF* were the springboard to improve their career and scientific activity, making the obtained results available to a wider audience. The case studies of G. A. Lecchi, P. Frisi, G. Fontana, A. M. Lorgna, G. Malfatti and G. L. Lagrange are eloquent in this regard (cf. §3, 4, 5, 6, 7, 10 and (Roero 2020)).

Another new feature in the Italian literary panorama, compared to other gazettes, was Lami's particular sensitivity towards the educated female audience, as expressed on various occasions: both in reviewing books and

---

5. *NLF* v. 1, 1740, *Prefazione*, ix–x: "sebbene in Firenze molti sieno quelli che profondamente applicano alle scienze, erudizione, e belle lettere; pure la maggior parte son quelli, che hanno più ingegno e desio d'imparare che ozio e comodo d'applicare per arricchirsi di cognizioni. (...) le nostre Novelle possono sufficientemente instruire ogni città d'Italia e di là da' Monti, siccome hanno dimostrato tanti nobili spiriti che sono con mirabile prontezza concorsi d'ogni parte d'Europa a fare acquisto delle medesime, le quali sempre anderanno continuandosi e perfezionandosi se gli Eruditi, e spezialmente i dotti oltramontani continueranno a prestarci favore, e a comunicarci le notizie de' libri che nei loro paesi attualmente s'imprimono, o pure sono dati di fresco in luce; gli Elogi degli uomini dotti defunti, e tutti gli altri avvenimenti più memorabili, che riguardano la letteratura e la scienza. (...) sarebbe desiderabile che procurassero subito di farci pervenire le predette opere a nostre spese per poter noi appagare col leggerle originalmente, come si è fatto fino adesso."

6. *NLF* v. 23, 1762, col. 1: "Non so quale Amore mi spinge a proseguire queste Novelle Letterarie. Ma sia qualunque Amore, so che è buono perché tende all'istruzione del popolo."

translations by authors, such as É. du Châtelet and M. G. Agnesi, and in reporting the honours that were bestowed on female scientists during the papacy of Benedict XIV (from 1740 to 1758), and by informing readers about dissertations and theses submitted in Italian and foreign universities (§ 4). We believe that this sensitivity was partly connected to Princess Violante Beatrice of Bavaria sister-in-law of the grand duke Gian Gastone, who frequented and animated the literary salons of Florence where Lami was often invited to lecture.

The good relationships established by Lami with leading publishers such as Pasquali in Venice, Della Volpe in Bologna, Cramer and Philibert in Geneva, with academies in France, Holland, England, Prussia and Russia and the collaborations with professors of universities (Pisa, Bologna, Padua, Milan, Rome), members of academies in Florence, Lucca, Siena, Bologna and Brescia, and foreign journalists and librarians who were attentive to scientific, historical and philological news, contributed to the life and success of this literary gazette.[7]

2 From the launch to the closing of the NLF: editorial policies, aims and features

With the ending in 1740 of the *Giornale de' letterati d'Italia* (*GLI*), the main organ of diffusion of the mathematical and scientific literature in Italy, it was the *NLF* in the Grand Duchy of Tuscany which took on the role of continuing its legacy in the wake of Ludovico Antonio Muratori's aim to establish in Italy a community of intellectuals – a "Republic of Scholars"; said community aimed at being supportive and innovative, capable of stimulating contemporaries to carry out avantgarde research in order to fill the gap between Italian science and that of the other European countries (Roero 2013).

The *NLF* was a weekly journal, bound in a volume at the end of the year.[8] It was conceived in 1739 by four learned Tuscan men: the librarian of the Riccardi house in Florence, Giovanni Lami (1697-1770),[9] the Etruscologist Anton Francesco Gori (1691-1757),[10] who collaborated with Lami for a few months in 1740 and 1741, the doctor, botanist, and librarian Giovanni Targioni Tozzetti (1712-1783)[11] and the historian Giovan Panfilo Gentili (1707-1743).[12]

---

7. The success achieved under Lami's management is documented by the requests that came (10 years after its launch) for a reissue of the complete series of the 12 books released. Cf. *NLF* v. 12, 1751, col. 737–740. This occurred despite the difficulties that Lami faced after 1742 when his main partner Giuseppe Mecatti, co-owner of the Centauro printing house where the *NLF* were published, fled from Florence with the money collected from the subscriptions. Cf. (Donato 1997, 50) and (Waquet 1980).

8. It was in octavo and had two numbered columns on each leaf. At the beginning of each yearly volume, we find the dedication to a celebrity and the index of dates and cities from which the news arrived; at the end detailed indexes of names and subjects.

9. Cf. (Paoli 2004a).

10. Cf. (Vannini 2002).

11. Cf. *NLF* v. XIV, 1783, col. 97–105, (Pasta 2019).

12. Cf. *NLF* v. 4, 1743, col. 49–53.

The first issue of the *NLF* came out in January 1740, and the first 29 volumes were edited almost exclusively by Lami until 1769, as he stated in correspondence with journalists and publishers.[13] Thanks to his cultural background, with a degree in law from the University of Pisa, Lami established excellent relationships with mathematics professors Guido Grandi and Giovanni Caracciolo, who taught there. His trips and stays in Genoa, Vienna, Paris, Holland, and Flanders between 1728 and 1732 (documented in his autobiographical volumes) brought him into contact with European culture and he soon understood the importance of diffusing this culture in Italy. The works of Newton, Leibniz and their followers, the activity of foreign and Italian academies, the collections of manuscripts in libraries, the eulogies for Italian and foreign scientists, the translations into Italian of prefaces of remarkable treatises, the biographical notes, and the space given to the manifestos of publishing houses of great interest for the spread of theories and results, were the basis on which Lami built the success of the *NLF*. In its pages we find not only the titles of books and periodicals just released, re-edited or translated, as in the gazettes of other cities such as Venice, but also excerpts of Italian and foreign books, with details on the content and profession of the authors, reviews received from competent bodies or figures, the output of academies and prize competitions, disputes and controversies, eulogies of deceased mathematicians and scientists with the lists of their publications (and sometimes of their unpublished works), the scientific dictionaries and the collections of essays devoted to specific topics.

After the death of Lami in February 1770, the second series of the *NLF* began with the editorship of Angelo Maria Bandini (1726-1803)[14], Marco Lastri (1731-1811) and Giuseppe Pelli Bencivenni (1729-1808). They availed themselves for the mathematical sciences of the collaboration of Pietro Ferroni (1745-1825), who had been appointed royal mathematician by the grand duke Pietro Leopoldo. Ferroni taught in the Studio di Firenze, in the Casino dei Nobili and at the University of Pisa. Twenty-three were the volumes published between 1770 and 1792.

The editors of *NLF* always maintained a strong link with political powers, from which came help and influence. Each issue began with local news, giving ample space to the history of the Medici family, the most illustrious Tuscan personalities, or findings, relics, manuscripts found and studied, etc. It is therefore not surprising that the life of the *NLF* ended in 1792 when Pietro Leopoldo moved to Vienna. Financial difficulties and competition from other journals that imitated its style with ideas and projects aimed at specific audiences, were among the causes that decreed its end.

---

13. To Angelo Calogerà, editor of the *Raccolta di opuscoli scientifici e filologici*, Lami sent 293 letters between 1743 and 1766 (cf. RNL ms. 975, vol. 15 and (De Michelis 1968, 661)) and from him he received 236 letters (BR Fi ms. 3715).

14. Bandini worked at the Marucelliana library in Florence.

In the second series of the *NLF*, from 1770 to 1792, reviews of books and pamphlets on agriculture, chemistry, physics, botany, medicine, and economics prevailed over mathematical sciences. A certain impact on this shift of interests was wielded by the influence of the *Encyclopédie methodique*, by the new academies and societies that were established in Italy in the late 18th century, and by the proliferation of collections of selected essays and academic acts intended for different audiences.

Mathematics was considered in this period mainly for the applications of its theories and methods to civil life – for "public happiness" – according to a recurring terminology in gazettes and popular books. We find, for example, appreciation of political arithmetic and of the use of probability calculus in moral and political sciences. Emblematic, in this sense, was the presentation of Condorcet *Discours préliminaire, Essai sur l'application de l'analyse à la probabilité des décisions rendues à la pluralité des voix...* (Paris 1785), in which the journalist listed the merits of work for a wide audience of readers, not just mathematicians.[15]

The decision taken by some European countries (England, France, Italy) to subject all individuals to the will of the majority, i.e., the decision of plurality as the common will of all, was discussed and accepted by the author who had addressed the issue of whether these principles and other similar rules could be put in place to obtain decisions that conform to the truth. The methods to be used were outlined in five chapters and the review concluded by praising Condorcet "for a work so useful, yet philosophical, so profound, so great", reporting some sentences of the *Discours*, translated into Italian.

3 Local and national identity and relations with foreign countries: from the *Raccolte* and dictionaries to the re-editions of the *Encyclopédie* 1740-1789

From a diachronic point of view, we note that the *NLF* took up the legacy of the Venetian *GLI* as regards the extensive publishing space allocated to the review of books (often written by the same authors), and to collections of brochures and articles in periodicals of Italian and foreign academies and translations. Since the first year, emphasis was placed on the manifesto of the publisher Giovanni Battista Pasquali who, on the advice of the mathematician Bernardino Zendrini (superintendent of hydraulic matters at the Republic of Venice) intended to reprint the extracts of mathematics, physics, medicine, anatomy, chemistry and philology published in Leipzig in the *Acta Eruditorum* (cf. Laeven 1990, Laeven & Laeven-Aretz 2014). The first volume of *AE* reprint, containing articles from 1682 to 1687, was published in 1739 and its review also appeared in the last issue of the Venetian *GLI* (cf. Roero 2013, 402–403). In the *NLF* Lami announced the title, indicated the format, the number of pages, the dedication to Zendrini and the disciplines of the articles contained

---
15. *NLF* v. XVI, 1785, col. 794-799.

therein. As the edition progressed, the *NLF* updated readers, illustrating the importance of the print and its cost-effectiveness as compared with the costs of the complete Leipzig collection.[16] It is surprising how widespread this collection of *Acta Eruditorum* articles in Italy was in the libraries of universities, religious colleges and seminaries.[17]

In the *NLF* of 1741, the manifesto of the Bolognese publisher Lelio Della Volpe offered a reprint of the volumes of the *Commentarii* of the Petersburg Academy whose publication was positively welcomed, as shown by the presence of the entire collection in the libraries of the North and Centre of Italy.[18] The same issue announced the imminent release of the French translation "with very erudite and copious notes" by F. Brémond of the London *Philosophical Transactions* with an invitation to subscribe.[19]

In 1743, Lami listed in great detail recent scientific books by the professors of the University of Bologna that had been presented to Della Volpe himself, the official printer of the 10 volumes of the *Istoria* and the *Commentarii dell'Istituto e Accademia delle Scienze e delle Arti di Bologna* from 1731 to 1791.[20] An accurate account was then made on occasion of the second volume of the *Commentarii*, which appeared 13 years after the first. In 3 issues of the 1746 *NLF* the story of the Bolognese Academy was told, its foundation by Cesare Marsili, the two academies set up by popes Clement XII and Benedict XIV. Collections of books and scientific apparatuses included in those issues[21] were mentioned, as well as academic discussions meant to illustrate "different sciences and disciplines, namely Natural History, Chemistry, Anatomy, Medicine, Physics, Mechanics, Geometry, Astronomy and Meteorology" with "many beautiful and new observations and discoveries"[22] presented by the secretary Francesco Maria Zanotti.

In 1743, the *NLF* recalled the figure and work of Louis Bourguet[23] founder in Geneva of the journal *Bibliothèque italique* (1728-1734),[24] who had relationships and friendships with the Italians A. Vallisneri, S. Maffei,

---

16. *NLF* v. 4, 1743, col. 122–124; 135–136; 152–153; 532.

17. The list of Italian libraries includes those in Turin, Milan, Padua, Vicenza, Genoa, Florence, Pisa, Modena, Bologna, Pesaro, Viterbo, Ancona, Cagliari, Rome, Naples and Matera Cf. https://opac.sbn.it/(consulted on 08.01.2023).

18. *NLF* v. 2, 1741, col. 223-224; 245–246. The collection concerned the first 8 volumes containing articles from 1726 to 1736 and it is kept in about 20 public libraries from Treviso to Rome.

19. *NLF* v. 2, 1741, col. 223–224: "tradotte in Francese dal dottissimo Mr Bremond, ed illustrate da esso con Note eruditissime e copiosissime"; v. 4, 1743, col. 341. The translation concerned volumes from 1731 to 1736, published in Bologna between 1741 and 1749. On Brémond's translation of *PT*, cf. (Peiffer 2020).

20. *NLF* v. 4, 1743, col. 341–344.

21. *NLF* v. 7, 1746, col. 295–299; 435–437; 516–517.

22. *NLF* v. 7, 1746, col. 517: "diverse scienze e discipline, cioè la Storia naturale, la Chimica, l'Anatomia, la Medicina, la Fisica, la Meccanica, la Geometria, l'Astronomia e la Meteorologia (...) con molte belle e nuove osservazioni e scoperte.".

23. *NLF* v. 4, 1743, col. 737–745.

24. On this journal cf. (Crucitti Ullrich 1974) and (Roero 2020).

B. Zendrini and others. The following year, Lami gave ample space to the complete works of Jacob Bernoulli, one of the pioneers of Leibnizian infinitesimal calculus, published in Geneva in 2 volumes for a total of 1141 pages and edited by Gabriel Cramer.[25] In the long report, divided among three issues, the Preface was summarised in Italian citing the other works of the Bernoulli brothers published in Switzerland. In particular, Jacob's *Ars conjectandi* was mentioned, "which passes through everyone's hands and is easy to provide". It was then specified that Cramer decided to insert, in addition to the articles published in the scientific journals, numerous unpublished works that the mathematician had dictated to his disciple Jacob Hermann, and others collected by his nephew Nicolaus I. Lami dwelt on the aims of the editor and on the set of explanatory notes to the texts:

> although more than 300 pages were already printed, he set about to favour especially beginners, to make his Notes there either by clarifying the most difficult points, by proving what was unproved, substituting more general methods, or by providing analytic procedures instead of the synthetic ones taught there. But so that the comment did not exceed the text in length, he carried this out as briefly as possible, drawing almost everything from the great mathematicians, properly cited by him here.[26]

In the issue of June 5th, 1744, Lami translated the life of Jacob Bernoulli into Italian (originally written in Latin by J. J. Battier), from his birth up to his attainment of the chair of mathematics at the University of Basel where "he was able to bring forth his genius and culture, and to train very learned students".[27] The biography continued in the issue of June 12th, 1744, in which the scientific and character skills of the author were revealed, his nominations as member of the Berlin and Paris Academies and it was stated that on his tomb, he wished a logarithmic spiral to be carved, with the motto *Eadem mutata resurgo*, as a symbol of the results obtained on that curve. Lami concluded the extract with a list of titles of the 80 articles reprinted and of the last, entitled *Varia posthuma*, with 32 unpublished texts. Finally, he expressed great praise for the usefulness of "this collection of works of such a famous mathematician".[28]

In 1747, Lami presented Pasquali's manifesto of the Italian translation of the *Universal Dictionary of Arts and Sciences* by E. Chambers, with criticisms of the competing version edited by Giuseppe Maria Secondo in Naples. Readers were informed that a list of errors in the first Neapolitan volume circulated

---

25. *NLF* v. 5, 1744, col. 348–350, 363–367, 377–384.
26. *NLF* v. 5, 1744, col. 349–350. "benchè fossero già stampate più di 300 pagine, si accinse per favorire specialmente i principianti, a farvi le sue Note, o chiarendo i punti più difficili, o dimostrando ciò che non era provato, o sostituendo metodi più generali, o fornendo mediante procedimenti analitici ciò che era insegnato con quelli sintetici. Ma affinché il commento non superasse in lunghezza il testo ha eseguito ciò con la maggior brevità possibile, traendo quasi tutto dai grandi Matematici che sono da lui opportunamente citati."
27. *NLF* v. 5, 1744, col. 367: "ebbe campo di far risaltare maggiormente il suo ingegno e la sua dottrina e di formare scolari dottissimi.".
28. *NLF* v. 5, 1744, col. 384: "questa Raccolta delle opere di un sì famoso Matematico".

attached to the Venice manifesto.[29] Chambers's *Dizionario* was printed in 9 volumes in 1748-1749 (one volume every three months) and had a very wide circulation in Italy. Its translator was abbot Jacopo Fabrizi living in Udine, as the journal reported.

In 1765, Lami dedicated considerable publishing space in the *NLF* to Leibniz's *Opera omnia*, set up in Turin by Louis Dutens, the French scholar who was secretary of the minister of the British king at the court of Turin. Dutens sent to Lami the *Prospectus* of Leibniz' *Opera* in October 1764[30] and between 8th March and 14th June 1765, in 13 issues, the journal informed readers on the progress made in the collection of articles, correspondences and unpublished works.[31] It was a precious source that was practically ignored by other Italian periodicals and gazettes. After recalling the failed attempts in Prussia, Switzerland, and France to carry out that grandiose undertaking, Dutens indicated the names of the scientists (A. Saluzzo, G.L. Lagrange, F. Cigna), the jurist (A. Bono) and the librarian (F. Berta) who helped him in planning the edition. He reported the responses received to the letters he sent to academies, libraries and individuals, inviting "lovers of the arts and sciences" to communicate comments, criticisms and additions to the list of writings, whose titles of the 5 sections of Logic, Metaphysics, Physics, Mathematics, Jurisprudence and Miscellaneous, were reported in the original languages alongside correspondences with illustrious contemporaries and academic speeches. The cultural operation of collecting texts, carried out by Dutens on Leibniz's works, was in fact similar to that carried out by Lami in his *NLF*. Cultural and stylistic affinities with the French scholar are also evident in the extensive review made in 1766 of the 2 volumes by Dutens, *Recherches sur l'origine des Decouvertes attribuées aux Modernes,* which show Lami's continuist interpretation of the history of science and philosophy.[32]

To this overview of the emphasis given in the first series of the *NLF* to large foreign publishing companies, it is necessary to add a brief mention of the *Encyclopédie* by Diderot and d'Alembert and the Italian reprints, which have already been the subject of extensive and documented studies (Rosa 1972). From 1751 onwards, Lami gave great prominence to the release of the work in Paris, inviting the public to join the association to receive the volumes:

> This is a work whose aims are such that it cannot be called a simple dictionary, but (...) a general Treatise on all Sciences and Arts, sufficient to instruct anyone in any faculty and profession, both because of the didactic description, as well as for ocular inspection in the copious copper Plates, six hundred in number. (...) Up to now we

---

29. *NLF* v. 8, 1747, col. 746–748: "Giambatista Pasquali Libraio Veneto ai Letterati d'Italia. Dopo ch'io ebbi formato il disegno di stampare tradotto in lingua italiana il celebre *Dizionario Inglese delle Arti e delle Scienze...*".

30. BR Fi, ms. 3723, Letter by Dutens to Lami, Turin 17th October 1764, f. 135r.

31. *NLF* v. 26, 1765 col. 215–217, 232–233, 253–255, 268–270, 298–300, 319–320, 329–331, 347–348, 379–381.

32. *NLF* v. 27, 1766 col. 649–654, 671–672, 700–702. Cf. (Rosa 1956), (Ricuperati 1976, 165–187).

have not seen an equal work, neither so complete nor so methodical. (...) The scholars who have collaborated in this work are many, and all skilled, capable, and diligent, each in the science and profession they knew how to deal with. So that those who want to become a great Mathematician, or Theologian, and those who want to be a Gardener, or Grinder will find everything they need.[33]

He was, however, forced into an official denial in 1752, after an edict of the king of France which forbade the continuation of the work and decreed the suppression of the two volumes already published. Lami's sympathies for Jansenism and his being nominated by the grand duke Gian Gastone as professor of ecclesiastical history in the Florentine Studio forced him to accept that censure. With a somewhat ambiguous attitude, as Rosa pointed out, he gave news, in the following years (1755-1758), on the translations and reissues in Lucca by the printer Vincenzo Giuntini, keeping alive the interest in the work, which he judged "splendid" and "very useful". In the excerpts, Lami indicated (with the typographer's manifesto) the cities where it was possible to obtain the volumes, contents and names of the editors of the additional notes and comments.[34] And even after the ecclesiastical condemnation of September 3rd 1759, he wrote the following on the Lucca edition, edited by Ottaviano Diodati and his group of collaborators:

> Much praise is due to the devout enterprise of the illustrious writers, who try to cover, with the gold of wise observations the stinking lead of reprehensible traits, so that for the future everything will be beautiful and reliable in this voluminous work.[35]

A similar attitude towards the reprint of the *Encyclopédie* in Livorno can be found in the issue of 24th March 1769 (one of the last edited by the elderly Lami), which reported the numerous offices where subscriptions were collected, both in Italy and abroad.[36]

---

33. *NLF* v. 12, 1751 col. 542–544. "Questa è un'opera la quale ha mire tali che non si potrà dire un semplice dizionario, ma (...) un Trattato generale di tutte le Scienze ed Arti, sufficiente a instruire qualunque in qualsivoglia facoltà e mestiere, tanto per via di descrizione didascalica, quanto per oculare inspezione nelle copiosissime Tavole in rame, in numero di seicento. (...) Sinora non si è veduta un'opera eguale, né sì completa e metodica. (...) Gli Eruditi che hanno lavorato a questa opera sono molti, e tutti abili, capaci, e diligenti, ciascuno nella scienza e mestiere di cui deve trattare; talmente che in essa troverà il suo bisognevole tanto uno, che vorrà essere un gran Matematico, o Teologo, quanto uno che vorrà essere Giardiniere, o Arrotino."
34. *NLF* v. 19, 1758 col. 721–723.
35. *NLF* v. 20, 1759 col. 404–405: "Molta lode merita la divota impresa degl'illustri Letterati, i quali cercano di ricoprire coll'oro di savie osservazioni il piombo feccioso di tratti reprensibili, sicchè per l'avvenire tutto sia bello, e commendevole, in questa opera voluminosa". Cf. also v. 24, 1763, col. 838–841; v. 25, 1764 col. 361–363; v. 27, 1766 col. 159; v. 29 1769, col. 351–352, 622.
36. *NLF* v. 29, 1769, col. 177-183. In the list with the names of the booksellers-collectors in Italian cities we find 5 names in Florence, 3 in Milan, 2 in Parma and in Siena, 1 in Livorno, Rome, Naples, Palermo, Messina, Venice, Padua, Bergamo, Bologna, Torino, Piacenza, Reggio, Arezzo, Lucca, Pisa, Genoa, Cesena, Como, Cremona, Faenza, Modena and Pavia; in foreign states: Amsterdam, The Hague, Copenhagen, London, Dresda, Geneva, Lausanne and Wien.

In the first volume of the second series (1770), much publishing space was dedicated by Pelli Bencivenni to the announcement of a new project for the Italian translation of the *Encyclopédie*, in Florence in small pocket volumes, "rearranged, corrected and augmented so as to make it more truly the only book necessary"[37], in the style of the *Encyclopédie méthodique*, which would not, however, be produced.[38] The same happened with the *Nuova Enciclopedia Italiana* conceived by Alessandro Zorzi but unfinished due to his untimely death. The *NLF* gave a first announcement of this enterprise in 1776 in the city of Ferrara, referring to letters circulating among Italian scientists and writers and, in 1779, they published the general plan of the work, published in Siena in the *Prodromo della Nuova Enciclopedia Italiana*.[39] It split content into the classes of mathematics, physics, medicine, metaphysics, law, fine arts, history, mechanical arts and crafts and it was announced that the collaborators had been chosen from academies and universities in northern and central Italy.

Finally, in the issue of 1789 of the *NLF*, we find the plan of an *Enciclopedia Italiana ovvero Biblioteca universale delle umane cognizioni* that should have been printed in Naples by the publisher Donato Campo.[40] Even in this case only the announcement was printed. Instead, it was the re-edition in Padua, between 1782 and 1832, of the *Encyclopédie méthodique*, with new notes and additions, at the Seminary typography,[41] which partially achieved Zorzi's enterprise, showing the developments of Italian encyclopedism, with more moderate and enlightened aspects in the field of sciences and letters compared with the polemic tones used by the Jesuit Francesco Antonio Zaccaria in the years 1766-1767. Between 1784 and 1793 sixteen volumes of text and 13 tables were published, thanks to the rector Giovanni Coi and a group of scientists, mathematicians and writers, some of whom had collaborated with Zorzi – such as the naturalist Lazzaro Spallanzani, the mathematicians Gianfrancesco Malfatti, Giordano Riccati, and the historian Girolamo Tiraboschi, joined by the linguist Alberto Fortis, the geographer Giovanni Antonio Rizzi Zannoni, the astronomer Giuseppe Toaldo, and the historian Carlo Denina.[42]

---

37. [Pelli Bencivenni] *Prospetto di una edizione fiorentina dell'Enciclopedia*, NLF v. I, February-May 1770 col. 71: "riordinarla, correggerla, aumentarla in maniera da renderla più veramente il solo libro necessario".

38. [Pelli Bencivenni] *Prospetto di una edizione fiorentina dell'Enciclopedia*, NLF v. I, February-May 1770 col. 69–74, 82–84, 117–119, 162–164, 291–294. Cf. also the journal, edited by Pelli, *Efemeridi*, XXIII, 14th May 1769, 187; XXIV, 19th July 1769, 82–85; XXV, 3rd January 1770, 65–66; XXVII, 9th April 1770, 115–117. Cf. (Rosa 1972, 151–163) and (Morelli Timpanaro 1969, 689–698).

39. *NLF* v. VII, 1776, col. 485–487; v. X, 1779, col. 700–704.

40. *NLF* v. XX, 1789, col. 315–319, 326–336.

41. *Encyclopédie méthodique Nouvelle édition enrichie de remarques dédiée à la Sérénissime République de Venise*, Padoue: Stamperia del Seminario, 1784-1794.

42. Cf. (Rosa 1972, 161-164). The volumes of mathematics were printed between 1787 and 1789.

4 Female and male authors of works on physics and mathematics by Leibniz and Newton

The *NLF* reserved extensive reviews to recent works on physics and mathematics by Newton and Leibniz, the most illustrious names in the late 17th century and early 18th century in Europe, and already celebrated in the *GLI* of Venice between 1710 and 1740. As early as 1741, for example, the 1740 release in Paris of the *Institutions de Physique* by the Marquise Émilie du Châtelet was announced,[43] and in 1742 the actual review, divided into two issues,[44] arrived with comments and appreciation for the female author:

> This is the result of the lessons that a high-ranking lady gave to one of her children for a long time, and it was only right that such a profound and rare example of a book appeared to the public. She addresses it to her son, for whom it was composed, but with a Preface capable of arousing a taste for science even in the most alien spirits. It is so natural, and sublime, and full of right thoughts and warnings.[45]

The first part, dedicated respectively to the principles and Metaphysics of Leibniz as revealed in *Theodicea*, in the *Acta Eruditorum* and in C. Wolff's works, referred to the theories of space, time and monads, in the first 8 chapters. In the second part the contents of the 13 chapters of Physics were listed, in which Newton's theories and contributions emerged, with references to the previous results of Galilei, Kepler and Huygens and more recent works of Johann Bernoulli and de Mairan. Again, in 1743, the *NLF* presented the Italian translation, published in Venice by Pasquali, of Châtelet's book in the Amsterdam edition with new comments and some changes.[46] This book was successful in Italy, as evidenced by its widespread distribution both in the north (Alessandria, Varese, Treviso, Padova, Venezia) and south (Bari, Molfetta, Sassari, Roma, Viterbo, Catanzaro) of the peninsula and by the fact that it was held in the personal libraries of scientists such as G. B. Beccaria, Lagrange and Agnesi (Roero 2021). The name of the translator chosen by Pasquali does not appear in the *NLF* but in a recent study interesting details are offered on the role that A. Conti may have played in this translation (Bassi 2021). The readers of the *NLF* learned in 1746 that the Marquise de Châtelet had been "deservedly" nominated by Pope Benedict XIV as a member of the Bologna Academy of Sciences:

> so that she is not only an ornament of France, but also, thanks to her talents, of Italy. To tell the truth, France boasts many women of letters, including in our times Scuderì, Sevigné, Fevre or Dacier, Desbouliere, Barbier, De la Vigne, Des Noyers, De Lussan,

---

43. *NLF* v. 2, 1741 col. 45.
44. *NLF* v. 3, 1742, col. 539-543, 750-752.
45. *NLF* v. 3, 1742, col. 540: "Questa è il frutto delle lezioni che una Dama d'alto rango ha dato per molto tempo a un suo figliuolo, e bene era dovere che comparisse al pubblico un libro di tanta profondità e di sì raro esempio. Lo indirizza Ella al suo figliuolo medesimo, per cui fu composto, ma con una Prefazione capace di suscitare il gusto per le scienze anche negli spiriti più dissipati, tanto è naturale, e sublime, e ripiena di giusti pensieri e avvertimenti."
46. *NLF* v. 4, 1743, col. 240.

Villedieu, De Gomez, and many others, who have exercised their pen in subjects more suitable and more pleasing to their sex, but no one, before this illustrious Marquise, has dealt with such sublime subjects, and ventured into debate with the most famous philosophers of our times.[47]

After the author's premature death, Voltaire's verses in her memory and the Latin and Italian translations by count Durante of Brescia were finally reported in the *NLF*, thus keeping her memory alive among the Italian public.[48] The *GLF* also published reviews of Châtelet's books and articles and an extensive eulogy ending with Voltaire's verses, Durante's translations and Conti's sonnet without, however, mentioning her appointment to the Bologna academy.[49]

In the issue of March 16th, 1742, the *NLF* presented the Italian translation of Voltaire's essay, printed in Amsterdam in 1740, *La Metafisica di Newton, o sia parallelo dei sentimenti di Newton e di Leibnitz*, published in Florence by G. B. Buscagli in 1742, with a dedication to the Marquis G. Riccardi, "promoter and advocate of scholars". Lami was at the time the librarian of the Riccardi house and recalled here Voltaire's previous works on Newton's *Principia* and *Optics*. After describing the philosophical contents, Lami referred to chapter 9, dedicated to living forces and the different ways of measuring momentum by the Cartesians, Leibnizians and Newtonians. Finally, he specified that the translator of Voltaire's essay was Abbot Meucci, a "young man of rare talents".[50]

Shortly after, in Florence, the abbot Anton Maria Vannucchi (correspondent of Voltaire, and Lorenzo Tosi) decided to edit a collection of pamphlets on the philosophical opinions of Newton, and the *NLF* of Lami immediately announced this on 17th April 1744, underlining its importance and specifying that notes and observations by the editors would be added but Newton's texts would not be published because a specific edition was in progress:

> The system of philosophy developed by the famous Newton, is receiving more and more applause every day, and has led many sublime geniuses to write about it, either to confirm it further, or to reject it. It has produced a large series, not only of massive Volumes, but also of various small Treatises. These, being written in various languages, and scattered in books that are not known to all among us, make a whole collection of them desirable to all, in a language understandable to each. (...) A little book will soon come out in which various essays on Newtonian Philosophy are translated into Italian.[51]

---

47. *NLF* v. 7, 1746, col. 731: "acciò non sia solamente ornamento della Francia, ma faccia partecipare i suoi fregi anche all'Italia. Per vero dire molte Donne letterate vanta la Francia, come ne' nostri tempi le Scuderì, le Sevigné, le Fevre o Dacier, le Desbouliere, le Barbier, le De la Vigne, le Des Noyers, le De Lussan, le Villedieu, le De Gomez, e molte altre, le quali però hanno esercitato la lor penna in materie più adatte e più gradite al loro sesso, ma niuna, avanti questa illustre Marchesa, ha trattato argomento sì sublime, ed è entrata in dispute co' più famosi filosofi di questi tempi.".

48. *NLF* v. 11, 1750, col. 61–62.

49. *GLF* v. 1, II, 1742, 69–110; v. 4, II, 1745, 72–95; v. 6, II, 1750, 191–198. We find Conti's sonnet also in (Brucker 1766, Dec. IV).

50. *NLF* v. 3, 1742, col. 161–163: "giovane di rari talenti".

51. *NLF* v. 5, 1744, col. 241–243: "Il sistema di filosofia ritrovato dal celebratissimo Isacco Newton aprendosi ogni giorno maggiormente la strada a un nuovo applauso, e avendo dato

With the release of the first volume of the *Raccolta*, relating to the quarrel between Hartsoeker and Clerc, the first a follower of Descartes and the second of Newton, on 10th July 1744 the journal reported on the contents of the book, with a significant extract from the preface by the editors.[52] In these years, Lami found an excellent collaborator in the figure of Bartolomeo Bianucci (1718-1791). He was a young scholar of Newton, who first taught philosophy in the Seminary of Florence and from 1746 the "new philosophy", i.e., experimental physics, from the chair of Logic at the University of Pisa, as revealed by the manuscripts of his courses.[53] The extracts relating to the release of the *Memorie sopra la Fisica e l'Istoria naturale di diversi valentuomini* in Lucca, by the printer Carlo Antonio Giuliani, who collaborated in the 1750s on reprints of the *Encyclopédie*, are probably his work. In addition to indicating the purposes of the *Memorie*, a summary of each article and some details about the authors were provided by Bianucci in the *NLF*. With reference to the first volume of *Memorie*, for example, there was the solution with "algebraic formulas" by Ruggero Boscovich (professor of mathematics at the College of Rome) of a mechanical problem on Newtonian attraction and a memory of hydrometry by Tommaso Narducci, an aristocrat from Lucca.[54] In the second, dated 1744, a thesis on the figure of the earth was cited, directed by Boscovich, with references to discussions held in the academies of Paris and Berlin on that theme.[55]

The great attraction in Italy for Newtonian physics grew with the books by Francesco Algarotti – *Newtonianismo per le dame* and *Dialoghi sopra l'ottica newtoniana* – printed in many editions and various cities, sometimes with false indications on the title pages (of which the *NLF* informed the readers). In 1747 Lami dwelt, for example, on the sixth edition of the work *Il Newtonianismo, ovvero dialoghi sopra la luce, i colori e l'attrazione* (Naples 1746) where the "real reasons why it was published" were indicated in the printer's notice: the rarity of the book in bookstores, the author's corrections and additions, his *Letter in response to Giovanni Rizzetti's Anti-Newtonianism*, which Algarotti published in French in 1739 on the journal *Le Pour et le Contre*, and a dissertation in Latin from the Academy of Bologna on Newtonian experiments. Algarotti's Eulogy, published in the *NLF* in five consecutive issues due to the fame he enjoyed in Italy and abroad, is extensive and full of details on the period of

---

materia a non pochi sublimi ingegni di scrivere sopra di esso, ora per vieppiù confermarlo, ora per rigettarlo, ha prodotto una numerosa serie, non solo di gran Volumi, ma ancora di differenti piccoli Trattati, che per ritrovarsi scritti in varie lingue, e sparsi in libri che non sono tra noi a tutti comuni, rendono a chicchesia desiderabilissima una intera raccolta dei medesimi in un idioma intelligibile a ciascheduno. (...) In breve ne uscirà alla luce un tometto in cui si vedranno tradotti in italiana favella diversi opuscoli concernenti la Filosofia Newtoniana."

52. NLF v. 5, 1744, col. 433–436
53. Bartolomeo Biannucci, *Philosophia naturalis*, Pescia Municipal Library, Ms. I B 54; *De igne et aere*, Pisa University Library, Ms. sec XVIII, N. 26. Cf. (Cristofolini 1968).
54. NLF v. 4, 1743, col. 230, 248.
55. NLF v. 5, 1744, col. 424–425.

his studies in mathematics and physics in Bologna (as a student of Eustachio Manfredi and F. M. Zanotti and, where he made the first optics experiments to confirm Newton's theories), and on his stays in Italian cities and abroad – in France, England, Russia and Prussia – where he was appointed by Frederick II's chamberlain of the court for his precise assignments. At the end of the eulogy, the list of his works on science, art, history, and literature was given, the complete collection of which was being published in Leghorn in eight volumes and would be followed by others in Cremona and Venice until the end of the century.[56]

The first work on differential and integral calculus reviewed in the *NLF* was that by Domenico Corradi d'Austria – *Del Calcolo differenziale e Integrale Memorie Analitiche* – printed in Modena in 1743, where Lami limited himself to quoting an extract of the preface without further comments. The title page of the book already defined the positions held by the author "Patrizio Modenese, General Commissioner of War Ammunition and Colonel of the Artillery Regiment of Sua Altezza Serenissima il Signor Duca di Modena"[57] and the dedication to countess Clelia Grillo Borromeo, of whom Lami in the *NLF* provided the following information:

> the Countess is a lady adorned with a very lively talent and erudite in the noblest sciences and in Mathematics, which, although they seem reserved for the most capable minds, have found in her a pasture worthy of her vigorous intellect.[58]

It is likely that Lami did not receive the work in two volumes, but only the sheet of the typographer Francesco Torri, as evidenced by the error on the total number of pages (28 instead of 504). Just the opposite was the review of the *Instituzioni analitiche ad uso della gioventù italiana* by Maria Gaetana Agnesi.[59] Here Lami underlined the scientific and educational value of the two-volume treatise, defined as "a complete course of Analysis", and to satisfy the curiosity of the readers frequenter of salons wrote:

> Lady Donna Maria Gaetana Agnesi noble Milanese damsel, of the feudal lords of Monteveglia, is one of the wonders of her sex, and of our century, since she not only imitates those ancient Greek and Roman females, who made themselves famous in the sciences and fine arts, but with even more reason it can be said that she has overcome them, being the first to excel in a science so abstract and sublime.[60]

---

56. *NLF* v. 25, 1764, col. 426–432, 437–445, 568–576, 725–732, 741–745.
57. *NLF* v. 5, 1744, col. 311: "Patrizio Modenese, Commissario Generale delle munizioni da Guerra e Colonnello del Reggimento di Artiglieria di S.A.S. il Signor Duca di Modena".
58. *NLF* v. 5, 1744, col. 311: "Ha lo Stampatore prudentemente dedicata quest'opera alla Signora Contessa, la quale è una dama adorna di vivacissimo talento ed erudita nelle scienze più nobili e nelle medesime Mattematiche, le quali, benchè sembrino riserbate ai più speculativi ingegni, ha Ella trovato un pascolo degno del suo vigoroso intelletto."
59. *NLF* v. 10, 1749, col. 492–496.
60. *NLF* v. 10, 1749, col. 493: "La Signora Donna Maria Gaetana Agnesi nobile donzella milanese, de' feudatari di Monteveglia, è una delle meraviglie del suo sesso, e del nostro secolo, poiché non solamente imita quelle antiche femmine Greche e Romane particolarmente, le quali si resero illustri nelle Scienze e nelle bell'Arti, ma di più si può dire con ragione d'averle superate, essendo la prima che si sia segnalata in una Scienza tanto astratta e sublime."

Offering readers news about the author's life, Lami cited her studies of languages, mathematics and philosophy, of which she gave "very valuable proofs in the frequent academies held in her paternal home in the presence of all the most learned and literate people of her homeland", with full freedom to anyone to propose to her those difficulties that unfortunately abound in these matters".[61] The extract ended with the complete index of the titles of all the chapters of the four sections of the work, from Cartesian geometry to differential calculus, from integral calculus to methods for solving first and second order differential equations. In the same year Lami also published the letter from pope Benedict XIV to the author, in which he declared her "Professor of Analysis" and appointed her a member of the Bologna Academy of Sciences, having read the work and appreciating its importance.[62] In 1750 Lami's *NLF* finally reported, in French, the extremely flattering judgment expressed in December 1749 by the Paris academicians:

> On n'a point encore vu paroitre dans aucune langue des Institutions d'Analyse, qui puissent mener aussi vite, ni conduire aussi loin, ceux qui voudront pénétrer dans les Sciences Analytiques. Nous les regardons comme le Traité le plus complet, et le mieux fait, qu'on ait en ce genre.[63]

With regard to curiosities and news that could interest readers on the scientific skills of young women, Lami also used letters received from illustrious friends, such as the doctor Giovanni Bianchi of Rimini, who, writing to him from Bologna on 21st September 1754, spoke of "two singular women of the city of Bologna": the "famous Mrs. Laura Bassi (...) who is known for her physical-mathematical studies all over the world" and Anna Morandi Manzolini, wife of Mr. Giovanni Manzolini, painter, renowned for her anatomy studies and practice conducted on corpses, which led her to build wax models of various parts of the human body, sent "to the kings of Poland, Naples and Sardinia and other persons who requested them".[64] Such models were used in university lectures.

From Aix, in 1755, the *NLF* reported with emphasis the news of the logic theses, in Latin, by the young Maria Maddalena B. de Witte, who was associated with the now famous Châtelet, Bassi and Agnesi, "ornament of the homeland and of their sex".[65] Also in the second series of the *NLF*, after 1770, there are excerpts and praises of educated women. Among these, Maria

---

61. *NLF* v. 10, 1749, col. 493: "prove valorosissime nelle frequenti accademie tenute nella propria casa paterna alla presenza di tutte le più dotte e letterate persone della sua Patria, con piena libertà a chiunque di proporle quelle difficoltà che purtroppo abbondano in tali materie."
62. *NLF* v. 10, 1749, col. 586–587.
63. *NLF* v. 11, 1750, col. 208.
64. *NLF* v. 15, 1754, col. 710–711. Cf. also Bassi's dissertations in *Commentarii dell'Accademia di Bologna*, *NLF* v. 16, 1755, col. 790–793 and (Tega 1986, 271–273, 359).
65. *NLF* v. 16, 1755, col. 431–432: " ornamento della patria e del loro sesso".

Pellegrina Amoretti who graduated in law from the University of Pavia in 1777, a few months after the University of Turin refused to award her a degree.[66]

In this context, the largest and richest obituary that appeared in the *NLF*, shortly after her death, went to Laura Bassi. There we find not only her appointments as honorary lecturer at the University of Bologna and member of the academy of sciences, received by Pope Benedict XIV who had often listened to her in the disputes in Bologna, but also the impact that her degree had in Europe, announced in the *Acta Eruditorum* of Leipzig in July 1732.[67] The correspondence and conversations of Bassi with Abbot Nollet and Beccaria on electricity and the theories of B. Franklin were also cited, and along with those of various princes and writers passing through Bologna, who attended her lessons and experiments:

> For 28 years until the last day of her life, she taught experimental physics at home. It can be said that she was an authority of this science in her homeland, as far as it concerned giving lectures and experiments in that field. And to carry them out she had to procure at her own expense the necessary instruments...[68]

The eulogy ended by listing a large number of books, academic periodicals and other journals that had followed Bassi's intellectual path over time. Among other things, the long extract from a letter inserted in Bourguet's *Bibliothèque italique* was reported in French, describing her character and culture.[69] Finally, in 1785, the *NLF* informed readers about the possible release in Paris of a collection of the best "French works composed by women", and later of the English ones, and the journalist hoped that these collections would also be imitated in Italy.[70]

Information on Newton's works reprinted in Italy appeared in the *NLF*, such as the Latin edition of *Opticks* and other articles on light and colours in the *Philosophical Transactions*, reprinted in Padua in 1749. In this case, the description of the contents, comments, and motivations, which appeared in three issues, is surprising.[71] Lami declared himself to be fond of mathematics and an admirer of

> one of the most important mathematicians of the century, Isaac Newton, always admired by me and by every rightful devotee as the one who discovered, taught and wrote great things. As I take infinite pleasure in mathematical research, which alone sensibly represents the truth to the intellect which cannot be doubted, so I now enjoy

---

66. *NLF* v. VIII, 1777, col. 487–491; v. XVIII, 1787, col. 799–800.
67. *NLF* v. IX, 1778, col. 406–413, 419–425.
68. *NLF* v. IX, 1778, col. 421: "Pel corso di ventotto anni continui fino all'ultimo giorno di sua vita ella ha insegnato nella propria casa la Fisica sperimentale, della quale scienza può dirsi Autrice nella sua patria, per quel che riguarda il dare corsi continui e regolari in tal materia. E per ciò eseguire ella dové provvedersi a proprie spese delle macchine occorrenti..."
69. *NLF* v. IX, 1778, col. 424–425. Cf. also *Bibliothèque italique* XVI, 1733, 314–315 and (Brucker 1766, Dec. IV), *Laura Maria Catharina Bassia Bononiensis*.
70. *NLF* v. XVI, 1785, col. 720: "opere franzesi composte da donne".
71. *NLF* v. 12, 1751, col. 153-156, 171-175, 219-223.

proposing to the learned and scholars a book full of excellent theories and teachings as regards light, colours and sight.[72]

In the review he offered readers a detailed history, with the names of editors, of the English versions of *Opticks* in 1704, 1718 and 1721; the Latin ones in 1706 and 1711; the French translations in 1720 and 1722; and of the reprints in Latin in Geneva in 1740. The same was done for his *Optical Lectures* held at the University of Cambridge in 1669-1671 and which were published posthumously, and again for the Appendix of letters, answers, and other writings on light and colours, published in English in the *PT*. The latter are considered very important, useful, and delightful

> because they show the first experiments as the first seeds and elements with which Newton composed his Optical System. There we see the birth, the advancement, and the order of such marvellous inventions; and what is more important, many things are explained there more clearly than elsewhere, such as the construction and use of the Catadioptric Telescope; various difficulties are resolved, and the oppositions put in place by the Philosophers, especially the French, to the new Theory of Light expounded by the great Newton are rebutted. Knowing all these things is no less advantageous than playful and delightful.[73]

Lami then inserted, in the second and third parts of the review, some passages taken from the preface by P. Coste to the French edition of *Opticks*, which he translated into Italian, and took the opportunity to state that in Italy experiments had been carried out on Newtonian theories both in the Institute of Sciences of Bologna and by G. Poleni at the University of Padua.

In the *NLF* of 1753 we find the review of Newton's *Arithmetica universalis*, expounded and commented in Latin by the Jesuit Antonio Lecchi, public professor of mathematics at the university of the Brera College, in Milan.[74] Composed of three big volumes printed in 1752, in his preface Lecchi mentioned the "renowned Mrs. Agnesi" as one of the authors who inspired his work. After mentioning this detail, the journalist Lami limited himself to reprint only the Latin text of three problems taken from the chapters on geometric progressions,

---

72. *NLF* v. 12, 1751, col. 153: "uno dei più gran Matematici de' vicini secoli, quale si è stato Isacco Newton, da me e da ogni giusto estimatore sempre ammirato come quegli che gran cose ha scoperte, gran cose ha insegnate, gran cose ha lasciate scritte. Siccome infinito piacere sperimento nelle speculazioni Matematiche, le quali sole rappresentano sensibilmente all'intelletto la verità, della quale non si può dubitare, così godo adesso nel proporre agli uomini dotti ed eruditi un libro pieno di eccellenti teorie ed insegnamenti per ciò che riguarda la luce, i colori, la vista."

73. *NLF* v. 12, 1751, col. 156: "Imperciocché in queste Lettere appariscono le prime sperienze, e come i primi semi ed elementi de' quali compose il suo Sistema ottico il Newton. Vi si vede la nascita, l'avanzamento, e l'ordine d'invenzioni cotanto maravigliose; vi si spiegano, che è quello che più importa, molte cose più chiaramente che altrove, come per cagion di esempio la costruzione e l'uso del Telescopio Catadioptrico; si sciolgono varie difficoltà, e si ribattono le opposizioni fatte a gara da' Filosofi, spezialmente Franzesi, alla nuova Teoria della luce espostaci dal gran Newton. Le quali cose tutte conoscere, non è meno vantaggioso, che giocondo e dilettevole."

74. *NLF* v. 14, 1753, col. 344-350.

on the composition of ratios, and on the powers of binomials and polynomials, without other comments. Maybe this unusual choice to give not the Italian translation of the problems and do not insist on the educational value of Lecchi's treatise could be due to Lami's dislike of Jesuits colleges.

5 Lami's correspondence with mathematicians and teachers

Differently from France, Great Britain, and Prussia where there were national academies, Italy was fragmented in many city-states and was lacking a political and cultural capital. Therefore, one of Lami's strategies to broaden his audience of scientists and teachers was to take advantage of his correspondents and collaborators to add data on the lives, teachings, and careers of the authors, academicians, teachers in schools and colleges, professors at universities, and so on. The strategy of publishing the letters received by Lami from authors on the *NLF* issues had positive effects not only on the general audience, but also on the young mathematicians, correspondents of Lami, who aspired to obtain teaching positions in more prestigious universities and colleges than those they worked in. The private dialogue between the journalist and the authors became public and this innovation contributed to broaden geographical and cultural confines.

The desire to inform the public about the Newtonian studies taking place in Italy led Lami to include news and opinions on short dissertations circulating in Tuscany and other regions of the peninsula. The study of the young Pietro Angelo Dini, addressing some errors by Newton and Wolff on central forces and the use of infinitesimals (*Inventio et actio virum centripetarum*) was presented in 1744, and Bianucci was probably the anonymous reviewer.[75] The booklet had been published in Lucca, with a dedication to the mathematician Tommaso Perelli (1704-1783), professor of astronomy in Pisa. In 1750, we find the theses on Newtonian physics discussed in Latin in Chieti by Mariano Rossi, a pupil of Ottavio Novi who taught in the Pious Schools. They were printed by the Marquis Romualdo di Sterlich at his own expense. It was a short pamphlet (8 pages) and the reasons for its insertion by the journalist in the *NLF* – "to be conceived with excellent taste and with wise doctrine"[76] – concluded with the ovation:

> very good Mr. M. Rossi and more talented P. Novi that you begin to raise a bright face where others would like to keep the ancient darkness![77]

The start of the review of the *Dialogue* by Vincenzo Riccati on the dispute between Leibnizians and Cartesians over the living forces is another

---

75. *NLF* v. 5, 1744, col. 243–248.
76. *NLF* v. 11, 1750, col. 736 "essere concepite con ottimo gusto e con avveduta dottrina".
77. *NLF* v. 11, 1750, col. 736: "bravissimo Signor M. Rossi e più bravo P. Novi che cominciate ad innalzare una luminosa face dove altri vorrebbero mantenere le antiche tenebre!"

significant instance, in relation to a highly topical issue, discussed in academies, universities and salons:

> It was the desire of many that all the writings on the controversy of living forces be united and form a short and complete History, from which anyone could know, without the need for many books, what were the reasons for the two contrary opinions and what was their value. The execution of such a project required a man who knew both mechanics and geometry thoroughly. Father Riccati (...) was not satisfied with writing a simple History but tried to make it useful with careful and serious Criticism, and he added many considerations of his own invention, for which it can truly be said that the famous and very interesting question has been freed from a thousand misunderstandings and placed in a very clear light.[78]

The list of contents of the various *Dialogue* Days was followed by a precise analysis of the criticisms and arguments on the laws of communication of motion in particular on the "main one, (...) concerning the products of the masses in the squares of velocities" to conclude that "the followers of Leibniz, if they were not more exact than the Cartesians, were at least luckier than them."[79]

Conversely, as said above, it can be documented that some mathematicians exploited *NLF*s to promote their work and obtain teaching roles in more prestigious universities and colleges than those where they worked. The most evident case is that of the young mathematician Paolo Frisi (1728-1784) from Lombardy, who saw published reports of his research, reviews, announcements of publications in forthcoming issues and even opinions on dissertations dedicated to him. This is also proved by about twenty letters that Frisi sent to Lami, from 20th December 1751 to 1st September 1759, some of which were published in issues of the *NLF*.[80] In 1752, the review of his first research study in mathematical physics appeared, *Disquisitio Mathematica in causam physicam figurae et magnitudinis Telluris nostrae*, which was thus introduced:

> The author of this learned work is a young priest who is no more than 23 years old. His purpose was to derive the very figure of the Earth from the Physical and Hydrostatic principles and from the fundamental laws of equilibrium and gravity of bodies, and to make the theory agree with observations as much as possible. Therefore he inserted in the premise a scrupulous examination of the observations, in which he included those

---

78. *NLF* v. 11, 1750, col. 298–301, cit. 298–299: "Era desiderio di molti che si unissero tutte le scritture uscite nella controversia delle forze vive e se ne formasse una succinta e copiosa Storia, dalla quale potesse chicchessia, senza aver d'uopo di molti libri, apprendere quali fossero e di qual vigore le ragioni onde le due contrarie opinioni si difendevano. L'esecuzione di un tal progetto esigeva un uomo che possedesse profondamente non meno la Meccanica che la Geometria. Il P. Riccati (...) non si è appagato di tessere una semplice Storia, ma s'è studiato di renderla più utile con una perpetua e giudiziosa Critica, ed ha aggiunte molte cose di sua invenzione, per le quali si può dire con verità che la famosa e interessantissima questione è stata liberata da mille equivoci e posta in una luce chiarissima."
79. *NLF* v. 11, 1750, col. 301: "principale, (...) che riguarda i prodotti delle masse nei quadrati delle velocità (...) i seguaci del Leibnitzio, se non sono stati più esatti dei Cartesiani, sono almeno stati più fortunati di loro."
80. Cf. BR Fi, ms. 3728, Paolo Frisi.

made by Maupertuis, Graham, Le Seur, Jacquier, Bouguer, etc. over the length of the pendulums and over the length of the degrees of the Meridian, in Great Britain by Norwood, in France by Cassini, in the North and in Lapland by Maupertuis and by Goudin in Peru (...) he rejects the opinion of those who pretended to discredit them, to completely take away all faith in them.[81]

Details followed on the contents and on the dedication to count Donato de Silva, "good in philosophical and mathematical studies" who financed the printing in Milan in 1751. Thanks to recent studies, it is now known that the censors of the Barnabite order (to which Frisi belonged) had denied permission to the press because it defended heliocentrism. It was then presented by his brother Antonio Frisi to count Silva who financed the printing and Frisi received only a warning from the order, which did not prevent publication (Baldini 1998).

In December 1752 Frisi sent Lami a letter, published in the *NLF*, in which he proposed the application of the Newtonian method of fluxions to a theorem to establish rules on the maxima and minima of algebraic curves. In his opinion, this theorem had been proven by Maclaurin and other Englishmen in an unclear and unsatisfactory way for the instruction of beginners.[82] This letter was mentioned in 1754, in the *NLF* review of Frisi's second book (*De methodo fluxionum geometricarum et ejus usu in investigandis praecipuis curvarum affectionibus*, Milan 1753).[83] Despite its brevity (64 pages), the treatise which was the result of his lectures, contained the method to calculate the fluxions of fluents with powers, roots, logarithms, etc.; how to determine tangents, subtangents, normals, etc.; how to obtain the concavity or convexity of curves, the double, multiple, and singular points, etc. and the proof of the theorem on maxima and minima, previously stated in 1752. The review concluded by informing readers about an important work that Frisi was preparing

> which must include a whole course of all Physical-Mathematical topics, and some friends say that he has written a general system in which he plans to explain not only heat, fire, light, cohesion, fluidity, elasticity of bodies, the suspension of fluids in capillary tubes, etc. but also how to reduce to theory and calculus all the phenomena discovered so far in electricity.[84]

---

81. *NLF* v. 13, 1752, col. 391–393. "L'autore di questa dotta opera è un giovane religioso che non ha più di 23 anni. Egli ha in essa avuto lo scopo di derivare da' principi Fisici e Idrostatici, dalle leggi fondamentali dell'equilibrio e della gravità de' corpi la figura stessa della Terra, e di accordare il più che fosse possibile la teoria colle osservazioni. Perciò ha premesso uno scrupoloso esame delle osservazioni medesime, in cui ammettendo quelle che si son fatte sopra la lunghezza dei pendoli dal Maupertuis, Graham, Le Seur, Jacquier, Bouguer ec. sopra la lunghezza de' gradi del Meridiano in Inghilterra dal Nervood, nelle parti Australi della Francia dal Cassini, nelle Settentrionali e nella Lapponia dal Maupertuis e dal Goudin nel Perù (...) rigetta l'opinione di chi pretese di screditarle affatto e toglier loro ogni fede."

82. *NLF* v. 14, 1753, col. 28–31.

83. *NLF* v. 15, 1754, col. 715–719.

84. *NLF* v. 15, 1754, col. 719: "stare lavorando intorno a una grossa opera che dee comprendere un corso intero di tutta quanta la Fisico-Matematica, e già da alcuni si sa che ha disteso il suo generale sistema in cui pensa di spiegare non solo il calore, il fuoco, la

The following year two other letters from Frisi to Lami were published in the *NLF*, the first with some details on the drafting of the physics-mathematics course, of which the first tome was finished, because he wanted to "communicate certain findings that could interest amateurs of physical and mathematical studies".[85] In the second letter he recounted certain astronomical observations made years earlier in the villa of count Silva on the surface of the moon that "do not seem to agree with common opinion".[86] And again in 1755 the *NLF* reviewed another book by Frisi in Latin, on a new theory of electricity, which was part of the course announced above of Mathematical Physics.[87]

In 1759, when Frisi had finally obtained the post of professor of mathematics at the University of Pisa, his first dissertation *De methodo fluxionum geometricarum*, reprinted in Milan in 1758, was again reviewed in the *NLF*. In addition to indicating the reasons that led him to draft it, following the example of Jacob Bernoulli in Basel and the Jesuit fathers Riccati and Boscovich in Bologna and Rome, a critical comparison was provided with the treatises of L'Hôpital and MacLaurin on some points.[88]

At last, in 1763 Lami published a letter sent to him by Frisi on 24th June 1763, in which the professor of the University of Pisa expressed publicly his positive opinion on the original research in mechanics by his pupil Giulio Mozzi, *Discorso matematico sopra il rotolamento momentaneo dei corpi* (Naples, D. Campo 1763).[89] Frisi's report exposed some problems on statics and dynamics of rigid bodies, in part already tackled by Galileo, Newton, Johann Bernoulli, D'Alembert and Euler and cited the contributions by Mozzi, who was the first to introduce the geometrical definition of the screw axis in 1760.[90]

We find two other examples of letters printed in *NLF* issues in 1763. The first is that sent by F. M. Zanotti to Lami, where he declared that his booklet *De viribus centralibus...* (Bologna 1762) had been drafted for a young physics student Torquato Vareno.[91] Still in 1763 Lami presented, in the form of a letter

---

luce, la coesione, la fluidità, la elasticità dei corpi, la sospensione dei fluidi nei tubi capillari ec. ma ancora di ridurre alla teoria ed al calcolo tutti i fenomeni scoperti fino ad ora nella elettricità."

85. *NLF* v. 16, 1755, col. 122–127. This letter concerned some errors in Newton's *Principia* just mentioned by Joh. Bernoulli, Euler, Cramer, d'Alembert and others.
86. *NLF* v. 16, 1755, col. 137–141.
87. *NLF* v. 16, 1755, col. 458–462.
88. *NLF* v. 20, 1759, col. 8–11.
89. *NLF* v. 24, 1763, col. 451–457, 465–469.
90. *NLF* v. 24, 1763, col. 453: "asse spontaneo di rotazione". On the Florentine aristocrat Giulio Mozzi del Garbo (1730-1813) and his results on the screw theory cf. (Ceccarelli 2007).
91. *NLF* v. 24 1763, col. 668–670. F. M. Zanotti, *De viribus centralibus... opusculum eorum gratia conscriptum qui ad Newtonianorum Physicam introduci volunt* (Bologna 1762). In his letter Zanotti wrote: "Ella non si maraviglierà se il libro è elementare e da principiante, e se poco ho curato le sottigliezze metafisiche intorno a' principi della Meccanica. Ho tentato se io potessi a quelli che son Newtoniani per genio e per impeto, aprire una strada facile e piana di esserlo ancor per ragione, però partendomi dai principii comuni e volgari mi sono impegnato

sent to him on March 13th, a 'sublime analysis booklet' – as differential and integral Leibnizian calculus was called at the time – containing the preliminary results of three studies by the young mathematician Gregorio Fontana (1735-1803), at that time a philosophy teacher in the Pious Schools in Senigallia. He was the brother of the well-known physicist Felice Fontana who lived in Florence. On this occasion, the *NLF* gave voice to the author's own words.[92] In the first essay, relating to a method for integrating some of Euler's trigonometric formulas, Fontana explained his motivations as follows:

> The great use that the most famous mathematicians of Europe, Euler, d'Alembert, Clairaut, now make of trigonometric calculus with sines, cosines, tangents, secants etc., – of which Calculus it can be said that the inventor is the great Euler – was what prompted me to reflect on this matter, and I hope to publish, even later, something else on this topic which is so interesting today.[93]

In the second one he provided a new proof of Cotes' theorem "which was of so much light and profit in integral calculus"[94] and in the third he used a new method to calculate the formula of the radius of curvature of the curves referred to a focus and the evolutes of some curves.[95]

The fact that the same three essays were published shortly afterwards in Latin in Venice by the publisher Simone Occhi, who corresponded with Lami, showed that the strategy of both had been successful. Making his own mathematical results known to a wide audience, such as that of the *NLF*, guaranteed a talented young man like Fontana new opportunities for employment in more prestigious schools than the one where he taught. Aware of Lami's contacts with typographers in Venice, Gregorio Fontana took advantage of the opportunity and translated his texts into Latin to reach the cultured public of mathematicians who preferred Latin, such as Jesuits and academicians.

Among Lami's correspondences, undoubtedly the richest was that with the publishers; the circulation of mathematics was increased by the insertion of the manifestos sent by them to the journalist, as said before (§ 3). However, in *NLF*

---

di concatenar le cose per modo che l'una si tragga dall'altra con calcoli tanto semplici e tanto brevi che appena son calcoli." ("Do not be surprised if the book is elementary and at a beginner's level, and if I have paid little attention to the metaphysical subtleties around the principles of mechanics. To those who are Newtonians by inclination and by impetus, I have tried to open an easy and flat way, based on reasoning, but departing from the common principles I have tried to link things so that one derives from the other with very short and simple calculations that hardly seem like calculations.")

92. *NLF* v. 24, 1763, col. 550–552.

93. *NLF* v. 24, 1763, col. 551: "Il grande uso che ora fassi dai più famosi Geometri dell'Europa, dagli Euleri, dai D'Alembert, dai Clairaut del Calcolo trigonometrico per via di seni, coseni, tangenti, secanti ec., del qual Calcolo può dirsi inventore il grand'Eulero, fu quello che mi determinò a meditare su questa materia, e spero di pubblicare anche in appresso qualche altra cosa su questo soggetto in oggi sì interessante."

94. *NLF* v. 24, 1763, col. 551: "il famoso teorema di Cotes che fu di tanto lume e profitto nel calcolo integrale".

95. *NLF* v. 24, 1763, col. 551–552.

we also find works for which no extract was provided, featuring only the title with a short comment. These included a manifesto in 1744 of the new edition by Verona printer D. Ramanzini of the first volume of Christian Wolff's *Elementa Matheseos universae* which contained, among other disciplines, Leibnizian infinitesimal analysis.[96] In 1749, we find the press notice in Geneva, at the Cramer and Philibert printers, of Gabriel Cramer's *Introduction à l'analyse des lignes courbes algébriques*, and in 1752 of the *Éléments de Géométrie* by Clairaut, in the Italian translation by the Jesuit Carlo Benvenuti, printed in Rome in 1751.[97]

Especially in Southern Italy, where few were the publishers, the manifestos printed in *NLF* played a role for the local and national circulation of mathematics. In the issue of July 22nd, 1763 the Neapolitan G. Raimondi presented to the "Amateurs of mathematical sciences" an extensive description of the contents of a work on "Mechanics proven by Algebra", by the young mathematician Domenico Bartaloni of Siena, who was then living in Naples and following the lectures of Antonio Genovesi.[98] The volume *Meccanica sublime dimostrata coll'Algebra*, of over 400 pages, was printed in 1765 and the review in *NLF* focused on giving just a few comments on the use of the Italian language, the list of chapter titles, and only one lapidary final judgment of "very good work".[99] We do not know if this was due to the fact that Lami did not receive the book, or if there were other causes, but clearly in his old age he was less inclined to write long reviews.

6 Hydraulics and the Collections of papers on the motion of waters for social purposes

As we have seen, most of the mathematical works and essays which Lami reviewed were texts for schools and collections of scientific memoirs of societies and academies founded with specific purposes. In the range of disciplines involved, in addition to the classic areas of arithmetic, algebra, geometry and analysis, those for the training of professionals at the service of society – such as hydraulic engineers, water and river superintendents and hydraulic technicians – stood out. Contacts and collaborations arose among mathematicians, politicians, and experts, who founded local societies contributing to the circulation of scientific studies on the motion of running waters and the regulation of rivers. Essays, books, and treatises were highlighted in the *NLF* for their social value in solving natural disasters, as floods, landslides, inundations which were frequent in Tuscany, Veneto, Emilia, Piedmont, and other regions. Therefore the reviews in the *NLF* had a lot of influence on the careers of the involved mathematicians, technicians and teachers.

---

96. *NLF* v. 5, 1744, col. 589.
97. *NLF* v. 10, 1749, col. 271–272; v. 13, 1752, col. 416.
98. *NLF* v. 24, 1763, col. 459–464: "Agli Amatori delle Matematiche Giuseppe Raimondi Stampatore in Napoli". On Bartaloni (1750-1798) cf. (Tipaldo 1834-1845, 361–362).
99. *NLF* v. 27, 1766, col. 537–540: "opera assai buona".

In 1743, four issues of the *NLF* were devoted to the treaty *Leggi e fenomeni, regolazioni ed uso delle acque correnti* (Venice, Pasquali 1741, 463 p.) by B. Zendrini "Mathematician of the Serenissima Republic of Venice with the general superintendency of water".[100] The review informed the reader that the work was

> the fruit of twenty-five years of continuous observations about the waters. This most learned author wanted to base what he published on observations and thoroughly established foundations, aiming to bring to a greater perfection a science so necessary for the happiness of peoples, and States, which, born in Italy, as it is known from the famous Reno controversy between Bolognese and Ferrarese people, extended to the whole country.[101]

Lami underlined Zendrini's use of differential and integral calculus to achieve the laws of motion. Using the author's own words, he indicated the aims and contents of the 14 chapters, the authors and works that discussed the laws relating to water coming out of vessels (including Newton's *Principia* in its three editions), delayed motions, the speed of running waters, the use of instruments such as that conceived by Pitot in 1732 in Paris, the methods to remedy errors in irrigation of lands, methods for the union and division of waters, the causes of increasing and decreasing water levels in rivers, the resistance of the riverbeds, and possible shelters.[102] This latter topic was a subject of mechanics, which had not yet been studied by mathematicians, as was that on the remedies for damage caused by the corrosion, in which hydraulic technicians had failed. At the end of the chapter on machines moved by water, the author commented on the formulas and experiments conducted by P. de la Hire, A. Parent, H. Pitot and B. F. de Belidor, insisting on the importance of showing mathematical methods for solving hydraulic problems.[103] Interest in this type of study grew with the demands made on mathematicians by governments. Already in 1723, the *Raccolta d'autori che trattano del moto dell'acque* had appeared in Tuscany, in three volumes edited by Tommaso Bonaventuri.[104] A second edition, "corrected, illustrated with

---

100. *NLF* v. 4, 1743, col. 297–298, 313–315, 332–336, 361–363. Zendrini "Mattematico della Serenissima Repubblica di Venezia con la soprintendenza generale delle acque".
101. *NLF* v. 4, 1743, col. 298: "il frutto di venticinque anni di non interrotte osservazioni sopra le acque, sulle quali questo dottissimo Scrittore ha voluto appoggiare come sopra stabilissimi fondamenti, quanto egli ha pubblicato per ridurre a maggior perfezione una scienza sì necessaria per la felicità de' popoli, e degli Stati, la quale nata in Italia, com'è palese dalla celebre controversia del Reno fra i Bolognesi e Ferraresi, in Italia ha avuto il suo ingrandimento." On the Reno controversy, cf. (Lugaresi 2015, 208–214, 228–261).
102. *NLF* v. 4, 1743, 332–336, 361–363.
103. *NLF* v. 4, 1743, col. 363.
104. The 1723 *Raccolta* contained texts by Archimedes, G. Galilei and his pupils who worked in the Grand Duchy of Tuscany: B. Castelli, E. Torricelli, V. Viviani, G. A. Borelli, G. Grandi and T. Narducci, and of mathematicians at the service of the city of Bologna (G. Montanari, D. Guglielmini and E. Manfredi), of the duchy of Modena (D. Corradi), of the duchy of Mantua (G. Ceva), some of whom (Montanari and Guglielmini) appointed by the University of Padua as professors of hydraulics. Cf. (Lugaresi 2015).

annotations, and augmented by many writings and reports, also unpublished, and arranged in an order more convenient for scholars", was published in Florence at the Royal Printing House (9 vol. 1765-1774) while another came out in Parma from the publisher F. Carmignani (7 vol. 1766-1768). In the *NLF* of 1765, 1766 and 1767 Lami informed readers about both Collections, but gave greater prominence to that of Florence which had been handled – so he wrote – by a hydraulic company, set up specifically.[105] The members of the Hydraulic Society can be identified among the authors of the pamphlets and reports, who also edited the translations of the French texts included there (E. Mariotte, A. Parent, L. Carré, J. Picard, P. Couplet, J. Borrel, C. L. Genneté), to which they added notes and critical observations. Almost all of the Society's mathematicians were Tuscan and held positions in the government or professorships at the University of Pisa. Among these Perelli, professor of astronomy since 1739, was appointed hydraulic and technical consultant for the administration of Pietro Leopoldo of Habsburg-Lorraine from 1740 to the 1770s. In collaboration with the politician Pompeo Neri, he proposed projects on water regulation, land reclamation and improvements for agricultural production, bridges, embankments and infrastructures. It was Perelli who wrote the notes for the Italian translation of J. Picard's *Traité du nivellement*, printed in vol. 3 of the Florentine *Raccolta*.[106] Frisi, professor of mathematics at the University of Pisa, also contributed with the text *Del modo di regolare i fiumi e i torrenti* (Lucca 1762), reviewed by Lami in the *NLF*.[107]

The network of contacts with mathematicians in charge of reports and opinions on water questions extended from Florence to other Italian regions, which had long been involved in the controversy between Ferrara and Bologna regarding the Reno stream. To re-examine the problems, in March 1765 pope Clement XIII created a commission of experts from outside the Papal States, consisting of G. A. Lecchi from Milan, T. Temanza from Veneto and G. Verace from Tuscany, who drew up a report and a project on the merging of the Reno into the Po river. The manifesto and review of Lecchi's treatise *Idrostatica esaminata nei suoi Principi e stabilita nelle sue Regole della misura delle acque correnti* were presented in the *NLF*[108] with the purposes and contents of the three sections and Appendix:

> The purpose of the whole work is the very important one of encouraging professors to deal with new advances in Water Science. Therefore, the first foundations and principles of Hydrostatics and Hydrometry are examined in order to separate the true ones from the false ones, or at least the certain ones from the uncertain ones.[109]

---

105. *NLF* v. 26, 1765, col. 433–435; v. 27, 1766, col. 65–66; 240; 657–658; v. 28, 1767, col. 401–402.
106. J. Picard, *Trattato del livellare*, in *Raccolta* v. 3, 1767, 183–224.
107. *NLF* v. 23, 1762, col. 381–384.
108. *NLF* v. 26, 1765, col. 762–767; v. 27, 1766, col. 318–319.
109. *NLF* v. 26, 1765, col. 763: "Lo scopo di tutta l'opera è quello rilevantissimo di eccitare li Professori a' nuovi progressi nella Scienza dell'acque, e perciò si pongono all'esame li primi

After examining the theories and experiments of "the most renowned writers of the Academies of Bologna, Tuscany, Padua, Paris, London, Berlin and Petersburg around the horizontal and vertical jets" who arrived at "the first universal principle of hydrostatics that the speeds are as the roots of the heights"[110], in the second part, the applications made by Grandi and Guglielmini to the course of rivers with parabolic tables and the use of instruments to measure the speed of running waters are outlined, as are the methods of foreign mathematicians in the calculation of the resistance of fluids, Zendrini's observations with the quadrant, his table of velocities, and the various types of regurgitation. The last section of the treatise opened with a letter from Boscovich to Lecchi before focusing on the safest and most suitable rules of thumb for common engineers.[111] Unlike Lecchi's other mathematical texts, which were published in Latin as per norm in Jesuit colleges, here the author addressed a wider audience of engineers, technicians and professors of hydraulics in Italian universities. A similar approach was followed in the hydraulic experiments mainly aimed at confirming the theory and facilitating the practice of measuring running waters (1767, 1771) by Francesco Domenico Michelotti, professor of mathematics at the University of Turin, of which the *NLF* informed readers.[112]

Appointed by Maria Theresa of Austria as "royal mathematician", Lecchi was exempted from teaching in Brera and worked as a hydraulic engineer and director of hydraulic works in the Papal States until 1773, when Pope Clement XIV, hostile to the Jesuits, replaced him.

In Tuscany, it was the Jesuit Leonardo Ximenes (1716-1786) who was appointed by the grand duke as geographer in 1755 and mathematician in 1766, charged with the technical management of hydraulic operations and reclaiming lakes and swamplands. Two of his essays were included in the Florence *Raccolta,* of which the second series of *NLF* informed the readers with ample excerpts.[113] Despite having been replaced in 1770 in the government office, Ximenes continued his hydraulic research and published the book *Nuove Sperienze Idrauliche fatte ne' Canali e ne' Fiumi per verificare le principali Leggi e Fenomeni delle Acque correnti* (Siena 1780) in which he presented a new machine of his own invention, the hydraulic fan, to measure the force and speed of running waters. The *NLF* announced and reviewed the work.[114] In Florence, he also edited a new collection of hydraulic experiments and essays in two volumes, conceived as an update of the previous *Raccolte* of Florence

---

fondamenti e principi dell'Idrostatica e dell'Idrometria a fine di separarne i veri dai falsi, o almeno li certi dagl'incerti".
110. *NLF* v. 26, 1765, col. 763–764. "primo universale principio dell'idrostatica che le velocità sieno come le radici dell'altezze."
111. *NLF* v. 26, 1765, col. 766.
112. *NLF* v. 28, 1767, col. 688.
113. *NLF* v. II, 1771, col. 81–84, 113–117, 385–387.
114. *NLF* v. XI, 1780, col. 178, 498–501.

and Parma, which "are not only useful to teachers of Hydraulics, but also to practical engineers in relation to the construction of embankments, the direction of rivers, etc.", as the *NLF* underlined in the 1785 manifesto and in the 1786 extract, where all the authors of the papers were listed: Ximenes, the brothers E. and G. Manfredi, R. Bertaglia, R. Boscovich, Perelli, T. Le Seur and F. Jacquier.[115]

In Veneto, the *NLF* reported the release of the *Memorie intorno alle acque correnti* (Verona 1777, 91 p.) by Antonio Maria Lorgna (1735-1796), engineer colonel and director of the military schools of Verona, with a dedicatory letter to the famous mathematician G. L. Lagrange, and in Naples of the *Saggio per la misura delle acque correnti nei canali* (1778, 48 p.) by the engineer Vincenzo Lamberti.[116]

The circulation of papers by mathematicians, engineers and hydraulic technicians continued in the *NLF* with a short but interesting review of the *Giunta agli autori che hanno scritto sui fiumi e sull'acque per le due edizioni di Fiorenza e di Parma* (Bologna 1787, 63 p.) which highlighted the dialogue among the authors themselves and with politicians.[117] The book, by an anonymous editor, contained Lorgna's project over the regulation of the Brenta river and the modifications made to that project by the mathematicians Frisi, Ximenes and Stratico. Attached to the book were two treatises by Abbot Antonio Belloni (1736-1782) about the area above the Adige river and a hydrometric record of the area above the Arno, awarded by the Accademia dei Georgofili in Florence. The *NLF* review included the letter sent by Belloni to the Venetian senator Angelo Querini, a freemason to whom the book was addressed, on 10th February 1779; the letter seemed to indicate Belloni as the editor.

In the same year, the *NLF* revealed the contents of two essays published in Rome in 1786 – the first by Francesco M. Gaudio of the Pious Schools on the solution of a hydrostatic problem, the second by hydrostatic expert Stefano Cabral on experiments to determine the speed and quantity of running water, with a machine he designed.[118]

Returning to the Grand Duchy of Tuscany, the mathematician Ferroni became a leading exponent of politics in the 1770s and 1780s. He held positions in hydrogeological and engineering commissions, land registry, reclamation of the Maremma and restructuring of the Apennine road network. He was also one of the collaborators of the *NLF*, together with Lastri, Bandini and Pelli. He reviewed books and memoirs, and extracts of his works appeared both in

---

115. L. Ximenes, *Raccolta delle perizie e opuscoli idraulici* (Firenze 1785-1786); cf. *NLF* v. XVI, 1785, col. 156–160; v. XVII, 1786, col. 273–275; 274: "non solo sono utili ai professori di Idraulica, ma ancora ai pratici ingegneri per tutto quel che può riguardare la costruzione degli argini, la direzione dei fiumi, ecc."
116. *NLF* v. IX, 1778, col. 311–312; 456–458.
117. *NLF* v. XVIII, 1787, col. 429–432.
118. *NLF* v. XVIII, 1787, col. 12-14, 199-200.

the *NLF* and in the Pisa *GL*.[119] His rivalry with the mathematician Vittorio Fossombroni (1754-1844) arose over the hydraulic assignments entrusted by the grand duke to the latter in 1788, and turned into a quarrel in 1791 with the publishing of two pamphlets featured in the *NLF* which caused an uproar in the circle of mathematicians and journalists.[120]

Also in 1791, the *NLF* reported the printing in Rome of two hydraulic pamphlets by Gioacchino Pessuti (1743-1814), recently appointed professor of mathematical physics at Sapienza university; the first on the hydraulic pump, and the second on the law of water coming out from little holes.[121] Pessuti had dedicated himself to private teaching for the professions of engineers and architects and for this he was called to St. Petersburg as a professor of mathematics for the Noble Cadets Corps. There he met Euler and on his return trip to Italy he passed through Paris where he met Condorcet and D'Alembert, with whom he remained in correspondence. Aware of the importance of scientific information, Pessuti collaborated with G. L. Bianconi on the editing of the journals *Effemeridi letterarie* (1772) and *Antologia Romana* (1774) and wrote reviews for the *Nuovo Giornale de' letterati d'Italia* (Modena 1773).

7 The translations for the public of engineers, architects, militaries, and amateurs

The translations of French and English books and essays for the education of specific professions or addressed to amateurs contributed to the circulation of mathematics in the *NFL*. Since 1742, careful to enlarge the audience of architects, engineers, militaries, land surveyors, astronomers and curious, Lami informed the readers on the contents of Antoine Deparcieux's volume, translating into Italian its detailed front page: *New treatises on rectilinear and spherical trigonometry..., with Tables of Sinus, Tangents and Secants, of Logarithms... Useful work for those who want to study Astronomy, Geography, Navigation, etc., with a Treatise on Gnomonics in which the calculation of the two Trigonometries is applied to the construction of sundials.*[122] Afterwards he reviewed Dominique-François Rivard's *Traité de la sphère*, a book useful both to astronomers and geographers, whose clarity, brevity and inclusion of interesting problems for a "reader well educated in elementary geometry

---

119. *NLF* v. XIV, 1783, col. 49–57; *GL* Pi, v. L, 1783, 147–184; v. LI, 1784, 163–205.
120. *NLF* v. XIII, 1782, col. 582–584; v. XXII, 1791, col. 380–382, 703–704. On this dispute cf. (Nagliati 2009, 220–242) and (Giuntini 1994).
121. *NLF* v. XXI, 1791, col. 284.
122. *NLF* v. 3, 1742, col. 396–397; 396: " Nuovi trattati di trigonometria rettilinea e sferica dimostrati con un metodo nuovo e più facile di quegli che si sono impiegati fino al presente, con Tavole de' Seni, Tangenti e Seganti, de' Logaritmi. (...) Opera utile a quei che voglion studiar l'Astronomia, la Geografia, la Navigazione etc. con un Trattato di Gnomonica nel quale si applica il calcolo delle due Trigonometrie alla costruzione degli Orologi solari. (...) per il Sig. de Parcieux Maestro di Mattematica."

and fairly familiar with rectilinear and spherical trigonometry" he praised.[123] In the same issue the journalist reported the short book by Grante d'Iverk, *New Theory of movements of the Earth and the Moon... according to the laws of Mechanics*,[124] and the mathematics course by Abbot Deidier, professor in artillery schools, printed in Paris in 1739-40 (4 vols), and translated in Turin in 1743.[125] Another Italian version of Deidier's work by the brothers Arduino and Matteo Dandolo was reviewed in 1766 in the *NLF*.[126]

Of interest to amateurs of arithmetic and gambling games were the *Elementi delle Matematiche*, printed anonymously in Venice in 1744 by the publisher Pasquali. They were presented in *NLF* as the translation into Italian of foreign texts on combinatorics, Newton's series, and the arithmetic triangle with its applications to dice games.[127] The journal also advertised the reprint of G. Crivelli's *Elementi di Fisica*, to which the publisher Occhi added the translation into Italian of Crivelli's Latin book on Diophantus' Arithmetic Problems. In this case Lami, referring to the beginners, praised the publishing project "because in addition to the diversity of disciplines, there was also no difficulty of the language".[128]

Lami wrote something similar about the languages and the public of the gazette after the manifesto of Giuseppe Antonio Alberti's book *I Giuochi numerici fatti arcani, palesati (Ancient numerical games revealed)*, published in *NLF*.[129] Here a chapter of J. Ozanam's *Récreations Mathématiques* had been translated into Italian and the book exhibited arithmetic curiosities and sleight of hand, operations on numbers, and magic squares drawn by various authors, including J. Ozanam, Beda the Venerable, Bettini, Schott, Kircher, Ensel, Lanz, Figatelli, Wecker and Vallemont. Lami's review ended with the following sentence:

> The things taken by these authors were placed here to help those who do not know the Latin, German and French languages in which those Authors wrote and also because many readers will have no way of reading these books.[130]

The 1748 yearly volume of *NLF* Lami published the preface of the *Saggio di una nuova Teoria di numeri figurati e del vario loro uso massimamente nelle*

---

123. *NLF* v. 3, 1742, col. 397–400; 400: "il suo Lettore ben istruito degli elementi della Geometria e sufficientemente esercitato nella Trigonometria rettilinea e sferica".
124. *NLF* v. 3, 1742, col. 414–415. The journalist noticed that it was a hypothesis that obtained the "much approval" from many academics and professors of philosophy.
125. *NLF* v. 3, 1742, col. 488–489; *NLF* v. 4, 1743, col. 347–348.
126. *NLF* v. 27, 1766, col. 432.
127. *NLF* v. 5, 1744, col. 406–407.
128. *NLF* v. 5, 1744, col. 648–651; 651: "perché oltre la diversità della materia non vi fosse ancora diversità nella lingua". The translator was Jacopo Paitoni. Cf. (Riccardi 1871, 385).
129. *NLF* v. 8, 1747, col. 173–175.
130. *NLF* v. 8, 1747, col. 174-175: "Le cose prese da' suddetti Autori si sono poste qui per condiscendere a quelli che non hanno cognizione delle Lingue Latina, Tedesca e Francese nelle quali i suddetti Autori hanno scritto e ancora perché molti non avranno il comodo dei detti libri."

somme delle serie infinite by the brothers Girolamo and Giuseppe Rinaldi, where ancient and modern mathematicians who had dealt with these topics were mentioned with their contributions: B. Pascal, J. Mercator, P. Ozanam, J. Prestet, J. Wallis, I. Bulliaud, the Bernoulli brothers, P. de Montmort, A. De Moivre, Lagny and Nicole on Paris Academy *Memoires*, C. Wolff, Richter and Kuhn on the *Acta Eruditorum*, and Maier in St. Petersburg Academy *Commentarii*.[131]

The second series of the *NLF* – from 1770 to 1792 – gave also emphasis to the translations of foreign works into Italian, especially as regards the treatises used in lectures courses. The most impressive case is G. Fontana, professor of mathematics at the University of Pavia, who collaborated with his students to edit the Italian versions of various foreign texts, to which he added his notes, comments, lectures, and dissertations. In 1776, Roberto Gaeta under his guidance presented the Italian translation of A. de Moivre's *Annuities upon lives*,[132] and Fontana himself took charge of translating L. Euler's *Essay on a defense of divine revelation* (1777) from German into Italian.[133] An extensive review of Fontana's translation of the *Compendium of a Course in Experimental Physics* by G. Atwood appeared in 1781 in the *NLF*.[134] The journalist informed that Fontana added his own *Dissertation on the calculation of probable error in experiments and observations*, dwelt on some physical laws, confirmed or denied by the experiments, and praised Fontana's original contributions on the use of probability calculus to the theory of errors.[135] Again under Fontana's guidance C. Bossut's elementary treatise on Hydrodynamics was translated, to which the lectures of the Hydrodynamics course held by Fontana in Pavia were added, as the *NLF* reported in 1785.[136] Together with his student Francesco Speroni, Fontana also edited the reprint of *Institutiones calculi differentialis* by L. Euler, in two volumes with some additions and annotations by these editors, and included an unpublished dissertation by Euler on inexplicable functions, submitted by Euler's son.[137] The last issues of the journal reported the contents of the inaugural speeches made by Fontana at Pavia university and his translation from English of J. E. Smith's *Preliminary Speech to the*

---

131. *NLF* v. 9 1748, col. 253–256.
132. Roberto Gaeta, *La dottrina degli azzardi applicata ai problemi della probabilità della vita, delle pensioni vitalizie, reversioni, tontine, ec. di Abramo Moivre...* (Milano 1776).
133. *NLF* v. IX, 1778, col. 45–46; 45: "*Saggio di una difesa della divina rivelazione*".
134. *NLF* v. XII, 1781, col. 628-637; 628: "*Compendio d'un Corso di Lezioni di Fisica Sperimentale... ed accresciuto di una Dissertazione sul computo dell'errore probabile nelle sperienze ed osservazioni dal P. Gregorio Fontana*".
135. Fontana's book was printed in Pavia and Palermo (1781) and in Venice (1784). Cf. *NLF* v. XV, 1784, col. 622.
136. *NLF* v. XVI, 1785, col. 779: "*Trattato elementare d'Idrodinamica ... aggiuntevi le lezioni d'Idrodinanica del P. Gregorio Fontana*". The translator was Giovanni Gratognini (cf. Riccardi 1871, col. 473).
137. *NLF* v. XIX, 1788, col. 222–223, 724–725.

Proceedings of the Linnean Society of London along with his own "valuable and interesting notes".[138]

8 The education of young people and the lecture courses

As already mentioned, reviews of the lecture texts of teachers and professors in Tuscany, especially those of Guido Grandi and his disciples (O. Cametti, A. Pappiani, G. Ortes), were awarded a great deal of publishing space in *NLF*. In January 1740 Lami presented in detail the contents of the elderly professor's *Instituzioni meccaniche*[139] and, at the end, announced the plan (which would be repeated several times in the *NLF*), to publish Grandi's

> *Mathematics Course* which will be divided into *Geometric, Arithmetic, Conical, Algebraic Institutions, Optics, Catoptrics, Dioptrics, Astronomy*, etc. all demonstrated briefly. These will not only be printed in the Tuscan language in small books similar to this one, but he will also have them printed in Latin, collected together in 4° volumes, so that they can also be useful to foreigners.[140]

Hot on the heels of this, in April of the same year, a long review of *Elementi della Geometria di Euclide* appeared, adapted to the "needs of beginners",[141] and in 1741, regarding the release of the *Instituzioni di Aritmetica pratica*,[142] Lami took the opportunity to inform enthusiasts of the "Lots of numbers in various cities of Italy" that in chapter XVI the author

> with a simple and quick method, proves what ratio there is between favorable chances, and those unfavorable for the players, and between the probability of winning and of losing.[143]

Then it was the turn of Grandi's *Instituzioni Geometriche*, and the announcement of his *Instituzioni Coniche* and *Instituzioni Algebraiche*,[144]

---

138. *NLF* v. XXIII, 1792, col. 628–640; 640: "pregevoli ed interessanti note".
139. *NLF* v. 1, 1740, col. 17–23.
140. *NLF* v. 1, 1740, col. 23: "Corso Mattematico che sarà diviso in Instituzioni Geometriche, Aritmetiche, Coniche, Algebratiche, Ottiche, Catottriche, Diottriche, Astronomiche, etc. tutte in breve dimostrate, le quali non solo farà stampare in lingua Toscana in tometti simili a questo, ma di più ne farà fare l'impressione di tutte in lingua Latina raccolte in 4° perché ancora dagli Oltramontani possino esser godute."
141. *NLF* v. 1, 1740, col. 241–243; 242: "bisogni dei principianti".
142. *NLF* v. 2, 1741, col. 116–118.
143. *NLF* v. 2, 1741, col. 117: "Non piccolo vantaggio arrecherà il cap. XVI a chiunque vuole sperimentare l'indole della sua fortuna ne' Lotti di numeri, che in varie Città d'Italia sogliono farsi; giacché il dottissimo Autore con semplice e spedito metodo dimostra qual proporzione vi abbia tra le combinazioni favorevoli, e sfavorevoli per i giuocatori e qual sproporzione tra la probabilità di vincere a quella di perdere."
144. *NLF* v. 3, 1742, col. 193–195. In 1750 the *NLF* published the review of Grandi's *Sectionum Conicarum Synopsis* (*Synopsis on Conical Sections*) with the supplements by his disciple Ottaviano Cametti (1711-1789), professor of mathematics at the Pisa university, printed in Rome, Venice and Florence. Cf. *NLF* v. 11, 1750, col. 785–786. About Cametti's works we find in *NLF* issues the reviews of his *Mechanica* (2nd edition, cf. *NLF* v. 29, 1769, col. 10–11) and his *Euclidis Elementa Geometrica novo ordine ac methodo demonstrata* (3rd edition, cf. *NLF* v. 29, 1769, col. 325–326).

which, however, did not come to fruition due to the author's death on 3rd July 1742.[145]

Lami adopted the same behaviour with Alberto Pappiani (1710-1790), professor of philosophy and mathematics at the college of Florence, of which he printed, in stages, the manifesto and the reviews of the volumes *Della Sfera armillare e dell'uso di essa nell'Astronomia, Nautica e Gnomonica* (1745) and *La Scienza delle grandezze dimostrata colle principali Calcolazioni Numeriche, Analitiche e Geometriche* (1747). In particular, for the second, Lami reported a passage from the preface with the author's motivations on the language chosen and the audience it was intended for, adding an introductory historical overview on the most famous writers in arithmetic, analysis, algebra, geometry and music, and then explanations of the measures adopted in various Italian provinces. This type of book was very useful in the society of that time for commercial transactions.[146]

Among the authors chosen by Lami we also find members of Academies of Fine Arts in other regions, such as Tommaso Guerrino (1733-1778) who in 1763 published in Milan the book *Euclide in Campagna*, dedicated to countess Clelia Grillo Borromeo, hostess of a famous cultural salon.[147] This "useful treatise" for surveyors and practitioners of practical geometry was appreciated in *NLF*s and was reprinted in the 19th century.

In Veneto, it was Poleni, a professor of mathematics at the University of Padua, who received the greatest number of citations from Lami in his gazette, not only his research on hydraulics and works on physics and architecture,[148] but also for his relationships with Italian and foreign academies and scholars, and with pope Benedict XIV (§ 9).[149] Issues of the *NLF* placed great emphasis on the foundation of the Theatre of Experimental Physics in Padua, promoted by Poleni and built with the support of the University Reformers and the Senate. In two issues of the *NLF*, Lami published the Italian translation

---

145. The *NLF* published the biography of Grandi in two issues: v. 3, 1742, col. 501–506, 517–524, and informed the public about the book on Grandi's life, edited by his disciple Giammaria Ortes (1713-1790), cf. *NLF* v. 4, 1743, col. 99 and the *Vita del Padre D. Guido Grandi* by Ortes, *NLF* v. 6, 1745, col. 410–413, 441–445.

146. *NLF* v. 7, 1746, col. 177–179, 193–196, 209–213; v. 8, 1747, col. 353–359, 385–388, 817–820.

147. *NLF* v. 24, 1763, col. 750–751. On the emphasis given to this Milanese salon in Italian literary journals cf. (Roero 2011).

148. Cf. review of Poleni's *Exercitationes Vitruvianae* in *NLF* v. 1, 1740, col. 380–384.

149. In *NLF* v. 5, 1744, col. 282–285 Lami informed readers that it was Poleni who suggested that Andrea Galluzzi, the architect of the duke of Mantua, to write his *Architecturae civilis Theorico-Practicae Opus*, and this book was sent for approval to five professor of mathematics in Italian universities and academies (Accetta in Turin, Ippolito Sivieri in Ferrara, Ignazio Radicati di Cocconato in Mantua, Jacopo Belgrado in Parma and Giampietro Zanotti in Bologna), cf. *NLF* v. 5, 1744, col. 284. In *NLF* issues devoted to Poleni's obituary the journalist quoted mentioned the correspondence of Poleni with Italian and foreign mathematicians, cf. *NLF* v. 23, 1762, col. 26–31, 43–46, in particular col. 30–31.

of Poleni's Latin inaugural lecture of November 28, 1740, printed by the Padua Seminary.[150]

Lami's attention to the education of young people was also evident from the 1766 review of a *Short Dissertation which succinctly proves it much more useful for professors of fine arts and sciences to explain issues to the young with printed books rather than manuscript treatises*.[151] Here readers were informed about the debate between some professors from Florence, Padua, Bologna and Naples, urged by letters from the author, Francesco Meniconi (1707-1787). The four chapters of the dissertation focused on the results for teaching methods which did not adopt the teacher's dictation, but the use of printed texts. This educational style, used in many European universities and colleges run by religious orders, proved to be preferred by most Italian professors. It was also encouraged by governments, as evidenced by the requests made to professors, and the texts of institutions printed in various regions of Italy.

The *NLF* recorded, especially in the second series (1770-1792), a wide range of new topics that some professors, such as G. Fontana, proposed in their lecture courses, in which the applications of mathematics to other disciplines, such as physics and medicine, prevailed for the benefit of society. In his *Analytical essay with some reflections on the use of mathematics in physics*, Fontana showed how to solve some paradoxes on the barometric problem "after a careful and profound handling of integral calculus", as the *NLF* remarked in two issues, which described the contents of the essay and the merits of the author.[152] In 1790 Fontana's first inaugural speech at the Pavia university focused on the effect of machines and their benefits. He gave the example of a machine for distributing water to the inhabitants of Paris and then illustrated the merits of Archimedes' lever principle to lift a ship with minimal effort.[153] In occasion of the promotion of one of Fontana's students to engineer, he presented research on

---

150. Cf. *NLF* v. 2, 1741, col. 756–762; v. 3, 1742 col. 23–27.
151. *NLF* v. 27, 1766, col. 241–242: *Breve Dissertazione in cui succintamente si dimostra essere assai più profittevole che i professori delle belle arti e scienze alla gioventù spieghino libri impressi che trattati manoscritti*.
152. *NLF* v. II, 1771, col. 750–752, 765–768: *Saggio analitico con alcune Riflessioni intorno all'uso delle matematiche nella fisica*. At the end of the review, we find a call to national pride: "si ravvisa dappertutto il sublime Geometra, il Fisico eccellente, e ciò che è raro in un Matematico, lo Scrittore terso, nobile, elegante. Egli (...) farà sempre più conoscere al pubblico il torto e l'ingiustizia di chi crede che le Matematiche più sublimi siano in oggi domiciliate nel solo rigido Settentrione. Noi invitiamo il chiarissimo Professore a darci spesso dei parti sì pellegrini del suo ingegno, e a disingannare coloro i quali per malumore contro gli Italiani vanno falsamente divulgando che bisogna passar le Alpi per trovare i gran Geometri e i sublimi Filosofi" ("One sees everywhere the brilliant mathematician and the excellent physicist, and what is rare in a mathematician, the clear, noble, and elegant writer. He will increasingly show the public the mistakes and injustice of those who think that the most advanced mathematics are now cultivated only in the North. We invite the very clear Professor to give us often such important fruits of his ingenuity, useful to disprove those who, unfriendly to the Italians, affirm that we must cross the Alps to find great mathematicians and sublime philosophers").
153. *NLF* v. XXII, 1791, col. 284–285.

"animal mechanics", which continued those started in the seventeenth century by Borelli.[154]

9 The affair of the St. Peter's dome and the engaged mathematicians

Between 1743 and 1750 an impetus to the circulation of mathematics for architects emerged in the issues of *NLF* with the great uproar caused by the affair of St. Peter's dome. At the end of 1742, pope Benedict XIV had asked the mathematicians R. Boscovich, T. Le Seur, and F. Jacquier, who taught in Rome, for a report concerning the damage to the dome and possible remedies. Drafted by Boscovich, the *Parere sopra i danni* (*Opinions*) was delivered on January 8th 1743 and reviewed by Lami in the *NLF* issue of January 18th.[155] Appreciation for the speed of drafting was accompanied here by criticism of the lack of demonstrations and clarity. In February, the *NLF* reported that the *Parere* was sent by the Vatican to all universities and mathematicians in Europe.[156] A few months later, a large number of observations, reflections, criticisms and new proposals reached the Pope, in handwritten or printed form, from all regions of Italy, from mathematicians, philosophers and academics, architects and master builders, abbots, nobles and amateurs.[157] Among these reactions there were also *Riflessioni* (*Reflections*) by Le Seur, Jacquier and Boscovich, which the *NLF* recorded in a special review.[158] The *NLF* pages reveal the lively dialogue that took place between expert surveyors, mechanics, architects, etc. and reactions to the criticisms, as well as news of the pope's decision (taken only 4 days after receiving Boscovich's *Opinions*) to entrust Poleni with the task of examining the matter.[159] Poleni's fame and competence in architecture derived from his edition of Vitruvius' work and Benedict XIV thus asked him to visit the St. Peter's dome, to delve into the ancient projects and methods of construction, and to express himself on the *Opinions* and the *Reflections* of the Three Mathematicians. From Benvenuto's historical reconstruction, we know that Poleni delivered his first considerations in March

---

154. *NLF* v. XXII, 1791, col. 763–764.
155. Cf. *NLF* v. 4, 1743, col. 36–41: *Parere di tre Mattematici sopra i danni che si sono trovati nella cupola di S. Pietro sul fine dell'anno 1742 dato per ordine di N. S. Papa Benedetto XIV* (*Opinions on the damage to the dome...*).
156. Cf. *NLF* v. 4, 1743, issue n° 5 of February 1st, col. 65–66.
157. Cf. for example, *NLF* v. 4, 1743, issues n° 8 of February 22nd, col. 118–120; n° 20 of May 17th, col. 311–314; n° 37 of September 13th, col. 589–591. The list of personalities who sent letters to pope was given in review of Poleni's *Memorie Istoriche della gran Cupola del Tempio Vaticano, NLF* v. 11, 1750, col. 825–826.
158. *NLF* v. 4, 1743, issue n° 17 of April 26th, col. 260–263: *Riflessioni de' PP. T. Le Seur, F. Jacquier e R. Boscovich sopra alcune difficoltà spettanti i danni e i risarcimenti della Cupola di S. Pietro proposte nella Congregazione tenutasi nel Quirinale a' 20 Gennaio 1743 e sopra alcune nuove Inspezioni fatte dopo la medesima Congregazione* (*Reflections on some difficulties regarding the damage and restoration work to the Dome of St. Peter by the three mathematicians ... with the answers to objections received*).
159. *NLF* v. 4, 1743, col. 311–313.

1743, which were much appreciated by the pope who nevertheless urged him to continue his studies and visits to Rome, and to examine the answers of the mathematicians of Bologna (G. Manfredi) and of Naples (Bartolomeo Intieri, Giuseppe Orlandi and Pietro Di Martino) which had arrived at the Vatican.[160]

In the issue of September 13th, Lami reviewed the *Scrittura Ms d'un eccellente Matematico* (*Handwritten work by an excellent mathematician*), whose name he did not reveal, thus inviting readers to look for it in previous issues. He was referring to the report given by Poleni to the pope, which then, further expanded, was published in Padua in 1748 in the powerful volume *Memorie Istoriche della gran Cupola del Tempio Vaticano* (*Historical Memories of the Great Dome of the Vatican Temple*). The attention of Lami's *NLF* in 1743 was directed toward the examination and judgment of Poleni on "what the three very learned mathematicians had established".[161] "Strong" and "critical" were the adjectives used by the journalist in presenting the 9 Propositions of Poleni, which highlighted the errors of assessment on the causes of damage to the dome, the lack of adequate calculations, the defects in the proofs and the weakness of the suggested remedies. At the end, Lami cited the falsity of a "Precept given to architects" by the three mathematicians. In this way, he explicitly declared his preference for the work of the professor from Padua. In the review of Poleni's *Memorie Istoriche* in *NLF*, he wrote:

> a truly erudite and magnificent work (...) which can serve as an Architectural Library for all those who will have to work on the domes, both in relation to their construction, and to their conservation and restoration.[162]

In two subsequent issues, readers found an extract from the preface and an extensive account of the contents.[163] In the first, the author recounted six pieces of advice that had been suggested to him by Benedict XIV and which had been accepted in planning the monumental treatise (Benvenuto 1991, 358).

10 Conclusion

From the analysis of single aspects and purposes of the *NLF*, we now move on to a brief outline of the merits of the journal as appreciated by mathematicians and institutions responsible for the promotion of research or education, as well as of its limits, or demerits, as reported in the last quarter of the century.

Undoubtedly, in the long term, the *NLF* played an important role not only in linking scholars and booksellers-printers, revealing where to publish and

---

160. Cf. (Benvenuto 1991, 351–371) and (Dubourg Glatigny 2014, 59–64).
161. *NLF* v. 4, 1743, col. 589–591, cit. col. 589. The work was divided into five books and accompanied by 28 large tables of drawings and figures. Lami's judgment proved prophetic on the importance of Poleni's *Memoirs* for the development of architecture.
162. *NLF* v. 11, 1750, col. 824: "un'opera veramente erudita e magnifica (...) la quale potrà servire di Biblioteca Architettonica a tutti quelli che intorno alle cupole ad operare dovranno, o della loro costruzione si tratti, o della loro conservazione e ristoramento."
163. *NLF* v. 11, 1750, col. 183–186, 825–827.

buy advanced mathematics texts from abroad or re-edited in Italy, but also in showing officials, nobles and merchants of various countries the standard of work by Italian mathematicians, both for the education of young people, and for employment in tasks useful to society, such as hydraulic engineers, experts in structural statics, administration and land registry, etc. To the names mentioned above – Grandi, Frisi, G. Fontana and Lorgna who turned to Lami to find notoriety on *NLF*s (§ 5–8, 10) and more profitable jobs, such as Lecchi in Lombardy (§ 6), or university teachings, such as Fontana in Pavia (§ 5, 7, 8) – it is useful to add that of Gianfrancesco Malfatti, a "poorly-paid" teacher at the university of Ferrara, who complained about the lack of books and the isolation in which he lived:

> if you knew the enormous weight that this University puts on the shoulders of poorly-paid teachers (...) in the morning, very long lessons at school and after lunch, at home, writing the texts of the lessons of the course, training young people for the solution of prize problems, and many other tasks that weaken a man and do not leave him time to study. I'm bored and I wish I could escape it. (...) My strength is limited, I lack books, which is also very useful in trying to find something original, and the acephalous country where I live does not excite me at all to study.[164]

In 1781, having published the essay *Della Curva Cassiniana* (*On Cassini's curve*) in Pavia, Malfatti asked his friend count A. Bonfioli Malvezzi to find a literary journal for a review that would improve his condition:

> I didn't have it printed to sell. I would have been a real fool to believe that people would want to put their hands in their pockets to buy a math book, and especially that one. (...) I do not know if this editorship of the literary journal has sufficient skills to present mathematical books in his periodical. If that would be true and you would think appropriate to entrust to him the review of my book, I would again be indebted to you. This thing would be advantageous for me, because here one cannot know if one has printed a book, unless it is reviewed by the journals, which are the only prints that circulate and are read by most of the public.[165]

Indeed, this strategy was successful and laudatory reviews of his essay appeared in literary journals: the *NLF*, the *Efemeridi letterarie* in Rome and the Bologna and Milan gazettes.[166] Despite this, the judgments that Malfatti and Giovanni Andrès, a mathematician colleague at the university of Ferrara, expressed on this kind of periodicals circulating in Italy were very severe, as were those on the malpractice of the public who were happy to accept the opinions of journalists, rather than reading and studying the original texts directly. In his 1779 dissertation *Sulle ragioni della scarsezza delle scienze* (*On the causes of the decline of the sciences*) Andrès stated in this regard:

> From the culture and enlightenment of our time I see another prejudice arising, namely the fact that our philosophers are ashamed to read books that were written in the

---

164. G. Malfatti to A. M. Lorgna, Ferrara 29 February 1776, (Biadego 1876, 400–402).
165. G. Malfatti to A. Bonfioli Malvezzi, Ferrara 15 June 1781, (Borgato 1988, 193).
166. Cf. *NLF* v. XII, 1781, col. 706–707; *Efemeridi letterarie di Roma* v. X, 1781, 252–253. On Bologna and Milan journals cf. the Malfatti's letters to Lorgna, August 1781, (Biadego 1876, 429).

past. Bibliography could serve as a guide to the choice of useful books, but now it is considered a new science, in which many are trained and no longer take time to read books.[167]

The large number of literary periodicals that printed publishers' manifestos with the titles of the books or the indexes of the collections of scientific papers (*Raccolte di opuscoli scientifici*), followed, at the end, by only a few words of comments, had spread to every region, and journalists often copied each other. The above-mentioned mathematician Gioacchino Pessuti, who was the anonymous author of the reviews on the Roman *Efemeridi*, confided to Fossombroni:

> You must know that in my excerpts the praises are not always sincere and cordial, and that many times (...) they are nothing but the effect of a mere formality.[168]

Lami's initial goal of "educating the public" through serious excerpts and well-founded criticisms from competent reviewers, whose names were revealed, decreased with the journalist's old age and death, and ended up disappearing definitively in the last twenty years, leaving room only for formalities.

On the other hand, isolated mathematicians, such as G. Fontana, Giulio Carlo Fagnani, Giordano Riccati, Lorgna and Malfatti felt the need to make the results of their research known with immediate publications, contained in a few pages. For example, Lorgna wrote to Malfatti in 1766:

> How sorry I am, that we do not have a periodical journal in Italy, such as the one in Leipzig [*Acta Eruditorum*]. I have a lot of new results on my hands, some of which I found long ago, while others are appearing to me by the day, and it would be nice to be able to publish them right away [as soon as they are ready]. When the works are of short entity they are lost, if they remain in loose sheets and are not inserted in some respectable body.[169]

Here we see a new need arise for the circulation of mathematics and science throughout the country, that of building a national society and organizing a periodical of unpublished original contributions only, even in just a few pages. The creator and founder of this organism was Lorgna himself, a young captain

---

167. (Andrès 1779, 20, 26): "Dalla coltura e da' lumi del nostro tempo vedo sorgere un altro pregiudizio, e questo è il vergognarsi che fanno i nostri filosofi di leggere libri, che ne' passati tempi furono composti. (...) La bibliografia è un mezzo che serve di guida per condurci agli utili libri; ora si è fatta una nuova scienza di quella, nella quale molti si formano, e più non passano a leggere libri."

168. G. Pessuti to V. Fossombroni, 8 July 1791: "Ella dovrà ben capire che le lodi colle quali io accompagno quei miei estratti non sono sempre sinceri e cordiali, e che molte volte (...) non sono che l'effetto di una mera formalità" (Giuntini 1994, 448) and (Nagliati 2009, 227).

169. A.M. Lorgna to G. Malfatti, Verona 28 June 1766: "Quanto mi rincresce che non abbiamo in Italia un Giornale periodico, com'era quello di Lipsia [Acta Eruditorum]. Ho molte cose tralle mani, alcune da qualche tempo ritrovate, e alcune che mi vanno presentandosi alla giornata, e bello sarebbe poterle di mano in mano inserire. Quando le opere sono di poco volume, si perdono, se restano volanti e non vengono in qualche corpo rispettabile intruse" (Penso 1978, 29).

and holder of the chair of mathematics in the military college of Verona, who succeeded in about ten years in fulfilling the dream of forming a society of "chosen men" free from interference by local officials and academies, able to print the productions of the protagonists of Italian science in its *Memorie*, diffusing them in Italy and abroad. The catalogue with the list of the first 40 national members, the first 12 foreign members, and the first two honorary members was published in 1786.[170] Many difficulties were encountered by Lorgna. For example, Malfatti, who received in 1776 Lorgna's plan to establish a Society of Italian Cultured Men, who commit to provide at least one unpublished original scientific paper every two years, warned his friend about the risks he would encounter:

> Would you honestly be satisfied with publishing dissertations of the same type as most of those posted in the *Commentarii* of the Bologna Academy and of the Siena Academy? I believe that an associate (mathematician or physicist) of your Society should only send papers containing some beautiful inventions which promote science, or at least new and elegant methods which lead more easily to known results. Now, with the exception of Lorgna and someone else – very few in Italy – who could boast of these fortunes, in truth the rest of the mathematical crowd will send you only some paralogism, or some solution of a useless and miserable problem.[171]

However, in February 1781 Malfatti agreed to be part of that cultural association, to which the mathematicians Lagrange, Boscovich, G. Fontana, T. Bonati, G. Torelli, L. Ximenes, G. Riccati and S. Stratico belonged. The same year, physicists F. Fontana, C. Barletti, A. Volta and M. Landriani, chemists A. Saluzzo and C. L. Morozzo, the naturalist Spallanzani and the doctor G. V. Zeviani also joined. The network of correspondence between these scientists was "built" by Lorgna thanks also to information from the *NLF* and similar literary journals. And this was undoubtedly one of the positive outcomes of the promotion and circulation of mathematics on the national territory in the last twenty years of the 18th century.

A final consideration concerns the places where the success of the *NLF* was conceived and nurtured, i.e., the libraries, cafes and cultural circles such as the Florentine Studio and the local academies, where conferences were held and where recent books and ancient ones, newspapers and gazettes from abroad and from other Italian cities were leafed through and read, where manuscripts were consulted and information was exchanged with foreign visitors. It is no coincidence that the editors of the *NLF*, Lami and Bandini, were librarians of

---

170. Cf. (Penso 1978, 59–60).
171. G. Malfatti to A. M. Lorgna, Ferrara 29 February 1776: "Sinceramente vi contenterete voi che le dissertazioni in essa inserite fossero del calibro della maggior parte di quelle che son poste nei Commentarj dell'Accademia di Bologna e in quelli dell'Accademia di Siena? Io porto opinione che un socio matematico e fisico non dovrebbe mandare che scritti contenenti qualche bella scoperta che promovesse la scienza, o almeno nuovi ed eleganti metodi, che più agevolmente conducessero alle verità conosciute. Ora eccettuate Lorgna e qualc'altro ben raro in Italia che potrebbe lusingarsi di avere queste fortune, in verità il resto della turba matematica non vi manderà che o qualche paralogismo, o qualche soluzione di inutile e miserabil problema" (Biadego 1876, 401–402).

noble families of Florence[172] or scholars, lovers of antiquities and authors of praise of illustrious personalities, such as Gentili, Lastri and Bencivenni Pelli (cf. Paoli 2004a,b, Zapperi 1966).

After visiting archives and libraries abroad and in Italy, and exchanging information with scholars and bibliophiles, from 1732 Lami carried out tasks of organising and reorganising ancient books and codices collected since the sixteenth century, of which he compiled the Catalogue with various details on the history, type, and language of the individual findings. His skills led him to insert in *NLF* historical news, biographical data, anecdotes, and obituaries of deceased mathematicians,[173] news on Galileo's unpublished manuscripts and his correspondence with scholars and pupils. Furthermore, the intense exchange of letters between 1756 and 1765 with the count Gianmaria Mazzuchelli from Brescia, who was editing the volumes of the *Scrittori d'Italia* (*Writers of Italy*) (sent to Lami as soon as they were composed), contributed to feeding this aspect in the *NLF*, where much space was dedicated to the "literary meetings" held in Brescia in the count's house.[174] The interest in the history of mathematics, in the collections of unpublished works and in the drafting of biographies spread to every region of Italy and gave rise to the series of biographical and bibliographic dictionaries of the late 18th and early 19th centuries.[175] The heirs of these first sources of literary journals were historical notes for mathematics and accurate bibliographic repertories extended to all of Europe – with the name of "Announcements of recent publications" – inserted by Baldassarre Boncompagni in the 20 volumes of his *Bullettino di Storia delle Scienze Matematiche e Fisiche* (1868-1887) and by Pietro Riccardi in his 2-vols *Biblioteca Matematica Italiana dalle origini della stampa ai primi anni del secolo XIX* – two important collections of data and information that laid the foundations for the historiography of Italian mathematics of the 18th and early 19th centuries.

---

172. They were librarians in Florence Riccardiana, Laurenziana and Magliabechiana libraries. Cf. (Paoli 2004a,b) and (Rosa 1963).
173. Guido Grandi: *NLF* v. 4, 1743, col. 99, v. 6, 1745, col. 410–413, 441–445; Giovanni Crivelli *NLF* v. 5, 1744, col. 648–651; Jacopo Riccati: *NLF* v. 17, 1756, col. 637–640, v. 23, 1762, col. 671–673, v. 24, 1763, col. 36–40, 514–518, 536–541, 550–553; Gabriele Manfredi: *NLF* v. 23, 1762, col. 332–336, 352–356; Giulio C. Fagnano: *NLF* v. 27, 1766, col. 740-741.
174. Cf. *NLF* v. 12, 1751, col. 816; *NLF* v. 17, 1756, col. 170–172; *NLF* v. 18, 1757, col. 54, 137–143, 151–156; *NLF* v. 19, 1758, col. 230–233; *NLF* v. 21, 1760, col. 70; *NLF* v. 22, 1761, col. 318; *NLF* v. 23, 1762, col. 544–545; *NLF* v. 24, 1763, col. 634–635; *NLF* v. 27, 1766, col. 488–493.
175. Cf. (Fabroni 1778-1805), (Brognoli 1785), (Tipaldo 1834-1845).

Chapitre 23

Le *Bollettino della Unione Matematica Italiana* (BUMI) et ses enjeux politiques et idéologiques (1922-1943)

Livia Giacardi & Rossana Tazzioli

1 Introduction[1]

L'Union mathématique italienne (Unione Matematica Italiana, UMI) est fondée en 1922, la même année que son journal, le *Bulletin de l'Union mathématique italienne* (*Bollettino della Unione Matematica Italiana*, BUMI). Salvatore Pincherle est en même temps le premier président de l'UMI et le directeur du comité de rédaction du *Bulletin*.

Dans cet article nous nous sommes intéressées à l'histoire de ce journal, en particulier aux changements les plus significatifs concernant les acteurs, les contenus et les formes éditoriales par rapport aux enjeux politiques du fascisme. En effet, les études sur le rôle de l'Union mathématique italienne en relation avec le régime fasciste de l'entre-deux-guerres sont peu nombreuses[2] et, jusqu'à présent, il y a seulement un travail spécifique sur l'influence de la politique fasciste sur un journal mathématique italien, le *Bollettino di Matematica*[3].

Nous visons à mettre en évidence à travers le prisme du journal d'une société nationale, l'UMI, la circulation des mathématiques sur le plan des territoires

---

1. Les autrices remercient l'ANR Cirmath, l'INDAM et le CIRM de Trento pour avoir soutenu leur recherche. Elles remercient également Reinhard Siegmund-Schultze pour ses commentaires, qui ont permis d'améliorer leur travail.

2. Voir (Pucci 1986), (Israel & Nastasi 1998), (Nastasi 1998), (Guerraggio & Nastasi 2005). Sur le rapport avec la DMV, voir (Remmert 2017).

3. Voir la contribution d'Erika Luciano publiée dans ce volume « Giornali matematici, politica e propaganda : il caso italiano fra le due guerre » (chap. 13).

géographiques ainsi que des territoires mathématiques. Nous nous intéressons notamment à l'influence du régime fasciste sur deux aspects fondamentaux : la mise en place d'une politique autarcique et l'importance des mathématiques appliquées aux sciences. Un troisième axe de recherche développé dans cet article concerne les retombées de la politique raciale du régime sur les collaborateurs ainsi que sur le contenu mathématique et extra-mathématique du BUMI, qui provoquèrent une limitation inévitable de la circulation des personnes et des idées.

La correspondance privée des mathématiciens qui ont joué un rôle important dans le BUMI a été précieuse pour comprendre le contexte du journal – par rapport en particulier à l'engagement des protagonistes, aux débats nationaux et internationaux, aux interactions avec les autres périodiques, aux connexions internationales – et surtout la position des protagonistes vis-à-vis du fascisme et les motivations réelles qui les ont amenés à prendre certaines décisions. Les archives de l'UMI contiennent des sources d'énorme importance et leur exploitation nous a permis d'enrichir considérablement notre travail.

Nous organisons nos recherches autour de périodes clés de l'histoire du fascisme italien, qui nous permettent de mieux repérer les changements politiques importants et leurs éventuelles retombées sur le BUMI. Les évènements historiques et politiques de 1922 jusqu'à 1943, période qui correspond à la première série du *Bulletin*, nous amènent à identifier les trois périodes suivantes :

1922-1929 – De la marche sur Rome, l'année même de la fondation de l'UMI, au plébiscite du fascisme, en 1929. Pendant cette période le fascisme cherche à éliminer ses opposants politiques et Mussolini s'approprie les pleins pouvoirs en 1925, quand la « fascisation » de la culture commence avec la fondation de l'Istituto Fascista di Cultura ; en 1926 nous assistons à la création de l'Accademia d'Italia (inaugurée en 1929), par opposition à l'Accademia dei Lincei, et de l'Istituto centrale di statistica dirigé par Corrado Gini[4]. Les « leggi fascistissime », une série de normes juridiques décrétées entre 1925 et 1926, marquent le début du régime fasciste, nationaliste, autoritaire, centralisateur, et corporatiste. La tentative d'assassinat manquée de Mussolini à Bologne en 1926 donne au régime le prétexte pour renforcer la censure sur les journaux. En 1929 Mussolini signe les « Patti Lateranensi », un moment significatif pour l'histoire du fascisme qui s'assure le soutien des catholiques. En 1927 la création du Comité mathématique du Conseil national des recherches (Consiglio Nazionale delle Ricerche, CNR) montre la volonté du gouvernement de fonder une association mathématique sur laquelle il peut exercer son contrôle, tandis que l'UMI est une société encore indépendante du régime[5].

---

4. Gini jouera un rôle significatif dans la production de données économiques mais aussi démographiques utiles au régime fasciste. Voir (Prévost 2009).

5. Sur le comité mathématique du CNR voir (Guerraggio & Nastasi 2005, 164–172). Les auteurs argumentent que ce comité a été fondé avec le soutien du gouvernement en opposition à l'UMI.

1930-1935 – Au début des années 1930 le fascisme devient de plus en plus un régime dictatorial : il se renforce en Italie et tente d'améliorer son image à l'étranger. En 1931 le serment de fidélité est imposé aux professeurs universitaires. En 1934 le gouvernement fasciste vote une loi sur les associations, selon laquelle le président et le vice-président élus d'une association ont besoin de l'approbation du régime pour avoir le droit de gouverner. Cette nouvelle loi aura aussi des conséquences sur les élections du bureau de l'UMI. Dans cette période le régime démarre une politique d'autarcie dans le domaine de l'économie, qui influence également le monde de la culture, en particulier celui des mathématiques, comme nous le verrons plus loin avec les diverses sections du BUMI. L'attitude autarcique du gouvernement fasciste s'intensifie au cours de la période suivante. En 1935 l'Italie commence sa guerre de colonisation en Éthiopie, qui vise à acquérir un plus grand prestige international et à renforcer le régime dans le pays.

1936-1943 – La période 1936-1939 est caractérisée par un rapprochement de l'Italie avec l'Allemagne : en automne 1936 les deux pays signent un Pacte, l'Axe Rome-Berlin, et en 1938 les lois raciales sont promulguées en Italie (en Allemagne la persécution raciale était devenue loi en 1933). En 1940, l'Italie se trouve donc dans l'Axe, à côté de l'Allemagne et de ses alliés. Nous montrerons que les effets de ces évènements politiques sur la communauté mathématique italienne, en particulier sur l'UMI et son *Bulletin*, sont assez manifestes.

2 La création de l'UMI et de son *Bulletin*

Dans l'immédiat après-guerre, les premières organisations scientifiques dites internationales ont vu le jour, mais elles sont en réalité caractérisées par une politique nettement anti-allemande visant à exclure les anciens ennemis et leurs alliés. Le Conseil international de la recherche (International Research Council, IRC), fondé à Bruxelles en 1919, et l'Union mathématique internationale (International Mathematical Union, IMU), créée à Strasbourg en 1920, promeuvent notamment ce type de politique, appelée *ostraciste*. Dans les deux organisations Vito Volterra, à l'époque vice-président à la fois de l'IRC et de l'Accademia dei Lincei, joue un rôle de premier plan. À la demande de l'IRC, plusieurs comités nationaux sont créés : en Italie, les fondations de l'UMI et du CNR se situent dans ce processus et Volterra en est l'architecte principal. L'Union mathématique italienne, en particulier, devra représenter l'Italie au sein de l'IMU[6]. Le 18 mars 1921 Volterra lui-même a *informé* Pincherle de l'institution de l'UMI et de sa nomination comme président :

> J'ai l'honneur de vous informer qu'une « Union mathématique italienne » a été créée ; elle devient ainsi une partie de l'Union Mathématique Internationale qui, avec les autres Unions Scientifiques, constitue le « Conseil International de Recherches ». Je

---

[6]. Sur l'International Research Council voir (Greenaway 1996) ; sur l'International Mathematical Union, voir (Lehto 1998), (Schappacher 2002).

suis heureux d'ajouter que la présidence de l'« Union mathématique italienne » vous est confiée, ainsi que la nomination du Secrétaire de cette Union[7].

Pincherle accepte de « tenir temporairement[8] » ce poste et choisit comme secrétaire Ettore Bortolotti, mathématicien ayant des intérêts en histoire des mathématiques et également professeur à l'Université de Bologne. Volterra reste pour Pincherle une référence pour la gestion de l'UMI : Pincherle lui demande des conseils pratiques et stratégiques mais aussi un soutien financier à diverses occasions.

Parmi les points forts du programme de l'UMI, qui a été formulé par Pincherle en accord avec Volterra, apparaissent le désir de renforcer les liens entre mathématiques pures et mathématiques appliquées, les questions concernant l'enseignement des mathématiques et la circulation des idées mathématiques. C'est pour atteindre ces objectifs que Pincherle crée le *Bulletin* (BUMI) au cours de la même année 1922. Depuis le début, le BUMI n'est pas seulement un journal mathématique comme les autres, mais il veut s'adresser à la communauté des mathématiciens italiens et a comme but principal d'informer les mathématiciens des nouvelles recherches mathématiques, mais aussi des colloques et conférences, et de l'actualité de la vie universitaire.

Le nouveau journal est divisé en diverses sections qui subiront quelques changements au fil du temps en fonction du comité éditorial et de la situation politique :

- *Piccole note (Petites notes)* – articles de quelques pages de mathématiques pures et appliquées ;

- *Sunti di lavori italiani* – résumés des travaux publiés par des journaux italiens pour « encourager les personnes intéressées par le sujet à chercher et à lire l'ouvrage complet[9] » ;

- *Sunti di lavori esteri* – résumés des articles les plus remarquables parus dans des journaux étrangers afin de stimuler les chercheurs italiens ;

- *Recensioni* – comptes rendus de livres italiens et étrangers récents ;

- *Corrispondenza* – section similaire à l'*Intermédiaire des Mathématiciens*, comme il est écrit dans le *Bulletin*, y compris des questions mathéma-

---

7. « Mi pregio di comunicarLe che si è costituita la "Unione Matematica Italiana" la quale entra così a far parte della "Unione Matematica Internazionale" che insieme alle altre Unioni Scientifiche, compone il "Conseil International de Recherches". Sono lieto di aggiungere che la Presidenza della "Unione Matematica Italiana" è a Lei affidata ; ed a Lei è pure commessa la nomina del Segretario della Unione stessa », Archivio Storico della Unione Matematica Italiana (AS-UMI), V. Volterra à S. Pincherle, 18.3.1921. Toutes les traductions sont les nôtres.
8. Archivio dell'Accademia Nazionale dei Lincei (ANL), *Archivio Volterra*, S. Pincherle à V. Volterra, 21.3.1921.
9. « Invogliare chi s'interessa dell'argomento, a cercare e a leggere il lavoro completo », AS-UMI, Pincherle à Castelnuovo, 20.4.1922.

tiques, une section bibliographique, des informations sur des recherches particulières en mathématiques pures et appliquées ;

- *Notizie* – information sur l'activité de l'UMI mais aussi des universités, y compris les cours de mathématiques, les mémoires ou thèses soutenus dans les diverses universités, les prix, les congrès nationaux et internationaux, etc. ;

- *Bibliografia* – section qui contient la liste des publications données en échange avec le BUMI.

Le *Bulletin* est donc un journal assez complexe dans sa structure, qui s'adresse aux professionnels dans les domaines des mathématiques et de ses applications. Son but n'est pas d'atteindre l'excellence mathématique, mais de publier un journal de service, avec de bons articles en mathématiques pures et d'autres qui portent aussi sur les applications au sens large : on y trouve l'ingénierie, la finance, les mathématiques des assurances, les probabilités, la géographie, l'astronomie et la physique. Malgré quelques ressemblances avec les revues des sociétés mathématiques allemandes, françaises et américaines[10], le *Bulletin* est un véritable projet de Pincherle, qui en tant que président de l'UMI en est le premier directeur.

Le comité éditorial est composé de mathématiciens *purs* (Pincherle, Ettore Bortolotti, Luigi Bianchi, Leonida Tonelli, Gaetano Scorza, et Giulio Vivanti), mais il y a aussi Luigi Amoroso, spécialiste de mathématiques pour l'économie, Giuseppe Armellini qui est astronome ; Gustavo Colonnetti, ingénieur ; Orso Mario Corbino, physicien de l'Université de Rome et initiateur de la future école de Fermi ; Pietro Burgatti et Volterra qui étudient la physique mathématique, ce dernier étant un pionnier des modèles mathématiques pour l'économie et la biologie dans les années 1930.

La rubrique *Piccole Note* n'est pas adaptée à des articles de recherche mathématique proprement dits ; elle contient plutôt de brèves notes originales, présentées par les membres de l'UMI, avec « un caractère moins spécialisé que les publications académiques ordinaires[11] ». Les auteurs sont généralement des mathématiciens très réputés ou de jeunes mathématiciens talentueux, qui font souvent partie du réseau de Pincherle : Guido Fubini, Giuseppe Vitali, Tonelli, Bompiani, Roberto Marcolongo, Antonio Signorini, Constantin Carathéodory, Renato Caccioppoli, Gaetano Scorza, Gino Fano, Mauro Picone,

---

10. Dans sa présentation du programme de l'UMI Pincherle fait référence aux trois sociétés mathématiques : la Société mathématique de France (SMF), la Deutsche Mathematiker Vereinigung (DMV) et l'American Mathematical Society (AMS) (voir *Bollettino della Unione Matematica Italiana* (BUMI), *Numero specimen*, 1922, p. 1). Sur ce sujet voir l'article (Giacardi 2016). Cependant la correspondance montre que c'est Pincherle qui décide la structure du BUMI : voir par exemple AS-UMI, S. Pincherle à G. Castelnuovo, 20.4.1922 ; ANL, S. Pincherle à V. Volterra, 3.5.1922, et BUMI *Numero specimen*, 1922, p. 4–6.

11. « un'indole meno speciale di quella delle ordinarie comunicazioni accademiche », BUMI *Numero specimen*, 1922, p. 6.

et Pincherle, mais il y a aussi des ingénieurs et des enseignants. Par contre, Volterra ne publiera aucun article dans le BUMI malgré les nombreuses invitations de Pincherle.

Le *Bulletin* ne contient pas seulement des articles mathématiques mais aussi plusieurs rubriques consacrées à la vie mathématique qui seront analysées dans notre article pour repérer les éventuels effets de la politique sur le BUMI. Nous nous concentrons sur cinq axes de recherche :

1. Les éventuels changements concernant le type de mathématiques publié dans le BUMI. En effet, comme le dit Mussolini à plusieurs reprises, les applications des mathématiques, en particulier à la démographie, à l'économie, à l'ingénierie et à la guerre sont essentielles et très appréciées par le régime. Le BUMI semble-t-il suivre ces intérêts mis en avant par la politique fasciste ? Et encore, la politique d'autarcie a-t-elle influencé les mathématiques, les auteurs, les *Notizie* ou les *Recensioni* du BUMI ?

2. La structure du BUMI. Des changements dans l'organisation du journal pourraient en effet révéler des influences politiques.

3. Les changements dans les rubriques *Recensioni, Sunti di lavori italiani, Sunti di lavori esteri*, qui pourraient être dus à la politique interne et/ou la politique internationale du fascisme. Par exemple, est-ce qu'il y a un nombre supérieur de travaux de mathématiques appliquées dans les *Sunti* ou dans les *Recensioni* dans les périodes différentes ? Ou encore, est-ce qu'on peut repérer une augmentation du nombre d'articles ou de livres allemands dans les diverses rubriques vers la fin des années 1930 ?

4. La section *Notizie*. Cette rubrique contient une vraie mine d'informations concernant les congrès, les voyages, les universités et les instituts italiens et étrangers, qui pourraient révéler des positionnements par rapport au pouvoir politique. Nous analysons donc cette rubrique afin de repérer les éventuelles retombées de la politique fasciste sur l'UMI et les signes de son asservissement au régime.

5. Les personnes impliquées dans le fonctionnement du journal. Comment les mathématiciens qui font partie du bureau de l'UMI et du comité de rédaction du *Bulletin*, ainsi que leurs collaborateurs, et les auteurs d'articles de mathématiques ont-ils évolué sur la longue période ? Est-ce qu'on peut remarquer des liens avec la politique qui justifient cette évolution ?

Dans les sections suivantes de notre article qui se réfèrent aux diverses périodes historiques, nous essayons donc d'illustrer les différents aspects et de les articuler entre eux.

3 De la fondation de l'UMI à l'ICM de Bologne (1922-1929)

Parmi les objectifs de Pincherle pour le *Bulletin*, il y a celui de valoriser à la fois les mathématiques pures et les mathématiques appliquées. En fait, dans le *numéro spécimen* – c'est-à-dire le premier fascicule de présentation du journal – seules deux brèves notes de mathématiques apparaissent, l'une est de Luigi Bianchi sur la géométrie différentielle et l'autre d'Umberto Puppini sur l'analogie entre un problème de mécanique des fluides et des questions d'électricité. Pincherle explique sa conception des mathématiques appliquées dans une lettre à Volterra :

> Si le moment présent nous oblige à réfléchir davantage aux applications, il ne faut pas perdre de vue la théorie pure. [...] Si la technique ne maintient pas le contact avec la théorie, et si cela n'est pas dûment pris en compte, il est facile qu'elle [la théorie] tombe dans l'empirisme[12] !

Dans les *Piccole Note*, 12 notes sur un total de 178 parues de 1922 à 1928 concernent les applications des mathématiques : ingénierie hydraulique, sciences du bâtiment, ingénierie mécanique, géodésie, mathématiques financières, statistiques, théorie des probabilités, mathématiques appliquées à l'assurance. Parmi les auteurs, 4 sont des ingénieurs, qui enseignent à l'université ou à l'école polytechnique, et d'autres des mathématiciens experts en mathématiques financières. Un plus grand nombre d'articles sur les mathématiques appliquées (aéronautique, statistiques, anthropométrie, économie, théorie des probabilités, biologie mathématique, etc.) figurent dans les résumés des travaux italiens et étrangers (*Sunti dei lavori italiani o stranieri*). Cette section a favorisé la circulation des recherches de pointe en mathématiques pures et appliquées parmi les mathématiciens italiens.

Nous remarquons que les principaux champs de recherche représentés dans le *Bulletin* sont la géométrie projective-différentielle – les auteurs principaux sont Bianchi, Fubini, Bompiani, Alessandro Terracini, Eugenio Togliatti, Enea Bortolotti – et l'analyse réelle et fonctionnelle avec les travaux de Tonelli, Caccioppoli, et Pincherle. Il y a 11 mathématiciens étrangers parmi les auteurs des *Piccole Note*, tels que Carathéodory, Gerhard Thomsen, Nicolae Abramescu et Ernest Preston Lane (Tab. 1 et Tab. 2.[13])

Le premier événement depuis la création de l'UMI et du BUMI qui a des retombées immédiates sur les mathématiques italiennes et sur son enseignement est la réforme du gouvernement fasciste de 1923 due à Giovanni Gentile (voir Giacardi 2006, 54–63 ; 377–379). Cette réforme a diminué considérablement

---

12. « Se il momento presente richiede che si pensi di più all'applicazione, non si deve perdere di vista la teoria pura. [...] Se la tecnica non mantiene il contatto colla teoria, e se questo non è tenuto nel dovuto conto, è facile che cada nell'empirismo ! », ANL, *Fondo Volterra*, S. Pincherle à V. Volterra, 28.8.1919.

13. Nous renvoyons les lecteurs pour une version de ces tableaux dans des graphiques en couleurs au site de Cirmath.

	Analyse	Algèbre	Géométrie	Mécanique	Physique mathématique	Théorie des nombres	Histoire, nécrologies, didactique	Géodésie, astronomie, math. fin., probabilité
1922	3		3			2		3
1923	4	2	6	3	1			1
1924	8		7	3				2
1925	8		6	8			2	2
1926	10		7	3	2	1		
1927	14	5	12	4				3
1928	14	4	11	1	1	2		3
1929	17	2	10	2	1			1
Total	78	13	62	24	5	5	2	15

TABLEAU 1 : Distribution par sujets des Piccole Note
dans le BUMI (1922-1929)

	Analyse	Algèbre	Géométrie	Mécanique	Physique mathémat.	Théorie des nombres	Histoire didact.	Logique fondements	Math. élément.	Applicat. probabilité
1922	1		1		2					1
1923	2		2		4	1	3		1	4
1924	4		2			1	3			5
1925	10	1		1	2			2	1	1
1926			3	1	1		4	1		2
1927	3	1	5		1			1	1	3
1928	6		4	1	1				3	3
1929	4		4					1	1	1
Total	30	2	21	3	11	2	10	5	7	20

TABLEAU 2 : Distribution par sujets des Recensioni dans le BUMI (1922-1929)

la place des mathématiques au collège et au lycée. Cependant elle n'est pas mentionnée dans le BUMI sauf dans les *Notizie*, là où on communique l'ordre du jour du prochain colloque de la Mathesis, l'association des enseignants de mathématiques, qui aura lieu en octobre 1925. Y sont rapportés les mots de Federigo Enriques, le président de la Mathesis, qui s'oppose fermement à la réforme et, en réaffirmant « la valeur humaniste des sciences », constate que la réforme aura des mauvaises retombées sur les études scientifiques et souhaite que le ministre de l'Éducation nationale puisse revenir sur cette décision. Sur le BUMI on lit : « Il est inutile d'ajouter que l'UMI s'associe cordialement à cet ordre du jour » (BUMI 1925, 4, 235–236). Donc dans le *Bulletin* n'apparaît aucune vraie critique à l'action du gouvernement et rien n'est publié sur les débats animés qui suivent, tandis que l'Accademia dei Lincei adopte une position très dure à l'égard de la réforme, en particulier de la part de Volterra et Castelnuovo (Castelnuovo 1923).

Un rôle significatif dans la circulation des idées mathématique est joué par une nouvelle section du BUMI intitulée *Relazioni scientifiche (Rapports scientifiques)* qui démarre en 1925. Cette section a pour but de présenter des groupes de travail sur les recherches les plus avancées en Italie et à l'international. Parmi les sujets abordés nous mentionnons la théorie des algèbres, la théorie de la relativité, la physique quantique, la biologie mathématique, la géométrie différentielle projective, et les fonctions quasi-analytiques. La section s'arrête en 1928, et publie le dernier rapport en 1930 sur la théorie des connexions projectives.

Cependant, les premiers assujettissements au fascisme de la part de Pincherle, et donc de l'UMI, sont liés à l'organisation du congrès international des mathématiciens de 1928 à Bologne. À ce moment, l'Union mathématique a besoin de fonds pour cet important événement international qui marque un tournant dans l'histoire de l'internationalisme scientifique : il s'agit en fait du premier congrès des mathématiciens d'après-guerre où les Allemands et leurs anciens alliés participent en masse. Ce congrès représentera un grand succès tant du point de vue de la politique internationale que de la recherche scientifique[14]. Il est également un succès personnel de Pincherle, alors président de l'UMI et de l'IMU, qui a réussi, en dépit de l'opposition d'une partie des communautés des mathématiciens français et allemands, à rétablir la coopération scientifique internationale.

Pincherle commence ses démarches difficiles et épuisantes pour l'organisation du congrès de 1928, aidé principalement par le secrétaire de l'UMI, Ettore Bortolotti, depuis 1924, année de sa nomination à la présidence de l'Union mathématique internationale à l'ICM de Toronto. Tout de suite il s'emploie à consolider le choix de Bologne comme siège de l'ICM[15]. Dans « la grande tempête à Toronto », comme l'a écrit Edwin Bidwell Wilson[16], les délégués américains ont déposé une motion, soutenue par l'Italie, les Pays-Bas, la Suède, et le Royaume Uni, demandant à l'IRC d'abolir les restrictions à la nationalité

---

14. Sur l'organisation de l'ICM de Bologne (1928) voir (Giacardi & Tazzioli 2021), (Capristo 2016), (Van Dalen 2011), (Guerraggio & Nastasi 2005).
15. Voir par example les lettres à et de Mittag-Leffler (juin et juillet 1926) dans AS-UMI.
16. E. B. Wilson à E. Picard, 19.12.1924 in (Siegmund-Schultze 2011, 156).

imposées par les statuts du Conseil de l'après-guerre, conformément à la politique de la Société des Nations (Rasmussen 2007). La motion est approuvée par l'Assemblée, même si le Canada ne la soutient pas en tant que pays neutre[17]. À partir de ce moment, Pincherle vise à réunir des mathématiciens de tous les pays lors du prochain ICM.

En 1925 Pincherle signe le Manifeste des intellectuels fascistes, rédigé par Gentile lors du premier congrès national des institutions culturelles fascistes à Bologne auquel environ 250 intellectuels ont participé. Nous n'avons trouvé aucun document permettant d'éclaircir les motivations qui ont conduit Pincherle à ce geste. Il est le seul mathématicien, à part Corrado Gini, à signer ce manifeste qui insiste sur la nécessité de dépasser l'antithèse qui existe entre fascisme et culture. Le *Manifeste Gentile* est distribué à la presse le 21 avril et, le 1er mai, le contre-manifeste de Benedetto Croce, auquel adhèrent les plus grands noms de la culture italienne, est également publié. Parmi les mathématiciens, il y a Leonida Tonelli, Volterra, Castelnuovo, Beppo Levi, Tullio Levi-Civita et Francesco Severi (Guerraggio & Nastasi 2005, 81–85).

Les premières véritables traces d'asservissement au pouvoir de la communauté mathématique remontent à février 1926, lors des divers contacts entre Pincherle et Mussolini, visant à obtenir le financement nécessaire à l'organisation du congrès de Bologne. En effet, le 7 décembre Pincherle est reçu par Mussolini et significativement le 31 décembre il s'inscrit au Parti national fasciste. Il laisse également aux autorités politiques de Bologne le choix de la composition du comité d'honneur du congrès, comme indiqué dans les procès-verbaux des réunions du comité d'organisation. Nous remarquons que seul Tonelli, trésorier de l'UMI, critique cette décision :

> Le professeur Tonelli aurait préféré que la nomination du comité d'honneur soit renvoyée à un organe technique tel que le comité d'organisation ou la commission exécutive. Le professeur Pincherle, président, observe que dans cette affaire il a fallu recourir à l'autorité politique pour éviter les critiques faciles, et qu'en revanche il n'est plus possible désormais de faire autrement[18].

Pincherle utilise également des mots élogieux pour le travail du Duce dans son discours introductif au congrès[19], et se félicite pour le travail du

---

17. Sur les difficulties de John C. Fields, président du comité organisateur de l'ICM de Toronto, et ses relations avec Pincherle voir (McKinnon Riehm & Hoffman 2011, en particulier le chap. 10).

18. « Il prof Tonelli avrebbe preferito che la nomina del Comitato d'onore fosse stata deferita ad un corpo tecnico quale il comitato ordinatore, o la Commissione esecutiva. Il prof Pincherle, presidente, osserva che in tale materia era necessario l'aver ricorso alla autorità politica, per evitare facili critiche, osserva, d'altra parte che oramai non è più possibile il fare altrimenti », AS-UMI, *Verbale della seduta della commissione esecutiva del comitato ordinatore del 29 gennaio 1928*.

19. Cf. *Atti del Congresso Internazionale dei Matematici, Bologna 1928*, vol. I, Zanichelli, Bologna 1929, p. 73.

gouvernement fasciste dans la lettre adressée à Mussolini peu après la fin des travaux[20].

Dans le BUMI de 1927 on lit que Mussolini a reçu Pincherle et Puppini pour discuter de l'organisation du congrès de Bologne auquel « il a gentiment promis son soutien moral et matériel, et a volontiers accepté la présidence du comité d'honneur[21] ». Finalement, le Duce ne participe pas au congrès, mais plusieurs autorités fascistes sont présentes à ce grand colloque qui peut être considéré comme une vitrine du régime fasciste (Curbera 2009, 88).

Le compte rendu du congrès publié dans le BUMI en deux parties est rédigé par Ettore Bortolotti. Dans la première partie (BUMI 7, 1928, 221-228) il insiste sur les divergences concernant l'internationalité scientifique depuis l'ICM de Strasbourg de 1920, en mettant surtout en évidence le rôle de Pincherle et de ses collaborateurs pour organiser un congrès vraiment international. Il mentionne les oppositions de l'IMU aussi bien que celles de certains des mathématiciens allemands et à cet égard cite les passages les plus significatifs de la correspondance échangée. Nous remarquons qu'à partir de ce numéro du BUMI, le deuxième de 1928, on introduit « l'année fasciste VI ».

Dans la seconde partie du compte rendu (BUMI 7, 1928, 266-284), Bortolotti présente les statistiques du congrès sur les institutions scientifiques représentées, les participants, les communications, les conférences générales, etc. ; il décrit jour par jour les séances du congrès, et consacre une place assez importante au discours du ministre Belluzzo, représentant du gouvernement, à l'accueil du « podestà » de Bologne, au banquet offert aux 1100 participants avec la présence des autorités civiles et militaires, et à la soirée organisée par le préfet. Bortolotti insiste également sur les excursions à Ravenne, Ferrara, Riva del Garda et Ponale qui ont le but de montrer les beautés artistiques et architecturales de l'Italie, mais aussi les travaux imposants accomplis par le gouvernement fasciste – comme la centrale hydroélectrique de Riva ou le bassin de captage d'eau du lac de Ledro. Finalement, Bortolotti souligne dans les conclusions l'intérêt scientifique des séances consacrées à la fois aux mathématiques pures (la théorie des fonctions de variable réelle, l'analyse fonctionnelle, la topologie, mais aussi les fondements des mathématiques et la logique) et aux mathématiques appliquées (en particulier, les sciences actuarielles, la statistique, et l'économie mathématique).

Le congrès s'articule en 7 sections, dont 3 de mathématiques pures, 2 de mathématiques appliquées, et 2 sections consacrées aux mathématiques élémentaires, histoire, philosophie, logique et questions didactiques (*Atti*, 6 vols. 1929-1932). Nombreuses sont les conférences de haut niveau sur des résultats novateurs dans de divers champs de recherches. Par exemple l'« émergence et la reconnaissance d'une des plus grandes théories probabilistes du XXe siècle, la

---

20. AS-UMI, S. Pincherle à B. Mussolini, 16.2.1926, et 13.9.1928. Voir aussi (Capristo 2016).

21. « Ha benevolmente promesso il suo appoggio morale e materiale, ed ha accettato di buon grado la Presidenza del costituendo Comitato d'onore » (BUMI 6, 1927, 41, 164).

théorie des chaînes de Markov » se trouvent pour la première fois dans l'ICM de Bologne (Bru 2003, 135). Maurice Fréchet présente sa théorie des espaces abstraits, Hilbert parle des fondements des mathématiques, Volterra traite de la théorie des fonctionnelles appliquée aux phénomènes héréditaires, et Theodore von Kármán aborde les problèmes mathématiques de l'aérodynamique moderne. Il y a également une conférence historique de Roberto Marcolongo sur les aspects mathématiques dans les *Codici* de Leonardo da Vinci.

Dans une lettre à Mussolini, Pincherle est fier de lister au Duce les « quatre bons résultats du congrès » de Bologne :

> Sur le plan politique, [nous avons obtenu] la reconnaissance la plus explicite, de tous côtés, par rapport à l'ordre, le bien-être, le fonctionnement régulier de tous les services sous le régime fasciste, sous le gouvernement d'E. V. [Votre Excellence] qui en est le créateur.
>
> Sur le plan politique également, le résultat a été atteint de rassembler les savants appartenant à des États qui avaient été en guerre les uns avec les autres et de ramener entre eux une harmonie cordiale ; à tel point qu'après le congrès véritablement international de Bologne, tous les futurs congrès doivent également être internationaux.
>
> Sur le plan scientifique, il y a eu des conférences générales du plus haut intérêt, tenues par des scientifiques de haute et incontestée renommée, italiens et étrangers [...].
>
> Enfin, l'exaltation de la science italienne. Ce Congrès dans les conférences, les communications, les ouvrages imprimés qui ont été spécialement écrits et offerts en cadeau aux participants ont mis en évidence les résultats obtenus chez nous au cours des cinquante dernières années et l'immense contribution de l'Italie à la formation de la mathématique contemporaine[22].

4 Du serment à la guerre en Éthiopie (1930-1935)

Le succès du congrès de Bologne permet à Pincherle de renforcer l'image de l'UMI et de son *Bulletin* en Italie et à l'étranger, mais aussi de donner une plus grande visibilité au régime fasciste. Des réactions positives au congrès de Bologne sont parues dans divers journaux étrangers. Certains articles soulignent surtout la reprise de l'internationalisme scientifique[23], d'autres insistent sur

---

22. « Nel riguardo politico, il riconoscimento più esplicito, avuto da ogni parte, dell'ordine, del benessere, del regolare funzionamento di tutti i servizi sotto il Regime fascista, sotto il Governo dell'E. V. che ne è l'instauratore.
Pure nel riguardo politico, si è raggiunto il risultato di riavvicinare gli scienziati appartenenti agli Stati già in guerra fra loro e ricondurre fra loro una cordiale armonia ; tanto che dopo il Congresso di Bologna veramente internazionale, tutti i futuri congressi dovranno essere del pari internazionali. Nell'ordine scientifico, si sono avute conferenze generali dal più alto interesse, tenute da scienziati di chiara ed indiscussa fama, italiani e stranieri [...].
Infine l'esaltazione della scienza italiana. Questo Congresso nelle conferenze, nelle comunicazioni, nelle opere a stampa appositamente scritte e date in dono ai congressisti hanno posto nella più chiara luce i risultati ottenuti presso di noi nell'ultimo cinquantennio e l'immenso contributo dell'Italia alla formazione della matematica moderna », AS-UMI, S. Pincherle à B. Mussolini, 13.9.1928.
23. Voir le deux rapports de L. Tonelli et W. Blaschke respectivement dans *Bulletin of the American Mathematical Society*, 1929, p. 201–204 et *Forschungen und Fortschritte, Deutsche Akademie der Wissenschaften*, 6, p. 356. Voir aussi *The Mathematical Gazette*, 13, 1927, p. 341 ; *Nature*, n° 3074, 122, 1928, p. 494–495.

l'excellence du niveau mathématique[24], et d'autres encore mettent en évidence les événements sociaux, la splendeur de l'art italien, les somptueuses réceptions en particulier le déjeuner au *Littoriale* et le patronage de Mussolini[25]. Par contre, le compte rendu du congrès que le jeune Hasso Härlen fait à Luitzen Brouwer (Van Dalen 2011) mérite lui aussi d'être mentionné. Il reconnaît les efforts du Comité italien qui a essayé d'éviter les contrastes et les éventuels désaccords, mais il met l'accent sur certains détails qui selon lui montrent un manque de tact à l'égard des Allemands et des Autrichiens, comme les insignes de reconnaissance aux couleurs de l'Italie et les petits drapeaux italiens sur les menus. Il souligne aussi la situation dramatique du Sud-Tyrol où Mussolini a interdit aux habitants de parler allemand ainsi que d'enseigner la langue allemande à l'école. Il est remarquable que ni le *Bulletin* de la Société mathématique de France ni le journal de la Deutsche Mathematiker Vereinigung (DMV) mentionnent le congrès de Bologne.

D'excellents spécialistes, tant en mathématiques pures qu'en mathématiques appliquées, sont présents au congrès de Bologne provenant des continents européen et américain[26]. Les participants viennent de 36 pays différents et toutes les disciplines mathématiques y sont représentées. L'ICM de Bologne a contribué d'une façon remarquable à la circulation mathématique internationale à travers la diffusion et la discussion des idées innovantes et des nouvelles théories. En particulier les conférences de la session de probabilité sont particulièrement marquantes, comme nous avons déjà remarqué.

Le BUMI devient plus visible à l'étranger et renforce les échanges avec d'autres revues[27]. Cependant la rubrique *Sunti di lavori esteri* disparaît pratiquement en 1931[28]. Peut-être est-ce un signe de l'autarcie voulue par le régime ?

Parmi les moments clés qui marquent la transformation du fascisme en dictature, citons, en août 1931, l'imposition à tous les professeurs du serment d'allégeance au régime fasciste, ainsi qu'au roi et à la patrie déjà évoqués dans les formes précédentes de serment. C'est Francesco Severi, illustre représentant de l'école de géométrie algébrique, qui assume le rôle de conseiller de Mussolini, suggérant une ligne politique qui sera un succès pour le gouvernement : d'un côté, la punition des adversaires impénitents au régime comme Volterra et,

---

24. Voir les rapports de A. Buhl et H. Fehr dans *L'Enseignement mathématique*, 27, 1928, p. 194–202 et p. 28–53 respectivement.

25. Voir le rapport de C. Gingrich dans *Popular Astronomy Magazine*, 36, 1928, p. 529–532.

26. Par exemple, les conférences plénières sont données par L. Amoroso, D. Birkhoff, E. Borel, G. Castelnuovo, M. Fréchet, J. Hadamard, D. Hilbert, Th. von Kármán, N. Lusin, R. Marcolongo, U. Puppini, L. Tonelli, O. Veblen, V. Volterra, H. Weyl, W. Young.

27. Le BUMI est mentionné pour la première fois dans le *Zeitschriftenschau* du *Jahresbericht der Deutschen Mathematiker-Vereinigung* en 1927 et apparaît parmi les revues en échange avec le *Bulletin de la Société mathématique de France* en 1931, voir aussi (BUMI X, 1931, 109).

28. En 1938, cette rubrique apparaît encore une fois avec un seul article, voir (BUMI XVII, 1938, 117–118).

de l'autre, une amnistie pour effacer les fautes des anciens antifascistes qui ont signé le Manifeste Croce, comme Severi lui-même. Le seul mathématicien, parmi les 12 (sur 1200) professeurs d'université italiens à ne pas prêter serment est Volterra (Boatti 2017). Cet événement n'est pas reporté dans le BUMI et Volterra continue de faire partie du comité de rédaction du *Bulletin*.

Entre-temps, le bureau de l'UMI change : en 1931 Beppo Levi, qui fait partie du comité de rédaction du BUMI depuis 1929, remplace Tonelli en tant que trésorier et en 1933 il rejoint également la Commission scientifique. Mathématicien de renommée internationale et homme de grande culture mathématique, Levi consacre beaucoup de temps et d'énergie au *Bulletin* et aide beaucoup Pincherle dans son travail de révision. Après les élections du bureau de 1933, Berzolari devient le nouveau président de l'UMI. L'Assemblée décrète que Pincherle, en raison du travail considérable accompli, reste cependant directeur du *Bulletin*, fonction qu'il occupera jusqu'à sa mort survenue en 1936 (BUMI 11, 1932, 306).

Dans sa politique vers un régime totalitaire, avec le but de mieux contrôler les citoyens et de restreindre leur liberté personnelle, le gouvernement fasciste promulgue en 1934 une loi qui lui permet d'exercer un contrôle sur les bureaux des différentes associations. En particulier, même si les élections libres ne sont pas abolies, le gouvernement peut toujours opposer son veto aux noms des élus et donc renverser le résultat des élections. Les statuts de l'UMI ont également été modifiés pour tenir compte de la nouvelle loi contre laquelle l'UMI ne réagit pas officiellement, tandis que le BUMI annonce simplement le nouveau décret sans prendre aucune position :

> Le Secrétaire lit les statuts, notant que, sauf pour des détails de peu d'importance, les dispositions substantielles des anciens statuts qui étaient le fondement de notre Société y sont conservées[29].

Les effets de cette réforme sont presque immédiats. En effet, le gouvernement intervient déjà sur les résultats des élections de 1935 : le ministère de l'Éducation nationale exclut de la Commission scientifique de l'UMI Vivanti et Volterra qui ont obtenu plus de voix (32 et 25) que Picone, Severi et Fantappié (22, 22 et 21). Ces derniers, qui partagent une position favorable au régime, rejoignent la Commission scientifique de l'UMI. Cette nouvelle est signalée sans commentaires dans le *Bulletin* (BUMI 14, 1935, 198). Par ailleurs, Beppo Levi a retardé la publication des nouveaux statuts dans le BUMI pendant plus d'un an, en montrant ainsi une *résistance passive* contre le régime qui a provoqué les protestations de Bompiani[30].

Dorénavant la présence directe ou indirecte de la politique fasciste dans le BUMI apparaît de plus en plus manifeste. Plus de place est accordée aux informations concernant Mussolini ou à l'exaltation du gouvernement italien

---

29. « Il Segretario legge lo Statuto, facendo rilevare che, salvo particolari di non molta importanza, vengono in esso conservate le disposizioni sostanziali dell'antico Statuto che è stato fondamento della nostra Società » (BUMI 13, 1935, 195).

30. AS-UMI, E. Bompiani à L. Berzolari, ?.7.1936.

par les mathématiciens invités à faire des conférences à l'étranger. Par exemple, 25 prix pour des jeunes chercheurs sont institués par Mussolini pendant un colloque de la Société italienne pour l'avancement des sciences (Società Italiana per il Progresso della Scienza, SIPS), le Duce étant décrit comme « toujours prêt à supporter et à encourager toutes les entreprises scientifiques dans notre pays[31] ».

En octobre 1935, l'Italie s'engage dans la guerre coloniale d'Éthiopie ; la mobilisation est extraordinaire : le régime engage un nombre exceptionnel d'hommes et de moyens à des fins de propagande. La Société des Nations veut punir l'invasion italienne en Éthiopie qui est particulièrement sanglante, et impose immédiatement des sanctions économiques qui seront retirées en juillet 1936 sans provoquer le moindre ralentissement de la machine de guerre italienne en Afrique. En réponse à cette politique dite *sanctioniste* de plusieurs pays européens, y compris la Norvège, le gouvernement fasciste empêche les mathématiciens italiens de participer à l'ICM qui se déroulera en 1936 à Oslo. L'UMI accepte sans réserve cette décision, bien que Severi, membre de la Commission scientifique et président de la commission internationale chargée d'étudier la coopération internationale des mathématiciens[32], y ait été invité à tenir une conférence plénière. On lit sur le BUMI sans commentaires :

> Le président remarque que les conditions politiques imposent une adhésion stricte aux décisions du gouvernement[33].

Au cours de cette seconde période, le bureau de l'UMI travaille donc dans la continuité des années précédentes : il ne prend aucune position nette contre le régime, accepte les décisions du gouvernement sans s'opposer ou discuter, en manifestant parfois des attitudes flatteuses à l'égard du Duce[34].

En ce qui concerne les mathématiques dans les *Piccole Note*, la répartition des différentes disciplines mathématiques reste proche de celle de la période précédente. L'analyse et la géométrie sont les secteurs les plus représentés, même si on constate une augmentation de l'analyse plus importante que celle de la géométrie, tandis que la présence des applications des mathématiques reste confirmée. Parmi les auteurs, le nombre de mathématiciens étrangers passent de 11 à 15, en montrant une légère augmentation. Parmi ceux-ci, citons le Belge Lucien Godeaux, lié à l'école italienne de géométrie algébrique, l'Espagnol Julio Rey Pastor et l'Argentin Juan Carlos Vignaux, qui a alors commencé à

---

31. « Sempre pronto a promuovere e incoraggiare nel nostro Paese ogni impresa scientifica » (BUMI XIII, 1935, 48).

32. *Comptes rendus du Congrès international des mathématiciens, Oslo 1936*, A. W. Brøggers Boktrykkeri, Oslo 1937, I, p. 25, 39, 46–47. Les Italiens qui participent au congrès sont seulement 5 et ne sont pas des mathématiciens de premier plan. Sur le congrès d'Oslo voir le livre (Hollings & Siegmund-Schultze 2020).

33. « Il Presidente fa osservare che le presenti condizioni politiche impongono stretta adesione alle direttive del Governo » (BUMI 15, 1936, 96–97, 145).

34. Voir par exemple le rapport de Ugo Frascherelli, secrétaire général du CNR, concernant l'organisation de l'Istituto per le Applicazioni del Calcolo (BUMI 14, 1936, 235).

consolider ses relations avec Beppo Levi. La présence de nombreuses notes de femmes mathématiciennes est également frappante (18 notes contre une seule note au cours de la période précédente). Parmi elles figurent des professeures d'université (Pia Nalli, Maria Cibrario, Maria Pastori, Margherita Piazzolla-Beloch), mais pour la plupart ce sont des enseignantes du secondaire qui, dans certains cas, donnent des cours universitaires [*liberi docenti*].

Le nombre de comptes rendus d'ouvrages de la section *Recensioni* augmente significativement avec quelques changements concernant les pays des divers auteurs. Italie, France et Allemagne sont encore les pays les plus représentés, mais les pourcentages d'auteurs italiens et français diminuent – de 29 % à 18 % et de 26 % à 17 % respectivement – alors que l'Allemagne va de 26 % à 28 % et de nouveaux pays tels que la Pologne et la Russie font leur entrée. (Tab. 3 et Tab. 4) Les nouvelles théories mathématiques et physiques – par exemple les mathématiques pour la biologie, la mécanique quantique ou la théorie de la relativité – sont bien représentées (Tab. 5) ; plusieurs recensions de textes d'histoire et de fondements des mathématiques sont publiés, notamment par B. Levi ; des livres d'auteurs ouvertement antifascistes, tels que Levi-Civita, Volterra ou Colonnetti, sont eux-aussi pris en considération. Des ouvrages sur des sujets d'intérêt majeur pour le gouvernement, tels que l'article de Corrado Gini et Luigi Galvani sur le dernier recensement de la population italienne ou le livre de R. Risser et C. E. Traynard sur les applications de la statistique à la démographie, sont également recensés[35].

5 Le rapprochement entre l'Italie et l'Allemagne, les Lois raciales et la guerre (1936-1943)

Dans cette période, le régime fasciste se renforce en Italie, poursuit sa politique coloniale désastreuse à l'étranger et se rapproche de l'Allemagne de Hitler (Axe Rome-Berlin, 1936). En juin 1940, l'Italie entre dans la Seconde Guerre mondiale aux côtés de l'Allemagne. Suite à ce rapprochement entre Italie et Allemagne, les sociétés mathématiques italienne et allemande (la DMV) cherchent également un moyen de coopérer.

En juillet 1937, une délégation italienne de 11 personnes participe à la fête du bicentenaire de l'Université de Göttingen ; Severi, après ses salutations en italien, réclame « une collaboration culturelle et politique toujours plus étroite entre les deux pays[37] ». Les tentatives de collaboration ultérieures sont bien décrites dans l'article (Remmert 2017)[38]. Cependant, entre UMI et DMV, il n'y

---

35. Le rapport du travail de C. Gini et L. Galvani concernant le recensement de la population italienne de 1924 (Gini & Galvani 1929) est dans (BUMI 9, 1930, 194–196) ; le rapport de B. Tedeschi sur le livre (Risser & Claude-Émile 1933) est dans (BUMI 12, 1933, 265–266).

37. « Una sempre più intensa collaborazione culturale e politica fra i due paesi » (BUMI XV, 1937, 201).

38. Les archives de l'UMI contiennent à cet égard de nombreuses lettres qui complètent celles contenues dans les archives de la DMV de Fribourg (Universitätsarchiv Freiburg, UAF) ;

	1922	1923	1924	1925	1926	1927	1928	**Total**
Italie	3	5	8	1	3	6	2	**28**
Allemagne	1	8	2	4	3	2	5	**25**
France	1	1	3	6	5	3	6	**25**
USA				2		3	3	**8**
Danemark			1	2		1		**4**
Autres Pays								**7**

TABLEAU 3 : Distribution par pays des Recensioni dans le BUMI (1922-1928)
(97 au total)

	1929	1930	1931	1932	1933	1934	1935	1936	**Total**
Italie	3	9	4	7	5	2	4	7	**41**
Allemagne	2	6	9	7	13	11	7	9	**64**
France	4		3	4	7	10	7	4	**39**
Autriche			2		6		1	1	**10**
USA		2	1	3	6	2	3	2	**19**
Pologne	1	1	2		1	3	3	1	**12**
Russie		1		1	1	4		2	**9**
Suisse				1	2		1		**5**
Belgique				1	2	1		1	**5**
Royaume-Uni					2		2		**4**
Danemark	1						1	1	**3**
Hongrie						1	1	1	**3**
Autres Pays									**10**

TABLEAU 4 : Distribution par pays des Recensioni dans le BUMI (1929-1936)
(224 au total)[36]

a pas d'initiatives *officielles* sauf la tentative infructueuse d'établir un double abonnement aux deux sociétés mathématiques et donc aux deux journaux, BUMI et *Jahresbericht*.

Les signes d'asservissement de la communauté mathématique au régime fasciste étaient déjà visibles lors du congrès international de Bologne en 1928 ; cependant, à partir de 1936 ces signes deviennent de plus en plus nombreux et évidents jusqu'à l'instauration des Lois raciales de 1938 quand l'UMI accepte les nouveaux décrets sans aucune réaction contre le régime. Ce processus de soumission ou d'adaptation passive au fascisme est clairement perçu dans les pages du *Bulletin*, et en particulier dans la section *Notizie*. En effet, dans cette rubrique la propagande pour le régime fasciste et le travail du Duce a une place de plus en plus importante : par exemple, on y trouve des communications de conférences avant tout à l'étranger visant à célébrer le génie italien, et

---

voir (Remmert 2000). Par exemple, les lettres échangées entre E. Bompiani et W. Süss : E. Bompiani à W. Süss, 31.12.1938, 14.01.1939, 5.03.1939 (UAF) ; W. Süss à E. Bompiani, 12.1.1939, 10.7.1939, 19.7.1939 (AS-UMI).

	Analyse	Algèbre	Géométrie	Mécanique	Physique mathémat.	Théorie des nombres	Histoire didact.	Logique fondements	Math. élément.	Applicat. probabilité
1922	1		1		2					1
1923	2		2		4	1	3		1	4
1924	4		2			1	3			5
1925	10	1		1	2			2	1	1
1926			3	1	1		4	1		2
1927	3	1	5		1			1	1	3
1928	6		4	1	1				3	3
1929	4		4					1	1	1
1930	10		8	1			3			3
1931	12	2	3	3	6	2	3	1	1	4
1932	2		4		3		1	1	1	
1933	11	3	10	2	6	2	3	2	1	5
1934	7	2	8	1	2		4	1	4	7
1935	8	3	10	1	1		3	4	5	3
1936	8	2	6	3	3		2	9	1	3
Total	88	14	70	14	32	6	29	23	20	45

TABLEAU 5 : Distribution par sujets des Recensioni dans le BUMI jusqu'en 1936

plusieurs rapports sur les activités scientifiques des deux institutions, l'Institut pour les applications du calcul (Istituto per le Applicazioni del Calcolo, IAC) et l'Institut national des hautes mathématiques (Istituto Nazionale di Alta Matematica, INDAM[39]) soutenues par le gouvernement fasciste, ainsi que sur les congrès de l'UMI où les séances mathématiques sont introduites par des discours élogieux à l'égard du fascisme et du Duce. Partout Mussolini est décrit comme un organisateur exceptionnel et un mécène des sciences. Mussolini insiste en effet à plusieurs reprises sur le rôle essentiel de la science dans la société, et en particulier sur l'impact des applications sur la politique. Dans son allocution d'ouverture du congrès SIPS de 1926, il déclare :

> En tant que ministre de la Guerre, de la Marine et de l'Aviation, j'ai beaucoup besoin de science. J'ai besoin que la science me dise s'il y a des gaz toxiques [*ultravenefici*] et surtout qu'elle me dise ce qu'il faut faire pour lutter contre les autres gaz. Vous avez vu le développement qu'a eu la chimie pendant la dernière guerre. En tant que ministre

---

39. Sur l'histoire de l'INDAM voir (Roghi 2005) ; sur Severi voir (Goodstein & Babbit 2012).

de l'Aviation, la science me confronte à de nombreux problèmes, qui sont liés par des lois qui ne sont pas si mystérieuses aux phénomènes fondamentaux de la physique[40].
(Mussolini 1927, 30)

Dans la suite, nous analysons la manière dont les applications apparaissent dans le BUMI, non seulement dans les articles proprement mathématiques (*Piccole Note*), mais également dans les différentes sections afin d'établir des modifications éventuelles par rapport à la période précédente.

5.1 Deux exemples d'asservissement au régime : le premier congrès de l'UMI et les élections du printemps 1938

Les attitudes de célébration du régime fasciste sont particulièrement évidentes lors du premier congrès de l'Union mathématique italienne qui a lieu à Florence en 1937. C'est ce qui ressort des discours inauguraux de Giorgio Abetti, recteur de l'Université de Florence, et du président de l'UMI Luigi Berzolari qui n'hésite pas à définir Mussolini comme « omniprésent, un merveilleux architecte de la renaissance nationale[41] ». Dans sa conférence « Science pure et ses applications », Severi insiste sur l'importance des mathématiques pures et déclare que les mathématiciens sont prêts à collaborer « pour obtenir le maximum d'autarcie nationale ». Il demande cependant que les chaires des disciplines pures ne soient pas sacrifiées « comme cela arrive souvent depuis quelque temps[42] ».

Dans le BUMI il y un long rapport sur le congrès UMI de Florence qui souligne toute l'importance attribuée aux applications, auxquelles le régime fasciste a plusieurs fois manifesté son intérêt majeur. En fait, quatre sections du congrès sur huit sont consacrées aux mathématiques appliquées : calcul des probabilités ; astronomie, géodésie, optique ; aérodynamique ; hydraulique. Le congrès met également en évidence, à travers les conférences plénières, les secteurs de mathématiques pures auxquelles les mathématiciens italiens avaient apporté des contributions importantes : Bompiani illustre les résultats de la géométrie projective différentielle, Tonelli tient une conférence sur les contributions récentes au calcul des variations, et Scorza montre que la théorie des algèbres à laquelle il s'était consacré avec succès, a récemment bénéficié d'un élan exceptionnel en Allemagne et aux États-Unis. Sur le tome du BUMI de la

---

40. « Io come Ministro della Guerra, della Marina, dell'Aviazione ho molto bisogno della scienza. Bisogna che la scienza mi dica se ci sono dei gas ultravenefici e soprattutto che mi dica che cosa si deve fare per combattere gli altri gas. Voi avete visto quale sviluppo ha avuto la chimica nell'ultima guerra. Come ministro dell'Aviazione la scienza mi pone di fronte a molti problemi, che sono legati per leggi non tanto misteriose ai fenomeni fondamentali della fisica ».

41. « Onnipresente, meraviglioso artefice della rinascita nazionale », *Atti del primo Congresso della Unione Matematica Italiana, tenuto in Firenze nei giorni 1-2-3 aprile 1937-XV*, Bologna : Zanichelli, 1938, p. 7, 9, 12. Le congrès est soutenu par l'Université de Florence (3000 Lire), la SIPS (1000 Lire), l'éditeur Zanichelli (1000 Lire), et le CNR (3000 Lire) (BUMI XVI, 1937, 115).

42. « Pel sollecito raggiungimento del massimo dell'autarchia nazionale », « come da qualche tempo non raramente accade », *Atti primo Congresso UMI 1937 cit.*, p. 24.

même année Scorza présente les comptes rendus de deux ouvrages fondateurs de l'algèbre « moderne » où le concept de structure est central : la deuxième édition de *Moderne Algebra* de B. L. van der Waerden (1937) et de *L'Algèbre abstraite* de O. Ore (1936). Ces rapports favorisent la circulation des recherches innovantes d'algèbre abstraite encore peu connues en Italie[43]. Dans le BUMI, les recensions des publications mathématiques internationales et l'adhésion opportuniste à la politique autarcique du régime montrent une tension entre ces deux attitudes opposées. La même opposition émerge d'une façon plus significative dans les *Actes* du congrès de Florence de 1937.

Une attitude ambiguë se manifeste également face aux mathématiciens juifs. En effet, dans son discours au congrès de Florence, Bompiani cite largement les mathématiciens juifs tels que Corrado Segre, Fubini et Terracini. Il est significatif qu'une conférence générale soit attribuée à Levi-Civita, également juif et adversaire du régime fasciste, qui présente une nouvelle formulation élémentaire de la relativité. Même si les Juifs sont présents au colloque et souvent évoqués parmi les mathématiciens *italiens*, les choses changeront assez rapidement, même avant la promulgation des Lois raciales, comme cela ressort de la correspondance de Bompiani. Ce dernier est membre du comité de rédaction de BUMI à partir de 1926 et, depuis 1927, secrétaire du comité mathématique du CNR, récemment renouvelé et étroitement lié au gouvernement. Bompiani augmente son poids politique au sein de l'UMI à partir des années 1930 et semble jouer un rôle décisif depuis 1932, quand Berzolari devient président de l'Union. Dans des échanges du printemps 1938, Bompiani lui-même et Ettore Bortolotti manifestent une opposition claire contre Beppo Levi et Beniamino Segre, deux mathématiciens juifs de l'Université de Bologne. Ils les appellent « les deux vrais marionnettistes » de l'UMI[44] et font même référence à un complot « juif » destiné à prendre le contrôle de l'Union[45].

Le débat devient plus vif juste avant les élections du nouveau bureau de l'Union qui ont lieu en mai 1938. Levi et Segre, en accord avec Berzolari[46], envoient à tous les membres une circulaire de soutien électoral à Berzolari, Burgatti et Scorza. Les réactions de Bompiani et des deux Bortolotti sont immédiates :

> Comme vous le voyez [B. Levi et Segre] n'ont pas du tout abandonné, et ont effectivement réussi à voler la signature de la circulaire à divers braves hommes [...] (dont des nombreux représentants du Royaume d'Israël!). Maintenant, il est certainement temps de faire quelque chose[47].

---

43. (BUMI 1937, XIV, 156–158). Le mot « struttura » apparaît à la p. 158 ; pour une histoire du concept de structure voir (Corry 2004). Pour l'histoire de l'algèbre en Italie dans l'entre-deux-guerres voir l'article (Brigaglia & Scimone 1998).

44. E. Bompiani à U. Bordoni, 27.7.1938, in (Nastasi 1998, 341).

45. Voir les lettres : AS-UMI, E. Bompiani à Ettore Bortolotti, 13.4.1938 ; G. Sansone à E. Bompiani, 31.3.1938 ; Enea Bortolotti à E. Bompiani, 14.3.1938.

46. AS-UMI, Ettore Bortolotti à Enea Bortolotti, 13.3.1938.

47. « Come Ella vede [B. Levi e B. Segre] non hanno affatto rinunziato, e anzi sono riusciti a carpire la firma della circolare a parecchie brave persone [...] (fra le quali non pochi

À plusieurs reprises, la correspondance témoigne de leur tentative de s'opposer aux « manœuvres » de Levi et de B. Segre (Giacardi & Tazzioli 2018, 87–91). Le contenu des lettres, qui fait souvent référence à la race juive, est révélateur d'une lutte sans scrupules dont le but principal est la conquête du pouvoir. De toute façon, rien de tout cela n'est rendu public dans le compte rendu de l'Assemblée de l'UMI (BUMI 17, 1938, 139).

Le résultat des élections est clair : Berzolari est confirmé en tant que président, Burgatti vice-président et Ettore Bortolotti secrétaire. Toutefois, quelques mois plus tard, suite à la mort de Burgatti et à l'intervention du ministère, auquel le choix du président et du vice-président devait être soumis par les statuts de 1934, Berzolari reste le président et Bompiani est nommé vice-président de l'UMI. Pourtant, Bompiani n'a que 8 voix, tandis que Fubini en a 74 et Comessatti 61. De plus, tous les mathématiciens juifs, B. Segre, Levi, Fubini et Levi-Civita, qui figurent parmi ceux ayant obtenu le plus grand nombre de voix, sont exclus de la Commission scientifique.

D'après certains documents des archives de l'UMI, il semble que la nomination de Bompiani ait été manipulée, directement ou indirectement, par lui-même après la mort de Burgatti. Significativement Berzolari exprime à Bompiani sa perplexité dans une lettre datée 19 octobre :

> Je suis très heureux de vous avoir comme collaborateur dans l'exercice du « pouvoir », je n'aimerais pas connaître les raisons qui ont conduit le Ministre à ne pas suivre la désignation de l'Union [...] en vous choisissant vous qui avez eu 8 votes, plutôt que Comessatti, qui en avait 61[48].

5.2 Les Lois raciales et les conséquences sur le BUMI

Les lois raciales promulguées à la fin de 1938 ont également un impact sur l'UMI et son *Bulletin*. Les Juifs sont exclus du bureau de la société. Dès novembre 1938, les noms de Fubini, B. Segre, B. Levi disparaissent aussi du comité de rédaction du BUMI. Le nouvel administrateur est Filippo Sibirani, tandis qu'Annibale Comessatti, Sansone, Oscar Chisini et Tonelli viennent rejoindre le comité de rédaction.

À l'occasion de la réunion qui se tient à Rome le 10 décembre 1938, la Commission scientifique de l'UMI accepte sans réagir les dispositions du gouvernement et ne manifeste aucune solidarité envers les collègues et amis juifs exclus de la Société. Le BUMI rapporte que « après une discussion amicale et exhaustive », la Commission a décidé d'envoyer une délégation de l'UMI auprès du ministre de l'Éducation nationale pour lui communiquer que « aucune des chaires de mathématiques restées vacantes suite aux mesures adoptées pour

---

rappresentanti del Regno d'Israello !). Ora certo è il momento di far qualche cosa », AS-UMI, Enea Bortolotti à E. Bompiani, 9.4.1938.

48. « Sono molto contento di averti a collaboratore nell'esercizio del « potere », non mi piacerebbe conoscere le ragioni che hanno indotto il Ministro a non seguire la designazione della Unione [...] scegliendo te che hai avuto 8 voti, anziché Comessatti, che ne ha avuti 61 », AS-UMI, L. Berzolari à E. Bompiani, 19.10.1938.

l'intégrité de la race ne soit soustraite aux disciplines mathématiques », la seule véritable préoccupation de la direction de l'UMI. On remarque également que :

> L'école italienne de mathématiques, qui a acquis une grande renommée dans le monde scientifique, est presque entièrement la création de scientifiques de race italique (aryenne) [...]. Même après l'élimination de certains érudits de la race juive, elle a préservé des scientifiques qui, en nombre et en qualité, suffisent à garder le niveau de la science mathématique italienne très haut par rapport à l'étranger, et des maîtres qui avec leur travail intense de prosélytisme scientifique assurent à la Nation des éléments dignes de détenir toutes les chaires nécessaires[49].

Mais il y a un autre détail qui confirme l'attitude d'asservissement au régime. Dans l'une des premières versions du compte rendu, on lit :

> L'école mathématique [...] même après le départ de certains (quoique talentueux) savants de la race juive, a conservé le nombre et la qualité de scientifiques et d'enseignants, suffisants pour couvrir dignement non seulement toutes les chaires actuellement disponibles, mais aussi toutes celles que le progrès de la science peut exiger[50].

Dans le texte publié dans le BUMI, les mots « bien que talentueux » qui reconnaissent, quoique modestement, la valeur des collègues juifs, sont supprimés. Il résulte de la correspondance que les personnes responsables des diverses modifications (non précisées) apportées dans le document destiné au ministre sont Bompiani, Berzolari et Severi.

Ce même numéro du BUMI reporte le communiqué éloquent suivant :

> Le Duce, toujours sensible et soucieux de tout ce qui peut réaffirmer au monde la grandeur de la Nation, a déjà attribué une contribution remarquable de 50 000 L[ires] pour la publication des œuvres de Dini et Bianchi[51].

On peut remarquer que Tonelli, membre de la Commission scientifique, ne participe pas à la réunion qui n'a pas lieu à Bologne, siège de l'UMI, mais à Rome, où enseignent Severi et Bompiani, les plus proches du régime fasciste. S'agit-il peut-être d'un autre acte de résistance passive ? Tonelli avait toutefois accepté de faire partie de la Commission scientifique – et donc du comité de rédaction du BUMI – désignée par le ministre après les élections de 1938.

---

49. « La scuola matematica italiana, che ha acquistato vasta rinomanza in tutto il mondo scientifico, è quasi totalmente creazione di scienziati di razza italica (ariana) [...]. Essa, anche dopo le eliminazioni di alcuni cultori di razza ebraica, ha conservato scienziati che, per numero e per qualità, bastano a mantenere elevatissimo, di fronte all'estero, il tono della scienza matematica italiana, e maestri che con la loro intensa opera di proselitismo scientifico assicurano alla Nazione elementi degni di ricoprire tutte le cattedre necessarie » (BUMI (2) I.1, 1939, 89).

50. « La scuola matematica [...] anche dopo la dipartita di alcuni (se pur valenti) cultori di razza ebraica, ha conservato numero e qualità di scienziati e di maestri, sufficienti a coprire degnamente, non solo tutte le cattedre ora disponibili, ma anche tutte quelle che il progredire della scienza potrà richiedere », AS-UMI, Bozza di verbale.

51. « Il Duce, sempre sensibile e sollecito a tutto quanto può riaffermare dinanzi al Mondo la grandezza della Nazione, ha già assegnato un contributo cospicuo di L 50 000 per la pubblicazione delle opere del Dini e del Bianchi » (BUMI (2) I.1, 1939, 90).

De plus, Ettore Bortolotti, secrétaire de l'UMI, soutient inconditionnellement Bompiani, qui reprend les rênes de l'Union, profitant de la faiblesse de son président Berzolari. En qualité de vice-président de l'UMI, Bompiani s'occupe de tout, notamment de l'application immédiate des lois raciales, des financements de l'Union et de l'implication des membres de la Commission scientifique dans la sélection des articles à publier, comme il ressort de sa correspondance avec Berzolari et Bortolotti. En effet, juste après les Lois raciales, Bompiani écrit à Berzolari :

> Je jugerais approprié que vous adressiez une circulaire aux Membres qui illustre la responsabilité qui incombe à chacun – et qui leur en fasse sentir la fierté – suite aux mesures récentes sur la race. Elles amènent chacun à s'engager pour apporter la contribution maximale dont il est capable pour qu'il n'y ait une dégradation de niveau de la culture italienne dans aucun secteur. Les grands bâtisseurs des mathématiques italiennes, qui ont créé des nouveaux champs de recherche là où rien n'existait et les ont amenés à une position de premier plan n'étaient pas juifs (BETTI, BELTRAMI, BRIOSCHI, CASORATI, DINI, CREMONA, etc.) : leurs noms doivent donner aux jeunes la certitude de pouvoir continuer, exclusivement avec les forces italiennes, cette excellente tradition[52].

Berzolari délègue beaucoup à Bompiani, bien que dans sa correspondance privée il semble critiquer certains de ses comportements. Par exemple, à propos de l'acceptation ou non d'articles de mathématiciens juifs pour la publication dans le BUMI, il écrit à Bompiani :

> Quant à l'appartenance de F.[53] à la race juive, je ne vois pas pourquoi nous devons être plus intransigeants que le gouvernement, qui l'a maintenu dans l'enseignement et à l'Ist. Lomb. [Istituto Lombardo] Peut-être ne peut-il pas publier des travaux dans des périodiques italiens[54] ?

Dans le BUMI, il n'y a cependant aucune trace des critiques de Berzolari qui évite de publier ses opinions. Bien au contraire, lors d'occasions officielles, ou lorsqu'il s'agit de demander un financement, il n'hésite pas à s'adapter parfaitement aux directives du régime. Par exemple, en 1940, en écrivant au préfet pour demander des financements pour le deuxième congrès de l'UMI Berzolari déclare :

---

52. « Riterrei opportuna una tua circolare ai Soci che illustrasse la responsabilità derivante a ciascuno – e che ne facesse sentire l'orgoglio – dai recenti provvedimenti sulla razza. Essi impegnano ciascuno a dare il massimo contributo di cui è capace affinché non si abbia in nessun settore una deflessione della cultura Italiana. I grandi costruttori della matematica italiana, che hanno creato indirizzi dove nulla esisteva e li hanno portati ad una posizione di primo piano, non erano ebrei (BETTI, BELTRAMI, BRIOSCHI, CASORATI, DINI, CREMONA, etc.) : i loro nomi devono dare ai giovani la sicurezza di poter continuare, esclusivamente con forze italiane, questa eccellente tradizione », AS-UMI, E. Bompiani à L. Berzolari, 28.10.1938.
53. Il s'agit probablement du mathématicien Bruno Finzi.
54. « Quanto all'appartenenza del F. alla razza ebraica, non vedo perché noi dobbiamo essere più intransigenti del governo, il quale lo ha mantenuto nell'insegnamento e all'Ist. Lomb. [Istituto Lombardo] Non può forse pubblicare lavori in periodici italiani ? », AS-UMI, L. Berzolari à E. Bompiani, 9.3.1939.

Ce Congrès [...] montrera que, même après le départ des professeurs de race juive de l'enseignement, la production scientifique dans notre pays n'a pas diminué et même qu'au contraire, dans le climat fasciste, elle a repris vie et une nouvelle vigueur[55]. (Pucci 1986, 210)

En effet, la communauté mathématique italienne est l'une des plus touchées par les lois raciales : l'UMI exclut 22 membres, soit 10 % des inscrits (voir Israel & Nastasi 1998, Nastasi 1998, Guerraggio & Nastasi 2005). Si les membres du bureau de l'Union exaltent l'excellence des mathématiques aryennes en public, dans le privé ils révèlent une conscience claire de la paupérisation scientifique due à l'éloignement des mathématiciens juifs d'excellent niveau (tels que Castelnuovo, Enriques, Fano, Levi-Civita, B. Segre, B. Levi, Volterra, Fubini, Terracini, et d'autres). Voici quelques exemples tirés de la correspondance :

> C'est un fait que le secteur « mathématique » a été le plus gravement touché, quantitativement et qualitativement, par ces dispositions [les lois raciales] : il est donc naturel que la plus grande attention y soit accordée et que les moyens les plus importants soient donnés pour restaurer nos positions le plus rapidement possible : je n'ai pas le moindre doute que cela soit possible et je pense que le Ministère voudra donner aux hommes en qui il a confiance le soin de choisir les moyens de mettre en œuvre ce programme[56].

> En particulier, des œuvres d'aryens sont nécessaires pour l'Accademia dei Lincei, dans laquelle les membres de race juive ont atteint un pourcentage très élevé[57].

> Il y a un risque que les organisateurs de la Conférence [l'ICM de Cambridge de 1940] qui sont à 100 % philosémites, pensent qu'ils nous écartent élégamment en invitant personnellement des mathématiciens juifs qui sont citoyens italiens et en laissant les aryens à l'écart. Je ne sais pas si dans ce cas il conviendrait d'accorder des passeports aux Juifs invités. Il semblerait que notre prestige national l'exclut[58].

> Les mathématiques sont l'un des domaines les plus foulés par le judaïsme ; et pour le défendre, il faudra non seulement notre détermination, mais aussi des moyens (du reste limités[59]).

---

55. « Tale Congresso [...] verrà a dimostrare che, anche dopo la dipartita dell'insegnamento dei professori di razza ebraica, non è venuta meno la produzione scientifica nel nostro paese, anzi, che, nel clima fascista essa ha ripreso nuova vita e nuovo vigore ».

56. « E' un fatto che il settore « matematico » è stato il più gravemente colpito, quantitativamente e qualitativamente da quei provvedimenti [le Leggi Razziali] : è quindi naturale che ad esso vadan rivolte le maggiori cure e dati i maggiori mezzi per restaurare il più rapidamente possibile le nostre posizioni : della possibilità non ho il minimo dubbio e ritengo che il Ministero vorrà dare agli uomini che di sua fiducia ha scelto i mezzi per attuare questo programma », AS-UMI E. Bompiani a L. Berzolari, 28.10.1938.

57. « Specialmente occorrono lavori provenienti da ariani per l'Accademia dei Lincei, nella quale i soci di razza ebraica raggiungevano una percentuale elevatissima », M. Picone à W. Sierpinski, Rome 7.1.1939, in (Guerraggio et al. 2007, 57–58).

58. « C'è il pericolo che gli organizzatori del Convegno filo giudaici al 100 %, credano di elegantemente gabbarci invitando personalmente matematici ebrei cittadini italiani e lasciando in disparte gli ariani. Non so se in questo caso sarebbe opportuno concedere il passaporto agli ebrei invitati. Parrebbe che il nostro prestigio nazionale lo escludesse », AS-UMI, F. Severi au Chancelier de l'Académie, 14.6.1939, lettre communiquée aussi à E. Bompiani.

59. « Matematica è uno dei settori più battuti dall'ebraismo ; e che a difenderlo non basta soltanto la nostra volontà, ma occorrono anche i mezzi (del resto limitati) », AS-UMI, E. Bompiani à S. Visco, 21.7.1939.

À la suite des mesures prises contre la race, dans le deuxième congrès national de l'UMI, qui a lieu à Bologne en avril 1940, la communauté mathématique italienne n'est pas toute représentée. Financé, entre autres, par les contributions du CNR et de diverses institutions fascistes locales et nationales, le congrès comprend 11 sections, dont 7 sont consacrées aux mathématiques appliquées[60]. Les conférences générales sont tenues par Severi qui illustre les activités de l'Istituto Nazionale di Alta Matematica (INDAM), et par Sansone, Giovanni Ricci et Carlo Somigliana sur des thèmes d'analyse, de théorie des nombres et de physique mathématique. Le BUMI accorde une place importante au compte rendu du congrès (BUMI (2) II.4, 1939-1940, 383–390), en particulier aux discours introductifs des autorités politiques et du président Berzolari. Le ministre de l'Éducation nationale, Giuseppe Bottai, prononce notamment un discours dans lequel il souligne l'intérêt des mathématiques italiennes qui ne sont plus « le monopole des géomètres d'autres races[61] ». Le président de l'UMI, après avoir rendu hommage « aux victimes de la Révolution fasciste », rend compte des activités de l'Union et remercie le gouvernement fasciste pour son soutien à la publication des œuvres des grands mathématiciens italiens (50 000 Lires), pour l'allocation annuelle en faveur de l'UMI (environ 30 000 Lires) et pour le paiement de l'abonnement au BUMI de nombreux établissements scolaires (environ 12 000 Lires[62]). De plus, le BUMI publie une déclaration qui fait suite aux décisions du gouvernement visant à l'autarcie de la science italienne :

> En ce qui concerne les invitations à adresser aux mathématiciens étrangers : sous réserve des décisions qui seront prises à cet égard par les autorités supérieures, la Commission est d'avis qu'il convient de faire un nombre très limité d'invitations[63].

À la fin du congrès, les mathématiciens de la section d'histoire des mathématiques, parmi lesquels Ettore Bortolotti, mentionnent l'Istituto Nazionale di Storia della Scienza, qui « pour des raisons qu'il ne vaut pas la peine de rappeler ici, [...] semble avoir maintenant suspendu son activité[64] », et souhaitent vivement que l'UMI le revitalise et le renforce. Le nom d'Enriques,

---

60. Les 7 sections de mathématiques appliquées sont : Hydraulique et Hydrodynamique ; Aérodynamique ; Géodésie, Géophysique, Photogrammétrie ; Optique, Astronomie, Astrophysique ; Mathématique Financière, Statistique, Probabilités, Economie Mathématique ; Science de l'ingénieur ; Radiotechnique. Il y a 3 sections de mathématiques (Analyse ; Géométrie ; Mécanique et Physique mathématique), et une section d'histoire des mathématiques, didactique et fondements.
61. « Monopolio di geometri d'altre razze », *Atti del secondo Congresso della Unione Matematica Italiana tenuto a Bologna nei giorni 4-5-6 aprile 1940 – XVIII*, Cremonese : Roma, 1942 – XX, p. 5.
62. *Ibidem*, p. 12–13.
63. « Nei riguardi degli inviti da fare a matematici stranieri : subordinatamente alle decisioni che verranno prese a questo proposito dalle superiori Autorità, la Commissione è del parere che convenga fare un numero assai ristretto d'inviti » (BUMI (2) II.1, 1939, 87).
64. « Per delle ragioni che qui non giova ricordare, quell'Istituto ora pare aver sospesa l'opera sua » (BUMI (2) II, 1939-1940, 388). Cette information n'est pas enregistrée dans les actes du congrès (*Atti del secondo Congresso* UMI 1940, *cit.*, p. VIII).

qui a fondé l'Institut et l'a dirigé jusqu'aux Lois raciales, n'est pas cité. D'après des documents d'archives, nous savons que Severi devient le nouveau directeur de cet Institut et qu'il le laisse néanmoins languir, l'histoire des sciences n'étant pas au centre de ses intérêts intellectuels à ce moment-là[65].

Bompiani, très attentif aux différents canaux de communication, rédige aussi un compte rendu du congrès pour les *Annali della Università d'Italia*, journal lié au gouvernement, où il révèle une attitude très flatteuse à l'égard du régime fasciste. En particulier il réserve une place importante aux mathématiques appliquées et remercie le gouvernement pour son soutien financier et pour la création de l'Istituto Nazionale di Alta Matematica, des mesures qui « témoignent une fois encore de la compréhension vigilante du Duce et du gouvernement fasciste face aux problèmes les plus élevés de l'esprit, même dans des moments aussi graves que la période actuelle[66] ».

5.3 Les changements dans le BUMI

Bompiani consacre une énergie extraordinaire à l'UMI et à son *Bulletin*, qui commence la deuxième série avec 5 fascicules annuels au lieu des 4 précédents. En janvier 1939, il écrit à Berzolari que « si tout se passe bien, je donnerai un arrangement financier à l'UMI qui assurera nos revenus à jamais ». En fait, Bompiani parvient à obtenir un financement périodique pour les activités de l'UMI d'environ 30 000 Lires par an, ainsi qu'un financement spécifique pour les œuvres (« Opere ») des grands mathématiciens italiens[67]. Les objectifs qu'il se propose sont multiples : augmenter le nombre de membres de la société, obtenir un financement gouvernemental, diffuser davantage le BUMI dans les écoles secondaires, garantir la qualité des articles, renouveler la section *Notizie* « qui est l'un des traits distinctifs de l'UMI[68] » et en particulier favoriser les échanges avec d'autres sociétés mathématiques. Pour atteindre le premier de ces objectifs, la nouvelle rubrique *Sezione storico-didattica (Section storico-didactique)* est ajoutée en 1939.

Cette dernière section n'était pas nécessaire avant 1938, puisque les aspects historiques et didactiques des mathématiques étaient traités par le *Periodico di matematiche*, le journal de la Mathesis, dirigé par Enriques jusqu'à l'entrée en vigueur des Lois raciales. La nouvelle rubrique historico-didactique permet à l'UMI de poursuivre l'un des objectifs présents dans ses statuts et qui était jusque-là ignoré, c'est-à-dire d'ouvrir son *Bulletin* aux enseignants du secondaire. De plus, cette rubrique donne l'occasion d'augmenter le nombre de

---

65. Voir les lettres de P. de Francisci à F. Severi, Roma, 16.2.1939, e 13.1.1943, AUSR, *Personale docente. Severi, Francesco*.

66. « Attestano ancora una volta la vigile comprensione del Duce e del Governo fascista rispetto ai più elevati problemi dello spirito, anche in momenti così gravi come l'attuale », AS-UMI, *Relazione scritta da me per gli Annuali dell'Università Italiana – per conoscenza*. E. *Bompiani*, voir (Bompiani 1940).

67. *Resoconto finanziario dal 29 ottobre 1940-XIX al 28 ottobre 1941-XIX* (BUMI (2) IV, 1941-1942, 213–214).

68. AS-UMI, E. Bompiani à Ett. Bortolotti, Roma, 17.4.1939.

membres de l'UMI parmi les enseignants, qui a connu une baisse remarquable suite à l'exclusion des mathématiciens juifs, et permet aussi à l'Union d'accéder aux financements du ministère de l'Éducation nationale mis à disposition pour la formation des enseignants[69]. Dans la vision de Bompiani, la nouvelle section doit contenir non seulement des notes historiques ou sur l'enseignement des mathématiques dans les différents niveaux scolaires, mais aussi des articles de mathématiques élémentaires d'un point de vue supérieur. Bompiani lui-même écrit une note sur les sections coniques[70] qui devrait probablement constituer un modèle et exhorte ses collègues à faire de même. Pourtant, les articles soumis ne sont souvent pas d'un bon niveau et sont donc rejetés ; ce qui suscite parfois les protestations de ceux qui se voient refuser leur travail[71]. Le but de Bompiani est de diffuser la recherche mathématique en lien avec les mathématiques élémentaires parmi les enseignants, et donc de contribuer à travers cette circulation à améliorer la qualité de l'enseignement du secondaire. En général, ses efforts sont consacrés à l'amélioration de la qualité scientifique du BUMI afin d'éviter que le journal ne devienne « la corbeille à papier » et ne contienne pas de « conflits personnels[72] ».

D'autres rubriques sont également modifiées. Les résumés d'ouvrages italiens prennent plus de poids alors que la section sur les résumés d'ouvrages étrangers, déjà sporadiques à partir de 1931, disparaît définitivement en 1939. La section *Recensioni* subit une diminution progressive de son contenu due principalement aux difficultés de la situation politique internationale. Pour ce qui concerne la répartition des travaux recensés entre les différents pays, l'Italie, l'Allemagne et la France sont toujours prédominants, et des ouvrages d'auteurs polonais, russes, roumains et hollandais sont recensés. Notamment nous constatons une augmentation en pourcentage de l'Italie (de 18 % à 29 %) et une diminution de l'Allemagne (de 28 % à 23 %) par rapport à la période précédente, tandis que la France reste presque stable (voir Tab. 4 et Tab. 6).

Les domaines des mathématiques les plus représentés restent l'analyse et la géométrie, mais au cours de la dernière période les applications des mathématiques et le calcul des probabilités ont une présence significative (voir Tab. 7). Certaines recensions sont très complètes, comme par exemple celle de Salvatore Cherubino, élève de Levi-Civita et de Severi à Padoue, et à l'époque professeur à Pise, sur le livre publié par l'antifasciste Volterra et le mathématicien et physicien tchèque Bohuslav Hostinský, *Opérations*

---

69. Voir par exemple AS-UMI, Ett. Bortolotti à L. Berzolari, 10.1.1939 ; Ett. Bompiani à E. Togliatti, 24.9.1939 ; E. Bompiani à A. Tonolo, 24.9.1939 ; E. Bompiani au Direttore generale dell'Istruzione Media Tecnica, Ministero dell'Educazione Nazionale, 23.10.1939 ; E. Bompiani à Ett. Bortolotti, 25.10,1939.
70. (Bompiani 1939). L'auteur montre à travers des méthodes élémentaires que les 4 définitions de section conique sont équivalentes.
71. Voir par exemple AS-UMI, E. Bompiani à E. Togliatti, 24.9.1939 et C. M. Martino à E. Bompiani, 5.11.1939.
72. AS-UMI, E. Bompiani à Ett. Bortolotti, Roma, 3.6.1939.

différentielles linéaires[73] (Volterra & Hostinský 1938). Le livre est basé sur les idées de Volterra concernant la théorie des fonctionnelles et des équations intégrales contenues dans deux mémoires parus en 1887 et 1902, et dans lesquelles l'auteur développe pour les matrices un calcul différentiel analogue au calcul ordinaire. Les derniers chapitres du livre, entièrement dus à Hostinský, étendent les résultats de Volterra à des transformations fonctionnelles linéaires. Au début des années 1930, Hostinský a montré l'efficacité de ce point de vue en calcul des probabilités et en physique, montrant ainsi l'intérêt que les mémoires de Volterra peuvent avoir pour d'autres domaines de l'analyse et de la physique. Cette recension met en lumière un exemple significatif de circulation d'idées mathématiques non seulement entre pays différents, mais aussi entre les divers domaines scientifiques.

Des recensions d'ouvrages de mathématiques appliquées sont également publiées dans le BUMI : par exemple, le volume de 1939 du *Bulletin* contient des recensions sur des livres de mathématiques financières et actuariales (Salvemini 1939), (Modoni 1939), ainsi que sur le traité concernant les fondements expérimentaux de l'analyse mathématique des faits statistiques publié par le mathématicien et sociologue belge Georges Hostelet (Vianelli 1939), ou encore sur les sciences militaires, comme le rapport sur le volume classique sur l'artillerie et la balistique des Allemands Hans-Hermann Kritzinger et Friedrich Stuhlmann (Buzano 1939).

D'autres recensions dignes d'intérêt sont celle d'Eugenio Togliatti sur le traité *Les Surfaces rationnelles* de Conforto (Togliatti 1940) tiré des leçons d'Enriques, et celles de Comessatti et de Sansone, respectivement, des livres de Severi, *Serie, sistemi di equivalenza, e corrispondenze algebriche sulle varietà algebriche*, et *Lezioni di analisi* parues dans le BUMI en 1942 (Comessatti 1942), (Sansone 1943). La première est significative car Enriques et Castelnuovo sont mentionnés à plusieurs reprises et les deux autres indiquent une fois encore l'importante présence de Severi dans le BUMI de cette dernière période.

Le fait qu'à partir de 1939 aucun auteur juif n'apparaît plus dans les *Piccole Note* constitue le changement le plus significatif du *Bulletin*. L'image des mathématiques qui ressort du journal ne reflète donc plus les recherches de toute la communauté italienne. Cette section est maintenant divisée en deux parties : « scientifique » et « historico-didactique ». La dernière contient plusieurs articles d'historiens tels que Ettore Bortolotti, Amedeo Agostini, Giovanni Vacca et Attilio Frajese, souvent consacrés à la contribution italienne, avec une attention particulière aux aspects calculatoires. Dans les deux sections, la présence de nombreux articles de Sansone, Bompiani, Severi, Picone et Enea Bortolotti est frappante. Severi ne renonce pas aux tonalités de célébration à l'égard du fascisme même dans ses notes historiques ; par exemple, il termine son long essai sur Galilée par ces mots :

---

73. Pour la recension voir (Cherubino 1938).

	1937	1938	1939	1940	1941	1942	1943	**Total**
Italie	8	4	3	3	4	7	3	**32**
Allemagne	5	5	3	3	4		5	**25**
France	12	3	1	2	1		1	**20**
Autriche	4	1	1					**6**
Hollande	2		2					**4**
USA		1	1		1			**3**
Russie				1	2			**3**
Roumanie	2		1					**3**
Royaume-Uni		1		2				**3**
Autres Pays								**10**

TABLEAU 6 : Distribution par pays de Recensioni (109) dans le BUMI (1937-1943)

Mais tandis que le timonier sans sommeil [le Duce], synthèse superbe et fidèle des sentiments, des aspirations, du génie de la race, guide la proue de l'Italie dans la tempête, les scientifiques italiens, sereins et acharnés dans leur travail et prêts à tout sacrifice, ont la certitude, avec tout notre Peuple, que, pour l'avenir même de la civilisation humaine, la justice nous sera assurée [...][74].

De plus, il utilise la section historico-didactique pour insérer les rapports sur l'activité de l'Institut national des hautes mathématiques (INDAM), l'institut qu'il a créé en 1939. La géométrie différentielle, qui est le secteur de recherche de Bompiani et d'Enea Bortolotti, est largement présente grâce aussi aux articles de quelques mathématiciens étrangers, dont l'Allemand Wilhelm Blaschke et les mathématiciens chinois, tels que Shiing-Shen Chern, Su Buchin, Chuan-Chih Hsiung et Chi-Ta Yien. En particulier Chern obtint son doctorat à Hambourg en 1936 avec Blaschke et Erich Kähler et, en 1943, devint professeur à Princeton. La géométrie algébrique et l'analyse sont également bien représentées.

Les articles rédigés par des femmes disparaissent presque complètement, alors qu'à partir de 1939 le BUMI publie 16 articles rédigés par des mathématiciens provenant de pays *amis* (roumains, allemands, autrichiens, bulgares) ou par leurs étudiants, comme dans le cas des mathématiciens chinois[75].

Finalement, bien que les noms de mathématiciens juifs soient soigneusement supprimés dans les discours officiels, les ouvrages de C. Segre, Castelnuovo,

---

74. « Ma mentre l'insonne nocchiero, superba e fedele sintesi dei sentimenti, delle aspirazioni, del genio della razza, guida nella procella la prora d'Italia, gli scienziati italiani, sereni e alacri ai loro posti di lavoro e pronti ad ogni sacrificio, hanno la certezza, con tutto il Popolo nostro, che, per lo stesso avvenire dell'umana civiltà, giustizia ci sarà assicurata... », F. Severi, *Galileo e il metodo sperimentale* (BUMI (2) II, 1939, 37-56, à la page 56).

75. Nous mentionnons par exemple les articles de C. Bogdan, R. Badescu, G. Doetsch, J. Lense, J. Popa, W. Blaschke (4 articles), F. Karteszi, K. Popoff.

	Analyse	Algèbre	Géométrie	Mécanique	Physique mathémat.	Théorie des nombres	Histoire didact.	Logique fondements	Math. élément.	Applicat. probabilité
1922	1		1		2					1
1923	2		2		4	1	3		1	4
1924	4		2			1	3			5
1925	10	1		1	2			2	1	1
1926			3	1	1		4	1		2
1927	3	1	5		1			1	1	3
1928	6		4	1	1				3	3
1929	4		4					1	1	1
1930	10		8	1			3			3
1931	12	2	3	3	6	2	3	1	1	4
1932	2		4		3		1	1	1	
1933	11	3	10	2	6	2	3	2	1	5
1934	7	2	8	1	2		4	1	4	7
1935	8	3	10	1	1		3	4	5	3
1936	8	2	6	3	3		2	9	1	3
1937	10	3	8	2	1	1	3	3	3	3
1938	10	1	1	2	1		2	1		
1939			3	2			3	3	1	4
1939-1940	1		2							2
1940-1941	4	2	3	1	1		1	1	1	3
1941-1942	1	1	1							1
1942-1943	1		1				3			5
Total	115	21	89	21	35	7	41	31	25	63

TABLEAU 7 : Distribution par sujets des Recensioni parues dans le BUMI (1922-1943)

Fubini, Loria, et Enriques sont cités dans des notes de bas de page des *Piccole Note* ou dans la section *Recensioni*, même après 1938.

En ce qui concerne l'organisation du travail de rédaction du *Bulletin*, le bureau de l'UMI demande et obtient une plus grande collaboration de la part de la Commission scientifique[76] en particulier pour la section bibliographique qui vise à présent le dépouillement de tous les périodiques italiens de mathématiques. Selon le bureau, la rubrique *Notizie* nécessite une publication plus

---

76. AS-UMI, Ett. Bortolotti à E. Bompiani, 9.11.1939. Voir aussi (BUMI (2) II, 1939, 84–88).

rapide ainsi qu'une plus grande attention aux initiatives internationales. En effet, les contacts avec les mathématiciens dans les pays amis se multiplient. Bompiani lui-même écrit[77] à Kyrille Popoff (Bulgarie), Christian Y. Pauc (France[78]), Octav Onicescu (Roumanie) et Harald Geppert (Allemagne) pour demander d'échanger des nouvelles sur les mathématiques, les mathématiciens et l'organisation des études dans leurs pays respectifs.

Depuis 1938 les changements concernant essentiellement la structure et le travail du comité de rédaction s'accompagnent dans le *Bulletin* d'une attitude de condescendance et d'adulation envers le régime visant une sorte d'autarcie scientifique. Par exemple, plusieurs pages de la rubrique *Notizie* sont consacrées périodiquement à l'Institut pour les applications du calcul (IAC), dirigé par Mauro Picone[79] et placé directement sous le gouvernement fasciste, ainsi qu'à l'INDAM dirigé par Francesco Severi.

Professeur d'analyse à l'Université de Rome depuis 1932, Picone avec son Institut s'intéresse particulièrement aux applications des mathématiques, tout en étant toujours conscient du rôle essentiel joué par la théorie. Dans le rapport des activités de l'IAC de la période 1933-1937, qui est adressé au Duce et figure dans le BUMI de 1939, Picone insiste sur l'étroite « adhésion aux directives autarciques » (BUMI (2) I.1, 1939, 92) et sur les recherches visant à la puissance militaire du pays. Dans la présentation des activités de l'IAC de 1939-1940 sont mises en valeur les collaborations avec les ministères de la Force aérienne, de la Guerre et de la Marine en relation avec les problèmes techniques concernant la balistique, les communications radio militaires et les constructions de sous-marins (BUMI (2) II.5, 1939-1940, 511).

Dans son Institut, Severi a par contre l'intention de développer les branches des hautes mathématiques et de collaborer avec l'IAC en ce qui concerne les problèmes théoriques liés aux sciences expérimentales et aux « applications techniques autarciques » (Art. 1). Cet institut est également fondé avec le soutien du régime fasciste. Le BUMI lui réserve une place importante non seulement dans la section historico-didactique, mais également dans la rubrique *Notizie* où, par exemple, la visite du Duce à l'INDAM d'avril 1940 est très bien documentée. À cette occasion le discours de Severi déborde d'expressions emphatiques et flatteuses, telles que : « avant la science nous aimons l'Italie et sommes dévoués à son DUCE jusqu'au sacrifice » et « notre supériorité et notre droit de domination doivent en effet s'affirmer aussi dans la culture[80] ».

---

77. AS-UMI, E. Bompiani à K. Popoff, 15.5.1939 ; K. Popoff à E. Bompiani, 26.5.1939 ; E. Bompiani à C. Y. Pauc, 15.1939 ; C. Y. Pauc à E. Bompiani, 20.5.1939 ; E. Bompiani à O. Onicescu, 15.5.1939 ; E. Bompiani à H. Geppert, 1.7.1939.

78. Christian Pauc a signé un contrat de travail à l'Université d'Erlangen en 1943 et a dû s'expliquer devant la commission d'épuration à l'issu du conflit. Voir (Eckes 2018).

79. Sur la vie de l'institut de Picone voir (Nastasi 2006).

80. « Prima della scienza, noi amiamo l'Italia e siamo devoti al suo DUCE fino al sacrificio », « La nostra superiorità e il nostro diritto di dominio debbono invero affermarsi anche nella cultura » (BUMI (2) II.4, 1939-1940, 379–383).

La campagne victorieuse contre l'Éthiopie marque l'apogée du succès du fascisme, mais peu à peu le régime commence à perdre le consensus. D'où une série de mesures visant à une pression totalitaire de la part du gouvernement qui, par exemple, crée le ministère de la Culture populaire (Minculpop) et remplace la Chambre des députés par la Camera dei Fasci. De plus, l'entrée de l'Italie dans la Seconde Guerre mondiale en 1940 et les premiers échecs du conflit mondial suscitent le mécontentement de la population. Même les associations culturelles, telles que l'UMI, sont visées par le régime. Une nouvelle ingérence du fascisme se manifeste dans la nouvelle version des statuts de l'Union mathématique italienne du 29 août 1941, dans laquelle les désignations du président et du vice-président sont entièrement déléguées au ministre de l'Éducation nationale (art. 8) et assujetties au serment d'allégeance « au roi, à ses successeurs royaux et au régime fasciste » (art. 9) (BUMI (2) IV.1, 1940-1941, 1–7). Les conséquences sont immédiates pour le bureau de l'UMI, et donc également pour la rédaction du *Bulletin*. En fait, dès 1942, en application du nouveau statut, le gouvernement nomme Berzolari président, Bompiani vice-président, Ettore Bortolotti secrétaire, Sibirani administrateur, et Mario Villa secrétaire adjoint[81].

5.4 Rapports scientifiques internationaux

La « fascisation » de l'UMI a également un impact sur les réseaux scientifiques internationaux instaurés principalement par Bompiani et Severi. En 1938 l'éditeur Springer est contraint d'appliquer la politique antisémite des Nazis et efface donc le nom de Tullio Levi-Civita de la liste des membres du comité éditorial du prestigieux *Zentralblatt für Mathematik*, la revue bibliographique allemande qui s'inscrit dans la continuité du *Jahrbuch über die Fortschritte der Mathematik*. Le rédacteur en chef, Otto Neugebauer démissionne en signe de protestation. Plusieurs de ses collègues le suivent, tandis que Bompiani et Severi rentrent dans le comité éditorial du *Zentralblatt* en remplaçant de facto Levi-Civita. Cet incident international n'est pas mentionné dans le BUMI qui informe simplement que Bompiani et Severi ont désormais rejoint le comité de rédaction du *Zentralblatt* en invitant les jeunes mathématiciens à collaborer au journal (BUMI (2) I.1, 1939, 92–93)[82].

Severi et Bompiani, qui dominent le panorama mathématique italien, voyagent en Allemagne, Espagne, Suisse, Hongrie, Bulgarie et Roumanie, à la fois pour donner des conférences sur leurs recherches, réécrivant également l'histoire des mathématiques italiennes *en style aryen*, et pour faire de la propagande de la politique fasciste suite aux demandes du Duce. Plusieurs traces de ces voyages sont présentes dans le BUMI. Par exemple, en juin 1942, Mussolini reçoit Severi, qui lui illustre les résultats de sa mission en

---

81. Le comité de rédaction du BUMI est composé du bureau de l'UMI auquel s'ajoutent Enea Bortolotti, Michele Cipolla, Comessatti, Picone, Ricci, Sansone, Severi, Antonio Signorini, Eugenio Togliatti, et Tonelli (BUMI (2) IV.2, 1942, 136).

82. Pour les détails voir (Nastasi & Tazzioli 2005).

Espagne, pour donner au mathématicien des directives sur le voyage qu'il fera en Bulgarie[83].

Pendant la guerre, d'autres mathématiciens italiens se rendent également à l'étranger et leurs noms sont cités dans le *Bulletin* de l'UMI : Picone en Pologne, envahie par l'Allemagne en 1939, Fabio Conforto, Basilio Manià et Giuseppe Scorza Dragoni en Allemagne, Enea Bortolotti à Vienne. Alors que durant la période antérieure à 1938 le BUMI mentionne les conférences des mathématiciens même mal vus du régime – celle de Francesco Tricomi à l'Institut Henri-Poincaré de Paris, celles de Volterra au congrès de la Société mathématique de France, ou de Levi-Civita au Pérou (BUMI XVI, 1937, 202), (BUMI XVII, 1938, 143) – dans les années suivantes les communications dans le *Bulletin* mettent davantage en avant la propagande fasciste à l'étranger. En particulier, les contacts entre l'Italie et l'Allemagne se multiplient et plusieurs chercheurs allemands sont invités dans des universités italiennes, à l'IAC ou à l'INDAM. Par exemple, Blaschke, spécialiste de géométrie différentielle et proche du nazisme, tient plusieurs conférences en Italie (Bologne, Milan, Florence, Messine, Padoue), et Wolfgang Gröbner, l'un des principaux collaborateurs de l'IAC de Picone, promeut les activités de cet institut en Allemagne (Bad Kreuznach, Rostock, Hambourg, Jena). À signaler également le voyage en Italie de Gustav Doetsch, mathématicien allemand partisan du nazisme, qui est envoyé par le ministre de l'Aviation du Reich pour visiter l'IAC afin de créer un institut similaire en Allemagne (BUMI (2) IV.1, 1941-1942, 74).

De plus, les organisations de trois congrès internationaux témoignent de la volonté d'instaurer des liens plus étroits entre les mathématiciens des pays *amis*. Deux de ces congrès n'ont pas eu lieu en raison du déclenchement de la Seconde Guerre mondiale, à savoir le congrès Volta et l'ICM de Cambridge. Le Congrès international des mathématiciens, qui devait se tenir à Cambridge (Massachusetts) en 1940, est programmé dès la fin de 1938. Sur le BUMI on trouve la traduction en italien de l'annonce envoyée par le comité d'organisation du congrès (BUMI (2) I, 1, 1939, 87–88). Cependant, certaines lettres des Archives de l'UMI montrent que Severi, Bompiani et Berzolari craignent que les organisateurs de l'ICM « pro-judaïques à 100 % » les excluent « en invitant personnellement des mathématiciens juifs citoyens italiens et en laissant à l'écart les Aryens[84] » ; ils envisagent ainsi la possibilité de ne pas accorder de passeport aux Juifs invités, et font appel à leurs collègues allemands pour établir une stratégie commune. Quand ils apprennent que les deux seuls invités italiens sont Francesco Paolo Cantelli et Tonelli, ils proposent au ministre des Affaires étrangères d'envoyer une délégation officielle afin de mettre en évidence la vitalité de l'école italienne de mathématiques même après l'exclusion des

---

83. *Accademia d'Italia, Bollettino* 1941-1942, p. 22, 23, 65, 164–165.
84. AS-UMI, F. Severi au Chancelier de l'Académie, 14.6.1939, lettre communiquée aussi à E. Bompiani.

Juifs[85]. Cette solution semble être approuvée par Severi dans une lettre à Bompiani[86] et est également envisagée par la DMV[87].

En janvier 1938, l'Accademia d'Italia confie à Severi l'organisation du congrès Volta prévu pour octobre 1939 à Rome, qui échoue à cause de la guerre, mais dont les Actes seront publiés en 1943[88]. Le choix des sujets à traiter, des mathématiciens à inviter ou à exclure est géré par Severi, mais Bompiani aussi semble jouer un rôle important dans les préparatifs du congrès. De nombreuses lettres concernent l'opportunité d'offrir aux participants étrangers un abonnement d'un an au BUMI et de consacrer un numéro spécial de la revue uniquement à la conférence. Les travaux préparatoires semblent être menés à terme avec succès. De fait, quand Bompiani apprend que le congrès Volta sera annulé, il écrit à Enea Bortolotti :

> C'est vraiment dommage, car malgré l'opposition juive à l'étranger et les conditions internationales générales, c'était la première fois que nous avons rassemblé tous les comptes rendus dans les délais indiqués et que nous les avons imprimés plus d'un mois avant le début du colloque[89].

Les Juifs ne sont pas invités et, par solidarité avec ses collègues exclus, le mathématicien Jan Arnoldus Schouten, par exemple, refuse d'y participer[90].

En tant que directeur de l'INDAM, Severi organise à Rome en 1942 un colloque « international » auquel seulement les mathématiciens « appartenant aux pays du Patto Tripartito [l'Axe] » peuvent être invités, selon la décision de la présidence du conseil des ministres (Roghi 2005, 20). En réalité, Severi invite aussi des mathématiciens provenant des pays neutres[91]. Au final, 121 mathématiciens italiens et 17 étrangers participent aux travaux. Les conférences générales, sont tenues, entre autres, par Helmut Hasse, chef de la délégation allemande, qui « souligne la relation étroite entre les problèmes élevés de la théorie des nombres et les questions familières aux spécialistes de géométrie algébrique », par le Bulgare Béla Kerékjártó qui intervient sur la topologie des groupes continus, et par le Roumain Grigore K. Moisil sur les nouvelles logiques et leurs relations avec les algèbres. La seule conférence générale à être expressément consacrée aux mathématiques appliquées est celle

---

85. AS-UMI, L. Berzolari au ministre des Affaires étrangères, Gian Galeazzo Ciano, s.d. (juillet 1939).
86. AS-UMI, E. Bompiani à L. Berzolari, 3.8.1939.
87. AS-UMI, W. Süss à Bompiani, 10.7.1939.
88. Voir [Fondazione Alessandro Volta 1943]. À propos du congrès Volta, voir (Capristo 2006). La notice est mentionnée dans le (BUMI XVII, 1938, 137).
89. « È un vero peccato, perché nonostante le opposizioni ebraiche all'estero e i generali condizioni internazionali è stata la prima volta, fra tutti i Convegni, che avessimo raccolte tutte le relazioni nel tempo descritto e stampate più di un mese prima del Convegno », AS-UMI E. Bompiani à Enea Bortolotti, 20.9.1939.
90. Schouten écrit à l'Accademia d'Italia : « Cependant, il m'est impossible de participer à un congrès sur la géométrie différentielle duquel sont exclus, à cause de préjugés raciaux, des chercheurs italiens et étrangers tels que Tullio Levi-Civita, Guido Fubini, Beniamino Segre, D. van Dantzig et Ludwig Berwald », in (Capristo 2006, 195).
91. Les actes sont publiés en 1945 par la Tipografia del Senato, Rome.

du Bulgare Popoff sur les problèmes de balistique extérieure (BUMI (2) V.1, 1942-1943, 56–57).

Le congrès revêt une signification politique marquée en tant que « témoignage concret de ce que le Régime a fait pour la haute culture dans le domaine scientifique pur, dans le domaine des applications et dans celui de la didactique », comme on lit dans le BUMI[92]. Du point de vue scientifique, le congrès est important, car il a mis en évidence l'opportunité de cultiver plus efficacement la recherche dans les domaines de l'algèbre, de la théorie des nombres et de la topologie ; cependant, ces signes d'ouverture subiront un coup d'arrêt suite au déclenchement de la Seconde Guerre mondiale. La circulation mathématique, d'abord entravée par l'autarcie scientifique des années 1930, est définitivement limitée aux pays amis pendant les années de guerre.

6 Conclusion

Notre analyse permet de répondre aux questions initialement posées autour de l'influence politique et idéologique du fascisme sur le *Bulletin* tout au long de la période 1922-1943 pour ce qui concerne les trois axes principaux de notre recherche : la tension autarcie/internationalisme et pays amis ; la complémentarité ou l'opposition entre mathématiques pures/mathématiques appliquées ; et les retombées de la politique raciale fasciste sur la circulation des personnes et des idées mathématiques.

Nous avons montré que l'Union mathématique italienne, ainsi que l'organisation de son *Bulletin*, ont été fortement marquées par les deux acteurs qui ont caractérisé les deux phases principales de l'UMI : Pincherle, le premier président de l'Union, et Bompiani, qui gère *de facto* la société à partir de 1933. C'est surtout pendant cette seconde période, dominée par Bompiani, que l'influence de la fascisation sur la circulation des mathématiques se fait de plus en plus évidente.

Pincherle se consacre avant tout à consolider l'UMI et son journal en Italie en impliquant toute la communauté mathématique, et à l'étranger en promouvant l'internationalisme scientifique avec l'organisation de l'ICM de Bologne en 1928. De son côté, après les Lois raciales Bompiani cherche à maintenir le *Bulletin* à un bon niveau scientifique, et à remplacer les membres juifs par les enseignants du secondaire ; il parvient habilement à obtenir du gouvernement des fonds pour soutenir les diverses activités de l'UMI, en particulier le *Bulletin* et la publication des œuvres (*Opere*) des grands mathématiciens italiens. Tandis que Pincherle ne se compromet pas trop avec le régime fasciste – même s'il s'inscrit au Parti national fasciste en 1926 – Bompiani, en revanche, semble poursuivre les directives du gouvernement fasciste, voire de les anticiper.

---

92. « Testimonianza concreta di quanto il Regime ha fatto per l'alta cultura nel campo scientifico puro, nel campo applicativo e in quello didattico » (BUMI (2) V.1, 1942-1943, 57).

En ce qui concerne la tension entre mathématiques pures et mathématiques appliquées, Pincherle et Bompiani conçoivent les mathématiques pures comme une discipline prioritaire et nécessaire pour les applications des mathématiques. Ettore Bortolotti, qui représente la continuité du bureau de l'UMI étant le secrétaire depuis sa fondation, partage ce point de vue. Dans le rapport sur l'ICM de Bologne de 1928, il écrit que « la décadence, non seulement de la science mais de toute une civilisation, commence lorsque, dans les spéculations scientifiques, le souci de l'application immédiate aux problèmes d'utilité pratique dans la vie civile prévaut » et que « l'un des résultats les plus réconfortants de notre congrès [est] la constatation des orientations hautement spéculatives encore données à la recherche[93] ». Au cours du même congrès, lors d'une conférence plénière intitulée « La théorie des fonctionnelles appliquée aux phénomènes héréditaires », Volterra explique la particularité de son approche à l'analyse fonctionnelle visant principalement les applications : « l'application des principes théoriques aux nouveaux problèmes qui se posent, les possibilités de résoudre d'anciens problèmes non résolus, suscitaient d'abord la curiosité et l'intérêt[94] » (*Atti* 1929, p. 216). Cette approche s'inscrit dans la tradition italienne selon laquelle les mathématiques appliquées doivent avoir le même niveau de rigueur que les mathématiques pures. Un an plus tôt, en 1927, Castelnuovo avait favorisé la naissance d'un cours universitaire en sciences statistiques et actuarielles, soulignant cependant l'importance d'une solide préparation mathématique (Castelnuovo 1931, 34).

Cette position face au dualisme mathématiques pures/ mathématiques appliquées se reflète dans la section *Piccole Note* du *Bulletin*, où la plupart des articles mathématiques ont en effet un caractère *pur*. Cette rubrique du BUMI reste donc apparemment indépendante des intérêts du régime qui privilège la science appliquée plutôt que les mathématiques pures. Comme montré dans le graphique (Tab. 8), dans les *Piccole Note* les domaines de l'analyse, de la géométrie, de la mécanique et de la physique mathématique sont les plus représentés ; les applications des mathématiques sont également présentes selon les objectifs statutaires de l'UMI et les intérêts du régime. Par ailleurs, les applications ont une place importante dans les deux congrès nationaux organisés par l'UMI (1937, 1940) qui constituent, aussi pour les discours prononcés et la présence des autorités politiques, des véritables vitrines du fascisme.

Ces manifestations exaltant le régime sont commentées, notamment à partir de 1938, dans les *Notizie* du BUMI. Cette rubrique est créée par Pincherle

---

93. « La decadenza, non solo della scienza ma di tutta una civiltà incomincia quando nelle speculazioni scientifiche prevale la preoccupazione di immediata applicazione a problemi di pratica utilità nella vita civile », « Uno dei più confortanti risultati del nostro Congresso [è] la constatazione degli indirizzi altamente speculatiuvi dati tuttora alle ricerche matematiche » (BUMI VII, 1928, 283).

94. « L'applicazione dei principi teorici ai nuovi problemi che si presentavano, le possibilità di risolvere antichi problemi insoluti, suscitavano per primi la curiosità e l'interesse. »

dans le but de diffuser des informations sur la vie mathématique italienne et internationale, avec des renseignements sur les cours de mathématiques supérieures de diverses universités italiennes et étrangères, les séminaires ou les conférences, ainsi que les résultats de concours, les transferts de professeurs, ou les voyages d'étude. Le contenu de cette rubrique change de manière significative à partir de la fin des années 1930, lorsque l'information liée au régime prend de plus en plus de poids comme, par exemple, les comptes rendus des discours du Duce en faveur de la science et des financements accordés aux activités mathématiques par le gouvernement, les rapports sur les deux instituts soutenus par le régime, l'IAC et l'INDAM, ou les conférences de propagande de mathématiciens proches du fascisme, en particulier de Bompiani, Picone et Severi.

D'autres changements dans le BUMI peuvent être motivés directement ou indirectement par une attitude de subordination au fascisme. En ce qui concerne la structure du journal, le changement le plus significatif concerne l'introduction en 1939 de la nouvelle *Sezione storico-didattica*, qui semble être la plus directement liée aux conséquences de la politique fasciste. En fait, avec l'exclusion d'Enriques de la société Mathesis suite aux Lois raciales, les enseignants de mathématiques du secondaire manquent de référence ; une lacune que la nouvelle section du *Bulletin* vise à combler.

Dans la section *Recensioni*, sur la longue période de 1922 à 1943, les publications allemandes, italiennes et françaises sont prédominantes. À partir de 1938, lorsque les Lois raciales sont promulguées, les recensions se réduisent globalement, en particulier celles de textes allemands en faveur d'ouvrages italiens (Tab. 4 et Tab. 6). Probablement un signe de la politique de l'autarcie. Les disciplines mathématiques les plus représentées restent l'analyse et la géométrie, tandis que les applications des mathématiques ne montrent pas de changements significatifs le long de la période et y sont plus présentes que dans les *Piccole Note* (Tab. 7 et Tab. 8).

La circulation des mathématiques dépend aussi des enjeux politiques du régime fasciste : pour le gouvernement les voyages d'étude visent principalement à diffuser la science italienne, et à partir de 1936 les mathématiciens invités en Italie proviennent pour la plupart des pays amis, tandis que les professeurs ou les jeunes mathématiciens italiens donnent des conférences en Allemagne, Autriche et dans les autres pays tombés sous l'influence allemande. Depuis 1938 l'exclusion des juifs des universités, des sociétés savantes, et des journaux scientifiques a un impact sur la vie culturelle italienne et notamment sur la circulation mathématique, y compris sur l'Union mathématique italienne et son *Bulletin*.

Notre analyse, qui se base à la fois sur l'étude de sources officielles et sur l'examen des documents d'archives nous permet également de tirer des conclusions plus générales concernant ce troisième axe de recherche.

	Analyse	Algèbre	Géométrie	Math. élém., math. élém. d'un point de vue sup.	Mécanique	Physique mathématique	Théorie des nombres	Histoire, nécrologies, didactique	Théorie des ensembles, fondem. logique	Applic. géodésie, astronomie, math. fin., probabilité
1922	3		3				2			3
1923	4	2	6		3	1				1
1924	8		7		3					2
1925	8		6		8			2		2
1926	10		7		3	2	1			
1927	14	5	12		4					3
1928	14	4	11		1	1	2			3
1929	17	2	10		2	1				1
1930	20	1	10		7		1	1	2	2
1931	21	2	6	1	6	1	1		1	2
1932	24	2	9	1	3	1	1	1		3
1933	18	4	11	2	2		2	3	3	1
1934	19	1	6	4	4		2		1	1
1935	9	5	10		1		4			
1936	12	4	11	2	2					
1937	9	1	4	1	1			1		
1938	15	1	4		6			1		2
1939	21		11	9	1	8	2	9		
1939-1940 XVIII	12		16	7		8		16		1
1940-1941 XIX	23	1	14	11		5		6		
1941-1942 XX	10	2	8	4		1		4		
1942-1943 XXI	5	1	6	7	3	1				1
Total	296	38	188	49	60	30	18	44	7	28

TABLEAU 8 : Distribution par sujets des Piccole Note
dans le BUMI (1922-1943)

Nous avons rencontré des personnalités comme Bompiani, Ettore Bortolotti, Severi et d'autres, qui ne sont pas de véritables « persécuteurs », mais qui soutiennent et suivent strictement, parfois avec « zèle », les procédures imposées par le gouvernement pour des raisons les plus diverses : pour poursuivre des ambitions personnelles, pour préserver des chaires de mathématiques, par jalousie ou désir de vengeance contre des collègues juifs, ou encore pour des simples sentiments antisémites.

D'autres mathématiciens, comme par exemple Berzolari, sont simplement « alignés » (Capristo 2013) : ils sont souvent conscients de l'illégitimité de certaines lois, qu'ils considèrent injustes, et expriment leur déception en privé. Par conséquent, ils sont capables de s'indigner mais ils ne se rebellent pas publiquement, soit parce qu'ils sont manipulés, soit parce qu'ils ne comprennent pas que « les grands et irrémédiables maux dépendent de l'indulgence envers les maux encore minimes et réparables[95] » (Foa 1996, 151). La correspondance de Berzolari contient de nombreux passages qui s'opposent au zèle manifesté par Bompiani à l'égard du régime. En voici deux exemples. En se référant à une note d'Enea Bortolotti et de Sansone[96], il observe avec véhémence :

> Je peux honnêtement t'exprimer toutes mes pensées ; j'appartiens à une famille qui a contribué à la cause nationale et je crois que je suis un bon Italien. Mais quand, dans la note d'Enea [Bortolotti] et de Sansone, j'ai vu le nom de Pincherle omis de ceux qui sont passés de l'enseignement secondaire à l'université – Pincherle qui était un maître pour nous tous, dont les livres ont eu une énorme diffusion dans toutes nos écoles, [alors], je dis la vérité, j'aurais immédiatement démissionné de mon poste que malheureusement j'occupe. Le Duce n'a-t-il pas dit qu'il ne faut pas détruire l'histoire ? Sera-t-il possible de faire l'histoire de la géométrie en Italie sans mentionner Segre, Castelnuovo et Enriques ? Et en arriverons-nous au moment que pour appliquer un théorème de Jacobi, nous le citerons en l'attribuant à Adam[97] ?

Et de nouveau, sur le rapport de Bompiani au congrès de l'UMI de 1940, Berzolari remarque que « pour des raisons de conscience et avec la franchise que notre bonne amitié implique, je dois faire mes réserves », car Pincherle n'est pas mentionné, même si lors de la fondation de l'UMI plusieurs mathématiciens se sont plaints de l'antagonisme avec le Circolo Matematico di Palermo et Pincherle a résolu ce problème. « Mais le P. [Pincherle] semble ne pas pouvoir être prononcé : nous allons donc au-delà[98]. »

Volterra est le seul mathématicien ouvertement antifasciste à jouer un rôle important dans l'UMI, spécialement dans sa fondation et les premières années. Si d'autres mathématiciens s'opposent au fascisme, tels que Levi-Civita, Tricomi ou Colonnetti, la plupart de la communauté mathématique italienne

---

95. « I mali grandi e irrimediabili dipendono dall'indulgenza verso i mali ancora piccoli e rimediabili. »

96. Voir (Bortolotti & Sansone 1939) ; la liste des mathématiciens passés de l'enseignement secondaire à l'université est à la page 186.

97. « Con te posso dire francamente tutto il mio pensiero, appartengo ad una famiglia che alla causa nazionale ha dato qualche contributo, e credo di essere un buon italiano. Ma quando nella nota di Enea e Sansone ho veduto omesso il nome di Pincherle tra quelli di coloro che dall'insegnamento medio son passati all'Università – del Pincherle che fu maestro a tutti noi, i cui libri hanno avuto una enorme diffusione in tutte le nostre scuole, dico il vero, come primo impulso avrei dato le dimissioni dalla carica che pur troppo occupo. Il Duce non ha detto che la storia non si distrugge ? Sarà possibile fare la storia della geometria in Italia senza nominare Segre, Castelnuovo e Enriques ? E arriveremo al punto che dovendo applicare un teorema di Jacobi, lo citeremo attribuendolo ad Adamo ? », AS-UMI, L. Berzolari à E. Bompiani, 9.3.1939.

98. « Per debito di coscienza e con la franchezza che comporta la nostra buona amicizia, debbo far le mie riserve ». « Ma il P. pare che non si possa pronunciare : quindi passiamo oltre », AS-UMI, L. Berzolari à E. Bompiani, 3.5.1940.

obéit au régime sans manifester aucune indignation, notamment à l'égard des Lois raciales. Selon l'historien Raul Hilberg, tous ces « témoins » silencieux sont également responsables des persécutions anti-juives et méritent d'être étudiés ainsi que les « exécuteurs » et leurs « victimes » (Hilberg 1992).

Chapitre 24

La *Vierteljahrsschrift für wissenschaftliche Philosophie* (1877-1916) : de la circulation des mathématiques en milieu philosophique

FRANÇOISE WILLMANN

1 Introduction : Sciences et philosophie dans l'Université Humboldt

Il convient de resituer la *Vierteljahrsschrift für wissenschaftliche Philosophie*[1] (« Revue trimestrielle de philosophie scientifique »), fondée en 1877 par Richard Avenarius (1843-1896) avec la collaboration de Carl Goering (1841-1879), Max Heinze (1835-1909) et Wilhelm Wundt (1832-1920), dans un contexte intellectuel et institutionnel dont un événement saillant est la création de l'Université de Berlin sous l'égide de Wilhelm von Humboldt en 1809. Qu'on accorde à cette nouvelle université un poids décisif, ou qu'on nuance l'originalité des idées qui la portèrent en rappelant ce qu'elle doit à son aînée, celle de Göttingen (une création de l'*Aufklärung*, en 1736), on soulignera l'impulsion qu'elle a su donner, dans l'espace germanique, à l'intérêt pour la recherche, que ce soit au niveau idéel ou au niveau institutionnel[2]. Du premier, on a retenu le caractère idéaliste et les difficultés de sa mise en pratique, du deuxième les

---

1. Tous les numéros sont accessibles sur Gallica. https://gallica.bnf.fr/ark:/12148/cb328895576/date.item (consulté le 8.12.2020). Pour les références, nous utiliserons l'abréviation « VfwP ».
2. Si l'Université de Berlin est volontiers présentée comme la concrétisation des idées de réforme élaborées par des penseurs notoires, tels que Fichte, Schelling, Schleiermacher, reprises et mises en œuvre par Humboldt lors de son passage éclair au ministère de l'éducation

répercussions sur les vies des individus[3] et l'impact sur l'objectif, à savoir le développement heureux des sciences, difficile au début du siècle, et de plus en plus efficace à mesure qu'il entrait en phase avec les évolutions politiques et économiques, surtout après la proclamation de l'Empire en 1871.

Dans la nouvelle Université – les innovations berlinoises n'avaient pas tardé à essaimer – la science suprême[4], censée garantir l'unité du savoir, était la philosophie. La faculté de philosophie regroupait en son sein la théologie, le droit, la médecine et l'ensemble des sciences théoriques, y compris les sciences de la nature et les mathématiques[5], et ce jusqu'à la fin du siècle. La première université à donner l'autonomie à ces deux dernières fut celle de Tübingen, en 1863, suivie par celle de Strasbourg lors de sa fondation en 1872 ; encore en resta-t-on à une demi-mesure, car la séparation programmée entre sciences et mathématiques ne se réalisa pas, faute de moyens budgétaires (Craig 2005, 17)[6]. La proximité entre les disciplines chapeautées par la philosophie a souvent été perçue par les observateurs français comme un « décloisonnement des disciplines » (Espagne 2000, 275). Ainsi les parcours des auteurs de la *Vierteljahrsschrift* par exemple se caractérisent-ils par une fréquente pluridisciplinarité dans les études, voire dans l'enseignement jusque

---

prussien, de multiples travaux, dont ceux de Hans-Ulrich Wehler, ont bien montré ce qu'elle devait aux universités du siècle précédent, à celle de Halle et surtout de Göttingen, où Humboldt avait du reste étudié durant quelques semestres. Aussi Wehler parle-t-il plus volontiers des « universités réformées » et de l'esprit du « nouvel humanisme » (qui inclut Humboldt parmi d'autres), tout en ayant à cœur de mettre en lumière ce qui, dans l'université berlinoise, allait plus loin que le modèle de Göttingen notamment. (Wehler 1995, 292–303 ; Tome 2, 504 et suivantes). Notons qu'il y avait, entre autres contre-modèles, le rejet du modèle français des écoles spéciales.

3. Rappelons ces deux grands mots d'ordre humboldtiens : l'idéal de l'union de la recherche et de l'enseignement [*Forschung und Lehre*] et celui de l'excellence grâce à l'émulation, ce que devait stimuler une stricte hiérarchie des enseignants, avec en bas de l'échelle les "Privatdocenten faméliques" selon le mot célèbre de Renan, et des carrières culminant – le cas échéant – avec le statut de professeur ordinaire [*Ordinarius*] (Charle 1994). La nécessité pour les futurs universitaires de s'imposer dans ces conditions de concurrence exacerbée se traduit entre autres dans la vivacité des controverses dont on verra quelques effets dans la *Vierteljahrsschrift*.

4. Le terme « Wissenschaft » a gardé longtemps en allemand un sens plus large qu'en français.

5. Dans son rappel synthétique des traits essentiels de l'université berlinoise, Rüdiger vom Bruch met l'accent sur la position kantienne, développée dans le *Conflit des facultés* (1798). Constatant que la théologie, le droit et la médecine, des domaines orientés vers la professionnalisation, sont soumis aux intérêts de l'État, Kant considère qu'il faut donner la suprématie à une discipline libre, redevable de la seule recherche de la vérité. C'est ainsi qu'il justifie le rôle premier de la philosophie (Vom Bruch 1997). Herbert Schnädelbach résume ainsi la situation : « Dans l'Université Humboldt en tout cas, c'est la faculté de philosophie qui prit les rênes du pouvoir ». (« In der Humboldt-Universität jedenfalls hat die philosophische Fakultät die Führung übernommen ») (Schnädelbach 1991, 41).

6. Voir aussi la contribution à ce volume de Norbert Schappacher et Klaus Volkert (Schappacher & Volkert 2005).

pour les professeurs ordinaires[7]. Au niveau des études, la pluridisciplinarité renvoie également à une autre réalité : il n'est pas rare, surtout au milieu du siècle, que les aspirants à une carrière universitaire commencent par se qualifier pour l'enseignement en lycée qui exige d'eux une palette disciplinaire large[8]. Soulignons l'importance de cette réalité dans la perspective d'une « philosophie scientifique » ayant, comme on le verra, vocation à réaliser l'unité ultime de toutes les sciences.

Néanmoins, cette proximité des disciplines ne signifie pas coexistence pacifique et échanges harmonieux. La suprématie institutionnelle de la philosophie se vit accusée d'avoir favorisé le triomphe de la pensée hégélienne et de sa philosophie de la nature [*Naturphilosophie*] spéculative, et d'avoir ainsi entravé le développement des sciences expérimentales, d'où un rapport conflictuel entre sciences modernes et philosophie et une profonde crise d'identité de cette dernière[9]. On en trouve les répercussions dans nombre de controverses qui ont agité les esprits au cours du siècle, entre autres les trois grands sujets de discorde étudiés par Kurt Bayertz, Myriam Gerhard et Walter Jaeschke, les querelles du matérialisme et du darwinisme et celle déclenchée par le discours d'Emil Du Bois-Reymond « Ignorabimus » (Bayertz *et al.* 2007).

Les diverses formes de « néokantisme » furent l'une des réponses à cette crise dont la *Vierteljahrsschrift* est issue. Face à une évolution des sciences dont Herbert Schnädelbach (Schnädelbach 1991, 118–137) retrace le déroulement entre l'idéal humboldtien de la « culture par la science[10] » (Espagne 2004) et le diagnostic de Max Weber d'une science devenue une profession[11] (Weber 1995), s'impose pour la philosophie la tâche de trouver sa fonction propre. Schnädelbach propose de classer la multiplicité des réponses apportées par celle-ci selon quatre options. Relevant le défi, la philosophie fait à son tour de la recherche une démarche essentielle ; elle s'appuie alors sur l'histoire, ou la philologie, comme en témoignent les multiples « renaissances » qui caractérisent l'époque, et dont le néokantisme est une variante parmi d'autres. Ou alors, elle reconnaît la science de la nature pour la véritable philosophie de l'époque et devient scientisme, selon diverses formes plus ou moins radicales. L'une consiste à réinterpréter les questions philosophiques dans les termes des sciences empiriques, une autre s'en remet à telle ou telle science spécifique

---

7. Pour ne prendre que quelques exemples : Avenarius avait étudié la philosophie, la philologie et la psychologie, Wilhelm Wundt la médecine, les sciences de la nature et la philosophie. Si Friedrich Paulsen (1846-1908) fut professeur de pédagogie, puis de pédagogie et de philosophie à Berlin, Siegmund Günther (1848-1923) enseigna la géographie, l'histoire des mathématiques et les sciences de la nature.

8. Les années 1870 ont constitué un tournant important à cet égard : une augmentation sensible des postes disponibles à l'université a profité particulièrement aux philosophes néokantiens (Köhnke 1986, 302–319).

9. Une analyse plus nuancée de ce conflit se trouve par ex. chez Ben-David (Ben-David 1971).

10. « Bildung durch Wissenschaft » (cf. Espagne 2004, 200), (Cassin 2004).

11. Cf. le célèbre discours de 1917 *Wissenschaft als Beruf*.

qui lui donnera son orientation, à moins qu'on ne s'en tienne à chercher ses fondements théoriques dans quelque science particulière ; la psychologie, la sociologie, ou la biologie ont rempli cette fonction, un exemple de cette dernière étant l'habilitation soutenue par Richard Avenarius en janvier 1876 et intitulée *Philosophie als Denken der Welt gemäß dem Prinzip des kleinsten Kraftmaßes* [La philosophie comme pensée du monde conformément au principe du minimum de force requis], où il défend l'idée que toute pensée tend vers une dépense d'énergie minimale. Une troisième option fait de la critique une fonction essentielle de la philosophie ; sans être l'apanage du néokantisme, elle devient un mot-clé de ce mouvement, tout comme la conception de la philosophie comme théorie de la connaissance. C'est là une caractéristique de la quatrième issue identifiée par Schnädelbach, dans laquelle il voit la modalité sans doute la plus efficace d'une réhabilitation de la discipline, un terrain où néokantiens et positivistes, aussi floue que soit alors cette dernière caractérisation, se rejoignent (Schnädelbach 1991). Et c'est le cas en particulier dans la *Vierteljahrsschrift*.

Celle-ci fut fondée et éditée à Leipzig, chez l'éditeur Fues, devenu R. Reisland en 1890, par le philosophe Richard Avenarius, fondateur de l'empiriocriticisme[12], alors *privatdozent* à l'université de cette ville où ses collaborateurs, les philosophes positivistes Carl Goering (également champion d'échecs), Max Heinze et le philosophe et psychologue Wilhelm Wundt étaient professeurs ordinaires[13]. Avenarius y signe encore l'introduction, mais c'est la leçon inaugurale qu'il donnera à Zurich, où il obtient une chaire de professeur ordinaire cette année-là, qui sera sa contribution au quatrième cahier de cette première année de parution[14]. La revue allait changer plusieurs fois de direction, et même de nom à partir de 1902, année à partir de laquelle elle deviendra *Vierteljahrsschrift für wissenschaftliche Philosophie und Soziologie*. Klaus Christian Köhnke clôt son ouvrage sur l'émergence et l'ascension du néokantisme au cours du XIXe siècle par l'étude de sa première décennie de parution (Köhnke 1986). La création de la revue constitue pour lui à la fois le point d'orgue de ce mouvement philosophique[15], devenu, vers la fin du

---

12. L'histoire de la philosophie par Friedrich Ueberweg, dans la réédition remaniée de Konstantin Oesterreich, souligne qu'Avenarius et Mach ont fondé indépendamment l'un de l'autre la volonté de retourner à un « réalisme naïf » (Ueberweg & Oesterreich 1916, 345).

13. L'Université de Leipzig, fondée en 1409 à la suite de dissensions internes à l'Université de Prague (la première du domaine germanique, en 1348) fait partie des universités les plus anciennes. Il convient de souligner également l'importance de l'activité éditoriale dans cette ville. « C'est là que fut fondée la première revue scientifique allemande, les *Acta Eruditorum* [...] » (Espagne 2000, 273). Au XVIIIe siècle, Leipzig est la capitale du livre, de l'édition et de l'imprimerie, et la tendance se confirme au XIXe siècle (Espagne 2000, 63–89).

14. « Ueber die Stellung der Psychologie zur Philosophie. Eine Antrittsvorlesung » [À propos de la position de la psychologie par rapport à la philosophie. Une leçon inaugurale] (VfwP 1877, 471–488).

15. Köhnke distingue explicitement « tendance » [*Richtung*] « école » [*Schule*], « mouvement » [*Bewegung*], insistant sur la grande diversité des positions néokantiennes. Comme tout mouvement justement, le néokantisme ne peut se comprendre, selon lui, à partir de ses

siècle, dominant dans l'université, et un tournant dans son histoire. On y voit en effet la plupart des néokantiens les plus éminents se rapprocher du positivisme, puis l'écart entre eux se creuser à nouveau[16]. La déclaration initiale des fondateurs de la revue situe les objectifs dans le cadre de l'essor des sciences dont elle veut se faire l'écho et qu'elle entend soutenir, et prend explicitement position pour l'expérience, contre une philosophie spéculative. Le contenu des articles portera, dit-on, sur « les disciplines suivantes : **théorie de la connaissance et doctrine de la méthode scientifique – philosophie des sciences de la nature et des mathématiques – psychophysique, psychologie et anthropologie – sociologie et éthique – esthétique – philosophie du langage – histoire du développement** des idées, problèmes et systèmes philosophiques, dans la mesure où ces derniers continuent à influencer la pensée moderne[17] ».

Quelle place tiennent, dans ce contexte, les mathématiques ? Elles sont explicitement présentes dans l'énumération ci-dessus, un champ parmi d'autres, en tant qu'objet de la réflexion philosophique, dans le cadre d'une philosophie qui affirme son lien indissoluble avec les sciences *empiriques*. On sera donc confronté à des mathématiques circulant de manière tantôt explicite, tantôt diffuse, essentiellement parmi des philosophes tournés vers ces sciences empiriques, que ce soit au niveau de la réception ou des auteurs, eux-mêmes de profils et de statuts divers[18]. Dans une perspective néokantienne, « les mathématiques constituent le modèle de toute connaissance[19] » (Ueberweg & Oesterreich 1916, 363) et endossent un rôle qui nourrit les débats, souvent très vifs : fondamentales pour certains qui aiment à convoquer l'idée que les mathématiques seraient la logique des sciences de la nature, inspirantes pour d'autres, ancillaires ou redoutées, leur présence ne se réduit pas à ce qu'en

---

protagonistes majeurs mais exige que l'on en présente « les relations entre les doctrines et la situation historique au moment de leur émergence, de leur diffusion et de leur déploiement » [*die Darstellung des Verhältnisses zwischen ihren Lehren und der historischen Situation zur Zeit ihrer Entstehung, Ausbreitung und Entfaltung*] (Köhnke 1986, 318).

16. Köhnke y voit l'influence décisive de la crise politique et idéologique déclenchée par les attentats du 11 mai et du 2 juin 1878 contre l'empereur Guillaume Ier, entraînant ce qu'il nomme « un tournant idéaliste » chez les néokantiens. On s'inquiète de la crise de l'autorité, de la responsabilité des philosophes, et après la focalisation sur la théorie de la connaissance, on se tourne davantage vers les valeurs et la philosophie pratique (Köhnke 1986, 404–433).

17. « Den Inhalt der Vierteljahrsschrift werden bilden : 1) Artikel, welche folgende Disciplinen umfassen : **Erkenntnistheorie** und **wissenschaftliche Methodenlehre – Philosophie der Naturwissenschaften** und der **Mathematik – Psychophysik, Psychologie** und **Anthropologie – Sociologie** und **Ethik – Aesthetik – Sprachphilosophie –– Entwickelungsgeschichte** philosophischer Ideen, Probleme und Systeme, soweit dieselben noch Einfluss auf das moderne Denken besitzen ; » Déclaration liminaire non paginée, caractères gras dans l'original (VfwP 1877).

18. Cette diversité de statut et de notoriété a tendance à s'accroître au fil des ans ; les deux premières années de parution donnent la parole à des personnalités bien connues, à deux ou trois exceptions près. Par la suite, le nombre des inconnus, ou du moins de ceux que l'histoire a oubliés, s'accroît.

19. « Die Mathematik bildet für sie das Vorbild aller Erkenntnis überhaupt. »

disent les titres des contributions. Ceux-ci font apparaître les thématiques récurrentes à l'ordre du jour, telles que les questions de géométrie, d'infini, de nombre, de probabilités, de fonctions. Mais il ne faut pas négliger les traces moins visibles de ces sujets, voire des débats touchant le statut philosophique même des mathématiques. On tentera, dans ce qui suit, de donner une idée de la manière dont elles s'inscrivent dans la publication, au fil de quarante ans de parution, puis de mettre en lumière quelques temps forts de leur présence.

2 Organisation de la revue et auteurs

Considérons tout d'abord les grands traits de la revue. En quarante ans de parution, elle évolue certes, mais conserve pour l'essentiel les mêmes rubriques. Paraissant quatre fois par an, elle se présente aujourd'hui sous la forme de volumes annuels, pourvus d'une table des matières qui ne reprend pas les contributions selon l'ordre chronologique de leur parution mais selon l'ordre alphabétique de leurs auteurs. Le nombre de ces derniers est variable, entre six et treize par an, et tourne la plupart du temps autour de onze, sachant qu'il n'est pas rare qu'un auteur publie non pas un article, mais une suite d'articles s'étendant sur deux, voire trois ou quatre numéros, exceptionnellement davantage. On trouve en outre, dans des proportions très variables, des réponses et prolongements qui prennent à l'occasion la forme de débats parfois virulents, des comptes rendus de lecture, des annonces de parution par les auteurs eux-mêmes [*Selbstanzeigen*], des listes de revues, allemandes et étrangères, parfois avec leur table des matières.

Chaque cahier mentionne, sous la rubrique « Bibliographische Mitteilungen », la liste des ouvrages réceptionnés par la revue et dont certains feront l'objet de recensions plus ou moins longues. À partir de 1897, les titres mentionnés seront classés par catégories; c'est ainsi qu'apparaît la catégorie « Philosophie der Naturwissenschaften und Mathematik » qui ne comporte que quatre items dans le premier cahier, onze dans le second, puis vingt-quatre dans les deux suivants. Mais la progression initiale ne se maintient pas : tantôt on en reste à quatre ou cinq, tantôt la rubrique disparaît purement et simplement ; cette irrégularité n'était pas moindre dans les numéros précédents.

La revue connaîtra deux directeurs : durant vingt ans et jusqu'à sa disparition, ce sera son fondateur Richard Avenarius qui dirigera la revue jusqu'à son décès en 1896, puis, après un intermède de deux ans assuré par deux de ses anciens étudiants, Friedrich Carstanjen (1864-1925) et Otto Krebs (1873-1941)[20], Paul Barth (1858-1922), professeur de philosophie et de pédagogie à Leipzig, ancien étudiant de Wundt, tenant d'un positivisme sociologique, prendra la relève jusqu'en 1916. Suite à la disparition de Carl Goering, les trois premiers coéditeurs se réduisent au nombre de deux dès 1880. Wundt

---

20. Otto Krebs soutint une thèse à Zurich sur Lotze. Sa contribution à la revue consista en un article en trois parties, correspondant à ce doctorat ; si toutefois le personnage est bien identique à celui qui abandonna la philosophie pour devenir un industriel prospère.

sera remplacé en 1892 par Alois Riehl (1844-1924), néokantien se situant entre criticisme et positivisme, qui coéditera la revue jusqu'à son terme. Dès 1897, Max Heinze cèdera la place à Ernst Mach (1838-1916), relayé par le positiviste moniste Friedrich Jodl (1849-1914) en 1906. Après la disparition, en janvier 1914, de ce dernier, Felix Krueger (1874-1948), qui terminera sa carrière comme professeur de philosophie et de psychologie à Leipzig, lui succèdera.

Quant aux auteurs, ils signent leurs contributions de leur seul nom (réduisant parfois le prénom à une initiale), associé à un lieu : ni leur appartenance disciplinaire, ni leur statut institutionnel ne sont spécifiés. La grande diversité des villes mentionnées (Blaubeuren, Zurich, Gotha, Fribourg en Brisgau, Leipzig, Stuttgart, Worms, Berlin, Tübingen, Marbourg, Munich, Braunschweig, Strasbourg, Copenhague, Poznan, Prague, Graz, Cernowitz, Budapest, Belgrade, Tartu, Chicago, etc.) correspond à la réalité d'un pays décentralisé, où grandes et petites villes se côtoient, et va de pair avec la variété des fonctions occupées, tous n'étant pas universitaires. Cette diversité est aussi un signe de la mobilité constitutive des carrières, et un révélateur des échanges internationaux. Ceux-ci sont fréquents avec la Suisse et l'Autriche, incluent les Pays-Bas, le Danemark, les pays limitrophes à l'est, mais exceptionnellement la France ou l'Angleterre. Par ailleurs, ces indications n'étant pas forcément liées à des positions académiques, peuvent être trompeuses : ainsi, J. Kodis qui signe une contribution depuis Chicago, une autre depuis Saint-Louis, n'y séjourna visiblement que pour des raisons personnelles et temporaires ; ces lieux n'indiquent donc nullement des rapports particuliers avec les États-Unis (rares également). La plupart des contributeurs sont néanmoins des universitaires, réputés pour certains, en début de carrière ou tombés dans l'oubli pour d'autres. Certains, parfois qualifiés de « pédagogues » par la *Deutsche Biographie* sans l'être au sens scientifique du terme, sont professeurs de lycée, tels Kurd Lasswitz (1848-1910), docteur en physique, enseignant de mathématiques et de physique au lycée de Gotha[21], le philosophe Hans Kleinpeter (1869-1916), un proche de Mach, à Gmünden, le mathématicien Hermann Weissenborn (1830-1896) à Eisenach, pour n'en citer que quelques-uns. Wilhelm Goering (né en 1850) en revanche, enseignant de mathématiques à Dresde, semble avoir été un véritable pédagogue. Son ouvrage critique de Kant, *Raum und Stoff. Ideen zu einer Kritik der Sinne*[22] paru en 1876, fit l'objet d'un compte rendu assassin de la part de son homonyme Carl Goering, qui se prolongea par un dialogue de sourds dans les cahiers II et IV de l'année 1878. Mais Wilhelm Goering est aussi l'auteur de *Geometrische Untersuchungen* [Études géométriques] parues en 1888 dans le « Jahresbericht des Neustädter Realgymnasiums zu Dresden », destinées aux

---

21. Son grand œuvre scientifique est sa *Geschichte der Atomistik vom Mittelalter bis Newton*, Hamburg Voss, 1890, une histoire de l'atomisme dans une perspective criticiste. Par ailleurs, il est l'auteur de romans et nouvelles considérés désormais comme précurseurs de la science-fiction.

22. Wilhelm Goering, *Raum und Stoff. Ideen zu einer Kritik der Sinne*, C. Duncker, Berlin, 1876. [Espace et matière. Idées pour une critique des sens].

élèves de cet établissement, et précédées d'une réflexion sur la nécessité d'une véritable culture scientifique pour un public plus large et incluant une pensée mathématique autonome. Il s'inscrivait ainsi dans le débat du dernier tiers du siècle sur les réformes à apporter au système scolaire afin de tenir compte de l'importance grandissante des sciences de la nature. L'institution, en 1882, du « Realgymnasium », concurrent de l'ancien lycée classique, fut une étape importante dans cette évolution (Wehler 1995, 1202), et Goering fait précéder son étude de deux problèmes de géométrie de la revendication d'une nouvelle « mathesis ». Par ailleurs, Siegmund Günther, qui intervint lui aussi dans la *Vierteljahrsschrift*, était alors professeur au lycée d'Ansbach et également corédacteur de la *Zeitschrift für mathematischen und naturwissenschaftlichen Unterricht* (de 1876 à 1886).

Notons que la revue ouvrira ses colonnes aux femmes, la première étant la philosophe Josepha Kodis (1865-1940), une élève d'Avenarius qui signera deux articles, l'un en 1895, l'autre en 1897[23]. Helena von Reybekiel Schapiro[24], une psychologue, publie « Die introspektive Methode in der modernen Psychologie » en 1906, c'est-à-dire dans le numéro 30 de la revue[25]. Charlotte Hamburger donnera en 1912 une contribution en deux parties : « Unser Verhältnis zur Sinnenwelt in der mathematischen Naturwissenschaft[26] », Luise Cramer en 1915 : « Kants rationale Psychologie und ihre Vorgänger[27] ». Leur présence restera discrète cependant. La plupart des auteurs participent également à la rubrique très nourrie des comptes rendus de lecture ; ce n'est pas le cas pour les femmes évoquées. Mentionnons encore, pour être juste, quelques recensions de livres rédigés par des femmes, dont l'une, fort élogieuse, de la plume de Wilhelm Reimer, de l'ouvrage de la pédagogue Elisabeth Rotten (1882-1964) *Goethes Urphänomen und die platonische Idee*, Gießen, paru en 1913[28] dans une collection philosophique dirigée par Hermann Cohen et Paul Natorp. Mais dès 1901, Max Nath (1859-1913)[29], auteur de nombreux comptes rendus sur des sujets généralement scientifiques, consacrait deux pages au livre de la

---

23. Voir https://pl.wikipedia.org/wiki/Józefa_Krzyżanowska-Kodisowa (consulté le 18.11.2020). Kodis avait soutenu à Zurich, en 1893, une thèse intitulée : *Zur Analyse des Apperceptionsbegriffs : eine historisch kritische Untersuchung* [Contribution à une analyse du concept d'aperception : étude historique et critique].
24. Polonaise, elle aussi, elle est née en 1879 à Lublin, fut enseignante à Birmingham où elle est décédée en 1875 ; émigrée en 1933, elle figurait sur la « Sonderfahndungsliste » nazie, la « Gestapo Arrest List for England ».
25. La méthode introspective dans la psychologie moderne (VfwP 1906, 78–114).
26. « Notre rapport au monde sensible dans les sciences de la nature mathématiques » (VfwP 1912, 256–292 et 425–456). De Charlotte Hamburger, dont il sera encore question, nous n'avons pas trouvé de traces.
27. « La psychologie rationnelle de Kant et ses prédécesseurs » (VfwP 1915, 1–37 et 201–251).
28. « Le phénomène archétypal de Goethe et l'idée platonicienne » (VfwP 1913, 545–546).
29. Max Nath est lui aussi, enseignant de lycée, et auteur de publications, certaines pédagogiques, d'autres scientifiques, notamment sur la physique et les mathématiques. Cf. http://d-nb.info/gnd/1029693838 (consulté le 10.8.2019).

« philosophe et femme de sciences » (Fraisse 1985), traductrice de Darwin, Clémence Royer (1830-1902), *La Constitution du monde. Dynamique des atomes*, publié l'année précédente. Il y cite l'auteure elle-même pour le résumé de ses conclusions, et lui laisse, pour finir et sans commentaire, la parole au sujet de la géométrie moderne :

> Il s'ensuivrait que les éléments de la matière, par leur distribution dans l'espace et les formes qui résultent de leurs pressions mutuelles, réaliseraient à l'absolu tous les théorèmes de la géométrie. Ses axiomes seraient, non des thèses *a priori* résultant de la forme de notre entendement, mais des vérités objectives, réalisées dans les choses. Car les sommets communs des polyèdres atomiques seraient des points géométriques ; leurs arêtes mutuelles des lignes étendues dans une seule dimension ; leurs plans de contact réciproque des surfaces à deux dimensions ; enfin leur solidité, faisant varier leur volume en raison des cubes de leurs dimensions linéaires, fournirait une démonstration éclatante de la vérité objective de la géométrie euclidienne, contre les rêveurs allemands, qui prétendent fonder, sur des sophismes inconscients, une géométrie nouvelle à N dimensions, aboutissant au concept saugrenu d'une courbure de l'espace en soi[30]. (VfwP 1901, 377)

Ce ne sont certes pas des « rêveurs » de cette espèce qui s'expriment dans la *Vierteljahrsschrift für wissenschaftliche Philosophie*. Quant à la note identitaire qui affleure dans ce passage, si elle est dans l'air du temps des deux côtés du Rhin, elle n'est pas caractéristique de la revue qui se maintiendra, brièvement, au-delà du déclenchement de la Première Guerre mondiale. L'ultime numéro comporte une déclaration brève et sobre, suivie d'un bref rappel de l'histoire de la revue. Sous l'intitulé « Communication », on lit ceci :

> Avec le présent numéro, la *Vierteljahrsschrift für wissenschaftliche Philosophie und Soziologie* cesse de paraître. Elle a toujours été internationale. C'est pourquoi la guerre mondiale a anéanti les conditions de son existence[31].

De manière générale, les auteurs sont des philosophes, des logiciens, des psychologues, des sociologues[32]. De noms qui ont marqué les mathématiques, on n'en rencontre pas beaucoup. Mentionnons Gerhard Hessenberg (1874-1925), mais sa présence a quelque chose d'anecdotique : elle s'inscrit dans le prolongement d'un épisode polémique mettant aux prises Leonard Nelson

---

30. Malgré sa retenue apparente, Nath n'a pas cité le passage le plus convaincant de l'ouvrage de Royer... laquelle est du reste loin d'englober tous les Allemands dans des jugements péjoratifs, mais reproche surtout à Kant, dès sa préface, d'avoir nui à la science en privant l'espace et le temps de leur réalité.
31. « Mitteilung : Mit dem vorliegenden Hefte hört die Vierteljahrsschrift für wissenschaftliche Philosophie und Soziologie auf zu erscheinen. Sie war immer international. Darum hat der Weltkrieg ihre Daseinsbedingungen vernichtet » (VfwP 1916, 394).
32. Ont par exemple donné au moins un article ou rédigé un compte rendu des personnalités aussi diverses que Ernst Cassirer (1874-1945), Jonas Cohn (1869-1947), Gottlob Frege (1848-1925), Edmund Husserl (1859-1938), Christian von Ehrenfels (1859-1932), Gerardus Heymans (1857-1930), Harald Höffding (1843-1931), Adolf Horwicz (1831-1894), Julius Jacobson (1854-?), George Jaffé (1880-1965), Otto Liebmann (1840-1912), Anton Marty (1847-1914), Alexius Meinong (1853-1920), Franz Müller-Lyer (1857-1916), Friedrich Paulsen, Joseph Petzoldt (1862-1929), Alfred Ploetz (1860-1940), Heinrich Rickert (1863-1936), Konrad Zindler (1866-1934), etc.

(1882-1927) et Ernst Cassirer que Volker Peckhaus a étudié sous l'angle des relations entre philosophie et mathématiques à Göttingen (Peckhaus 2014). Felix Hausdorff (1868-1942) quant à lui donne quatre comptes rendus entre 1904 et 1909, dont l'un portant sur les *Principles of Mathematics* de Russell. Gottlob Frege signe une contribution en 1892. Cependant, nombreux sont ceux qui ont une formation mathématique (et souvent en physique), notamment la catégorie des enseignants de lycée, une fonction parfois transitoire, comme dans le cas de Siegmund Günther qui, après ses dix ans de professorat au lycée d'Ansbach, obtint un poste de professeur ordinaire de géographie à l'École polytechnique de Munich.

3 Quarante ans de mathématiques dans la revue : un tour d'horizon

La présence des mathématiques se manifeste de diverses manières. Pour certains auteurs, les questions mathématiques sont au cœur de leur intérêt ; pour d'autres, elles ont le statut d'outil pour une discipline ou un champ particulier ; d'autres enfin ne font qu'y renvoyer.

3.1 Les thématiques récurrentes dans les contributions

Dès la première année de parution, un article de Wilhelm Wundt, une reprise de son sujet par Kurd Lasswitz, une réponse de Wundt, suivie d'une intervention de Siegmund Günther se transforment en échange qui, parti de la question cosmologique, débouche sur une brève controverse autour du concept d'infini. Le dernier mot reviendra à Lasswitz dans le premier cahier de 1878 : « Zur Verständigung über den Unendlichkeitsbegriff », une mise au point destinée à clarifier les positions. Le sujet reviendra sous d'autres angles et dans d'autres contextes. En 1909, le philosophe et philologue Gregor von Glasenapp[33] (1855-1939), Tartu, l'abordera à nouveau explicitement sous l'angle psychologique dans un article intitulé « Zur Psychologie des Unendlichkeitsbegriffs ».

Pour en revenir au premier volume, Otto Liebmann et Alois Riehl se focalisent chacun à leur manière sur la question de l'espace, présente déjà chez Wundt. L'année suivante, le mathématicien Hermann Weissenborn signe une trilogie consacrée aux conceptions les plus récentes : « Über die neueren Ansichten vom Raum und von den geometrischen Axiomen » (VfwP 1878, 222–239 ; 314–334 ; 449–467). En 1879, alors que Carl Goering vient de décéder, la revue lui rend hommage en publiant un discours qu'il devait tenir à Leipzig, dans le cadre d'un cercle philosophique fondé par Avenarius [*Akademisch-philosophischer Verein*] et qui, pour bref qu'il fut, n'en touche pas moins un point crucial. « Über den Missbrauch der Mathematik in der Philosophie » est une mise en garde contre l'empiètement des mathématiques sur le domaine de la philosophie, qui attribue au Kant critique la responsabilité d'un rapprochement,

---

[33]. Il publiera, entre autres, un ouvrage intitulé *Abhandlungen über aktuelle Fragen aus der Psychologie, Mathematik und Religion*, Leipzig, Heims, 1935.

délétère pour la philosophie, entre les deux disciplines, ce dont témoigne selon lui précisément la question de l'espace en géométrie. Il y a abus, selon Goering, si les mathématiques, parfaitement souveraines dans leur propre champ, prétendent imposer leurs vues en dehors de celui-ci.

La question de l'espace ne cesse de revenir au fil des ans, témoignant de l'ébranlement causé par les géométries non-euclidiennes. En 1878, le philosophe Oskar Schmitz-Dumont publie « Deduktion des dreidimensionalen Raums », qui n'est qu'une assez brève mise au point faisant suite à l'article d'Otto Liebmann « Raumcharakteristik und Raumdeduktion » du volume I, lequel ne tenait pas compte selon lui de son propre apport sur cette question. Deux ans plus tard, il reprend le fil avec « Zur Raumfrage ». En 1881 et 1882, c'est l'axiome 8 d'Euclide qui l'occupe dans une série de quatre articles « Die Kategorien der Begriffe und das Congruencenaxiom ». J. Jacobson, alors à Göttingen, publie en 1880 « Über physische Geometrie », puis en 1883, désormais à Zurich, des études sur la métagéométrie (« Philosophische Untersuchungen zur Metageometrie »). Cette même année, un bref texte, « Raum, Zeit, Zahl », de Rudolf Seydel (1835-1892), destiné à rendre hommage à son maître, Christian Hermann Weisse (1801-1866), souligne que celui-ci fut à sa connaissance le premier à avoir, en 1830, rectifié l'oubli de Kant en rajoutant à l'espace et au temps le nombre. En 1888, le Néerlandais Gerhardus Heymans, philosophe et psychologue moniste, poursuit la réflexion en reprenant le titre de Schmitz-Dumont, « Zur Raumfrage », en deux parties. Moritz Schlick (1882-1936) donnera une ultime contribution sur ce thème en 1916 : « Identität des Raumes. Introjektion und psychophysisches Problem. »

Les années 1885-1891 sont marquées par les travaux de Benno Kerry (1858-1889), un étudiant de Franz Brentano (tout comme les Autrichiens Alexius Meinong, Alois Höfler (1853-1922) ou Christian von Ehrenfels), influencé par l'étude de Bernard Bolzano, qui ne consacre pas moins de huit articles (dont les derniers seront publiés de manière posthume en raison de sa disparition prématurée) à une réflexion approfondie sur les mathématiques en train de se faire, et que Frege complète par une mise au point en 1892. Avant cette série, unique en son genre, intitulée « Über Anschauung und ihre psychische Verarbeitung », Kerry avait rédigé pour le deuxième cahier de l'année 1885 un article sur Cantor : « Über G. Cantors Mannigfaltigkeitsuntersuchungen ».

Par la suite, c'est la notion de probabilité qui frappe. Présente dans un certain nombre de publications annoncées dans les « Bibliographische Mitteilungen », on en trouve une première occurrence dans un article rédigé par Ad. Nitsche, Trieste, intitulé « Dimensionen der Wahrscheinlichkeit und Evidenz » et paru en 1892. Dix ans plus tard, Karl Marbe (1869-1953), Würzburg, un élève de Wundt, répond à des objections apportées à son écrit de 1899 sur le sujet, publiées dans la *Zeitschrift für Philosophie und philosophische Kritik* (vol. 118), par un texte intitulé « Brömses und Grimsehls Kritik meiner Schrift *Naturphilosophische Untersuchungen zur*

Wahrscheinlichkeitslehre[34] ». Marbe s'insurge contre l'affirmation de Brömse selon laquelle son approche exigerait impérativement un traitement mathématique. Deux ans plus tard, en 1894, Eduard von Hartmann (1842-1906) rédige « Die Grundlage des Wahrscheinlichkeitsurteils », posant le problème entre droit à la spéculation philosophique et exigence de certitude scientifique. Enfin, en 1911, c'est explicitement sous l'angle mathématique et en deux parties que la question sera abordée par le psychologue autrichien Friedrich Maria Urban, depuis Philadelphie : « Über den Begriff der mathematischen Wahrscheinlichkeit ».

En 1904, W. G. Alexejeff (1866-1943), Tartu, publie un texte en hommage au professeur N. V. Bugaev, « Über die Entwicklung des Begriffes der höheren arithmologischen Gesetzmäßigkeit in Natur- und Geisteswissenschaften », dont il précise d'emblée qu'il s'agit des idées principales de son ouvrage *Die Mathematik als Grundlage der Kritik wissenschaftlich-philosophischer Weltanschauungen*, paru à Tartu (alors Jurjew) en 1903. L'année suivante, il donnait à la revue un deuxième article : « N. V. Bugaev und die idealistischen Probleme der Moskauer mathematischen Schule. »

La revue, comme on l'a vu, cessera de paraître en 1916. Dans les deux derniers volumes paraîtra un article en trois parties qui sonne comme une conclusion : le philosophe et chimiste Otto von der Pfordten (1861-1918), Strasbourg, y pose la question de l'apport des mathématiques pour la connaissance, « Der Erkenntniswert der Mathematik ».

3.2 Quelques exemples de la présence des mathématiques dans les rubriques annexes

Mais les mathématiques circulent aussi, de manière plus diffuse, dans maintes contributions qui ne sont pas centrées sur la discipline, soit pour s'en démarquer ou s'en défendre, soit pour s'appuyer sur elles, ou sur leur promesse de scientificité, notamment en psychologie, le champ le plus prégnant de la revue, surtout dans sa première phase et conformément au point de vue défendu par Avenarius selon lequel il convient de mettre la psychologie au centre de la philosophie (VfwP 1877, 487). Cependant, elles circulent également à travers trois rubriques plus discrètes, les informations sur les parutions, les auto-présentations des auteurs et les comptes rendus de lecture. Un exemple : dans la quatrième livraison de 1877, Benno Erdmann (1851-1921), Berlin, annonçait la parution de son ouvrage *Die Axiome der Geometrie. Eine philosophische Untersuchung der Riemann-Helmholtz'schen Raumtheorie*, Leipzig, L. Voss, 1877. Dès le numéro suivant, le mathématicien Axel Harnack (1851-1888), Darmstadt, le discutait avec attention dans un compte rendu d'un peu plus de sept pages (VfwP 1878, 119–126).

---

34. La *Vierteljahrsschrift* avait publié un compte rendu de Max Nath de cet ouvrage de Marbe, publié à Leipzig en 1899, dans le volume 24 de 1900, p. 115–116.

Prenons un autre cas, déjà effleuré. Dans le premier numéro du volume 3 de 1879, Schmitz-Dumont[35] annonçait la parution de son ouvrage *Die mathematischen Elemente der Erkenntnistheorie. Grundriss einer Philosophie der mathematischen Wissenschaften*, Berlin, C. Duncker. Il n'y eut aucun compte rendu pour autant. Notons que Kurd Lasswitz en rédigea un pour la *Jenaer Literaturzeitung*. On y sent une certaine réserve, mais la conclusion est remarquable pour notre propos. Lasswitz souligne en effet que l'ouvrage est susceptible d'être stimulant à maints égards, en particulier pour les mathématiciens :

> À notre époque où, dans les sciences, la technique a pris une telle avance sur la compréhension logique, il est toujours méritoire de mettre le doigt sur le sens immédiat des résultats dans le processus de pensée[36].

À ce moment-là, Schmitz-Dumont avait déjà publié dans le volume 2 de la *Vierteljahrsschrift* la réponse à Liebmann mentionnée plus haut sur la déduction de l'espace tridimensionnel. L'année suivante, en 1880, il publiait « Zur Raumfrage », qu'il présente comme une réaction à une critique qui lui fut adressée, écrit-il, lors d'un débat philosophique par un certain O. Vogel lui reprochant d'avoir abusivement conféré un sens spatial à la notion « entre » alors qu'il s'agissait pour Schmitz-Dumont de contradiction totale entre des combinaisons d'éléments. Dans cet article[37], Schmitz-Dumont, reconnaît la pertinence du problème soulevé et se saisit de l'occasion pour préciser son propos dont l'enjeu majeur était d'étayer *mathématiquement* sa défense d'un espace à trois dimensions. Il s'y oppose en note à Alois Riehl, et s'appuie sur sa convergence avec le mathématicien Richard Beez (1827-1902) dont un article paru dans la *Zeitschrift für Mathematik und Physik* (n° XXIV) poursuit les calculs de Riemann et met en lumière une erreur de mesure faite par ce dernier qui confirme pour Schmitz-Dumont le caractère insoutenable des « spéculations métagéométriques ». Puis, en 1882, paraît l'annonce d'un nouvel ouvrage, *Die Einheit der Naturkräfte und die Deutung ihrer gemeinsamen Formel*, Berlin, C. Duncker, 1881. Cette fois-ci, il fera l'objet d'une recension de cinq pages par Alexander Wernicke (1857-1915), enseignant de philosophie et de mathématiques à la Technische Hochschule de Braunschweig (VfwP 1882, 234–238). Dans le numéro suivant, Schmitz-Dumont s'insurge contre un reproche selon lui injustifié (374), entraînant ainsi une nouvelle mise au point de Wernicke, peu convaincue mais conciliante (376).

---

35. Les traces d'Oskar Schmitz-Dumont, Dresde, en dehors de ses publications, sont rares. Oesterreich mentionne ses contributions à la théorie de la connaissance (Ueberweg & Oesterreich 1916, 478) ; il semble bien avoir été reconnu par ses pairs et participa régulièrement à la revue de 1878 à 1887.

36. « In einer Zeit, in welcher die Technik in den Wissenschaften der logischen Einsicht so weit vorangeeilt ist, bleibt es immer verdienstlich, auf die unmittelbare Bedeutung der Resultate im Denkprocesse hinzuweisen. » *Jenaer Literaturzeitung*, 1878, 45, p. 641.

37. Notons que dans le volume que nous avons eu en main, un lecteur (du XXe siècle ?) n'a pu s'empêcher d'orner – au crayon de papier – le texte de Schmitz-Dumont de points d'interrogation, notamment p. 80, et d'exclamation p. 93, en marge de la conclusion.

Alexander Wernicke quant à lui a participé à toutes les rubriques de la revue, et ses contributions lient intimement philosophie et mathématiques. En 1883, il rédige un compte rendu de l'ouvrage de Ferdinand August Müller, *Das Axiom der Psychophysik und die psychologische Bedeutung der Weberschen Versuche*. En 1887, il le rappelle en se consacrant à la nouvelle parution de Müller, *Das Problem der Continuität in Mathematik und Mechanik*, Marburg, N. G. Elwert, 1886. Dans le cahier suivant de la revue, il annonce son propre ouvrage *Die Grundlage der Euklidischen Geometrie des Maasses*, Braunschweig. Enfin, dans le quatrième de la même année, il entame une série de trois articles « Die asymptotische Funktion des Bewusstseins », partant, dit-il, de deux regards divergents sur les travaux de Cantor, et déployant sur cette base sa vision propre.

Felix Hausdorff n'a pas donné d'article à la revue, mais il est l'auteur de plusieurs comptes rendus, en 1904, 1905 et 1909. En 1904, il attire l'attention sur la parution d'une traduction de l'ouvrage de W. K. Clifford (1845-1878), *Von der Natur der Dinge an sich*, Leipzig, 1903, et saisit l'occasion pour en louer le traducteur et éditeur, Hans Kleinpeter, dont il rappelle qu'il a le mérite d'avoir également contribué à faire connaître J. B. Stallo (1823-1900) notamment en lui consacrant un article paru dans la *Vierteljahrsschrift* en 1901, « J. B. Stallo als Erkenntnistheoretiker » où il affirmait d'emblée :

> L'œuvre de Stallo, *The Concepts and Theory of Modern Physics* est remarquable en ce qu'il nous donne une critique de la théorie atomistique détaillée, systématique, allant jusqu'aux fondements ultimes, ainsi que des principes des sciences de la nature et des mathématiques en général[38]. (VfwP 1901, 401)

Ici, Hausdorff se félicite de la parole donnée à Clifford, philosophe et mathématicien disparu prématurément, intéressant, dit-il, par la richesse de ses idées, la profondeur de sa pensée, et sa défense de la géométrie non-euclidienne. Il accorde ensuite quelques lignes à trois ouvrages dont il laisse entendre, par des citations sans commentaires, qu'il n'y a pas lieu de s'y attarder, avant de se pencher un peu plus longuement sur Melchior Palagyi (1859-1924), *Die Logik auf dem Scheidewege*, Berlin, C. A. Schwetschke und Sohn, 1903. Dans cet ouvrage, il relève un certain nombre d'affirmations – également au sujet des mathématiques qualifiées d'« empire de la "réflexion neutre[39]" » – qui lui font l'effet d'être les éléments d'une « étrange métaphysique[40] » et l'amènent à conclure, en incluant dans la critique le livre du même auteur sur l'espace et le temps, (annoncé du reste dans le volume de 1901 : Palagyi Melchior, *Neue Theorie des Raumes und der Zeit. Die Grundbegriffe einer*

---

38. « Stallos Werk "The concepts and theories of modern physics" ist bemerkenswert durch ihre eingehende, systematische und bis auf die letzten Gründe zurückgreifende Kritik der mechanischen Atomtheorie und der Grundsätze der modernen Naturwissenschaft und Mathematik überhaupt. »
39. « In der Mathematik, dem Reiche "neutraler Besinnung" » (VfwP 1904, 243). Hausdorff cite ici Palagyi.
40. « eine seltsame Metaphysik » (242).

Metageometrie, Leipzig, Engelmann, 1901) sur le grand regret que le philosophe et mathématicien hongrois « dilapide tant de talent et d'intelligence hors des frontières de la philosophie scientifique[41] ».

En revanche, l'année suivante, ce sont quasiment six pleines pages, marquées par la déception face à un ouvrage qu'il résume en deux mots, « tranchant et pourtant confus[42] », que Felix Hausdorff consacre à un commentaire de Bertrand Russell, *The Principles of Mathematics*, Vol. I, Cambridge University Press, 1903.

Les différentes rubriques permettent ainsi aux auteurs de s'exprimer de diverses manières, d'entrer en dialogue – et souvent en conflit – avec leurs collègues, d'où l'intérêt également de ceux qui ne rencontrent que silence. Pas de compte rendu, dans la *Vierteljahrsschrift für wissenschaftliche Philosophie* pour les écrits dont la parution fut pourtant annoncée, par exemple en 1883 : Georg Cantor, *Grundlagen einer allgemeinen Mannigfaltigkeitslehre. Ein mathematisch philosophischer Versuch in der Lehre des Unendlichen* ; le même en 1890 : *Die Lehre vom Transfiniten*[43] ; en 1885 : Frege, *Grundlagen der modernen Arithmetik. Eine logisch mathematische Untersuchung über den Begriff der Zahl*[44] ; en 1888, Richard Dedekind, *Was sind und was sollen die Zahlen ?* ; en 1891 : Husserl, *Philosophie der Arithmetik*.

Notons pour finir la présence quantitativement importante et récurrente, dans les informations bibliographiques, d'ouvrages s'adressant explicitement à un public scientifique large, du type de celui de Hermann Scheffler, *Die Naturgesetze und ihr Zusammenhang mit den Prinzipien der abstrakten Wissenschaften. Für Naturforscher, Mathematiker, Logiker, Philosophen und alle mathematisch gebildeten Denker*, Leipzig, Förster, 1878. D'autres, nombreux, promettent volontiers d'être compréhensibles par tous, tel le penseur proche de Hermann Lotze (1817-1881) Hugo Sommer (1839-1899) (de son état juge à Blankenburg i. Harz), *Die Neugestaltung unserer Weltansicht durch die Erkenntnis der Idealität des Raumes und der Zeit. Eine allgemeinverständliche Darstellung*, Berlin, Reimer, 1883. Des collections de discours ou conférences font florès (Daum 1998). Ainsi, les *Philosophische Vorträge*, qui publient par exemple Julius H. von Kirchmann (1802-1884), *Über die Anwendbarkeit der mathematischen Methode auf die Philosophie*, ouvrage annoncé en 1883 également[45]. Ou en 1888, *Über den sogenannten vierdimensionalen Raum*,

---

41. « Das Buch erweckt [...] ernstliches Bedauern, dass soviel Begabung und Scharfsinn ausserhalb der Grenzen wissenschaftlicher Philosophie verschwendet wird » (243).

42. « spitz und doch nicht klar » (VfwP 1905, 119).

43. Il convient cependant de mentionner que Wilhelm Wundt avait proposé à Cantor de publier dans la *Vierteljahrsschrift* un article sur les nombres transfinis ; Cantor l'en remercie dans une lettre du 16.10.1883, mais son projet ne se réalisera pas. Cf. (Meschkowski & Nilson 1991, lettre 52, p. 136).

44. Kurd Lasswitz en rédigea une recension pour la revue rivale, *Zeitschrift für Philosophie und philosophische Kritik*, N. F. 89, Beiheft, p. 143–148.

45. Julius H. von Kirchmann n'était ni philosophe, ni mathématicien, mais juriste, et fut, si l'on en croit Oesterreich, démis de ses fonctions pour une conférence sur le communisme

d'un certain V. v. Schlegel, publié dans le premier cahier d'une nouvelle collection paraissant à Berlin, chez l'éditeur Riemann, « Allgemeinverständliche naturwissenschaftliche Abhandlungen ».

4 Controverses et débats

« Philosophie scientifique » ne signifie bien entendu pas philosophie des sciences. Lorsqu'en 1852, H. Ulrici, I. H. Fichte (le fils de Johann Gottlieb) et J. U. Wirth reprennent leur revue, la *Zeitschrift für Philosophie und philosophische Kritik* après une interruption de quatre ans, ils ont à cœur de souligner leur volonté de pratiquer une philosophie purement scientifique, entendant par là loin de tout esprit partisan, loin de tout intérêt particulier, politique, social, religieux ou des sciences de la nature, tout en continuant à faire vivre les fondements chrétiens de la philosophie. Il n'est guère étonnant qu'Ulrici soit le premier à réagir vivement à l'annonce de la *Vierteljahrsschrift*, qui prétend à son tour proposer une philosophie scientifique, en un sens pourtant très différent. Le questionnement élaboré par la présentation d'Avenarius peut se résumer ainsi : que peut-on, que doit-on attendre de la philosophie, sinon de parvenir à une conception du monde unifiée, sur la base des savoirs empiriques élaborés par les « disciplines spécialisées[46] », parmi lesquelles les sciences de la nature, et à l'exclusion de ce qui n'est science qu'en apparence parce que ne s'appuyant sur aucun fait avéré, traduisons : la métaphysique et la théologie. Pour Avenarius, la philosophie doit aider les différentes sciences fondées sur l'expérience à clarifier leurs concepts ultimes, puis à les unifier, ce qu'il illustre par la métaphore de la pyramide dont la philosophie serait le couronnement suprême. Selon lui, c'est son instinct même qui dictera au « pur spécialiste » de s'en remettre au philosophe :

> Car bien entendu, ce ne sont pas ces purs spécialistes qui élèvent une science à sa perfection conceptuelle – cette fonction ne sera jamais réservée qu'à des natures aux dispositions plus universelles[47].

D'ailleurs, le besoin d'unité qui caractérise la pensée même oblige, selon Avenarius, les différentes sciences à se prêter à cet effort de recherche du concept, ce qui les amène à leur tour à « aider » la philosophie. Dès lors, qui est l'auxiliaire de qui ? La question ouvre le champ à bien des tensions et débats. Le premier article de la *Vierteljahrsschrift* fait un point historique sur la question. Il est de la plume de Friedrich Paulsen et s'intitule : « Über das Verhältnis

---

dans la nature, tenue lors d'une assemblée ouvrière (Ueberweg & Oesterreich 1916, 460). La *Deutsche Biographie* donne un aperçu d'une carrière mouvementée sous le signe de l'engagement politique et d'une activité philosophique remarquable. Il fonda du reste une collection de classiques de la philosophie, *Philosophische Bibliothek*, reprise par Felix Meiner jusqu'à nos jours.

46. « Spezialwissenschaften », 1, p. 8 entre autres.
47. *Ibid.*, (9–10). « Diese reinen Fachmänner sind es denn freilich auch nicht, welche eine Wissenschaft zur begrifflichen Vollendung erheben – diese Function bleibt immer nur universaler angelegten Naturen vorbehalten. »

der Philosophie zur Wissenschaft. Eine geschichtliche Betrachtung. » Paulsen attribue à Kant la responsabilité d'avoir provoqué une rupture entre sciences et philosophie – les unes étant renvoyées à l'expérience, l'autre à la raison – et d'avoir également été le premier rationaliste à séparer les mathématiques de la philosophie en raison de leur méthode même (elles construisent elles-mêmes leurs concepts). Ce que l'on peut retenir pour notre propos de son tour d'horizon, c'est le diagnostic, faisant suite à l'objectif formulé par Avenarius de travailler à l'unité du savoir, d'un clivage séculaire, et abordant explicitement la position particulière des mathématiques. Les tensions entre philosophie et sciences qui en résultèrent continuent certes à se faire sentir, selon Paulsen, mais son article s'achève sur une note résolument optimiste, on serait tenté de dire, œcuménique. Avant de dresser un tableau de tous les rapprochements en cours, il salue la multiplication des philosophes qui sont, non seulement au fait des avancées scientifiques, mais qui ont eux-mêmes entrepris des études sérieuses dans ces domaines :

> La frontière entre philosophie et science est si estompée que l'on en retrouve à peine la trace. Elle ne redeviendra certainement jamais un gouffre qui les sépare[48].

L'optimisme ici affiché a des accents d'idéal kantien, un principe régulateur, qui dans la réalité quotidienne de la revue se présente davantage sous la forme de débats derrière lesquels on distingue des frontières de toutes sortes, disciplinaires, statutaires, scientifiques.

4.1 Du cosmos à l'infini : mathématiques physiques et/ou mathématiques pures

Dès la première année de parution de la revue se développe un échange en cinq temps, débouchant sur une problématisation du concept d'infini. Il est déclenché par un article de Wilhelm Wundt[49] consacré à la question de savoir si l'univers est fini ou infini, qu'il pose en tant que philosophe, soulignant en introduction l'impuissance de la science à résoudre cette question toute seule. Traiter la question cosmologique, explique-t-il, ne peut se faire qu'en dépassant l'observation et l'expérience : il apparaît donc clairement que la science de la nature a besoin de l'aide de la philosophie. Il s'ensuivra une controverse développée sur plusieurs cahiers entre un philosophe (W. Wundt), un physicien (K. Lasswitz) auquel répondra le philosophe, avant qu'un mathématicien (S. Günther) ne s'en mêle à son tour et que Lasswitz ne conclue. Kurd Lasswitz réagit à l'article initial de Wundt dans le troisième cahier de cette première année de parution de la VfwP avec « Ein Beitrag zum kosmologischen Problem und zur Feststellung des Unendlichkeitsbegriffes », article dans lequel il examine longuement la notion d'infini en reprenant et discutant l'usage – limité – que

---

[48]. « Die Grenzlinie zwischen Philosophie und Wissenschaft ist so verwischt, dass ihre Spur kaum noch zu finden. Sicherlich wird sie nie wieder zur trennenden Kluft » (VfwP 1877, 47).
[49]. « Ueber das kosmologische Problem » est, après l'introduction d'Avenarius, le troisième article du premier cahier (VfwP 1877, 80–136).

fait Wundt du recours à une perspective mathématique. Lasswitz insiste au contraire sur la centralité de cette approche, et se fait fort d'en préciser la signification. Ceci incitera le mathématicien Siegmund Günther à intervenir à son tour, en s'opposant à la présentation du physicien Lasswitz qu'il ramène à une question clé, à savoir au

> [...] malentendu dû à ce poncif bien connu : les mathématiques sont une science empirique. Elles le sont, certes, en ce sens qu'elles non plus n'auraient pu être développées sans certains faits élémentaires de l'expérience ; mais qu'elles ne le sont pas au sens de la physique, de la chimie ou de n'importe quelle autre discipline particulière, et que dès lors, leur concept d'infini n'a à coïncider avec celui d'aucune autre science, cela devrait ne faire aucun doute[50].

Ce débat doit beaucoup à l'intervention incisive de Siegmund Günther, poussé par la volonté de « relever le gant jeté à la mathématique pure[51] » par Lasswitz, lequel se défend d'une intention aussi belliqueuse, en s'efforçant pour finir de repréciser les positions du physicien et celles du mathématicien, reconnaissant l'argumentation de Günther tout en mettant en doute, pour finir, l'idée que le concept mathématique du physicien soit moins rigoureux que celui du mathématicien.

4.2 Jacobson contre Erdmann : qui est légitimé à parler de mathématiques ?

Günther renvoyait pour finir au livre de Benno Erdmann, *Die Axiome der Geometrie*, qui selon lui distinguait correctement ce qu'il y a d'*a priori* et d'empirique dans la théorie des grandeurs. Dans sa mise au point finale, Lasswitz s'appuyait lui aussi sur Erdmann, quoique sous l'angle géométrique, le point de départ de la discussion avec Wundt étant la question de l'espace. L'un et l'autre témoignent de l'audience favorable dont bénéficia Erdmann, qui avait du reste annoncé la parution de son livre dans le quatrième cahier de 1877 et dont l'ouvrage débouche sur une théorie générale de la géométrie reposant sur une analyse préalable des travaux de Riemann et de Helmholtz. Erdmann allait rencontrer un opposant farouche en la personne de J. Jacobson[52].

---

50. « [...] in dem Missverständnisse des bekannten Schlagwortes [...] : Die Mathematik ist eine Erfahrungswissenschaft. Sie ist dies freilich in der Weise, dass auch sie ohne gewisse allereinfachste Erfahrungsthatsachen nicht hätte ausgebildet werden können ; dass sie es aber nicht im Sinne der Physik, der Chemie oder einer beliebigen anderen Disziplin ist, und dass deshalb auch ihr Unendlichkeitsbegriff mit demjenigen keiner anderen Specialwissenschaft übereinzustimmen braucht, das dürfte ausser Zweifel sein » (VfwP 1877, 524–525).

51. « den der reinen Mathematik hingeworfenen Handschuh » (513).

52. Julius Jacobson, fils du célèbre ophtalmologue (1828-1889), ne figure pas dans la *Deutsche Biographie*, et il arrive qu'on le confonde avec son père portant le même prénom. Né à Königsberg en 1854, il a suivi, parallèlement à des études de médecine, des cours de philosophie, mathématiques et physique et soutenu en 1877 un doctorat de philosophie intitulé « Über die Beziehungen zwischen Kategorien und Urtheilsformen ». Il fut entre autre étudiant de Max Heinze qui le recommanda à Avenarius, l'introduisant ainsi à la « Vierteljahrsschrift », comme l'indique une lettre d'Avenarius à Wilhelm Wundt du 29.11.1879. https://kalliope-verbund.info/DE-611-HS-2227298.

En 1880, Jacobson commença par publier dans la *Vierteljahrsschrift* une contribution, « Zur physischen Geometrie », dans laquelle il déniait tout intérêt à la « géométrie physique » proposée par Helmholtz (VfwP 1880, 401–427)[53]. C'est en s'attaquant à la distinction faite par Helmholtz entre équivalence et égalité des grandeurs qu'il compte démontrer l'inanité d'une telle géométrie, dont il veut démasquer la métaphysique sous-jacente. L'argumentation minutieuse, uniquement à charge, reprend pour finir les éléments les plus décidés de la conclusion de Helmholtz aux compléments de son discours de 1878, « Die Tatsachen in der Wahrnehmung[54] ». Là où Helmholtz affirmait :

> En revanche, la supposition d'une connaissance des axiomes par intuition transcendantale est 1) une hypothèse *non démontrée* 2) une hypothèse *inutile*, puisqu'il n'y a rien qu'elle permette d'expliquer dans le monde effectif de nos représentations qui ne puisse également être expliqué sans son aide 3) une hypothèse *ne servant absolument à rien* pour notre connaissance du monde effectif [...][55].

Jacobson prétendait, reprenant la structure ternaire et les adjectifs soulignés par Helmholtz, que cette prétendue « géométrie physique » est 1) « une science qui n'existe pas et ne saurait être viable » (VfwP 1880, 426–429), 2) qu'elle est inutile et 3) ne sert à rien. Helmholtz avait procédé en deux étapes, l'une employant « la langue simple et compréhensible de la vie ordinaire et des sciences de la nature » (Bienvenu 2002, 400), afin de s'exprimer en sorte que le sens de son propos puisse être saisi, y compris par les non mathématiciens. Et il concluait sur l'incapacité de Kant à cerner la question de l'axiome en géométrie de manière satisfaisante. Sur ce point, dit-il, Kant n'avait pas été suffisamment critique. Mais, ajoutait Helmholtz à sa décharge, « il est vrai qu'il s'agissait là de théorèmes de mathématiques, et que cette partie du travail critique devait être accomplie par les mathématiciens. » (Bienvenu 2002, 410). Jacobson, visiblement indisposé par la condescendance qu'il y lisait, avait, là aussi, fait comprendre au scientifique et mathématicien que la philosophie, y compris des mathématiques, n'était pas à prendre à la légère.

En 1883, Jacobson poursuit avec « Philosophische Untersuchungen zur Metageometrie » son travail critique de Helmholtz, en reprenant les études de ce dernier sur les faits qui fondent la géométrie, en rapport avec les travaux de Riemann, et s'appuie sur « Becker, Tobias, Jevons, Schmitz-Dumont, Weissenborn, Krause, Land, Lotze, Wundt, Riehl[56] ». Là aussi se profile l'opposition entre philosophie/philosophes et mathématiques/mathématiciens.

---

53. Helmholtz distingue une géométrie *a priori* « qui serait fondée sur l'intuition transcendantale de l'espace » (Bienvenu 2002, 401) et une « géométrie physique », une géométrie empirique qui serait une science de la nature.

54. Hermann Helmholtz, « Die Tatsachen in der Wahrnehmung », 1878, suivi de « Beilagen zu dem Vortrag "Die Tatsachen in der Wahrnehmung" », in H. v. Helmholtz, *Philosophische und popularphilosophische Schriften*, Meiner, 2017, édité par M. Heidelberger, H. Pulte, G. Schiemann, vol. 2, 919–936. Traduction « Les faits dans la perception », Alexis Bienvenu (Bienvenu 2002).

55. *Ibid.*, (936). Traduction Bienvenu, légèrement modifiée.

56. « Recherches philosophiques sur la métagéométrie » (VfwP 1883, 129).

À travers les contradictions et négligences conceptuelles détectées chez Helmholtz, se dessine le reproche fait au mathématicien de se réfugier derrière une prétendue difficulté spécifique des mathématiques (156) et des paradoxes vains, là où ces dernières pécheraient par un manque de clarté dû également au caractère encore fragmentaire de la théorie. Ces confusions dissimuleraient mal, selon Jacobson, que les querelles soulevées par les conséquences philosophiques de la métagéométrie trahiraient moins une incompétence mathématique de la part de Kant qu'une incompétence philosophique de la part de ses adversaires. En conclusion, il affirme sa volonté de prendre le parti d'une métaphysique authentique contre « l'arbitraire métaphysique qui se répandrait tantôt sous le masque des mathématiques, tantôt sous le masque de la science de la nature[57] », raison pour laquelle il affirme sa position sur l'impossible courbure de l'espace dans notre monde empirique. Jacobson estime avoir montré que Helmholtz n'avait apporté aucun élément ni physiologique ni mathématique de nature à remettre Kant en question et annonce un nouvel article qui montrerait qu'il n'existe aucune autre connaissance nouvelle de nature à ébranler cette position. Un tel article sous sa plume n'a sans doute pas vu le jour. Mais la revue n'a pas manqué d'autres contributions sur le sujet. On notera qu'en 1900, le philosophe et mathématicien viennois Carl Siegel (1872-1943) se référera explicitement à Jacobson, convoqué plusieurs fois en note, dans sa contribution rédigée sous l'impulsion de celui qui remplacera Ernst Mach à la codirection de la revue, Friedrich Jodl : « Versuch einer empiristischen Darstellung der räumlichen Grundgebilde und geometrischen Grundbegriffe mit besonderer Rücksicht auf Kant und Helmholtz. »

Les échanges ne sont pas circonscrits au microcosme de la revue et débordent souvent vers d'autres organes. L'année où paraissait l'article sur la métagéométrie, Jacobson s'en prenait également de manière plus offensive à Benno Erdmann, cette fois-ci dans la *Altpreußische Monatsschrift*, une revue généraliste ouverte à l'histoire et à la culture prussiennes. Il attaque *Die Axiome der Geometrie. Eine philosophische Untersuchung der Riemann-Helmholtz'schen Raumtheorie*, en allant jusqu'à mettre en doute la compétence de l'auteur, et ceci dès le titre de sa réplique : « Die Axiome der Geometrie und ihr "philosophischer Untersucher" Hr. Benno Erdmann ». Il lui reproche de vouloir faire la leçon aux mathématiciens tout en manquant de la rigueur élémentaire du philosophe (« Il ne sait pas ce qu'est une expression analytique[58] ») :

> Sans doute « l'analyste philosophe » se considère-t-il comme un mathématicien, puisqu'il se met en devoir d'examiner « la légitimité analytique » de ces évolutions

---

57. « [...] gegen die metaphysischen Willkürlichkeiten zu schützen, welche sich unter der Maske bald der Mathematik bald der Naturwissenschaften breitmachen [...] », *Ibid.*, (156).

58. J. Jacobson, « Die Axiome der Geometrie und ihr « philosophischer Untersucher », Hr. Benno Erdmann », Rudolf Reicke, Ernst Wichert (ed.), *Altpreussische Monatsschrift*, Königsberg, Beyer, 1883, p. 301–341, ici p. 311. « Er weiß nicht, was ein analytischer Ausdruck ist. »

« assez inaccessibles au non mathématicien ». Mais il semblerait qu'il se prenne davantage encore pour un philosophe que pour un mathématicien, car alors qu'il sollicite l'indulgence du mathématicien (p. VI), il exhorte le philosophe à la prudence (p. 111)[59].

Mais derrière ces apparentes susceptibilités, le problème est plus fondamental. Les positions de Riemann et Helmholtz relèvent d'une confusion : c'est la première fois, affirme Jacobson, que des recherches mathématiques prétendent avoir résolu un problème philosophique, en appliquant les exigences de l'exactitude mathématique aux déductions philosophiques.

> Mais, dit-il, Comme on ne tarda pas à s'en apercevoir, il ne s'agissait pas tant de philosophie mathématique, que de philosophie des mathématiciens, c'est-à-dire que les conséquences philosophiques proviennent de la conviction métaphysique des fondateurs de la nouvelle théorie qui ne les avaient tenues pour les conséquences des recherches mathématiques que parce qu'ils avaient fait de la métaphysique sans le savoir eux-mêmes[60].

S'ajoutait au problème épistémologique la réprobation en raison du public auquel s'adressait Helmholtz : ce dernier exposait en effet sa conception de la géométrie dans des conférences et textes destinés à un public large, faisant ainsi passer ses hypothèses scientifiques pour vérité acquise auprès d'auditeurs ou de lecteurs dépourvus des savoirs indispensables pour prendre parti en connaissance de cause[61]. Comme Wilhelm Goering et d'autres, il s'inquiète de la propagation de savoirs instables, de nature à décrédibiliser les sciences, tout en entrant lui-même dans la bataille d'opinion en s'exprimant ainsi justement dans un organe non spécialisé.

4.3 Echos venus d'ailleurs

Une autre version des rapports difficiles entre mathématiciens et philosophes nous est donnée par une querelle dont les principaux protagonistes furent Leonard Nelson, Gerhard Hessenberg, Hermann Cohen et Ernst Cassirer, et dont un acte se joua brièvement dans la *Vierteljahrsschrift*. La controverse fut déclenchée ailleurs, par un compte rendu sans concession, rédigé par Nelson, de l'ouvrage de Hermann Cohen *Logik der reinen Erkenntnis* (1902), un événement étudié par Volker Peckhaus qui restitue le conflit dans son contexte théorique néokantien et s'appuie également sur des correspondances privées, notamment

---

59. *Ibid.*, p. 302. « Der "philosophische Untersucher" muss sich wohl für einen Mathematiker halten, da er es unternimmt, die "analytische Berechtigung" dieser "dem Nichtmathematiker ziemlich unzugänglichen Entwicklungen" zu prüfen. Aber mehr noch als für einen Mathematiker, scheint er sich für einen Philosophen zu halten, denn während er die Mathematiker um Nachsicht bittet (S. VI), ermahnt er die Philosophen zur Vorsicht (S. 111). »

60. « Wie bald richtig erkannt wurde, handelte es sich jedoch nicht sowohl um mathematische Philosophie als um Philosophie der Mathematiker, d. h. die philosophischen Konsequenzen entstammten der metaphysischen Ueberzeugung der Begründer der neuen Theorie, welche dieselben für Consequenzen der mathematischen Untersuchungen nur deshalb gehalten hatten, weil sie Metaphysik getrieben hatten, ohne es selbst zu wissen » (301).

61. Les problèmes de la diffusion des sciences à la fin du XIXe siècle ont été étudiés par (Daum 1998).

du philosophe Nelson et du mathématicien Hessenberg (Peckhaus 2014). Cette recension, publiée en 1905 dans les *Göttingische gelehrte Anzeigen* par un tout jeune docteur, sur un ton fort peu amène à l'endroit du néokantien marbourgeois le plus éminent, Hermann Cohen, entraîna une réaction de la part d'Ernst Cassirer, qui déplut à son tour à Nelson. L'affaire s'étendit et en 1907, Otto Meyerhof (1884-1951) s'exprima dans le quatrième cahier du volume 31 de la *Vierteljahrsschrift* en prenant clairement position pour Nelson, ou plus précisément pour les partisans de Jakob Friedrich Fries dans la lignée duquel s'inscrivait ce dernier : « Der Streit um die psychologische Vernunftkritik », une note précisant que l'éditeur de la revue prenait sur lui d'ouvrir ses colonnes à cette polémique, sans vouloir prendre parti, mais pour l'information de ses lecteurs. Suivait dans le même numéro l'article d'Ernst Cassirer « Zur Frage nach der Methode der Erkenntniskritik », avant que Gerhard Hessenberg n'intervienne l'année suivante par un texte bref et incisif « Persönliche und sachliche Polemik[62] », dans lequel il prenait la défense de Nelson, et à quoi Cassirer répondait encore en 1909. Aux origines de la querelle, Peckhaus souligne la proximité des questionnements épistémologiques et l'irréductible divergence entre Nelson et Cohen, divergence métaphysique, fondée sur l'intolérable « Nous commençons par la pensée » de Cohen. Dans la *Vierteljahrsschrift*, la polémique se déplace vers la question de l'infini, du degré de réalité ou d'être que Cohen lui attribue, les protagonistes se reprochant mutuellement quiproquos, erreurs et esquives, tout en laissant filtrer les enjeux sans néanmoins déployer véritablement leurs argumentations, au motif que l'adversaire aurait donné toutes les preuves de son refus d'entendre sinon de comprendre. En 1909, la querelle s'enlise définitivement dans l'accusation d'accusation de plagiat entre Hessenberg et Cassirer au sujet de Nelson. Mais précédant les quelques pages ultimes de Cassirer à ce sujet, l'article de l'orientaliste Gregor von Glasenapp[63] « Zur Psychologie des Unendlichkeitsbegriffs » ramenait la question de l'infini sur un terrain purement réflexif en partant d'Ibn Tufayl, en passant par Aristote et Avicenne entre autres, progressant du terrain de la fiction et de la représentation au traitement mathématique. Sa conclusion semble faite pour pacifier les esprits :

> [...] l'application du calcul infinitésimal à des exemples historiques, en les corrigeant, nous indique de quelle manière les mathématiques deviennent parfois le fondement du traitement critique de questions philosophiques, voire du contrôle de bien des phénomènes de notre vie spirituelle, pour peu qu'on les comprenne de manière philosophique[64]. (180)

---

62. En 1907, Hessenberg avait publié un article « Kritik und System in Mathematik und Philosophie », in *Abhandlungen der Fries'schen Schule*, N. F. 2, H. 2, 77–152, auquel Meyerhof renvoie dans son article de la *Vierteljahrsschrift*, 1907, 430, soulignant la précision de l'analyse par Hessenberg des positions de Cassirer.
63. Glasenapp est aussi l'auteur de « Abhandlungen über aktuelle Fragen aus der Psychologie, Mathematik und Religion », Leipzig, Heims, 1935.
64. « [...] so gibt andererseits die Anwendung der Infinitesimalrechnung auf historische Beispiele und deren Korrektur uns einen Fingerzeig dafür, in welcher Weise die Mathematik

5 De Cantor à Frege : les années Kerry

C'est peut-être autour de la présence de Benno Kerry[65] que se déploie l'épisode le plus remarquable d'un véritable dialogue entre mathématiques et philosophie dans la *Vierteljahrsschrift*. Kerry intervient pour la première fois en 1885. Cette année-là, il rédige un compte rendu de l'ouvrage paru en 1882 de Paul Du Bois-Reymond, *Allgemeine Functionentheorie, 1. Teil, Metaphysik und Theorie der mathematischen Grundbegriffe : Grösse, Grenze, Argument und Funktion*, Tübingen, et dans le même cahier, il publie son premier article de la revue : « Über Georg Cantor's Mannigfaltigkeitsuntersuchungen », puis, dans le quatrième numéro de la même année, il entame sa grande série : « Über Anschauung und ihre psychische Verarbeitung » (Proietti 2008).

Benno Kerry est alors *privatdozent* à la « Reichsuniversität » de Strasbourg et assistant de Wilhelm Windelband. Sa recension de Paul Du Bois-Reymond est plutôt critique[66], mais comporte une assertion valable également pour plus d'une contribution à notre revue. Après avoir noté le fait que l'enjeu de cet ouvrage n'est pas mathématique au sens strict, mais qu'il s'emploie à mettre les concepts fondamentaux de l'analyse en rapport avec nos représentations, selon qu'elles sont idéalistes ou empiristes, il remarque – en s'incluant visiblement dans les bénéficiaires – que même si bien des mathématiciens risquent de n'avoir que méfiance voire mépris pour une telle entreprise, le philosophe en revanche devra s'en réjouir, car du moment que la réflexion procède d'une familiarité intense avec la discipline, elle sera forcément stimulante pour lui, dût-elle lui paraître indigente dans son ensemble ou constellée d'erreurs dans le détail.

L'esprit dans lequel se déploie la réflexion de Kerry est celui de son allusion à un propos de Kant pour signifier que les mathématiques cantoriennes mettent la philosophie à rude épreuve, mais exigent d'elle qu'elle ne s'en détourne pas pour autant, qu'au contraire, elle fasse tout pour ne pas perdre le contact avec son « rejeton[67] ». Kerry se plonge en effet dans les travaux de Cantor sur les ensembles dont il produit une véritable étude.

Alors que la question de l'intuition est un thème omniprésent dans la revue, souvent caractérisée par une posture défensive à l'égard des mathématiques, surtout lorsqu'elle est traitée sous l'angle géométrique où se profile une hostilité crainte ou réelle à l'égard de Kant, Kerry, dans ses huit articles totalisant presque 400 pages, cherche dans les mathématiques l'appui de l'outil, afin de

---

überhaupt bisweilen zur Grundlage einer kritischen Behandlung philosophischer Fragen werden, ja zur Kontrolle mancher Erscheinungen unseres Seelenlebens dienen kann, wofern sie nur selbst philosophisch begriffen wird. »

65. Alois Höfler rendra hommage à Kerry en même temps qu'il donnera un compte rendu de l'édition posthume de son habilitation, *System einer Theorie der Grenzbegriffe*, dans le numéro 16, 1892 de la revue. (VfwP 1892, 230–242).

66. Renate Tobies mentionne le soutien apporté par Felix Klein à ce jugement (Tobies 2019b, 419).

67. « Sprößling » (VfwP 1985, 232).

tenter de saisir l'émergence de la connaissance depuis l'intuition, à partir du cas précis de la conception de l'énumération.

« Über Begriff und Gegenstand » qui paraîtra dans la revue en 1892, est une réponse de Frege à Kerry, motivée selon l'auteur par les malentendus rencontrés dans la discussion de ses approches et par l'opportunité ainsi offerte de préciser sa pensée. Pour finir, il renvoie le lecteur à son écrit *Function und Begriff* (1891), postérieur néanmoins au décès de Kerry.

Deux ans après la disparition de ce dernier, mais dans le numéro suivant le huitième épisode de « Über Anschauung und ihre psychische Verarbeitung », Christian von Ehrenfels publie « Zur Philosophie der Mathematik », dont le point de départ est explicitement la psychologie. Partant, comme beaucoup d'autres, de ce qui se joue dans les représentations apparemment les plus simples de l'unité, il discute amplement Kerry, se réfère aussi au logicien Sigwart, à Husserl et à d'autres, la voie empruntée étant celle de la « distinction psychologique entre des expressions mathématiques similaires[68] ». Analysant les signes et symboles arithmétiques et géométriques du point de vue des représentations auxquelles ils sont associés (ou non), Ehrenfels aboutit à une célébration des mathématiques et de leurs avancées, tout en insistant sur la vanité, selon lui, des efforts déployés pour en fonder définitivement les origines.

L'intervention de Frege n'est pas la seule à mettre en lumière un questionnement récurrent qui, entre 1891 et 1893, donne lieu à un nouveau débat à plusieurs épisodes, avec un intervenant de marque, Husserl : les rapports entre mathématiques et logique. Dans le deuxième numéro du volume 15, Husserl publiait un article intitulé « Folgerungscalcül und Inhaltslogik » auquel répond Andreas Voigt l'année suivante, par une question qui lui est directement adressée : « Was ist Logik ? » Dans le même volume, Riehl (qui vient de remplacer Wundt à la direction de la revue) donne lui aussi des « Beiträge zur Logik ». Husserl répondra à son tour dès le premier numéro de 1893, Voigt lui rétorquant à la fin de l'année.

6 La présence des mathématiques « au quotidien »

Au fil des quarante années de publication, la présence des mathématiques, si elle n'est pas toujours spectaculaire, s'affirme cependant, que ce soit sous forme de simple mention, ou de réflexion plus approfondie, dans le cadre de prises de recul philosophique ou de focalisations sur des sciences particulières, la psychologie, l'ethnologie, la biologie etc. En 1896, le philosophe suisse Rudolf Willy (1855-1918) célèbre l'empiriocriticisme d'Avenarius « comme seul point de vue scientifique[69] » et s'emploie à démystifier tout ce qui ressemble à de la métaphysique dans tous les domaines et en particulier lorsqu'il est question d'infini ou de géométries conçues comme fantaisistes. La tendance, commune

---

68. « [...] der [...] Weg psychologischer Unterscheidung mathematisch gleichlautender Ausdrücke [...] » (VfwP 1891, 308).

69. « Der Empiriokritizismus als einzig wissenschaftlicher Standpunkt » (VfwP 1896, 55–86, 191–225, 261–301).

selon lui dans les sciences, à surestimer les mathématiques l'amène à cette constatation caractéristique du ton de l'ensemble :

> Nous avons trouvé que la clarté et la certitude mathématiques n'ont rien de particulier ou de spécifique. Ce qui distingue les mathématiques n'est qu'un facteur purement méthodologique et de ce fait – en accord avec notre étude – aléatoire et secondaire : leur caractère de certitude purement conceptuel et ne tolérant pas d'exception[70]. (VfwP 1891, 288)

Richard Avenarius décède brutalement, à l'âge de 53 ans, le 18 août 1896. Dans l'hommage que lui rend Friedrich Carstanjen et parmi les nombreux apports qu'il met à son crédit, il évoque « l'habileté géniale » (VfwP 1896, 379) avec laquelle il avait su tirer parti du concept mathématique de fonction pour étudier les corrélations entre le psychique et le physique.

L'année précédente, Josepha Kodis, se plaçant explicitement dans la filiation de l'ouvrage fondateur d'Avenarius, *Kritik der reinen Erfahrung*, avait entrepris de prolonger le travail de son maître sur ce point, en se servant précisément des fonctions, se fixant la tâche de montrer grâce à cet outil « que l'on peut déterminer les "valeurs psychiques" mystérieuses grâce aux valeurs physiologiques, mieux connues, plus faciles à déterminer rigoureusement et de ce fait accessibles à la recherche exacte[71] ».

En revanche, Charlotte Hamburger, étudiant « notre rapport au monde sensible dans les sciences mathématisées » consacre un article à questionner l'autre grand empiriocriticiste, Ernst Mach. En retraçant son cheminement, Hamburger constate que ce sont aussi les excès de la construction et de l'abstraction mathématiques, accusées d'avoir fait perdre de vue le rapport élémentaire à l'expérience (VfwP 1895, 257) qui motivent la volonté de Mach d'en revenir aux faits. Néanmoins, elle en vient à s'interroger sur les limites de cette perspective, car si l'on comprend bien le souhait de Mach de retrouver le réel, peut-on s'en contenter ? N'attendons-nous pas davantage de la science ? Et en se rapportant à l'optique de Gauss, Hamburger pose la question rhétorique :

> Constater ces rapports mathématiques, n'est-ce pas comprendre quelque chose de nouveau[72] ? (VfwP 1895, 267)

En 1912, Hans Kleinpeter nuance lui aussi la réduction par Mach des mathématiques à une science du calcul. Dans son article « Zur Begriffsbestimmung

---

70. « Wir haben gefunden, daß die mathematische Klarheit und Gewißheit durchaus nichts Besonderes und Eigenartiges aufweist. Was die Mathematik auszeichnet, ist nur ein rein methodologisches und daher im Sinne unserer Betrachtung ein zufälliges und nebensächliches Moment, ihr rein begrifflicher – und ausnahmsloser Gewißheitscharakter. »

71. « dass die geheimnisvollen psychischen Werte [...] durch die bekannteren, strenger bestimmbaren und in Folge dessen einer exacten Forschung zugänglichen physiologischen Werthe bestimmt werden können » (VfwP 1895, 361). « Die Anwendung des Functionsbegriffs auf die Beschreibung der Erfahrung. »

72. « Ist die Konstatierung dieser mathematischen Beziehungen nicht eine neue Einsicht ? » Soulignons l'emploi du terme « Einsicht », dont la connotation sensible se distingue précisément de la connaissance abstraite qu'il y aurait dans la connaissance « Erkenntnis ».

des Phaenomenalismus », il affirme que les mathématiques sont d'une nature différente des autres sciences. Le calcul n'en est qu'une facette :

> Car l'activité du mathématicien consiste d'une part à calculer, c'est-à-dire à combiner constamment certaines activités, d'autre part également à considérer les propriétés que révèlent les formations ainsi créées[73].

Les concepts mathématiques ne sont pas de simples abstractions, ils sont des actions volontaires, « habileté, art, technique[74] » (VfwP 1912, 8) et ils ouvrent de nouvelles voies.

Ces réflexions ne s'inscrivent pas nécessairement de manière immédiate dans les débats en cours ; elles naissent des besoins et intérêts spécifiques de leurs auteurs, en fonction de leurs préoccupations propres. Erich Rothacker (1888-1965) s'y raccroche pour sa réflexion sur la méthode ethnologique, Friedrich Kuntze (1881-1929) en confrontant les méthodes scientifique et historique « Natur- und Geschichtsphilosophie ». Les interactions, s'il y en a, n'apparaissent pas forcément de prime abord.

Arrêtons-nous pour finir aux trois articles de 1915 et 1916 d'Otto von der Pfordten « Der Erkenntniswert der Mathematik ». L'auteur était intervenu une première fois dans la revue en 1913 pour discuter les positions de Wilhelm Ostwald « Das Ende der All-Energie » et il publiera un dernier article enchaînant sur l'intérêt des mathématiques pour la connaissance, dans l'avant-dernier cahier, « Vom vitalen Weltbild », qui vient compléter son propos. La question à laquelle il a pour ambition de répondre est la suivante : les mathématiques enrichissent-elles notre connaissance ? Von der Pfordten ne le pense pas, et argumente en discutant différents philosophes, à commencer par Kant – Oesterreich le classe dans les néokantiens à tendance réaliste – mais aussi des contemporains, tel Henri Poincaré, dont il critique *La Science et l'Hypothèse* pour son parti pris en faveur des mathématiques, ou encore Louis Couturat. Il achève son travail par ces mots :

> La conception mathématique n'est *pas* une garantie de connaissance, et il est probable que nos concepts se rapprochent davantage de l'essence véritable du monde par la voie dédaignée de l'*a posteriori*, en physique, chimie, biologie, psychologie, etc. que par ce qui est exact et évident[75].

Von der Pfordten est également chimiste, et sa position n'est pas seulement philosophique. Ce qui la distingue de nombreuses autres positions critiques, c'est qu'elle reste dans une distance assumée à l'égard de son objet. Alors que dans la plupart des cas, les auteurs mettaient un point d'honneur à s'appuyer sur des connaissances, voire des raisonnements mathématiques, von der Pfordten revendique une approche historique et neutre.

---

73. « Die Tätigkeit des Mathematikers besteht nämlich einerseits im Rechnen, d. h. in der beständigen Kombination gewisser Tätigkeiten, andererseits auch in der Betrachtung der Eigenschaften, welche die so geschaffenen Gebilde aufweisen » (8).
74. « Fertigkeit, Kunst, Technik ».
75. « Die mathematische Fassung garantiert *nicht* Erkenntnis, und auf dem verachteten Wege a posteriori in Physik, Chemie, Biologie, Psychologie, usw., kommen unsere Begriffe vermutlich dem wahren Wesen der Welt näher als im Exakten und Evidenten. »

7 Conclusion

L'objectif de von der Pfordten fut de clarifier les rapports entre des disciplines sur la base d'une analyse de la notion de connaissance : si l'on donne la priorité à l'exactitude, on privilégiera les mathématiques ; si l'on souhaite étendre et enrichir les savoirs, on se tournera vers d'autres sciences. Derrière l'analyse argumentée transparaît certes l'irritation induite par les hiérarchies et rivalités entre les disciplines (le discours de Poincaré traduit, dit von der Pfordten, « toute la partialité et l'arrogance intellectuelle du mathématicien » (VfwP 1915, 298). Mais l'essentiel n'est pas là, tant s'en faut. L'étude de von der Pfordten est un reflet de l'intérêt authentique rencontré par les mathématiques en dehors de leur champ, mais aussi de l'impossibilité de se soustraire à leur emprise. La *Vierteljahrsschrift für wissenschaftliche Philosophie* fut un lieu où, en quarante ans de parution, purent circuler des mathématiques et plus encore les questionnements qu'elles soulèvent et auxquelles elles soumettent toutes les disciplines scientifiques en quête de savoirs assurés et légitimés.

On l'a vu, nombreux sont, dans ce cadre, les philosophes qui parlent en connaissance de cause, qui ont intégré les mathématiques dans leur cursus. Une frontière – poreuse – se dessine entre ceux qui les considèrent avant tout comme un outil et ceux qui, plus fondamentalement, s'interrogent sur leur vocation ou leur capacité à dire quelque chose de la nature elle-même. Les philosophes impliqués, néokantiens ou empiriocriticistes, sont parfois aux antipodes les uns des autres. Les premiers passent aux yeux des seconds pour des métaphysiciens impénitents, avides de sauver les intuitions *a priori* ; les seconds traitent notamment les évolutions de la géométrie comme de simples formes de métaphysique, voire d'égarement (VfwP 1896, 78). Comme leur maître Avenarius, ils cherchent dans les mathématiques l'outil rigoureux qui leur permettra de mieux exprimer les observations empiriques, leur refusant tout statut particulier au sein des sciences. En revanche, leurs potentielles évolutions ne suscitent ni interrogations ni curiosités. Quant aux néokantiens, ils semblent davantage attentifs aux évolutions, déployant des trésors de subtilité afin de rendre compatible avec la marche des sciences ce qu'ils souhaitent conserver des acquis de la théorie de la connaissance kantienne. Si le contexte néokantien a pu apparaître comme une entrave à l'autonomie des mathématiques, notamment dans le cas de la géométrie, les différentes contributions à la *Vierteljahrsschrift* montrent combien les perspectives sont multiples et nuancées et les confrontations fécondes, en ce qu'elles ont donné lieu au développement d'une théorie de la connaissance venant appuyer également la légitimité spécifique des sciences, ainsi qu'une réflexion sur le statut et les apports des mathématiques. Ainsi s'ouvrent de multiples perspectives d'approfondissement des questions suscitées : l'intérêt historique et disciplinaire des débats, la fécondité des points de vue, les interactions avec le contexte social et politique.

Chapitre 25

Un journal de « rang élevé » : *Le Journal de mathématiques pures et appliquées* sous la direction de Camille Jordan

FRÉDÉRIC BRECHENMACHER

1 Introduction

Fondé en 1836 par Joseph Liouville, le *Journal de mathématiques pures et appliquées* est l'un des deux plus anciens titres de la presse mathématique du tournant des XIXe et XXe siècles, avec son homologue berlinois le *Journal für die reine und angewandte Mathematik* créé dix ans plus tôt par August Crelle. Ce journal de « rang élevé », comme le désigne son rédacteur (Jordan 1885, 7), bénéficie d'une forte notoriété et même d'un caractère emblématique de « Journal des mathématiques », ainsi que le dénomme Charles Hermite (Hermite & Mittag-Leffler 1985, 93 (1/9/1884)). Sa dénomination la plus courante reste cependant au début des années 1880 celle de « journal de Liouville », qui identifie non seulement le périodique à son fondateur mais renvoie également à celle de « journal de Crelle », rappelant ainsi le rôle historique joué par ces deux journaux avant que ne se développent des titres analogues dans les années 1850, tels que *The Quarterly Journal of Pure and Applied Mathematics* au Royaume-Uni en 1855 et les *Annali di matematica pura ed applicata* en Italie en 1858. La mutation du « journal de Liouville » en « journal de Jordan » après 1885 est ainsi loin de se limiter à un changement de nom et permet de jeter un éclairage particulier sur les modalités de circulation des mathématiques au tournant du siècle.

Ph. Nabonnand, J. Peiffer, H. Gispert (eds.), *Circulation des mathématiques dans et par les journaux : histoire, territoires, publics*, 779–851.
© 2025, the author.

Après Liouville, Camille Jordan est en effet le deuxième grand rédacteur du *Journal*. Entre 1836 et 1922, les deux géomètres auront chacun dirigé ce périodique durant près de quatre décennies, séparées par un intermède de dix années sous la direction d'Henry Résal et suivies d'un demi-siècle de direction par Henri Villat. En nous intéressant dans ce chapitre à la période Jordan, notre principal objectif sera de questionner l'espace de circulation engendré par le *Journal* de 1885 à 1922 en croisant des analyses de la stratégie éditoriale de son rédacteur, du corpus de ses contributions, de la population de ses contributeurs, de ses interactions avec d'autres périodiques et des évolutions contemporaines des institutions des sciences mathématiques en France comme à l'étranger[1]. De 1836 à 1922, l'une des spécificités du *Journal* en regard des principaux autres périodiques publiant des mathématiques savantes dans le champ éditorial français tient tout d'abord à ce que ce dernier n'est pas explicitement rattaché à une institution, au contraire du *Journal de l'École polytechnique*, fondé en 1794, des *Comptes rendus hebdomadaires des séances de l'Académie des sciences*, lancés en 1835, des *Annales scientifiques de l'École normale supérieure*, créées en 1864, du *Bulletin de la Société mathématique de France*, fondé en 1872, ou encore des *Annales de la Faculté des sciences de Toulouse*, lancées en 1887. Ses désignations successives par les noms de « journal de Liouville » puis de « journal de Jordan » substituent ainsi l'identité des rédacteurs à des qualificatifs institutionnels.

La création d'une autre revue d'initiative privée en 1842, les *Nouvelles annales de mathématiques*, a eu pour conséquence un partage du marché éditorial, affirmant le caractère savant du journal de Liouville en regard du positionnement intermédiaire revendiqué par le sous-titre affiché par son cadet : « Journal des candidats aux écoles polytechnique et normale » (Verdier 2009*b*, 248–268). Ce partage est formalisé par le rattachement rapide des deux périodiques à la même maison d'édition, à savoir le libraire-imprimeur Bachelier, racheté par Jean-Albert Gauthier-Villars en 1864[2]. Mais tout comme l'espace des mathématiques intermédiaires bénéficie d'une structuration institutionnelle forte par les classes préparatoires et les grandes écoles, le positionnement éditorial du *Journal* sur l'espace des mathématiques savantes implique des négociations avec les institutions et réseaux structurant cet espace aux échelles nationale et internationale et qui forgent les représentations véhiculées par les désignations du périodique par ses rédacteurs successifs.

Le journal de Jordan invite ainsi à interroger les interactions entre dynamiques institutionnelles et éditoriales. Il permet notamment de jeter un éclairage original sur le développement de la presse mathématique européenne, comme sur les bouleversements de la scène institutionnelle française après

---

[1]. Pour une problématisation de l'étude de l'espace de circulation constitué par les journaux mathématiques, voir (Peiffer *et al.* 2018).

[2]. Sur la maison Bachelier, puis Mallet-Bachelier et son rachat par Gauthier-Villars, voir (Verdier 2009*b*, 367–374) et (Verdier 2013).

la guerre de 1870 et l'avènement de la IIIe République[3]. Cette période voit la remise en cause de la centralité de deux grandes institutions du XIXe siècle pour les sciences mathématiques, l'Académie des sciences de Paris et l'École polytechnique, au profit d'une montée en puissance de l'École normale supérieure comme lieu de formation des mathématiciens, tandis que le développement des facultés des sciences de province s'accompagne d'une affirmation de la figure du mathématicien professionnel comme professeur d'université, au détriment de celles de l'ingénieur-savant et de l'académicien. Dans le même temps, la promotion d'une organisation disciplinaire par de nouvelles sociétés savantes, telles que la Société mathématique de France à l'échelle nationale et le Congrès international des mathématiciens à l'échelle internationale, rompt avec le spectre thématique large balayé par la classe des sciences mathématiques de l'Académie.

Nous proposerons dans un premier temps une étude prosopographique du *Journal* entre 1885 et 1914. Cette étude nous permettra de dresser un état des lieux de la production éditoriale du périodique durant cette période et d'en étudier les évolutions au moyen d'analyses comparées avec les périodes antérieures de direction du *Journal* par Liouville et Résal et avec la première décennie dirigée par Villat, désigné par Jordan comme son successeur peu avant son décès en 1922. Ce travail prosopographique aura également la fonction heuristique de nous permettre d'identifier des catégories pertinentes pour qualifier les espaces de circulations constitués par le *Journal* en identifiant des pratiques de publications propres à certains groupes sociaux et professionnels. Dans un deuxième temps, nous changerons d'échelle d'analyse en documentant le fonctionnement éditorial du *Journal* par le témoignage micro-historique qu'en donne la correspondance de son rédacteur de 1885 à 1896[4]. La troisième et dernière partie de cette article articulera les deux échelles d'analyse mises en œuvre précédemment et prendra appui sur l'étude approfondie consacrée par Norbert Verdier à la période de direction du *Journal* par Liouville (Verdier 2009*b*), afin de situer le rôle joué par le rédacteur dans les évolutions de son journal en questionnant les stratégies éditoriales élaborées par ce dernier.

Le rôle joué par Jordan dans l'histoire de son journal a été qualifié par des dispositions individuelles dans les nécrologies rédigées par ses successeurs, tels que Villat à la direction du *Journal* et Henri Lebesgue au Collège de France, le rédacteur y étant caractérisé comme disposant d'une « vaste érudition », lui permettant de « juger tous les mémoires », de la « notoriété voulue pour attirer la bonne copie qui, comme le dit M. Émile Picard, chasse la mauvaise » ; enfin « si, par malheur, quelque mauvais manuscrit se fourvoyait dans le courrier du Directeur du Journal, il avait l'autorité nécessaire pour pouvoir dire : non » (Lebesgue 1923, 50). Érudition, notoriété, autorité : ces qualités épistémiques

---

3. On pourra consulter à ce sujet (Gispert 2015).

4. La correspondance scientifique de Jordan conservée à l'École polytechnique (EP) couvre la période 1867-1896 (Billoux 1985). Nous nous référerons à ces archives par leur cotation, soit VI2A2(1855).

du rédacteur ne manquent pas d'être associées à des qualités morales de l'homme : devoir, humilité, générosité, délicatesse, bonté, désintéressement personnel, mais aussi dévouement, à la science, au culte de la patrie et enfin, patriarcal, à son foyer familial. Fidèle aux codes rhétoriques et à la fonction des éloges académiques, la combinaison de qualités épistémiques et morales contribue à réifier et perpétuer une *persona* savante prestigieuse et créditée d'une grande autorité. Or il ne s'agit pas seulement de célébrer, par cette « vie admirable » et d'un « si haut exemple » (Villat 1922, IV), une persona d'algébriste fortement inspirée de celle déjà incarnée par Galois dans l'espace public (Picard 1922), mais aussi une incarnation de la figure d'un rédacteur de journal de mathématiques. Jordan est, en effet, le premier directeur du *Journal* à s'être vu attribuer les dimensions collectives sous-jacentes à l'incarnation d'une telle *persona*, le décès de Liouville en 1882 n'ayant donné lieu à aucune mention dans les pages du périodique qu'il avait fondé tandis que la nécrologie de Villat, qui ouvre le numéro de 1922 dans un contexte de crise financière pour la presse européenne, situe les « efforts faits pour sauvegarder cette œuvre à laquelle il [Jordan] s'était tant et si longtemps consacré » comme une entreprise collective que son prédécesseur a « suivi ardemment, et puissamment aidé » (Villat 1922, IV). Cette situation nous engage à porter une attention particulière aux articulations entre l'individuel et le collectif sous-jacentes à la dénomination de « journal de Jordan ». Au regard de la première décision prise par ce dernier à son arrivée à la tête du *Journal*, la formation d'un comité de rédaction, le journal de Liouville n'est en effet déjà plus, en 1885, le journal d'un seul homme.

Concluons cette introduction par quelques informations matérielles sur le *Journal* durant sa période de direction par Jordan, bien que les archives de l'éditeur aient été perdues, et avec elles des informations sur des questions telles que le tirage du *Journal*, les nombres d'abonnés, enjeux budgétaires et aides publiques sous formes de souscriptions institutionnelles. La longueur des volumes annuels du périodique reste très stable d'une année à l'autre, comprise dans une intervalle de 430 à 490 pages, qui correspond à l'un des paliers de la grille tarifaire de l'éditeur. Selon les formulaires insérés par l'éditeur dans les fascicules, le prix d'un abonnement annuel est, pour les envois sur Paris, de 30 fr entre 1885 et 1917[5], avant d'évoluer fortement après 1918 en raison de l'inflation d'après-guerre. Le journal est édité selon un format in-quarto qui implique des volumes annuels plus coûteux que le format in-octavo utilisé notamment par les *Nouvelles annales de mathématiques* et le *Bulletin de la Société mathématique de France*, dont le prix ne s'élève qu'à 15fr. Cette différenciation des formats correspond à des lignes éditoriales différentes, le format in-4° étant souvent considéré comme plus adapté à la publication de longs textes, les conséquences tarifaires de la surface de papier consommée sur

---

5. Durant cette période, le prix d'un abonnement en province est de 35 fr et à l'étranger de 40 fr.

les prix des volumes annuels participant quant à elles à une différenciation des publics visés. Si le tarif du journal de Jordan est équivalent, rapporté au nombre de pages, à celui des autres périodiques in-4° édités ou diffusés par Gauthier-Villars, tels que le *Journal de l'École polytechnique*, les *Annales* de l'ENS et de la faculté de Toulouse ou l'*American Journal of Mathematics*, il est supérieur à celui du journal suédois *Acta mathematica*, principal concurrent du *Journal* sur le marché français durant la fin de la période Résal et le début de la période Jordan. Ce dernier est distribué à Paris par le libraire Hermann pour un tarif de 15 fr avec un format in-4° et un volume annuel moyen de l'ordre de 390 pages, soit un « bon marché extraordinaire » selon Paul Appell[6], permis par un soutien financier du roi de Norvège et Suède dans lequel Gauthier-Villars dénoncera une concurrence déloyale en 1884 (Verdier 2009*b*, 405).

2 Étude prosopographique du *Journal* de 1885 à 1914

Nous proposons dans cette partie une étude prosopographique du corpus des contributions ainsi que de la population des contributeurs du *Journal de mathématiques pures et appliquées* sur la période 1885-1914, qui sépare la prise de direction de ce périodique par Jordan de la Première Guerre mondiale. Selon la structure éditoriale du *Journal*, cette période correspond à trois séries, d'une décennie chacune, et s'étend ainsi de la quatrième à la sixième série de ce périodique après deux séries, de vingt années chacune, sous la direction de Liouville et une décennie dirigée par Résal. Le choix de ne pas déployer notre étude prosopographique sur l'ensemble de la période de direction du *Journal* par Jordan tient aux effets de la guerre sur les trajectoires des praticiens des sciences mathématiques[7], tandis que la production éditoriale européenne reste durablement affectée par la crise économique qui fait suite au conflit.

Sur la période 1885-1914, nous avons relevé systématiquement, pour chaque contribution, le lieu de formation de son auteur[8], l'obtention ou non de l'agrégation de mathématiques[9], la soutenance éventuelle d'une thèse de doctorat[10], la fonction occupée au moment de la publication[11], ainsi qu'un

---

6. Appell à un correspondant anonyme, 1895 (Columbia University, Rare Book & Manuscript Library (CURBM), David Eugene Smith Professional papers, MS #1167).

7. À propos des conséquences de la guerre sur les sciences mathématiques, on pourra consulter (Goldstein & Aubin 2014).

8. Nous nous sommes appuyés sur les bases de données des anciens élèves de l'École polytechnique et de l'École normale supérieure ainsi que sur les informations biographiques collectées par Roland Brasseur pour les professeurs de classes préparatoires (Brasseur 2022*a*).

9. Nous avons à cet effet mobilisé le répertoire des agrégés établi par André Chervel (Chervel 2015).

10. Voir à ce sujet (Mourier 1956). Nous avons également employé la liste des thèses de mathématiques soutenues en français de 1810 à 1960 compilée à la page https://fr.wikipedia.org/wiki/Liste_des_theses_mathematiques_soutenues_en_francais_de_1811_a_1960. (consultée le 26/5/2021).

11. Outre les ressources déjà citées, nous avons consulté la liste des chaires des facultés de lettres et de sciences au XIXe siècle établie par (Huguet & Noguès 2011) ainsi que celle des professeurs de la faculté des sciences de Paris entre 1901 et 1939 (Charle & Telkès 1989).

rattachement éventuel à l'Académie des sciences de Paris en tant que membre titulaire, associé ou correspondant. Nous avons également relevé le nombre de pages de chaque contribution et nous sommes appuyés sur la base de données du *Jahrbuch über die Fortschritte der Mathematik* afin d'étudier la distribution des autres journaux dans lesquels les contributeurs français au journal de Jordan ont publié des travaux recensés par le périodique allemand. Nous avons enfin étudié la classification thématique attribuée par les recenseurs du *Jahrbuch* aux publications du *Journal* sur la période 1884-1912, une période légèrement plus courte que notre période d'étude principale, durant laquelle les principales rubriques de la classification du *Jahrbuch* restent stables, tandis que la désignation comme l'organisation de ces rubriques évoluent de manière conséquente en 1913[12].

À des fins de comparaisons, nous avons étendu notre analyse sur un temps plus long par une étude simplifiée du *Journal*, en amont et en aval de la période 1885-1914, en focalisant notre examen sur les contributeurs, envisagés globalement par leur nombre de contributions sur des périodes de dix années ainsi que par leurs formations et positions à mi-période. En amont, nous avons ainsi considéré trois décennies de la direction de Liouville, de 1845 à 1874[13], ainsi que la période Résal, de 1875 à 1884. En aval, nous avons considéré les deux dernières séries dirigées par Jordan, soit la septième série de 1915 à 1917 et la huitième de 1918 à 1921, ainsi que la première décennie de direction par Villat de 1922 à 1931.

2.1 Contributions et contributeurs

Le journal de Jordan affiche 316 contributions de 1885 à 1914. La longueur des contributions présente une grande étendue, allant de publications d'une à deux pages, correspondant à des ajouts, rectifications ou courtes notes, à de volumineux mémoires pouvant occuper jusqu'à 185 pages. La moitié des contributions se situe cependant dans une fourchette de 16 à 60 pages, avec un nombre de pages médian égal à 36. Le nombre de contributions était nettement plus important sous la direction de Liouville et Résal, mais affichait déjà une tendance décroissante jusqu'à se stabiliser à une centaine de contributions par décennies sous Jordan et Villat. Cette décroissance est en partie due à la disparition progressive de certains formats éditoriaux spécifiques qui donnaient lieu, de 1845 à 1884, à des publications courtes, tels que les correspondances épistolaires, critiques, commentaires, notes de synthèse, rapports d'activités académiques et annonces de prix. Elle peut s'interpréter comme une conséquence de la diversification de la presse spécialisée en mathématiques sur l'évolution de l'espace de circulation engendré par le *Journal*

---

12. Le journal de Jordan enrichit à partir de 1894 ses tables annuelles par une classification des publications suivant les normes fixées en 1889 par le Répertoire bibliographique des sciences mathématiques.

13. Pour une étude détaillée des premières années du journal, de 1836 à 1845, voir (Verdier 2009b, 218–240).

Figure 1 : Proportion contributeurs/contributions

qui, après 1885, se consacre de manière presque exclusive à la publication de mémoires originaux.

Croisons à présent l'analyse du corpus des contributions avec celle de la population des contributeurs. Les 316 contributions de la période 1885-1914 sont issues de 128 contributeurs différents. D'une décennie à l'autre, le nombre de contributeurs distincts présente une stabilité encore plus forte que celui des contributions, variant de 50 à 58, tandis que les périodes précédentes affichaient environ 80 contributeurs par décennie. Cette particularité du journal de Jordan est encore plus prononcée en comparaison de la première décennie de la période Villat qui affiche 90 contributeurs différents.

Le ratio entre nombres de contributeurs et de contributions est cependant croissant de 1845 à 1931, à l'exception d'une période de désaffection des contributeurs réguliers de Liouville. Cette observation nous amène à distinguer deux périodes distinctes sous la direction de Jordan : une première période, de 1885 à 1904, durant laquelle la proportion entre contributions et contributeurs est de l'ordre de 45 %, identique à celle de la décennie dirigée par Résal, et une seconde, après 1905, durant laquelle cette proportion s'élève à 70 %, identique à la celle de la première décennie sous la direction de Villat. Cette situation est due à la présence, au XIXe siècle, de groupes de contributeurs réguliers responsables d'une proportion importante des articles publiés, tandis que ces grands contributeurs se raréfient à partir du début du XXe siècle au profit d'une nouvelle tendance selon laquelle la grande majorité des contributions sont dues à des contributeurs épisodiques qui ne publient qu'un ou deux articles par décennie. Le plus faible nombre de contributeurs distincts au *Journal* durant la période Jordan tient ainsi à ce que le groupe de contributeurs réguliers y est initialement plus étendu que sous Liouville et Résal. Ce groupe se réduit

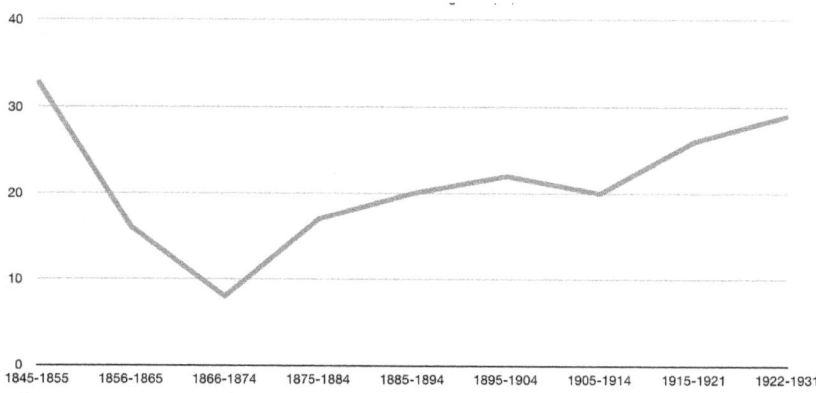

FIGURE 2 : Contributions étrangères (%)

néanmoins au cours du temps jusqu'à jouer un rôle marginal. Il nous faudra revenir par la suite sur cette évolution importante pour saisir la spécificité de l'espace de circulation engendré par le *Journal*.

2.2 Les contributeurs étrangers

La proportion des contributeurs étrangers reste très stable, de l'ordre de 32 %, durant les périodes de direction du *Journal* par Résal et Jordan. Les périodes antérieures se distinguent par la présence d'un groupe de contributeurs étrangers très actif, tandis qu'après 1865 aucun étranger ne publiera plus de trois articles sur une décennie.

Les grands contributeurs étrangers de la période 1845-1865 sont tous des correspondants de Liouville ou de certains de ses principaux contributeurs français, comme Hermite (Verdier 2009b, 270–278). Ils sont, ou deviendront, pour la plupart correspondants de l'Académie. Si la disparition des grands contributeurs étrangers dans les années 1860 est sans aucun doute liée au développement d'une presse spécialisée dans de nombreux pays européens, les liens entre ces contributeurs, les correspondants de Liouville et l'Académie manifestent que la diversification de la presse mathématique s'accompagne de l'affaiblissement d'une pratique traditionnelle de publication périodique, ancrée dans des réseaux européens d'échanges épistolaires et le maillage des académies européennes[14]. Très significativement, la disparition des grands contributeurs étrangers est contemporaine de celle de la couverture éditoriale par le *Journal* des actualités de l'Académie des sciences, tandis que la publication d'échanges épistolaires décline fortement jusqu'à disparaître au début des années 1890 : ces deux évolutions dans la pratique de l'information mathématique témoignent

---

14. Au sujet des journaux savants aux XVIIe et XVIIIe siècles, voir (Peiffer & Vittu 2008).

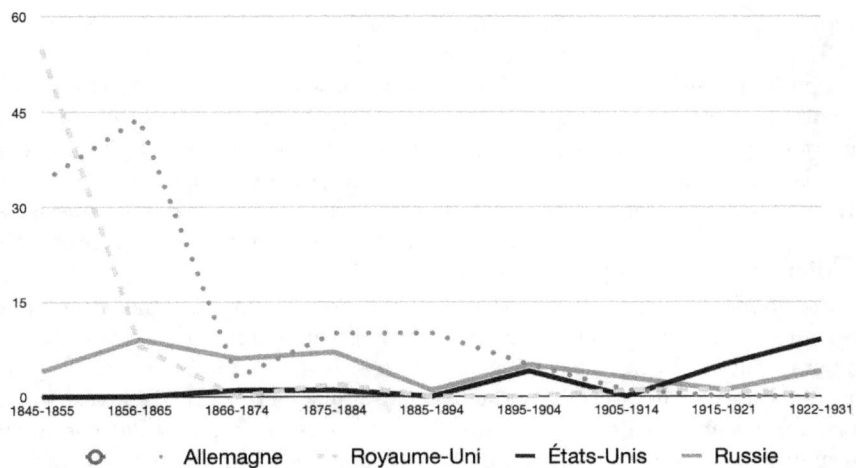

FIGURE 3 : Principales origines des contributions étrangères

d'un déplacement de l'espace de circulation constitué par le *Journal*. Si des liens subsistent entre ce dernier, les réseaux épistolaires de ses rédacteurs et l'Académie, ils ne se manifestent plus de manière quantitative dans les contributions étrangères. Il nous faudra là encore reprendre cette question dans la suite de ce chapitre à l'appui de la correspondance de Jordan. Nous verrons notamment que cette correspondance témoigne des efforts déployés par le nouveau rédacteur durant près d'une décennie afin d'accueillir des publications de contributeurs français et étrangers reconnus par des académies. Ces efforts ont pour conséquence une hausse de la proportion des contributions étrangères qui passe de 17 % sous Résal à 21 % durant la première décennie de direction par Jordan. Cette proportion reste par la suite constante avant une nouvelle hausse durant la guerre puis sous la direction de Villat.

Sur le temps long, l'évolution de l'origine des contributions étrangères au *Journal* met en évidence un décrochage spectaculaire du nombre de contributions britanniques puis allemandes à partir des années 1850 et 1860 respectivement. Si le premier décrochage est définitif, les auteurs allemands redeviennent temporairement les principaux contributeurs étrangers entre 1885 et 1895. De la fin du XIXe siècle à la Première Guerre mondiale, une proportion importante des contributions étrangères témoigne d'une forme particulière de circulation des mathématiques, à savoir un passage à Paris de leurs auteurs pour y mener une partie de leurs études, le plus souvent pour y soutenir une thèse de doctorat comme les Roumains Emmanuel David, Constantin Popovici et Trajan Lalesco, le Hongrois Paul Dienes, le Suisse Gustave Dumas, le Grec Georges

Rémoundos et le Polonais Stanislaw Zaremba[15]. Nous avons pu retracer de tels itinéraires parisiens pour près de la moitié des contributions étrangères de la période 1895-1914. Durant cette période, les contributeurs étrangers se contentent en grande majorité d'une ou deux contributions et sont pour la plupart originaires de régions de traditions universitaires francophones telles que la Belgique, la Suisse, la Roumanie, le Portugal, la Grèce, ainsi que certains territoires austro-hongrois, notamment tchèques, et qui, hormis la Russie, en particulier Saint-Petersbourg, ainsi que la Suède, sont rarement représentées plus d'une ou deux fois par décennie.

Une bonne connaissance de la langue française est en effet une compétence nécessaire pour contribuer au *Journal* qui, comme nous le verrons dans la deuxième partie, ne propose plus de service de traduction après 1887 mais conserve l'exclusivité de la langue française jusqu'en 1921. L'ouverture du *Journal* à des articles de langue étrangère sera considérée par Villat comme un moyen de susciter de nouveaux abonnements depuis l'étranger dans une période de crise économique durant laquelle la survie du périodique est menacée. Mais bien que la part des contributions étrangères croisse de 1922 à 1931, ces dernières se limitent à des auteurs issus de pays alliés, conformément à la doctrine de Picard, membre du comité de rédaction et qui préside à cette époque le Conseil international de recherches (Gispert & Leloup 2009, 9). Cette époque voit ainsi une forte croissance des contributeurs états-uniens, italiens et russes ainsi que d'auteurs issus des nouveaux pays créés à la suite de la guerre tels que la Bulgarie, la Tchécoslovaquie, la Yougoslavie et l'Arménie, et dont beaucoup ont soutenu leur thèse à Paris.

2.3 Les lieux de formation des contributeurs français

Nous proposons à présent d'analyser les lieux de formation des 83 contributeurs français distincts sur la période 1885-1914. Il faut tout d'abord noter à cet égard qu'un passage par les classes préparatoires est commun à la grande majorité de ces contributeurs : outre les normaliens et polytechniciens, les acteurs formés dans les facultés des sciences sont le plus souvent issus des classes préparatoires, beaucoup ont présenté le concours de l'École normale supérieure, y ont été admissibles, et ont obtenu une bourse pour préparer une licence à l'université.

Sur l'ensemble des 252 contributions des auteurs français, 45 %, sont dues à des polytechniciens, 35 %, à des normaliens, 11 % à d'anciens étudiants de facultés des sciences, principalement de Paris, 5 % à des contributeurs issus de l'enseignement catholique et 2 % à trois auteurs formés à l'École centrale des arts et manufactures, l'École supérieure d'électricité et l'École navale. 38 contributeurs sont lauréats de l'agrégation, soit tous les normaliens, quelques anciens étudiants des facultés des sciences et un polytechnicien.

---

15. Par contraste, une seule contribution étrangère est liée à un séjour en province, celle de Paul Saurel qui se rend à Bordeaux après ses études à l'Université de Cornell aux États-Unis pour y travailler avec Pierre Duhem.

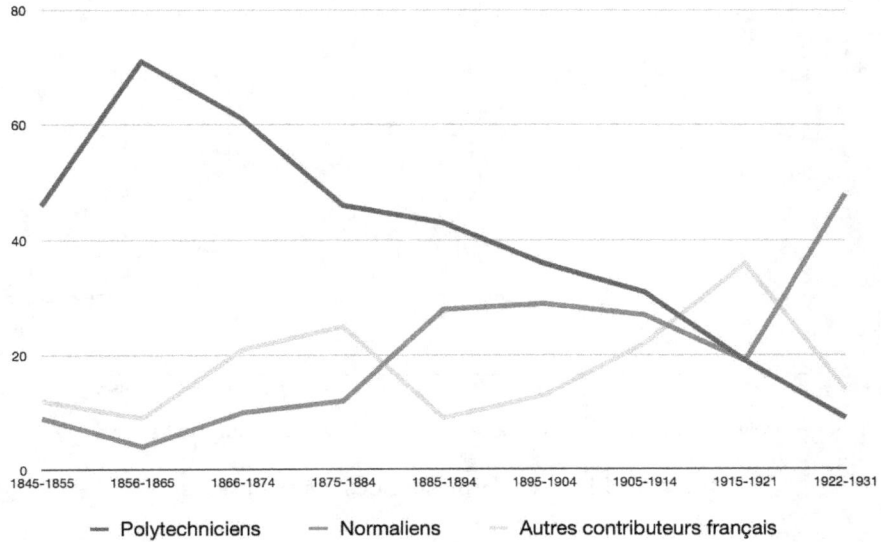

FIGURE 4 : Lieux de formation par contribution

Rapportés à la population des 83 contributeurs français, les auteurs polytechniciens voient leur représentation réduite à 36 %, égale à celle des normaliens, avec 30 auteurs différents issus de chacune des deux écoles. La différence de représentativité de ces deux principaux groupes dans l'ensemble des contributions manifeste ainsi un investissement plus important des anciens élèves de l'École polytechnique, majoritaires parmi les auteurs de plus de deux articles tandis que les normaliens dominent la population des contributeurs d'un article unique.

Sur la période 1885-1914, l'évolution de la distribution des trois principaux lieux de formation des contributeurs français est cependant défavorable aux polytechniciens. Cette décroissance renvoie à une dynamique institutionnelle des sciences mathématiques en France qui dépasse largement le cadre du journal de Jordan mais qui s'y présente avec une temporalité décalée par rapport à la périodisation retenue par l'historiographie, qui situe la montée en puissance de l'École normale supérieure dans la formation des scientifiques français dans les deux décennies suivant la défaite de la France contre la Prusse en 1870. En effet, il faut observer que les polytechniciens restent majoritaires dans la population des auteurs français du *Journal* jusqu'en 1905 et parmi les contributions à ce périodique jusqu'à la Première Guerre mondiale. Par ailleurs, la décroissance relative des contributions polytechniciennes ne s'accompagne pas d'une croissance continue de la part de celles des normaliens qui, après avoir doublé par rapport à la période Résal, reste stable jusqu'en 1914 bien que

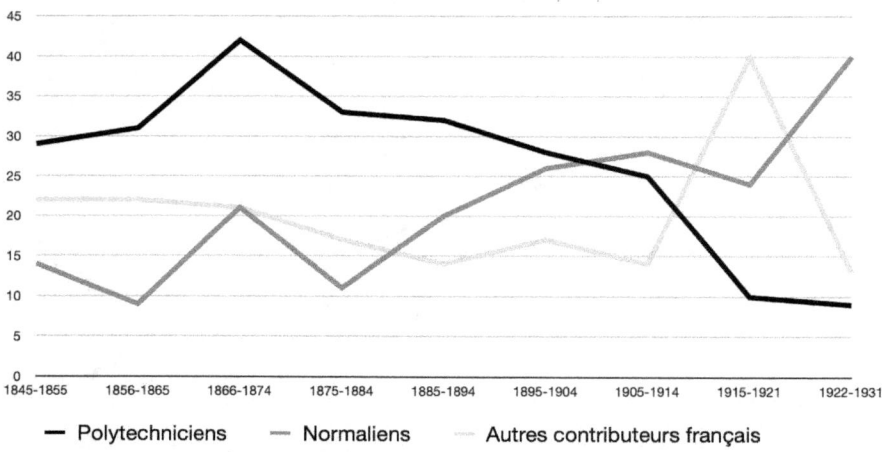

FIGURE 5 : Lieux de formation des contributeurs (en %)

le nombre de contributeurs normaliens suive une croissance linéaire : le journal de Jordan se présente ainsi comme un sous espace de circulation spécifique en regard des principales dynamiques institutionnelles contemporaines.

Au sein du corpus des contributions françaises, c'est en fait la part des articles issus d'auteurs formés dans les facultés qui connaît la plus forte croissance. Cette croissance doit cependant être nuancée en regard du faible nombre de ces contributeurs, dont la proportion reste stable sur l'ensemble de la période : elle s'avère très dépendante des pratiques de publications de quelques acteurs, parmi lesquels Joseph Boussinesq, auteur à lui seul du tiers des contributions d'auteurs issus des facultés de 1905 à 1914. Une variabilité similaire peut s'observer au sein des contributions d'auteurs formés dans des écoles d'ingénieurs autres que l'École polytechnique, tel que le centralien Robert d'Adhémar, ou dans l'enseignement catholique, comme l'abbé Jean-Armand de Séguier, très actif au début du XXe siècle. L'importance de cette variabilité individuelle dans la part des contributions d'auteurs issus de facultés explique que la croissance de la part de ces contributions ne se poursuive pas sous la direction de Villat, époque durant laquelle certains auteurs prolifiques du journal de Jordan publient moins activement.

Retenons de cette analyse trois éléments principaux : le rôle prépondérant des polytechniciens jusqu'à la guerre malgré la décroissance continue des contributions de ces derniers, la part importante des contributions normaliennes dès le début de la période Jordan mais qui reste stable jusqu'en 1914 malgré une croissance du nombre de contributeurs, et enfin la forte croissance des contributions issues d'auteurs formés dans d'autres lieux, principalement les facultés des sciences et les facultés catholiques. Il nous faudra revenir sur

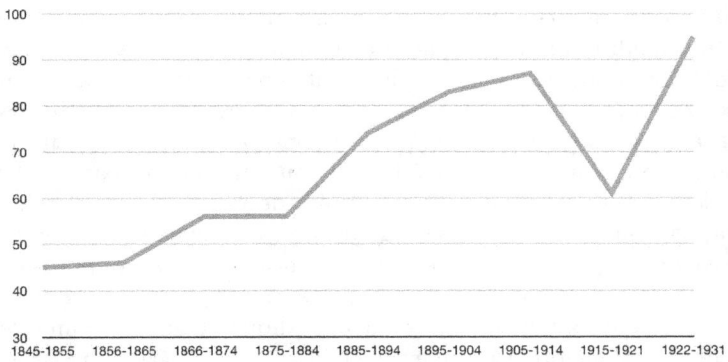

FIGURE 6 : Part des docteurs parmi les contributeurs français

ces évolutions par la suite mais observons d'emblée que ces dernières sont cohérentes avec les choix opérés par Jordan pour renouveler son comité de rédaction à l'approche de son départ. Tandis que, depuis 1885, le comité de rédaction avait principalement été composé de polytechniciens, à la seule exception du normalien Picard, ce comité s'ouvre en 1917 pour la première fois à un membre qui n'est pas issu d'une des deux principales grandes écoles françaises, Robert de Montessus de Ballore, titulaire d'une licence puis d'une thèse de la faculté des sciences de Paris, en congé depuis le début de la guerre de son poste de maître de conférences à la faculté catholique de Lille, puis, en 1921, à un second normalien, Villat, alors maître de conférences à Strasbourg.

2.4 Docteurs et doctorats

Sur la période 1885-1914, 64 contributeurs français sont détenteurs d'un doctorat, soutenu dans la plupart des cas à la faculté des sciences de Paris, soit une proportion de 77 % de l'ensemble des auteurs français du journal. Les docteurs sont par ailleurs responsables de 86 % de l'ensemble des contributions françaises. Ce poids très important des titulaires d'un doctorat n'est pas spécifique au *Journal* en regard d'autres périodiques spécialisés contemporains mais marque une rupture avec la dernière décennie sous la direction de Liouville, ainsi qu'avec celle sous la responsabilité de Résal, et suit une croissance continue à partir de la prise de direction du *Journal* par Jordan, à l'exception de la période de guerre.

Réciproquement, 27 % des auteurs de thèses soutenus à la faculté des sciences de Paris entre 1875 et 1914 contribuent au journal de Jordan. Cette proportion varie peu d'une décennie à l'autre : chaque année un ou deux nouveaux docteurs rejoignent ainsi la population des contributeurs au *Journal*. Cette stabilité peut s'interpréter comme la conséquence du nombre de pages que peut matériellement offrir chaque année le périodique à de nouveaux contributeurs. Elle manifeste surtout la contribution de ce dernier à l'institutionnalisation d'un espace de circulation des travaux de doctorat.

Tandis que le journal de Liouville avait ouvert ses pages à la publication de thèses de doctorat peu après sa création (Verdier 2009b, 280–282), cette pratique avait cessé à partir de 1865 et n'avait pas repris avant 1892, soit quelques années après la prise de direction du journal par Jordan. Dans l'intervalle, les thèses pouvaient faire l'objet de publications sous la forme de monographies ou d'articles de périodiques, principalement dans le *Journal de l'École polytechnique*, dans lequel Jordan lui-même avait publié sa première thèse en 1860, ainsi que dans les *Annales scientifiques de l'École normale supérieure* et, plus rarement, dans un périodique étranger comme le journal de Crelle. Or il faut observer une multiplication des périodiques susceptibles d'accueillir des thèses à partir du milieu des années 1880, avec la fondation des *Annales de Toulouse* en 1887 ainsi qu'avec l'accueil de thèses soutenues à Paris dans des journaux internationaux comme les *Acta mathematica* et les *Rendiconti* du Cercle de Palerme. Le journal de Jordan participe de cette évolution. C'est dans ce dernier que Jacques Hadamard publie ainsi sa thèse en 1892 tandis qu'Henri Padé, normalien de la promotion précédente, publie la sienne dans les *Annales* de l'ENS la même année et contribuera au journal de Jordan deux ans plus tard. Selon la base de données des recensions du *Jahrbuch*, le journal de Jordan publie dix thèses sur la période 1892-1914, auxquelles il faut ajouter sept contributions directement issues de doctorats et portant un titre identique à ces derniers. Comme nous le verrons par la suite, les publications d'une certaine population de contributeurs épisodiques au journal de Jordan font directement suite à une soutenance de thèse.

Il faut enfin observer une grande stabilité de 1892 à 1914 de la distribution des thèses de doctorats parmi les principaux périodiques français en assurant la publication, à savoir le *Journal*, les *Annales* de l'ENS et celles de la faculté des sciences de Toulouse. Cette stabilité suggère une entente entre les rédacteurs de ces périodiques, Jordan, Gaston Darboux et Thomas Stieltjes et par là une stratégie active du rédacteur du *Journal* afin de donner une nouvelle place institutionnelle à ce dernier sur la scène française. Comme nous l'avons vu dans la section précédente, c'est également l'insertion du *Journal* dans l'espace éditorial généré par les doctorats qui assurera à ce dernier une part importante de ses contributions étrangères à partir de la fin du XIXe siècle.

2.5 Les contributeurs académiciens

De 1885 à 1914, treize contributeurs au journal de Jordan sont académiciens, ou le deviennent durant leur période de contribution. Ne représentant que 15 % des auteurs français, les académiciens sont responsables de près de 41 % de l'ensemble des contributions françaises. Cet engagement très important est une caractéristique propre à la période Jordan. Il s'affirme dès la prise de direction du *Journal* par ce dernier et se poursuit de manière régulière durant deux décennies avant de s'affaiblir à la fin du XIXe siècle. Par contraste, les académiciens s'étaient très peu impliqués durant la dernière décennie sous la direction par Liouville, celle supervisée par Résal et le seront peu durant la première décennie dirigée par Villat.

Sous Liouville et Résal, les principaux contributeurs au *Journal* étaient pour la plupart en lice pour un siège à l'Académie mais raréfiaient leurs contributions au périodique après leur élection. L'évolution de l'Académie n'est ainsi pas sans conséquence sur celle des populations de contributeurs au *Journal* qui s'avère particulièrement marquée par deux épisodes de renouvellement rapide des deux principales sections de la classe des sciences mathématiques : les sections de géométrie et de mécanique. Le premier, entre 1854 et 1862, voit le renouvellement de cinq des six membres de la section de géométrie, tous les nouveaux élus, à l'exception d'Hermite, figurant parmi les principaux contributeurs au journal de Liouville et y raréfiant leurs contributions dès leur élection. Le second intervient dans les années qui suivent la prise de direction du *Journal* par Jordan, si bien qu'à partir de 1892 Hermite reste le seul membre de la section de géométrie qui y siégeait avant 1880. Élu en 1881, Jordan précède de peu cette vague de renouvellement et participe activement au choix des nouveaux membres de l'Académie dont la plupart figureront parmi les principaux contributeurs de son journal. Ces nouveaux membres se composent, pour la section de mécanique, de Maurice Lévy, élu en 1883, ainsi que de Boussinesq, en 1886 et, pour la section de géométrie, d'Edmond Laguerre en 1884, Georges Halphen en 1886, Henri Poincaré en 1887, Picard en 1889 et Appell en 1892. Contrairement aux périodes antérieures, ces nouveaux académiciens contribuent activement au journal de Jordan après leur élection tandis que la nouvelle génération d'aspirants à l'Académie ne semple plus considérer le *Journal* comme un passage obligé pour un siège à l'Académie, à l'exception de Georges Humbert, élu en 1901 en géométrie, ainsi que de Duhem, nommé membre correspondant de la section de mécanique en 1900, tous deux contributeurs prolifiques au *Journal* avant comme après leur élection. Aucun des autres membres élus à l'Académie après 1900, tels que Paul Painlevé, Hadamard, Maurice Hamy, Édouard Goursat, Gabriel Koenigs et Émile Borel, ne s'implique particulièrement dans le journal de Jordan bien que tous y contribuent épisodiquement. Cette tendance se confirme durant la première décennie de direction par Villat, durant laquelle ni les aspirants à l'Académie ni les académiciens ne jouent plus aucun rôle particulier dans les contributions au périodique.

Sous la direction de Jordan, le *Journal* présente ainsi des relations très spécifiques à l'Académie des sciences avec, contrairement aux périodes antérieures, l'engagement actif d'une nouvelle génération d'académiciens durant deux décennies mais la disparition de la fonction traditionnelle d'antichambre de l'Académie que jouait ce périodique sous Liouville et Résal.

2.6 Professions des contributeurs et typologie des contributions

Les contributeurs français au journal de Jordan exercent dans leur grande majorité une activité d'enseignement, au moins temporaire, durant leur période de contribution. 47 % des contributions sont dues à des détenteurs de postes dans les facultés des sciences, dont la moitié à Paris. 24 % émanent de professeurs des écoles d'ingénieurs et 15 % d'ingénieurs ou officiers détachés des corps de l'État dans des fonctions de répétiteur ou examinateur. S'y ajoutent 11 contributions d'abbés jésuites enseignant dans des établissements catholiques, 7 de professeurs de classes préparatoires des lycées et 14 d'ingénieurs ou officiers n'ayant pas d'activité d'enseignement connue. Nous proposons à présent d'analyser les liens entre trajectoires professionnelles et pratiques de publication de différents groupes de contributeurs.

Les grands contributeurs

Un premier groupe est constitué des sept auteurs de plus de douze contributions. Responsable à lui seul de 34 % de l'ensemble des textes publiés entre 1885 et 1914, ce groupe est constitué, par ordre décroissant des contributions, de Humbert (22), Duhem (21), Picard (14), Poincaré (14), Jordan (13), Edmond Maillet (12) et Appell (12). À l'exception de Maillet, tous sont membres de l'Académie, ou le deviennent durant la période considérée. Quatre ont été formés à l'École polytechnique, trois à l'École normale supérieure. Tous mènent une carrière de professeurs et cinq sont enseignants dès 1885 : Jordan à l'École polytechnique ainsi qu'au Collège de France, Poincaré, Picard et Appell à la faculté des sciences de Paris, tandis que Duhem enseigne successivement aux facultés des sciences de Lille, Rennes, puis Bordeaux. Deux des polytechniciens, Humbert et Maillet, occupent des fonctions d'ingénieur durant une partie de la période considérée mais s'engagent dans des carrières d'enseignant peu après leur affectation à Paris, à l'École polytechnique, l'École des mines et l'École nationale des ponts et chaussées. Notons qu'à l'exception de Duhem, les principaux contributeurs du *Journal* entretiennent tous des liens avec l'École polytechnique : outre Jordan, Poincaré, Humbert et Maillet qui en ont été élèves, Jordan, Humbert et Poincaré y acquièrent des positions de professeur, tandis que six y occupent des fonctions de répétiteur pour des périodes de 7 à 20 ans (Poincaré, Humbert, Picard, Appell, Maillet).

L'examen des auteurs de cinq contributions ou plus n'amène que trois nouveaux contributeurs à la liste précédente : Boussinesq, avec 9 contributions, académicien et professeur à la faculté des sciences de Paris, Léon Autonne, auteur de 8 contributions, polytechnicien, ingénieur des ponts et chaussées, parallèlement maître de conférences à la faculté des sciences de Lyon et examinateur d'admission à l'École polytechnique, et enfin de Séguier, abbé jésuite, en fonction dans l'enseignement catholique. Tous les contributeurs de cinq articles ou plus sur la période 1885-1914 sont ainsi français, enseignants, titulaires de thèses de doctorats et, à l'exception de Duhem, parisiens. Ils sont, à eux seuls, à l'origine de 52 % des contributions françaises.

La présence de groupes de contributeurs très engagés dans le journal peut s'observer durant les périodes antérieures à la prise de direction par Jordan : la première série dirigée par Liouville affiche un groupe de quinze contributeurs de plus cinq articles, dont cinq étrangers, responsables de 57 % de l'ensemble des contributions. Durant la seconde série, outre Liouville lui-même, dont les contributions sont alors prolifiques, huit autres contributeurs de plus de cinq articles produisent environ 40 % de la production restante, tandis que, sous Résal, onze auteurs de plus de quatre articles sont responsables de 46 % de l'ensemble des contributions. La présence d'une dizaine de gros contributeurs, responsable de près de la moitié des contributions, est ainsi une norme du *Journal* au XIXe siècle dont il faut cependant observer la disparition progressive à partir du tournant du siècle : 80 % des articles des grands contributeurs au journal de Jordan sont ainsi publiés avant 1905, la majorité de ces contributeurs ne s'investissant plus, ou plus qu'épisodiquement, après cette date. Cette constatation est cohérente avec la remarque que nous avions faite plus haut à propos de l'évolution du ratio entre contributions et contributeurs : à partir du tournant du siècle, les publications du *Journal* sont de plus en plus issues de contributeurs épisodiques. Cette tendance, qui peut s'observer dans les dernières séries dirigées par Jordan, s'affirme comme une nouvelle norme durant la première décennie de direction par Villat, sous laquelle aucun auteur ne signe plus de cinq articles et seulement six adressent plus de trois contributions.

Les contributeurs épisodiques

C'est avec l'application d'un filtre de trois contributions ou plus sur la période 1885-1914 qu'apparaît une population plus diversifiée et moins parisienne, constituée de 27 contributeurs actifs sur la période 1885-1914, auteurs de 60 % des contributions. Les polytechniciens y représentent à nouveau le groupe principal, avec 11 contributeurs, suivi de 6 normaliens, 4 anciens étudiants de facultés des sciences, 4 étrangers et 2 abbés jésuites, anciens étudiants des facultés catholiques. Ces contributeurs sont à nouveau en grande majorité engagés dans des carrières d'enseignants : 5 à la faculté des sciences de Paris, 5 dans des facultés de province (Lille, Montpellier, Rennes, Bordeaux, Lyon), 3 au Collège de France, 1 à l'Observatoire de Paris, 6 comme professeurs l'École polytechnique, 7 comme répétiteurs dans cette même école, et 1 à l'École des mines de Saint-Étienne. La plupart des polytechniciens sont détachés des corps de l'État dans des activités d'enseignement durant au moins une partie de la période considérée, bien que deux d'entre eux exercent à plein temps leurs fonctions d'ingénieur des ponts et chaussées et d'officier du génie.

Le groupe des contributeurs d'au moins deux articles forme une population de 52 individus, responsables de 77 % de l'ensemble des contributions. Ce groupe présente une composition proche de celui des contributeurs de plus de trois articles, avec une majorité de polytechniciens et d'acteurs impliqués dans l'enseignement supérieur, mais une diversification des lieux d'enseignement à l'École nationale des ponts et chaussées, au Conservatoire national des arts et métiers, l'École d'agronomie, l'Université catholique de Lille, les facultés des sciences de Toulouse et Dijon ou encore les classes préparatoires dans le cas d'un contributeur, en fonction au lycée Charlemagne à Paris. Le groupe de contributeurs ingénieurs ou officiers se diversifie également aux corps de l'artillerie, de l'artillerie marine, des manufactures de l'État et des télégraphes ainsi qu'à deux contributeurs formés à l'École centrale et à l'École supérieure d'électricité. Une majorité exerce cependant à nouveau des fonctions d'enseignement dans des écoles d'ingénieurs, certains à plein temps sur l'ensemble de la période comme Raoul Bricard, répétiteur à l'École polytechnique, professeur à l'École centrale puis au Conservatoire national des arts et métiers, et par ailleurs rédacteur des *Nouvelles annales de mathématiques*, ou Mathieu Paul Hermann Laurent, répétiteur à Polytechnique depuis 1866, puis examinateur en 1885 et professeur à l'École agronomique de Paris à partir de 1889. D'autres ne sont que détachés temporairement par les corps de l'État sur une fonction de répétiteur et il est remarquable que leurs contributions au *Journal* correspondent généralement à la période d'exercice de cette fonction, à l'image de Pierre Henri Hugoniot, officier d'artillerie marine, professeur de mécanique et de balistique à l'École d'artillerie de Lorient de 1879 à 1882, puis directeur adjoint du Laboratoire central de l'artillerie de marine de 1882 à 1884, mais dont les deux contributions au *Journal* auront lieu après sa prise de fonction comme répétiteur auxiliaire de mécanique en 1884 dont l'une, posthume, sera adressée à Jordan par Henry Léauté qui, en tant que professeur de mécanique à Polytechnique, supervisait l'enseignement d'Hugoniot.

Polytechniciens et enseignants à l'École polytechnique

Afin d'analyser plus avant le poids important que nous avons vu jouer par les auteurs liés à l'École polytechnique, nous proposons à présent d'observer de plus près les pratiques de publications des contributeurs occupant des fonctions d'enseignement dans cette école ainsi que celles des polytechniciens conservant une fonction à plein temps dans les corps de l'État.

Les professeurs, examinateurs et répétiteurs de l'École polytechnique sont responsables de près de 40 % de l'ensemble des textes publiés par le journal de Jordan sur la période 1885-1914. Parmi les professeurs, les principaux contributeurs sont les deux titulaires des chaires d'analyse – Jordan jusqu'à 1912 et Humbert à partir de 1895 – auteurs de 23 contributions, tandis que les deux professeurs de géométrie, Amédée Mannheim et Jules Haag, ne contribuent que 4 publications chacun. Les autres professeurs ne participent pas au *Journal*, à l'exception d'une contribution de Poincaré après sa nomination sur la chaire d'astronomie en 1904 ; deux des professeurs de mécanique, Léauté et Painlevé ont cependant contribué au journal avant leur nomination, alors qu'ils occupaient des fonctions de répétiteur de mécanique pour le premier, d'analyse pour le second.

Les répétiteurs comptent dans leurs rangs des contributeurs très actifs, avec 61 contributions, principalement du fait des répétiteurs d'analyse, auteurs à eux seuls de 44 contributions, contre 15 pour les répétiteurs de mécanique et 2 pour les répétiteurs de géométrie[16]. L'engagement individuel des répétiteurs est cependant très inégal. Six répétiteurs – Halphen, Humbert, Maillet, Poincaré et Picard en analyse, Appell en mécanique – sont en effet responsables de 82 % de l'ensemble des contributions. Dix autres répétiteurs ont une activité de publication plus épisodique avec un ou deux articles durant leur période d'exercice : Ferdinand Caspary, Hugoniot et Léauté en mécanique, Bricard en géométrie, Laguerre, Laurent, Roger Liouville, Lucien Lévy et Painlevé en analyse ainsi qu'Hamy en physique. Pour beaucoup, les travaux adressés au *Journal* durant l'exercice de leur fonction sont aussi les seules contributions à ce périodique, contrairement aux cinq répétiteurs prolifiques cités précédemment qui poursuivent une activité de publication soutenue après que leur fonction ait pris fin. Notons enfin que sur l'ensemble des 26 répétiteurs de mécanique, géométrie et analyse, 12 ne contribuent pas au journal de Jordan. Parmi eux figurent des auteurs très actifs dans d'autres périodiques et très engagés dans la communauté mathématique, tels que Georges Fouret et Charles Ange Laisant. Nous y reviendrons plus loin.

Plusieurs contributeurs polytechniciens restant en service actif d'ingénieur ou d'officier durant l'ensemble de la période considérée manifestent d'autres modalités d'interface avec le milieu académique que les fonctions d'enseignement, tels que Jean-Fernand Cellerier, officier d'artillerie qui dirige à partir de 1908 le laboratoire d'essais du Conservatoire des arts et métiers, Ernest Duporcq, ingénieur des télégraphes, rédacteur des *Nouvelles annales de mathématiques* et qui assure la fonction de secrétaire du Congrès international des mathématiciens à Paris en 1900, ou encore André Joseph Auric, responsable de travaux hydrauliques, maritimes ou de voirie dans diverses villes. Les pages du journal de Jordan sont cependant également ouvertes à des contributeurs épisodiques éloignés des milieux académiques, tels que Pierre Émile Mathy, officier du génie qui dirige notamment des missions topographiques en Afrique et Henri Willotte, ingénieur des ponts et chaussées, successivement chargé de travaux maritimes, de l'établissement de lignes de chemins de fer, puis d'usines d'exploitation de minerais.

Contributeurs uniques, normaliens et anciens étudiants des facultés

Les auteurs d'une contribution unique sur la période 1885-1914 constituent un groupe de 75 auteurs, soit 59 % de la population totale, pour autant de contributions, soit 24 % du corpus total. Les contributeurs étrangers, au nombre de 32, y sont surreprésentés mais nous ne reviendrons pas ici sur ce cas déjà discuté plus haut. Parmi les 43 contributeurs uniques français, nous mettrons par ailleurs de côté certaines situations dues aux bornes de notre périodisation,

---

16. L'étude des contributions de répétiteurs s'appuie sur les listes de répétiteurs établies dans (Vincent 2019).

comme le cas de Laguerre, décédant dès 1886, ou les acteurs débutant leur carrière au début du XXe siècle et qui contribueront davantage au *Journal* après 1914, comme Lebesgue ou Élie Cartan.

Le groupe des contributeurs uniques français est composé à hauteur de 46 % d'anciens élèves de l'École normale supérieure, de 31 % de polytechniciens, de 3 anciens étudiants de facultés des sciences, 3 anciens étudiants de facultés catholiques, 1 ancien élève de l'École navale et 4 individus dont nous n'avons pu retracer la formation. Les profils des polytechniciens contributeurs uniques diffèrent peu de ceux des auteurs de deux ou trois contributions : tandis que trois d'entre eux exercent principalement des fonctions d'ingénieurs dans les corps de l'état, la majorité assure des fonctions d'enseignement, le plus souvent dans les établissements de formation d'ingénieurs mais dans des lieux plus diversifiés que les contributeurs épisodiques, l'École polytechnique étant ici accompagnée de l'École des mines, l'École des mines de Saint-Étienne, l'Institut industriel du Nord ainsi que de la faculté des sciences de Montpellier dans le cas plus exceptionnel d'Eugène Fabry.

Tous docteurs et tous agrégés, les contributeurs uniques normaliens poursuivent pour la plupart des carrières dans des facultés des sciences et pour une minorité dans des classes préparatoires. Ces contributions ne sont que marginalement dues à des acteurs qui publient peu de manière générale, comme Célestin Sautreaux, ou qui publient régulièrement mais préfèrent les *Annales* de l'École normale supérieure au journal de Jordan, à l'image de Claude Guichard, professeur à la faculté des sciences de Clermont-Ferrand. Le caractère unique de ces contributions témoigne plus souvent de pratiques de publications indexées sur des trajectoires de carrières particulières.

Remarquons tout d'abord que les facultés de province sont largement plus représentées au sein du groupe de normaliens contributeurs uniques que parmi les auteurs de plus de deux contributions : seuls deux contributeurs uniques sont ainsi en poste à la faculté des sciences de Paris, tandis que huit poursuivent une carrière en province à Bordeaux, Toulouse, Clermont-Ferrand, Grenoble, Nancy, Rennes ou Montpellier. L'inscription dans la vie scientifique de grandes villes de province peut, de fait, avoir un impact direct sur les pratiques de publication, comme dans le cas de Georges Brunel, professeur à la faculté des sciences de Bordeaux, qui publie principalement dans le périodique de l'Académie des sciences de Bordeaux, ainsi que dans plusieurs journaux étrangers et dont l'unique contribution au journal de Jordan témoigne d'un engagement limité dans la presse mathématique parisienne.

Parmi les contributeurs uniques issus de l'École normale supérieure, un groupe se distingue par une pratique consistant à ne publier dans le journal de Jordan qu'en début de carrière, peu après la soutenance d'une thèse de doctorat à la faculté des sciences de Paris, comme Padé, Édouard Bedon, Léopold Léau, Ludovic Zoretti, Arnaud Denjoy, Haag, Émile Gau et Louis Roche. Un autre groupe se distingue par la corrélation des contributions de ses membres à des étapes charnières de leur carrière qui les amènent à Paris, illustrant ainsi le rôle des mobilités personnelles pour la circulation mathématique. Ainsi, Henri Andoyer adresse-t-il au *Journal* sa seule contribution en 1895, quelques années après avoir été nommé en 1892 maître de conférences de mécanique céleste à la faculté des sciences de Paris après un début de carrière à l'Observatoire et la faculté de Toulouse. La contribution de Louis Raffy en 1894 intervient au moment où ce dernier obtient un poste de maître de conférences à la faculté des sciences de Paris, celle d'Élie Cartan, en 1914, peu après qu'il ait été nommé titulaire de la seconde chaire de calcul différentiel de la faculté des sciences de Paris en 1912, après un début de carrière à Nancy, et celle d'Ernest Vessiot, en 1913, est concomitante à sa nomination comme maître de conférences à la faculté de sciences de Paris en 1912, puis comme répétiteur d'analyse à l'École polytechnique en 1913, après une carrière à la faculté des sciences de Lyon.

Des effets semblables de mobilités personnelles se manifestent dans la population de contributeurs uniques issus des facultés des sciences. Plusieurs de ces contributeurs publient ainsi dans le journal de Jordan dans le sillage de leur thèse, comme Alexandre Veronnet en 1912, année même de sa soutenance après des études à l'Université catholique de Lyon, ainsi que les abbés Pierre-Paul Rivereau et Théophile Annycke, en 1892 et 1911. Plusieurs autres contribuent au journal de Jordan à des étapes charnières de leur carrière, comme Pierre Boutroux en 1910 alors qu'il effectue cette même année une mutation de la faculté des sciences de Poitiers à celle de Nancy pour y remplacer Cartan et Louis Desaint qui publie dans le *Journal* en 1902 au moment même où il devient professeur titulaire de mathématiques spéciales à l'École Jean-Baptiste Say ; quant à Jules Sire, sa seule contribution au journal de Jordan en 1913 précède de peu sa nomination comme maître de conférences à la faculté des sciences de Rennes, après un début de carrière comme suppléant en mathématiques spéciales au lycée Henri IV.

De telles contributions d'opportunité au journal de Jordan, peu après la soutenance d'une thèse ou à des étapes charnières d'une carrière, peuvent également s'observer parmi de nombreux auteurs de deux ou trois contributions issus de l'École normale ou des facultés. Louis Bachelier adresse ainsi à ce périodique deux contributions en 1906 et 1908 alors que sa thèse, soutenue en 1900, ne lui avait pas permis d'obtenir de poste d'enseignant et peu avant d'exercer la fonction de professeur libre à la Sorbonne en 1909. Adolphe Buhl adresse deux contributions en 1908 peu avant d'être promu professeur à la faculté des sciences de Toulouse après avoir exercé la fonction de maître de conférences à Montpellier, Robert d'Adhémar envoie une première contribution en 1904, année de sa thèse, puis une seconde en 1908 peu après avoir été titularisé comme professeur à l'Université catholique de Lille. Stietjes contribue à deux reprises en 1889, année qui le voit nommé à la faculté des sciences de Toulouse après avoir occupé un poste à Delft en Hollande, tandis que Villat publie lui aussi sa première contribution l'année de la soutenance de sa thèse en 1911. La pratique de contribution au journal de Jordan dans le sillage de la soutenance d'une thèse à Paris s'étend par ailleurs, comme nous l'avons vu, à une proportion importante des contributeurs étrangers à partir de 1900. Nous n'avons pas pu rechercher systématiquement d'éventuels enjeux des contributions étrangères pour les carrières de leurs auteurs, mais de tels enjeux se présentent à quelques occasions dans la correspondance de Jordan, le Britannique A. H. Anglin requérant du rédacteur une lettre de recommandation à l'appui de sa récente contribution au *Journal* tandis que le Praguois Seligmann Kantor inscrit sa tentative de contribution de 1894 dans une stratégie d'évolution professionnelle.

Beaucoup de contributions uniques ou épisodiques au journal de Jordan présentent ainsi des enjeux de mobilité personnelle, impliquant souvent un passage par Paris, pour une population de contributeurs enseignants, tandis qu'une publication dans le périodique ne présentait pas d'enjeu de carrière pour les contributeurs ingénieurs de Liouville (Verdier 2009b, 382), à l'exception de ceux d'entre eux aspirant à une carrière académique. Or, comme nous l'avons déjà évoqué, ces contributions prennent une part croissante dans les publications du *Journal* à partir du début du XXe siècle et les nouveaux enjeux professionnels qu'elles manifestent constituent un aspect important de l'évolution de l'espace de circulation d'un périodique jusqu'alors marqué par la présence de groupes de grands contributeurs liés à l'École polytechnique et à l'Académie.

2.7 Réseaux de journaux

Nous proposons à présent d'analyser la distribution des périodiques dans lesquels les contributeurs français au journal de Jordan publient entre 1885 et 1914. Sur cette période, le *Jahrbuch* recense des publications de ces contributeurs dans plus de 70 revues différentes ; 54 de ces périodiques sont cependant utilisés par moins de 3 contributeurs au *Journal* tandis que seuls 15 journaux sont mobilisés par 10 auteurs ou plus. Nous indiquons la distribution des périodiques les plus mobilisés dans le tableau ci-dessous ; rappelons que le dénombrement réalisé porte sur les périodiques, et non sur les contributions au sein de chaque périodique.

Sur la scène française, le journal de Jordan présente une articulation étroite avec les *Comptes rendus* : plus de 90 % de ses contributeurs français publient en effet dans le périodique académique, sous la forme de courtes notes dont certaines sont par la suite développées sous forme de mémoires dans le *Journal*. Il est par contraste remarquable que la scène de la Société mathématique de France s'avère bien moins partagée que celle de l'Académie par les auteurs du *Journal*.

La place limitée tenue par le *Bulletin* de la SMF tient à deux facteurs principaux qui participent tous deux de l'identité du journal de Jordan comme journal de mathématiques de référence davantage qu'un journal spécialisé particulier. Le premier est une ouverture thématique plus grande que celle de

Titre du périodique	Nb contributeurs	Proportion contributeurs français
C.R. de l'Académie des sciences	74	90 %
Bulletin de la SMF	47	56 %
Nouvelles annales de mathématiques	40	48 %
Annales de l'ENS	36	43 %
Bull. des sciences math. et astronomiques	30	35 %
Acta Mathematica	23	27 %
Journal de l'École polytechnique	19	23 %
Annales de Toulouse	19	23 %
Revue de mathématiques spéciales	18	22 %
L'Enseignement mathématique	17	21 %
Rendiconti du cercle de Palerme	16	18 %
Total de la presse de province, hors Toulouse	13	16 %
C.R. des congrès des mathématiciens	12	13 %
C.R. des congrès de l'AFAS	11	14 %
American Journal of Mathematics	10	12 %
Journal de physique	10	12 %
Revue générale des sciences	9	10 %
Revue de la société philomatique	7	9 %
Journal de Crelle	6	7 %
Annali di matematica	6	7 %

la Société mathématique de France, notamment envers des physiciens comme Duhem, Boussinesq, ou Léauté, des ingénieurs comme Mathy ou Louis Roy, ou encore des astronomes comme Hamy et Véronnet. Tous ces contributeurs ne publient que peu dans les périodiques spécialisés de mathématiques, à l'exception de celui de Jordan, qui se trouve ainsi positionné comme journal de mathématiques de référence à l'interface avec les *Comptes rendus*, grand périodique généraliste, ainsi qu'avec des titres positionnés sur d'autres thématiques scientifiques comme le *Journal de physique*.

Le second facteur tient à certaines pratiques de publication spécifiques pour lesquelles le journal de Jordan joue à nouveau un rôle de référence, à la différence du *Bulletin*, mais cette fois en interface avec d'autres périodiques mathématiques et toujours en lien avec les *Comptes rendus*. Certains normaliens, comme Guichard ou Padé publient ainsi principalement dans le périodique académique et ne contribuent qu'épisodiquement à des journaux spécialisés, principalement les *Annales* de l'ENS, leur *alma mater*, mais aussi le journal de Jordan. Plusieurs polytechniciens, de leur côté, tels qu'Hugoniot ou Willotte, publient exclusivement dans les *Comptes rendus*, le *Journal de l'École polytechnique* et le journal de Jordan, tandis que Roger Liouville complète cette même pratique de publication sur la scène française par des interventions internationales dans les *Acta mathematica* ou l'*American Journal of mathematics*. Un troisième groupe d'acteurs, parmi lesquels Édouard Jablonski ou le polytechnicien Charles Platrier, publient principalement dans les *Nouvelles annales* et les *Comptes rendus*, ainsi que ponctuellement dans le journal de Jordan, à l'exclusion de tout autre périodique spécialisé. Il faut enfin signaler une pratique plus isolée, mais qui illustre elle aussi le rôle de référence joué par le journal de Jordan en interface avec d'autres périodiques, à savoir le cas de l'abbé Théophile Pépin, publiant principalement aux *Comptes rendus* et dans le périodique de l'académie pontificale à Rome, mais qui développe certains de ses travaux dans le journal de Jordan à l'exclusion de tout autre périodique spécialisé de mathématiques.

Deuxième journal mathématique derrière le *Bulletin*, les *Nouvelles annales* tiennent une place importante qui appelle également un examen particulier. Le fait que près de la moitié des contributeurs français au journal de Jordan publient au moins une fois dans les *Nouvelles annales* entre 1885 et 1914 rappelle tout d'abord qu'un passage par les classes préparatoires est le principal point commun de la grande majorité de ces contributeurs. Un nombre important de ces derniers exerce par ailleurs des fonctions d'enseignement dans les écoles auxquelles préparent ces classes, notamment l'École polytechnique. Ciblant les candidats et enseignants des classes préparatoires, les *Nouvelles annales* sont en effet particulièrement investies par les anciens élèves et enseignants de l'École polytechnique, caractéristique que ce périodique partage avec le journal de Jordan. Les polytechniciens représentent ainsi la moitié des contributeurs communs au journal de Jordan et aux *Nouvelles annales* sur la période 1885-

1914. Mais il faut observer que plus ces derniers publient dans le *Journal*, moins ils contribuent aux *Nouvelles annales*. Cette situation est particulièrement frappante dans le cas des répétiteurs de l'École polytechnique. De manière significative, Jordan lui-même n'adresse aucune contribution aux *Nouvelles annales*, tandis qu'un seul article y avait été publié « d'après Liouville » (Verdier 2009b, 298). Ces deux journaux mathématiques polarisent ainsi les anciens élèves de l'École polytechnique qui ont une activité de publication en mathématiques entre deux pôles, l'un davantage orienté vers l'Académie, l'autre vers l'enseignement des écoles et classes préparatoires. Cette situation connaît bien entendu quelques exceptions, comme celles de Mannheim ou d'Autonne. Il faut noter que ce dernier est l'un des rares polytechniciens à s'engager dans une carrière d'enseignant dans une faculté des sciences de province.

La polarisation entre le journal de Jordan et les *Nouvelles annales* semble en effet moins forte pour les contributeurs qui poursuivent une carrière universitaire et qui sont pour la plupart issus de l'École normale ou des facultés. Le normalien Appell, par exemple, adresse dix contributions au journal de Jordan et sept aux *Nouvelles annales* durant sa période de répétitorat à l'École polytechnique. Parmi les auteurs de trois articles ou plus au journal de Jordan sur la période 1885-1914, rares sont néanmoins ceux à contribuer régulièrement aux *Nouvelles annales*. À cet égard la décennie de direction du *Journal* par Résal se distingue des périodes antérieures et postérieures : à la différence de Liouville et Jordan, Résal est un contributeur actif et régulier des *Nouvelles annales*, notamment durant sa période de responsabilité du *Journal*. Cette dernière se caractérise par une ouverture plus grande à d'autres contributeurs réguliers des Annales, mais aussi à des auteurs qui disposent de peu de légitimité disciplinaire ou académique et ne publient pas, ou presque, dans des périodiques mathématiques.

Considérons à présent les liens entre les contributeurs français du journal de Jordan et les journaux étrangers. Si les contributeurs au *Journal* publient dans plus de 50 périodiques étrangers différents, peu émergent cependant dans la liste des titres les plus pratiqués. Les trois journaux les plus sollicités sont *L'Enseignement mathématique*, les *Acta mathematica* et les *Rendiconti*, c'est-à-dire les trois principaux périodiques revendiquant à cette époque un positionnement international tout en présentant un contenu fortement francophone. Au contraire, rares sont les contributeurs aux principaux analogues étrangers du journal de Jordan, comme le journal de Crelle, pourtant homologue historique du journal de Liouville. Nous reviendrons sur cette situation dans la troisième partie lorsque nous discuterons la stratégie mise en œuvre par Jordan à l'égard du positionnement international de son journal.

Nous proposons à présent d'examiner la distribution des supports de publications des contributeurs français au journal de Jordan afin de situer ce dernier dans l'espace éditorial en regard des stratégies de ses auteurs. Ces derniers contribuent en moyenne à 6 revues différentes sur la période 1885-

1914, avec une forte étendue, allant de 0 (Annycke) à 29 revues (Poincaré). 50 % des contributeurs publient dans une fourchette de 4 à 8 journaux en sus de celui de Jordan. Les auteurs publiant dans un nombre de titres inférieur à la valeur médiane de 5 revues contribuent en général à au moins 3 des 5 premiers titres listés plus haut (à l'exception des contributeurs physiciens et ingénieurs). Au sein de ce groupe, les pratiques de publication ne varient qu'à la marge par l'investissement d'une ou deux revues différentes de celles citées plus haut, mais avec une variabilité individuelle forte sur ces revues marginales.

Les auteurs publiant dans plus de 8 revues différentes, correspondent en partie aux plus grands contributeurs du *Journal* : Appell, Autonne, Duhem, Humbert, Maillet, Picard et Poincaré. Leur engagement dans le journal de Jordan témoigne ainsi plus généralement d'une activité de publication importante et diversifiée. La comparaison de la liste des auteurs de plus de trois contributions au *Journal* avec celle des auteurs utilisant plus de 8 revues différentes fait cependant apparaître plusieurs pratiques spécifiques de publications.

Il faut d'abord signaler un groupe de contributeurs actifs du *Journal* publiant sur peu de supports différents. Deux cas de figures se présentent. Le premier correspond aux acteurs qui n'occupent pas de position institutionnelle dans l'enseignement supérieur, comme certains ingénieurs et abbés jésuites. Le second à de grands contributeur du *Journal* qui, arrivés au faîte de leur carrière institutionnelle dès le début de la période, réduisent leurs supports de publications à quelques revues : Jordan lui-même publie à partir de 1885 principalement dans les *Comptes rendus* et dans une poignée de revues internationales comme les *Rendiconti* et l'Académie pontificale, tandis que Boussinesq utilise principalement les *Comptes rendus*, le journal de Jordan, les *Annales* de l'ENS et le *Journal de physique*.

Intéressons nous à présent au cas, réciproque, des auteurs mettant à contribution un grand nombre de revues en regard du nombre de leurs publications dans le journal de Jordan. Outre quelques rares cas particulier comme celui de Désiré André qui publie dans une grande diversité de revues étrangères, ce groupe est principalement constitué de normaliens formés à partir des années 1880, tels que Borel, Goursat, Hadamard, Koenigs, Léau, Lebesgue et Padé. Ces derniers favorisent davantage que les autres auteurs une diversité de supports de publications. Leur investissement limité dans le journal de Jordan est ainsi la conséquence de la diversité des supports mobilisés. Plus précisément, beaucoup de ces auteurs privilégient les *Comptes rendus*, les *Annales* de l'ENS, le *Bulletin* de la SMF, le journal de Darboux et, pour certains d'entre eux, les *Annales* de Toulouse, mais adressent régulièrement des contributions à un ensemble d'autres journaux mathématiques dans lequel le journal de Jordan tient une place similaire à certains journaux étrangers comme les *Acta mathematica* ou les *Rendiconti*. Il faut donc observer une pratique de publication spécifique consistant à donner au journal de Jordan un rôle analogue à certains journaux internationaux comme support de publications ponctuelles, à la différence d'autres journaux français plus souvent mobilisés.

Cette pratique de publication apporte un nouvel éclairage sur la montée en puissance des contributions épisodiques d'auteurs normaliens ou issus des facultés dont nous avons déjà signalé l'importance dans l'évolution du positionnement éditorial du *Journal* sous Jordan : à partir de la fin du XIXe siècle ce dernier est, de plus en plus, employé de manière analogue à quelques titres internationaux par les nouvelles générations formées à l'École normale supérieure. Tandis que nous avions vu plus haut le journal de Jordan jouer un rôle de journal de mathématiques de référence en articulation avec d'autres journaux spécialisés, en mathématiques comme en physique, la pratique de publication de nouvelles générations formées à l'École normale redéfinit la notion de journal de référence en regard d'un espace de circulation international investi par le sous-espace francophone constitué de quelques titres tels que les *Acta*, les *Rendiconti* et le journal de Jordan.

2.8 Mathématiques pures et appliquées

Comme ses homologues étrangers, tels que le *Journal für die reine und angewandte Mathematik* ou les *Annali di matematica pura ed applicata*, l'intitulé du *Journal de mathématiques pures et appliquées* revendique un positionnement large sur l'ensemble du spectre des sciences mathématiques. Afin de questionner une éventuelle orientation thématique plus spécifique à ce journal durant la période Jordan, nous nous sommes à nouveau appuyés sur la base de données des recensions du *Jahrbuch*. La classification attribuée par les recenseurs aux publications du journal de Jordan permet en effet de comparer la représentation qu'en donne le périodique allemand en regard de corpus plus larges, tels que l'ensemble des publications de langues françaises recensées et l'ensemble de toutes les publications recensées. Nous nous limiterons à une analyse des principales catégories de classification utilisées par le *Jahrbuch* de 1884 à 1912.

Cette étude, dont les résultats sont résumés par les diagrammes ci-dessus, montre une orientation thématique forte du *Journal* en faveur de l'analyse au détriment de la géométrie, et plus particulièrement de la géométrie pure, pour ce qui est des mathématiques, et de la mécanique au détriment de la physique mathématique, de la géodésie et de l'astronomie, pour ce qui est des applications. Les sections « calcul différentiel et intégral » et « théorie des fonctions » sont en effet surreprésentées dans les classifications attribuées aux publications du *Journal*, en regard de l'ensemble des publications recensées par le *Jahrbuch*, tout comme de l'ensemble des publications de langue française. Le poids de l'analyse, déjà considérable sous Liouville (Verdier 2009*b*, 236–239), se présente comme une orientation thématique du *Journal* sur le temps long.

Afin de préciser ces observations, comparons à présent les classifications données par le *Jahrbuch* aux publications du *Journal* à celles de certains de ses homologues étrangers, le *Journal für die reine und angewandte Mathematik*, les

JMPA
I. Geschichte und Philosophie.
2 %
XII. Geodäsie und Astronomie
2 %
XI. Mathematische Physik
8 %
II. Algebra
10 %
III. Arithmetik
7 %
IV Combinationslehre
1 %
V. Reihen
3 %
VI. Differential- und Integralrechnung
17 %
VII. Functionentheorie.
19 %
VIII. Reine Geometrie
1 %
IX. Analytische Geometrie
9 %
X. Mechanik
19 %

Jahrbuch
I. Geschichte und Philosophie.
12 %
XII. Geodäsie und Astronomie
5 %
XI. Mathematische Physik
14 %
II. Algebra
7 %
VI. Differential-
VII. Functionentheorie.
7 %
VIII. Reine Geometrie
14 %
IX. Analytische Geometrie
12 %
X. Mechanik
10 %

Langue française
I. Geschichte und Philosophie.
9 %
XII. Geodäsie und Astronomie
4 %
XI. Mathematische Physik
13 %
II. Algebra
6 %
III. Arithmetik
6 %
IV Combinationslehre
3 %
V. Reihen
3 %
VI. Differential- und Integralrechnung
10 %
VII. Functionentheorie.
9 %
VIII. Reine Geometrie
12 %
IX. Analytische Geometrie
16 %
X. Mechanik
11 %

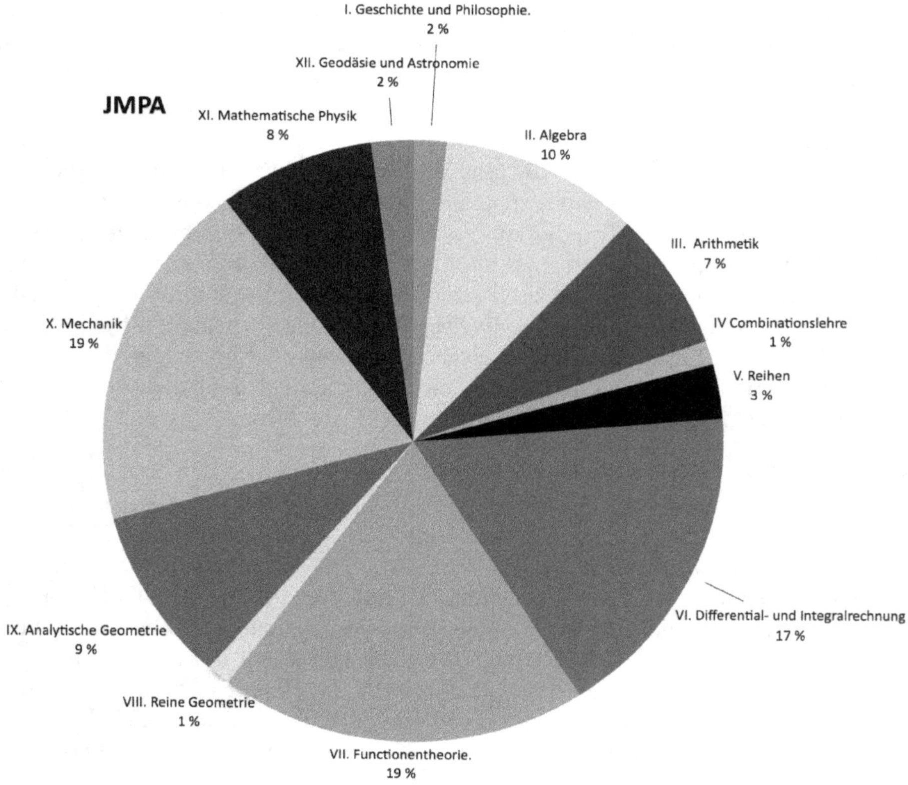

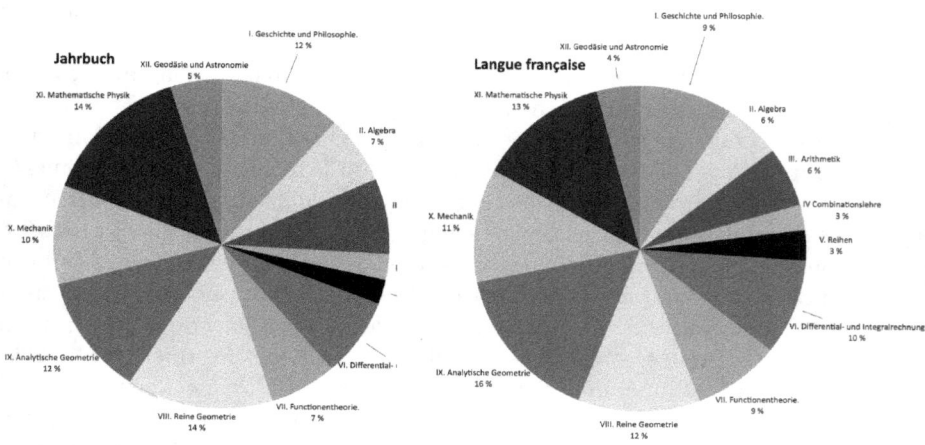

Un journal de « rang élevé » : le *Journal de mathématiques pures et appliquées*

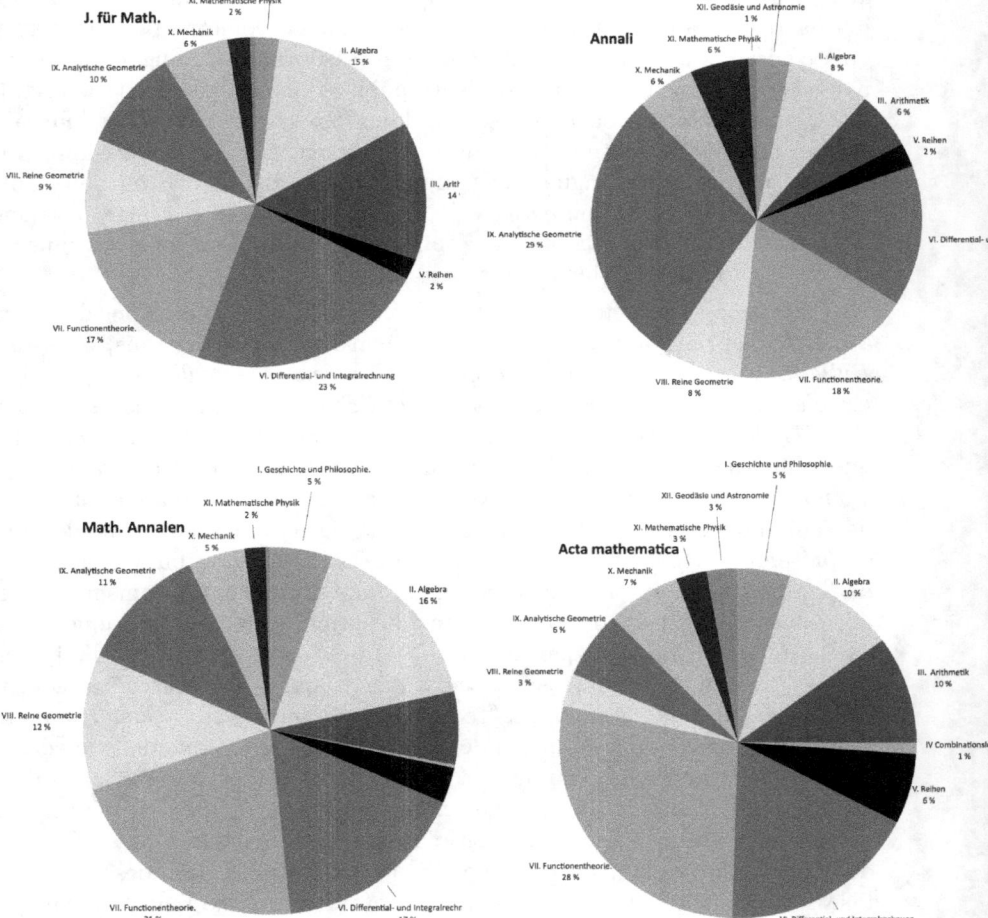

Annali di matematica pura ed applicata, *Mathematische Annalen* et *Acta mathematica*. Ces cinq publications présentent toutes une forte surreprésentation des sections « calcul différentiel et intégral ». A l'exception du journal italien, ces périodiques présentent par ailleurs des proportions de publications classées en algèbre et arithmétique significativement supérieures à la moyenne et d'un ordre comparable, bien que ces deux sections thématiques aient un poids un peu plus important dans le journal de Crelle. Le poids moyen de la section géométrie analytique est un autre point commun entre les deux journaux allemands et le journal de Jordan, tandis que la quasi absence de la géométrie pure n'est propre qu'à ce dernier et aux *Acta mathematica*. Les *Annali* se distinguent à l'inverse par la proportion importante de leurs publications de géométrie analytique. La surreprésentation de l'analyse est donc loin d'être propre au journal de Jordan mais se présente au contraire comme une norme partagée tandis que chaque journal se distingue par l'importance donnée à une ou deux autres thématiques. Dans ce contexte, le journal de Jordan se distingue nettement par l'importance qu'il accorde aux applications, notamment en mécanique mais aussi à la physique mathématique.

Comparons à présent, la distribution thématique des recensions du *Journal* à celle des principaux autres journaux mathématiques français, à savoir le *Bulletin de la société mathématique de France*, les *Annales scientifiques de l'École normale supérieure*, le *Journal de l'École polytechnique*, les *Nouvelles annales de mathématiques* et le *Journal de mathématiques spéciales*, ainsi que d'un journal pluridisciplinaire mais central sur la scène française, les *Comptes rendus de l'Académie des sciences*. Il faut tout d'abord noter que, de l'ensemble de ces publications, celle de la Société mathématique de France se présente nettement comme la plus proche de la distribution thématique de l'ensemble des publications de langue française, situation qui manifeste le positionnement ouvert de cette société à l'ensemble des mathématiques[17], tout en marquant davantage que le journal de Jordan une frontière disciplinaire avec la physique. Il faut ensuite remarquer la quasi-absence de la géométrie pure dans la classification des recensions des notes aux *Comptes rendus*, situation qui indique la faiblesse de cette section thématique dans le contexte des mathématiques académiques en France. La place attribuée à la géométrie pure par les différents journaux de mathématiques français se présente ainsi comme un indicateur de leur positionnement académique : presque absente du journal de Jordan, de celui de l'École polytechnique et des *Annales* de l'ENS, la géométrie pure se présente au contraire comme l'un des principaux sujets de publication des périodiques fortement liés à l'enseignement des classes préparatoires. La place accordée à la géométrie analytique suit elle aussi un gradient des publications académiques aux périodiques d'enseignement, deux catégories arbitrées par la scène de la Société mathématique de France tandis

---

17. Voir à ce sujet (Gispert 1991) et (Gispert 2015).

Un journal de « rang élevé » : le *Journal de mathématiques pures et appliquées*   809

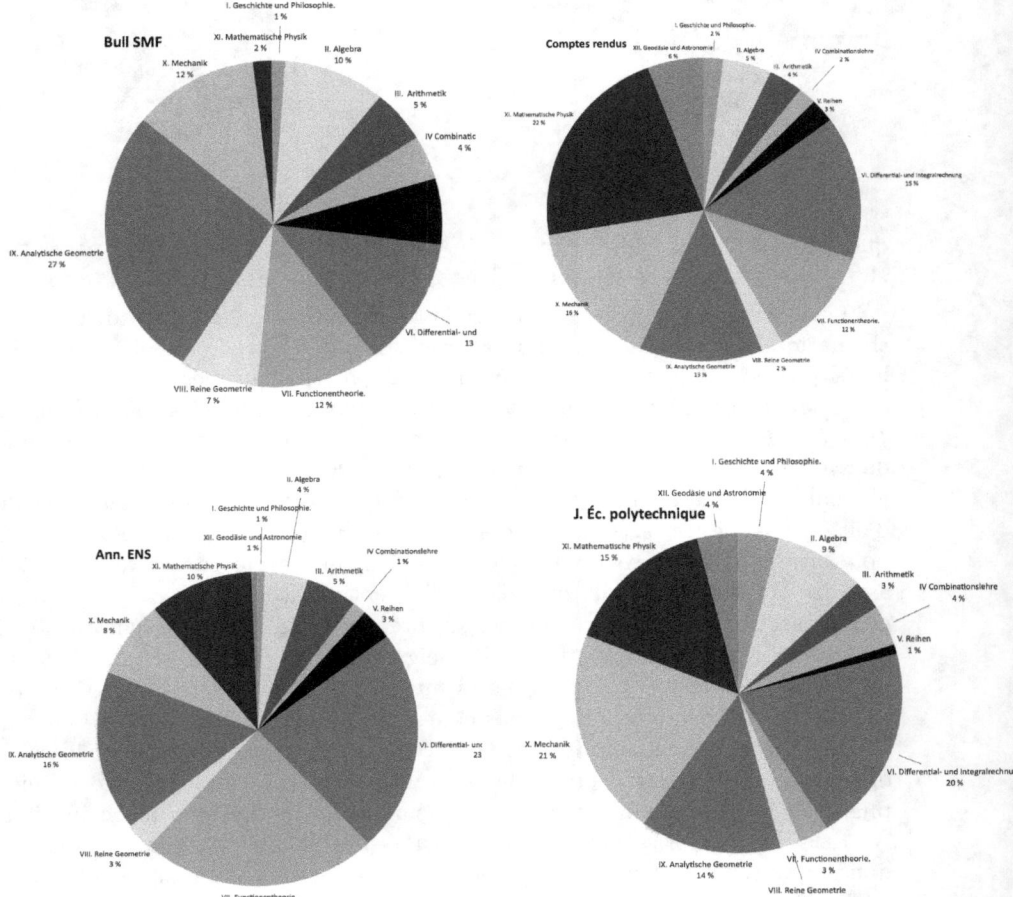

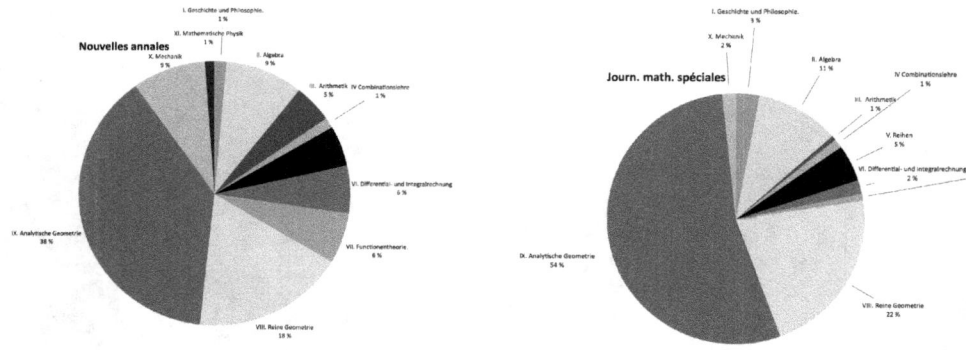

que l'examen de la représentation du calcul différentiel et intégral permet de classer les périodiques selon un même gradient, mais dans un ordre inverse.

La place de la géométrie et du calcul différentiel au sein de la distribution thématique de chaque périodique permet ainsi de situer ces derniers selon leurs positionnements entre deux pôles de mathématiques académiques et d'enseignement. Bordé d'un côté par les *Comptes rendus*, de l'autre par le *Bulletin de la société mathématique de France*, le groupe des périodiques davantage tourné vers des mathématiques académiques est ainsi constitué du journal de Jordan ainsi que des titres des deux principales grandes écoles d'enseignement des sciences mathématiques. Il faut cependant noter que ce pôle académique ne se distingue pas seulement par le caractère plus élevé associé traditionnellement au calcul différentiel en France en regard de la géométrie, de l'arithmétique ou de l'algèbre, ces trois disciplines faisant depuis le début du XIXe siècle l'objet de l'enseignement préparatoire, à la différence de l'analyse, réservée aux plus hauts niveaux d'étude offerts notamment par l'École polytechnique et l'École normale supérieure. En effet, à la différence du caractère presque continu du gradient constitué par la géométrie et le calcul différentiel, une autre section thématique permet de distinguer de manière plus franche le groupe des revues académiques : la physique mathématique. Au delà de la valorisation de mathématiques considérées comme plus élevées dans le système institutionnel français, le groupe des journaux académiques se caractérise ainsi par la moindre autonomie donnée aux mathématiques au sein des sciences, notamment en regard de la physique, suivant en cela une tradition académique ancienne, à la différence de la dynamique disciplinaire portée par la Société mathématique de France (et bien entendu par son homologue, la Société française de physique), tout comme de l'autonomisation des mathématiques comme discipline scolaire que manifeste le positionnement éditorial du *Journal de mathématiques spéciales* et, dans une moindre mesure, des *Nouvelles annales*.

L'importance du calcul différentiel, la quasi-absence de la géométrie pure et l'ouverture à la physique caractérisent ainsi le groupe des trois journaux de mathématiques les plus tournés vers un positionnement académique. Dans ce contexte, les périodiques des deux grandes écoles, l'ENS et Polytechnique, se distinguent par la place accordée à la théorie des fonctions, dominante pour le premier, presque inexistante dans le second, ainsi qu'à la mécanique, très forte à l'École polytechnique mais au contraire sous-représentée à l'École normale. La distribution thématique des publications du journal de Jordan se présente comme un exact milieu entre les périodiques des deux écoles. Ce titre se distingue en effet sur la scène française et dans le champ académique par l'importance qu'il donne à la fois à la théorie des fonctions et à la mécanique. Comme nous l'avons vu plus haut en comparant le journal de Jordan à ses homologues étrangers, la place importante accordée à la théorie des fonctions est une norme pour ces périodiques tandis que la part accordée aux applications, et notamment à la mécanique, distingue quant à elle fortement le journal de Jordan. Cet élément distinctif peut ainsi s'interpréter comme une projection, au sein de l'espace de circulation international constitué par des périodiques spécialisés à vocation académique, d'une spécificité de la place occupée par le journal sur la scène éditoriale française de par ses liens avec deux institutions traditionnelles des sciences mathématiques : l'Académie des sciences et l'École polytechnique.

Nous étudierons plus avant ce jeu entre le national et l'international dans la stratégie éditoriale de Jordan dans la troisième partie de cet article. Nous proposons auparavant de compléter notre étude prosopographique par une analyse micro historique du fonctionnement du *Journal* à l'appui de la correspondance de son rédacteur.

3 Le journal lu par son rédacteur

Les échanges épistolaires relatifs à la rédaction du *Journal* représentent une part importante de la correspondance scientifique de Jordan conservée à l'École polytechnique. Ces échanges ne constituent cependant que des sources très partielles sur le fonctionnement éditorial du *Journal* : ils ne portent ainsi que sur la période 1885-1897 et ne documentent que moins d'un quart des contributions publiées durant cette période. Les contributeurs étrangers y sont par ailleurs surreprésentés tandis que les membres du comité de rédaction, tous parisiens et dont la majorité se retrouve lors des séances hebdomadaires de l'Académie des sciences, en sont absents. Les rares échanges épistolaires liés à des contributions françaises sont dus à des correspondants en poste en province, tels que Willotte, directeur des travaux hydrauliques à Lorient, Borel, alors maître de conférences à Lille et Maillet, alors ingénieur des ponts et chaussées affecté au service de la navigation de la Garonne, ou à des contributeurs éloignés des cercles académiques, tel que l'abbé Pépin rédacteur en chef du journal jésuite *Études*. Significativement, le seul contributeur parisien figurant avec

Pépin dans la correspondance, Jablonski, écrit à Jordan après s'être présenté sans succès à son domicile. Plusieurs sources épistolaires indiquent en effet que Jordan recevait régulièrement des interlocuteurs, parisiens, provinciaux ou étrangers, souhaitant discuter de leurs travaux et d'une éventuelle publication dans son journal. Bien que présentant des sources fragmentaires sur une étendue temporelle limitée, nous verrons que la correspondance de Jordan apporte néanmoins des éclairages sur la réorientation donnée par ce dernier aux fonctionnement éditorial de son journal.

3.1 Le contexte de la prise de direction du *Journal* par Jordan

Peu après sa nomination à la direction du *Journal* en 1875, Résal prie Jordan « de vouloir bien me venir en aide dans la publication pour l'examen de mémoires relatifs à votre spécialité émanant de personnes peu connues dans le monde scientifique [...][18] ». L'arrangement prévoit l'offre par Gauthier-Villars de chaque cahier dès sa parution, d'un volume cartonné en fin de chaque année, ainsi que de la remise de cent exemplaires de tirés à part pour chaque mémoire publié par Jordan dans le *Journal*. Une liste de noms griffonnée sur la lettre de Résal semble indiquer que la même offre aurait été faite en direction de Laguerre et Mannheim, constituant ainsi une sorte de comité de rédaction informel.

À cette époque, Jordan exerce toujours une fonction d'ingénieur mais commence à voir porter les fruits de son ambition de mener une carrière académique. Il avait affirmé une telle vocation peu après sa sortie de l'École polytechnique, par la soutenance de deux thèses à la faculté des sciences de Paris en 1860, suivies de nombreuses candidatures malheureuses au Grand prix des sciences mathématiques de l'Académie (Brechenmacher 2016). Son affectation par le corps des mines dans la capitale en 1867 avait permis à Jordan de conquérir les faveurs de Joseph Bertrand, l'un des grands patrons des mathématiques parisiennes (Zerner 1991). Ce dernier avait initié la reconnaissance académique des travaux de Jordan en attribuant un encouragement à sa candidature pour le Grand prix de 1864, lui ouvrant ainsi les pages des *Comptes rendus* puis celles du journal de Liouville, dont Jordan était devenu l'un des principaux contributeurs de la fin des années 1860 au milieu des années 1870. Peu après sa prise de fonction, Résal compte ainsi sur des contributions de Jordan pour boucler deux de ses premiers cahiers[19]. Mais c'est surtout l'obtention du prix Poncelet pour son *Traité des substitutions et des équations algébriques* de 1870 qui a mis Jordan sur la voie d'une carrière académique : ce dernier postule ainsi à l'Académie dès 1872, puis à nouveau en 1874, avant d'être élu à la suite du décès de Michel Chasles en 1881. Ces candidatures, qui vont de pair avec des contributions nombreuses au *Journal*, font de Jordan un collaborateur naturel de Résal en 1875, tout comme Laguerre et Mannheim, autres polytechniciens en lice pour l'Académie et grands contributeurs du périodique à cette époque, tandis que le normalien

---

18. Résal à Jordan, 19/3/1875 (EP, VI2A2(1855), n° 42).
19. Résal à Jordan, 25/1/1875 (EP, VI2A2(1855), n° 41).

Darboux, quatrième aspirant à l'Académie et lui aussi contributeur régulier au *Journal*, se trouve à la tête d'un périodique mathématique depuis 1870, le *Bulletin des sciences mathématiques et astronomiques*[20].

L'offre de Résal à participer à la rédaction du *Journal* intervient ainsi au début de l'ascension académique de Jordan. Après avoir été nommé examinateur à l'École polytechnique en 1873, ce dernier succède à Hermite dans la chaire de professeur d'analyse de cette école en 1876, avant d'être élu à l'Académie en 1881. Selon une confidence faite à Halphen, Jordan semble alors déterminé à « recueillir l'héritage de Liouville[21] » : il succèdera effectivement à ce dernier au Collège de France en 1883 avant de prendre à son tour la direction du *Journal* en 1885. L'éviction de Résal se profile dès le décès de Liouville en septembre 1882, la disparition de ce dernier remettant en cause le legs de son journal à « un successeur qui paraît le laisser déchoir » (Hermite & Mittag-Leffler 1984, 225 (16/9/1882)), comme le formule Hermite peu après que Gauthier-Villars l'ait approché afin de sonder son éventuel intérêt à reprendre la direction du *Journal*. La décision du départ de Résal est scellée à l'automne 1883. Hermite l'interprète comme une conséquence de la nouvelle concurrence faite au *Journal* par les *Acta mathematica*, fondés par Gösta Mittag-Leffler un an plus tôt, et qui attirent alors par son intermédiaire les contributeurs français les plus renommés comme les plus prometteurs (Hermite & Mittag-Leffler 1984, 225 (4/11/1883)). Le rôle joué par cette concurrence est indéniable et nous verrons que cette dernière marquera profondément la stratégie éditoriale mise en œuvre par Jordan. En mars 1884, l'éditeur lui-même confie au chimiste Jean-Baptiste Dumas, secrétaire perpétuel de l'Académie pour les sciences physiques, son découragement face au détournement par Hermite de la « pléiade de nos jeunes géomètres » vers le journal suédois, appelant ainsi l'Académie à son aide face à la menace de disparition du *Journal* (Verdier 2009b, 405). Il faut cependant nuancer l'exclusivité du rôle qu'aurait joué le succès des *Acta* dans l'éviction de Résal : la décennie dirigée par ce dernier se distingue en effet par une ouverture à une population de contributeurs différente des celles des périodes antérieures et postérieures, marquée par un nombre important d'acteurs publiant très peu dans les journaux mathématiques, dont de nombreux ingénieurs davantage investis dans des revues techniques ainsi que des auteurs ne bénéficiant pas de légitimité académique (Verdier 2009b, 395) ou encore par un rapprochement inhabituel avec les *Nouvelles annales* comme nous l'avons vu dans la première partie. Bertrand, secrétaire perpétuel de l'Académie pour les sciences mathématiques depuis 1874 et principal protecteur de Jordan comme nous l'avons évoqué plus haut, en dénoncera en 1884 la « faiblesse » des

---

20. On pourra consulter à ce sujet (Croizat 2016). La manière dont Darboux relate à Hoüel en février 1875 les coulisses de la nomination de Résal montre le rôle actif joué par l'éditeur pour évincer Liouville au profit d'un « syndicat » de « polytechniciens de deux liards comme Résal », dans lequel Darboux voit un « complot polytechnique au sujet du journal de Liouville » (Verdier 2009b, 393–394).

21. Halphen à Jordan, 20/9/1882 (EP, VI2A2(1855), n° 52).

contributions dans une lettre à Dumas (Verdier 2009b, 405). La succession est arrangée au début de l'année 1884 ; Hermite le rapporte en ces termes (Hermite & Mittag-Leffler 1985, 80 (27/1/1884)) :

> J'ai à vous faire part d'un évènement dont j'ai eu dernièrement connaissance par Picard qui est plus au courant que moi de ce qui se dit et de ce qu'on fait. Mr Bertrand et Mr Gauthier-Villars, maintenant amis d'ennemis qu'ils étaient, ont arrangé de donner un successeur à Mr Résal, et c'est Mr Camille Jordan qui va prendre la direction de l'ancien journal de Liouville.

Durant ses deux premières années en tant que rédacteur, Jordan usera toujours du nom de « journal de Liouville » pour désigner le périodique envers ses correspondants. À partir de 1887, il s'y réfère désormais comme « mon journal[22] ».

3.2 Le comité de rédaction

Le premier acte du nouveau rédacteur lors de sa prise de responsabilité au 1er janvier 1885 est la formation d'un comité de rédaction qui, contrairement au cercle informel désigné par Résal en 1875 ou aux collaborateurs qui avaient pu jouer un rôle actif dans la rédaction du périodique sous Liouville, se voit doter d'une existence officielle et d'une composition publique, annoncée par un éditorial et reportée sur la couverture de chaque cahier du *Journal*. De tels comités avaient déjà fait leur apparition à partir de la fin des années 1850 dans les principaux homologues étrangers du *Journal*, à commencer par le journal de Crelle en 1856, suivi des *Annali* en 1858 puis des *Mathematische Annalen* en 1872.

Le comité de Jordan est initialement composé du cercle constitué par Résal, à savoir, outre Résal lui-même, Laguerre et Mannheim, complété de trois nouveaux entrants, Halphen, Lévy et Picard, qui seront rejoints par Poincaré dès 1888, soit un an après l'élection de ce dernier à l'Académie des sciences. Tous les membres du comité sont en effet académiciens, à l'exception temporaire de Picard, élu à l'Académie en 1889, ainsi que de Mannheim, en lice depuis les années 1870 pour une élection à l'Institut mais dont les candidatures seront contrariées par Jordan après l'élection de ce dernier contre Mannheim en 1881. L'opposition active et répétée aux candidatures de Mannheim, dont Jordan fustige les « relations sociales » face aux « titres » scientifiques des candidats successifs – Laguerre, Halphen, Poincaré et Picard – et par conséquent à l'« l'intérêt de la section » de géométrie[23], conduit à supposer que Mannheim n'a été inclus dans le comité de 1885 que par sa qualité de collaborateur de Résal. Tous les membres du comité de rédaction sont par ailleurs polytechniciens, à l'exception, à nouveau et cette fois définitive, de Picard. La présence de ce

---

22. La première occurence que nous avons pu relever pour une telle désignation date d'une lettre à Sylow de 1887 tandis que dans le courrier qu'il avait adressé à ce dernier en 1885 pour l'inviter à adresser une contribution, Jordan se référait encore au journal de Liouville (EP, VI2A2(1855), n° 88 & 118).

23. Jordan à Barré de Saint-Venant, 6/5/1885 (EP, VI2A2(1855), n° 53).

dernier dans le comité peut être due au souhait d'Hermite, dont Picard est alors le principal protégé. Avec Darboux qui dirige son propre périodique depuis 1870 et devient par ailleurs secrétaire des *Annales* de l'ENS cette même année 1885, Hermite est en effet l'un des seuls membres de la section de géométrie à ne pas figurer dans la rédaction du *Journal*. Nous verrons plus loin que ce dernier exerce néanmoins sur le périodique une fonction de patronage et une influence notable durant les premières années de sa direction par Jordan.

L'évolution du comité est davantage marquée par les décès de ses membres inauguraux que par l'entrée de nouveaux collaborateurs. Comme l'écrivait Jordan dans son éditorial de 1885 : « aussi longtemps que le bienveillant concours qui nous a été promis ne nous fera pas défaut nous pourrons en effet maintenir au *journal de Liouville* le rang élevé qu'il occupe dans les Sciences depuis un demi-siècle » (Jordan 1885, 7). En 1888, la nomination de Poincaré avait initialement compensé le décès de Laguerre en 1886, tandis que ceux d'Halphen en 1889, puis de Résal en 1896, ne seront que partiellement compensés par l'entrée d'Humbert en 1905, peu après son élection à l'Académie en 1901 ; les décès de Mannheim en 1906, Lévy en 1910 et Poincaré en 1912, ne donneront quant à eux pas lieu à de nouvelle entrée avant 1918, si bien que le comité se trouve réduit à trois membres entre 1912 et 1918. Il se stabilisera à cet effectif par la suite : après les décès d'Humbert en 1921 et de Jordan en 1922, la rédaction du *Journal* se poursuivra sous la direction de Villat avec la seule collaboration de Picard et de Montessus de Ballore. L'entrée au comité de ce dernier en 1918, suivie de celle de Villat en 1921 annonce une nouvelle époque, aucun n'étant polytechnicien, ni académicien, ni titulaire d'une position à Paris. Comme nous l'avons vu dans la première partie, ce renouvellement tardif du comité est cependant cohérent avec celle de la population des contributeurs du *Journal* au début du XXe siècle.

La formation d'un comité de rédaction est ainsi un acte inaugural qui marquera fortement la première période de direction du journal par Jordan, de 1885 à 1905. En effet, celle-ci se distingue par la présence d'un groupe de grands contributeurs, majoritairement constitué de la nouvelle génération élue à l'Académie des sciences dans les années 1880, principalement dans la section de géométrie mais avec une contribution active de certains membres de la section de mécanique. La présence de Maurice Lévy dans le comité tient certainement à la volonté d'y inclure un représentant, autre que Résal, de cette section, à laquelle Lévy a été élu en 1883 avec le soutien de Jordan, Mais le comité de rédaction de Jordan signale surtout une reprise en main du journal de Liouville par la section de géométrie de l'Académie des sciences.

3.3 Le patronage initial de Charles Hermite

Le patronage est un autre type de collaboration auquel recourt temporairement le nouveau rédacteur. La période Jordan s'ouvre en effet sous le patronage d'Hermite dont une courte note de trois pages sur les fonctions holomorphes inaugure le premier fascicule.

L'enjeu de garantir la collaboration d'Hermite est d'importance tant ce dernier a tenu une part active dans le lancement des *Acta mathematica* en 1882[24], dont nous avons vu que le succès a scellé le sort de Résal moins de deux ans plus tard : « Le *Journal* de Mr Résal m'a-t-on dit touche à sa fin, et c'est au succès des *Acta* qui n'est cependant pas suffisant encore, qu'on l'attribue, tous les travaux intéressants partant en Suède, de sorte qu'il ne publie que les mémoires extrêmement médiocres »(Hermite & Mittag-Leffler 1984, 226 (4/11/1883)).

Mais l'ouverture de l'ère Jordan par Hermite joue aussi un rôle symbolique de continuité par rapport à la grande époque du journal de Liouville : la courte publication de 1885 est non seulement la première de la période Jordan mais aussi le dernier travail publié par Hermite dans un journal dont il avait été un contributeur régulier de la fin des années 1840 au début des années 1860. Cette note peut notamment s'interpréter comme exprimant la conciliation d'antagonismes anciens, mettant d'une part fin au caractère polémique de « journal de protestations » qu'avait pris le périodique sous Résal (Verdier 2009*b*, 397), et d'autre part à l'abandon du *Journal* par l'Académie après que ses grands contributeurs des années 1840-1850 y aient été élus. Le remplissage du comité de rédaction par la nouvelle garde de la section de géométrie affirme ainsi une nouvelle union sous le patronage d'Hermite, devenu un patron naturel pour la section de géométrie après l'élection de Bertrand comme secrétaire perpétuel en 1874, puis le décès de Chasles en 1880.

Ce patronage s'exerce également par l'autorité académique que reconnaît Jordan à son aîné dans les années 1880, comme le manifeste l'entreprise de publication de deux mémoires issus de manuscrits inachevés d'Halphen peu après le décès de ce dernier en 1889. Devant le souhait d'Henri-Charles Aron, beau père du mathématicien, de rendre hommage à la « mémoire de son regretté gendre », Jordan suggère à ce dernier de recueillir dans un premier temps l'accord d'Hermite[25], probablement afin d'éviter de préempter des travaux dont la publication devrait revenir à l'édition des œuvres d'Halphen par l'Académie. Hermite ne se contente alors pas de donner son accord mais désigne également son ami Stieltjes comme responsable de l'édition de deux contributions issues des manuscrits d'Halphen[26].

Le patronage d'Hermite vient enfin affirmer la vocation internationale du *Journal*, celui-ci étant un grand contributeur de nombreux périodiques étrangers, notamment le journal de Crelle. Son rôle à cet égard est loin de se limiter à une fonction symbolique. Hermite exerce au contraire une influence directe sur les contributions allemandes au *Journal*. Durant les deux premières

---

24. Au sujet de la création et de l'édition des *Acta* par Mittag-Leffler, voir (Barrow-Green 2002).
25. Aron à Jordan, 20/7/1889 (EP, VI2A2(1855), n° 125).
26. Stieltjes à Jordan, 23/9/1889 (EP, VI2A2(1855), n° 126).

années de direction par Jordan, il incite activement le rédacteur à faire publier des traductions de travaux de ses correspondants, à savoir Karl Weierstrass, Rudolf Lipschitz et Martin Krause. Nous y reviendrons plus loin. Sur une période un peu plus longue, de 1885 à 1889, Hermite incite également ses correspondants étrangers à lui adresser des contributions originales en français. La première proposition de ce type intervient le 29 août 1885 par une lettre dans laquelle Hermite enjoint Jordan à faire publier un travail que lui a adressé Paul Gordan[27] :

> J'ai reçu de Mr Gordan dont vous connaissez le beau talent mathématique une communication d'une grande importance concernant la résolution de l'équation générale du 5e degré, par les fonctions elliptiques. L'auteur emploie, non l'équation dont j'ai fait usage, mais celle de Brioschi et Kronecker [...]. C'est là un résultat algébrique extrêmement beau et important ; j'ai pensé qu'il ne vous déplairait point de le publier dans votre Journal, et après avoir été informé par Mr Gordan que votre recueil a pour lui la préférence sur tous les autres journaux mathématiques, je prends la liberté de vous adresser ci-jointe, la lettre de l'éminent géomètre.

Outre la contribution de Gordan, le réseau des correspondants d'Hermite donnera lieu à la publication d'un travail de David Hilbert en 1887, initialement adressé à Hermite au printemps de cette année[28], d'un mémoire de Caspary, à nouveau publié sous la forme d'une lettre à Hermite en 1888, puis de deux contributions de Stieltjes en 1889.

La correspondance entre Stieltjes et Hermite apporte un éclairage sur le rôle de patronage joué dans les années 1880 par ce dernier sur les principaux titres de la presse mathématique savante en France. Les sollicitations de contributeurs ne se limitent en effet pas au journal de Jordan mais portent également sur les deux journaux dirigés par Darboux, le *Bulletin des sciences mathématiques* et les *Annales de l'École normale supérieure* (Hermite & Stieltjes 1905, 260–261 (4/9/1892)).

Plus précisément, le journal de Jordan et les annales de Darboux sont systématiquement mentionnés ensemble dans les échanges avec Stieltjes entre 1887 et 1892 (Hermite & Stieltjes 1905, 220 (11/3/1887)), tandis qu'Hermite oriente d'autres correspondants plus spécifiquement vers l'un ou l'autre de ces périodiques. Dans le cas du journal de Jordan, Hermite anticipe auprès de ses correspondants l'accueil qui sera fait à leurs contributions par le rédacteur, contraignant ainsi ce dernier à suivre ses recommandations, tandis qu'il recueille souvent au préalable l'avis de Darboux, qu'il fréquente plus régulièrement et favorise dans ses relations. Mais le fait qu'Hermite se permette d'anticiper l'accord de Jordan, dont il ne doute jamais que ce dernier « sera enchanté » de ses propositions de publications, peut aussi s'interpréter comme une déclinaison spécifique de l'ouverture sans condition des pages du *Journal* aux contributions des membres de la section de la géométrie : comme nous allons le voir, les contributions initiées par Hermite viennent en effet se substituer à des publications de sa propre main.

---

27. Hermite à Jordan, 29/8/1885 (EP, VI2A2(1855), n° 73).
28. Hilbert à Hermite, 11/5/1887 (EP, VI2A2(1855), n° 116).

La première contribution adressée par Stieltjes à Jordan en juin 1889 trouve ainsi son origine dans l'insistance du rédacteur à solliciter une nouvelle contribution d'Hermite : « À la séance d'hier de l'Académie, M. Camille Jordan est venu me demander un article pour son journal en y mettant tant d'insistances qu'il ne m'a pas été possible de refuser ; mais, pour tenir l'engagement qu'il m'a fallu prendre, permettez-moi d'invoquer votre assistance » (Hermite & Stieltjes 1905, 252–253 (16/10/1888)). Ce dernier envisage dans un premier temps de mettre en scène une correspondance factice avec Stieltjes sur la base du dernier résultat que lui avait communiqué ce dernier quelques jours auparavant. Identifiant à cette occasion une erreur dans son résultat, Stieltjes s'engage à y substituer le développement d'une note qu'il avait présentée aux *Comptes rendus* en 1882, priant Hermite de « recommander ce travail à la bienveillance de M. Jordan » (Hermite & Stieltjes 1905, 254–255 (17/10/1888)), ce que ce dernier s'empresse de faire, assurant au rédacteur « que rien au monde ne pourra lui être plus agréable que d'avoir à sa disposition un travail important » (Hermite & Stieltjes 1905, 259–260 (19/10/1888)).

Lorsque Jordan réitèrera ses sollicitations auprès d'Hermite, ce dernier incitera à nouveau Stieltjes à publier ses récents travaux donnant une nouvelle déduction de la formule de Stirling sur le développement de $log\Gamma(x)$: « permettez-moi de vous demander où vous comptez publier ce que vous venez d'obtenir. M. Darboux serait très content d'en enrichir les *Annales de l'École normale*, et M. Camille Jordan vous bénirait de lui fournir de la matière pour son journal qui en a manqué dans ces derniers temps »(Hermite & Stieltjes 1905, 331). Comme nous le verrons plus loin, Jordan est à cette époque inflexible envers plusieurs de ses contributeurs dont il considère les textes trop longs. La remarque d'Hermite quant aux difficultés que rencontreraient le rédacteur à remplir son journal doit donc être envisagée de manière critique ; elle vise, une fois de plus, à substituer une contribution de Stieltjes à une nouvelle promesse de publication faite à Jordan : « je devais lui fournir un article sur la valeur asymptotique de $Q(a)$, mais mille occupations m'ont détourné de le rédiger, et ensuite je me suis trouvé dans une disposition peu favorable pour le travail, ayant éprouvé comme une sorte d'aversion pour l'Analyse qui me rendait tout effort comme impossible »(Hermite & Stieltjes 1905, 332).

Le patronage d'Hermite s'exerce ainsi sur le *Journal* en substituant des travaux de ses correspondants étrangers à ses propres contributions. Il se trouve à l'origine de près de la moitié des contributions étrangères sur la période 1885-1895. L'empreinte d'Hermite sur le journal de Jordan présente par conséquent un bilan quantitatif du même ordre que celle des autres grands contributeurs de la section de géométrie, avec au moins huit contributions directement initiées par Hermite en complément de sa propre note de 1885. Cette situation met en évidence que le rôle joué par Hermite dans le *Journal* à cette époque résulte moins d'un choix que de sa relation avec le rédacteur du périodique. C'est en effet Jordan qui, dès septembre 1884, cherche activement à inscrire sa prise de direction prochaine sous le signe d'une publication d'Hermite, ce dont ce dernier s'excuse auprès de Mittag-Leffler à qui il avait réservé ses travaux depuis la fondation des *Acta* : « Mr Camille Jordan, qui prend la direction du *Journal des Mathématiques* m'a mis le couteau sur la gorge pour lui donner un article, destiné à paraître dans le premier numéro » (Hermite & Mittag-Leffler 1984, 93 (2/9/1884)). Si Hermite consent alors à offrir au *Journal* une note de trois pages, il répondra de 1885 à 1889 aux nouvelles sollicitations de Jordan en mobilisant son réseau de correspondants, comme il l'avait déjà fait depuis 1882 à destination des *Acta*, et en grande partie avec les mêmes auteurs, mais en distribuant désormais les contributions de ses correspondants entre les journaux de Jordan, Darboux et Mittag-Leffler, tandis qu'il s'engage par des papiers signés de sa main à la réussite des *Annales* de Stieltjes à Toulouse.

Comme nous le verrons plus loin, Jordan s'émancipera rapidement de ce patronage qu'il a initié sans pour autant en anticiper les conséquences. Il se montrera ainsi réservé dès le deuxième projet de traduction initié par Hermite en 1886 et s'opposera à accueillir dans ses pages toute traduction d'un travail déjà publié ailleurs dès 1887.

3.4 Le fonctionnement éditorial du *Journal*

La correspondance de Jordan permet de restituer certains aspects du fonctionnement du *Journal*. Dès la prise de fonction du nouveau rédacteur, la périodicité de parution des cahiers devient trimestrielle tandis qu'elle était mensuelle depuis la création du journal par Liouville (Jordan 1885, 8). Certains échanges indiquent des retards de publication dont Jordan attribue la responsabilité à l'éditeur comme au délai pris par certains auteurs pour renvoyer leurs épreuves, mais dont le rattrapage est toujours un enjeu important.

La capacité du *Journal* à assurer une publication rapide à ses contributeurs est en effet un enjeu pour le rédacteur face à la concurrence portée par de nouveaux titres tels que les *Acta*, dont la rapidité de publication avait été directement associée par Gauthier-Villars à son attractivité pour la « pléiade » constituée par Poincaré, Halphen et Picard (Verdier 2009b, 405). Presque toutes les contributions documentées par la correspondance de Jordan sont ainsi publiées dans le cahier à venir, soit dans un délai maximal de trois mois, seule la mise sous presse d'un cahier étant susceptible d'orienter l'arrivée d'une contribution vers le cahier suivant. Les contributeurs semblent s'attendre à une réponse sous un délai de quatre semaines quant à l'acceptation ou non de leurs soumissions. L'enjeu de la rapidité dans la circulation des résultats tient bien entendu à celui de l'établissement de la priorité des contributeurs. Il implique très souvent une articulation entre le journal de Jordan et les *Comptes rendus* : en tant que membre de l'Institut, Jordan est ainsi également sollicité par ses correspondants pour présenter des notes à l'Académie. Les *Comptes rendus* permettent aux savants de communiquer en moins d'une semaine leurs principaux résultats[29], avant de développer ces derniers en des mémoires plus conséquents contenant notamment les démonstrations mais également des enjeux de méthode, de développement théorique et d'articulation avec des applications. Le *Journal* figurant parmi les périodiques susceptibles d'accueillir de tels développements, sa position éditoriale se définit par un délai de publication intermédiaire entre les quelques jours nécessaires à la présentation d'une note à l'Académie et le délai de plusieurs années bien souvent impliqué par la publication de mémoires par les académies européennes. La rapidité de publication est par conséquent un enjeu de concurrence entre périodiques, comme le manifeste notamment le retrait, après quatre semaines, d'une soumission adressée au *Journal* au profit des *Acta mathematica*[30]. Cet enjeu peut également impliquer le délai de disponibilité de tirés à part, lui aussi motif de concurrence entre le journal de Jordan et celui de Mittag-Leffler[31].

Après acceptation par Jordan, les mémoires sont envoyés à Gauthier-Villars qui en assure la composition, en imprime de premières épreuves qu'il adresse directement aux auteurs, reçoit les éventuelles corrections de ces derniers[32], puis imprime la version définitive du cahier ainsi que des tirages séparés de chaque mémoire qui pourront être remis à chaque auteur sous forme de tirés à part. Le nombre de tirés à part remis gracieusement par l'éditeur n'est documenté précisément que pour les contributeurs sollicités par Jordan : il s'élève dans ce cas à cent exemplaires et se présente comme un argument incitatif à contribuer au *Journal*. Les tirés à part sont une préoccupation commune aux correspondants de Jordan, la plupart des auteurs de soumissions souhaitant connaître le nombre de tirages qui leur sera remis gracieusement dès leur première prise de contact avec le rédacteur, certains indiquant le nombre qu'ils souhaiteraient recevoir – jamais moins de 25 – et proposant de prendre à leur charge une partie des frais d'impression. Les contributeurs comptent en effet sur ces tirés à part afin de faire circuler leurs travaux au sein de leurs réseaux de correspondants. Les tirés à part jouent ainsi un rôle important dans la circulation mathématique en articulant périodiques et échanges épistolaires

Peu de sources documentent précisément les critères d'acceptation ou les modalités d'examen des articles soumis au *Journal*. Certaines lettres reçues par Jordan suggèrent un fonctionnement proche des sections de l'Académie dont les membres se réunissent régulièrement et présentent les travaux qu'ils ont jugés dignes de l'être parmi ceux qui leur ont été soumis : chaque membre du

---

29. Cet enjeu est notamment explicite dans les sollicitations de Jordan par Kantor pour présenter à l'Académie de Paris les principaux résultats établis dans un mémoire récemment couronné par l'Académie de Naples. Kantor à Jordan, 18/12/1884 & 1/4/1885, (EP, VI2A2(1855), n° 70 & 72).

30. Kantor à Jordan, 31/5/1894 (EP, VI2A2(1855), n° 166).

31. Mittag-Leffler à Jordan, 14/11/1888 (EP, VI2A2(1855), n° 121).

32. En cas de traduction, les épreuves sont adressées à l'auteur comme au traducteur. Les corrections d'épreuves ne repassent par Jordan que dans des cas exceptionnel dans lesquels un doute se présente sur le contenu mathématique de la part du traducteur. Molk à Jordan, 6/10/1886 (EP, VI2A2(1855), n°105).

comité de rédaction semble ainsi susceptible de solliciter, recevoir et expertiser des contributions puis de les présenter en comité[33]. Cette dimension collective est évoquée dans certains cas de renvoi de mémoires dont le refus est motivé par Jordan comme une décision du comité[34]. Si Jordan évalue par lui-même la majorité des contributions qu'il reçoit, il peut, à certaines occasions, faire appel à une expertise extérieure au comité de rédaction lorsque le sujet d'une soumission s'avère éloigné de sa propre spécialité, notamment à celle d'Humbert, qui l'assiste dans son enseignement à partir des années 1890[35].

Lorsqu'ils adressent un mémoire à Jordan, la plupart des contributeurs ajoutent quelques commentaires dans la lettre accompagnant leur soumission. Ces commentaires se doivent d'être courts et plusieurs auteurs s'excusent même de ces quelques lignes qui pourraient suggérer que leur mémoire n'est pas autonome ou qu'ils chercheraient à influencer le rédacteur. Pour les nouveaux contributeurs, ces commentaires sont l'occasion de présenter des références académiques sous la forme de publications antérieures dans d'autres journaux. Comme nous l'avons vu plus haut, l'expertise de « mémoires de personnes peu connues dans le monde scientifique » était déjà la principale motivation de la sollicitation de Jordan par Résal en 1875, suggérant ainsi un travail d'expertise différencié pour les contributeurs jouissant d'une notoriété académique incontestable[36]. Nous avons vu dans la première partie que les principaux contributeurs au journal de Jordan jouissent tous d'une telle notoriété et semblent bénéficier d'une ouverture sans condition ni limite des pages du périodique. Les échanges épistolaires avec les savants étrangers sollicités par Jordan témoignent également que les mémoires adressés par ces derniers ne sont que « parcourus rapidement » avant d'être transmis à l'éditeur[37]. Si la reconnaissance académique, par l'obtention d'un prix notamment, ouvre sans conteste les pages du journal à ses bénéficiaires, la simple référence à des publications antérieures ne semble quant à elle pas suffisante, y compris pour des auteurs ayant déjà contribué au *Journal* par le passé, ou dont Jordan communique par ailleurs des résultats à l'Académie sous forme de notes aux *Comptes rendus*.

Mais pour tous les contributeurs, le principal enjeu des commentaires assortis à leurs soumissions tient à situer en quelques mots la pertinence de leur

---

33. Quelques sources évoquent l'implication des membres du comité de rédaction. Gustaff Kobb de Stockholm entre ainsi en contact avec Jordan pour la première fois alors que l'édition de son article, déjà sous presse, semble avoir été prise en charge par Picard. Kobb à Jordan, 24/9/1892 (EP, VI2A2(1855), n° 156).
34. Issaly à Jordan, 21/1/1887 (EP, VI2A2(1855), n° 94).
35. Kantor à Jordan, 1/6/1894 (EP, VI2A2(1855), n° 170).
36. Cette différenciation était déjà à l'œuvre sous Liouville, voir (Verdier 2009b, 363).
37. C'est ainsi que Jordan annonce à Sylow, en réponse à un mémoire adressé par ce dernier, « Je viens de parcourir rapidement votre intéressant travail sur la multiplication complexe et je le transmets à M. Gauthier-Villars pour qu'il l'imprime dans le prochain numéro du Journal » Jordan à Sylow, 21/1/1887 (EP, VI2A2(1855) ; copie d'un document conservé par Universitetsbiblioteket i Oslo (U.B.Oslo, Brevs)).

projet de publication dans le *Journal*. Il s'agit avant tout d'assurer au rédacteur la « valeur » particulière de la contribution, que les correspondants associent au rang d'un journal qui ne saurait accueillir de contributions ordinaires. Ainsi, tandis que Louis-Philippe Gilbert de Louvain sollicite régulièrement Jordan pour présenter ses résultats à l'Académie de Paris, il met un soin particulier à distinguer les travaux qu'il considère digne d'une publication dans le *Journal*[38]. La valeur d'une contribution est systématiquement qualifiée par deux caractères complémentaires : la nouveauté des résultats et l'intérêt de la méthode.

La qualification de la nouveauté par les contributeurs implique souvent de situer leur travail par rapport à d'autres publications récentes, qui ne sont pas nécessairement citées dans le mémoire. Évoquons à ce sujet l'introduction faite par Stieltjes à sa soumission de 1889[39] :

> J'ai l'honneur de vous envoyer ci-joint un mémoire pour votre journal. Le sujet peut paraître un peu élémentaire, mais je crois avoir obtenu quelques résultats nouveaux [...]. En donnant ces indications je ne pense qu'à vous faciliter l'appréciation de mon travail, le fait même que je vous le soumets prouve que j'ai cru que cela pourrait aller. Je sais bien que M. Lipschitz dans le tome 56 de Crelle a traité du même sujet, mais il fait usage des formules ordinaires [...]. Comme du reste mon analyse est tout à fait différente je n'ai pas trouvé occasion de citer le travail de M. Lipschitz.

Les efforts de justification de la nouveauté de la contribution proposée sont particulièrement importants dans le cas d'un projet visant à donner une suite à un travail déjà publié dans le *Journal*, que ce soit sous la forme d'un complément, d'applications ou encore de l'adoption d'un autre formalisme algébrique. Ces projets se voient en effet le plus souvent refusés et cette pratique éditoriale de Jordan présente une rupture nette avec les périodes de direction par Liouville et Résal, durant lesquelles le journal pouvait publier des mémoires de manière morcelée sur plusieurs numéros ou même susciter de ses contributeurs réguliers des « boucles de rétroactions » et publications de synthèses autour de certains thèmes (Verdier 2009*b*, 182–186). Jordan affirme au contraire un principe d'autonomie de chaque publication et l'exclusivité du mémoire original dans le format éditorial de son journal.

Cette réorientation s'accompagne d'un certain retrait du rédacteur en regard des pratiques antérieures : tandis que Liouville et Résal contribuaient très activement à leur journal, Jordan ne publie quant à lui que 12 contributions personnelles sur l'ensemble de la période 1885-1914, dont une moitié consistent en des nécrologies de ses collaborateurs et participent donc de sa fonction de rédacteur davantage que d'un engagement en tant que contributeur. Il ne publie pas non plus d'articles sous la forme de lettres qui lui auraient été adressée personnellement. Cette différenciation entre rédacteur et contributeur se poursuivra sous la direction de Villat, auteur d'une unique contribution de 1922 à 1931, tandis que les deux membres de son comité de rédaction, Montessus et Picard, ne contribuent pas au *Journal* durant cette période.

---

38. Gilbert à Jordan, 15/7/1885 (EP, VI2A2(1855), n° 77).
39. Stieltjes à Jordan, 8/6/1889 (EP, VI2A2(1855), n° 129).

3.5 Rédiger un article de mathématiques : les exigences de Jordan

Comme nous l'avons évoqué dans la section précédente, l'intérêt de la méthode mise en œuvre par les contributions au journal de Jordan porte un enjeu relatif au positionnement du périodique à l'égard des courtes notes des *Comptes rendus* qui permettent de présenter les principaux résultats de ces contributions. C'est ainsi que Gilbert distingue en 1885 le mémoire qu'il adresse au *Journal* : « car c'est par la méthode surtout que ce travail semble mériter l'attention[40] ».

Ces questions de méthode engagent notamment le format éditorial de l'article, à commencer par son volume, mesuré en nombre de pages. Ce sujet est en effet très souvent abordé par les correspondants de Jordan. Le faible nombre de pages d'une soumission est mis en avant comme un argument favorable à sa publication en tant qu'il suggère la bonne mise en œuvre d'une méthode synthétique, tandis qu'un article volumineux peut être soupçonné de présenter des défauts méthodologiques, tout comme les projets d'apporter des suites, compléments ou applications à un travail déjà publié. Rappelons que de tels projets sont en effet systématiquement refusés par Jordan, à l'exception bien entendu de ses grands contributeurs, ainsi que de la seconde contribution de Borel en 1896, que ce dernier prend soin de motiver par son actualité en regard de publications récentes et par son nombre de pages très limité[41]. L'anticipation par la plupart des contributeurs de la nécessité de justifier le volume de leurs contributions indique une contrainte répandue dans la presse de l'époque[42]. Jordan lui-même en avait fait l'expérience en 1877, après l'échec de sa tentative de faire accepter par Karl Wilhelm Borchardt un dépassement du nombre de pages que le journal de Crelle avait accordé à l'un de ses mémoires[43].

Mais la concision se présente également comme un idéal particulièrement fort dans la formation polytechnicienne dont sont issus le rédacteur tout comme la majorité de ses contributeurs. « Concision », « ordre », « pureté », « simplicité » et « clarté » sont des attendus de tous les enseignements proposés par cette école. Ils sont notamment au cœur de l'importance donnée au dessin géométrique depuis la création de l'institution en 1794 (Brechenmacher 2022) et fondent la légitimité du cours de grammaire et belles-lettres, introduit en 1804 afin de former « le style » des élèves. À l'École polytechnique, les belles-lettres sont considérées comme dépositaires d'un « art d'écrire » avec « pureté, concision, simplicité », nécessaire à la « méthode » des élèves dans toutes les matières car devant permettre à ces derniers d'exprimer « leurs idées avec plus d'ordre, de clarté, de promptitude ». Un tel enjeu de mise en ordre se manifestera également dans la réorganisation par Jordan des fondements théoriques de son cours d'analyse dans les années 1880-1890 (Gispert 1982). Les

---

40. Gilbert à Jordan, 15/7/1885 (EP, VI2A2(1855), n° 77).
41. Borel à Jordan, 24/8/1896 (EP, VI2A2(1855), n° 189).
42. Les demandes à « ne pas être trop long » étaient déjà récurrentes sous Liouville (Verdier 2009*b*, 363). Sur les exigences de ce dernier envers ses contributeurs, tel que que Despeyrous, voir (Verdier 2009*b*, 357–359).
43. Borchardt à Jordan, 11/6/1877 (EP, VI2A2(1855), n° 45).

idéaux de simplicité prennent une signification particulière et une importance spécifique dans les travaux mathématiques de Jordan[44]. La concision fait aussi l'objet de l'un des rares commentaires de nature épistémologique figurant dans sa correspondance. C'est ainsi que Jordan écrit à Sophus Lie en 1892, en réponse à un courrier dans lequel ce dernier se montrait critique sur la reformulation synthétique donnée par Friedrich Engel à sa théorie[45] :

> Je trouve bien comme vous que M. Engel est quelquefois un peu « breit », mais je considère cela comme inévitable de la part d'un disciple. Voyez plutôt les cours de Klein sur les fonctions modulaires comparés à son Icosaèdre, qu'il a rédigé lui-même. Il n'y a que l'inventeur qui puisse faire court, et encore pas sans peine ni du premier coup. Un de nos grands écrivains, j'ai oublié lequel, s'amusait un jour de n'avoir pas eu le temps d'être court.

La qualité de concision d'une expression est ainsi directement associée par Jordan à la capacité d'innovation de son auteur mais aussi à l'exigence d'un travail. De fait, une révision de forme et de méthode est le principal travail exigé par Jordan de ses contributeurs. Les enjeux peuvent impliquer un meilleur équilibre entre cas général et spécial, théorie et application, ainsi qu'une gestion mieux maîtrisée de l'exercice de la preuve, nécessitant non seulement que chaque théorème soit bien démontré mais aussi d'éviter les démonstrations redondantes car s'appuyant sur des arguments similaires[46]. Le cas des démonstrations met notamment en évidence une variabilité de normes de rédaction d'un mémoire mathématique, entre les exigences de Jordan et les normes disciplinaires de certains contributeurs : Pépin s'étonne ainsi à deux reprises de la demande qui lui est faite d'éviter la répétition de certains arguments tandis qu'il s'était au contraire attaché à développer les démonstrations de chacun de ses énoncés[47].

Ces exigences amènent bien souvent à réduire la taille des contributions ou même à en élaguer des parties entières comme en témoigne Charles de la Vallée Poussin en 1892 : « J'élaguerais de ce travail les applications et les théories accessoires qui encombraient ma rédaction primitive et je le ferais aussi substantiel que possible. [...] vous ne seriez [ainsi] plus entravé par les sentiments de haute délicatesse qui vous ont guidé[48] ». Le non respect des exigences de Jordan, l'incapacité de son correspondant à y répondre ou même une tentative de négociation, se soldent systématiquement par un renvoi de

---

44. Jordan associe notamment la « simplicité » à l'« essence » d'un méthode de réduction de l'écriture analytique des substitutions qu'il met en œuvre dans différentes branches des sciences mathématiques et qui se déclinera aussi bien sous la forme de la décomposition dite de Jordan-Hölder dans le dévissage du groupe général linéaire $Gl_n(F_p)$ (Brechenmacher 2011), que sous celle de la réduction canonique des substitutions linéaires de dont la revendication de « généralité » par réduction au plus simple sera au cœur de sa controverse avec Leopold Kronecker en 1874 (Brechenmacher 2007).
45. Jordan à Lie, 21/6/1892 (EP, VI2A2(1855), n° 180bis ; U.B.Oslo, Brevs, n° 289).
46. Anglin à Jordan, 1885 (EP, VI2A2(1855), n° 80).
47. Pépin à Jordan, 16/12/1886 & 19/11/1889 (EP, VI2A2(1855), n° 104 & 127).
48. De la Vallée Poussin à Jordan, 7/6/1892 (EP, VI2A2(1855), n° 148).

l'article, parfois après plusieurs échanges et plusieurs tentatives de révision[49]. L'abbé bruxellois Pierre-Adolphe Issaly se voit ainsi renvoyer un travail sur la théorie des systèmes rectilignes de Kummer, lié à l'optique géométrique, suite son insistance à vouloir publier ce travail dans son ensemble tandis que Jordan n'en avait accepté que la première partie, et ce bien qu'il ait amendé cette partie suivant les suggestions du rédacteur et qu'il ait tenté de réviser son second mémoire selon les mêmes lignes[50].

Comme nous l'avons vu, Jordan adopte trois attitudes lors de la réception d'une nouvelle soumission ou d'un projet de contribution : l'acceptation immédiate, après une lecture rapide, réservée aux contributeurs qui jouissent d'une notoriété académique, l'exigence de révision, impliquant souvent un élagage de l'article, ou enfin le refus. Si les résultats obtenus jouent un rôle essentiel dans l'acceptation ou le refus, le travail de révision porte principalement sur les méthodes mises en œuvre. Peu de cas de renvois de manuscrit sans demande de modifications sont documentés par la correspondance de Jordan. La plupart des refus portent en effet sur des projets d'apporter des compléments à des articles déjà publiés, comme nous l'avons déjà évoqué, ou prennent la forme d'une réserve émise par Jordan à l'auteur d'un projet de contribution avant que ce dernier ne lui adresse son travail. Un seul correspondant, Seligmann Kantor, tente d'adresser à Jordan un mémoire après que ce dernier ait émis quelques mois plus tôt des « paroles peu encourageantes » quant à son projet de contribution. Les huit lettres de Kantor qui s'en suivent dans les trois semaines qui séparent la soumission du mémoire le 13 mai 1894 de son retrait le 1er juin font de cet échange le seul à s'envenimer parmi ceux documentés par la correspondance du rédacteur. Cet épisode apporte ainsi un rare éclairage sur les exigences et pratiques de rédaction de Jordan comme sur les attentes de ses contributeurs et notamment la représentation que se fait du *Journal* un auteur étranger comme Kantor. Cette dernière manifeste l'importance d'une contribution en langue française sur la scène parisienne pour une stratégie de publication liée à des enjeux professionnels.

L'article soumis par Kantor en 1894 fait partie d'une série de cinq projets de publications issus d'un épais mémoire lauréat du concours de l'Académie des sciences de Naples en 1883 et intitulé « Premiers fondements pour une théorie des transformations périodiques univoques ». Certains résultats de ce travail avaient été présentés par Jordan à l'Académie de Paris à la demande de Kantor en 1884. Ce dernier se targuait alors de succéder à Jordan, précédent

---

49. C'est notamment le cas de la deuxième soumission du mathématicien britannique Anglin qui se solde, après deux échanges, par le constat de l'incapacité de ce dernier à répondre aux exigences de simplification et précision émises par Jordan et une promesse d'essayer à l'avenir d'écrire des manuscrits plus « utiles », Anglin à Jordan, 7/1/1887 (EP, VI2A2(1855), n° 120), ainsi que de la tentative de soumission de Paul Seelhof, professeur de navigation à Brême, qui se solde par un échec après trois tentatives de révision, Seelhof à Jordan, 21/10/1885 (EP, VI2A2(1855), n° 85).

50. Issaly à Jordan, 9/12/1886 & 21/1/1887 (EP, VI2A2(1855), n° 92 & 110).

lauréat du prix de Naples, mais craignait de voir sa priorité menacée par le délai de publication de cette académie[51] : deux notes aux *Comptes rendus* étaient ainsi parues 1884 et 1885, bien avant la publication à Naples de l'ensemble du mémoire en 1891. Entre 1883 et 1886, Kantor avait enseigné à l'Université de Prague en tant que privatdozent, avant de mettre fin à ses activités en raison de difficultés financières et de désaccords avec le ministère de la culture et de l'éducation. Sa candidature à un poste à Vienne en 1888 avait échoué suite à une violente campagne antisémite à son égard (Bečvářová 2019). La soumission de Kantor au *Journal* intervient ainsi alors qu'il se trouve dans une situation professionnelle difficile qui le place notamment dans une certaine urgence à publier : « car je suis bien pressé à publier quelque chose en ayant l'obligation[52] ». Ce dernier entreprend de découper son mémoire de Naples en une série d'articles qu'il adresse à différents titres de la presse mathématique européenne. Le journal de Jordan est le deuxième sollicité après qu'un premier article ait été accepté par le journal de Crelle.

La lettre accompagnant la soumission du 13 mai 1884 évoque trois réserves exprimées par le rédacteur du *Journal* dès janvier. La première porte sur la qualité de la langue française et Kantor y répond en assurant Jordan de pouvoir bénéficier d'une révision par une personne compétente ainsi que du soin qu'il a consacré à composer son mémoire. Ces efforts manifestent l'enjeu que représente pour Kantor l'inclusion d'une publication « en France » au sein de la série d'articles qu'il prépare à cette époque, mais aussi le caractère central attribué au journal de Jordan sur la scène française, un refus par ce dernier étant envisagé comme une condamnation à ne pouvoir publier ni en France ni en français : « Vous me mettriez bien à mon aise en me débarrassant très bientôt de ce Mémoire – [...] et en m'épargnant la peine de le retraduire en allemand[53] ». Il est par ailleurs significatif que Kantor décide de se rendre à Paris, peu après avoir soumis son mémoire, dans l'espoir d'y rencontrer Jordan : ce voyage illustre à nouveau le caractère parisien du *Journal* pour un nombre important de contributions étrangères que nous avons déjà vu se manifester dans la première partie de cet article. Le déplacement de Kantor s'avère pourtant vain car Jordan s'est à cette époque retiré dans sa résidence secondaire du château du Bost, en Auvergne, comme il le fait chaque année après la fin de ses cours au Collège de France. Après près d'un mois d'attente et de nombreuses relances, Kantor exige le renvoi de son manuscrit en incriminant tout à la fois le *Journal*, son rédacteur, la France et Paris : « Il est tout-à-fait inutile de faire examiner ce manuscrit, parce que je ne permettrai jamais de ma vie qu'il soit imprimé en France[54] » ; « après ce turbulent affaire je ne peux que vous promettre que des essais pareils ou même des correspondances de ma part vous seront épargnées à jamais, ainsi que je compte de ne revoir jamais

---

51. Kantor à Jordan, 18/12/1884 (EP, VI2A2(1855), n° 70).
52. Kantor à Jordan, 17/5/1894 (EP, VI2A2(1855), n° 164).
53. Kantor à Jordan, 13/5/1894 (EP, VI2A2(1855), n° 163).
54. Kantor à Jordan, 1/6/1894 (EP, VI2A2(1855), n° 169).

Paris [...]. Ce Mémoire sera un des plus célèbres, qui ont été écrits sur cette matière et je vous garantis, que sans avoir changé une lettre, le Mémoire sera accepté dans 4 semaines[55] ».

Retenons de cet épisode que le caractère français du journal de Jordan est déterminant dans la stratégie que met en place Kantor pour tirer profit de sa série de publications de 1894, tout comme le caractère allemand du journal de Crelle, la dimension académique de l'Institut Lombard des sciences et des lettres qui lui ouvre un crédit de 160 pages, et le positionnement international des *Rendiconti* de Palerme et des *Acta* de Stockholm qui hériteront finalement du mémoire soumis à Jordan, mais dans une version allemande. Le point d'honneur mis par Kantor à retraduire son mémoire en allemand, malgré le contenu très francophone des *Acta*, est une autre preuve de l'association très forte qu'opère cet auteur entre le journal de Jordan, la langue française et Paris.

4 La stratégie éditoriale de Jordan

Nous proposons à présent d'articuler l'échelle d'analyse de l'étude prosopographique du *Journal* que nous avons menée dans la première partie à celle de la correspondance de son rédacteur afin de situer le rôle joué par ce dernier dans les principales évolutions éditoriales que nous avons vues se manifester entre 1885 et 1914 : le retour temporaire des contributeurs allemands puis leur disparition au profit de contributeurs étrangers pour la plupart de passage à Paris, l'engagement particulier, bien que décroissant, des auteurs liés à l'École polytechnique, la disparition de la fonction d'antichambre de l'Académie jouée par le périodique sous Liouville et Résal pour ses principaux contributeurs, le maintien d'un groupe de grands contributeurs durant deux décennies, cette fois issus des rangs des nouveaux membres de l'Académie élus dans les années 1880, puis la disparition progressive de ce groupe au tournant du siècle au profit de l'affirmation de pratiques de publications épisodiques de contributeurs normaliens, qui font un usage du *Journal* analogue à celui de deux autres périodiques internationaux francophones, en lien avec leurs trajectoires professionnelles mais sans pour autant que ces dernières soient dirigées vers l'Académie, et enfin l'insertion du journal de Jordan dans l'espace éditorial national des périodiques publiant des thèses, liée à une forte croissance des contributeurs diplômés d'un doctorat.

Afin de distinguer la spécificité de la réorientation éditoriale donnée par Jordan à son journal, nous envisagerons également l'histoire de ce périodique sur le temps long en nous appuyant sur l'étude détaillée consacrée par Norbert Verdier à la période de direction par Liouville de 1836 à 1875, ainsi que sur l'expérience faite par Jordan en tant que contributeur au *Journal* dans les années 1860-1870.

---

55. Kantor à Jordan, (EP, VI2A2(1855), n° 168).

4.1 Un journal « français », « élevé » et « d'éclat »

Comme nous l'avons déjà indiqué, les sollicitations de contributeurs étrangers sont surreprésentées au sein de la correspondance de Jordan relative au fonctionnement du *Journal*. La tentative de contribution de Kantor témoigne quant à elle de l'importance d'une représentation du journal comme « français » dans le choix de certains auteurs d'y adresser leurs travaux. Ces éléments nous amènent à porter une attention particulière à l'articulation du national et de l'international dans la stratégie éditoriale mise en œuvre par Jordan à partir de 1885.

Le *Journal de mathématiques pures et appliquées* est associé à un enjeu national depuis sa création par Liouville. L'Avertissement par lequel ce dernier ouvre son journal en 1836 se conclut ainsi par un appel à la responsabilité des « géomètres français » à soutenir « un Journal utile » et associe le caractère scientifique de son entreprise à l'honneur de la France (Liouville 1836, 4). Placé en conclusion de l'avertissement inaugural, ce lien entre ambition scientifique et enjeu national vient apporter un contrepoint à l'héritage par lequel Liouville avait introduit son éditorial en présentant son journal comme un continuateur des *Annales de mathématiques pures et appliquées* fondées en 1810 par Joseph Diez Gergonne et qui avaient cessées de paraître en 1831[56]. De fait, le prospectus inaugural des *Annales* mettait au contraire en avant des idéaux traditionnels de la République des lettres dans un objectif d'établir une « communauté de vues et d'idées » entre géomètres par l'articulation d'un réseau de correspondants et du paysage institutionnel des « diverses sociétés savantes de l'Europe » (Gergonne 1810, iii). Dans l'avertissement de Liouville, l'association entre enjeu national et positionnement « vraiment scientifique » vient affirmer une évolution éditoriale par une hiérarchisation entre les travaux novateurs et les problématiques d'un enseignement des mathématiques en plein essor et qui sera institutionnalisée quelques années plus tard avec la création en 1842 des *Nouvelles annales*, dont le positionnement éditorial sera basé sur la part de l'héritage de Gergonne délaissée par Liouville (Verdier 2009*b*, 248–268). Dans l'espace éditorial français, la place du *Journal* se définit ainsi par une position hiérarchique qui perdurera après la diversification de la presse mathématique savante comme celle de la presse liée à l'enseignement, la supériorité du caractère savant du *Journal* sur un titre comme *Mathesis* étant toujours considérée comme une évidence lors de la prise de direction du journal par Jordan[57].

L'association entre vocation scientifique et enjeu national est maintenue après le départ de Liouville. Rappelons que ce départ intervient quelques années après la défaite de la France contre la Prusse, largement interprétée en France comme la preuve et la conséquence d'un déclassement scientifique et dont les importantes conséquences sur le paysage institutionnel français incluent la

---

56. Au sujet de ce périodique, voir (Gérini 2003) et (Gérini 2011).
57. Mansion à Jordan, 4/2/1885 (EP, VI2A2(1855), n° 90).

fondation de la Société mathématique de France en 1872 (Gispert 2015). C'est ainsi que Résal rend hommage en janvier 1875 au « travail poursuivi pendant trente-neuf années par M. Liouville, dans le but unique d'être utile à la Science et à son pays » et associe la continuation du journal à un enjeu national (Résal 1875, 5). Lors de l'éviction de Résal en 1884, c'est aussi en interpellant les deux secrétaires perpétuels de l'Académie des sciences, sur l'enjeu du « mouvement scientifique en France » que Gauthier-Villars appelle l'Institut de France à son aide (Verdier 2009b, 405). Peu après la prise du direction du *Journal* par Jordan, Jules Tannery le félicite en ces termes[58] :

> Je crois que tout le monde se félicite de ce que vous avez bien voulu vous charger de la direction du journal de Liouville. Il y a assurément un intérêt français à ce que ce journal retrouve l'éclat qu'il a eu ; cela se fera tout naturellement sous votre direction & les géomètres français, au bout de peu de temps finiront bien par prendre le chemin le plus court & le plus agréable.

Ce caractère français n'implique pourtant pas que le *Journal* s'insère uniquement dans un espace de circulation national. Le national ne s'oppose pas à l'international mais s'y articule : il allie des enjeux symboliques et patrimoniaux qui participent de l'identité spécifique du périodique sur l'espace éditorial français et fonde dans le même temps la condition de sa visibilité internationale.

La dimension symbolique se manifeste dans les enjeux d'« honneur » ou d'« éclat » associés à un journal consacré à la publication de travaux de l'« ordre » scientifique « le plus élevé ». Après sa tentative infructueuse de publication en 1894, Kantor dénoncera d'ailleurs « la folie générale française des grandeurs[59] ». Cette dimension symbolique est indissociable de l'enjeu patrimonial que présente tout périodique, dont la collection des cahiers constitue un « magasin », mais qui, dans le cas du *Journal*, participe du patrimoine scientifique national comme « recueil » de mathématiques publiées en France comme le signale la volonté, dès sa création, d'accueillir des éditions de travaux de grands auteurs du passé, entreprise que poursuivra Résal mais à laquelle Jordan mettra fin, à l'exception d'une unique publication d'histoire des mathématiques initiée par Hermite sous la forme d'une traduction par Léonce Laugel en 1897 de l'habilitation de Paul Günther sur les travaux de Carl Gauss sur les fonctions elliptiques.

Si Jordan affirme rapidement l'exclusivité de l'article original dans le format éditorial de son journal, cette exclusivité n'est cependant pas totale et les rares publications d'un autre format signalent davantage un changement de nature de l'enjeu patrimonial associé au *Journal* que sa disparition. Il faut tout d'abord signaler les pages de publicités des éditions Gauthier-Villars : contrairement à d'autres périodiques dans lesquels ces pages présentent un catalogue complet ou l'actualité de la parution de manuels d'enseignement,

---

58. Tannery à Jordan, 27/1/1885 (EP, VI2A2(1855), n° 84).
59. Kantor à Jordan, 1/6/1894 (EP, VI2A2(1855), n° 170).

les publicités insérées dans le *Journal* donnent une importance particulière à l'annonce de publications présentant un enjeu patrimonial, telles que les œuvres de Bernhard Riemann, traduites par Laugel sous l'égide d'Hermite, les œuvres de Joseph Fourier éditées par Darboux ou encore la correspondance d'Hermite et Stieltjes préfacée par Picard. Par ailleurs, si les éditions et traductions de textes anciens disparaissent des pages du journal de Jordan, tout comme les travaux et commentaires relatifs à l'histoire des mathématiques, leur succèdent des nécrologies publiées après les décès de membres du comité de rédaction ainsi que des annonces spécifiques consacrées aux éditions d'œuvres d'anciens membres du comité telles que celles d'Halphen en 1919. Le *Journal* apporte également soutien et publicité à des commémorations relevant d'un patrimoine international, tels que le centenaire de Niels Abel en 1902 ou le projet d'élever en Norvège un monument à la mémoire de ce dernier en 1907. Si le journal de Jordan s'émancipe ainsi d'une fonction de magasin patrimonial national, il commémore son identité propre dans un espace mathématique désormais conçu comme international.

4.2 Un journal de langue française : traductions, originalité et publics

Le triple enjeu, symbolique, patrimonial et national qui se manifeste explicitement à chaque changement éditorial majeur du *Journal* fonde le positionnement de ce dernier et sa déclinaison spécifique de la catégorie d'utilité qui, au XIXe siècle, est fortement associée aux périodiques scientifiques. C'est notamment sous ce vocable que se présentent, dans les termes des acteurs de l'époque, certains enjeux aujourd'hui identifiés par la catégorie historiographique de circulation des savoirs. Un journal se doit d'être « utile » (Liouville 1836, 4) et le *Journal de mathématiques pures et appliquées* veut être utile à « nos Savants [qui] éprouvent tant de difficultés à faire paraître leurs Mémoires » (Résal 1875, 5) mais aussi à la Science et à son pays. Sous Liouville et Résal, il s'agit également d'être utile en publiant des traductions de travaux de savants étrangers. C'est à cette fin que ces deux rédacteurs assurent la publication de correspondances qui leur sont adressées comme à certains de leurs contributeurs éminents, Liouville entretenant à cet effet un riche réseau de traducteurs (Verdier 2009b, 278–280).

La recherche d'un service de traduction est l'une des premières tâches dont s'acquitte Jordan après avoir été nommé directeur du *Journal* en sollicitant les conseils de Tannery à l'École normale supérieure[60]. Seules quatre traductions seront cependant publiées après 1885, toutes à l'initiative d'Hermite. La première sollicitation de ce dernier intervient en octobre 1885 afin d'inciter le rédacteur à faire traduire deux notes de Weierstrass, récemment publiées par l'Académie de Berlin[61]. Hermite assure ainsi la continuité d'une pratique, traditionnelle depuis l'émergence de la presse scientifique, d'association entre

---
60. Tannery à Jordan, 27/1/1885 (EP, VI2A2(1855), n° 84).
61. Hermite à Jordan, 3/11/1885 (EP, VI2A2(1885), n° 74).

correspondances privées et publications périodiques (Peiffer & Vittu 2008), avec laquelle Jordan rompra après s'être émancipé du patronage de son ainé : correspondances et traductions disparaissent ainsi simultanément du *Journal* à la fin des années 1880. La réserve du rédacteur quant à l'accueil dans ses pages de travaux déjà publiés ailleurs se manifeste dès le deuxième projet de traduction initié par Hermite, en février 1886, et qui porte cette fois sur les deux premiers chapitres – consacrés aux nombres imaginaires et quaternions – d'un ouvrage de Lipschitz publié à Bonn cette même année[62]. Jordan informe ainsi son nouveau correspondant allemand d'un délai de publication inhabituel, l'édition récente de la traduction de Weierstrass l'incitant à favoriser des travaux inédits pour les cahiers à venir :

> Je ne voudrais pas m'exposer à les mécontenter en retardant la publication de ces œuvres inédites pour donner un tour de faveur à la reproduction d'un travail, assurément considérable, mais déjà livré au public[63].

La réserve semble bien comprise par son destinataire : Lispschitz adresse en effet en retour à Hermite un mémoire original en français à destination du journal de Jordan, tout en maintenant son souhait de faire traduire une partie de son ouvrage[64], traduction qui sera confiée à Jules Molk[65], et qui paraîtra sous un titre suggérant une publication originale : « Recherches sur la transformation par des substitutions réelles d'une somme de deux ou trois carrés en elle-même. »

Hermite sollicitera une nouvelle fois Jordan à l'automne 1886 pour la traduction d'un mémoire de Krause[66], que ce dernier proposera d'assurer par lui-même[67]. Plus aucune traduction de travaux déjà publiés à l'étranger ne sera envisagée avant une dizaine d'années, lorsque Georg Cantor se verra proposer par Poincaré d'exposer sa théorie des ensembles en France par l'intermédiaire de la traduction d'une série d'articles parue dans les *Mathematische Annalen*[68]. Jordan s'opposera cette fois fermement à ce projet, tout en offrant à Cantor de publier dans son journal un travail original[69]. De fait, les réserves émises dès 1885 se sont rapidement muées en une opposition ferme du rédacteur à tout projet d'inclure dans son journal un travail déjà publié ailleurs, comme s'en plaindra Laugel à Adolf Hurwitz dans les années 1890 : « Pour le journal de mathématiques (entre nous je vous prie, monsieur) M. Jordan n'aime pas beaucoup les traductions et j'ai essuyé de ce côté plusieurs refus, ce

---

62. Lipschitz à Jordan, 26/4/1886 (EP, VI2A2(1855), n° 106).
63. Jordan à Lipschitz, 15/2/1886 (EP, VI2A2(1855), n° 102bis).
64. Lipschitz à Jordan, 6/1886 (EP, VI2A2(1855), n° 102).
65. Molk à Jordan, 14/5/1886 (EP, VI2A2(1855), n° 108).
66. Krause à Hermite, 1886 (EP, VI2A2(1855), n° 93).
67. Hermite à Jordan, 17/11/1886 (EP, VI2A2(1855), n° 92).
68. Cantor à Poincaré, 5/8/1885 (EP, VI2A2(1855), n° 173).
69. Cantor à Jordan, 22/9/1885 (EP, VI2A2(1855), n° 178). La sollicitation de Poincaré à Cantor est documentée dans (Décaillot 2008), tout comme des échanges postérieurs avec Tannery en vue de la publication de la traduction dans les *Mémoires de la Société des sciences physiques et naturelles de Bordeaux* en 1899.

qui ne m'encourage pas à recommencer[70] ». Jordan cédera pourtant une dernière fois à Hermite en publiant en 1897 la traduction par Laugel de l'habilitation de Günther.

Le *Journal* n'en restera pas moins exclusivement composé de publications de langue française jusqu'à la toute fin de la période Jordan, l'ultime fascicule dirigé par ce dernier s'ouvrant à des contributions de langue anglaise à la demande de Villat qui développera l'ouverture aux publications en langues étrangères après avoir succédé à Jordan. Après 1886, le rédacteur offrira ses propres services à certains de ses correspondants étrangers réguliers s'inquiétant de leur grammaire française, tel que Félix Klein[71], tandis que le niveau de langue d'autres correspondants, tel que Kantor, pourra susciter des réserves envers leurs projets de contributions.

Comme nous l'avons vu, le *Journal de mathématiques pures et appliquées* a accueilli, de sa création par Liouville aux premières années de direction par Jordan, des traductions de textes déjà publiés, dont l'intérêt ne tient donc pas à leur originalité mais à l'« utilité » de favoriser la circulation de mathématiques en langue française et implique un positionnement éditorial spécifique vis-à-vis de certains contributeurs étrangers par une ouverture à la publication d'articles non originaux. Cette conception de l'« utilité » mêle une fois encore des enjeux nationaux, patrimoniaux et symboliques. Les auteurs sollicités pour des traductions sont en effet tous dotés d'une forte autorité sur la scène mathématique. La publication récurrente des mêmes travaux de tels auteurs dans différents périodiques participe ainsi d'une circulation de capital symbolique entre ces derniers et certains journaux, et par là de l'expression publique de la grandeur de ces auteurs comme de ces journaux. L'édition d'œuvres en constitue l'étape suivante, des publications parues dans divers périodiques se trouvant alors regroupées par les académies, contribuant ainsi à réifier et perpétuer une *persona* savante prestigieuse. En tant que rédacteur, Jordan est ainsi sollicité par Weierstrass en 1885 pour donner son autorisation à la reproduction par l'Académie de Berlin d'une contribution de Borchardt parue dans le journal de Liouville en 1854, le mathématicien berlinois ne manquant pas de souligner que l'édition des œuvres de Borchardt fera suite à celles de Jacobi, Steiner et Dirichlet, rappellant ainsi le rôle joué par de telles compilations de travaux publiés initialement sous forme périodique pour le maintien de la continuité de l'autorité épistémique, sociale et symbolique des académies[72].

Cette modalité de circulation n'est bien entendu pas limitée au journal de Jordan. Afin d'en donner un autre exemple, particulièrement significatif, citons le cas des publications récurrentes d'une série de conférences tenue

---

70. Universitätsarchiv Göttingen, Cod-Ms-Math-Arch-78-92-105. Cette lettre de Laugel à Hurwitz, non datée, a probablement été écrite entre décembre 1895 et janvier 1896. L'auteur remercie Catherine Goldstein pour l'avoir portée à sa connaissance.
71. Klein à Jordan, 17/8/1887 (EP, VI2A2(1855), n° 114).
72. Weierstrass à Jordan, 2/12/1885 (EP, VI2A2(1855), n° 79).

par Picard à l'occasion de l'inauguration de l'Université Clark à Worcester, États-Unis, en 1899. Bien qu'il soit conscient que cette université tienne à la primeur de l'édition de ses conférences, Picard n'hésite pas à autoriser la *Revue générale des Sciences* à publier ces dernières dans le domaine français et à suggérer au *Bulletin of the American Mathematical Society* d'en éditer une version en langue anglaise, au titre que la publication universitaire de Worcester conservera le texte original en langue française, et ce d'autant que cette dernière publication « ne s'adresse évidemment pas à un public mathématique ; aussi je considère qu'elle n'empêche nullement la publication dans un journal mathématique[73] ». Cette récurrence médiatique orchestrée par Picard témoigne d'une évolution quant aux différents publics et positionnements éditoriaux des journaux (Brechenmacher 2015) : il ne s'agit plus seulement de distinguer différentes aires nationales et linguistiques, comme sous Liouville, mais différents publics, dont un « public mathématique » désormais conçu comme international. En laissant ainsi ses conférences à la disposition du *Bulletin* de l'AMS, Picard renonce à son intention initiale de les faire publier en France à l'attention du « public mathématique[74] ». Cet exemple éclaire les réticences de Jordan à accueillir des traductions de travaux déjà parus dans une autre périodique mathématique. L'abandon, dès 1887, des traductions d'auteurs étrangers prestigieux est ainsi contemporaine de l'affirmation de la conception d'un « public mathématique » international et de l'affaiblissement de la catégorie d'utilité au profit de l'originalité pour qualifier la fonction de la presse spécialisée.

4.3 Un journal institutionnel : l'Académie et l'École polytechnique

L'un des principaux facteurs de distinction du *Journal de mathématiques pures et appliquées* en regard de la presse mathématique étrangère tient à la centralisation des institutions françaises et plus précisément au rôle central que jouent, pour les sciences mathématiques au XIXe siècle, l'Académie des sciences et l'École polytechnique. L'émergence d'une presse spécialisée a cependant mis en cause la centralité des publications de l'Académie et impliqué un affaiblissement du monopole exercé par cette institution sur l'évaluation des travaux scientifiques, tandis que la place centrale longtemps occupée par l'École polytechnique dans la formation des mathématiciens s'est vue concurrencée par l'École normale supérieure et la relative décentralisation qu'ouvre le développement des facultés des sciences de province à partir de 1870. Nous avons déjà vu à plusieurs reprises ces évolutions structurelles jouer un rôle majeur dans l'histoire du *Journal*, notamment avec la disparition d'un groupe de grands contributeurs issu de l'Académie au début du XXe siècle et l'effondrement plus tardif des contributions polytechniciennes lors de la Première Guerre mondiale. Nous proposons à présent d'en préciser les conséquences sur la politique

---

73. Picard à Fiske, 17/1/1899 (CURBM, T.S. Fiske Correspondence, MS #0428).
74. Picard à Fiske, 6/9/1899 (CURBM, T.S. Fiske Correspondence, MS #0428).

éditoriale mise en œuvre par Jordan en regard des ancrages institutionnels du *Journal* sur le temps long.

La fondation, en 1835, des *Comptes rendus* afin d'accélérer la circulation des travaux soumis à l'Académie a organisé un nouvel espace éditorial propice à un périodique mathématique comme le journal de Liouville présentant un délai de publication intermédiaire entre le délai très court de parution des notes aux *Comptes rendus* et celui, beaucoup plus long, des éditions de mémoires primés par l'Académie (Verdier 2009*b*, 36–54). Comme nous l'avons vu, la période Jordan voit le maintien d'une politique éditoriale de publication des versions intégrales de travaux précédemment annoncés sous la forme d'une ou plusieurs courtes notes dans le périodique académique. Mais la création des *Comptes rendus* a aussi eu pour effet de dissocier en partie la fonction d'évaluation de l'Académie de sa fonction de publication : les notes qui y sont présentées sont souvent des résumés de mémoires volumineux qui se voient ainsi dotés d'une évaluation partielle tandis que seule une faible proportion de ces mémoires, notamment les lauréats de prix, bénéficient d'une évaluation complète et d'une publication intégrale par les soins de l'Académie. Cette évolution structurelle a créé un espace concurrentiel pour la publication de travaux dont seuls les principaux résultats ont été approuvés par l'Académie, une valorisation académique, même partielle, rendant ces travaux particulièrement désirables pour les journaux spécialisés. L'enjeu est de taille car l'Académie suscite une importante production mathématique par ses concours, tels que le Grand prix des sciences mathématiques. Au delà des rares mémoires lauréats se pose surtout la question du devenir éditorial des travaux, bien plus nombreux, conçus au gré des sujets mis à prix par les concours académiques sans pour autant avoir été primés. De fait, si des prix sont mis au concours régulièrement, des lauréats sont très rarement distingués : ce découplage entre concours et primes permet à l'Institut de maintenir sur la durée un vivier concurrentiel d'aspirants à une carrière académique et d'en orienter la production scientifique, malgré un investissement budgétaire limité ainsi qu'une rareté des récompenses symboliques alignée sur l'extrême rareté des sièges vacants à l'Académie. Les concours organisent ainsi de manière institutionnelle une production mathématique importante et régulière que l'Académie hiérarchise au delà des rares mémoires primés : travaux cités, encouragés ou encore autorisés à paraître sous forme résumée dans les *Comptes rendus*. Le devenir de cette production dévoile la manière par laquelle le pouvoir de hiérarchisation de l'Académie participe de manière subtile à la stratification de la presse mathématique. Afin de questionner les effets de la circulation des productions académiques sur la politique éditoriale de Jordan, nous proposons de comparer les périodes précédent et suivant la prise de direction du *Journal* par ce dernier, soit les années 1860-1870 et les années 1880-1890.

Dans les années 1860, les débouchés éditoriaux sont encore limités en France pour les nombreux mémoires malheureux aux concours académiques.

Cette situation favorise une forme de circulation spécifique entre l'Académie de Paris et des journaux étrangers et manifeste les relations étroites entre de nouveaux périodiques spécialisés de mathématiques, tels que les *Annali*, et le rôle traditionnel d'évaluation des anciennes académies (Brechenmacher 2016). En témoigne le devenir éditorial des travaux des aspirants à une carrière académique, tel que Jordan lui-même. Les mémoires composés par ce dernier pour les éditions successives du Grand prix des sciences mathématiques sont publiés dans différents périodiques à mesure que sa reconnaissance académique lui permet de gravir les marches d'un espace éditorial hiérarchisé par l'Académie : le *Journal de l'École polytechnique*, d'abord, dont les pages sont ouvertes aux jeunes polytechniciens, institutionnalisant ainsi le rôle joué par les candidatures aux concours académiques dans la formation de ces derniers, les *Annali* par l'intermédiaire d'une recommandation de l'académicien Bertrand, les *Comptes rendus* par la grâce d'un encouragement officiel de l'Académie à la candidature de Jordan au prix de 1864, le journal de Crelle à partir de 1866 et enfin le journal de Liouville en 1867. Ce dernier occupe à cette époque le point culminant de l'espace hiérarchisé par l'Académie : une fois que ses pages leur sont ouvertes, les aspirants français à une carrière académique en deviennent les principaux contributeurs, manifestant ainsi le rôle d'antichambre à une candidature à l'Académie que joue ce journal depuis les années 1840. L'assimilation de cette fonction ancienne du *Journal* par les aspirants mathématiciens des années 1860-1870 est attestée par un témoignage d'Halphen qui, peu après la nomination de Jordan sur la chaire libérée par Liouville au Collège de France, écrit à ce dernier qu'il espère lui aussi recueillir une « parcelle » de l'« héritage de Liouville » en obtenant la suppléance de Serret au Collège de France, reconnaissant ainsi un lien entre l'ascension académique de Serret et l'engagement de ce dernier dans le journal de Liouville dans les années 1840[75].

Si les relations entre l'évaluation académique et le *Journal* sont longtemps restées implicites, elles seront institutionnalisées bien plus explicitement après la prise de direction du périodique par Jordan. Comme nous l'avons vu, le comité de rédaction mis en place par ce dernier est presque exclusivement composé d'académiciens qui constitueront également les principaux contributeurs du *Journal* durant les deux décennies à venir. La situation est cependant en quelque sorte inversée par rapport à la période Liouville durant laquelle le journal se trouvait bien souvent délaissé par ses grands contributeurs après que ces derniers aient obtenu un siège à l'Institut tandis que le *Journal* ne semble au contraire plus susciter d'engagement spécifique pour les nouvelles générations de candidats à une carrière académique. Comme nous le verrons plus en détail par la suite, une vive concurrence avec Mittag-Leffler témoigne pourtant des efforts consacrés par Jordan pour attirer les travaux lauréats de l'Académie durant ses premières années de direction du *Journal*, ce dernier se

---

75. Halphen à Jordan, 20/9/1882 (EP, VI2A2(1855), n° 52).

servant également à l'occasion de sa fonction de jury pour des prix d'académies étrangères pour alimenter son périodique en mémoires primés.

Si les liens entre le journal de Liouville et l'Académie témoignent que cette dernière est parvenue à maintenir une influence durable, jusque dans les années 1860-1870, sur un paysage éditorial stratifié par son pouvoir d'évaluation et alimenté par une production scientifique orientée par la mise à prix de problèmes mathématiques, les liens entre le journal de Jordan et l'Académie se distendent progressivement dans un contexte où, d'une part, de nouveaux journaux mathématiques fondés dans les années 1870-1880 sont en concurrence pour publier les travaux les plus valorisés et, d'autre part, la production scientifique devient davantage orientée par le nombre croissant de thèses de doctorats que par les concours académiques. Jordan réoriente ainsi sa politique éditoriale dès les années 1890 au profit d'une stratégie visant à positionner son journal dans un espace mathématique international ainsi qu'à l'articuler à l'espace éditorial engendré par les thèses de la faculté des sciences de Paris. En témoigne l'évolution de la pratique de l'information mathématique par le *Journal* avec la disparition des actualités académiques au profit d'annonces visant une communauté internationale, tels que les Congrès internationaux des mathématiciens ou des annonces de prix internationaux. Les liens entre le *Journal* et l'Académie ne disparaissent cependant pas complètement : si l'entrée de Montessus de Ballore et de Villat au comité de rédaction après 1918 est aussi celle de deux membres non académiciens, la nomination de ce dernier à la direction du *Journal* restera soumise à l'avis de la section de géométrie en 1921.

Les relations entre le *Journal de mathématiques pures et appliquées* et l'Académie jettent également un éclairage sur l'évolution des liens entre ce périodique et l'autre grande institution centralisée des sciences mathématiques en France au XIXe siècle : l'École polytechnique. Les longues relations entre cette école et le *Journal* se manifestent tout d'abord par le fait que le fondateur de ce dernier comme les deux rédacteurs qui lui succèdent sont tous polytechniciens et professeurs à l'École polytechnique. L'éditeur du périodique à partir de 1864, Gauthier-Villars est également un ancien élève de cette école, tout comme son second fils Albert qui lui succèdera en 1904 à la tête d'une maison d'édition qui, outre le *Journal*, les *Comptes rendus*, les *Nouvelles annales* – autre périodique dominé par les contributions polytechniciennes – et de nombreux autres titres de la presse scientifique francophone, prend soin de diverses publications issues de l'École polytechnique elle-même, tels que le *Journal de l'École polytechnique*, l'*Annuaire des Anciens élèves de l'École polytechnique*, de nombreux cours publiés par les professeurs de cette école ainsi que des monographies telle que le *Livre d'or de l'École polytechnique*, publié à l'occasion du centenaire de cette institution.

Surtout, et comme nous l'avons vu dans la première partie de cet article, les contributions des anciens élèves de cette école restent majoritaires au sein du *Journal* jusqu'à la Première Guerre mondiale. Cette longue domination polytechnicienne sur le contenu du *Journal* tient en partie des liens de ce dernier avec les sections des sciences mathématiques de l'Académie, que les anciens élèves de l'École polytechnique commencent à peupler dès le début du XIXe siècle et dans lesquels ils deviennent fortement majoritaires à partir des années 1850. Il faut cependant rappeler que les polytechniciens continuent à dominer les contributions au *Journal* bien après l'époque généralement retenue pour situer la perte d'hégémonie de l'École polytechnique au profit de l'École normale supérieure et cette situation n'est pas uniquement due à l'inertie de la composition de l'Académie des sciences puisque, comme nous l'avons vu, les contributions des académiciens se tarissent à partir du tournant du siècle. Il faut surtout distinguer deux pratiques de publications spécifiques aux anciens élèves de l'École polytechnique. Tout d'abord, le journal de Jordan continue à être employé de 1900 à 1914 comme un tremplin vers une carrière mathématique par de jeunes ingénieurs polytechniciens comme Maillet ou Autonne, qui ne sont pas pour autant candidats à l'Académie mais aspirent à une réorientation professionnelle en tant qu'enseignants, le premier s'appuyant de manière traditionnelle sur un répétitorat à l'École polytechnique, le second investissant de manière plus originale une faculté des sciences de province. Rappelons qu'à cette époque, le *Journal* n'est au contraire plus mobilisé spécifiquement par les jeunes normaliens aspirant à une carrière mathématique. Par ailleurs, et comme nous l'avons vu dans la première partie, les pages du journal de Jordan restent ouvertes à des polytechniciens exerçant à plein temps des fonctions d'ingénieurs et d'officiers, poursuivant ainsi la tradition des ingénieurs savant sur un long XIXe siècle dont la fin est davantage signalée par la Première Guerre mondiale, et l'affectation de nombreux polytechniciens dans les armes savantes, que par la montée en puissance de l'École normale supérieure dans les années 1880. Cette ouverture aux contributions d'ingénieurs n'est pas étrangère aux longues relations entre le *Journal* et l'Académie : elle va au contraire de pair avec le maintien d'une conception large des sciences mathématiques, allant jusqu'à la physique, conforme à la classification traditionnelle de l'Académie mais singulière à une époque où la presse mathématique affirme de plus en plus sa spécialisation disciplinaire en lien avec la fonction de professeur d'université.

4.4 Un journal de référence : le jeu entre le national et l'international

Comme nous l'avons vu en examinant le caractère français du *Journal* et ses relations avec l'Académie, c'est par la spécificité de son ambition scientifique sur l'espace éditorial français que le journal peut revendiquer un enjeu national. Mais c'est aussi par son caractère français qu'il jouit d'une place de journal « célèbre » sur la scène internationale, pour reprendre les termes employés par le contributeur russe Ivan Petrovich Dolbnia, alors qu'il était encore élève de l'école de cadets de Nijni Novgorod[76]. Nous proposons à présent de nous intéresser de plus près à la place de ce jeu entre le national et l'international dans la stratégie éditoriale de Jordan.

La place internationale du journal peu après la prise de direction de Jordan est identifiée par plusieurs correspondants de ce dernier sous l'angle de la comparaison : le journal de Liouville serait à la France ce que le journal de Crelle – alors dirigé par Kronecker – serait à l'Allemagne. Mittag-Leffler l'évoque notamment en ces termes dans une lettre adressée à Jordan trois ans après que ce dernier ait pris la direction du *Journal*[77] :

> Je vous félicite sincèrement au grand succès de votre journal. Il tient maintenant une position plus élevée encore que dans le meilleur époque [sic] de Liouville. Mais le journal de Mr Kronecker a bien baissé. Il sera réorganisé maintenant sous la seule direction de M. Kronecker. M. Weierstrass ne voulant plus rester comme rédacteur à côté de M. Kronecker. Je doute que ce changement sera favorable.

Durant la plus grande période de direction du *Journal* par Liouville, ce dernier occupait, comme nous l'avons vu, une position hiérarchique en regard des autres périodiques mathématiques français, affirmée par une relation forte avec les publications de l'Académie de Paris ; sur la scène internationale, le *Journal* s'était longtemps présenté comme l'un des deux principaux journaux de mathématiques avec le journal de Crelle. Comme s'en était cependant désolé Liouville lui-même dans l'avertissement par lequel il avait ouvert la deuxième série de son journal en 1856, la position occupée durant trois décennies par son périodique a été fragilisée par des évolutions du paysage éditorial dans les années 1850-1880, à l'échelle nationale comme aux échelles européenne et états-unienne. À l'échelle internationale, tout d'abord, de nouveaux périodiques mathématiques ont été fondés à cette époque. Certains, sur le modèle des journaux de Crelle et de Liouville, revendiquent l'incarnation à l'international d'une scène mathématique nationale, tels que *The Quarterly Journal of Pure and Applied Mathematics* au Royaume-Uni en 1855, les *Annali di matematica pura ed applicata* en 1858 ou encore l'*American Journal of Mathematics* en 1878. D'autres viennent au contraire défier le monopole de représentation nationale par un titre centralisé, au profit d'une pluralité de centres mathématiques, tel que les *Mathematische Annalen* à Göttingen vis-à-vis du journal de Crelle basé à Berlin. Dans les années 1880, deux nouveaux périodiques sont apparus en périphérie des principaux centres mathématiques en revendiquant un positionnement proprement international de par leur neutralité vis-à-vis des grandes puissances : les *Acta Mathematica* à Stockholm à partir de 1882 et les *Rendiconti del Circolo Matematico di Palermo*, fondés en 1885 mais dont la vocation internationale ne s'est affirmée qu'à la fin des années 1880[78]. Sur la scène française, le rôle de porte-drapeau des mathématiques savantes

---

76. Dolbnia à Jordan, 18/9/1892 (EP, VI2A2(1855), n° 154).
77. Mittag-Leffler à Jordan, 14/11/1888 (EP, VI2A2(1855), n° 121).
78. Au sujet des positionnements internationaux de ces deux périodiques, voir (Brigaglia 2002), (Barrow-Green 2002) et (Turner 2011).

longtemps joué par le journal de Liouville a été contrarié par la création de la Société mathématique de France et de son *Bulletin* en 1872, ainsi que par la place de plus en plus importante occupée par les publications mathématiques dans les *Annales scientifiques de l'École normale supérieure*, créées en 1864, tandis que la centralité du *Journal* fait face à la décentralisation qu'implique la création de facultés des sciences en province, dont l'une édite son propre périodique mathématique à partir de 1887, les *Annales de la Faculté des sciences de Toulouse*.

Dès 1885, Jordan adopte une position nouvelle sur l'articulation entre national et international. Contrairement à Liouville et Résal, son éditorial n'associe plus le *Journal* à une fonction d'« utilité » pour les savants français et de responsabilité pour l'honneur de la science française. Au contraire, Jordan revendique la « collaboration de plusieurs géomètres éminents, tant français qu'étrangers » (Jordan 1885, 7). Il décide également d'aligner la périodicité du *Journal* sur les normes éditoriales internationales, justifiant le passage d'un rythme mensuel à un rythme trimestriel par le « système adopté par la plupart des journaux de Mathématiques étrangers » (Jordan 1885, 8). La nomination de Jordan comme rédacteur du *Journal* s'accompagne ainsi d'une redéfinition de la position éditoriale de ce dernier qui revendique désormais son « rang élevé » indépendamment de son caractère français.

Les premières années de la période Jordan se distinguent par des sollicitations actives de contributeurs français comme étrangers. Dès la décision de sa nomination future à la direction du *Journal*, Jordan entreprend ainsi de « réclamer le concours des travailleurs français » (Hermite & Mittag-Leffler 1985, 80 (27/1/1884)), à commencer par ses confrères de la section de géométrie et les jeunes mathématiciens les plus prometteurs, lauréats de prix académiques et candidats à un siège à l'Institut, tels qu'Halphen, Poincaré, Appell et Picard, respectivement lauréats du Grand prix des sciences mathématiques de 1880, du prix Bordin de 1885 et du prix Poncelet de 1886. La nouvelle de la nomination de Jordan au *Journal* est ainsi immédiatement interprétée par Hermite comme l'émergence d'un nouveau concurrent aux *Acta mathematica* de Mittag-Leffler (Hermite & Mittag-Leffler 1985, 128 (6/10/1886)). Ce dernier s'était en effet fortement appuyé sur la scène académique parisienne depuis le lancement de son périodique en 1882, principalement par l'intermédiaire d'Hermite, nommé collaborateur et même désigné comme « éditeur » dans un projet de prospectus commercial édité par le libraire parisien Hermann, chargé de la diffusion du périodique en France et concurrent de Gauthier-Villars (Hermite & Mittag-Leffler 1984, 186 (13/12/1882)). Comme nous l'avons vu, Hermite consentira néanmoins à participer à la reprise en main du journal français en répartissant entre ce dernier, les *Acta* et les *Annales* de l'École normale, des contributions de ses correspondants convoitées par Mittag-Leffler tels que Weierstrass (Hermite & Mittag-Leffler 1985, 114 (29/10/1885 & 10/11/1885)) et Andreï Markov (Hermite & Mittag-Leffler 1985, 117 (27/12/1885)).

Dans ce contexte de concurrence entre le *Journal* et les *Acta* pour attirer les contributeurs les plus prestigieux, Jordan tente lui aussi de solliciter son réseau de correspondants, à commencer par le Norvégien Sylow, avec qui il entretient des échanges sur la théorie des substitutions depuis le début des années 1870, et qu'il sollicite dès janvier 1885[79]. Cette sollicitation peut s'interpréter comme une tentative de porter une contre-attaque sur le sol du royaume de Norvège et Suède à l'invasion de la scène parisienne par les *Acta*. Elle se solde cependant d'une manière similaire aux projets de traductions issus des réseaux épistolaires d'Hermite : si les correspondants sollicités font tous bon accueil à la proposition de publier leurs travaux dans le *Journal*, la plupart ne dispose pas pour autant de mémoires originaux immédiatement publiables. Sylow ne fait pas exception. Il soumet ainsi à Jordan l'éventualité de tirer un article de ses travaux inachevés sur la multiplication complexe tout en se montrant réticent à ce projet en raison de la publication antérieure par Kronecker, dans le journal de Crelle, des principaux résultats contenus dans ses propres manuscrits. Mettant pour cette fois de côté la norme d'originalité qu'il appliquera par la suite à la ligne éditoriale de son journal, Jordan assure Sylow de l'« utilité » à publier ses travaux dans le domaine français malgré l'antériorité des publications allemandes de Kronecker[80]. Significativement, Sylow apportera une attention particulière au corpus des travaux disponibles en langue française lorsqu'il travaillera à l'article de synthèse qu'il adressera finalement à Jordan le 26 décembre 1886[81]. Si le mémoire de Sylow sera publié dans le *Journal* dès 1887, cette première tentative de Jordan de mobiliser son réseau de correspondants restera sans lendemain et semblera d'autant plus convaincre le rédacteur de l'inefficacité de ce type de sollicitation directe pour susciter des contributions originales que son interlocuteur norvégien ne donnera pas suite à ses demandes répétées de lui offrir quelques uns de ses travaux sur les substitutions[82]. Si le contenu du *Journal* n'est pas complètement étanche au réseau épistolaire de Jordan, seuls les échanges mathématiques avec Klein sur l'actualité de la théorie des groupes dans les années 1880 donneront lieu à une proposition de ce dernier de contribuer au *Journal*[83]. De fait, Jordan ne semble plus rechercher de telles opportunités auprès de ses correspondants après 1885, comme le suggère le fait que la vive recommandation par Lie de la thèse d'Ernest Vessiot en 1892 ne sera pas suivie d'une contribution de ce dernier dans le *Journal* avant 1913[84].

La ligne éditoriale du *Journal* s'autonomise ainsi sous Jordan des réseaux de correspondances, amenant une dissociation entre la fonction de rédacteur et celle de contributeur ainsi qu'entre le contenu du *Journal* et les travaux

---

79. Jordan à Sylow, 14/1/1885 (EP, VI2A2(1855), n° 87bis ; U.B.Oslo, Brevs).
80. Sylow à Jordan, 26/1/1885 (EP, VI2A2(1855), n° 88).
81. Sylow à Jordan, 26/12/1886 (EP, VI2A2(1855), n° 89).
82. Jordan à Sylow, 1887 (EP, VI2A2(1855), n° 89 bis ; U.B.Oslo, Brevs).
83. Klein à Jordan, 14/6/1887 (EP, VI2A2(1855), n° 115).
84. Lie à Jordan, 1892 (EP, VI2A2(1855), n° 180).

mathématiques de sa rédaction avec la disparition, plus lente mais nette à partir de 1905, du groupe de grands contributeurs émanant du comité du rédaction. Le rédacteur ne maintient pas davantage la relation qui avait pu exister sous Liouville entre les grands contributeurs étrangers au *Journal* et les élections de correspondants étrangers à l'Académie, initiant au contraire l'élection de Lie en 1892 sans pour autant solliciter ce dernier pour son journal[85]. La majorité des contributions, françaises comme étrangères, issues des échanges épistolaires de Jordan sont en réalité davantage liées aux institutions académiques européennes qu'aux réseaux mathématiques du rédacteur du *Journal*. Plusieurs contributions interviennent ainsi en marge d'une correspondance visant initialement à solliciter Jordan pour présenter des notes aux *Comptes rendus*[86]. Elles tiennent ainsi davantage à la place centrale que continue à occuper l'Académie à la fin du XIXe dans le champ institutionnel en France qu'à la fonction traditionnelle des échanges épistolaires dans la circulation des sciences mathématiques (Peiffer 1998). Certaines opportunités de contributions se présentent également en marge d'activités d'académies étrangères qui sollicitent Jordan pour proposer des sujets de prix pour leurs concours et évaluer les mémoires candidats. C'est ainsi qu'à l'occasion du prix de 1892 de la Société scientifique de Bruxelles, Jordan se voit vivement recommander un mémoire de de la Vallée Poussin, alors anonyme, par son correspondant Gilbert[87] :

> L'auteur de ce travail est un jeune homme très intelligent et des plus recommandables, qui sera prochainement candidat à une chaire qui va devenir vacante. Naturellement, l'approbation de son travail et le prix qui lui serait décerné aurait une grande influence sur cette nomination, et voilà pourquoi au point de vue de son avenir, il est bien désirable qu'il intervienne une décision prompte et favorable.

Critique sur la deuxième partie du mémoire, Jordan ralliera Gilbert et Paul Mansion à sa proposition de ne primer celui-ci qu'à la condition de le réduire à sa première partie, tandis qu'il offrira par la suite à de la Vallée Poussin d'accueillir la deuxième partie au sein de son journal[88].

La relation ancienne entre le *Journal* et les prix et publications des académies européennes se maintient ainsi durant les premières années de direction de Jordan [89]. Cette relation peut d'ailleurs s'établir de manière réciproque, comme lorsque Jordan apporte son autorité à un mémoire soumis en 1889 par Pépin, l'un des contributeurs réguliers de son journal, à l'Académie pontificale des

---

85. Jordan à Lie, 21/6/1892 (EP, VI2A2(1855) ; UBO, Brevs. n° 289).
86. Voir à ce sujet Gilbert à Jordan, 15/7/1885, Pépin à Jordan, 28/2/1895, Maillet à Jordan 9/3/1896 (EP, VI2A2(1855), n° 77 &175 &185).
87. Gilbert à Jordan, 2/6/1891 (EP, VI2A2(1855), n° 141).
88. Poussin à Jordan, 7/6/1892 (EP, VI2A2(1855), n° 148). Mentionnons que Jordan sera à nouveau sollicité en 1896 afin d'évaluer un mémoire soumis par de la Vallée Poussin à la Société scientifique de Bruxelles, favorisant ainsi une seconde contribution de ce dernier au *Journal* en 1899. Mansion à Jordan, 24/4/1896 (EP, VI2A2(1855), n° 182).
89. Outre Poincaré, Halphen et Picard, ainsi que le cas de Kovalevskaïa que nous aborderons ci-dessous, Jordan édite en 1891 un mémoire d'Albert Ribaucour, lauréat du prix Dalmont de l'Académie en 1877 mais dont cette dernière n'avait pas assuré la publication.

nouveaux lyncéens de Rome[90], dont Jordan sera nommé correspondant étranger le 20 juin 1901. C'est également dans un contexte académique que Jordan convoite en novembre 1888 la publication du mémoire de Sofia Kovalevskaïa auquel doit être décerné le prix Bordin de l'Académie des sciences quelques semaines plus tard. Le rédacteur sollicite à cet effet la médiation de Mittag-Leffler afin de transmettre sa proposition de publication à la lauréate qui se trouve alors à Stockholm. Mais lorsque Mittag-Leffler signifie à Jordan l'accord de Kovalevskaïa, le 1er décembre, c'est avec la condition que des tirés à part puissent être distribués lors de la remise du prix Bordin le 24 décembre, sans pour autant joindre le mémoire à son courrier. En suggérant que la lauréate remette son travail en mains propres à Jordan à son arrivée à Paris, Mittag-Leffler s'assure de l'impossibilité de son concurrent français d'en imprimer des tirages à l'avance, tandis qu'il ne manque pas de préciser qu'il à déjà pris ses dispositions pour arranger des telles impressions si le mémoire devait être publié chez lui[91]. Le mémoire de Kovalevskaïa paraîtra dans les *Acta* quelques semaines plus tard.

La vive concurrence entre Jordan et Mittag-Leffler dans les années 1880 pour attirer des contributeurs de prestige et lauréats de prix académiques est également documentée par l'échec de Jordan à obtenir une seconde contribution de Sylow en 1887 :

> M. Mittag-Leffler m'avait déjà fait promettre de destiner la meilleure partie de mes travaux futurs pour les *Acta mathematica* ; si j'avais pu prévoir que vous Monsieur me demanderiez d'écrire pour le Journal des mathématiques, j'aurais certainement fait des réservations[92].

Elle signale l'inscription du journal de Jordan dans un sous-espace de circulation spécifique, identifiable par les traces de la circulation internationale des mémoires primés et constitué d'un petit groupe de périodiques revendiquant une position d'élite, ou la « plus élevée » selon le terme le plus souvent employé à l'époque.

Les contours de ce sous-espace de circulation sont indiqués par la manière dont les rédacteurs construisent des relations entre leurs journaux en nouant des accords d'échanges entre leurs éditeurs. Les titres des échanges négociés par ou avec Jordan identifient en effet le réseau de périodiques dans lequel ce dernier inscrit son journal : les *Annales scientifiques de l'École normale supérieure* alors dirigées par Tannery et Darboux[93], les *Mathematische Annalen* de Klein[94], le journal de Crelle, sous la direction de Kronecker puis celle de Fuchs[95], les *Acta mathematica* dirigés par Mittag-Leffler[96], les *Rendiconti del*

---

90. Pépin à Jordan, 19/11/1889 (EP, VI2A2(1855), n° 127).
91. Mittag Leffler à Jordan, 1/12/1888 (EP, VI2A2(1855), n° 122).
92. Sylow à Jordan, 1/2/1887 (EP, VI2A2(1855), n° 118).
93. Tannery à Jordan, 27/1/1885 (EP, VI2A2(1855), n° 84).
94. Klein à Jordan, 14/6/1887 (EP, VI2A2(1855), n° 115).
95. Gutzmer à Jordan, 5/6/1892 (EP, VI2A2(1855), n° 145).
96. Mittag Leffler à Jordan, 14/11/1888 (EP, VI2A2(1855), n° 121).

Circolo Matematico di Palermo de Giovanni Guccia[97], et le *Bulletin of the American Mathematical Society* dirigé par Frank Nelson Cole[98]. Ces journaux sont également ceux qui sont les plus utilisés par les contributeurs au journal de Jordan comme nous l'avons vu dans la première partie, avec le *Bulletin des sciences mathématiques*, autre périodique sur lequel Hermite exerce un patronage et dirigé par un membre de la section de géométrie, Darboux, avec lequel Jordan entretient des relations très cordiales mais qui ont laissé peu de traces écrites, ainsi que l'*American Journal of Mathematics*, dont nous n'avons pas pu trouver de trace d'échange mais qui est à plusieurs reprises cité lors de soumissions à Jordan de correspondants qui se donnent pour références certaines de leurs publications antérieures.

Ces mêmes titres composent également le réseau dans lequel se reconnaissent les homologues de Jordan. Lorsqu'il écrit à ce dernier en 1888 pour lui proposer des échanges entre ses *Acta* et le *Journal*, Mittag-Leffler précise ainsi avoir émis la même offre en direction des journaux de Klein et Kronecker, évoquant ainsi un trio de périodiques dominants, représentant trois grands centres mathématiques, Paris, Berlin et Göttingen, deux grandes puissances mathématiques européennes, la France et l'Allemagne, et esquissant en conséquence un paysage des relations mathématiques internationales polarisé par quelques publications d'élites de deux nations rivales. Ce paysage donne en retour toute sa justification aux *Acta* pour occuper une place au sein de l'espace international lui-même, de par sa neutralité géopolitique entre la France et l'Allemagne. L'idéal élitiste d'un espace mathématique international constitué de grandes nations concurrentes conforte ainsi à la fois la position de quelques journaux nationaux, comme celui de Jordan, et la position internationale revendiquée par Mittag-Leffler (Turner 2011). Cette situation est notamment bien illustrée par la seule proposition d'échange émanant d'un rédacteur de périodique revendiquant une position non élitiste, Mansion, et reconnaissant par là le caractère déplacé de sa proposition tout comme la position subalterne de son journal *Mathesis*[99] :

> Je sais parfaitement qu'il n'y a aucune comparaison à établir entre les deux journaux à échanger [...]. Mais comme M. Mittag-Leffler nous a spontanément offert d'échanger avec les *Acta* et que l'éditeur du Journal américain nous l'a accordé aussitôt que nous le lui avons demandé, j'ai pensé que peut-être vous pourriez, sans nuire sérieusement aux intérêts de votre éditeur, nous faire le même avantage[100].

Selon une structuration similaire à d'autres organisations internationales du XIXe siècle comme les expositions universelles, ou qui émergeront à la fin du siècle, tels que les jeux olympiques ou les congrès internationaux de mathématiciens, l'espace mathématique international conçu par Mittag-Leffler est un concert de nations concurrentes qui expriment leurs pouvoirs

---

97. Guccia à Jordan, 16/11/1889 (EP, VI2A2(1855), n° 128).
98. Cole à Jordan, 13/8/1896 (EP, VI2A2(1855), n° 187).
99. Au sujet de *Mathesis*, voir le chapitre de Pauline Romera-Lebret dans cet ouvrage.
100. Mansion à Jordan, 4/2/1885 (EP, VI2A2(1855), n° 90).

respectifs par les contributions à leurs journaux nationaux et par celles de champions nationaux projetés dans un espace international arbitré par les *Acta mathematica*. Le rôle joué par Poincaré dans le succès de ce périodique illustre bien le nouveau jeu entre le national et l'international qui se met en place dans les années 1880. C'est après avoir reçu une mention lors du Grand prix des sciences mathématiques de 1880 que Poincaré développe dans les *Acta* sa théorie des fonctions fuchsiennes issue des travaux sur les équations différentielles linéaires initiés en vue du Grand prix de l'Académie de Paris. Cette projection internationale d'une identité de champion mathématique national sera institutionnalisée par le Grand prix du roi Oscar II, organisé par Mittag-Leffler sous le patronage du Français Hermite et de l'Allemand Weierstrass (Barrow-Green 1994), donnant ainsi une substance supplémentaire à l'espace international qu'entendent revendiquer les *Acta* entre la France et l'Allemagne.

Après quelques années de vive concurrence entre les *Acta* et le *Journal* durant la fin de la période Résal et le début de la période Jordan, le jeu entre le national et l'international qui se met en place à la fin des années 1880 s'accompagne ainsi d'un intérêt partagé de ces deux périodiques à renforcer réciproquement leurs positions de publication d'élite. Ce nouvel intérêt réciproque s'étend également aux *Rendiconti* de Palerme, autre périodique francophone à affirmer un positionnement international à cette époque et dont le fondateur, Guccia, entretient des relations régulières avec Jordan dont il fait même le représentant de son journal à Paris (Brechenmacher 2016). Il se manifeste notamment par des échanges de bons procédés, tels que l'annonce par le *Journal* de la médaille Guccia organisée par les *Rendiconti* comme du projet de médaille Weierstrass émanant des *Acta*, ainsi que des échanges de fascicules, mais aussi de contributeurs de prestige. C'est ainsi que Jordan et Mittag-Leffler s'accordent en novembre 1888 pour que ce dernier préempte le mémoire que prépare alors Picard pour le Grand prix des sciences mathématiques, en retour de l'accord qu'il avait donné un an auparavant à la publication par le *Journal* du travail de Sylow sur les fonctions modulaires[101]. De tels arrangements participent d'une nouvelle forme de concurrence qui peut favoriser les échanges mais exclut le principe du don, comme le manifeste la manière par laquelle Mittag-Leffler soustrait de la convoitise de Jordan un second mémoire de Sylow en 1887 tout comme celui de Kovalevskaïa en 1888.

Les recherches actives de contributeurs étrangers de prestige dans les années 1885-1888, par les sollicitations directes d'Hermite comme par les échanges arrangés par Jordan, soulignent l'importance de ce jeu entre le national et l'international dans la stratégie mise en place par le rédacteur afin de redéfinir la position éditoriale de son journal au delà de son traditionnel caractère français. Ce procédé est loin d'être spécifique au journal de Jordan. Une même stratégie sera ainsi mise en œuvre plus tard lors des tentatives de plusieurs membres

---

101. Mittag-Leffler à Jordan, 14/111888 (EP, VI2A2(1855), n° 121).

de l'American Mathematical Society de fonder avec les *Transactions of the American Mathematical Society* un journal national de « pure recherche[102] », par contraste à un *American Mathematical Journal* considéré comme déclinant et après l'échec d'une tentative de reprendre le contrôle de ce dernier (Batterson 2017, 115)[103]. Les premiers membres du comité de rédaction, Eliakim Hasting Moore, Ernest William Brown, et Thomas Scott Fiske, n'économisent ainsi pas leurs efforts pour que le premier numéro des *Transactions* affiche des contributions de l'Allemand Gordan et du Français Goursat, avec désormais la condition supplémentaire que ces contributions étrangères soient toutes deux inspirées de « travaux américains[104] ». Depuis Göttingen où il complète ses études, Osgood se félicite également quelques semaines plus tard que le premier nom cité dans ce numéro soit celui d'Hilbert[105].

Une stratégie similaire avait aussi déjà été mise en œuvre avant Jordan lors de la redéfinition en 1867 de la politique éditoriale des *Annali di matematica pura ed applicata* à l'occasion de la prise de direction de ce journal par Cremona et Brioschi. Outre le déménagement de Rome à Milan et la nomination d'un comité de rédaction, les nouveaux directeurs avaient mis en place une politique ambitieuse d'internationalisation en diffusant avec succès un appel à contribution au sein de leurs réseaux de correspondants. Jordan lui-même avait contribué à l'internationalisation du « journal de MM. Brioschi et Cremona » en réponse à la sollicitation faite par ces derniers à Bertrand, son protecteur (Brechenmacher 2016).

Cette expérience a pu jouer un rôle de modèle pour la stratégie éditoriale qu'il adoptera plus tard en nommant un comité de rédaction et en participant avec Hermite à une recherche active de contributeurs étrangers entre 1885 et 1890. Conséquence directe de ces efforts, les contributions allemandes redeviendront temporairement majoritaires parmi les publications étrangères accueillies dans le *Journal*, comme nous l'avons vu dans la première partie, tandis qu'elles s'effondreront rapidement après 1895. Comme pour les premières années des *Annali* sous la direction de Brioschi et Cremona, la majorité des étrangers sollicités par le *Journal de mathématiques* n'y publient en effet qu'un ou deux mémoires et n'en deviennent pas des contributeurs réguliers.

Mais si l'ouverture internationale des *Annali* visait principalement les contributeurs de France et d'Allemagne, ce qui peut s'interpréter comme une ambition de hisser les mathématiques publiées en Italie au rang de ces deux nations, le *Journal* est principalement tourné vers l'Allemagne durant les premières années de sa direction par Jordan. La périodicité trimestrielle que Jordan impose à son journal dès 1885 s'avère la norme établie par le journal de

---

102. William Fogg Osgood à Fiske, 1899 (CURBM, T.S. Fiske Correspondence, MS #0428).
103. Voir à ce sujet le chapitre de Karen Parshall dans cet ouvrage.
104. Osgood à Fiske, 6/1/1900 (CURBM, T.S. Fiske Correspondence, MS #0428).
105. Osgood à Fiske, 28/2/1900 (CURBM, T.S. Fiske Correspondence, MS #0428).

Crelle depuis sa création[106]. Surtout, et comme nous l'avons vu, les sollicitations d'auteurs étrangers durant les premières années sont essentiellement adressées en Allemagne. Par contraste, le *Journal* ne fera paraître aucune contribution italienne de 1885 à 1902 malgré les nombreuses relations institutionnelles et individuelles qu'entretien son rédacteur avec l'Italie (Brechenmacher 2016). La faiblesse des contributions italiennes au journal de Jordan en regard de l'activité de publication déployée par les mathématiciens italiens en Allemagne comme dans d'autres périodiques français se présente même comme une spécificité du *Journal* jusqu'à sa prise de direction par Villat en 1922. Le choix de Jordan de ne pas revendiquer le caractère français du journal de Liouville s'accompagne ainsi d'une ouverture internationale bien moins large que celle d'autres périodiques français contemporains comme les *Nouvelles annales*[107]. De 1885 à 1894, 26 % des contributions publiées dans les *Nouvelles annales* émanent d'auteurs étrangers, une proportion presque identique à celle du journal de Jordan, mais les mathématiciens italiens y représentent le groupe le plus important de contributeurs avec 27 articles, soit 25 % des contributions étrangères.

Cette différenciation des supports de publications de mathématiques en France est tout à fait conforme à la conception élitiste d'un espace international des mathématiques que nous avons discutée plus haut à propos des relations entre les journaux de Jordan et Mittag-Leffler. Il s'agit avant tout pour le *Journal* de se présenter comme compétiteur des deux principaux périodiques mathématiques allemands : le journal de Crelle et les *Mathematische Annalen*. Plusieurs indices suggèrent par ailleurs que l'enjeu de la compétition scientifique entre la France et l'Allemagne a pu jouer un rôle dans l'accession de Jordan à la direction du journal de Liouville. À la suite de ses travaux sur des sujets particulièrement développés par Kronecker, Clebsch et Gordan, telles que les équations algébriques, la théorie des substitutions, les surfaces algébriques, les fonctions elliptiques et abéliennes ou encore les équations différentielles linéaires, Jordan avait été présenté à plusieurs reprises au début des années 1870 comme l'un des mathématiciens français capables de défier des mathématiciens allemands sur leurs terrains de prédilection. C'est ainsi que Maximilien Marie, contributeur prolifique au journal de Liouville dans les années 1860, commentait en 1873 un résultat de Jordan sur les équations résolubles par des fonctions abéliennes par une allusion à la perte de l'Alsace-Lorraine : « c'est autant de repris aux Allemands » (Marie 1873, 943). En Italie, le général et diplomate Luigi Menabrea voyait quant à lui dans le *Traité des substitutions et des équations algébriques* la preuve « que les cruelles épreuves qu'ont subi notre

---
106. Cette périodicité ne semble cependant pas toujours appliquée en pratique, comme le suggère Appell en 1895, indiquant qu'*Acta mathematica* « paraît à époques indéterminées comme le journal de Crelle – quand il a de la matière ». Appell à un correspondant anonyme, 1895 (CURBM, D.E. Smith Professional papers, MS #1167).
107. Sur les périodiques intermédiaires comme espace d'échanges transnationaux, voir (Ehrhardt 2018).

pays n'y ont point éteint le feu sacré de la science et que, sous tous les rapports, la France est toujours pleine d'avenir[108] ». Ce rôle a par ailleurs semblé être assumé par Jordan lui-même à plusieurs reprises dans les années 1870, notamment lorsqu'il avait engagé en 1874 une controverse avec Kronecker, l'un des mathématiciens berlinois les plus influents (Brechenmacher 2007).

Le contexte de la concurrence entre la France et l'Allemagne permet également d'interpréter le caractère temporaire des efforts réalisés pour assurer des contributions allemandes de prestige au journal de Jordan. Les premières années de la période Jordan semblent suffisantes à affirmer le nouveau positionnement éditorial du *Journal* : elles ne visent pas à faire de ce dernier un journal international au sens d'un périodique dont l'objectif serait de publier une forte proportion de contributions étrangères sur la durée, mais d'en affirmer la place de champion des mathématiques publiées en France. Il s'agit bien de l'objectif que nous avons vu Tannery assigner à Jordan en 1885 : rendre au journal l'éclat qu'il a eu afin de lui assurer le retour des géomètres français. Le caractère temporaire des sollicitations envers des auteurs allemands, tout comme envers un groupe de grand contributeurs issus de l'Académie, peut ainsi s'interpréter comme un signe de ce que le rédacteur considère avoir achevé le repositionnement éditorial de son journal dès le milieu des années 1890.

La reconnaissance de la nouvelle place occupée à partir de la fin du XIXe siècle par le *Journal de mathématiques pures et appliquées* sur les scènes nationale et internationale est documentée par les efforts spécifiques consentis par de nombreux mathématiciens états-uniens pour soutenir financièrement ce périodique à l'issue la Première Guerre mondiale. L'inflation consécutive à la crise économique des années d'après-guerre a fortement affecté la presse européenne, provoquant notamment un renchérissement du prix du papier ainsi qu'une réduction des abonnements et des achats de périodiques. De nombreux rédacteurs de journaux mathématiques européens ont ainsi cherché une aide aux États-Unis, notamment auprès de Leonard Dickson, professeur à l'Université de Chicago, président de l'American Mathematical Society en 1917-1918, puis responsable des souscriptions étrangères au sein du comité de cette société au début des années 1920, ainsi que de David Eugene Smith, professeur au Teachers College de l'Université Columbia et président de la Mathematical Association of America en 1920. Sollicités en janvier 1921 par Picard pour venir en aide aux *Annales de l'École normale supérieure* ainsi qu'au *Bulletin de la Société mathématique de France*, Dickson et Smith s'adressent à de nombreuses bibliothèques universitaires états-uniennes en les encourageant à souscrire de nouveaux abonnements pour contribuer à la survie de ces deux périodiques, quitte à multiplier les abonnements souscrits par une même université[109]. La réponse de Dickson et Smith à la sollicitation faite à la même époque par Jordan est plus généreuse : les deux mathématiciens font

---

108. Menabrea à Jordan, 1872 (EP, VI2A2(1855), n° 17).
109. Dickson à Smith, 13/3/1921 (CURBM, D.E. Smith Professional papers, M #1167).

ainsi circuler une pétition visant non seulement à encourager de nouveaux abonnements au *Journal* mais également à susciter des dons en espèces[110]. Plus encore, ce soutien apporté au journal de Jordan est unanime et ne fait pas naître de discours de démarcation entre « chercheurs » et « enseignants », polarisation qui travaille à cette époque la communauté mathématique états-unienne. D'un côté, la campagne de soutien aux *Annales* et au *Bulletin* ne parvient à toucher que les quelques universités proposant des graduate schools en mathématiques tandis que les teachers colleges considèrent ces deux périodiques hors de portée de leurs étudiants et excluent de souscrire des abonnements qui « reviendraient en réalité à un simple don de notre université[111] ». De l'autre, le projet de Raymond Clare Archibald de relancer la circulation de *L'intermédiaire des mathématiciens* sous l'égide de la MAA, principalement constituée d'« enseignants », se heurte à l'opposition des « research people » de l'AMS, tels que Dickson[112]. Le journal de Jordan est au contraire perçu comme une publication de référence : tous le soutiennent, bien que tous ne le lisent pas[113].

Le soutien de professeurs de mathématiques états-uniens dans l'immédiat après-guerre n'apportera cependant qu'un répit de courte durée aux difficultés financières du *Journal*. Ces difficultés semblent avoir joué un rôle important dans la « décision de M. Jordan » de désigner Villat comme successeur à la direction du « Journal qui lui devait une gloire si grande[114] ». Des financements obtenus pour l'organisation du Congrès international des mathématiciens de Strasbourg en 1920, notamment dans le monde économique, financier et industriel (Gispert & Leloup 2009, 60), avaient en effet permis à Villat de « venir en aide aux journaux mathématiques français, d'épauler les *Annales de l'École normale*, et de prendre en mains le *Journal de mathématiques pures et appliquées* dont la disparition semblait alors fatale » (Villat 1926, 16)[115]. Selon ce dernier, le *Journal* vivra durant les années 1920 « sans aide quelconque des pouvoirs publics, sous ma responsabilité financière personnelle » (Villat 1926, 16). Villat prendra également en 1922 la responsabilité des *Nouvelles annales de mathématiques* qu'il relancera à ses frais après que ce périodique ait cessé de paraître durant deux ans[116], mais qu'il ne parviendra à maintenir à

---

110. Dickson à Smith, 26/6/1921 (CURBM, D.E. Smith Professional papers, MS #1167).
111. Burton H. Camp à Smith, 23/1/1921 (CURBM, D.E. Smith Professional papers, MS #1167).
112. Archibald à Smith et Herbert Ellsworth Slaught, 13/3/1921 (CURBM, D.E. Smith Professional papers, MS #1167).
113. Embarrassé par l'inflation qui a accru d'un tiers le prix du journal de Jordan pendant la période de circulation de son appel à souscription, Dickson n'hésite pas à convertir en dons certains abonnements souscrits par des enseignants qu'il soupçonne de ne pas être capable de lire le périodique. Dickson à Smith, 26/6/1921 (CURBM, D.E. Smith Professional papers, MS #1167).
114. Villat à Montessus de Ballore, 23/12/1921, (Le Ferrand 2011, 4).
115. Sur la place particulière occupée par Villat dans l'entre-deux-guerres, voir (Gispert & Leloup 2009, 90–94).
116. Villat à Montessus de Ballore, 21/5/1922, (Le Ferrand 2011, 15).

flot que jusqu'en 1928. Les difficultés financières du *Journal* après la Première Guerre mondiale sont notamment à l'origine de l'ouverture des pages de ce dernier à des contributions en langue étrangère, principalement anglaises et issues d'auteurs états-uniens, afin d'assurer la « propagande » du périodique auprès des « mathématiciens étrangers[117] ».

5 Conclusions

La combinaison d'une analyse prosopographique et d'études micro-historiques de la correspondance du rédacteur nous a amené à distinguer trois périodes principales dans l'histoire du *Journal de mathématiques pures et appliquées* sous la direction de Camille Jordan.

La première, de 1885 à 1892, se caractérise par la nouvelle concurrence portée au *Journal* par les *Acta mathematica* qui attiraient depuis 1882 les contributeurs français les plus prestigieux et les plus prometteurs. Cette concurrence avait scellé dès 1883 l'éviction de Résal par l'éditeur du périodique allié aux secrétaires perpétuels de l'Académie des sciences. Jordan se trouve alors mis à la tête d'un journal repris en main par la section de géométrie de l'Académie, peuplant son comité de rédaction de la nouvelle génération d'académiciens qu'il participe à élire et plaçant son périodique sous le patronage d'Hermite. La sollicitation active des jeunes académiciens, combinée au réseau de correspondants allemands d'Hermite, maintient durant quelques années l'association traditionnelle entre le journal de Liouville, les réseaux épistolaires de ses collaborateurs et l'Académie des sciences. Une nouvelle stratégie éditoriale se dessine pourtant dès les premières années suivant la prise de direction du *Journal* par Jordan avec l'affirmation de l'exclusivité du mémoire original qui amène la disparition rapide du format épistolaire, tout comme des traductions, notes de synthèse ou actualités académiques. Cette stratégie se manifeste également par la manière dont Jordan dissocie dès 1885 sa fonction de rédacteur de celle de contributeur : le journal de Jordan n'est déjà plus à cette date le journal d'un homme au sens que pouvait prendre cette expression du temps de Liouville. Mais il ne faudrait pas conclure à un retrait du rédacteur des destinées de son périodique. Au contraire, si le *Journal de mathématiques pures et appliquées* est celui de Jordan, c'est en tant que ce dernier en redéfinit le positionnement éditorial.

Une deuxième période, de 1892 à 1905, affirme ainsi un nouveau positionnement sur les scènes nationale et internationale. Dès la fin des années 1880, le *Journal* trouve en effet un nouvel équilibre à l'égard des deux principaux périodiques francophones revendiquant un certain espace de circulation mathématique international, à savoir les *Acta* de Stockholm et les *Rendiconti* de Palerme. Cet espace est désormais caractérisé par sa neutralité envers les puissances européennes concurrentes, principalement la France et l'Allemagne, chacune représentée par des titres emblématiques tels que le journal de Jordan

---

117. Villat à Montessus de Ballore, 29/12/1921,(Le Ferrand 2011, 4).

à Paris, celui de Crelle à Berlin et les *Mathematische Annalen* à Göttingen, et dont la compétition se mesure à l'aune des contributions à ces périodiques, dont les populations de contributeurs sont presque étanches les unes avec les autres mais se projettent dans l'espace international. Cette conception compétitive de l'espace de circulation mathématique relègue à une position subalterne les périodiques élémentaires ou intermédiaires, tournés vers l'enseignement et les récréations mathématiques, bien que certains présentent une plus grande ouverture internationale. Elle est à l'opposée de la position internationaliste, ouverte et collaborative qui sera celle de *L'Enseignement mathématique* à partir de 1899 (Gispert 2018).

Dans le même temps, Jordan donne à son journal un nouveau positionnement institutionnel sur la scène française en prenant acte de l'affaiblissement de la relation privilégiée qu'avait longtemps entretenu le journal de Liouville avec l'Académie des sciences et que manifeste, dès les années 1880, la disparition de la fonction de tremplin vers une élection académique qu'avait joué le périodique pour ses grands contributeurs, français comme étrangers, depuis les années 1840. Si Jordan s'assure dans un premier temps de la collaboration de la jeune garde de la section de géométrie autour de laquelle se maintient temporairement un groupe de grands contributeurs, il initie également une autonomisation du *Journal* de la fonction d'évaluation dont l'Académie avait longtemps gardé le monopole et qui lui avait notamment permis de participer à la stratification du champ éditorial des périodiques de mathématiques en France comme à l'étranger. Dès 1892, Jordan associe ainsi son périodique aux activités institutionnelles de la faculté des sciences de Paris dont il participe à la publication des thèses de doctorat en bonne entente avec les *Annales* de l'ENS et celles de la faculté des sciences de Toulouse. Ce nouveau positionnement permet au journal de Jordan de s'affirmer comme un périodique parisien de référence sur les scènes nationale et internationale, dont la spécificité tient notamment à un positionnement thématique dominé par l'analyse, comme les autres périodiques d'élite, mais se distinguant de ces derniers par une ouverture à une conception large des sciences mathématiques incluant non seulement la mécanique mais aussi la physique théorique.

Ce nouveau positionnement donné au *Journal de mathématiques pures et appliquées* est conforme aux usages des nouvelles générations issues de l'École normale supérieure et des facultés des sciences. Il assure ainsi à partir de 1905 la relève d'un groupe de grand contributeurs, académiciens et polytechniciens, par de nouvelles pratiques de publications de jeunes normaliens qui font un usage épisodique du *Journal*, souvent associé à des enjeux de mobilité professionnelle, et donnent ainsi à ce dernier une place analogue à celle des deux grands périodiques francophones internationaux, les *Acta* et les *Rendiconti*. Ce positionnement sera plus tard affirmé par Villat et jouera un rôle essentiel dans la survie du périodique dans l'entre-deux-guerres. Mais dans le même temps, Jordan maintient ouvertes les pages de son journal aux pratiques de publications plus traditionnelles des anciens élèves de l'École polytechnique, les polytechniciens s'orientant vers une carrière académique maintenant un engagement fort dans le *Journal* tandis que les officiers et ingénieurs savants menant des activités mathématiques, souvent tournées vers les applications, y trouvent toujours un lieu accueillant pour leurs travaux.

L'absence de rattachement institutionnel du *Journal* permet à ce dernier de jouer un rôle d'interface entre différentes institutions, telles que les académies, écoles et facultés, et de trouver une place dans les pratiques de publications de différents groupes de praticiens des mathématiques qui peuvent impliquer une grande variété d'autres périodiques spécialisés, en mathématiques comme en physique, mais à l'exclusion des journaux techniques[118]. Jordan parvient ainsi à donner à son journal un statut de périodique de référence pour l'ensemble du « public mathématique », surmontant les nouvelles lignes de démarcation, entre ingénieurs et professeurs, mais aussi entre entre chercheurs et enseignants, qui annoncent la fin des *Nouvelles annales*, partenaire historique du journal de Liouville et qui en avait longtemps dessiné en creux la ligne éditoriale. Par la réorientation qu'il donne à son journal, Jordan lui confèrera ainsi la capacité de se projeter au delà de son ombre.

---

118. Un exemple de la fonction d'interface jouée par le *Journal* est donné par l'annonce, en 1914, du prix Léon-Marie de science actuarielle organisé par l'Institut des actuaires français, à une époque où le périodique publie par ailleurs les prix mathématiques internationaux organisés par les *Acta* et les *Rendiconti* mais ne communique plus sur les concours organisés par l'Académie de Paris.

Chapitre 26

La *Revue de mathématiques spéciales* – une étude de cas

Jean Delcourt

1 Introduction

1.1 Une revue stable pour un public fugitif

La *Revue de mathématiques spéciales* est une revue quasi immuable : elle paraît très régulièrement tous les mois. Elle compte à chaque livraison seize pages, puis vingt-quatre. Les pages de couverture conservent la même couleur et présentation, avec des publicités pour des ouvrages ou instruments scientifiques. Sa longue vie (elle est plus que centenaire) atteste également de cette permanence : on ne change pas un modèle qui a montré sa pertinence.

Sa lecture au long cours est, conséquence de cet « immobilisme », souvent (un peu) fastidieuse par la répétition du même ; l'objectif essentiel de la *Revue de mathématiques spéciales* est de rendre service aux étudiants des classes de mathématiques spéciales et à leurs professeurs, en leur fournissant les énoncés des problèmes de concours puis leurs corrigés. Elle contient également la liste des questions d'oral, des énoncés et corrigés d'exercices indépendants des concours et quelques articles ou « notes » de mathématiques ou, parfois, concernant leur enseignement.

Il peut paraître paradoxal de faire l'histoire d'une revue qui est présentée comme immuable... Nous allons tenter dans notre étude de trouver des traces d'une histoire sous-jacente, celle d'un milieu, celui des professeurs et des élèves des classes de mathématiques spéciales, et celle d'une discipline d'enseignement, les mathématiques. Dans cette longue période (1890-1945), des évolutions ou des révolutions ont-elles pu avoir lieu ? En trouve-t-on des traces[1] ?

1.2 Les classes de mathématiques spéciales

Commençons par donner les éléments nécessaires pour comprendre ce système très français des classes préparatoires scientifiques[2]. La création de l'École polytechnique, en 1794, a nécessité de donner aux nombreux candidats à cet établissement prestigieux une préparation efficace au difficile concours d'entrée. Ainsi, sous l'Empire, sont créées dans les lycées des classes dites de *mathématiques spéciales*[3] où interviennent les meilleurs professeurs de mathématiques et de physique. Dans les lycées parisiens, certaines classes peuvent être très chargées (jusqu'à plus de cent élèves) et l'on y passe parfois deux ou trois ans. Le concours d'entrée à l'École polytechnique est difficile, mais il y a chaque année plus de cent places, et le taux réel de réussite peut atteindre suivant les années près de 50 %. Ces classes vont également préparer au concours d'entrée à l'École normale supérieure, qui est recréée en 1831, ainsi qu'à d'autres écoles militaires ou d'ingénieurs.

Combien d'élèves trouve-t-on dans ces classes ? En 1880, c'est-à-dire peu avant la création de la *Revue de mathématiques spéciales*, on compte 14 classes de spéciales à Paris et dans la région parisienne, totalisant 620 élèves, et 34 classes en province totalisant 497 élèves (Brasseur 2013, 46). Les classes de province comptent donc environ 15 élèves soit trois fois moins que les parisiennes, et certaines disparaîtront les années suivantes. Ces effectifs évoluent assez peu : il y a une augmentation du nombre d'élèves à la fin du XIXe siècle (ce qui se traduit par un maximum de 1700 candidats à l'École polytechnique en 1892) puis une légère baisse et une stabilisation jusqu'à la Seconde Guerre mondiale.

Pour clore ce court portrait il faut préciser que les classes de mathématiques spéciales ne sont pas les seules dans cet ensemble de classes préparatoires : on trouve, notamment dans les grands lycées, des classes où l'on prépare à l'École centrale des arts et manufactures, et de nombreuses classes appelées classes de mathématiques élémentaires : celles qui préparent au baccalauréat ès sciences, celles dédiées au concours de l'École navale ou l'École de Saint-Cyr, ou celles (appelées parfois mathématiques élémentaires préparatoires), qui servent de propédeutique aux classes de mathématiques spéciales. Ces dénominations et ce type de classes évoluent sur toute la période, et beaucoup de lycées de province n'ont qu'une classe qui les regroupe toutes. Enfin, un mot de ces dénominations : mathématiques élémentaires, ce sont les mathématiques du baccalauréat, les

---

1. Cet article s'appuie sur le site très complet de Roland Brasseur consacré aux professeurs de mathématiques spéciales (https://sites.google.com/site/rolandbrasseur/home). Pour un point de vue plus large, plus théorique et international, on pourra consulter (Ehrhardt 2018).

2. Des détails supplémentaires peuvent être trouvés dans (Belhoste 2001, 2002) ainsi que (Brasseur 2013).

3. Conformément à l'habitude, nous écrirons souvent : classes de spéciales, ou professeurs de spéciales.

mathématiques de base, en référence à celles des *Éléments* d'Euclide ; on y trouve le B.A BA de l'arithmétique, de l'algèbre et de la géométrie. Les mathématiques spéciales quant à elles contiennent peu ou prou ce qui est au programme du concours d'entrée à l'École polytechnique, donc beaucoup de géométrie analytique en dimension 2 et en dimension 3, de l'algèbre plus avancée et, à partir des années 1880, des rudiments d'analyse : la dérivation, l'étude des suites et des séries, nous aurons l'occasion d'y revenir.

2 Histoire de la revue et de la rédaction

2.1 Quelques éléments de contexte

Quel est le paysage éditorial français dans lequel naît la *Revue*, lorsque son premier numéro paraît à Paris, en octobre 1890 ? Il y a surtout les *Nouvelles annales de mathématiques*, revue publiée depuis 1842 et qui durera jusqu'en 1927. Mais ce journal, destiné à l'origine aux candidats à l'École polytechnique et normale, est d'un niveau un peu trop élevé pour les élèves « ordinaires » des classes préparatoires. Les premières revues concurrentes aux *Nouvelles annales* ont d'abord été des revues lycéennes, créées par des élèves de mathématiques élémentaires ou spéciales (ou/et leurs professeurs) à la fin des années 1860 (Delcourt 2019). Puis deux éditeurs se sont lancés sur le même créneau : Delagrave, avec le *Journal de mathématiques élémentaires* dirigé par Justin Bourget[4] et la librairie Nony avec le *Journal de mathématiques élémentaires*, dirigé par Henry Vuibert. Ces deux revues, de même titre et fortement concurrentes, ont été lancées à la même date, en janvier 1877.

Le *Journal de mathématiques élémentaires* de Bourget-Delagrave se scindera bientôt (1880-1882) en *Journal de mathématiques élémentaires* et *Journal de mathématiques spéciales*. Il sera dirigé par Gohierre de Longchamps[5] et Lucien Lévy[6] à la mort de Bourget en 1887, puis par Georges Mariaud[7] en 1897. Déclinant alors rapidement, les deux journaux disparaissent en 1901.

Une dernière revue est issue de l'éviction de Niewenglowski[8] de la *Revue de mathématiques spéciales* (Vuibert), le *Bulletin de mathématiques spéciales*

---

4. Né en 1822, il est normalien agrégé ; il a enseigné en classe de mathématiques élémentaires, puis à la faculté de Clermont-Ferrand, et depuis 1867 dirige l'École Sainte-Barbe. Il a été rédacteur des *Nouvelles annales de mathématiques*, de 1868 à 1872. En 1878, il devient recteur de l'académie d'Aix. Il décède en 1887 alors qu'il est recteur de l'académie de Clermont. C'est le père du romancier Paul Bourget.
5. Gaston Gohierre de Longchamps (1842-1906), normalien agrégé, professeur de spéciales aux lycées Charlemagne et Saint-Louis.
6. Lucien Lévy (1853-1912), polytechnicien et agrégé, est professeur de spéciales à Rennes, puis professeur de mathématiques élémentaires au lycée Louis-le-Grand, enfin directeur des études à l'École Sainte-Barbe. C'est le père du probabiliste Paul Lévy.
7. Georges Mariaud est directeur des études à l'École préparatoire Saint-Georges lorsqu'il prend la direction de la revue. Il enseigne aussi à l'École Sainte-Barbe à partir de 1898.
8. Boleslas Niewenglowski, (1846-1933), normalien et agrégé, est professeur de mathématiques spéciales à Reims puis au lycée Louis-le-Grand ; il est nommé inspecteur d'académie en 1895 et termine sa carrière comme inspecteur général.

(1894-1900), hébergé par une autre maison d'édition, la Société d'éditions scientifiques (dirigée par F. R. de Rudeval), Gohierre de Longchamps s'y adjoindra en 1897. Il y aura également un *Bulletin de mathématiques élémentaires* en 1895, dirigé à partir de 1898 par Louis Gérard[9] puis par Charles Michel[10]. En 1910, ce *Bulletin* est absorbé par le *Journal de mathématiques élémentaires* de Vuibert.

2.2 La création

Désiré Henry Vuibert (1857-1945) a vingt ans lorsque sa première revue, le *Journal de mathématiques élémentaires*, est créée. C'est certainement un amateur éclairé de mathématiques, puisqu'il contribue parfois à sa revue, mais n'est sans doute pas « le plus jeune agrégé de mathématiques » comme signalé dans certaines notices biographiques[11]. Vuibert publiera d'autres revues (l'*Annuaire de la Jeunesse*, l'*Éducation mathématique*) et c'est lui qui lance, avec Louis-Alexandre Nony (1855-1956), la *Revue de mathématiques spéciales*, en 1890. Nony et lui publieront de nombreux ouvrages (dont les *Annales du baccalauréat* qui paraissent annuellement et ont du succès jusqu'à la fin du XXe siècle), dans la maison d'édition « Librairie Nony », qui prendra dès le début du XXe siècle le nom de Éditions Vuibert. Il semble que Vuibert et Nony aient été tous les deux élèves au lycée de Clermont-Ferrand[12].

Il n'est pas aisé de comprendre cette victoire finale des éditions Vuibert : il semble que le public potentiel (à la fois de mathématiques élémentaires et de mathématiques spéciales) n'était pas suffisant pour permettre la coexistence de revues présentant sensiblement le même contenu. La personnalité d'Henry Vuibert, à la fois éditeur et amateur de mathématiques (il a publié des ouvrages dans sa propre maison d'édition) doit être prise en considération ; la spécialisation en mathématiques et physique de la maison d'édition créée avec Nony a sans doute joué aussi un rôle ; la maison Delagrave par exemple est plus généraliste.

2.3 Vie de la revue

Tout au long de la vie de la *Revue*, les interventions de la rédaction sont très peu nombreuses ; le premier numéro paraît en octobre 1890 sans aucun avant-propos ou note d'intention ; le comité éditorial est sur la couverture : B. Niewenglowski (lycée Louis-le-grand[13]), avec la collaboration de MM. Charruit (lycée de

---

9. Louis Gérard (1859-19*), agrégé, est professeur de mathématiques à Brest et Lyon, puis à Paris au lycée Charlemagne de 1898 à 1902. Il sera ensuite professeur au lycée Buffon, puis professeur de mathématiques spéciales préparatoires au collège Chaptal. Il a écrit quelques articles dans la *Revue de mathématiques spéciales*.

10. Charles Michel (1873-1934), normalien, agrégé, est professeur de mathématiques spéciales à Douai, puis à Dijon et à partir de 1908 au lycée Saint-Louis de Paris.

11. Son dossier d'officier de la légion d'honneur le déclare bachelier.

12. Rapport du Conseil Général du Puy de Dôme, séance du 23 avril 1900.

13. Par convention, lorsque nous ne précisons pas de nom de ville, il s'agit d'un lycée parisien.

Lyon), Dessenon[14] (lycée Saint-Louis), Laviéville (lycée Condorcet), Papelier[15] (lycée d'Orléans), Tartinville[16] (lycée Saint-Louis) et Vuibert. Tous sont des professeurs agrégés de mathématiques (à l'exception de Laviéville, agrégé de physique, et de Vuibert). Ce dernier est le gérant de la revue et se présente comme rédacteur du *Journal de mathématiques élémentaires*, la revue sœur. Ce premier numéro commence par le problème numéro 1, l'épreuve de mathématiques du concours d'entrée à l'École polytechnique en 1890. Il compte seize pages. Les problèmes et questions seront numérotés avec une constance remarquable : en mars 1994, la revue est dans sa 105e année et contient le corrigé 6669... Les questions d'oral sont numérotées de façon indépendante et ne sont pas toutes corrigées. La revue est mensuelle et paraît douze mois sur douze, avec une pagination de seize pages, qui passera à vingt-quatre, parfois plus pour le premier numéro de l'année en octobre. La rédaction est remarquablement stable, nous allons nous en rendre compte en recensant toutes les annonces éditoriales faites de 1890 à 1942.

La première note correspond à un changement important dans la direction ; le 12e numéro de la 4e année signale :

> M. Niewenglowski cesse de faire partie de la rédaction de la *Revue*.
> Cette publication sera dirigée à l'avenir par M. Humbert[17], professeur de mathématiques spéciales au lycée Louis-Le-Grand, de concert avec M. Papelier, qui a été, avec M. Vuibert, le fondateur de la *Revue*.
>
> [...] Nous adjoindrons à toutes ces questions des articles concernant les divers cours dont nous avons parlé antérieurement et qui seront toujours rédigés avec soin et mis à la portée des élèves. Quelques leçons mêmes parmi celles qui sont les plus délicates et qui laissent encore à désirer, pourront être rédigées et publiées dans la *Revue*. Enfin, il sera rendu compte, d'une façon sommaire mais suffisante, des ouvrages nouveaux pouvant intéresser nos lecteurs. [...]
>
> Nous espérons ainsi, en restant fidèlement placé sur ce domaine particulier [des mathématiques spéciales], mais déjà étendu, intéresser un grand nombre de lecteurs et satisfaire toute cette légion de gens instruits qui ne s'occupent pas uniquement des hautes mathématiques. (Rédaction 1894)

Boleslaw Niewenglowski aura dirigé la *Revue* pendant quatre ans. Son expérience éditoriale ne s'arrêtera pas là, puisqu'il crée comme nous l'avons dit le *Bulletin de mathématiques spéciales* :

> Obligé, pour des raisons qui n'ont rien de commun avec les mathématiques, de quitter la *Revue de mathématiques spéciales* que je dirigeais depuis quatre ans, j'accepte l'hospitalité que m'offre un éditeur libéral, et je continue la tâche interrompue en publiant la nouvelle Revue. Profitant de l'expérience, j'apporte quelques modifications qui me paraissent indispensables. Vers la fin de l'année scolaire, nos élèves, après les

---

14. Ernest Dessenon (1843-1937), normalien agrégé, professeur de Navale au lycée Saint-Louis. Il quitte la rédaction en 1904.

15. Georges Papelier (1860-1943), normalien agrégé, est professeur de mathématiques spéciales au lycée d'Orléans de 1883 à 1926. Il quitte la rédaction en 1930.

16. Arthur Tartinville (1837-1896), normalien agrégé, est professeur de Centrale au lycée Saint-Louis.

17. Eugène Humbert (1858-1936), normalien agrégé, est professeur à Bar-le-duc, Montpellier puis au lycée Louis-le-Grand.

compositions écrites, préoccupés surtout de revoir les parties faibles de leurs cours en vue des examens oraux, n'ont plus le temps de s'intéresser à des devoirs écrits ; notre journal, qui est avant tout destiné aux élèves, n'aura que dix numéros par an. (Niewenglowski 1894)

En octobre 1895, Niewenglowski créera aussi un *Bulletin de mathématiques élémentaires* chez le même éditeur. On ignore les raisons de l'éviction, une hypothèse vraisemblable est qu'il s'agit de questions financières ou d'édition (Niewenglowski publie ses manuels chez Gauthier-Villars et non chez Vuibert). Georges Papelier est lui un habitué de Vuibert : jeune lycéen, il a été un prolifique auteur de la revue sœur, le *Journal de mathématiques élémentaires*.

Papelier au contraire de Humbert écrit très peu d'articles dans la *Revue de mathématiques spéciales*, et reste dans la rédaction de la *Revue* pendant quarante ans. Humbert dirige la revue jusqu'en 1926, donc pendant plus de 30 ans. Son successeur Aimé Hennequin[18] reste quant à lui près de cinquante ans à la direction de la revue. On trouvera une déclaration d'intention de Humbert, hors pagination :

> Les dimensions actuelles de la *Revue de mathématiques spéciales* sont un obstacle absolu à la réalisation du programme que nous nous sommes imposé, et dont nous avons marqué les traits essentiels dans le numéro de septembre. Aussi avons-nous fait appel à la générosité de nos éditeurs pour obtenir d'eux des sacrifices nouveaux qui permettent de donner à la *Revue* son véritable caractère. Notre appel a été entendu, et nous avons aujourd'hui le plaisir d'annoncer à nos lecteurs la transformation prochaine de notre journal.
>
> La *Revue* nouvelle paraîtra, comme l'ancienne, le premier de chaque mois, et comprendra vingt-quatre pages in-quarto, sur lesquelles les neuf ou dix premières seront toujours consacrées à des articles variés dont nous allons énumérer les titres divers. [...]
> Janvier 1895
>
> E. HUMBERT
85, rue d'Assas (Humbert 1895a)

Depuis, c'est le calme plat, la stabilité presque totale. Il y a quelques interventions à propos des réformes (cf. *infra*). La revue s'interrompt en août 1914 et reprend en octobre 1919, sans qu'il y ait le moindre avis de la rédaction. Il semble qu'il n'y ait effectivement aucun numéro paru entre ces deux dates, car il y a continuité de la numérotation des questions. Après guerre, il y a une période de flottement :

> Note de la Rédaction. – Nos lecteurs ont certainement remarqué le grand retard apporté à la publication des solutions des questions proposées dans la *Revue*. Pour remédier à cet inconvénient et supprimer une bonne partie de ce retard dans l'année en cours, nous avons décidé de ne pas publier la solution des questions peu intéressantes et de celles qui ne correspondent plus au programme réduit actuel.[...] Nous donnons aussi quelques questions proposées marquées d'un astérisque et dont les solutions ne seront pas publiées. (Rédaction 1919)

---

18. Aimé Hennequin (1885-1975), normalien agrégé, est professeur de mathématiques spéciales au lycée de Caen, au lycée Lakanal (Sceaux), au lycée Buffon, puis au lycée Saint-Louis. Il dirige la revue jusqu'en 1973.

Cette période se prolonge, certains numéros sont plus minces (faisant moins que les 24 pages habituelles) ; en 1925, la rédaction fait appel aux lecteurs pour qu'ils envoient des questions, et l'année 1925 ne contient que deux articles : la copie de concours général de Poincaré (1873...) et une note de Louis Bickart[19], copie conforme de celle qu'il publiera l'année suivante dans les *Nouvelles annales*. En octobre 1926, la *Revue* change de rédacteur :

> M. E. Humbert, qui fut pendant trente-deux ans le rédacteur principal de la *Revue*, trouvant trop absorbant la direction de cette publication, se sépare de ses collaborateurs, qui lui expriment leurs vifs regrets. Il suffit de parcourir la *Revue de mathématiques spéciales* pour se rendre compte de l'œuvre accomplie par ce maître, qui partagea toute son activité entre cette revue et la classe qu'il dirigea au lycée Louis-le-grand avec tant de distinction et d'autorité.[...]
>
> La *Revue* sera dirigée par M. Papelier, qui a été un de ses fondateurs et de ses plus précieux collaborateurs, et par M. Hennequin, le distingué professeur de mathématiques spéciales du lycée Lakanal. M. Papelier, dont les ouvrages devenus classiques, ont, les premiers, exposé les programmes rajeunis de mathématiques spéciales, et M. Hennequin, qui n'a connu comme élève et comme professeur que l'enseignement nouveau, s'efforceront de tenir la revue au courant des méthodes modernes et de l'orienter suivant les tendances nouvelles pour le plus grand intérêt des lecteurs. (Rédaction 1926)

Cette période de creux ne se prolonge pas ; elle coïncide avec la disparition des *Nouvelles annales* (1927), mais aussi avec une crise dans la communauté des professeurs de mathématiques spéciales : en 1927 est créée l'Union des professeurs de spéciales (UPS), regroupant des professeurs de mathématiques spéciales qui adhéraient à l'APMSP[20]. Cette nouvelle association, qui regroupait aussi des professeurs de physique, réagissait contre la domination des professeurs parisiens, souvent interlocuteurs privilégiés du ministère et des grandes écoles. À sa création elle comptait 48 professeurs de province sur 53 et 3 parisiens sur 42. Dix ans plus tard, pratiquement tous les professeurs de mathématiques spéciales adhèrent à l'UPS.

La *Revue de mathématiques spéciales* reprend un cours normal dès 1928. En décembre 1939, Henry Vuibert annonce qu'il continue la publication de la revue malgré les difficultés financières liées à un manque de lecteurs, mais en mars 1942 la rédaction annonce que la revue s'interrompt, faute de papier, décision prise par les autorités d'occupation (Rédaction 1942). Elle reprend en octobre 1944 ; un an après Henry Vuibert décède, en laissant une revue qui va bénéficier de l'essor considérable des classes préparatoires.

2.4 Le travail de la rédaction

Nous ne disposons pas d'archives éditoriales de la revue, aussi peut-on seulement formuler des hypothèses : les rédacteurs sont parfois des auteurs

---

19. Louis Bickart (1871-1928) entre à l'École polytechnique en 1891. Il suit une carrière industrielle (Établissements métallurgiques de Rai-Tillères) et dans l'armée. Auteur de nombreux articles mathématiques dans la *Revue*.

20. Association des professeurs de mathématiques de l'enseignement secondaire public, ancêtre de l'Association des professeurs de mathématiques de l'enseignement public (APMEP).

d'articles ; c'est notamment le cas d'Humbert, mais plus rarement des autres. Une grande partie de leur travail doit être le recensement des sujets proposés aux concours et à la vérification de l'impression (on constate très peu de correctifs signalés dans la *Revue*). Il y a aussi le collationnement des questions posées aux oraux, et cela se fait certainement avec l'aide de leurs élèves, tous les rédacteurs étant professeurs de spéciales. Ce collationnement doit être facilité par l'implantation géographique, la majorité des rédacteurs sont en poste dans un lycée parisien.

Enfin, une grande partie du travail est la lecture des solutions proposées par les élèves et les professeurs. Il y a souvent une dizaine de solutions exactes (ou presque) ; il faut les contrôler, et on peut raisonnablement penser qu'elles sont améliorées pour pouvoir être imprimées. Dans certains cas, les rédacteurs doivent fournir eux-mêmes le corrigé : c'est presque systématiquement le cas des épreuves de géométrie descriptive, un rédacteur (Lamaire[21]) s'étant spécialisé dans ce domaine.

Un premier bilan peut être alors fait sur le rôle de la revue et sur son public : la *Revue de mathématiques spéciales* tend à devenir l'organe des classes de mathématiques spéciales, après avoir éliminé les revues concurrentes. Les élèves et professeurs l'utilisent pour avoir des sujets d'entraînement, avoir les corrigés correspondants, en étant sûrs de leur actualité et de leur pertinence. La librairie Vuibert édite parallèlement les programmes des concours, de nombreux manuels.., elle est donc bien placée pour jouer ce rôle d'organe officieux de cette classe préparatoire, et (cf. les publicités) de prescripteur pour l'achat de manuels. En cela, elle reste très liée au système d'enseignement français et a sans doute peu de lecteurs hors des frontières.

3 La communauté des auteurs

3.1 Les résolveurs

Le rôle de la *Revue de mathématiques spéciales* est en premier de fournir énoncés et corrigés, mais aussi de permettre aux lecteurs d'envoyer leurs réponses ; la meilleure (ou l'une des meilleures) sera publiée et les autres « résolveurs » seront signalés. Il arrive parfois que leur solution soit commentée, très rapidement (Bonne solution, solution analytique, solution incomplète..). Dans le cas des épures, le correcteur est souvent un peu plus explicite dans ses remarques. Certaines réponses à des questions ne sont pas signées (et donc la solution est l'œuvre d'un rédacteur), mais des résolveurs sont signalés. Qui sont ces personnes ? Commençons par un exemple pris au hasard :

Réponses à la question 2777. Elle est résolue par deux méthodes signées l'une par R. Gavinet, à Belfort et l'autre par R. Deaux, à Virelles en Belgique. De plus, à la fin de ces solutions :

---

21. Pierre Lamaire (1886-1939) normalien agrégé, est professeur de spéciales au lycée de Lille et au collège Chaptal.

Bonnes solutions analytiques par MM. Raymond Baras, École nationale d'arts et métiers de Paris ; Charles Brodeau, à Saint Jean d'Angély ; H. Calgaix, étudiant au Creusot ; Maurice Goniaux, lycée Saint-Louis ; A. Hutinel, à Cannes ; G. Lhémanne, lycée de Besançon ; F. Maisonnet. lycée Carnot ; G. R., à Paris ; G. Rov ; Henri Sebban, à Boulfarik (Alger) ; Raymond Tassel, lycée Louis-le-Grand ; Marcel Winiants ; Georges Hèle et Ch. Simon, à Nogent-le-Rotrou. (Rédaction 1923)

Comme on le voit, les résolveurs sont signalés par leur nom (éventuellement leurs initiales) et par leur ville d'origine ou leur établissement, sans que l'on connaisse leur statut (élève, professeur...). D'autres ne sont connus que par leur statut professionnel (« l'enseigne de vaisseau Seguin »). Il se forme ainsi une communauté, qui se renouvelle régulièrement puisqu'il s'agit en majorité d'élèves de mathématiques spéciales ; certains résolveurs néanmoins, il s'agit alors souvent de professeurs ou d'amateurs, ont une durée de vie bien plus longue. On peut citer par exemple parmi les plus prolixes Robert Bouvaist, enseigne de vaisseau et Ernest Napoléon Barisien, lieutenant d'infanterie et ancien polytechnicien comme Bouvaist. Tous deux sont également des intervenants fréquents dans la revue des *Nouvelles annales de mathématiques*.

Il arrive que les rédacteurs se laissent berner :

> Les questions que nous proposons et qui nous sont envoyées le plus souvent par des élèves, ne sont pas toujours inédites ; le journal s'adressant surtout à des élèves, il n'y a là aucun mal. Mais nous prions instamment nos jeunes correspondants de nous avertir quand ils nous adressent des solutions empruntées à des mémoires déjà publiées dans d'autres recueils ; autrement ils s'exposeraient à des réclamations désagréables à recevoir, mais justifiées. Ainsi, dans le numéro précédent, nous avons publié une généralisation de la question 93 ; la solution est très intéressante mais elle appartient à M. Laguerre ; pour s'en convaincre, il suffit de lire le mémoire que ce savant a publié dans les *Nouvelles annales*, année 1878, Sur les courbes du quatrième degré qui ont trois points doubles d'inflexion et en particulier sur la lemniscate. (B.N. 1892)

C'est signé B. N(iewenglowski). Le « coupable » est Ed. Husson, du lycée de Nancy.

Donnons également un témoignage, celui d'André Weil, dans ses *Souvenirs d'apprentissage*.

> [...] on eut l'heureuse idée de m'abonner dès l'automne de 1915 au *Journal de mathématiques élémentaires* édité par la librairie Vuibert. Ce très utile périodique publiait surtout des problèmes [...]. Je fus tout surpris de trouver bientôt que quelques-unes de ces questions étaient à ma portée. Quelle ne fut pas ma fierté quand je vis mon nom imprimé pour la première fois. Bientôt il y parut assez régulièrement puis ce fut un jour, triomphe suprême, ma solution que publia le journal. (Weil 1991)

Nul doute que cette fierté était partagée par les résolveurs, notamment les élèves qui pouvaient ainsi briller auprès de leurs pairs... et de leurs professeurs.

Terminons par une petite étude de cas : parmi les résolveurs qui deviendront auteurs de notes, on trouve Jules Haag (1882-1953) et André Sainte-Laguë (1882-1950), aux destins parallèles. Le premier est lorrain et suit les cours de spéciales à Nancy, tandis que Sainte-Laguë est étudiant à Bordeaux. En 1902, Jules Haag publie trois réponses à des questions, lorsqu'il est élève à Nancy et en 1902-1903, il y en a quarante-trois. André Sainte-Laguë en publie six en 1902-1903. Tout deux ont réussi le concours d'entrée à l'ENS en 1902, ils y entrent en 1903 après leur service militaire. Et si l'on regarde en détail les solutions proposées, on constate que très souvent, lorsque la solution est signée de Haag, une « bonne solution » est signalée comme venant de Sainte-Laguë, et réciproquement. Parfois la solution est signée de leurs deux noms alors qu'ils sont dans deux lycées différents : sans doute la rédaction a-t-elle condensé les deux réponses. Dans la suite, nos deux résolveurs deviendront plutôt des auteurs d'articles, comme nous le verrons plus loin. Tous deux enseigneront en classe de spéciales (Sainte-Laguë succédant à Haag au lycée de Douai), mais le premier y fera toute sa carrière (notamment à Janson-de-Sailly[22]), carrière qu'il terminera au C.N.A.M. Haag optera rapidement pour l'université, Clermont puis Nancy et Besançon.

Les résolveurs deviennent parfois également des questionneurs : les sujets proposés à la sagacité des lecteurs de la revue ne sont pas toujours des sujets de concours, il y a également des « questions proposées », en général courtes et signées. Leurs auteurs sont parfois des élèves, parfois des amateurs et souvent des professeurs. Les résolveurs sont également nombreux parmi les auteurs d'articles ou de notes, communauté que nous allons étudier plus longuement.

3.2 Les articles et leurs auteurs

Commençons par quelques données statistiques. Entre octobre 1890 et septembre 1942, on compte 734 articles[23] ou notes. On a ôté les très rares articles de physique (concernant principalement la mécanique). Il n'y a pas eu d'article de chimie. On a inclus les notes de la rédaction, ainsi que les notices bibliographiques. Compte tenu de l'interruption de cinq années entre 1914 et 1919, cela fait une moyenne d'un peu moins de 16 articles par an ; sachant qu'il y a toujours eu 12 numéros par an, ce n'est pas considérable en comparaison des problèmes résolus et autres énoncés. Cependant ces articles permettent de suivre l'évolution de la revue, ils en constituent la substance originale par opposition aux énoncés de concours.

On a compté 215 auteurs, mais 41 articles n'étaient pas signés (pas même par des initiales). Beaucoup de ces auteurs n'ont apporté une contribution qu'une ou deux fois. Un seul sort nettement du lot, mais pour des raisons compréhensibles, c'est Eugène Humbert, qui fut responsable de la rédaction pendant une grande partie de la période étudiée ; il est en particulier le signataire de presque toutes les notices bibliographiques. L'auteur le plus prolixe hormis Humbert est Antoine Labrousse[24] avec 32 articles. Il est suivi par Charles Michel[25] (27 articles) suivi de Georges Fontené (24 articles).

---

22. André Sainte-Laguë est un des trois adhérents parisiens au moment de la création de l'UPS, voir 2.3.

23. Lorsqu'un article paraît en plusieurs épisodes, on le compte autant qu'il y a d'épisodes, trois au maximum.

24. Antoine Labrousse (1874-1947), normalien agrégé, enseigne à Tours et Toulouse, puis au lycée Buffon et au lycée Saint-Louis comme professeur de spéciales.

25. Voir la note 10.

	effectif	articles
Professeurs	41	113
Professeurs de spéciales	69	330
Professeurs d'université	27	60
Élèves	37	81
Autres professions	10	29
Profession inconnue	31	
(Anonymes)	(32)	117
total	215	734

Tableau 1 : Les auteurs d'articles et de notes entre 1890 et 1942.

Cet auteur est un peu à part parmi la population : né en 1848, il n'est ni normalien ni professeur de spéciales. Agrégé après des études à l'Université de Lille, il enseigne essentiellement en classes de mathématiques élémentaires (au collège Rollin, aujourd'hui Lycée Jacques Decour) et termine sa carrière en tant qu'inspecteur d'académie à partir de 1905. Il décède en 1923. Fontené écrit donc souvent ; il le fait aussi dans les *Nouvelles annales* (82 articles) et dans d'autre revues. Et il a donné son nom à un théorème : le théorème de Rouché-Fontené.

On trouve ensuite Louis Bickart[26] (14), Louis Sire[27] (17), Jules Richard[28], René Dontot[29] avec 15 articles. Suivent Sainte-Laguë, Bioche[30]... Les autres ont publié moins de 10 articles.

Il est clair d'après ce premier palmarès que les professeurs de spéciales sont très nombreux parmi les auteurs, cela est confirmé par les chiffres globaux de la figure 1.

Ce tableau est sans appel : la profession enseignante est dominante parmi les auteurs, et parmi les enseignants les professeurs de spéciales sont largement majoritaires : ils représentent 32 % des auteurs et ont écrit 45 % des articles. La *Revue de mathématiques spéciales* est bien celle d'un milieu. Elle joue un rôle de confortation de ce milieu, pour les élèves, qui sont valorisés par leur réponses

---

26. Voir la note 19.
27. Louis Sire (1887-1914), admissible à l'ENS, agrégé en 1911, est professeur à Bastia et meurt au front en juillet 1914. Son frère Jules (1878-1954) a eu une carrière universitaire à Rennes et Lyon ; il a également écrit quelques articles dans la revue.
28. Jules Richard (1862-1956), normalien agrégé, est professeur de spéciales à Tours et à Dijon, et finit sa carrière comme professeur de mathématiques à Châteauroux. Il est connu pour le « paradoxe de Richard ».
29. René Dontot (1891-1973), normalien agrégé, est professeur de spéciales à Toulon, Nîmes, au lycée Louis-le-Grand et au lycée Hoche de Versailles. Il finit sa carrière comme inspecteur général.
30. Charles Bioche (1859-1949), normalien agrégé, est professeur à Poitiers, Douai, Vanves, au collège Stanislas et au lycée Louis-le-Grand où il termine sa carrière.

aux problèmes de concours ou par leurs articles, quand ils en écrivent. Pour les professeurs, l'étude un peu plus fine de certains cas (Sainte-Laguë, Haag,..) laisse penser que l'écriture d'articles au début de leur carrière (ou même quand ils sont étudiants) les aide à se faire connaître. Leur parcours dans les classes de mathématiques élémentaires ou spéciales est jalonné d'articles, qui se font plus rares quand le Saint-Graal est atteint, un lycée parisien ou, comme pour Haag, un poste à l'université. Un dernier point est remarquable, il y a une évolution importante au cours des années : les auteurs étudiants ou non enseignants se raréfient au fil des ans ; il y a très peu d'auteurs élèves après 1914 : 5 seulement en 1919, 1924, 1927 et en 1942[31]. Fait navrant : un seul auteur femme, il s'agit de Lucienne Félix[32] (en avril 1941).

D'autres études peuvent être menées qui utilisent la localisation des auteurs ; par exemple, si dans un lycée un professeur est un auteur assidu (comme Charles Michel à Dijon), on obtient un grand nombre d'étudiants de Dijon parmi les auteurs d'articles (et de résolveurs). Par contre la figure 1 montre sans surprise qu'une très grande partie des auteurs localisés résident à Paris ou en région parisienne. Elle est essentiellement due à la localisation des classes de spéciales. Cependant la province gagne peu à peu du terrain ; à la fin du XIXe siècle, on estime le nombre d'élèves de classes préparatoires (mathématiques spéciales ou élémentaires) à 10 000 ; et ce nombre n'augmente vraiment qu'à partir des années soixante.

Il y a très peu de sites hors de France : en Algérie (il y a une classe de spéciales à Alger), en Belgique, en Suisse, Italie, Canada, Indochine, avec un ou deux articles chaque fois.

4 La Revue et les mathématiques spéciales

Dans cette dernière section, nous allons faire une petite incursion dans le contenu mathématique des articles, de façon qualitative plutôt que quantitative.

4.1 Des références franco-françaises

Une bonne partie des articles contiennent des références, mais c'est loin d'être la totalité ; ces références sont le plus souvent internes : des articles antérieurs de la *Revue*, que l'on complète ou critique. Il y a quelques questions de priorité (Maurice d'Ocagne[33] y est très attentif). Les références à d'autres revues sont moins fréquentes, en particulier les *Nouvelles annales*, le *Journal de Longchamps*, le *Bulletin de la Société mathématique de France*, les *Comptes rendus hebdomadaires des séances de l'Académie des sciences*, et une ou deux

---

[31]. C'est Roger Apéry (1916-1994) alors élève à l'École normale supérieure. Il aura une belle carrière universitaire et démontrera l'irrationnalité de $\zeta(3)$.

[32]. Lucienne Félix (1900-1994), normalienne agrégée, professeure à Versailles et à Paris, connue pour son travail et son militantisme dans la pédagogie des mathématiques.

[33]. Maurice d'Ocagne (1862-1938), polytechnicien, académicien des sciences a une carrière d'ingénieur puis d'enseignant à l'École polytechnique. Il est l'auteur de très nombreux ouvrages, articles et manuels.

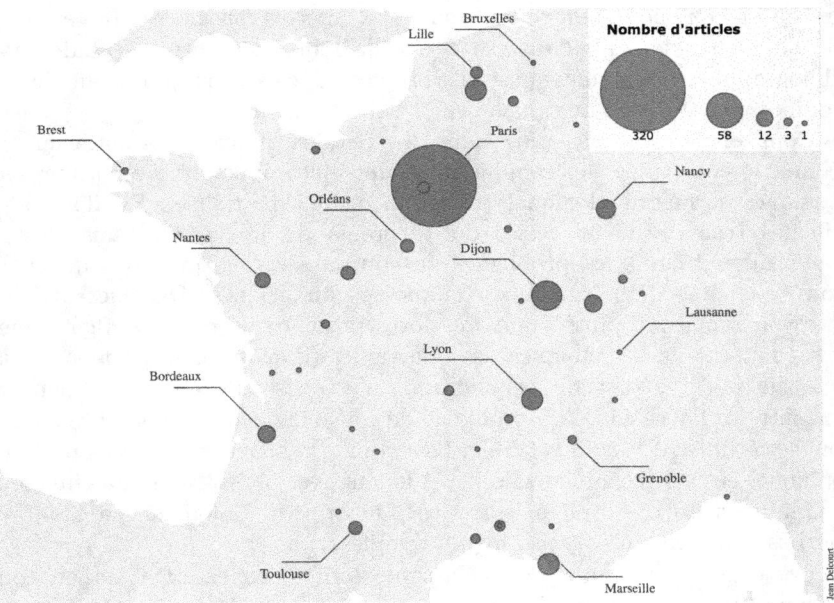

FIGURE 1 : Répartition géographique des auteurs d'articles

basemap from GISCO – Eurostat (European Commission) (made with Khartis)

références à des revues étrangères, mais il s'agit alors d'un des très rares auteurs étrangers. Enfin, les références à des livres sont très souvent à des manuels, le plus souvent français. Seul George Salmon[34] est également cité, mais dans une traduction française.

Cette relative pauvreté de références montre que la *Revue* ne se place pas dans une tradition universitaire, et c'est bien normal vu son public ; il arrive d'ailleurs, notamment pour certains articles venant d'élèves que la rédaction prévienne qu'il s'agit d'un bon résumé de résultats connus : cf. l'article de Sainte-Laguë sur la droite de Simson (Sainte-Laguë 1906).

4.2 La géométrie analytique omniprésente

Un rapide examen montre que sur 734 articles ou notes, on en compte 436 de géométrie, 114 d'analyse et 75 d'algèbre (les autres sont des notices bibliographiques, nécrologiques, historiques...), cela sans qu'il y ait de visible modification au cours des ans.

Pour entrer un peu plus dans les détails, il s'agit essentiellement de géométrie analytique ; les coniques sont un sujet important, avec les problèmes classiques et méthodologiques (équation en λ, équation en S), d'autres plus difficiles (cas divers et variés du théorème de Poncelet). Mais c'est sans doute surtout dans les problèmes de concours et les questions que vont se trouver le plus d'allusion aux coniques et quadriques. Dans les articles ou notes on remarque plutôt une très forte présence de courbes algébriques de degré supérieur : les cubiques, les quartiques (dans le plan ou dans l'espace). Ces courbes, dont l'étude systématique n'est pas au programme, peuvent se rencontrer à l'occasion d'un problème de concours et de très nombreux articles vont les étudier de façon générale. Ils se limitent souvent à des cas particuliers (cubiques circulaires, unicursales...) et jouent avec plaisir des points imaginaires à l'infini et autres droites isotropes. On trouve également de nombreuses courbes transcendantes (epi-, hypo-cycloïdes...).

Cette géométrie analytique classique semble cependant un peu tourner en rond au fil des années, et une autre géométrie commence à apparaître : celles des transformations (par polaires réciproques, homographies..). Les transformations commencent à être vues pour elles-mêmes, et non comme simple outil. Un exemple, celui des « similitudes » dans un article de février 1925 « Transformations ponctuelles du plan qui transforment une figure en une figure semblable »] (de Tannenberg 1925), par W. de Tannenberg[35], qui s'inspire de ses *Conférences sur les transformations en géométrie plane* (de Tannenberg 1921). C'est un article qui propose une classification de transformations qui étaient déjà bien connues.

---

34. George Salmon (1819-1904), mathématicien irlandais, est l'auteur de nombreux traités ; le plus souvent cité est *A Treatise on Conic Sections* (1848), dont la traduction française (Salmon 1870) paraît en 1870.

35. Wladimir de Tannenberg (1860-1937), normalien agrégé, est enseignant à l'Université de Bordeaux et professeur de mathématiques dans divers lycées.

Une autre nouveauté est l'introduction timide des vecteurs : en janvier 1904, dans une note bibliographique consacrée au *Traité de géométrie* de Guichard, Humbert écrit :

> [...] Je trouve très bon que dans un ouvrage comme celui-ci, destiné aux meilleurs élèves de nos lycées et à ceux surtout qui ont en vue des études plus élevées, l'auteur ait développé cette théorie ([cette théorie des vecteurs que les programmes nouveaux ont mis au début de la mécanique]). Je ne pense pas, au contraire, qu'il conviendrait d'enseigner de pareilles abstractions dans les lycées. J'ai lu avec attention les quelque quarante pages que M. Guichard leur a consacrées ; j'ai beaucoup goûté l'habileté qu'il a déployée dans l'exposition de ce symbolisme ; mais il m'a paru évident que tout cela est hors de la portée des élèves ordinaires de nos lycées, et que l'enseignement de pareilles abstractions contribuera puissamment à rebuter la plupart d'entre eux et à leur inspirer le dégoût des sciences mathématiques. Il était si simple de garder toutes ces choses pour l'enseignement de la statique, où elles sont alors à leur place et peuvent être présentées aux élèves d'une façon compréhensible ! Quelques mots eussent suffi plus tard pour en généraliser le sens et pour en faire une théorie purement géométrique. (Humbert 1904)

Et cependant, en octobre 1926, Sainte-Laguë débute une série d'articles (Sainte-Laguë 1926) sur la « géométrie vectorielle », s'appuyant notamment sur le traité de Bouligand[36] (1924) et celui de Châtelet (1924)[37]. De façon significative, cet article suit la note qui annonce le retrait de Humbert. André Sainte-Laguë (qui est présenté comme docteur ès sciences) est professeur de « Centrale » à Janson-de-Sailly et s'appuie sur les ouvrages de deux universitaires. Comme nous allons le voir en ce qui concerne l'analyse, l'innovation prend son temps à s'installer dans le milieu des classes de spéciales. Les articles de Sainte-Laguë restent encore isolés, on ne retrouve pas le mot « vecteur » dans le titre des articles avant longtemps, par contre la saga des « quartiques bicirculaires unicursales » et autres continue. Est-ce à dire que la *Revue de mathématiques spéciales* ne parvient pas à sortir de son immobilisme ?

4.3 Les nouveaux programmes et la construction d'un corpus d'analyse

Les premières années

Dans le programme de l'École polytechnique de l'année 1881, la partie III s'intitule « Algèbre » ; après quelques paragraphes sur les équations, on trouve les titres *Notions générales sur les séries* (séries à termes positifs, séries alternées, suite $(1 + 1/n)^n$), puis *théorie des dérivées* (avec application aux variations) et on revient sur les équations quelconques. C'est dans ce cadre qu'on trouve le théorème de Rolle, le théorème de Sturm et la règle de Descartes. On trouve aussi l'étude des logarithmes et de la fonction a^x (dans

---

36. Georges Bouligand (1889-1979), normalien agrégé, est professeur de spéciales à Tours, Rennes, puis professeur d'université à Poitiers et à Paris. Auteur de très nombreux ouvrages, dont des ouvrages de pédagogie. Il a écrit beaucoup d'articles dans la *Revue*, de 1936 à 1961.

37. Albert Châtelet (1883-1960), normalien agrégé, est professeur en classes préparatoires pendant une courte période ; il suit ensuite une carrière universitaire et administrative (il sera directeur de l'enseignement scolaire dans le ministère de Jean Zay).

les compléments d'arithmétique). Il n'apparaît pas les mots continuité ou nombres réels. L'analyse représente deux paragraphes de cinq ou six lignes pour plusieurs pages de programme : le reste est géométrie.... À l'agrégation, il y a, par exemple en 1894, trois épreuves : composition de mathématiques spéciales, de mathématiques élémentaires (essentiellement de la géométrie) et une « Composition sur l'analyse et ses applications géométriques » ainsi qu'une épreuve de mécanique rationnelle.

Les articles d'analyse de la revue, dont on a vu qu'ils étaient peu nombreux, se concentrent sur les aspects théoriques de ce programme, et notamment sur les démonstrations.

- « La formule de Taylor » (Anonyme 1892), article non signé adapté du cours de Gomes Teixeira. Il s'agit d'une variante de la formule initiale, où apparaît le quotient de deux polynômes de Taylor.

- « Sur la formule de Taylor » (d'Ocagne 1898a), signé Maurice d'Ocagne. Il s'intéresse au terme d'erreur, y compris quand la série diverge.

- « Note sur une formule qui renferme comme cas particulier la formule des accroissements finis » (Proubet 1899), par P. Proubet qui est élève de mathématiques spéciales au lycée de Toulouse. C'est une méthode astucieuse qui utilise un déterminant pour obtenir la formule de Taylor et d'autres formules.

Un autre article traite de la continuité en un point et sur un intervalle et ce que l'on appelle maintenant la continuité uniforme (Humbert 1892). Il est signé d'Eugène Humbert :

> Cette démonstration me paraît nouvelle. il y a déjà plusieurs années que je la donne dans mon enseignement, et il m'a paru intéressant de la publier.

Le même Humbert s'intéressera aux fonctions qu'il appelle « localement croissantes » (Humbert 1895b), Jules Richard traitera de l'intégration des fonctions monotones (Richard 1895)...

Après la réforme

En 1902, une importante réforme va modifier profondément l'organisation de l'enseignement secondaire ainsi que les programmes[38]. En particulier, la notion de dérivée et son utilisation pour les variations sont introduites dès le lycée. Conséquemment, une réforme des programmes de la classe de mathématiques spéciales se prépare, sous l'égide d'une commission présidée par Gaston Darboux[39] et pour les mathématiques, par Paul Appell[40].

---

38. On pourra consulter l'article (Belhoste 1990).
39. Gaston Darboux (1852-1917), normalien agrégé, est un temps professeur de spéciales aux lycées Saint-Louis et Louis-le-Grand, puis poursuit une carrière universitaire à l'École normale supérieure et à la faculté des sciences de Paris. Membre de l'Académie des sciences, c'est un géomètre reconnu, auteur de nombreux articles et manuels.
40. Paul Appell (1855-1930), normalien agrégé, enseigne essentiellement à l'université. Académicien, il est un personnage important de la communauté mathématique. Il a écrit

En décembre 1904, Eugène Humbert présente dans la *Revue de mathématiques spéciales* le projet de programme, qui sera officialisé un peu plus tard. Ce programme sera mis en musique dans divers manuels, mais pas seulement ; de nombreuses notes d'analyse vont paraître dans la *Revue* qui donnent des démonstrations « sérieuses » des théorèmes fondamentaux. Dès février 1905, la *Revue* publie un article de Richard[41], « Dérivée d'une série » (Richard 1905), et un autre de Labrousse[42], « Sur les séries entières » (Labrousse 1905). La rédaction introduit les deux articles :

> Le théorème suivant : « Une série entière d'une variable réelle admet une dérivée en tout point du segment de convergence représentée par la série des dérivées de ses termes » figure au nouveau programme de la classe de Mathématiques spéciales.
>
> Il y a comme on sait deux démonstrations classiques de ce théorème.
>
> La première (Voir Picard, *Traité d'Analyse*, tome I, 1re éd., page 206) est basée sur les propriétés de l'intégrale définie ; quoique un peu détournée, elle présente l'avantage de pouvoir s'étendre à d'autres séries que les séries entières.
>
> La deuxième (Voir Niewenglowski, *Algèbre*, tome II, 5e édit., page 105, ou Humbert, *Cours d'Analyse*, tome I, page 143), plus directe, pour être rendue parfaitement rigoureuse doit être précédée de quelques propositions sur les séries à double entrée. Voici une démonstration ne faisant pas appel à ces notions.

Et la rédaction conclut :

> Note de la Rédaction . – Les deux notes que nous venons de publier nous sont parvenues à peu de temps l'une de l'autre. Elles ont le même objet et diffèrent peu. Les démonstrations données par les auteurs ne diffèrent d'ailleurs que par des détails de celle que M. Godefroy donne dans sa *Théorie élémentaire des séries*. Nous avons pensé toutefois que ces notes pouvaient intéresser nos lecteurs, et c'est ce qui nous a décidé à les publier.

Les années suivantes, de nouveaux thèmes d'analyse sont abordés : La limite de $\frac{x^p}{a^r}$ pour $a > 1$, le théorème de Rolle et ses généralisations, les équations différentielles, la notion de coupure, la règle de Bioche pour l'intégration, le développement de fonctions en série entières...

Il y a donc une différence importante entre les articles d'analyse et ceux de géométrie. Les premiers sont très souvent théoriques, proposent des démonstrations, apportent des précisions dans des domaines encore ignorés ou mal connus des enseignants et de leurs élèves. Bien sûr, la constitution d'un nouveau corpus de cours se fait également au travers des manuels, qu'ils soient écrits par les professeurs de spéciales ou par leurs collègues universitaires. Cependant, comme la citation précédente le montre, il se crée une sorte de dialectique entre les manuels et les articles de la revue ainsi qu'avec le cours que chaque enseignant rédige pour mettre à sa sauce tous ces théorèmes nouveaux. Il

---

trois articles de géométrie pour la *Revue* et il est auteur d'un rapport sur la réforme des programmes d'admission aux grandes écoles, que l'on peut consulter sur le site de Roland Brasseur (voir la note 1).

41. Voir la note 28.
42. Voir la note 24.

est cependant intéressant de signaler que les notes bibliographiques, spécialités d'Eugène Humbert, se concentrent sur la période 1897-1914, au moment où se préparent et se peaufinent les nouveaux programmes, on n'en trouve plus aucune les années qui suivent.

5 Conclusion

5.1 Normalien agrégé

Ces deux qualités résonnent comme une antienne au lire des petites biographies des auteurs de la *Revue de mathématiques spéciales*. Elles qualifient un milieu, celui des professeurs de mathématiques spéciales, auquel il faut quand même ajouter la majorité des universitaires enseignant les mathématiques, ainsi que bon nombre de professeurs de lycée. L'École normale supérieure accueille une quinzaine d'élèves en mathématiques chaque année, qui obtiendront pour la plupart l'agrégation de mathématique ; cela crée un vivier important, encore modeste par rapport à celui des polytechniciens.

La *Revue de mathématiques spéciales* permet alors de suivre, en filigrane seulement, cette communauté. On observe les jeunes agrégés, non encore titulaires d'une classe de spéciales, se mettre en avant, en publiant très tôt dans leur carrière. On voit les universitaires (qui ont parfois commencé leur carrière en lycée) distribuer la pensée théorique et savante, et les membres de la rédaction, presque toujours installés et parisiens, arbitrer et orienter.

Cependant, la *Revue* n'est pas le journal de cette communauté : ce n'est pas son rôle. Elle est d'abord un outil, qui permet d'accéder aux sujets des différents concours et à leurs corrigés. C'est aussi une vitrine publicitaire pour une maison d'édition qui propose de nombreux manuels. Le débat entre les professeurs de spéciales passe plutôt par leurs associations, l'APMEPS et l'UPS, comme nous l'avons vu : c'est là que les enseignants « de province » s'insurgent contre la toute puissance des professeurs parisiens qui se présentent comme seuls interlocuteurs du ministère et des directions des grandes écoles.

Car, pour terminer sur ce point, cette coupure Paris/province, qu'on ne retrouve guère dans les pays comparables à la France, transparaît fortement dans la *Revue* : les professeurs parisiens sont les plus gros contributeurs, et nombre de provinciaux finissent par obtenir un poste à Paris, quitte à régresser provisoirement d'une classe de spéciales à une classe de mathématiques élémentaires.

5.2 Une communauté professeurs-élèves ?

Les élèves forment par définition une communauté fugitive. Ils utilisent la revue comme un complément aux cours et aux manuels, comme un moyen de préparer plus efficacement les concours, et éventuellement comme un moyen de valorisation personnelle, la plupart du temps pendant la préparation des concours, c'est-à-dire pendant un an ou deux. Certains plus passionnés participent davantage, ce sont souvent de futurs mathématiciens ou de futurs enseignants.

Dans la revue, les élèves, qu'ils soient auteurs d'articles ou résolveurs de questions ou de problèmes de concours, sont isolés ; ils sont présentés par leur ville d'origine, ou par leur lycée, mais pas par leur professeur ; cela contraste avec l'habitude prise dans les premières années de la revue des *Nouvelles annales*, ou même avec ce qui est de coutume dans les revues destinées aux élèves de mathématiques élémentaires. Cela ne signifie sans doute pas qu'ils ne sont pas sollicités (par exemple le corrigé du concours de l'agrégation est parfois rédigé par le premier reçu). Par ailleurs, on sait que les professeurs de spéciales sont jugés, par leur proviseur ou leur inspecteur au nombre des candidats de leur classe qui chaque année entrent à l'École polytechnique ou dans d'autres grandes écoles, et, parallèlement, les élèves n'hésitent pas à boycotter un enseignant qu'ils jugent peu efficace, quitte à quitter leur lycée pour un des « grands » lycées parisiens : les rapports entre ces deux composantes du lectorat sont complexes, et l'observation de la *Revue* ne permet pas complètement d'en rendre compte.

La *Revue de mathématiques spéciales* est-elle un journal immuable ? Nous avons vu qu'au fil des ans apparaissent certaines évolutions, qu'il y a une « vie » de la *Revue*, animée parfois par les différentes personnalités des rédacteurs. Ce n'est pas fondamental : ce qui demeure, c'est quand même une grande permanence, qui ne peut que traduire la permanence, étonnante à l'extérieur de la France, de ce système des grandes écoles et des classes préparatoires. Bien sûr des évolutions techniques, par exemple la disponibilité immédiate et gratuite des sujets de concours, font qu'à l'heure actuelle la *Revue de mathématiques spéciales*, ou plutôt la *Revue de la filière mathématique* telle qu'elle se nomme aujourd'hui ressemble moins à son ancêtre. Mais le système des classes préparatoires et des grandes écoles continue de prospérer et il ne semble pas qu'il soit réellement menacé par le développement considérable des universités.

Chapitre 27

Connected by Questions and Answers: The Milieu of Mathematical Editors of English Commercial Journals, 1775-1854

SLOAN EVANS DESPEAUX

1 Introduction

The mathematical questions and answers genre in England has a rich and varied history dating from the turn of the eighteenth century. Throughout the eighteenth and nineteenth centuries, these questions and answers appeared in commercial almanacs and journals. The genre proved to be a highly dynamic form of communication between mathematicians with diverse backgrounds and training. Readers played an active role in this genre by sending in answers to the questions, and in so doing established a form of mathematical communication that was both current and lasting. As the clearinghouse between and among contributors of questions and answers, the mathematical editors played a vital role in making this communication possible. Moreover, in their roles in the editorial process, these editors established many connections between contributors but also between themselves.

This chapter will explore this milieu of mathematics editors of English commercial journals and almanacs that contained mathematical questions and answers. We will focus on three windows: 1775-1784, 1820-1829, and 1845-1854. By focussing on decadal windows, we are able to examine in fine detail exactly which publication outlets were available for questions and answers, what motivated the editors of these outlets, where each editor was headquartered, and to what extent the editors interacted with each other. Comparing the three windows, we can trace how the interactions, geographical centers, motivations, and publication outlets for this milieu of editors changed over time.

2 Window #1 (1775-1784): Competition, conflict, and survival of the fittest in a rapidly-changing commercial publishing venue for mathematics

In our first window, 1775-1784, we find editors publishing mathematical questions and answers in no fewer than two general magazines, four journals devoted to mathematics and enigmas, three almanacs, one pseudo-almanac, and one serial reprint.[1] An annual periodical, the almanac had a format that remained standard during the eighteenth and nineteenth centuries:

> First of all would be an introductory page with chronological cycles and eclipses [...] Then would come twelve pages of calendar. [...] After the calendar would be other items of interest, varying according to editor or compiler. There might be hints on health, interpretations of ingress charts (astrological charts), stories of wonders, and blank pages for notation. These items gave each almanac its individual character and made it a work of literature. (Perkins 1996, 15)

The almanac market was immense and was dominated by the Company of Stationers, a trade association that had been given a royal monopoly on almanacs in 1603. To give a sense of the scope of this monopoly, by 1800, at least one out of every seven people in England and Wales purchased a Company almanac (Perkins 1996, 14, 18). Mathematical questions entered almanacs in the early eighteenth-century as a way to stand out in this booming market and appeal to consumers who wanted self-improving content as opposed to astrology and prognostications. By 1775, the beginning of our first window, two Company almanacs, the *Gentleman's Diary* and the *Ladies Diary*, had together already published over one hundred annual volumes containing mathematical questions and answers.

Thomas Peat (1707/8-1780) had been part of the founding group of editors of the *Gentleman's Diary*, first published in 1741, and he became the almanac's sole editor in 1757 until his death in 1780. He was a mathematical practitioner from the East Midlands,[2] who at various times ran a school, taught mathematics and writing, lectured on natural philosophy, surveyed,

---

1. See Table A below for a list of these periodicals' titles, types, years of existence, and editors.

2. A mathematical practitioner used mathematics in his daily work such as navigation, teaching, carpentry, or engineering. Peat could easily be described as being from the "north of England," however; the exact boundaries of this region are hard to identify. In this chapter, we will refer to the nine English statistical regions used today (see English Regions Map), so that we can more accurately describe the geographical shifts during the three windows. These regions are defined by the ITL1 (International Territorial Level 1) regions established by the United Kingdom in 2021: www.ons.gov.uk/methodology/geography/ukgeographies/eurostat.

valued timber, and drew up floorplans for houses. Peat's successor was the Reverend Charles Wildbore (1737-1802), who was probably the son of Peat's first mathematical patron, the master dyer Cornelius Wildbore, who helped young Peat gain access to books (Wardhaugh 2012, 139) (Pollard & Wallis 2004).[3] However, it was Charles Hutton (1737-1823), and not Peat, who was behind Wildbore's appointment to this Company of Stationers' post. In a May 1780 letter, Hutton relayed that "Old Peat, the author of the Gent. Diary, is dead; & I have procured that work for the rev. Mr. Wildbore [...] he sent some excellent probs & solutions to the Ladies Diary."[4]

Hutton, a mathematics teacher, lecturer, and author from Newcastle in North East England, had taken over the editorship of the *Ladies Diary* in 1774, the year after he was appointed professor of mathematics at the Royal Military Academy (RMA).[5] In the 1760s, he had first contributed to both the *Ladies Diary* and the *Gentleman's Diary*, where he honed and displayed his prowess in mathematical problem solving and expanded his already sizable network of mathematical practitioners and philomaths.[6] Hutton owed his RMA appointment and *Ladies Diary* editorship to both his mathematical ability and connections (Wardhaugh 2017c, xvii–xx). His involvement with the Company of Stationers almanacs soon deepened; for this development, Hutton had a 1775 challenge to the Company monopoly on almanacs to thank.

Challenges to the Company's monopoly were nothing new and usually took the form of producing unstamped publications. In 1710, the Revenue Act placed a stamp duty on all almanacs. Anyone producing an unstamped almanac risked being fined or imprisoned for three months (Perkins 1996, 19). Robert Heath (1720-1779), an earlier editor of the *Ladies Diary*, took this risk by producing in 1748 the *Palladium*,[7] an unstamped annual journal that he described as an appendix to the *Ladies Diary*. This situation was a clear conflict of interest: besides advertising his new enterprise in the prefaces of the *Ladies Diary*, Heath was accused of shunting the best mathematical problems he received for the *Diary* into the cheaper *Palladium*. He was predictably relieved of his *Diary* post in 1753, and he subsequently used the *Palladium* as a platform from which to rail against the Company of Stationers, the *Ladies Diary*, and his mathematical rivals well into our first window (the last issue of the *Palladium* was for the year 1779). He was not prosecuted

---

3. Besides editing the *Gentleman's Diary*, Peat took on another Company almanac around 1765, *Poor Robin*. While *Poor Robin* had been around since 1663, its character was satirical instead of mathematical; however, Peat did put discussions on Copernican astronomy next to the comics (Wardhaugh 2012, 140).
4. Charles Hutton to Robert Harrison, 31 May 1780 in (Wardhaugh 2017c, 21).
5. For more on the RMA, see the chapter by Olivier Bruneau in this volume (chap. 2).
6. "Philomath" was a term commonly used in the eighteenth century to describe someone who approached mathematics as an avocation.
7. While its exact title constantly changed, this journal always included the word Palladium.

on issuing an unstamped almanac, perhaps because he challenged the precise definition of an almanac.[8]

Like Heath, publisher Thomas Carnan (1737-1788) used technicalities to skirt the stamp duty on almanacs.[9] Carnan directly challenged Company of Stationers' monopoly on almanacs in court, and in 1775, he won (Blagden 1961, 25–28). After this ruling, the publisher Carnan started offering a wide variety of stamped almanacs, which began to eat into the Company's market share. With competition, the Company of Stationers had to offer better material; in particular, they needed to clean up their almanacs' mathematical calculations, which had a reputation for inaccuracy. In October of that year, the Company signed a contract with Hutton for him to become the senior compiler of all Company almanacs, "with ultimate responsibility for the work of the other authors" (Perkins 1996, 30).

Reuben Burrow (1747-1792), from Leeds in the northern region of Yorkshire and the Humber was the almanac editor for the publisher Carnan. Burrow obtained his mathematical education in between work on the farm. By 1771, he had been appointed assistant to the Astronomer Royal, Nevil Maskelyne (1732-1811), who had also played a role in helping Hutton obtain his position at the RMA (Stephen & Wallis 2004). Burrow and Hutton corresponded in 1773, exchanging books and mathematical journals with questions and answers.[10] Jealousy soon surfaced, however, as Hutton received more recognition and pay in his career trajectory than Burrow. Bitterness is evident in Burrow's journal entry for 7 August 1775, where he recorded that "the Stationers' Company had allowed Hutton £100 a year on condition of his not making any Almanacks for any persons except themselves. Hutton, by the bye, does not know how to make an Almanack."[11] In 1775, Carnan and Burrow launched the *Ladies and Gentlemen's Diary; or, Royal Almanack*, as a challenge to Hutton's *Ladies Diary* (the title of Burrow's *Diary* was in fact shortened in 1780 to the *Ladies Diary*). In the preface to the first volume, what became known as *Burrow's Diary* admitted that "the only Almanack that has hitherto appeared on anything like a rational plan is the *Ladies' Diary*; but this performance, though good in its kind, being particularly confined to a number of short questions and answers (and many of these trifling ones), it seldom happened that there was room to treat any useful subjects thoroughly and never to draw results." In contrast, Burrow's almanac would include a third part for "Dissertations and Essays on Philosophical, Mechanical, or Mathematical subjects."[12]

---

8. While the *Palladium* contained much of the standard fare expected from an almanac, including astronomical information, it did not contain the twelve-page calendar for the year.

9. In Carnan's case, he added blank sheets into what for all intents and purposes was an almanac to transform it into a diary, a bulkier publication with room to record engagements, expenses, or other notations (Blagden 1961, 25–28).

10. Reuben Burrow to Charles Hutton, 24 September 1773, in (Wardhaugh 2017c, 4).

11. Reuben Burrow, 7 August 1775, in (Wilkinson 1853, 187).

12. Preface, *The Ladies and Gentlemen's diary, or, Royal Almanack*; for the year of our Lord 1776, in (Wilkinson 1849a, 244).

Burrow exchanged barbs with *Palladium* editor Robert Heath, commenting that

> As almanacks are becoming necessary to people in every station of life, and consequently have a more extensive sale than almost any other publication, it is evident that [...] there can hardly be a greater public nuisance than one conducted in a contrary manner.[13]

In the next volume of the *Palladium*, "Criticus," (most likely Heath) reviewed Burrow's new *Diary*, first criticizing the methods employed in five of the eight articles, then deeming the geometrical problems and constructions as "trifling," and finally judging the mathematical questions as something "I think nothing at all of" (Criticus 1776, 71–72). In his retrospective review of the almanac, T.T. Wilkinson (1815-1875) judged that Burrow maintained high standards for the mathematics of the first six volumes. In fact, Burrow produced three annual "Companion" volumes, containing only enigmas and mathematics from 1779 to 1881.[14] However, Wilkinson observed that "at the end of this period most of his ablest correspondents appear to have forsaken him, and subsequently the work became far inferior to the corresponding portions of the '*Old Ladies' Diary*', which this work at one time was vainly intended to supersede" (Wilkinson 1849a, 244–245).

While Burrow left his life in London to become an engineer in India in April 1782, his *Diary* continued until 1788, when Carnan died (Stephen & Wallis 2004).[15] The Company of Stationers immediately bought the rights to all of Carnan's almanac titles, in effect, buying up the competition.[16] Any other almanac competition had been stifled by stamp duties, which doubled during Carnan's time and then doubled again in 1797 (Wardhaugh 2012, 143).

While Burrow had relationships with other mathematical editors, often these relationships were adversarial, especially with Hutton. In this respect, he was not alone. From around July, 1770, Samuel Clark (d. 1784).[17] established and edited the mathematical section (which ran between one to three pages), of the monthly journal *Town and Country Magazine*. As editor, Clark lost no opportunity to criticize Hutton or point out what he claimed were mistakes in anything Hutton edited: "[a]lmost every number of the magazine contains a running commentary on the Diary; but the frivolous nature of most of the

---

13. *Ibid.*
14. Each companion was 32 pages long and contained the answers to the queries, rebusses, enigmas, and mathematical questions from the last year's *Diary*, the new questions for the upcoming year, and short mathematical articles.
15. The *Diary* editor for 1783-1788 is unknown.
16. In 1788, the Company also obtained the service of one of Carnan's almanac compilers, Henry Andrews (1744-1820). Andrews, a self-taught mathematics teacher and astronomer from Lincolnshire, in Yorkshire and the Humber, agreed to compile several Company almanacs for £20; in contrast, during this same period, Hutton was paid £130 (Wardhaugh 2017c, 24).
17. Little is known of Clark's biography. In his 1758 book, *Laws of Chance*, he is simply referred to on the title page as a "Teacher of Mathematics."

objections merely serves to show that Mr. Clark omitted no opportunities of annoying Dr. Hutton" (Wilkinson 1854a, 245). Discord and accusations fit the tone of *Town and Country Magazine*, which at one point had monthly sales of 14,000 and has been described as "*la chronique scandaleuse* of the time, every number exhibiting what it termed a *tête-à-tête* or memoir of a lady and gentleman whose illicit amours [...] excited public attention" (Anonymous 1858, 190). Clark was always eager to challenge Hutton: when, in 1771, Hutton began issuing the *Diarian Miscellany*, a serial reprint of the mathematical and poetic parts of the *Ladies Diary* from its beginning in 1704, Clark launched a rival reprint, the *Diarian Repository*, containing only the mathematical parts. Hutton's reprint successfully concluded in July 1775, having reprinted the *Ladies Diary* up to 1773; Clark's reprint, however, folded in 1774, only having reprinted content up to 1760 (Wardhaugh 2017c, 22).

Clark used the *Town and Country Magazine* as a platform for criticism. In February 1778, he declared that, "[w]e have received a very copious catalogue of mistakes, omissions, false solutions, &c. in the Ladies and other mathematical Diaries for the present year; these, as opportunity may serve, we shall lay before our readers" (Anonymous 1778, 64). These accusations were a regular feature of Clark's mathematical section, and they did not go unanswered. A couple of examples of the back-and-forth criticism between the *Miscellanea Mathematica* and the *Town and Country* illustrate the dynamic, explosive, and sometimes mathematically productive communication these publication venues and their adversarial editors could encourage. The *Miscellanea Mathematica* was yet another Hutton production, issued quarterly from 1771 to 1775.

On 18 January 1775, Charles Wildbore, who would later be appointed on Hutton's recommendation as editor of the *Gentleman's Diary*, wrote into the *Miscellanea Mathematica* about a problem posed and solved in the *Town and Country*. The question was a republication of question number 680 on constructing a triangle from the *Ladies Diary* first posed by Rev. John Lawson and answered by Wildbore, who mused that his construction must not be "sufficiently elegant" for Clark even though it "is of the most evident kind [...] It would, however, be very presumptuous in me, to say that any solution of mine was so perfectly finished, as that none could exceed it; and with respect to the present, I have just been favoured with one from" Lawson, the original proposer. Wildbore sent this new solution on to Hutton and "endeavoured, in some measure, to exemplify its use, by extending it to the corollaries in my solution in the Diary." Wildbore also revised and simplified his own original solution. Finally, "in return for Mr. Clark's good will, in bestowing so much pains to have my solu.[tion] mended, I send for you insertion the following solution" to another *Town and Country* geometry question whose original solution, somewhat dubious in Wildbore's opinion, was supplied by Clark.

Hutton and Clark went directly head to head on the issue of applying fluxions to approximation theorems. In his solution to question 113,[18] Hutton stated

> approximations are not *generally* proper expressions to be put in fluxions, or that their results are not nearly proportioned to their own degree of proximity. Yet [...] the contrary is asserted to be true, and is attempted to be proved, *and all from* one *particular example only* (that is, from *one* instance, it is inferred to obtain in *all*) by Mr. S. *Clark*, in the T. and C. Mag. of the Math. Quest. in which he is the great conductor, and in which he frequently takes occasion, under various fictitious names, to utter such kind of contradictions, and false corrections of pretended errors, to the *great edification* of his group of *learned* contributors (Hutton 1775, 307).[19]

For his part, Clark retorted by reprinting a new version of Hutton's question 113 as "Question III. By Mr. Charles Wiseman, of Woolwich," then, again having found one example that illustrated his point of view, wrote that this example was "sufficient to clear our Magazine from the unjust censure passed upon the Mathematical part of it, by the editor of a certain Miscellany."[20]

These exchanges between Hutton and Clark occurred with a speed and frequency not possible in the annual world of almanacs. Outside of the purview and support of the Company of Stationers, the mathematics sections of commercial journals and the commercial journals devoted to mathematics usually had short lifespans directly tied to the fortunes and fates of their mathematical editors. Hutton's *Miscellanea Mathematica* ended shortly after he became heavily engaged with almanac work. The mathematics section of the *Town and Country Magazine* ended shortly after Clark's death in 1784 (Wilkinson 1854a, 246). The mathematics section of the monthly general interest journal, the *London Magazine, or, Gentleman's monthly intelligencer* ended with the journal's dissolution in 1785.[21] The mathematics section began eleven years earlier with the following letter to the editor:

> Sir, A Society of gentlemen desire room in your Magazine for a monthly mathematical correspondence, and intend that there shall be two months between the publishing the questions and the answers, in order to accommodate those who live in the country with sufficient time to consider them. (Anonymous 1774, 495)

The editor of this mathematical section was Joseph Keech, a clerk and attorney with the Lord Mayor's court office in London. He was also a computer

---

18. "Having given the length (10) of the arc of a circle; to find the diameter, or what part of the whole circumference the given arc is, when the area of the segment bounded by this arc and its chord is a maximum" *Miscellanea Mathematica* (1775), 299.

19. In a letter to Robert Harrison, Hutton sarcastically referred to Clark as "my friend Sam." Hutton to Harrison, 31 May 1780, in (Wardhaugh 2017c, 21).

20. "To find the greatest area which can possibly be enclosed by a given circular area (in length two feet) and its bounding chord line" *Town and Country Magazine*, 8, 1776, 232; 287.

21. This magazine was established in 1732. It was revived in 1820 and continues today. https://www.thelondonmagazine.org/.

of tables for the *Nautical Almanac* under Nevil Maskelyne. This almanac was launched by Maskelyne in 1767 after being approved by the Board of Longitude. It was a nautical ephemeris containing data essential to navigators and astronomers. Two computers worked independently for each month; their data were checked and compared by a Comparer. Hutton actually worked for Maskelyne as a Comparer from 1777 to 1779. In 1770, Keech and his partner Reuben Robbins were caught by their Comparer copying each other's work, an offence for which they were dismissed.[22] Wardhaugh described the mathematical network at the *Nautical Almanac* as one "operated by distinctive rules. There were no prizes for doing better than other computers; there was no publicity. Computers were never named in the printed tables but they were paid for their work, and they could be punished for doing it badly" (Wardhaugh 2017c, xx–xxi). Credit and prizes[23] were given for solving mathematical questions in journals, so perhaps it is not surprising that *Nautical Almanac* computers were active in this venue. Keech's term as mathematical editor ended in 1779, when the *London Magazine* announced that technical questions were "totally unsuitable to a miscellany intended for general information and entertainment; not for difficult perplexing calculations" (Anonymous 1779, 240). Mathematics returned briefly from 1783 to 1785 under the editorship of Nathan Parnel (1755-1836), a schoolmaster from Nuneaton, Warwickshire, in the English Midlands. While not a Londoner, Parnel had been a regular mathematical contributor to the *Ladies Diary*, *Gentleman's Diary*, and *Town and Country Magazine* (after Clark's departure).

Establishing and editing a journal exclusively for mathematics was a more difficult commercial venture than editing a small mathematics section within a general interest journal. Hutton managed to produce the *Miscellanea Mathematica*, but by 1771, he already had two successful publications under his belt. Likewise, physician William Stevenson (d. 1783), from Newark in the East Midlands, had already published several medical texts before he launched the *English Museum, or Ladies and Gentlemen's Querist* in 1782. While copies of this journal have not been found, it is referred to often in another Newark mathematics journal, the *Lady's and Gentleman's Scientifical Repository*. This monthly journal contained "enigmas, rebuses, paradoxes, philosophical, and other useful queries; arithmetical and mathematical questions and problems, with their respective solutions [...] by a Society of Mathematicians" (Anonymous 1783b). One editor has been identified as William Spalton, a mathematics teacher from Renishaw, near Sheffield in

---

22. They were reinstated a few years later, but required to work on calculations for separate months (Croarken 2002, 109–110). Henry Andrews, who worked under Hutton at the Company of Stationers, also worked as a computer for Maskelyne (Story-Maskelyne 1897, 7). Recall that Maskelyne, the Astronomer Royal, also employed mathematical editor Reuben Burrow, as an assistant.

23. Prize questions regularly appeared in these journals and almanacs. The winner usually received free copies of the periodical.

Yorkshire and the Humber. An announcement in the first number directed correspondents to send solutions to the printer J. Tomlinson in Newark, or to Spalton (known in the journal as "W.S. Renishaw"). The connection to Stevenson's journal is clear as the announcement continued, "Letters directed as above, will find the editor of the English Museum" (Anonymous 1783b), which was also printed by Tomlinson. Stevenson regularly contributed to the *Repository* under the pseudonym "Dr. Conundrum, Jr."

In contrast to the sometimes-bawdy submissions in the *Palladium* and the *Town and Country Magazine*, *Repository* contributors were advised to "abstain from Abstruseness and Indecency; as nothing but what is useful and modest, can be admitted into this work." The editors hoped to encourage youth to "attain the Knowledge and Practice of that Good, which will establish them useful Members of Society in this Life, and prepare them for a blessed Futurity" (Anonymous 1783c, 3). The moralizing tone of the journal is consistent with Stevenson's close involvement with the *Repository*. Born in Ireland, Stevenson was critical of the English government, supported Unitarians, and refused to accept payment from the poor for his medical practice (Wallis 1953, 562).[24]

The "Advertisement" from number five (for May, June, and July 1783) of the *Repository* relayed:

> We are sorry to acquaint our Readers and Correspondents, that the loss of Dr. Conundrum, junior, has entirely put a stop to the Publication of the *English Museum*. But, at the same time, respectfully informs them that, in future, this Repository will be enlarged, and published every three Months [...] and the new Matter, sent for the Museum, inserted as soon as Opportunity will permit. (Anonymous 1783a, 2)

This practice of editors inheriting mathematical problems from dying journals was a common one among these short-lived mathematical journals. For example, after the *Miscellanea Scientifica Curiosa* failed after three years in 1769, most of its unsolved problems were re-proposed in the *British Oracle*, a monthly mathematics journal that ran from 1769 to 1770.[25] Hutton also incorporated several of his questions to the work into his 1770 *Treatise of Mensuration*, and published generalizations of several *Oracle* problems in his *Miscellanea Mathematica*. While the Spalton tried to carry the torch left by Stevenson's death and the dissolution of the *English Museum*, the *Repository* only endured for five more numbers and ended in 1784 (Wilkinson 1850, 269–270), (Wilkinson 1849b, 272 and 565).

---

24. Joseph Gales (1761-1841), a Unitarian apprenticed to the printer Tomlinson, was also connected to the *Repository* and influenced by Stevenson. Gales published the tenth and last number of the *Repository* from Sheffield after he finished his apprenticeship. He went on to publish a reformist weekly paper, the *Sheffield Register*. Caught up in political turmoil in the 1790s, Gales left Sheffield for North Carolina, where he began the *Raleigh Register* (Donnelly 2004).

25. The editor of this journal is unknown. The mathematical part of the journal included original articles as well as translations from foreign works. Moreover, the journal proposed 127 questions, of which 107 were answered. It also reprinted 72 questions (with new solutions) from the *Ladies Diary* (Wilkinson 1849b, 561–564).

What motivated these editors to engage in such a tenuous commercial market for mathematics? For those employed by the Company of Stationers, editing was a job (although not a chore—all of these editors were also active contributors to other journals containing mathematics). For Heath, Burrow, and Clark, editing was part of a business speculation challenging the existing almanac market. For Hutton, editor of three of the periodicals in our first window, editing was one way to extend his mathematical network, establish his reputation as a mathematician, and build his career. Keech and Parnel were able mathematical practitioners who edited a mathematical column created in response to a demand from readers of the *London Magazine*. Whether they treated their editorship as a job or as an avocation is unknown. Regardless, because they edited a column within an existing magazine, they did not carry the full responsibility for the magazine's success on their shoulders. Stevenson and Spalton, on the other hand, were the sole directors of their journals, and were perhaps motivated by a commitment to the virtue of self-improvement of the common man.

While operating under a variety of motivations, these editors formed connections through their contributions to each other's journals (see Graph 1). Notably, there was a lot of conflict in print, reflecting perhaps the competitive publishing climate that existed during this first window, especially in the almanac world. The fact that Keech, Parnel, Stevenson, and Spalton all made contributions to multiple journals from this window suggests that their work as editors was an extension of their participation in the community of mathematical problem solvers.

Where were the editors of this milieu located? While contemporary place descriptions, such as the "north of England," are hard to identify precisely, if we consider the nine in our English Regions Map, we can more accurately describe the editors' locations. In our first window, four editors were centered in the London region, and the rest were in the East Midlands (see Map 1). Every East Midlands editor contributed to a London-based journal, but not vice-versa, suggesting that the Metropolitan editors conducted periodicals with more national reach, while the regional editors' periodicals were more localized.

3 Window #2 (1820-1829): Ephemeral existences, labors of love, and northern editors

Four decades later, London-based mathematics editors were still more often the receivers rather than the contributors to other periodicals (see Graph 2 and Map 2). However, regional editors maintained a more vibrant give-and-take between themselves than they had done during the first window. The chances for success of mathematical commercial journals had not improved: in the 1820s, of the at least nine mathematical commercial journals with questions and answers, five lasted less than two years.[26] Compared with the first window, there were fewer almanacs concerned with mathematics; in fact, we found only two containing mathematical questions, both owned by the Company of Stationers. This decline is unsurprising in light of the robust efforts of the Company to corner the almanac market after Carnan's death in 1788.

Two of the Company almanac editors for this window, Olinthus Gregory (1774-1841) and Thomas Leybourn (c. 1769-1840), illustrate the strong ties, made possible by Charles Hutton, between the Company of Stationers and the Royal Military institutions. Like Hutton, Gregory operated outside of the university sphere; in Gregory's case, his religious convictions meant that he could not obtain a Cambridge degree.[27] He taught mathematics near Cambridge and dabbled in journalism and printing. He began contributing to the *Ladies Diary* in 1794, and was deeply influenced by editor Hutton, who helped Gregory become a mathematical assistant at the Royal Military Academy (RMA) in 1802. In that year, *Gentleman's Diary* editor Charles Wildbore died, and Gregory took over the editorship of the almanac (Gordon & Marsden 2004).

Also in 1802, Hutton successfully recommended Thomas Leybourn[28] as mathematical master in the Royal Military College (RMC). Leybourn was a self-taught mathematician from North East England and, like Gregory, had contributed to Hutton's *Ladies Diary* in the early 1790s (Anonymous 1841, 81). In 1795, Leybourn established the *Mathematical and Philosophical Repository*, a commercial journal devoted to mathematical questions as well as original articles, translations, and abstracts on mathematics. The esteem with which he held Hutton is evident in the dedication of this journal's first volume: "To Charles Hutton [...] This volume of the *Mathematical Repository* is respectfully dedicated as a small testimony of esteem for his worth and abilities, by the Editor" (Leybourn 1799a). Leybourn continued to edit the *Repository* until 1835, and enjoyed active participation in the journal by his fellow RMC colleagues, as well as Gregory. In fact, Gregory passed the *Gentleman's Diary* to Leybourn when he took on the editorship of the *Ladies Diary* in 1819. Besides taking the editorial helm of the *Ladies Diary*, Gregory assumed the superintendence of all of the Company of Stationers almanacs; both moves were again on Hutton's recommendation. Thanks to his numerous recommendations of mathematicians to posts in the both within and beyond the Royal Military institutions, "Hutton had become the centre of a mathematical network of his own" (Wardhaugh 2017c, xxv).[29]

---

26. See Table B below for a list of these periodicals' titles, types, years of existence, and editors.
27. Specifically, Gregory refused to pass the religious tests of the Anglican church, which until 1856 was a requirement for degree-seeking Cambridge students.
28. For more on Leybourn, see the chapter by Olivier Bruneau in this volume (chap. 2).
29. Gregory was made mathematics professor at the RMA in 1821 (Gordon & Marsden 2004).

Mathematical societies provided other mathematical networks for editors. John Hampshire (? -1826), another of our London-area editors, directed the *Gentleman's Mathematical Companion*. We do not know his occupation, but we do know that he belonged to the Spitalfields Mathematical Society of London.[30] This annual periodical was in fact proposed in 1797 by members from this Society under the initial title of *Companion to the Gentleman's Diary* (Wilkinson 1852a, 29). The first volume's editor's address claimed that "we are not actuated [...] by a spirit of opposition [to the *Gentleman's Diary*], but merely to promote the study of mathematical knowledge" (Editors 1809). However, Charles Wildbore, the *Gentleman's Diary* editor to whom we have already referred, had not been consulted about the venture and told his readers of his intent to "discourage it all that lies in his power. He wishes to have the Diary inferior to nothing of the kind that has ever yet appeared, but does not think the publishing a supplement would mend it" (Wildbore 1798, 1). The journal was renamed to the less controversial title of *Gentleman's Mathematical Companion*, and by the time that Hampshire took over as editor in 1808, it enjoyed an active readership, which provided original mathematical papers and mathematical questions and answers in addition to the mathematical articles the *Companion* reprinted from a variety of scientific journals. Hampshire, in fact, in the *Companion* for 1822 issued "his annual regret at having been again necessitated to omit a number of interesting Solutions, whose insertion would have far exceeded his limits" (Hampshire 1821).

However, upon Hampshire's death in 1826, the *Companion* ran one final annual number. Stitched into this last number, was a prospectus for a new journal from Londoner Paul Ninnis, called the *Enigmatical Entertainer and Mathematical Associate*. Ninnis had been an active contributor to the Queries (both scientific and theological) and Enigmas sections of the *Companion*. In his "Editor's Address" of the first issue of the *Entertainer*, Ninnis announced that "several of our contributors have alluded in their letters to contributions which they had sent for the use of the *Mathematical Companion*, permitting us to insert them in our Work [...]" However, although he had tried to obtain the leftover mathematical content from the *Companion*, the publisher "informed us, that when the work was discontinued, the papers contributed for its use were no longer preserved;—but if those parties will favour us with copies [...] we shall have pleasure in selecting from them for our use." Ninnis made it clear that he did not want to compete with the *Ladies* and *Gentleman's Diaries*, but instead furnish "a Work of the same kind, but capable of containing much more matter, in order to afford a wider field for the exercise of the abilities of the enigmatist and mathematician." Having been warned against sticking too closely to any particular mathematical area (in particular, geometry), Ninnis proclaimed that "we shall not attach our Work exclusively to any particular branch, but endeavor to make it a useful receptacle for mathematical

---

30. For more on this society, see (Cassels 1979).

enquiry generally" (Ninnis 1827, v–vi).[31] Ninnis was open to publishing short mathematical papers if space allowed, but in the third number of the journal had to apologize, like Hampshire before him, for not inserting papers due to lack of space (Ninnis 1829).

From the ashes of the *Gentleman's Mathematical Companion* rose the *Enigmatical Entertainer and Mathematical Associate*. Ninnis drew not only from the remains of the *Gentleman's Mathematical Companion*, however. A note from Prize Question (20) of the journal's first annual number, admitted that "This Question was inserted in a periodical, about 25 years ago, but was not publicly answered, as the number which contained it was the last of the work" (Anonymous 1827). Interestingly, in the fourth and final number of the *Associate*, Ninnis posed no new questions, but instead provided answers to the last twenty, making a closed set of 60 questions and answers.[32]

This mathematical inheritance, which we also saw in the first window, was not limited to Ninnis's journal. William Marrat (1772-1852) and Pishey Thompson (1784-1862), from Boston in Lincolnshire, began the *Enquirer*, an arts and sciences quarterly with a mathematical section, in 1811. Marrat was self-taught and worked as a printer and publisher as well as a mathematics teacher in Lincolnshire. After two years, Thompson and Marrat bequeathed their last mathematical problems to several of their correspondents, who started the *Leeds Correspondent* in 1814, in the neighboring county of Yorkshire.[33] John Whitley (d. 1855) began editing the journal in 1818. He and the earlier two *Leeds Correspondent* editors had all contributed to the *Enquirer*, and modeled their journal similarly. While the journal seemed to have a promising future by its fourth volume in 1822, when it moved from a semiannual to a quarterly format, the *Leeds Correspondent* ended without warning after producing 3 numbers for 1823. In that same year, Whitley, who had already taught at area academies, advertised the opening of his own academy in Bradford, Yorkshire (Anonymous 1822). Whitley went on to pass the remaining mathematical questions from the *Leeds Correspondent* to the *Scientific Receptacle*. a journal to which he also contributed. This quarterly was edited by Henry Clay, a *Leeds Correspondent* contributor and self-taught mathematics master at a grammar school in Moulton, back in Lincolnshire. To Clay was passed a mathematical inheritance from Whitley, who had in turn used mathematical problems from Marrat and Thompson. In spite of its mathematical lineage, Clay's enterprise lasted only four numbers.

---

31. Ninnis also "requested that Solutions be sent with all Questions, or they will not be inserted" (Ninnis 1827, v–vi).
32. The 60th question (a prize question) was posed and answered without any competition, by W.S.B. Woolhouse, who in our third window became a prominent editor.
33. Both Lincolnshire and Yorkshire are today in the region of Yorkshire and the Humber.

By the 1820s, Marrat had moved from Lincolnshire to Liverpool, by way of America.[34] In Liverpool in 1825 he reestablished the *Enquirer* and joined a group of mathematical editors headquartered in North West England. Like Clay's *Scientific Receptacle*, Marrat's new *Enquirer* did not survive the year. While it might seem curious that so many editors were centered in the northern regions of England, we can see this development as a natural extension of the existing local mathematical societies. In 1718, the Manchester Mathematical Society was founded by working class men from North West England with a strong interest in geometry. At mid-century, the York Mathematical Society was active. In 1794, the Oldham Mathematical Society, in North West England, was similarly established. Besides these, there were many informal groups that met at mathematicians' homes to discuss the latest problems, especially those in geometry (Cassels 1979, 253–254).

John Henry Swale (1775-1837) took advantage of the active mathematical environment in this region. Swale began his study of mathematics in Yorkshire, where he befriended the editors of the *Leeds Correspondent* and Thomas Leybourn. In fact, in 1800, he acted as Leybourn's emissary, encouraging North West England philomath James Wolfenden (1754-1841) to contribute to Leybourn's *Mathematical Repository*.[35] Swale moved to Liverpool in 1810, where he established an academy and soon became friends with other editors, including John Hampshire and William Marrat (Wilkinson 1852c). In 1823, Swale dedicated the first volume of his *Liverpool Apollonius* to Leybourn, then firmly established at the RMC. Although he had high hopes for his annual journal, and support from his friends, Swale was only able to see his *Apollonius* through two issues.[36]

Similarly short-lived attempts at producing annual mathematical journals were made by Charles Holt and Henry Lightbown, teachers from Blackburn, in North West England, who co-edited the *Student's Companion* for 1822 and 1823. Holt repeated the publication experiment at the end of the decade with his *Scientific Mirror*, which appeared for 1829 and 1830.

While we have not found in the second window mathematical columns in general interest journals as we did for the first window, we did find one mathematical column in a regional newspaper from York, in Yorkshire and the Humber. The editor of the column, Thomas Turner Tate (1807-1888), was also a teacher from a northern region of England who became a mathematical editor. In fact, he was at the beginning of his teaching career in the late 1820s,

---

34. Marrat lived in the United States from 1817 to 1821, where he established a small mathematical society and edited a short-lived American journal, the *Monthly Scientific Journal* (Parshall & Rowe 1994, 42–45). For more on Marrat, see the chapter by Deborah Kent in this volume (chap. 5).

35. J.H. Swale to James Wolfenden, 12 February 1800, quoted in (Wilkinson 1849c, 390).

36. A possible factor in the journal's demise was Swale's unwise editorial decision to include in the *Apollonius* a 55-page article that argued that Newton's physics was "monstrous." This article preempted the publication of mathematical material and necessitated an increase in the price of the journal (Despeaux 2002b, 120–123).

and later became a noted educationalist. After minimal schooling in Alnwick, in Yorkshire and the Humber, he became interested in science and mathematics as a member of the Alnwick Scientific and Mechanical Institution, which was founded in 1825 (Howson 2004). In October 1828, at the age of 21, he began editing a mathematical column in the weekly newspaper the *York Courant*. As an editor, Tate bristled against reusing mathematical problems from old journals. After realizing that one question posed in the *York Courant* had appeared thirty years before in the *Leeds Correspondent*, Tate responded that

> Our aim is to amuse and instruct the mathematician by placing before him original matter for investigation, and our object would certainly be defeated by allowing our correspondents to compile at pleasure from other publications. We trust that our correspondents will see the necessity [...] of strictly confining themselves to questions of originality.[37]

The column grew in popularity, and in 1834, Tate added a section for junior mathematicians (Howson 2004, 95). Indeed, Tate's column, which continued into our third window, is notable as the only mathematical production in our second window that both began in the 1820s and lasted longer than five years.

Tate was the only editor from our second window to edit a mathematical column within the economic safety of an existing periodical. Gregory and Leybourn, both at Royal Military Institutions, were employed as editors by the Company of Stationers, but Leybourn simultaneously acted as the sole conductor of his *Repository*. He and nine other editors from our second window operated commercial journals devoted wholly or in large part to mathematics. The short existences of these journals indicate that they were not a sound economic bet to make. The zeal with which editor after editor launched each soon-to-be-doomed enterprise suggests that they viewed their editorial jobs as labors of love.

As we did in our first window, we again consider to what extent these editors contributed to each other's journals (see Graph 2). The editors of the second window were particularly active in each other's journals,[38] and conflict between journals, at least in print, seems to have disappeared. Instead, these editors more often revived their compatriots' dying journals by starting new journals, sometimes even using mathematical material from the old journal.

As we mentioned as the beginning of this section, geographically, London remained a center for the editors of the second window as it was for the first. Unlike the first window, however, only one editor remained in the East Midlands. The remainder were located in the north, with four headquartered in the North West and two in the Yorkshire and the Humber region (see Map 2). Northern editors actively contributed to each others' journals, overlaying

---

37. Tate quoted in (Howson 2004, 92).
38. Tate and the *York Courant* is a noticeable counter-example. Tate only began editing at the end of the window in 1829, when he was only 22. We have not been able to obtain copies of the *York Courant* for 1829 to look for any of its contributors.

communication through print on top of the existing Northern mathematical infrastructure of formal and informal mathematical societies.

4 Window #3 (1845-1854): Changing outlets, headquarters, and motivations: Finding an editorial space for questions and answers

Less than two decades later, the intense editorial activity of the north had all but vanished (see Map 3). With only two exceptions, the mathematical editors of our third window were from the London region. Moreover, in contrast to the many journals devoted to mathematics from the second window, only one such journal remained. Mathematical questions and answers for the most part were found in one almanac and five mathematical columns within existing journals.[39]

As we mentioned above, Tate's mathematical column in the *York Courant* was notable for being long lived. In fact, the column continued into our third window. By this time, Tate had left the *York Courant* for the Battersea Teacher Training College. William Tomlinson (1809-1894), a mathematics schoolmaster in York, took over the editorship of the column. Like Tate, Tomlinson was known for his teaching: his Royal Astronomical Society obituary (he had been made a Fellow in 1855) relayed that he had "attained a considerable reputation as a successful and enthusiastic schoolmaster throughout the country." The same obituary described him as "an able mathematician," a good qualification for an editor of a mathematical column that had become much more competitive over the years (Anonymous 1895). However, Tomlinson's column in some sense became a victim of its own success:

> [w]hat began as a column for the intelligent, well educated man, ended as one for the enthusiast, who was willing to struggle with ever more involved mathematics in order to satisfy his competitive instincts. The indulgence of the 'general public' was lost.

By September 1846, the newspaper announced that its readers had complained "that a newspaper is not the proper vehicle for MATHEMATICAL QUESTIONS," and subsequently, it was "resolved to exclude the Mathematical department at the close of this month, and to substitute in its place an increased variety of news [...] which will be much more interesting to the public generally."[40]

Septimus Tebay (1820-1879), one of the *York Courant*'s mathematical correspondents, established a similar mathematical column in his local weekly newspaper, the *Preston Chronicle*. Tebay had taught himself mathematics while working as a laborer in a gas-works in Preston, in North West England. Besides the *York Courant*, he was a regular contributor to the *Lady's and Gentleman's Diary*, which we will discuss below. Of the 27 mathematical questions that appeared in the *Preston Chronicle* between 1844 and 1845,

---

39. See Table C below for a list of these periodicals' titles, types, years of existence, and editors.

40. *York Courant*, 3 September 1846, quoted in (Black & Howson 1979, 96).

Tebay authored over one third. The column did get some support from mathematicians in Blackburn, around ten miles from Preston and home of Charles Holt and Henry Lightbown, who edited the Student's *Companion* in the 1820s. In fact, Preston local T.T. Wilkinson recounted that at the time Tebay occasionally joined the meetings of a group of Blackburn mathematicians.[41] Tebay's mathematical talents were recognized by some Preston gentlemen, who sent him in 1852 to Cambridge, where he graduated 27th wrangler in 1856.[42]

Tebay's path to Cambridge was a testament to the power of engaging with mathematical questions in journals as a means of self-improvement. In 1846, *Mechanics' Magazine* editor Joseph Clinton Robertson (1788-1852) lamented that journals with mathematical questions for the self-taught student:

> [...] have now "gone out of fashion;" and, in fact, practically speaking, the *Lady's and Gentleman's Diary* is the only remnant of the bright galaxy of the old English mathematical periodicals that we possess [...] the *Diary*, from the difficulty and variety of its questions, is become rather the arena of accomplished mathematicians than the exercise-ground of the comparative novice. [...] Now it is our object to furnish exercises of a less pretending class, but one at the same time far better adapted to the acquisition of the power of applying mathematics to practical objects (Robertson 1845, 184).

Robertson began the *Mechanics' Magazine* in 1823 as a low-priced weekly scientific journal aimed at self-improving artisans "responsible for managing, improving and repairing the increasingly complex machinery on which industrialisation depended" (Brake & Demoore 2009, 409). He planned to publish the mathematical solutions of students above "more experienced writers [...] for the sake of encouragement to the young." While he invited "the cooperation of eminent mathematicians, they will at once see that only those stray thoughts upon comparatively elementary subjects are required of them, to which they would scarcely wish to see their own names formally affixed" (Robertson 1845, 184). In fact, of the 26 propositions that appeared in this short-lived column, no names of eminent mathematicians appear. However, one named correspondent, T.T. Wilkinson, recounted that his contributions to the column "brought me into correspondence with Professor [T.S.] Davies, Professor [Augustus] De Morgan, Sir James Cockle, and others."[43] Of his goal to develop mathematical talent, Robertson wrote "[i]t is our earnest wish to see *class* and *caste* obliterated from our civil institutions; and this is the only way to practically efface them" (Robertson 1845, 185).

In fact, by the mid-nineteenth century, mathematics, and especially its role in the increasingly vast and varied English examination system, was widely seen as a way out of the tight confines of class. Many held a "belief, in academic and public life that open competitive examinations would remove favouritism, reward hard work, encourage good sportsmanship, discourage

---

41. T.T. Wilkinson, quoted in (Abram 1876, 88).
42. (Venn 1922-1954) s.v. "Tebay, Septimus." Tebay returned to the Preston area to become headmaster of Rivington Grammar School, where he stayed until 1875.
43. T.T. Wilkinson, quoted in (Abram 1876, 88).

patronage, and offer improved avenues to upwards mobility" (MacLeod 1982, 3). Mathematics loomed large in the examinations of the College of Preceptors, an organization founded in 1846 to provide teacher certification and that expanded to examine secondary school students. The *Educational Times*, founded in 1847, was the monthly unofficial journal of the College.[44] By 1849, one of the founders of the College of Preceptors, Richard Wilson (1798-1879) began the "Mathematical Questions and Solutions" department of the journal. Wilson was an 1824 Cambridge graduate (15th wrangler) and later Anglican priest and headmaster.[45] By the 1850s, another founding member of the College of Preceptors and mathematical examiner for the organization, James Wharton (d. 1862), joined the editorial team of the *Educational Times* mathematical column.[46] Wharton was an 1834 Cambridge graduate and author of mathematical textbooks.[47] Notably, Wharton and Wilson are the first editors from our three windows with a Cambridge education.

In 1850, the mathematical editors of the *Educational Times* made an announcement in their column, perhaps hoping to prevent the increased competitiveness that often seized a mathematical column, as it had in the *York Courant*. They stated that their objective was "to introduce amongst teachers sound methods of mathematical demonstration, [rather] than to lead a few to display the powers of their extraordinary mathematical genius."[48] The inclusion of junior questions from 1851 to 1854 indicated that the editors wanted to attract students as well as teachers to the column. In spite of their explicitly desired audience, Wharton and Wilson actually attracted problem solvers who frequently contributed to other question-and-answer journals. For example, T.T. Wilkinson, chronicler of and contributor to question-and-answer journals, posed 81 questions and solved 110 between 1849 and 1861. He also submitted problems and extracts from the then hard to find *Liverpool Apollonius* (see above) (Despeaux 2014, 40–41).[49]

The *Educational Times* was not the only educational journal with a mathematical column. The *English Journal of Education*, aimed at parochial school teachers (Tropp 1958, 152), ran such a column from 1848 to at least 1853.[50] The column's editor, William Godward (ca. 1802-1893) had been a schoolmaster in Wakefield, in Yorkshire and the Humber (Hollis 1898, 201). By the time he contributed to the 1835 volume of Leybourn's *Mathematical Repository*,

---

44. The *Educational Times* finally became the official organ of the College in 1861 (Delve 2003, 148–150).
45. (Boase 1965) s.v. "Wilson, Richard."
46. Wilson and Wharton traded the editorship back and forth until 1862 (Delve Burt 1998, 131).
47. (Boase 1965) s. v. "Wharton, James."
48. *Educational Times* (August 1850): p. 254. Quoted in (Delve Burt 1998, 116).
49. For more on the *Educational Times* mathematical column throughout the rest of the nineteenth century, see (Despeaux 2014, 38–46).
50. While the column had disappeared by 1856, the volumes for 1854 and 1855 have been unavailable for inspection.

Godward had trod the well-worn path for mathematicians from the northern regions of England to the *Nautical Almanac*'s offices in London.[51] There, he was joined by his brother John, and, in 1847, by his son, William Godward, Jr. Both son and brother were regular contributors to his mathematical column.

While education journals formed a new home for mathematical questions and answers during our third window, traditional outlets for these questions and answers, while diminished, still existed. One such outlet was the *Mathematician*, a commercial mathematics journal appearing three times per year directed by RMA mathematical masters Thomas Stephens Davies (1794/5-1851), William Rutherford (1797/8-1871), and Stephen Fenwick (ca. 1803-). These three editors were all originally from the northern regions of England and had contributed to question-and-answer journals (for example, the *Ladies Diary*) before being appointed to their positions at Woolwich (Davies in 1834, Rutherford in 1838, and Fenwick in 1841).[52] They began their journal in 1843 to take the place of the *Mathematical Repository*, which had been edited by their deceased RMC colleague, Thomas Leybourn. In order to insure against the financial hardship so common among commercial mathematical journals, the team formed "a society, for raising a small annual fund to meet that part of the expenses of the publication, which would not be covered by the returns from its sale." In their mathematical journal, they wanted to "curtail, in some degree, the department of mathematical questions; for though we are fully impressed with a sense of the importance of this feature of the work, universal experience shows the difficulty of forming a sufficient number of new and good questions. [...] We shall, hence, insert only such as involve some new principle, or require for their solution some new modes of investigation" (Davies *et al.* 1843, 184). This exclusivity was recognized by *Mechanics' Magazine* Robertson, who classed the *Mathematician*, along with the *Lady's and Gentleman's Diary*, as an "arena of accomplished mathematicians than the exercise-ground of the comparative novice." He also pointed out that "this work is of limited sale, (only 250 printed, we believe,) and is probably, from its high price, beyond the reach of many of our readers" (Robertson 1845, 184). Indeed, while around 100 people contributed to the journal until it folded in 1850, the lion's share of the questions, answers and mathematical papers were provided by the editors themselves along with Thomas Weddle (1817-1853) and George Hearn (1812-1851), both professors at the RMC (Despeaux 2014, 26–27). In the end, financial woes left the editors "without being able to hold out the least

---

51. *Mathematical Repository* 4 (n.s.) (1835), p. 208. Godward's editorship was cited in Wilkinson, quoted in (Abram 1876, 87).

52. Rutherford was born in the North East, Fenwick in the East Midlands, and Davies was married as a young man in York (Johnson 1989*b*, 162), (Boase & Rice 2004), (Sedgewick & Tompson 2004), [Stephen Fenwick] Ancestry.com. 1861 England Census [database on-line], Provo, UT, USA: Ancestry.com Operations Inc, 2005, [T.S. Davies] Ancestry.com. England, Select Marriages, 1538?1973 [database on-line], Provo, UT, USA: Ancestry.com Operations, Inc., 2014. https://doi.org/10.1093/ref:odnb/7269 and https://doi.org/10.1093/ref:odnb/24365.

hope of the blank, which is thus created in our mathematical literature [by the *Mathematician*'s demise], being filled up" (Fenwick 1850).

In actuality, the blank was eventually partially filled by the mathematical questions of *Educational Times*, which increased in mathematical difficulty in the 1860s, after the editorships of Wharton and Wilson.[53] In fact, *Mathematician* editor Rutherford gave 51 solutions to the *Educational Times*, and *Preston Chronicle* editor Septimus Tebay made 159 contributions to the journal (Despeaux 2014, 41 and 45). While it appeared only annually, the *Lady's and Gentleman's Diary* also maintained a high mathematical standard in both its problems and articles.

An amalgam of the *Ladies Diary* and the *Gentleman's Diary*, the *Lady's and Gentleman's Diary* was launched for 1841 after the death of *Gentleman's* editor, Thomas Leybourn, and only months before the death of the *Ladies* editor, Olinthus Gregory. Both Gregory and Leybourn had been able to add mathematical appendices containing original or reprinted mathematical articles to their almanacs, thanks to the abolition of the Stamp Tax in 1834. Without the tax, the prices for almanacs "more than halved, and the trade peaked for the Company of Stationers in 1837 [...] with sales of 600,000. But now rivals could compete with the Company on equal terms, and the result was a long decline for its almanacs" (Wardhaugh 2012, 234). In fact, the *Gentleman's Diary* had regularly lost money during its nineteenth-century existence, but both it and the *Ladies Diary* were highlighted in Company records, probably because "they were the most 'respectable' of the [...] almanacs" (Perkins 1996, 26). The Company had been defending itself for decades against charges of peddling superstition and "enriching itself by exploiting human weakness" by groups such as the Society for the Diffusion of Useful Knowledge (SDUK) (Wardhaugh 2012, 230–231).[54] Gregory's protégé, Wesley Stoker Barker Woolhouse (1809-1893) took over the editorship of the combined *Lady's and Gentleman's*, as well as the superintendence of several Company almanacs. Son of a greengrocer from North East England, Woolhouse first captured attention by winning a *Ladies Diary* prize problem at the age of thirteen. He solidified his reputation by posing a problem to the *Newcastle Magazine* which only received one solution. This reputation helped him gain a position to the *Nautical Almanac* in 1830; in 1833, he was made Deputy Superintendent (Anonymous 1894, 204), (Croarken 2009, 384–385).[55]

Woolhouse carried the pedigree of a Northern, active problem-solver who found mathematical work in the London region. He was to be the last of a long line of *Diary* editors, which included Hutton and Leybourn, with this pedigree. By the 1860s, the cheap newspaper began to seriously challenge the

---

53. For more on the later life of the *Educational Times*, see (Despeaux 2014) and (Despeaux 2017).

54. Olinthus Gregory, interestingly, was a member of the SDUK (Perkins 1996, 30).

55. Woolhouse resigned in 1837 over his convictions about not working computers for excessively-long shifts. He then became a successful actuary.

profits of the Company of Stationers: "[t]he abolition of the stamp duty, the invention of steam presses, the introduction of wood-pulp paper, and the use of railways to facilitate rapid distribution, all encouraged the development of a mass newspaper market which met the needs previously met by broadsheet and almanac" (Perkins 1996, 231–232). Woolhouse issued his last *Lady's and Gentleman's Diary* for 1871 (Wardhaugh 2012, 234).[56]

Woolhouse was one of seven editors for our third window who traced their origins to the northern regions of England. However, all but two of them edited from the London region. In fact, besides these two, all of the other editors from our third window lived in the London region (see Map 3). Tebay and Tomlinson, our two northern holdouts, worked within and were motivated by the existing local mathematical scene. Their columns both appeared in newspapers and seemed to appeal to local mathematical enthusiasts. The editors of the *Mathematician*, all headquartered at the RMA, edited as a labor of love and a desire to maintain mathematical communication, especially within their Royal Military mathematical network. Godward, working at the *Nautical Almanac*, edited a mathematical column much like Tebay's and Tomlinson's that happened to be in an educational journal. Robertson, Wilson, and Wharton, also in charge of mathematical columns within existing journals, saw their productions as a tool of self-improvement for artisans and for those who wanted to bypass class to enter professional careers in education or the civil service through merit gained by successfully taking examinations.[57]

As we did in the other two windows, we can look for contributions that these editors made to each other's journals (see Graph 3). While some editors of the third window were active in other journals, four of the editors made no contributions outside of their own journals. Robertson, Wilson, and Wharton especially seemed to take on the role of editors who provided mathematical content for their audiences (envisioned by Wharton and Wilson as teachers and by Robertson as self-taught artisans), but did not interact in the problem-solving community.

5 Conclusions

This examination of the milieu of mathematical question-and-answer editors, through a detailed window approach, reveals significant shifts in the interactions, geographical centers, publication outlets, and motivations of these editors from the end of the eighteenth century to the middle of the nineteenth.

During the first window, editors were fairly active contributors to other periodicals containing mathematical questions and answers. Some of these contributions were conflict-driven and indicative of existence of a "survival of

---

56. Fifty-seven years later, the Company of Stationers ceased all almanac production (Wardhaugh 2012, 234).
57. Students who had their mathematical skills shaped and honed by the examinations later in the nineteenth century continued to solve problems, especially in the *Educational Times*. See (Despeaux 2014, 39–46).

the fittest" publishing environment, most notably for almanacs. Interactivity between editors increased during the second window, and the attitude of "survival of the fittest" seemed to be replaced by "survival of the genre," as they passed the editorial torch from dying journal to new journal. By the third window, the punishing economic climate for mathematics in commercial journals resulted in questions and answers often appearing in mathematical columns within existing journals. Editor interactivity decreased as earlier editorial motivations (such as editing as a labor of love or as a natural extension of participation within informal mathematical networks) were somewhat replaced by new ones (such as providing tools for self-improvement through examinations).

Besides interactivity, the geographic headquarters of the editorial milieu changed over time. In the first window, four editors were centered in the London region, and the rest were in the East Midlands (see Map 1). In the second window, London remained a center but only one editor remained in the East Midlands. The rest resided in the north, with four headquartered in the North West and two in the Yorkshire and the Humber region (see Map 2). The northern editors produced journals that reinforced and extended communication networks already existing through the informal schools and mathematical societies of the north. Finally, in the third window, editors by and large coalesced around the Metropolis. The two regions of Yorkshire and the Humber and the North West each housed only one editor; the remaining eight lived in the London region (see Map 3).

For all three windows, many of the editors shared northern roots and employment at Royal Military Institutions or the *Nautical Almanac*.[58] This subgroup of editors began as contributors to question-and-answer journals and received recognition that helped them find employment at the RMC, RMA, or *Nautical Almanac* and move into editorial roles. Many conducted short-lived commercial journals containing mathematics that were not heavily supported or encouraged by publishing houses. In many cases, they were the inspiration of a sole actor (or a small group of individuals) who wanted to establish or continue means of mathematical communication among like-minded mathematicians. Until the third window, all of the editors, northern or not, obtained their mathematical education outside the university sphere.

Throughout all three windows, the milieu of editors formed connections that joined together localized and otherwise isolated centers for mathematics in England. They maintained, through constantly-changing titles and formats, a home for mathematical questions and answers, and the dynamic communication that accompanied this genre. The back-and-forth nature of questions and answers provided a timely and reactive form of mathematical communication through print not available in monographs or even journal articles. At the same time, the frequent references in the literature to earlier problems from

---

58. See the bolded and underlined editors in Tables A, B, and C.

a wide variety of journals suggest that the questions and answers formed a cumulative corpus and record of mathematical practices known to and used by problem posers and solvers. As the curators of these questions and answers, the mathematical editors played a vital role in encouraging and enabling mathematical communication between practitioners.

Table A: The Periodicals and Editors of Window #1: 1775-1784

Title	Years	Type	Editor(s)*
Ladies Diary	1704–1840 annual	Almanac (Co. of Stationers)	**Charles Hutton** (1774–1818)
Gentleman's Diary	1741–1840 annual	Almanac (Co. of Stationers)	**Thomas Peat** (1757–1780) **Charles Wildbore** (1781–1802)
Palladium	1748–1779 annual	Pseudo-Almanac	Robert Heath
Ladies and Gentlemen's Diary; or, Royal Almanack	1776–1788 annual	Almanac (Carnan)	**Reuben Burrow**
Companion to the Ladies Diary	1779–1781 annual	Math/Enigmas/ Queries	**Reuben Burrow**
Town and Country Magazine Math. Column	1769–1785 monthly	General	Samuel Clark (until 1784)
London Magazine Math. Column	1774–1779 1783–1785 monthly	General	Joseph Keech (1774–1779) Nathan Parnel (1783–1785)
Miscellanea Mathematica	1771–1775 quarterly	Mathematical	**Charles Hutton**
Diarian Miscellany	1771–1775 quarterly	Math/Poetry Reprint of *Ladies Diary*	**Charles Hutton**
English Museum, or Ladies and Gentlemen's Querist	1782–1783 annual	Math/Enigmas/ Queries	**William Stevenson**
Lady's and Gentleman's Scientifical Repository	1782–1784 monthly, & quarterly	Math/Enigmas/ Queries	**William Spalton**

*A: Editors during Window #1 (years as editor if not the entire lifespan of journal). For all tables, **bolded** editors were either born or resided in the northern regions of North East, North West, Yorkshire and the Humber, East Midlands, or West Midlands. Underlined editors worked at the RMC, RMA, or *Nautical Almanac*.

Table B: The Periodicals and Editors of Window #2: 1820–1829			
Title	Years	Type	Editor(s)*
Ladies Diary	1704–1840 annual	Almanac (Co. of Stationers)	Olinthus Gregory (1819–1840)
Gentleman's Diary	1741–1840 annual	Almanac (Co. of Stationers)	**Thomas Leybourn** (1820–1840)
Mathematical Repository	1795–1835 annual	Mathematical	**Thomas Leybourn**
Gentleman's Mathematical Repository	1797–1826 annual	Math/Enigmas/ Queries	John Hampshire (1808–1826)
Leeds Correspondent	1814–1823 semiann. & quarterly	Math/Science/ French/Latin	**John Whitley** (1818–1823)
Student's Companion	1822–1823 annual	Math/Enigmas/ Queries	**Charles Holt** **Henry Lightbown**
Liverpool Apollonius	1823–1824 annual	Mathematical	**J.H. Swale**
Scientific Receptacle	1825 quarterly	Math/Enigmas/ Queries	**Henry Clay**
Enquirer	1825 quarterly	Math/Enigmas/ Queries	**William Marrat**
Enigmatical Entertainer	1827–1831 annual	Math/Enigmas/ Queries	Paul Ninnis
Scientific Mirror	1829–1830 annual	Math/Enigmas/ Queries	**Charles Holt**
York Courant Mathematical Column	1829-1846 weekly	Math Column in newspaper	**Thomas Turner Tate (1829-1840)**

*Editors during Window #2 (years as editor if not the entire lifespan of journal).

Table C: The Periodicals and Editors of Window #3: 1845–1854

Title	Years	Type	Editor(s)*
Lady's and Gentleman's Diary	1841-1871 annual	Almanac (Co. of Stationers)	**W.S.B. Woolhouse**
York Courant Math Column	1829-1846 weekly	Math Column in newspaper	**William Tomlinson** (1840–1846)
Preston Chronicle Math Column	1844–1845 weekly	Math Column in newspaper	**Septimus Tebay**
Mechanics' Magazine Math Column	1846 weekly	Math Column in popular general science journal	Joseph Clinton Robertson (pseudonym: Sholto Percy)
English Journal of Education Math Column	1848–1853? monthly	Math Column in education journal	**William Godward**
Educational Times Math Column	1849–1915 monthly	Math Column in education journal	Richard Wilson James Wharton
Mathematician	1843–1850	Math journal appearing three times per year	**T.S. Davies** (1843–1845) **Stephen Fenwick** **William Rutherford**

*Editors during Window #3 (years as editor if not the entire lifespan of journal).

Map English regions

basemap from Office for National Statistics (UK) – Sloan Despeaux (made with Khartis)

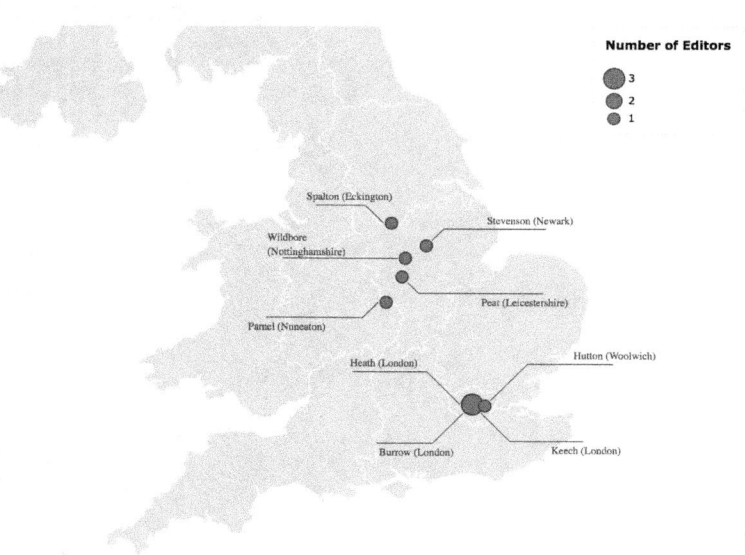

Map 1: 1774-1784 Editors' Locations

basemap from Office for National Statistics (UK) – Sloan Despeaux (made with Khartis)

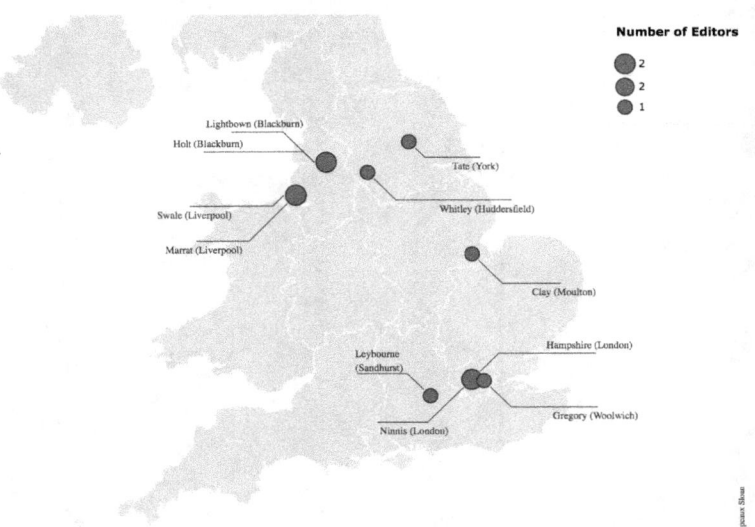

Map 2: 1820-1829 Editors' Locations

basemap from Office for National Statistics (UK) – Sloan Despeaux (made with Khartis)

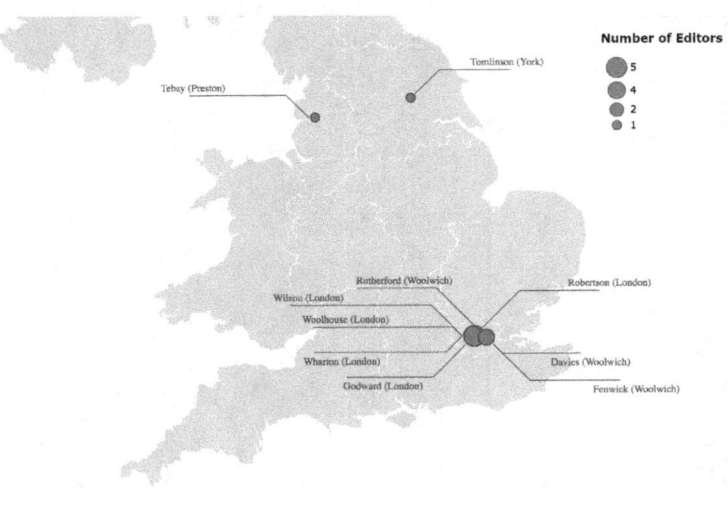

Map 3: 1845-1854 Editors' Locations

basemap from Office for National Statistics (UK)– Sloan Despeaux (made with Khartis)

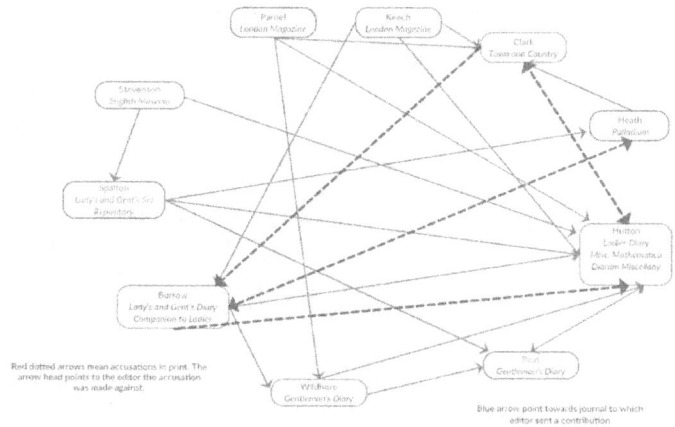

Graph 1

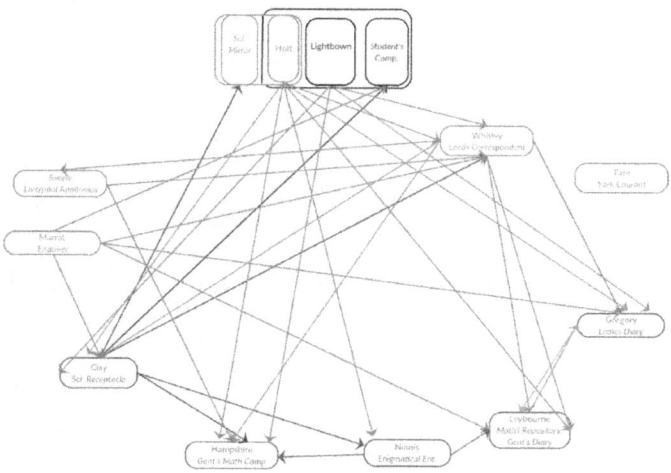

Graph 2

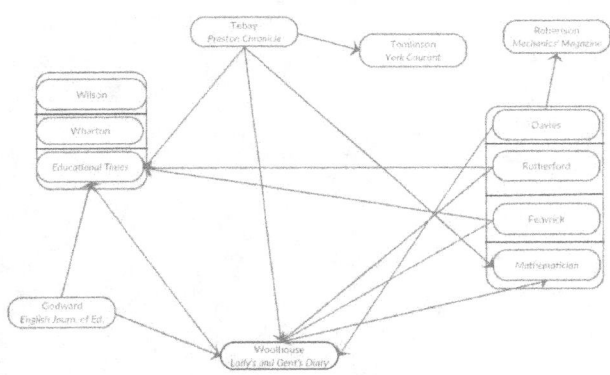

Graph 3

Chapitre 28

Recensions. Formes, fonctions et usages en mathématiques (XVIIIᵉ–XIXᵉ siècles)

JEANNE PEIFFER ET AL.

Avec la collaboration de Jenny Boucard, Caroline Ehrhardt,
Colette Le Lay, Philippe Nabonnand, Silvia Roero

Parmi les outils de la circulation – mathématique ou pas – dans et par les journaux, les recensions sont un des plus performants puisqu'elles sont censées rendre compte de livres récemment parus à un lectorat qu'on imagine le plus ample possible dans un espace géographique indéfini, encore que souvent limité par les langues, les routes postales et les contextes socio-politiques. Alors que le mot français relativement récent de recension désigne en général un compte rendu critique d'un ouvrage dans une revue, nous nous autorisons dans ce qui suit de l'utiliser comme un terme générique qui désigne des comptes rendus de formes différentes : extraits (voir ci-dessous), annonces commentées ou pas, analyses critiques ou pas... En allemand, les termes *rezensiren* (du latin *recensere*) et ses dérivés *Rezensirung, Rezension, Rezensent* ont été utilisés couramment dès le début du XVIIIᵉ siècle, sans connotation critique (Habel 2007, 18–21). Les Anglais parlaient plutôt de « accounts of some books », comme en témoigne le titre de la rubrique des *Philosophical Transactions* (Londres, 1665).

La toute première fonction des recensions, parmi beaucoup d'autres que nous rencontrerons dans la suite, c'est d'informer les lecteurs et de les orienter dans leurs lectures. Dans une certaine mesure, les recensions peuvent se substituer aux livres mêmes ou du moins servir de guide d'achats. C'est ce qui est mis en avant dès la première livraison du *Journal des savants* (Paris, 1665) :

> Ie crois qu'il y a peu de personnes qui ne voient que ce Journal sera utile à ceux qui acheptent des Livres ; puis qu'ils ne le feront point sans les connoistre auparavant : & qu'il ne sera pas inutile à ceux mesme qui ne peuvent faire beaucoup de despense en livres, puis que sans les achepter, ils ne laisseront pas d'en avoir une connoissance generale. (*Journal des savants* 1, L'Imprimeur au Lecteur, n. p.)

L'étincelle qui a nourri notre curiosité pour les divers modes dont les journaux rendent compte des livres mathématiques, a jailli d'une expression trouvée très fréquemment sous la plume des journalistes (notamment du XVIIIe siècle), à savoir que les mathématiques ne sont pas susceptibles d'extraits, c'est-à-dire qu'elles ne se prêtent pas à la pratique de l'abrégé. Cela a suscité un certain nombre de questions : en quoi cela singularise le domaine des mathématiques ? Retrouve-t-on cette formule dans tous les types de journaux ? Est-elle adressée à tous les publics ? La rencontre-t-on à toutes les périodes, sachant par exemple que les *compendia* mathématiques étaient largement en usage notamment durant la période médiévale ? Sinon, depuis quand considère-t-on que les mathématiques échappent à cette pratique très répandue depuis la naissance des journaux savants dans le dernier tiers du XVIIe siècle ? Disparaît-elle avec l'apparition des périodiques spécialisés ciblant un lectorat de spécialistes ?

La présente contribution, largement exploratoire et pour partie spéculative, s'appuie sur une réflexion menée au sein du projet CIRMATH et des données très partielles recueillies au sein du réseau. Nous nous sommes intéressés aux formes que les recensions de livres mathématiques ont pu prendre dans le temps, de la fin du XVIIe au début du XXe siècle et aux fonctions qu'elles ont pu exercer dans l'économie de l'information, de la circulation et de la production mathématiques. Dans la mesure du possible nous nous interrogerons aussi sur les usages que les mathématiciens ont pu faire de ce qui est considéré aujourd'hui comme un puissant instrument de veille scientifique. Comme nous avançons en terrain vierge – les études sur les recensions mathématiques étant quasi inexistantes[1] et le corpus de journaux qui en publient massif –, nos conclusions reposant sur des sources (notamment françaises) choisies certes pas entièrement de façon aléatoire mais désignées par les recherches de plusieurs années par les membres du réseau, ne pourront être que partielles et provisoires. Nous procéderons par la présentation d'exemples que nous espérons significatifs au vu des vérifications effectuées. Ils nous permettront de soulever un certain nombre de questions, de formuler des débuts de réponses ou des hypothèses, et d'esquisser les grandes lignes de l'évolution des recensions dans le domaine des mathématiques, tout en ouvrant des pistes pour des recherches ultérieures.

---

1. À l'exception notable de (Siegmund-Schultze 1993), (Meinel 1995), (Laeven & Laeven-Aretz 2014), (Gispert 2018) et (Eckes 2021).

1 L'art de l'extrait à l'époque moderne

Dès l'apparition des premiers journaux savants, les recensions sous forme d'« extraits » de livres occupaient la majeure partie des pages du *Journal des savants*, des *Nouvelles de la République des lettres* (Amsterdam, 1684) et, dans une moindre mesure, des *Philosophical Transactions* ou encore des *Acta eruditorum* (Leipzig, 1682). Cette forme de l'extrait s'inscrit dans une histoire alors déjà longue de l'art compilatoire, qui a été beaucoup étudiée pendant le dernier quart de siècle par les spécialistes des techniques de l'érudition à l'époque moderne[2]. Ils identifient l'art de l'extrait hérité de l'humanisme à l'art de constituer des recueils manuscrits de notes de lecture (Décultot 2003, 7). L'accent est mis davantage sur la meilleure manière d'organiser et d'utiliser ces notes que sur leurs modes de rédaction : copie fidèle de certains passages, reformulation, abrégé ou résumé, mots clé... Dans les recueils d'extraits des XVIe et XVIIe siècles, les citations sont rangées dans des rubriques souvent préétablies (les *loci communes* des humanistes). Ce n'est que vers le milieu du XVIIe siècle, et sous la houlette des jésuites, que le travail de compilation s'est transformé. L'ordre de classement n'était plus forcément donné a priori, mais pouvait être établi en fonction des centres d'intérêts du scripteur ou dépendre des domaines spécifiques de lecture. Ainsi Jeremias Drexel, un jésuite allemand, auteur de *Aurifodina artium et scientiarum* [Mine d'or des arts et des sciences], paru à Anvers en 1638, prodigue à ses lecteurs des conseils de lecture et de prise de notes selon les domaines de savoir. La lecture doit être guidée par la capacité du lecteur de sélectionner et extraire des passages jugés utiles pour son avenir d'auteur. Les mathématiques figurent en bonne place dans cet ouvrage et sont représentées, dès la page de titre, à côté de la rhétorique, la philosophie, la jurisprudence, la théologie, la médecine, et la poésie. Mais, alors que Drexel s'étend longuement sur la médecine et la jurisprudence, il se contente de dire que ses conseils s'appliquent également aux mathématiques, à la philosophie et la théologie[3]. La *ratio excerpendi* (science de l'extrait) y est la même, seuls les auteurs lus changent.

Daniel Georg Morhof, dans sa monumentale histoire littéraire, *Polyhistor*[4], à peu près contemporaine de la création des premiers journaux savants, insiste sur l'efficacité dans la pratique des extraits. Plus que l'organisation topique de ceux-ci compte la possibilité d'accéder rapidement au savoir recueilli à l'aide

---

2. Cet art a été amplement étudié dans le cadre de l'histoire de la lecture et de l'appropriation du savoir. Voir notamment (Zedelmaier & Mulsow 2002), (Décultot 2003), (Grafton 2012) ou (Gierl 2013).

3. « Quod de Medicis & Jurisperitis dixerimus, id etiam Mathematicis, Philosophis, Theologis suasum putato » (Drexel 1715, 152) et conclut que « excerpendi ratio hic eadem est cum priori, mutatis solum auctoribus » (*ibid.*, 160).

4. *Polyhistor, literarius, philosophicus et practicus* dont l'histoire éditoriale est compliquée. La première édition du premier volume date de 1688, le troisième volume consacré à l'*ars excerpendi* a paru en 1692 après la mort de l'auteur. J'ai utilisé la 4e édition de Lübeck 1747. Cf. Zedelmaier dans (Décultot 2003, 58–60). Au sujet de Morhof, voir aussi (Waquet 2000).

d'*indices* alphabétiques (ou index matières). Pour lui, des extraits peuvent être dressés dans tous les domaines dont la méthode propre permet d'établir un ordre de classement. Il mentionne en premier les mathématiques, dont l'utilité est la plus grande, et conseille – dans le tome 3 consacré à *l'ars excerpendi* (l'art de l'extrait) – d'inclure parmi les matières propres aux mathématiques une rubrique « Miscellanées », puisque ces matières sont largement utilisées au-delà. En particulier, les extraits de physique peuvent être considérés en mathématiques puisque les deux disciplines se rendent mutuellement service (*Physica & Mathesis mutuas sibi operas tradunt*). Les expériences mécaniques peuvent être insérées comme exemples sous les rubriques ayant pour titres les théorèmes mathématiques dont elles dépendent[5]. Il est remarquable que Morhof inclut l'aspect expérimental dans un ouvrage consacré à l'art de l'extrait et donc à la lecture, l'appropriation, la compilation et la production de savoirs textuels. Dans la partie intitulée « Polyhistor mathematicus » (Morhof 1747, Tom. II, Lib. IV, 462–474), on trouve une liste, beaucoup plus longue que celle de Drexel, d'auteurs à lire, parmi lesquels René Descartes et Gottfried Wilhelm Leibniz mais sans aucune mention d'Isaac Newton[6].

2 Adaptation au nouveau média des journaux savants

Les extraits de livres, qui sont la forme d'articles la plus courante dans de nombreux journaux savants de l'époque moderne, s'inscrivent dans la tradition manuscrite évoquée ci-dessus, tout en s'adaptant au nouveau média imprimé[7]. Que change donc le passage du cahier manuscrit d'extraits aux extraits de livres imprimés et publiés dans les journaux ? Une pratique personnelle de sélection et de recueil de citations, structurée en vue de la rédaction de textes ultérieurs ou de l'alimentation de conversations savantes et mondaines, se transforme en une pratique collective et publique, où les auteurs – savants et/ou journalistes – rendent compte de ce qui se passe chez eux et dans leur spécialité. Même les journaux rédigés par un seul « auteur » – c'est ainsi qu'on appelait le rédacteur d'un journal – doivent s'appuyer sur un réseau d'informateurs et de collaborateurs qui permettent notamment à l'auteur d'être au courant des nouvelles parutions dans un périmètre dépassant le lieu de production de son journal. Une telle coopération de tout un réseau d'auteurs groupé autour du ou des rédacteurs est devenue incontournable vu

---

5. Il s'agit d'une paraphrase de (Morhof 1747, Tom. I, Lib. III, Cap. XIII, 704, trad. du lat. par JP).

6. Isaac Newton, Medicus Anglus est cependant cité dans le chapitre consacré aux couleurs (Morhof 1747, Tom. II, Lib. II, Part. II, Cap. 15, 345).

7. À notre connaissance, il n'existe pas d'étude générale de ce passage de l'extrait manuscrit à l'imprimé. Citons cependant (Charon et al. 2016) qui « explore la diversité des voies par lesquelles les livres étaient annoncés à leurs lecteurs, de la Renaissance au siècle des Lumières, avec une attention portée aux évolutions qui ont marqué la période », et (Décultot et al. 2020), qui présente un projet de recherche visant à étendre l'histoire de la pratique de l'extrait au-delà de la période moderne et incluant le transfert à d'autres média que le cahier manuscrit.

l'accroissement exponentiel de livres publiés. Les extraits rédigés par l'auteur ou ses collaborateurs sont la plupart du temps publiés à titre anonyme. Ainsi l'éditeur des *Nouvelles de la République des lettres*, Pierre Bayle, se considère comme le secrétaire de toute une communauté, ce qui explique pour lui le sens de l'anonymat (McKenna 2016, 83).

Rédacteur et lecteur des extraits ne coïncident plus, le premier occupe désormais une place d'intermédiaire entre les auteurs recensés et leurs potentiels lecteurs. Sa fonction de médiateur est doublement importante. D'une part il sélectionne les auteurs dont les ouvrages sont dignes d'être annoncés ou recensés, et de l'autre il met en lumière les éléments d'un livre qu'il juge les plus innovants ou originaux. Les fonctions de tri des savoirs, de contrôle sur ce qui est publiable ou de filtre sélectif des recensions sont loin d'être négligeables et gèrent les savoirs diffusés dans les journaux. Textes de seconde main, les extraits seront à la fois document informatif et œuvre, résumé fidèle et article partiellement original, ce qui provoque tout au long de l'Ancien Régime des débats sur la nature de l'extrait, dont Timothée Léchot (2017) a rendu compte.

Grâce à l'infrastructure qu'offre le « journal », les extraits de livres sont mis en circulation et atteignent un plus grand nombre d'utilisateurs. Ce qui devait servir un projet personnel devient accessible à autrui et doit donc se conformer à un horizon d'attente plus large, ce qui implique la présence d'une référence bibliographique plus ou moins détaillée – auteur, titre, lieu d'édition, éditeur, date de parution, format, nombre de pages – une présentation de l'auteur, une mise en contexte du livre, etc. Dans son acception journalistique, les extraits de la publication recensée contiennent généralement, selon Léchot (2017, 2), « les références bibliographiques de celle-ci, l'exposition de son projet, l'abrégé des différentes parties et des observations stylistiques, à quoi peuvent s'ajouter ou se substituer des citations parfois très étendues, ainsi que les réflexions et les éventuelles critiques du journaliste ».

D'un point de vue matériel, l'extrait doit se plier à la forme imposée par l'imprimerie, ce qui implique une standardisation spécifique et donc une certaine uniformisation. Grâce à l'imprimerie, l'extrait est reproduit mécaniquement en de multiples exemplaires qui circulent le long de canaux de communication qui ne diffèrent guère des voies postales, des routes de Grand Tour et des tracés de voyageurs, qui convoyaient aussi des nouvelles à la main.

En ce qui concerne la structure éditoriale, les journaux savants ont pu être considérés comme un prolongement de l'histoire littéraire à la Morhof, dans lesquels on consigne inlassablement les événements littéraires les plus récents : annonces et comptes rendus de livres nouveaux. Alors que les annonces brèves sont rangées dans une rubrique « Nouvelles littéraires » ordonnées selon les lieux de provenance des livres, les extraits (sous la forme rappelée ci-dessus) s'accumulent sans ordre apparent sur les pages des journaux. Les informations qu'ils font circuler sont toutefois inscrites dans un cadre systématique[8] sous

---

8. Voir à ce sujet notamment (Gierl 2001), (Vittu 2016, 148–154) et (Léchot 2017).

forme de tables de matières dont les rubriques sont structurées selon des spécialités thématiques[9].

Les recensions de livres sous forme d'extraits imprimés, si elles obéissent aux règles de la simple compilation, inaugurent aussi et surtout une pratique de partage des savoirs pouvant alimenter le débat critique. Elles sont parfois le lieu où les auteurs expriment leurs opinions, s'opposent à d'autres et font le cas échéant naître des idées nouvelles à développer.

3 Extraire les mathématiques

Rappelons que le but des journaux savants, tel que décrit dans le plus ancien d'entre eux, est « de faire sçavoir ce qui se passe de nouveau dans la République des lettres » (*Journal des savants* du 5 janvier 1665, L'imprimeur au lecteur, n. p.). Afin de remplir ce dessein, le *Journal des savants* cite en premier lieu « un Catalogue exact des principaux livres qui s'imprimeront dans l'Europe. Et on ne se contentera pas de donner les simples titres, comme ont fait iusques à present la pluspart des Bibliographes[10] : mais de plus on dira de quoy ils traitent, & à quoy ils peuvent estre utiles » (*ibid.*). L'utilité est également invoquée lorsqu'il est question de mathématiques. Parmi les découvertes qui se font dans les arts et les sciences, le *Journal* cite « les inventions utiles ou curieuses que peuvent fournir les Mathematiques » (*ibid.*). La plupart des nombreux journaux savants créés avant le milieu du XVIIIe siècle dans l'espace européen se veulent encyclopédiques et se proposent de couvrir un éventail très large de savoirs, dont presque toujours les mathématiques. Pour cela, ils comptent souvent des mathématiciens parmi leurs informateurs, à l'instar des *Nouvelles de la République des lettres* de Pierre Bayle dont le réseau comprend Christiaan Huygens, Leibniz, l'abbé de Catelan... (McKenna 2016, 78). Les mathématiques sont présentes dans les journaux savants sous des formes diverses, comme les mémoires présentant des observations, des machines ou autres découvertes, des extraits de lettres, des extraits de livres, des annonces de publications commentées ou non, des publicités, des entrées dans des listes de livres (Charon *et al.* 2016). Dans ce qui suit nous allons nous restreindre aux « extraits » notamment de livres, témoins d'une circulation et eux-mêmes objets de circulation puisque ces recensions sont très fréquemment reprises par les rédacteurs d'autres journaux sans parfois avoir eu en mains le livre recensé. Ils attirent ainsi l'attention des savants sur la production livresque en mathématiques et informent les curieux des avancées dans ce domaine. Savants et curieux lettrés représentent typiquement le double public de lecteurs ciblés par ces journaux.

---

9. Ces tables peuvent même véhiculer des hiérarchies ou des partis pris, comme l'atteste l'exemple des *Acta eruditorum* dont les rédacteurs sont accusés par John Keill (1720, 6–8), lors de la querelle de priorité, de compiler leurs tables de manière partiale.

10. Bibliographes renvoyant ici aux auteurs de catalogues, répertoires ou autres listes souvent structurés de livres, dont les publications sont très nombreuses depuis la Renaissance et l'invention de l'imprimerie.

Si l'on excepte les journaux exclusivement consacrés aux mathématiques, peu nombreux[11], et les almanachs publiant des énigmes ou des problèmes à résoudre, les mathématiques sont le plus fortement représentées, parmi les périodiques d'avant le milieu du XVIIIe siècle, dans des titres comme les *Acta eruditorum*, le *Journal des savants*, les *Philosophical Transactions* et le *Giornale de' letterati* souvent nommés ensemble par les acteurs. Citant la préface[12] au volume des *Acta* pour 1690, Augustinus Laeven (1990, 73–74) suggère que les éditeurs avaient l'intention de compiler une table décennale qui ne concernait pas seulement les *Acta eruditorum*, mais aussi le *Journal des savants*, le *Giornale de' letterati* (Parme, 1686) et les dits journaux de Hollande[13]. Un demi-siècle plus tard, François Brémond (1739) fait précéder sa traduction française des *Philosophical Transactions* d'un volume de tables où il indique pour chaque article paru dans le journal anglais entre 1665 et 1735 les reprises dans une série d'autres journaux, dont notamment les *Acta eruditorum*, le *Journal des savants* et les *Giornale de' letterati d'Italia*[14], mais aussi *Histoire* et *mémoires de l'Académie royale des sciences* (Paris, 1699), à côté de journaux donnant en français des nouvelles de Grande-Bretagne comme la *Bibliothèque anglaise* (Amsterdam, 1717), la *Bibliothèque britannique* (La Haye, 1733) et les *Mémoires littéraires de Grande-Bretagne* (La Haye, 1720), et marginalement quelques autres titres (Peiffer 2020). Les liens que ces acteurs établissent entre ce noyau de journaux (comprenant les *Acta eruditorum*, les *Philosophical Transactions*, le *Journal des savants* et le *Giornale de' letterati*) nous ont motivés à les considérer comme des revues mathématiques d'Ancien Régime[15].

Le *Giornale de' letterati* (Venise, 1710) ayant été étudié du point de vue des mathématiques par Clara Silvia Roero (2013), nous nous contenterons d'y ren-

---

11. D'après la base de données de CIRMATH, 24 journaux spécialisés en mathématiques ont été créés entre 1711 et 1797 (dont 16 en Grande-Bretagne). Seuls 25 % de ces journaux ont une durée de vie supérieure ou égale à 10 ans, alors que près de deux tiers (63 %) de l'ensemble des 205 « journaux mathématiques » créés dans la même période ont une durée de vie supérieure ou égale à 10 ans.

12. « Lectori Benevolo Salutem ! [...] In concinnando autem Indice Viri cujusdam doctissimi studium ita versatur, ut amplissimus ille futurus sit, Lectorumque votis abunde satisfacturus : quin & libros illos, qui intra hoc Decennium editi in lucem sunt, nec ad nos tamen pervenerunt, in exoticis vero Eruditorum Diariis, Parisiensi, Parmensi, aut Hollandicis recensi deprehenduntur, ex iisdem indicaturus [...] » (*Acta eruditorum*, 1690, n. p.).

13. Laeven cite les *Nouvelles de la République des lettres* que Brémond inclut aussi dans ses tables, la *Bibliothèque universelle et historique* et l'*Histoire des ouvrages des sçavans*. Sur les journaux de Hollande, voir la contribution de Jenneke Krüger dans ce volume (chap. 6).

14. Le titre *Giornale de' letterati* [*d'Italia*] comprend de fait une série de journaux édités entre 1668 et 1796 dans des lieux différents : Rome, Venise, Florence, Modène, Pise.

15. Jean-Pierre Vittu (2016, 144) utilise le critère des formats pour distinguer ce qu'il appelle des « revues à visée scientifique ». Ces dernières adopteraient l'in-quarto des ouvrages de cabinet comme notre noyau de journaux, mais aussi les *Novelle letterarie* (Florence, 1740), les *Göttingische gelehrte Anzeigen* (Göttingen, 1739), les *Observations sur la physique, sur l'histoire naturelle et sur les arts* de l'abbé Rozier (Paris, 1773), l'*Antologia romana* (Rome, 1775) ou encore le *Correo literario de la Europa* (Madrid, 1781).

voyer[16]. D'après ses travaux, les mathématiciens – notamment Giovanni Poleni, Bernardino Zendrini, Jacopo Riccati, Giulio Fagnano, Gabriele Manfredi, Guido Grandi – se sont très fortement investis dans ce journal dans le but de combler le retard affiché en mathématiques par l'Italie par rapport à d'autres pays. Le *Giornale* a ainsi contribué à faire connaître dans ce pays les dernières innovations, notamment leibniziennes, et à créer une communauté de mathématiciens très actifs en lien avec Leibniz et ses acolytes. Le premier but du journal vénitien étant de faire connaître les auteurs italiens à l'étranger, le *Giornale* publiait à côté d'articles originaux des recensions longues et détaillées de livres italiens (souvent rédigés par leurs auteurs eux-mêmes) ainsi qu'une rubrique « Novelle letterarie » annonçant les parutions récentes. Dès la première livraison, Gabriele Manfredi publiait un long article sous forme d'auto-recension de son traité *De constructione æquationum differentialium primi gradus* (1707), où il relate l'histoire de la découverte leibnizienne et son utilité pour résoudre des problèmes physico-mathématiques. Roero (2013, 393) insiste sur les liens entre géomètres établis par les recensions parues dans le *Giornale*, les méthodes que celles-ci mettent en lumière et comparent entre elles, ainsi que l'accent mis sur des problèmes ouverts.

Le périodique anglais, *Philosophical Transactions*, a été l'objet d'un important projet de recherche à l'occasion des 350 ans de son existence, et le fonctionnement du mensuel fondé en 1665 sur initiative privée de Henry Oldenburg, Secrétaire de la Royal Society, est maintenant bien connu[17]. La médiation par le livre étant moins prononcée pour ce périodique, en comparaison avec par exemple le *Journal des savants*, la pratique de recension a peu attiré l'attention des chercheurs. Le contenu et la forme des toutes premières livraisons (1665-1677) ont été minutieusement étudiés (Banks 2009, Moxham 2016) et décrits comme une variété disparate de nouvelles tirées de diverses sources britanniques et étrangères, dont notamment la correspondance privée d'Oldenburg, des périodiques comme le *Journal des savants*, des récits d'expériences menées ou projetées à la Royal Society ou ailleurs, et des comptes rendus ou résumés de livres. Dès la fin de la première année, Oldenburg a développé une stratégie qu'il applique encore dix ans après (Banks 2009) : Les lettres ou extraits de lettres étaient imprimés *verbatim* en anglais, avec parfois une introduction de sa plume, alors qu'il réécrit les textes qu'il fallait traduire en anglais (« English'd by the publisher ») et ceux qu'il résumait dont notamment les livres. De fait, les choses semblent plus complexes et variées que stipulées par David Banks.

---

16. Voir notamment (Roero 2013, 392–393), consacré aux journaux vénitiens du XVIIIe siècle. Voir aussi sa contribution à ce volume sur les *Novelle letterarie* (Florence, 1740-1792) (chap. 22), celle de Iolanda Nagliati (chap. 4) sur les journaux savants toscans et celle de Maria Rosaria Enea sur les périodiques napolitains.

17. Sur les *Philosophical Transactions*, voir surtout (Fyfe *et al.* 2022) qui discute de nombreux aspects concernant le fonctionnement du journal, ses relations avec la Royal Society, ses financements et ses pratiques éditoriales dont notamment l'origine du *refereeing*.

Les comptes rendus de livres étaient la plupart du temps, et systématiquement au moins dès 1670, rassemblés dans une rubrique[18] en fin de livraison intitulée « An Account of some Books », rubrique devenue irrégulière avant de complètement disparaître au début du XVIIIe siècle. À l'intérieur de cette rubrique, les comptes rendus étaient numérotés et parfois regroupés thématiquement. On y trouve assez régulièrement des ouvrages de mathématiques et d'astronomie (James Gregory, John Wallis, Descartes, René-François de Sluse, André Tacquet, John Flamsteed, Johannes Hevelius, etc.) dont les présentations peuvent être de longueur variée, allant d'un bref paragraphe à plusieurs pages détaillant le contenu. Certains sont en latin ou ne sont pas d'Oldenburg, comme par exemple *Logarithmotechnia Nicolai Mercatoris. Concerning which we shall here deliver the account of the Judicious Dr. J. Wallis, given in a Letter to the Lord Viscount Brouncker* (*Philosophical Transactions*, 1668, 753–764). De fait, Oldenburg inclut sous ce titre trois extraits de lettres dont deux de Wallis à William Brouncker et une de Nicolas Mercator où celui-ci illustre pour Oldenburg sa méthode par un exemple. La fabrique et la forme de ces « accounts » peuvent donc ne guère différer de celles des autres contributions. Le titre donné à un de ses comptes rendus explicite les buts qu'Oldenburg leur assigne : donner aux savants un goût de la matière traitée dans ces livres et les inciter ainsi à pousser plus loin les investigations et à élucider les questions qui y sont abordées[19]. Lorsqu'il rend compte d'un livre étranger, Oldenburg a tendance à y ajouter, sans doute afin de favoriser le débat, des parallèles avec ce qui se passe en Angleterre dans le même domaine.

À titre d'exemple, nous proposons d'analyser le long compte rendu rédigé par Oldenburg sur les *Opera mathematica* du jésuite belge André Tacquet, parus à titre posthume à Anvers en 1669 (*Philosophical Transactions*, 4, 1669, issue 43, 869–876). Le rédacteur y propose un résumé détaillé de l'ouvrage, livre par livre, en commençant par l'astronomie, suivie de la géométrie pratique, de l'optique et de l'architecture militaire. Il y cite parfois, en latin, l'auteur de l'ouvrage. Ainsi, pour ceux qui désireraient savoir à quel système du monde Tacquet adhère, il cite un passage où Tacquet (1669, 326) prétend ne connaître aucun argument en faveur du repos de la Terre, mais adhérer au géocentrisme pour des raisons de doctrine religieuse.

Parmi les additions et commentaires insérés par Oldenburg, citons le mouvement des projectiles, où Tacquet renvoie à Galilée et à Torricelli, alors

---

18. Comme Noah Moxham (2016, 472) l'a constaté, c'est cette rubrique autonome voulue par Oldenburg qui rapprochait le plus les *Philosophical Transactions* du modèle du *Journal des savants*. La médiation par le livre s'éteint donc très tôt dans le journal anglais, souvent considéré et notamment par les historiens britanniques comme le premier périodique scientifique. Dès la fin du XVIIe siècle, les comptes rendus de livres y seront traités comme les autres « articles » numérotés dans chaque livraison.

19. *Philosophical Transactions* May 1670, 1051 : « There being lately fallen into our hands three books written by several authors, [...], it would not be un acceptable to the ingenious, to give them here a taste of these Treatises, thereby to excite them to a further disquisition and elucidation of this matter. »

qu'Oldenburg mentionne aussi le livre [la *Mechanica*] de l'excellent Dr. Wallis « maintenant sous presse » (*Philosophical Transactions*, 1669, 870). Plus loin, Oldenburg souligne l'absence dans l'ouvrage de Tacquet de tables astronomiques alors qu'il y inclut leur mode de calcul. Il comble cette lacune en citant celles de Tycho Brahe, Erasmus Reinhold, Christen Sørensen Longomontanus, Johannes Kepler, Lausberg, Godefroy Wendelin, Ismaël Boulliau, Denis Pétau, Nicolas Reymers, Giovanni Battista Riccioli auxquels il convient d'ajouter selon lui celles de Noël Duret, Rilly, Street et Wings[20], sous presse. De même il explicite à l'adresse de ceux qui ne seraient pas satisfaits de l'exposé de trigonométrie sphérique que donne Tacquet, des références à la *Trigonometria Britannica* de Henry Gellibrand et John Newton, l'*Idea Trigonometria* de Seth Ward et trois ouvrages de Bonaventura Cavalieri (*Philosophical Transactions*, 1669, 871). Rendant compte au sujet du deuxième livre de la géométrie pratique de la transformation des figures, il renvoie ceux qui souhaiteraient résoudre ces problèmes analytiquement à Pierre Hérigone, Frans van Schooten et Ludolph van Ceulen (*ibid.*). Comme la mort a empêché Tacquet de traiter de la dioptrique, Oldenburg informe le lecteur que cette science a déjà été développée par Descartes, Florimond de Beaune, Honoré Fabri, Carlo Antonio Manzini et Francesco Eschinardi, puis exprime son espoir de bientôt voir aboutis les efforts d'Isaac Barrow et annonce que l'auteur *d'Optica promota*, James Gregory, a un traité sur le sujet bien avancé pour la presse (*Philosophical Transactions*, 1669, 873). À une excellente connaissance de la littérature mathématique, Oldenburg ajoute une non moins bonne connaissance du milieu britannique dont il est capable d'annoncer les livres en préparation ou sous presse. Il ne se prive pas non plus d'insérer (*ibid.*) une publicité pour un facteur d'instruments – *John Marks at the Sign of the Golden Ball near Somerset-House* – qui vend des quadrants conçus par John Collins, dont il est dit qu'ils peuvent être collés sur une plaque de cuivre vernis, produisant ainsi un instrument bon marché et portable, ainsi que d'autres instruments.

Le reste du compte rendu est consacré au traité *Annularia & Cylindrica* dont il s'étonne de la réimpression des quatre premiers livres, déjà publiés en 1651 et bien connus en Angleterre. Il se dispense d'en rendre compte, mais en décrit la réception qui n'a pas toujours été élogieuse avant de présenter le contenu du Livre V inédit. C'est l'occasion pour Oldenburg d'insérer une longue discussion des critiques formulées par Tacquet, mais aussi naguère par Paul Guldin dans son *Centrobaryca* (1635-1641) contre la méthode des indivisibles de Cavalieri (1635). Après la mort de Cavalieri, qui a rejeté les critiques de Guldin dans ses *Exercitationes geometricae* (1647), son élève, Stefano degli Angeli monte au créneau pour répondre aux objections des trois jésuites Guldin, Mario Bettini et Tacquet[21]. Oldenburg (1668, 738) ayant rédigé quelques mois auparavant

---

20. Difficiles à identifier aujourd'hui.
21. (Angeli 1658) répond à Bettini, (Angeli 1659) à Tacquet. Oldenburg cite les deux p. 874, tout comme (Angeli 1660).

un bref compte rendu de *De infinitis spiralibus* (1667) d'Angeli, cite la préface de (Angeli 1660) où Guldin est comparé à Icare qui s'est brûlé les ailes en voulant aller trop loin, puis tente de rendre justice à Guldin, qui aurait avoué être trop âgé ou trop occupé pour étudier la théorie de Cavalieri en profondeur. Oldenburg n'entre pas dans le vif du débat dont il ne rapporte pas les arguments pour ou contre[22], mais met en avant les regrets d'Angeli à propos de Tacquet, qui aurait pu aller plus loin et obtenir de nouveaux théorèmes (dont la liste est donnée) s'il n'avait pas refusé le recours aux indivisibles. En lisant le compte rendu d'Oldenburg, on pourrait avoir l'impression que la défense d'Angeli consiste surtout en une énumération des mathématiciens célèbres favorables aux indivisibles, dont notamment Wallis qui a utilisé la méthode des indivisibles dans son *Arithmetica infinitorum* et Vincenzo Viviani. Oldenburg visiblement acquis à cette méthode rappelle qu'Antoine de Lalouvère, dans son *Elementa Tetragonismica* (1651) en a démontré *more Archimedeo* la vérité. Il se défend de vouloir être le détracteur de Tacquet, mais prétend éviter au lecteur le préjudice qu'il pourrait subir en suivant Tacquet dans son rejet de cette méthode. Sans entrer dans le fond du débat, Oldenburg prend position et offre à son lecteur des références à un très large éventail de textes concernant la controverse qui a suivi la publication de la *Geometria indivisibilibus* de Cavalieri. Il ne fournit pas seulement des informations pertinentes, mais met aussi en dialogue (virtuel) tout un ensemble de géomètres de périodes distinctes du XVIIe siècle – il en cite une quarantaine. Il s'agit là d'une fonction primordiale des recensions : exprimer des positions, favoriser le débat et faire avancer les connaissances sur des sujets précis. Oldenburg a globalement une bonne opinion des *Opera* de Tacquet qu'il qualifie en conclusion d'un des volumes de mathématiques les plus substantiels qui existe – « one of the most considerable Volumes of Mathematicks extant » (*Philosophical Transactions*, 1669, 876) – et il espère excuser ainsi la prolixité de son compte rendu. Il y fait la preuve d'une culture mathématique peu commune nourrie par ses lectures des mathématiciens du XVIIe siècle, culture qu'il partage à l'occasion de cette discussion avec ses lecteurs.

Il manque encore une étude systématique de la pratique de recension[23] par Oldenburg et ses successeurs à la tête des *Philosophical Transactions*. Consacré aux découvertes en philosophie naturelle, le périodique fait la part belle aux mathématiques appliquées à ce domaine. Elles sont très présentes dans le périodique sous la férule d'Oldenburg, mais leur place ne sera pas toujours assurée. Sous la direction de Hans Sloane (vers 1695-1714), le journal publia moins d'astronomie et de mathématiques[24], en comparaison

---

22. Pour connaître ces arguments et le contexte de la controverse, voir notamment (Andersen 1985, 355), (Giusti 1980) et (Alexander 2014).

23. Voir cependant sur le site « A History of Scientific Journals. Lessons from the history of Royal Society journal publishing, 1665-2015 » (https://arts.st-andrews.ac.uk/philosophicaltransactions/) les réflexions concernant la genèse de la pratique des « abstracts ».

24. Voir « Disciplinary breakdown of the Transactions, 1695-1738 » sur le site https://arts.st-andrews.ac.uk/philosophicaltransactions/the-transactions-in-the-early-eighteenth-century/.

avec ses successeurs (Edmond Halley, James Jurin, William Rutty et Cromwell Mortimer). Vers la fin du XVIIIe siècle, alors que le botaniste Joseph Banks présidait la Royal Society (de 1778-1820) d'une main de fer, un fort antagonisme avec le mathématicien Charles Hutton, éditeur de *The Ladies' Diary* pendant 45 ans et élu *Fellow of the Royal Society* en 1774, aboutit à la disparition temporaire de cette matière du journal (Wardhaugh 2019).

Venons-en maintenant à un des plus importants vecteurs de circulation mathématique aux XVIIe et XVIIIe siècles, le mensuel *Acta eruditorum*, fondé en 1682 à Leipzig comme contrepartie allemande des journaux français, anglais et italien cités ci-dessus. La plupart des contributions au calcul différentiel naissant, et notamment l'article fondateur de Leibniz, y ont été publiées. C'est pourquoi nous allons nous y attarder quelque peu en partant de l'étude[25] par Augustinus H. Laeven des *Acta eruditorum* sous la direction d'Otto Mencke (1682-1707). Laeven (1990, 52–53) a calculé que 83,55 % des mémoires originaux étaient rangés par les journalistes sous la rubrique « Mathematica ». Parmi les reprises de journaux contemporains, 100 sur 166 (60,34 %) étaient consacrées à des sujets de mathématiques. Aux yeux de la rédaction, cette spécialisation ainsi que le choix de la langue latine devaient assurer le succès du journal hors des territoires allemands dans toute la République des lettres.

Les recensions de livres, quant à elles, devaient couvrir, notamment en vue du public lettré allemand, un large éventail de savoirs. Pour y parvenir, le journal avait fait le choix d'une rédaction collective, les *Collectores Actorum* chargés de rédiger anonymement les comptes rendus de livres. Grâce aux recensements de Laeven & Laeven-Aretz (2014)[26], nous savons que les *Acta* ont publié à peu près 500 recensions classées en mathématiques (sur un total de 7326, c'est-à-dire 6,77 %) dans la période allant de 1682 à 1735. Nous connaissons les auteurs de ces recensions publiées à titre anonyme grâce à des collections conservées des *Acta eruditorum*, qui portent en marge les noms des recenseurs (Laeven & Laeven-Aretz 2014). Au début, c'est le mathématicien Christoph Pfautz qui écrit la plupart de ces comptes rendus, puis à partir de 1687 il partage la tâche notamment avec Martin Knorre, lui aussi mathématicien, et Leibniz. À partir de 1705, Christian Wolff rédige un très grand nombre de recensions de livres classées dans la rubrique mathématique. Notons que ce n'est qu'après 1725 que s'instaure l'habitude des auto-recensions, même s'il y en a eu quelques-unes auparavant. Elles sont surtout le fait des rédacteurs d'extraits, Wolff, mais aussi Leibniz, Walter von Tschirnhaus, Jean-Baptiste Duhamel, Johann Bernhard Wiedeburg, Giuseppe Verzaglia, etc.

---

25. Le lecteur intéressé trouvera de nombreuses informations dans (Laeven 1990). Après le décès d'Otto Mencke, son fils Johann Burckhardt a repris la direction du journal jusqu'à son décès en 1732. Le fils de Johann Burckhardt a continué le journal sous le titre *Nova Acta eruditorum* qui est resté dans la famille jusqu'à sa fin en 1782.

26. Pour les informations qui suivent, nous nous appuyons sur (Laeven & Laeven-Aretz 2014).

Dans l'adresse au lecteur, publiée en ouverture du premier volume, les rédacteurs expriment leur intention de s'abstenir de toute critique négative. Fidèles à la vision du journal comme prolongement de l'histoire littéraire, ils rédigent en général des recensions informatives, indiquant les références bibliographiques complètes suivies d'une description plus ou moins longue du contenu. Laeven (1990, 87), en s'appuyant sur son analyse des recensions sorties de la plume d'Otto Mencke, présente trois types de recensions : (1) l'annonce un peu augmentée du livre qui est, selon lui, la plus fréquente ; (2) l'extrait qui comporte un résumé plus ou moins détaillé, souvent partie par partie, précédé d'une introduction situant le livre et son auteur dans leur contexte culturel ; et (3) la recension plus ou moins critique qui peut aller jusqu'à corriger des erreurs trouvées dans le livre. En ce qui concerne les mathématiques, un examen rapide non exhaustif semblerait tendre vers une présence fréquente de la forme (2), même si on constate une certaine diversité. Le lecteur pourra s'en faire une idée par les quelques exemples qui suivent.

Christian Pfautz (1684) rend compte des *Lectiones mathematicae* (1683) d'Isaac Barrow. Dans un premier paragraphe introductif, il rappelle les publications antérieures de l'auteur, puis présente le livre recensé comme le fruit des tout premiers enseignements de Barrow à Cambridge, alors qu'il venait d'y obtenir la chaire de mathématiques (*Lucasian chair*) tout juste créée par Henry Lucas. Dans un deuxième paragraphe il chante les éloges de l'ouvrage qui n'offre pas que des prolégomènes aux mathématiques, mais permet au lecteur d'y pénétrer. Suivent ensuite des résumés assez détaillés de chacune des huit leçons publiées en 1683 et à la fin une liste de sujets spécifiques méritant l'attention du lecteur avec les pages où les trouver dans l'ouvrage. Même si Pfautz utilise parfois les mêmes termes que Barrow, il reformule souvent ce qu'il lit sans le commenter, alors que les positions très particulières de Barrow sur la nature du nombre ou son rejet de l'algèbre[27] auraient pu l'y inciter. La recension témoigne d'une lecture plutôt approfondie du livre. Ce sera moins le cas dans l'extrait de Martin Knorre (1691) sur William Leybourn, *Mathematical Sciences in Nine Books* (1690). Il n'a visiblement que parcouru le livre car, après une brève introduction, il décrit le contenu de chacun des neuf livres par une simple phrase.

La recension que le mathématicien Jacob Gering (1734) rédige sur la *Methodus differentialis* de James Stirling parue dès 1730 est longue, très savante et comporte des références à pratiquement tous les analystes du temps. Gering commence par expliquer le long délai – délai que les rédacteurs des *Acta* se faisaient un devoir de réduire le plus possible – entre la date de publication du livre et celle de la recension par l'arrivée tardive de l'ouvrage à Leipzig. Cet exemple illustre donc aussi les difficultés de circulation des livres dont on souhaite rendre compte. Comme le titre l'indique, l'ouvrage de Stirling est consacré à la convergence des séries et aux problèmes d'interpolation. Gering

---

27. Pour en savoir plus sur le livre de Barrow, on peut se reporter à (Mahoney 1990).

attire l'attention sur la dispersion dans les *Acta*, les *Philosophical Transactions* et les *Mémoires de l'Académie des sciences* de Paris, des découvertes concernant les séries et sur les difficultés d'accès à ces études pour le lecteur. Puis il rend hommage à Stirling qui a non seulement réuni les découvertes des autres dans son excellent compendium, mais a aussi merveilleusement fait avancer cette difficile matière. Comme Stirling dans sa préface, Gering cite les travaux de James Gregory, Newton, Brouncker et Abraham de Moivre, mais il y ajoute des références à Brook Taylor et à François Nicole, puis entre en matière en introduisant les notations de Stirling, en donnant un aperçu de sa méthode (accélération de la convergence des séries) et en calculant un exemple. Tant Stirling que Gering stipulent l'identité de la méthode des différences entre deux valeurs successives d'une grandeur quelconque, qui sert à former les termes d'une série dont la somme était déjà connue, et du principe utilisé jadis par Newton consistant à déduire de l'aire de la courbe son ordonnée[28]. Par sa technicité, l'extrait fourni par les *Acta* s'adresse bien aux mathématiciens et il a été lu au moins par l'un d'entre eux, à savoir Leonhard Euler, qui témoigne dans une lettre du 8 juin 1736 à Stirling « avoir cherché partout avec beaucoup d'impatience [son] excellent livre sur la méthode des différences, dont [il avait] vu une critique peu de temps auparavant dans les *Acta Lipsiensis* [...][29] ». Cet extrait est donc à l'origine d'un échange et d'une nouvelle production mathématique par Euler qui avoue avoir eu beaucoup de difficultés à trouver une démonstration de la proposition XIV de la première partie, qui donne une « méthode permettant de résumer avec une grande facilité des séries dont la loi de progression n'est même pas établie » (*ibid.*). Le recenseur des *Acta* a lui aussi calé et même avant d'arriver à la proposition citée par Euler :

> Mais comme les principes de notre entreprise [journalistique] ne souffrent pas qu'on exhibe des calculs trop prolixes, il ne nous est pas possible de communiquer au lecteur la méthode ingénieuse de l'auteur. C'est aussi pourquoi nous n'ajouterons aucun des théorèmes restants puisque nous sommes persuadés que cela ne servira pas le lecteur si nous entreprenons de le nourrir par une recension nue, sans aucune addition de démonstrations ou d'illustrations par des exemples[30].

Quelques années auparavant, dans le *Journal des savants*, on peut lire dans une recension anonyme des *Recherches sur les courbes à double courbure* (1731) d'Alexis Clairaut, une affirmation à laquelle celle ci-dessus fait écho :

> Pour donner une idée plus juste de la maniere dont M. Clairaut remplit [...] son Ouvrage, il faudroit rapporter quelques-uns de ses theorêmes & de ses problêmes :

---

28. Gering (1734) paraphrase la préface de (Stirling 1730).
29. Extrait de lettre cité en anglais par J. J. O'Connor & E. F. Robertson 1998, site https://mathshistory.st-andrews.ac.uk/Biographies/Stirling/ consulté le 10 mars 2023.
30. Sed, cum prolixiores calculos exhibere instituti nostri ratio haud patiatur, ingeniosam hanc Autoris methodum cum Lectire communicare nobis jam non licet. Id quoque causae est, cur nihil reliquiorum theorematum adjiciamus, cum persuasum nobis sit, commodo Lectoris non adeo consultum iri, si nuda propositionum recensione, nulla addita earundem vel demonstratione, vel illustratione par exempla, ipsum pascere susciperemus. *Nova Acta eruditorum*, 1734, 521 (traduction de JP).

mais comme nous ne pourrions rendre ces morceaux intelligibles, même pour les connoisseurs, sans le secours des figures, il vaut mieux les renvoyer au Livre même. (*Journal des savants*, 1731, 613)

On voit apparaître, dans ces années-là, les limites de ce qu'une recension peut transmettre des contenus mathématiques des livres recensés, même dans des journaux qui peuvent être considérés, dans la terminologie de CIRMATH, comme des journaux spécialisés pour spécialistes.

Lorsqu'on confronte cet extrait à celui paru dans les *Nova Acta eruditorum* de 1733 sous la plume du même Jacob Gering et à l'ouvrage même de Clairaut, il apparaît que tous deux se sont fortement inspirés de la préface de Clairaut que Gering (1733) traduit en latin. On y trouve en particulier l'image sensible d'une courbe à double courbure que l'on « formerait en faisant tourner un compas sur la surface d'un cylindre ou de telle autre surface courbe qu'on voudra » (Clairaut 1731, Préface, n. p.). Alors que le *Journal des savants* se contente de décrire, comme Clairaut, l'origine de ce type de recherches qu'ils font remonter à Descartes, d'en rapporter la structure et de se référer à la réception des travaux de Clairaut à l'Académie, Gering (1733) s'arrête à la proposition 1 de l'ouvrage (Clairaut 1731, 5), calcule un exemple (qu'on trouve aussi dans Clairaut), puis se contente de résumer brièvement le contenu des sections 2, 3 et 4, chacune par une phrase, et souligne pour terminer qu'il s'agit d'une géométrie ardue et accessible à un petit nombre. Alors que le *Journal des savants* renvoie au livre même, les *Nova Acta eruditorum* tentent de rendre sensible ce dont il y est question.

Les sciences mathématiques dans le *Journal des savants* ne jouissent pas du statut particulier qu'elles ont dans les *Acta eruditorum*. Une étude menée sur leur présence dans le premier[31], auquel le privilège royal obtenu en 1664 par le magistrat parisien Denis de Sallo accorde un champ universel, indique que les articles de mathématiques – recensions et mémoires compris – représentent un peu moins de 3,5 % de l'ensemble, pour la période de 1675 à 1737 où la catégorie « mathematici » existe. Après cette date, les mathématiques sont associées à la philosophie. La plupart de ces articles sont des recensions de livres, publiées à titre anonyme. On peut distinguer trois types d'ouvrages mathématiques dont des extraits sont inclus : (1) des livres pour les mathématiciens ; (2) des livres adressés aux commençants ; et (3) des ouvrages considérés utiles, c'est-à-dire appliqués à la connaissance de la nature et du monde.

Afin d'illustrer les différences de traitement, par les journalistes du *Journal des savants*, des livres s'adressant aux seuls mathématiciens par rapport à ceux ciblant les commençants, comparons l'extrait des *Élémens de géométrie* de Clairaut paru dans le *Journal des sçavans* d'octobre 1741 (pages 574–581) à celui des *Recherches* (Clairaut 1731) discuté plus haut. Nous pouvons constater

---

31. Présentée par Jeanne Peiffer au séminaire d'histoire des mathématiques de l'Institut Henri-Poincaré le 25 mai 2005 et lors d'une rencontre « Mathématiques et périodiques : problématiques et méthodes » au Centre International de Rencontres Mathématiques (Luminy, 7–12 septembre 2009).

que celui-là est quatre fois plus long que celui-ci et nettement plus développé. Après une introduction très argumentée sur l'importance de l'apprentissage des éléments pour combattre les préjugés, suit un éloge appuyé de Clairaut « versé dans les plus sublimes spéculations » (*Journal des savants,* 1741, 575), qui fait prendre à la géométrie la plus simple, une nouvelle route[32]. Le recenseur invite son lecteur à parcourir ce chemin avec Clairaut. Chacune des quatre parties est alors décrite en suivant pas à pas la méthode de Clairaut, l'espace consacré à la première qui concerne la mesure des terrains étant le plus grand. Le journaliste part avec Clairaut d'un observateur portant sa vue sur le terrain qui l'entoure. Celui-ci y remarquera différentes figures comme le carré, le carré long, le parallélogramme, le triangle, etc. La matière de la deuxième partie étant « plus scientifique » – comparer les figures rectilignes – le recenseur se contente alors de « faire sentir au public quelque chose de ce qui s'y trouve » (*ibid.,* 579). La raison pour ne plus suivre Clairaut, « c'est que nous [les rédacteurs] ne pouvons plus parler à l'esprit pur, il faut un compas, une règle, enfin mettre la main à l'œuvre » (*id.*). De même, dans la troisième partie, la mesure des angles est rendue fort sensible sans qu'on entre dans les détails. La quatrième partie, sur les solides, est traitée par analogie à la première. L'extrait se termine sur une affirmation de l'originalité de la méthode mise en œuvre par Clairaut qui ne s'est pas contenté de réarranger les propositions de la géométrie euclidienne comme c'est le cas pour de nombreux ouvrages consacrés aux éléments de géométrie. Alors qu'on trouve dans les deux extraits des expressions semblables marquant les limites d'un extrait – on ne peut y mettre la main à l'œuvre, faute d'outils, d'illustrations et d'exemples à développer -, il est cependant manifeste qu'on peut tenter de rendre sensible au lecteur la méthode suivie par Clairaut dans ses *Élémens* de 1741, sans simplement renvoyer au livre même comme pour les *Recherches*. Tous les extraits concernant des livres élémentaires n'atteignent cependant pas ce niveau de développement et de longueur, loin de là. Les journalistes se contentent parfois de les présenter en quelques lignes sans du tout entrer dans les détails.

L'extrait de *Theodori Balthasaris, Medic. Doct. de dosibus medicamentorum diatribe* (1719)[33] peut être vu comme emblématique de recensions d'ouvrages considérés utiles par les journalistes. Dans l'habituel paragraphe d'introduction, ceux-ci avertissent qu'on ne s'attend guère à trouver dans un livre de médecine des équations de l'algèbre et des logarithmes, mais disent leur conviction que les mathématiques donnent à la profession toute la certitude possible. Ils indiquent ensuite la division du traité en six chapitres, puis reviennent plus longuement sur le contenu pour chacun d'eux. Ils le font du point de vue de la médecine et

---

[32]. Pour une réévaluation des *Éléments de géométrie* de Clairaut dans le contexte de l'époque, voir (Bernard 2022).

[33]. Le *Journal* traduit le titre ainsi : Traité des doses des médicaments, suivant les principes de la Medecine pratique, & des Mathematiques. Par Theodore Balthasar, Docteur en Medecine. A Leipsic, chez Maur. Georg. Weideman, Libraire. 1719. In 8°. Pag. 176. Planch. 2. *Journal des sçavans,* 1720, 113–119.

renvoient pour le recours aux mathématiques « au Livre même ceux qui sont initiés dans ces mystères » (*Journal des savants*, 1720, 117). On voit clairement se manifester, dans la manufacture des extraits, deux attitudes selon que les journalistes s'adressent aux mathématiciens qu'ils renvoient au Livre même, d'après la formule consacrée, ou aux curieux auxquels ils rendent sensibles le contenu du livre recensé.

4 Mathématiques et matière fécale non susceptibles d'extrait ?

Tout au long du XVIIIe siècle et tout particulièrement dans sa seconde moitié, les journaux savants se multiplient et se diversifient (Kronick 1976), mais la plupart d'entre eux conservent les mathématiques parmi les champs dont ils souhaitent informer leurs lecteurs. C'est généralement le cas pour les journaux commerciaux de Hollande, les journaux encyclopédiques, les *Rezensionsjournale* allemands ou encore les bibliothèques (anglaise, italique, etc.) réunissant des informations sur un pays..., mais leur présence y est ténue, puisqu'on y trouve souvent de simples mentions de parution de livres, de brèves annonces avec ou sans commentaire, ou des références bibliographiques.

Les extraits, souvent brefs, circulent eux-mêmes sous forme de reprises par d'autres journaux ou dans des ouvrages. Dans le domaine de l'astronomie, Jérôme Lalande fait de l'éphéméride *Connaissance des Temps* (Paris, 1679)[34], dont il est responsable de 1758 à 1772, une « gazette » dans laquelle il insère chaque année une chronique bibliographique. Il se sert de ce dispositif pour apporter des suppléments à son *Astronomie* (1764) et aussi pour présenter longuement sa *Bibliographie astronomique* (1803) qui comporte plus de 6000 références, le plus souvent assorties de quelques lignes de commentaire (*Connaissance des Temps*, 1806, 400-415). À l'inverse, la partie « Histoire abrégée de l'astronomie » (Lalande 1803, 661–880) de sa *Bibliographie* reprend[35] les chroniques annuelles que Lalande a publiées dans le *Journal des savants* et la *Connaissance des Temps*. Bel exemple de synergie entre journaux et ouvrages !

Commencent aussi à paraître des compilations d'extraits de journaux, comme par exemple l'éphémère *Journal des journaux* (Mannheim, 1760) ou *L'Esprit des journaux* (Liège, 1772). Les mathématiques n'y forment que très rarement l'objet d'une rubrique autonome. Même si les rédacteurs les incluent dans leurs déclarations d'intention, leur présence et nature dépendent des capacités de la rédaction et de ses réseaux d'informateurs. Ainsi le *Mercure suisse/Journal helvétique* (Neuchâtel, 1732), sous la direction de Louis Bourguet, publiait régulièrement des articles concernant les mathématiques, mais confronté aux protestations de ses lecteurs, le journal les a écartés

---

34. Sur ce titre, voir l'article de Guy Boistel, Colette Le Lay et Martina Schiavon dans ce volume (chap. 3). Plus généralement sur le dispositif de communication et de publicité mis en place par Lalande, voir (Juratic 2016).

35. Selon (Lalande 1803, 661).

progressivement (Peiffer 2016). Les périodiques du XVIIIe siècle incluent très souvent des recensions substantielles des publications de mémoires académiques qui, elles, comprennent des rubriques de sciences mathématiques. Si celles-ci sont mentionnées, c'est parfois simplement sous forme d'une liste des titres des mémoires publiés dans la rubrique. De manière générale, les rédacteurs de journaux savants à vocation encyclopédique sont conscients qu'il n'y a que peu de lecteurs pour la « haute Géométrie » qui déplaît « à mille autres[36] ». Nombreux sont alors les périodiques qui se contentent d'affirmer que les mathématiques ne sont pas « susceptibles d'extrait ». Les citations sont pléthore, dont voici quelques-unes :

La *Bibliothèque anglaise* rend compte dans son tome 6 (1719, 402–431) des *Philosophical Transactions* de mars, avril & mai 1719. Il y est question d'un mémoire d'Abraham de Moivre, « De max, & min, quae in motibus Corporum coelestium occurrunt », qui « montre, par des solutions claires et faciles, en quel point des Orbes se font les plus grands changements de ces degrez de vitesse ». C'est tout ce que le rédacteur peut en dire, car « Mrs. Les Mathématiciens s'expriment d'une maniere, ou il n'y a pas un petit mot à perdre, & il seroit bien difficile de donner un Extrait de leurs Démonstrations, sans les copier tout entiers » (*Bibliothèque anglaise*, 6, 1719, 403).

Albrecht von Haller utilise le même argument dans la *Bibliothèque raisonnée* (de juillet, août & septembre 1746, t. 37, 1re partie, art. IV, 54–61) au sujet de l'édition par Thomas Le Seur et François Jacquier des *Principia* de Newton :

> Ce seroit en mal agir avec nos Lecteurs, que de leur faire l'éloge de Newton. Tout le monde le connoît pour l'inventeur de l'Analyse des Infiniment-petits [...] Tout le monde sait encore que ce Grand-homme fit un excellent usage de sa supériorité dans les parties les plus abstraites des Mathématiques (*ibid.*, 54–55). [...] [Cet Ouvrage] mérite trop d'être lu lui-même, pour qu'un Extrait puisse y suppléer. Les Mathématiciens sont laconiques, il n'y a rien à retrancher sur leur stile ; & les sublimes vérités, qu'ils s'atachent à découvrir, ne peuvent rien perdre sur les preuves qui les apuient, sans que tout le Système en croule. (*ibid.*, 61)

Le *Journal encyclopédique* (Liège, 1756) du 15 décembre 1761 (t. 8, 3–14) présente les *Opuscules mathématiques* (t. 1, 1761) de d'Alembert comme « un recueil qui sera sans doute reçu avec empressement de tous les grands Géomètres de l'Europe[...] Comme ces Mémoires exigent une lecture attentive et suivie[37] [...] ils ne sont pas susceptibles d'un extrait détaillé » (*ibid.*, 3–4).

La *Gazette des Deux-Ponts* (Zweibrücken, 1770) de 1775 énonce au sujet de *Tobiae Mayeri opera inediti*, t. 1 édité par Georg Christoph Lichtenberg à Göttingen : « De pareils ouvrages ne sont pas susceptibles d'extraits ; ils ne conviennent qu'à un certain ordre de Lecteurs, & il suffit de les annoncer » (n° 25, 193–194).

---

36. « Nous souhaiterions bien analiser aussi les articles sçavans, mais la haute Géométrie qui plairoit à cinquante de nos Lecteurs, pourroit déplaire à mille autres » (*Journal encyclopédique*, nov. 1756, t. VII-3, 51).

37. Pour donner une idée générale des matières traitées, les journalistes suivent plus ou moins étroitement l'Avertissement dont d'Alembert a fait précéder son ouvrage.

L'affirmation, répétitive, est présente dès les années 1720 bien que sa fréquence augmente avec le siècle. Les arguments avancés sont toujours les mêmes et on les retrouve jusque dans les rangs de l'Académie royale des sciences, en l'occurrence dans un rapport de Jean le Rond d'Alembert, Pierre Simon de Laplace et Achille-Pierre Dionis Duséjour, en date du 17 avril 1779, sur la *Théorie générale des équations algébriques* de Bézout :

> Les bornes de ce rapport ne nous permettent pas un plus grand détail sur tous ces objets, qui d'ailleurs pour estre bien saisis doivent estre étudiées dans l'ouvrage mesme. (D'Alembert *et al.* 2022, 632)

Les textes mathématiques ne peuvent être abrégés car les démonstrations y sont essentielles et chaque mot y compte et, pour être intelligibles, ils ont besoin de figures. Leur lecture exige beaucoup d'attention de la part des lecteurs intéressés. Ceux-ci étant peu nombreux, ils n'ont qu'à se tourner vers les textes mêmes que les rédacteurs se contentent d'annoncer dans leurs pages.

Haller, auteur de quelque 9000 recensions rien que pour les *Göttingische gelehrte Anzeigen* (Göttingen, 1739), introduit un autre argument en relation avec la validation des textes mathématiques. Il rend longuement compte pour la *Bibliothèque raisonnée* (de juillet, août & septembre 1746, t. 37, 1re partie, art. IX, 54–61 et 178–193) du *Commercium philosophicum et mathematicum* entre Leibniz et Johann Bernoulli publié en 1745. C'est une recension fascinante à plus d'un égard que Haller termine ainsi :

> Avant de finir notre Extrait, il est juste d'avertir le Lecteur que deux grands Mathématiciens, tels que Mr. de Leibnitz & Bernoulli, ne se sont pas écrit uniquement des Nouvelles Littéraires, ils ont traité à fond plusieurs matières bien difficiles, & bien scabreuses [...] Il faut les chercher dans l'Ouvrage même : nous ne donnons que des *étiquettes* ; c'est aux Juges de lire les Pièces. (*ibid.*, 193)

Dans le contexte du droit auquel Haller se réfère ici, une étiquette était, selon le *Trésor de la Langue française*, un « petit écriteau qu'on attachait sur un sac de procès, indiquant les noms du demandeur, du défenseur et du procureur ». Juger, condamner sur l'étiquette (du sac) signifie alors juger sans examiner les pièces, les raisons, en ne s'en tenant qu'aux apparences. Transféré au domaine des mathématiques, cela signifie que le public des lecteurs ne disposant que de l'étiquette ne peut jouer le rôle de tribunal des sciences, métaphore souvent avancé par les rédacteurs. Ces derniers, avec les éditeurs qui les approvisionnent en livres ont cependant le pouvoir loin d'être négligeable de sélectionner les titres – les étiquettes de Haller – mis en circulation. Mais seuls ceux qui peuvent juger sur pièces sont légitimes pour valider ou infirmer un résultat. Le rôle de médiateur (des journalistes) entre l'auteur et son lecteur est réduit à sa plus simple expression qui est d'annoncer un titre et de lui coller une étiquette pour le caractériser brièvement sans entrer dans la substance du texte. Autrement dit, le territoire des mathématiciens dispose de sa propre langue et de sa propre juridiction, que seuls les initiés entendent et maîtrisent.

On peut se demander si cette situation est propre aux mathématiques ou si d'autres disciplines suscitent les mêmes réactions. Au moins un autre cas, qui explicite d'ailleurs le titre de cette section, se trouve sous la plume de Fontenelle. Comme il est bien connu, le secrétaire perpétuel de l'Académie des sciences de Paris présente dans la partie Histoire, à l'adresse d'un public plus large, les mémoires spécialisés qui sont publiés dans la partie Mémoires des volumes annuels. Dans l'*Histoire* pour l'année 1711, Fontenelle renvoie entièrement aux mémoires pour un écrit de Guillaume Homberg sur la matière fécale, pour les Règles et Remarques de M. Rolle pour la construction des égalités et pour quatre mémoires d'astronomie rendant compte d'observations d'éclipses et autres (*Histoire de l'Académie royale des sciences*, 1711, Paris 1730, 39, 58, 79).

Lorsqu'on s'interroge sur les acteurs, journalistes ou rédacteurs des extraits, nous avons déjà vu que la plupart publient à titre anonyme et ne sont pas aisés à identifier. Pour ceux qui nous sont connus, on constate que les mêmes noms reviennent souvent dans les signatures des recensions concernant les sciences mathématiques. Pour l'Allemagne, par exemple, on peut citer le philosophe Christian Wolff, le botaniste Albrecht von Haller ou le mathématicien Abraham Gotthelf Kästner. Il arrive aussi que les auteurs de livres rédigent eux-mêmes les extraits et les transmettent pour publication aux journaux. C'est le cas, par exemple, de Taylor qui signe une présentation de sa *Methodus incrementorum* dans les *Philosophical Transactions*,, 1715 (29, n° 345, 339–350) alors que Newton recense à titre anonyme, dans le cadre de la querelle de priorité, le *Commercium epistolicum*, qui est en grande partie son œuvre, pour les mêmes *Philosophical Transactions*,, 1714-1715 (29, n° 342, 173–224). Cette recension a été traduite en français et reprise dans le *Journal littéraire* (7, 1715, 114–158 et 344–365). Cette pratique était même courante dans les *Göttingische gelehrte Anzeigen*, qui devaient servir non seulement de vitrine pour les travaux menés à l'Université de Göttingen mais aussi de modèle de ce que doit être une bonne recherche (Gierl 2013).

5 Vers une spécialisation des extraits

Timothée Léchot (2017, 20) décrit les stratégies mises en œuvre pour garantir l'impartialité de l'extrait. Ainsi dès l'aube du XVIIIe siècle, l'abbé Bignon alors à la tête du *Journal des savants* réunit une Compagnie de gens de lettres car, écrit-il « une seule personne ne peut pas suffire à la lecture de tous les Livres, & à faire les Extraits dont le Journal doit estre composé » (*Journal des savants*, 1702, 3). Fontenelle et Joseph Saurin furent alors associés au *Journal* pour les mathématiques. De même le *Journal littéraire* (La Haye, 1713) et *L'Europe savante* (La Haye, 1718) sont cités par Léchot pour insister sur la nécessaire relecture des extraits par les pairs, afin de supprimer des accents par trop personnels et en renforcer l'impartialité. De là à parler de *peer review* qui trouverait son origine dans l'Ancien Régime et toucherait d'abord les recensions de livres, comme Léchot le fait, il y a un pas difficile à franchir. La nécessité de faire préparer les extraits par des personnes qui ont des compétences spécifiques s'exprime assez tôt, même si elle ne s'impose pas toujours dans la pratique. Vers la fin du siècle, cette exigence est clairement formulée par un collectif de membres de l'Académie de Berlin, qui fonde, sous la houlette de Samuel Formey, un *Journal littéraire* (Berlin, 1772) :

> Afin que nos extraits soient exacts, raisonnés, & profonds, nous nous sommes associés en si grand nombre, que chacun de nous ne s'occupera que d'un seul genre d'ouvrage, de la Science qu'il possede le mieux. (*Journal littéraire*, 1, 1772, Préface, xx)

Le journal est dit comprendre cinq parties égales, dont quatre consacrées aux extraits d'ouvrages dans les domaines des mathématiques pures ou mixtes ; de physique générale et expérimentale ; de philosophie spéculative ; des lettres. La cinquième comporte des annonces des ouvrages nouveaux non analysés, les nouvelles littéraires et des petites pièces fugitives. Cette structuration en cinq parties ne se matérialise pas par des rubriques dans le journal, qui juxtapose les extraits – en général très longs – sans ordre. Même si le champ du journal reste large, la spécialisation devient, du moins en ce qui concerne la rédaction des extraits, un garant de leur qualité.

Les extraits de livres tels qu'ils sont publiés dans les journaux savants du XVIIIe siècle et qui y prévalent plus ou moins largement sur les mémoires inédits, s'adressent à un double public de lecteurs : les savants, enseignants et bibliothécaires désireux de suivre l'actualité éditoriale dans leur domaine de savoir d'une part, les curieux instruits désireux de s'informer de l'évolution des savoirs de l'autre. Ces deux fonctions de « veille bibliographique » d'une part et d'information plus générale mais peu technique de l'autre, donnant une idée significative de l'ouvrage et/ou de la pensée de son auteur, sont véhiculées par le même support où elles sont juxtaposées pêle-mêle. Si de nombreux journaux savants disposent d'une rubrique de « nouvelles », incluant des annonces de parution de livres, ordonnées par provenance géographique, une rubrique spécifique consacrée aux comptes rendus est plus rare. Les deux fonctions citées ci-dessus vont progressivement se séparer, d'un côté les annonces bibliographiques sous forme de listes ou accompagnées parfois de brèves notules ou de résumés, de l'autre des comptes rendus qui peuvent inclure une analyse critique.

6 La médiation par le livre dans les journaux au XIXe siècle

À la fin du XVIIIe siècle, la médiation par le livre reste importante, c'est-à-dire que les extraits de livres constituent toujours une partie importante des journaux savants. Cette tradition se poursuit quelque peu au XIXe siècle qui voit la création, dans des régions qui ne font pas partie du noyau producteur de journaux mathématiques, de nombreux périodiques sur le modèle de ceux typiques du siècle des Lumières. On peut citer, pour exemple, le *Giornale enciclopedica di Napoli* (Naples, 1806) où les mathématiques sont présentes via des « estratti » repris d'autres journaux[38].

En France, le *Bulletin universel des sciences et de l'industrie* (Paris, 1824) du baron de Férussac qui succède au *Bulletin général et universel des annonces et des nouvelles scientifiques* (Paris, 1823)[39] consacre la première de ces huit sections, publiées mensuellement puis réunies dans des volumes séparés par section, aux sciences mathématiques, astronomiques, physiques et chimiques. On peut s'abonner à cette section – et à elle seule – chez l'éditeur scientifique Bachelier qui à partir de 1827, assume ainsi pleinement son rôle de médiateur entre auteurs de science et un public plus large intéressé par ce domaine du savoir. Ce *Bulletin des sciences mathématiques, astronomiques, physiques et chimiques* (tel est le titre de la section I) comporte sous la plume de nombreux collaborateurs, dont Augustin-Louis Cauchy, Antoine Cournot, Évariste Galois, Niels Henrik Abel,[...], des annonces et des recensions parfois longues de livres et de journaux, des résumés des présentations à l'académie des sciences et aussi des articles inédits. Notons le changement significatif qui y intervient par rapport à ce qui précède et qui tend vers un affaiblissement de la médiation par le livre : on y recense à côté de livres des livraisons de journaux mais aussi des articles individuels tirés de journaux ou de mémoires académiques. C'est ainsi qu'il y est rendu compte des *Annales de mathématiques pures et appliquées* (Nîmes, 1810), du *Journal für die reine und angewandte Mathematik* (Berlin, 1826) et du *Journal de l'École polytechnique* (Paris, 1794). La forme de l'article de revue s'affirme par rapport à celle du livre comme moyen efficace de diffusion de résultats mathématiques.

Signalons que vers la fin du XIXe siècle, le *Bulletin des sciences mathématiques et astronomiques* (Paris, 1870)[40], fondé par Gaston Darboux, se situe encore dans la même lignée et dit prendre le *Bulletin* de Férussac comme modèle, même si la réalisation dans un contexte différent vise des buts autres. À côté d'une rubrique constituée de listes d'ouvrages et de revues (avec parfois le sommaire), on y trouve une rubrique de recensions. Ainsi, dans le *Bulletin* de 1870, il y a des « bulletins bibliographiques », simples listes d'ouvrages sans commentaire, des « revues bibliographiques », présentations longues d'ouvrages souvent rédigées par Jules Hoüel[41], et des « revues des publications périodiques » incluant le sommaire des livraisons et en commentant certains articles. Les comptes rendus du *Bulletin* permettent ainsi de diffuser

---

38. Voir la contribution de Marisa Enea dans ce volume (chap. 15).

39. Le titre du bulletin change souvent, comme aussi son éditeur, le sous-titre et les intitulés des sous-rubriques de la section 1. Voir le Prospectus publié en tête du tome 11, 1829, qui décrit les buts visés par le *Bulletin*. Voir aussi (Taton 1947), (Bru & Martin 2005) et (Boucard & Verdier 2015).

40. Sur Darboux et son *Bulletin*, voir (Croizat 2016) et un exposé qu'il a présenté à l'Institut Mittag-Leffler dans le cadre d'une rencontre CIRMATH : https://f-origin.hypotheses.org/wp-content/blogs.dir/2187/files/2015/09/Colloque-Cirmath-IML-Barnab%C3%A9-Croizat.pdf.

41. Sur Hoüel et le *Bulletin*, voir (Plantade 2018).

des connaissances pour les mathématiciens n'ayant pas un accès facile aux bibliothèques et notamment de porter à leur attention des articles et ouvrages publiés dans des langues différentes des leurs.

Notons aussi que *La Correspondance mathématique et physique* (Gand, 1825)[42], à peu près contemporaine du *Bulletin* de Férussac, fondée à Gand puis publiée à Bruxelles par Jean-Guillaume Garnier et Adolphe Quetelet, comporte sous des titres changeants une rubrique de miscellanées parfois intitulée « revue scientifique » annonçant parmi d'autres nouvelles du milieu, les parutions récentes notamment des académies et observatoires belges et étrangers, mais aussi des périodiques et des ouvrages. Les éditeurs y recensent et analysent à côté des livres des mémoires tirés des recueils académiques ou des journaux.

7 La naissance des journaux spécialisés de mathématiques ciblant les spécialistes – un changement de configuration

Avec l'émergence de la spécialisation vers la fin du XVIIIe siècle, qui se manifeste dans la presse savante d'abord dans la manufacture des recensions comme nous l'avons vu plus haut, on voit aboutir des tentatives de journaux spécialisés en mathématiques et adressés à des spécialistes. C'est le cas notamment du *Leipziger Magazin für die reine und angewandte Mathematik* (Leipzig, 1786), de Carl Friedrich Hindenburg et Johann III Bernoulli, qui naît de la séparation avec un *Magazin* incluant à côté des mathématiques les sciences naturelles et l'économie (Gispert *et al.* 2023). Neuf ans plus tard, le même Hindenburg fonde *Archiv für die reine und angewandte Mathematik* (Leipzig, 1794). Professeur à l'Université de Leipzig, il vise surtout à créer un support pour la publication de ses propres travaux ainsi que de ceux de son école. Une spécialisation trop étroite et un rayonnement trop restreint dans le contexte des guerres napoléoniennes ont eu raison de l'*Archiv* dès 1800. La forme éditoriale des trois périodiques fondés à Leipzig par Hindenburg est restée inchangée. On y trouve, à côté d'articles originaux et en fin de livraison (trimestriel), deux rubriques autonomes intitulées Extraits et recensions [*Auszüge und Recensionen*] et Nouvelles et annonces [*Nachrichten und Anzeigen*]. C'est la structure qu'on retrouvera encore dans le *Bulletin* de Darboux près d'un siècle plus tard.

En France, le premier journal spécialisé s'adressant aux yeux de ses rédacteurs, Joseph Diez Gergonne et Joseph Esprit Thomas-Lavernède, aux spécialistes (enseignants des mathématiques, militaires dont anciens élèves de l'École polytechnique) paraît en 1810 à Nîmes : les *Annales de mathématiques pures et appliquées*[43]. Selon le prospectus qui précède le premier numéro, le mensuel vise explicitement à « établir une sorte de communauté de vues

---

42. Voir au sujet de ce journal, le chapitre de Pauline Romera-Lebret dans ce volume (chap. 10).

43. Pour plus d'informations sur les *Annales* dites de Gergonne, voir (Dhombres & Otero 1993), (Gérini 2003), (Gérini & Verdier 2014, chap. 1) et aussi (Gispert *et al.* 2023).

et d'idées » et c'est en cela qu'il innove. En effet, alors qu'un Hindenburg s'appuyait encore sur une étroite communauté locale préexistante, Gergonne souhaite créer une communauté de mathématiciens dont l'instrument d'échange sera son périodique. Il se propose de donner une attention toute particulière à « l'annonce et l'analise des ouvrages nouveaux, tant nationaux qu'étrangers » (prospectus, *Annales de mathématiques pures et appliquées*). Vu la nature des ouvrages dont on aura à rendre compte, pour Gergonne « l'indication pure et simple des matières dont se compose un ouvrage suffit pour mettre les savans en mesure d'asseoir leur opinion sur un traité de géométrie ou d'analise » (*ibid.*). C'est manifestement les spécialistes qui sont ciblés, auxquels on transmet une idée du contenu, sans censure maligne ni condescendance, deux extrêmes faciles à éviter, selon Gergonne, en mathématiques. Proche de l'annonce, le compte rendu dans la conception de Gergonne est informatif, analytique et peu critique. Pour alimenter cette rubrique, la rédaction fait appel aux auteurs pour qu'ils lui envoient leurs ouvrages. Or, force est de constater que dans les *Annales*, où les interactions avec ses auteurs et lecteurs sont très présentes sous forme de questions/réponses, lettres, réflexions de Gergonne sur les articles publiés, débats, on ne trouve guère de recensions. Faut-il en conclure que la communauté de mathématiciens que Gergonne appelait de ses vœux n'était pas encore bien constituée ? De fait, dès le tome 2, Gergonne[44] explique l'absence de comptes rendus dans les premiers numéros par une abondance de matériaux et leur absence dans les numéros à venir par deux raisons. D'abord plusieurs écrits périodiques[45] y suppléent, puis ce sont des écrits qui n'ont qu'un « intérêt éphémère » disparaissant dès que son objet est atteint, c'est-à-dire que le livre recensé circule, alors que les *Annales*, « recueil de mémoires inédits »... forme « un corps d'ouvrage d'un intérêt durable, et qui pourra être utilement consulté dans tous les temps ». L'opposition qui est ici mise en avant entre journaux et recueil de mémoires inédits traduit une inscription très différente dans le temps, les journaux étant du domaine de l'actualité et du périssable alors que les *Annales* sont assimilées à un élément de la bibliothèque mathématique digne d'être conservé.

C'est la forme de recueil de mémoires inédits, qui était déjà celle des *Mémoires* des plus prestigieuses académies, qui va prévaloir au XIXe siècle pour les périodiques mathématiques. Comme Gergonne, August Leopold Crelle, fondateur du *Journal für die reine und angewandte Mathematik* (Berlin, 1826)[46], annonce des recensions et en publie jusqu'au tome 12 (1834). Crelle dans sa préface au premier numéro présente pour son *Journal* un double

---

44. Voir *Annales de mathématiques pures et appliquées*, 2, 65–68, au sujet de l'annonce par les rédacteurs de l'*Introduction à la philosophie mathématique*, de Hoëne de Wronski. Très critique, cette recension suscite un débat dans le tome 3, p. 51–59, 137–139 et 206–209.

45. Gergonne doit faire allusion notamment au *Bulletin* de Férussac et à la *Correspondance* de Garnier et Quetelet.

46. Pour plus d'informations sur le journal de Crelle, voir (Klein 1926-1927), (Eccarius 1976) et aussi (Gispert et al. 2023).

but : publier des théorèmes et des réflexions inédites et diffuser les sciences mathématiques. Pour atteindre le second, il envisage de publier des traductions d'articles étrangers, des recensions, des annonces d'ouvrages et des problèmes à résoudre. L'échec de sa *Sammlung mathematischer Aufsätze und Bemerkungen* (Berlin, 1821-1822), qui réunissait en deux volumes ses propres travaux avec l'intention explicite d'ouvrir ce recueil à d'autres auteurs, l'avait convaincu qu'il fallait cibler un lectorat plus large de mathématiciens et de curieux pour réussir. Contrairement aux *Annales* de Gergonne, l'idée d'animer avec le *Journal* de Crelle une communauté de mathématiciens était absente au départ, mais le succès intellectuel[47] fut tel que le *Journal* a su en fin de compte fédérer une large communauté de mathématiciens tant en Allemagne (que Wolfgang Eccarius évalue à environ 250 personnes alors que le *Journal* pour être viable avait besoin de 400 lecteurs) qu'à l'étranger. Son existence fut d'ailleurs parfois menacée pour des raisons financières (Eccarius 1976).

Le *Journal de mathématiques pures et appliquées*[48] que Joseph Liouville fonde en 1836 suit le même modèle, sans apparemment envisager le moins du monde d'inclure des recensions de livres. C'est aussi le cas de *Mathematische Annalen* (Leipzig, 1869) ou d'*Acta mathematica* (Stockholm, 1882) pour ne citer que quelques exemples. Le modèle matriciel est désormais bien en place et la plupart des journaux mathématiques s'adressant à un lectorat spécialisé se fixent comme objectif premier la publication de recherches originales, même si certains incluent des recensions, des résumés et des notices bibliographiques. C'est le cas parmi d'autres de l'*American Journal of Mathematics* (Baltimore, 1878) ou encore du *Tohoku Mathematical Journal* (Sendai, 1911) dont la rubrique dédiée aux publications récentes disparaît cependant dès 1922. Signalons encore les *Mathematicae notae* (Rosario, 1941), rédigé par Beppo Levi et sa fille Laura exilés en Argentine, qui inclut de nombreuses recensions à l'adresse notamment des enseignants et étudiants de *l'Universidad Nacional del Litoral*[49].

Que signifie cette quasi-absence de paratextes et de comptes rendus de travaux publiés ailleurs et sous d'autres formes pour le modèle dominant de journal mathématique spécialisé ciblant un lectorat de spécialistes ? Pour Valérie Tesnière (2021, 179) la veille critique serait un élément constitutif

---

47. La contribution du journal de Crelle au développement des mathématiques les plus abstraites du XIXe siècle a été maintes fois célébrée et notamment par Felix Klein qui lui consacre un chapitre entier dans ses *Vorlesungen zur Entwicklung der Mathematik im 19. Jahrhundert* (1926-1927). Édition consultée : New York, Chelsea Publishing Company, 1967, chap. III, 93–131.

48. Pour une présentation détaillée du journal sous la direction de Liouville, voir (Verdier 2009*b*) puis pour la direction de Camille Jordan voir la contribution de Frédéric Brechenmacher dans ce volume (chap. 25). Voir aussi (Lützen 2002).

49. Sur les *Mathematicae notae*, voir la contribution d'Erika Luciano dans ce volume (chap. 13). Sur les journaux japonais, voir celle d'Harald Kümmerle (chap. 14). Pour les journaux étatsuniens, voir (Duran 2019) et la contribution de Karen Parshall dans ce volume (chap. 21).

de la revue scientifique, sa marque distinctive. Pour John Topham aussi, la présence de comptes rendus dans une revue ciblerait plutôt un lectorat académique hautement spécialisé (Peiffer 2021). Or, bibliographie récente et recensions sont habituellement absentes des revues mathématiques s'adressant aux spécialistes[50]. Certes les auteurs des articles se réfèrent aux travaux d'autrui sur lesquels ils s'appuient, en se contentant de citer un résultat attribué à un mathématicien dont ils indiquent le nom. Anthony Grafton (2012, 183–188), s'interrogeant sur l'origine de la note de bas de page, cite Leibniz[51] et son exigence de fournir des preuves en histoire en révélant ses sources, et ce afin de contrer le point de vue prédominant au début du XVIIIe siècle selon lequel la connaissance mathématique présente un degré de certitude supérieur à la connaissance historique. Selon cette vision, la validité d'un résultat mathématique solidement établi transcende son contexte de production et toute analyse critique paraît superflue ou inutile. En s'adressant à des connaisseurs, il suffit de s'y référer en l'attribuant à son auteur, sans avoir besoin d'en citer les termes du mémoire original et d'en donner un « extrait ». Peut-on aussi y voir une vague réminiscence « des mathématiques non susceptibles d'extrait » des revues savantes du XVIIIe siècle ? Quoi qu'il en soit, la communauté mathématique était encore relativement restreinte lorsque les premiers journaux spécialisés pour spécialistes sont créés dans le premier tiers du XIXe siècle et il était encore relativement aisé pour un mathématicien de se tenir au courant de l'actualité concernant la branche dans laquelle il travaille. Ce n'est que vers le dernier tiers du siècle, avec l'accroissement très rapide des publications qu'il devient difficile de s'orienter et que le besoin d'instruments bibliographiques performants se fait jour, aussi en mathématiques. Voir ci-dessous le paragraphe « Recueils périodiques spécialisés de bibliographie ».

8 Rendre compte du travail d'autrui dans les journaux ciblant le monde de l'enseignement

À côté des journaux visant à faire avancer les sciences mathématiques en mettant en circulation des articles jugés originaux par leurs rédacteurs, d'autres périodiques spécialisés dont le but est, en leurs propres termes, de diffuser ces sciences en ciblant des lectorats plus larges comme les enseignants et les étudiants, continuent à inclure des comptes rendus. Tout se passe comme si les journaux pour spécialistes externalisaient la fonction de veille scientifique et la sous-traitaient à d'autres périodiques d'un niveau intermédiaire, ni élémentaire ni académique, qui apparaissent sensiblement à la même époque. Le mensuel,

---

50. Des 15 revues spécialisées pour spécialistes publiées dans la première moitié du XIXe siècle présentes dans la base de données CIRMATH, 12 ne publient guère de recensions.

51. Leibniz, *Die philosophischen Schriften zur Geschichte*, éd. C. I. Gerhardt, Berlin, Weidemann, 1885, t. IV, p. 16–17 et 19, cité d'après (Grafton 2012, 185).

Nouvelles annales de mathématiques (Paris, 1842)[52], fondé par Olry Terquem et Camille Gerono en constitue un bel exemple[53]. Il s'adresse explicitement aux candidats aux écoles polytechnique et normale, mais touche de fait un lectorat plus diversifié (Rollet & Nabonnand 2013). Afin de satisfaire son public cible, la revue accorde une place importante aux comptes rendus qui concernent des ouvrages dont on se sert dans les classes préparatoires et les premières années de l'enseignement supérieur — qu'il s'agisse d'ouvrages didactiques, comme des manuels de cours et des recueils d'exercices, ou bien d'outils de calcul, telles les tables numériques. Les recenseurs en indiquent alors les points forts et les lacunes, non tant du point de vue des mathématiques elles-mêmes que de celui de la méthode d'exposition, de la clarté, de la commodité d'usage. Terquem fustige ainsi « l'absence inconcevable de toute table des matières, de toute pagination », ainsi que celle de la « table des sinus verse si utile en mécanique » dans les classiques *Tables* de François Callet (*Nouvelles annales mathématiques*, 1846, 508). À l'inverse, en 1898, le recenseur loue « la fraicheur, le rajeunissement des choses » auxquelles procède le *Traité d'algèbre élémentaire* de Narcisse Cor et Jules Riemann où, en dépit de la « tradition » de l'enseignement et des « parties épineuses » du sujet, les auteurs ont su donner à leurs pages un « air d'aisance et de liberté », en offrant « un air de jeunesse » à des « questions usées jusqu'à la moelle » (*Nouvelles annales mathématiques*, 1898, 139–140). De la même manière, toujours par souci d'être utile à des lecteurs en situation d'apprentissage et à leurs professeurs, les recensions précisent quelle peut être la fonction du livre en question : introduction, entrainement, approfondissement, etc. Ainsi, les *Leçons d'algèbre et d'analyse* de Jules Tannery engageront « les jeunes professeurs à réfléchir sur leur enseignement » et aideront « les bons élèves à compléter ce qu'ils viennent d'apprendre » (*Nouvelles annales mathématiques*, 1906, 186), tandis la *Théorie élémentaire des séries* de Maurice Godefroy constituera « un guide sérieux » dans lequel « les candidats aux grandes écoles ou aux certificats universitaires [...] trouveront traitées foule de questions relevant des programmes » (*Nouvelles annales mathématiques*, 1902, 408).

Parallèlement, la revue s'intéresse tout au long de son existence à l'actualité mathématique dont elle rend compte sous des formes et intitulés variés. Dans la première période correspondant à la première série (1842-1861), on y trouve de nombreuses analyses substantielles et détaillées du contenu d'ouvrages nouveaux, souvent sous la plume de Terquem qui mêle à la présentation parfois très critique de ces publications des réflexions personnelles sur la nature des

---

[52]. Un groupe de chercheurs en histoire des mathématiques et en histoire de la diffusion des sciences s'est attaché à l'étude des *Nouvelles annales de mathématiques*. Voir le site https://nouvelles-annales-poincare.univ-lorraine.fr/.

[53]. Un exemple plus tardif nous est donné par *L'Enseignement mathématique* (Genève, 1899), dont Hélène Gispert a étudié le bulletin bibliographique pour le numéro spécial d'*Historia mathematica*. Voir (Gispert 2018).

mathématiques, dans un style ferme et savoureux[54]. À côté de ces textes longs, les *Nouvelles annales de mathématiques* publient des « annonces » de livres souvent brièvement commentés et des « extraits de journaux ». Ces trois composantes sont présentes tout au long de la vie du périodique sous des intitulés changeants. En 1855, Terquem annonce sa décision de publier chaque mois un « Bulletin de bibliographie, d'histoire et de biographie mathématique », avec une pagination à part. Après la disparition de Terquem en 1862, Camille-Christophe Gerono et Eugène Prouhet décident que « le bulletin sera réuni au corps du journal » où il subsiste jusqu'en 1866. Il se présente sous forme d'une liste de titres brièvement commentés et numérotés continûment pour chaque année. Après cette date une rubrique « Publications récentes » succède au « Bulletin », laissant de côté histoire et biographie mathématique. L'intitulé « Bibliographie » persiste pour les recensions analytiques de livres, qui sont traitées sur le même plan que les articles. En guise d'exemple, on peut citer un compte rendu par Prouhet (1852) de *Thèses d'analyse et de mécanique présentées à la Faculté des sciences de Paris*, imprimées par Bachelier (*Nouvelles annales de mathématiques*, 11, 1852, 73–80). Prouhet (1852) ne rend compte que de la thèse d'analyse, « la seule que nous ayons à analyser » (*ibid.*, 74), introduit les notations de l'auteur, Geronimo Frontera, et met en avant les nouveautés que cette thèse sur le calcul des résidus de Cauchy apporte. Il en analyse le contenu paragraphe par paragraphe, puis pour conclure, regrette « que le cadre de ce Journal ne nous permette pas d'entrer dans plus de détails » – une formulation qui fait écho aux constats des journalistes du XVIIIe siècle –, souligne que la thèse mérite une publicité plus étendue et encourage le jeune docteur à publier un traité élémentaire sur le calcul des résidus, après avoir critiqué assez vertement la stratégie de communication de Cauchy. Sa dernière phrase vise à apporter un nouvel auteur à l'éditeur de son journal. Il espère que la « Thèse viendra bientôt augmenter le nombre des savants ouvrages édités par M. Bachelier » (*ibid.*, 80). Cet exemple est intéressant de plusieurs points de vue : Un journal spécialisé de mathématiques ne rend plus compte de travaux de mécanique, l'auteur ne recule pas devant l'emploi de formules de haute technicité, même s'il ne peut pas aller aussi loin qu'il l'aurait souhaité, et il n'hésite pas à faire de la publicité pour l'éditeur de la revue.

Jenny Boucard[55] signale que Terquem publie régulièrement des articles reformulés « d'après » un auteur – une forme à laquelle recourt également à la même époque Johann August Grünert dans *Archiv der Mathematik und Physik* (Leipzig, 1841), dont le lectorat cible est analogue à celui des *Nouvelles annales de mathématiques*. Le but de ces articles est de rendre accessible pour le lectorat ciblé des travaux d'autrui, récents et anciens. Terquem sélectionne

---

54. Voir par exemple *Nouvelles annales mathématiques*, 12, 1853, 100–101.
55. Le paragraphe qui suit repose entièrement sur des éléments communiqués par Jenny Boucard. Voir aussi (Boucard & Verdier 2015), (Boucard 2020*b*) et (Boucard & Goldstein 2023).

par exemple en 1849 un résultat sur les fractions continues (*Nouvelles annales de mathématiques*, t. 8, 341–347) publié par le jeune Gotthold Eisenstein cinq années plus tôt dans le *Journal* de Crelle[56]. La même année, Terquem revient sur les travaux du début du siècle de Poinsot et de Cauchy sur les polyèdres réguliers ordinaires et étoilés (*Nouvelles annales de mathématiques*, t. 8, 1849, 68–74, 132–139, 304–312). Il y souligne l'importance des polyèdres dans les recherches cristallographiques, alors discutées très régulièrement à l'Académie avec les travaux d'Alexandre-Édouard Baudrimont, Auguste Bravais, Michel Gaudin, Pierre Laurent ou encore Louis Pasteur. Il établit également le lien avec la géométrie de situation, à laquelle il rattache plusieurs articles des *Nouvelles annales de mathématiques* de la même période. Notons qu'il replace toute la discussion mathématique dans un contexte historique en recourant à Michel Chasles et allant jusqu'à citer Kepler en latin dans le texte (Boucard & Goldstein 2023, 261–262). Dans cet exemple, on voit Terquem établir et concrétiser des circulations entre des époques, des disciplines et des institutions différentes.

En Belgique[57], la *Nouvelle Correspondance mathématique* (Mons, 1874) d'Eugène Catalan et Paul Mansion, dont les *Nouvelles annales de mathématiques* constituent un des modèles, s'occupera elle aussi principalement « des parties de la science mathématique enseignées » (Tome 1, Avertissement) et souhaite plus généralement faire connaître aux professeurs et étudiants belges les mathématiques de leur époque en publiant, à côté d'articles originaux et de questions/réponses, des analyses, extraits, comptes rendus et traductions. Pauline Romera-Lebret, étudiant minutieusement la pratique de Mansion de reprises d'articles d'autres journaux, met en avant la forme très riche et créative des articles « d'après X » – où X désigne un nom de mathématicien –, qui ne se contentent pas de reprendre le résultat d'un article tiré d'un autre journal, mais le confrontent à ceux publiés sur le même sujet par d'autres auteurs de nationalités et d'époques différentes. Plutôt que des recensions, ce sont des articles s'appuyant sur divers extraits. Ces articles sont, pour une large part, regroupés dans une rubrique intitulée « Extraits analytiques » et ne concernent pas que l'actualité mathématique mais aussi l'histoire.

En Angleterre, le *Cambridge Mathematical Journal* (Cambridge, 1837), qui vise un public local d'étudiants et de professeurs de l'université de cette ville[58], propose lui aussi sous des formes diverses, des réflexions sur des articles publiés ailleurs et jugés importants. Ainsi, le *Journal* promet d'inclure des « abstracts of

---

56. Terquem reprend deux articles d'Eisenstein, l'un en français intitulé « Transformations remarquables de quelques séries » (*Journal für die reine und angewandte Mathematik*, t. 28, 1844, 36–40), l'autre en allemand intitulé « Neuer Beweis und Verallgemeinerung des Binomischen Lehrsatzes » (ibid., 44–48).

57. Pour plus d'informations sur les revues belges d'enseignement mathématique, leurs pratiques éditoriales et les circulations sous-jacentes, voir l'article de Pauline Romera-Lebret dans ce volume (chap. 10).

58. Voir (Crilly 2004) pour une histoire du journal et de ses successeurs.

important and interesting papers that have appeared in the memoirs of foreign Academies, and in works not easily accessible to the generality of students (t. 1, 1837, Préface). Ces « abstracts » sont mis sur le même plan que les mémoires originaux et en empruntent la forme mais sans être signés.

Dans *The Mathematical Gazette* (Londres et Bombay, 1894), journal d'une association de professeurs de mathématiques anglais, *The Mathematical Association*, l'introduction en 1896 par Francis S. Macaulay d'une rubrique de recensions intitulée « Reviews and Notices » a permis d'élargir le lectorat de la revue et de lui assurer une reconnaissance durable parmi les mathématiciens universitaires (Dampier 1996, 6).

On voit dans ces journaux « destinés aux progrès de l'enseignement » (*Nouvelles annales de mathématiques*, 8, 1849, 5), les formes de recension se diversifier très fortement : simples annonces, listes de titres, éventuellement accompagnés de notules, résumés, articles commentant et réfléchissant sur un ou plusieurs articles tirés d'autres journaux, extraits de journaux, recensions de livres, [...] L'aspect critique n'y est pas très prégnant et va se loger dans la mise en évidence de liens entre divers textes et approches, ou dans une contextualisation historique pouvant remonter jusqu'à l'antiquité, parfois aussi dans la correction d'erreurs. C'est dans une culture mathématique large, telle celle de Terquem, qu'il peut se déployer[59]. On constate aussi qu'au XIXe siècle c'est de plus en plus l'article qui devient objet de comptes rendus et se trouve donc repris, résumé, traduit, analysé et commenté.

9 Rendre compte des mathématiques dans des revues générales

Il existe d'autres segments de la presse périodique[60] qui continuent à publier des recensions de livres de mathématiques ou les concernant, dont les revues s'adressant plus généralement aux scientifiques ou ciblant même un public instruit très large. Leurs contenus recouvrent des thèmes et des disciplines variés dont les mathématiques qui sont surtout abordées par l'intermédiaire des comptes rendus de livres[61]. Ces derniers offrent une tribune dont des mathématiciens se saisissent pour communiquer, aussi à leurs collègues, des idées sur leur discipline qui ne trouvent pas place dans le format des revues spécialisées. Analyser ces idées ainsi que les valeurs et représentations des

---

59. La question des formes que peut prendre la critique en mathématiques mériterait qu'on lui consacre une étude entière.
60. On peut penser aux bulletins de certaines sociétés mathématiques qui se créent dans le dernier tiers du siècle ciblant des communautés de spécialistes. Voir (Gispert *et al.* 2023, partie 4).
61. Selon l'analyse menée par Caroline Ehrhardt et Hélène Gispert sur quelques-uns de ces périodiques pour ce volume (chap. 19).

mathématiques véhiculées par ces comptes rendus serait un objet d'étude prometteur mais qui dépasse très largement le cadre de cette étude[62].

Lorsqu'on change de perspective pour s'intéresser aux acteurs – mathématiciens ou non – et à la politique de recension mise en place pour promouvoir un objet éditorial, comme par exemple la collection Borel étudiée par Caroline Ehrhardt, on constate que plusieurs types de journaux sont mobilisés pour en assurer le succès. Cette collection de monographies sur la théorie des fonctions, dirigée par Émile Borel, comporte une cinquantaine d'ouvrages de mathématiques, à mi-chemin entre manuels et monographies de recherche, publiée par Gauthier-Villars entre 1898 et 1957. Ehrhardt (2011) analyse l'articulation entre la forte notoriété acquise par la collection et des chiffres de vente relativement faibles. Elle pointe deux leviers importants, d'abord le rôle des recensions dans différents journaux ciblant des publics divers en France et en Angleterre, comme les mathématiciens spécialistes de la théorie des fonctions, les étudiants et les enseignants (*Nouvelles annales de mathématiques*, *L'Enseignement mathématique*, *The Mathematical Gazette*) ou encore un public plus large de scientifiques (*Revue générale des sciences pures et appliquées*, *Revue de métaphysique et de morale*). Puis, les recensions, notamment dans l'influent *Bulletin des sciences mathématiques* de Darboux sont pour la majeure partie des volumes de la collection confiées à d'autres auteurs ou à des proches de la même collection, et ceux-ci s'en font les fervents avocats. Cette pratique de recensions croisées par les experts de la théorie des fonctions a été couronnée de succès et a réussi à offrir à la théorie et à la collection Borel une place de choix dans la recherche mathématique. Cet exemple, très éloquent en ce qui concerne le rôle des périodiques dans l'acceptation d'une théorie, nous rappelle aussi que les revues de mathématiques n'obéissent pas exclusivement aux règles du marché. Une demande forte n'aboutit pas forcément à des ventes considérables, mais peut être satisfaite par d'autres moyens comme les recensions élogieuses et bien ciblées, la circulation des tirés-à-part, les lectures en bibliothèque, les exposés dans les séminaires...

10 Recueils périodiques spécialisés de bibliographie

Dans le domaine des journaux spécialisés, à côté de ceux ayant pour fonction de publier des réflexions et résultats originaux, paraissent à partir du dernier tiers du XIXe siècle, dans un climat favorisant l'essor des entreprises bibliographiques dans tous les domaines, des journaux mathématiques qu'on appellerait de veille bibliographique. Comme Reinhard Siegmund-Schultze (1993, 14) l'a naguère remarqué, la création de ces recueils est assez tardive en mathématiques. On a d'abord vu apparaître, dans certains journaux, des rubriques à part consacrées à des bulletins bibliographiques, comme dans les *Nouvelles annales de mathématiques*, *L'Enseignement mathématique* ou encore les *Comptes*

---

62. On lira avec intérêt les articles de Jules-Henri Greber, de Françoise Willmann ou encore de Caroline Ehrhardt & Hélène Gispert dans ce volume (chap. 20, 24, 19).

rendus des séances hebdomadaires de l'Académie des sciences (Paris, 1835) parmi beaucoup d'autres. À peu près au même moment que le *Bulletin* de Darboux en France, prend forme en Allemagne, sur une initiative privée et sur le modèle des *Fortschritte der Physik* (Berlin, 1847), le *Jahrbuch über die Fortschritte der Mathematik* (Berlin, 1871)[63] dont on trouvera à la suite de cet article une présentation détaillée sous la plume de Reinhard Siegmund-Schultze. Alors que le *Bulletin des sciences mathématiques* publiait deux rubriques constituées l'une de listes d'ouvrages et de revues (avec parfois le sommaire) et l'autre de recensions, le *Jahrbuch* quant à lui inclut des références bibliographiques précises accompagnées de présentations la plupart du temps brèves (2 à 10 phrases) des résultats clés des articles, mémoires, livres ou autres travaux parus l'année auparavant. Emil Lampe, éditeur du *Jahrbuch* de 1886-1918, parle « de résumés concis et objectifs, afin que chaque lecteur puisse juger si la consultation des travaux originaux est nécessaire pour certaines recherches » (Lampe 1903, 1). Ces résumés concis, qui doivent informer le lecteur sur ce qui se trouve dans un travail, non sur ce que le rapporteur (*Referent*) en pense (Lampe 1903), sont signés par les initiales des *Referenten* qui sont des mathématiciens. Bien qu'on y trouve parfois des contributions critiques ou élogieuses et des présentations plus substantielles, c'est la forme de résumé qui prévaut et qui doit donc répondre le mieux aux besoins d'information de la communauté mathématique, alors en forte expansion. Pour pouvoir s'orienter dans la masse de publications paraissant annuellement dans le monde, il suffit d'avoir une description voulue neutre de leurs contenus. Dans le tome 1 du *Jahrbuch*, les éditeurs, Carl Ohrtmann et Felix Müller, décrivent comme suit le but qu'ils poursuivent :

> Le but que nous avions en tête était, d'une part, de donner à celui qui n'est pas en mesure de suivre par lui-même tous les phénomènes qui se produisent dans le vaste domaine des mathématiques, un moyen de se faire une idée au moins générale de l'avancement de la science ; d'autre part, de faciliter le travail du chercheur érudit en lui permettant de retrouver ce qui est déjà connu[64]. (Ohrtmann & Müller 1871)

Surtout, avec l'accroissement rapide du nombre de revues mathématiques et l'internationalisation des sciences qui s'accentue dans la seconde moitié du siècle, la question du recensement des travaux consacrés aux sciences mathématiques devient un objet de débat. Ainsi la Société mathématique de France lance sous la présidence de Henri Poincaré un projet de répertoire qui aboutira entre 1894 et 1912 à la publication chez Gauthier-Villars de 20 séries

---

63. Pour plus de détails, voir (Siegmund-Schultze 1993), (Göbel *et al.* 2020), (Rollet & Nabonnand 2002) et (Eckes 2021).

64. « Das Ziel, das uns vorschwebte, war einerseits : Demjenigen, der nicht in der Lage ist, alle auf dem umfangreichen Gebiete der Mathematik vorkommenden Erscheinungen selbstständig zu verfolgen, ein Mittel zu geben, sich wenigstens einen allgemeinen Überblick über das Fortschreiten der Wissenschaft zu verschaffen ; anderseits : dem gelehrten Forscher seine Arbeit bei Auffindung des bereits Bekannten zu erleichtern » (Traduction française de JP).

d'à peu près 1000 travaux répertoriés et classés (Rollet & Nabonnand 2002). Gustav Eneström, dans *Bibliotheca mathematica* (Stockholm, 1884), s'interroge en 1890 sur les besoins des mathématiciens en termes de bibliographie et tente de définir des instruments de veille bibliographique efficaces (Rollet & Nabonnand 2002). Les principales questions que soulève le débat sur ce type de journaux touchent à la sélection des travaux à inclure – qu'est-ce qu'on considère comme mathématique ? – et au classement des matériaux réunis devant faciliter l'accès aux titres parfois submergés dans une mer de références. Selon les réponses apportées à ces questions, on oriente la recherche, on privilégie certaines branches des mathématiques, et on patrimonialise des résultats alors que d'autres sont voués à l'oubli. C'est là une tout autre histoire qui nous éloigne des formes de recensions.

11 Pour conclure

Quelles conclusions même provisoires pouvons-nous tirer au bout de ce parcours un peu erratique et lacunaire ? Les journaux savants d'Ancien Régime avec leur idéal encyclopédique s'adressent à un double public de savants et de curieux, et doivent adapter, parfois non sans mal, leur contenu à ces deux segments de public. D'où deux formes distinctes de comptes rendus de livres mathématiques, des annonces souvent commentées attirant l'attention des mathématiciens sur les nouvelles parutions d'une part et des recensions plus substantielles sur des livres s'adressant aux commençants, aux curieux voulant briller en société et à ceux ayant besoin de mathématiques reconnues « utiles » ou récréatives de l'autre. Ces deux formes de recensions coexistent sur le même type de support jusqu'au début du XIXe siècle et remplissent deux fonctions distinctes de veille bibliographique orientant les choix de lecture des mathématiciens d'une part et d'informations autosuffisantes, souvent utilisables telles quelles sans passer par le livre lui-même de l'autre. L'apparition des journaux spécialisés s'adressant aux seuls spécialistes bouscule quelque peu cette configuration. Le modèle matriciel de la revue mathématique, tel qu'il se met en place dans la première moitié du XIXe siècle, ne comporte plus de recensions de livres, et privilégie la contribution originale et innovante. À côté de ces revues se mettent en place des « abstract journals » ciblant les seuls mathématiciens, comme le *Jahrbuch über die Fortschritte der Mathematik* qui, du moins au début, couvrent un éventail très large de domaines mathématiques comprenant leurs enseignements et applications. La double fonction semble y perdurer, même si les lectorats ont changé, puisque ces journaux prétendent s'adresser autant à ceux qui veulent avoir une idée de ce qui se passe dans leur domaine qu'à ceux qui sélectionnent les parutions à consulter.

Les livres de mathématiques, dont les extraits étaient présents dans les premières revues savantes au même titre que ceux d'autres domaines de savoir, sont suspectés dès le début du XVIIIe siècle d'être peu susceptibles d'extraits. Au XIXe siècle, alors que ces recensions disparaissent des revues spécialisées pour spécialistes, sauf dans quelques rares segments, les journaux spécialisés dits intermédiaires (dont le public type appartient au monde de l'enseignement mathématique), s'en emparent et inventent des formes nouvelles d'extraits, plus adaptées aux mathématiques, comme « l'article d'après X », davantage reprise d'un ou de plusieurs articles d'un auteur X que recension. C'est un changement de taille qui intervient ici : la médiation ne se fait plus seulement par le livre, mais de plus en plus ce sont les articles qui sont annoncés, résumés, analysés, commentés et discutés. C'est sous la forme de résumé ou *abstract* que les mathématiciens annoncent et rendent compte des travaux d'autrui. En revanche, la médiation par le livre reste importante au XIXe siècle dans des revues plus générales ciblant un large public éduqué et cultivé, qui continuent à parler de mathématiques et à en analyser des livres adaptés à leur public.

Cette étude exploratoire laisse évidemment beaucoup d'aspects à préciser et de questions ouvertes. D'abord elle néglige les contextes nationaux, encore importants pour les mathématiques du XIXe siècle, l'inscription dans l'arc temporel demande aussi à être précisée. L'étude des usages que font les lecteurs de ces textes seconds (un auteur parlant d'un autre), les éditeurs qui mettent en avant leur catalogue, les rédacteurs qui contrôlent les filtres sélectifs, ouvrira des pistes de recherches intéressantes nous ramenant au cœur même de la production intellectuelle et sociale des mathématiques. Les recensions que nous avons abordées sous l'angle de la circulation, peuvent elles-mêmes être objet de circulations. La mise en lumière de cet aspect permettrait de mieux circonscrire les relations entre journaux, ainsi que les régions que certains peuvent former dans l'espace de circulation. Finalement, on l'a vu, les recensions sont souvent un lieu de débat et on peut se demander comment la fonction critique, qui est un élément caractéristique de toute recherche, s'exprime en mathématiques ?

Encart 3 – The *Jahrbuch über die Fortschritte der Mathematik* (1869-1945) and the Gradual Modernization of Mathematical Reviewing
REINHARD SIEGMUND-SCHULTZE

During the 19th century specialized mathematical journals were founded in several leading European countries, and later in the United States. This was part of broader social, institutional and cognitive developments of mathematics, including tendencies towards internationalization (Parshall 1995).[1]

The rise of channels of mathematical reviewing or abstracting[2] in the second part of the century was one feature of these developments. Most important was the foundation of three mathematical reviewing journals, the German *Jahrbuch über die Fortschritte der Mathematik*, ("Yearbook on progress in mathematics", founded 1869, the first volume, which reported on publications in 1868, was printed in 1871), the French *Bulletin des sciences mathématiques et astronomiques* (1870, editor G. Darboux, (cf. Gispert 1985) and in this volume), and the Dutch *Revue semestrielle des publications mathématiques* (Amsterdam, from 1893).

Although there had existed efforts for general scientific reviewing before, particularly in the Paris *Journal des sçavans* (1665), there occured only in 1842-1843 a first, still imperfect attempt at systematic mathematical reviewing in O. Terquem's and C. Gérono's *Nouvelles annales de mathématiques*. Robert L. Collison reminds of this and then continues:

> A sustained service in this category did not start until 1868 [...]. The appearance of the *Jahrbuch über die Fortschritte der Mathematik* [...] confirmed the leadership that

---

1. This contribution combines results of my German book (Siegmund-Schultze 1993) with more recent findings.

2. I do not differentiate here between mathematical reviewing and abstracting, although the latter notion is usually used for more objective, unopinionated reporting. However, we distinguish mathematical reviewing/abstracting from mere bibliographic registration which during the 19th century developed in its own channnels. See for instance (Wölffing 1903), and (Sorkin 1960). See also the contribution of Peiffer *et al.* in this volume, chap. 28.

German scientists had established in the careful documentation of their subject fields: the high standard of their work has remained the model of documentalists in other countries, and the only significant characteristic that has not been copied elsewhere may be said to be the use of highly-developed abbreviation of much-used words and phrases. (Collison 1971, 62–63)

In spite of this exemplary role in later years, in some respects systematic mathematical reviewing seems to have developed later than scientific reviewing in other disciplines, such as chemistry and physics.[3] In fact the name of the *Jahrbuch über die Fortschritte der Mathematik* seems to go back to the Swedish chemical and physical reviewing journal *Årsberättelse om framstegen i fysik och kemi* ("Yearbook on progress in physics and chemistry", Norstedt 1821-1848), which was founded by J. Berzelius.[4]

The work at the *Jahrbuch* had been started in 1869 by the two German high school teachers (Gymnasiallehrer), Carl Ohrtmann (1839-1885) and Felix Müller (1843-1928).[5]

It is an expression of the already remarkable strength and breadth of mathematical culture in Germany at the time, that it disposed of—behind the first row of creative mathematicians and university professors—a sufficient number of competent specialists, not few among them high school teachers, who were willing and able to carry out the strenuous and largely unremunerated job of mathematical reviewing for the higher good of the discipline. Only two years after its foundation, Felix Klein (1849-1925) saw in the *Jahrbuch* one of several institutional links which could secure independence for mathematics from other sciences with often more practical purposes. When Klein reported to his friend Adolph Mayer (1839-1908) about his preparations for a gathering of mathematicians and a possible foundation of a German mathematicians' association, he said in a letter from 5 November 1871:

> It would be great to get Ohrtmann and F. Müller, the editors of the [Jahrbuch über die] Fortschritte, interested in this project. I am in connection with Ohrtmann and I intend to write to him as soon as we know more about whether Cantor or anybody else will join us. At the planned gathering we would have to care for a sufficient number of

---

3. As early as 1830 the German philosopher, physicist and psychologist Gustav Theodor Fechner (1801-1887) had founded the *Pharmaceutisches Central-Blatt*, later (1856) renamed as *Chemisches Centralblatt*. It had from the beginning much stronger, in particular industrial interests behind it than mathematics. The original name of one of the leading current mathematical reviewing journals, founded in 1931, derives from *Centralblatt* (see below).

4. According to the preface of the first editors (Ohrtmann & Müller 1871) the *Jahrbuch* followed the example of *Fortschritte der Physik*, which appeared from 1845 in Berlin as yearly reports. The *Fortschritte* continued the *Jahres-Bericht über die Fortschritte der physischen Wissenschaften* (Tübingen 1822-1851) which is revealed in (Karsten 1847, v). The latter was the German translation of Berzelius' *Årsberättelse*.

5. See appendices 1, 2, and 3 in (Siegmund-Schultze 1993, 200–206), containing a chronology of the history of the *Jahrbuch*, an overview of the persons reviewing for *Jahrbuch* during the years of its existence (1869-1945), as well as the original German text of the preface of the editors for the first volume of the *Jahrbuch* (Ohrtmann & Müller 1871).

reviews for the "Fortschritte." I find the idea of the Fortschritte quite good, although its realization is often still wanting.[6]

Felix Klein's aspirations for the foundation of a German mathematicians' association had to wait for another two decades, not least due to lacking engagement on the part of the big Berlin Three, E. Kummer, L. Kronecker and K. Weierstraß in organisational matters. Also the weaknesses of the *Jahrbuch* in particular its first years could be partly traced back to lacking willingness of the leading German mathematicians to engage in mathematical reviewing. To take an example, Felix Müller's letter to Leo Königsberger (1837-1921) from 16 March 1870 did not lead to Königsberger taking over any reviews.[7] In retrospect, Müller wrote:

> Most of the older gentlemen gave us—as expected—negative replies, but they confirmed their lively interest in our enterprise. The entire correspondence with them and their students was psychologically interesting and revealing. One very young private docent wanted to first ask his teacher Kummer whether he was allowed to grant his name to the project. Another one did not have time for dealing with the thoughts of other mathematicians given the wealth of his own new ideas. Several declared willingness to write reviews in case the redaction would sign it with their names, a request which, of course, was gratefully declined. (Müller 1904, 293)

By and large the work in the editorial office remained reserved for mathematicians of the second rank, as the following list of the *Jahrbuch*'s editors in chronological order shows:

Carl Ohrtmann (1869-1885), Felix Müller (1869-1885), Albert Wangerin (1871-1885), Emil Lampe (1885-1918), Max Henoch (1885-1890), Georg Wallenberg (1898-1904), Leon Lichtenstein (1918-1927), Georg Feigl (1927-1935), Helmut Grunsky (1935-1939), Harald Geppert (1939-1945).

Outstanding among the editors with respect to their mathematical prowess were, however, Lichtenstein and Grunsky. On 21 May 1928, the noted analyst Leon Lichtenstein (1878-1933) commented on leaving his job in the *Jahrbuch* when writing a letter to the Berlin applied mathematician Richard von Mises (1883-1953):

> How long will it take and one is thrown to the scrap-heap as a seventy-year old. What then remains in terms of working capacity one should use as good and economical as possible. Therefore, I have passed the "Jahrbuch" into the hands of younger people. I am following the example of so many collaborators who have gradually withdrawn from the job. (Other, even more clever colleagues were never willing to contribute.) (Siegmund-Schultze 1993, 18)

---

6. (Tobies & Rowe 1990, 60–61). Some German mathematicians such as Klein, called the *Jahrbuch* by the name of "Fortschritte", as it had been customary in the case of the *Fortschritte der Physik*. The collaborators of the *Jahrbuch*, however, preferred the name "Jahrbuch" (Yearbook) stressing its central principle of reporting on the calendar year (see below).

7. The letter is reproduced as appendix 3 in (Siegmund-Schultze 1993, 206).

Finally, in the 1930s, some younger promising German mathematicians were forced by academic unemployment to take jobs in the editorial office of the *Jahrbuch*, among them managing editor Helmut Grunsky (1904-1986).

Things were somewhat different in the *Jahrbuch* with respect to the authors of reviews. The increasing specialization of mathematics led with necessity to an increase of the number of first rate mathematicians among the reviewers, of whom during the entire period of appearance of the *Jahrbuch* the proportion of Germans was between 2/3 and 4/5. Among 44 "prominent"[8] German mathematicians born after 1860, only 8 did not write a single review for the *Jahrbuch*, while in the older generation of German mathematicians (born before 1860) among 53 "prominent" German mathematicians 31 did not contribute to the *Jahrbuch* at all, among the latter luminaries such as Cantor, Dedekind, Kronecker, Kummer, and Weierstraß.[9]

A crucial point for judging the possibilities and restrictions of the *Jahrbuch* was its guiding editorial principle, expressed in its name *Yearbook*: the mathematical literature of a calendar year was to be reviewed systematically and with utmost completeness. This principle had its advantages. The *Jahrbuch* was a very systematic and easily searchable publication[10] and has value as a historical mirror of the development of mathematics in its various disciplines. As a matter of fact *Jahrbuch* remains a valuable source for historians of mathematicians for quantitative and qualitative explorations.[11]

However, these advantages of the *Jahrbuch* had from its beginning to "compete" with its disadvantages. The first reviews for a publication in a calendar year could not appear before the following year, although the *Jahrbuch* came out in single, thematically specialized issues. Personal and financial problems and—last but not least—wars added to these problems, and there was sometimes a gap of up to seven years between the publication of a mathematical paper and its review in the *Jahrbuch*.

Finally the delays in publication due to World War I and the enormous increase in mathematical world production led to extreme and unbearable

---

8. "Prominence" of a mathematician is here defined as being included in the *Dictionary of Scientific Biography* (Gillispie 1970).

9. Here one has to consider that the number of reviews grew about in the same rate as the number of reviewers and the years of professional activity with a chance to contribute to the *Jahrbuch* was about the same in both generations. More details and names in appendix 1 to (Siegmund-Schultze 1993, 201–203).

10. Since the advent of electronic data bases and online publishing, the search for reviews is no longer a problem in *Zentralblatt* and *Mathematical Reviews*, the modern outlets of mathematical reviewing. The reviews in the *Jahrbuch* have been—together with the *Zentralblatt* reviews—retrospectively included in the database https://zbmath.org/ and have been freely accessible online since 2020.

11. The historian Judith Grabiner uses the reviews of the *Jahrbuch* to establish a gradual international recognition of American mathematics: "By the end of the nineteenth century, the work of Americans was known and respected throughout the mathematical world" (Grabiner 1977, 10). See also (Corry 2007) for changes in the notion of "Algebra", based on historical analysis of the *Jahrbuch*.

conditions for the *Jahrbuch* in the 1920s. It was then that the Berlin ("Prussian") Academy of Sciences stepped in and began to support the *Jahrbuch*, nominating the new managing editor Georg Feigl (1890-1945) as a successor to Lichtenstein. In the background acted Ludwig Bieberbach (1886-1982), the most active mathematician among the members of the Academy, who had his own ideas about the future of mathematical reviewing, which he expressed in a talk before the Academy in 1930.[12] To say it briefly, Bieberbach revealed a rather conservative view about the tasks of mathematical reviewing and did not realize new demands, in particular those connected to internationalization, use of reviews in foreign languages, increase of speed of publication, etc.

One year later in 1931 a decisive event happened in German and thus (due to its undisputed leadership) in international mathematical reviewing. Probably influenced by the unwillingness of the Berlin Academy to change the guiding editorial principles of the *Jahrbuch*, mathematicians of Göttingen around Richard Courant and Otto Neugebauer stepped in and founded *Zentralblatt für Mathematik und ihre Grenzgebiete* ("Central journal for mathematics and bordering subjects"), published by Springer in Berlin. The main feature of the new approach was to print reviews immediately after arrival in the next issue of *Zentralblatt*. Once again, mathematical reviewing followed earlier changes in physical reviewing: already in 1920 the *Fortschritte der Physik* had been replaced by *Physikalische Berichte* which also printed reviews immediately.[13] *Zentralblatt* thus took into account the increasing role of reviewing as a tool for mathematical research. Unlike in *Jahrbuch* many of the reviews appeared in foreign languages (mostly English), the proportion of foreign reviewers was from the beginning much greater than in the *Jahrbuch*, partly due to the fact that it proved difficult to convince reviewers of the *Jahrbuch* to shift loyalty to the new outlet.

Indeed, the relation between the two reviewing journal was fraught with tension and competition in the years to come until the politically enforced appointment of a "Generalredakteur" (general editor) Harald Geppert (1902-1945) for both journals after the war broke out in 1939.[14]

While this tension was intensified after the seizure of power by the Nazis in 1933, it was already there in 1931. In fact the foundation of *Zentralblatt* was partly a continuation of the old institutional and ideological conflict between

---

12. This talk (Bieberbach 1930) has been reprinted in (Siegmund-Schultze 1993, 212–214) as appendix 6 and is analyzed in the same book (1993, 91–97).

13. The role of physics as a precursor of mathematics in reviewing may reflect its comparative higher importance for applications and connected societal support. It may also be connected to the fact that physics is theoretically less diversified than mathematics and the danger of doubling of (experimental) work is higher in physics.

14. The protocol for this installation is published as appendix 14 in (Siegmund-Schultze 1993, 224–226). The move to coordinate the two journals which would still appear parallel during the war was partly motivated by the imminent foundation of *Mathematical Reviews* in the United States under former *Zentralblatt* editor O. Neugebauer in 1940.

mathematicians from Berlin and Göttingen. But it went beyond the conflict between mathematicians from these two main mathematical centers.

The main issue of this conflict was "modernization" of mathematics in all its aspects, including internationalization. Many German mathematicians of the older generation considered the *Jahrbuch* a part of the venerable German mathematical tradition, which had to be saved at all costs. To them the rapidity and internationality of the *Zentralblatt* were signs not of progress but primarily of the decline of German mathematical culture. There was much discussion, around 1930, of the new abstract axiomatic methods. This discussion of axiomatics, which was often accused of generating a disturbing abundance of "meaningless" mathematical publications, was not restricted to Germany. I have argued in (1993, 91–97) that Bieberbach suggested in his talk of 1930 (mentioned above) a subliminal connection between the systematic, collecting function of the *Jahrbuch* and the foundational, rigor-providing function of mathematical axiomatics. Bieberbach approved of the latter function of axiomatics, but he was suspicious of the creative, expansive functions of axiomatics as well as (what he saw as a kindred phenomenon) of uncontrolled and unsystematic mathematical reviewing as would be realized in *Zentralblatt* one year after Bieberbach's talk.

Adding to the conflict between *Jahrbuch* and *Zentralblatt* were vested institutional interest by publishers and scientific societies. The *Jahrbuch*'s publisher, Walter de Gruyter, found his business strategies thwarted. A reviewing journal, it is true, was not profitable financially, and de Gruyter was eager to secure matching funds from the Prussian government through the Berlin Academy of Sciences. Reviewing journals, however, served (and still serve) the prestige of scientific publishers, as they advertised their other products and helped them make contacts with scientific authors. The Berlin Academy, which had been the corporate editor of the *Jahrbuch* since 1928, was interested in its continuance as well. Since the Academy did not have scientific institutes of its own, the *Jahrbuch* was one of its few enterprises in the exact sciences and reinforced therefore the Academy's legitimation.

Under the conditions of Nazi rule in Germany conflicts between the two journals aggravated, symbolized by the emigration in 1934 of the *Zentralblatt*'s editor, Otto Neugebauer, to Copenhagen, while *Zentralblatt* was still published with Springer in Berlin. Ludwig Bieberbach, the leading Nazi among German mathematicians, was still steering the developments at the *Jahrbuch*. He ordered the dismissal of Jewish reviewers, although the managing editor, Helmut Grunsky, courageously resisted and delayed this measure for almost five years.[15] Finally, under the conditions of war, German mathematicians offered their reviewing journals as a tool for the Nazi strategies of "reorganizing European science." Because of their relations with foreign reviewers, the

---

15. The astounding New Year's letter, sent by Bieberbach to Grunsky on January 11, 1938, where he demanded "to get rid of the Jews among your reviewers", published in English translation as Appendix l in (Siegmund-Schultze 2004, xlix), is proof of Grunsky's courageous conduct.

Encart 3 – The *Jahrbuch über die Fortschritte der Mathematik*

German reviewing journals were, as general editor Geppert put it, a means to involve French mathematicians, among others, in "scientific practical work in Germany" (Siegmund-Schultze 1993, 185).

It was only with the defeat of Nazi Germany in 1945 that work in the *Jahrbuch*'s editorial office ended and the reviewing journal ceased to appear. Its general editor and fanatical Nazi Harald Geppert committed suicide. I have argued in (1993) that, paradoxically, it was the (politically enforced) continuance of the *Jahrbuch* in the 1930s that was a sign of the decline of German mathematics in that period. The discontinuance of that journal at the end of the war, however, was scientifically overdue.

Modern principles of mathematical reviewing have prevailed since both in *Zentralblatt* and the new *Mathematical Reviews*; both journals continue to publish (now electronically) parallel and in competition and collaboration until this date.[16]

---

16. There were other developments in mathematical reviewing during and after the war which partly continue today under conditions of the dominance of English. From 1940 existed the *Bulletin analytique* published by the Centre national de la recherche scientifique (Cnrs) in Paris. From 1953 appeared the Soviet-Russian *Referativnyj Zurnal Matematika*.

Bibliographie

A. C. (1878). La table de division. *Journal des instituteurs*, *28*, 474–475.

Abram, William Alexander (1876). Memorial of the Late T.T. Wilkinson, FRAS, of Burnley. *Transactions of the Historic Society of Lancashire and Cheshire*, *4* (3rd ser.), 77–94.

Abreu, Márcia (2016). *Romances em movimento. A circulação transatlântica dos impressos (1789-1914)*. Campinas : Editora da UNICAMP.

Accademia Nazionale dei Lincei (1953). *Indice degli Atti Accademici pubblicati dal 1935 al 1950*. Rome : Accademia Nazionale dei Lincei.

Adams, Douglas Payne (1950). *An Index of Nomograms*. Cambridge : The Massachussets Institute of Technology.

ADB (1875–). *Allgemeine Deutsche Biographie*. Leipzig : Duncker & Humblot. Éd. par la Bayerische Akademie der Wissenschaften Historische Kommission ; Digitale Volltext-Ausgabe in Wikisource.

d'Adhémar, Robert (1900). La nomographie, calcul par les yeux. *La Nature. Revue des sciences et de leurs applications aux arts et à l'industrie*, *28*, 213–215.

Adrain, Robert (1825). *The Mathematical Diary*. 1 (1 à 8).

Aïssani, Djamil, Romera-Lebret, Pauline & Verdier, Norbert (éds.) (2019). *Polytechniciens en Algérie au XIXe siècle*, t. 64. Paris : *Bulletin de la SABIX*.

Akizuki, Yasuo (1977). Chūshō daisūgaku no reimei : Shōda Kenjirō-kun no omoide. *Episutēmē*, *3* (8), 51–57.

Alasia, Cristoforo (1915). Appunti e note sulla Prima guerra mondiale e sulle conferenze svizzere e francesi. *Bollettino della Mathesis*, *VII* (1), 35–36.

Alberts, Gerard, Atzema, Eisso & van Maanen, Jan (1999). Mathematics in the Netherlands. A brief survey with an emphasis on the relation to physics, 1560-1960. Dans *A History of Science in the Netherlands*, édité par K. van Berkel, A. van Helden & L. Palm, Leiden : Brill, 367–404.

Alberts, Gerard & Beckers, Danny (2010). Wiskundige Verlustiging. *Nieuw Archief voor Wiskunde*, *5* (11), 20–26.

Albree, Joe & Brown, Scott H. (2009). "A valuable monument of mathematical genius": *The Ladies' Diary* (1704-1840). *Historia Mathematica, 36* (1), 10–47.

Aleksandrov, Pavel S. (1936). First International Topological Congress in Moscow (in Russian). *Uspekhi matematicheskikh nauk, 1*, 260–262.

Alexander, Amir (2014). The secret spiritual history of calculus. *Scientific American, 310* (4), 82–85.

Alfassio Grimaldi, Ugoberto (1979). *La stampa di Salò*. Milan : Bompiani.

Allaire, P. R. & Cupillari, A. (2000). Artemas Martin: An amateur mathematician of the nineteenth century and his contribution to mathematics. *The College Mathematics Journal, 31* (1), 22–34.

d'Altemont, Louis (pseud. de Théodore-Henri Barrau) (1858). Examens – Concours. *Manuel général de l'instruction primaire, 9*, 228–230.

Alunni, Charles (2019). *Spectres de Bachelard*. Paris : Hermann.

Amano, Ikuo (2009). *Daigaku no tanjō, jō : Teikoku daigaku no jidai*. Tokyo : Chūō Kōron Shinsha.

Amodeo, Frederico (1924). *Vita matematica napoletana. Studio storico, biografico, bibliografico*, t. II. Naples : Tipografia F. Giannini e figli.

Andersen, Kirsti (1985). Cavalieri's method of indivisibles. *Archive for History of Exact Sciences, 31* (4), 291–367.

Andrade, Jules (1890). Les bases expérimentales de la géométrie. *Revue philosophique de la France et de l'étranger, 30*, 406–411.

André, Louis (1870). Variétés. Le postulatum d'Euclide à l'Académie des sciences. *La Philosophie positive, 6*, 310–311.

Andrès, Giovanni (1779). *Sopra le cagioni della scarsezza nelle scienze*. Ferrara : Rinaldi.

Andrews, William Symes (1908). *Magic Squares and Cubes*. Chicago : The Open Court Publishing. Éd. par Carus, P., Frierson, L. S. et Browne, C. A.

Angeli, Stefano degli (1658). *Problemata geometrica sexaginta*. Venise : Giovanni La Noù.

Angeli, Stefano degli (1659). *De infinitis parabolis, de infinitisque solidis ex varijs rotationibus ipsarum, partiumque earundem genitis*. Venise : Giovanni La Noù.

Angeli, Stefano degli (1660). *De infinitorum spiralium spatiorum mensura opusculum geometricum*. Venise : Giovanni La Noù.

Anon (1931a). From the editor (in Russian). *Matematicheskii sbornik, 38* (1–2), 0.

Anon (1931b). Soviet mathematicians, support your journal! (in Russian). *Matematicheskii sbornik*, *38* (3-4), 1.

Anon (1936). From the editors (in Russian). *Uspekhi matematicheskikh nauk*, *1*, 3-4.

Anonyme (1799). *Proposals for Publishing, Periodically, A collection of mathematical and philosophical tracts and selections.* Londres : Glendinning.

Anonyme (1801). *Lexikon der seit dem funfzehenden Jahrhunderte verstorbenen und jetztlebenden Oberlausizischen Schriftsteller und Künstler.* 2. Aufl. Görlitz : Anton.

Anonyme (1814). A brief account of the memoirs and other articles relating to Mathematics contained in the *Journal de l'École Polytechnique*, published by the Council of Instruction of that Establishment. *New Series of the Mathematical Repository*, *3*, 99-104.

Anonyme (1838). Sociétés commerciales. *Gazette des tribunaux*, *4139*, 168.

Anonyme (1892). Note sur la formule de Taylor. *Revue de mathématiques spéciales*, *2* (4), 237.

Anonymous (1769-1771). Laws and regulations of the American Philosophical Society, held at Philadelphia, for promoting useful knowledge. *Transactions of the American Philosophical Society*, *1*, v-xii.

Anonymous (1774). Mathematical Correspondence. *London Magazine*, October, 495.

Anonymous (1778). New Mathematical Questions. *Town and Country Magazine*, February, 63-64.

Anonymous (1779). Acknowledgements to correspondents. *The London Magazine*, *48*, 240.

Anonymous (1783a). Advertisement. *Lady's and Gentleman's Scientifical Repository*, *1* (1), 2.

Anonymous (1783b). Title Page. *Lady's and Gentleman's Scientifical Repository*, *1* (1).

Anonymous (1783c). To the Reader. *Lady's and Gentleman's Scientifical Repository*, *1* (1), 3.

Anonymous (1822). Education at Bradford, Yorkshire. *Leeds Intellegencer*, *[15 December]*.

Anonymous (1826). *Verzeichnis im Jahre 1825 in Berlin lebender Schriftsteller und ihrer Werke. Aus von ihnen selbst entworfenen oder revidirten Artikeln zusammengestellt und zu einem milden Zwecke herausgegeben.* Berlin : bei Ferdinand Dümmler.

Anonymous (1827). New Questions. Prize Question (20), by N.N.. *Enigmatical Entertainer and Mathematical Associate*, *1*.

Anonymous (1841). [Obituary of Thomas Leybourn]. *Monthly Notices of the Royal Astronomical Society*, *5* (12), 81.

Anonymous (1856). Historical sketch of the life of Charles Gill, Esq. *The Assurance Magazine, and Journal of the Institute of Actuaries*, *6*, 216–227.

Anonymous (1858). 'Town and Country Magazine'. *Notes and Queries*, *6* (2nd ser.), 190.

Anonymous (1872). *Report of the Superintendent of the United States Coast Survey Showing the Progress of the Survey During the Year 1869*. Washington, D.C. : Government Printing Office.

Anonymous (1884). Volume Information. *Annals of Mathematics*, *1* (1), iii–iv.

Anonymous (1894). [Obituary of Wesley Stoker Barker Woolhouse]. *Monthly Notices of the Royal Astronomical Society*, *54*.

Anonymous (1895). [Obituary of William Tomlinson]. *Monthly Notices of the Royal Astronomical Society*, *55*, 201–202.

Anonymous (1898). *Annals of Mathematics*: First Series. *Annals of Mathematics*, *12*, iv.

Aoust, Barthélémy (1865). Mémoire sur les sphères coupant les surfaces du second ordre. *Mémoires de l'Académie des sciences, belles-lettres et arts de Marseille*, 139–172.

Aoust, Barthélémy (1870a). Étude sur la vie et les travaux de Saint-Jacques de Sylvabelle, astronome marseillais. *Mémoires de l'Académie des sciences, belles-lettres et arts de Marseille*, 35–64.

Aoust, Barthélémy (1870b). Étude sur le P. Pézenas, astronome marseillais. *Mémoires de l'Académie des sciences, belles-lettres et arts de Marseille*, 1–16.

Aoust, Barthélémy (1877). Observations sur le mémoire de M. Haton de la Goupilière, ayant pour titre Des développoïdes directes et inverses de divers ordres. *Mémoires de l'Académie des sciences, belles-lettres et arts de Marseille*, 111–114.

Apple, Rima D., Gregory, J. Downey, Vaughn, Stephen L. & Secord, James A. (2012). *Science in Print: Essays on the History of Science and the Culture of Print*. Madison : University of Wisconsin Press.

Apushkinskaya, Darya A., Nazarov, Alexander I. & Sinkevich, Galina A. (2019). In search of shadows: The First Topological Conference, Moscow 1935. *The Mathematical Intelligencer*, *41* (4), 37–42.

Archibald, Raymond Clare (1929). Notes on some minor English mathematical serials. *Mathematical Gazette*, *14* (200), 379–400.

Archibald, Raymond Clare (1938). *A Semicentennial History of the American Mathematical Society, 1888-1938*. New York : American Mathematical Society. Réédition New York : Arno Press, Inc., 1980.

Archibald, Thomas (1988). Tension and Potential from Ohm to Kirchhoff. *Centaurus*, *31*, 141–163.

Armando, Carla (2015-2016). *"Volgere i progressi della Scienza a beneficio della Scuola": il Bollettino di Matematica di A. Conti (1902-1948)*. Tesi di laurea magistrale in matematica, Turin. Relatore E. Luciano.

Aronova, Elena (2017). Russian and the making of world languages during the Cold War. *Isis*, *108* (3), 643–650.

Assude, Teresa & Gispert, Hélène (2003). Les mathématiques et le recours à la pratique : une finalité ou une démarche d'enseignement ? Dans *L'École républicaine et la question des savoirs. Enquête au cœur du Dictionnaire de pédagogie de Ferdinand Buisson*, édité par D. Denis & P. Kahn, Paris : CNRS Éditions, 175–196.

Atti (1784). Istoria de' fenomeni del tremuoto avvenuto nelle Calabrie, e nel Valdémone nell'anno 1783. Dans *Atti della Reale Accademia delle Scienze e delle Belle Lettere di Napoli*, Naples : Donato Campo.

Atti (1788). *Atti della Reale Accademia delle Scienze e delle Belle Lettere di Napoli dalla fondazione sino all'anno MDCCXXXVIII*. Naples : Donato Campo.

Atti (1846). *Atti della Settima Adunanza degli Scienziati Italiani*. Naples : Stamperia del Fibreno.

Aubin, David (éd.) (2006). *L'Événement astronomique du siècle ? Histoire sociale des passages de Vénus, 1874-1882*, t. (11–12). Nantes : *Cahiers François Viète*, Série 1.

Aubin, David (2014). "Principles of Mechanics that are Susceptible of Application to Society": An unpublished notebook of Adolphe Quetelet at the root of his social physics. *Historia Mathematica*, *41* (2), 204 –223.

Aubin, David (2018). *L'Élite sous la mitraille. Les normaliens, les mathématiques et la Grande Guerre*. Paris : Éditions de la rue d'Ulm.

Aubin, David (éd.) (2024). *Mathématiciens français au travers de la Grande Guerre*, t. III–16. Cahiers François Viète.

Aubin, David & Goldstein, Catherine (éds.) (2014). *The War of Guns and Mathematics*. Providence : American Mathematical Society.

Aubin, David, Pestre, Dominique, Damme, Stéphane van, Raj, Kapil, Sibum, H. Otto & Bonneuil, Christophe (2015). L'observatoire. Régimes de spatialité et délocalisation du savoir. Dans *Histoire des sciences et des savoirs*, t. 2 : Kapil Raj H. & Otto Sibum (dir.), Modernité et globalisation, édité par D. Pestre, Paris : Éditions du Seuil, 55–71.

Aubry, Auguste (1911). Les principes de la géométrie des quinconces. *L'Enseignement mathématique*, *13*, 187–203.

Aubry, Auguste (1926). Les magiques pairs. *Sphinx-Œdipe*, *21* (6–7), (6)81–88 ; (7)97–101.

Austin, Ch. M. (1921). The National Council of Teachers of Mathematics. *The Mathematics Teacher*, *14*, 1–4.

Auvinet, Jérôme (2011). *Charles-Ange Laisant. Itinéraires et engagements d'un mathématicien, d'un siècle à l'autre (1841-1920)*. Thèse de doctorat, Université de Nantes.

Auvinet, Jérôme (2016). Récréations mathématiques, géométrie de situation... De nouveaux outils pour enseigner les mathématiques à la fin du XIXe siècle. Dans *International Study Group on the Relations between the History and Pedagogy of Mathematics. Proceedings of the 2016 HPM Conference*, édité par L. Radford, F. Furinghetti & Th. Hausberger, Montpellier : IREM de Montpellier, 263–276.

Baba, Takuya, Iwasaki, Hideki, Ueda, Atsumi & Date, Fumiharu (2012). Values in Japanese mathematics education: their historical development. *ZDM: The International Journal on Mathematics Education*, *44* (1), 21–32.

Badin, Adolphe (1845-1846). De l'emploi du temps et de la distribution des exercices dans une école primaire. *Manuel général de l'instruction primaire*, *5(11); 6(1); 6(4); 6(7); 6(9)*, 292–295 ; 8–13 ; 94–99 ; 179–183 ; 226–232.

Bailey, Isabel (1991). *Pishey Thompson, Man of Two Worlds, The History of Boston Project.* Boston : Lincolnshire.

Baldini, Ugo (1998). Frisi Paolo. *Dizionario Biografico degli Italiani*, *50*.

Ball, Walter William Rouse (1907-1909). *Récréations mathématiques et problèmes des temps anciens et modernes*. Paris : Hermann, 2e éd. Traduite d'après la 4e édition anglaise et enrichie de nombreuses additions par J. Fitz-Patrick, A. Aubry et R. Margossian. 3 vol.

Baltzer, Richard (1857). *Theorie und Anwendung der Determinanten.* Leipzig : Hirzel.

Baltzer, Richard (1861). *Théorie et applications des déterminants.* Paris : Mallet-Bachelier. Trad. fr. par J. Hoüel.

Banks, David (2009). Creating a specialized discourse: The case of the *Philosophical Transactions. ASp*, *56*, 29–44.

Barany, Michael J. (2020). Abstract relations: bibliography and the infra-structures of modern mathematics. *Synthese*, *198* (26), 6277–6290.

Barata, Mário (1973). *Escola Politécnica do Largo de São Francisco: Berço da engenharia brasileira.* Rio de Janeiro : Associação dos Antigos Alunos da Politécnica & Clube de Engenharia.

Barbin, Évelyne (2019). Harold Tarry, un polygraphe en Algérie : météorologie, astronomie, archéologie et récréations mathématiques. *Bulletin de la SABIX*, *64 (Polytechniciens en Algérie au XIXe siècle)*, 73–92.

Barbin, Évelyne, Goldstein, Catherine, Moyon, Marc, Schwer, Sylviane & Vinatier, Stéphane (éds.) (2017). *Les Travaux combinatoires en France (1870-1914) et leur actualité : Un hommage à Henri Delannoy*. Limoges : Presses universitaires de Limoges.

Barbin, Évelyne & Marec, Yann (1987). Les recherches sur la probabilité des jugements de Siméon Denis Poisson. *Histoire et Mesure, 2* (2), 39–58.

Barlow, Peter (1814). A new method of approximation towards the roots of equationsof all dimensions. *New Series of the Mathematical Repository, 3*, 67–71.

Barlow, Peter (1819). On the summation of series which are expressible by a general term. *New Series of the Mathematical Repository, 3*, 67–71.

Baron, George (1804). Title page. *The Mathematical Correspondent, 1*, 1.

Barrera, Caroline (2020). L'offre locale d'enseignement au prisme des sociétés savantes : le cas de Toulouse (1793-1870). Dans *L'Offre locale d'enseignement scientifique et technique. Approches disciplinaires (XVIIIe–XXe siècle)*, édité par R. d'Enfert & V. Fonteneau, Nancy : Presses universitaires de Nancy–Éditions universitaires de Lorraine, 29–49.

Barrow-Green, June (1994). Oscar II's Prize Competition and the error in Poincaré's memoir on the three body problem. *Archive for History of Exact Sciences, 48*, 107–131.

Barrow-Green, June (2002). Gösta Mittag-Leffler and the foundation and administration of *Acta Mathematica*. (Parshall & Rice 2002, 138–164).

Barsanti, Danilo (1974). Il *Giornale dei Letterati* in Firenze e Pisa (1742-1762). *Ricerche Storiche, 4*, 297–325.

Bartoccini, Fiorella & Verdini, Silvana (1952). *Sui Congressi degli scienziati*. Rome : Ed. dell'Ateneo.

Bassi, Romana (2021). Émilie du Chatelet and Antonio Conti. The Italian translation of the "Institutions physiques". Dans *Époque Émilienne. Philosophy and Science in the Age of Émilie du Châtelet (1706-1749)*, édité par R. E. Hagengruber, Bâle : Springer, 327–347.

Bastien, Louis (1912). Quelques notes sur la congruence $a^x \equiv 5$. *Sphinx-Œdipe, 7* (1), 4–6.

Batterson, Steve (2017). *American Mathematics 1890-1913: Catching up to Europe*. Washington : AMS/MAA Press.

Baumgartner, Andreas & Ettinghausen, Andreas von (1826). Vorrede. *Journal für Physik und Mathematik, 1*, 1–4.

Bayertz, Kurt, Gerhard, Myriam & Jaeschke, Walter (2007). *Weltanschauung, Philosophie und Naturwissenschaft im 19. Jahrhundert, Der Materialimus-Streit*. Hambourg : Felix Meiner.

Beaurepaire, Pierre-Yves (2013). L'Europe des Lumières : un espace de circulations et d'échanges. Dans *L'Europe des Lumières*, édité par P.-Y. Beaurepaire, Paris : Presses universitaires de France, 43–82.

Beaurepaire, Pierre-Yves (2014). *La Communication en Europe. De l'Âge classique au siècle des Lumières*. Paris : Belin.

Beckers, Danny (2003). *"Het despotisme der Mathesis." Opkomst van de propedeutische functie van de wiskunde in Nederland, 1750 -1850*. Hilversum : Verloren.

Bečvàřovà, Martina (2019). Seligmann Kantor ze Soběddruh–osudem zkoušený matematik. *Pokroky matematiky, fyziky a astronomie*, *64* (1), 29–54.

Beeley, Philip & Hollings, Christopher D. (éds.) (2023). *Beyond the Learned Academy : The Practice of Mathematics, 1600-1850*. Oxford : Oxford University Press.

Béguet, Bruno (1990). *La Science pour tous. Sur la vulgarisation scientifique en France de 1850 à 1914*. Paris : Bibliothèque du CNAM.

Belhoste, Bruno (1990). L'enseignement secondaire français et les sciences au début du XXe siècle. La réforme de 1902 des plans d'étude et des programmes. *Revue d'histoire des sciences*, *43* (4), 371–400.

Belhoste, Bruno (1998). Pour une réévaluation du rôle de l'enseignement dans l'histoire des mathématiques. *Revue d'histoire des mathématiques*, *4* (2), 289–304.

Belhoste, Bruno (2001). La préparation aux grandes écoles scientifiques au XXe siècle : établissements publics et institutions privées. *Histoire de l'éducation*, *90*, 101–130.

Belhoste, Bruno (2002). Anatomie d'un concours. L'organisation de l'examen d'admission à l'École polytechnique de la Révolution à nos jours. *Histoire de l'éducation*, *94*, 141–175.

Belhoste, Bruno (2003). *La Formation d'une technocratie. L'École polytechnique et ses élèves de la Révolution au Second Empire*. Paris : Bellin.

Belhoste, Bruno (2006). Arago, les journalistes et l'Académie des sciences dans les années 1830. Dans *La France des années 1830 et l'esprit de réforme*, édité par P. Harismendy, Rennes : Presses universitaires de Rennes, 253–266.

Beltrami, Eugenio (1869). Essai d'interprétation de la géométrie non-euclidienne. *Annales scientifiques de l'École normale supérieure*, *4*, 251–288. Traduit de l'italien par J. Houël.

Ben-David, Joseph (1971). *The Scientist's Role in Society. A comparative study*. Chicago : University of Chicago Press.

Bennett, Jim (1995). *The Measurers. A Flemish Image of Mathematics in the Sixteenth Century*. Oxford : Museum of the History of Science.

Bensaude-Vincent, Bernadette (2010). Splendeur et décadence de la vulgarisation scientifique. *Questions de communication*, *17* (17), 19–32.

Bensaude-Vincent, Bernadette & Rasmussen, Anne (1997). *La Science populaire dans la presse et l'édition, XIXe et XXe siècles*. Paris : CNRS Éditions.

Benvenuto, Edoardo (1991). *An Introduction to the History of Structural Mechanics*, t. II : Vaulted Structures and Elastic Systems. New York : Springer.

Berger, Bonaventure, Brouard, Eugène, Defodon, Charles & Demkès, Auguste (1875). *Manuel d'examen pour le brevet de capacité de l'enseignement primaire. Partie obligatoire*. Paris : Hachette.

Berger, Charles-Hippolyte (1864). Études sur la théorie des quantités imaginaires. *Mémoires de la section des sciences de l'Académie des sciences et lettres de Montpellier*, 6, 1–36.

Bergmann, Ludwig (1926). *Nomographische Tafeln für den Gebrauch in der Radiotechnik*. Berlin : Springer.

Bernard, Alain (2022). Les éléments de géométrie de Clairaut : rupture ou héritage. *Philosophia Scientiæ*, 26 (2), 19–66. Éd. par C. Ehrhardt, O. Bruneau et R. d'Enfert.

Bertin, Émile (1869a). Complément à l'étude sur la houle et le roulis. *Mémoires de la Société nationale des sciences naturelles et mathématiques de Cherbourg*, 313–355.

Bertin, Émile (1869b). Étude sur la houle et le roulis. *Mémoires de la Société nationale des sciences naturelles et mathématiques de Cherbourg*, 5–44.

Bertin, Émile (1872). Données théoriques et expérimentales sur les vagues et le roulis. *Mémoires de la Société nationale des sciences naturelles et mathématiques de Cherbourg*, 209–352.

Bertin, Émile (1873). Données théoriques et expérimentales sur les vagues et le roulis (suite). Note sur les vagues, de hauteur et de vitesse variables. *Mémoires de la Société nationale des sciences naturelles et mathématiques de Cherbourg*, 1–128.

Bertin, Émile (1874). Sur les premiers relevés de vagues et de roulis faits avec l'oscillographie double. *Mémoires de la Société nationale des sciences naturelles et mathématiques de Cherbourg*, 317–318.

Bertin, Émile (1879). Données théoriques et expérimentales sur les vagues et le roulis (Suite). *Mémoires de la Société nationale des sciences naturelles et mathématiques de Cherbourg*, 161–227.

Bertin, Émile (1895). Amplitude du roulis sur houle non synchrone. *Mémoires de la Société nationale des sciences naturelles et mathématiques de Cherbourg*, 1–54.

Bertin, Émile (1897). Position d'équilibre des navires sur la houle. *Mémoires de la Société nationale des sciences naturelles et mathématiques de Cherbourg*, 1–64.

Berwald, L. (1933). Über einige mit dem Satz von Kakeya verwandte Sätze. *Mathematische Zeitschrift*, 37 (1), 61–76.

Besse, Jean-Marc (2010). Approches spatiales dans l'histoire des sciences et des arts. *L'Espace géographique*, *39* (3), 211–224.

Besse, Jean-Marc, Clerc, Pascal, Feuerhahn, Wolf & Orain, Olivier (2017). Qu'est-ce que le « spatial turn » ?. *Revue d'histoire des sciences humaines*, *30*, 207–238.

Bessel, Friedrich Wilhelm, Hagen, Karl Gottfried, Remer, Wilhelm, Schweiger, August Friedrich & Wrede, Erhard Georg Friedrich (1812). *Königsberger Archiv für Naturwissenschaft und Mathematik*. Königsberg : Nicolovius.

Bessone, Tania Maria Tavares (2014). *Palácios de destinos cruzados. Bibliotecas, homens e livros no Rio de Janeiro, 1870-1920*. 2, São Paulo : EDUSP.

Beugnot, Auguste Arthur (1849). Rapport et projet de loi sur l'instruction publique présenté à l'Assemblée législative par M. Beugnot, au nom de la commission chargée d'examiner le projet de loi déposé le 18 juin 1849. Dans *La Législation de l'instruction primaire en France depuis 1789 jusqu'à nos jours*, édité par O. Gréard, Paris : Delalain, 192–240.

Bézout, Étienne (1821). *Traité d'arithmétique*. Paris : Courcier, 9e éd. 1821, avec notes et tables de logarithmes de A. A. L. Reynaud.

Biadego, Giovanni Battista (1876). Intorno alla vita ed agli scritti di Gianfrancesco Malfatti matematico del secolo XVIII. *Bullettino di Bibliografia e Storia delle Scienze Matematiche e Fisiche*, *IX*, 362–480.

Biard, Agnès, Bourel, Dominique & Brian, Éric (éds.) (1997). *Henri Berr et la culture du XXe siècle*. Paris : Albin Michel.

Bidwell, John (2019). *Paper and Type: Bibliographical Essays*. Charlottesville : Bibliographical Society of the University of Virginia.

Bieberbach, Ludwig (1930). Jahrbuch über die Fortschritte der Mathematik. *Sitzungsberichte der Preußischen Akademie der Wissenschaften, 23. Januar*, XXX–XXXIV. Reprinted in (Siegmund-Schultze 1993, 212–214).

Bienvenu, Alexis (2002). Helmholtz, critique de la géométrie kantienne. *Revue de métaphysique et de morale*, *3*, 391–410.

Bierens de Haan, David (1883). *Bibliographie néerlandaise historique scientifique*. Rome : Impr. des Sciences mathématiques et physiques. Nieuwkoop : B. de Graaf, 1965.

Biermann, Kurt-Reinhard (1959). Über die Förderung deutscher Mathematiker durch Alexander von Humboldt. Dans *Alexander von Humboldt. Gedenkschrift zur 100. Wiederkehr seines Todestages*, Berlin : Akademie Verlag, 83–159.

Billoux, Claudine (1985). La correspondance mathématique de C. Jordan dans les archives de l'École polytechnique. *Historia Mathematica*, *12*, 80–88.

Black, A. G. & Howson, M. P. (1979). A source of much rational entertainment. *Mathematical Gazette*, *63* (424), 90–98.

Blagden, Cyprian (1961). Thomas Carnan and the Almanack Monopoly. *Studies in Bibliography*, *14*, 23–43.

Blanchard, Émile (1878). Compte rendu des communications faites à la section des sciences. *Revue des sociétés savantes. Sciences mathématiques, physiques et naturelles*, *1* (3e série), 177–179.

Blanckaert, Claude (2006). La discipline en perspective. le système des sciences à l'heure du spécialisme (XIXe-XXe siècle). Dans *Qu'est-ce qu'une discipline ?*, édité par J. Boutier, J.-C. Passeron & J. Revel, Paris : Éditions de l'École des hautes études en sciences sociales, 117–148.

Blaschke, Wilhelm (1933). *Wissenschaftspflege im Ausland*. Leipzig : Teubner.

B.N. (1892). Avis. *Revue de mathématiques spéciales*, *2* (6), 284.

Boase, Frederic (éd.) (1965). *Modern English Biography*, Londres : Frank Cass & Co. Ltd.

Boase, George Clement & Rice, Adrian (2004). Davies, Thomas Stephens. Dans *Oxford Dictionary of National Biography*, Oxford : Oxford University Press.

Boatti, Giorgio (2017). *Preferirei di no. Le storie di dodici professori che si opposero a Mussolini*. Turin : Einaudi.

Bois, Pierre-Antoine & Verdier, Norbert (2009). *Joseph Boussinesq (1842-1929) : de Gap à Lille ou de l'élève au savant mécanicien*. Lille : CNRIUT.

Boistel, Guy (2010). *L'Observatoire de la Marine et du Bureau des longitudes au parc Montsouris, 1875-1914*. Paris : Edite/IMCCE.

Boistel, Guy (2014). Un bréviaire pour les astronomes et les marins : la *Connaissance des temps* et les calculateurs du Bureau des longitudes de Lalande à Lœwy, 1772-1907. *Archives internationales d'histoire des sciences*, *64* (172–173), 449–466.

Boistel, Guy (2016). From Lacaille to Lalande: French work on Lunar distances, Nautical Ephemerides and Lunar Tables. Dans *Navigational Enterprises in Europe and its Empires, 1750-1850*, édité par R. Dunn & R. Higgitt, Basingstoke : Palgrave/MacMillan, Cambridge Imperial and Post-Colonial Studies Series, 47–64.

Boistel, Guy (2018). La propriété intellectuelle des calculs astronomiques en question. Une affaire de contrefaçon d'éphémérides nautiques et astronomiques à Saint-Brieuc et son influence sur la *Connaissance des temps*, publication phare du Bureau des longitudes (1870-1887). (Jovanovic et al. 2018*b*, 81–98).

Boistel, Guy (2022). *« Pour la Gloire de M. de la Lande ». Une histoire matérielle, scientifique, institutionnelle et humaine de la Connaissance des temps, de 1679 à 1920*. Paris : IMCCE.

Bolyai, Jean (1868). *La Science absolue de l'espace, etc*. Paris : Gauthier-Villars. Traduit par J. Houël.

Bompiani, Enrico (1939). Un'esposizione elementare della teoria delle coniche. *Bollettino della Unione Matematica Italiana*, 2 (1), 60–72.

Bompiani, Enrico (1940). Secondo Congresso dell'Unione Matematica Italiana. *Annali della Università d'Italia*, *I.4* (XVIII), 417–423.

Bonola, Roberto (1906). *La geometria non euclidea. Esposizione storico critica del suo sviluppo*. Bologna : Zanichelli.

Borel, Émile (1900). L'antinomie du transfini. *Revue philosophique de la France et de l'étranger*, *49*, 378–383.

Borel, Émile (1901). L'antinomie du transfini : réponse à MM. Évellin et Z... *Revue philosophique de la France et de l'étranger*, *51*, 525–526.

Borel, Émile (1907). La logique et l'intuition en mathématiques. *Revue de métaphysique et de morale*, *15* (3), 273–283.

Borel, Émile (1910). La mécanique rationnelle et les physiciens. *La Revue du mois*, juillet, 414–423.

Borel, Émile (1914). L'infini mathématique et la réalité. *La Revue du mois*, juillet, 71–84.

Borel, Émile (1924). À propos d'un traité de probabilités. *Revue philosophique de la France et de l'étranger*, *98*, 321–336.

Borgato, Maria Teresa (1988). Corrispondenza di Alfonso Bonfioli Malvezzi con Gianfrancesco Malfatti: la curva cassiniana. *Annali dell'università di Ferrara, sez. III, vol. II* (Alfonso Bonfioli Malvezzi Viaggio in Europa e altri scritti), 179–201.

Borgnet, Amand (1860). Séance du 28 juillet 1860. *Annales de la Société des sciences, arts et belles-lettres de Tours*, *39*.

Borowczyk, Jacques (2010). La passion des sciences en Touraine au XIXe siècle. *Mémoires de l'Académie des sciences, arts et belles-lettres de Touraine*, *XXIII*, 125–152.

Borrelli, Antonio (2005). Editoria e cultura scientifica a Napoli nell'Ottocento. *Rara volumina. Rivista di studi sull'editoria di pregio e il libro illustrato*, *1-2*, 57–95.

Bortolotti, Enea (1953). *Ulisse Dini Opere*, Rome : UMI, t. 1, chap. La produzione del Dini nei campi della geometria differenziale.

Bortolotti, Ettore (1925). L'algebra nella scuola matematica bolognese del secolo XVI. *Periodico di Matematiche*, *4* (5), 147–192.

Bortolotti, Ettore & Sansone, Giovanni (1939). La matematica nelle Scuole medie. Programmi e testi – Preparazione degli insegnanti. *Bollettino della Unione Matematica Italiana*, *2* (1), 173–186.

Bos, Henk (1998). La structure de la *Géométrie* de Descartes. *Revue d'histoire des sciences*, *51* (2–3), 291–318.

Bots, Hans (2006). De internationale kring van correspondenten van Jacques Bernard en de *Nouvelles de la République des Lettres* [1699-1710]. Dans *Periodieken en hun kringen. Een verkenning van tijdschriften en netwerken in de laatste drie eeuwen*, édité par H. Bots & S. Levie, Nijmegen : Vantilt, 19–41.

Bots, Hans (2018). *De Republiek der Letteren, De Europese intellectuele wereld 1500-1760*. Nijmegen : Vantilt.

Bots, Hans & de Vet, Jan (2002). *Stratégies journalistiques de l'Ancien Régime*. Utrecht : Holland University Press.

Bottazzini, Umberto (1983). La matematica e le sue "utili applicazioni" nei congressi degli scienziati italiani 1839-1847. Dans *I congressi degli scienziati italiani nell'età del positivismo*, édité par G. Pancaldi, Bologna : Editrice CLUEB, 11–68.

Bottazzini, Umberto (1998). Francesco Brioschi e la cultura scientifica nell'Italia post-unitaria. *Bollettino della Unione Matematica Italiana*, *1-A* (8), 59–78.

Bottazzini, Umberto (2010). La Scuola matematica pisana (1860-1960). *Annali di storia delle università italiane*, *14*, 181–192.

Bouasse, Henri (1901). De l'éducation scientifique des « philosophes ». *Revue de métaphysique et de morale*, *9* (1), 32–52.

Boucard, Jenny (2020*a*). Number theory in the *Nouvelles annales de mathématiques* (1842-1927): A case study about mathematical journals for teachers and students. *Revue d'histoire des mathématiques*, *26* (1), 3–72.

Boucard, Jenny (2020*b*). Une étude de cas sur les journaux mathématiques pour enseignants et élèves : la théorie des nombres dans les *Nouvelles annales de mathématiques* (1842-1927). *Revue d'histoire des mathématiques*, *26* (1), 3–72.

Boucard, Jenny & Eckes, Christophe (2021). Trois études de cas autour du motif de la ligne brisée dans les sciences mathématiques. Dans *Penser la ligne brisée*, édité par A. Chassagnol, C. Joseph & A.-A. Kekeh-Dika, Paris : Épistémocritique, 19–46.

Boucard, Jenny & Goldstein, Catherine (2023). Petites mathématiques et grandes espérances. Dans *Arranger, disposer, combiner : théories de l'ordre dans les sciences, les arts d'ornement et la philosophie (1770-1910)*, édité par C. Eckes & J. Boucard, Paris : Hermann, 235–283.

Boucard, Jenny & Tirard, Stéphane (2020). Introduction – Les *Cahiers François Viète*, acteur et témoin de vingt années d'évolution de l'histoire des sciences et des techniques. *Cahiers François Viète*, *III-9*, 17–36.

Boucard, Jenny & Verdier, Norbert (2015). Circulations mathématiques et congruences dans les périodiques de la première moitié du XIXe siècle. 57–78. (Nabonnand *et al.* 2015, 57–78).

Boucher, Auguste (1858). Nouvelle théorie des parallèles. *Mémoires de la Société académique de Maine-et-Loire*, *4*, 162–176.

Bouchet, Émile (1899). Les sociétés savantes de province. *Mémoires de la Société dunkerquoise pour l'encouragement des sciences, des lettres et des arts*, *32*, 299–354.

Bougueret, Ambroise (1877). Éléments de géométrie descriptive. *Manuel général de l'instruction primaire*, *13* (3), 29–32. Supp. n° 2. Partie technique.

Bougueret, Ambroise (1878). Questions d'algèbre. Solution graphique des équations du premier degré à deux inconnues. *Manuel général de l'instruction primaire*, *14* (29), 235–237. Supp. n° 15. Partie technique.

Bouligand, G. (1924). *Leçons de géométrie vectorielle : préliminaires à l'étude de la théorie d'Einstein*. Paris : Vuibert.

Bourdeau, Michel (2009). L'infini nouveau autour de 1900. Dans *Science, histoire et philosophie selon Gaston Milhaud : la constitution d'un champ disciplinaire sous la troisième République*, édité par A. Brenner & A. Petit, Paris : Vuibert, 207–218.

Bourdieu, P. (2002). Les conditions sociales de la circulation internationale des idées. *Actes de la recherche en sciences sociales*, *5*, 3–2.

Bourgeois, Bernard (2004). La société des philosophes en France en 1900. Dans *Le Moment 1900 en philosophie*, édité par Fr. Worms, Villeneuve d'Ascq : PUS, 63–82.

Bourget, Justin (1871). Théorie mathématique des machines à air chaud. *Journal de mathématiques pures et appliquées*, *16* (2ᵉ série), 31–124.

Bourlet, Carlo (1907). L'enseignement de la géométrie. *Bulletin de la Société française de philosophie*, *7*, 225–261.

Boussinesq, Joseph (1879). Conciliation du véritable déterminisme mécanique avec l'existence de la vie et de la liberté morale. *Mémoires de la Société des sciences, de l'agriculture et des arts de Lille*, *6* (4ᵉ série), 1–141 ; 248–251.

Boutier, Jean (2003). Giovanni Lami accademico. Échanges et réseaux intellectuels dans l'Italie du XVIIᵉ siècle. Dans *Religione, cultura e politica nell'Europa dell'età moderna. Studi offerti a Mario Rosa dagli amici*, édité par C. Ossola, M. Verga & M. A. Visceglia, Florence : Olschki, 547–558.

Boutier, Jean, Passeron, Jean-Claude & Revel, Jacques (éds.) (2006). *Qu'est-ce qu'une discipline ?* Paris : Éditions de l'École des hautes études en sciences sociales.

Boyer, Christian (2005). Diophante retrouvée. *Les Génies de la science*, *25*, 16–19.

Boyer, Christian (2006). Les ancêtres français du sudoku. *Pour la science*, *344*, 8–11.

Boyer, Jacques (1894). Le mathématicien franc-comtois François-Joseph Servois. *Mémoires de la Société d'émulation du Doubs*, *9* (6ᵉ série), 305–328.

Brake, Laurel & Demoore, Marysa (éds.) (2009). *Dictionary of Nineteenth-Century Journalism in Great Britain and Ireland*. Gand ; Londres : Academia Press.

Brandes, Helga (2005). The literary marketplace and the journal, medium of enlightenment. Dans *German Literature of the Eighteenth Century: The Enlightenment and Sensibility*, édité par B. Becker-Cantarino, Rochester : Camden House, 79–104.

Brasseur, Roland (2013). Les classes de mathématiques spéciales en 1880. *Bulletin de l'Union des professeurs de spéciales*, *43-55*, 101–130.

Brasseur, Roland (2017). Boucher, Auguste. 1819-1904. (Brasseur 2022a).

Brasseur, Roland (2022a). *Dictionnaire des professeurs de mathématiques spéciales*. [En ligne] https://sites.google.com/site/rolandbrasseur/5-dictionnaire-des-professeurs-de-mathématiques-spéciales.

Brasseur, Roland (2022b). Saint-Loup Louis 1831-1913. (Brasseur 2022a).

Braverman, Charles & Greber, Jules-Henri (2023). P. Tannery : le lien entre les mathématiques et la *Revue philosophique*. *Revue d'histoire des mathématiques*, *28*, 117–146.

Brechenmacher, Frédéric (2007). La controverse de 1874 entre Camille Jordan et Leopold Kronecker. *Revue d'histoire des mathématiques*, *13*, 187–257.

Brechenmacher, Frédéric (2011). Self-portraits with Évariste Galois (and the shadow of Camille Jordan). *Revue d'histoire des mathématiques*, *17* (fasc. 2), 271–369.

Brechenmacher, Frédéric (2015). Récits de mathématiques : Galois et ses publics. Dans *Belles lettres, sciences et littérature*, t. 15, édité par A.-G. Weber, Epistémocritique, 135–161.

Brechenmacher, Frédéric (2016). The 27 Italies of Camille Jordan. Dans *Images of Italian Mathematics in France*, édité par Fr. Brechenmacher, G. Jouve, L. Mazliak & R. Tazzioli, Cham : Springer, 45–91.

Brechenmacher, Frédéric (2022). Knowing by drawing: Geometric material models in 19th century France. Dans *Model and Mathematics: From the 19th to the 21st Century*, édité par M. Friedman & K. Krauthausen, Cham : Springer, 53–143.

Breithaupt, Henrich Carl Wilhelm (1803). *Sammlung der neuesten und vorzüglichsten mathematischen Instrumenten und Maschinen mit ihren Gebrauch*. Cassel : Griesbach.

Brémond, François de (1739). *Table des mémoires imprimés dans les Transactions philosophiques de la Société royale de Londres. Depuis 1665 jusques en 1735*. Paris : Piget.

Brenner, Anastasios (2014). La réception du logicisme en France en réaction à la controverse Poincaré-Rusell. *Revue d'histoire des sciences*, *67*, 231–255.

Bret, Patrice, Chatzis, Konstantinos & Perez, Liliane (2008). *La Presse et les périodiques techniques en Europe, 1750–1950*. Paris : L'Harmattan.

Breton, Philippe (1887). Projet d'exercices graphiques des courbes diagonales. *Bulletin de la société de statistique, des sciences naturelles et des arts industriels du département de l'Isère*, *14* (3ᵉ série), 28–85.

Breton, Philippe (1892). Description du perspecteur-calqueur. *Bulletin de la Société de statistique, des sciences naturelles et des arts industriels du département de l'Isère*, *1* (4ᵉ série), 659–662.

Brezinski, Claude & Tournès, Dominique (2014). *André-Louis Cholesky: Mathematician, Topographer and Army Officer*, Cham : Springer, chap. An unpublished book by Cholesky. 153–195.

Bricard, Raoul (1922). Nécrologie de Henri Brocard. *Nouvelles annales de mathématiques, 5ᵉ série, t. 1*, 357–358.

Brierley, Morgan (1879). Lancashire mathematicians. *Papers of the Manchester Literay Club*, *4*, 7–30.

Brigaglia, Aldo (2002). The first international mathematical community: The Circolo Matematico di Palermo. (Parshall & Rice 2002, 179–200).

Brigaglia, Aldo & Masotto, Guido (1982). *Il Circolo Matematico di Palermo*. Bari : Dedalo.

Brigaglia, Aldo & Scimone, Aldo (1998). Algebra e teoria dei numeri. Dans *La matematica italiana dopo l'unità. Gli anni tra le due guerre mondiali*, édité par S. Di Sieno, A. Guerraggio & P. Nastasi, Milan : Marcos y Marcos, 505–567.

Brigham, Clarence S. (1925). Report of the librarian. Dans *Proceedings of the American Antiquarian Society*, 190–209.

Brocard, Henri (1876). Compte rendu bibliographique de Kepleri (J.) *Astronomi Opera omnia*, édité par Dr Chr. Frisch, Stuttgart. *Bulletin des sciences mathématiques et astronomiques, 2ᵉ série, t. XI*, 49–74.

Brocard, Henri (1877). Propriétés du triangle. *Nouvelle Correspondance mathématique*, *III*, 65–69, 106–110, 187–192.

Brocard, Henri (1878a). Compte rendu bibliographique de Johannis Kepleri *Astronomi Opera omnia* 1858-1871 publiées par le Dr Ch. Frisch. *Nouvelles annales de mathématiques, 2ᵉ série, tome 17*, 34–39.

Brocard, Henri (1878b). Compte rendu bibliographique de *Lehrbuch der Determinanten-Theorie für Studierende*, Erlangen, 1877 de S. Günther. *Nouvelle Correspondance mathématique*, *IV*, 16–22.

Brocard, Henri (1879). Une page de Kepler. *Nouvelle Correspondance mathématique*, *5*, 239–240.

Brocard, Henri (1883). Compte rendu de l'*Introduction à la théorie des déterminants* de Mansion. *Nouvelles annales de mathématiques, 3ᵉ série, t. II*, 95–96.

Brocard, Henri (1895). *Notice sur les titres et travaux scientifiques*. Bar-le-Duc : Imprimerie Comte-Jacquet.

Brocard, Henri (1906). La bibliographie de la géométrie du triangle. *Compte rendu des séances des sessions de l'A.F.A.S. (Lyon), XXXV*, 53–66.

Brockhaus, Friedrich Arnold (1896). *Brockhaus' Konversationslexikon*. Leipzig : Brockhaus, 14ᵉ éd.

Brognoli, Antonio (1785). *Elogi di Bresciani per dottrina eccellenti del secolo XVIII*. Brescia : Vescovi.

Bru, Bernard (2003). Souvenirs de Bologne. *Journal de la Société française de statistique, 144*, 135–226.

Bru, Bernard & Martin, Thierry (2005). Le Baron de Férussac. La couleur de la statistique et la topologie des sciences. *Journal électronique d'Histoire des Probabilités et de la Statistique, 1* (2), 1–2.

Brubacher, John S. & Rudy, Willis (1968). *Higher Education in Transition, A History of American Colleges and Universities, 1636-1968*. New York : Harper & Row. 1968.

Bruce, Melody (2015). Analyzing Melatiah Nash and *The Ladies and Gentlemen's Diary*. *International Journal of Undergraduate Research and Creative Activities, 7* (2), 1–7.

Brucker, Johann Jacob (1766). *Pinacotheca scriptorum nostra aetate literis illustrivm, exhibens auctorum eruditionis laude scriptisque celeberrimorum, qui hodie vivunt : imagines et elogia*, Augustae Vindelicorum [Augsburg] : Apud Jo. Jac. Haidium, chap. Aemilia Breteuilia coniux Marchionis du Chatellet.

Bruhns, Karl Christian (1876). Brandes, Heinrich Wilhelm. (ADB 1875–, vol. 3, 242–243).

Bruneau, Olivier (2015). La géométrie en Grande-Bretagne 1750-1830. Dans *Sciences mathématiques 1750-1850 : continuités et ruptures*, édité par Ch. Gilain & A. Guilbaud, Paris : CNRS Éditions, 403–440.

Bruneau, Olivier (2020). The teaching of mathematics at the Royal Military Academy: evolution in continuity. *Philosophia Scientiæ, 24* (1), 137–158. Éd. par M. Blanco et O. Bruneau.

Bruneau, Olivier & Rollet, Laurent (2017). *Mathématiques et mathématiciens à Metz (1750-1870). Dynamiques de recherche et d'enseignement dans un espace local*. PUN – Éditions universitaires de Lorraine.

Budnik, Clarisse (2018). Plaisir et récréations mathématiques en France au XVIIᵉ siècle. *Hypothèses, 2018* (1), 57–67.

Bulliot, Jean (1910). Pour lire M. Poincaré. *Revue de philosophie*, *8*, 233–254.

Bullynck, Maarten (2014). From exploration to theory-driven tables (and back again). A history of tables in number theory.

Bullynck, Martin (2013). Stages towards a German mathematical journal (1750-1800). (Peiffer et al. 2013b, 237–251).

Burat, Émile (1864a). Exercices divers à l'usage des classes. Problèmes spéciaux. *Petit manuel de l'instruction primaire*, *9*, 237–245.

Burat, Émile (1864b). Problème d'arpentage. *Manuel général de l'instruction primaire*, *1* (7), 52–53. Partie spéciale pour les instituteurs.

Burat, Émile (1874). *Cours d'arithmétique élémentaire, à l'usage des écoles primaires et des classes de grammaire des lycées et collèges*. Paris : Belin.

Burat, Émile (1875a). Avis. *Manuel général de l'instruction primaire*, *11* (17), 130–131. Partie scolaire.

Burat, Émile (1875b). Correspondance. *Manuel général de l'instruction primaire*, *11* (17), 131–132.

Burat, Émile (1878). Notions sur le calcul des probabilités. *Manuel général de l'instruction primaire*, *14* (25), 203. Supp. n° 13. Partie technique.

Burat, Émile (1879). Éléments d'algèbre. *Manuel général de l'instruction primaire*, *15* (2), 9–12. Supp. n° 1.

Burke, Colin B. (1982). *American Collegiate Populations: A Test of the Traditional View*. New York : New York University Press.

Burot, Annabelle (2016). *Conception et diffusion des machines arithmétiques en France entre 1870 et 1914*. Mémoire de master, Université de Nantes.

Burton, David M. & Van Osdol, Donovan H. (1995). Toward the definition of an abstract ring. Dans *Learn from the Masters, Classroom Resource Materials*, édité par Frank Swetz, John Fauvel, Bengt Johannson, Victor Katz & Otto Bekken, Washington, DC : The Mathematical Association of America, 241–251.

Büsch, Johann Georg (1773). *Versuch einer Mathematik zum Nutzen und Vergnügen des bürgerlichen Lebens*. Hambourg : s. n.

Büsch, Johann Georg (1795). *Encyklopädie der mathematischen Wissenschaften*. Hambourg : Benjamin Gottlieb Hoffmann.

Büsch, Johann Georg & Reimarius, Hermann Samuel (1775). *Encyclopädie der historischen, philosophischen und mathematischen Wissenschaften grossentheils nach dem Grundrisse des sel. Reimarus ausgearbeitet*. Hambourg : Herold.

Buursma, J. H. (1978). *Nederlandse geleerde genootschappen opgericht in de 18e eeuw*. Uithoorn : Bibliografische bijdragen.

Buzano, Piero (1939). Compte rendu de « H. Kritzinger, F. Stuhlmann, *Artillerie und Ballistik in Stichworten*, Berlin, Springer, 1939, VIII-394 ». *Bollettino della Unione Matematica Italiana*, *2* (1), 394–395.

Cajori, Florian (1890). *The teaching and history of mathematics in the United States*. Bureau of education circular of information, no. 3, Government Printing Office, Washington, D.C.

Calbérac, Yann & Ludot-Vlasak, Ronan (2018). Textualités et spatialités. Introduction. *Savoirs en Prisme*, *8*, 7–12.

Calinon, Auguste (1885). Étude critique sur la mécanique, avec figures. *Bulletin de la Société des sciences naturelles de Nancy*, *IIe série*, *7*, 87–180.

Calinon, Auguste (1887a). Étude sur la sphère, la ligne droite et le plan. *Bulletin de la Société des sciences naturelles de Nancy*, *IIe série*, *9*, 1–47.

Calinon, Auguste (1887b). Le temps et la force. *Revue philosophique de la France et de l'étranger*, *23*, 286–298.

Calinon, Auguste (1888). Les notions premières en mathématiques. *Revue philosophique de la France et de l'étranger*, *26*, 42–48.

Calinon, Auguste (1889). Étude de cinématique à deux et trois dimensions. *Bulletin de la Société des sciences naturelles de Nancy*, *IIe série*, *10*, 56–113.

Calinon, Auguste (1890). Étude de cinématique à deux et trois dimensions. *Bulletin de la Société des sciences naturelles de Nancy*, *IIe série*, *10*, 1–49.

Calinon, Auguste (1891). Les espaces géométriques. *Revue philosophique de la France et de l'étranger*, *32*, 368–375.

Calinon, Auguste (1895). La géométrie à deux dimensions des surfaces à courbure constante. *Bulletin de la Société des sciences naturelles de Nancy*, *IIe série*, *14*, 1–77.

Calinon, Auguste (1898). Sur la définition des grandeurs. *Revue philosophique de la France et de l'étranger*, *45*, 490–499.

Calinon, Auguste (1900a). Étude de géométrie numérique. *Bulletin de la Société des sciences naturelles de Nancy*, *IIIe série*, *1*, 85–116.

Calleri, Paola & Giacardi, Livia (1996). Le lettere di Giuseppe Battaglini a Jules Hoüel [1867-1878]. La diffusione delle geometrie non euclidee in Italia. Dans *Giuseppe Battaglini. Raccolta di lettere [1854-1891] di un Matematico al Tempo Risorgimentale d'Italia*, édité par M. Castellana & F. Palladino, Bari : Levante Editori, 47–160.

Cantor, Geoffrey, Dawson, Gowan, Gooday, Graeme, Noakes, Richard, Shuttleworth, Sally & Topham, Jonathan R. (2008). *Science in the Nineteenth Century Periodical: Reading the magazine of nature*. Cambridge : Cambridge University Press.

Cantor, Moritz (1879). Gruson, Johann Philipp. (ADB 1875–, vol. 10, 65–66).

Cantor, Moritz (1880). Hindenburg, Karl Friedrich von. (ADB 1875–, vol. 12, 456–457).

Cantor, Moritz (1894). Thibaut, Bernhard Friedrich. (ADB 1875–, vol. 37, 745–746).

Capecchi, Silvia (2008). *Giornali del Settecento fra Granducato e legazioni*. Atti del convegno di studi, Rome : Edizioni di storia e letteratura.

Caplat, Guy (1986). *Les Inspecteurs généraux de l'instruction publique : dictionnaire biographique 1802-1914*. Paris : CNRS/INRP.

Capra, Carlo (1976). Il giornalismo nell'età rivoluzionaria e napoleonica. Dans *La stampa italiana dal Cinquecento all'Ottocento*, édité par V. Castronovo, G. Ricuperati & C. Capra, Roma ; Bari : Laterza, 373–569.

Capra, Carlo, Castronovo, Valerio & Ricuperati, Giuseppe (1986). *La stampa italiana dal Cinquecento all'Ottocento*. Bari : Laterza, 2e éd.

Capristo, Annalisa (2002). *L'espulsione degli ebrei dalle accademie italiane*. Turin : Zamorani.

Capristo, Annalisa (2003). Tullio Levi-Civita e l'Accademia d'Italia. *Rassegna mensile di Israel*, *69* (1), 238–254.

Capristo, Annalisa (2006). L'alta cultura e l'antisemitismo fascista. Il Convegno Volta del 1939 (con un'appendice su quello del 1938). *Quaderni di storia*, *32*, 165–226.

Capristo, Annalisa (2013). Italian intellectuals and the exclusion of their Jewish colleagues. *Telos*, *164*, 63–95.

Capristo, Annalisa (2016). French mathematicians at the Bologna Congress (1928).Between participation and boycott. Dans *Images of Italian Mathematics in France*, édité par Fr. Brechenmacher, G. Jouve, L. Mazliak & R. Tazzioli, Cham : Springer, 289–309.

Carassali, Settimio (1932). Charta de labore de regno de Italia (ex Realtà). *Schola et Vita*, *7*, 346–350.

Carbone, Luciano & Enea, Maria Rosaria (2018). Alle origini del *Giornale di Matematiche* di Battaglini. Dans *Rendiconto dell'Accademia delle scienze fisiche e matematiche*, Naples : Giannini, 85, 9–35.

Carroy, Jacqueline, Feuerhahn, Wolf, Plas, Régine & Trochu, Thibault (2016). Les entreprises intellectuelles de Théodule Ribot. *Revue philosophique de la France et de l'étranger*, *141*, 451–464.

Carteron, A. (1859). *L'École normale*, journal d'éducation et d'instruction. *Journal d'éducation populaire*, *77*, 155–161.

Carvalho, José Murilo de (2002). *A Escola de Minas de Ouro Preto: O peso da glória*. Belo Horizonte : Editora UFMG, 2e éd.

Carvalho, José Murilo de (2009). *A formação das Almas*. São Paulo : Cia das Letras.

Carvalho, Maria Alice Rezende de (1998). *O quinto século. André Rebouças e a construção do Brasil*. Rio de Janeiro : Revan.

Casey, John (1888). *A Sequel to Euclid*. Dublin ; Londres : University Press ; Hodges, Figgis and Co, 5e éd.

Casey, John (1889). Géométrie élémentaire récente. *Mathesis*, *IX*, 1–70. Trad. par F. Falisse.

Casey, John (1890a). Complément de théorie des polygones harmoniques. *Mathesis*, *X*, 96–104. Trad. par F. Falisse.

Casey, John (1890b). *Géométrie élémentaire récente*. Paris ; Gand : Gauthier Villars ; Ad Hoste. Trad. par F. Falisse.

Casini, Simone (2002). I professori e lo scrittore. Il « Giornale de' Letterati » di Pisa tra riforme leopoldine e tragedie alfieriane. *Studi italiani*, *1–2*, 1–57.

Caspard, Pierre & Caspard-Karydis, Pénélope (1996). Presse pédagogique et formation continue des instituteurs. *Recherche & Formation*, *23*, 105–117.

Cassata, Francesco (2008). *La difesa della razza*. Turin : Einaudi.

Cassels, J. W. S. (1979). The Spitalfields Mathematical Society. *Bulletin of the London Mathematical Society*, *11*, 241–258.

Cassin, Barbara (éd.) (2004). *Vocabulaire européen des philosophies*. Paris : Seuil ; Le Robert.

Castellana, Mario & Palladino, Franco (éds.) (1996). *Giuseppe Battaglini. Raccolta di lettere [1854-1891] di un Matematico al Tempo Risorgimentale d'Italia*. Bari : Levante Editori.

Castelnuovo, Guido (1923). *Sopra i problemi dell'insegnamento superiore e medio a proposito delle attuali riforme*. Rome : Tipografia della R. Accademia dei Lincei.

Castelnuovo, Guido (1931). *Opere Matematiche. Memorie e note*, Accademia Nazionale dei Lincei, t. 4, chap. La scuola di Scienze statistiche e attuariali della R. Università di Roma. 32–35. 2007.

Castronovo, Valerio & Tranfaglia, Nicola (1976). *Storia della stampa italiana*, t. 4 : La stampa fascista. Bari : Laterza.

Catalan, Eugène (1877). Note de bas de page de (Kempe 1877). *Nouvelle Correspondance mathématique*, *3*, 129.

Catalan, Eugène (1879a). Note de bas de page de (Brocard 1879). *Nouvelle Correspondance mathématique*, *5*, 240.

Catalan, Eugène (1879b). Note de bas de page de (Mansion 1879). *Nouvelle Correspondance mathématique*, *5*, 51.

Catalan, Eugène (1880). Avis. *Nouvelle Correspondance mathématique*, 6, 4ᵉ de couverture.

Catalan, Eugène & Mansion, Paul (1874). Avertissement. *Nouvelle Correspondance mathématique*, *I*, 5–6.

Catania, Sebastiano (1919). Rassegna bibliografica. C. Burali-Forti, Logica Matematica..., Hoepli 1919. *Il Bollettino di Matematica*, *XVI*, 196–209.

Cattaneo, Paolo (1917a). Albo d'onore. Senigallia Ermanno. *Il Bollettino di Matematica*, *XV*, 51.

Cattaneo, Paolo (1917b). Istituto Idrografico della R. Marina, Tavole logaritmiche, Genova, 1913. *Il Bollettino di Matematica*, *XV*, 43–45.

Cattelani, Degani Franca & Perrini, Mara (1989-1990). Presenza delle scienze matematiche nel "Nuovo giornale de' letterati d'Italia". *Atti e Memorie della Accademia nazionale di scienze lettere e arti di Modena*, 7 (7), 131–159.

C.D. (Charles Defodon) (1877). Examen pour le diplôme de professeur de dessin géométrique dans les écoles de la ville de Paris. *Manuel général de l'instruction primaire*, *13* (1), 14.

Ceccarelli, Marco (2007). Giulio Mozzi (1730–1813). Dans *Distinguished Figures in Mechanism and Machine Science: Their Contributions and Legacies Part 1*, édité par Marco Ceccarelli, Dordrecht : Springer Netherlands, 279–293.

Chaline, Jean-Pierre (1998). *Sociabilité et érudition, les sociétés savantes en France : XIXe-XXe siècles*. Paris : Édition du Comité des travaux historiques et scientifiques.

Chapoulie, Jean-Michel (1989). L'enseignement primaire supérieur, de la loi Guizot aux écoles de la IIIᵉ République. *Revue d'histoire moderne et contemporaine*, *36*, 413–437.

Chapoulie, Jean-Michel (2005). L'organisation de l'enseignement primaire de la IIIᵉ République : ses origines parisiennes et provinciales, 1850-1880. *Histoire de l'éducation*, *105*, 3–44.

Chapoulie, Jean-Michel (2010). *L'École d'État conquiert la France. Deux siècles de politique scolaire*. Rennes : Presses universitaires de Rennes.

Chappey, Jean-Luc (2004). Enjeux sociaux et politiques de la « vulgarisation scientifique » en Révolution (1780-1810). *Annales historiques de la Révolution française*, *338* (4), 11–51.

Chapplain, Ludovic (1838). Projet de décentralisation littéraire et artistique. *Annales de la société royale académique de Nantes et du département de la Loire-Inférieure*, *9*, 314–331.

Charle, Christophe (1994). *La République des universitaires : 1870-1940*. Paris : Le Seuil.

Charle, Christophe (2004). *Le Siècle de la presse (1830-1939)*. Paris : Le Seuil.

Charle, Christophe (2010). Peut-on écrire une histoire de la culture européenne à l'époque contemporaine ? *Annales. Histoire, Sciences Sociales*, 65 (5), 1207–1221.

Charle, Christophe (2011). *Discordance des temps. Une brève histoire de la modernité*. Paris : Armand Colin.

Charle, Christophe & Telkès, Eva (1989). *Les Professeurs de la faculté des sciences de Paris, 1901-1939. Dictionnaire biographique*. Paris : Institut national de recherche pédagogique.

Charnitzky, Jürgen (1996). *Fascismo e scuola. La politica scolastica del regime (1922-1943)*. Firenze : La Nuova Italia.

Charon, Annie, Juratic, Sabine & Pantin, Isabelle (éds.) (2016). *L'Annonce faite au lecteur : La circulation de l'information sur les livres en Europe (16e–18e siècles)*. Louvain : Presses universitaires de Louvain.

Chartier, Roger (1990). *A história cultural. Entre práticas e representações*, Lisboa : Difel, chap. Textos, impressos, leituras. 121–139.

Chartier, Roger & Corsi, Pietro (éds.) (1996). *Sciences et langues en Europe*. Paris : Centre Alexandre Koyré.

Châtelet, Albert (1924). *Calcul Vectoriel. Théorie, application géométriques et cinématiques*. Paris : Gauthier-Villars.

Chatzis, Konstantinos (2008). Des périodiques techniques par et pour les ingénieurs. Un panorama suggestif, 1800-1914. (Bret *et al.* 2008, 115–157).

Chatzis, Konstantinos (2015). Le « monde social » polytechnicien de la première moitié du XIXe siècle et la question de la circulation des savoirs en son sein. (Nabonnand *et al.* 2015, 37–55).

Chemla, Karine (1996). Que signifie l'expression de « mathématiques européennes » vue de Chine ? Dans *L'Europe mathématique. Histoires, Mythes, Identités. Mathematical Europe. History, Myth, Identity*, édité par C. Goldstein, J. Gray & J. Ritter, Paris : Éditions de la Maison des Sciences de l'Homme, 219–245.

Chemla, Karine (2014). Explorations in the history of mathematical recreations: An introduction. *Historia Mathematica*, *41*, 367–376.

Cherubino, Salvatore (1938). Compte rendu de « V. Volterra, B. Hostinský, *Opérations différentielles linéaires. Applications aux équations différentielles et fonctionnelles*, Paris : Gauthier-Villars, (Collection Borel) 1938, p. VII–238 ». *Bollettino della Unione Matematica Italiana*, *17*, 191–198.

Chervel, André (2015). Les agrégés de l'enseignement secondaire. Répertoire 1809-1960. http://rhe.ish-lyon.cnrs.fr/?q=agregsecondaire_laureats.

Chesneaux, Jean (1976). Temps court et temps long, continuité et discontinuité. Dans *Du passé, faisons table rase ?*, Paris : La Découverte, Petite collection Maspéro, 128–137.

Chevalier, Casimir (1862). Rapport de M. l'abbé Chevalier. *Annales de la Société d'agriculture, sciences, arts et belles-lettres d'Indre-et-Loire*, *41* (2ᵉ série), 55–61.

Chevalley, Claude (1933). Sur la théorie du corps de classes dans les corps finis et les corps locaux. *Journal of the Faculty of Science, Imperial University of Tokyo. Section 1, Mathematics, astronomy, physics, chemistry*, *2*, 365–474.

Chiosso, G. (2008). La stampa scolastica e l'avvento del fascismo. *History of Education and Children's Literature*, *III* (1), 257–282.

Chiosso, Giorgio (éd.) (1997). *La stampa pedagogica e scolastica in Italia*. Brescia : Editrice La Scuola.

Church, Alonzo (1936). A bibliography of symbolic logic. *Journal of Symbolic Logic*, *1* (4), 121–216.

Cirmath (2014). Circulations des mathématiques dans et par les journaux : histoire, territoire et publics. [Online; accessed 2019-07-30].

Clairaut, Alexis (1731). *Recherches sur les courbes à double courbure*. Paris : Nyon, Didot et Quillau.

Clauzade, Laurent (2016). Grégoire Wyrouboff : Penser la Russie. Essais de sociologie positive appliquée. *Archives de philosophie*, *79* (2), 297–315.

Clos, Dominique (1860). Analyse des travaux scientifiques publiés dans le ressort de l'Académie de Toulouse par les sociétés savantes en 1858. *Revue des sociétés savantes de la France et de l'étranger*, *3* (série 2), 375–382.

Coelho, Edmundo Campos (1999). *As Profissões imperiais. Medicina, engenharia e advocacia no Rio de Janeiro, 1822-1930*. Rio de Janeiro : Editora Record.

Collison, Robert Lewis (1971). *Abstracts and Abstracting Services*. Santa Barbara : Clio Press.

Combescure, Édouard (1880). Sur les surfaces dont les lignes de courbure sont planes, dans un système seulement. *Mémoires de la section des sciences de l'Académie des sciences et lettres de Montpellier*, *10*, 401–409.

Combescure, Édouard (1885). Sur le principe des vitesses virtuelles. *Mémoires de la section des sciences de l'Académie des sciences et lettres de Montpellier*, 13–16.

Combette, Eugène Charles (1868). Note sur la normale à l'ellipse. *Bulletin de la société académique de Brest*, *V*, 582–586.

Comessatti, Annibale (1942). Compte rendu de « F. Severi, *Serie, sistemi d'equivalenza e corrispondenze algebriche sulle varietà algebriche*, a cura di F. Conforto ed E. Martinelli, pp. VI+415 [Roma... 1942(XX)] ». *Bollettino della Unione Matematica Italiana*, *2* (5), 48–55.

Commisionner of Rhode Island Public Schools (1855). *The Rhode Island Schoolmaster.* 1.

Commissione rettorale per la storia dell'Università di Pisa (éd.) (1993-2001). *Storia dell'Università di Pisa*, t. 5. Pisa : Plus.

Comte, Auguste (1856). *Synthèse Subjective.* Paris : Dalmont.

Comte, Auguste (1896). *The Positive Philosophy of Auguste Comte.* Londres : John Chapman. Trad. angl. par H. Martineaut.

Conant, Levi L. (1894). Memoirs on Infinite Series. Published by the Tokio Mathematical and Physical Society. Tokio, Japan, 1891. *Bulletin of the New York Mathematical Society*, *3*, 223–224.

Conforti, Maria (2013). Medicine and life sciences in learned journals in Naples between the end of the *Ancien Régime* and the French Decade. (Peiffer et al. 2013b, 455–474).

Conseil royal de l'instruction publique (1836). Liste des ouvrages dont l'usage a été et demeure autorisé dans les établissements d'instruction primaire, 30 décembre 1836. *Bulletin universitaire*, *5* (118), 333–354.

Consiglia, Maria (2002). *Letture proibite. La censura dei libri nel Regno di Napoli in età borbonica.* Milan : Angeli.

Conti, Alberto (1915-1916). Albo d'onore. Tenca Luigi. *Il Bollettino di Matematica*, *XIV*, 245.

Conti, Alberto (1919). Dopo la vittoria. *Il Bollettino di Matematica*, *XVI*, 1–2.

Conti, Alberto (1933). Verso la XXX Annata. *Il Bollettino di Matematica*, *XXIX*, 137–139.

Conti, Alberto (1935). Nuovo ministro dell'Educazione nazionale e nuovo direttore generale dell'Istruzione media. *Il Bollettino di Matematica*, *XXXI*, 81.

Conti, Alberto (1936). I miei quaranta anni. *Il Bollettino di Matematica*, *XXXII*, 89–96.

Conti, Alberto (1939). Per la vita del "Bollettino di Matematica" e per una santa battaglia. *Il Bollettino di Matematica*, *XXXV*, non numerata.

Conti, Alberto (1940). Cambio della guardia. *Il Bollettino di Matematica*, *XXXVI*, 1.

Conti, Alberto & Amici, Nicola (1918). Albo d'onore. In memoria di Siro Medici; Mario Palatini. *Il Bollettino di Matematica*, *XV*, 144–147.

Conti, Alberto [La Direzione] (1920-1921a). Il nostro programma. *Il Bollettino di Matematica*, *I*, 1–2.

Conti, Alberto [La Direzione] (1920-1921b). Organizzazione degli studi di matematica nelle scuole medie di Trieste, Visite di docenti delle scuole medie redente. *Il Bollettino di Matematica*, XVII, 133–139 ; 140–142.

Conti, Alberto [La Direzione] (1941). V. Volterra. *Il Bollettino di Matematica*, XXXVII, 8.

Conti, Alberto [La Direzione] (1942-1946). T. Levi-Civita. *Il Bollettino di Matematica*, XXXVIII, 9.

Coolidge, Julian Lowell (1926). Robert Adrain and the beginnings of American mathematics. *American Mathematical Monthly*, 33, 61–76.

Cooper-Richet, Diana (2005). Introduction. Dans *Passeurs culturels dans le monde des médias et de l'édition en Europe (XIXe et XXe siècles)*, édité par D. Cooper-Richet, J.-Y. Mollier & A. Silem, Villeurbanne : Presses de l'Enssib, 13–17.

Coppini, Romano Paolo (1993). *Il Granducato di Toscana. Dagli « anni francesi » all'Unità*. Turin : UTET.

Coray, Daniel, Furinghetti, Fulvia, Gispert, Hélène, Hodgson, Bernard R. & Schubring, Gert (éds.) (2003). *One hundred years of l'Enseignement mathématique. Moments of mathematics education in the twentieth century. Proceedings of the EM-ICMI symposium, Geneva, 20-22 October 2000*, t. 39. Genève : L'Enseignement Mathematique.

Cormack, Lesley, Walton, Steven & Schuster, John (éds.) (2017). *Mathematical Practitioners and the Transformation of Natural Knowledge in Early Modern Europe*. Cham : Springer.

Corry, Leo (2004). *Modern Algebra and the Rise of Mathematical Structures*. Bâle : Birkhäuser, 2e éd.

Corry, Leo (2007). From *Algebra* (1895) to *Moderne Algebra* (1930): Changing conceptions of a discipline – A guided tour using the *Jahrbuch über die Fortschritte der Mathematik*. Dans *Episodes in the History of Modern Algebra (1800-1950)*, *History of Mathematics*, t. 32, édité par J. Gray & K. H. Parshall, Providence : American Mathematical Society, 221–243.

Corry, Leo (2010). Hunting prime numbers—From human to electronic computers. *Rutherford Journal – The New Zealand Journal for the History and Philosophy of Science and Technology*, 3.

Cortese, Nino (1965). *Cultura e politica a Napoli dal Cinquecento al Settecento*. Naples : Edizioni Scientifiche Italiane.

Costa, Emília Viotti da (2010). *Da Monarquia à República—Momentos Decisivos*. São Paulo : Editora UNESP, 9e éd.

Costa, Shelley (2000). *The Ladies' Diary: Society, Gender, Mathematics in Enlgand, 1704-1754*. Thèse de doctorat, Cornell University, Ithaca, NY.

Costa, Shelley (2002). *The Ladies' Diary*: Gender, mathematics, and civil society in early eighteenth-century England. *Osiris*, *17*, 49–73.

Cotton, Mme Aimé (1940). Allocution. Dans *Jubilé scientifique de M. Émile Borel*, Paris : Gauthier-Villars, 28–30.

Courtebras, Bernard (2008). *Mathématiser le hasard. Une histoire du calcul des probabilités*. Paris : Vuibert.

Cousin, Marion (2017). Sur la création d'une nouvelle langue mathématique japonaise pour l'enseignement de la géométrie élémentaire durant l'ère Meiji (1868-1912). *Revue d'histoire des mathématiques*, *23* (1), 5–70.

Couturat, Louis (1893). Notes critiques. « L'Année philosophique » de F. Pillon, 2e année, 1891. *Revue de métaphysique et de morale*, *1* (1), 63–85.

Couturat, Louis (1896). Études sur l'espace et le temps : de MM. Lechalas, Poincaré, Delboeuf, Bergson, L. Weber, et Evellin. *Revue de métaphysique et de morale*, *4* (5), 646–669.

Couturat, Louis (1898). Essai sur les fondements de la géométrie, par Bertrand Russell. *Revue de métaphysique et de morale*, *6* (3), 354–380.

Couturat, Louis (1899a). Recension de l'ouvrage de B. Russell, *An Essay on the Foundations of Geometry*. *Bulletin des sciences mathématiques*, *2e série*, *23*, 54–62.

Couturat, Louis (1899b). La logique mathématique de M. Peano. *Revue de métaphysique et de morale*, *7* (5), 616–646.

Couturat, Louis (1900a). Les mathématiques au Congrès de philosophie. *L'Enseignement mathématique*, *2*, 397–409.

Couturat, Louis (1900b). L'algèbre universelle de M. Whitehead. *Revue de métaphysique et de morale*, *8* (3), 323–362.

Couturat, Louis (1900c). E. Schröder. Vorlesungen über die Algebra der Logik Bd. I et Bd. II, Teil 1. *Bulletin des sciences mathématiques*, *1*, 49–68 ; 83–102.

Couturat, Louis (1901). Sur les bases naturelles de la géométrie d'Euclide. *Revue philosophique de la France et de l'étranger*, *52*, 540–542.

Couturat, Louis (1906). La logique et la philosophie contemporaine. Leçon d'ouverture d'un cours professé au Collège de France sur l'histoire de la logique formelle moderne (8 décembre 1905). *Revue de métaphysique et de morale*, *14* (3), 318–341.

Craig, John (2005). La Kaiser-Wilhelms-Universität Strassburg. 1872-1918. (Crawford & Olff-Nathan 2005, 15–28).

Craik, Alexander (2000). James Ivory, mathematician: "The most unlucky person that ever existed". *Notes and Records of the Royal Society*, *54*, 223–247.

Craik, Alexander (2013). In search of Thomas Knight: Part 2. *BSHM Bulletin: Journal of the British Society for the History of Mathematics*, *28* (3), 124–131.

Craik, Alexander (2016). Mathematical analysis and physical astronomy in Great Britain and Ireland, 1790-1831: Some new light on the French connection. *Revue d'histoire des mathématiques*, *22*, 223–94.

Craik, Alexander & Edwards, Gloria (2004). In search of Thomas Knight. *BSHM Bulletin: Journal of the British Society for the History of Mathematics*, *19* (2), 17–27.

Crawford, Elisabeth & Olff-Nathan, Josiane (éds.) (2005). *La Science sous influence. L'université de Strasbourg enjeu des conflits franco-allemands 1872-1945*. Strasbourg : La Nuée Bleue.

Crilly, Tony (2004). The Cambridge Mathematical Journal and its descendants: The linchpin of a research community in the early and mid-Victorian Age. *Historia Mathematica*, *31* (4), 455–497.

Cristofolini, Paolo (1968). Bartolomeo Bianucci. *Dizionario Biografico degli Italiani*, *10*.

Criticus (1776). To the Palladium author. *The British Palladium: or annual miscellany of literature and science, for the year 1777*, 71–72.

Croarken, Mary (2002). Providing longitude for all. *Journal for Maritime Research*, *4*, 106–126.

Croarken, Mary (2007). Table making by committee: British table makers 1871-1965. Dans *The History of Mathematical Tables. From Sumer to Spreadsheets*, édité par M. Campbell-Kelly, M. Croarken, R. Flood & E. Robson, Oxford : Oxford University Press, 235–264.

Croarken, Mary (2009). Human computers in eighteenth and nineteenth-century Britain. Dans *Oxford Handbook of the History of Mathematics*, édité par E. Robson & J. Stedall, Oxford : Oxford University Press, 375–404.

Croizat, Barnabé (2016). *Gaston Darboux : naissance d'un mathématicien, genèse d'un professeur, chronique d'un rédacteur*. Thèse de doctorat, Université Lille 1.

Crova, André Prosper Paul (1864). Description d'un appareil pour la projection mécanique des mouvements vibratoires. *Mémoires de la section des sciences de l'Académie des sciences et lettres de Montpellier*, *6*, 295–308.

Crucitti Ullrich, Bianca Francesca (1974). *La « Bibliothèque italique », cultura « italianisante » et giornalismo letterario*. Milano ; Napoli : Ricciardi.

Csiszar, Alex (2010). Seriality and the search for order : Scientific print and its problems during the late nineteenth century. *History of Science*, *48* (3–4), 399–434.

Cunningham, Allan (1913). Factorisation of $N = (y^4 \mp 2)$ & $(2y^4 \mp 1)$. *The Messenger of Mathematics*, *43*, 34–57.

Curbera, Guillermo (2009). *Mathematicians of the World, Unite! The International Congress of Mathematicians. A human endeavor.* Wellesley : A. K. Peters.

Cyon, Élie de (1901). Les bases naturelles de la géométrie d'Euclide. *Revue philosophique de la France et de l'étranger*, *5*, 1–30.

D'Alembert, Jean le Rond, Laplace, Pierre Simon de & Duséjour Dionis, Achille-Pierre (2022). Rapport sur la *Théorie générale des équations algébriques de Bézout*, 17/04/1779. Dans *D'Alembert. Académicien des sciences, Œuvres complètes*, t. III-11, Paris : CNRS Éditions, 622–636. Éd. établie par Hugues Chabot, Marie Jacob et Irène Passeron.

van Dalen, Dirk & Remmert, Volker R. (2006). The birth and youth of Compositio Mathematica : "Ce périodique foncièrement international". *Compositio Mathematica*, *142* (5), 1083–1102.

D'Ambrosio, Ubiratan (2008). *Uma história concisa da matemática no Brasil.* Petrópolis : Editora Vozes.

Dampier, Mike (1996). The Mathematical Gazette: A brief history. *The Mathematical Gazette*, *80* (487), 5–12.

Darlu, Alphonse (1893). Introduction. *Revue de métaphysique et de morale*, *1* (1), 1–5.

Darnton, R. (2009). *The Business of Enlightenment: A publishing history of the Encyclopédie, 1775-1800.* Cambridge : Harvard University Press.

Darnton, Robert (1982). What is the history of books? *Daedalus*, *111*, 6.

Dauben, Joseph W. & Parshall, Karen Hunger (2014). Mathematics education in North America to 1800. Dans *Handbook on the History of Mathematics Education*, édité par A. Karp & G. Schubring, New York : Springer, 175–185. This is part one of U. d'Ambrosio, J. W. Dauben, and K. H. Parshall, "Mathematics Education in America in the Pre-Modern Period," 175–196.

Daum, Andreas (1998). *Wissenschaftspopularisierung im 19. Jahrhundert: bürgerliche Kultur, naturwissenschaftliche Bildung und die deutsche Öffentlichkeit, 1948-1914.* Munich : Oldenburg.

Davies, Thomas Stephens (1830a). On geometry of three dimensions. *New Series of the Mathematical Repository*, *5*, 111–121, 156–168.

Davies, Thomas Stephens (1830b). On the stereographic projection. *New Series of the Mathematical Repository*, *5*, 143–156.

Davies, Thomas Stephens (1834). On the equations of loci traced upon the surface of the sphere, as expressed by spherical co-ordinates. *Transactions of the Royal Society of Edinburgh*, *12*, 259–362, 379–428.

Davies, Thomas Stephens (1835a). New researches in spherical trigonometry. *New Series of the Mathematical Repository*, *6*, 168–188.

Davies, Thomas Stephens (1835b). On spherical geometry. *New Series of the Mathematical Repository*, *6*, 60–80, 128–140.

Davies, Thomas Stephens (1851). Geometry and geometers. *Philosophical Magazine*, *2* (13), 444–446.

Davies, Thomas Stephens, Rutherford, William & Fenwick, Stephen (1843). Prospectus. *Mathematician*, *1* (1), 1–3.

Dawson, Gowan, Lightman, Bernard, Shuttleworth, Sally & Topham, Jonathan R. (2020). *Science Periodicals in Nineteenth-Century Britain : Constructing Scientific Communities*. University of Chicago Press.

Dawson, John (1806). The inverse method of central forces. *New Series of the Mathematical Repository*, *5* (Part III), 1–26.

De Broglie, Auguste (1890). La géométrie non-euclidienne. *Annales de philosophie chrétienne*, *120*, 344–364.

De Michelis, Cesare (1968). L'epistolario di Angelo Calogerà. *Studi veneziani*, *X*, 621–704.

De Sanctis, Riccardo (1986). *La nuova scienza a Napoli tra '700 e '800*. Rome, Bari : Laterza.

Débarbat, Suzanne (2017). L'évolution administrative du Bureau des longitudes : une approche par les textes officiels. Dans *Pour une histoire du Bureau des longitudes (1795-1932)*, édité par M. Schiavon & L. Rollet, Nancy : Presses universitaires de Nancy, 23–40.

Décaillot, Anne-Marie (1999). *Édouard Lucas (1842-1891) : le parcours original d'un scientifique français dans la deuxième moitié du XIXe siècle*. Thèse de doctorat, Université René-Descartes-Paris V.

Décaillot, Anne-Marie (2002). Originalité d'une démarche mathématique. Dans *« Par la science, pour la patrie »*, *un projet politique pour une société savante, l'Association française pour l'avancement des sciences (1872-1914)*, édité par H. Gispert, Rennes : Presses universitaires de Rennes, 205–214.

Décaillot, Anne-Marie (2008). *Cantor et la France. Correspondance du mathématicien allemand avec les Français à la fin du XIXe siècle*. Paris : Kimé.

Décaillot, Anne-Marie (2014). Les *Récréations mathématiques* d'Édouard Lucas : quelques éclairages. *Historia Mathematica*, *41*, 506–517.

Decelle, Paul (1901). Monographie du collège et de l'école industrielle d'Épinal, 1789-1900. *Annales de la société d'émulation des Vosges*, *77*, 318–454.

Décultot, Élisabeth (2003). *Lire, copier, écrire. Les bibliothèques manuscrites et leurs usages au XVIIIe siècle*. Paris : CNRS Éditions.

Décultot, Elisabeth, Krämer, Fabian & Zedelmaier, Helmut (éds.) (2020). *Towards a History of Excerpting in Modernity*. Berichte zur Wissenschaftsgeschichte, Weinheim : Wiley.

Delacroix, Christian (2019). L'histoire globale : un regard historiographique à partir du Français (Global History : A Historiographical Perspective Through the French Case). *Critical Hermeneutics*, *3*, 1.

Delagrange, Jean-Paul (1878). Mémoire sur l'action destructive de la houle sur le profil et la construction des digues en mer. *Revue des sociétés savantes. Sciences mathématiques, physiques et naturelles*, *1* (3e série), 201–218.

Delambre, Jean-Baptiste Joseph (1808). *Rapport historique sur les progrès des sciences mathématiques depuis 1789, et sur leur état actuel*. Paris : Imprimerie impériale.

Delcourt, Jean (2019). Une communauté éphémère de journaux mathématiques d'élèves (1860-1880). *Images des mathématiques*.

Delpiano, Patrizia (1998). I periodici scientifici nel Nord Italia alla fine del Settecento: studi e ipotesi di ricerca. *Studi Storici*, *30*, 457–482.

Delpiano, Patrizia (2013). Part III : Public/ Audiences. (Peiffer et al. 2013b, 253–254).

Delve, Janet (2003). The College of Preceptors and the *Educational Times*: Changes for British mathematics education in the mid-nineteenth century. *Historia Mathematica*, *30* (2), 140–172.

Delve Burt, Janet (1998). *The Development of the Mathematical Department of the Educational Times from 1847 to 1862*. Thèse de doctorat, Middlesex University.

Demidov, Sergei S. (1996). "Matematicheskii sbornik" in 1866–1935 (in Russian). *Istoriko-matematicheskie issledovanie*, *1* (36), 127–145.

Demidov, Sergei S. (2006). 70 years of the journal "Uspekhi matematicheskikh nauk" (in Russian). *Uspekhi matematicheskikh nauk*, *61* (4(370)), 203–207. Trad. anglaise : *Russian Mathematical Surveys*, 61(4) (2006), 793–797.

Demidov, Sergei S. & Lëvshin, Boris V. (2016). *The Case of Academician Nikolai Nikolaevich Luzin*, History of Mathematics, t. 43. Providence, RI : American Mathematical Society. Trad. angl. par R. Cooke.

Demidov, Sergei S., Petrova, Svetlana S. & Tokareva, T. A. (2018). *Matematicheskii Sbornik* in the context of Russian history: a celebration of the 150th anniversary of its launch (in Russian). *Matematicheskii sbornik*, *209* (7), 178–196. Trad. angl. *Sbornik : Mathematics*, 209(7) (2018), 1089–1106.

Demidov, Sergei S., Tikhomirov, Vladimir M. & Tokareva, T. A. (2016). The Moscow Mathematical Society and the development of mathematics in Russia (on the 150th anniversary of the Society's creation) (in Russian). *Trudy Moskovskogo matematicheskogo obshchestva, 77* (2), 155–183. Trad. angl. : *Transactions of the Moscow Mathematical Society*, 77 (2016), 127–148.

Demkès, Auguste (1858). *Arithmétique des élèves, ou Questions, exercices et problèmes d'arithmétique et de calcul.* Paris : V. Sarlit.

d'Enfert, Renaud (2015). Circulations mathématiques et offre locale d'enseignement : le cas de Troyes sous la Restauration et la monarchie de Juillet. *Philosophia Scientiæ, 19* (2), 79–94.

D'Erasmo, Geremia (1940). *Due secoli di attività scientifica della Reale Accademia delle scienze fisiche e matematiche di Napoli.* Naples : Stab. Tip. G. Genovese.

Despeaux, Sloan & Stenhouse, Brigitte (2023). Mathematical Men in Humble Life. Philomaths from North West England as Editors of 'Questions for Answers' Journals. (Beeley & Hollings 2023, 139–157).

Despeaux, Sloan Evans (2002a). International mathematical contributions to British scientific journals, 1800–1900. (Parshall & Rice 2002, 61–87).

Despeaux, Sloan Evans (2002b). *The Development of a Publication Community: Nineteenth-Century Mathematics in British Scientific Journals.* Thèse de doctorat, University of Virginia.

Despeaux, Sloan Evans (2014). Mathematical questions. A convergence of mathematical practices in British journals of the eighteenth and nineteenth centuries. *Revue d'histoire des mathématiques, 20* (1), 5–71.

Despeaux, Sloan Evans (2017). Constance Marks and the *Educational Times*. Dans *Women in Mathematics*, édité par J. Beery & et. al., Cham : Springer, 219–230.

Despeaux, Sloan Evans (2019). Un journal mathématique original : le *Ladies' Diary* (1704-1840). *Images des mathématiques.*

Dhombres, Jean & Otero, Mario H. (1993). Les *Annales de mathématiques pures et appliquées* : le journal d'un homme seul au profit d'une communauté enseignante. Dans *Messengers of Mathematics: European Mathematical Journals (1800-1946)*, édité par E. Ausejo & M. Hormigon, Madrid : Siglo XXI de Espana Editores, 4–70.

Dick, Steven J. (1999). A history of the American Nautical Almanac Office. Dans *Proceedings: Nautical Almanac Office Sesquicentennial Symposium; U.S. Naval Observatory*, édité par A. D. and Dick Fiala & S. J., Washington, D.C : U.S. Naval Observatory, 11–54.

Dickson, Leonard Eugene (1919-1923). *History of the Theory of Numbers.* Washington : Carnegie Institute of Washington. 3 vol.

Donato, Maria Pia (1997). Gli "strumenti della politica": il Giornale dei Letterati (1742-1759). Dans *Dall'erudizione alla politica. Giornali, giornalisti ed editori a Roma tra XVII e XX secolo*, édité par M. Caffiero & G. Monsagrati, Rome : Carocci, 39–61.

Donnelly, Fred (2004). Gales, Joseph. Dans *Oxford Dictionary of National Biography*, Oxford : Oxford University Press.

Donoghue, Eileen (2003). The emergence of a profession: Mathematics education in the United States, 1890-1920. Dans *A History of School Mathematics*, t. 1, édité par G. M. A. Stanic & J. Kilpatrick, Reston : National Council of Teachers of Mathematics, 159–193.

della Dora, Veronica (2010). Making mobile knowledges: The educational cruises of the *Revue générale des sciences pures et appliquées*, 1897-1914. *Isis*, *101* (3), 467–500.

Drake, Milton (1962). *Almanacs of the United States*. New York : Scarecrow Press.

Drexel, Jeremias (1715). *Aurifodina artium et scientiarum solertia... Operum tomus XXV*. Anvers : apud Balthasarem ab Egmond. Original 1638.

Drouin-Hans, Anne-Marie & Drouin, Jean-Marc (2007). Un forum épistémologique : La Société française de philosophie (1901-1907). Dans *Science et Enseignement*, édité par H. Gispert, N. Hulin & M.-C. Robic, Paris : Vuibert, 103–117.

Dubois, Patrick (2000). Le *Dictionnaire* de F. Buisson et ses auteurs (1878-1887). *Histoire de l'éducation*, *85*, 25–47.

Dubois, Patrick (2002). *Le Dictionnaire de pédagogie et d'instruction primaire de Ferdinand Buisson : répertoire biographique des auteurs*. Paris : INRP.

Dubourg Glatigny, Pascal (2014). La réduction en art, un phénomène culturel. Dans *Réduire en art. La technologie de la Renaissance aux Lumières*, édité par P. Dubourg Glatigny & H. Vérin, Paris : Éditions de la Maison des Sciences de l'Homme, 59–94.

Duhem, Pierre (1908). La valeur de la théorie physique. *Revue générale des sciences pures et appliquées*, *19*, 7–19.

Dunn, Richard & Higgitt, Rebekah (2017). The Bureau and the board: Change and collaboration in the final decades of the British Board of Longitude. Dans *Pour une histoire du Bureau des longitudes (1795-1932)*, édité par M. Schiavon & L. Rollet, Nancy : Presses universitaires de Nancy, 195–219.

Duran, Samson (2019). *Des géométries étatsuniennes à partir de l'étude de l'American Mathematical Society : 1888-1920*. Thèse de doctorat, Université Paris-Sud.

Durand, Antonin & Mazliak, Laurent (2011). Revisiting the sources of Borel's interest in probability: Continued fractions, social involvement, Volterra's prolusione. *Centaurus*, *53* (4), 306–332.

Dutka, Jacques (1990). Robert Adrain and the method of least squares. *Archive for the History of Exact Science*, *41* (2), 171–184.

E.B. (1878). Correspondance. *Manuel général de l'instruction primaire*, *14* (47), 379. Supp. n° 24. Partie technique.

Eccarius, Wolfgang (1974). *Der Techniker und Mathematiker A. L. Crelle und sein Beitrag zur Förderung und Entwicklung der Mathematik im Deutschland des 19. Jahrhunderts*. Thèse de doctorat, Université de Leipzig.

Eccarius, Wolfgang (1976). August Leopold Crelle als Herausgeber des Crelleschen Journals. *Journal für die reine und angewandte Mathematik*, *286–287*, 5–25.

Eckes, Christophe (2010). Perspective, géométrie et esthétique chez Lambert (I). *Images des mathématiques*.

Eckes, Christophe (2018). Organiser le recrutement de recenseurs français pour le *Zentralblatt* à l'automne 1940 : les premiers liens entre Herald Geppert, Helmut Hasse et Gaston Julia sous l'Occupation. *Revue d'histoire des mathématiques*, *24*, 259–329.

Eckes, Christophe (2021). Recenser des articles mathématiques pour l'occupant : une étude sur les comportements de mathématiciens français sollicités par les autorités d'occupation allemandes. *Revue d'histoire des mathématiques*, *27*, 1–95.

Eden, Alp & Takıcak, Semiha Betül (2022). Aram Margosyan'ın Sihirli Kareler Kitabı. *Matematik Dünyası*, *29* (112), 20–26.

Editors (1809). Editor's Address. *Gentleman's Mathematical Companion for the Year 1798*, *1798*.

Edwards, R. (1865). *The Illinois Teacher*. 11.

Ehrhardt, Caroline (2011). Du cours magistral à l'entreprise éditoriale. La « collection Borel », publiée par Gauthier-Villars au début du XXe siècle. *Histoire de l'éducation*, *130*, 111–139.

Ehrhardt, Caroline (2018). A locus for transnational exchanges: European mathematical journals for students and teachers 1860s-1914. (Peiffer *et al.* 2018, 375–394).

Ehrhardt, Caroline & Gispert, Hélène (2018). La création de la *Revue du mois* : fabrique d'un projet éditorial à la Belle Époque. (Jovanovic *et al.* 2018*b*, 99–118).

E.L.F. (1877). Un problème d'arithmétique. *Journal des instituteurs*, *32*, 529–530.

Elkhadem, Hossam (1978). Histoire de la correspondance mathématique et physique d'après les lettres de Jean-Guillaume Garnier et Adolphe Quetelet. *Bulletin de la classe des lettres et des sciences morales et politiques*, *5e série*, *LXIV*, 10–11.

Endō, Toshisada (1896). *Dai-Nihon sūgakushi*. Tokyo : Kōin Shinshi Sha.

Enea, Maria Rosaria (2017). Il Giornale di Matematiche di Battaglini. *Matematica, Cultura e Società. Rivista UMI*, *2*, 63–80.

Enea, Maria Rosaria (2018). Circulation of an editorial model : The case-study of the short-lived *Le Matematiche Pure ed Applicate*. *Historia Mathematica*, 45 (4), 395–413.

Eneström, Gustaf Hjalmar (1893). Härledning af en allmän formel för antalet pensionärer, som vid en godtycklig tidpunkt förefinnas inom en sluten pensionskassa. *Öfversigt af Kongl. Vetenskaps—Akademiens Förhandlingar*, 50, 405–415.

Eneström, Gustaf Hjalmar (1895). Questions. *L'Intermédiaire des mathématiciens*, 2, 418–419.

Eneström, Gustaf Hjalmar (1920). Remarque sur un théorème relatif aux racines de l'équation $a_n x^n + an - 1\, xn - 1 + \ldots + a_1\, x + a_0 = 0$ où tous les coefficients a sont réels et positifs. *Tôhoku Mathematical Journal*, 18, 34–36.

d'Enfert, Renaud (2003). *L'Enseignement du dessin en France. Figure humaine et dessin géométrique (1750-1850)*. Paris : Belin.

d'Enfert, Renaud (2012a). Pour une prosopographie des enseignants de mathématiques des premières écoles normales d'instituteurs (années 1830-1840) : enjeux et problèmes. Dans *Les Uns et les Autres... Biographies et prosopographies en histoire des sciences*, édité par P. Rollet, L. andNabonnand, Nancy : Presses universitaires de Nancy, 291–310.

d'Enfert, Renaud & Jacquet-Francillon, François (2010). La classe et l'organisation pédagogique. Dans *Une histoire de l'école. Anthologie de l'éducation et de l'enseignement en France, XVIIIe-XXe siècle*, édité par Fr. Jacquet-Francillon, R. d'Enfert & L. Loeffel, Paris : Retz, 227–234.

Engel, Pascal (2017). Couturat, rationaliste d'entendement. Dans *Louis Couturat (1868-1914) - Mathématiques, langage, philosophie*, édité par S. Roux & M. Fichant, Paris : Garnier, 305–324.

Erdmann, Benno (1877). *Die Axiome der Geometrie, eine philosophische Untersuchung der Riemann-Helmholtz'schen Raumtheorie [Les Axiomes de la géométrie, examen philosophique de la théorie de l'espace de Riemann et d'Helmholtz]*. Leipzig : Léopold Voss.

Espagne, Michel (2000). *Le Creuset allemand. Histoire interculturelle de la Saxe XVIIIe-XIXe siècles*. Paris : PUF.

Espagne, Michel (2004). Bildung, Kultur, Zivilisation. Dans *Vocabulaire européen des philosophies*, édité par B. Cassin, Paris : Seuil ; Le Robert, 195–204.

Espinas, Alfred (1909). Cournot et la renaissance du probabilisme au XIXe siècle, par F. Mentré. *Séances et travaux de l'Académie des sciences morales et politiques : Compte rendu*, 71, 562–571.

Evesham, Harold Ainsley (1982). *The History and Development of Nomography*. Thèse de doctorat, University of London. 2e éd., Boston (MA) : Docent Press, 2010.

Evesham, Harold Ainsley (1986). Origins and development of nomography. *IEEE Annals of the History of Computing*, *8* (04), 324–333.

Evesham, Harold Ainsley (1994). Nomography. Dans *Companion Encyclopedia of the History and Philosophy of the Mathematical Sciences*, édité par I. Grattan-Guinness, Londres; New York : Routledge, 573–584.

Fabiani, Jean-Louis (1988). *Les Philosophes de la République.* Paris : Éditions de Minuit.

Fabre, Giorgio (1998). *L'elenco. Censura fascista, editoria e autori ebrei.* Turin : Zamorani.

Fabroni, Angelo (1778-1805). *Vitae Italorum doctrina excellentium qui saeculis 17 et 18 floruerunt.* Pise : C. Ginesius. 20 vol.

Fantappié, Luigi (1932). Su alcuni indirizzi delle scienze matematiche nel momento scientifico presente. Dans *Atti della Società Italiana per il Progresso delle Scienze*, 20(1), 581–594.

Fedi, Laurent (2002). Philosopher et républicaniser : la *Critique philosophique* de Renouvier et Pillon, 1872-1889. *Romantisme*, *115*, 65–82.

Fenster, Della (2003). Funds for mathematics: Carnegie Institution of Washington support for mathematics from 1902 to 1921. *Historia Mathematica*, *30*, 195–216.

Fenwick, Stephen (1850). Preface. *Mathematician*, *3*.

Guyot de Fère, François-Fortuné (1834). *Statistique des lettres et des sciences en France... Vol. 2.* Paris : L'auteur.

Ferrari, Stefano (2016). *Fortunato Bartolomeo De Felice un intellettuale cosmopolita nell'Europa dei Lumi.* Milan : Angeli.

Ferraro, Giovanni (2013). Non sempre gli uomini che dimenticano hanno torto. Note critiche sulla storia della matematica nei territori napoletani. Dans *Aspetti della matematica napoletana tra ottocento e novecento*, édité par G. Ferraro, Rome : Aracne Edizioni, 9–140.

Ferraro, Giovanni & Palladino, Franco (1995). *Il calcolo sublime di Eulero e Lagrange esposto col metodo sintetico nel progetto di Fergola.* Naples : La Città del Sole.

Ferrata, Giansiro (éd.) (1961). *La Voce.* Rome : Centro Editoriale Nazionale.

Feurtet, Jean-Marie (2010). Lalande, père fondateur et premier patron du Bureau des longitudes (1795-1807). Dans *Jérôme Lalande (1732-1807) : une trajectoire scientifique*, édité par G. Boistel, J. Lamy & C. Le Lay, Rennes : Presses universitaires de Rennes, 51–65.

Figueirôa, Mendonça (2016). Brazilian engineers in the French "Grandes Écoles" in the 19th century. *Quaderns d'història de l'enginyeria*, *15*, 183–194.

Filiberti, Giacomo (2015-2016). *Il primo ventennio della Associazione Mathesis attraverso il suo Bollettino (1895-1920): il dibattito scientifico-didattico e la politica scolastica*. Tesi di laurea magistrale in matematica, Turin. Relatore L. Giacardi.

Finkel, Benjamin F. (1894). Artemas Martin. *American Mathematical Monthly*, *1* (4), 108–111.

Finkel, Benjamin F. (1931). The human aspect in the early history of The American Mathematical Monthly. *The American Mathematical Monthly*, *38* (6), 305–320.

Finkel, Benjamin F. (1940). A History of American mathematical journals. *National Mathematics Magazine*, *14(4)* ; *14(5)* (6), 197–210 and 261–270.

Finkel, Benjamin F. & Colaw, John M. (1894). Introduction. *The American Mathematical Monthly*, *1*, 1–2.

Finnegan, Diarmid A. (2007). The spatial turn : Geographical approaches in the history of science. *Journal of the History of Biology*, *41* (2), 369–388.

Fisch, Max H. (1982). Peirce's place in American life. *Historia Mathematica*, *9* (3), 265–289.

Fischer, Alexander (1927). Über ein neues allgemeines Verfahren zum Entwerfen von graphischen Rechentafeln (Nomogrammen), insbesondere von Fluchtlinientafeln. I & II. *ZAMM – Journal of Applied Mathematics and Mechanics / Zeitschrift für angewandte Mathematik und Mechanik*, *7* (3 & 5), 211–227 ; 383–408.

Flauti, Vincenzo (1860). *Opuscoli tumultuariamente scritti e stampati da un nostro veterano professore per opporre qualche argine alle sciocche e vergognose riforme operate nell'istruzione pubblica e nelle accademie da soggetti ignorantissimi: raccolti da un suo antico allievo della nuova Babilonia, l'anno I del Caos che comincia dal 30 ottobre 1860*. Stamperia dell'autore.

Floquet, Gaston (1885). Procès-Verbaux. Communications. *Bulletin de la société des sciences de Nancy*, *VII* (XVIII), XVI.

Foa, Vittorio (1996). *Questo Novecento*. Turin : Einaudi.

Folkerts, Menso (1987). Jabbo Oltmanns (1783-1833): ein fast vergessener angewandter Mathematiker. *Jahrbuch der Gesellschaft für bildende Kunst und vaterländische Altertümer zu Emden*, *67*, 72–180.

Folta, Jaroslav & Luboš, Nový (1965). Sur la question des méthodes quantitatives dans l'histoire des mathématiques. *Acta historia rerum naturalium nec non technicarum, special issue* (1), 3–35.

Fort-Jacques, Théo (2007). Habiter, c'est mettre l'espace en commun. Dans *Habiter, le propre de l'humain. Villes, territoire et philosophie*, édité par Th. Paquot, M. Lussault & Ch. Younès, Paris : La Découverte, 251–266.

Fortoul, Hippolyte (1854). Instruction générale sur les attributions conférées des recteurs concernant l'enseignement primaire, 31 octobre 1854. *Bulletin administratif de l'instruction publique*, *5* (58), 325–331.

Fortoul, Hippolyte (1855). Circulaire à MM. les Préfets touchant le *Bulletin de l'instruction primaire*, 10 janvier 1855. *Bulletin administratif de l'instruction publique*, *6* (61), 7–8.

Fortoul, Hippolyte (1856). Courrier officiel daté du 10 janvier 1856. *Revue des sociétés savantes de la France et de l'étranger*, *1*, 40–43.

Fox, Robert (1980). The savant confronts his peers : scientific societies in France, 1815-1914. Dans *The Organization of Science and Technology in France, 1808-1914*, édité par R. Fox & G. Weisz, Paris ; Cambridge : Éditions de la Maison des sciences de l'homme ; Cambridge University Press, 241–282.

Fraisse, Geneviève (1985). *Clémence Royer, philosophe et femme de sciences*. Paris : La Découverte.

Fraser, James W. (2007). *Preparing America's Teachers. A History*. New York : Teachers College Press.

Fratta, Arturo (1999). *I Musei scientifici dell'Università di Napoli Federico II*. Naples : Fridericiana editrice universitaria.

Fréchet, Maurice (1925). L'analyse générale et les ensembles abstraits. *Revue de métaphysique et de morale*, *32* (1), 1–30.

Froeschlé-Chopard, Marie-Hélène & Froeschlé, Michel (2001). « Sciences et Arts » dans les Mémoires de Trévoux (1701-1762). *Revue d'histoire moderne& contemporaine*, *48* (1), 30–49.

Fujisawa, Rikitarō (1886). On quadric. *Tōkyō Sūgaku Butsuri Gakkai kiji*, *3* (2), 146–152.

Fujiwara, Matsusaburō (1925). Hitotsu no kiroku. *Jishūkai kaihō*, *11*, 53–57.

Fuller, A. Thomas (1999). Horner versus Holdred : An episode in the history of root computation. *Historia Mathematica*, *26*, 29–51.

Fyfe, Aileen (2018). The secret history of the scientific journal. *History of Scientific Journals Online*.

Fyfe, Aileen, Moxham, Noah, McDougall-Waters, Julie & Mørk Røstvik, Camilla (2022). *A History of Scientific Journals: Publishing at the Royal Society, 1665-2015*. Londres : UCL Press.

Galfré, Monica (2005). *Il regime degli editori. Libri, scuola e fascismo*. Bari : Laterza.

Gallagher, Winifred (2016). *How the Post Office Created America: A History*. New York : Penguin Books.

Galletto, Dionigi (1991). Lagrange e l'origine della *Mécanique Analytique*. *Giornale di Fisica*, *32*, 83–126.

Galvão, B. F. Ramiz (1875). *Relatório sobre os trabalhos executados na Biblioteca Nacional da Corte no ano de 1874, e seu estado atual. Apresentado a S. Ex. O Sr. Conselheiro João Alfredo Corrêa de Oliveira, Ministro e Secretario de Estado dos Negócios do Império pelo bibliotecário Benjamin Franklin Ramiz Galvão*. Rio de Janeiro : Ministério do Império.

Galvão, B. F. Ramiz (1876). *Relatório do Bibliotecário da Biblioteca Nacional. Relatorio da Repartição dos Negocios do Império*. Rio de Janeiro : Ministério do Império.

Gandon, Sébastien (2017). Des *Principles* aux *Principes*. Couturat lecteur de Russell. Dans *Louis Couturat (1868-1914) – Mathématiques, langage, philosophie*, édité par S. Roux & M. Fichant, Paris : Garnier, 109–134.

Gardey, Delphine (2008). *Écrire, calculer, classer. Comment une révolution de papier a transformé les sociétés contemporaines (1800-1940)*. Paris : La Découverte.

Gardin, Jean-Claude (1960). Les applications de la mécanographie dans la documentation archéologique. *Bulletin des bibliothèques de France (BBF)*,, *1–3*, 5–16.

Garnier, Jean-Guillaume & Quetelet, Adolphe (1825). Prospectus. *Correspondance mathématique et physique*, *I*, 1–2.

Garrigues, Damien (1938). Toulouse intellectuelle au XIXe siècle. L'Académie des Sciences Inscriptions et Belles-Lettres. *Bulletin municipal de la ville de Toulouse*, avril, 195–232.

Gascoigne, John (2010). *Science, Philosophy and Religion in the Age of the Enlightenment. British and Global Contexts*. Farnham : Ashgate ; Variorum.

Gatto, Romano (2006). Tradizione e cartesianesimo nella matematica napoletana della prima metà del secolo XVIII. Dans *Rendiconto dell'Accademia delle Scienze Fisiche e Matematiche di Napoli*, 73, 99–249.

Gatto, Romano (2010). *Libri di matematica a Napoli nel Settecento. Biblioteca del XVIII secolo*. Rome : Edizioni di Storia e Letterarura.

Gauss, Carl Friedrich (1796). Neue Entdeckungen. *Intelligenzblatt der Allgemeinen Literatur-Zeitung*, *66*, column 554.

Gauss, Carl Friedrich (1818). *Determinatio attracionis, quam in punctum quodvis positionis datae exerceret planeta, si eius massa per totam orbitam, ratione temporis, quo singulae partes discribuntur, uniformiter esset dispertita*. Göttingen : apud Henricum Dieterich.

Gauss, Carl Friedrich (1830). On the attraction of Planetary Orbit. *New Series of the Mathematical Repository*, *1* (Part III), 41–78.

Gauss, Carl Friedrich & Bessel, Friedrich Wilhelm (1880). *Briefwechsel zwischen Gauss und Bessel*. Leipzig : Engelmann.

Gauthier, Sébastien & Lê, François (2019). On the youthful writings of Louis J. Mordell on the Diophantine equation $y^2 - k = x^3$. *Archive for History of Exact Sciences*, *73* (5), 427–468.

G.D. (1875). La méthode analogique en arithmétique. *Journal des instituteurs*, *22*, 354.

Genette, Gérard (2009). *Paratextos editoriais*. São Paulo : Ateliê Editorial.

Genoino, Andrea (1943). *Vicende del libro nel Reame di Napoli*. Cava de' Tirreni : Tip. Ed. E. Coda.

George, Jules (1843). *Exercices et problèmes de l'arithmétique décimale, suivis des réponses et solutions raisonnées*. Paris : Tétu.

Gérardin, André (1913a). Rapport sur diverses méthodes de solutions employées en théorie pour la décomposition des nombres en facteurs. Dans *Association française pour l'avancement des sciences. Compte rendu de la 41ᵉ session. Nîmes 1912. Notes et mémoires*, Paris : Masson, 54–57.

Gérardin, André (1913b). Solutions entières d'équations cubiques. *Sphinx-Œdipe*, *8* (10–11), 145–149, (11) 161–165.

Gérardin, André (1913c). Sur une nouvelle machine algébrique. Dans *Report of the Eighty-Second Meeting of the British Association for the Advancement of Science. Dundee: 1912*, Londres : John Murray, 405–406.

Gérardin, André (1914). Jules Molk. *Sphinx-Œdipe*, *9* (5), 65.

Gergonne, Joseph (1810). Prospectus. *Annales de mathématiques pures et appliquées*, *1*, I–IV.

Gering, Jacob (1733). Recherches sur les courbes à double courbure, h. e... *Nova Acta eruditorum*, 310–316.

Gering, Jacob (1734). James Stirling, Methodus differentialis, sive Tractatus de Summatione & Interpolatione serierum infinitarum, 4 maj. Alph. 1 pl. 15. *Nova Acta eruditorum*, 515–526.

Gérini, Christian (2003). *Les Annales de Gergonne : apport scientifique et épistémologique dans l'histoire des mathématiques*. Villeneuve d'Asq : Éditions du Septentrion.

Gérini, Christian (2011). Joseph-Diez Gergonne (1771-1859) et ses *Annales de mathématiques* : un acteur engagé dans l'évolution des mathématiques et de leur enseignement au début du XIXᵉ siècle. Dans *Espaces de l'enseignement scientifique et technique. Acteurs, savoirs, institutions, XVIIᵉ-XXᵉ siècles*, édité par R. d'Enfert & V. Fonteneau, Paris : Hermann, 61–74.

Gérini, Christian, Tachoire, Henri & Verdier, Norbert (2011). Enseigner les mathématiques au XIXe siècle. Portraits d'acteurs : Dubourguet, Miquel et l'abbé Aoust. *Repères-IREM*, *83* (2011), 57–74.

Gérini, Christian & Verdier, Norbert (éds.) (2014). *L'Émergence de la presse mathématique en Europe au XIXe siècle. Formes éditoriales et études de cas (France, Espagne, Italie & Portugal)*. Londres : College Publications.

Gérono, Camille (1865). Extrait des *Nouvelles annales de mathématiques* du mois de décembre 1864. *Manuel général de l'instruction primaire*, *2* (7), 49–50. Partie spéciale.

Geslot, Jean-Charles (2010). Communication officielle et marché éditorial. Les publications du ministère de l'Instruction publique des années 1830 aux années 1880. *Histoire de l'éducation*, *127*, 35–55.

Giacardi, Livia (1995). Gli Elementi di Euclide come libro di testo. Il dibattito italiano di metà Ottocento. Dans *Conferenze e Seminari 1994-1995, Associazione Mathesis e Seminario T. Viola*, Turin, 175–188.

Giacardi, Livia (éd.) (2006). *Da Casati a Gentile. Momenti di storia dell'insegnamento secondario della matematica in Italia*. Pubblicazioni del Centro Studi Enriques, La Spezia : Agorà Edizioni.

Giacardi, Livia (2012). Federigo Enriques (1871-1946) and the training of mathematics teachers in Italy. Dans *Mathematicians in Bologna 1861-1960*, édité par S. Coen, Bâle : Birkhäuser, 209–275.

Giacardi, Livia (2016). Gli inizi della Unione Matematica Italiana e del suo Bollettino. *Rivista internazionale di Storia della Scienza*, *51*, 45–59.

Giacardi, Livia & Tazzioli, Rossana (2018). Dibattiti nella comunità dei matematici italiani. L'apporto dell'Archivio dell'Unione Matematica Italiana. Dans *Atti della Accademia delle Scienze di Torino*, *152*, 87–91.

Giacardi, Livia & Tazzioli, Rossana (2021). The Unione Matematica Italiana and its Bollettino, 1922–1928. National and international aspects. Dans *Mathematical Communities in the Reconstruction After the Great War 1918–1928: Trajectories and Institutions*, édité par L. Mazliak & R. Tazzioli, Cham : Springer, 31–61.

Gierl, Martin (2001). Kompilation und die Produktion von Wissen im 18. Jahrhundert. Dans *Die Praktiken der Gelehrsamkeit in der frühen Neuzeit*, édité par H. Zedelmaier & M. Mulsow, Tübingen : Niemeyer, 63–94.

Gierl, Martin (2013). The *Gelehrte Zeitung*: The presentation of knowledge, the representation of Göttingen University, and the praxis of self-reviews in the *Göttingische gelehrte Anzeigen*. (Peiffer et al. 2013*b*, 321–341).

Gilain, Christian & Guilbaud, Alexandre (éds.) (2015). *Sciences mathématiques, 1750-1850 – Continuités et ruptures*. Paris : CNRS Éditions.

Gill, Charles (1836). Advertisement. *The Mathematical Miscellany*, *1*, iii–iv.

Gillispie, Charles Coulston (éd.) (1970). *Dictionary of Scientific Biography*. New York : Charles Scribner's Sons.

Gillyboeuf, Thierry (2010). Idée d'une revue : la *Revue des idées*. Dans *Modernité de Remy de Gourmont*, édité par J.-C. Larrat & G. Poulouin, Caen : Presses universitaires de Caen, 279–297.

Gilman, Daniel Coit (1906). *The Launching of a University and Other Papers: A Sheaf of Remembrances*. New York : Dodd, Mead & Co.

Gingras, Yves (1996). L'institutionnalisation de la recherche en milieu universitaire et ses effets. *Sociologie et sociétés*, *23* (1), 41–54.

Gini, Corrado & Galvani, Luigi (1929). Di un'applicazione del metodo rappresentativo all'ultimo censimento italiano della popolazione (1. dicembre 1924). *Annali di Statistica, IV*, 4.

Giordano, Annibale (1788). Considerazioni sintetiche sopra di un celebre problema piano e risoluzione di alquanti problemi affini. *Memorie di Matematica e fisica della Società italiana*, (4)4–17.

Girlich, Hans Joachim (2009). *Über Wege zu ersten mathematischen Fachzeitschriften in Europa*. Leipzig : Fakultät für Mathematik und Informatik.

Gispert, Hélène (1982). *Camille Jordan et les fondements de l'analyse*. Thèse de doctorat, Université Paris-Sud.

Gispert, Hélène (1985). Sur la production mathématique française en 1870 (Étude du tome premier du *Bulletin des sciences mathématiques*). *Archives internationales d'histoire des sciences*, *35* (114–115), 380–399.

Gispert, Hélène (1991). *La France mathématique. La Société mathématique de France (1870-1914)*. Cahiers d'histoire et de philosophie des sciences, Paris : Belin.

Gispert, Hélène (1999). Champs conceptuels et milieux mathématiques : objets et moyens d'études, méthodes quantitatives en histoire des mathématiques. *Acta historia rerum naturalium nec non technicarum*, *28* (3), 167–185.

Gispert, Hélène (éd.) (2002). *« Par la science, pour la patrie ». L'Association française pour l'avancement des sciences (1872-1914)*. Rennes : Presses universitaires de Rennes.

Gispert, Hélène (2015). *La France mathématique de la IIIe République avant la Grande Guerre*. Paris : Société mathématique de France.

Gispert, Hélène (2017). Histoire de l'enseignement, histoire des mathématiques : une fécondité réciproque. Dans *Les Mathématiques à l'école élémentaire (1880-1970). Études France-Brésil*, édité par R. d'Enfert, M. Moyon & W. R. Valente, Limoges : Presses universitaires de Limoges, 13–37.

Gispert, Hélène (2018). Journaux mathématiques et publics enseignants (18e-20e siècles). Le rôle heuristique de l'hétérogénéité des mondes de l'enseignement des mathématiques. *Schweizerische Zeitschrift für Bildungswissenschaften*, *40* (1), 133–152.

Gispert, Hélène & Leloup, Juliette (2009). Des patrons des mathématiques en France dans l'entre-deux-guerres. *Revue d'histoire des sciences*, *62* (1), 39–117.

Gispert, Hélène, Nabonnand, Philippe & Peiffer, Jeanne (2023). Les journaux mathématiques et leurs communautés de lecteurs. Dans *Le Monde des mathématiques*, édité par P.-M. Menger & P. Verschueren, Paris : Éditions du Seuil, chap. 10, 497–541.

Giuntini, Sandra (1994). Su una controversia fra Pietro Ferroni e Vittorio Fossombroni. Dans *La Storia delle Matematiche in Italia. Atti del convegno*, édité par O. Montaldo & L. Grugnetti, Bologne : Monograf, 441–450.

Giusti, Enrico (1980). *Bonaventura Cavalieri and the Theory of Indivisibles*. Milan : Ed. Cremonese.

Gluchoff, Alan (2005). Pure mathematics applied in early twentieth-century America: The case of T. H. Gronwall, consulting mathematician. *Historia Mathematica*, *32* (3), 312–357.

Gluchoff, Alan (2012). T. H. Gronwall and the spread of nomography in America, 1900-1925. Dans *Calculating Curves. The Mathematics, History, and Aesthetic Appeal of T. H. Gronwall's Nomographic Work*, édité par R. Doerfler, Boston : Docent Press, 1–34.

Gnedenko, Boris V. (1946). *Essays on the History of Mathematics in Russia* (in Russian). Moscow ; Leningrad : GITTL.

Göbel, Silke, Sperber, Wolfram & Wegner, Bernd (2020). 150 Jahre – Ein Rückblick auf das *Jahrbuch über die Fortschritte der Mathematik*. *Mitteilungen der Deutschen Mathematiker-Vereinigung*, *28* (2), 95–107.

Goblot, Edmond (1902). La licence de philosophie. *Revue de métaphysique et de morale*, *15* (1), 94–102.

Goblot, Edmond (1922). Einstein et la métaphysique. *Revue philosophique de la France et de l'étranger*, *94*, 135–152.

Goldstein, Catherine (1999). Sur la question des méthodes quantitatives en histoire des mathématiques : le cas de la théorie des nombres en France (1870-1914). *Acta historiae rerum naturalium necnon technicarum*, *28*, 187–214.

Goldstein, Catherine (2009). La théorie des nombres en France dans l'entre-deux-guerres : De quelques effets de la première guerre mondiale. *Revue d'histoire des sciences*, *62* (1), 143–176.

Goldstein, Catherine (2020). « S'occuper des mathématiques sans y être obligé » : pratiques professionnelles des mathématiciens amateurs en France au XIXe siècle. *Romantisme, 190* (4), 52–63.

Goldstein, Catherine & Aubin, David (éds.) (2014). *The War of Guns and Mathematics: Mathematical Practices and Communities in France and Its Western Allies Around World War I*. Providence : AMS, History of Mathematics.

Goodstein, Judith & Babbit, Donald (2012). A fresh look at Francesco Severi. *Notices of the AMS, 59* (8), 1064–1075.

Gordin, Michael D. (2015). *Scientific Babel: The Language of Science from the Fall of Latin to the Rise of English*. Londres : Profile Books.

Gordon, Alexander & Marsden, Ben (2004). Gregory, Olinthus Gilbert (1774-1841). Dans *Oxford Dictionary of National Biography*, Oxford : Oxford University Press.

Gourmont, Rémy de (2015). *Correspondance*, t. III (suppléments). Saint-Loup-de-Naud : Éditions du Sandre. Réunie, préfacée et annotée par V. Gogibu.

Gouzévitch, Irina & Gouzévitch, Dmitri (2009). Introducing mathematics, building an empire: Russia under Peter I. Dans *The Oxford Handbook of the History of Mathematics*, édité par E. Robson & J. Stedall, Oxford : Oxford University Press, 353–373.

Gow, A. M. (1862). *The Illinois Teacher*. 8.

Grabiner, Judith V. (1977). Mathematics in America : The first hundred years. Dans *The Bicentennial Tribute to American Mathematics 1776-1976*, édité par J. D. Tarwater, Washington : The Mathematical Association of America, 9–224.

Grafton, Anthony (2012). *La Page, de l'Antiquité à l'ère du numérique. Histoire, usages, esthétiques*. Paris : Hazan ; Musée du Louvre.

Granovetter, Mark S. (1973). The strength of weak ties. *American Journal of Sociology, 78* (6), 1360–1380.

Grattan-Guinness, Ivor (1986). The "Società Italiana", 1782-1815: a Survey of its Mathematics and Mechanics. Dans *Storia delle matematiche in Italia, Atti del convegno, Symposia Mathematica*, t. XXVII, Londres ; New York : Academic Press, 147–168.

Grattan-Guinness, Ivor (1993). The ingénieur savant, 1800-1830. A neglected figure in the history of French mathematics and science. *Science in Context, 6* (2), 405–433. trad. fr. *BibNum*, « L'ingénieur-savant, 1800-1830 : Une figure négligée dans l'histoire des mathématiques et de la science en France », 2017.

Gray, Jeremy J. (2002). Languages for mathematics and the language of mathematics in a world of nations. (Parshall & Rice 2002, 201–228).

Gray, Jeremy J. (2004). Anxiety and abstraction in nineteenth-century mathematics. *Science in Context, 17* (1–2), 23–47.

Gray, Jeremy J. (2008). *Plato's Ghost: The modernist transformation of mathematics.* Princeton : Princeton University Press.

Greber, Jules-Henri (2014). *L'Histoire de la philosophie des sciences mathématiques, physiques et chimiques au tournant du XXe siècle.* Thèse de doctorat, Université de Lorraine.

Greber, Jules-Henri (2017). Comment initier les philosophes aux nouveautés mathématiques à la fin du XIXe siècle ? La stratégie éditoriale de la *Revue philosophique de la France et de l'étranger. Images des mathématiques, CNRS.*

Greber, Jules-Henri & Nabonnand, Philippe (2021). Une base de données de journaux mathématiques. Dans *Les Corpus en sciences humaines et sociales*, édité par C. Benzitoun & M. Rebuschi, Nancy : PUN - Éditions universitaires de Lorraine, 273–289.

Greco, Gaetano (2020). *Storia del Granducato di Toscana.* Brescia : Morcelliana.

Greenaway, Frank (1996). *Science International. A History of the International Council of Scientific Unions.* Cambridge : Cambridge University Press.

Greene, John C. (1984). *American Science in the Age of Jefferson.* Ames : Iowa State University Press.

Greenhill, George (1916). 476. Math. Gazette, March 1916. *The Mathematical Gazette, 8* (124), 297–297.

Grelon, André (1988). L'ingénieur et l'Europe : une longue histoire. *European Journal of Engineering Education, 13* (1), 17–23.

Grier, David Alan (2005). *When Computers Were Human.* Princeton : Princeton University Press.

Gruey, Jules (1879). Théorie élémentaire des gyroscopes. *Mémoires de l'académie des sciences, belles-lettres et arts de Clermont-Ferrand, 21,* 17–124.

Grüson, Johann Philipp (1791). *Beschreybung und Gebrauch einer neu erfundenen Rechenmaschine.* Halle : J. C. Hendels Verlage.

Guerraggio, Angelo, Mattaliano, Maurizio & Nastasi, Pietro (éds.) (2007). *Mauro Picone e i matematici polacchi. 1937-1961.* Rome : Accademia polacca delle scienze.

Guerraggio, Angelo & Nastasi, Pietro (2005). *Matematica in camicia nera. Il regime e gli scienziati.* Milan : Mondadori.

Guicciardini, Niccolò (1989). *The Development of Newtonian Calculus in Britain 1700–1800.* Cambridge : Cambridge University Press.

Guicciardini, Niccolò (2004). Leybourn, Thomas (c. 1769-1840). Dans *Oxford Dictionary of National Biography,* t. 29, Oxford : Oxford University Press, 51–53.

Guimarães, Valéria dos Santos (2018a). Agentes da circulação de jornais franceses no Brasil (Passagem do século XIX ao XX). Dans *Suportes e Mediadores: A circulação transatlântica dos impressos (1789-1914)*, édité par L. Granja & T. De Luca, Campinas : UNICAMP, 321–358.

Guimarães, Valéria dos Santos (2018b). Les journaux français publiés au Brésil et les échanges transnationaux (1854-1924). *Médias, 19*.

Guiraudet, Paul (1861). Note sur les points à indicatrice parabolique et sur la théorie des points singuliers dans les courbes planes. *Mémoires de la société des sciences, de l'agriculture et des arts de Lille*, 21 (2e série), 457–470.

Guiraudet, Paul (1869). Sur les métiers à tisser à la mécanique. *Mémoires de la société des sciences, de l'agriculture et des arts de Lille*, 7 (3e série), 447–450.

Guizot, François (1834). Circulaire. *Annales de la société royale académique de Nantes et du département de la Loire-Inférieure*, 5, 352–357.

Guyou, Émile (1876). Géométrie des flotteurs. Courbures des surfaces des flottaisons et des centres des isocarènes (Théorèmes généraux). *Mémoires de la société nationale des sciences naturelles et mathématiques de Cherbourg*, 241–255.

Habel, Thomas (2007). *Gelehrte Journale und Zeitungen der Aufklärung*. Brême : Édition lumière.

Habermas, Jürgen (1990). *Strukturwandel der Öffentlichkeit*. Frankfurt am Main : Suhrkamp.

Hache-Bissette, Françoise (2017). Le partage des savoirs : science populaire ou vulgarisation scientifique ? Dans *Les Sciences en bibliothèque*, édité par M. Netzer, Paris : Éditions du Cercle de la Librairie, 51–62.

Haillecourt, Alfred (1872). Compte rendu. *Mémoires de l'académie des sciences, belles-lettres et arts de Savoie*, 12 (2e série), LXIII–LXIV.

Hall, David D. (1983). The uses of literacy in New England, 1600-1850. Dans *Printing and Society in Early America*, édité par W. L. Joyce, D. D. Hall & R. D. Brown, Worcester : American Antiquarian Society, 1–47.

Hall, Henry Sinclair & Knight, S. R. (1887). *Higher Algebra*. Londres : Macmillan.

Hamberger, Georg Christoph (1797). *Das gelehrte Teutschland oder Lexikon der jetzt lebenden teutschen Schriftsteller, angefangen von Georg Christoph Hamberger. Fortges. von Johann Georg Meusel. 5. ... verm. u. verb. Ausg*, t. 3. Meyer.

Hampshire, John (1821). Acknowledgements and remarks. *Gentleman's Mathematical Companion for the Year 1822, 1821*.

Hankel, Hermann & Du Bois-Reymond, Paul (1869). *Die Entwickelung der Mathematik in den letzten Jahrhunderten. Ein Vortrag beim Eintritt in den Akademischen Senat der Universität Tübingen am 29. April 1869 gehalten.* Tübingen : L. F. Fues.

Hankins, Thomas L. (1999). Blood, dirt, and nomograms: A particular history of graphs. *Isis, 90* (1), 50–80.

Hart, David (1875). Historical sketch of American mathematical periodicals. *The Analyst, 2* (5), 131–138.

Hasse, Helmut (1934). Normenresttheorie galoisscher Zahlkörper mit Anwendungen auf Führer und Diskriminante abelscher Zahlkörper. *Journal of the Faculty of Science, Imperial University of Tokyo. Section 1, Mathematics, astronomy, physics, chemistry, 2*, 477–498.

Hasse, Helmut & Suetuna, Zyoiti (1931). Ein allgemeines Teilerproblem der Idealtheorie. *Journal of the Faculty of Science, Imperial University of Tokyo. Section 1, Mathematics, astronomy, physics, chemistry, 2*, 133–154.

Hayashi, Tsuruichi (1905a). A brief history of the Japanese mathematics. *Nieuw Archief voor Wiskunde, tweede reeks, 6*, 296–361.

Hayashi, Tsuruichi (1905b). A brief history of the Japanese mathematics. *Nieuw Archief voor Wiskunde, tweede reeks, 7*, 105–163.

Hayashi, Tsuruichi (1913a). Letter from Hayashi Tsuruichi to Adolf Hurwitz dated July 3rd 1913. Staats- und Universitätsbibliothek Göttingen, Cod_MS_M_Math_Arch, 76.

Hayashi, Tsuruichi (1913b). Letter from Hayashi Tsuruichi to David Hilbert dated February 10th 1913. Staats- und Universitätsbibliothek Göttingen, Cod_Ms_Hilbert, 138.

Hayashi, Tsuruichi (1926). Letter from Hayashi Tsuruichi to Wilhelm Süss dated July 14th 1926. Universitätsarchiv Freiburg, C 0089, 45.

Hayashi, Tsuruichi & Ogura, Kinnosuke (1912). *Kyūsū gairon*. Tokyo : Ōkura Shoten.

Hedrick, Earle (1913). Foreword on behalf of the editors. *The American Mathematical Monthly, 20*, 1–5.

Hedrick, Earle (1916). A tentative platform for the association. *The American Mathematical Monthly, 23*, 31–33.

Heegmann, Alphonse (1860). Quelques mots sur un moyen d'augmenter considérablement le volume des eaux de la Deûle. *Mémoires de la société des sciences, de l'agriculture et des arts de Lille, 7* (2ᵉ série), 23–42.

Heidegger, Martin (1958). Bâtir habiter penser. Dans *Essais et conférences*, Paris : Gallimard, 170–193.

Heilbron, Johan (2007). Sociologie et positivisme en France au XIXᵉ siècle : les vicissitudes de la Société de sociologie (1872-1874). *Revue française de sociologie, 48*, 307–331.

Heine, Eduard (1867). Mittheilung über Kettenbrüche. *Journal für die reine und angewandte Mathematik*, 67, 315–326.

Hellerung, Johann Christian Daniel (1823). *Mathematische Abhandlungen: erste Sammlung, enthaltend: I. die Durchschnittspunkte der gegenüber liegenden Seiten der Vielecke im Kreise, analytisch betrachtet. II. Theorie der vollständigen magischen Quadrate, nebst Anhang. III. Analysis der Bewegung der Doppelkörper, auf festen Unterlagen, phoronomisch und dynamisch betrachtet*, t. 1. Rostock und Schwerin : Stiller.

Hempel, Carl Gustav (1975). The old and the new "Erkenntnis". *Erkenntnis*, 9 (1), 1–4.

Hendricks, Joel E. (1874a). Announcement. *The Analyst*, 1, 1.

Hendricks, Joel E. (1874b). Introductory remarks. *The Analyst*, 1, 1–2.

Hendricks, Joel E. (1874c). *The Analyst*. 1.

Hendricks, Joel E. (1877). *The Analyst*. 4.

Hendricks, Joel E. (1878). Announcement. *The Analyst*, 5 (6), 192.

Hendricks, Joel E. (1883a). Announcement. *The Analyst*, 10, 159–160.

Hendricks, Joel E. (1883b). Announcement. *The Analyst*, 10, 166.

Henry, Philippe & Nabonnand, Philippe (éds.) (2017). *Conversations avec Jules Hoüel*. Bâle : Birkhäuser.

Héricourt, Achmet (1863). *Annuaire des sociétés savantes de la France et de l'étranger*. Paris : Durand.

Hermite, Charles & Mittag-Leffler, Gösta (1984). Lettres de Charles Hermite à Gösta Mittag-Leffler (1874-1883). *Cahier du Séminaire d'histoire des mathématiques de l'IHP*, 5, 49–285.

Hermite, Charles & Mittag-Leffler, Gösta (1985). Lettres de Charles Hermite à Gösta Mittag-Leffler (1884-1891). *Cahier du Séminaire d'histoire des mathématiques de l'IHP*, 6, 79–217.

Hermite, Charles & Stieltjes, Thomas Jan (1905). *Correspondance d'Hermite et de Stieltjes*, t. 2. Paris : Gauthier-Villars. Éd. par Baillaud, B. et Bourget, H.

Hert, Philippe & Paul-Cavallier, Marcel (2007). *Sciences et frontières : délimitations du savoir, objets et passages*. Cortil-Wodon : Éditions modulaires européennes.

Hilberg, Raul (1992). *Perpetrators Victims Bystanders: The Jewish Catastrophe 1933-1945*. New York : Harper Perennial.

Hilbert, David (1899). *Grundlagen der Geometrie. Festschrift zur Feier der Enthüllung des Gauss-Weber-Denkmals in Göttingen, Theil 1*. Leipzig : Teubner.

Hilbert, David (1902). Sur les problèmes futurs des mathématiques. Dans *Compte rendu du deuxième Congrès international des mathématiciens tenu à Paris du 6 au 12 août 1900*, édité par E. Duporcq, Paris : Gauthier-Villars, 58–114.

Hill, George William (1874). On the differential equations of dynamics. *The Analyst*, *1*, 200–203.

Hiraiwa, Yōko (1972). Tōkyō Sūgaku Kaisha zasshi no naiyō to bunseki. *Sūgakushi kenkyū*, *54*, 24–42.

Hirayama, Akira (1969). Meiji-ki no sūgaku zasshi. Dans *Nihon kagaku gijutsu shi taikei, daijūnikan : Sūri kagaku*, édité par Nihon Kagakushi Gakkai, Tokyo : Daiichi Hōki Shuppan, 87–89.

Hiruberuto (1913). *Kikagaku genri*. Tokyo : Ōkura Shoten.

Hogan, Edward (1985). The *Mathematical Miscellany* (1836-1839). *Historia Mathematica*, *12*, 245–257.

Hogan, Edward R. (1976). George Baron and the *Mathematical Correspondent*. *Historia Mathematica*, *3*, 403–415.

Hogan, Edward R. (1977). Robert Adrian: American mathematician. *Historia Mathematica*, *4* (2), 157–172.

Hogan, Edward R. (1981). Theodore Strong and ante-bellum American mathematics. *Historia Mathematica*, *8* (4), 439–455.

Hollenberg, Georg Heinrich (1791). *Vorübungen zur practischen und theoretischen Geometrie für Kinder: zum Gebrauch für Lehrer, welche keine Mathematiker sind*. Göttingen : Dieterich.

Hollings, Christopher (2014). *Mathematics across the Iron Curtain: A History of the Algebraic Theory of Semigroups*, History of Mathematics, t. 41. Providence, RI : American Mathematical Society.

Hollings, Christopher (2015). The acceptance of abstract algebra in the USSR, as viewed through periodic surveys of the progress of Soviet mathematical science. *Historia Mathematica*, *42* (2), 193–222.

Hollings, Christopher (2016). *Scientific Communication across the Iron Curtain*. Springer Briefs in History of Science and Technology, Cham : Springer.

Hollings, Christopher & Siegmund-Schultze, Reinhard (2020). *Meeting under the Integral Sign ∫ : The Oslo Congress of mathematicians on the eve of the Second World War*. Providence : American Mathematical Society.

Hollis, H.P. (1898). Some further notes on the 'Nautical Almanac'. *The Observatory*, *21* (266), 200–204.

Horiuchi, Annick (1998). Les mathématiques peuvent-elles n'être que pur divertissement ? Une analyse des tablettes votives de mathématiques à l'époque d'Edo. *Extrême-Orient, Extrême-Occident*, *20*, 135–156.

Horiuchi, Annick (2004). Langues mathématiques de Meiji : à la recherche du consensus ? Dans *Traduire, transposer, naturaliser : la formation d'une langue scientifique moderne hors des frontières de l'Europe au XIXe siècle*, édité par P. Crozet & A. Horiuchi, Paris : L'Harmattan, 43–70.

Horiuchi, Annick (2010). *Japanese Mathematics in the Edo Period (1600-1868): A Study of the Works of Seki Takakazu (?-1708) and Takebe Katahiro (1664-1739), Science Networks: Historical Studies*, t. 40. Bâle : Birkhäuser.

Horiuchi, Annick (2014). The Jinkōki phenomenon: The story of a longstanding calculation manual in Tokugawa Japan. Dans *Listen, Copy, Read: Popular Learning in Early Modern Japan*, édité par M. Hayek & A. Horiuchi, Leiden : Brill, 253–287.

Horiuchi, Annick (2016). Kinsei Nihon shisōshi ni okeru hon'yaku no yakuwari. Dans *Shisōshi kara higashi Ajia o kangaeru, Nihongaku kenkyū sōsho*, édité par M. Tsujimoto & X. Xu, Taipeh : National Taiwan University Press, 271–294.

Horner, William George (1819a). A new method of solving numerical equations of all orders, by continuous approximation. *Philosophical Transactions of the Royal Society of London*, *109*, 308–335.

Horner, William George (1819b). On the popular methods of approximation. *New Series of the Mathematical Repository*, *4*, 131–136.

Horner, William George (1830). Horæ Arithemticæ, n° 8. *New Series of the Mathematical Repository*, *6*, 53–56.

Horner, William George (1835). On numerical equations. *New Series of the Mathematical Repository*, *5*, 21–37, 41–75.

Horrer, Johann Sebastian (1782). *Physikalische Unterhaltungen verschiedener Gegenstände: zur gemeinnützigen Kenntniß der Mathematik*. Nuremberg : Bauer.

Horrocks, Thomas (2008). *Popular Print and Popular Medicine: Almanacs and Health Advice in Early America*. Amherst : University of Massachusetts Press.

Howson, Albert Geoffrey (2004). Tate, Thomas. Dans *Oxford Dictionary of National Biography*, Oxford : Oxford University Press.

Huard, Raymond (1988). Arithmétique et politique : la représentation proportionnelle en France 1871-1914. *Cahiers d'histoire de l'Institut de recherches marxistes*, *33*, 7–29.

Huguet, Françoise & Noguès, Boris (2011). Les chaires des facultés de lettres et de sciences en France au XIXe siècle. http://facultes19.ish-lyon.cnrs.fr/prof_facultes_1808_1880.php.

Humbert, Eugène (1892). Note sur la continuité. *Revue de mathématiques spéciales*, *3* (3), 34–36.

Humbert, Eugène (1895a). Note. *Revue de mathématiques spéciales*, *5* (4), 276–277.

Humbert, Eugène (1895b). Note sur les fonctions localement croissantes. *Revue de mathématiques spéciales*, 6 (3), 276–277.

Humbert, Eugène (1904). Bibliographie. *Revue de mathématiques spéciales*, 14 (4), 392.

Humboldt, Alexander von (1806). Anzeige astronomischer, geometrischer und physikalischer Instrumente. *Annalen der Physik und Chemie*, 23, 362–364.

Hurwitz, A. (1913). Über einen Satz des Herrn Kakeya. *Tôhoku Mathematical Journal*, 4, 89–93.

Hutton, Charles (1775). Question 113 answered by the Proposer. *Miscellanea Mathematica*, 305–307.

Hutton, Charles (1798). *A Course of Mathematics, in two volumes*. Londres : G. G. and J. Robinson.

Iacobi, Carolo Gustavo Iacobo (1829). *Fundamenta Nova Theoriae Functionum Ellipticarum*. Regiomonti : Borntraeger.

Illing, Carl Christian (1793). *Arithmetisches Vade-Mecum*. Leipzig : Hirscher.

Israel, Giorgio (2010). *La scienza italiana e le politiche razziali del regime*. Bologna : Il Mulino.

Israel, Giorgio & Nastasi, Pietro (1998). *Scienza e razza nell'Italia fascista*. Bologna : Il Mulino.

Itō, Atsuko (1997). Seisho wayaku no rekishi. *Katholikos : Nanzan Daigaku toshokan katorikku bunko tsūshin*, 8, 2–3.

Ivory, James (1806). Demonstration of a theorem respecting prime numbers. *New Series of the Mathematical Repository*, 1, 6–8.

Ivory, James (1835). On the theory of elliptic transcendents. *New Series of the Mathematical Repository*, 6 (Part III), 68–96.

Iyanaga, Shōkichi (1994). Mes rencontres avec Claude Chevalley. Dans *Collected Papers*, Tokyo : Iwanami Shoten, 270–294.

Jacob, Christian (2014). *Qu'est-ce qu'un lieu de savoir ?* Marseille : OpenEdition Press.

Jacobi, Charles Frédéric André (1825). *De triangulorum rectilineorum proprietatibus quibusdam nondum satis cognitis*. Leipzig : Schwickert.

Jacobi, Charles Frédéric André (1835). On certain properties of plane triangles which are not generally known. *New Series of the Mathematical Repository*, 6 (Part III), 53–67.

Janet, Paul (1919). Milhaud (Gaston), né à Nîmes le 10 août 1858, mort à Paris le 1er octobre 1918. Promotion 1878. *Association amicale de secours des anciens élèves de l'École normale supérieure.*

JdI (1860). Cours d'études. *Journal des instituteurs*, *6* (39), 197.

JdI (1862). Bibliographie. *Journal des instituteurs*, *8* (47), 602–603.

JdI (1864). Exercices d'arithmétique. Problèmes gradués. *Journal des instituteurs*, *10* (5), 73–75.

JdI (1865). Exercices de géométrie. *Journal des instituteurs*, *11* (40), 554–556.

JdI (1867). Exercices d'arithmétique. Problèmes gradués. *Journal des instituteurs*, *13* (2), 17–19.

JdI (1868). De l'éducation des filles. Des différentes branches d'enseignement dans leurs rapports avec l'éducation – Arithmétique. Géographie. *Journal des instituteurs*, *14* (48), 676–678.

JdI (1875). Arithmétique et système métrique. Problèmes gradués pour les compositions. *Journal des instituteurs*, *40*, 663–664.

JdI (1877). Examens du brevet de capacité. *Journal des instituteurs*, *28*, 464–465.

Jefferson, Thomas (1799). The description of a mould-board of the least resistence [*sic*], and of the easiest and most certain construction, taken from a letter to Sir John Sinclair, President of the Board of Agriculture at London. *Transactions of the American Philosophical Society*, *4*, 313–322.

J.F.A. (1842). Lettres à un instituteur sur la manière d'enseigner l'arithmétique. X. *Manuel général de l'instruction primaire*, *2* (7), 169–175.

Johannes, Gert Jan (1995). *De barometer van de smaak. Tijdschriften in Nederland 1770-1830.* Den Haag : SBU.

John, Richard R. (1998). *Spreading the News: The American Postal System From Franklin to Morse.* Cambridge : Harvard University Press.

Johnson, William (1989*a*). Charles Hutton, 1737–1823: The prototypical Woolwich professor of mathematics. *Journal of Mechanical Working Technology*, *18*, 195–230.

Johnson, William (1989*b*). The Woolwich professors of mathematics, 1741–1900. *Journal of Mechanical Working Technology*, *18*, 145–194.

Johnston, Stephen (1994). *Making Mathematical Practice: Gentlemen, Practitioners and Artisans in Elizabethan England.* Thèse de doctorat, University of Cambridge.

Jordan, Camille (1885). Avertissement. *Journal de mathématiques pures et appliquées*, *IV*, *1*, 5.

Jorgenson, Chester E. (1935). The new science in the almanacs of Ames and Franklin. *The New England Quarterly*, *8* (4), 555–561.

Jorink, Eric & Zuidervaart, Huub (2012). "The Miracle of Our Time". How Isaac Newton was fashioned in the Netherlands. Dans *Newton and the Netherlands*, édité par E. Jorink & A. Maas, Leiden : University Press, 13–66.

Jovanovic, Franck, Rebolledo-Dhuin, Viera & Verdier, Norbert (2018a). Histoire des sciences et histoire de l'édition : de quelle manière peuvent-elles se compléter ? *Philosophia Scientae*, *22* (1), 3–22.

Jovanovic, Franck, Rebolledo-Dhuin, Viera & Verdier, Norbert (éds.) (2018b). *Science(s) et édition(s) des années 1780 à l'entre-deux-guerres*, Philosophia Scientiæ, t. 22-1. Paris : Kimé.

Jubé, Eugène (1877). Discours de réception de M. Jubé. *Précis analytique des travaux de l'académie des sciences, belles-lettres et arts de Rouen*, 5–23.

Jubé, Eugène (1878). Équations algébriques méthode de M. John Mallet. *Précis analytique des travaux de l'académie des sciences, belles-lettres et arts de Rouen*, 77.

Jubé, Eugène (1886). La théorie des marées de Laplace expliquée avec le seul secours des mathématiques élémentaires. *Précis analytique des travaux de l'académie des sciences, belles-lettres et arts de Rouen*, 197–232.

Juratic, Sabine (2016). Jérôme de Lalande et la *Bibliographie astronomique* : un autre « Chemin du ciel ». Dans *L'Annonce faite au lecteur : La circulation de l'information sur les livres en Europe (16e–18e siècles)*, édité par A. Charon, S. Juratic & I. Pantin, Louvain : Presses universitaires de Louvain, 299–316.

Kaestle, C. F. (1983). *Pillars of the Republic. Common Schools and American Society, 1780-1860*. New York : Hill and Wang.

Kakeya, Sōichi (1912). On the limits of the roots of an algebraic equation with positive coefficients. *Tôhoku Mathematical Journal*, *2*, 140–142.

Kalifa, Dominique, Régnier, Philippe, Therenty, Marie-Ève & Vaillant, Alain (éds.) (2011). *La Civilisation du journal : histoire culturelle et littéraire de la presse française au XIXe siècle*. Paris : Nouveau monde Éd.

Karpinski, Louis C. (1940). *Bibliography of Mathematical Works Printed in America through 1850*. Ann Arbor : University of Michigan Press.

Karsten, Gustav (1847). Vorbericht. *Fortschritte der Physik l (1845)*, *1*, III–X.

Kashiwazaki, Akifumi (2012). Mikami Yoshio no shōgai to gyōseki – Mikami Yoshio ni yoru Nihon sūgakushi no kindaika – Jisshō shigaku to bunka shigaku no ōkan to shite. *Sūri kaiseki kenkyūjo kōkyūroku*, *1787*, 138–147.

Katano, Zen'ichirō (1982). Meiji jidai ni okeru sūgaku senmon no shigaku ni tsuite (1). *Fuji ronsō*, *27* (2), 127–164.

Katano, Zen'ichirō (1983a). Meiji jidai ni okeru sūgaku senmon no shigaku ni tsuite (2). *Fuji ronsō*, *28* (1), 179–228.

Katano, Zen'ichirō (1983b). Meiji jidai ni okeru sūgaku senmon no shigaku ni tsuite (3 kan). *Fuji ronsō, 28* (2), 107–141.

Katano, Zen'ichirō (1985). Meiji jidai no sūgaku zasshi (1). *Fuji ronsō, 30* (2), 252–234.

Katano, Zen'ichirō (1986). Meiji jidai no sūgaku zasshi (2). *Fuji ronsō, 31* (1), 200–177.

Katano, Zen'ichirō (1987). Meiji jidai no sūgaku zasshi 3). *Fuji ronsō, 32* (1), 608–583.

Katano, Zen'ichirō (1994). Meiji jidai no sūgaku zasshi (4). *Fuji ronsō, 39* (2), 334–311.

Kawada, Yukiyosi (éd.) (1993). *"Nihon sūgaku hyakunen shi" furoku 1, Jōchi Daigaku Sūgaku Kōkyū Roku*, t. 36. Tokyo : Jōchi Daigaku Sūgaku Kyōshitsu.

Kawada, Yukiyosi, Murata, Kentarō & Amemiya, Ichirō (éds.) (1995). *"Nihon sūgaku hyakunen shi" bekkan, Jōchi Daigaku Sūgaku Kōkyū Roku*, t. 39. Tokyo : Jōchi Daigaku Sūgaku Kyōshitsu.

Keill, John (1720). *Epistola ad Virum Clarissimum Joannem Bernoulli in Academia Basiliensi mathematum Professorem*. Londres : Pearson.

Kelly, John Thomas (1991). *Practical Astronomy During the Seventeenth Century : Almanac-Makers in America and England*. Harvard Dissertations in the History of Science, New York : Garland Publishing.

Kempe, Alfred Bay (1875). On a general method of producing exact rectilinea motion by linkwork. *Proceedings of the Royal Society of London, 23*, 565–577.

Kempe, Alfred Bay (1877). Sur la production du mouvement rectiligne exact, au moyen de tiges articulées. *Nouvelle Correspondance mathématique, 3*, 129–139 ; 177–186. Trad. par V. Liguine.

Kent, Deborah A. (2008). *The Mathematical Miscellany* and *The Cambridge Miscellany of Mathematics*: Closely connected attempts to introduce research-level mathematics in America, 1836-1843. *Historia Mathematica, 35* (2), 102–122.

Kent, Deborah A. (2011). The curious aftermath of Neptune's discovery. *Physics Today, 64* (12), 46–51.

Kent, Deborah A. (2019). A connected effort ? American editors pursue mathematical journal publication, 1804–1878. *Revue d'histoire des mathématiques, 25* (2), 195–233.

Kent, Deborah A. (2020). Des frontières de la civilisation à l'Institute for Advanced Study : comment *The Analyst* devint les *Annals of Mathematics. Gazette des mathématiciens, 165*, 35–45. Trad. fr. par C. Eckes.

Kikuchi, Yoshiyuki (2021). International science in Japanese eyes: Jōji Sakurai, European multilingualism and Pacific monolingualism. *Historia Scientiarum. Second Series, 30* (2), 113–129.

Kilpatrick, Jeremy (2014). Mathematics education in the United States and Canada. Dans *Handbook on the History of Mathematics Education*, édité par A. Karp & G. Schubring, New York : Springer, 323–334.

Klein, Boris (2017). *Les Chaires et l'Esprit : organisation et transmission des savoirs au sein d'une université germanique au XVIIe siècle*. Lyon : Presses universitaires de Lyon.

Klein, Felix (1895). *Vorträge über ausgewählte Fragen der Elementargeometrie*. Leipzig : Teubner. Edited by F. Tägert.

Klein, Felix (1926-1927). *Vorlesungen zur Entwicklung der Mathematik im 19. Jahrhundert*. New York : Chelsea Publishing Company.

Knight, Thomas (1814). On the expansion of a formula $\phi(A + c \cos x)^m$; On the sine and cosine of multiple arc. *New Series of the Mathematical Repository*, *3*, 32–37.

Knight, Thomas (1819). Four papers on the summation of series. *New Series of the Mathematical Repository*, *4*, 78–116.

Knoche, Michael (1991). Scientific journals under National Socialism. *Libraries and Culture*, *26*, 415–426.

Knorre, Martin (1691). Mathematical Sciences in Nine Books, by William Leyburn Philomath, hoc est. *Acta eruditorum*, 463–464.

Kobayashi, Tatsuhiko (2017). *Dechuan riben dui hanyi xiyang lisuan shude shourong*. Shanghai : Shanghai Jiao Tong University Press.

Kodama, K. (2018). Tornar a ciência popular Figuier nos jornais e revistas do Brasil (1850-1870). *Varia Historia*.

Koehler, Joseph (1886). *Exercices de géométrie analytique et de géométrie supérieure à l'usage des candidats aux écoles Polytechnique et Normales et à l'agrégation*. Paris : Gauthier-Villars & fils.

Kogure, Katsuna & Ishihara, Haruko (2012). "Tōkyō Butsuri Gakkō zasshi" no kindai tsūshin kyōiku to shite no yakuwari to sono igi. *Nihon tsūshin kyōiku gakkai kenkyū ronshū*, *2011*, 23–36.

Köhnke, Klaus Christian (1986). *Entstehung und Aufstieg des Neukantianismus. Die deutsche Universitätsphilosophie zwischen Idealismus und Positivismus*. Frankfurt am Main : Suhrkamp.

Koizumi, Kenkichirō (1975). The emergence of Japan's first physicists – 1868-1900. Dans *Historical Studies in the Physical Sciences, Sixth Annual Volume*, Princeton : Princeton University Press, 3–108.

Kokott, Wolfgang (2002). Bodes Astronomisches Jahrbuch als internationales Archivjournal. *Acta Historica Astronomiae*, *14*, 142–157.

Kōta, Osamu (2007). Meiji zenki ni okeru 'seiyō kōtō sūgaku' no kyōiku. *Sūri kaiseki kenkyūjo kōkyūroku, 1546*, 230–246.

Kota, Osamu (2018). Western mathematics on Japanese soil — A history of teaching and learning of mathematics in modern Japan. Dans *Mathematics of Takebe Katahiro and History of Mathematics in East Asia*, édité par T. Ogawa & M. Morimoto, Tokyo : Mathematical Society of Japan, Advanced Studies in Pure Mathematics, 337–345.

Kraitchik, Maurice (1930). *La Mathématique des jeux ou Récréations mathématiques.* Bruxelles : Imprimerie Stevens Frères.

Krauss, Fritz (1922). *Die Nomographie oder Fluchtlinienkunst. Ein technischer Leitfaden.* Berlin : Springer.

Krementsov, Nikolai L. (1997). *Stalinist Science.* Princeton : Princeton University Press.

Kronick, David A. (1976). *A History of Scientific and Technical Periodicals. The Origins and Development of the Scientific and Technical Press, 1665-1790.* New York : Scarecrow Press.

Kronick, David A. (1991). *Scientific and Technical Periodical of Seventeenth and Eighteenth Centuries.* Londres : The Scarecrow Press.

Krüger, Jenneke (2010). Lessons from the early seventeenth century for mathematics curriculum design. *BSHM Bulletin, 25*, 144–161.

Krüger, Jenneke (2013). The power of mathematics education in the 18th century. Dans *Proceedings of the Eighth Congress of the European Society for Research in Mathematics Education (CERME 8), 6-10 February 2013*, édité par B. Ubuz, Ç. Haser & M. A. Mariotti, Turkey : Middle East Technical University, European Society for Research in Mathematics Education 2020-2029.

Krüger, Jenneke (2017). "Mathematische Liefhebberye" [1754-1769] and "Wiskonstig Tijdschrift" [1904-1921]: both journals for Dutch teachers of mathematics. Dans *"Dig where you stand" 4. Proceedings of the Fourth International Conference on the History of Mathematics Education*, édité par K. Bjarnadóttir, F. Furinghetti, M. Menghini, J. Prytz & G. Schubring, Rome : Edizioni Nuova Cultura, 235–246.

Krüger, Jenneke (2018). Un journal mathématique néerlandais au XVIIIe siècle – Le Passe-Temps mathématique [1754-1769]. *Images des Mathématiques, CNRS.* [Digital publication], en ligne.

Krüger, Jenneke (2019a). Differential calculus in a journal for Dutch school teachers [1754-1764]. Dans *"Dig where you stand" 5. Proceedings of the Fifth International Conference on the History of Mathematics Education*, édité par K. Bjarnadóttir, F. Furinghetti, J. Krueger, J. Prytz, G. Schubring & H. J. Smid, Rome : Edizioni Nuova Cultura, 223–240.

Bibliographie

Krüger, Jenneke (2019*b*). Relevance of mathematics journals for Dutch teachers in the 18th and 19th century. Dans *Proceedings of the Eleventh Congress of the European Society for Research in Mathematics Education (CERME 11)*, édité par U. T. Jankvist, M. van den Heuvel-Panhuizen & M. Veldhuis, Utrecht, the Netherlands.

Kubota, Tadahiko (1924). Letter from Kubota Tadahiko to Wilhelm Süss dated October 6th 1924.

Kümmerle, Harald (2018*a*). *Die Institutionalisierung der Mathematik als Wissenschaft im Japan der Meiji- und Taishō-Zeit*. Thèse de doctorat, Martin-Luther-Universität Halle-Wittenberg, Halle.

Kümmerle, Harald (2018*b*). Fujisawa Rikitarō to kenkyū gimu. *Arīna*, *21*, 97–105.

Kümmerle, Harald (2018*c*). Hayashi Tsuruichi and the success of the *Tôhoku Mathematical Journal* as a publication. Dans *Mathematics of Takebe Katahiro and History of Mathematics in East Asia, Advanced Studies in Pure Mathematics*, t. 79, édité par T. Ogawa & M. Morimoto, Tokyo : Mathematical Society of Japan, 347–358.

Kümmerle, Harald (2021). Hakushi ronbun "Meiji Taishō jidai no Nihon ni okeru sūgaku no kagaku to shite no seidoka" : sono seika to arata na mondai teiki. Dans *The Study of the History of Mathematics 2020, RIMS Kôkyûroku Bessatsu*, t. B85, Kyoto : Research Institute for the Mathematical Sciences, Kyoto University, 143–153.

Kümmerle, Harald (2022). *Die Institutionalisierung der Mathematik als Wissenschaft im Japan der Meiji- und Taishō-Zeit*, *Acta Historica Leopoldina*, t. 77. Halle (Saale) : Deutsche Akademie der Naturforscher Leopoldina – Nationale Akademie der Wissenschaften.

Kümmerle, Harald (2024). Tannaka Tadao's 1938 paper on the duality of non-commutative topological groups and its historical background. Dans *Duality in 19th and 20th Century Mathematical Thinking*, édité par R. Krömer, E. Haffner & K. Volkert, Bâle : Birkhäuser, 355–434.

La Rive, Lucien de (1888). *Sur la composition des sensations et la formation de la notion d'espace*. Genève : Georg.

La Vopa, Anthony J. (1988). *Grace, Talent, and Merit: Poor Students, Clerical Careers, and Professional Ideology in Eighteenth-Century Germany*. Cambridge : Cambridge University Press.

Labosne, A. (1872). *Instruction sur la règle à calcul*. Paris : Gauthier-Villars.

Laboulais, Isabelle (2012). *La Maison des mines : la genèse révolutionnaire d'un corps d'ingénieurs civils (1794-1814)*. Rennes : Presses universitaires de Rennes.

Labriola, Nadia (1927). Novo programmas de labore manuale in scholas de Soviets. *Schola et Vita*, *2*, 259–262.

Labrousse, Antoine (1905). Sur les séries entières. *Revue de mathématiques spéciales*, *15* (6), 117–119.

Labunsky, Nahum (1929). Scholas medio in Palestina. *Schola et Vita*, *4*, 148–152.

Lacmann, Otto (1923). *Die Herstellung gezeichneter Rechentafeln. Ein Lehrbuch der Nomographie*. Berlin : Springer.

Lacroix, Sylvestre-François (1798). *Traité du calcul différentiel et du calcul intégral*, t. 2. Paris : Chez J. B. M. Duprat.

Ladd, Christine (1875). Crelle's *Journal*. *The Analyst*, *2*, 51–52.

Laeven, Augustinus Hubertus (1990). *The Acta Eruditorum under the Editorship of Otto Mencke (1644-1707). The history of an international learned journal between 1682 and 1707*. Amsterdam ; Maarssen : APA Holland University Press.

Laeven, Augustinus Hubertus & Laeven-Aretz, Lucy J. M. (2014). *The Authors and Reviewers of the Acta Eruditorum 1682-1735*. Molenhoek : Electronic Publication.

Lagarrigue, Bruno (s.d.). Jean Auguste Victor Lagarrigue (dit Ferdinand). URL www.brunolagarrigue.com/projets/jean-auguste-victor-lagarrigue.

Lagarrigue, Ferdinand (1865a). Un voyage à la Lune. *Journal des instituteurs*, *11* (26–29), 26 : 364–365 ; 27 : 374–375 ; 28 : 388–390 ; 29 : 403–405.

Lagarrigue, Ferdinand (1865b). Réponses à quelques questions de nos abonnés. *Journal des instituteurs*, *11* (30), 422–423.

Lagarrigue, Ferdinand (1865c). Réponses à quelques questions de nos abonnés. *Journal des instituteurs*, *11* (42), 590.

Lagarrigue, Ferdinand (1866). *Curiosités arithmétiques. L'origine des chiffres, le calcul mental, les opérations abrégées, les carrés magiques, problèmes curieux et amusants, etc.* Paris : Paul Dupont.

Lagarrigue, Ferdinand (1867). *Récréations scientifiques, ou Exposé des faits les plus intéressants et les plus curieux dans les sciences mathématiques, physiques et naturelles*. Paris : Paul Dupont.

Lagarrigue, Ferdinand (1868). Réponses à quelques questions scientifiques. *Journal des instituteurs*, *14* (34), 482–484.

Lagarrigue, Ferdinand (1871). Conseils aux instituteurs sur l'enseignement de l'arithmétique. *Journal des instituteurs*, *7-8*, 103–106.

Lagrange, Joseph Louis (1776). Solution algébrique d'un problème de géométrie. *Œuvres de Lagrange*, *IV*, 335–339.

Lagrange, Joseph-Louis (1797). Essai d'analyse numérique sur la transformation des fractions. *Journal de l'École polytechnique*, *2* (6e cahier), 270–296.

Lagrange, Joseph-Louis (1798). Solutions de quelques problèmes relatifs aux triangles sphériques, avec une analyse complète de ces triangles. *Journal de l'École polytechnique*, *2* (5ᵉ cahier), 93–114.

Lagrange, Joseph-Louis (1806a). An essay of numerical, on the transformation of fractions. *New Series of the Mathematical Repository*, *1* (Part III), 24–40.

Lagrange, Joseph-Louis (1806b). Solutions of some problems relative to spherical triangles ; together with a complete analysis of these triangles. *New Series of the Mathematical Repository*, *1* (Part III), 1–23.

Laisant, Charles-Ange (1898). *La Mathématique : philosophie – enseignement*. Paris : Carré et Naud.

Lalande, Jérôme (1803). *Bibliographie astronomique ; avec l'histoire de l'astronomie depuis 1781 jusqu'à 1802*. Paris : De l'Imprimerie de la République, An XI.

Lalbalettrier, Gustave (1889). *Trigonométrie rectiligne suivie des principes de la nouvelle géométrie du triangle*. Paris.

Lamotte, Louis, Perrier, Jean-Baptiste, Meissas, Achille & Michelot, Auguste (1832). *Tableaux de lecture, avec ou sans épellation*. Paris : Hachette.

Lampe, Emil (1903). Das Jahrbuch über die Fortschritte der Mathematik. Rückblick und Ausblick. Dans *Atti del [2.] Congresso Internazionale di Scienze Storiche : (Roma, 1–9 Aprile 1903)*, t. 33, Rome, t. 33, 97–104.

Lamy, Jérôme (2013). La République des lettres et la structuration des savoirs à l'époque moderne. *Littératures*, *67*, 91–108.

Lamy, Jérôme & Saint-Martin, Arnaud (2012). Pratiques et collectifs de la science en régimes. Note critique. *Revue d'histoire des sciences*, *64* (2), 377–389.

Landau, Edmund (1916). *Darstellung und Begründung einiger neuerer Ergebnisse der Funktionentheorie*. Berlin : Springer.

Landsberg, Ernst (1891). Schneidt, Joseph Johann Ignatz Xaver Maria. (ADB 1875–, vol. 32, 154–155).

Lang, Anton Johann (1804). *Handbuch der praktischen Geometrie: für Förster, Beamte, Landwirthe, Militair-Offiziere, und für alle diejenigen, welche sich in der Feldmeßkunst, ohne theoretische Vorkenntnisse selbst gründlich unterrichten wollen 1. 1.* Salzburg : Zaunrith.

Lange, Ludwig (1886). *Die geschichtliche Entwickelung des Bewegungsbegriffes und ihr voraussichtliches Endergebniss*. Leipzig : Engelmann.

Láska, Václav & Ulkowski, Franciszek (1907). Sur la nomographie. *Zeitschrift für Mathematik und Physik*, *54*, 364–381.

Latour, Bruno (2000). *Ciência em ação: Como seguir cientistas e engenheiros sociedade afora*. São Paulo : UNESP.

Laurens, Jean-Paul (2009). Milhaud et l'interdisciplinarité. Dans *Science, histoire et philosophie selon Gaston Milhaud : la constitution d'un champ disciplinaire sous la Troisième République*, édité par A. Brenner & A. Petit, Paris : Vuibert, 31–55.

Lavaud de Lestrade, Malo (1878). Appareil pour l'étude des lois de la chute des corps. *Mémoires de l'académie des sciences, belles-lettres et arts de Clermont-Ferrand, 20*, 124–127.

Lawrence, Snezana (2003). History of descriptive geometry in England. Dans *Proceedings of the First International Congress on Construction History, Madrid, 20th-24th January 2003*, édité par S. Huerta, 1269–1281.

Le Ferrand, Hervé (2011). Sur le fonctionnement du *Journal de Mathématiques Pures et Appliquées* entre 1917 et 1937 d'après des lettres inédites de Henri Villat à Robert de Montessus de Ballore.

Le Ferrand, Hervé (2019). Quelques éléments sur la vie et l'œuvre scientifique du mathématicien belge Paul Mansion (1844-1919). Pour le Centenaire Paul Mansion. Document de travail, février 2019.

Le Lay, Colette (2014). L'Annuaire du Bureau des longitudes et la diffusion scientifique : enjeux et controverses (1795-1870). *Romantisme, 166* (4), 21–31.

Le Lay, Colette (2016). Note de Mr Delaunay sur une nouvelle théorie du mouvement de la Lune. *Bibnum, en ligne*.

Le Lay, Colette (2018a). Joseph Liouville (1809-1882) et le Bureau des longitudes : mettre le pied à l'étrier à de jeunes savants et contrôler les dérives hégémoniques. *Cahiers François Viète, III* (4), 37–59. Éd. par P. Savaton.

Le Lay, Colette (2018b). Indiana Jones au Bureau des longitudes. *Pour la science, 486*, 74–78.

Lebesgue, Henri (1923). Notice sur la vie et les travaux de Camille Jordan. *Mémoires de l'Académie des sciences de Paris, 58*, 39–66.

Lebesgue, Henri (1991). Lettres d'Henri Lebesgue à Émile Borel. *Cahiers du séminaire d'histoire des mathématiques, 12*, 1–506.

Lebesgue, Victor-Amédée (1863). Théorème sur les ellipsoïdes associés, analogue à celui de Fagnano sur les arcs d'ellipse. *Mémoires de la société des sciences physiques et naturelles de Bordeaux, 2* (2), 247–252.

Lechalas, Georges (1887b). L'activité de la matière Calinon. *La Critique philosophique*, 103–116.

Lechalas, Georges (1889). La géométrie générale. *La Critique philosophique*, 217–231.

Lechalas, Georges (1890a). La géométrie générale et les jugements synthétiques a priori. *Revue philosophique de la France et de l'étranger, 30*, 157–169.

Lechalas, Georges (1890b). Les bases expérimentales de la géométrie. *Revue philosophique de la France et de l'étranger*, *30*, 639–641.

Lechalas, Georges (1890c). Le nombre et le temps dans leurs rapports avec l'espace. *Annales de philosophie chrétienne*, *120*, 516–540.

Lechalas, Georges (1891a). La géométrie des espaces à paramètre positif. *Annales de philosophie chrétienne*, *122*, 75–79.

Lechalas, Georges (1891b). Introduction à la géométrie des espaces à trois dimensions, par A. Calinon. *Annales de philosophie chrétienne*, *123*, 303–305.

Lechalas, Georges (1891c). Quelques théorèmes de géométrie élémentaire. *Nouvelles annales de mathématiques*, 3e série, *10*, 527–545.

Lechalas, Georges (1898). Les fondements de la géométrie d'après M. Bertrand Russell. *Annales de philosophie chrétienne*, *38–39*, 75–93, 179–197, 317–334, 646–660.

Léchot, Timothée (2017). L'extrait et ses fonctions dans la presse d'Ancien Régime. *Mémoires du livre*, *8* (2).

L.E.F. (Louis-Étienne Faucheux) (1877-1878). De la résolution des problèmes en arithmétique. *Journal des instituteurs*, *1877 : 49 ; 50 ; 51/ 1878 : 1 ; 3 ; 4*, 1877 : 825–826 ; 841–842 ; 858–859 : 1878 : 5–6 ; 36–37 ; 53–54.

L.E.F. (Louis-Étienne Faucheux) (1878). Théorie de la division. *Journal des instituteurs*, *27*, 460–462.

Lefschetz, Solomon (1936). Mathematical activity in Princeton (in Russian). *Uspekhi matematicheskikh nauk*, *1*, 271–273.

Lefschetz, Solomon (1938). Mathematical activity in Princeton in 1935–1937 (in Russian). *Uspekhi matematicheskikh nauk*, *5*, 251–253.

Legendre, Adrien-Marie (1793). *Mémoire sur les transcendantes elliptiques*. Paris : Du Pont et Didot.

Legendre, Adrien-Marie (1809). A memoir on elliptic transcendantal. *New Series of the Mathematical Repository*, *2* (Part III), 1–34.

Legendre, Adrien-Marie (1814). Continuation of M. Le Gendre's Memoir on elliptic transcendentals. *New Series of the Mathematical Repository*, *3* (Part III), 1–46.

Lehmer, Derrick Henry (1931). Sur le nombre $2^{257} - 1$. *Sphinx*, *1* (2), 31–32.

Lehmer, Derrick Henry (1941). *Guide to the Tables in the Theory of Numbers*. Washington, D. C. : National Research Council.

Lehmus, Ludolph (1820). Géométrie mixte. Solution nouvelle du problème où il s'agit d'inscrire à un triangle donne quelconque trois cercles tels que chacun d'eux touche les deux autres et deux côtés du triangle. *Annales de mathématiques pures et appliquées*, *10*, 289–298.

Lehmus, Ludolph (1830). A geometrical problem. *New Series of the Mathematical Repository*, 5 (Part III), 27–32.

Lehto, Olli (1998). *Mathematics without Borders. A history of the International Mathematical Union*. New York : Springer.

Leloup, Juliette (2009). *L'Entre-deux-guerres mathématique à travers les thèses soutenues en France*. Thèse de doctorat, Université Pierre-et-Marie-Curie.

Lemercier, Claire & Zalc, Claire (2008). *Méthodes quantitatives pour l'historien*. Paris : La Découverte.

Lemoine, Émile (1885). Propriétés relatives à deux points ω, ω' du plan d'un triangle ABC qui se déduisent d'un point K quelconque du plan comme les points de Brocard se déduisent du point de Lemoine. *Compte rendu des séances des sessions de l'A.F.A.S. (Grenoble)*, XIV, 23–49.

Lenthéric, Pierre (1875). Essai d'exposition élémentaire des diverses théories de la géométrie supérieure. *Mémoires de la section des sciences. Académie des sciences et lettres de Montpellier*, 507–640.

Lenthéric, Pierre, Vallès, François & Bobillier, Étienne (1826-1827). Démonstration du dernier des deux théorèmes de géométrie énoncé à la page 283 du présent volume. *Annales de mathématiques pures et appliquées*, 17, 377–380.

Lepetit, Bernard (1996). De l'échelle en histoire. Dans *Jeux d'échelle. La microanalyse à l'expérience*, édité par J. Revel, Paris : Gallimard ; Le Seuil, 71–95.

Levi, Beppo (1941). Prólogo. *Mathematicæ Notæ*, I (1), 7–8.

Levi, Beppo (1942). Al empezar el segundo año. *Mathematicæ Notæ*, II (1), 1–2.

Levi, Beppo (1958). Prólogo. *Mathematicæ Notæ*, XVI (7), 1–4.

Levi, Laura (2000). *Beppo Levi: Italia y Argentina en la vida de un matemático*. Buenos Aires : Libros del Zorzal.

Lévy-Bruhl, Lucien (1911). Une réimpression de Cournot. *Revue de métaphysique et de morale*, 19 (3), 292–295.

Leybourn, Thomas (1799a). [Dedication]. *Mathematical Repository*, 1.

Leybourn, Thomas (1799b). *The Mathematical Repository*, t. 1. Londres : Glendinning.

Leybourn, Thomas (1817). *The Mathematical Questions, Proposed in the Ladies' Diary, and Their Original Answers: Together with some new solutions, from its commencement in the year 1704 to 1816*. Londres : J. Mawman.

Liesche, Otto (1929). *Chemische Nomogramme*. Berlin : Chemie.

Linguerri, Sandra (2002). Al servizio della scienza: l'attività editoriale di Eugenio Rignano e Federigo Enriques dal 1907 alle leggi razziali. *Storia in Lombardia*, *22* (1), 97–140.

Liouville, Joseph (1836). Avertissement. *Journal de mathématiques pures et appliquées*, *1*, 1–5.

Livingstone, David N. (2003). *Putting Science in Its Place*. Chicago : The University of Chicago Press.

Lobatchevski, Nikolaï Ivanovitch (1866). *Études géométriques sur la théorie des parallèles*. Paris : Gauthier-Villars. Traduit de l'allemand par J. Houël, suivi d'un extrait de la correspondance de Gauss et de Schumacher.

Gohierre de Longchamps, Gaston (1886). Généralités sur la géométrie du triangle (2). *Journal de mathématiques élémentaires*, *V*, 109–114, 127–133, 154–158, 177–179, 198–206, 229–232, 243–250, 270–278.

Loré, Michele (2008). *Antisemitismo e razzismo ne "La Difesa della Razza" (1938-1943)*. Catanzaro : Rubbettino, Soveria Mannelli.

Lorenat, Jemma (2018). Mathematics for philosophers: A look at *The Monist* from 1890 to 1906. Communication donnée dans le cadre du colloque « CIRMATH Americas », University of Virginia, 27–30 mai 2018.

Lorenat, Jemma (2022). An okapi hypothesis: Non-euclidean geometry and the professional expert in American mathematics. *Isis*, *113*, 85–107.

Loué, Thomas (2002). Un modèle matriciel : les revues de culture générale. Dans *La Belle Époque des revues. 1880-1914*, édité par J. Pluet-Despatin, M. Leymarie & J.-Y. Mollier, Paris : IMEC, 57–66.

Loué, Thomas (2011). La revue. Dans *La Civilisation du journal. Histoire culturelle et littéraire de la presse française au XIXe siècle*, édité par D. Kalifa, Ph. Régnier, M.-E. Thérenty & A. Vaillant, Paris : Nouveau monde édition, 333–357.

Lucas, Édouard (1912). Les principes fondamentaux de la théorie des tissus. Dans *Association française pour l'avancement des sciences. Compte rendu de la 40e session. Dijon 1911*, Paris : Masson, 72–87. Trad. par A. Aubry & A. Gérardin.

Luciano, Erika (2016). Ambasciatori di scienza e d'italianità: l'Accademia d'Italia e la diffusione della cultura matematica all'estero. *Physis, rivista internazionale di storia della scienza*, *51*, 61–73.

Luciano, Erika (2018a). Constructing an international library: The collections of journals in Turin's special mathematics library. (Peiffer *et al.* 2018, 433–449).

Luciano, Erika (2018b). "Volgere i progressi della scienza a beneficio della scuola": Il *Bollettino di Matematica* di Alberto Conti. *Mélanges de l'École française de Rome*, *130* (1), 1–15.

Luciano, Erika (2021). *"Per portare colà la voce dell'Italia"*: *La corrispondenza Guido Castelnuovo – Vito Volterra*. Sesto San Giovanni : Mimesis. In corso di stampa.

Luciano, Erika & Roero, Clara Silvia (2012). From Turin to Göttingen : Dialogues and correspondence (1879-1923). *Bollettino di Storia delle Scienze Matematiche*, *32* (1), 7–232.

Luciano, Erika & Roero, Clara Silvia (2016). Corrado Segre and his disciples: the construction of an international identity for the Italian school of algebraic geometry. Dans *From Classical to Modern Algebraic Geometry*, édité par G. Casnati, A. Conte, L. Gatto, L. Giacardi, M. Marchisio & A. Verra, Cham : Springer, 93–241.

Luckey, Paul (1918). *Einführung in die Nomographie*. Leipzig : Teubner. Rééd. 1925, 1939, 1940, 1942.

Luckey, Paul (1927). *Nomographie. Praktische Anleitung zum Entwerfen graphischer Rechentafeln mit durchgeführten Beispielen aus Wissenschaft und Technik*. Leipzig : Teubner. Rééd. 1937, 1940, 1942, 1954.

Lugaresi, Maria Giulia (2015). Le Raccolte italiane sul moto delle acque. *Bollettino di Storia delle Scienze Matematiche*, *XXXV* (2), 201–304.

Lützen, Jesper (2002). International participation in Liouville's *Journal de mathématique pures et appliquées*. (Parshall & Rice 2002, 89–104).

Lyusternik, Lazar A. (1946). "Matematicheskii sbornik" (in Russian). *Uspekhi matematicheskikh nauk*, *1* (11), 242–247.

Mackensen, Ludolf von & F. W. Breithaupt, Fabrik Geodätischer Instrumente (2012). *Genauer als haargenau: 250 Jahre Präzisionsmessinstrumente von F. W. Breithaupt & Sohn in Kassel; verfasst nach Archivalien, Biographien und Instrumenten im Firmenarchiv und der Museumslandschaft Hessen Kassel*. Kassel : Thiele & Schwarz.

Maclaurin, Colin (1720). *Geometria Organica: sive Descriptio Linearum Curvarum Universalis*. Londres : for William and John Innys.

MacLeod, Miles, Sumillera, Rocío G., Surman, Jan & Smirnova, Ekaterina (éds.) (2016). *Language as a Scientific Tool: Shaping Scientific Language across Time and National Tradition*. Routledge Studies in Cultural History, Londres : Routledge.

MacLeod, Roy (1982). Science and examinations in Victorian England. Dans *Days of Judgement: Science, Examinations and the Organization of Knowledge in Late Victorian England*, édité par R. MacLeod, Driffield : Nafferton Books, 3–23.

Mahoney, Michael S. (1990). Barrow's mathematics: Between ancients and moderns. Dans *Before Newton. The life and times of Isaac Barrow*, édité par M. Feingold, Cambridge : Cambridge University Press, 181–202.

Maire, Simon (1887). Escalier métrique. Dans *Dictionnaire de pédagogie et d'instruction primaire*, édité par F. Buisson, Paris : Hachette, 903.

Makino, Tetu (2003). The mathematician K. Ogura and the "Greater East Asia War". Dans *Mathematics and War*, édité par B. Booß-Bavnbek & J. Høyrup, Bâle : Birkhäuser, 326–335.

Mansion, Paul (1874a). Sur quelques propriétés des fractions périodiques. *Nouvelle Correspondance mathématique*, *1*, 8–12.

Mansion, Paul (1874b). Sur un nouveau mode de génération des coniques, dû à M. Abel Transon. *Nouvelle Correspondance mathématique*, *1*, 14–19.

Mansion, Paul (1875). Théorie des équations aux dérivées partielles du premier ordre. *Mémoires couronnés et autres mémoires publiés par l'Académie royale des sciences, des lettres et des beaux-arts de Belgique*, *25*, 1–289.

Mansion, Paul (1876). Les compas composés, de Peaucellier, Hart et Kempe. *Nouvelle Correspondance mathématique*, *2*, 129–135.

Mansion, Paul (1879). Démonstration élémentaire de la formule de Stirling ; d'après M.J.W.L. Glaisher. *Nouvelle Correspondance mathématique*, *5*, 44–53.

Mansion, Paul (1882). *Introduction à la théorie des déterminants*. Gand ; Paris : Ad. Hoste ; Gauthier-Villars.

Mansion, Paul (1896). Principes de métagéométrie ou de géométrie générale. *Revue néo-scolastique*, *3*, 143–170.

Mansion, Paul & Neuberg, Joseph (1881). Préface. *Mathesis*, *1*, 1–2.

Manteuffel, Karl (2008). *Johann Philipp Grüson: Magdeburgs vergessener Mathematiker*. Der mathematische Blick, Magdeburg : Fakultät für Mathematik an der Otto-von-Guericke-Universität Magdeburg.

Marbo, Camille (1968). *À travers deux siècles. Souvenirs et rencontres (1883-1967)*. Paris : Grasset.

Marchat, Fiorella (1980). L'attività tipografico-editoriale di Mons. Fabroni. *La Bibliofilia*, *82* (1), 51–72.

Marchet, Fiorella (1980). L'attività tipografico-editoriale di Mons. Angelo Fabroni (Pisa, 1771-1803). *La Bibliofilía*, *82* (1), 51–73.

Marchevskii, M. N. (1956). Kharkov Mathematical Society during the first 75 years of its existence (in Russian). *Istoriko-matematicheskie issledovanie*, *9*, 611–666.

Marie, Maximilien (1873). Des résidus relatifs aux asymptotes. *Comptes rendus hebdomadaires des séances de l'Académie des sciences*, *76*, 943–947.

Marrat, William (1818). Introductory address. *The Monthly Scientific Journal*, *1*, i–ii.

Martin, Artemas (1877). Introduction. *The Mathematical Visitor*, *1* (1), 1–2.

Martin, Artemas (1883). *The Mathematical Visitor*. 2(2).

Masson, Francine (2014). Trois revues institutionnelles : le *Journal de l'École polytechnique*, les *Annales des mines*, les *Annales des ponts et chaussées*. *Revue de Synthèse*, *135* (2-3), 255-269.

Mathews, George Ballard (1892). *Theory of Numbers. Part. I.* Cambridge : Deighton, Bell & Co.

Mathias, Félix (1861). Note sur le calcul des diamètres des cônes de transmission. *Mémoires de la société des sciences, de l'agriculture et des arts de Lille*, *8* (2ᵉ série), 39-46.

Matrot, Adolphe (1876). Note sur la résolution des équations algébriques de degré quelconque par la méthode des différences. *Mémoires de la société des sciences, de l'agriculture et des arts de Lille*, *2* (4ᵉ série), 7-24.

Matsumiya, Tetsuo (1985). Meiji no minkan sūgakusha Matsuoka Buntarō no shigoto to kōseki ni tsuite. *Sūgaku kyōiku kenkyū*, *15*, 137-192.

Max, H. (1804). Review of Bode, Johann Elert: Astronomisches Jahrbuch für das Jahr 1806. *Jenaische Allgemeine Literaturzeitung*, *2* (152), 585-589.

Mazliak, Laurent (2015). Poincaré's odds. Dans *Henri Poincaré, 1912-2012 : Poincaré Seminar 2012*, édité par B. Duplantier & V. Rivasseau, Bâle : Springer, 151-192.

Mazliak, Laurent (2019). What would be Belgium without probability and probability without Belgium? Paul Mansion and the scientific approach of randomness. hal-02044340.

Mazliak, Laurent & Sage, Marc (2014). Au-delà des réels. Émile Borel et l'approche probabiliste de la réalité. *Revue d'histoire des sciences*, *67* (2), 331-357.

McCarthy, Molly (2013). *The Accidental Diarist : A History of the Daily Planner in America*. Chicago ; Londres : University of Chicago Press.

McClintock, Emory (1913a). Charles Gill: First actuary in America (First paper). *Transactions of the American Actuarial Society*, *14*, 9-17.

McClintock, Emory (1913b). Charles Gill: First actuary in America (Second paper). *Transactions of the American Actuarial Society*, *14*, 212-238.

McClintock, Emory (1914). Charles Gill: First actuary in America (Fourth and final paper). *Transactions of the American Actuarial Society*, *15*, 227-270.

McKenna, Antony (2016). Pierre Bayle et la circulation des livres. Dans *L'Annonce faite au lecteur : La circulation de l'information sur les livres en Europe (16ᵉ-18ᵉ siècles)*, édité par A. Charon, S. Juratic & I. Pantin, Louvain : Presses universitaires de Louvain, 75-84.

McKinnon Riehm, Elaine & Hoffman, Frances (2011). *Turbulent Times in Mathematics: The Life of J. C. Fields and the History of the Fields Medal*. Providence : The American Mathematical Society.

Mehmke, Rudolf (1902). Numerisches Rechnen. Dans *Encyklopädie der mathematischen Wissenschaften mit Einschluss ihrer Anwendungen*, t. 1(2), édité par W. F. Meyer, Leipzig : Teubner, 938–1079.

Mehmke, Rudolf & d'Ocagne, Maurice (1909). Calculs numériques. Dans *Encyclopédie des sciences mathématiques pures et appliquées*, t. 1–4, édité par J. Molk, Paris : Gauthier-Villars, 196–452.

Mehrtens, Herbert (1981). Mathematicians in Germany circa 1800. Dans *Epistemological and Social Problems of the Sciences in the Early Nineteenth Century*, édité par H. N. Jahnke & M. Otte, Dordrecht : Springer, 401–420.

Mehrtens, Herbert (1987). Ludwig Bieberbach and "Deutsche Mathematik". Dans *Studies in the History of Mathematics*, édité par E. R. Phillips, Washington : Mathematical Association of America, 195–241.

Mehrtens, Herbert (1990). *Moderne Sprache Mathematik*. Frankfurt am Main : Suhrkamp.

Meinel, Christoph (1995). Enzyklopädie der Welt und Verzettelung des Wissens: Aporien der Empirie bei Joachim Jungius. Dans *Enzyklopädien der frühen Neuzeit*, édité par F. M. Eybl, Tübingen : Niemeyer, 162–187.

Mendes, Maria Lúcia D. (2016). Romances-Folhetins sem fronteiras: O caso de Alexandre Dumas. Dans *Romances em movimento. A circulação transatlãntica dos impressos (1789-1914)*, édité par M. Abreu, Campinas : UNICAMP, 223–253.

Mercklé, Pierre (2004). *La Sociologie des réseaux sociaux*. Paris : La Découverte.

Merllié, Dominique (1993). Les rapports entre la *Revue de métaphysique* et la *Revue philosophique* : Xavier Léon, Théodule Ribot, Lucien Lévy-Bruhl. *Revue de métaphysique et de morale*, 98 (1–2), 59–108.

Meschkowski, Herbert & Nilson, Winfried (éds.) (1991). *Georg Cantor Briefe*. Berlin : Springer.

Meskens, Ad & Tytgat, Paul (2013). *Practical Mathematics in a Commercial Metropolis: Mathematical Life in Late 16th Century Antwerp*. Dordrecht : Springer.

Meyen, Johann Jacob (1787). *Unbekannte wie auch zu wenig bekannte Wahrheiten der Mathematik, Physik und Philosophie, und deren gemeinnüßige Anwendung, besonders auf die Oekonomie in Pommern und den benachbarten Provinzen; eine Monatsschrift, mit Kupfern von Johann Jacob Meyen...*

MGIP (1832). Manuel général de l'instruction primaire. 1(1–2).

MGIP (1833a). Bulletin bibliographique. *Manuel général de l'instruction primaire*, 1 (5), 319–320.

MGIP (1833b). Bulletin bibliographique. *Manuel général de l'instruction primaire*, 2 (11), 311–316.

MGIP (1833c). Arithmétique. Instructions pour les examens de capacité. *Manuel général de l'instruction primaire*, *2* (12), 346–349.

MGIP (1835). De l'enseignement du calcul. 1er article. *Manuel général de l'instruction primaire*, *6* (2), 66–69.

MGIP (1836). Problèmes d'arithmétique avec leurs solutions. *Manuel général de l'instruction primaire*, *7* (3), 116–121.

MGIP (1841a). Bibliographie. *Manuel général de l'instruction primaire*, *1* (11), 305–307. 2e partie.

MGIP (1841b). Bibliographie. *Manuel général de l'instruction primaire*, *1* (13), 361–364. 2e partie.

MGIP (1845a). Exercices pour le mois de juillet. *Manuel général de l'instruction primaire*, *5* (7), 190–191.

MGIP (1845b). Annonces et comptes rendus d'ouvrages nouveaux. *Manuel général de l'instruction primaire*, *5* (8), 223–224.

MGIP (1846). Annonces et comptes rendus d'ouvrages nouveaux. *Manuel général de l'instruction primaire*, *6* (10), 278–280.

MGIP (1848). Annonces et comptes rendus d'ouvrages nouveaux. *Manuel général de l'instruction primaire*, *8* (10), 279–280.

MGIP (1865). Exposition raisonnée du système métrique à l'intention des instituteurs et des institutrices. *Manuel général de l'instruction primaire*, *2* (10), 73–75. Partie spéciale.

MGIP (1871). Cours d'études à l'usage des écoles primaires. *Manuel général de l'instruction primaire*, *8* (2–3), 2, Partie scolaire, 1–4 ; 3, Partie scolaire, 5–12.

MGIP (1877a). Exercices pour les élèves. *Manuel général de l'instruction primaire*, *13* (21), 157–159. Partie scolaire.

MGIP (1877b). Exercices pour les élèves. *Manuel général de l'instruction primaire*, *13* (39), 301–304. Partie scolaire.

MGIP (Émile Burat) (1870). Cours d'arithmétique. *Manuel général de l'instruction primaire*, *1*. Partie scolaire, 1.

M.H. (1877). À propos des fractions. *Journal des instituteurs*, *29*, 479.

Mijnhardt, Wijnand (1994). Genootschappen en de Verlichting. Een repliek. *De Achttiende Eeuw*, *26* (1), 101–114.

Mikami, Yoshio (1924). Wagakuni ni okeru yōsan no hattatsu. Dans *Meiji bunka hasshō kinen shi*, Tokyo : Dai-Nihon Bunka Kyōkai, 41–45.

Mikami, Yoshio (1999). *Bunkashi-jō yori mitaru Nihon no sūgaku*. Tokyo : Iwanami Shoten. Edited by C. Sasaki.

Milhaud, Gaston (1911). *Nouvelles études sur l'histoire de la pensée scientifique*, Paris : Alcan, chap. Paul Tannery. 1–20.

Miller, George A. (1915). History of mathematics. *The American Mathematical Monthly*, *9*, 299–304.

Miller, W. J. (1869). *Mathematical Questions with their Solutions from The Educational Times*. 12.

Milne-Edwards, Henri (1862). Rapport de M. Milne-Edwards. *Revue des sociétés savantes. Sciences mathématiques, physiques, naturelles*, *1*, 8–23.

Minary, Emmanuel (1889). Description de la machine rotative à vapeur système Minary. *Mémoires de la société d'émulation du Doubs*, *4* (6e série), 131–147.

Mingarelli, Angelo B. (2005). A glimpse into the life and times of F. V. Atkinson. *Mathematische Nachrichten*, *278* (12–13), 1364–1387.

Ministère de l'Instruction publique (1832). Décision du Roi qui autorise la publication d'un recueil périodique à l'usage des écoles primaires – Rapport au Roi, 19 octobre 1832. *Bulletin universitaire*, *3* (48), 102–104.

von Mises, Richard (1921). Zur Einführung: Über die Aufgaben und Ziele der angewandten Mathematik. *ZAMM – Journal of Applied Mathematics and Mechanics/ Zeitschrift für angewandte Mathematik und Mechanik*, *1* (1), 1–15.

Miyamoto, Toshimitsu (2011). Meiji Taishō-ki kara no Kangaekata Kenkyūsha no jūgyō jissen ni kansuru rekishiteki kōsatsu. *Sūgakushi kenkyū*, *210*, 1–12.

Miyamoto, Toshimitsu (2013). Hayashi Tsuruichi to chūgaku kyōshi no wasan shi kenkyū no kyōikuteki kankeisei. *Sūgakushi kenkyū*, *215*, 31–39.

Modoni, Cesare (1939). Compte rendu de « Filippo Sibirani, *Elementi di matematica finanziaria*, Bologna : N. Zanichelli, 1937-XVI ». *Bollettino della Unione Matematica Italiana*, *2* (1), 288–289.

Mollier, Jean-Yves (1999). Les mutations de l'espace éditorial français du XVIIIe au XXe siècle. *Actes de la recherche en sciences sociales*, *126–127* (1), 29–38.

Mollier, Jean-Yves (2010). *O dinheiro e as letras: História do capitalismo editorial*. São Paulo : EDUSP.

Montagutelli, Malie (2000). *Histoire de l'enseignement aux États-Unis*. Paris : Belin.

Monteiro, Rogerio (2017). *A matemática e seus usos controlados: Engenheiros matemáticos positivistas do Brasil Imperial ao Republicano*. São Paulo : Universidade de São Paulo.

Monteiro, Rogerio (2018a). Edição e tradução de livros didáticos para a academia real militar do Rio de Janeiro e sua circulação no mundo luso-brasileiro (1808-1833). Dans *Suportes e Mediadores: A circulação transatlântica dos impressos (1789-1914)*, édité par L. Granja & T. De Luca, Campinas : Editora da UNICAMP, 111–140.

Monteiro, Rogerio (2018b). Pureza e desinteresse como distinção: As matemáticas entre engenheiros politécnicos na virada do século XIX para o XX. *História Unisinos*, *22* (4), 534–546.

Monteiro, Rogerio (2020). Entre São Paulo e Paris : O Cálculo vetorial do engenheiro Theodoro Ramos. *História, Ciências, Saúde-Manguinhos*, *27* (1), 151–170.

Moore, Daniel T. T. (1859). *The Rural New Yorker*. 10.

Moraes Rego, Alfredo Candido de & Moraes Rego, Antonio Gabriel de (1885). *Elementos de álgebra ou cálculo das funções directas*. Rio de Janeiro : Souza Peixoto.

Mordell, Louis Joel (1914). The Diophantine equation $y^2 - k = x^3$. *Proceedings of the London Mathematical Society*, *13*, 60–80.

Morel, Thomas (2013). Mathématiques et *Naturphilosophie* : L'exemple de la controverse entre Johann Jakob Wagner et Johann Schön (1803-1804). *Revue d'histoire des sciences*, *66* (1), 73–105.

Morel, Thomas (2014a). L'Institut de formation technique de Dresde, genèse d'une école polytechnique dans l'espace germanophone. *Cahiers de RECITS*, *10*, 17–32.

Morel, Thomas (2014b). Arithmetical periodicals in late eighteenth-century Germany: "Mathematics for the use and the pleasure of civic life". *Archives internationales d'histoire des sciences*, *64* (172–173), 397–427.

Morel, Thomas (2015). Le microcosme de la géométrie souterraine : échanges et transmissions en mathématiques pratiques. (Nabonnand *et al.* 2015, 17–36).

Morel, Thomas & Bullynck, Maarten (2015). Une révolution peut en cacher d'autres. Le paysage morcelé des mathématiques dans l'espace germanophone et ses reconfigurations (1750-1850). Dans *Sciences mathématiques 1750-1850 : Continuités et ruptures*, édité par Ch. Gilain & A. Guilbaud, Paris : CNRS Éditions, 181–206.

Morel, Thomas & Preveraud, Thomas (2022). Introduction – les mathématiques professionnelles (XVIe-XIXe siècle). *Cahiers François Viète, III-13*, 5–22.

Morelli Timpanaro, Augusta Maria (1969). Legge sulla stampa e attività editoriale a Firenze nel secondo Settecento. *Rassegna degli Archivi di Stato*, *XXIX*, 689–698.

Morhof, Daniel Georg (1747). *Polyhistor, literarius, philosophicus et practicus (editio quarta)*. Lübeck : Petrus Boeckmann. Original 1688-1692.

Mormêllo, Ben Hur & Monteiro, Rogéro (2011). A gênese ilustrada da Academia Real Militar e suas onze reformas curriculares (1810-1874). *História da Ciência e Ensino: Construindo Interfaces*, *3*, 17–30.

Mottez, Louis Adolphe (1871). Du courant alternatif dans la houle. *Mémoires de la société nationale des sciences naturelles et mathématiques de Cherbourg*, 360–379.

Mourier, Athénaïs (1956). *Notice sur le doctorat ès sciences, suivi du Catalogue des thèses admises par les facultés des sciences depuis 1810*. Paris : Delalain.

Mowry, William A. (1858). *The Rhode Island Schoolmaster*. 4.

Moxham, Noah (2016). Authors, editors and newsmongers: Form and genre in the *Philosophical Transactions* under Henry Oldenburg. Dans *News Networks in Early Modern Europe*, édité par J. Raymond & N. Moxham, Leiden ; Boston : Brill, chap. 20, 465–492.

Moyon, Marc (2019). *Des savoirs en circulation : transmissions, appropriations, traductions en histoire des mathématiques. Document de synthèse & perspectives de recherche/ Histoire, philosophie et sociologie des sciences*. Limoges : Université de Limoges ; COMUE Léonard de Vinci.

Müller, Felix (1904). Das Jahrbuch über die Fortschritte der Mathematik 1869-1904. *Bibliotheca Mathematica*, *3*, 292–297.

Müller, Felix (1911). *Der mathematische Sternenhimmel des Jahres 1811 Festschrift zur Feier des Hundertjährigen Bestehens der Firma B. G. Teubner*. Leipzig ; Berlin : Teubner.

Mussolini, Benito (1927). Discorso di S. E. il Primo Ministro Benito Mussolini. Dans *Atti della Società Italiana per il Progresso delle Scienze, Bologna 30 ottobre-5 novembre 1926*, Rome : SIPS, 29–31.

Nabonnand, Philippe (2000). La polémique entre Poincaré et Russell au sujet du statut des axiomes de la géométrie. *Revue d'histoire des mathématiques*, 6, 219–269.

Nabonnand, Philippe (2016). L'activité de questions/réponses dans les *Nouvelles annales de mathématiques*. Séminaire CIRMATH, Paris, 15 fév. 2016. URL https://cirmath.hypotheses.org/files/2016/01/Questions-r%C3%A9ponses-Nam-1.pdf.

Nabonnand, Philippe (2017a). Jules Molk (1857-1914). Dans *Les Enseignants de la Faculté des sciences de Nancy et de ses instituts : dictionnaire biographique (1854-1918)*, édité par L. Rollet, É. Bolmont, Fr. Birck & J.-R. Cussenot, Nancy : PUN–Éditions universitaires de Lorraine, 411–414.

Nabonnand, Philippe (2017b). L'activité et la sociabilité mathématiques à Metz entre 1821 et 1870 vues à partir des *Mémoires de l'académie de Metz*. Dans *Mathématiques et mathématiciens à Metz (1750-1870)*, édité par O. Bruneau & L. Rollet, Nancy : PUN-EDULOR, 201–230.

Nabonnand, Philippe, Gispert, Hélène & Peiffer, Jeanne (2015). *Circulations et échanges mathématiques. Études de cas (18ᵉ-20ᵉ siècles), Philosophia Scientiæ*, t. 19(2). Paris : Kimé.

Nabonnand, Philippe & Rollet, Laurent (2012). *Les Nouvelles annales de mathématiques : journal des candidats aux Écoles polytechnique et normale*. Dans *Conferenze e Seminari dell'Associazione Subalpina Mathesis*, Turin : Mathesis, 217–230.

Nagliati, Iolanda (2000). Le prime ricerche di Enrico Betti nel carteggio con Mossotti. *Bollettino di Storia delle Scienze Matematiche*, XX, 3–85.

Nagliati, Iolanda (2009). *La corrispondenza scientifica di Vittorio Fossombroni (1773-1818)*. Bologna : CLUEB.

Nagliati, Iolanda (2012a). La matematica nei giornali toscani dell'Ottocento. Dans *Europa matematica e Risorgimento italiano*, édité par L. Pepe, Bologna : CLUEB, 199–208.

Nagliati, Iolanda (2012b). Lettere di Mossotti a Enrico Betti. Dans *Europa matematica e Risorgimento italiano*, édité par L. Pepe, Bologna : CLUEB, 423–456.

Nagliati, Iolanda (2012c). Mossotti verso Pisa, lettere di Gaetano Giorgini. Dans *Europa matematica e Risorgimento italiano*, édité par L. Pepe, Bologna : CLUEB, 417–422.

Nakatani, Tarō (2010). *Nihon sūgaku kyōiku shi*. Chiba : Kame Shobō. Edited by W. Uegaki.

Nakayama, Shigeru (2009a). apanese Scientific Thought. Dans *The Orientation of Science and Technology: A Japanese View. The Collected Papers of Twentieth-Century Japanese Writers on Japan*, t. 3, Kent : Global Oriental, 148–193.

Nakayama, Shigeru (2009b). The transplantation of modern science to Japan. Dans *The Orientation of Science and Technology: A Japanese View*, Kent : Global Oriental, The Collected Papers of Twentieth-Century Japanese Writers on Japan, 207–221.

Nash, Melatiah (1820). Preface. *The Ladies' and Gentlemen's Diary, or United States Almanac and Repository of Science and Amusement*, 1, iv–v.

Nastasi, Pietro (1998). La matematica italiana dal manifesto degli intellettuali fascisti alle leggi razziali. *Bollettino della Unione Matematica Italiana A*, *3*, 317–345.

Nastasi, Pietro (2006). I primi quarant'anni di vita dell'Istituto per le Applicazioni del Calcolo « Mauro Picone ». *Bollettino della Unione Matematica Italiana*, *8* (9-A La Matematica nella Società e nella Cultura), 1–244.

Nastasi, Pietro & Tazzioli, Rossana (éds.) (2000). *Aspetti scientifici e umani nella corrispondenza di Tullio Levi-Civita*, Quaderni P.RI.ST.EM., t. 12. Palermo : Bocconi.

Nastasi, Pietro & Tazzioli, Rossana (2005). Toward a scientific and personal biography of Tullio Levi-Civita (1873–1941). *Historia Mathematica*, *32* (2), 203–236.

Neoi, Makoto (1998). Senzen no Monbushō chūtō kyōin sūgakka kōshūkai no hensen ni tsuite. *Sūgakushi kenkyū*, *156*, 12–23.

Neuberg, Joseph (1890). Préface. Dans *John Casey : Géométrie élémentaire récente*, Paris ; Gand : Gauthier Villars ; Ad Hoste.

Neves, Lúcia Maria Bastos Pereira das (2002). Livreiros franceses no Rio de Janeiro. Dans *Anais da ANPUH, Regional RJ*, Rio de Janeiro : Apresentado em X Encontro Regional de História.

Neves, Lúcia Maria Bastos Pereira das & Bessone da C. Ferreira, Tania Maria (2018). Livreiros, Impressores e Autores: Organização de redes mercantis e circulação de ideias entre a Europa e América (1799-1831). Dans *Suportes e Mediadores: A circulação transatlântica dos impressos (1789-1914)*, édité par L. Granja & T. De Luca, Campinas : Editora da UNICAMP, 81–109.

Nicholson, Peter (1819). To determine the nature of a surface... *New Series of the Mathematical Repository*, *4*, 27–30.

Nicoletti, Giuseppe (1985). *Sul Giornale de' Letterati*. Firenze : Sansoni.

Niewenglowski, Boleslas (1894). À nos lecteurs. *Bulletin de mathématiques spéciales*, *1*, 1.

Nihon Kokugo Daijiten Dainihan Henshū Iinkai & Shōgakukan Kokugo Jiten Henshūbu (éds.) (2002). *Nihon kokugo daijiten*, Tokyo : Shōgakukan, t. 13, chap. Min-kan (民間).

Nihon No Sūgaku 100 Nen Shi Henshū Iinkai (éd.) (1983). *Nihon no sūgaku 100 nen shi, jō*. Tokyo : Iwanami Shoten.

Nihon No Sūgaku 100 Nen Shi Henshū Iinkai (éd.) (1984). *Nihon no sūgaku 100 nen shi, ge*. Tokyo : Iwanami Shoten.

Ninnis, Paul (1827). The Editor's address. *Enigmatical Entertainer and Mathematical Associate*, *1*, vi–v.

Ninnis, Paul (1829). Address. *Enigmatical Entertainer and Mathematical Associate*, *3*.

Nio, Nicolas (2023). La Lumière électrique et l'ombre de Poincaré : la construction progressive d'un journal de physique théorique. *Philosophia Scientiæ*, *27* (2), 127–151.

N.M. (1878). La table de multiplication. *Journal des instituteurs*, *28*, 474.

Noble, Eduardo (2011). *L'Analyse combinatoire allemande : Un projet de fondation des mathématiques à la fin du XVIIIe siècle*. Thèse de doctorat, Université Paris-Diderot (Paris 7).

Noble, Mark (1814). Solution to the problem of making a magic square of nine cells. *New Series of the Mathematical Repository*, *3*, 37–38.

Noether, Emmy (1927). Abstrakter Aufbau der Idealtheorie in algebraischen Zahl- und Funktionenkörpern. *Mathematische Annalen*, *96*, 26–61.

Nye, Mary Jo (1986). The moral freedom of man and the determinism of nature : The Catholic synthesis of science and history in the *Revue des questions scientifiques*. *British Journal for the History of Science*, *9* (3), 274–292.

d'Ocagne, Maurice (1891). *Nomographie. Les calculs usuels effectués au moyen des abaques. Essai d'une théorie générale. Règles pratiques. Exemples d'application.* Paris : Gauthier-Villars.

d'Ocagne, Maurice (1896). Nomographie. Sur les équations représentables par trois systèmes rectilignes de points isoplèthes. Dans *Mathematical Papers Read at the International Mathematical Congress Held in Connection with the World's Columbian Exposition Chicago 1893*, édité par E. H. Moore, New York : MacMillan, 258–271.

d'Ocagne, Maurice (1898a). Sur la formule de Taylor. *Revue de mathématiques spéciales, 9* (1), 1–3.

d'Ocagne, Maurice (1898b). Sur les types les plus généraux d'équations représentables par trois systèmes de cercles ou de droites cotés. Application aux équations quadratiques. *Zeitschrift für Mathematik und Physik, 43*, 269–276.

d'Ocagne, Maurice (1899). *Traité de nomographie. Théorie des abaques, applications pratiques.* Paris : Gauthier-Villars.

d'Ocagne, Maurice (1903). Über einige elementare Grundgedanken der Nomographie. *Archiv der Mathematik und Physik, 3e série, 5*, 70–84.

d'Ocagne, Maurice (1908). *Calcul graphique et nomographie.* Paris : Doin. 2e éd. revue et corrigée, 1914 ; 3e éd., 1924.

d'Ocagne, Maurice (1917). Application des nomogrammes à alignement aux différents cas de résolution des triangles sphériques. *L'Enseignement mathématique, 19*, 20–36.

d'Ocagne, Maurice (1921). *Traité de nomographie. Étude générale de la représentation graphique cotée des équations à un nombre quelconque de variables, applications pratiques.* Paris : Gauthier-Villars. 2e éd. entièrement refondue, avec de nombreux compléments.

d'Ocagne, Maurice (1930). La mathématique des jeux. *Figaro, 105* (309 – 5 nov.), 5.

d'Ocagne, Maurice (1955). *Histoire abrégée des sciences mathématiques.* Paris : Vuibert.

Ogren, Christine A. (2005). *The American State Normal School.* New York : Palgrave Macmillan.

Ogura, Kinnosuke (1941). Meiji kagakushi-jō ni okeru Tōkyō Butsuri Gakkō no chii. *Tōkyō Butsuri Gakkō zasshi, 600*, 307–313.

Ogura, Kinnosuke (1956). *Ichi sūgakusha no shōzō.* Tokyo : Shakai Shisō Kenkyūkai Shuppanbu.

Ogura, Kinnosuke (1973). Meiji sūgakushi no kiso kōji. Dans *Ogura Kinnosuke chosaku shū 2 : kindai Nihon no sūgaku*, Tokyo : Kawade Shobō, 125–228.

Ohrtmann, Carl & Müller, Felix (1871). Vorrede. *Jahrbuch über die Fortschritte der Mathematik*, *1 – Jahrgang 1868*, III–VI.

Oldenburg, Henri (1668). De infinitis spiralibus inversis, infinitisque hyperbolis, aliisque Geometricis, Auth. F. Stephano de Angelis, Veneto, Patavij, in-4°. *Philosophical Transactions*, *13 July* (3–37), 738.

Oldrini, Guido (1986). *L'Ottocento filosofico napoletano nella letteratura dell'ultimo decennio*. Naples : Bibliopolis.

Ortiz, Eduardo (1994). El rol de las revistas matematicas intermedias en el establecimiento de contactos entre las comunidades matematicas de Francia y Espana en elhacia fines del siglo XIX. Dans *Contre les titans de la routine/ Contra los titanes dela rutina*, édité par S. Garma, D. Flament & V. Navarro, Madrid : Consejo superior de Investigationes Cientificas, 367–381.

Ortiz, Eduardo (1996). The nineteenth-century international mathematical community and its connection with those on the Iberian periphery. Dans *L'Europe mathématique/Mathematical Europe*, édité par C. Goldstein, J. Gray & J. Ritter, Paris : Éditions de la Maison des Sciences de l'Homme, 323–343.

Ortiz, Eduardo L. (2016). Argentine mathematical journals and societies (1880-1930). *Archives internationales d'histoire des sciences*, *66* (176), 23–45.

Ostenc, Michel (1981). *La scuola italiana durante il fascismo*. Bari : Laterza.

Padoa, Alessandro (1911). La logique déductive dans sa dernière phase de développement. *Revue de métaphysique et de morale*, *19* (6), 828–883.

Palladino, Franco (1999). *Metodi matematici e ordine politico*. Naples : Jovene.

Panza, Marco (1995). L'intuition et l'évidence. La philosophie kantienne et les géométries non euclidiennes : relecture d'une discussion. Dans *Les Savants et l'épistémologie vers la fin du XIXe siècle*, édité par M. Panza & J.-C. Pont, Paris : Blanchard, 39–88.

Paoli, Maria Pia (2004a). Lami Giovanni. *Dizionario Biografico degli Italiani*, *63*.

Paoli, Maria Pia (2004b). Lastri Giuseppe. *Dizionario Biografico degli Italiani*, *63*.

Parshall, Karen H. & Rice, Adrian C. (éds.) (2002). *Mathematics Unbound : The Evolution of an International Mathematical Research Community, 1800-1945*. Providence ; Londres : American Mathematical Society ; London Mathematical Society.

Parshall, Karen Hunger (1984/1988). Eliakim Hastings Moore and the founding of a mathematical community in America, 1892-1902. *Annals of Science*, *41* (4), 313–333. Reproduit dans *A Century of American Mathematics–Part 1*, édité par P. L. Duren *et al.*, Providence : American Mathematical Society, 155–175.

Parshall, Karen Hunger (1988). America's first school of mathematical research: James Joseph Sylvester at the Johns Hopkins University 1876–1883. *Archive for History of Exact Sciences*, *38*, 153–196.

Parshall, Karen Hunger (1995). Mathematics in national contexts (1875-1900) : An international overview. Dans *Proceedings of the International Congress of Mathematicians, Zürich 1994*, édité par International Congress of Mathematicians, Bâle : Birkhäuser, 1581–1591.

Parshall, Karen Hunger (2006). *James Joseph Sylvester: Jewish Mathematician in a Victorian World*. Baltimore : Johns Hopkins University Press.

Parshall, Karen Hunger (2015a). A new era in the development of our science: The American mathematical research community, 1920-1950. Dans *A Delicate Balance: Global Perspectives on Innovation and Tradition in the History of Mathematics: A Festschrift in Honor of Joseph W. Dauben*, édité par D. E. Rowe & W. S. Horng, Bâle : Birkhäuser, 275–308.

Parshall, Karen Hunger (2015b). The stratification of the American mathematical community: The Mathematical Association of America and the American Mathematical Society, 1915-1925. Dans *A Century of Advancing Mathematics*, édité par S. Kennedy, Washington : Mathematical Association of America, 159–175.

Parshall, Karen Hunger (2016). *The American Mathematical Monthly* (1894-1919) : A new journal in the service of mathematics and its educators. Dans *Research in History and Philosophy of Mathematics*, édité par M. Zack & E. Landry, Cham : Springer, 193–204.

Parshall, Karen Hunger (2022). *The New Era in American Mathematics: 1920-1950*. Princeton : Princeton University Press.

Parshall, Karen Hunger & Rowe, David E. (1994). *The Emergence of the American Mathematical Research Community 1876-1900: J. J. Sylvester, Felix Klein, and E. H. Moore*, History of Mathematics, t. 8. Providence ; Londres : American Mathematical Society and London Mathematical Society.

Pascal, Ernesto (1910). Introduzione alla terza serie. *Giornale di Matematiche*, *48*, 1–4.

Pasini, Enrico (2008). Il carteggio tra Giuseppe Peano e Nicola Mastropaolo. Dans *Le Riviste di Giuseppe Peano*, édité par Cl. S. Roero, Turin : Dipartimento di Matematica "G. Peano", cd–rom n° 4.

Passeron, Irène, Sigrist, René & Bodenmann, Siegfried (2008). La république des sciences. Réseaux des correspondances, des académies et des livres scientifiques : Introduction. *Dix-huitième siècle*, *40* (1), 5–27.

Pasta, Renato (1996). Scienza e Istituzioni nell'età Leopoldina. Riflessioni e comparazioni. Dans *La Politica della Scienza. Toscana e Stati italiani nel tardo Settecento*, édité par G. Barsanti, V. Becagli & R. Pasta, Florence : Olschki, 3–34.

Pasta, Renato (2019). Targioni-Tozzetti Giovanni. *Dizionario Biografico degli Italiani*, 95.

Peckhaus, Volker (2014). Das Erkenntnisproblem und die Mathematik. Zum Streit zwischen dem Marburger Neukantianismus und dem Neofriesianismus. Dans *Wissenschaftsphilosophie im Neukantianismus, Ansätze – Kontroversen – Wirkungen*, édité par C. Krijnen & K. W. Zeidler, Würzburg : Königshausen & Neumann, 233–257.

Pedersen, Olaf (1963). The "philomaths" of 18th century England. *Centaurus*, 8, 238–262.

Peiffer, Jeanne (1998). Faire des mathématiques par lettres. *Revue d'histoire des mathématiques*, 4 (1), 143–157.

Peiffer, Jeanne (2011). La circulation mathématique dans et par les journaux savants aux XVIIe et XVIIIe siècles. Dans *Circulation, transmission, héritage, Actes du XVIIIe colloque inter-IREM Histoire et épistémologie des mathématiques, 28 et 29 mai 2010*, Caen : IREM de Basse-Normandie, 219–239.

Peiffer, Jeanne (2016). L'information scientifique au prisme de la variété des goûts à satisfaire. Le *Mercure suisse* et le *Journal helvétique* à l'époque de Louis Bourguet (1732-1742). Dans *Lectures du Journal helvétique, 1732-1782*, édité par S. Huguenin & T. Léchot, Genève : Slatkine, 247–268.

Peiffer, Jeanne (2020). Mettre le lecteur à portée de comparer le ciel de Padoue à celui de Paris, ou Traduire les *Philosophical Transactions* en français. Dans *La Traduction comme dispositif de communication dans l'Europe moderne*, édité par J. Peiffer & P. Bret, Paris : Hermann, 43–65.

Peiffer, Jeanne (2021). Science in the press: Gowan Dawson, Bernard Lightman, Sally Shuttleworth, and Jonathan R. Topham (eds): *Science Periodicals in Nineteenth-Century Britain. Constructing scientific communities*. Chicago: The University of Chicago Press, 2020. *Metascience*, 30 (1), 91–94.

Peiffer, Jeanne & Bret, Patrice (2014). Formes de circulations savantes dans une Europe multilingue. (Beaurepaire 2014, 99–158).

Peiffer, Jeanne, Conforti, Maria & Delpiano, Patrizia (2013a). Introduction. Scholarly Journals in early modern Europe. Communication and the construction of Knowledge. (Peiffer *et al.* 2013b, 5–24).

Peiffer, Jeanne, Conforti, Maria & Delpiano, Patrizia (éds.) (2013b). *Les Journaux savants dans l'Europe moderne. Communication et construction des savoirs*, Archives internationales d'histoire des sciences, t. 63(170–171). Turnhout : Brepols Publishers.

Peiffer, Jeanne, Gispert, Hélène & Nabonnand, Philippe (2018). *Interplay between mathematical journals on various scales, 1850-1950*, Historia Mathematica, t. 45(4). Elsevier.

Peiffer, Jeanne, Gispert, Hélène & Nabonnand, Philippe (2020). De l'histoire des journaux mathématiques à l'histoire de la circulation mathématique. *Cahiers François Viète, III* (9), 123–154. Numéro coordonné par J. Boucard.

Peiffer, Jeanne & Vittu, Jean-Pierre (2008). Les journaux savants, formes de la communication et agents de la construction des savoirs (17e-18e siècles). *Dix-huitième siècle, 40* (1), 281–300.

Peirce, Benjamin & Lovering, Joseph (1842). *The Cambridge Miscellany of Mathematics, Physics and Astronomy.*

Pende, Nicola (1937). Charta biotypologico orthogenetico individuale. *Schola et Vita, 12,* 61–62.

Penso, Giuseppe (1978). *Scienziati italiani e unità d'Italia: storia dell'Accademia Nazionale dei XL.* Rome : Accademia Nazionale dei XL.

Pepe, Luigi (2005). *Istituti nazionali, accademie e società scientifiche nell'Europa di Napoleone.* Firenze : Olschki.

Pepe, Luigi (2011). Matematica e matematici nella Scuola Normale di Pisa 1862-1918. *Annali di storia delle università italiane, 15,* 67–80.

Pepe, Luigi (éd.) (2012). *Europa matematica e Risorgimento italiano.* Bologna : CLUEB.

Perkins, Maureen (1996). *Visions of the Future: Almanacs, time, and cultural change, 1775-1870.* Oxford : Clarendon Press.

Perl, Teri (1979). The Ladies' Diary or Woman's Almanack, 1704–1841. *Historia Mathematica, 6,* 36–53.

Pertici, Roberto (1985). Uomini e cose dell'editoria pisana del primo Ottocento. Dans *Una città tra provincia e mutamento,* Archivio di Stato – Giardini, 49–91.

Petersen, Georg Friedrich (1785). *Versuch eines Magazins für die Arithmetik.* Celle : Richter.

Petit, S. (1859a). Arithmétique. Questions et problèmes proposés par les commissions d'examen pour le brevet de capacité. *Journal des instituteurs, 3* (12), 185–187.

Petit, S. (1859b). Questions à résoudre, dont la solution sera donnée dans le prochain numéro. *Journal des instituteurs, 3* (19), 302–303.

Petit, S. (1859c). Réponses à diverses questions dont les solutions nous ont été demandées. *Journal des instituteurs, 4* (39), 201–202.

Petit, S. (1860a). Arithmétique. Exercices de calcul. *Journal des instituteurs, 5* (7), 104–107.

Petit, S. (1860b). Réponse à des questions qui nous ont été adressées relativement au cubage des bois en grume. *Journal des instituteurs, 5* (20), 314–316.

Petitjean, Patrick (1996). Ciências, impérios, relações científicas franco-brasileiras. Dans *A Ciência nas Relaçãoes Brasil-França (1850-1950)*, édité par A. I. Hamburger, M. A. Dantes, M. Paty & P. Petitjean, São Paulo : EDUSP, 25–39.

Pfautz, Christian (1684). Isaaci Barrow, Matematic[arum] Professoris Lucasiani, *Lectiones habitae in scholis publicis Academiae Cantabrigiensis*, Anno Dom. 1664, Londini apud Georgium Wells, in Coemeterio D. Pauli, 1683, in-8°. *Acta eruditorum*, 84–89.

Picard, Émile (1922). Résumé des travaux mathématiques de Jordan. *Comptes rendus hebdomadaires des séances de l'Académie des sciences*, 174, 210–211.

Picone, Mauro (1935). Recenti contributi dell'istituto per le applicazioni del calcolo all'analisi quantitativa dei problemi di propagazione. *Memorie dell'Accademia d'Italia, Classe di Scienze FMN*, 6, 643–667.

Picone, Mauro (1939). Gli apporti del Consiglio Nazionale delle Ricerche Italiano al progresso dell'economia e della potenza militare della nazione. Conferenza tenuta a Cracovia e Varsavia, rispettivamente nei giorni 22 aprile e 1 maggio 1939 presso quegli Istituti di Cultura Matematica. Dans *Mauro Picone e i matematici polacchi*, édité par A. Guerraggio, M. Mattaliano & P. Nastasi, Rome : Accademia polacca delle Scienze. Biblioteca e Centro Studi a Accademia polacca delle Scienze. Biblioteca e Centro Studi a Roma, 94–123. 2007.

Pineau, François (2006). *L'Intermédiaire des mathématiciens : un forum de mathématiciens au XIXe siècle*. Mémoire de master, Université de Nantes.

Pineau, François (2010). *Historiographie de Paul Tannery et réceptions de son œuvre : sur l'invention du métier d'historien des sciences*. Thèse de doctorat, Université de Nantes.

Pirani, Marcello (1914). *Graphische Darstellung in Wissenschaft und Technik*. Leipzig : Göschen. Rééd. 1919, 1922, 1931.

Plantade, François (2018). *Jules Houël (1823-1886) et la circulation des mathématiques dans la seconde moitié du XIXe siècle : les réseaux français et européens d'un universitaire de province*. Thèse de doctorat, Université de Nantes.

Pluet-Despatin, J., Leymarie, M. & Mollier, J.-Y. (éds.) (2002). *La Belle Époque des revues. 1880-1914*. Paris : IMEC.

Pluet-Despatin, Jacqueline (2002). Les revues et la professionnalisation des sciences humaines. Dans *La Belle Époque des revues. 1880-1914*, édité par J. Pluet-Despatin, M. Leymarie & J.-Y. Mollier, Paris : IMEC, 305–322.

PMIP (1854). Exercices d'arithmétique. *Petit manuel de l'instruction primaire*, 1, 19–20.

Poincaré, Henri (1887). Sur les hypothèses fondamentales de la géométrie. *Bulletin de la Société mathématique de France*, 15, 203–216.

Poincaré, Henri (1891). Les géométries non euclidiennes. *Revue générale des sciences pures et appliquées*, *2*, 769–774.

Poincaré, Henri (1893). Le continu mathématique. *Revue de métaphysique et de morale*, *1* (1), 26–34.

Pollard, A. F. & Wallis, Ruth (2004). Thomas Peat (1707/8-1780). Dans *Oxford Dictionary of National Biography*, Oxford : Oxford University Press.

Pompeo Faracovi, Ornella (1981). Enriques e Scientia. *Dimensioni*, *20*, 71–81.

Poulain (1891). La géométrie non-euclidienne. *Études*, 120–132.

Poulain, Auguste (1892). *Principes de la nouvelle géométrie du triangle*. Paris : Croville-Morant.

Pourprix, Marie-Thérèse (2009). *Des mathématiciens à la faculté des sciences de Lille (1864-1971)*. Paris : L'Harmattan.

Pozzebon, Elena (2016). Tra filosofia e scienza: il "Giornale de' letterati" di Pisa (1771-1796). *Archivio Storico Italiano*, *174* (4), 669–712.

Preveraud, Thomas (2011). *Enseignements et éditions : de Robert Adrain à la genèse nationale d'une discipline (1800-1843)*. Master 2, Université de Nantes.

Preveraud, Thomas (2014). *Circulations mathématiques franco-américaines (1815-1876) : transferts, réceptions, incorporation et sédimentations (1815-1876)*. Thèse de doctorat, Université de Nantes.

Preveraud, Thomas (2015). The Transfer of French Mathematics Education to the United States in the Nineteenth Century: The Role of Mathematical Journals. Dans *Proceedings of the Third International Conference on the History of Mathematics Education*, Uppsala, Sweden.

Preveraud, Thomas (éd.) (2017). *Circulations savantes entre l'Europe et le monde : XVIIe -XXe siècle. Nouvelle édition*. Rennes : Presses universitaires de Rennes.

Preveraud, Thomas (2018). Les États-Unis, espace de compromis. L'adaptation des algèbres françaises de Lacroix et Bourdon aux usages domestiques (1818-1835). *Revue d'histoire des mathématiques*, *22* (2), 185–221.

Prévost, Jean-Guy (2009). *Total Science: Statistics in Liberal and Fascist Italy*. Montreal ; Kingston : McGill-Qeens University Press.

Prezzolini, Giuseppe (1974). *La Voce 1908-1913 Cronaca, antologia e fortuna di una rivista*. Milan : Rusconi Editore.

Price, Derek John de Solla (1978). Toward a model for science indicators. Dans *Toward a Metric of Science: The Advent of Science Indicators*, édité par Y. Elkana, J. Lederberg, R. K. Merton, A. Thackray & H. Zuckerman, New York : Wiley, 69–96.

Prochasson, Christophe (1993). Philosopher au XXe siècle : Xavier Léon et l'invention du « système R2M » (1891-1902). *Revue de métaphysique et de morale*, *98* (1–2), 109–140.

Proietti, Carlo (2008). Natural numbers and infinitesimals: A discussion between Benno Kerry and Georg Cantor. *History and Philosophy of Logic*, *29* (4), 343–359.

Proubet, P. (1899). Note sur une formule qui renferme comme cas particulier la formule des accroissements finis. *Revue de mathématiques spéciales*, *9* (6), 142–144.

Prouhet, Eugène (1852). Thèses d'analyse et de mécanique, présentées à la Faculté des Sciences de Paris, le 1er mai 1851 ; par M. Gerónimo Frontera. in-4° de 44 pages. Imprimerie de Bachelier. *Nouvelles annales de mathématiques, série 1* (11), 73–80.

Pucci, Carlo (1986). L'Unione della Matematica Italiana dal 1922 al 1944: documenti e riflessioni. Dans *Symposia matematica*, Edizione INDAM, 27, 187–212.

Puget, Julien (2015). Une brève histoire d'un tournant spatial dans les études historiques. *Cahier Hypothèse « Jeunes chercheurs.euses » TELEMMe.*

Puiberneau, Henri Lévesque de (1855). Séance annuelle du 31 août 1855, sous la présidence de M. de Puiberneau, président de la Société : salle de la mairie de Napoléon. *Annuaire départemental de la Société d'émulation de la Vendée*, 41–44.

Quetelet, Adolphe (1827). Avis. *Correspondance mathématique et physique*, *III*, iii–iv.

Quintili, Pierina (1919). Rassegna bibliografica. Prof. E. Bortolotti, Italiani promotori e scopritori di teorie algebriche. *Il Bollettino di Matematica*, *XVI*, 99–101.

Rabinowitz, Stanley (1996). *Problems and Solutions from "The Mathematical Visitor"*. Westford : MathPro Press.

Racapé, Léon (1876). Sur le planimètre polaire d'Amsler. *Bulletin de la Société de statistique, des sciences naturelles et des arts industriels du département de l'Isère*, *5* (3e série), 305–308.

Rage, E. (1910). *Waga shu Iezusu kirisuto no shin'yaku seisho*. Kagoshima : Kōkyōkai.

Raichvarg, Daniel & Jacques, Jean (1991). *Savants et ignorants : Une histoire de la vulgarisation des sciences*. Paris : Éditions du Seuil.

Raj, Kapil (2004). Connexions, croisements, circulations : Le détour de la cartographie britannique par l'Inde, XVIIIe-XIXe siècles. *Le Genre humain*, *42* (1), 73–98.

Raj, Kapil (2007). *Relocating Modern Science: Circulation and the Construction of Knowledge in South Asia and Europe, 1650-1900*. Basingstoke, Hampshire : Palgrave Macmillan.

Raj, Kapil (2013). Beyond postcolonialism... and postpositivism: Circulation and the global history of science. *Isis*, *104* (2), 337–347.

Rao, Anna Maria (éd.) (1998). *Editoria e cultura a Napoli nel XVIII secolo. Atti del convegno Napoli 5-7 dicembre 1996*, Naples : Liguori Editore.

Rapet, Jean-Jacques (1860). L'enseignement du système métrique. *Journal des instituteurs*, *5* (16), 247–249.

Rasmussen, Anne (2007). Réparer, réconcilier, oublier : enjeux et mythes de la démobilisation scientifique. *Histoire@Politique*, *3*, 8.

Rauh, Frédéric (1895). La licence et l'agrégation de philosophie. *Revue de métaphysique et de morale*, *3* (3), 352–366.

Raymond, Allan R. (1978). To reach men's minds : Almanacs and the American Revolution, 1760-1777. *The New England Quarterly*, *51*, 370–395.

Rédaction (1894). Note. *Revue de mathématiques spéciales*, *4* (12), 384.

Rédaction (1919). Note. *Revue de mathématiques spéciales*, *30* (3), 57.

Rédaction (1923). Réponse à la question 2777. *Revue de mathématiques spéciales*, *33* (8), 480.

Rédaction (1926). Note de la rédaction. *Revue de mathématiques spéciales*, *37* (1), 297.

Rédaction (1942). Note de la rédaction. *Revue de mathématiques spéciales*, *52* (6), 97.

Regnault, Jean-Joseph (1858). Arithmétique mise en problème. *Journal des instituteurs*, *2* (37), 169–171.

Reimers, Johann (1769). *Der gemeinnützige mathematische Liebhaber*. Hambourg : s. n.

Remmert, Volker R. (2000). Mathematical publishing in the Third Reich: Springer-Verlag and the Deutsche Mathematiker-Vereinigung. *The Mathematical Intelligencer*, *22* (3), 22–30.

Remmert, Volker R. (2013). Süss, Wilhelm. Dans *Neue deutsche Biographie*, t. 25, édité par B. Ebneth & H. G. Hockerts, Berlin : Duncker und Humblot, 681.

Remmert, Volker R. (2017). Kooperation zwischen deutschen und italienischen Mathematikern in den 1930er und 1940er Jahren. Dans *Die akademische "Achse Berlin-Rom"?*, édité par A. Albrecht, L. Danneberg & S. Angelis, Oldenbourg : De Gruyter, 305–322.

Remmert, Volker R. & Schneider, Ute (2010). *Eine Disziplin und ihre Verleger: Disziplinenkultur und Publikationswesen der Mathematik in Deutschland, 1871-1949, Mainzer historische Kulturwissenschaften*, t. 4. Bielefeld : Transcript.

Renaud, Hervé (2015). Quand les « mathématiques modernes » questionnent les méthodes pédagogiques dans l'enseignement secondaire (1904-1910). http://numerisation.univ-irem.fr/ACF/ACF15077/ACF15077.pdf.

Renouard, Alfred (1881). Étude sur le travail mécanique du peignage du lin dans les machines de construction française. *Mémoires de la société des sciences, de l'agriculture et des arts de Lille*, *9* (4e série), 27–57.

Renouvier, Charles (1889). La philosophie de la règle et du compas, ou des jugements synthétiques *a priori* dans la géométire élémentaire. *La Critique philosophique*, 337–348.

Renouvier, Charles (1891). La philosophie de la règle et du compas. – Théorie logique du jugement dans ses applications aux idées géométriques et à la méthode des géomètres. *L'Année philosophique, 2ᵉ année*, 1–66.

Résal, Henri (1875). Avertissement. *Journal de mathématiques pures et appliquées*, *III*, *1*, 5.

Rey, Abel (1911). Philosophie des sciences. *Revue philosophique de la France et de l'étranger*, *71*, 521–540.

Rey, Alain (1998). *Dictionnaire historique de la langue française*. Paris : Le Robert.

Reymond, Arnold (1914). Premier Congrès de philosophie mathématique. *L'Enseignement mathématique*, *16*, 370–378.

Reynaud, Denis (2003). Journalisme d'Ancien Régime et vulgarisation scientifique. Dans *Le Partage des savoirs XVIIIᵉ-XIXᵉ siècles*, édité par L. Andries, Lyon : Presses universitaires de Lyon, 121–134.

Riccardi, Pietro (1871). *Biblioteca Matematica Italiana dalle origini della stampa ai primi anni del secolo XIX*. Modena : Tip. Soliani. 2 vol.

Richard, Jules (1895). Note sur l'intégrale définie. *Revue de mathématiques spéciales*, *6* (2), 249–250.

Richard, Jules (1905). Dérivée d'une série. *Revue de mathématiques spéciales*, *15* (6), 116–117.

Ricketts, Palmer Chamberlain (1934). *History of Rensselaer Polytechnic Institute, 1824-1934*. New York : John Wiley & Sons, Inc., 3ᵉ éd.

Rickey, Vincent Frederick (2002). George Baron, one of America's first mathematicians. Dans *Math Fest, Burlington, Vermont, 2 August 2002*, Burlington, Vermont.

Rickey, Vincent Frederick & Shell-Gellasch, Amy (2010). Mathematics education at West Point: The first hundred years – Albert E. Church, mathematics professor, 1837-1878. *Convergence, online*.

Ricuperati, Giuseppe (1976). Giornali e Società nell'Italia dell'ancien Regime (1668-1789). Dans *La stampa italiana dal Cinquecento all'Ottocento*, édité par V. Castronovo, G. Ricuperati & C. Capra, Rome ; Bari : Laterza, 69–372.

Riemann, Bernhard (1867). *Sur les hypothèses qui servent de fondement à la géométrie*. s. l. : s. n. Mémoire posthume de B. Riemann, traduit par J. Hoüel, extrait des *Annali di Matematica pura et applicata*, série 2, t. 3, Fasc. 4.

Risser, René & Claude-Émile, Traynard (1933). *Les Principes de la statistique mathématique*. Paris : Gauthier-Villars.

Rittenhouse, David (1769-1771). Observations on the comet of June and July, 1770; with the elements of its motion, and the trajectory of its path, in two letters, from David Rittenhouse A. M. to William Smith, D. D. Provost Coll. Philad. *Transactions of the American Philosophical Society*, *1*, 37–45.

Rittenhouse, David (1793). A letter from Dr. Rittenhouse, to Mr. Patterson, relative to a method of finding the sum of the several powers of the sines, &c. *Transactions of the American Philosophical Society*, *3*, 155–156.

Rittenhouse, David (1799). Method of raising the common logarithm of any number immediately. *Transactions of the American Philosophical Society*, *4*, 69–71.

Rittenhouse, David & Madison, James (1793). Astronomical observations, communicated by David Rittenhouse. Observations of a Lunar eclipse, Nov. 2d, 1789, and of the transit of Mercury over the Sun's disk. Nov. 5th the same year, made at the University of William and Mary, by the Revd. Dr. James Madison. *Transactions of the American Philosophical Society*, *3*, 150–154.

Rizet Clergue, Chantal (2015). *Les Professeurs agrégés de l'enseignement secondaire spécial (1866-1914)*. Thèse de doctorat, Université Lumière Lyon 2.

Roberts, Alasdair (2012). *America's First Great Depression: Economic Crisis and Political Disorder after the Panic of 1837*. Ithaca : Cornell University Press.

Roberts, David L. (1996). Albert Harry Wheeler (1873-1950): A case study in the stratification of American mathematical activity. *Historia Mathematica*, *23* (3), 269–287.

Robertson, Joseph Clifton (1845). Mathematical exercises. *Mechanics' Magazine*, *46*, 184–185.

Roche, Daniel (1978). *Le Siècle des Lumières en province*. Paris : Mouton.

Roero, Clara Silvia (éd.) (2008). *Le Riviste di Giuseppe Peano*. Turin : Dipartimento di Matematica "G. Peano".

Roero, Clara Silvia (2011). L'omaggio dei matematici a Clelia Grillo Borromeo. Le curve Rhodoneae e Cleliae. Dans *Clelia Grillo Borromeo Arese. Un salotto letterario settecentesco tra arte, scienza e politica*, édité par D. Generali & Ezio Vaccari, Florence : Olschki, 129–149.

Roero, Clara Silvia (2012). Il « Giornale de' Letterati d'Italia » e la « repubblica dei matematici ». Dans *Il « Giornale de' Letterati d'Italia » trecento anni dopo. Scienza, storia, arte, identità (1710-2010)*, édité par E. Del Tedesco, Padova : Atti del convegno, 352.

Roero, Clara Silvia (2013). Organising, enhancing and spreading Italian science. Mathematics in the learned journals of the 18th century printed in Venice. *Archives internationales d'histoire des sciences*, *63* (170–171), 383–407.

Roero, Clara Silvia (2020). Tre lettere inedite di Luigi Lagrange, Angelo Calogerà e Giulio C. Fagnani nel 1754. *Bollettino di Storia delle Scienze Matematiche*, XL (2), 395–406.

Roero, Clara Silvia (2021). La biblioteca di Maria Gaetana Agnesi. *Bollettino di Storia delle Scienze Matematiche*, XLI (1), 9–68.

Roghi, Gino (2005). Materiale per una storia dell'Istituto Nazionale di Alta Matematica dal 1939 al 2003. *Bollettino della Unione Matematica Italiana*, 8 (89-A La Matematica nella Società e nella Cultura), 3–301.

Rohter, Larry (2019). *Rondon, uma biografia*. São Paulo : Companhia das Letras.

Rollet, Laurent (1999). *Des mathématiques à la philosophie. Étude du parcours intellectuel social et politique d'un mathématicien au tournant du siècle*. Thèse de doctorat, Université Nancy 2.

Rollet, Laurent (2000). *Henri Poincaré : des mathématiques à la philosophie. Étude du parcours intellectuel, social et politique d'un mathématicien au tournant du siècle*. Lille : Éditions du Septentrion.

Rollet, Laurent & Nabonnand, Philippe (2002). Une bibliographie mathématique idéale ? Le Répertoire bibliographique des sciences mathématiques. *Gazette des mathématiciens*, 92, 11–26.

Rollet, Laurent & Nabonnand, Philippe (2003). An answer to the growth of mathematical knowledge ? The *Répertoire Bibliographique des Sciences Mathématiques*. *EMS Newsletter*, 47, 9–14.

Rollet, Laurent & Nabonnand, Philippe (2012). *Les Uns et les Autres – Biographies et prosopographies en histoire des sciences*. Nancy : PUN - Éditions universitaires de Lorraine.

Rollet, Laurent & Nabonnand, Philippe (2013). Un journal pour les mathématiques spéciales : les *Nouvelles annales de mathématiques* (1842-1927). *Bulletin de l'Union des professeurs de spéciales – mathématiques et sciences physiques*, 86, 5–18.

Romano, Antonella (2015). Fabriquer l'histoire des sciences modernes. Réflexions sur une discipline à l'ère de la mondialisation. *Annales. Histoire, Sciences Sociales*, 70 (2), 381–408.

Romera-Lebret, Pauline (2009a). Teaching new geometrical methods with an ancient figure in the nineteenth and twentieth centuries: the new triangle geometry in textbooks in Europe and USA (1888-1952). Dans *Dig Where You Stand*, édité par K. Bjarnadóttir, F. Furinghetti & G. Schubring, Reykjavik : University of Iceland, 167–180.

Romera-Lebret, Pauline (2009b). *La Nouvelle Géométrie du triangle, passage d'une mathématique d'amateurs à une mathématique d'enseignants*. Thèse de doctorat, Université de Nantes.

Romera-Lebret, Pauline (2014). La nouvelle géométrie du triangle à la fin du XIXe siècle : des revues mathématiques intermédiaires aux ouvrages d'enseignement. *Revue d'histoire des mathématiques*, *20* (1), 253–302.

Romera-Lebret, Pauline (2014a). La circulation des savoirs dans les journaux et les publications périodiques à la fin du XIXe siècle. L'exemple de la nouvelle géométrie du triangle. Dans *L'Émergence de la presse mathématique en Europe au XIXe siècle. Formes éditoriales et études de cas (France, Espagne, Italie et Portugal)*, édité par C. Gérini & N. Verdier, Londres : College Publications, 201–223.

Romera-Lebret, Pauline (2015a). Catalan, mathématicien, républicain et homme de presse. *Bulletin de la Sabix*, *57*, 11–18.

Romera-Lebret, Pauline (2015b). Henri Brocard (1865) un ingénieur savant au XIXe siècle. *La Jaune et la Rouge*, *708* (octobre).

Romera-Lebret, Pauline & Verdier, Norbert (2016). Faire des sciences en Algérie au XIXe siècle : individus, lieux et sociabilité savante. *Philosophia Scientae*, *20* (2), 33–60.

Romero, Ricardo (1999). *La Philosophie naturelle mécaniste de Joseph Boussinesq (1842-1929)*. Thèse de doctorat, Université de Lille.

Roquette, Peter (2005). Der Briefwechsel Helmut Hasse – Zyoiti Suetuna. [En ligne ; accessed 2017-11-30].

Rosa, Mario (1956). Atteggiamenti culturali e religiosi di Giovanni Lami nelle « Novelle letterarie ». *Annali della Scuola Normale Superiore di Pisa – Classe di Lettere e Filosofia*, serie II, vol. *XXV* (III–IV), 260–333.

Rosa, Mario (1963). Bandini Angelo Maria. *Dizionario Biografico degli Italiani*, 5.

Rosa, Mario (1972). Encyclopédie, Lumières et tradition au XVIIIe siècle en Italie. *Dix-huitième siècle*, *4*, 109–168.

Rouché, Eugène (1889a). Lettre à Maurice d'Ocagne, 2 novembre 1889. Fonds d'Ocagne, Archives de l'École polytechnique.

Rouché, Eugène (1889b). Lettre à Maurice d'Ocagne, 6 novembre 1889. Fonds d'Ocagne, Archives de l'École polytechnique.

Rouché, Eugène & Comberousse, Charles de (1891). *Traité de géométrie*. Paris : Gauthier-Villars, 6e éd.

Roux, Alain (2003). *La Chine au 20e siècle*. Paris : Colin.

Rowe, David E. (2001). Felix Klein as Wissenschaftspolitiker. Dans *Changing Images in Mathematics: From the French Revolution to the New Millennium, Studies in the History of Science, Technology and Medicine*, t. 13, édité par U. Bottazzini & A. Dahan-Dalmédico, Londres : Routledge, 69–92.

Rowe, David E. (2004). Making mathematics in an oral culture: Göttingen in the era of Klein and Hilbert. *Science in Context*, *17* (1–2), 85–129.

Rubini, Raffaele (1851). *Trattato elementare di geometria analitica*. Naples : Stamperia dell'Iride.

Rubini, Raffaele (1857). *Trattato di geometria analitica*. Lecce : Tip. Del R. Ospizio S. Ferdinando.

Rudolph, Frederick (1977). *Curriculum, A History of the American Undergraduate Course of Study since 1636*. Londres : Jossey-Bass.

Runge, Carl (1899). Separation und Approximation der Wurzeln. Dans *Encyklopädie der mathematischen Wissenschaften mit Einschluss ihrer Anwendungen*, t. 1–1–4, édité par W. F. Meyer, Leipzig : Teubner, 404–448.

Runge, Carl (1907). Über angewandte Mathematik. *Jahresbericht der Deutschen Mathematiker-Verinigung*, *16*, 496–498.

Runge, Carl (1912). *Graphical Methods*. New York : Columbia University Press.

Runge, Carl (1915). *Graphische Methoden*. Leipzig; Berlin : Teubner. 2e éd., 1919; 3e éd., 1928.

Runge, Carl & Willers, Friedrich Adolf (1915). Numerische und graphische Quadratur und Integration gewöhnlicher und partieller Differentialgleichungen. Dans *Encyklopädie der mathematischen Wissenschaften mit Einschluss ihrer Anwendungen*, t. 2–3–1, édité par W. F. Meyer, Leipzig : Teubner, 47–176.

Runkle, John D. (1859). *The Mathematical Monthly*. 1.

Runkle, John D. (1860). *The Mathematical Monthly*. 2.

Runkle, John D. (1861). *The Mathematical Monthly*. 3.

Russell, Bertrand (1897). *An Essay on the Foundations of Geometry*. Cambridge : Cambridge University Press.

Russell, Bertrand (2001). *Correspondance sur la philosophie, la logique et la politique avec Louis Couturat (1897-1913)*. Paris : Kimé. Édition et commentaire par A.-F. Schmid.

Ryan, James (1828). *The Mathematical Diary*. 2.

Sagendorph, Robb (1970). *America and Her Almanacs ; Wit, Wisdom, and Weather, 1639-1970*. Dublin : Little, Brown and Company.

Saint-Loup, Louis (1868). Nouveau planimètre. *Bulletin de la société des sciences naturelles de Strasbourg*, 1re année (3), 46–50.

Saint-Loup, Louis (1869a). Indicateur-totalisateur de Watt. *Bulletin de la société des sciences naturelles de Strasbourg*, 2e année (2), 30–35.

Saint-Loup, Louis (1869b). Nouveau régulateur parabolique à force centrifuge. *Bulletin de la société des sciences naturelles de Strasbourg*, 2ᵉ année (2), 6–16.

Saint-Venant, Adhémar Barré de (1871). Du roulis sur mer houleuse calculé en ayant égard à l'effet retardateur produit par la résistance de l'eau. *Mémoires de la société nationale des sciences naturelles et mathématiques de Cherbourg*, 5–66.

Sainte-Laguë, André (1906). Sur les droites de Simson. *Revue de mathématiques spéciales*, *16* (12), 593–595.

Sainte-Laguë, André (1926). Notion de géométrie vectorielle. *Revue de mathématiques spéciales*, *37* (1), 297–303.

Salmon, George (1859). *Lessons Introductory to the Modern Higher Algebra*. Dublin : Hodges, Smith and Co.

Salmon, George (1870). *Traité de géométrie analytique (sections coniques)*. Paris : Gauthier-Villars.

de Salvandy, Narcisse-Achille (1838). Circulaire relative aux instituteurs publics non brevetés et à leur traitement, 29 mai 1838. *Journal général de l'instruction publique*, *7* (91), 567.

Salvemini, Tommaso (1939). Compte rendu de « P. Mazzoni, A. Nobile, *Elementi di Matematica Finanziaria e attuariale*, Bari : Macri, 1938-XVI ». *Bollettino della Unione Matematica Italiana*, *2* (1), 85–86.

Sansone, Giovanni (1943). Compte rendu de « F. Severi, *Lezioni di analisi*, vol. II, Parte I, Bologna : N. Zanichelli, 1942-XX ; pp. VII+398 ». *Bollettino della Unione Matematica Italiana*, *2* (5), 124–128.

Santaló, Luis Antonio (1961). La obra científica de Beppo Levi. *Mathematicæ Notæ*, *XVIII*, XXIII–XXVIII.

Sarina (2016). *Nitchū sūgaku kai no kindai : seiyō sūgaku i'nyū no yōsō*. Tokyo : Rinsen Shoten.

Sasaki, Chikara (2002). Japan. Dans *Writing the History of Mathematics: Its Historical Development, Science Networks. Historical Studies*, t. 5, édité par J. W. Dauben & C. J. Scriba, Bâle : Birkhäuser, 297–306.

Sasaki, Chikara (2010). *Sūgakushi*. Tokyo : Iwanami Shoten.

Sasaki, Shigeo (1984). *Tōhoku Daigaku sūgaku kyōshitsu no rekishi*. Sendai : Tōhoku Daigaku Dōsōkai.

Sauvestre, Charles (1867). Instruction publique en France. Les classes 89 et 90. *L'Exposition universelle de 1867 illustrée*, *38*, 114–115.

Sawayama, Yūzaburō (1905). Démonstration élémentaire du Théorème de Feuerbach. *L'Enseignement mathématique*, *7*, 479–482.

Sawayama, Yūzaburō (1938). *Sawayama Yūzaburō zenshū.* Tokyo : Iwanami Shoten. Édité par S. Morimoto.

Saxer, Walter (éd.) (1932). *Verhandlungen des Internationalen Mathematiker-Kongresses Zürich 1932.* I Band: Bericht und allgemeine Vorträge, Zurich: Orell Füssli.

Schappacher, Norbert (2002). *Framing Global Mathematics. The International Mathematical Union between Theorems and Politics.* Cham: Springer.

Schappacher, Norbert & Volkert, Klaus (2005). Heinrich Weber: un mathématicien à Strasbourg 1895-1913. (Crawford & Olff-Nathan 2005, 37–47).

Scharlau, Winfried (1990). *Mathematische Institute in Deutschland: 1800–1945, Dokumente zur Geschichte der Mathematik*, t. 5. Freiburg; Braunschweig: Deutsche Mathematiker Vereinigung; Friedr. Vieweg & Sohn. With a supplementary chapter by G. Schubring.

Schiavon, Martina (2012). The English Board of Longitude (1714-1828) ou comment le gouvernement anglais a promu les sciences. *Archives internationales d'histoire des sciences*, *62* (168), 177–224.

Schiavon, Martina (2016). The Bureau des longitudes: An institutional study. Dans *Navigational Enterprises in Europe and its Empires, 1750-1850*, édité par R. Dunn & R. Higgitt, Basingstoke : Palgrave/MacMillan, Cambridge Imperial and Post-Colonial Studies Series, 65–85.

Schiavon, Martina (2018). The French Bureau des longitudes and its archives. *ARC Magazine*, *346*, 16–19.

Schiavon, Martina & Rollet, Laurent (2017). *Pour une histoire du Bureau des longitudes (1795-1932).* Nancy : Presses universitaires de Nancy.

Schilling, Friedrich (1900). *Über die Nomographie von M. d'Ocagne. Eine Einführung in dieses Gebiet.* Leipzig : Teubner. 2ᵉ éd., 1917 ; 3ᵉ éd., 1922.

Schnädelbach, Herbert (1991). *Philosophie in Deutschland 1831-1933.* Frankfurt am Main : Suhrkamp.

Schneider, Ivo (1981). Forms of professional activity in mathematics before the nineteenth century. Dans *Social History of Nineteenth Century Mathematics*, édité par H. Bos & H. Mehrtens, Stuttgart : Birkhäuser, 89–110.

Schneidt, Joseph Maria (1798). *Juristisch-mathematisches Magazin.* Würzburg : s.n.

Schubring, Gert (1986). *Bibliographie der Schulprogramme in Mathematik und Naturwissenschaften: 1800-1875.* Bad Salzdetfurth : Franzbecker.

Schwerdt, Hans (1931). *Die Anwendung der Nomographie in der Mathematik. Für Mathematiker und Ingenieure dargestellt.* Berlin : Springer.

Scorza, Gaetano (1929). Contributi italiani alla geometria algebrica. *Il Bollettino di Matematica, XXIV*, 41–53.

Scudder, Samuel Hubbard (1879). *Catalogue of Scientific Serials of all Countries.* Cambridge, Mass. : Harvard University Press.

Seccia, Giorgio (2015). *Gas ! La guerra chimica sui fronti europei nel primo conflitto mondiale.* Chiari : Nordpress.

Secord, James (2014). *Visions of Science: Books and Readers at the Dawn of the Victorian Age.* Oxford ; Chicago : Oxford University Press ; Univeristy of Chicago Press.

Secord, James A. (2004). Knowledge in transit. *Isis, 95* (4), 654–672.

Sedgewick, W. F. & Tompson, Julia (2004). Rutherford, William. Dans *Oxford Dictionary of National Biography*, Oxford : Oxford University Press.

Segal, Sanford (1986). Mathematics and German politics: the National Socialist experience. *Historia Mathematica, 13*, 118–135.

Segal, Sanford (2003). *Mathematicians under the Nazis.* Princeton : Princeton University Press.

Severi, Francesco (1935). Peut-on parler d'un esprit latin même dans les mathématiques ? *Revue scientifique, 73*, 581–589.

Severi, Francesco (1939). Le matematiche in Italia. *Gli Annali della Università d'Italia, I* (1), 40–44.

Severi, Francesco (1941a). In occasione dell'inizio dell'anno accademico 1940-41 del Reale INDAM. *Bollettino dell'UMI, III* (2), 130–140.

Severi, Francesco (1941b). Valore sociale della scienza e necessità attuali dell'organizzazione scientifica. *Romana, 5* (2), 81–91.

Sgard, Jean (1991). *Dictionnaire des journaux, 1600-1789.* Édition électronique revue, corrigée et augmentée. URL http://dictionnaire-journaux.gazettes18e.fr/journal/0173-bibliotheque-universelle-et-historique, Paris.

Shallit, Jeffrey, Williams, Hugh C. & Morain, François (1995). Discovering of a lost factoring machine. *The Mathematical Intelligencer, 17* (3), 41–47.

Shaw, Michael (2008). Keeping time in the age of Franklin : Almanacs and the Atlantic World. *Printing History, 2*, 17–37.

Shaw, Michael (2015). Almanacs. Dans *The Bloomsbury Encyclopedia of the American Enlightenment*, édité par M. G. Spencer, New York : Bloomsbury, 44–46.

Sher, Richard (2006). *The Enlightenment and the Book.* Chicago : University of Chicago Press.

Shimizu, Tatsujirō (1957). Kaisō. *Sūgaku, 9* (2), 68–70.

Shoda, Kenjiro (1929). Über das Holomorphie einer endlichen Abelschen Gruppe. *Proceedings of the Imperial Academy*, 5 (8), 314–317.

Siegmund-Schultze, Reinhard (1993). *Mathematische Berichterstattung in Hitlerdeutschland. Der Niedergang des Jahrbuchs über die Fortschritte der Mathematik (1869-1945)*. Göttingen : Vandenhoeck & Ruprecht.

Siegmund-Schultze, Reinhard (2004). Helmut Grunsky (1904-1986) in the Third Reich: a mathematician torn between conformity and dissent. Dans *Helmut Grunsky : Collected Papers*, édité par O. Roth & S. Ruscheweyh, Lemgo : Heldermann, XXXI–L.

Siegmund-Schultze, Reinhard (2011). Opposition to the boycott of German mathematics in the early 1920's. Letters by Edmund Landau (1877-1938) and Edwin Bidwell Wilson (1879-1964). *Revue d'histoire des mathématiques*, 17, 141–167.

Siegmund-Schultze, Reinhard (2018). The interplay of various Scandinavian mathematical journals (1859-1953) and the road towards internationalization. (Peiffer et al. 2018, 354–375).

Silva, Circe Mary da (2004). Politécnicos ou matemáticos ? *História, Ciências, Saúde-Manguinhos*, 13 (4), 891–908.

Singh, Gulshan & Shah, Wali Mohammad (2010). On The Eneström-Kakeya Theorem. *Applied Mathematics*, 1 (6), 555–560.

Singmaster, David (2005). Walter William Rouse Ball, *Mathematical Recreations and Problems of Past and Present Times*, first edition (1892). Dans *Landmark Writings in Western Mathematics*, édité par I. Grattan-Guinness, Amsterdam : Elsevier, 653–663.

Sire, Georges (1881). Le Dévioscope. *Journal de mathématiques pures et appliquées*, 7 (3ᵉ série), 161–166.

Sittignani, Maria G. (1918). Levi Eugenio Elia. *Il Bollettino di Matematica*, XV, 146–147.

Slaught, Herbert E. (1914). Retrospect and prospect. *The American Mathematical Monthly*, 21, 1–3.

Smith, David Eugene (éd.) (1918). *Union List of Mathematical Periodicals*. Washington : Government Printing Office.

Smith, David Eugene (1933). Early American mathematical periodicals. *Scripta Mathematica*, 1, 277–285.

Smith, David Eugene & Ginsburg, Jekuthiel (1934). *History of Mathematics in America before 1900*. Chicago : Open Court.

Smith, David Eugene & Mikami, Yoshio (1914). *A History of Japanese Mathematics*. Chicago : Open Court.

Snow, Charles Percy (2001). *The Two Cultures.* Londres : Cambridge University Press. 1re éd. 1959. Trad. fr. Cl. Noël, *Les Deux Cultures, suivies de Supplément aux Deux Cultures*, Paris : Jean-Jacques Pauvert, 1968 ; réed. Les Belles Lettres, coll. « Le goût des idées », avec, en supplément, une traduction d'*État de siège*, 2021.

Somerville, Martha (1873). *Personal Recollections from Early Life to Old Age of Mary Somerville.* Londres : John Murray.

Sonnet, Hippolyte (1837). *Solutions raisonnées des problèmes d'arithmétique de M. Saigey.* Paris : Hachette.

Sono, Masazō (1917). On Congruences. *Memoirs of the College of Science, Kyoto Imperial University*, *2*, 203–226.

Sono, Masazō (1918a). On Congruences. II. *Memoirs of the College of Science, Kyoto Imperial University*, *3*, 113–149.

Sono, Masazō (1918b). On Congruences. III. *Memoirs of the College of Science, Kyoto Imperial University*, *3*, 189–197.

Sono, Masazō (1919). On Congruences. IV. *Memoirs of the College of Science, Kyoto Imperial University*, *3*, 299–308.

Soreau, Rodolphe (1901). Contribution à la théorie et aux applications de la nomographie. *Mémoires de la Société des ingénieurs civils de France*, *86*, 821–880. 2e éd., Paris : Béranger, 1902.

Soreau, Rodolphe (1921). *Nomographie ou Traité des abaques.* Paris : Chiron.

Sorkin, A. M. (1960). Zur Entstehungsgeschichte des *International Catalogue of Scientific Literature. Naturwissenschaft, Technik, Medizin (NTM)*, *1* (4), 67–84.

Sortais, Yvonne & Sortais, René (1997). *La Géométrie du triangle, Exercices résolus.* Collection Formation des enseignants et formation continue, Paris : Hermann.

Soulez, Antonia (2006). La réception du cercle de Vienne aux Congrès de 1935 et 1937 à Paris ou le « style Neurath ». Dans *L'Épistémologie française, 1830-1970*, édité par M. Bitbol & J. Gayon, Paris : PUF, 27–66.

Soulié, Stéphan (2009). *Les Philosophes en République : l'aventure intellectuelle de la Revue de métaphysique et de morale (1891-1914).* Rennes : Presses universitaires de Rennes.

Soulié, Stéphan (2010). L'intégration d'Émile Meyerson à la communauté philosophique : le rôle de Xavier Léon et du réseau de la *Revue de métaphysique et de morale. Corpus*, *58*, 129–142.

Soulié, Stéphan (2014). La *Revue de métaphysique et de morale* et les congrès internationaux de philosophie (1900-1914) : une contribution à la construction d'une Internationale philosophique. *Revue de métaphysique et de morale*, *84* (4), 467–481.

Soulié, Stéphan (2017). Louis Couturat et le réseau intellectuel de la *Revue de métaphysique et de morale*. Dans *Louis Couturat (1868-1914) – Mathématiques, langage, philosophie*, édité par S. Roux & M. Fichant, Paris : Garnier, 213–230.

S.T.A. (J.F.A.) (1841). Lettres à un instituteur sur la manière d'enseigner l'arithmétique. I. *Manuel général de l'instruction primaire*, *1* (10), 253–258.

Star, Susan Leigh & Griesemer, James R. (1989). Institutional ecology, "Translations" and boundary objects: Amateurs and professionals in Berkeley's Museum of Vertebrate Zoology, 1907-39. *Social Studies of Science*, *19* (3), 387–420.

Steeves, Henry Alan (1962). Russian journals of mathematics. Dans *Recent Soviet Contributions to Mathematics*, édité par P. LaSalle & S. Lefschetz, New York : Macmillan, 303–315.

Stephen, Leslie & Wallis, Ruth (2004). Burrow, Reuben. Dans *Oxford Dictionary of National Biography*, Oxford : Oxford University Press.

Stewart, Matthew (1835). Prop. 4. Book 4, of the mathematical collections of Pappus Alexandrinus in a more general form: to which are added some Propositions of a similar nature. *New Series of the Mathematical Repository*, *6* (Part III), 26–52.

Stichweh, Rudolf (1994). La structuration des disciplines dans les universités allemandes du XIXe siècle. *Histoire de l'éducation*, *62* (1), 55–73.

Stirling, James (1730). *Methodus differentialis, sive Tractatus de Summatione & Interpolatione serierum infinitarum*. Londres : Typis Gul. Bowyer.

Stock, Mathis (2004). L'habiter comme pratique des lieux géographiques. *EspacesTemps.net. Revue indisciplinaire des sciences sociales*.

Story, William E. (1878). Notice to the reader. *American Journal of Mathematics*, *1* (1), iii–v.

Story-Maskelyne, Nevil (1897). Historical sketch of the *Greenwich Nautical Almanac*. *Transactions of the Royal Society of Canada*, 2–10.

Stowell, Marion B. (1977). *Early American Almanacs : the colonial weekday Bible*. New York : B. Franklin.

Struik, Dirk J. (1948). *Yankee Science in the Making*. Boston : Little Brown.

Suga, Genzō (1973). Kyōin menkyo daichō shō yori (2). *Sūgakushi kenkyū*, *59*, 29–35.

Süss, Wilhelm (1926a). Kyū no tokuyūsei ni tsuite. *Tōkyō Butsuri Gakkō zasshi*, *35* (414), 189–192.

Süss, Wilhelm (1926b). Pitagorasu no teiri no shōmei ni kansuru kōriteki kenkyū. *Nihon Chūtō Kyōiku Sūgakkai zasshi*, *8* (2), 199–202.

Suzuki, Takeo (2009). Tōhoku Teikoku Daigaku to wasan shi kenkyū <Hayashi Tsuruichi no genryū to kōken>. Dans *Dai 19 kai sūgakushi shinpojiumu (2008), Tsuda Juku Daigaku sūgaku keisanki kagaku kenkyūjo hō*, t. 30, Kodaira : Tsuda Juku Daigaku, 209–223.

Suzuki, Takeo (2012). Tōhoku Teikoku Daigaku to wasan shi kenkyū III Hayashi Tsuruichi kara Fujiwara Matsusaburō e (1). Dans *Dai 22 kai sūgakushi shinpojiumu (2011), Tsuda Juku Daigaku sūgaku keisanki kagaku kenkyūjo hō*, t. 33, Kodaira : Tsuda Juku Daigaku, 122–136.

Suzuki, Takeo (2013). Tōhoku Teikoku Daigaku to wasan shi kenkyū IV Hayashi Tsuruichi no sūgakusho. Dans *Dai 23 kai sūgakushi shinpojiumu (2012), Tsuda Juku Daigaku sūgaku keisanki kagaku kenkyūjo hō*, t. 34, Kodaira : Tsuda Juku Daigaku, 149–168.

Svetlikova, Ilona (2013). *The Moscow Pythagoreans: Mathematics, Mysticism, and Anti-Semitism in Russian Symbolism*. New York : Palgrave Macmillan.

Swetz, Franck J. (2018). The Ladies' Diary : A True Mathematical Treasure. Conception and Evolution. *Convergence*, August.

Swetz, Frank J. (2008). The mystery of Robert Adrain. *Mathematics Magazine, 81* (5), 332–344.

Swetz, Frank J. (2021). *The Impact and Legacy of The Ladies' Diary (1704-1840), A Women's Declaration*. Providence, R.I. : MAA Press.

Sylvester, James J. & Story, William E. (1878). Notice to the Reader. *The American Journal of Mathematics, 1* (1).

Tacquet, Andrea (1669). *Opera mathematica*. Anvers : Jacob van Meurs.

Tadao, Tannaka (1938). Über den Dualitätssatz der nichtkommutativen topologischen Gruppen. *Tôhoku Mathematical Journal, 45*, 1–12.

Takagi, Teiji (1920). Über eine Theorie des relativ Abel'schen Zahlkörpers. *The Journal of the College of Science, Imperial University of Tokyo, Japan, 41* (9), 1–133.

Takagi, Teiji (1922). Über das Reciprocitätsgesetz in einem beliebigen algebraischen Zahlenkörper. *The Journal of the College of Science, Imperial University of Tokyo, Japan, 44* (5), 1–50.

Takata, Seiji (1997). Activity of Japanese physicists in the learned societies from 1877 to 1926. *Historia Scientiarum. Second Series, 7* (2), 81–91.

de Tannenberg, Wladimir (1921). *Conférences sur les transformations en géométrie plane*. Paris : Vuibert.

de Tannenberg, Wladimir (1925). Transformations ponctuelles du plan qui transforment une figure en une figure semblable. *Revue de mathématiques spéciales, 35* (5), 385–386.

Tannery, Jules (1886). Calinon. Étude critique sur la Mécanique. *Bulletin des sciences mathématiques*, X, 293–294.

Tannery, Paul (1876). La géométrie imaginaire et la notion d'espace. *Revue philosophique de la France et de l'étranger*, 2, 433–451.

Tannery, Paul (1877a). Analyses et comptes rendus. *Revue philosophique de la France et de l'étranger*, 4, 524–530.

Tannery, Paul (1877b). La géométrie imaginaire et la notion d'espace. *Revue philosophique de la France et de l'étranger*, 3, 553–575.

Tannery, Paul (1888). Revue générale. Psychologie mathématique et psychophysique. *Revue philosophique de la France et de l'étranger*, 25, 189–197.

Tannery, Paul (1889). Philosophie mathématique et psychophysique. *Revue philosophique de la France et de l'étranger*, 27, 73–82.

Tannery, Paul (1898). Théorie de la connaissance mathématique. *Revue philosophique de la France et de l'étranger*, 46, 429–440.

Tannery, Paul (1904). De l'histoire générale des sciences. *Revue de synthèse historique*, 8, 1–16.

Tarnier, Étienne-Auguste (1861). *Nouvelle arithmétique théorique et pratique, à l'usage des commençants, ouvrage fondé sur le système légal des poids et mesure*. Paris : Hachette.

Tarnier, Étienne-Auguste & Bos, Henri (1863). *Problèmes d'arithmétique, à l'usage des commençants. Énoncés*. Paris : Hachette.

Tarnier, Étienne-Auguste & Bos, Henri (1865). *Solutions raisonnées des problèmes d'arithmétique à l'usage des commençants*. Paris : Hachette.

Taton, René (1947). Les mathématiques dans le *Bulletin de Férussac*. *Archives internationales d'histoire des sciences*, 26, 100–125.

Taylor, Eva Germaine Rimington (1966). *The Mathematical Practitioners of Hanoverian England, 1714–1840*. Cambridge : Cambridge University Press.

Tazzioli, Rossana (2018). Interplay between local and international journals : The case of Sicily, 1880–1920. *Historia Mathematica*, 45 (4), 334–353.

Tega, Walter (1986). *Anatomie Accademiche*, t. I : Commentari dell'Accademia delle Scienze di Bologna. Bologne : Il Mulino.

Teikoku Daigaku (1894). Monbushō ōfuku 104, Meiji nijūrokunen Meiji nijūshichi nendo hōkoku : Rika Daigaku Meiji nijūrokunen nenpō. Tōkyō Daigaku Monjokan, S0001/Mo104.

Telfer, William (1837). Observations on the study of mathematics. *The Northumbrian Mirror*, 1, 7–15.

Tesnière, Valérie (2001). *Un siècle d'édition universitaire (1860-1968)*. Paris : Presses universitaires de France.

Tesnière, Valérie (2014). Histoire et actualité de la revue : Journals : past and present. *Revue de Synthèse, 135* (2–3), 167–174.

Tesnière, Valérie (2021). *Au bureau de la revue. Une histoire de la publication scientifique (XIXe-XXIe siècle)*. Paris : Éditions de l'EHESS.

Thelin, John R. (2004). *A History of American Education*. Baltimore : Johns Hopkins University Press.

Tietze, Federico (1916). Chimica d'attualità. *Il Bollettino di matematiche e di scienze fisiche e naturali, XVII* (3), 33–38.

Tillol, Jules (1857). Rapport sur un ellipsographe de M. C. Valette. *Procès-verbaux des séances – Société littéraire et scientifique de Castres*, 2e année, 44–45.

Timmons, Todd (2004). A prosopographical analysis of the early American mathematics publication community. *Historia Mathematica, 31* (4), 429–454.

Tipaldo, Emilio de (1834-1845). *Biografia degli Italiani illustri nelle scienze, nelle lettere ed arti del secolo XVIII e de' contemporanei*. Venise : Alvisopoli. 10 vol.

Tobies, Renate (2006). *Biographisches Lexikon in Mathematik promovierter Personen an deutschen Universitäten und Technischen Hochschulen: WS 1907/08 bis WS 1944/45*. Algorismus: Studien zur Geschichte der Mathematik und der Naturwissenschaften, Augsburg: Rauner.

Tobies, Renate (2012). *Iris Runge. A Life at the Crossroads of Mathematics, Science, and Industry*. Bâle: Birkhäuser.

Tobies, Renate (2019a). Felix Klein – Mathematician, academic organizer, educational reformer. Dans *The Legacy of Felix Klein*, édité par H.-G. Weigand, New York: Springer, 5–20.

Tobies, Renate (2019b). *Felix Klein, Visionen für Mathematik, Anwendungen und Unterricht*. Berlin: Springer.

Tobies, Renate & Rowe, David E. (éds.) (1990). *Korrespondenz Felix Klein – Adolph Mayer: Auswahl aus den Jahren 1871-1907*. Leipzig: Teubner.

Togliatti, Eugenio (1940). Compte rendu de "Conforto, Fabio, *Le superficie razionali*, Bologna: N. Zanichelli, 1939, pp. XVI+554". *Bollettino della Unione Matematica Italiana, 2* (3), 74–78.

Tōhoku Teikoku Daigaku (1913). *Tōhoku Teikoku Daigaku rika daigaku jikkyō setsumei*. Sendai: Tōhoku Teikoku Daigaku.

Tōkyō Butsuri Gakkō (1930). *Tōkyō Butsuri Gakkō shōshi*. Tokyo: Tōkyō Butsuri Gakkō.

Tōkyō Butsuri Gakkō Dōsōkai (1933). Tōkyō Butsuri Gakkō zasshi ji daiichigō (Meiji nijūyonnen jūnigatsu) shi daigohyakugō (Shōwa hachinen shichigatsu): ronsetsu zatsuroku kisho sō-mokuroku. *Tōkyō Butsuri Gakkō zasshi*, *43* (500).

Tokyo Mathematical and Physical Society (éd.) (1891). *Memoirs on Infinite Series*. Tokyo: Tokyo Mathematical and Physical Society.

Tōkyō Sūgaku Butsurigakkai Hensan Iin (éd.) (1897). *Fujisawa kyōju seminarī enshū roku, dainisatsu*. Tokyo: Tōkyō Sūgaku Butsurigakkai.

Tōkyō Teikoku Daigaku (éd.) (1942a). *Tokyo Teikoku Daigaku gakujutsu taikan*, Tokyo: Tōkyō Teikoku Daigaku, chap. Butsuri gakka ronbun mokuroku. 79–121.

Tōkyō Teikoku Daigaku (éd.) (1942b). *Tōkyō Teikoku Daigaku gakujutsu taikan*, Tokyo: Tōkyō Teikoku Daigaku, chap. Sūgakka ronbun mokuroku. 28–47.

Tomassini, Giuseppe (2011). Gli "Annali" della classe di Scienze. *Annali di storia delle università italiane*, *15*, 213–220.

Topham, Jonathan (2016). The scientific, the literary and the popular: Commerce and the reimagining of the scientific journal in Britain, 1813-1825. *Notes and Records: the Royal Society Journal of the History of Science*, *70* (4), 305–324.

Torre, Angelo (2008). Un « tournant spatial » en histoire ? Paysages, regards, ressources. *Annales. Histoire, Sciences Sociales*, *63* (5), 1127–1144.

Torrini, Maurizio (1994). Lo Stato e le scienze. L'Orto botanico, l'Osservatorio, i Musei. Dans *Gioacchino Murat*, édité par A. Scirocco, Naples : De Rosa, 44–94.

Torrini, Maurizio (1998). Le traduzioni dei testi scientifici. Dans *Editoria e cultura a Napoli nel XVIII secolo. Atti del convegno Napoli 5–7 dicembre 1996*, édité par A. M. Rao, Naples : Liguori Editore, 723–735.

Tournès, Dominique (2000). Pour une histoire du calcul graphique. *Revue d'histoire des mathématiques*, *6*, 127–161.

Tournès, Dominique (2011). Une discipline à la croisée de savoirs et d'intérêts multiples : la nomographie. Dans *Circulation, transmission, héritage. Actes du 28ᵉ colloque inter-IREM Histoire et épistémologie des mathématiques*, édité par P. Ageron & É. Barbin, Caen : Université de Caen Basse-Normandie, 415–448.

Tournès, Dominique (2014). Mathematics of nomography. Dans *Mathematik und Anwendungen*, édité par M. Foote, Bad Berka : Thillm, 26–32.

Tournès, Dominique (éd.) (2022). *Histoire du calcul graphique*. Paris : Cassini.

Tranfaglia, Nicola, Murialdi, Paolo & Legnani, Massimo (éds.) (1980). *La stampa italiana nell'età fascista*. Rome : Laterza.

Trombetta, Vincenzo (2008). *L'editoria napoletana dell'Ottocento. Produzione, circolazione, consumo*. Milan : Angeli.

Trombetta, Vincenzo (2011). *L'editoria a Napoli nel decennio francese*. Milan : Angeli.

Tropp, Asher (1958). Some sources for the history of educational periodicals in England. *British Journal of Educational Studies*, *6* (2), 151–163.

Trudi, Nicola (1852). *Elementi di geometria analitica*. Naples : Gabinetto bibliografico e tipografico.

Tucker, Albert W. (1935). The Topological Congress in Moscow. *Bulletin of the American Mathematical Society*, *4* (11), 764.

Turner, Laura E. (2011). *Cultivating Mathematics in an International Space: Roles of Gösta Mittag-Leffler in the Development and Internationalization of Mathematics in Sweden and Beyond, 1880-1920*. Thèse de doctorat, Aarhus University.

Turner, R. Stephen (1971). The growth of professorial research in Prussia, 1818 to 1848: Causes and context. *Historical Studies in the Physical Sciences*, *3*, 137–182.

Ueberweg, Friedrich & Oesterreich, Konstantin (1916). *Friedrich Ueberwegs Grundriß der Geschichte der Philosophie. Vom Beginn des neunzehnten Jahrhunderts bis auf die Gegenwart*. Berlin : Ernst Siegfried Mittler und Sohn.

Ueno, Kenji (2012). Mathematics teaching before and after the Meiji Restoration. *ZDM: The International Journal on Mathematics Education*, *44* (4), 473–481.

University Harvard, President's Office (1843). *Annual Report of the President of Harvard University to the Overseers on the State of the University for the Academic Year...* Cambridge, Mass. : Harvard University Press.

Vailati, Giovanni (1908). Les mathématiques au IIIe Congrès international de Philosophie. *L'Enseignement mathématique*, *10*, 505–507.

Valat, Jacques Pierre (1864). Note sur l'impossibilité d'exprimer en nombres finis le rapport de la circonférence au diamètre. *Actes de l'académie nationale des sciences, belles-lettres et arts de Bordeaux*, *26e* année (3e série), 269–278.

Valat, Jacques Pierre (1866). Plan d'une géométrie nouvelle ou réforme de l'enseignement de la géométrie élémentaire. *Actes de l'académie nationale des sciences, belles-lettres et arts de Bordeaux*, *28e* année (3e série), 35–70.

Valat, Jacques Pierre (1868). Note sur la mesure des terrains. *Actes de l'académie nationale des sciences, belles-lettres et arts de Bordeaux*, *30e* année (3e série), 407–410.

Vallerey, Jules (1885). Le calcul mental et Jacques Inaudi. *Mémoires de la société dunkerquoise pour l'encouragement des sciences, des lettres et des arts*, *24*, 223–234.

Van Dalen, Dirk (2011). *The Selected Correspondence of L. E. J. Brouwer*. New York : Springer.

Vandame, Georges (1888). Questions de philosophie mathématique. *Revue philosophique de la France et de l'étranger*, *26*, 498–502.

Vannini, Fabrizio (2002). Gori Anton Francesco. *Dizionario Biografico degli Italiani*, *58*.

Veblen, Oswald (1952). Opening address. Dans *Proceedings of the International Congress of Mathematicians*, Providence : American Mathematical Society, 124–125.

Venn, John (éd.) (1922-1954). *Alumni Cantabrigienses: A Biographical List of All Known Students, Graduates and Holders of Office at the University of Cambridge*. Cambridge : University Press.

Verdier, Norbert (2009a). Les journaux de mathématiques dans la première moitié du XIXe siècle en Europe. *Philosophia Scientiæ*, *13* (2), 97–126.

Verdier, Norbert (2009b). *Le Journal de Liouville et la presse de son temps : une entreprise d'édition et de circulation des mathématiques au XIXe siècle (1824-1885)*. Thèse de doctorat, Université Paris-Sud.

Verdier, Norbert (2011). Éditer des œuvres complètes avec Gauthier-Villars, au XIXe siècle. *Images des mathématiques*, *12*, en ligne.

Verdier, Norbert (2013). Éditer puis vendre des mathématiques avec la maison Bachelier (1812-1864). *Revue d'histoire des mathématiques*, *19*, 79–145.

Verdier, Norbert (2015a). Catalan et son temps. *Bulletin de la Sabix*, *57*, 7–10.

Verdier, Norbert (2015b). Graver des figures de géométrie au XIXe siècle : pratiques, enjeux et acteurs éditoriaux. *Textimage, revue du dialogue texte-image*, *7*, [en ligne].

Verdier, Norbert (2017). Le livre mathématique au XIXe siècle : libraires, typographes et graveurs (1810-1864). Dans *Le Livre technique avant le XXe siècle : À l'échelle du monde*, édité par L. Hilaire-Pérez, V. Nègre, D. Spicq & K. Vermeir, Paris : CNRS Éditions, 395–407.

Verdier, Norbert (2023). Publier, imprimer, lithographier et vendre des livres de mathématiques à... Bar-le-Duc au XIXe siècle. Dans *Sciences, Circulations, Révolutions*, édité par P. E. Bour, M. Rebuschi & L. Rollet, Londres : College Publications, 697–712.

Vergani Marelli, Rosa (1930). "Metodo Montessori" in schola pro surdo-mutos. *Schola et Vita*, *5*, 349–354.

Vergara, Moema de Rezende (2004). Ciência e literatura: A Revista Brasileira como espaço de vulgarização científica. *Sociedade e Cultura (Online)*, *7*, 3–23.

Vermij, Rienk (1993). Genootschappen en de Verlichting. Enkele overwegingen. *De Achttiende Eeuw*, *25* (1), 3–23.

Vermij, Rienk (2003). The formation of the Newtonian philosophy: the case of the Amsterdam mathematical amateurs. *The British Journal for the History of Science*, *36* (2), 183–200.

Vernier, Hippolyte (1832). *Petite arithmétique raisonnée*. Paris : Hachette.

Vetter, Jeremy (2008). Cowboys, scientists, and fossils: The field site and local collaboration in the American West. *Isis*, *99*, 273–303.

Vetter, Jeremy (2011). Lay observers, telegraph lines, and Kansas weather: The field network as a mode of knowledge production. *Science in Context*, *24*, 259–280.

Vetter, Jeremy (2012). Field life in the American West: Surveys, networks, stations, and quarries. Dans *Scientists and Scholars in the Field: Studies in the History of Fieldwork and Expeditions*, édité par K. Nielsen, M. Harbsmeier & C.J. Ries, Aarhus : Aarhus University Press, Aarhus, 225–258.

Vetter, Jeremy (2016). *Field Life: Science in the American West during the Railroad Era*. Pittsburgh : University of Pittsburgh Press.

Viala, E. (1861). Théorie et construction d'un cadran solaire portatif, dit analemmatique. *Mémoires de la section des sciences de l'académie des sciences et lettres de Montpellier*, *5*, 155–166.

Vianelli, Silvio (1939). Compte rendu de « Georges Hostelet, "Les fondements expérimentaux de l'analyse mathématique des faits statistiques", *Actualités scientifiques et industrielles*, n° 552, 1937 ». *Bollettino della Unione Matematica Italiana*, *2* (1), 490–491.

Viel, Guillaume (2017). *Sociabilité et érudition locale : les sociétés savantes du département de la Manche, du milieu du XVIIIe siècle au début du XXe siècle*. Thèse de doctorat, Université Caen Normandie.

Vigarié, Émile (1887a). Géométrie du triangle. Étude bibliographique et terminologique. *Journal de mathématiques spéciales*, *(3), t. I*, 34–45, 58–62, 77–82, 127–132, 154–157, 175–177, 199–203, 217–219, 248–250.

Vigarié, Émile (1887b). Géométrie du triangle. Étude terminologique et bibliographique. *Journal de mathématiques spéciales*, *(3), t. III*, 18–19, 27–30, 55–59, 83–86.

Vigarié, Émile (1888). Lettre à Maurice d'Ocagne. Fonds d'Ocagne, Archives de l'École polytechnique.

Vigarié, Émile (1889). Esquisse historique sur la marche du développement de la géométrie du triangle. *Compte rendu des séances des sessions de l'Association française pour l'avancement des sciences (Paris)*, *XVIII* (2), 117–127.

Vigarié, Émile (1895). Bibliographie de la géométrie du triangle. *Compte rendu des séances des sessions de l'Association française pour l'avancement des sciences (Bordeaux)*, *XXIV*, 50–63.

Villat, Henri (1922). Camille Jordan. *Journal de mathématiques pures et appliquées*, *9* (1), I–IV.

Villat, Henri (1926). *Notice sur les titres et travaux scientifiques de M. Henri Villat*. Paris : Gauthier-Villars.

Vincent, Charles & Benoît, Auguste (1877). Rapport sur un ouvrage de M. Jubé intitulé : *Exercices de Géométrie analytique*. Dans *Précis analytique des travaux de l'Académie des sciences, belles-lettres et arts de Rouen*, 91–92.

Vincent, Yannick (2019). *Les Répétiteurs de mathématiques à l'École polytechnique au XIXe siècle*. Thèse de doctorat, École polytechnique-Université Paris-Saclay, Palaiseau.

Vinot, Joseph (1858). Récréations mathématiques. *L'École normale*, *1*, 11–12.

Vinot, Joseph (1860). *Récréations mathématiques, nouveau recueil de questions curieuses et utiles extraites des auteurs anciens et modernes*. Paris : Larousse et Boyer.

Vittu, Jean-Pierre (2002a). La formation d'une institution scientifique : le *Journal des Savants* de 1665 à 1714. D'une entreprise privée à une semi-institution. *Le Journal des savants*, *2*, 179–203.

Vittu, Jean-Pierre (2002b). La formation d'une institution scientifique : le *Journal des Savants* de 1665 à 1714. L'instrument central de la République des Lettres. *Journal des savants*, *2*, 349–377.

Vittu, Jean-Pierre (2005). Du *Journal des savants* aux *Mémoires pour l'histoire des sciences et des beaux-arts* : l'esquisse d'un système européen des périodiques savants. *Dix-septième siècle*, *228* (3), 527–545.

Vittu, Jean-Pierre (2016). Métamorphoses des éphémères : annoncer le contenu des journaux savants (fin 17e–fin 18e siècle). Dans *L'Annonce faite au lecteur : La circulation de l'information sur les livres en Europe (16e–18e siècles)*, édité par A. Charon, S. Juratic & I. Pantin, Louvain : Presses universitaires de Louvain, 143–159.

Vocke, Johann August (1797). *Geburts- und Todten-Almanach Ansbachischer Gelehrten, Schriftsteller und Künstler*. Augsburg : Späth.

Vogt, W. Paul (1982). Identifying scholarly and intellectual communities: A note on French philosophy, 1900-1939. *History and Theory. Studies in the Philosophy of History*, *21* (2), 267–278.

Volterra, Vito & Hostinský, Bohuslav (1938). *Opérations différentielles linéaires. Applications aux équations différentielles et fonctionnelles*. Paris : Gauthier-Villars.

Vom Bruch, Rüdiger (1997). Langsamer Abschied von Humboldt ? Etappen deutscher Universitätsgeschichte 1810-1945. Dans *Mythos Humboldt. Vergangenheit und Zukunft der deutschen Universitäten*, édité par M. G. Ash, Vienne : Böhlau, 29–57.

Domet de Vorges, Edmond (1889). La géométrie générale : recension de Lechalas. *Annales de philosophie chrétienne*, *119*, 202–208.

Voss, Aurel (1899). Differential- und Integralrechnung. Dans *Encyklopädie der mathematischen Wissenschaften mit Einschluss ihrer Anwendungen*, t. 2–1–1, édité par W. F. Meyer, Leipzig : Teubner, 54–134.

V.T. (1876). Rapport des mesures de surface et des mesures de volume. *Journal des instituteurs*, *26*, 113.

Vucinich, Alexander (1956). *The Soviet Academy of Sciences, Hoover Institute Studies, Series E : Institutions*, t. 3. Stanford : Stanford University Press.

Vucinich, Alexander (1984). *Empire of Knowledge: The Academy of Sciences of the USSR (1917–1970)*. Berkeley : University of California Press.

Waff, Craig (1985). Charles Henry Davis, The foundation of the *American Nautical Almanac*, and the establishment of an American prime meridian. *Vistas in Astronomy*, *20*, 61–66.

Wallis, Peter J. (1953). A further note on Joseph Gales of Newark, Sheffield, and Raleigh. *The North Carolina Historical Review*, *30*, 561–563.

Wallis, Peter J. (1973). British philomaths – mid-eighteenth century and earlier. *Centaurus*, *17*, 301–314.

Wallis, Ruth V. & Wallis, Peter J. (1980). Female philomaths. *Historia Mathematica*, *7*, 57–64.

Waquet, Françoise (1989). Qu'est-ce que la République des Lettres ? Essai de sémantique historique. *Bibliothèque de l'école des Chartes*, *147* (1), 473–502.

Waquet, Françoise (2000). *Mapping the World of Learning: The Polyhistor of Daniel Georg Morhof, Wolfenbütteler Forschungen*, t. 91. Wiesbaden : Harrassowitz Verlag.

Waquet, Françoise (1980). Les registres de Giovanni Lami (1742-1760) : de l'érudition au commerce des livres dans l'Italie du XVIIIe siècle. *Critica Storica*, 435–456.

Wardhaugh, Benjamin (2012). *Poor Robin's Prophecies: A curious Almanac, and the everyday mathematics of Georgian Britain*. Oxford : Oxford University Press.

Wardhaugh, Benjamin (2017*a*). Charles Hutton and the "Dissensions" of 1783–84: scientific networking and its failures. *Notes and Records: the Royal Society Journal of the History of Science*, *71*, 41–59.

Wardhaugh, Benjamin (2017*b*). Charles Hutton: "One of the greatest mathematicians in Europe"?. *BSHM Bulletin: Journal of the British Society for the History of Mathematics*, *32* (1), 91–99.

Wardhaugh, Benjamin (2017*c*). *The Correspondence of Charles Hutton (1737-1823): Mathematical Networks in Georgian Britain*. Oxford : Oxford University Press.

Wardhaugh, Benjamin (2019). *Gunpowder and Geometry: The Life of Charles Hutton, Pit Boy, Mathematician and Scientific Rebel.* Londres : William Collins.

Wardhaugh, Benjamin (2023). Collection, Use, Dispersal : The Library of Charles Hutton and the Fate of Georgian Mathematics. (Beeley & Hollings 2023, 158–184).

Warwick, Andrew (2003). *Masters of Theory: Cambridge and the rise of mathematical physics.* Chicago : University of Chicago Press.

Weber, Max (1995). *Wissenschaft als Beruf.* Stuttgart : Reclam.

Wehler, Hans-Ulrich (1995). *Deutsche Gesellschaftsgeschichte*, t. I–III. Munich : Beck.

Weil, André (1936a). Mathematics in India (in Russian). *Uspekhi matematicheskikh nauk*, *2*, 286–288.

Weil, André (1936b). The mathematical sciences in France (in Russian). *Uspekhi matematicheskikh nauk*, *1*, 267–270.

Weil, André (1991). *Souvenirs d'apprentissage.* Bâle : Birkhäuser.

Weil, André (1992). *The Apprenticeship of a Mathematician.* Bâle : Birkhäuser.

Wenzlhuemer, Roland (2010). Globalization, communication and the concept of space in global history. *Historical Social Research*, *35* (1), 19–47.

Werkmeister, Paul (1923). *Das Entwerfen von graphischen Rechentafeln (Nomographie).* Berlin : Springer.

Wernicke, Alexander (1887). *Die Grundlage der Euklidischen Geometrie des Maasses.* Braunschweig : Meyer.

Whitney, Hassler (1989). Moscow 1935: topology moving toward America. Dans *A Century of Mathematics in America*, t. 1, édité par P. L. Duren, Providence, RI : American Mathematical Society, 97–117.

Wildbore, Charles (1798). *Gentleman's Diary.*

Wildbore, Charles (1835). A demonstration of Lawson's geometrical theorems. *New Series of the Mathematical Repository*, *6* (Part III), 9–26.

Wilkinson, Thomas Turner (1849a). Mathematical Periodicals. *Mechanics' Magazine*, *51*, 244–247 ; 293–297 ; 350–357 ; 484–486.

Wilkinson, Thomas Turner (1849b). Mathematical Periodicals. *Mechanics' Magazine*, *50*, 5–8 ; 267–273 ; 466–475 ; 561–565.

Wilkinson, Thomas Turner (1849c). Memoir of James Wolfenden, of Hollinwood. *Mechanics' Magazine*, *50*, 387–393.

Wilkinson, Thomas Turner (1850). Mathematical Periodicals. *Mechanics' Magazine*, *52*, 268–270.

Wilkinson, Thomas Turner (1851). Mathematical periodicals (*Mathematical Repository*). *Mechanics' Magazine*, 55, 264–266 ; 306–310 ; 363–365 ; 445–448.

Wilkinson, Thomas Turner (1852a). Additions to the late Mr T. S. Davies's notes on geometry and geometers. The Swale Manuscripts. *Philosophical Magazine*, 3 (4th ser.), 29.

Wilkinson, Thomas Turner (1852b). Mathematical periodicals (*Mathematical Repository*). *Mechanics' Magazine*, 56, 134–136 ; 145–147 ; 445–447.

Wilkinson, Thomas Turner (1852c). Memoir of the late J. H. Swale. *Mechanics' Magazine*, 56, 194–196, 206–209, 224–226.

Wilkinson, Thomas Turner (1853). The Journals of the late Reuben Burrow. *The London, Edinburgh, and Dublin Philosophical Magazine and Journal of Science*, 4 (4th ser.), 185–193.

Wilkinson, Thomas Turner (1854a). Notæ Mathematicæ. *Mechanics' Magazine*, 61, 243–246.

Wilkinson, Thomas Turner (1854b). The Lancashire geometers and their writings. *Memoirs of the Literary and Philosophical Society of Manchester*, 11, 123–158.

Winter, Maximilien (1907). Sur l'introduction logique à la théorie des fonctions. *Revue de métaphysique et de morale*, 15 (2), 186–216.

Winter, Maximilien (1908). Importance philosophique de la théorie des nombres. *Revue de métaphysique et de morale*, 16 (3), 321–345.

Winter, Maximilien (1910). Caractères de l'algèbre moderne. *Revue de métaphysique et de morale*, 18 (4), 491–529.

Winter, Maximilien (1912). *La Méthode dans la philosophie des mathématiques*. Paris : Alcan.

Winter, Maximilien (1913). Les principes du calcul fonctionnel. *Revue de métaphysique et de morale*, 21 (4), 462–510.

Withers, Charles W. J. (2009). Place and the "Spatial Turn" in geography and in history. *Journal of the History of Ideas*, 70 (4), 637–658.

Wittmann, Reinhard (2011). *Geschichte des deutschen Buchhandels*. Munich : C. H. Beck.

Woelflin (1895). Procès-Verbaux des séances. *Bulletin de la Société des sciences naturelles de Nancy, série II, t. 14*, XI–XII.

Wölffing, Ernst (1903). Über die bibliographischen Hilfsmittel der Mathematik. *Jahresbericht der Deutschen Mathematiker-Vereinigung*, 12, 408–426.

Worms, Frédéric (2017). Couturat/Bergson. Les problèmes communs de la philosophie du XXe siècle en France. Dans *Louis Couturat (1868-1914) – Mathématiques, langage, philosophie*, édité par S. Roux & M. Fichant, Paris : Garnier, 293–304.

X. (1861). Études mathématiques. *Manuel général de l'instruction primaire*, 8, 202–203.

Yoshida, Katsuhiko (1976). Quantitative growth of modern mathematics in Japan prior to 1930. *Historia Mathematica*, 3 (1), 51–54.

Yoshiye, Takuzi (1903). Anwendungen der Variationsrechnung auf partielle Differentialgleichungen mit zwei unabhängigen Variabeln. *Mathematische Annalen*, 57 (2), 185–194.

Yoshiye, Takuzi (1911). Letter from Yoshiye Takuzi to David Hilbert dated January 28th 1911. Staats- und Universitätsbibliothek Göttingen, Cod_Ms_Hilbert, 443.

Zach, Franz Xaver von (1800-1813). *Monatliche Correspondenz zur Beförderung der Erd- und Himmelskunde*. Gotha : Becker.

Zachmann, Urs Matthias (2009). *China and Japan in the Late Meiji Period: China Policy and the Japanese Discourse on National Identity, 1895-1904, Routledge/Leiden Series in Modern East Asian History and Politics*, t. 5. Londres : Routledge.

Zapperi, Roberto (1966). Bencivenni Pelli Giuseppe. *Dizionario Biografico degli Italiani*, 66.

Zazo, Alfredo (1926). *Le scuole private universitarie a Napoli dal 1799 al 1860*. Naples : ITEA.

Zazo, Alfredo (1927). *L'istruzione pubblica e privata nel napoletano 1767-1860*. Città di Castello : Il Solco.

Zedelmaier, Helmut & Mulsow, Martin (éds.) (2002). *Die Praktiken der Gelehrsamkeit in der Frühen Neuzeit*. Tübingen : Max Niemeyer Verlag.

Zedler, Johann Heinrich (1732). *Grosses vollständiges Universal-Lexikon der Wissenschaften und Künste*. Halle ; Leipzig : J. H. Zedler.

Zerner, Martin (1991). Le règne de Joseph Bertrand (1874-1900). Dans *La France mathématique. La Société mathématique de France (1870-1914)*, édité par H. Gispert, Paris : SMF, 298–322.

Zitarelli, David (2005). The bicentennial of American mathematics journals. *The College Mathematics Journal*, 36 (1), 2–15.

Index des personnes

A

Abbadie, Antoine d', 143, 144
Abel, Niels Henrik, 435, 531, 558, 830, 924
Abetti, Giorgio, 729
Abramescu, Nicolae, 411, 717
Abria, Jérémie Joseph Benoît, 366
Accetta, Giulio, 702
Adams, Douglas Payne, 106
Adrain, Robert, 177, 269, 270, 285, 287, 292, 297, 650, 651, 653
Agnesi, Maria Gaetana, 673, 681, 684, 685, 687
Agostini, Amedeo, 738
Akizuki, Yasuo, 440
Alasia, Cristoforo, 413
Alberti, Giuseppe Antonio, 699
Aleksandrov, Pavel Sergeevich, 232, 243
Alexejeff, W. G., 762
Algarotti, Francesco, 683
Amici, Giovanni Battista, 162
Amici, Nicola, 413
Amodeo, Federico, 425
Amoretti, Maria Pellegrina, 686
Amoroso, Luigi, 426, 715, 723
Amsler-Laffon, Jakob, 354
Anaximène, 624
Anaximandre, 624
Andoyer, Henri, 135, 799
Andrade, Jules, 622, 631, 635
André, Louis, 622
Andrès, Giovanni, 706, 707
Andrews, Henry, 877, 880
Andrews, William Symes, 392
Angeli, Stefano degli, 912, 913
Anglin, A. H., 800, 824, 825
Annycke, Théophile, 799, 804
Antonescu, Ion, 411
Antoniszoon, Adriaan, 196
Aoust, Barthélémy, 339, 341, 343, 345, 355, 367
Apéry, Roger, 864
À Poolsum, Guillaume, 203
Appell, Paul, 130, 588, 592, 609, 783, 793, 794, 797, 803, 804, 839, 846, 868
Arago, François, 133, 139, 140, 142
Arbogast, Louis François Antoine, 125
Archimède, 694, 703
Aremberg, Reinier, 208
Argand, Jean-Robert, 184
Aristote, 772
Armellini, Giuseppe, 715
Armenante, Angelo, 506, 507
Arnous de Rivière, Jules, 387, 389
Aron, Henri-Charles, 816
Artin, Emil, 434
Ascoli, Guido, 424
Assude, Teresa, 576
Atkinson, Frederick Valentine, 243
Atwood, Georges, 116, 700
Aubry, Auguste, 382, 384, 386, 388, 390–393, 402, 403
Aubry, Léon, 382, 384, 398, 399, 401
Auric, André Joseph, 383, 797
Autonne, Léon, 605–607, 794, 803, 804, 837
Avena, Carlo, 505

Avenarius, Richard, 667, 751, 753, 754, 756, 758, 760, 762, 766–768, 774, 775, 777
Avicenne, 772

B

Babbage, Charles, 120, 121, 124
Babini, José, 424
Bach, Xavier, 631
Bachelier, Louis, 605, 780, 799, 930
Baciocchi, Elisa, 157
Badescu, Radu, 739
Badin, Adolphe, 566
Baily, Francis, 111
Baines, John, 122
Baire, René, 589, 611, 612, 639
Baker, Paul Lawrence, 119, 120
Baker, W. M., 270
Balbín, Valentín, 435, 473
Ball, Walter William Rouse, 385, 386, 391
Ballue, Eugène, 625
Balthasar, Theodor, 918
Baltzer, Richard, 317
Bandini, Angelo Maria, 674, 697, 708
Banks, Joseph, 111, 914
Barbette, Édouard, 391, 398, 403
Bardoux, Agénor, 307, 308, 327
Barisien, Ernest Napoléon, 377, 380, 383, 384, 387, 391, 861
Barletti, Carlo, 708
Barlow, Peter, 110, 115, 125
Barnaud, Léon, 138
Barniville, John J., 384
Baron, George, 171, 270, 649, 650, 653
Barré de Saint-Venant, Adhémar-Jean-Claude, 345, 348, 814
Barrin, Jean, 203
Barriol, Alfred, 602, 606
Barrow, Isaac, 912, 915
Bartaloni, Domenico, 670, 693
Barth, Paul, 756
Basnage De Beauval, Henri, 203
Bassi, Laura, 681, 685, 686
Basso, Ugo, 420
Bastien, Louis, 384, 388, 389, 392, 393, 399, 401, 403

Battaglini, Giuseppe, 425, 482, 490, 502–508
Battier, Joseph J., 677
Baudrimont, Alexandre-Édouard, 366, 931
Bauer (de Schneeberg), 516
Baumgartner, Andreas, 19
Bayle, Pierre, 202–204, 907, 908
Bayssellance, Jean-Adrien, 366
Bazley, Thomas, 119, 120, 122, 124
Beaune, Florimond de, 912
Beccaria, Giovanni Battista, 681, 686
Becker, Otto, 769
Beda, the Venerable, 699
Bedelfontaine, Charles Auguste Louis, 359
Bedon, Édouard, 798
Beez, Richard, 763
Beigel, Georg Wilhelm Sigismund, 555
Belgrado, Jacopo, 702
Belidor, Bernard Forest de, 694
Belloni, Antonio, 697
Belluzzo, Giuseppe, 721
Beltrami, Eugenio, 506, 630, 733
Benedetto XIV (Lambertini Prospero), 673, 676, 681, 685, 686, 702, 704
Benoît, Auguste, 350
Benvenuti, Carlo, 693
Benvenuto, Edoardo, 704, 705
Berger, Bonaventure, 575
Berger, Charles-Hippolyte, 347
Bergery, Claude-Lucien, 567
Bergmann, Ludwig, 103
Bergson, Henri, 628
Bernard, Jacques, 203, 204
Bernard, Noël, 603
Bernardières, Octave de, 136
Bernoulli, Daniel, 4
Bernoulli, Jacob, 677, 691, 700
Bernoulli, Johann, 4, 72, 152, 539, 546, 677, 681, 691, 700, 921
Bernoulli, Johann III, 925
Bernoulli, Nicolaus I., 677
Berta, Francesco, 678
Bertaglia, Romualdo, 697
Bertin, Émile, 348

Bertini, Eugenio, 507
Bertrand, Joseph, 334, 622, 812–814, 816, 835, 845
Berwald, Ludwig, 461
Berzelius, Jöns Jacob, 938
Berzolari, Luigi, 409, 411, 413, 724, 729–737, 742–744, 749
Bessel, Friedrich Wilhelm, 529, 530, 540, 554, 555, 557
Betti, Enrico, 81, 164–166, 733
Bettini, Mario, 699, 912
Beugnot, Auguste Arthur, 565
Beuvière, A., 354
Bézout, Étienne, 492, 921
Bianchi, Giovanni, 685
Bianchi, Luigi, 412, 715, 717, 732
Bianconi, Giovan Ludovico, 698
Bianucci, Bartolomeo, 149, 150
Bickart, Louis, 859, 863
Bieberbach, Ludwig, 414, 941, 942
Bierens De Haan, David, 210, 218
Bigelow, Horatio, 270
Bignon, Jean-Paul, 922
Binet, Jacques Philippe Marie, 495
Bioche, Charles, 383, 401, 863, 869
Biot, Jean-Baptiste, 157, 170, 495
Birkhoff, Garrett, 424
Birkhoff, George David, 723
Bitner, C. A., 95
Blackwell, John, 120
Blanchard, Charles Émile, 349
Bland, Miles, 287
Blaschke, Wilhelm, 434, 462, 722, 739, 743
Bode, Johann Elert, 58, 514, 544, 545, 550, 552, 559, 560
Bodoni, Giambattista, 169
Bogdan, Constantin, 739
Böhm, Andreas, 519, 522, 535
Bohnenberger, Johann Gottlieb Friedrich von, 545, 550, 554
Boivin, Jules Émile, 348
Bolyai, János, 630
Bolzano, Bernhard, 761
Bom, Gerrit, 209
Bompiani, Enrico, 409, 410, 418, 426, 715, 717, 724, 727, 729–749

Bonaini, Francesco, 163
Bonati, Teodoro, 708
Bonaventuri, Tommaso, 694
Boncompagni, Baldassarre, 307, 709
Bonfioli Malvezzi, Alfonso, 706
Bonnel, Joseph-Florentin, 339, 340
Bonnet, Pierre Ossian, 130, 134, 344
Bonnycastle, John, 111
Bono, Agostino, 678
Bonvallet, Louis, 576
Boole, George, 638
Boom, Hendrick, 203
Borchardt, Karl Wilhelm, 361, 823, 832
Borel, Émile, 341, 586–589, 592, 594, 595, 602, 603, 605–612, 617, 622, 624, 628, 639–642, 723, 793, 804, 811, 823, 933
Borelli, Giovanni Alfonso, 694, 704
Borgnet, Armand, 337, 338, 345
Borrel, Jean, 695
Bortolotti, Enea, 409, 426, 717, 730, 731, 738, 739, 742–744, 749
Bortolotti, Ettore, 415, 714, 715, 719, 721, 730, 731, 733, 735–738, 742, 746, 748
Bos, Henri, 574, 576
Bosch, Jan, 207
Boscovich, Ruggero, 683, 691, 696, 697, 704, 708
Bossut, Charles, 153, 700
Bosworth, Newton, 112
Bottai, Giuseppe, 406
Bouasse, Henri, 617
Boucher, Auguste, 345, 346
Bouchet, Émile, 341
Bouguer, Pierre, 676, 686, 689, 690
Bougueret, Ambroise, 575, 576
Bouligand, Georges, 867
Boulliau, Ismaël, 912
Bourdon, Pierre-Louis-Marie, 567
Bourget, Justin, 327, 352, 855
Bourguet, Louis, 919
Bourlet, Carlo, 609, 627
Boussinesq, Joseph, 337, 340, 341, 343, 345, 360, 367, 622, 631, 634, 790, 793, 794, 802, 804

Boutin, Auguste, 380
Boutroux, Émile, 624, 625, 628, 632
Boutroux, Pierre, 611, 617, 628, 639, 799
Bouvaist, Robert, 861
Bovet, Pierre, 421
Bowditch, Nathaniel, 289
Boyer, Jacques, 355
Brahe, Tycho, 322, 912
Brandes, Heinrich Wilhelm, 523, 542, 545, 546, 548, 549, 555, 556
Brandes, Helga, 538, 539
Bravais, Auguste, 931
Breithaupt, Heinrich Carl Wilhelm, 511, 526–529, 535, 536
Breithaupt, Johann Christian, 511, 526
Brémond, François, 676, 909
Brentano, Franz, 761
Breton, Philippe, 339, 350, 353
Bricard, Raoul, 796, 797
Brierley, Morgan, 107
Brioschi, Francesco, 165, 506, 733, 845
Briot, Charles Auguste Albert, 346
Brocard, Henri, 304, 307, 309, 311, 312, 317, 319–324, 326, 327, 375, 377, 378, 380, 384, 388, 399
Brömse, Heinrich, 761, 762
Bronstring, Jan Pietersz, 212
Bronwin, Brice, 114
Brouard, Eugène, 581
Brouncker, William, 911, 916
Brouwer, Luitzen, 723
Brown, Edward W., 142
Brown, Ernest W., 657, 845
Brugnatelli, Luigi Valentino, 161
Brun, Antoine, 360
Brunacci, Vincenzo, 154, 162
Brunel, Georges, 366, 798
Bruno, Francesco, 488
Brunschvicg, Léon, 612, 620, 640
Buchin, Su, 426, 739
Bugaev, Nikolai Vasilevich, 228, 230, 762
Buhl, Adolphe, 723, 799
Buisson, Ferdinand, 576
Bulliaud, Ismaël, 700

Bulliot, Jean, 644
Bulmer, Thomas, 111, 112
Buondonno, N., 499
Buquet, Armand, 384
Burali-Forti, Cesare, 597
Burat, Émile, 570, 571, 575, 576, 578, 581
Bürg, Adam, 555
Burgatti, Pietro, 715, 730, 731
Bürja, Abel, 542
Burnside, William, 440
Burrow, Reuben, 876, 877, 880, 882, 895
Büsch, Johann Georg, 515, 516, 522
Busse, Friedrich Gottlob von, 523
Butts, Marie, 421
Buzano, Piero, 738
Buzengeiger, Karl Heribert, 555

C

Cabral, Stefano, 697
Caccioppoli, Renato, 715, 717
Cagnazzi, Samuele, 496
Calapso, René, 236
Calinon, Auguste, 360, 622, 631–636
Callet, François, 929
Calogerà, Angelo, 669, 674
Cametti, Ottaviano, 149, 701
Camp, Burton H., 848
Campo, Donato, 680, 691
Canesi, Gaetano, 422
Cantelli, Francesco Paolo, 743
Cantor, Georg, 584, 611, 622, 624, 626, 638, 761, 764, 765, 773, 831, 938, 940
Cantor, Moritz Benedikt, 539, 543, 546
Capponi, Gino, 158
Caracciolo, Domenico, 670
Caracciolo, Giacomo, 670
Caracciolo, Giovanni, 674
Carassali, Settimio, 422
Carathéodory, Constantin, 715, 717
Caravelli, Vito, 670
Carissan, Eugène, 394, 397, 400, 403
Carissan, Pierre, 394, 397, 400, 403
Carl Wilhelm Ferdinand, Herzog von Braunschweig, 538

Carnan, Thomas, 876, 877, 883, 895
Carnap, Rudolf, 69
Carré, Louis, 695
Carstanjen, Friedrich, 756, 775
Cartan, Élie, 236, 424, 597, 798, 799
Carteron, A., 577
Carton, Jules, 622
Carus, Paul, 392
Casati, Alessandro, 417
Casati, Gabrio, 504
Casey, John, 325, 326
Casorati, Felice, 165, 506, 733
Caspar, Max, 321
Caspary, Ferdinand, 797, 817
Cassina, Ugo, 421, 422
Cassini, Jean-Dominique, 689, 690, 706
Cassirer, Ernst, 759, 760, 771, 772
Castelli, Benedetto, 694
Castelnuovo, Guido, 409, 414, 714, 715, 719, 720, 723, 734, 738, 739, 746, 749
Castro e Silva, José Baptista de, 248, 250, 251
Catalan, Eugène, 303, 306–309, 311, 312, 316, 317, 319, 321, 327, 931
Catania, Sebastiano, 414
Catelan, abbé de, 908
Cattaneo, Paolo, 413
Cauchy, Augustin-Louis, 59, 95, 159, 160, 347, 350, 924, 930, 931
Caullery, Maurice, 610
Cavalieri, Bonaventura, 912, 913
Cavendish, Henry, 116
Cellerier, Jean-Fernand, 797
Cernuschi, Félix, 424
Cervantes, 543
Ceulen, Ludolph van, 912
Ceva, Giovanni, 694
Chais, Charles, 203
Chambers, Ephraim, 491, 677, 678
Chanzy, Lucien, 382, 384, 399, 401–403
Chapplain, Ludovic, 332
Charé, 347
Charlotte von Sachsen-Meiningen, 553
Charpentier, Thomas-Victor, 638

Charruit, Noël, 856
Chartier, Émile, 626
Chasles, Michel, 184, 812, 816, 931
Châtelet, Albert, 867
Chaumas, Pierre, 360
Chebyshev, Pafnutii Lvovich, 226, 227
Chenkuo, Pa, 426
Chern, Shiing-Shen, 739
Cherubino, Salvatore, 737, 738
Chevalley, Claude, 434
Chisini, Oscar, 731
Christie, Samuel Hunter, 110
Christoffel, Elwin Bruno, 432
Chūjō, Sumikiyo, 445, 449, 450
Ciano, Gian Galeazzo, 744
Cibrario, Maria, 726
Cigna, Francesco, 678
Cioni, Gaetano, 158
Cipolla, Michele, 742
Clairaut, Alexis Claude, 692, 693, 916–918
Clark, Henry, 270
Clark, John, 95
Clark, Samuel, 877–880, 882, 895
Clay, Henry, 885, 886, 896
Clebsch, Alfred, 506, 507, 846
Clemente XII (Lorenzo Corsini), 676
Clemente XIII, 695
Clemente XIV (Giovanni Ganganelli), 696
Clifford, William Kingdon, 764
Clos, Dominique, 333, 334
Cohen, Hermann, 758, 771, 772
Cohn, Jonas, 759
Coi, Giovanni, 680
Cole, Frank Nelson, 843
Colecchi, Ottavio, 489, 497
Collins, John, 120
Colonnetti, Gustavo, 409, 715, 726, 749
Combebiac, Georges, 594
Comberousse, Charles de, 326
Combescure, Édouard, 344, 347
Combette, Eugène Charles, 337, 346, 347
Comessatti, Annibale, 731, 738, 742
Comte, Auguste, 619, 622

Condillac, Étienne Bonnot de, 156
Condorcet, Nicolas de, 153, 675, 698
Conforto, Fabio, 426, 738, 743
Conti, Alberto, 212, 413, 416–419, 427, 428
Conti, Antonio, 681, 682
Cor, Narcisse, 929
Corbino, Orso Mario, 715
Cornand de La Crose, Jean, 202–204
Cornélissen, Christian, 605
Corpechot, Lucien, 587
Corradi d'Austria, Domenico, 684, 694
Corridi, Filippo, 162
Cosi, Oronzio, 494
Coste, Pierre, 687
Cotes, Roger, 692
Cotlar, Mischa, 424
Cotton, Mme Aimé, 588
Cotty, Gaston, 589, 594, 600
Couplet, Philippe, 695
Courant, Richard, 424, 941
Cournot, Antoine-Augustin, 615, 616, 924
Cousin, Victor, 616, 617, 621
Couturat, Louis, 484, 611, 617, 620, 625–627, 635–640, 776
Cramer, Gabriel, 673, 677, 691, 693
Cramer, Luise, 758
Crelle, August Leopold, 32, 161, 164, 183, 316, 323, 512, 529–534, 536, 558, 779, 926
Cremona, Luigi, 506, 507, 733, 845
Crivelli, Giovanni, 699, 709
Croce, Benedetto, 720, 724
Crova, André Prosper Paul, 352, 367
Cunliffe, James, 113, 118–124, 126
Cunningham, Allan, 384, 389, 395–400, 402, 403
Czuber, Emanuel, 607

D

D'Alembert, Jean le Rond, 153, 247, 678, 691, 692, 698, 920, 921
d'Adhémar, Robert, 85, 628, 790, 799
Dalby, Isaac, 116
Daléchamps, Louis, 568
Dalla Volpe, Lelio, 673, 676

d'Altemont, Louis [pseud. Théodore-Henri Barrau], 570
Dandolo, Arduino, 699
Dandolo, Matteo, 699
Danel, Louis Albert Joseph, 360
Dantz[ig], David van, 744
Darboux, Gaston, 44, 130, 321, 334, 353, 591, 598, 610, 792, 813, 815, 817–819, 830, 842, 843, 868, 924, 933, 937
Darlu, Alphonse, 618, 620, 621, 624, 637
D'Arrest, Heinrich, 502
Darwin, Charles, 759
Dätzel, Georg Anton, 528, 529, 535
David, Claude, 340
David, Emmanuel, 787
David, Martin Alois, 555
Davies, Thomas Stephens, 109, 110, 113, 114, 119–122, 125, 126, 889, 891, 897
Davis, Charles, 180
Dawson, John, 116
De Angelis, Salvatore, 489
De Benedictis, Biagio, 502
De Broglie, Auguste, 634
de Carvalho, Manoel Maria, 248, 250
Decelle, Paul, 351
de Cicco, John, 426
De Cyon, Élie, 636
Dedekind, Richard, 626, 765, 940
De Felice, Fortunato Bartolomeo, 491
De Filippis, Vincenzo, 489
Defodon, Charles, 575
De Francisci, Pietro, 736
de Galdeano, Zoel, 628
De Gasparis, Annibale, 502, 505, 506
De Graaff, Abraham, 198
Deidier, Abbé, 699
De Joncourt, Pierre, 204
Delagrange, Jean Paul, 337, 349
Delagrave, Charles, 855
Delambre, Jean-Baptiste, 514, 515, 517
Delannoy, Henri Auguste, 370, 385, 387
De La Rive, Lucien, 623

Delaunay, Charles Eugène, 132, 143
De La Vallée Poussin, Charles J., 824, 841
Delboeuf, Joseph, 631, 638
Delezenne, Charles, 340
Del Grosso, Remigio, 502–505
De Luca, Ferdinando, 488, 502, 504
Demartres, Gustave, 341
Demkès, Auguste, 575, 576
De Moivre, Abraham, 204, 700
Denina, Carlo, 680
Denjoy, Arnaud, 610, 798
Deparcieux, Antoine, 698
De Pinedo, Francesco, 416
Dereham, Tommaso, 490
De Ritis, Vincenzo, 494, 498
Desaint, Louis, 799
Desbordes, Henry, 202, 203
Descartes, René, 198, 491, 495, 906, 911, 912, 917
Deschamps, Joseph, 595, 610
Despeyrous, Théodore, 367, 823
Despujols, 384
Dessenon, Ernest, 857
De Volder, Bernardus, 198
De Witte, Maria Maddalena B., 685
Dhoutaut, Léon Marie Joseph, 355
Dickson, Leonard Eugene, 371, 372, 384, 403, 847, 848
Dickstein, Samuel, 421
Diderot, Denis, 678
Didot, Firmin, 564
Dienes, Paul, 787
Di Martino, Pietro, 705
Dini, Pietro Angelo, 688
Dini, Ulisse, 81, 165, 507, 732, 733
Diodati, Domenico, 670
Diodati, Ottaviano, 679
Dionis du Séjour, Achille Pierre, 921
Diophantus, 699
Dirichlet, Peter Gustav Lejeune, 435, 558, 832
d'Iverk, Grante, 699
Doetsch, Gustav, 739, 743
Doin, Gaston, 98
Dolbnia, Ivan Petrovich, 837, 838
Domet de Vorges, Edmond, 634

Dongier, Raphaël, 611
Dontot, René, 863
Drach, Jules, 588, 592, 594
Drexel, Jeremias, 905, 906
Drezen, Ernest K., 421
Drion, Charles, 574
Dubois, Patrick, 574
Du Bois-Reymond, Emil, 753
Du Bois-Reymond, Paul, 773
Du Bois-Verd, Nn, 204
Du Châtelet, Gabrielle-Émilie Le Tonnelier de Breteuil, 673, 681, 682, 685
Ducretet, Eugène, 353
Duhamel, Jean-Baptiste, 914
Duhem, Pierre Maurice Marie, 366, 617, 788, 793, 794, 802, 804
Dujardin, Édouard, 586, 588, 601
Dumas, Gustave, 787
Dumas, Jean-Baptiste, 813, 814
Du Pasquier, Louis Gustave, 382, 401
Dupont, Paul, 565, 576, 577, 579
Duporcq, Ernest, 95, 797
Duret, Noël, 912
Duruy, Victor, 566, 571
Du Sauzet, Henri, 203
Dutens, Louis, 678
Duyst Van Voorhout, Maria, 196, 197
Dzhems-Levi, G. E., 95

E

Eastman, John, 182
Ebert, Johann Jacob, 514
Eccarius, Wolfgang, 512, 531, 532, 536, 926, 927
Echols, William, 185
Egorov, Dmitrii Fyodorovich, 228, 229
Ehrenfels, Christian von, 759, 761, 774
Einstein, Albert, 424
Eisenstein, Gotthold, 931
Elkhadem, Hossam, 304–306, 309
Emerson, Ralph Waldo, 181
Emerson, William, 176
Encke, Johann Franz, 555
Endō, Toshisada, 460
Eneström, Gustav, 435, 460–462, 935
Engel, Friedrich, 824

Enriques, Federigo, 409–414, 423, 627, 628, 719, 734–736, 738, 740, 747, 749
Erdmann, Benno, 630, 762, 768, 770
Ernst II., Herzog von Sachsen-Gotha und Altenburg, 553, 554
Eschinardi, Francesco, 912
Escott, Edward Brinn, 382, 395, 398, 399, 403
Espinas, Alfred, 615
Ettingshausen, Andreas Ritter von, 19
Euclide, 489, 498, 508, 701, 702
Euler, Johann A., 545, 546, 549, 556, 700
Euler, Leonhard, 115, 489, 492, 496, 508, 691, 692, 698, 700, 916
Evans, Asher B., 295
Eytelwein, Johann Albert, 531

F

Fabbroni, Giovanni, 151
Fabri, Honoré, 912
Fabrizi, Jacopo, 678
Fabroni, Angelo, 150–156, 164, 169
Fabry, Eugène, 798
Fagnano dei Toschi, Giulio Carlo, 345, 707, 910
Falisse, Fr., 325
Fano, Gino, 409, 423, 424, 715, 734
Fantappié, Luigi, 409, 426, 724
Fantet de Lagny, Thomas, 700
Farrar, John, 275
Faucheux, Louis-Étienne, 576
Fauquembergue, Élie, 377, 380, 396, 399, 402
Faye, Hervé, 134, 139, 143, 353
Fechner, Gustav Theodor, 938
Fedele, Pietro, 418
Fehr, Henri, 593, 627, 723
Feigl, Georg, 939, 941
Felipe II de España, 195
Félix, Lucienne, 864
Fenwick, Stephen, 126, 891, 892, 897
Ferber, Corneille, 567
Ferdinando II di Borbone, 499
Fergola, Emanuele, 505
Fergola, Nicolò, 488–490, 492, 494–498, 502

Fermat, Pierre de, 115
Fermi, Enrico, 715
Ferrière, Adolphe, 421
Ferroni, Pietro, 149, 151, 154, 156–158, 674, 697
Ferry, Jules, 308
Férussac, André baron de, 924
Fichte, Immanuel Hermann, 766
Fichte, Johann Gottlieb, 751, 766
Fields, John C., 720
Figatelli, Giuseppe, 699
Figuier, Louis, 249, 250, 255
Filadelfo, Insolera, 427
Filangieri, Gaetano, 491
Filsjean, Paul, 355
Finkel, Benjamin, 649, 658, 659
Finzi, Bruno, 733
Fischer, Alexander, 93, 99, 100, 102
Fischer, Ernst Gottfried, 542
Fiske, Thomas Scott, 657, 833, 845
Fitting, Friedrich, 391
Fitz-Patrick, J., 380, 384, 386, 395, 403
Fizeau, Hippolyte, 140
Flammarion, Camille, 184
Flamsteed, John, 911
Flauti, Vincenzo, 488, 489, 496, 498
Floquet, Achille Marie Gaston, 347, 367, 374, 631–633
Foa, Vittorio, 749
Fonseca Lessa, José Antonio da, 248, 250
Fontana, Felice, 692, 703, 708
Fontana, Gregorio, 672, 692, 700, 703, 706–708
Fontené, Georges, 95, 862, 863
Fontenelle, Bernard Le Bouyer de, 922
Fontès, Joseph Anne Casimir, 367
Formey, Johann H. S., 203
Formey, Samuel, 923
Forte, Stefano, 488
Forter, Rufus, 270
Forti, Angelo, 165
Fortis, Alberto, 680
Fortoul, Hippolyte, 332–334, 340, 360, 362, 565
Fossombroni, Vittorio, 151, 153–155, 159, 698, 707

Index

Fouret, Georges, 797
Fourier, Joseph, 830
Frédéric II de Prusse [ou Friedrich der Große], 684
Frajese, Attilio, 738
Francis, William, 120
Frank, Louis, 604
Franklin, Benjamin, 152, 173, 686
Franklin Ladd, Christine, 421
Frascherelli, Ugo, 725
Fréchet, Maurice, 609, 643, 722, 723
Frege, Gottlob, 625, 626, 759–761, 765, 773, 774
Frend, William, 114
Frenet, Jean-Frédéric, 360
Fries, Jakob Friedrich, 772
Frisch, Charles, 321, 322
Frisi, Antonio, 690
Frisi, Paolo, 149, 152, 672, 689–691, 695, 697, 706
Frontera, Geronimo, 930
Frullani, Giuliano, 154, 158, 159
Fubini, Guido, 409, 410, 424, 715, 717, 730, 731, 734, 740, 744
Fuchs, Lazarus, 842, 844
Fujimori, Ryōzō, 446, 451, 465
Fujisawa, Rikitarō, 432, 435, 439, 441, 449, 450, 456, 469
Fujiwara, Matsusaburō, 439, 458, 467–470
Fukuda, Riken, 447
Funk, Christlieb Benedikt, 516

G

Gabriel-Marie (frère) (Edmond Brunhes), 325
Gaeta, Roberto, 700
Galiani, Celestino, 491
Galiani, Ferdinando, 491
Galilei, Galileo, 151, 152, 156, 681, 691, 694, 709, 911
Galloway, Thomas, 110, 124
Galluzzi, Andrea, 702
Galois, Évariste, 924
Galvani, Luigi, 726
Galvão, Benjamin Franklin Ramiz, 251, 252

Garnier, Jean Guillaume, 303–305, 310, 925, 926
Garnier, René, 594
Garrigues, Damien, 334
Gascheau, Gabriel, 334
Gaspar, Fernando L., 424, 425
Gatteschi, Giuseppe, 155
Gau, Émile, 798
Gaudin, Michel, 931
Gaudio, Francesco M., 697
Gauss, Carl Friedrich, 63, 116, 133, 344, 435, 538, 548–550, 554, 555, 557, 559, 560, 651, 775, 829
Gauthier-Villars, Albert-Paul, 836
Gauthier-Villars, Jean-Albert, 309, 325, 360, 780, 783, 812–814, 819, 821, 829
Gayet, Joseph, 360
Gellibrand, Henry, 912
Genaille, Henri, 394
Genneté, Claude L., 695
Genocchi, Angelo, 165
Genovesi, Antonio, 491, 693
Gentile, Giovanni, 417, 428, 717, 720
Gentili, Panfilo, 673, 709
George, Jules, 573
Geppert, Harald, 741, 939, 941, 943
Gérard, Louis, 856
Gérardin, André, 47, 263, 371–379, 381–386, 388, 390–403
Gerbi, Ranieri, 158
Gergonne, Joseph Diez, 33, 36, 46, 161, 310, 326, 552, 828, 925, 926
Gering, Jacob, 915–917
Gerling, Christian Ludwig, 555
Gerono, Camille-Christophe, 345, 346, 568, 929, 930, 937
Gessari, Bernardino, 490
Ghermanescu, Michel, 411
Giannattasio, Felice, 488
Giannone, Pietro, 491
Giberton, Louis Étienne, 360
Gilbert, Louis-Philippe, 822, 823, 841
Gilbert, Ludwig Wilhelm, 545, 548, 549
Gill, Charles, 177, 179, 270, 287, 290, 298, 651–653, 658

Gillissen, Pieter, 207
Gilman, Daniel Coit, 654
Gingrich, Curvin Henry, 723
Gini, Corrado, 426, 712, 720, 726
Giordano, Annibale, 489, 492, 496
Giorgini, Gaetano, 151, 162
Girault, Charles François, 367
Giuliani, Carlo A., 683
Giuntini, Vincenzo, 679, 698
Glaisher, James Whitbread Lee, 184, 317, 393
Glasenapp, Gregor von, 760, 772
Glendinning, William, 111, 112
Glenie, James, 116
Glotin, Pierre Joseph, 367
Gluchoff, Alan, 106
Goblot, Edmond, 615, 617
Godeaux, Lucien, 424, 725
Godefroy, Maurice, 929
Godward, John, 891
Godward, Jr., William, 891
Godward, William, 890, 891, 893, 897
Goering, Carl, 751, 754, 756, 757, 760, 761, 771
Goering, Wilhelm, 757, 758
Gohierre de Longchamps, Gaston, 324, 326, 855, 856
Goldberg, Johann Gottlieb, 511, 512, 520
Gompertz, Benjamin, 114
Gonnella, Tito, 158
Goormaghtigh, René, 384
Gordan, Paul Albert, 506, 817, 845, 846
Gosse, Pierre, 203
Gourd, Jean-Jacques, 627
Gourmont, Rémy de, 586–588, 601
Goursat, Édouard, 793, 804, 845
Graham, George, 689, 690
Grambow, Richard, 462
Gramsci, Antonio, 420
Grandi, Guido, 149, 674, 694, 696, 701, 702, 706, 709, 910
Grassi, Enrico, 419
Grebe, Ernst Wilhelm, 323
Greenhill, George, 464
Gregory, James, 911, 912, 916

Gregory, Olinthus, 111, 119, 120, 122, 125, 883, 887, 892, 896
Gren, Friedrich Albrecht Carl, 549
Grillo Borromeo Arese, Clelia, 684, 702
Grimaldi, Francesco, 503
Grimsehl, Ernst, 761
Gröbner, Wolfgang, 743
Gronwall, Thomas Hakon, 95
Grosse, W., 102
Groves, M., 176
Gruey, Louis Jules, 353
Grunert, Johann August, 532–534, 930
Grunsky, Helmut, 939, 940, 942
Grüson, Johann Philipp, 531, 542, 546
Grévy, Auguste-Clément, 589, 594, 602
Guadagni, Carlo Alfonso, 149
Guccia, Giovanni Battista, 40, 591, 666, 843, 844
Guerraggio, Angelo, 711, 712, 719, 720, 734
Guerrino, Tommaso, 702
Guglielmini, Domenico, 694, 696
Guichard, Claude, 798, 802, 867
Guilloud, Jean-Joseph, 568
Guiraudet, Paul, 340, 343, 344, 347, 348
Guitarte, Manuel, 459
Guizot, François, 331, 332, 562–565
Guldin, Paul, 912, 913
Günther, Paul, 829, 832
Günther, Siegmund, 322, 753, 758, 760, 767, 768
Gunz, Leopold, 530
Guyot de Fère, François-Fortuné, 564
Guyot, Edmé-Gilles, 151
Guyou, Émile, 349

H

Haag, Jules, 861, 862, 864
Habermas, Jürgen, 539
Hachette, Jean Nicolas Pierre, 495
Hadamard, Jacques, 366, 484, 593, 597, 606, 607, 609, 612, 723, 792, 793, 804
Hagen, Karl Gottfried, 529

Index

Haillecourt, Pierre Paul Alfred, 140, 346
Halévy, Élie, 620, 625
Hall, Asaph, 182
Hall, Henry Sinclair, 454
Hall, Thomas G., 125
Haller, Albrecht von, 920–922
Halley, Edmond, 914
Halphen, Georges, 793, 797, 813–816, 819, 830, 835, 839, 841
Hamburger, Charlotte, 758, 775
Hamy, Maurice, 793, 797, 802
Hannequin, Arthur, 617, 618
Harding, Karl Ludwig, 555
Hardy, 353
Harkness, William, 182
Härlen, Hasso, 723
Harnack, Axel, 762
Hart, Harry, 320
Hartley, J., 120
Hartmann, Eduard von, 762
Hasse, Helmut, 434, 455, 744
Haton de La Goupillière, Julien-Napoléon, 335, 345
Hatt, Philippe-Eugène, 133
Hausdorff, Felix, 760, 764, 765
Hayashi, Tsuruichi, 430, 434, 455–457, 459–472
Hayez, Frédéric, 305, 307, 308
Hearn, George, 891
Heath, Robert, 875–877, 882, 895
Heegmann, Alphonse Adrien, 336, 340, 349, 360
Heemen, Egbert, 208
Heine, Eduard, 450
Heinze, Max, 751, 754, 757, 768
Hellerung, Johann Christian Daniel, 530
Helmholtz, Hermann von, 762, 768–771
Hendricks, Joel E., 81, 181–185, 270, 280, 282, 283, 290, 294, 299, 301, 655, 656
Hennequin, Aimé, 858, 859
Henoch, Max, 939
Henry, Charles, 602, 605
Hensel, Gottfried, 699

Herbart, Friedrich, 557, 558
Héricourt, Achmet d', 329–331, 335, 336, 343, 363
Hérigone, Pierre, 912
Hermann, Jakob, 204, 677
Hermite, Charles, 346, 779, 786, 793, 813–819, 829–832, 839, 840, 843–845, 849
Herschel, William, 554
Hessenberg, Gerhard, 759, 771, 772
Hevelius, Johannes, 911
Heymans, Gerhardus, 759, 761
Higuchi, Tōjirō, 445, 448
Hilbert, David, 87, 95, 97, 98, 408, 414, 433, 460, 466, 722, 723, 817, 845
Hill, George William, 181, 183, 184, 655, 656
Hindenburg, Carl Friedrich, 72, 514, 516, 517, 522, 523, 529, 531, 532, 539, 545–547, 555, 556, 558, 559, 925, 926
Hitler, Adolf, 726
Hoëné-Wroński, Józef Maria, 140, 926
Höffding, Harald, 759
Höfler, Alois, 761, 773
Hōjō, Tokiyuki, 467, 468
Holdred, Theophilus, 115
Hollenberg, Georg Heinrich, 528
Holt, Charles, 886, 889, 896
Homberg, Guillaume, 922
Hopkins, Johns, 653
Horner, William George, 113–115
Horrer, Johann Sebastian, 523, 524
Horsley, Samuel, 116
Horwicz, Adolf, 759
Hoste, Adolphe, 309
Hostelet, Georges, 738
Hostinský, Bohuslav, 737, 738
Hoüel, Jules, 5, 317, 331, 339, 343, 363, 366, 508, 630, 813, 924
Houttuyn, Frans, 203, 205
Houttuyn, Maarten, 203, 205
Houzeau, Jean-Charles, 306
Hoyt, David W., 295
Hsiung, Chuan-Chih, 739
Hugoniot, Pierre Henri, 796, 797, 802
Hugot, Eugène, 335, 361

Humbert, Eugène, 857–860, 862, 867–870
Humbert, Georges, 793, 794, 796, 797, 804, 815, 821
Humboldt, Alexander von, 160, 540, 541, 544, 549, 560
Humboldt, Wilhelm von, 751, 753
Hurwitz, Adolf, 461, 831, 832
Husserl, Edmund, 759, 765, 774
Huth, Johann Gottfried, 514
Hutton, Charles, 109, 111, 112, 116, 118, 125, 173, 875–883, 892, 895, 914
Huygens, Christiaan, 210, 681, 908

I

Ibn Tufayl, Abu Bakr Mohammed, 772
Ideler, Christian Ludwig, 542, 543, 555
Illing, Carl Christian, 511, 520, 521, 524–526, 535
Inaudi, Giacomo, 338
Interlandi, Telesio, 406
Intieri, Bartolomeo, 705
Ishiwara, Jun, 457
Issaly, Pierre-Adolphe, 367, 821, 825
Ivory, James, 113, 114, 116, 117, 119–122, 124, 125
Iyanaga, Shōkichi, 434

J

Jablonski, Édouard, 802, 812
Jacobi, Carl Gustav Jacob, 323, 344, 361, 464, 498, 506, 531, 832
Jacobi, Charles Frédéric André, 116
Jacobi, Moritz, 548
Jacobson, Julius, 759, 761, 768–771
Jacquier, François, 151, 689, 690, 697, 704, 920
Jaffé, George, 759
Jahnke, Eugen, 98
Janet, Paul, 617
Janni, Giuseppe, 503
Janni, Vincenzo, 499, 505
Janssen, Jules, 135, 138, 144
Janssonius Van Waesberge, Johannes, 203
Jefferson, Thomas, 649
Jevons, William Stanley, 769

Joachimsthal, Ferdinand, 344
Jodl, Friedrich, 757, 770
Johnson, John, 119, 120, 122
Johnson, Thomas, 203, 204
Jordaan, Pieter, 211
Jordan, Camille, 140, 666, 779–787, 790–796, 800, 802–805, 811–849, 927
Jubé, Eugène, 349, 350
Jung, Giuseppe, 506, 507
Jurin, James, 914

K

Kähler, Erich, 739
Kakeya, Sōichi, 460–462
Kant, Immanuel, 624, 637, 752, 757–761, 767, 769, 770, 773, 776
Kantor, Seligmann, 800, 820, 821, 825–829, 832
von Kármán, Theodore, 722, 723
Karsten, Wenceslaus Johann Gustav, 518
Kárteszi, Ferenc, 739
Kasner, Edward, 426
Kästner, Abraham Gotthelf, 514, 543, 545, 546, 922
Kawakita, Chōrin, 448
Kay, Richard, 112
Keech, Joseph, 879, 880, 882, 895
Keill, John, 204, 908
Kellogg, Oliver Dimon, 95
Kempe, Alfred Bray, 320, 321
Kepler, Johannes, 321, 322, 681, 912, 931
Kerékjártó, Béla, 744
Kerry, Benno, 761, 773, 774
Keynes, John Maynard, 641
Khinchin, Aleksandr Yakovlevich, 243
Kikuchi, Dairoku, 431, 432, 435, 436, 441, 442, 449, 450, 456, 460, 469, 472, 476
Kircher, Athanasius, 699
Kirchmann, Julius H. von, 765
Kirkwood, Daniel, 295–297
Klein, Ch., 373
Klein, Felix, 32, 97, 103, 104, 412, 430, 463, 464, 626, 773, 824, 832, 840, 842, 843, 926, 927, 938, 939

Kleinpeter, Hans, 757, 764, 775
Klumpke, Dorothea, 144
Kneser, Adolf, 240
Knight, Thomas, 113–115, 125
Knoll, H., 98
Knorre, Martin, 914
Kobb, Gustaff, 821
Kodis, Josepha, 757, 758, 775
Koenigs, Gabriel, 793, 804
Kolmogorov, Andrei Nikolaevich, 243
Königsberger, Leo, 939
Kovalevskaïa, Sofia, 841, 842, 844
Kozlowski, Władysław Mieczysław, 421
Kraïtchik, Maurice, 382, 384, 389, 393, 394, 396–401, 403
Krause, Albrecht, 769
Krause, Karl Christian Friedrich, 557, 558
Krause, Martin, 817, 831
Krauss, Fritz, 100–102
Krebs, Otto, 756
Krediet, Christoffel, 216
Kritzinger, Hans-Hermann, 738
Kronecker, Leopold, 817, 824, 838, 840, 842, 843, 846, 847, 939, 940
Krueger, Felix, 757
Kubota, Tadahiko, 461, 462, 467
Kuhn, Michael, 700
Kummer, Ernst, 435, 939, 940
Kuntze, Friedrich, 776

L

Labosne, A., 574
Labriola, Nadia, 421
Labrousse, Antoine, 862, 869
Labunsky, Nahum, 421
Lacmann, Otto, 100–102
Lacroix, Sylvestre-François, 118, 543, 546, 567, 653
Ladd, Christine, 183, 184
Laeven, Augustinus Hubertus, 909, 914, 915
Lagarrigue, Bruno, 577
Lagarrigue, Jean-Auguste-Victor (dit Ferdinand), 571, 572, 576, 577, 579

Lagrange, Joseph-Louis, 116, 156, 489, 495, 496, 508, 546, 590, 596, 597, 651, 672, 678, 681, 697, 708
Laguardia, Rafael, 424
Laguerre, Edmond, 793, 797, 798, 812, 814, 815
La Hire, Philippe de, 694
Laisant, Charles-Ange, 306–308, 311, 312, 320, 326, 327, 354, 370, 371, 375, 380, 381, 385–387, 389, 609, 624, 797
Lalande, Jérôme, 131, 919
Lalande, Joseph, 116
Lalanne, Léon-Louis, 85, 92, 95
Lalbalettrier, Gustave, 325
Lalesco, Trajan, 787
Lallemand, Charles, 85, 95, 138
Laloubère, Antoine de, 913
Lamaire, Pierre, 860
Lambert, Jean-Henri, 353, 550
Lamberti, Vincenzo, 697
Lami, Giovanni, 665, 669, 670, 672–679, 682–695, 698, 699, 701–709
Lamont, Johann von, 142
Lamotte, Louis, 564, 567, 574, 581
Lampe, Emil, 934, 939
Land, Jan Pieter Nicolaas, 769
Landau, Edmund, 461, 596
Landi, Giuseppe, 169
Landriani, Marsilio, 708
Lane, Ernest Preston, 717
Lang, Anton Johann, 528
Lange, Ludwig, 623
Langlois, Jean-Paul, 587, 588, 592
Lanz, José M., 699
Laplace, Pierre-Simon, 116, 142, 160, 497, 554, 651, 921
Larousse, Pierre, 565, 577
Láska, Václav, 94, 99, 100
Lasswitz, Kurd, 757, 760, 763, 765, 767, 768
Lastri, Marco, 154, 674, 697, 709
Lauberg, Carlo, 489
Laugel, Léonce, 829–832
Laurent, Mathieu Paul Hermann, 796, 797
Laurent, Pierre, 931

Lausberg, 912
Lavaud de Lestrade, Malo, 353
Laviéville, 857
La Vopa, Anthony, 541
Lawrence, Abbot, 179
Lawrence, Frederick William, 394, 395
Lawrence, Snezana, 114
Lawson, John, 878
Léau, Léopold, 798, 804
Léauté, Henry Charles Victor Jacob, 367, 796, 797, 802
Le Besgue, Victor-Amédée, 331, 345
Lebesgue, Henri, 587, 595, 598, 611, 612, 781, 798, 804
Lebon, Ernest, 380, 398, 401
Lecauf, Auguste Bernard, 359
Lecchi, Antonio, 672, 687, 688, 695, 696, 706
Le Cène, 203
Lechalas, Georges, 622, 625, 626, 631, 633–635
Le Clerc, Jean, 203, 204
Lecornu, Léon, 95
Leers, Reinier, 203
Lefebvre, Charles, 605
Lefschetz, Solomon, 242, 412
Legendre, Adrien-Marie, 113, 116, 125, 133, 157, 170, 289, 291, 651, 653
Legoux, Edmé Alphonse, 367
Lehmer, Derrick Henry, 394, 400–402
Lehmus, Ludolph, 116
Leibniz, Gottfried Wilhelm, 198, 204, 205, 213, 666, 674, 678, 681, 689, 906, 908, 910, 914, 921, 928
Leighton, Robert F., 287
Le Lorrain de Vallemont, Pierre, 699
Lemoine, Émile, 323, 324, 326
Lempe, Johann Friedrich, 512, 518, 519, 522, 528, 535
Lense, Josef, 739
Lenthéric, Pierre, 347, 349
Léon, Xavier, 620, 621, 624–628, 642
Leopoldo di Borbone-Due Sicilie, conte di Siracusa, 499
Le Paige, Constantin, 307
Le Roy, Édouard, 625

Le Seur, Thomas, 151, 689, 690, 697, 704, 920
Leske, Nathanael Gottfried, 516
Leslie, John, 116
Le Verrier, Urbain, 129, 130, 132, 135, 138, 144
Levi, Beppo, 34, 35, 407, 410, 423–426, 720, 724, 726, 730, 731, 734, 927
Levi, Eugenio Eulia, 413
Levi, Laura, 927
Levi-Civita, Tullio, 409, 410, 412, 422–425, 720, 726, 731, 734, 737, 742–744, 749
Levrault, François-Georges, 564
Lévy, Lucien, 797, 855
Lévy, Maurice, 793, 814, 815
Lévy-Bruhl, Lucien, 615, 616
Leybourn, Thomas, 72, 80, 108–113, 115–121, 123, 124, 126, 883, 886, 887, 890–892, 896, 915
Liagre, Jean Baptiste Joseph, 306
Liard, Louis, 638
Libri, Guglielmo, 151, 159
Lichtenberg, Georg Christoph, 543, 545, 920
Lichtenstein, Leon, 939, 941
Lie, Sophus, 824, 840, 841
Liebmann, Otto, 759–761, 763
Liesche, Otto, 103
Lightbown, Henry, 886, 889, 896
Liguine, Victor, 320, 321
Lincoln, Abraham, 182
Lindenau, Bernhard August von, 545, 550, 553, 554
Liouville, Joseph, 44, 130, 132, 331, 345, 346, 666, 779–786, 791, 793, 795, 800, 803, 805, 813, 814, 819, 821–823, 827, 828, 835, 838, 839, 841, 849
Liouville, Roger, 797, 802
Lipka, Joseph, 412
Lipschitz, Rudolf, 817, 822, 831
Lischi, Vincenzo, 170
Littré, Émile, 142, 619
Lobatchevski, Nikolaï Ivanovitch, 630
Longomontanus, Christen Sørensen, 912

Loosjes, Cornelis, 206
Lorgna, Antonio Maria, 152–154, 672, 697, 706–708
Loria, Gino, 411, 419, 590, 740
Lotze, Hermann, 756, 765, 769
Lovering, Joseph, 177, 179, 270, 286, 297, 298, 652, 655
Lowry, John, 110, 112, 114, 117–124, 126
Lowthorp, John, 490
Lublink, Johannes, 206
Lucas de Pesloüan, Charles, 596, 639
Lucas, Édouard, 307, 311, 312, 370, 371, 375, 385–387, 389, 393, 394
Lucas, Henry, 915
Luckey, Paul, 94, 97, 100, 102
Luz, Francisco Carlos da, 248, 250
Luzac, Jean, 203
Luzin, Nikolai Nikolaevich, 230, 233, 723
Lœwy, Maurice, 132, 135, 137, 139, 142, 143

M

Macaulay, Francis Sowerby, 932
MacColl, Hugh, 638
Mach, Ernst, 628, 643, 754, 757, 770, 775
Maclaurin, Colin, 118, 176, 690, 691
Macquart, Émile, 604
Madison, James, 649
Maffei, Scipione, 676
Mahistre, Gabriel, 340, 345
Maillet, Edmond, 794, 797, 804, 811, 837, 841
Mairan, Jean-Jacques Dortous de, 681
Maire, Simon, 575, 576
Majocchi, Giovanni Alessandro, 499
Major, Jean-François, 568
Makreel, Joannes, 198
Malfatti, Gianfrancesco, 672, 680, 706–708
Mallet, John, 350
Malo, Ernest, 380
Manceaux, Hector, 307
Mandl, Julius, 97–99, 101, 102
Manetti, Alessandro, 151
Manfredi, Eustachio, 684, 694, 697

Manfredi, Gabriele, 697, 705, 709, 910
Manià, Basilio, 743
Mann, Horace, 270
Mannheim, Amédée, 796, 803, 812, 814, 815
Mansion, Paul, 73, 303, 306–313, 315–317, 319–321, 325, 327, 626, 627, 645, 828, 841, 843, 931
Manteuffel, Karl, 546
Manzini, Carlo Antonio, 912
Manzolini, Giovanni, 685
Marbe, Karl, 761, 762
Marbo, Camille, 587
Marcolongo, Roberto, 597, 715, 722, 723
Margossian, Stephan Aram, 383, 386, 391, 401
Margoulis, Wladimir, 95
Maria Theresia von Österreich, 696
Mariaud, Georges, 855
Marichal, Henri, 342
Marie de Bourgogne, 195
Marie, Maximilien, 846
Mariotte, Edme, 695
Markov, Andrej Andreevič, 722, 839
Marks, John, 912
Marrat, William, 120, 124, 175–177, 270, 650, 653, 658, 885, 886, 896
Marsili, Cesare, 676
Martin, Artemas, 270, 280, 282, 294, 295, 297, 299, 659
Martin, Benjamin, 206
Martino, C. M., 737
Marty, Anton, 759
Maskelyne, Nevil, 111, 144, 876, 880
Mason, Peter, 120, 122
Massau, Junius, 85–88, 92, 95
Massera, José L., 424
Masson, Samuel, 203
Mastroapolo, Nicola, 411, 419–422
Mathias, Félix, 348
Mathy, Pierre Émile, 797, 802
Matisse, Georges, 595, 602, 608, 611
Matrot, Adolphe, 347
Matsko, Johann Matthias, 527, 528
Matsumoto, Toshizō, 455
Matsumura, Sōji, 463, 466

Matsuoka, Buntarō, 437, 445–449, 451, 465, 466
Matteucci, Carlo, 164, 499
Maupertuis, Pierre-Louis Moreau de, 689, 690
Maury, Matthew, 180
Maximilian I, 195
Mayer, Adolph, 938
Mayer, Tobias, 920
Mazzuchelli, Gianmaria, 709
Mecatti, Giuseppe, 673
Mechain, Pierre, 116
Medici, Gian Gastone, 674
Medici, Leopoldo, 674
Medici, Siro, 413
Mehmet, Nadir, 380
Mehmke, Rudolf, 87, 97, 98, 102, 104, 105
Meijer, Pieter, 63, 206
Meineke, Johann Heinrich Friedrich, 548
Meinong, Alexius, 759, 761
Meissas, Achille, 567
Menabrea, Luigi, 846, 847
Mencke, Johann Burckhardt, 914
Mencke, Otto, 914, 915
Mendelssohn, Nathan, 549
Meniconi, Francesco, 703
Mercator, Nikolaus, 700, 911
Métrod, Georges, 382, 384
Meyen, Johann Jakob, 523, 530, 536
Meyer, Alfred, 604
Meyerhof, Otto, 772
Michel, Charles, 856, 862, 864
Micheli, Everardo, 164
Michelot, Auguste, 564, 567, 574
Michelotti, Francesco Domenico, 696
Mikami, Yoshio, 460, 468, 469, 472
Milhaud, Gaston, 616–618, 625, 631
Miller, George Abram, 454, 455, 457
Milne-Edwards, Henri, 360
Minary, Emmanuel, 348
Mineo, Corradino, 409
Mises, Richard von, 93, 105, 939
Mittag-Leffler, Gösta, 40, 41, 45, 49, 92, 626, 719, 813, 816, 819, 820, 835, 838, 839, 842–844, 846

Miwa, K., 588
Modoni, Cesare, 738
Moigno, François, 67, 68, 143
Moisil, Grigore K., 744
Moivre, Abraham de, 916, 920
Molini, Giuseppe, 169
Molins, Lucien Henri, 334, 367
Molk, Jules, 374, 377, 820, 831
Mollweide, Carl Brandan, 552, 555
Monfort, Benito R. de, 67, 68
Monge, Gaspard, 116, 125
Montanari, Geminiano, 694
Montel, Paul, 425
Montessori, Maria, 421
Montessus de Ballore, Robert de, 603, 604, 606, 791, 836, 848, 849
Moore, Clarence Lemuel E., 412
Moore, D. D. T., 269, 270, 294, 295
Moore, Eliakim Hastings, 657, 845
Moraes Rego, Alfredo C., 246, 254
Moraes Rego, Antonio G., 246, 254
Morandi Manzolini, Anna, 685
Mordell, Louis Joel, 400
Mordukhai-Boltovskoi, Dmitry, 421
Morhof, Daniel Georg, 905–907
Morozzo di Bianzè, Carlo Ludovico, 708
Morris, Alice Vanderbilt, 421
Morris, George, 270
Mortimer, Cromwell, 914
Moscati, Pietro, 157
Moßbrugger, Leopold, 533
Mossotti, Ottaviano, 81, 162–166, 499
Motoda, Tsutomu, 450
Mottes, Benjamin, 490
Mottez, Adolphe, 348
Mouchez, Ernest, 132, 135, 138, 139
Mouret, Georges, 622, 635
Moureu, Charles, 586–588, 601
Mowry, William A., 270, 288
Mozzi del Garbo, Giulio, 691
Mudge, William, 111
Müller, Felix, 330, 513, 619, 934, 938, 939
Müller, Ferdinand August, 764
Müller, Frederik Adam, 516
Müller, Johann Helfrich von, 528

Müller-Lyer, Franz, 759
Münchow, Karl Dietrich von, 555
Murray, David, 444
Mussolini, Benito, 418, 712, 716, 720–725, 728, 729, 742

N

Nagasawa, Kamenosuke, 446, 449, 465
Nagel, Christian Heinrich von, 323, 326
Nalli, Pia, 726
Nannei, Enrico, 419
Napoléon Bonaparte, 81, 196, 208
Narducci, Tommaso, 683, 694
Nash, Melatiah, 270, 651, 653
Nassau, Maurits van, 196
Nath, Max, 758, 759, 762
Natorp, Paul, 758
Natucci, Alpinolo, 421
Navarro, Pasquale, 496
Nelson, Leonhard, 759, 771, 772
Neri, Pompeo, 695
Neuberg, Joseph, 73, 303, 307–309, 311, 312, 325–327
Neugebauer, Otto, 661, 941, 942
Neumann, J. Ph., 530
Neumann, Johann Baptist, 528
Newcomb, Simon, 142, 144, 181, 182, 655
Newton, Isaac, 198, 199, 204–206, 666, 674, 681–684, 686–688, 691, 694, 699, 886, 906, 916, 920, 922
Newton, John, 912
Nicholson, Peter, 114, 115
Nicole, François, 700, 916
Nieuwentijt, Bernard, 198, 199, 218
Niewenglowski, Boleslas, 855–858, 861, 869
Nilson, Wilfried, 765
Ninnis, Paul, 884, 885, 896
Nistri, Sebastiano, 170
Nitsche, Ad., 761
Nobili, Leopoldo, 548
Noble, Mark, 114, 124
Noether, Emmy, 438
Nollet, Jean-Antoine, 686
Nolte, Johann Wilhelm Heinrich, 543
Nony, Louis-Alexandre, 855, 856

Norwood, Richard, 689
Novi, Ottavio, 688

O

Ocagne, Maurice d', 79, 84–90, 92, 95–105, 326, 864, 868
Occhi, Simone, 692, 699
Oesterreich, Konstantin, 754, 755, 763, 765, 776
Ogura, Kinnosuke, 430, 443, 447, 451, 452, 459, 463, 465, 467–469, 472
Ohm, Martin, 531, 560
Ohrtmann, Carl, 934, 938, 939
Olbers, Heinrich Wilhelm Matthias, 552, 554, 555
Oldenburg, Henry, 910–913
Olivier, Louis, 531, 585
Oltmanns, Jabbo, 542, 544, 547, 555, 558
Onicescu, Octav, 741
Ono, Tōta, 466
Ordinaire de Lacolonge, Louis, 366
Orlandi, Giuseppe, 705
Ørsted, Hans Christian, 548
Ortes, Giammaria, 701, 702
Osgood, William Fogg, 657, 845
Ostwald, Wilhelm, 776
Ozanam, Jacques, 699, 700

P

Pacchiani, Francesco, 156
Padé, Henri, 792, 798, 802, 804
Padoa, Alessandro, 628, 638
Padova, Ernesto, 506
Padula, Fortunato, 490, 498, 502, 503, 505
Painlevé, Paul, 341, 626, 793, 796, 797
Paitoni, Jacopo, 699
Palagyi, Melchior, 764
Palisa, Johann, 138
Paoli, Pietro, 149, 152, 154, 155, 157
Papelier, Georges, 857–859
Pappiani, Alberto, 701, 702
Parent, Antoine, 694, 695
Pareto, Vilfredo, 604
Parnel, Nathan, 880, 882, 895
Pascal, Blaise, 700

Pasquali, Battista, 673, 675, 677, 678, 681, 694, 699
Pasquich, János, 555
Pasquier, Ernest, 645
Pasteur, Louis, 931
Pastori, Maria, 726
Pauc, Christian Y., 741
Paula Freitas, Antonio de, 257
Paulsen, Friedrich, 753, 759, 766, 767
Peacock, William, 119
Peano, Giuseppe, 411, 414, 419–422, 484, 625, 626, 628, 637–640
Pearson, Carl, 604
Peat, Thomas, 874, 875, 895
Peaucellier, Charles, 320
Peirce, Benjamin, 177, 179–182, 270, 281, 286, 292, 297, 298, 652, 653, 655
Peirce, Charles Sanders, 638
Pellet, Auguste, 382
Pelli Bencivenni, Giuseppe, 674, 680, 697, 709
Pelz, Carl, 184
Pende, Nicola, 422
Pépin, Théophile, 802, 811, 812, 824, 841, 842
Perelli, Tommaso, 149, 152, 688, 695, 697
Perrier, Jean-Baptiste, 581
Pessuti, Gioacchino, 698, 707
Pétau, Denis, 912
Petersen, Georg Friedrich, 511, 519, 521, 522
Petit, S., 578
Petot, Albert, 341
Petzoldt, Joseph, 759
Pezenas, Esprit, 355
Pfaff, Johann Friedrich, 555
Pfautz, Christoph, 914, 915
Pfordten, Otto von der, 762, 776, 777
Philibert, Claude, 673, 693
Philippe le Bon de Bourgogne, 195
Piazzolla-Beloch, Margherita, 726
Picanço, Francisco, 255
Picard, Émile, 130, 588, 589, 591, 592, 596, 610, 719, 781, 782, 788, 791, 793, 794, 797, 804, 814, 815, 819, 821, 822, 830, 833, 839, 841, 844, 847
Picard, Jean, 695
Picone, Mauro, 409, 415, 715, 724, 734, 738, 741–743, 747
Pieraccioli, Giovanni, 160
Pieri, Mario, 638
Pincherle, Salvatore, 409, 412, 711, 713–717, 719–722, 724, 745, 746, 749
Pirani, Marcello, 100, 102
Piria, Raffaele, 499
Pitot, Henri, 694
Pizzardo, Tina, 421
Piéron, Henri, 610
Plateau, Joseph, 316
Platrier, Charles, 802
Playfair, John, 116
Ploetz, Alfred, 759
Poggendorff, Johann Christian, 545, 546, 548, 560
Poillon, Louis Marie Joseph, 348
Poincaré, Henri, 130, 326, 587, 588, 590–592, 594, 596, 606–611, 624–626, 628, 632, 634–636, 638–641, 644, 776, 777, 793, 794, 796, 797, 804, 814, 815, 819, 831, 839, 841, 844, 859, 934
Poinsot, Louis, 931
Poisson, Siméon-Denis, 133, 142
Poleni, Giovanni, 687, 702–705, 910
Polynier, Pierre, 204
Pontarlier, Nicolas Charles, 342
Popa, Ilie, 739
Popoff, Kyrille, 739, 741, 745
Popovici, Constantin, 787
Poretsky, Platon, 638
Porquet, Charles, 251, 252
Portier, Brutus, 377, 380, 389, 390, 392, 402
Pouchet, Louis-Ézéchiel, 95
Poulain, Auguste, 325, 634
Poulet, Paul, 382, 384
Powers, Ralph Ernest, 381, 382, 396, 400, 403
Prasse, Moritz von, 523
Prestet, Jean, 700

Prouhet, Eugène, 930
Puiberneau, Henri Levesque de, 342
Puiseux, Victor, 334, 337, 346, 353
Puppini, Umberto, 717, 721, 723

Q

Querini, Angelo, 697
Quetelet, Adolphe, 142, 303–306, 309, 533, 925, 926
Quint, Nicolaas, 216
Quintili, Pierina, 415

R

Rabier, Élie, 621
Rabus, Pieter, 203–205
Racapé, Léon, 354
Radau, Rodolphe, 143
Radermacher, Jacobus, 208
Radicati di Cocconato, Ignazio, 702
Raffy, Louis, 799
Ramanzini, Dionigi, 693
Ratcliffe, Samuel, 454
Rauh, Frédéric, 616, 617
Raveau, Camille, 628
Rayet, Georges, 366
Rebouças, André, 257
Regnault, Jean-Joseph, 576
Reichenbach, Hans, 69
Reimer, Wilhelm, 758
Reimers, Johann, 515, 521
Reinhold, Erasmus, 912
Rémond de Montmort, Pierre, 700
Renan, Ernest, 752
Renouard, Alfred, 348
Renouard, Jules, 564
Renouvier, Charles, 620, 634, 635
Résal, Aimé-Henry, 353, 780, 781, 783–787, 789, 791, 793, 795, 803, 812–816, 821, 822, 827, 829, 830, 839, 844, 849
Rey, Abel, 617, 628
Reybekiel Schapiro, Helena von, 758
Reye, Theodor, 435
Reymers, Nicolas, 912
Reymond, Arnold, 628
Reynaud, Antoine-André-Louis, 567
Rey Pastor, Julio, 424, 425, 438, 439, 470, 725

Ribaucour, Albert, 307, 841
Ribot, Théodule, 619–623, 631
Riccardi, Pietro, 673, 682, 699, 700, 709
Riccati, Giordano, 680, 707, 708
Riccati, Jacopo, 689, 709, 910
Riccati, Vincenzo, 688, 691
Ricci, Giovanni, 735, 742
Riccioli, Battista, 912
Rice, Lepine H., 412
Richard, Jules, 612, 863, 868, 869
Richardson, Roland, 661
Richter, Friedrich, 700
Rickert, Heinrich, 759
Riehl, Alois, 757, 760, 763, 769, 774
Riemann, Bernhard, 165, 506, 507, 630, 762, 763, 768–771, 830
Riemann, Jules, 929
Rignaux, Marcel, 384
Rilly, 912
Rilly, Achille de, 377, 380, 389, 390
Rinaldi, Girolamo, 700
Rinaldi, Giuseppe, 700
Riquier, Charles, 625
Risser, René, 726
Ritt, Georges, 561
Rittenhouse, David, 648, 649
Ritter, Oppolzer Theodor von, 143
Rius y Casas, José, 380
Rivard, Dominique-François, 698
Rivereau, Pierre-Paul, 799
Rizzetti, Giuseppe, 683
Rizzi Zannoni, Giovanni A., 680
Robbins, Reuben, 880
Robert, Pierre, 561
Robertson, Joseph Clinton, 889, 891, 893, 897
Robison, John, 116
Roche, Édouard Albert, 344
Roche, Louis, 798
Rolle, Michel, 922
Rondon, Cândido, 257
Root, Orren, 177
Rosa, Mario, 679, 680, 709
Rosenthal, Gottfried Erich, 528
Rosini, Giovanni, 155, 159, 169, 170
Roselló-Ordines, José, 421

Rossi, Mariano, 688
Rossinski, Sergei Dmitrievich, 234, 242, 243
Rothacker, Erich, 776
Rothe, Heinrich August, 523
Rotten, Elisabeth, 758
Rouché, Eugène, 326
Rouland, Gustave, 565
Rouquet, Pierre Victor, 367
Rousseau, Jean-Jacques, 538
Rowland, Henry, 655
Roy, Louis, 802
Royer, Clémence, 759
Rubini, Raffaele, 503, 505, 506, 508
Rudeval, F. R. de, 856
Ruffini, Ferdinando, 506
Ruffini, Paolo, 160
Runge, Carl, 88, 97, 100, 102, 104, 105
Runge, Iris, 103
Runkle, John D., 181, 265, 270, 294, 295, 297
Russell, Bertrand, 414, 460, 611, 625, 631, 636–641, 645, 760, 765
Rutherford, William, 126, 891, 892, 897
Rutty, William, 914
Ryan, James, 177, 270, 290
Rémoundos, Georges, 788

S

Sabato, Andrea, 503, 505
Sacerdote, Aldo, 424
Sagastume, Berra E. A., 424
Sageret, Jules, 595
Saigey, Jacques-Frédéric, 567
Saint-Germain, Albert de, 367
Saint-Guilhem, Prosper Delpech de, 334
Saint-Jacques de Silvabelle, Guillaume de, 355
Saint-Loup, Jean-François Louis, 337, 352, 353, 367, 631
Saint-Robert, Paul de, 95
Sainte-Laguë, André, 861–864, 866, 867
Sakuma, Tsuzuki, 453
Sallo, Denis de, 917
Salmon, George, 317, 507, 866

Salomon, Charles, 390
Saluzzo, Angelo, 678, 708
Salvemini, Tommaso, 738
Salvignac, A., 576
Sangro, Giuseppe, 488
Sannia, Achille, 505
Sansone, Giovanni, 410, 730, 731, 735, 738, 742, 749
Sarrus, Pierre-Frédéric, 46
Sartiaux, Alphonse, 347
Saurel, Paul, 788
Saurin, Joseph, 922
Sautreaux, Célestin, 798
Sauvestre, Charles, 575
Savard, 377, 380, 390
Savi, Gaetano, 159
Savi, Paolo, 163, 164
Sawayama, Yūzaburō, 464, 465
Scarpelli, Antonio, 492
Scharlau, Winfried, 539, 542
Schaub, D. F., 503
Scheffler, Hermann, 765
Schelling, Friedrich Wilhelm, 751
Schelte, Henri, 203
Schiaparelli, Giovanni, 184
Schilling, Friedrich, 87, 97, 98, 100, 102, 104
Schlegel, V. v., 766
Schleiermacher, Friedrich, 751
Schlick, Moritz, 761
Schlömilch, Oskar, 533, 534
Schmitz-Dumont, Oskar, 761, 763, 769
Schneidt, Joseph Maria, 511, 517, 518
Schobbens, Th., 316
Schooten, Frans van, 912
Schott, Gaspar, 699
Schouten, Jan Arnoldus, 744
Schreiber, Paul, 102
Schröder, Ernst, 626, 638
Schulhof, Léopold, 143
Schweigger, August Friedrich, 529, 548, 557, 558, 560
Schwerdt, Hans, 102
Scorza Dragoni, Giuseppe, 488, 743
Scorza, Gaetano, 410, 414, 715, 729, 730
Seco de la Garza, Ricardo, 102

Secondo, Giuseppe Maria, 491, 677
Seelhof, Paul, 825
Segre, Beniamino, 410, 424, 730, 731, 734, 744, 749
Segre, Corrado, 412, 423, 730, 739
Séguier, Jean-Armand de, 790, 794
Senmoto, Yoshitaka, 449
Serpa Pinto, Antonio de, 248, 250
Serret, Joseph-Alfred, 130, 317, 334, 360
Servois, François-Joseph, 355, 356
Severi, Francesco, 409, 411, 415, 416, 418, 426, 720, 723–726, 729, 732, 734–739, 741–744, 747, 748
Seydel, Rudolf, 761
's Gravesande, Willem Jacob, 204
Shōda, Kenjirō, 438, 440
Sibirani, Filippo, 731, 742
Siegel, Carl, 770
Sierpinski, Wacław, 734
Signorini, Antonio, 410, 715, 742
Sigwart, Christoph von, 774
Silva, il Conte Donato, 690, 691
Simart, Georges, 589
Simpson, Stephen, 270
Sire, Georges, 339, 352
Sire, Jules, 799
Sire, Louis, 863
Sittignani, Maria G., 413
Sivieri, Ippolito, 702
Slaught, Herbert, 659, 848
Sloane, Hans, 913
Slop, Giuseppe Antonio, 149, 157
Sluse, René-François de, 911
Small, Robert, 116
Smirnov, S. V., 95
Smith, David Eugene, 460, 472, 783, 846–848
Smith, G., 203
Smith, James Edward, 700
Snellius, Willebrord, 210
Snyder, Virgil, 412
Soldner, Johann Georg von, 555
Somerville, Mary, 117, 121, 124
Somigliana, Carlo, 735
Sommer, Hugo, 765
Sonnet, Hippolyte, 567, 573

Sono, Masazō, 438, 440, 457
Soreau, Rodolphe, 85, 88, 89, 92, 95, 99–103, 105
Sorel, Georges, 631
Spallanzani, Lazzaro, 680, 708
Spalton, William, 880–882, 895
Spence, William, 116
Speroni, Francesco, 492, 700
Stallo, John Bernhard, 764
Stamm, Eduard, 421
Starr, W. H., 270
Steiner, Jakob, 498, 503, 531, 558, 832
Stevenson, William, 880–882, 895
Stevin, Simon, 196
Stewart, Matthew, 116
Stieltjes, Thomas Joannes, 792, 816–819, 822, 830
Stirling, James, 915, 916
Stone, Ormond, 185, 656
Story, William, 270, 280, 282, 655
Stouffer, Ellis Bagley, 412
Strabbe, Arnold, 210
Stratico, Simone, 697, 708
Street, 912
Strik, Hendrik, 203, 205
Strong, Theodore, 177, 289, 292, 652
Strootman, Hendrik, 213, 214
Stuhlmann, Friedrich, 738
Sudō, Onosaburō, 461
Suetuna, Zyoiti, 434, 440, 455, 467
Süss, Wilhelm, 459, 462, 463, 466, 727, 744
Swale, John Henry, 110, 112, 119–122, 886, 896
Syffert, Charles, 359
Sylow, Peter Ludwig, 814, 821, 840, 842, 844
Sylvester, James Joseph, 270, 280, 282, 320, 321, 483, 654, 655
Szilàgyi, Dénes, 421

T

Tacchini, Pietro, 138
Tacquet, André, 911–913
Taddei, Giovanni, 494
Takagi, Teiji, 434, 438–440, 450, 455–457, 469
Tanabe, Hajime, 460

Tannaka, Tadao, 474
Tannenberg, Wladimir de, 866
Tannery, Jules, 593, 611, 612, 625–627, 630, 632, 638, 929
Tannery, Paul, 337, 366, 484, 622–624, 626, 627, 629–632, 634, 636–638, 829–831, 842, 847
Targioni Tozzetti, Giovanni, 673
Tarnier, Étienne-Auguste, 568, 574, 575
Tarry, Gaston, 370, 377, 380, 381, 384–392, 398, 402, 403
Tarry, Harold, 377, 380, 389, 390
Tartinville, Arthur, 857
Tastes, Maurice de, 355
Taylor, Brook, 916, 922
Tebay, Septimus, 888, 889, 892, 893, 897
Tedeschi, Bruno, 726
Telfer, William, 107, 108
Temanza, Tommaso, 695
Tenca, Luigi, 413
Tenore, Michele, 494
Terao, Hisashi, 449, 452
Terquem, Olry, 164, 345, 929–932, 937
Terracini, Alessandro, 35, 407, 423, 424, 426, 717, 730, 734
Thédenat, Pierre (ou Vecten), 46
Thébault, Victor, 561
Thibaut, Bernhard Friedrich, 542, 543
Thiers, Adolphe, 561
Thomas de Lavernède, Joseph Esprit, 46, 925
Thompson, Pishey, 174–177, 885
Thomsen, Gerhard, 717
Thoreau, Henry, 182
Thornton, William, 185, 656
Tietze, Federico, 413
Tillol, Jules, 353, 354
Timerding, Heinrich, 628
Tiraboschi, Girolamo, 680
Tisserand, François Félix, 132, 138, 140, 353
Toaldo, Giuseppe, 152, 680
Tobias, Wilhelm, 769
Tocqueville, Alexis de, 178
Togliatti, Eugenio, 717, 737, 738, 742

Toja, Guido, 427
Tomlinson, J., 881
Tomlinson, William, 888, 893, 897
Tommasini, Jacopo Andrea, 149, 153
Tonelli, Leonida, 409, 410, 715, 717, 720, 722–724, 729, 731, 732, 742, 743
Tonolo, Angelo, 737
Toranzos, Fausto I., 425
Torelli, Giuseppe, 708
Torri, Francesco, 684
Torricelli, Evangelista, 694, 911
Tortolini, Barnaba, 165, 502, 505
Tralles, Johann Georg, 542
Transon, Abel, 316
Traynard, Claude Émile, 726
Tricomi, Francesco, 409, 743, 749
Triesnecker, Franz von Paula, 555
Trompowsky Leitão de Almeida, Roberto, 247–250
Trouvelot, Étienne Léopold, 138
Trowbridge, David, 292
Trudi, Nicola, 490, 498, 503, 505
Tschirnhaus, Ehrenfried Walter von, 198
Tschirnhaus, Walter von, 914
Tucci, Francesco Paolo, 489, 496, 498
Turner, Roy Steven, 560
Turquan, Louis Victor, 355

U

Ueberweg, Friedrich, 754, 755, 763, 765
Ueno, Kiyoshi, 447–449, 451
Ulkowski, Franciszek, 99, 100
Ulrici, Hermann, 766
Urban, Friedrich Maria, 762
Uspensky, James Victor, 424

V

Vacca, Giovanni, 638, 738
Vaes, Franciscus J., 216
Vailati, Giovanni, 626, 627, 638
Valat, Jacques Pierre, 337, 349
Valette, Charles, 353
Vallisneri, Antonio, 676
Valroff, Léon, 382, 384, 396, 399–403
van Breen, A. J., 215

van Cleeff, Jan, 212
Vandame, Georges, 634
Vandekerckhove, Hippolyte fils, 305
van der Kroe, Albert, 206
van der Slaart, Pieter, 203, 204
van der Waerden, Bartel Leendert, 730
van Hilte, Casper, 199
van Ranouw, Willem, 203, 205
van Someren, Johannes, 203
Vareno, Torquato, 691
Vargas, Getúlio, 411
Vassilieff, Alexandre, 626
Vater, Johann Severin, 557, 558
Veblen, Oswald, 426, 662, 723
Verace, Giovanni, 695
Verdam, Gideon, 209
Vergani Marelli, Rosa, 421
Vernier, Hippolyte, 563, 567
Veronnet, Alexandre, 799
Verwer, Adriaan, 198
Verzaglia, Giuseppe, 914
Vessiot, Ernest, 341, 799, 840
Viala, E., 352
Vianelli, Silvio, 738
Vidari, Giovanni, 422
Vieusseux, Giovanni Pietro, 158, 161
Vigarié, Émile, 323, 324, 326
Vignaux, Juan Carlos, 425, 725
Villa, Mario, 742
Villat, Henri, 780–782, 784, 785, 787, 788, 790, 791, 793, 795, 799, 815, 822, 832, 836, 846, 848–850
Vince, Samuel, 111
Vincent, Alexandre Joseph Hidulphe, 360
Vincent, Charles, 350
Vincke, Ludwig von, 544
Vinot, Joseph, 577
Violante Beatrix von Bayern, 673
Vitali, Giuseppe, 715
Vivanti, Giulio, 715, 724
Viviani, Vincenzo, 694, 913
Vogel, O., 763
Vogler, Christian August, 102
Voigt, Andreas, 774
Voigt, Johann Heinrich, 545
Volta, Alessandro, 708

Voltaire, 682
Volterra, Vito, 409, 412, 422, 425, 590, 597, 604, 713–717, 719, 722–724, 726, 734, 737, 738, 743, 746, 749
Voss, Aurel, 105
Vrănceanu, Gheorghe, 411
Vuibert, Henry, 855–857, 859

W

Wallace, William, 112, 113, 117–122, 124, 126
Wallenberg, Georg, 939
Wallis, John, 700, 911
Walras, Léon, 604
Wangerin, Albert, 939
Ward, Samuel, 270
Ward, Seth, 912
Warmus, Mieczysław, 95
Watelet, Adolphe, 561
Watkins, Tobias, 270
Watt, James, 360
Waxweiler, Émile, 604, 606
Weber, Max, 753, 764
Wecker, Jacob, 699
Weddle, Thomas, 891
Weierstrass, Karl, 638, 817, 830–832, 838, 839, 844, 939, 940
Weil, André, 242
Weisse, Christian Hermann, 761
Weissenborn, Hermann, 757, 760, 769
Wendelin, Godefroy, 912
Werkmeister, Paul, 100–102
Werner, Johannes, 322
Wernicke, Alexander, 623, 763, 764
Wetstein, Jacob, 203
Weyl, Hermann, 723
Wharton, James, 890, 892, 893, 897
White, Samuel H., 270
White, Thomas, 114
Whitehead, Alfred North, 638
Whitley, John, 885, 896
Wichert, Ernst, 770
Wiedeburg, Johann Bernhard, 914
Wiegleb, Johann Christian, 526
Wildbore, Charles, 111, 116, 875, 878, 883, 884, 895
Wildbore, Cornelius, 875

Wilhelm I. von Preußen (Hohenzollern) ou Guillaume Ier (empereur allemand), 755
Wilkinson, Thomas T., 107, 108, 876–879, 881, 884, 886, 889–891
Willem I der Nederlanden, 196
Willers, Friedrich Adolf, 105
Williams, John D., 270, 298
Willotte, Henri, 797, 802, 811
Willy, Rudolf, 774
Wilson, Edwin Bidwell, 719
Wilson, Richard, 890, 892, 893, 897
Windelband, Wilhelm, 627, 773
Wings, 912
Winter, Maximilien, 620, 642, 643
Wirth, Johann Ulrich, 766
Witzschel, Benjamin, 534
Woisard, Jean-Louis, 567
Wolfenden, James, 886
Wolff, Christian, 204, 518, 681, 688, 693, 700, 914, 922
Woodall, Herbert J., 395, 402, 403
Woodworth, Samuel, 270
Woolhouse, Wesley Stoker Barker, 885, 892, 893, 897
Wright, John F., 287
Wundt, Wilhelm, 751, 753, 754, 756, 760, 761, 765, 767–769, 774
Wurm, Johann Friedrich, 555

Wyrouboff, Grégoire, 620

X

Ximenes, Leonardo, 696, 697, 708

Y

Yanagihara, Kichiji, 461
Yarnall, Mordecai, 182
Yien, Chi-Ta, 739
Yoshiye, Takuzi, 433, 456
Young, William H., 723
Yvon Villarceau, Antoine Joseph François, 134, 135, 140

Z

Zaccaria, Francesco Antonio, 680
Zach, Franz Xaver von, 161, 544, 545, 550, 552–555, 560
Zanotti, Francesco Maria, 676, 684, 691
Zanotti, Giampietro, 702
Zaremba, Stanislaw, 788
Zendrini, Bernardino, 675, 677, 694, 696, 910
Zermelo, Ernst, 597
Zeviani, Giovanni Verardo, 708
Zindler, Konrad, 759
Zona, Temistocle, 506
Zoretti, Ludovic, 604, 605, 798
Zorzi, Alessandro, 680

Index des institutions

A

Academia pro Interlingua, 419

Academia Real de Ciências de Lisboa, 248

Académie des beaux-arts de Paris, 357

Académie des inscriptions et belles-lettres de Paris, 357

Académie des sciences, belles-lettres et arts de Besançon, 339, 341

Académie des sciences, belles-lettres et arts de Marseille, 341

Académie des sciences, belles-lettres et arts de Rouen, 350

Académie des sciences, belles-lettres et arts de Savoie (Chambéry), 346

Académie des sciences de Paris, 68, 84, 130–132, 134, 136, 139–141, 151, 153, 225, 226, 331, 345, 352, 357, 383, 588, 590, 594, 598–600, 603, 622, 666, 677, 683, 696, 700, 781, 784, 786, 787, 793, 794, 800, 803, 811–816, 818–822, 825, 827, 829, 833–838, 841, 842, 844, 847, 849–851, 921, 922

Académie des sciences de Pétersbourg (Петербургская академия наук), 676, 696, 700

Académie des sciences et lettres de Montpellier, 347

Académie des sciences morales et politiques de Paris, 357

Académie française, 357

Académie nationale des sciences, belles-lettres et arts de Bordeaux, 337, 346, 798

Académie royale des sciences, inscriptions et belles-lettres de Toulouse, 363

Académie royale des sciences de Prusse (Königlich-Preußische Akademie der Wissenschaften), 830, 832

Académie royale des sciences et belles-lettres (Berlin), 152, 677, 683, 696, 923

Académie royale des sciences et belles-lettres de Bruxelles (Académie impériale et royale des sciences et belles-lettres de Bruxelles), 304–306

Académie Stanislas, 357

Accademia Colombaria, Firenze, 149

Accademia d'Italia, 409, 415, 426, 712, 743, 744

Accademia dei Fisiocritici, Firenze, 149

Accademia dei Georgofili, Firenze, 149, 673, 697

Accademia dei Lincei, 409, 412, 712–714, 719, 734

Accademia del Cimento, Firenze, 149

Accademia delle Scienze (dei Fisiocritici) di Siena, 673, 708

Accademia delle scienze, Bologna, 153, 676, 681–683, 685, 686, 696, 708

Accademia delle scienze, Milano, 153

Accademia delle scienze, Modena, 153

Accademia delle scienze, Napoli, 153

Accademia delle scienze, Padova, 153

Accademia delle scienze, Parma, 153

Accademia delle scienze, Siena, 153
Accademia Imperiale, Pisa, 158
Accademia Italiana di Scienze, Lettere e Arti, Livorno, 157
Accademia Nazionale delle Scienze, 410
Accademia Pontaniana, 490, 820, 825
Accademia Pontificia dei Nuovi Lincei, 802, 804, 841
Accademia Reale delle Scienze e Belle Lettere, 491
Akademie van Teken-, Bouw en Zeevaartkunde, 212
Akademisch-philosophischer Verein zu Leipzig, 760
Akademisches Gymnasium Hamburg, 515
Akademisches Gymnasium Stettin, 523
Академія наук Української РСР (Academy of Sciences of the Ukrainian SSR), Russian name : Академия наук Украинской ССР ; later name : Національна академія наук України (National Academy of Sciences of Ukraine), 241
Albion College, 187
Alnwick Scientific and Mechanical Institution, 887
American Academy of Arts and Sciences, 649
American Mathematical Society, 295, 412, 647, 657–662, 715, 722, 845, 847, 848
American Philosophical Society, 648–650
American Society for Promoting Useful Knowledge, 648
Armand Colin (maison d'édition), 621, 627
Association des professeurs de mathématiques de l'enseignement secondaire public, 594, 859, 870
Association for Symbolic Logic, 661
Association française pour l'avancement des sciences, 323, 324, 326, 369, 370, 372, 374–377, 379–385, 390, 391, 393, 397, 398
Association géodésique internationale, 133, 141
Association of Teachers of Mathematics in the Middle States and Maryland, 660
Associazione Mathesis fra gli insegnanti di Matematica, 412, 418
Associazione Nazionale Insegnanti Fascista, 417
Athénée royal de Bruxelles, 304

B

Bachelier (maison d'édition), 46, 780, 924, 930
Baillière (maison d'édition), 360, 619, 620
Bataafs Genootschap der Proefondervindelijke Wijsbegeerte, 207
Bataviaasch Genootschap der Kunsten en Wetenschappen, 208, 549
Battersea Teacher Training College, 888
Bergakademie Freiberg, 47, 512, 515, 518
Berger-Levrault (maison d'édition), 92, 360, 564, 631, 632
Berlin-Brandenburgische Akademie der Wissenschaften, 543, 545, 546, 550, 551, 941, 942
Biblioteca Nacional Brasileira, 82, 251–253, 256
Biblioteca Speciale di Matematica dell'Università di Torino, 407, 412, 426
Biblioteca universitaria, Pisa, 152
Bibliothèque de Bruxelles, 357
Bibliothèque de Chaumont, 357
Bibliothèque de la Sorbonne, 357
Bibliothèque de Lunéville, 357
Bibliothèque de Metz, 357
Bibliothèque de Pont-à-Mousson, 357
Bibliothèque de Strasbourg, 357
Bibliothèque de Toul, 357
Bibliothèque de Vendôme, 357
Bibliothèque du Pé-t'ang, 29

Index

Bibliothèque royale de Paris, 495
Blom & Oliviers (maison d'édition), 215, 216
Board of Longitude, 880
Brandenburgische Universität Frankfurt, 545
British Association for the Advancement of Science, 393, 395, 397
Bryn Mawr College, 658
Bureau des longitudes, 70, 80, 129–145
Bureau des Revues, 585
Bureau international de l'éducation, 421

C

Calcutta Mathematical Society, 600
Cambridge University, 187, 215, 281, 287, 288, 391, 397, 431, 883, 889, 890, 915
Carnegie Institution, 393
Casino dei Nobili (Firenze), 674
Chaumas-Gayet (librairie), 360
Chicago University, 847
Circolo Matematico di Palermo, 591, 749
Clark University, 833
Clube de engenharia, 250, 254
Colby College, 187
College of New Jersey (later Princeton University), 658, 660
College of Philadelphia (later the University of Pennsylvania), 648
College of Preceptors, 890
College of William and Mary, 173, 648, 649
Collège Chaptal, 856, 860
Collège Condorcet, 620
Collège de Bordeaux, 349
Collège de Castres, 353
Collège d'Épinal, 351
Collège de France, 593, 618, 619, 625, 627, 640, 781, 794, 795, 813, 826, 835
Collège Rollin, 863
Collège royal Louis-le-Grand, *voir* Lycée Louis-le-Grand
Collège Stanislas, 863

Collegio di Brera (Milano), 670, 687
Columbia College (later Columbia University), 656–658
Columbia University, 88, 783, 847
Comité des travaux historiques et scientifiques, 319
Commission internationale de l'enseignement mathématique, 421
Company of Stationers, 874–877, 879, 880, 882, 883, 887, 892, 893, 895–897
Congrès internationaux des mathématiciens, 87, 88, 394, 397, 591, 609, 647, 661, 662, 667, 717, 719–723, 725, 743, 745, 746, 781, 797, 801, 836, 843, 848
Congrès scientifique international des catholiques, 325
Congresso Volta, 743, 744
Conservatoire national des arts et métiers, 326, 796, 797
Consiglio Nazionale delle Ricerche, 407, 410, 712, 713, 729, 730, 735
Cornell University, 658, 788
Corpo degli Ingegneri di Ponti e Strade di Napoli, 487
Corps de l'artillerie, 796
Corps de l'artillerie marine, 796
Corps des mines, 812
Corps des manufactures de l'État, 796
Cruz Coutinho (maison d'édition), 251

D

Daiichi Kōtō Gakkō (Tokyo), 461
Daisan Kōtō Gakkō (Third High School in Kyoto), 442
Daishichi Kōtō Gakkō Zōshikan (Seventh High School in Kagoshima), 462, 463, 466
Dartmouth College, 172
Delagrave (maison d'édition), 855, 856
Delaware College, 295
Department of Philosophy and the Arts (Yale), 653
Deutsche Akademie der Naturforscher Leopoldina, 463, 470

Deutsche Mathematiker Vereinigung (DMV), 667, 711, 715, 723, 726, 744
Duke University, 660, 661
Durand-Belle (maison d'édition), 46

E

École centrale, 326, 569
École centrale des arts et manufactures, 788, 796, 854, 857, 867
École communale de la rue des Batignolles (Paris), 575
École d'agronomie, 796
École d'artillerie de Lorient, 796
École des hautes études sociales (EHES), 609
École des mines, 794, 798
École des mines de Saint-Étienne, 795, 798
École des Ponts ParisTech, 84, 90, 96
École d'horlogerie de Besançon, 339, 352
École industrielle d'Épinal, 351
École militaire de Saint-Cyr, voir École spéciale militaire de Saint-Cyr
École nationale d'arts et métiers de Paris, 860
École nationale des ponts et chaussées, 794, 795
École navale, 788, 798, 854, 857
École normale de l'enseignement spécial, 576
École normale des sciences de Gand, 306, 307
École normale supérieure, 130, 132, 135, 139, 215, 327, 561, 574, 617, 627, 780, 781, 783, 788, 789, 794, 798, 799, 803, 805, 810, 811, 830, 833, 837, 850, 854, 855, 864, 868, 870
École normale supérieure de jeunes filles de Sèvres, 588
École polytechnique, 71, 85, 88, 130, 132, 133, 136, 151, 175, 187, 215, 246, 306, 307, 319, 323, 326, 347, 350, 351, 353, 380, 564, 568, 619, 622, 631, 633, 634, 666, 717, 780, 781, 783, 789, 790, 794–796, 798–800, 802, 803, 810–813, 823, 827, 833, 836, 837, 851, 854, 855, 857, 859, 864, 867, 871
École primaire supérieure Jean-Baptiste-Say (Paris), 576, 799
École Sainte-Barbe, 352, 855
École spéciale militaire de Saint-Cyr, 568, 569, 575, 579, 854
École supérieure d'Angers, 345
École supérieure de commerce, 569, 577
École supérieure d'électricité, 788, 796
Ernestinum, Lycée de Gotha, 757
Escola de Engenharia de Porto Alegre, 255
Escola de Engenharia do Rio de Janeiro, 255, 256
Escola de Minas de Ouro Preto, 253, 255, 256
Escola Militar do Rio de Janeiro, 248, 254, 257
Escola Politécnica do Rio de Janeiro, 253–256
Escola Politécnica de São Paulo, 255

F

Facultad de Ciencias Matematicas, Universidad Nacional del Litoral, 423, 424
Faculté de Clermont-Ferrand, 855
Faculté de la Sorbonne, 334, 351, 353
Faculté des lettres de Lyon, 618
Faculté des lettres de Montpellier, 616, 618
Faculté des sciences de Bordeaux, 331, 339, 345, 365, 794, 795, 798
Faculté des sciences de Caen, 368
Faculté des sciences de Clermont-Ferrand, 353, 798
Faculté des sciences de Dijon, 796
Faculté des sciences de Lille, 340, 368, 794, 795
Faculté des sciences de Lyon, 794, 795, 799
Faculté des sciences de Marseille, 339, 368

Index 1079

Faculté des sciences de Montpellier, 344, 368, 795, 798
Faculté des sciences de Nancy, 368, 374, 382, 631, 799
Faculté des sciences de Paris, 625, 666, 791, 794, 795, 798, 799, 812, 836, 850, 868
Faculté des sciences de Poitiers, 799
Faculté des sciences de Rennes, 794, 795, 799
Faculté des sciences de Strasbourg, 352
Faculté des sciences de Toulouse, 135, 333, 367, 783, 792, 796, 799
Felix Meiner (maison d'édition), 766
Félix Alcan (maison d'édition), 620
Forstakademie, 543
Friedrich-Alexander-Universität Erlangen, 524, 741
Fues (maison d'édition), 754
Fundatie van Renswoude, 196

G

Gabinetto scientifico letterario, Firenze, 158
Gakujutsu Kenkyū Kaigi (National Research Council of Japan), 440, 442, 469, 470
Garnier (maison d'édition), 251, 252
Gauthier-Villars (maison d'édition), 46, 80, 136–140, 142, 184, 309, 325, 360, 390, 631, 780, 783, 812, 819, 820, 829, 836, 839, 858, 933, 934
Gesellschaft Naturforschender Freunde zu Berlin, 549
Göttinger Vereinigung zur Förderung der angewandten Physik und Mathematik, 104
Granducato di Toscana, 147–150, 153, 154, 158, 162, 169, 670, 673, 694, 697

H

Hachette (maison d'édition), 143, 564, 565, 567, 568, 575, 621
Handelsakademie Hamburg, 515, 521, 526

Харьковское математическое общество (Kharkov Mathematical Society), Ukrainian name : Харківське математичне товариство, 239
Harvard College, *voir* Harvard University
Harvard University, 179, 185, 187, 275, 281, 287, 298, 648, 651–654, 657, 658, 660
Hauman, Cattoir et Cie (maison d'édition), 305
Haverford College, 658
Hogere Burger School (HBS), 210, 215, 216, 221
Hollandsche Maatschappij der Wetenschappen, 205, 207

I

Императорское Московское общество испытателей природы (Imperial Society of Naturalists of Moscow), commonly known as Société Impériale des Naturalistes de Moscou, later renamed Императорское Московское общество испытателей природы (Moscow Society of Naturalists), 226
Imperial Observatório do Rio de Janeiro, 250
Institut de France, 346, 353, 354, 495
Institut des finances et des assurances, 602
Institut général psychologique, 591, 609
Institut Henri-Poincaré, 743
Institut industriel du Nord, 798
Institut J.-J. Rousseau, 421
Institution Lagarrigue, 577
Institution Paté-Jouant, 564
Instituto Politécnico Brasileiro, 250, 254
International Research Council, 440, 713, 719
Istituto [Nazionale] per le Applicazioni del Calcolo, 725, 728, 741, 743, 747
Istituto centrale di statistica, 712

Istituto de' Nobili, Firenze, 149
Istituto delle Scienze di Bologna, 670, 687
Istituto fascista di cultura, 712
Istituto fascista di cultura di Firenze, 417
Istituto Lombardo Accademia di Scienze e Lettere, 827
Istituto Nazionale di Alta Matematica, 415, 427, 728, 735, 736, 739, 741, 743, 744, 747
Istituto Nazionale di Storia della Scienza, 735
Istituto Nazionale per le Applicazioni del Calcolo, 415
Istituto tecnico superiore di Milano, 506, 507

J

Jardin des plantes de Toulouse, 333
Johns Hopkins University, 181, 183, 187, 282, 653–655, 660

K

Königsberg Sternwarte, 143
Kadettenkorps, 546
Коммунистическая партия Советского Союза (Communist Party of the Soviet Union), 230
Königliche Bibliothek (Berlin), 495
Königliche Gesellschaft der Wissenschaften zu Göttingen, 543
Königliche Kalenderdeputation, 542, 543
Königliche Sternwarte zu Berlin, 141, 544
Königliche Universität Breslau, 545, 546
Koninklijk Instituut van Wetenschappen, Letterkunde en Schoone Kunsten, 200, 208
Koninklijk Instituut voor Ingenieurs, 209
Koninklijk Zeeuwsch Genootschap der Wetenschappen, 207
Koninklijke Academie voor burgerlijke ingenieurs en oostindische ambtenaren, 198, 208
Koninklijke Akademie van Kunsten en Wetenschappen, 200, 208, 221
Koninklijke Hollandsche Maatschappij der Wetenschappen, 66
Koninklijke Militaire Academie, 198, 208, 209, 213, 215
Kriegs- und Domänenkammer in Magdeburg, 546
Kriegsschule zu Berlin, 540, 543
Kungliga svenska vetenskapsakademien (Académie royale des sciences de Suède), 45
Kyōto Teikoku Daigaku (Kyoto Imperial University), 263, 432, 433, 437, 438, 440, 456

L

La Sorbonne, 590, 593, 594, 600, 618, 619, 627, 628, 640
La Specola di Pisa, 151
Laboratoire central de l'artillerie de marine, 796
Laemmert (imprimerie-librairie), 251
Lattes (maison d'édition), 418
Lawrence Scientific School (Harvard), 179–181, 653
Leander McCormick Observatory, 185
Leipzig Fair, 551
Livraria Universal de Gundlach & Cia (librairie), 253, 256
Lockport Union School, 295
London Mathematical Society, 400
Lucasian Chair (Cambridge), 915
Lycée Buffon, 856, 858
Lycée Carnot, 860
Lycée Chaptal, 326
Lycée Charlemagne, 796, 856
Lycée Condorcet, 857
Lycée d'Alger, 864
Lycée d'Angers, 345
Lycée d'Ansbach, 758, 760
Lycée de Bar-le-Duc, 857
Lycée de Besançon, 860
Lycée de Bordeaux, 575, 861
Lycée de Brest, 337
Lycée de Caen, 858
Lycée de Châteauroux, 863
Lycée de Clermont-Ferrand, 856

Lycée de Dijon, 863, 864
Lycée de Douai, 856, 862, 863
Lycée de Eisenach, 757
Lycée de Gmünden, 757
Lycée de La-Roche-sur-Yon, 342
Lycée de Lille, 575, 860
Lycée de Lyon, 857
Lycée de Metz, 352
Lycée de Montpellier, 857
Lycée de Nancy, 861
Lycée de Nîmes, 46
Lycée de Poitiers, 863
Lycée de Reims, 855
Lycée de Rennes, 867
Lycée de Toulouse, 346, 868
Lycée de Tours, 345, 355, 863, 867
Lycée de Vanves, 863
Lycée d'Orléans, 575, 857
Lycée Henri IV, 799
Lycée Hoche, 863
Lycée Janson-de-Sailly, 862, 867
Lycée Lakanal, 858
Lycée Louis-le-Grand, 563, 568, 576, 855–857, 859, 860, 863, 868
Lycée Saint-Louis, 574, 576, 594, 855–858, 860, 862, 868

M

Mackenzie College, 255
Madison University, 295
Mallet-Bachelier (maison d'édition), 46, 136, 780
Manchester Mathematical Society, 886
Massachusetts Institute of Technology, 181, 660
Mathematical Association of America, 73, 647, 659–661
Mathematische Gesellschaft Göttingen, 97
Mathematische Gesellschaft in Hamburg, 210
Mathesis, 718, 719, 736, 747
Mathesis Scientiarum Genitrix, 208
Militaire School voor Artillerie, 208
Ministère de l'Instruction publique, 307, 308, 319, 333, 334, 340, 343, 357, 374
Ministero dell'Aeronautica, 728, 741

Ministero dell'Educazione Nazionale, 719, 724, 731, 735, 737, 742
Ministero della Cultura Popolare, 742
Ministero della Guerra, 728, 741
Ministero della Marina, 728, 729, 741
Morrill Act, 653
Moskovskij gosudarstvennyj universitet, 94, 95
Московское математическое общество (Moscow Mathematical Society), 227, 229, 230
Musée d'artillerie, 355
Musée pédagogique, 609
Museum d'histoire naturelle, 357

N

National Council of Teachers of Mathematics, 647, 660
Nationale Polytechnische Universität Lwiw, 99
Naturforschende Gesellschaft (Halle), 548
Nautical Almanac Office, 180–182, 186, 655
Neustädter Realgymnasium, Dresden, 757, 758
New York Mathematical Society, 647, 656, 657
Nihon Chūtō Kyōiku Sūgakkai (Mathematical Association of Japan for Secondary Education), 468, 472
Nistri-Lischi (maison d'édition), 170
Nony (librairie), 855, 856
Northwestern University, 658
Nuova tipografia (imprimerie), 169

O

Observatoire astronomique, chronométrique et météorologique de Besançon, 71
Observatoire de Bordeaux, 47, 365, 366
Observatoire de Meudon, 135
Observatoire de Paris, 129, 130, 132, 134, 135, 138, 139, 141–144, 795
Observatoire de Toulouse, 132, 135, 799

Observatoire du Bureau des longitudes au Parc Montsouris, 130, 131, 133, 134, 139, 143
Observatoire royal de Belgique, 305, 306
Одесский национальный университет имени И.И. Мечникова – (Université nationale I. I. Metchnikov d'Odessa), 320
Oldham Mathematical Society, 886
Opera Nazionale Balilla, 417
Ōsaka Kōtō Gakkō (Osaka High School), 442
Ōsaka Teikoku Daigaku (Osaka Imperial University), 440, 473
Osservatorio Astronomico di Napoli, 161, 487

P

Partito Nazionale Fascista, PNF, 720, 745
Petit séminaire d'Ornans, 355
Pizzorno (imprimerie), 169
Polytechnische Centralschule München, 760
Polytechnische School, 208–210, 215
Polytechnische Schule Dresden, 534
Port de Boulogne, 349
Port de Toulon, 349
Princeton University, 176, 185, 187, 242, 658, 660, 739

R

Reale Accademia delle Scienze di Napoli, 487, 490
Reale Accademia delle Scienze di Torino, 670, 696, 702
Reale Istituto di Incoraggiamento alle Scienze di Napoli, 487
Reale Orto botanico di Napoli, 494
Realschule Berlin, 534
Reisland (maison d'édition), 754
Rensselear Polytechnic Institute, 178
Repubblica di Venezia, 670, 675, 694
Riemann (maison d'édition), 766
Rivington Grammar School, 889
Российская академия наук (Russian Academy of Sciences), later Академия наук СССР (Academy of Sciences of the USSR), 223, 225–227, 230, 231, 238
Royal Military Academy, Woolwich, 109, 111, 121, 126, 875, 876, 883, 887, 891, 893–895
Royal Military College, Sandhurst, 47, 72, 80, 109, 111, 118, 119, 121–124, 126, 883, 886, 887, 891, 894, 895
Royal Observatory, Cape of Good Hope, 144
Royal Observatory, Greenwich, 144
Royal Society of London, 17, 111, 126, 151, 204, 225, 226, 910, 914
Rutgers College (later Rutgers University), 177, 181, 652

S

San'in Sūri Gakkai (San'in Society of the Principle of Numbers), 454, 473
Schäfer, éditeur de C. F. Hindenburg (maison d'édition), 517
School voor Diergeneeskunde, 215
Scuola di Applicazione di Napoli, 487, 490
Scuola Normale Superiore, Pisa, 81, 155, 158, 162, 166, 167
Seeberg-Sternwarte, 47, 553
Sheffield Scientific School, 179
Shiomi Rikagaku Kenkyūjo (Shiomi Institute of Physical and Chemical Research), 468
Società Italiana, Verona, 154, 157, 160
Società Italiana per il Progresso delle Scienze, 426, 725
Società letteraria, 169, 170
Società reale di scienze, Copenhagen, 156
Società toscana di geografia, statistica e storia naturale patria, Firenze, 159
Société académique de Brest, 343, 346, 347
Société belge de librairie, 305
Société d'agriculture, des belles-lettres, sciences et arts de Rochefort, 335, 343

Société d'agriculture, sciences, arts et belles-lettres d'Indre-et-Loire (Tours), 338
Société d'éditions scientifiques, 856
Société d'émulation de Napoléon-Vendée, 342
Société d'émulation du département des Vosges/ Société d'émulation des Vosges (Épinal), 351, 364
Société des lettres, sciences et arts de Bar-le-Duc, 375
Société des Nations, 720, 725
Société des sciences, arts et belles-lettres de Tours, 337, 345, 354
Société des sciences, de l'agriculture et des arts de Lille, 336, 340, 341, 343, 352
Société des sciences naturelles de Nancy, 336, 340, 341, 356, 631, 636
Société des sciences physiques et naturelles de Bordeaux, 336, 338–340, 358, 365
Société des sciences physiques et naturelles de Toulouse, 340
Société de statistique, des sciences naturelles et des arts industriels du département de l'Isère (Grenoble), 350, 354
Société dunkerquoise pour l'encouragement des sciences, des lettres et des arts, 337, 341, 355
Société française de philosophie, 618, 627, 628
Société française de physique, 810
Société libre d'émulation du Doubs, 352
Société littéraire et scientifique de Castres, 335, 353
Société mathématique de Belgique, 374
Société mathématique de France (SMF), 326, 375, 377, 380, 381, 383–385, 586, 590, 594, 600, 715, 723, 743, 781, 800, 802, 808, 810, 829, 839, 934

Société nationale des sciences naturelles et mathématiques de Cherbourg, 335, 358, 359
Société philomatique de Paris, 372, 398
Société philomatique de Verdun, 5
Société scientifique de Bruxelles, 841
Society for the Diffusion of Useful Knowledge, 892
Spitalfields Mathematical Society, 884
Steklov Mathematical Institute, 231
Sternwarte Gotha, voir Seeberg-Sternwarte
Studio di Firenze, voir Università degli Studi di Firenze
Sūgaku Kyōkai (Mathematical Association of Japan), 448, 449
Sūrigaku Kan (School of the Principle of Numbers), 445
Syracuse Academy, 177

T

Technische Hochschule Braunschweig, 763
Technische Hochschule Stuttgart, 100
Technische Universiteit Delft, 208
Teikoku Gakushiin (Imperial Academy of Japan), 439, 442, 469, 470
Teikoku Kyōikukai (Imperial Educational Association of Japan), 465
Teubner (maison d'édition), 411
The Institute for Advanced Study, 185
The Smithsonian Institution, 187
Tōhoku Teikoku Daigaku (Tōhoku Imperial University), 263, 264, 432, 437, 439, 454–456, 458–463, 467, 469, 470
Tōkyō Butsuri Gakkō (Tokyo School of Physics), 432, 449, 451, 452, 464, 468, 472
Tōkyō Kōtō Shihan Gakkō (Tokyo Higher Normal School), 442, 449, 456, 460, 464
Tōkyō Sūgaku Butsurigakkai (Tokyo Mathematico-Physical Society), also : Nihon Sūgaku Butsurigakkai

(Physico-Mathematical Society of Japan), 434, 436, 437, 441, 448, 449, 464, 473
Tōkyō Sūgaku Kaisha (Tokyo Mathematical Society), 441, 447, 448, 453, 454, 475, 476
Tōkyō Teikoku Daigaku (Imperial University of Tokyo), 263, 431–433, 437–439, 449–452, 455, 456, 463, 465–468, 470, 473

U

Union des professeurs de spéciales, 859, 862, 870
Union internationale de géodésie, 62
Union internationale de la nouvelle éducation, 421
Union mathématique internationale (International Mathematical Union, IMU), 713, 719, 721
Unione Matematica Italiana, 35, 63, 667, 711–717, 719, 720, 722, 724–737, 740, 742, 743, 745–747, 749
Unione Nazionale per la Protezione Antiaerea, 417
United States Coast Survey, 175, 180, 182, 187
United States Congress, 653
United States Military Academy, 649
United States Military Academy at West Point, 173, 175, 178
United States Naval Corps of Professors of Mathematics, 182
United States Naval Observatory, 180–182
United States Post Office, 173, 178
Universidad Nacional de Tucumán, 47, 423, 424
Universidad Nacional del Litoral, 47, 423–425, 927
Università degli Studi di Firenze, 670, 674, 679, 708, 729
Università di Bologna, 676, 684, 686, 714, 730
Università di Napoli, 488–490, 504, 505
Università di Padova, 670, 673, 687, 694, 702

Università di Pavia, 670, 686, 700, 703
Università di Pisa, 80, 81, 147–152, 155, 159, 162–164, 166, 169, 170, 670, 673, 674, 683, 691, 695, 701
Università di Siena, 163
Università di Torino, 459
Università La Sapienza di Roma, 590, 670, 673, 698, 715, 741
Universitas Carolo-Ferdinandea (Prague), 754
Universität Berlin, 432, 543, 546, 751, 752
Universität Göttingen, 104, 433, 438, 458, 461, 513, 600, 726, 751, 922
Universität Halle, 513, 523, 751
Universität Hamburg, 434
Universität Helmstedt, 514
Universität Jena, 523
Universität Leipzig, 513, 523, 754, 925
Universität Leopoldina, *voir* Königliche Universität zu Breslau
Universitätssternwarte Wien, 143
Universität Tübingen, 752
Universität Wien, 19
Universität Zürich, 754, 756
Université catholique de Lille, 796, 799
Université catholique de Lyon, 799
Université de Besançon, 862
Université de Bordeaux, 866
Université de Clermont-Ferrand, 327, 862
Université de Gand, 304
Université de Genève, 593, 638
Université de Liège, 306, 308
Université de Lille, 863
Université de Nancy, 862
Université de Paris, 568, 627, 867
Université de Poitiers, 867
Université de Strasbourg (Kaiser-Wilhelms-Universität Strassburg), 435, 752, 773
Universiteit Leiden, 47, 196, 198, 203, 204, 209, 210
University of California, Berkeley, 187, 658
University of Chicago, 654, 657–659
University of Indiana, 295

University of Virginia, 185, 656, 658
Univerzita Karlova, 94, 826

V

Verein deutscher Ingenieure, 104
Veuve Courcier (maison d'édition), 46
Viúva Bertrand (maison d'édition), 251, 252
Vuibert (librairie), 667, 855, 856, 858, 860, 861

W

Walter de Gruyter (maison d'édition), 942

Washington and Lee University, 187
West Point, New York, 649
Wiskundig Genootschap, 200, 201, 208, 210, 211, 216, 220

Y

Yale College, *voir* Yale University
Yale University, 179, 187, 282, 648, 653, 654, 657, 658
York Mathematical Society, 886

Z

Zanichelli (maison d'édition), 412, 418, 729

Index des revues

A

Acta Academiae Scientiarum Imperialis Petropolitanae, 225
Acta eruditorum, 10, 80, 149, 219, 513, 669, 675, 676, 681, 686, 700, 707, 905, 908, 909, 914–917
Acta mathematica, 34, 40, 45, 49, 92, 228, 412, 624, 783, 792, 801–805, 808, 813, 816, 819, 820, 827, 838–840, 842–844, 846, 849–851, 927
Acta Societatis Scientiarum Fennicae, 59
Actes de l'Académie nationale des sciences, belles-lettres et arts de Bordeaux, 337, 349, 363–365
Algemeene Oeffenschole van Konsten en Weetenschappen, 63, 206
Allgemeine deutsche Bibliothek, 518, 523, 524
Allgemeine Literatur-Zeitung, 519, 520
Allgemeines Magazin für die bürgerliche Baukunst, 514
Allgemeines Repertorium der Literatur, 549
Almanach der Fortschritte, neueste Erfindungen, 527
Almanach Hachette, 143, 144
Almanach Vermot, 143
Altpreußische Monatsschrift, 770
American Board Journal, 64
American Journal of Mathematics, Pure and Applied, 171, 181, 186, 187, 268, 280, 282, 283, 291, 483, 654–658, 660, 661, 783, 801, 802, 838, 843, 927
American Journal of Science and Arts, 172, 175, 649
American Mathematical Monthly, 396, 619
American Review, 174
Anais da Escola de Minas de Ouro Preto, 254
Analisi ragionata de' libri nuovi, 493
Annalen der Physik, 514
Annalen der Physik und Chemie, 545, 546, 548, 549, 559
Annales belgiques des sciences, arts et littératures, 304
Annales de la Faculté des sciences de Toulouse, 67, 780, 801, 804, 839, 850
Annales de la Société d'agriculture, sciences, arts et belles-lettres d'Indre-et-Loire (Tours), 364
Annales de la Société d'émulation, agriculture, lettres, sciences et arts de l'Ain (Bourg-en-Bresse), 364
Annales de la Société royale académique de Nantes et du département de la Loire-Inférieure, 364
Annales de la Société scientifique de Bruxelles, 60, 323
Annales de l'école polytechnique de Delft, 209
Annales de l'Observatoire de Paris, 184
Annales de l'Observatoire impérial de Paris, 60

Annales de l'Observatoire impérial de Rio de Janeiro, 250
Annales de mathématiques pures et appliquées, 33, 36, 46, 47, 107, 116, 118, 126, 161, 316, 507, 828, 924–927
Annales de philosophie chrétienne, 618, 634
Annales de physique et chimie, 256
Annales des chemins vicinaux, 576
Annales des conducteurs des ponts et chaussées, 576
Annales des mines de France, 58
Annales des mines, 256
Annales des ponts et chaussées, 91, 253, 256
Annales du baccalauréat, 856
Annales du Bureau des longitudes, 80, 130, 131, 133–136, 138–140, 143–145
Annales du Conservatoire des arts et métiers, 61
Annales scientifiques de l'École normale supérieure, 330, 666, 780, 783, 792, 798, 801, 802, 804, 808, 811, 815, 817–819, 839, 842, 847, 848, 850
Annales scientifiques de l'Université de Jassy, 67
Annali della Scuola Normale, 60, 81, 166, 167, 170
Annali delle Università Toscane, 163, 164, 166, 167, 170
Annali di fisica, chimica e matematica, 499
Annali di matematica pura ed applicata, 28, 165, 410–412, 801, 805, 808, 814, 835, 838, 845
Annali di scienze matematiche e fisiche, 28, 502
Annali italiani delle scienze matematiche fisiche e naturali, 161, 164, 165
Annali scientifici, giornale di scienze fisiche, matematiche, agricoltura, industria, 493, 499–503, 505, 506, 509

Annals of Mathematics, 52, 81, 185, 656–658, 660, 661
Annuaire de l'Observatoire de Bruxelles, 142
Annuaire de l'Observatoire royal de Belgique, 142
Annuaire départemental de la Société d'émulation de la Vendée (La Roche-sur-Yon ou Napoléon-Vendée), 364
Annuaire des sociétés savantes de la France et de l'étranger, 329
Annuaire du Bureau des longitudes, 58, 71, 80, 130–144, 555
Annuaire militaire, 250
Annuaire scientifique, 250
Annuario dell'Accademia d'Italia, 415
Annuario do Imperial Observatório do Rio de Janeiro, 250
Antologia, 158, 159, 161, 167
Antologia contemporanea, giornale di scienze, lettere ed arti, 493
Antologia romana, 698, 909
Archief voor de Verzekeringswetenschap en aanverwante vakken, 209
Archiv der Mathematik und Physik, 92, 98, 464, 533, 534, 930
Archiv der reinen und angewandten Mathematik, 72, 545–547, 555, 556
Archives néerlandaises des sciences exactes et naturelles, 66
Archiv für die reine und angewandte Mathematik, 925
Arithmetische Beschäftigungen, oder Magazin zum Nutzen und Vergnügen für die Liebhaber der Rechenkunst, 520
Arithmetisches Vade-Mecum, 520, 524
Arithmetische Unterhaltungen zum Nutzen und Vergnügen (et « Neue arithmetische Unterhaltungen »), 520
Arkiv för matematik, astronomi och fysika, 45
Armee-Verordnungs-Blatt, 60

Index

Årsberättelse om framstegen i fysik och kemi, 938
Astronomische Nachrichten, 514
Astronomisches Jahrbuch, 58, 544, 545, 550–552, 559, 560
Atti dell'Accademia delle scienze e belle lettere, 492
Atti (Rendiconti) dell'Accademia d'Italia, 409
Atti dell'Accademia Pontaniana, 490
Atti della Reale Accademia delle scienze di Napoli, 490, 502
Atti dell'Istituto Nazionale delle Assicurazioni, 427
Atti Pisani, 149

B

Bazar di scienze lettere ed arti, 493
Bibliografia Scientifico-Tecnica Italiana, 407
Bibliographie française, 256
Biblioteca analitica d'istruzione e di utilità pubblica, 494
Biblioteca analitica di scienze lettere e belle arti, 493–498, 508
Biblioteca scientifica e letteraria, 493
Bibliotheca mathematica, 935
Bibliothèque anglaise, 909, 920
Bibliothèque britannique, 909
Bibliothèque Choisie, 203
Bibliothèque des sciences et des beaux-arts, 203
Bibliothèque impartiale, 203
Bibliothèque italique ou Histoire littéraire de l'Italie, 669, 676, 686
Bibliothèque raisonnée des ouvrages des savans de l'Europe, 203, 920, 921
Bibliothèque universelle, 494
Bibliothèque universelle et historique, 202–204, 909
Bijdragen tot bevordering van het onderwijs en de opvoeding, 211
Bijdragen tot de beoefening der zuivere wiskunde, 212–214
Boekzaal der geleerde wereld, 202
Boekzaal van Europe, 201–205

Boletín del Seminario Matemático Argentino, 439
Bollettino dell'Accademia d'Italia, 743
Bollettino dell'Associazione Mathesis fra gli insegnanti di Matematica, 73, 411–413
Bollettino della Unione Matematica Italiana, 62, 73, 409–411, 425, 427, 667, 711–719, 721–727, 729–733, 735–747
Bollettino di bibliografia e storia delle scienze matematiche, 411
Bollettino di Matematica. Giornale scientifico-didattico per l'incremento degli studi matematici nelle scuole medie, 416
British Oracle, 881
Bulletin de la Société de statistique, des sciences naturelles et des arts industriels du département de l'Isère (Grenoble), 350, 353, 364
Bulletin analytique du CNRS, 943
Bulletin chronométrique, 71
Bulletin de l'Académie de Bruxelles, 317
Bulletin de la Société académique de Brest, 338, 343, 364
Bulletin de la Société d'encouragement, 256
Bulletin de la Société des sciences naturelles de Nancy, 336, 337, 347, 356, 357, 360, 364, 366, 368, 631–633
Bulletin de la Société des sciences physiques et naturelles de Toulouse, 341, 364
Bulletin de la Société de statistique, des sciences naturelles et des arts industriels du département de l'Isère (Grenoble), 339
Bulletin de la Société de statistique des sciences naturelles et des arts industriels du département de l'Isère, 322
Bulletin de la Société française de philosophie, 618, 627

Bulletin de la Société géographique, 256

Bulletin de la Société géologique de France, 256

Bulletin de la Société impériale des naturalistes de Moscou, 226

Bulletin de la Société industrielle de Mulhouse, 59

Bulletin de la Société mathématique de France, 91, 383, 385, 586, 611, 612, 624, 634, 723, 780, 782, 800–802, 804, 808, 810, 839, 847, 848, 864

Bulletin de la Société minérale de Saint-Étienne, 256

Bulletin de la Société minéralogique de France, 256

Bulletin de la Société philomatique, 372

Bulletin de l'Institut général de psychologie, 609

Bulletin de l'instruction primaire, 565

Bulletin de mathématiques élémentaires, 856, 858

Bulletin de mathématiques spéciales, 855, 857

Bulletin des sciences mathématiques, 44, 61, 92, 98, 130, 137, 143, 321, 330, 331, 341, 344, 412, 586, 587, 590, 591, 593, 594, 598, 600, 601, 607–609, 632, 636, 638, 801, 813, 817, 843, 924, 925, 933, 934, 937

Bulletin des travaux de la Société libre d'émulation du commerce et de l'industrie de la Seine-Inférieure, 364

Bulletin général et universel des annonces et nouvelles scientifiques, 924–926

Bulletin géodésique, 62

Bulletin of the American Mathematical Society, 142, 412, 586, 666, 722, 833, 843

Bulletin of the New York (later American) Mathematical Society : A Historical and Critical Review of Mathematical Science, 436, 656, 658, 660, 661

Bulletins de l'Académie royale des sciences, des lettres et des beaux-arts de Belgique, 306, 323

Bulletin universel des sciences et de l'industrie, 924–926

C

Cambridge Mathematical Journal, 28, 533, 931

Cambridge Miscellany of Mathematics, Physics, and Astronomy, 270, 275, 282, 283, 287, 290–292, 295, 297, 298, 301

Časopis pro pěstování mathematiky a fysiky, 93

Commentarii Academiae Scientiarum Imperialis Petropolitanae, 58, 225, 226

Commentationes Societatis Regiae Scientiarum Göttingensis recentiores, 63

Commercio scientifico d'Europa col Regno delle Due Sicilie, 493

Companion to the Gentleman's Diary, 884

Companion to the Ladies Diary, 895

Comptes rendus de l'Académie des sciences, 90, 134, 137, 139, 140, 255, 256, 323, 383

Comptes rendus de l'Association française pour l'avancement des sciences, 56, 323, 324, 370, 372, 375, 376, 383

Comptes rendus hebdomadaires des séances de l'Académie des sciences, 59

Comptes rendus hebdomadaires des séances de l'Académie des sciences, 4, 19, 331, 340, 341, 345, 354, 360, 599, 600, 780, 800–802, 804, 808, 810, 812, 818, 819, 821, 823, 826, 834–836, 841, 934

Connaissance des temps, 70

Connaissance des temps, 80, 545, 919

Contribucion al estudio de la ciencias fisicas y matematicas, 459

Correo literario de la Europa, 909

Correspondance mathématique, 256

Index

Correspondance mathématique et physique, 303–306, 309, 310, 316, 533
Cosmos – Revue encyclopédique des progrès des sciences, 61, 67, 68
Courante uyt Italien, Duytslands, &c., 199
Critica fascista, 423
Critica sociale, 419
Cultura Fascista, 418

D

De Gids, 206
De Ingenieur, 209
De Koopman, 209
Der gemeinnützige mathematische Liebhaber, 515, 521
De vriend der Wiskunde, 215
Diarian Miscellany, 878, 895
Diarian Repository, 878
Die natürliche Magie, 526
Die Wasserwirtschaft, 71
Diophante, 375
Doklady Akademii nauk SSSR, 94
Dopovidi Akademiï nauk Ukraïnskoï RSR. In Cyrillic characters (Ukrainian) : (Доповіді Академії наук Української РСР; In Cyrillic characters (Russian) : Доклады Академии наук Украинской ССР), 241
Duke Mathematical Journal, 660, 661

E

Edinburgh Review, 116, 174
Educazione Nazionale, 406
Effemeridi di Roma, 494
Effemeridi enciclopediche, per servire di continuazione all'Analisi ragionata de' libri nuovi, 493
Effemeridi letterarie, 698, 707
Ekkusu Wai, 446, 454, 465, 477
Electric Telegraph Review, 68
English Journal of Education Mathematical Column, 890, 897
English Museum, or Ladies and Gentlemen's Querist, 880, 881, 895

Enigmatical Entertainer and Mathematical Associate, 884, 885, 896
Enquirer, 885, 886, 896
Erkenntnis, 69
Essays and Observations Physical and literary, 116
Études, 634
Eudemus, 661

F

Forschungen und Fortschritte, Nachrichtenblatt der Deutschen Akademie der Wissenschaften, 722
Fortschritte der Physik, devient Physikalische Berichte, 934, 938, 939, 941
Freyberger gemeinnützige Nachrichten, 58
Führer durch die mathematische Literatur mit besonderer Berücksichtigung der historisch wichtigen Schriften, 619

G

Gazette des Deux-Ponts, 920
Gentleman's Mathematical Companion, 72, 176, 884, 885
Gentleman's Mathematical Repository, 896
Gentleman's Diary, 50, 62, 71, 108, 118, 176, 874, 875, 878, 880, 883, 884, 892, 895, 896
Gerarchia, 418
Giornale de' letterati [d'Italia], 63, 147–155, 157–160, 167, 169, 669, 673, 675, 681, 682, 909, 910
Giornale delle arti, scienze, letteratura, 493
Giornale dell'Istituto Italiano degli Attuari, 427
Giornale di artiglieria, 60
Giornale di chimica, fisica e storia naturale, 161
Giornale di Matematiche, 73
Giornale di matematiche ad uso degli studenti delle Università italiane, 34, 425, 482, 488, 504–509

Giornale enciclopedico d'Italia, 492, 508
Giornale enciclopedico di Bologna, 494
Giornale enciclopedico di Napoli, 493–495, 498, 508, 924
Giornale enciclopedico di Vicenza, 494
Giornale letterario di Milano, 494
Giornale letterario di Napoli, 493
Giornale scientifico e letterario dell'Accademia italiana di scienze, lettere e arti, 157, 167
Giornale Toscano di scienze mediche, fisiche e naturali, 159, 162, 167
Gleanings in Science, 17
Gli Annali della Università d'Italia, 736
Göttingische gelehrte Anzeigen, 772, 909, 921, 922

H

Heidelberger Jahrbücher für Litteratur, Mathematik und Physik, 529
Histoire critique de la république des lettres, 203, 204
Histoire de l'Académie royale des sciences, 490, 909, 922
Histoire des ouvrages des sçavans, 203, 909
Histoire et Mémoires de l'Académie royale des sciences, inscriptions et belles-lettres de Toulouse, 364
Hutchins' Improved Family Almanac, 175

I

Il Bollettino di Matematica. Giornale scientifico-didattico per l'incremento degli studi matematici nelle scuole medie, 407, 408, 411, 413, 416–418, 427, 711
Il Bollettino di matematiche e di scienze fisiche e naturali, 411, 413, 416
Il Caffè, 152
Il foglio settimanale di scienze, lettere, 493

Il Gianbattista Vico giornale Scientifico, 493, 499–505, 509
Il Grido del Popolo, 420
Il Lucifero giornale scientifico, letterario, artistico, industriale, 493
Il Pitagora, 411
Il Progresso delle scienze, delle lettere e delle arti, 493
Intelligenzblatt, 549, 550
Istoria dell'Accademia reale delle scienze, 490
Izvestiya Imperatorskoi Akademii nauk. In Cyrillic characters : Извѣстія Императорской Академіи Наукъ, Commonly known as : *Bulletin de l'Académie Impériale des Sciences*; Later name : *Izvestiya Akademii nauk SSSR*; Even later name : *Izvestiya Akademii Rossiikoi Akademii nauk*, English translation of mathematical series : *Mathematics of the USSR : Izvestiya*; English translation later renamed : *Izvestiya Mathematics*, 226, 238

J

Jahrbuch der Königlichen Sternwarte bei München, 142
Jahrbuch über die Fortschritte der Mathematik, 5, 372, 384, 433, 435, 440, 462, 618, 668, 742, 784, 792, 800, 805, 934, 935, 937–943
Jahrbuch zur belehrenden Unterhaltung für junge Damen, 514
Jahres-Bericht über die Fortschritte der physischen Wissenschaften, 938
Jahresbericht der Deutschen Mathematiker-Vereinigung, 723, 727
Jahresbericht des Neustädter Realgymnasiums zu Dresden, 757
Japanese Journal of Mathematics, 440, 442, 469, 477
Jenaer Literaturzeitung, 763
Jenaische Allgemeine Literatur-Zeitung, 549, 551

Jornal de Sciencias Mathematicas e Astronomicas, 248
Jornal de sciencias mathematicas physicas e naturaes, 248
Journal de Crelle, *voir Journal für die reine und angewandte Mathematik*
Journal de Gergonne, *voir Annales de mathématiques pures et appliquées*
Journal de Jordan, *voir Journal de mathématiques pures et appliquées*
Journal de Liouville, *voir Journal de mathématiques pures et appliquées*
Journal d'agriculture pratique, 256
Journal d'éducation populaire, 577
Journal de la Société statistique de Paris, 70
Journal de la Société statistique, 256
Journal de l'École polytechnique, 58, 71, 116, 117, 126, 184, 344, 780, 783, 792, 801, 802, 808, 811, 835, 924
Journal de l'instruction élémentaire, 563, 564
Journal de Longchamps, 864
Journal de mathématiques élémentaires, 324, 326, 327, 855–858, 861
Journal de mathématiques élémentaires et spéciales, 327, 632
Journal de mathématiques pures et appliquées, 28, 34, 44, 130, 137, 139, 179, 226, 256, 330, 331, 341, 344, 345, 352, 354, 360, 533, 652, 666, 779, 780, 782–785, 789–793, 795–800, 802–805, 808, 810–821, 823, 826–839, 842–844, 846–851, 927
Journal de mathématiques spéciales, 73, 324, 326, 327, 801, 808, 810, 855
Journal de physique, 801, 802, 804
Journal des actuaires français, 256
Journal des économistes, 256
Journal des instituteurs, 57, 64, 562, 563, 565–574, 576–580
Journal des journaux, 919
Journal des Mines, voir Annales des mines de France

Journal des savants, 29, 80, 150, 202, 904, 905, 908–911, 916–919, 922, 937
Journal des sciences mathématiques, 574
Journal de Trévoux, 63
Journal für die Baukunst, 56, 532, 536
Journal für die reine und angewandte Mathematik, 5, 25, 27, 32, 36, 46, 161, 179, 183, 316, 344, 361, 482, 483, 507, 512, 529–534, 536, 539, 558, 652, 656, 779, 792, 801, 803, 805, 808, 814, 816, 823, 826, 827, 835, 838, 840, 842, 846, 850, 924, 926, 927, 931
Journal für Chemie und Physik, 545, 559, 560
Journal helvétique, 919
Journal litéraire (La Haye), 204, 922
Journal littéraire (Berlin), 923
Journal of Mathematics and Physics, 660
Journal of Symbolic Logic, 62, 73, 661
Journal of Telegraphy, 60
Juristisch-Mathematisches Magazin, 517

K

Kabinet der natuurlijke historiën, natuurwetenschappen, konsten en handwerken, 203, 205
Königsberger Archiv für Naturwissenschaft und Mathematik, 529
Kosmos, 256
Kōsū kenkyū, 446, 477
Kunst-oeffeningen over verscheide nuttige onderwerpen der wiskunde, 210

L

La Correspondance mathématique et physique, 925
La Critique philosophique, 618, 620, 622, 634, 635
Ladies and Gentlemen's Diary; or, Royal Almanack, 876, 895
Ladies' Diary, 4, 5, 50, 62, 71, 74, 108–110, 118, 121, 219, 266, 275, 874–

876, 878, 880, 881, 883, 884, 891, 892, 895, 896, 914
La difesa della razza, 406
Lady's and Gentleman's Diary, 62, 888, 889, 891–893, 897
Lady's and Gentleman's Scientifical Repository, 880, 881, 895
La Lumière électrique, 60
La Naturaleza, 92
La Nature, 256
L'Année philosophique, 618
L'Année psychologique, 609
L'Année scientifique et industrielle, 249, 250
L'Annuaire de la Jeunesse, 856
La Philosophie positive, 142, 618, 619, 622
La Revue des idées, 51, 585–597, 599, 601, 602, 604–606, 608, 610
La Revue du mois, 51, 64, 585–597, 602, 604–606, 609–612, 642
La Revue occidentale, 618
La Revue positiviste internationale, 618
L'Argus, 372, 396
La Science illustrée, 585
La Scuola Fascista, 422
La Voce, 405
L'Échiquier, 393
L'Écho de Paris, 372, 376, 377, 380, 381, 386, 388, 390, 392
L'École normale, 565, 577
L'Économiste, 256
L'Éducation mathématique, 856
L'educazione del popolo, 420
Leeds Correspondent, 885–887, 896
Le Géomètre, 66
Leipziger Magazin für reine und angewandte Mathematik, 516, 539, 546, 925
Leipziger Magazin für die reine und angewandte Mathematik, 72
Leipziger Magazin zur Naturkunde, Mathematik und Oekonomie, 516
Le Journal encyclopédique, 920
Le Moniteur scientifique, 256

Le Novelle di letteratura scienze arte e commercio, 493
L'Enseignement mathématique, 73, 102, 372, 390–392, 402, 412, 464, 586, 593, 594, 600, 607, 609, 619, 626–628, 723, 801, 803, 850, 929, 933
Les Mondes, 143, 319
L'Esprit des journaux, 919
Les Tablettes du chercheur, 370, 372, 376, 377, 379, 380, 383, 385, 389, 391
Le Technologiste, 250
Lettre mathématique circulante, 375
L'Europe savante, 922
L'Institut, 599
L'Instruction primaire, 577
L'Intermédiaire des mathématiciens, 324, 370–373, 375–378, 380–383, 390, 391, 395, 396, 398, 399, 402, 412, 461, 715, 848
Liverpool Apollonius, 110, 121, 886, 890, 896
London Review, 116

M

Magasin encyclopédique, 494
Magazijn voor de rekenkunst, 213, 214
Magazin für das neueste aus der Mathematik, über Geographische, Spezialaufmessung, Aufzeichnung und Berechnung, 527
Magazin für den neuesten Zustand der Naturkunde, 545
Magazin für die Bergbaukunde, 58, 512, 518, 519, 529
Magazin für Ingenieur und Artilleristen, 58, 519
Manchester Memoirs, 116
Manuel général de l'instruction primaire, 63, 562–579
Matematicheskii sbornik; In Cyrillic characters : Математический сборник; English translation : Mathematics of the USSR : Sbornik; English translation later renamed : Sbornik : Mathematics, 82, 224, 225, 227–244

Index

Mathematicae Notae. Boletin del Instituto de Matematica, 34, 424–426, 927
Mathematical Reviews, 433, 940, 941, 943
Mathematical and Philosophical Repository, 883, 886, 887, 890, 891, 896
Mathematical Repository, 62, 71, 72, 80, 108–119, 121, 123–126
Mathematical Visitor, 270, 280, 282, 283, 285, 288, 292, 294, 295, 299, 659
Mathematische Annalen, 228, 433, 596, 612, 666, 808, 814, 831, 838, 842, 843, 846, 850, 927
Mathematische Liefhebberye met Nieuws der Fransche en Duytsche Schoolen in Nederland, 24, 62, 71, 72, 74, 81, 211, 213, 216, 219
Mathesis, 60, 73, 303, 304, 308–310, 319, 322–327, 828, 843
Mechanics Magazine, 107, 889, 891, 897
Mémoires de l'Académie des sciences, arts et belles-lettres de Dijon, 364
Mémoires de l'Académie des sciences, belles-lettres et arts de Clermont-Ferrand, 353, 364
Mémoires de l'Académie des sciences, belles-lettres et arts de Marseille, 339, 345, 364, 366, 368
Mémoires de l'Académie des sciences, belles-lettres et arts de Savoie (Chambéry), 364
Mémoires de l'Académie de Stanislas (Nancy), 357, 364
Mémoires de l'Académie impériale des sciences, arts et belles-lettres de Caen, 359, 364, 366, 368
Mémoires de l'Académie Impériale des Sciences de St. Pétersbourg, 225
Mémoires de l'Académie royale de Berlin, 546
Mémoires de l'Académie des sciences, belles-lettres et arts de Lyon. Section des sciences, 339

Mémoires de l'Académie royale des sciences, belles-lettres et arts de Lyon. Section des sciences, 360, 364
Mémoires de l'Académie royale des sciences, inscriptions et belles-lettres de Toulouse, 336, 341
Mémoires de l'Académie royale des sciences de Paris, 225
Mémoires de l'Académie royale des sciences, des lettres et des beaux-arts de Belgique, 306
Mémoires de la Section des sciences (Académie des sciences et lettres de Montpellier), 344, 347, 352, 364, 366, 368
Mémoires de la Société académique de Maine et Loire – Mémoires de l'Académie des sciences & belles-lettres d'Angers, 346, 364
Mémoires de la Société académique du département de l'Aube (Troyes), 364
Mémoires de la société d'agriculture, sciences, arts et belles-lettres du département d'Indre-et-Loire, Tours, 330
Mémoires de la Société d'émulation du Doubs (Besançon), 339, 352, 355, 364
Mémoires de la Société des lettres, sciences et arts et d'agriculture de Metz, 330
Mémoires de la Société des sciences, de l'agriculture et des arts de Lille, 336, 337, 343, 345, 347, 348, 360, 364, 366, 368
Mémoires de la Société des sciences physiques et naturelles de Bordeaux, 5, 330, 337, 345, 354, 360, 363–365, 831
Mémoires de la Société dunkerquoise pour l'encouragement des sciences, des lettres et des arts, 355, 364
Mémoires de la Société nationale des sciences naturelles et mathéma-

tiques de Cherbourg, 335, 337, 348, 358, 364
Mémoires de la Société royale des sciences de Liège, 323
Mémoires de l'Institut de France, 117
Mémoires littéraires de Grande-Bretagne, 909
Memoirs of the American Academy of Arts and Sciences, 172, 265, 649
Memoirs of the Analytical Society of Cambridge, 108
Memoirs of the College of Science and Engineering, Kyoto Imperial University – Memoirs of the College of Science, Kyoto Imperial University – Memoirs of the College of Science, Kyoto Imperial University, Series A, 477
Memoirs of the College of Science and Engineering, Kyoto Imperial University – Memoirs of the College of Science, Kyoto Imperial University – Memoirs of the College of Science, Kyoto Imperial University, Series A, 442, 477
Memoirs of the Science Department, University of Tokyo – The journal of the College of Science, Imperial University, Japan – The journal of the College of Science, Imperial University of Tokyo, Japan – Journal of the Faculty of Science, Imperial University of Tokyo. Section 1, Mathematics, ..., 442, 477
Memoirs of the Science Department, University of Tokyo – The journal of the College of Science, Imperial University, Japan – The journal of the College of Science, Imperial University of Tokyo, Japan – Journal of the Faculty of Science, Imperial University of Tokyo. Section 1, Mathematics..., 434
Memorie dell'Accademia di Bologna, 506

Memorie della Reale Accademia delle scienze di Napoli, 490, 502
Memorie di Matematica e Fisica della Società Italiana, 58
Mercure de France, 330
Mercure suisse, 4, 919
Messager des sciences et des arts du royaume des Pays-Bas, 304
Messager des sciences et des arts de la Belgique (Nouvelles Archives historiques, littéraires et scientifiques), 304
Messenger of Mathematics, 393–395, 402
Militaire Spectator, 209
Mind, 638
Miscellanea Berolinensia ad incrementum scientiarum, 68
Miscellanea Mathematica, 878–881, 895
Miscellanea Scientifica Curiosa, 881
Mitteilungen über Gegenstände des Artillerie- und Geniewesens, 97
Monatliche Correspondenz zur Beförderung der Erd- und Himmels-Kunde, 528, 544, 545, 550, 552–554, 560
Museo di scienze lettere ed arti, 493

N

Nature, 61, 319, 320, 722
Nautical Almanac, 58, 132, 138, 144, 880, 891–895
Neues Journal für Chemie und Physik, 548
Newcastle Magazine, 892
Nieuw Archief voor wiskunde, 210, 211, 460
Nieuw Tijdschrift voor reken-, stel- en meetkunst, 214
Nihon Chūtō Kyōiku Sūgakkai zasshi – Nihon Sūgaku Kyōikukai zasshi, 463, 477
Nihon Sūgaku Butsuri Gakkai shi, 473, 477
Northumbrian Mirror, 107

Notices des travaux de l'Académie du Gard – Mémoires de l'Académie de Nîmes, 364

Nouvelle Correspondance mathématique, 263, 303, 306–313, 316, 317, 319–322, 324, 326, 327, 931

Nouvelles annales de de la construction, 250, 256

Nouvelles annales de mathématiques, 33, 62, 73, 91, 137, 164, 215, 221, 251, 316, 317, 320, 324, 327, 330, 344–346, 349, 372, 375, 399, 400, 507, 561, 568, 594, 632, 634, 780, 782, 796, 797, 801–803, 808, 810, 813, 828, 836, 846, 848, 851, 855, 859, 861, 863, 864, 871, 929–933, 937

Nouvelles de la république des lettres, 202–204, 905, 907–909

Nouvelles littéraires, 203

Nova Acta Academiae Scientiarum Imperialis Petropolitanae, 225

Nova acta eruditorum, 914, 916, 917

Novelle della Repubblica delle Lettere (Venezia 1729-1733); Novelle della Repubblica Letteraria (Venezia 1734-1761), 669, 670

Novelle Letterarie pubblicate in Firenze l'anno... (Firenze 1740-1792), 56, 665, 666

Novelle Letterarie pubblicate in Firenze, 669, 670, 672–706, 708, 709, 909, 910

Novi Commentarii Academiae Scientiarum Imperialis Petropolitanae, 225, 226

Nuova biblioteca analitica di scienze, lettere e arti, 495, 498

Nuova Raccolta di opuscoli scientifici e filologici (Venezia 1755-1785), 669, 670

Nuovo Giornale de' letterati d'Italia (Modena), 698

Nuovo giornale de' letterati (Pisa, 1822-1839), 170

Nuovo giornale dei letterati (Pisa, 1802-1806), 159–162, 167

O

Observations sur la physique, sur l'histoire naturelle et sur les arts, 909

Öfversigt af Kongl. Vetenskapsakademiens forhandlingar, 461

P

Palladium, 875–877, 881, 895

Periodico di matematica per l'insegnamento secondario, 92, 410–412, 417, 423

Petit manuel de l'instruction primaire, 565, 578

Pharmaceutisches Central-Blatt, devient (1856) Chemisches Centralblatt, 938

Philosophical Transactions of the Royal Society of London, 70

Philosophical Transactions of the Royal Society of London, 111, 113, 115–117, 204, 219, 225, 490, 491, 676, 686, 687, 903, 905, 909–913, 916, 920, 922

Physikalische Unterhaltungen verschiedener Gegenstände : zur gemeinnützigen Kenntniß der Mathematik, 523

Poor Robin, 875

Popular Astronomy Magazine, 723

Portefeuille des machines, 256

Précis analytique des travaux de l'Académie des sciences, belles-lettres et arts de Rouen, 364

Preston Chronicle Mathematical Column, 888, 892, 897

Proceedings of the Royal Society of London, 321

Proceedings of the Cambridge Philosophical Society, 59

Proceedings of the Imperial Academy, 439, 440, 442, 469, 477

Proceedings of the Royal Artillery Institution, 60

Procès-verbaux des séances – Société littéraire et scientifique de Castres, 336, 364

Publicaciones del Instituto de Matematica, 424, 425

Q

Quarterly Journal of Geological Society, 256

R

Raccolta d'autori che trattano del moto dell'acque (Firenze 1765-1774), 670, 694
Raccolta di opuscoli scientifici e filologici (Venezia 1728-1757), 670, 674, 683
Raleigh Register, 881
Recueil des séances publiques de la Société des sciences, arts et belles-lettres de Tours, 364
Referativnyj Zurnal Matematika, 943
Rendiconti dell'Accademia dei Lincei, 506
Rendiconti dell'Accademia delle scienze di Napoli, 506
Rendiconti del Circolo matematico di Palermo, 40, 410, 609, 666, 792, 801, 803–805, 827, 838, 843, 844, 849–851
Rendiconti di Matematica e delle sue applicazioni, 427
Repertorium fuer Experimental-Physik, fuer physikalische Technik, fuer mathematische und astronomische Instrumentenkunde, 71
Resultate aus den Beobachtungen des Magnetischen Vereins, 549
Revista Brazileira, 250
Revista da Família Acadêmica, 254, 257
Revista de Engenharia, 254–257
Revista de Matemáticas, 459, 471
Revista de Matemáticas Elementales, 435, 473
Revista de matematicas y fisica teorica, 424, 426
Revista do Clube de Engenharia, 250, 254
Revista do Instituto Politécnico Brasileiro, 250, 254, 257
Revista dos Construtores, 254
Revista Politécnica. Ciências, Letras e Artes, 254, 255

Revista Trimestral do Instituto Histórico e Geográfico Brasileiro, 250
Revue encyclopédique, 495
Revue britannique, 256
Revue d'artillerie, 60, 92, 250
Revue de la filière mathématique, 871
Revue de mathématiques spéciales, 34, 62, 594, 666, 801, 853–860, 863, 864, 866–871
Revue de métaphysique et de morale, 57, 484, 584, 585, 607, 611, 618, 621, 624–629, 634–640, 642, 643, 933
Revue de philosophie, 618, 639, 640, 644
Revue des cours scientifiques de la France et de l'étranger, 61, 599
Revue des Deux Mondes, 143, 250, 253, 256
Revue des questions scientifiques, 61, 256
Revue des sciences philosophiques et théologiques, 618
Revue des Sociétés savantes, sciences mathématiques, physiques, naturelles – Revue des travaux scientifiques, 333–338, 349, 355, 360–362
Revue des sociétés savantes de la France et de l'étranger, 61, 333
Revue de synthèse, 585
Revue générale des sciences pures et appliquées, 67, 142, 484, 585–590, 592–597, 600–602, 604–607, 609, 611, 612, 635, 801, 833, 933
Revue néo-scolastique, 618, 644
Revue philosophique de la France et de l'étranger, 64, 484, 618–622, 624, 625, 629, 631–636, 638, 641, 644
Revue politique et littéraire, dite revue bleue, 256, 585, 587
Revue scientifique, dite revue rose, 253, 256, 372, 385, 585–594, 597, 599–602, 604, 605, 608–611
Revue scientifique, 70
Revue scientifique de la France et de l'étranger, 138

Revue scientifique et industrielle, 59
Revue semestrielle des publications mathématiques, 210, 937
Revue thomiste, 618
Revue universelle des mines et de métallurgie, 256
Rigakkai shi, 456, 478
Rivista generale di scienze, lettere ed arti, 493
Rivista napoletana di politica, letteratura, scienze, arti e commercio, 493

S

Saggi sulle scienze naturali ed economiche, 493
Saggio delle transazioni filosofiche della Società Regia, 490
Sammlung combinatorisch-analytischer Abhandlungen, 523
San'in Sūri Gakkai otsubu hō, 454, 473, 478
Scelta de' migliori opuscoli, 491
Schola et Vita, revista mensuale in interlingua, 68, 407, 419–422
Scientia, 70, 413, 628
Scientific Mirror, 886, 896
Scientific Receptacle, 72, 885, 886, 896
Scriptores Logarithmici, 72
Scuola e Cultura, 418
Séances publiques de l'Académie des sciences, belles-lettres et arts de Besançon – Procès-verbaux et mémoires – Académie des sciences, belles-lettres et arts de Besançon, 364
Sheffield Register, 881
Shogaku fukyū sūri sōdan, 447, 454, 472, 478
Sibilo foglio periodico scientifico letterario artistico industriale, 493
Soobshcheniya Kharkovskogo matematicheskogo obshchestva; In Cyrillic characters (Russian) : Сообщения Харьковского математического общества ; In Cyrillic characters (Ukrainian) : Записки Карківського математичного товариства ; Commonly known as : *Communications de la société mathématique de Kharkov*, 239–241
Sphinx-Œdipe, 33, 47, 73, 263, 371–403
Student's Companion, 886, 889, 896
Sūgaku zasshi, 437, 445, 446, 449, 454, 465, 466, 478
Sūgaku Kyōkai zasshi, 448, 454, 472, 478
Sūri kaidō, 449, 450, 454, 472, 478
Sūri no tomoshibi, 453, 454, 478

T

The Assurance Magazine, 70
The American Ephemeris and Nautical Almanac, 180
The American Mathematical Monthly, 73, 283, 659, 660
The American Monthly Magazine and Critical Review, 270
The Analyst (1814), 270, 297
The Analyst (Annals of Mathematics) (1874-1883), 81
The Analyst : A Monthly Journal of Pure and Applied Mathematics, 52, 181, 183–185, 270, 280, 282, 283, 287, 288, 290, 292, 294, 295, 297, 299, 653, 655, 656
The Analyst; or, Mathematical Museum, 174, 177, 270, 650
The Astronomical Journal, 59
The Cambridge Miscellany of Mathematics, Physics, and Astronomy, 177, 179, 652, 655
The Common School Journal, 63, 268, 270
The Connecticut School Journal, 268
The Economist, 256
The Educational Times, 33, 288, 294, 297, 299, 381, 382, 399, 890, 892, 893, 897
The Emigrant, 174
The Engineer, 256
The Enquirer, or Literary, Mathematical, and Philosophical Repository, 175
The Farmer and Mechanic, 270

The General Magazine of Arts and Sciences, Philosophical, Philological, Mathematical and Mechanical, 206
The Illinois Teacher, 57, 269, 270, 283, 284, 293–295, 297
The Indiana School Journal, 270, 290, 293, 295, 296, 298
The Ladies' and Gentlemen's Diary, or United States Almanac, and Repository of Science and Amusement, 270, 274, 283, 291, 292, 297, 298, 651
The London Magazine, 879, 880, 882, 895
The Maine Farmer's Almanac, 175
The Massachusetts Teacher, 270, 280, 288, 295, 298
The Mathematical Companion, 270, 298
The Mathematical Correspondent, 34, 171, 174, 177, 266, 270, 274, 286, 292, 649
The Mathematical Diary, 177, 269, 270, 274–276, 283–287, 289–292, 297, 298, 651
The Mathematical Gazette, 397, 464, 722, 932, 933
The Mathematical Magazine, 294, 295
The Mathematical Miscellany, 177, 179, 270, 274, 275, 286, 287, 289–292, 298, 301, 651, 652, 658
The Mathematical Monthly, 181, 266, 270, 276, 283, 284, 287, 290–292, 294, 295, 297–299, 301, 302, 653
The Mathematician, 126, 891–893, 897
The Mathematics Teacher, 660
The Michigan Journal of Education and Teacher's Magazine, 270, 293
The Mining Journal, 256
The Monist, 171, 372, 392, 402
The Monthly Scientific Journal, 175–177, 270, 274, 650, 658
The National Teacher, 268
The New York Commercial Advertiser, 270

The New York Magazine; or, Literary Repository, 266, 270, 275
The New York Mirror, and Ladies' Literary Gazette, 270, 275, 295, 297
The Normal Teacher, 268
The North American Review, 275
The Ohio Educational Monthly, 268
The Pennsylvania School Journal, 268
The Portico, 270, 275, 283, 295
The Quarterly Journal of Pure and Applied Mathematics, 393, 838
The R.I. Schoolmaster, 63, 270, 280, 283, 293
The Royal American Magazine, 266, 275
The Rural New Yorker, 59, 269, 270, 283, 294, 295
The Saturday Evening Post, 268
Thesaurus juris franconici, 511
The Schoolday Teacher, 268
The School Messenger, 283
The Science Reports of the Tohoku Imperial University, 442, 455, 478
The Scientific American, 59, 270
The Spectator, 150
The Supplement to The Ladies' Diary, 72
The Unitarian Miscellany, 174
The Wisconsin Journal of Education, 268
The Yates County Chronicle, 269
Tijdschrift der toegepaste rekenkunst voor onderwijzers en gevorderde leerlingen, 213, 214
Tijdschrift ter Bevordering der Mathematische Wetenschappen, 212, 213
Tijdschrift ter bevordering van nijverheid, 209, 212
Tijdschrift van het Koninklijk Instituut van Ingenieurs, 209
Tijdschrift voor reken-, stel- en meetkunst, 213, 214
Tôhoku Mathematical Journal, 224, 264, 430, 433, 440, 441, 454, 455, 457–472, 474, 478, 927

Tōkyō Butsuri Gakkō zasshi, 451, 454, 456, 463, 464, 472, 478
Tokyo sugaku kaisha zasshi –Tōkyō Sūgaku Butsuri Gakkai kiji –Tōkyō Sūgaku-Butsurigakkwai hōkoku – Tōkyō Sūgaku-Butsurigakkwai kijigaiyō – Proceedings of the Tokyo Mathematico-Physical Society. 2nd Series – Proceedings of the Physico-Mathematical Society of Japan. 3rd Series, 434–437, 442, 458, 464, 470, 471, 477
Town and Country Magazine Mathematical Column, 877–881, 896
Transactions of the American Mathematical Society, 172, 657–661, 845
Transactions of the American Philosophical Society, 17, 172, 265, 648–650
Transactions of the Cambridge Philosophical Society, 117
Transactions of the Royal Irish Academy, 117
Transactions of the Royal Society of Edinburgh, 114, 117
Travaux de la Société d'agriculture, des belles-lettres, sciences et arts de Rochefort, 364

U

Uchenye zapiski Moskovskogo gosudarstvennogo universiteta, 94
Uitgezogte Verhandelingen uit de Nieuwste Werken van de Sociëteiten der wetenschappen in Europa en van andere geleerde mannen, 203, 205
Unbekannte wie auch zu wenig bekannte Wahrheiten der Mathematik, 523
Universalità fascista, 407
Uspekhi matematicheskikh nauk; In Cyrillic characters (Russian) : Успехи математических наук ; English translation : Russian Mathematical Surveys, 230, 231, 241

V

Vaderlandsche Letteroefeningen, 206
Verhandelingen uitgegeven door de Hollandsche Maatschappij der Wetenschappen, 58, 207
Verhandelingen van het Bataviaasch Genootschap der Kunsten en Wetenschappen, 17
Versuch eines Magazins für die Arithmetik, 519
Vierteljahrsschrift für wissenschaftliche Philosophie, 64, 67, 69, 667, 751–755, 758, 759, 762–766, 768, 769, 771–773, 777

W

Wiskundig Tijdschrift, 216, 397

Y

Yamato nishiki sūri no kura, 453, 454, 478
York Courant Mathematical Column, 887, 888, 890, 896, 897

Z

Zeitschrift des Architekten- und Ingenieur-Vereins zu Hannover, 97
Zeitschrift des Österreichischen Ingenieur- und Architekten-Vereins, 97
Zeitschrift für den physikalischen und chemischen Unterricht, 61
Zeitschrift für Instrumentenkunde, 60
Zeitschrift für angewandte Mathematik und Mechanik, 71, 91, 93, 99, 105
Zeitschrift für Astronomie und verwandte Wissenschaften, 545, 550, 554, 555
Zeitschrift für Mathematik und Physik, 92, 97–99, 105, 534, 763
Zeitschrift für mathematischen und naturwissenschaftlichen Unterricht aller Schulgattungen, 93
Zeitschrift für mathematischen und naturwissenschaftlichen Unterricht, 758

Zeitschrift für Philosophie und philosophische Kritik, 761, 765, 766

Zeitschrift für Physik und Mathematik, 19, 59, 532

Zenkoku shijō sūgaku danwakai, 473, 474, 478

Zentralblatt für Mathematik und ihre Grenzgebiete, 407, 440, 742, 940–943